Alfred Böge (Hrsg.)

Vieweg Taschenlexikon Technik

Vieweg Taschenlexikon Technik
herausgegeben von Alfred Böge

Beiträge und Mitarbeiter

Betriebswirtschaft	Karl-Heinz Degering
Chemie	Uwe Bleyer
CNC-Technik	Rainer Ahrberg, Jürgen Voss
Datentechnik	Heribert Gierens, Uwe Sieg-Söder
Elektrotechnik, Elektronik	Peter Döring
Fertigungsmaschinen	Walter Schlemmer
Fertigungstechnik	Wolfgang Böge, Heinz Wittig
Fördertechnik	Dr.-Ing. Johannes Sebulke
Kraft- und Arbeitsmaschinen	Manfred Ristau
Maschinenelemente	Wolfgang Böge
Mathematik	Prof. Dr. Arnfried Kemnitz
Physik	Dr. Michael Schröder
Robotertechnik	Harald Meyer-Kirk
Steuerungs- und Regelungstechnik	Hans-Jürgen Küfner, Thomas Küfner
Technische Mechanik	Alfred Böge, Gert Böge
Technische Wärmelehre	Heinz Wittig
Werkstofftechnik	Wolfgang Weißbach
Textformulierung und -gestaltung	*Antje Fateh*
Fachübersetzung der engl. Begriffe	*Prof. Dr. Ariacutty Jayendran*

Alfred Böge (Hrsg.)

Vieweg Taschenlexikon Technik

Maschinenbau, Elektrotechnik, Datentechnik

Nachschlagewerk für berufliche Aus-, Fort- und Weiterbildung

3., überarbeitete Auflage

Mit 4.800 Stichwörtern deutsch/englisch, 750 Bildern und einer Stichwortliste englisch/deutsch

Bibliografische Information Der Deutschen Bibliothek
Die Deutsche Bibliothek verzeichnet diese Publikation in der Deutschen Nationalbibliografie;
detaillierte bibliografische Daten sind im Internet über <http://dnb.ddb.de> abrufbar.

Das Buch erschien in den ersten beiden Auflagen unter dem Titel Böge Vieweg Lexikon Technik.

1. Auflage 1997
2. Auflage 1998
3., überarbeitete Auflage März 2003

Alle Rechte vorbehalten
© Friedr. Vieweg & Sohn Verlagsgesellschaft mbH, Braunschweig/Wiesbaden, 2003

Der Vieweg Verlag ist ein Unternehmen der Fachverlagsgruppe BertelsmannSpringer.
www.vieweg.de

Das Werk einschließlich aller seiner Teile ist urheberrechtlich geschützt. Jede Verwertung außerhalb der engen Grenzen des Urheberrechtsgesetzes ist ohne Zustimmung des Verlags unzulässig und strafbar. Das gilt insbesondere für Vervielfältigungen, Übersetzungen, Mikroverfilmungen und die Einspeicherung und Verarbeitung in elektronischen Systemen.

Technische Redaktion: Hartmut Kühn von Burgsdorff
Bilder: Graphik & Text Studio, Dr. Wolfgang Zettlmeier, Laaber-Waldetzenberg
Umschlaggestaltung: Ulrike Weigel, www.CorporateDesignGroup.de
Druck und buchbinderische Verarbeitung: Lengericher Handelsdruckerei, Lengerich
Gedruckt auf säurefreiem und chlorfrei gebleichtem Papier.
Printed in Germany

ISBN 3-528-24959-5

Vorwort zur 3. Auflage

Mit diesem Lexikon Technik, von Fachleuten aus Lehre und Industrie erarbeitet, können sich Schüler und Studierende der Berufsbildenden Schulen, Fachschulen und Fachhochschulen, Meister, Techniker und Ingenieure schnell fächerübergreifend über technische Begriffe, Fachinhalte und Verfahren informieren.

Das Lexikon Technik enthält etwa 4800 Stichwörter mit wichtigen Sachverhalten aus den Fachbereichen Betriebswirtschaft, Chemie, CNC-Technik, Datentechnik, Elektronik, Elektrotechnik, Fertigungsmaschinen, Fertigungstechnik, Fördertechnik, Kraft- und Arbeitsmaschinen, Maschinenelemente, Mathematik, Physik, Robotertechnik, Steuerungs- und Regelungstechnik, Technische Mechanik, Technische Wärmelehre und Werkstofftechnik.

Nach jedem Stichwort mit der englischen Übersetzung gibt die Definition eine Übersicht über den Sachverhalt. Dann folgen die Erläuterungen, wenn nötig mit Formeln, Zeichnungen, Beispielen, Verwendungshinweisen, Tabellen und DIN-Normen. Am Ende sind in Klammern Verweis-Stichwörter angegeben, die zu zusätzlichen Informationen führen.

Die englischen Übersetzungen der Stichwörter werden im Anhang des Buches in alphabetischer Reihenfolge aufgeführt mit dem deutschen Ausdruck zum Nachschlagen.

Herausgeber, Autoren und Verlag haben sich in enger Zusammenarbeit bemüht, Schülern, Studierenden und Praktikern eine wertvolle Hilfe für ein erfolgreiches Arbeiten zu geben.

Braunschweig, März 2003 *Alfred Böge*

Benutzerhinweise

1. Verweis-Stichwörter sind mit Pfeil (–>) gekennzeichnet und stehen immer in Klammern am Ende der Erläuterungen.
2. Wegen der besseren Lesbarkeit wird innerhalb der Stichworttexte auf Verweispfeile verzichtet. Die meisten der in den Erläuterungen verwendeten Fachwörter sind selbst Stichwörter und können nachgeschlagen werden, wie das folgende Beispiel zum Stichwort Netzwerk zeigt:

Netzwerk (network)	– – Stichwort mit englischer Übersetzung.
Miteinander verbundene Rechner, die Programme, Daten oder angeschlossene Geräte gemeinsam nutzen können.	– – Fachwörter Rechner, Programme und Daten sind Stichwörter, die bei Bedarf nachgeschlagen werden können.
(–> LAN, –> Server, –> WAN)	– – LAN, Server und WAN sind Hinweis-Stichwörter für Zusatz-Informationen

A-Betrieb (class A operation)
Betriebsarten des Leistungsverstärkers

A-D-Wandler (analog-to-digital-converter)
Elektronischer Baustein, der ein analoges Signal in ein digitales Signal umwandelt.
A-D-Wandler sind überall dort erforderlich, wo digitale Schaltungen mit analogen Eingangssignalen arbeiten z.B. mit Messwerten. A-D-Wandler kommen als separate Bausteine oder in integrierter Form vor. Moderne Messfühler haben oft A-D-Wandler eingebaut.
(→analoges Signal, →D-A-Wandler, →digitales Signal)

Abbildung (mapping)
→Funktion

Abbrennstumpfschweißen (flash welding)
Schweißflächen bleiben unbearbeitet. Sie berühren sich nur leicht an einigen Punkten durch die Oberflächenrauheit. Bei Stromdurchgang verbrennt der Werkstoff an den Berührungspunkten. Die Teilchen explodieren aus der Abbrennbrücke heraus. Nach genügender Tiefe der Abbrandzone erfolgt die Verschweißung durch schlagartiges Zusammenpressen bei gleichzeitiger Stromabschaltung. Herstellung von Stumpfstößen aus legierten oder unlegierten Stahlblechen oder -profilen bis zu einem Querschnitt von $100\,000\,mm^2$. Anwendbar für das Verschweißen von Kettengliedern oder Bahnschienen.

Abbruchbedingung
(operating procedure following a program break)
Jedes Computerprogramm (auch Modul oder Makro) muß einen kontrollierten Abbruch seines Ablaufs erlauben (das Ausschalten eines Gerätes entspricht einem unkontrollierten Abbruch).
Diese Kontrollpflicht obliegt dem Programmierer.
(→Algorithmus)

ABC-Analyse (abc-analysis)
Einteilungskriterium für das Mengen-Wert-Verhältnis von Materialien.
A-Teile: geringer mengenmäßiger Anteil, hoher Wertanteil. B-Teile: mittlerer mengenmäßiger Anteil, mittlerer Wertanteil. C-Teile: hoher mengenmäßiger Anteil, geringer Wertanteil.

Abdampf (exhaust steam; blown-off steam)
Wasserdampf, der nach Energieabgabe in einer Dampfturbine austritt.

Der verbliebene Wärmeinhalt kann entweder wärme- oder betriebstechnisch genutzt werden (Speisewasservorwärmung) oder wird durch Wärmeaustausch mit der Umgebung in Kondensatoren abgegeben.
Beispiele: Abdampfturbine, Abdampfheizung (Nutzung der Verdampfungswärme in Wärmetauschern zu Heizzwecken).
(→Abdampfturbine, →Dampfturbinen)

Abdampfturbine (exhaust-steam turbine)
Dampfturbinen-Bauart, bei der die Turbine mit dem Abdampf (von niedrigem Druckniveau) anderer Energie- oder Industriedampfanlagen gespeist wird (Niederdruckdampfturbine).
(→Abdampf, →Dampfturbinen)

Abfallstrom (release current)
Elektrischer Strom durch eine Relaisspule (Schützspule), der den Ruhezustand des Relais herbeiführt.

Abfallverzögerung (switch-off-delay)
Elektronischer Zeitbaustein mit einem Eingangs- und einem Ausgangssignal, bei dem das Ausgangssignal nach dem Wegfall des Eingangssignals eine einstellbare Zeit t lang erhalten bleibt.
(→Anzugsverzögerung)

Abfallzeit t_f (fall time)
Die Zeit, in der ein elektrischer Impuls von 90% auf 10% seiner Amplitude fällt.
(→Anstiegszeit)

Abfrage (request)
Durchsucht eine bestehende Datenbank nach Datensätzen, auf die ein oder mehrere Suchkriterien (z.B. alle Postleitzahlen, die mit 45xxx beginnen) zutreffen.
Die Abfrage zeigt die gefundenen Datensätze auf dem Bildschirm oder innerhalb einer Ergebnisdatei an.

Abgase (exhaust gas; waste gas)
Nach der Energieabgabe in Verbrennungsmotoren und Feuerungsanlagen austretende Verbrennungsgase.
Bestehen bei vollständiger Verbrennung hauptsächlich aus Stickstoff, Kohlendioxid und Wasser. Bei motorischer Verbrennung der Kraftstoffe (unvollständige Verbrennung), enthalten Abgase darüber hinaus Schadstoffe wie Kohlenmonoxid (CO), unverbrannte Kohlenwasserstoffe (HC)

Abgaskatalysator

und Stickoxide (NO_x). Kohlendioxid (CO_2) ist ungiftig, trägt aber zum Treibhauseffekt bei (Aufheizen der Erdatmosphäre). Rußpartikel entstehen im Dieselmotor bei hoher Belastung und Sauerstoffmangel. Da sich am Ruß Kohlenwasserstoffe anlagern, wird er als Krebs erregend eingeordnet.
(→Abgasschalldämpfer, →Abgasuntersuchung, →Emissionen, →Rauchgase)

Abgaskatalysator (exhaust gas catalyst)
→Katalysator

Abgasschalldämpfer (exhaust silencer)
Vorrichtung zur Minderung der Ausströmgeräusche in Abgasanlagen von Verbrennungsmotoren. Die Minderung der Schallenergie erfolgt durch Schalldämmung und Schalldämpfung. Man unterscheidet Absorptions- und Reflexionsschalldämpfer. Kfz-Abgasanlagen bestehen meist aus kombinierten Absorptions- Reflexionsschalldämpfern.
(→Abgase, →Abgasuntersuchung)

Abgasturbolader (exhaust turbo-supercharger)
Bauteil zur Auflandung von Verbrennungsmotoren. Er besteht aus Abgasturbine und Verdichter. Die Abgasturbine setzt die Strömungsenergie der Abgase in Rotationsenergie um und treibt den auf der gleichen Welle sitzenden Verdichter, der Gemisch (Ottomotor) oder Frischluft (Dieselmotor) ansaugt und vorverdichtet den Zylindern zuleitet. Durch Vergrößerung der Frischladungsmenge, kann mehr Kraftstoff verbrannt werden und die Motorleistung steigt (bis ca. 30%). Die Abgasturbine erreicht Drehzahlen bis 150 000 l/min. Wird die Luft durch einen Ladeluftkühler gekühlt, erfolgt zusätzliche Leistungssteigerung und Verringerung des spezifischen Kraftstoffverbrauchs. Der Ladedruck wird durch das Ladedruckregelventil begrenzt.
(→Auflandung)

Abgasuntersuchung (exhaust-gas analysis)
Vorgeschriebenes Untersuchungsverfahren des Abgasverhaltens der im Verkehr befindlichen Kraftfahrzeuge mit Fremdzündungsmotor (Ottomotor mit geregeltem Dreiwege-Katalysator) und Kompressionszündungsmotor (Dieselmotor). Bei Pkw und Lkw mit Dieselmotor wird die Rauchgastrübung im Teilstromverfahren bei freier Beschleunigung des Motors bis zur Abregeldrehzahl überprüft. Bei Ottomotoren mit Katalysator und lambdageregelter Gemischaufbereitung wird der Lambda-Regelkreis sowie der CO-Gehalt im Abgas bei Leerlaufdrehzahl und erhöhter Leerlaufdrehzahl (2500...2800 l/min) geprüft. Nach bestandener Prüfung werden Prüfbescheinigung und Fahrzeugplakette erteilt.
(→Abgase, →Katalysator, →Lambda-Regelkreis)

abgeleitete Einheit (derived unit)
Potenzprodukt aus physikalischen Basiseinheiten, festgelegt durch die Definitionsgleichung. Im Internationalen Einheitensystem (SI) werden ausschließlich kohärente Einheiten benutzt, die teilweise eigene Namen haben.

| \multicolumn{5}{c}{Abgeleitete SI-Einheiten mit eigenem Namen und Einheitenzeichen} |

Größe	Name	Zeichen	Definition	Benennung nach
ebener Winkel	Radiant	rad	$1\ \text{rad} = 1\ \text{m/m} = 1$	(lat., Strahl)
Raumwinkel	Steradiant	sr	$1\ \text{sr} = 1\ \text{m}^2/\text{m}^2 = 1$	(lat., räumlicher Strahl)
Frequenz	Hertz	Hz	$1\ \text{Hz} = 1\ \text{s}^{-1} = 1/\text{s}$	Heinrich Hertz
Aktivität	Becquerel	Bq	$1\ \text{Bq} = 1\ \text{s}^{-1} = 1/\text{s}$	Henri Becquerel
Kraft	Newton	N	$1\ \text{N} = 1\ \text{kg m/s}^2$	Isaac Newton
Druck	Pascal	Pa	$1\ \text{Pa} = 1\ \text{kg}/(\text{m s}^2)$	Blaise Pascal
Energie	Joule	J	$1\ \text{J} = 1\ \text{kg m}^2/\text{s}^2$	James P. Joule
Leistung	Watt	W	$1\ \text{W} = 1\ \text{kg m}^2/\text{s}^3$	James Watt
Energiedosis	Gray	Gy	$1\ \text{Gy} = 1\ \text{m}^2/\text{s}^2$	Louis H. Gray
Äquivalentdosis	Sievert	Sv	$1\ \text{Sv} = 1\ \text{m}^2/\text{s}^2$	Sievert
elektrische Ladung	Coulomb	C	$1\ \text{C} = 1\ \text{A s}$	Charles A. de Coulomb
elektrische Spannung	Volt	V	$1\ \text{V} = 1\ \text{kg m}^2/(\text{s}^3\ \text{A})$	Alessandro Volta
elektrischer Widerstand	Ohm	Ω	$1\ \Omega = 1\ \text{kg m}^2/(\text{s}^3\ \text{A}^2)$	Georg S. Ohm
elektrischer Leitwert	Siemens	S	$1\ \text{S} = 1\ \text{s}^3\ \text{A}^2/(\text{kg m}^2)$	Werner v. Siemens
elektrische Kapazität	Farad	F	$1\ \text{F} = 1\ \text{s}^4\ \text{A}^2/(\text{kg m}^2)$	Michael Faraday
Induktivität	Henry	H	$1\ \text{H} = 1\ \text{kg m}^2/(\text{s}^2\ \text{A}^2)$	Joseph Henry
magnetischer Fluss	Weber	Wb	$1\ \text{Wb} = 1\ \text{kg m}^2/(\text{s}^2\ \text{A})$	Wilhelm W. Weber
magnetische Flussdichte	Tesla	T	$1\ \text{T} = 1\ \text{kg}/(\text{s}^2\ \text{A})$	Nicola Tesla
Celsius-Temperatur	Grad Celsius	°C	$1\ °\text{C} = 1\ \text{K}$	Anders Celsius
Lichtstrom	Lumen	lm	$1\ \text{lm} = 1\ \text{cd sr}$	(lat., Licht)
Beleuchtungsstärke	Lux	lx	$1\ \text{lx} = 1\ \text{cd sr}/\text{m}^2$	(lat., Tageslicht)

Beispiel:
Leistung P in Watt ist eine mittels der Definitionsgleichung $P = Wt$ aus den Basiseinheiten Meter, Kilogramm und Sekunde abgeleitete kohärente Einheit: $[P] = $ kg m²/s³ = W.
(→Basiseinheit, →Definitionsgleichung, →Einheit, →kohärente Einheit, →SI)

abgeleitete Größe (derived quantity)
Potenzprodukt aus physikalischen Basisgrößen, festgelegt durch die Definitionsgleichung.
Setzt sich aus dem Zahlenwert und dem Potenzprodukt der Basiseinheiten (= abgeleitete Einheit) zusammen: Abgeleitete Größe = Zahlenwert × abgeleitete Einheit.
Beispiel:
Eine Geschwindigkeit v von 27 m/s setzt sich aus dem Zahlenwert 27 und der abgeleiteten Einheit m/s zusammen: $v = 27$ m/s.
(→abgeleitete Einheit, →Basisgröße, →Definitionsgleichung, →physikalische Größe, →Zahlenwertgleichung)

Abgleiten (slip leading to plastic deformation)
Mechanismus der plastischen Verformung am Idealkristall.
Unter Schubspannungen verschieben sich Atomschichten dichtester Packung gegeneinander, wobei jedes Atom der einen Schicht über den Sattel zwischen zwei Atomen der anderen Schicht gleitet.
(→Gleitebenen, →Gleitrichtungen)

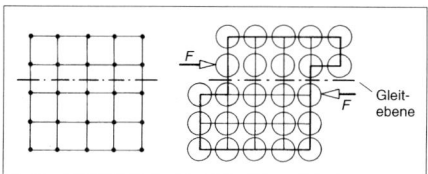

Abgleiten im kubisch einfachen Gitter

Abkühlgeschwindigkeit (cooling rate)
Wichtigste Einflussgröße auf Kristallisation und Gefügeumwandlungen im festen Zustand, auf Korngröße, Ausscheidungen und Wärmespannungen.
Die Abkühlgeschwindigkeit in K/s ist abhängig vom Wärmeübergang zum Kühlmittel, dem Bauteilquerschnitt und der Wärmeleitfähigkeit.
(→Härteverzug, →Unterkühlung)

Abkühlkurve (cooling curve)
Graph des Temperatur-Zeit-Verlaufes vom Beginn der Abkühlung bis zum Ende des Wärmebehandlungsschrittes.
Unstetigkeiten zeigen Kristallisation, Ausscheidungen oder Gitterumwandlungen an.

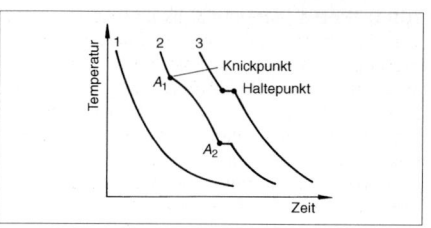

Abkühlkurven: 1 amorphe Stoffe ohne Umwandlungen, 2 Legierungen mit Knickpunkten, 3 Reinmetalle oder eutektische Legierungen mit Haltepunkt

Abkühlverlauf (cooling process)
In der Wärmebehandlung Verlauf der Temperaturabsenkung über der Zeit.
Bestimmt neben der Haltetemperatur und -zeit das Gefüge und innere Spannungen. Je nach Verfahren wird in Luft, im Ofen (Schutzgas), in Sand, Öl, an Metallflächen, im Salzbad oder in Wasser abgekühlt. Die Temperatur sinkt im Innern des Werkstücks langsamer als an der Oberfläche (Ursache der Wärmespannungen).
(→ZTU-Schaubilder)

Ablauf (expiry)
→Arbeitsablauf

Ablaufabschnitt (flow segment)
Teil des Arbeitsablaufs, gegliedert in Makro-Ablaufabschnitte für Projekte, Projektstufen und Mikro-Ablaufabschnitte für Vorgänge und Vorgangselemente.
(→Ablaufarten, →Arbeitsablauf)

Ablaufarten (kinds of expiry)
Kennzeichen das Zusammenwirken von Mensch und Betriebsmittel mit dem Arbeitsgegenstand innerhalb bestimmter Ablaufabschnitte.
Ziel ist die eindeutige Beschreibung von Arbeitsabläufen zur Bildung von Kennzahlen. Zu unterscheiden sind: Ablaufarten für Betriebsmittel, Mensch und Arbeitsgegenstand.

Ablaufdiagramm (sequence diagram)
Graphische Darstellung eines Prozesses in der Steuerungs- und Regelungstechnik, aus der die zeitliche Abfolge der einzelnen Schritte ersichtlich ist.
Ablaufdiagramme können Anfangs- und Endpunkte haben oder in sich geschlossen sein. Gebräuchliche Elemente in Ablaufdiagrammen sind Schleifen und Verzweigungen. Beispiele für Ablaufdiagramme sind Programmablaufplan und Weg-Schritt-Diagramm.
(→Programmablaufplan, →Weg-Schritt-Diagramm)

Ablaufkette

Ablaufkette (sequential circuit)
Schaltwerk zum schrittweisen Steuern von Ablaufsteuerungen.
Von den unterschiedlichen Ausgängen einer Ablaufkette hat nur jeweils ein Ausgang während eines Schrittes 1-Signal. Das Weiterschalten vom ersten Schritt auf den zweiten usw. erfolgt erst, wenn die Weiterschaltbedingungen erfüllt sind.
DIN 19 237 Steuerungstechnik, Begriffe.
(→Ablaufdiagramm, →Ablaufschritt, →Ablaufsteuerung)

Ablauforganisation
(organization of the course of operations)
Regelt das zeitliche und räumliche Zusammenwirken von Menschen und Arbeitsmitteln mit dem Ziel, Arbeitsaufgaben unter gegebenen Arbeitsbedingungen zu erfüllen.

Ablaufprinzipien (principle of expiry)
Grundsätze zur räumlichen Anordnung und Verbindung mehrerer Arbeitsplätze.

Ablaufschritt (step; sequence step)
Kleinster Schritt im Verlauf eines Ablaufprogramms einer Ablaufsteuerung.
(→Ablaufsteuerung)

Ablaufsteuerung (sequential control; sequential operating procedure)
Komponente in Mikroprozessoren und -controllern zur Steuerung interner und externer Vorgänge. Bei dieser Steuerung kann der nächste Schritt erst dann erfolgen, wenn bestimmte, festgelegte Weiterschaltbedingungen vorher erfüllt sind. Diese sind entweder von vorgegebenen Zeiten oder von bestimmten Prozesszuständen abhängig.

Ableitung einer Funktion
(derivative of a function)
Der Grenzwert
$$f'(x_0) = \lim_{x \to x_0} \frac{f(x) - f(x_0)}{x - x_0}$$
heißt Ableitung $f'(x_0)$ der Funktion $y = f(x)$ an der Stelle x_0, falls er existiert (gesprochen: f Strich von x_0).
Die Funktion nennt man dann differenzierbar in x_0. Statt $f'(x_0)$ schreibt man auch $y'(x_0)$ oder $(dy/dx)(x_0)$ oder $(df/dx)(x_0)$ (gesprochen: y Strich von x_0 bzw. dy nach dx an der Stelle x_0 bzw. df nach dx an der Stelle x_0).
Der Bruch $(f(x) - f(x_0))/(x - x_0)$ heißt Differenzenquotient, da im Zähler die Differenz zweier Funktionswerte und im Nenner die Differenz zweier x-Werte steht. Deshalb nennt man $f'(x_0)$ statt Ableitung auch Differenzialquotient.
Geometrische Deutung: Ist die Funktion $y = f(x)$ als Kurve in einem kartesischen Koordinatensystem dargestellt, dann ist der Differenzenquotient gleich der Steigung (dem Tangens des Steigungswinkels β) der Sekante durch die Punkte $P_0(x_0 \mid f(x_0))$ und $P(x \mid f(x))$. Der Grenzwert $f'(x_0)$ ist die Steigung der Tangente in x_0 an den Graphen von $f(x)$, also $f'(x_0) = \tan \alpha$.
Eine Funktion $y = f(x)$ heißt (generell) differenzierbar, wenn sie an jeder Stelle ihres Definitionsbereichs differenzierbar ist. Die durch $g(x) = f'(x)$ definierte Funktion $y' = f'(x)$ heißt dann Ableitung oder Ableitungsfunktion von $f(x)$.
Eine an der Stelle x_0 differenzierbare Funktion f ist dort auch stetig. Falls f an der Stelle x_0 nicht stetig ist, kann f dort auch nicht differenzierbar sein. Aus der Stetigkeit an der Stelle x_0 folgt jedoch noch nicht die Differenzierbarkeit an dieser Stelle.
Beispiel:
Für die Funktion $f(x) = ax + b$, $a, b \in \mathbb{R}$, $D = \mathbb{R}$ gilt
$$f'(x_0) = \lim_{x \to x_0} \frac{ax + b - (ax_0 + b)}{x - x_0}$$
$$= \lim_{x \to x_0} \frac{a \cdot (x - x_0)}{x - x_0} = \lim_{x \to x_0} a = a$$
Die Funktion $f(x) = ax + b$ ist also eine (überall) differenzierbare Funktion, und es gilt $f'(x) = a$.
(→Differenziationsregeln, →Grenzwert einer Funktion, →Stetigkeit einer Funktion)

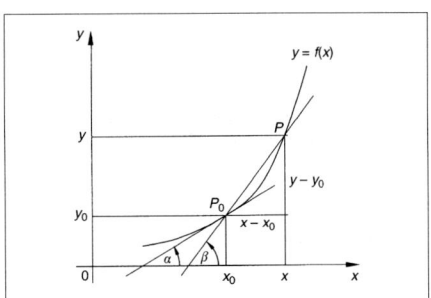

Geometrische Deutungen des Differenzen- und des Differenzialquotienten

Ableitungen einiger algebraischer Funktionen
(derivatives of some algebraic functions)
1. Rationale Funktionen:
$y = c$ (c konstant) $\Rightarrow y' = 0$
$y = x \Rightarrow y' = 1$
$y = x^n \Rightarrow y' = nx^{n-1}$
$y = a_n x^n + a_{n-1} x^{n-1} + \ldots + a_2 x^2 + a_1 x + a_0$

$$\Rightarrow y' = na_n x^{n-1} + (n-1)a_{n-1}x^{n-2} + \ldots + 2a_2 x + a_1$$

$y = 1/x \Rightarrow y' = -1/x^2$

$y = 1/x^n \Rightarrow y' = -n/x^{n+1}$

$y = x^m/x^n \Rightarrow y' = (m-n)\,x^m/x^{n+1}$

2. Irrationale Funktionen:

$y = \sqrt{x} \Rightarrow y' = 1/(2\sqrt{x})$

$y = \sqrt[n]{x} \Rightarrow y' = 1/(n\sqrt[n]{x^{n-1}})$

$y = \sqrt[n]{x}/\sqrt[n]{x}$

$\Rightarrow y' = [(n-m)/mn] \cdot [\sqrt[m]{x}/\sqrt[n]{x^{n-1}}]$

(→Ableitung einer Funktion, →algebraische Funktion, →Differentiazionsregeln)

Ableitungen einiger transzendenter Funktionen
(derivatives of some transcendental functions)

1. Trigonometrische Funktionen:

$y = \sin x \Rightarrow y' = \cos x$

$y = \cos x \Rightarrow y' = -\sin x$

$y = \tan x \Rightarrow y' = 1/\cos^2 x$
$\qquad (x \neq (2k+1)\,\pi/2,\ k \in \mathbb{Z})$

$y = \cot x \Rightarrow y' = -1/\sin^2 x \quad (x \neq k\pi,\ k \in \mathbb{Z})$

2. Exponentialfunktionen:

$y = e^x \Rightarrow y' = e^x = y$

$y = a^x \Rightarrow y' = a^x \ln a\ (a \in \mathbb{R},\ a > 0$ konstant$)$

3. Logarithmusfunktionen:

$y = \ln x \Rightarrow y' = 1/x \quad (x > 0)$

$y = \log_a x$

$\Rightarrow y' = (1/x)\log_a e = (1/\ln a) \cdot (1/x)$
$(a \in \mathbb{R},\ a > 0,\ a \neq 1$ konstant, $x > 0)$

(→Ableitung einer Funktion, →Differentiazionsregeln, →transzendente Funktion)

Ableitungsregeln (rules of differentiation)
→Differentiazionsregeln

Abmaß (measurement)
→Toleranzen

Abrasion (abrasion)
Verschleißmechanismus, der durch harte Partikel zwischen den Reibpartnern oder durch härteren Gegenkörper entsteht.

Abrasionsverschleiß (abrasive wear)
Schneidstoffabtrag (Gleitverschleiß) bei spanender Bearbeitung durch mechanische Einwirkung harter Werkstoffbestandteile (z.B. Gusshaut, Walzkruste) im Kontaktbereich zwischen Werkstück (Span) und dem Schneidkeil des Zerspanwerkzeugs (Mikrozerspanungsprozess).
Abrasionsverschleiß (Verschleißmechanismus: Abrasion) tritt besonders beim Einsatz weniger harter Schneidstoffe auf (Beispiel: Schnellarbeitsstahl).

Abrunden (rounding off)
→Runden

ABS-Polymer (ABS-Copolymer)
Acrylnitril-Butadien-Styrol, Pfropfpolymere oder Polymer-Gemische mit höherer Zähigkeit als reines Polystyrol.
Verwendung: Telefongehäuse, Schutzhelme, Möbelteile, Kühlergrill, Armaturenbretter, Abdeckungen, auch als Strukturschaum.

Abschaltstrom (interrupting current)
Elektrischer Strom, der im Moment des Öffnens eines Schalters fließt.
Der Betrag des Stromes ist von der anliegenden Spannung und der Art der Last (ohmscher, induktiver oder kapazitiver Verbraucher) abhängig.

Abscherbeanspruchung (shear)
Eine der 5 Grundbeanspruchungsarten aus der Festigkeitslehre, bei der zwei benachbarte Querschnitte des beanspruchten Bauteils durch das äußere Kräftesystem $+ F - F = 0$ gegeneinander verschoben werden.
Die Spannung liegt *in* der Querschnittsfläche (*Schub*spannung τ). Bezeichnung: Abscherspannung τ_a, z.B. in Nieten, Passstiften, Passschrauben und Achsen.
(→Abscherhauptgleichung, →Beanspruchungsarten, →Schnittigkeit)

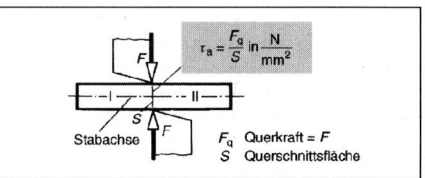

Abscherbeanspruchung mit Abscherhauptgleichung $\tau_a = F_q/S$

Abscheren (shear)
→Abscherbeanspruchung

Abscherfestigkeit τ_{aB} (shear strength)
Diejenige Schubspannung in N/mm², bei der die benachbarten Querschnitte eines Probestabes bleibend voneinander getrennt werden (Bruch).
Für Stahl (St) und Gusseisen kann τ_{aB} mit der Zugfestigkeit R_m des Werkstoffs berechnet werden: $\tau_{aB\,(St)} = 0{,}85\,R_m$; $\tau_{aB\,Gusseisen} = 1{,}1\,R_m$.
(→Blechschneiden)

Abscherhauptgleichung
(principal shear equation)
Mathematischer Zusammenhang zwischen der auf ein Bauteil wirkenden Querkraft F_q, der Querschnittsfläche S und der Abscherspannung $\tau_a = F_q/S$.

Abschrecken

Arbeitsgleichungen (mit zulässiger Abscherspannung $\tau_{a\,zul}$):
erforderlicher Querschnitt $S_{erf} = F_q/\tau_{a\,zul}$,
vorhandene Spannung $\tau_{a\,vorh} = F_q/S < \tau_{a\,zul}$,
maximale Belastung $F_{q\,max} = S\,\tau_{a\,zul}$.

Beispiel: Wird ein Niet von $d = 13\,mm$ einschnittig quer zur Achsrichtung mit $F_q = 8\,kN$ belastet, beträgt die vorhandene Abscherspannung $\tau_{a\,vorh} = F_q/S = 8000\,N/(13^2 \cdot \pi/4)\,mm^2 = 60,3\,N/mm^2$.
($\rightarrow$ Abscherbeanspruchung, $\rightarrow$ Schnittigkeit)

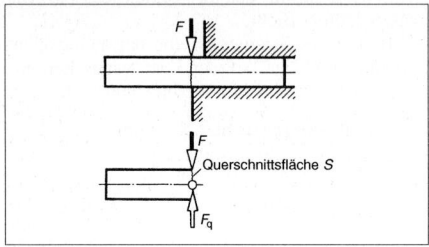

Scherbeanspruchter Stab

Abschrecken (quenching)
Abkühlen mit Abkühlgeschwindigkeiten von 10^2 K/s bis zu 10^6 K/s, je nach Legierung zum Unterdrücken von Gitterumwandlungen oder Ausscheidungen aus Mischkristallen.
($\rightarrow$ Härten)

Absolutbemaßung (absolute dimension)
Bemaßungssystem für die CNC-Technik zur Beschreibung von Werkstückgeometrien. Absolutmaße werden vom Nullpunkt eines Koordinatensystems aus abgetragen und mit dem Wegbefehl G90 und den erforderlichen X-, Y- oder Z-Koordinaten programmiert.
DIN 406 Maßeintragung.
($\rightarrow$ CNC-Programm, $\rightarrow$ CNC-Technik, $\rightarrow$ Inkrementalbemaßung, $\rightarrow$ Polarkoordinatenbemaßung)

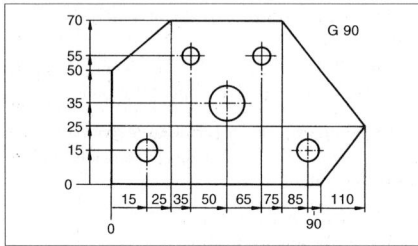

Absolutbemaßung

Absolutbetrag (absolute value)
$\rightarrow$ Betrag

absolute Adresse (absolute address)
Gibt die physikalische Adresse des Speichers, z.B. eines Personal-Computers, an. Dort können Daten gelesen oder eingeschrieben werden.

absolute Atommasse m
(atomic mass in atomic mass units u)
Sie gibt an, wie vielmal schwerer ein Atom eines chemischen Elementes ist als die atomare Masseneinheit u. Die absoluten Atommassen m liegen in der Größenordnung von 10^{-25} bis 10^{-27} kg.
Beispiel:
Ein Wasserstoffatom hat die absolute Atommasse von $m = 1,673 \cdot 10^{-27}$ kg $= 1,008\,u$.
($\rightarrow$ Atom)

absolute Molekularmasse m
(mass of a molecule)
Summe der absoluten Atommassen ($\Sigma\,m_i$), der in einem Molekül vorkommenden Atome, in der atomaren Masseneinheit u.
Beispiel:
$m(H_2SO_4) = 2 \cdot 1,008\,u + 1 \cdot 32,07\,u + \\ + 4 \cdot 16,0\,u = 98,086\,u.$
(Massenzahl in kg)

absoluter Druck p_{abs} (absolute pressure)
Tatsächlich in einem abgeschlossenen Raum (z.B. Dampfkesselraum) herrschender Druck $p_{abs} = p_{at}$ (Atmosphärendruck = äußerer Luftdruck = Umgebungsdruck) + $p_ü$ (mit Manometer gemessener Überdruck).
Beispiel: Der Kesselraum eines Schiffes wird durch ein Gebläse unter Überdruck $p_ü$ gesetzt. Ein mit Wasser gefülltes U-Rohrmanometer zeigt den Überdruck mit 200 mm Höhenunterschied an. Äußerer Luftdruck (Atmosphärendruck) $p_{at} = 1027$ mbar.
$p_{abs} = p_{at} + p_ü = p_{at} + \rho g h = 1027\,mbar + \\ + 10^3\,kg/m^3 \cdot 9,81\,m/s^2 \cdot 0,2\,m = \\ = 1027\,mbar + 19,62\,mbar = 1047\,mbar.$

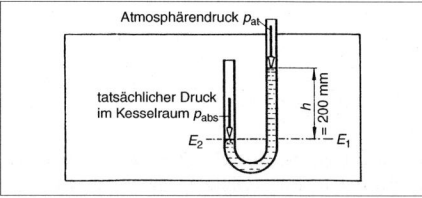

Atmosphärendruck, Druckhöhendifferenz und tatsächlicher (absoluter) Druck

absoluter Nullpunkt (absolute zero)
Nullpunkt (Bezugspunkt) der Kelvin-Skala (thermodynamische Temperaturskala).
Wird einem Stoff Energie in Form von Wärme entzogen (Kühlung), nimmt die Intensität der

Schwingungsbewegung der Elementarteilchen des Stoffes durch Verringerung von Schwingungsgeschwindigkeit und Schwingungsweite ab. Stehen bei fortschreitender Abkühlung die Stoffteilchen schließlich still, ist der absolute Nullpunkt erreicht. Nach den Gasgesetzen für ein ideales Gas liegt der absolute Nullpunkt bei $-273,15\,°C$. Nach Walter Nernst (1864–1941) kann dieser Temperaturnullpunkt experimentell nicht erreicht werden.

absolutes Maximum (absolute maximum)
→Maximum

absolutes Minimum (absolute minimum)
→Minimum

Absolutgeschwindigkeit (absolute velocity)
→Geschwindigkeitsplan

Absolutglied (constant term)
In einer Variablengleichung der Term, der die Variable (die Variablen) nicht enthält.
Beispiel: In der Gleichung $x^2 - 3x + 5 = 0$ ist das Absolutglied gleich 5.
(→lineares Gleichungssystem, →Variablengleichung)

Abstand (distance)
Punkt-Punkt: Der Abstand zweier Punkte P_1 und P_2 ist die Länge $|\overline{P_1P_2}|$ der Verbindungsstrecke $\overline{P_1P_2}$. Sind die Punkte im kartesischen Koordinatensystem dargestellt, also $P_1 = P_1(x_1 | y_1)$, $P_2 = P_2(x_2 | y_2)$, dann gilt für den Abstand $d(P_1, P_2)$ von P_1 und P_2 nach dem Satz des Pythagoras:
$d(P_1, P_2) = |\overline{P_1P_2}| = \sqrt{(x_2 - x_1)^2 + (y_2 - y_1)^2}$.
Gerade – Gerade: Sind g_1: $y = mx + n_1$ und g_2: $y = mx + n_2$ zwei parallele Geraden (parallele Geraden haben gleiche Steigung), und sind g_1: $x\cos\varphi + y\sin\varphi - d_1 = 0$, g_2: $x\cos\varphi + y\sin\varphi - d_2 = 0$ die Hesseschen Normalformen der Geraden, dann gilt für den Abstand l von g_1 und g_2 voneinander: $l = |d_1 - d_2|$, wenn die Geraden auf der gleichen Seite des Koordinatenursprungs liegen, und $l = d_1 + d_2$, wenn die Geraden auf verschiedenen Seiten des Koordinatenursprungs liegen.
Punkt – Gerade: Ist $P_1(x_1|y_1)$ ein Punkt und g_1: $y = mx + n$ eine Gerade, dann ist $x\cos\varphi + y\sin\varphi - d_1 = 0$ die Hessesche Normalform von g_1 und $x\cos\varphi + y\sin\varphi - d_2 = 0$ eine zu g_1 parallele Gerade g_2 durch den Punkt P_1. Der Abstand l zwischen P_1 und g_1 ist auch der Abstand zwischen den Geraden g_1 und g_2, und daher gilt für g_2: $x\cos\varphi + y\sin\varphi - (d_1 \pm l) = 0$.
Da P_1 auf g_2 liegt, erfüllen seine Koordinaten die Geradengleichung:
$x_1\cos\varphi + y_1\sin\varphi - (d_1 \pm l) = 0$,
und nach l aufgelöst ergibt sich
$l = |x_1\cos\varphi + y_1\sin\varphi - d_1|$.
Beispiel:
Gegeben: Die beiden parallelen Geraden g_1: $2x - 4y + 7 = 0$, g_2: $-3x + 6y + 30 = 0$.
Gesucht: Der Abstand l der beiden Geraden.
Hessesche Normalform von g_1:
$-(2/\sqrt{20})\,x + (4/\sqrt{20})\,y - (7/\sqrt{20}) = 0$
(durch Multiplikation der allgemeinen Geradengleichung mit dem Normierungsfaktor)
$-1/\sqrt{a^2 + b^2} = -1/\sqrt{2^2 + (-4)^2} 0 -1/\sqrt{20}$.
Hessesche Normalform von g_2:
$(2/\sqrt{20})\,x - (4/\sqrt{20})\,y - (20/\sqrt{20}) = 0$.
Entgegengesetzte Vorzeichen der x- und y-Glieder $\Rightarrow$ die Geraden liegen auf verschiedenen Seiten des Koordinatenursprungs.
Somit gilt für den Abstand l von g_1 und g_2:
$l = d_1 + d_2 = 7/\sqrt{20} + 20/\sqrt{20} = 27/\sqrt{20} =$
$= 27/(2 \cdot \sqrt{5}) = (27 \cdot \sqrt{5})/10$.
(→allgemeine Geradengleichung, →Hessesche Normalform der Geradengleichung)

Abstreifer (wiper)
Halten an Werkzeugmaschinentischen und -schlitten die Führungsbahnen von Schmutz und herabfallenden Spänen frei.
(→Geradführung, →Werkstücktisch, →Werkzeugschlitten)

Abszisse (abscissa)
Die x-Koordinate eines Punktes in einem ebenen Koordinatensystem.
(→Koordinate, →Koordinatensystem, →Ordinate)

Abszissenachse (axis of abscissae)
Die x-Achse in einem ebenen Koordinatensystem.
(→Koordinatenachse, →Koordinatensystem, →Ordinatenachse)

Abtragungsgeschwindigkeit w
(corrosion rate)
Korrosionsgröße, auch Korrosionsrate $w =$ Dickenabnahme/Zeit in der Einheit mm/Jahr.

Abtriebsdrehzahl (output speed)
Drehzahl n_{ab} in min^{-1} auf der letzten Welle eines Getriebes.
(→Stufengetriebe, →Übersetzung)

Abtriebsleistung P_{ab} (output power)
Leistung in kW, W oder Nm/s an der Abtriebswelle eines Motors, eines Getriebes oder einer Kraft- oder Arbeitsmaschine (z.B. einer Werkzeugmaschine).

P_{ab} lässt sich mit der Wirkungsgradgleichung $\eta = P_{ab}/P_{an}$ aus der Antriebsleistung P_{an} berechnen: $P_{ab} = P_{an}\eta$.
(→Antriebsleistung)

Abtriebsmoment M_{ab} (output torque)
Drehkraftwirkung in Nm an der Abtriebswelle, z.B. eines Zahnradgetriebes.
M_{ab} ist über den Wirkungsgrad η und die Übersetzung i des Getriebes mit dem erforderlichen Antriebsmoment M_{an} verbunden: $M_{ab} = M_{an} i \eta$. Das Antriebsmoment M_{an} lässt sich aus der Antriebsleistung P_{an} und der Antriebsdrehzahl n_{an} ermitteln: $M_{an} = P_{an}/(2\pi n_{an})$.

Abwärtskompatibilität (downwards compatibility)
Weiterentwickelte Geräte und Programme in der Datenverarbeitung sind in der Lage, mit ihren Vorgängern und den von diesen erzeugten Daten zusammenzuarbeiten.
Diese Eigenschaft sichert den aktuellen Investitionen eine Verwendbarkeit in der Zukunft, behindert aber die effektive Neuentwicklung, weil veraltete Konventionen berücksichtigt werden müssen.

Ac$_1$ (lower critical temperature in the heating curve for steel)
Haltepunkt in der Erwärmkurve von Stahl, Umwandlung des Perlits in Austenit (723 °C). Linie PSK im Eisen-Kohlenstoff-Diagramm.

Ac$_3$ (upper critical temperature in the heating curve for steel)
Haltepunkt in der Erwärmkurve von Stahl, Umwandlung des Ferrits in Austenit bei (723...911 °C). Linie GS im Eisen-Kohlenstoff-Diagramm.

Achsen (axis)
Im Maschinenbau zylinderförmiges Bauteil mit Kreisquerschnitt zum Abstützen von Rädern (Radachse), z.B. an Kraftfahrzeugen.
Achsen übertragen im Gegensatz zu Wellen keine Drehmomente. Sie werden wie Achszapfen auf Biegung und Abscheren beansprucht, fest stehende Achsen ruhend oder schwellend, umlaufende wechselnd auf Biegung. Durchmesser von Vollachsen werden nach der Formel $d \geq \sqrt{M_b/(0,1\,\sigma_{bzul})}$ mit M_b (Biegemoment) und σ_{bzul} (zulässige Biegespannung) berechnet und zur Werkstoffersparnis „angeformt".
(→Anformung)

Achsenabschnittsform der Geradengleichung
(intercept form of the equation of a straight line)
Gleichung der Geraden in der Form
$x/x_0 + y/y_0 = 1$.
x_0, y_0 sind die Achsenabschnitte, die Gerade geht also durch die Punkte $P_1(x_0|0)$ und $P_2(0|y_0)$. Die Achsenabschnittsform lässt sich nur für $x_0 \neq 0$ und $y_0 \neq 0$ angeben.
(→Gerade)

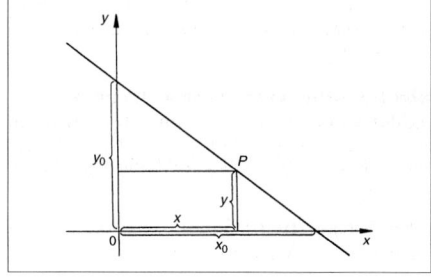

Achsenabschnittsform der Geradengleichung

Achsenkreuz (system of coordinates)
→Koordinatenkreuz

Achsensymmetrie (axial symmetry)
Eine ebene Figur F heißt achsen- oder axialsymmetrisch, wenn sich in ihrer Ebene eine Gerade g angeben lässt, so daß F durch eine Spiegelung an g in sich übergeführt wird. Die Gerade g heißt dann Symmetrieachse.
Beispiele achsensymmetrischer Figuren:
Gleichseitiges Dreieck mit einer der Winkelhalbierenden als Symmetrieachse, Rechteck mit einer Mittellinie als Symmetrieachse, Kreis mit einer beliebigen Gerade durch den Mittelpunkt als Symmetrieachse.
(→Punktsymmetrie)

Achszapfen (axle tap)
→Achsen

Achtflächner (octahedron)
Andere Bezeichnung (Synonym) für Oktaeder.
(→Platonische Körper)

Acrylglas (acrylic glass)
Polymer aus Polymethylmethacrylat PMMA mit 0,92% Lichtdurchlässigkeit, leichter und zäher als Glas (Plexiglas).

actio (axtio)
→Axiome, →Newton, →Wechselwirkungsgesetz

Adaptionsfähigkeit (adaptability)
Fähigkeit eines technischen Systems, mit Sensoren automatisch eine Korrektur der Sollvorgabe vorzunehmen und sich Änderungen in der Umgebung anzupassen.

Beispiel: Automatische Ausrichtung von Sonnenkollektoren, die sich dem optimalen Einfallswinkel der Sonnenstrahlen anpassen.
(→Fügehilfe, →Robotergeneration)

Addition (addition)
→Grundrechenarten

Additionssystem (addition system)
→Dezimalsystem

Additionstheorem (addition theorem)
Gleichung, die die Summe von Funktionswerten beschreibt, zum Beispiel für die Logarithmusfunktion oder die trigonometrischen Funktionen.
Beispiele:
$\log u + \log v = \log(u \cdot v)$;
$\sin(\alpha + \beta) = \sin\alpha\cos\beta + \cos\alpha\sin\beta$.
(→Funktionswert)

Additionstheoreme für die trigonometrischen Funktionen
(addition theorems for trigonometric functions)
Formeln für die trigonometrischen Funktionen von Winkelsummen und Winkeldifferenzen.

1. Trigonometrische Funktionen der Summe und der Differenz zweier Winkel:
$\sin(\alpha + \beta) = \sin\alpha\cos\beta + \cos\alpha\sin\beta$
$\sin(\alpha - \beta) = \sin\alpha\cos\beta - \cos\alpha\sin\beta$
$\cos(\alpha + \beta) = \cos\alpha\cos\beta - \sin\alpha\sin\beta$
$\cos(\alpha - \beta) = \cos\alpha\cos\beta + \sin\alpha\sin\beta$
$\tan(\alpha + \beta) = (\tan\alpha + \tan\beta)/(1 - \tan\alpha\tan\beta)$
$\tan(\alpha - \beta) = (\tan\alpha - \tan\beta)/(1 + \tan\alpha\tan\beta)$
$\cot(\alpha + \beta) = (\cot\alpha\cot\beta - 1)/(\cot\alpha + \cot\beta)$
$\cot(\alpha - \beta) = (\cot\alpha\cot\beta + 1)/(\cot\alpha - \cot\beta)$

2. Trigonometrische Funktionen für Winkelvielfache:
$\sin 2\alpha = 2\sin\alpha\cos\alpha = 2\tan\alpha/(1 + \tan^2\alpha)$
$\sin 3\alpha = 3\sin\alpha - 4\sin^3\alpha$
$\sin 4\alpha = 8\sin\alpha\cos^3\alpha - 4\sin\alpha\cos\alpha$
$\cos 2\alpha = \cos^2\alpha - \sin^2\alpha =$
$\quad = 1 - 2\sin^2\alpha = 2\cos^2\alpha - 1$
$\cos 3\alpha = 4\cos^3\alpha - 3\cos\alpha$
$\cos 4\alpha = 8\cos^4\alpha - 8\cos^2\alpha + 1$
$\tan 2\alpha = 2\tan\alpha/(1 - \tan^2\alpha) =$
$\quad = 2/(\cot\alpha - \tan\alpha)$
$\tan 3\alpha = (3\tan\alpha - \tan^3\alpha)/(1 - 3\tan^2\alpha)$
$\tan 4\alpha = (4\tan\alpha - 4\tan^3\alpha)/(1 - 6\tan^2\alpha + \tan^4\alpha)$
$\cot 2\alpha = (\cot^2\alpha - 1)/(2\cot\alpha) =$
$\quad = (\cot\alpha - \tan\alpha)/2 = 1/\tan 2\alpha$
$\cot 3\alpha = (\cot^3\alpha - 3\cot\alpha)/(3\cot^2\alpha - 1)$
$\cot 4\alpha = (\cot^4\alpha - 6\cot^2\alpha + 1)/(4\cot^3\alpha - 4\cot\alpha)$

3. Summen und Differenzen zweier trigonometrischer Funktionen:
$\sin\alpha + \sin\beta = 2\sin\dfrac{\alpha + \beta}{2}\cos\dfrac{\alpha - \beta}{2}$
$\sin\alpha - \sin\beta = 2\cos\dfrac{\alpha + \beta}{2}\sin\dfrac{\alpha - \beta}{2}$
$\cos\alpha + \cos\beta = 2\cos\dfrac{\alpha + \beta}{2}\cos\dfrac{\alpha - \beta}{2}$
$\cos\alpha - \cos\beta = -2\sin\dfrac{\alpha + \beta}{2}\sin\dfrac{\alpha - \beta}{2}$
$\tan\alpha + \tan\beta = \dfrac{\sin(\alpha + \beta)}{\cos\alpha\cos\beta}$
$\tan\alpha + \tan\beta = \dfrac{\sin(\alpha - \beta)}{\cos\alpha\cos\beta}$
$\cot\alpha + \cot\beta = \dfrac{\sin(\alpha + \beta)}{\sin\alpha\sin\beta}$
$\cot\alpha - \cot\beta = -\dfrac{\sin(\alpha + \beta)}{\sin\alpha\sin\beta}$

4. Produkte trigonometrischer Funktionen:
$\sin\alpha\sin\beta = (1/2)[\cos(\alpha - \beta) - \cos(\alpha + \beta)]$
$\cos\alpha\cos\beta = (1/2)[\cos(\alpha - \beta) + \cos(\alpha + \beta)]$
$\sin\alpha\cos\beta = (1/2)[\sin(\alpha + \beta) + \sin(\alpha - \beta)]$
$\cos\alpha\sin\beta = (1/2)[\sin(\alpha + \beta) - \sin(\alpha - \beta)]$
$\tan\alpha\tan\beta = (\tan\alpha + \tan\beta)/(\cot\alpha + \cot\beta) =$
$\quad = -(\tan\alpha - \tan\beta)/(\cot\alpha - \cot\beta)$
$\cot\alpha\cot\beta = (\cot\alpha + \cot\beta)/(\tan\alpha + \tan\beta) =$
$\quad = -(\cot\alpha - \cot\beta)/(\tan\alpha - \tan\beta)$
$\tan\alpha\cot\beta = (\tan\alpha + \cot\beta)/(\cot\alpha + \tan\beta) =$
$\quad = -(\tan\alpha - \cot\beta)/(\cot\alpha - \tan\beta)$

5. Potenzen trigonometrischer Funktionen:
$\sin^2\alpha = (1/2)(1 - \cos 2\alpha)$
$\sin^3\alpha = (1/4)(3\sin\alpha - \sin 3\alpha)$
$\sin^4\alpha = (1/8)(\cos 4\alpha - 4\cos 2\alpha + 3)$
$\cos^2\alpha = (1/2)(1 + \cos 2\alpha)$
$\cos^3\alpha = (1/4)(3\cos\alpha + \cos 3\alpha)$
$\cos^4\alpha = (1/8)(\cos 4\alpha + 4\cos 2\alpha + 3)$

(→Eulersche Formel, →Moivre, Formel von, →trigonometrische Funktionen)

Additionsverfahren (addition method)
Methode zur Lösung eines linearen Gleichungssystems mit zwei Gleichungen und zwei Variablen (Unbekannten).
Beide Gleichungen werden so mit einem Faktor multipliziert, dass bei anschließender Addition der Gleichungen eine der Variablen wegfällt. Man erhält eine lineare Gleichung mit einer

Variablen, die gelöst werden kann. Durch Einsetzen dieses Wertes in eine der beiden Ausgangsgleichungen ergibt sich eine lineare Gleichung in der anderen Variablen, die daraus dann auch berechnet werden kann.
Beispiel:
(I) $-x+y = 1$, (II) $2x+y = 4$.
Multiplikation von (I) mit 2:
(I') $-2x+2y = 2$;
Addition von (I') und (II):
$y+2y = 4+2 \Rightarrow 3y = 6 \Rightarrow y = 2$;
Einsetzen in (I) $\Rightarrow x = 1$
Somit Lösung: $(x, y) = (1, 2)$ (oder Lösungsmenge: $L = \{(1, 2)\}$).
(→Einsetzungsverfahren, →Gleichsetzungsverfahren, →lineares Gleichungssystem)

Adhäsion (adhesion)
Kraft zwischen den Molekülen an der Berührungsschicht zweier Körper, hervorgerufen durch gegenseitige Anziehung (Molekularkräfte).
Adhäsion ist eine Oberflächenkraft, die nur auf der Grenzfläche zwischen festen, festen und flüssigen sowie festen und gasförmigen Körpern wirkt, in diesem Fall Adsorption genannt
Beispiel: Adhäsion ist die Kraft, die zwei Glasscheiben scheinbar aneinander „kleben" lässt.
(→Kohäsion, →Kraft, →Molekularkraft, →Oberflächenkraft).

Adhäsionsverschleiß (adhesive wear)
Schneidstoffabtrag (Pressschweißverschleiß) bei spanender Bearbeitung durch mechanische Einwirkung abgescherter oder ausgebrochener Schweißbrücken und Aufbauschneiden (Haftverbindungen durch Kaltverschweißung) im Kontaktbereich zwischen Werkstück (Span) und dem Schneidkeil des Zerspanwerkzeugs (Fressen).
Adhäsionsverschleiß (Verschleißmechanismus: Adhäsion) tritt besonders bei metallischen Schneidstoffen mit ausgeprägter Verschweißneigung auf (Beispiel: Schnellarbeitsstahl).

adiabate Zustandsänderung (adiabatic change)
Reversible Änderung des physikalischen Zustandes eines eingeschlossenen Gases ohne Wärmeaustausch mit der Umgebung (isentrope Zustandsänderung).
Bei einer adiabaten Expansion (Volumenvergrößerung) dehnt sich das Gas aus und gibt Volumenänderungsarbeit nach außen ab (äußere Arbeit). Dabei wird Wärme weder zu- noch abgeführt (adiabates System). Die Arbeitsabgabe wird also nur aus der inneren Energie des Gases gedeckt. Das Produkt aus dem absoluten Druck p eines idealen Gases und der Potenz des Volumens V mit dem Exponenten κ (V^κ) ist konstant: $p_1 \cdot V_1^\kappa = p_2 \cdot V_2^\kappa$
κ ist der Isentropenkoeffizient. Für ein ideales Gas ist er das Verhältnis der spezifischen Wärmekapazitäten c_p/c_v (für Luft: $\kappa = 1,4$).
Die vom Gas abgegebene Volumenänderungsarbeit W erscheint im p,V-Diagramm als Fläche. Sie ist der Abnahme der inneren Energie (ΔU) gleichwertig ($\Delta U = W$).
Bei reversibler adiabater Kompression (Volumenverkleinerung) wird die Volumenänderungsarbeit von außen zugeführt, die innere Energie nimmt um einen gleichwertigen Betrag ΔU zu.

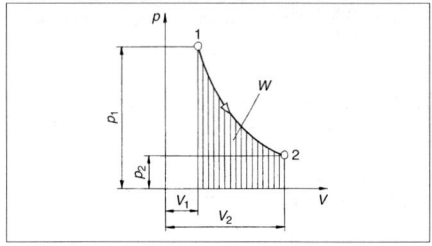

Adiabate Zustandsänderung (Expansion von 1 nach 2) im p,V-Diagramm

Adressbus (address bus)
Anzahl von Leitungen eines Rechners, die Adressinformationen übertragen, z.B. Adressen von Ein- oder Ausgängen, Speicherplätzen, Merkern, Peripheriebauteilen.
Der Adressbus ist ein unidirektionaler Bus, dessen Busbreite die mögliche maximale Kapazität des Hauptspeichers ergibt, z.B. bei Adressleitungen = 2^{16} = 64 kByte.
(→Bussystem, →Datenbus, →unidirektional)

Adresse (address)
Kennzeichnet im Rechner die Speicherstelle eines Speichers durch ein Wort, z.B. AFFF$_H$.
Unter Angabe der Adresse in hexadezimaler Form kann eine Information in einen Speicher geschrieben oder ausgelesen werden.
In einem CNC-Programm ist die Adresse ein Buchstabe, der die Bedeutung der nachfolgenden Zahleninformation bestimmt und damit festlegt, welche Funktion einer Steuerung aufgerufen wird.
Beispiel für Adresse:

Ähnlichkeit von Dreiecken

DIN 66 025 Programmaufbau für numerisch gesteuerte Arbeitsmaschinen.
(→absolute Adresse, →Adressbus, →Adresswert, →CNC-Programm, →Hexadezimalsystem, →relative Adresse)

Adresswert (address value)
Stellt den von einer CNC-Steuerung zu verarbeitenden Zahlenwert dar.
Beispiel:

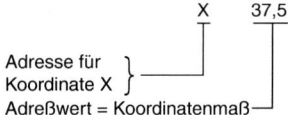

DIN 66 025 Programmaufbau für numerisch gesteuerte Arbeitsmaschinen.
(→Adresse)

Adresszähler (address counter)
Speicher innerhalb eines Rechners, der die Speicheradresse des Befehls enthält, der im Programmablauf als nächstes bearbeitet wird. Ist der Befehl abgearbeitet worden, wird der Adresszähler auf den nächsten Befehl gesetzt.

Adsorption (adsorption)
→Adhäsion

Ähnlichkeit (similarity)
Geometrische Figuren heißen ähnlich, wenn sie nach geeigneter Parallelverschiebung, Drehung, Spiegelung durch zentrische Streckung zur Deckung gebracht werden können.
(→Kongruenz, →zentrische Streckung)

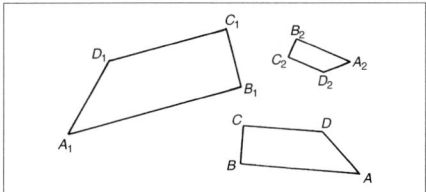

Ähnliche Figuren

Ähnlichkeit von Dreiecken
(similarity of triangles)
Bedingungen:
Dreiecke sind ähnlich, wenn sie in zwei Winkeln übereinstimmen.
Da im Dreieck die Winkelsumme gleich 180° ist, folgt, dass dann auch die jeweils dritten Winkel übereinstimmen.

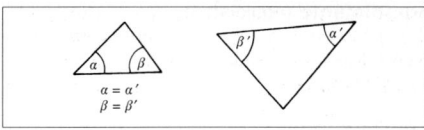

Ähnliche Dreiecke

Dreiecke sind ähnlich, wenn sie in dem Längenverhältnis eines Seitenpaares und dem Gegenwinkel der längeren Seite übereinstimmen.

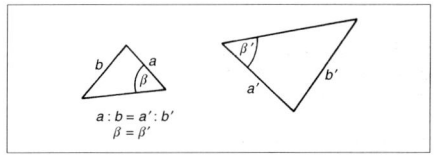

Ähnliche Dreiecke

Dreiecke sind ähnlich, wenn sie in dem Längenverhältnis eines Seitenpaares und dem eingeschlossenen Winkel übereinstimmen.

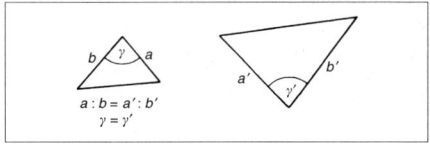

Ähnliche Dreiecke

Dreiecke sind ähnlich, wenn sie in den Längenverhältnissen zweier Seitenpaare übereinstimmen.

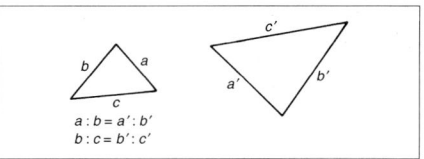

Ähnliche Dreiecke

Hinweise:
Die Strahlensätze sind Anwendungen der Eigenschaften ähnlicher Dreiecke.
Da ein rechtwinkliges Dreieck durch seine Höhe in zwei untereinander und dem ganzen Dreieck ähnliche Teildreiecke geteilt wird (gleiche Winkel), folgen aus der Proportionalität der Längen entsprechender Seiten der Kathetensatz und der Höhensatz.
(→Ähnlichkeit, →Kongruenzsätze für Dreiecke, →Strahlensätze)

Äquidistante

Äquidistante (equidistant)
Versatz zwischen Werkzeugmittelpunkt und Werkstückkontur um das Maß des Radius.
(→Bahnkorrektur)

Äquivalentdosis _H_ (equivalent dose)
Maß für die Wirkung radioaktiver Strahlung auf organisches Gewebe.
Biologische Dosis mit der SI-Einheit Sievert, sie wird als Produkt der Energiedosis D und einem Bewertungsfaktor q (Qualitätsfaktor) gebildet, der von der Strahlenart abhängig ist: $H = D\,q$.
(→Energiedosis, →Sievert)

äquivalente Aussagen
(equivalent propositions)
→logische Zeichen

äquivalente Umformung
(equivalent transformation)
Eine gegebene Gleichung durch zulässige Rechenoperationen in eine Gleichung überführen, die die gleiche Lösungsmenge wie die Ausgangsgleichung besitzt, aber einfacher lösbar ist.
Ausgangsgleichung und umgeformte Gleichung sind äquivalent (gleichwertig).
Die Rechenoperationen bei der Umformung müssen gleichzeitig auf beiden Seiten einer Gleichung durchgeführt werden.
Grundregeln für äquivalente Umformungen:
1. Addition einer Zahl (hier a) auf beiden Seiten einer Gleichung:
$x - a = b \qquad |+a$
$x = b+a$
2. Subtraktion einer Zahl (hier a) von beiden Seiten einer Gleichung:
$x + a = b \qquad |-a$
$x = b - a$
3. Multiplikation beider Seiten einer Gleichung mit der gleichen Zahl (hier mit a):
$\dfrac{x}{a} = b \qquad |\cdot a$
$x = b \cdot a$
Bedingung: $a \neq 0$
4. Division beider Seiten einer Gleichung durch die gleiche Zahl (hier durch a):
$ax = b \qquad |:a$
$x = b/a$
Bedingung: $a \neq 0$

Beispiele:
1. $5x - 6 = 29 \quad |+6$ (Addition auf beiden Seiten)
$5x = 35 \quad |:5$ (Division auf beiden Seiten)
$x = 7$

Alle Gleichungen sind äquivalent mit der Lösungsmenge $L = \{7\}$.

2. $\sqrt{x+8} = x+2 \qquad |$ Quadrieren
$x+8 = (x+2)^2 \qquad |$ Klammer „beseitigen"
$x+8 = x^2+4x+4 \qquad |-(x+8)$
$0 = x^2+3x-4 \,|$ Vertauschen der Seiten
$x^2+3x-4 = 0$
Berechnen der Lösungen der quadratischen Gleichung:
$x_{1,2} = -3/2 \pm \sqrt{9/4 + 4} = -3/2 \pm 5/2$
$\Rightarrow x_1 = 1, x_2 = -4$
$x_1 = 1$ erfüllt die Ausgangsgleichung wegen $\sqrt{1+8} = 1+2$, dagegen ist $x_2 = -4$ keine Lösung der Ausgangsgleichung, denn es ist $\sqrt{-4+8} \neq -4+2$.
Somit: Das Quadrieren ist keine äquivalente Umformung!

Äquivalenz (equivalence operation)
Logische Verknüpfung in der Steuerung eines Rechners, bei der am Ausgang nur dann 1-Signal ansteht, wenn beide Eingänge gleichzeitig 1- oder 0-Signal führen. Das Gegenteil ist die Antivalenz.

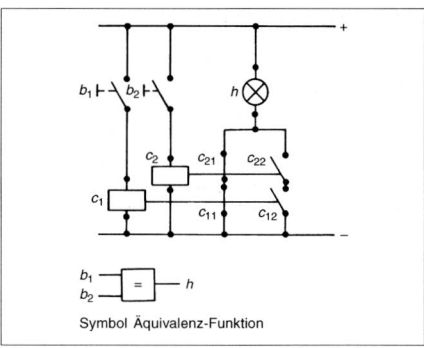

Symbol Äquivalenz-Funktion

Technische Realisierung einer Äquivalenzfunktion

Aerodynamik (aerodynamics)
Lehre von den strömenden Gasen (hauptsächlich Luft) und den dabei auftretenden Kräften, Teilgebiet der Strömungsmechanik.
(→Kraft, →Strömungsmechanik)

Aerostatik (aerostatics)
Lehre von den Gleichgewichtszuständen und den dabei auftretenden Kräften in ruhenden Gasen.
(→Kraft)

äußere Arbeit (external work)
Volumenänderungsarbeit, die bei Expansion (Volumenvergrößerung) eines eingeschlossenen Gases (z.B. über einen verschiebbaren Kolben) an die Umgebung abgeführt oder bei Kompression (Volumenverkleinerung) dem Gas von außen zugeführt wird.
Die äußere Arbeit $W = \Sigma \Delta W = \Sigma p \cdot \Delta V$ erscheint im p,V-Diagramm als Fläche. Wird der Druck auf der abgewandten Kolbenseite mit Null angenommen, so wird auf der Gasseite der auf null bezogene absolute Gasdruck wirksam. Die äußere Arbeit wird daher auch absolute Arbeit genannt.

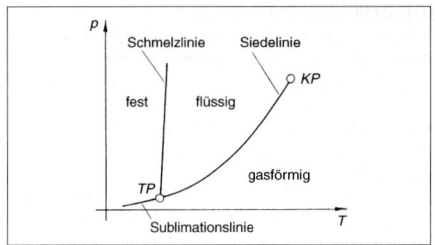

Gibbs'sches Phasendiagramm, TP Tripelpunkt, KP Kritischer Punkt

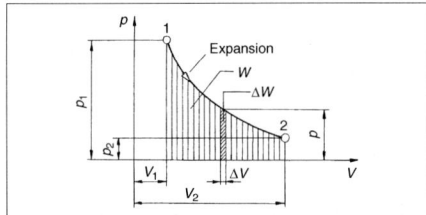

Äußere Arbeit bei Expansion im p,V-Diagramm

äußere Kräfte (external forces)
Greifen außen am frei gemachten Körper (Bauteil) an und werden von einem benachbarten zweiten Körper auf den Ersten ausgeübt, z.B. die Zahnkraft zwischen zwei Stirnrädern. Gegensatz: innere Kräfte.
Auch die Gewichtskraft F_G ist in diesem Sinne eine äußere Kraft, sie wird durch Massenanziehung der Erde auf jeden Körper ausgeübt.
(→Freimachen, →innere Kraft, →Kraft)

äußere Teilung (external division)
Eine Art der Streckenteilung.
(→Streckenteilung)

Aggregatzustand (state of aggregation)
Äußere Erscheinungsform von Stoffen. Es werden feste, flüssige und gasförmige (dampfförmige) Aggregatzustände (Phasen) unterschieden. Entsprechend liegen Stoffe als Feststoffe, Flüssigkeiten oder Gase (Dämpfe) vor. Ein ionisiertes Gas bezeichnet man als Plasma (4. Aggregatzustand). Die Erscheinungsform der Stoffe hängt von der Größe der stoffabhängigen molekularen oder atomaren Bindekräfte (Kohäsionskräfte) ab. Auch Temperatur und Druck beeinflussen den jeweils vorliegenden Aggregatzustand (Phasendiagramm nach Josian Willard Gibbs, 1839–1903).

Akkumulator (accumulator)
Datentechnik: Arbeitsregister des Rechenwerks der CPU, in der Zwischenergebnisse arithmetischer und logischer Operationen der ALU kurzzeitig aufbewahrt werden.
Elektrotechnik: Wiederaufladbarer elektrochemischer Energiespeicher, der als Spannungsquelle benutzt wird. Man unterscheidet Blei- und Nickel-Cadmium-Akkumulatoren.
(→Rechenwerk)

aktive Bauelemente (active component)
→Bauelemente

aktive RC-Filter (active filter)
→Filter

aktiver Zweipol (active two-port)
→Zweipol

Aktivierungsenergie E_A (activation energy)
Startenergie zur Einleitung einer chemischen Reaktion (Energie zur Überwindung einer Reaktionshemmung).
(→endotherme Reaktionen, →exotherme Reaktionen)

Aktivität A (activity)
Anzahl der Kernzerfälle eines radioaktiven Nuklids pro Zeitintervall.
Wichtige Kenngröße eines Nuklids mit der SI-Einheit Becquerel. Wird die Aktivität A auf die Masse m bezogen, dann erhält man die spezifische Aktivität α: $\alpha = A/m$ in Bq/kg.
(→Becquerel, →Nuklid)

Aktor, Aktuator (actuator)
Antriebseinrichtung, die durch Umwandlung pneumatischer, hydraulischer oder elektrischer Energie mechanische Bewegung erzeugt.
Beispiel: Hydraulikzylinder als Antrieb eines Robotergelenks.

Aktorik

Aktorik (actuator)
Geräte und Einrichtungen eines Systems zur Durchführung von Massenbewegungen. Zur Aktorik zählen z.B. Zylinder, Stellmotoren, Schütze und Ventile. Das Gegenstück zur Aktorik ist die Prozessorik.

Akustik (acoustics)
Lehre von der Entstehung, Ausbreitung und dem Verhalten von Schallwellen.

Akzeptor (acceptor)
Dreiwertige Elemente, die als Störstellenatome in Halbleitern Defektelektronen erzeugen.
Defektelektronen (auch „Löcher" genannt) stehen modellhaft für fehlende Elektronen im Kristall und haben positive Ladung.
Beispiel: Bor, Indium, Gallium.

Algebra (algebra)
Teilgebiet der Mathematik, das sich ursprünglich mit der Lehre von den Gleichungen und ihrer Auflösung befasste.
Im Laufe der Zeit rückten die Fragen nach der Existenz der Lösungen, nach ihrer Anzahl und ihren Eigenschaften in den Vordergrund. Heute bilden Begriffe wie Matrix, Determinante, Gruppe, Ring, Körper den Inhalt der Algebra.

algebraische Form der komplexen Zahlen (cartesian form of complex numbers)
Darstellung einer komplexen Zahl z in der Form $z = a + bj$, wobei a und b reelle Zahlen sind und j die imaginäre Einheit, $j = \sqrt{-1}$.
Neben der algebraischen Form gibt es die trigonometrische Form und die Exponentialform der komplexen Zahlen.
Beispiel:
$z = 1 + \sqrt{3}j$ (algebraische Form)
$= 2(1/2 + (\sqrt{3}/2)j)$
$= 2(\cos(\pi/3) + j\sin(\pi/3))$
   (trigonometrische Form)
$= 2\,e^{j\pi/3}$ (Exponentialform)
(→Exponentialform der komplexen Zahlen, →komplexe Zahl, →trigonometrische Form der komplexen Zahlen)

algebraische Funktion (algebraic function)
Elementare Funktion, in der sich die Verknüpfung der unabhängigen Variablen x und der abhängigen Variablen y in einer algebraischen Gleichung der Form
$p_0(x) + p_1(x)y + p_2(x)y^2 + \ldots + p_n(x)y^n = 0$
darstellen lässt, wobei $p_0, p_1, \ldots, p_n$ Polynome in x beliebigen Grades sind.
Elementare Funktionen, die nicht algebraisch sind, heißen transzendent. Algebraische Funktionen untergliedern sich in rationale und irrationale Funktionen.
Beispiele:
$y = 3x^2 + 4$; $y = 2x/(x^3 + 2x - 1)$;
$y = \sqrt{2x + 3}$;
$3xy^3 - 4xy + x^3 - 1 = 0$ (hier also $p_0(x) = x^3 - 1$, $p_1(x) = -4x$, $p_2(x) = 0$, $p_3(x) = 3x$).
(→rationale Funktion, →transzendente Funktion)

algebraische Gleichung (algebraic equation)
Gleichung der Form
$a_n x^n + a_{n-1} x^{n-1} + a_{n-2} x^{n-2} + \ldots + a_1 x + a_0 = 0$,
wobei die Koeffizienten $a_n, a_{n-1}, a_{n-2}, \ldots, a_1, a_0$ für reelle Zahlen stehen.
Ist x^n die höchste auftretende Potenz der Variablen x, so heißt die Gleichung vom Grad n. Die Zahlen x, die die Gleichung erfüllen, heißen Lösungen oder Wurzeln der Gleichung.
Jede algebraische Gleichung n-ten Grades besitzt genau n (reelle oder komplexe) Wurzeln (sogenannter Fundamentalsatz der Algebra). Dabei ist jede Wurzel mit ihrer Vielfachheit zu zählen.
Beispiele:
$x^5 + 2x^3 - x - 12 = 0$ (algebraische Gleichung);
$\sqrt{3x - 5} + 4 = 2x + 7$
   (nicht algebraische Gleichung).
(→transzendente Gleichung)

algebraische irrationale Zahl (algebraic irrational number)
Zahl, die sowohl algebraisch als auch irrational ist.
Beispiele: $\sqrt{2}$; $\sqrt[5]{27/4}$; $3 - \sqrt{2}$.
(→algebraische Zahl, →irrationale Zahl)

algebraische Kurve n-ter Ordnung (algebraic curve of order n)
→Kurve

algebraische Zahl (algebraic number)
Zahl, die Lösung einer algebraischen Gleichung mit rationalen Koeffizienten ist.
Zum Beispiel sind alle rationalen Zahlen und alle Quadratwurzeln algebraische Zahlen.
Beispiele:
3 (denn $x = 3$ ist Lösung von $x - 3 = 0$);
$2 + \sqrt{3}$ (denn $x = 2 + \sqrt{3}$ ist Lösung von $x^2 - 4x + 1 = 0$).
(→algebraische Gleichung)

Alkohole

ALGOL (**Alg**orithmic **L**anguage, Algol)
Technisch-wissenschaftliche Programmiersprache. Vorläufer der heutigen blockorientierten, prozeduralen Hochsprachen.
(→Algorithmus)

Algorithmus (algorithm)
Eindeutige Beschreibung eines (Rechen-)Vorgangs. Dieser kann verbal, schriftlich und grafisch beliebige Vorgänge darstellen und somit nachvollziehbar machen. Neben der Eindeutigkeit eines Algorithmus muß dieser mit den gleichen Eingangsparametern immer die gleichen Ergebnisse liefern. Er muß so konzipiert sein, dass unter allen denkbaren Umständen ein sinnvoller Abbruch dieses Vorganges möglich ist.
Beispiel: Eine Division durch Null führt im Rechner aufgrund seines begrenzten Wertebereichs zu einem Überlauf der ALU, wodurch er arbeitsunfähig wird („abstürzt"). Vor jeder Division ist also zu prüfen, ob der Divisor ungleich Null ist.
(→ALU,   →Programmablaufplan,   →Struktogramm)

Alkane (alkane; paraffin)
Gesättigte, kettenförmige Kohlenwasserstoffe, nur aus H- und C-Atomen aufgebaut, bilden homologe Reihen, reaktionsträge wegen der Einfachbindungen, hydrophob.
Allgemeine Summenformel: C_nH_{2n+2}.
Beispiele:

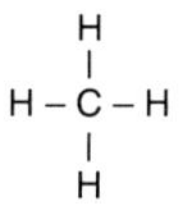

CH_4 Methan

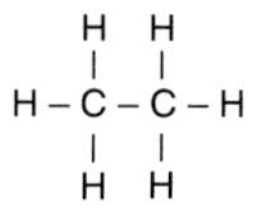

C_2H_6 Ethan

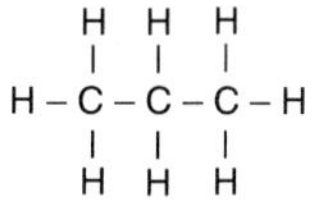

C_3H_8 Propan

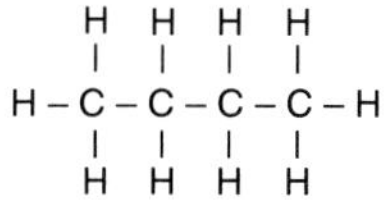

C_4H_{10} Butan

Alkene (alkene; olefin)
Ungesättigte, kettenförmige Kohlenwasserstoffe, nur aus H- und C-Atomen aufgebaut, reaktionsstärker als Alkane wegen der Doppelbindungen, bilden homologe Reihen, hydrophob.
Allgemeine Summenformel: C_nH_{2n}

Beispiele:

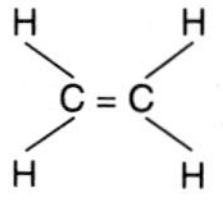

C_2H_4 Ethen

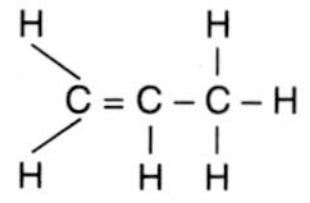

C_2H_4 Propen

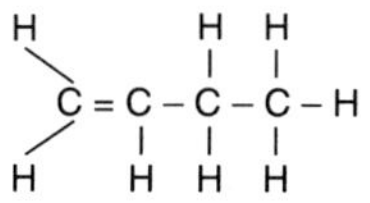

C_4H_8 Buten

Alkine (alkyne)
Ungesättigte, kettenförmige Kohlenwasserstoffe, nur aus H- und C-Atomen aufgebaut, reaktionsstärker als Alkene wegen der Dreifachbindungen, bilden homologe Reihen, hydrophob.
Allgemeine Summenformel: C_nH_{2n-2}
Beispiele:

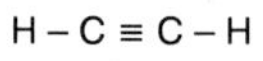

C_2H_2 Ethin

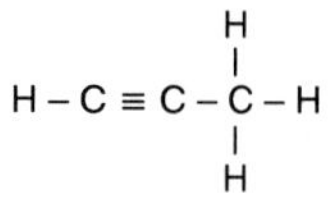

C_3H_4 Propin

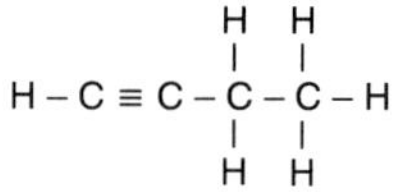

C_4H_6 Butin

Alkohole (alcohol)
Gesättigte, kettenförmige Kohlenwasserstoffe, aus H-, C- und O-Atomen aufgebaut, bilden homologe Reihen, enthalten die funktionelle OH-Gruppe (Hydroxyl-Gruppe), daher hydrophil.
Einteilung nach der Zahl der OH-Gruppen in einwertige, zweiwertige und dreiwertige Alkohole.
Beispiele: Einwertige Alkohole
Allgemeine Summenformel: $C_nH_{2n-1}OH$

einwertige Alkohole

$$\begin{array}{c} H \\ | \\ H-C-OH \\ | \\ H \end{array}$$
CH_3OH
Methanol

$$\begin{array}{cc} H & H \\ | & | \\ H-C-C-OH \\ | & | \\ H & H \end{array}$$
C_2H_5OH
Ethanol

$$\begin{array}{ccc} H & H & H \\ | & | & | \\ H-C-C-C-OH \\ | & | & | \\ H & H & H \end{array}$$
C_3H_7OH
Propanol

$$\begin{array}{cccc} H & H & H & H \\ | & | & | & | \\ H-C-C-C-C-OH \\ | & | & | & | \\ H & H & H & H \end{array}$$
C_4H_9OH
Butanol

zweiwertiger Alkohol

$$\begin{array}{cc} H & H \\ | & | \\ H-C--C-H \\ | & | \\ OH & OH \end{array}$$
$C_2H_4(OH)_2$
1,2-Ethandiol
Glykol

dreiwertiger Alkohol

allgemeine Durchbiegungsgleichung
(general load-deflection equation)
→Durchbiegungsgleichung

allgemeine Form der Kreisgleichung
(general form of the equation of a circle)
Gleichung des Kreises in der Form
$x^2 + y^2 + 2ax + 2by + c = 0$.
Für die Koordinaten x_m, y_m des Mittelpunkts M gilt mit Radius r:
$a = -x_m, b = -y_m, c = x_m^2 + y_m^2 - r^2$
(→Kreis)

allgemeine Geradengleichung
(general form of the equation of a straight line)
Gleichung der Geraden in der Form
$ax + by + c = 0$.
Die Koeffizienten a und b dürfen nicht gleichzeitig Null sein.
Die Variablen x und y sind die Koordinaten eines beliebigen Punktes der Geraden. Ein Punkt $P_0 = P(x_0|y_0)$ der Ebene liegt genau dann auf der Geraden, wenn seine Koordinaten x_0 und y_0 die Gleichung erfüllen, wenn also $ax_0 + by_0 + c = 0$ gilt.
Die Koeffizienten a, b, c legen die Gerade eindeutig fest. Für $a = 0$ ist die Gerade eine Parallele zur x-Achse, für $b = 0$ eine Parallele zur y-Achse, für $c = 0$ verläuft die Gerade durch den Koordinatenursprung (Nullpunkt).
(→Gerade)

allgemeine thermische Zustandsgleichung
(thermal equation of state)
Größengleichung zur Darstellung des gesetzmäßigen Zusammenhangs zwischen den thermischen Zustandsgrößen p (absoluter Druck), v (spezifisches Volumen) und T (absolute Temperatur) eines idealen Gases.
Die thermische Zustandsgleichung ist eine Verknüpfung der Gasgesetze (Gesetz von Gay-Lussac, Gesetz von Boyle und Mariotte) und berücksichtigt, dass der Term $p \cdot v/T$ nach Einsetzen von Zahlenwerten einen für die jeweilige Gasart typischen konstanten Zahlenwert ergibt (spezielle Gaskonstante R_i). Bezogen auf die Masse $m = 1$ kg ist $p \cdot v = R_i \cdot T$. Für eine beliebige Masse m gilt $p \cdot V = m \cdot R_i \cdot T$ (mit Volumen $V = m \cdot v$).
Beispiel: 5 kg Luft bei einen absoluten Druck 1,2 bar und einer Temperatur 20 °C sind gegeben, spezielle Gaskonstante für Luft $R_i = 287$ J/(kg K). Volumen V der Luftmenge: $V = m \cdot R_i \cdot T/p$.
$T = (\vartheta + 273{,}15)$ K $= (20 + 273{,}15)$ K $= 293{,}15$ K,
$p = 1{,}2$ bar $= 1{,}2 \cdot 10^5$ N/m²,
$V = 5$ kg $\cdot 287$ J/(kg K) $\cdot 293{,}15$ K/$1{,}2 \cdot 10^5$ N/m²,
$V = 3{,}51$ m³.

allgemeines Kräftesystem
(general system of forces)
In der Statik die an einem Bauteil angreifenden Kräfte, deren Wirklinien sich *nicht* in einem gemeinsamen Angriffspunkt A schneiden (Gegensatz: zentrales Kräftesystem).
Solche Kräftesysteme sind nur dann im Gleichgewicht, wenn die drei Gleichgewichtsbedingungen erfüllt sind: $\Sigma F_x = 0$, $\Sigma F_y = 0$, $\Sigma M = 0$.

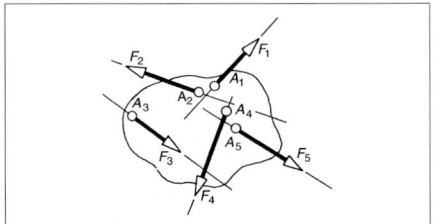

Allgemeines Kräftesystem mit 5 Kraft-Angriffspunkten $A_1 \ldots A_5$

alphanumerische Zeichen
(alphanumeric characters)
Umfassen sämtliche lateinischen Buchstaben, Zahlen und Sonderzeichen wie Punkt, Bindestrich, Klammer.
Ausgegrenzt werden graphische Zeichen wie Kreise, Quadrate und andere Symbole.
(→ASCII-Code)

Alt-Taste (**Alt**ernative key)
Erzeugt in Verbindung mit einer anderen, gleichzeitig gedrückten Taste eines Rechners ein Sonderzeichen, das in Abhängigkeit vom Anwenderprogramm definiert werden kann.
Beispiel: Ein Pfeil nach rechts → in dieser Form ist nicht Bestandteil des alphanumerischen Zeichensatzes (ASCII), sondern muß für das jeweilige Programm bereitgestellt werden und ist dann beispielsweise über die Tastenkombination: Alt+P (P für **P**feil) erreichbar.
(→ Hotkey)

alternierende Folge (alternating sequence)
Folge, deren Glieder abwechselnd unterschiedliches Vorzeichen haben.
Von zwei aufeinanderfolgenden Gliedern a_k und a_{k+1} einer alternierenden Folge (a_n) ist immer ein Glied positiv und eines negativ.
Beispiel:
$(a_n) = ((-1)^n n) = (-1, 2, -3, 4, -5, 6, ...)$
(→Folge)

alternierende Reihe (alternating series)
Ist (a_n) eine alternierende Folge, dann nennt man
$\sum_{k=1}^{n} a_k$ eine endliche alternierende Reihe.
$\sum_{k=1}^{\infty} a_k$ eine unendliche alternierende Reihe.
Beispiel:
$\sum_{k=1}^{10} (\text{minus}>1)^k k = -1+2-3+4-5+6-7+8-9+10$
(→ Reihe)

Alterung (ageing)
Unerwünschte Eigenschaftsänderung im Laufe der Zeit, meist Versprödung.
Ursachen sind bei Metallen Ausscheidungen, bei Kunststoffen ein Bruch der Kettenmoleküle durch energiereiche Strahlen (z.B. UV-Strahlen), oder durch allmähliches Abwandern des Weichmachers aus weichgestellten Polymeren.

ALU (**A**rithmetic **L**ogic **U**nit)
Rechenwerk, Hauptbestandteil der CPU.
Die ALU führt arithmetische Operationen wie Addieren, Subtrahieren und Multiplizieren sowie logische Operationen wie NICHT, UND, ODER und Exclusiv-ODER durch.
Das Ergebnis der Operationen wird nach unterschiedlichen Kriterien untersucht und in ein Flagregister (Kennzeichenregister) aufgenommen.

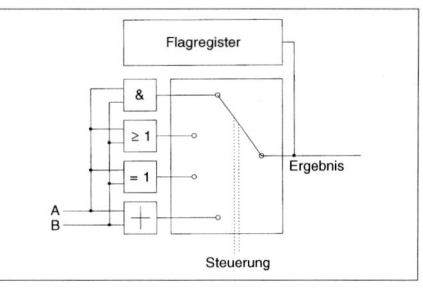

ALU (Prinzip)

Alumetieren (aluminizing)
Thermochemisches Verfahren zum Schutz von Stahl und GG gegen Verzunderung bis 1000 °C durch Bildung einer Al_2O_3-Schicht.
Herstellung durch thermisches Spritzen einer Al-Schicht (ca. 0,3 mm), die durch Glühen oxidiert wird, z.T. auch eindiffundiert.
Anwendung: Glasformen, Gefäße zum Schmelzen von Metallen und Salzen, Auspuffrohre.

Aluminium Al (aluminium)
Weiches, stark dehnbares Leichtmetall mit der Dichte $\rho = 2{,}7$ kg/dm³.
Mit 7,5% in der Erdrinde als Oxid vorhanden, durch Bayer-Verfahren und Schmelzflusselektrolyse reduziert. Korrosionsbeständig durch dichte Oxidschicht. 17 Sorten mit fallendem Anteil an Verunreinigungen von 99,9 ... 99,0 % nach DIN EN 573-3.
(→anodische Oxidation)

Aluminiumlegierungen (aluminium alloys)
Legierungen mit Cu, Mg, Mn, Si, Zn allein oder in Kombination.
Bei Erhaltung der Beständigkeit haben sie erhöhte Festigkeit gegenüber dem Rein-Al. Zusätzlich wird durch die Kaltumformung der Bleche und Profile beim Walzen, Ziehen u.a. die Festigkeit erhöht.
Glänzlegierungen sind für dekorative Teile wie Schmuckwaren, Zierleisten, Spiegel. Nichthärtbare, sehr korrosionsbeständige Sorten für Verpackung, Schilder, Schiff-, Fahrzeug- und Flugzeugbau, Rohrleitungen vom Typ AlMn, AlMg und AlMgMn.
Aushärtbare Sorten für hochbeanspruchte Bauteile, auch Schmiedestücke vom Typ AlMgSi, AlMgCu und AlMgZn.
DIN EN 1706 Al-Gusslegierungen, DIN EN 573 Al und Al-Legierungen.

Aminoplaste (aminoplastic resin)
Gruppe der Duromere auf der Basis Harnstoffharz oder Melaminharz mit Harzträgern.
Gegenüber Phenoplasten hellere Farben und zulässig für Kontakt mit Lebensmitteln.

Verwendung: Dekorplatten, leichte Geschirrteile und Küchengeräte (Hartplastik).

amorph (amorphous)
Ungeordneter Materiezustand, Gegensatz von kristallin.
Kompliziert gebaute Ionen oder Moleküle können auch bei langsamer Abkühlung keine innere Ordnung aufbauen, z.B. Polymere, Gläser, Paraffinwachs. Amorphe Stoffe werden bei Abkühlung immer zäher, die Abkühlungskurve ist stetig, ohne Haltepunkt.
(→Abschrecken)

Amortisationsrechnung
(amortizations account)
Verfahren zur Beurteilung von Investitionsobjekten.
Kriterium ist die Dauer der Amortisation des investierten Kapitals. Geeignet zur Beurteilung des Investitionsrisikos.

Amortisationszeit
(payback time; payoff period)
Zeitpunkt, zu dem die Summe der Einzahlungsüberschüsse eines Investitionsobjekts oder dessen Kapitalwert zum ersten Mal die Anschaffungsauszahlung übersteigt.
Zur Beurteilung der Vorteilhaftigkeit von Investitionsobjekten anwendbar. Eine Aussage über die Rentabilität eines Objekts kann jedoch nicht gemacht werden. Unter Risikogesichtspunkten ist es sinnvoll, die dynamische Amortisationsrechnung anzuwenden.

Ampere A (ampere)
SI-Basiseinheit der Basisgröße elektrische Stromstärke I, benannt nach Andre Marie Ampere (1775 – 1836).
Ein Ampere (A) ist die Stärke eines elektrischen Stromes, der durch zwei im Vakuum befindliche, im Abstand von 1 m parallele, unendlich lange Leiter fließt und je 1 m Länge eine Kraft von $2 \cdot 10^{-7}$ N hervorrufen würde.
(→Basiseinheit, →Basisgröße, →elektrische Stromstärke, →SI)

Amplitude (amplitude)
Der absolut größte Funktionswert einer periodischen Funktion.
(→periodische Funktion, →Schwingung, →Wechselspannung)

analog (analog)
→Analogieschluss, →Analogieverfahren

analoge Schaltkreise (linea, circuits)
→Schaltkreise

analoge Steuerung (analog control)
Steuerungsart eines Rechners, bei der die Signalverarbeitung mit analogen Signalen durchgeführt wird.
Die analoge Steuerung arbeitet daher mit stetig wirkenden Funktionsgliedern.
(→Analogsignal, →Binärsignal, →digitale Steuerung)

analoges Signal (analogue signal)
Stufenlos stetig (kontinuierlich) sich ändernde Größe (Signal oder Messwert), z.B. beim Verlauf einer Wechselspannung.
Im Gegensatz zur analogen ändert sich eine digitale Größe stufenweise (abzählbar).

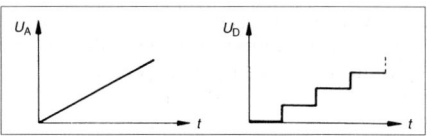

Analoge (U_A) und digitale (U_D) Messwerte (Spannungen U) während der Zeit t

Analogieschluss (deduction by analogy)
In der Physik das Übernehmen physikalischer Gesetzmäßigkeiten (Definitionsgleichungen, Formeln, Gesetze) in einen gleichartigen physikalischen Vorgang.
Beispiel: Kennt man die Gesetze der geradlinigen Bewegung, z.B. die Definitionsgleichung für die Geschwindigkeit v = Wegabschnitt Δs/Zeitabschnitt Δt, kann man durch Einsetzen der entsprechenden Kreisgrößen sofort die Gleichung für die Winkelgeschwindigkeit ω hinschreiben. Man ersetzt dazu den Wegabschnitt Δs durch den Drehwinkel $\Delta \varphi$ und erhält: $\omega = \Delta \varphi / \Delta t$.

Analogieverfahren (analogous procedure)
→Analogieschluss

Analogsignal (analog signal)
Kann in einem bestimmten Wertebereich jeden Zwischenwert annehmen.
(→analoge Steuerung, →Binärsignal)

Zeitlicher Verlauf eines Analogsignals

Analyse (analysis)
Zerlegung einer chemischen Verbindung in kleinere Bausteine (Atome, Atomgruppen) durch chemische Reaktion.

Beispiel: Kohlensäure zerfällt in Kohlenstoffdioxid und Wasser
$H_2CO_3 \quad CO_2 + H_2O$.
(Analyse ist die Umkehrung der Synthese)

Analysis (analysis)
Teilgebiet der Mathematik, das als grundlegende Begriffe die Funktion, den Grenzwert und die Stetigkeit hat.
Früher hieß dieses Gebiet Differenzial- und Integralrechnung.

analytische Geometrie (analytical geometry)
In der analytischen Geometrie werden geometrische Objekte durch Gleichungen beschrieben und mit algebraischen Methoden untersucht.
(→synthetische Geometrie)

analytische Lösung (analytical solution)
In der Technischen Mechanik das Lösungsverfahren für Aufgaben der Statik.
Hauptaufgabe der Statik ist das Ermitteln von noch unbekannten Stützkräften und -momenten, die das Gleichgewicht des Systems herstellen sollen (Getriebewelle, Träger, Achse, Stütze, Hebel usw.). Diese Aufgaben können zeichnerisch (graphisch) mit bekannten Verfahren (z.B. Dreikräfteverfahren, Culmann'sches Verfahren) oder rechnerisch (analytisch) gelöst werden. Zur analytischen Lösung legt man die Kraftpfeile in ein rechtwinkliges (kartesisches) Koordinatensystem (Achsenkreuz) und arbeitet mit ihren senkrecht aufeinander stehenden Komponenten (x- und y-Komponenten). Zur Lösung für allgemeine ebene Kräftesysteme muss man dann die drei rechnerischen Gleichgewichtsbedingungen ansetzen:
($\Sigma F_x = 0, \Sigma F_y = 0$ und $\Sigma M = 0$).
(→Gleichgewichtsbedingungen)

analytische Methode (analytical method)
→analytische Lösung

Android (android)
Roboter, der äußerlich dem Menschen ähnelt.
(→Roboter)

Anfangsenergie (initial energy)
→Energieerhaltungssatz

Anformung (forming)
Der Querschnittsverlauf eines Bauteils (meist: Biegeträger) wird so gestaltet, dass in jedem Querschnitt (x) die gleiche Biegespannung $\sigma_{b(x)}$ auftritt (σ_b = konstant). Ergebnis: Werkstoffeinsparung, Gewichtsverminderung (Fahrzeugbau).
Mit der Biegehauptgleichung $\sigma_{b(x)} = M_{b(x)}/W_{(x)}$ = konst. lautet die Anformungsgleichung für Biegeträger: $M_{b(x1)}/W_{(x1)} = M_{b(x2)}/W_{(x2)}$ = konstant.

Damit lassen sich spezielle Anformungsgleichungen entwickeln:
$d_{(x)} = d_{max} \sqrt[3]{l_{(x)}/l}$ für Achsen und Wellen,
$b_{(x)} = b_{max} l_{(x)}/l$ für Blattfedern,
$h_{(x)} = h_{max} \sqrt{l_{(x)}/l}$ für Konsolträger.
(→Biegemoment, →Widerstandsmoment)

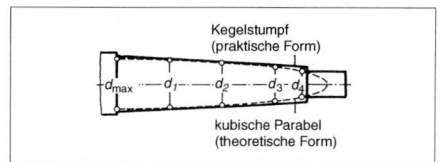

Anformung einer Radachse

Anformungsgleichung (forming equation)
→Anformung

Angriffspunkt (point of action)
Punkt innerhalb oder außerhalb eines Körpers, an dem ein Vektor, z.B. eine Kraft F, angreift oder angreifend gedacht wird.
(→Vektor)

Anhangskraft (adhesion)
→Adhäsion

Anion (anion)
Ion mit negativer Ladung, wandert bei der Elektrolyse zur positiven Anode.
Beispiele: Säurerestionen
Cl^- Chlorid-Ion, SO_4^{2-} Sulfat-Ion, PO_4^{3-} Phosphat-Ion.

Anisotropie (anisotropy)
Richtungsabhängigkeit bestimmter Eigenschaften wie z.B. E-Modul, Festigkeit, elektrische Leitfähigkeit.
Tritt bei Einkristallen, vielkristallinen Werkstoffen mit Texturen oder mit zeilenförmiger Anordnung einzelner Phasen, bei UD-Faserverbunden und Schichtverbunden auf.
Beispiel: Walzblech zeigt in Längsrichtung gemessen höhere Festigkeits- und Dehnungswerte als quer dazu.
(→Isotropie)

Ankathete (adjacent small side)
Diejenige Kathete eines rechtwinkligen Dreiecks, die auf einem Schenkel des Winkels α liegt.
(→rechtwinkliges Dreieck)

Ankerrückwirkung (armature reaction)
Das magnetische Feld im Anker einer Gleichstrommaschine beeinflußt bei Belastung das Erregerfeld der Maschine in der Weise, dass die neutrale Zone verschoben wird.
Folge: Verstärktes Bürstenfeuer mit höherer Abnutzung. Abhilfe: Wendepolwicklungen.

Anlagen (plants; installations; systems)
Umfangreiche technische Erzeugnisse, die aus mehreren Maschinen oder Maschinenanordnungen bestehen.
Beispiele: Förderanlagen, Schüttgutumschlaganlagen, Walzwerksanlagen, Chemieproduktionsanlagen, Wasserkraftanlagen.

Anlagentechnik (plant technology)
Summe des erforderlichen technischen Knowhow zur Erstellung von Anlagen.
Beispiel: Für den Bau von Schüttgutumschlaganlagen braucht man Know-how für Förderbänder, Greifer, Antriebstechnik und Stahlbau.

Anlassbeständigkeit
(good tempering properties)
Gefügebeständigkeit vergüteter oder gehärteter Bauteile bei ihrer Betriebstemperatur.
Notwendige Eigenschaft für Hochleistungswerkzeuge und warmfeste Stähle, die durch Zulegieren von Molybdän und Vanadium erreicht wird.

Anlassen (tempering)
Wiedererwärmen von Stählen nach martensitischer Umwandlung zur Steigerung der Zähigkeit.
Bei Anlasstemperaturen von $100 \ldots 300\,°C$ hohe Härte mit angepaßter Zähigkeit, bei $450 \ldots 650\,°C$ hohe Zähigkeit mit erhöhter Streckgrenze (Vergüten). Schnellarbeitsstähle müssen zum Erreichen der max. Sekundärhärte $2 \ldots 3$ mal angelassen werden.

Anlasser (starting circuit)
Elektrisches Betriebsmittel zur Strombegrenzung beim Anlauf eines Elektromotors.
Bei Gleichstrommotoren auch zur Drehzahlregelung bis zur Nenndrehzahl n_N.
Bisher wurden dazu Anlasswiderstände und -transformatoren verwendet, heute setzt man zur Reduzierung der Anlassverluste zunehmend Thyristoren als gesteuerte Stromrichter ein.

Anlassschaubild (tempering curve)
Graph der Änderung mechanischer Eigenschaften eines gehärteten Stahles mit steigender Anlasstemperatur.

Anlasssprödigkeit
(brittleness resulting from slow cooling after tempering)
Versprödung nach langsamer Abkühlung von der Anlasstemperatur ($600 \ldots 450\,°C$) bei CrMn-, CrNi- und NiMn-Stählen.

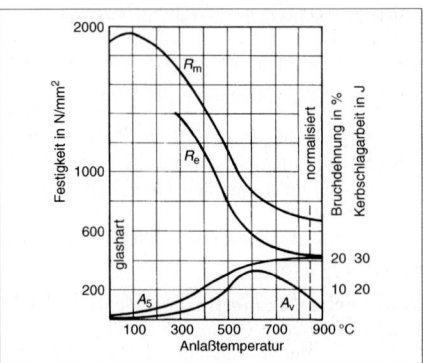

Anlassschaubild von C45E (Ck45),
Streckgrenze R_e, Zugfestigkeit R_m,
Bruchdehnung A, Kerbschlagarbeit A_v

Abhilfe durch schnelles Durchlaufen des Temperaturintervalls, bei größeren Querschnitten durch die Verwendung Mo-legierter Sorten mit $0{,}2 \ldots 0{,}6\%$ Mo.
(→Durchhärtung)

Anlasswiderstand (starting resistor)
→Anlasser

Anlaufen (tarnish)
Bildung von dünnen Schichten durch Reaktion zwischen Oberfläche und Umgebung.
Es bilden sich Oxide und Sulfide, die durch Interferenz je nach Schichtdicke farbig wirken. Gehärteter Stahl zeigt beim Anlassen Anlauffarben von blassgelb ($200\,°C$) über braun-violett, blau bis grau ($400\,°C$).

Anlaufkondensator (starting capacitor)
Kondensator zur Erhöhung des Anlaufdrehmoments (bis zum dreifachen Nennmoment) beim Kondensatormotor, wird nach dem Hochlaufen des Motors abgeschaltet.
(→Betriebskondensator)

Anlaufreibung (starting-up friction)
Physikalischer Zustand in einem Gleitlager kurz vor Drehung der Welle.
Vor dem Anlaufen einer Welle muss das Wellendrehmoment die an der Berührungsstelle Welle/Lager auftretende Haftreibung und damit das entstehende Haftreibmoment überwinden. Beim Anlaufen selbst tritt dann die (geringere) Mischreibung auf und erst bei höherer Gleitgeschwindigkeit die noch kleinere Flüssigkeitsreibung.

Anlaufverzögerung (switch-on-delay)
Zeitbaustein einer elektronischen Steuerung, der bewirkt, dass ein Signal zeitlich versetzt weitergegeben wird.
Anlaufverzögerungen werden z.b. dann eingesetzt, wenn Geräte in einer festgelegten Reihenfolge anlaufen müssen oder wenn aus Sicherheitsgründen eine Wartezeit erforderlich ist.
(→Anzugsverzögerung)

Anleihe (bond)
Langfristige Schuldaufnahmen größeren Umfangs am in- und ausländischen Kapitalmarkt.
Dafür werden (meist) festverzinsliche Inhaberschuldverschreibungen in marktgängiger Stückelung ausgegeben, in denen die Ansprüche der Gläubiger bzw. Gläubigerrechte verbrieft sind.

Anleihe-Arten (kind of bond)
Dazu zählen Industrieobligationen, Wandelschuldverschreibungen, Optionsanleihen und Gewinnschuldverschreibungen.

Anode (anode)
Positiver Pol (positive Elektrode) eines aktiven oder passiven Zweipols, z.B. bei der Elektrolyse.
Gegenpol ist die Kathode.
(→Zweipol)

anodische Oxidation (anodic oxidation)
Verstärkung der natürlichen Oxidschicht des Aluminium durch Elektrolyse in Schwefel- oder Chromsäure.
Eloxal-Verfahren und zahlreiche Varianten für die unterschiedlichen Al-Legierungen. Dabei entstehen an der Anode O-Atome, welche die Oxidschicht bis auf max. 30 µm wachsen lassen. Für dekorative Beschichtung gibt es Glänzlegierungen. Die Schicht ist nicht leitend, transparent, hart und korrosionsbeständig.
(→Aluminiumlegierungen)

Anomalie des Wassers
(the anomalous behaviour of water)
Anormales Wärmeausdehnungsverhalten des Wassers bei Erwärmung oder Abkühlung.
Wasser besitzt bei 4 °C seine größte Dichte (geringstes Volumen). Sowohl bei Erwärmung als auch bei Abkühlung wird die Dichte geringer, d.h. das Wasser dehnt sich aus. Sein Volumen wird größer.
Eine Volumenvergrößerung tritt auch dann auf, wenn bei fortschreitender Abkühlung der Eispunkt des Wassers erreicht und Wasser von 0 °C (bei 1,01325 bar Normdruck) in Eis von 0 °C umgewandelt wird (Änderung des Aggregatzustandes).
Bei weiterer Abkühlung auf $\vartheta < 0\,°C$ nimmt das Volumen des Eises dann wieder ab (Dichte ρ nimmt zu).

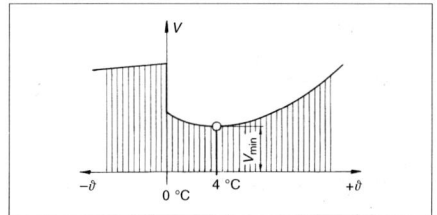

Wärmeausdehnung des Wassers bei Normdruck (Darstellung unmaßstäblich)

Anpassung (matching)
Angleichen eines Lastwiderstandes R_L (Verbraucher) an den Innenwiderstand R_i der Spannungsquelle.
Arten: Leistungsanpassung ($R_L = R_i$) in der Nachrichtentechnik, Spannungsanpassung ($R_L \gg R_i$) in der Energietechnik, Stromanpassung ($R_L \ll R_i$) bei elektrischen Schweißgeräten.

Anschlagkloben (stop dog)
Bilden beim Spannen von Werkstücken auf Werkstücktischen die Gegenlager der Spannkloben.
Sie werden im Unterschied zu den Spannkloben in den T-Nuten des Tisches mit einer Spannschraube festgespannt.

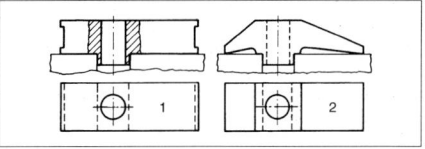

Anschlagkloben
1 normale Bauart, 2 für flache Werkstücke

Anschlagmittel (sling devices)
Nicht zum Hebezeug gehörende Hilfsmittel, mit denen eine sichere Verbindung zwischen Tragmittel und Nutzlast hergestellt wird, mit und ohne Zwischenschaltung von Lastaufnahmemitteln.
Beispiele: Anschlagseile, Anschlagketten oder Anschlaggurte (Bild Seite 22).
DIN 3088 Anschlagseile, DIN 5688 Anschlagketten.
(→Lastaufnahmemittel, →Tragmittel)

Anspruchsniveau

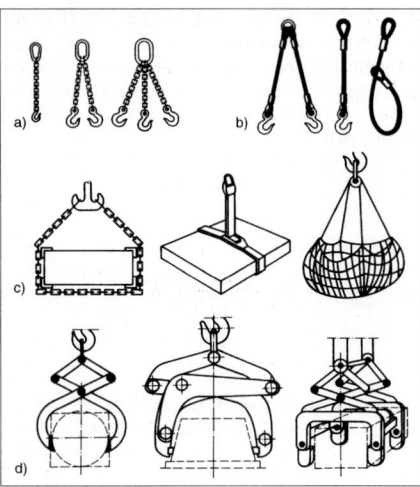

Gehänge zur Lastaufnahme
a) Anschlagketten; b) Anschlagseile; c) Anschlagkette, Anschlagband, Netzbrooke; d) Zangen

Anspruchsniveau (claim level)
Rangindikator für unterschiedliche Qualitätsforderungen an Einheiten, die dem gleichen Zweck dienen.
Je größer der geplante oder anerkannte Unterschied im Anspruchsniveau ist, desto größer ist trotz gleichen Zwecks der Unterschied in der Qualitätsforderung und im Allgemeinen auch beim Preis. Auf jedem Anspruchsniveau ist, entsprechend den unterschiedlichen Qualitätsforderungen, zufriedenstellende und nicht zufriedenstellende Qualität denkbar. Beispiel: Luxushotel mit schlechtem Service, Landgasthaus mit guter Bedienung.

Anstiegsantwort (ramp function response)
Verfahren, um das zeitliche Verhalten eines Bauelements (z.B. eines Stellgeräts oder einer Regelstrecke) zu untersuchen.
Dabei wird eine rampenförmige Funktion als Eingangssignal vorgegeben und das Ausgangssignal aufgezeichnet. Der zeitliche Verlauf des Ausgangssignals läßt Schlüsse über das dynamische Verhalten des Bauelements zu, die vor allem in der Regelungstechnik von Bedeutung sind.
(→Impulsantwort, →Sprungantwort)

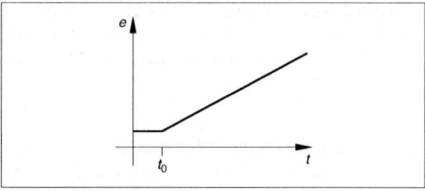

Zeitlicher Verlauf des Eingangssignals

Anstiegszeit t_r (rise time)
Die Zeit, in der ein Impuls von 10% auf 90% seiner Amplitude ansteigt.
Das Ausgangssignal folgt dem Eingangssignal verzögert und mit geringerer Flankensteilheit. Die Verzögerungszeiten t_d (delay time) und t_s (storage time) sind bauteilabhängige Größen und den Datenblättern zu entnehmen.
(→Abfallzeit)

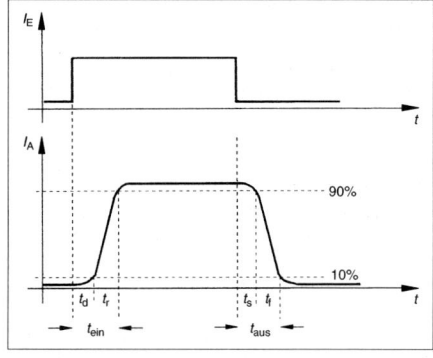

Anstiegszeit t_r und Abfallzeit t_f eines Rechteckimpulses

Anstrengungsverhältnis α_0
(allowed ratio of bending to torsion stress)
Verhältnis der zulässigen Biegespannung zur zulässigen Torsionsspannung in Abhängigkeit vom Belastungsfall: $\alpha_0 = \sigma_{zul}/(1{,}73\ \tau_{zul})$.
Wird zur Berechnung der Vergleichsspannung σ_v bei zusammengesetzter Beanspruchung aus Biegung und Torsion gebraucht, meist bei Wellenberechnungen.

Anströmquerschnitt
(cross-section of flow)
→freier Fall

Antivalenz (non-equivalence)
→Exklusiv-ODER

Antivirenprogramme (antivirus program)
Rechnerprogramme zum Erkennen und Beseitigen bekannter und teilweise auch unbekannter Viren.

Bekannte Viren werden an spezifischen Eigenschaften identifiziert. Ein Schutz vor unbekannten Viren stellt die Prüfung auf Dateilängenänderung bekannter Dateien dar.
(→Computervirus)

Antriebsarten (types of drives)
Verschiedene Methoden, mechanische Antriebsenergie zu erzeugen oder innerhalb der Maschine zu übertragen.
Bei mobilen Maschinen wird häufig die Antriebsart „Verbrennungsmotor und hydraulische Drehmomentwandlung" bevorzugt, bei stationären Maschinen überwiegt der Elektroantrieb.
Beispiele: Handantriebe bei Kleinhebefahrzeugen, Hydraulikantriebe bei Baggern, Elektroantriebe bei Elektroseilzügen.

Antriebsdrehzahl
(driving speed; input speed)
Drehzahl n_{an} in min^{-1} der ersten Welle eines Getriebes (meistens gleich der Motordrehzahl n_{mot}).

Antriebsleistung P_{an} (input power)
Derjenige mechanische Leistungsbetrag (z.B. in kW), der unter Berücksichtigung des Wirkungsgrades $\eta = P_{ab}/P_{an}$ einer Anlage aufzubringen ist, um eine bestimmte erforderliche Nutzleistung P_{ab} (Abtriebsleistung) zu erbringen.
P_{an} lässt sich aus dem bekannten Wirkungsgrad η der Anlage (z.B. Getriebe oder Werkzeugmaschine) und der erforderlichen Abtriebsleistung P_{ab} (Nutzleistung) berechnen: $P_{an} = P_{ab}/\eta$.
Beispiel: Zum Schruppdrehen einer Welle auf einer Drehmaschine sind 12 kW erforderlich. Die Werkzeugmaschine hat einen Gesamtwirkungsgrad von 90%. Der Antriebsmotor (Flanschmotor) muss dazu die Antriebsleistung $P_{an} = P_{ab}/\eta = 12 kW/0{,}9 = 13{,}3 kW$ aufbringen.

Antriebsmoment (input torque)
→Abtriebsmoment

Antriebszapfen (driving tap)
→Welle

Anweisung (instruction)
→Befehl

Anweisungsliste (statement list)
Programmiersprache für speicherprogrammierbare Steuerungen (SPS).
Es können alle logischen Verknüpfungen und Abläufe programmiert werden. Die Anweisungsliste wird mit leicht merkbaren Abkürzungen aufgebaut. Im Gegensatz zu den Programmiersprachen Kontaktplan und Funktionsplan arbeitet sie nicht mit graphischen Symbolen, sondern in beschreibender Form.

DIN 19 239 Steuerungstechnik, Speicherprogrammierbare Steuerungen.
(→Funktionsplan, →Kontaktplan)
Beispiel:
Anweisungsliste:

Adresse	Anweisung
1	U E2
2	O A1
3	U E1
4	UN A2
5	=(S) A1
6	PE

Anwenderprogramm (user program)
Meist fertig konfektionierte, seltener kundenspezifische Rechnerprogramme, die zu ihrer Bedienung keinerlei Programmierkenntnisse voraussetzen.
Die Grenzen sind fließend, weil etliche komfortable Anwenderprogramme wie Textverarbeitungssysteme, Datenbanken oder Faktura-Programme mit Makrosprachen ausgerüstet sind. Diese entsprechen leistungsfähigen, höheren Programmiersprachen (meistens BASIC) und erlauben eine weitgehende Anpassung und Umgestaltung der gelieferten Programme, die erheblich über die Parametrierung hinausgeht.

Anwurfmotor (starting motor)
Nicht allein anlaufender Einphasen-Asynchronmotor, der von Hand in beliebiger Richtung in Drehbewegung versetzt wird.
(→Asynchronmotor)

Anzeigendisplay (display field)
Datenausgabegerät zur visuellen Informationsdarbietung von alphanumerischen Daten. Anzeigendisplays arbeiten in der Regel mit Flüssigkristallen.

Anziehdrehmoment (snap torque)
→Schraubenverbindungen

Anziehfaktor (snap factor)
→Schraubenverbindungen

Anzugsmoment M_A (initial torque)
Drehmoment, mit dem eine Befestigungsschraube angezogen werden muss, um eine lockerungssichere Schraubenverbindung herzustellen, z.B. mit einem Drehmomentenschlüssel an Flanschen, Zylinderköpfen an Verbrennungsmotoren, Fahrzeugrädern.
Dabei entsteht Reibung an den Gewindegängen und an der Mutterauflagefläche. Daher ist:

M_A die Summe von Gewindereibmoment M_{RG} = $Fr_2 \tan(\alpha \pm \rho')$ und Auflagereibmoment M_{RA} = $F\mu_a r_a$: $M_A = M_{RG} + M_{RA} = F[r_2 \tan(\alpha \pm \rho') + \mu_a r_a]$. Darin sind F Schraubenlängskraft (Vorspannkraft), r_2 Flankenradius des Gewindes, α Gewindesteigungswinkel, $\rho' = \arctan \mu'$ Gewindereibwinkel, μ' Gewindereibzahl = $\mu/\cos(\beta/2)$, mit β Flankenwinkel ($\beta = 30°$ für Flachgewinde, $\beta = 60°$ für metrisches ISO-Gewinde), μ_a Reibzahl an der Mutterauflagefläche (für St/St ist $\mu_a \approx 0{,}15$), r_a Reibradius $\approx 0{,}7d$ (Gewinde-Nenndurchmesser, z.B. $d = 10$ mm für M10).

Anzugstange (draw bar; draw-in rod)
Zylindrische Stange in der Längsbohrung der Frässpindel mit einem Gewinde am vorderen Ende zum Einziehen des Fräswerkzeugs in die Aufnahmebohrung des Spindelkopfs.

Anzugsverzögerung (switch on delay)
→Anlaufverzögerung

API-Klassifikation
(American Petroleum Institute classification)
Klassifizierungssystem für Motor- und Getriebeölsorten nach Qualitätsstufen und Einsatzarten.
Klassifizierungssystem für Motor- und Getriebeölsorten nach Qualitätsstufen und Einsatzarten. Man unterscheidet S-Klassen (Service-Klasse-Öle für Ottomotoren) und C-Klassen (Commercial-Klasse-Öle für Dieselmotoren). Die unterschiedlichen Qualitätsstufen für Motoren werden durch einen zweiten Buchstaben kenntlich gemacht. So gilt API SA als kleinste, API SG als größte Anforderungsklasse bei Motoröl für Ottomotoren und SPI CA bis API CE für Dieselmotoren.
Die Testbedingungen für API-Klassifikation sind eher für amerikanische Motorentechnologie und Einsatzart (großer Hubraum, geringere Leistungsdichte) ausgelegt. Europäische Verhältnisse werden durch die CCMC bzw. ACEA-Spezifikationen erfasst.
(→ CCMC-Spezifikation, → SAE-Klasse)

Apollonios, Kreis des (Apollonius' circle)
Geometrischer Ort aller Punkte, deren Abstände zu zwei gegebenen Punkten ein festes Verhältnis haben.
Sind T_i und T_a die Punkte, die eine Strecke $\overline{AB}$ harmonisch im Verhältnis $p:q$ teilen (siehe Bild), dann ist der Kreis mit dem Durchmesser $T_i T_a$ der geometrische Ort aller Punkte (C), deren Verbindungsstrecken mit A und B das Längenverhältnis $p:q$ haben:
$\overline{AT_i} : \overline{T_iB} = \overline{AT_a} : \overline{T_aB} = \overline{AC} : \overline{CB} = p:q$
(→Streckenteilung)

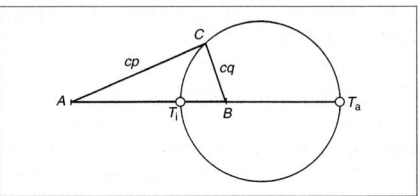

Kreis des Apollonios

Apollonios, Satz des (Apollonius' theorem)
In einem Parallelogramm ist die Summe der Quadrate der Seitenlängen (a, b) gleich der Summe der Quadrate der Diagonalenlängen (e, f):
$2a^2 + 2b^2 = e^2 + f^2$.
Die Formel wurde hergeleitet und bewiesen von dem hellenistischen Geometer und Astronom Apollonios von Perge, ~ 262−190 v. u. Z.
(→Parallelogramm)

Ar₁ (lower critical temperature in the cooling curve for steel)
Haltepunkt in der Abkühlkurve von Stahl, Austenitzerfall bei 723 °C (Linie PSK).
(→Eisen-Kohlenstoff-Diagramm)

Ar₃ (upper critical temperature in the cooling curve for steel)
Haltepunkt in der Abkühlkurve von Stahl, Beginn der Austenitumwandlung zu Ferrit (911 ... 723 °C je nach C-Gehalt, Linie GS).
(→Eisen-Kohlenstoff-Diagramm)

Aramidfaser (aramid staple fibre)
Aromatische Polyamide (mit Benzolringen im Kettenmolekül).
Schwer entflammbar, leichter und fester als Glasfaser, Festigkeiten von 3000 bis 4000 N/mm² bei ca. 2% Bruchdehnung.
Verwendung auch in Mischung mit Glas- oder Carbonfasern für Faserverbunde, für Feuerschutzkleidung geeignet, Schichtverbunde mit Al-Blechen.

Arbeit W (work)
Produkt aus der Verschiebekraft F = konstant und dem Verschiebeweg s eines Körpers:
$W = F \cos \alpha s$ (α ist Richtungswinkel zwischen Verschiebeweg und Kraftwirklinie).
Für die Arbeit W, die zum Heben einer Last der Masse m um die Höhe h erforderlich ist, gilt mit Gewichtskraft $F_G = mg$: $W = mgh$.
Beispiel: Ein Kran hebt eine Last von $m = 1000$ kg mit konstanter Geschwindigkeit um die Höhe $h = 6$ m senkrecht hoch:
$W = F_G h = mgh = 1000$ kg $\cdot 9{,}81$ m/s² $\cdot 6$ m = $58\,860$ kg m²/s² = $58\,860$ Nm = $58\,860$ J.

(→Arbeitseinheit, →elektrische Arbeit, →Hubarbeit, →Rotationsarbeit)

Arbeitsablauf (operating sequence)
Begriff der Arbeitswissenschaft für die räumliche und zeitliche Folge des Zusammenwirkens von Mensch und Betriebsmittel in einem Arbeitssystem.

Arbeitsaufgabe (working duty)
Detaillierte Angaben, die zur Herstellung von Teilen, Baugruppen oder Endprodukten erforderlich sind, oftmals eine Ergänzung zu einem Arbeitsplan.

Arbeitsdiagramm (work diagram)
F,s- oder M,φ-Diagramm im rechtwinkligen Achsenkreuz.
Über Weg s (bzw. Drehwinkel φ) wird die Kraft F (bzw. Drehmoment M) aufgetragen.
Die Diagrammfläche A unter der F- (bzw. φ) Linie entspricht immer der aufgebrachten Arbeit W: $A \triangleq W$.
Die Diagrammfläche kann berechnet, ausgezählt oder mit dem Planimeter ausgemessen werden.
(→Arbeit, →Arbeitseinheit, →Federarbeit, →Indikatordiagramm)

Arbeitsebene (working plane)
Ebene durch den betrachteten Schneidenpunkt, senkrecht zur Werkzeug-Bezugsebene des Werkzeug-Bezugsystems. Sie enthält die Richtungen der Schnittbewegung und Vorschubbewegung.

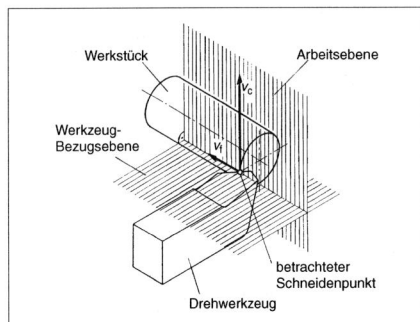

Beispiel: Arbeitsebene beim Runddrehen

Arbeitseingriff a_e (cutting depth)
Größe des Werkzeugeingriffs bei spanender Bearbeitung, gemessen in der Arbeitsebene und senkrecht zur Vorschubrichtung.

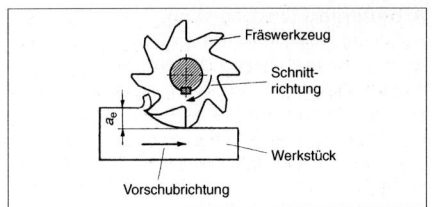

Arbeitseingriff a_e beim Umfangsfräsen (Arbeitsebene entspricht Bildebene)

Arbeitseinheit J (work unit)
Die gesetzliche (und internationale) Einheit für die physikalische Größe Arbeit W ist das Joule J. Das gilt für die mechanische Arbeit ebenso wie für die elektrische Arbeit und für die Wärme.
Entsprechend der Definitionsgleichung für die mechanische Arbeit $W = F s$ gilt die Einheitengleichung $(W) = (F)(s) = $ Nm:
1 J = 1 Nm = 1 Ws,   1 N = 1 Newton = 1 kg m/s²
= 1 Ws = 1 Wattsekunde.
(→Arbeit)

Arbeitsentgelt (working fee)
Alle aus nichtselbständiger Arbeit erzielten Einkünfte (Entlohnung, Vergütung, Verdienst).
Für gleiche oder gleichwertige Arbeit darf wegen des Geschlechts des Arbeitnehmers keine geringere Vergütung vereinbart werden. Die Höhe sollte grundsätzlich dem Wert der geleisteten Arbeit entsprechen.

Arbeitsfähigkeit (working capacity)
→Energie

Arbeitsgestaltung (working design)
Maßnahmen zur Anpassung der Arbeit an den Menschen.
Ziel ist dabei, Belastungen abzubauen sowie Arbeitszufriedenheit und Leistung zu steigern. Dafür werden die ergonomischen Bedingungen (Schmutz, Lärm, Beleuchtung, usw.) und/oder inhaltliche Aspekte der Tätigkeit bewertet.

Arbeitsleistung (working performance)
Vom Arbeitnehmer in einem bestimmten Beziehungszeitraum erreichte Arbeitsmenge.
Sie wird gemessen an der Zahl der gefertigten Leistungseinheiten oder an den dafür vorgegebenen Zeiteinheiten.

Arbeitsmaschine (machine)
Maschine, die zu technischen Zwecken Arbeit verrichtet und z.B. von einer Kraftmaschine über eine Welle angetrieben wird.
(→Pumpen, →Verdichter)

Arbeitsplan

Arbeitsplan (working plan)
Aufstellung aller Informationen über Art, technologische Reihenfolge der Aktionen jedes Auftrags/ Teilauftrags, deren Zeitbedarf, gemessen in Zeiteinheiten und benötigten Kapazitäten an Maschinen, Werkzeugen, Arbeitskräften.
Häufig werden auch Zusatzangaben über Materialqualitäten, Ausschussvorgaben, Richtzeiten und Transporthinweise gemacht.

Arbeitsplatz (workstation; workplace)
Zweckmäßig eingerichteter räumlicher Bereich, in dem der Mensch innerhalb des betrieblichen Arbeitssystems mit Arbeitsmitteln und -gegenständen zusammenwirkt.
Seine Einrichtung erfordert eine umfassende Arbeitsplatzanalyse.

Arbeitsplatzanalyse (workstation analysis)
Systematische Beschreibung eines Arbeitsplatzes und seiner typischen Arbeitsvorgänge.
Dafür erforderlich sind Erhebungen zur Bestimmung der an den Menschen gestellten physischen und psychischen Anforderungen: Arbeitsplatzbewertung, Verbesserung der Arbeitsbedingungen, Arbeitsbewertung im Zusammenhang mit der Lohngestaltung, optimale Besetzung des Arbeitsplatzes und Mitarbeiterunterweisung.

Arbeitspunkt (operating point; bias point)
Bei Transistoren durch Gleichspannung und /oder Gleichstrom festgelegter, optimierter Betriebszustand.
Bei Spannungsteilern ist Arbeitspunkt der Schnittpunkt der Kennlinien der beiden beteiligten Bauelemente.

Arbeitspunkteinstellung
(choice of operating point)
Bei Dioden durch Wahl eines geeigneten Vorwiderstandes.
Bei Transistoren durch Wahl eines geeigneten Basisspannungsteilers oder Basisvorwiderstandes zur Einstellung des Basisstromes I_B und der Basisemitterspannung U_{BE}.
(→Arbeitspunkt)

Arbeitspunktstabilisierung
(stabilization of the operating point)
Maßnahmen, die ein unerwünschtes Verschieben des Arbeitspunktes verhindern, z.B. bei Temperaturerhöhung in Transistoren.
Wichtige Maßnahmen in Transistorschaltungen sind Gegenkopplungen.
(→Arbeitspunkt)

Arbeitsspeicher (working memory)
Hauptspeicher eines Prozessorsystems, der alle aktuellen Daten und auszuführenden Programme enthält.

Arbeitsspiel (working cycle)
Gesamtheit aller Vorgänge zur einmaligen Arbeitsverrichtung eines Verbrennungsmotors.
Nach der Anzahl der für ein Arbeitsspiel benötigten Takte (Kolbenhübe) arbeiten Verbrennungsmotoren nach dem Viertaktverfahren (vier Kolbenhübe, zwei Kurbelwellenumdrehungen) und dem Zweitaktverfahren (zwei Kolbenhübe, eine Kurbelwellenumdrehung).
(→Viertaktverfahren, →Zweitaktverfahren)

Arbeitsspindel
(work spindle; headstock spindle)
→Hauptspindel

Arbeitsstudium (job analysis)
Oberbegriff für die Anwendung von Methoden und Erfahrungen zur Untersuchung und Gestaltung von Arbeitssystemen.
Ziel: Verbesserung der Wirtschaftlichkeit unter Beachtung der Leistungsfähigkeit und der Bedürfnisse der arbeitenden Menschen.

Arbeitssystem (work system)
Dient zur Erfüllung von Arbeitsaufgaben und wird mit sieben Systembegriffen beschrieben: Arbeitsaufgabe, Arbeitsablauf, Mensch, Betriebs- bzw. Arbeitsmittel, Eingabe, Ausgabe und Umwelteinflüsse. Es kann ortsgebunden oder ortsveränderlich sein.

Arbeitsteilung (division of labour)
Begriff zur Kennzeichnung der Auflösung einer Arbeitsleistung in Teilverrichtungen nach Menge und Art.
Diese können von verschiedenen Menschen oder Betriebsmitteln ausgeführt werden.

Arbeitsunterweisung (job instruction)
Nach der Vierstufenmethode gilt:
1. Vorbereitung: Der Lernende wird auf die Unterweisung durch den Ausbilder vorbereitet.
2. Vorführung: Der Unterweiser macht den Arbeitsvorgang vor.
3. Ausführung: Der Lernende macht den Arbeitsvorgang nach.
4. Abschluss: Der Lernende übt bis zur Selbstständigkeit.

Arbeitsvorbereitung (preparatory work)
Aufgabenschwerpunkte sind: Auftragsvorbereitung, Beschaffung der technischen Unterlagen, Arbeitszeitermittlung, Lagervorbereitung (Materialbereitstellung), Werkstattvorbereitung, Transport- und Versandvorbereitung, Rechnungsvorbereitung, Festlegung des rationellsten Fertigungsweges, Zusammenwirken von technischem und wirtschaftlichem Denken bei Festlegung des optimalen Arbeitsverfahrens, Festlegung der Reihenfolge der Bearbeitungsgänge in der Fertigung.

Arbeitsweise (method of working)
Individuelle Ausführung der Arbeit gemäß der vorgeschrieben Arbeitsmethode.

Arbeitszeitermittlung (time registration)
→Zeitermittlung

Arbeitszerlegung (elemental breakdown)
Zerlegung eines Produktionsprozesses in mehrere, jeweils auf eine Person oder Personengruppe entfallende Teilprozesse.

Archimedische Spirale
(Archimedean spiral)
Ebene Kurve mit der Gleichung $r = a\varphi$ in Polarkoordinaten.
Punkte auf demselben Strahl haben den konstanten Abstand $2\pi a$.
Für den Krümmungsradius gilt:
$\rho = a(1+\varphi^2)^{3/2}/(\varphi^2 + 2)$.
(→Krümmung, →logarithmische Spirale)

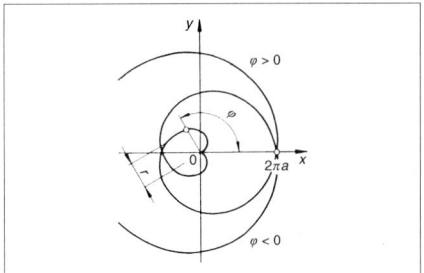

Archimedische Spirale

Arcus (arc)
Bezeichnung für das Bogenmaß eines Winkels, geschrieben arc.
Das Bogenmaß des Winkels α ist also arc α.
(→Bogenmaß)

Argument einer Funktion (argument)
Die unabhängige Variable x einer Funktion $y = f(x)$.
(→Funktion)

Argument einer komplexen Zahl
(argument of a complex number)
Der Winkel φ in der trigonometrischen Form $z = r(\cos\varphi + j\sin\varphi)$ einer komplexen Zahl z.
Der Winkel φ ist mathematisch positiv (linksdrehend) orientiert und wird im Bogenmaß gemessen.
(→komplexe Zahl, →Koordinatensystem, →Modul einer komplexen Zahl, →trigonometrische Form einer komplexen Zahl)

Arithmetik (arithmetic)
Teilgebiet der Mathematik, das sich ganz allgemein mit den Zahlen befasst.
Die Arithmetik umfasst die Grundrechenarten (Addition, Subtraktion, Multiplikation, Division) sowie Potenz-, Wurzel- und Logarithmenrechnung und das Rechnen mit unbestimmten Zahlen.

Arithmetikprozessor (arithmetic processor)
Besonderer Mikroprozessor, der in Rechnersysteme mit hoher Geschwindigkeit eingebaut wird. Dieser übernimmt die Abarbeitung von Fließkommabefehlen, um den Masterprozessor von diesen zeitintensiven Routinen zu entlasten. Vielfach sind beide Prozessoren in einem Gehäuse untergebracht und nur logisch voneinander getrennt.

arithmetische Folge (arithmetic sequence)
Folge, bei der die Differenz d je zweier aufeinanderfolgender Glieder konstant ist:
$(a_n) = (a, a+d, a+2d, a+3d, \dots,$
$a+(n-1)d, \dots)$.
$a_1 = a$ heißt Anfangsglied der Folge,
$a_n = a+(n-1)d$, $n \in \mathbb{N}^*$ ist das n-te Glied,
$d = a_{n+1} - a_n$ (für $n = 1, 2, 3, \dots$) die (konstante) Differenz der Folge.
Beispiel: $(a_n) = (4+3(n-1)) = (4, 7, 10, 13, \dots)$
(arithmetische Folge mit $a = 4$ und $d = 3$).
(→Folge)

arithmetische Operationen, Reihenfolge
(order of arithmetical operations)
Punktrechnung vor Strichrechnung:
$a + b \cdot c = a + (b \cdot c)$,
$a - b : c = a - (b : c)$.
Potenzrechnung vor Punktrechnung:
$a \cdot b^2 = a \cdot (b^2)$.

arithmetische Reihe (arithmetic series)

Ist (a_n) eine arithmetische Folge, dann nennt man
$\sum_{k=1}^{n} a_k$ eine endliche arithmetische Reihe und
$\sum_{k=1}^{\infty} a_k$ eine unendliche arithmetische Reihe.
Ist $(a_n) = (a + (n-1)d)$, so gilt für die Partialsummen s_n:

$$s_n = \sum_{k=1}^{n}(a + (k-1)d) = (n/2)(2a + (n-1)d) =$$
$$= (n/2)(a_1 + a_n)$$

Unendliche arithmetische Reihen sind divergent.

Beispiel: $\sum_{k=1}^{100} (3 + 4k) = (100/2)(7 + 403) =$
$= 50 \cdot 410 = 20\,500$

(→arithmetische Folge, →Reihe)

arithmetischer Mittelwert (average value)

In der Elektrotechnik mathematisches Mittel der zeitabhängigen Werte einer beliebigen Wechselspannung.
Der Wert entspricht der Höhe einer Rechteckfläche äqivalent der Fläche des Kurvenzuges der Wechselspannung (Wechselstrom) und der Zeitachse.
Dem Formelbuchstaben wird der Index „AV" angehängt, z.B. U_{AV} für den arithmetischen Mittelwert einer Spannung.
Andere Bezeichnung: Gleichrichtwert.
DIN 41 785 Halbleiterbauelemente.

arithmetisches Mittel (arithmetic mean)

Das arithmetische Mittel x zweier reeller Zahlen a und b ist die Hälfte ihrer Summe:
$x = (a+b)/2$.
Die Größen a, x, b bilden eine arithmetische Folge.
Das arithmetische Mittel x von n reellen Zahlen $a_1, a_2, \ldots, a_n$ ist $x = (a_1 + a_2 + \ldots + a_n)/n$.
Beispiel: Das arithmetische Mittel von $6, -4, 3, 12, 5, 2$ ist $(6 - 4 + 3 + 12 + 5 + 2)/6 = 4$.
(→arithmetische Folge, →geometrisches Mittel, →harmonisches Mittel, →quadratisches Mittel)

Arkusfunktionen
(arctrigonometric functions)

Umkehrfunktionen der trigonometrischen Funktionen.
Die Arkusfunktionen werden auch zyklometrische Funktionen oder inverse trigonometrische Funktionen genannt.
Beispiel: Arkussinusfunktion.
Der Definitionsbereich von $y = \sin x$ wird in die Monotonieintervalle $k\pi - \frac{\pi}{2} \leq x \leq k\pi + \frac{\pi}{2}$ mit $k = 0, \pm 1, \pm 2, \ldots$ zerlegt. Durch Spiegelung von $y = \sin x$ an der Winkelhalbierenden $y = x$ erhält man die Umkehrfunktionen $y = \text{arc}_k \sin x$ mit den Definitionsbereichen $D_k = [-1, 1]$ und den Wertebereichen $W_k = [k\pi - \frac{\pi}{2}, k\pi + \frac{\pi}{2}]$, wobei $k = 0, \pm 1, \pm 2, \ldots$
Die Schreibweise $y = \text{arc}_k \sin x$ ist gleichbedeutend mit $x = \sin y$.
Die übrigen Arkusfunktionen ergeben sich analog.

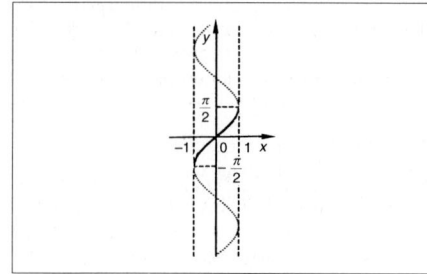

Graph der Arkussinusfunktion

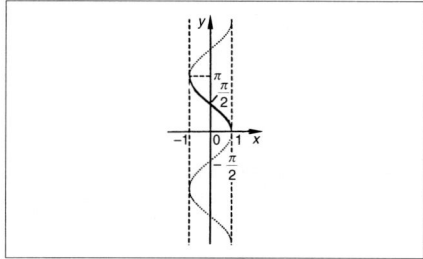

Graph der Arkuskosinusfunktion

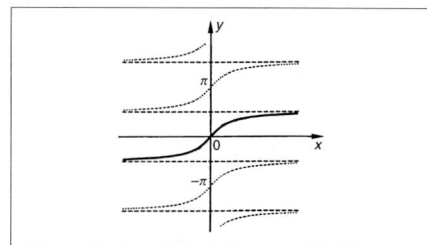

Graph der Arkustangensfunktion

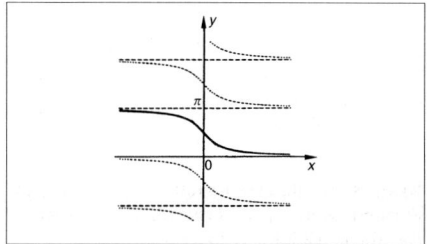

Graph der Arkuskotangensfunktion

Artteilung

Name	Schreibweise	Definitions-bereich	Wertebereich	Gleichbedeutende trigonometrische Funktion
Arkussinus	$y = \mathrm{arc}_k \sin x$	$-1 \leq x \leq 1$	$k\pi - \frac{\pi}{2} \leq y \leq k\pi + \frac{\pi}{2}$	$x = \sin y$
Arkuskosinus	$y = \mathrm{arc}_k \cos x$	$-1 \leq x \leq 1$	$k\pi \leq y \leq (k+1)\pi$	$x = \cos y$
Arkustangens	$y = \mathrm{arc}_k \tan x$	$-\infty < x < \infty$	$k\pi - \frac{\pi}{2} < y < k\pi + \frac{\pi}{2}$	$x = \tan y$
Arkuskotangens	$y = \mathrm{arc}_k \cot x$	$-\infty < x < \infty$	$k\pi < y < (k+1)\pi$	$x = \cot y$

In der Tabelle sind die Definitions- und Wertebereiche aller Arkusfunktionen zusammengestellt. Für $k = 0$ erhält man den sogenannten Hauptwert der Arkusfunktionen (Schreibweise: arc sin x = $\mathrm{arc}_0 \sin x$ zum Beispiel). Taschenrechner geben die Hauptwerte der Arkusfunktionen an.

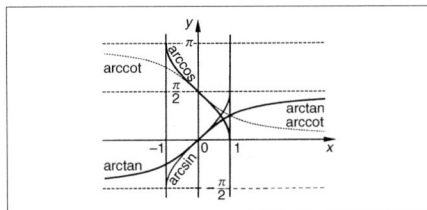

Hauptwerte der Arkusfunktionen

Beispiele:
arc sin 0 = 0; $\mathrm{arc}_k \sin 0 = k\pi$;
arc cos (1/2) = $\pi/3$;
$\mathrm{arc}_k \cos(1/2) =$
$= \begin{cases} -\pi/3 + (k+1)\pi & \text{falls } k \text{ ungerade} \\ \pi/3 + k\pi & \text{falls } k \text{ gerade;} \end{cases}$
arc cot 1 = $\pi/4$; $\mathrm{arc}_k \cot 1 = \pi/4 + k\pi$.
($\rightarrow$trigonometrische Funktionen)

Arkuskosinus (inverse cosine)
Eine der Arkusfunktionen, die Umkehrfunktion der Kosinusfunktion.
($\rightarrow$Arkusfunktionen)

Arkuskotangens (inverse cotangent)
Eine der Arkusfunktionen, die Umkehrfunktion der Kotangensfunktion.
($\rightarrow$Arkusfunktionen)

Arkussinus (inverse sine)
Eine der Arkusfunktionen, die Umkehrfunktion der Sinusfunktion.
($\rightarrow$Arkusfunktionen)

Arkustangens (inverse tangent)
Eine der Arkusfunktionen, die Umkehrfunktion der Tangensfunktion.
($\rightarrow$Arkusfunktionen)

Aromaten (aromatics)
Organische Verbindungen, aus Benzolringen (Benzol) zusammengesetzt.
Beispiele:

$C_{10}H_8$
Naphthalin

$C_{14}H_{10}$
Anthrazen

($\rightarrow$Benzol)

Aronschaltung (Aron measuring circuit)
Methode der Leistungsmessung bei unsymmetrisch belasteten Dreileiter-Drehstromnetzen.

Array (array)
1. Rasterförmige, regelmäßige Anordnung von Elementen in einer integrierten Schaltung.
2. Ein- oder mehrdimensionale Felder (Tabellen) als Datentyp.

Arrhenius (Arrhenius)
$\rightarrow$Basen nach Arrhenius

Artteilung (subdivision and allocation of work)
Verteilen einer Arbeit auf mehrere Menschen oder Betriebsmittel.
Ziel ist, dass jeder Mensch oder jedes Betriebsmittel einen Teil des gesamten Arbeitsablaufs an der Gesamtmenge ausführt.

ASCII-Code (American Standard Code for Information Interchange)
International vereinbarter 7-bit-Code zum Austausch von alphanumerischen Zeichen innerhalb und zwischen Datengeräten.
Es sind $2^7 = 128$ unterschiedliche Zeichen einschließlich Steuerzeichen übertragbar. Das meist verfügbare achte Bit wird als Paritätsbit zur Vermeidung von Übertragungsfehlern genutzt.
Beispiel:
100 0001 41H Bedeutung: Großbuchstabe A
000 1100 0CH Bedeutung: Zeilenvorschub (LF)

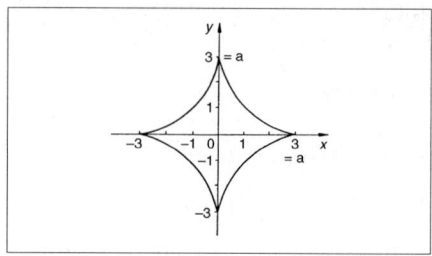

Astroide mit der Gleichung $x^{2/3}+y^{2/3} = 3^{2/3}$

Assembler (assembler)
1. Maschinenorientierte Programmiersprache, z.B. für den Prozessor 8086. Jeder benutzte Maschinenbefehl wird durch eine Assembler-Anweisung dargestellt.
2. Übersetzungsprogramm, das die menschenlesbaren Befehls-Synonyme in maschinenverständlichen Binärcode übersetzt. Assemblerprogrammierung setzt beim Programmierer interne Kenntnisse des Prozessors voraus.
Beispiel:
LD E, 12H; Load (lade) das E-Register mit der Konstanten 12_{16}.
($\rightarrow$Compiler, $\rightarrow$Mnemonics)

Assoziativgesetz, Verknüpfungsgesetz (associative law)
$(a+b)+c = a+(b+c) = a+b+c$,
$(a \cdot b) \cdot c = a \cdot (b \cdot c) = a \cdot b \cdot c$.
Die reellen Zahlen sind sowohl bezüglich der Addition als auch bezüglich der Multiplikation assoziativ.
Beispiele:
$(3+4)+7 = 3+(4+7) = 3+4+7$,
$(3 \cdot 4) \cdot 7 = 3 \cdot (4 \cdot 7) = 3 \cdot 4 \cdot 7$.
($\rightarrow$Boolesche Algebra, $\rightarrow$Distributivgesetz, $\rightarrow$Kommutativgesetz)

astabile Kippstufe (multivibrator)
$\rightarrow$Kippschaltung

ASTM (American Society of Testing Materials)
Amerikanische Gesellschaft für Materialprüfung.

Astroide (astroid)
Ebene Kurve mit der Gleichung $x = a\cos^3 \varphi$, $y = a\sin^3 \varphi$, $a > 0$ in Parameterdarstellung oder $x^{2/3}+y^{2/3} = a^{2/3}$ in kartesischen Koordinaten.
Eine Astroide beschreibt die Bahn eines festen Punktes auf einem Kreis mit dem Radius $a/4$, der gleitfrei im Innern eines Kreises mit dem Radius a abrollt.

Asymptote (asymptote)
Gerade, der sich der Graph einer Funktion $y = f(x)$ unbeschränkt nähert, ohne sie je zu erreichen (Asymptote = Nichtzusammenlaufende). Diese Näherung kann in der Nähe eines Pols erfolgen oder für nach plus oder minus Unendlich strebendes x (also $x \rightarrow \infty$ oder $x \rightarrow -\infty$).
Beispiel: $f(x) = 1/x$.
Für $x \rightarrow \infty$ nähert sich die Kurve der x-Achse von oben und für $x \rightarrow \infty$ von unten unbeschränkt.
Die Stelle $x = 0$ ist ein Pol der Funktion. Die Kurve nähert sich für $x \rightarrow 0$ der y-Achse von rechts und von links unbeschränkt, denn für den linksseitigen und den rechtsseitigen Grenzwert gilt
$\lim\limits_{\substack{x \to 0 \\ x<0}} \frac{1}{x} = -\infty$, $\lim\limits_{\substack{x \to 0 \\ x>0}} \frac{1}{x} = \infty$.
Somit sind sowohl die x-Achse als auch die y-Achse Asymptoten der Funktion $f(x) = 1/x$. Weitere Asymptoten hat die Funktion nicht.
Der Graph der Funktion ist eine gleichseitige Hyperbel.
($\rightarrow$einseitiger Grenzwert, $\rightarrow$Pol)

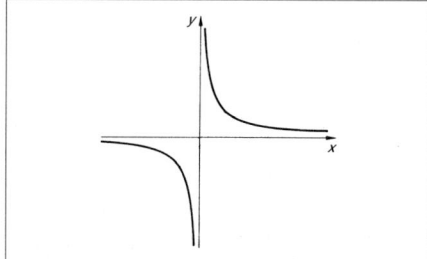

Graph der Funktion $f(x) = 1/x$

Asynchronmotor (asynchronous motor)
Mit untersynchroner Läuferdrehzahl arbeitende Asynchronmaschine.
Es gibt Drehstrom-Asynchronmotoren und Einphasen-Asynchronmotoren.

Einphasen-Asynchronmotoren sind Anwurfmotor, Kondensatormotor, Einphasenmotor mit Hilfsphase, Spaltpolmotor.
(→Drehstrom-Asynchronmotor)

Asynchronsteuerung
(asynchronous control)
Steuerungsart, die ohne Taktsignal arbeitet. Die Ausgangssignale ändern sich nur dann, wenn die Eingangssignale verändert werden.

Asynchronzähler (asynchronous counter)
Zähler, bei dem der eingehende Impuls (Takt) nur auf das erste Flipflop wirkt.
Beispiel: Asynchroner 4-Bit-Dualzähler.

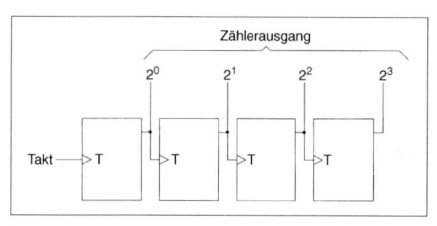

Asynchronzähler

a,t-Diagramm (acceleration, time-diagram)
Graphische Darstellung des Beschleunigungsverlaufs (a-Linie) über der Zeit t im rechtwinkligen Achsenkreuz.
Bei gleichmäßig beschleunigter (verzögerter) Bewegung (a = konstant) ist die a-Linie eine zur t-Achse parallele Gerade. Bei gleichförmiger Bewegung (v = konstant) liegt sie auf der t-Achse.
(→Beschleunigung, →v,t-Diagramm)

Atmosphärendruck p_{at}
(standard atmospheric pressure)
→absoluter Druck

Atom (atom)
Kleinstes Teilchen eines chemischen Elementes, es kann auf chemischem Wege nicht weiter zerlegt werden. Mit physikalischen Trennverfahren ist eine weitere Zerlegung der Atome in die Elementarteilchen möglich. Im Atomkern (Nukleus) befinden sich positive Protonen und ungeladene Neutronen. Die Neutronen dienen vergleichbar als „Protonenkitt" zwischen den positven Protonen. Die Atomhülle besteht aus negativen Elektronen.
(→Elektronen, →Neutronen, →Protonen)

atomare Masseneinheit u (atomic mass unit)
Einheit der Masse in der Atom- und Kernphysik.
u ist der 12te Teil der Masse eines Atoms des Kohlenstoffnuklids ^{12}C, sie ist SI-fremd, aber zulässig: $1\,u = 1{,}6605655 \cdot 10^{-27}$ kg.

Anstelle von Kohlenstoff war früher Wasserstoff das Bezugselement für das Atomgewicht.
(→Isotope, →Masse, →Nuklid)

Atombau (atomic structure)
Das Atom besteht aus dem Atomkern und der Atomhülle (Elektronenhülle, Elektronenschale).

Atombindung (covalent atomic bond)
(Kovalente, homöopolare Bindung)
Bindungszustand zwischen Nichtmetallatomen.
Die Anziehungskräfte (EN-Werte) zwischen den Atomen sind etwa gleich groß.
Das bindende Elektronenpaar gehört beiden Bindungspartnern gemeinsam, es wird von beiden Atomkernen etwa gleich stark angezogen. Beide Bindungspartner bringen ihre Bindungselektronen (Valenzelektronen) in die Bildung der Atomverbände (Moleküle) ein (ΔEN 0 bis 0,5).
(→Elektronegativität EN)
Beispiel: Wasserstoffmolekül

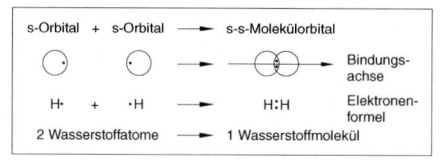

Atombindung

Atombindung, polarisierte
(polar atomic bond)
Bindungszustand zwischen Nichtmetallatomen.
Die Anziehungskräfte (EN-Werte) zwischen den Bindungspartnern sind ungleich groß. Das bindende Elektronenpaar wird stärker zum Atom mit der größeren EN hingezogen, dadurch wird eine Molekülseite positiv polarisiert ($\delta +$), die andere negativ polarisiert ($\delta -$).
Beispiele: Wasser, Chlorwasserstoff, Alkohole (ΔEN zwischen 0,5 und 1,8).
(→Elektronegativität EN)
Beispiel: Chlorwasserstoffmolekül

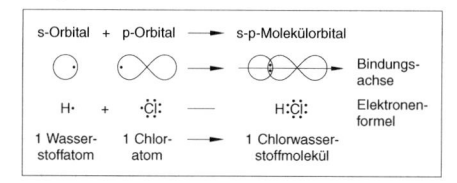

Atombindung, polarisierte

Atomdurchmesser (atomic diameter)
Die Durchmesser der Atome liegen in der Größenordnung von 10^{-10} m.

Atomgewicht

Beispiele:
Blei $1{,}75 \cdot 10^{-10}$ m, Aluminium: $1{,}42 \cdot 10^{-10}$ m.
Es ist üblich, den Halbdurchmesser des Atoms = Atomradius anzugeben.

Atomgewicht (atomic weight)
→relative Atommasse

Atomgitter (atomic lattice)
Kristallgitter mit starker Atombindung der Gitterbausteine.
Dadurch liegen Härte und Schmelzpunkt hoch. Tritt bei den Elementen der Gruppe IV des PSE auf (Diamant C, Germanium Ge, Silizium Si). Ähnliche Strukturen und Eigenschaften haben Bor B, Borcarbid B_4C, Siliciumcarbid SiC.
(→Diamantgitter)

Atomhülle (atomic electron shell)
Bausteine der Atomhülle sind die Elektronen.

Atomkern (nucleus)
Die Bausteine (Nukleonen) des Atomkerns bestehen aus Protonen (elektropositiv) und Neutronen (ungeladen).

Atommasse (atomic mass)
→relative Atommasse

Atommodelle (atom models)
Es sind bildliche Vorstellungen vom Aufbau der Atome, da Atome mit den bloßen Augen nicht erkennbar sind. Die Atomradien liegen im Größenbereich von 10^{-10} m. Zur Erklärung des Verhaltens und der Eigenschaften der Atome sind Atommodelle hilfreich. Es gibt mehrere historisch gewachsene Modellvorstellungen. Keine kann Atome umfassend beschreiben.
Heute lassen sich Atome z.B. mit dem Elektronenrastermikroskop sichtbar machen.
Wichtige Atommodelle:
- Bohrsches Atommodell, Teilchen-Modell, einfach, eingeschränkt anwendbar.
- Orbitalmodell, wellenmechanisches Modell, kompliziert, umfassender.
(→Bohrsches Atommodell, →Orbitalmodell)

Atommultiplikator (index; value)
Zahl der gleichartigen Atome in einer chemischen Formel. Darstellung als tiefgestellte Ziffern (Index, Indices).
Beispiel: H_3PO_4: 3 H-Atome, 1 P-Atom, 4 O-Atome.

Atomphysik (atomic physics)
Lehre vom Aufbau und Verhalten von Atomen, Ionen und Molekülen.
(→Kernphysik)

Atomradius (atomic radius)
→Atomdurchmesser

Atomvolumen (atomic volume)
Volumen eines Mols eines chemischen Elementes.
Quotient aus molarer Masse M in g/mol und Dichte in g/cm^3.
Beispiel: Atomvolumen von Eisen:
$$\frac{55{,}85 \text{ g/mol}}{7{,}87 \text{ g/cm}^3} = 7{,}10 \text{ cm}^3/\text{mol}.$$
$M(Fe) = 55{,}85$ g/mol, Dichte(Fe) = $7{,}87$ g/cm^3.
Die periodische Ab- und Zunahme des Atomlumens ist vom Gleichgewicht der Anziehungs- und Abstoßungskräfte zwischen Kern und Elektronen abhängig.
Beispiel: Atomvolumen in Abhängigkeit von der Ordnungszahl.

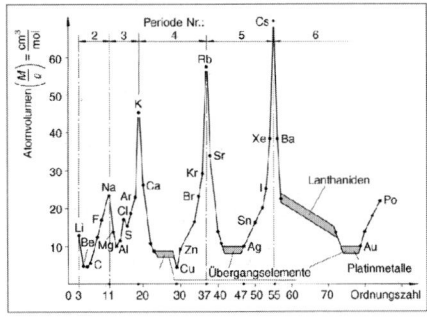

Atomvolumen in Abhängigkeit von der Ordnungszahl

Atto a (atto)
Vorsatzsilbe, die den trillionsten Teil (10^{-18}) der Einheit bezeichnet.
(→Vorsatzzeichen)

Aufbaunetz (diagram which shows how to combine individual speed components for a final drive)
Symmetrische Form des Germar-Schaubildes. Zeigt beim Getriebeentwurf die möglichen Kombinationen aller Einzelübersetzungen. Aus dem Aufbaunetz wird das Drehzahlbild entwickelt.
(→Drehzahlbild, →Drehzahlstufung, →Germar-Schaubild)

Aufbauorganisation (organizational structure)
Regelt die Aufteilung der Aufgaben eines Betriebs. Die Elemente sind Stellen und Stellenzusammenfassungen.
(→Betrieb)

Aufbauschneide (built-up edge)
Werkstoffanlagerung durch Kaltverschweißung an der (gerundeten) Schneidenkante des Schneidkeils eines Zerspanwerkzeugs während der Bearbeitung langspanender (kaltverformbarer) Werkstoffe bei geringer Schnittgeschwindigkeit ($v_c < 30$ m/min). Aufbauschneiden entstehen durch starke Werkstoffstauchung vor der Schneide bei vergleichsweise geringerem Scherwiderstand. Der abgestreifte Schneidenaufbau wird aus plastisch verformtem und daher kaltverfestigtem Werkstoff gebildet, der sich schichtweise absetzt und durch seine hohe Härte zunehmend die Funktion des Schneidkeils mit übernimmt.

Durch Instabilität gleiten Teile der Aufbauschneide besonders zwischen Schnittfläche und Freifläche des Schneidkeils periodisch ab und beeinträchtigen bei erhöhtem Freiflächenverschleiß besonders die Oberflächengüte der Schnittfläche.
($\rightarrow$ Scheinspan)

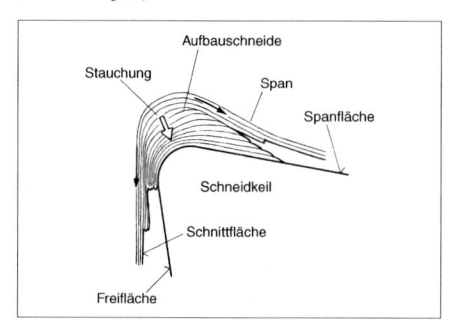

Aufbauschneide (schematisch)

Aufhärtbarkeit
(maximum achievable hardness)
Größte Randhärte durch Martensitbildung beim Abschrecken eines Stahlwerkstücks.
Der Härtewert ist vom C-Gehalt abhängig. Nicht mit Einhärtung verwechseln.

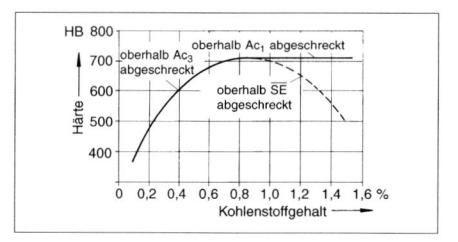

Aufhärtung der Stähle

Aufkohlen (carburising; case hardening)
Eindiffundieren von C-Atomen aus C-Spendermitteln über die Oberfläche in die Randschicht von Stahl.

Aufkohlen ist Voraussetzung und erster Arbeitsgang für das Einsatzhärten und wird bei Temperaturen zwischen $650\ldots930\,°C$ durchgeführt. Es entsteht eine mit $< 0{,}8\%$ C angereicherte, härtbare Randzone. Die Aufkohlungstiefe hängt von Temperatur und Zeit des Aufkohlens und der Aktivität des Spendermittels ab.
($\rightarrow$ Gasaufkohlung, $\rightarrow$ Pulveraufkohlung, $\rightarrow$ Salzbadaufkohlung)

Aufkohlungstiefe At (case depth)
Senkrechter Abstand von der Oberfläche bis zu einer Stelle mit dem Grenz-C-Gehalt von 0,3%.
DIN 50 190/1 Bestimmung der Aufkohlungs- und Einsatzhärtungstiefe.

Aufladung (supercharging)
Maßnahme zur Leistungssteigerung von Verbrennungsmotoren.
Durch Füllung der Zylinder mit vorverdichteter Frischladung wird der Liefergrad verbessert, kann mehr Kraftstoff verbrannt, die Motorleistung gesteigert und der spezifische Kraftstoffverbrauch verringert werden. Es wird Abgasturboauflaudung (Abgasturbolader), mechanische und Druckwellenauflaudung (Comprex-Lader) unterschieden. Bei mechanischer Aufladung wird der Lader über Riemen- oder Zahntrieb vom Motor angetrieben.
DIN 6262 Arten der Aufladung.
($\rightarrow$ Abgasturbolader, $\rightarrow$ Comprex-Lader, $\rightarrow$ Liefergrad)

Auflager (support)
Bezeichnung für Lager, die Kräfte (Auflagerkräfte) und Kraftmomente von einem System (z.B. Getriebe) auf das Fundament übertragen.
Beispiel: Das System Fachwerkträger (z.B. Dachbinder) besteht aus Profilstäben, Nieten, Knotenblechen und nimmt Gewichtskräfte, Windkräfte, Beschleunigungskräfte (z.B. durch Kranfahren) auf und leitet sie über Auflager in das Gehäusefundament.
($\rightarrow$ Festlager, $\rightarrow$ Lager, $\rightarrow$ Loslager)

Auflagerreibmoment M_{RA}
(friction torque exerted by the support)
Muss beim Anziehen einer Befestigungsschraube vom Anzugsmoment M_A überwunden werden.
M_{RA} ist abhängig von der Schraubenlängskraft F, der Reibzahl μ_a an der Mutterauflagefläche, dem Wirkabstand r_a der Reibkraft von der Schraubenachse: $M_{RA} = F\,\mu_a\,r_a$.
Beispiele: $\mu_a = 0{,}15$ für Stahlschraube auf Stahlunterlage, $r_a = 0{,}7\,d$ für Sechskantschrauben mit Nenndurchmesser d, z.B. $d = 12$ mm für Schraube M12.
($\rightarrow$ Anzugsmoment, $\rightarrow$ Reibmoment, $\rightarrow$ Schraubenverbindung)

Auflagerkraft (supporting force)
→Auflager

Aufliegezeit (usable lifetime of cables)
Lebensdauer von Drahtseilen, in der die Seile voll funktionsfähig auf den Seilrollen des Hebezeuges aufliegen.
Die Aufliegezeit wird durch die Zugfestigkeit der Einzeldrähte, die Betriebsweise des Seiltriebs und die Durchmesser der Seiltrommeln und -rollen beeinflußt.
DIN 15 020 Hebezeuge, Grundsätze der Seiltriebe.

Auflösung (resolution)
Anzahl der Punkte, die ein Ausgabegerät darstellen kann.
Angabe in Anzahl der Bildpunkte absolut oder Punkte pro Zoll (dots per inch, DPI).
Beispiele: 800 · 600 Bildpunkte (Monitor), 300 · 300 dpi (Drucker).
(→Drucker, →Monitor)

Auflösungsgrad (degree of resolution)
Begriff der Baukastensystematik, der angibt, wie detailliert ein Erzeugnis in der Stückliste in Baugruppen, Untergruppen oder Einzelteile zerlegt wurde.
Je höher der Auflösungsgrad, desto wahrscheinlicher die Wiederverwendbarkeit des Teils in anderen Erzeugnissen.
(→Baukastensystematik)

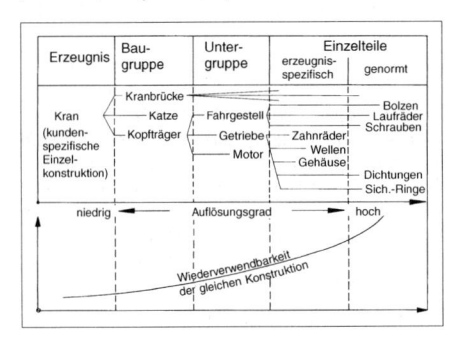

Darstellung des Auflösungsgrades

Aufrunden (rounding up)
→Runden

Aufsatzbacke (false jaw; jaw pad; top jaw)
Auf die Grundbacke eines Spannfutters aufgeschraubte Spannbacke.
Harte (gehärtete) Aufsatzbacken werden zum Spannen auf rohen Guss- oder Schmiedeflächen gebraucht. Weiche (ungehärtete) Aufsatzbacken benutzt man zum Spannen auf vor- oder fertigbearbeiteten Flächen, und sie werden meistens vorher auf den Spanndurchmesser ausgedreht.

Aufsatzbacken gebraucht man an Zwei-, Drei- und Vierbackenfuttern.
(→Spannbacke)

Aufsteckfräserdorn (shell end mill arbor)
Werkzeugspanner an Fräsmaschinen.
Wird mit seinem Kegelschaft in den Frässpindelkopf eingesteckt und nimmt auf seinem freien Ende einen Stirn- oder Walzenfräser auf.
DIN 6358, 6360 Aufsteckfräserdorne.
(→Frässpindel)

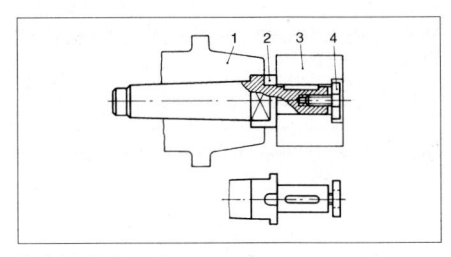

Aufsteckfräserdorn
1 Spindelkopf, 2 Radialnut für Mitnehmerring, 3 Fräser, 4 Spannschraube

Auftragszeit (commission time)
Vorgabezeit für das Ausführen eines Auftrags durch einen Menschen.
Gegliedert in Rüstzeit t_r und Ausführungszeit t_a.

Auftrieb F_a (buoyancy)
Eine der Schwerkraft entgegengesetzte Kraft F_a, der jeder in ein Gas oder Flüssigkeit befindliche Körper unterworfen ist.
Sie ist das Produkt aus der Gravitationsbeschleunigung g und der vom Körper verdrängten Masse m_v des Mediums: $F_a = g\, m_v$.
(→Gravitation, →Kraft, →Schwerkraft)

Auftriebskraft F_a (buoyancy force)
Die zum Eintauchen eines Körpers in ein Fluid erforderliche Kraft.
F_a ist gleich der Gewichtskraft F_G der Fluidmasse m_{Fl}, die der eingetauchte Körper verdrängt:
$F_a = F_{G\,Fl} = m_{Fl}\, \rho_{Fl}\, g$.
Beispiel: Eine Hohlkugel von $d = 1$ m und $m = 10$ kg soll vollständig unter Wasser gehalten werden.
Dazu ist eine Kraft erforderlich von
$F = F_a - F_G = V_{Kugel}\, \rho_{Wasser}\, g - m_{Kugel}\, g = 5038{,}4$ N.
(→Dichte)

Aufwärtskompatibel (upwards compatibility)
Eigenschaft, weiterentwickelter Computer, Mikroprozessoren und Software mit Vorgängertypen zu kommunizieren.

Ausgang

Aufwand (expenditure; effort; outlay)
Innerhalb eines Zeitabschnitts verbrauchte Güter und Leistungen.

Aufzeichnungsdichte (density)
Gibt die Anzahl der bespeicherbaren Spuren pro Inch auf einer Diskette oder Festplatte an.
($\rightarrow$tpi)

Augenblickswert
(instantaneous value; momentary value)
Der zu jedem Zeitpunkt vorhandene Wert einer Wechselgröße oder eines Signals, auch Momentanwert genannt.
Schreibweise: Kleinbuchstaben, z.B. u für den Spannungswert, i für den Stromwert.

Ausblendsatz (optional block skip)
Fertigungstechnisch bedingtes Weglassen eines CNC-Satzes.
Ein CNC-Satz wird überlesen, wenn bestimmte Fertigungsschritte einmalig oder nicht bei jedem Werkstück vorgesehen sind, wie bei Messstops. Die CNC-Steuerung erkennt den Ausblendsatz durch einen dem Adressbuchstaben N vorangestellten Schrägstrich (/).
Beispiel: /N60 G00 X350 Z450 M00
DIN 66 025 Programmaufbau für numerisch gesteuerte Arbeitsmaschinen.

Ausdehnungsgleitlager
(expansion bearing)
Halten durch ihre besondere konstruktive Gestaltung das Lagerspiel bei wechselnden Betriebstemperaturen annähernd konstant. Spezielle Gleitlager für Werkzeugmaschinenspindeln.
($\rightarrow$FAG-Hydrolager, $\rightarrow$Mackensen-Lager, $\rightarrow$Precifilm-Gleitlager, $\rightarrow$VDF-Spindellager)

Ausfluss aus Gefäßen (outflow)
$\rightarrow$Ausflussgeschwindigkeit, $\rightarrow$Ausflusszahl

Ausflussgeschwindigkeit w_a
(outflow velocity)
Geschwindigkeit, mit der ein Fluid (z.B. Wasser, Öl, Luft) aus einem Behälter ausströmt.
Bestimmte Bedingungen führen zu unterschiedlichen Berechnungsgleichungen für w_a.
Beispiel: Ist die Oberfläche groß gegenüber der Ausflussöffnung, gilt $\sqrt{(2gh)}$ in m/s, mit Geschwindigkeitshöhe h in m vom Fluidspiegel bis zur Ausflussöffnung und Fallbeschleunigung g in m/s². Die wirkliche Ausflussgeschwindigkeit w_e ist um den Faktor φ (Geschwindigkeitszahl) kleiner als w_a ($\varphi = 0{,}97 \ldots 0{,}99$, abhängig von der Zähigkeit des Fluids).

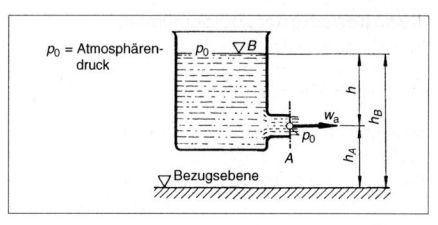

Ausfluss aus einem Gefäß

Ausflussöffnung (outlet)
$\rightarrow$Ausflusszahl

Ausflussvolumen (outflow volume)
$\rightarrow$Ausflusszahl

Ausflusszahl μ (outflow coefficient)
Faktor, um den sich beim Ausfluss eines Fluids aus einem Gefäß der theoretische Volumenstrom q_V verringert. Damit ergibt sich der wirkliche (effektive) Volumenstrom $q_{V\text{eff}} = \mu\, q_V$.
Beispiel: Bei einfacher Bohrung im Gefäßboden ist $\mu = 0{,}62 \ldots 0{,}6$.
Ausbördelungen ergeben je nach Bördelradius bessere Werte ($\mu = 0{,}97 \ldots 0{,}99$).

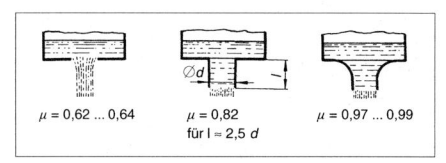

$\mu = 0{,}62 \ldots 0{,}64$ $\quad$ $\mu = 0{,}82$ für $l \approx 2{,}5\,d$ $\quad$ $\mu = 0{,}97 \ldots 0{,}99$

Ausflusszahlen für Wasser

Ausgabebaustein (output unit)
Der Signalverarbeitung nachgeschalteter Baustein. Aufgaben: Spannungsanpassung zwischen Steuereinheit und Steuerspannung von Schütz oder Magnetventil, Schutz der Steuereinheit vor Überspannungen durch galvanische Trennung, Energieverstärkung des Steuersignals, Energieumwandlung (elektrische Energie/pneumatische Energie).
($\rightarrow$Eingabebaustein)

Ausgabeeinheiten (output devices)
Peripheriegeräte mit der Aufgabe, Daten des Prozessors in einer für den Menschen lesbaren Form auszugeben.
($\rightarrow$Drucker, $\rightarrow$Monitor, $\rightarrow$Plotter)

Ausgaben (expenses)
Alle von der Unternehmung durch Bargeld oder Überweisung geleisteten Zahlungen

Ausgang (output)
Geräteanschluß, über den Daten ausgegeben werden.
($\rightarrow$Eingang)

Ausgangssignal

Ausgangssignal (output signal)
Signal, das von der Signalverarbeitung aus auf den Ausgabebaustein einwirkt.
(→Ausgabebaustein)

Ausgleichseinheit (compensating unit)
Einrichtung für zusätzliche künstliche Nachgiebigkeit bei automatischen Montage-Vorrichtungen und Robotern, die mit elastischen Elementen Fluchtungs- und Verdrehfehler ausgleicht.
An Montagerobotern wird die Ausgleichseinheit zwischen Greifer und Roboterhandflansch montiert.
(→Fügehilfe, →Industrieroboter, →Montageroboter)

Ausgleichsrolle
(balance cable roller for rope drives)
Fest angeordnete Rolle zwischen zwei parallel arbeitenden Seiltrieben, die sich beim Hebevorgang nicht dreht, sondern dem Ausgleich verschiedener Seildehnungen dient.
Ausgleichsrollen stellen sicher, dass alle Seile der Seiltriebe gleichmäßig beansprucht werden.
(→Seiltriebe)

Ausgleichszeit T_g
(characteristic time; balancing time)
Kennwert einer Regelstrecke, der aus der Übergangsfunktion entnommen werden kann.
An den Wendepunkt der Übergangsfunktion wird eine Tangente gelegt, die die Zeitachse und die Parallele zur Zeitachse durch den Endwert der Regelgröße schneidet. Die Ausgleichszeit T_g gibt den zeitlichen Abstand der beiden Schnittpunkte an.
(→Regelgröße, →Regelstrecke, →Verzugszeit)

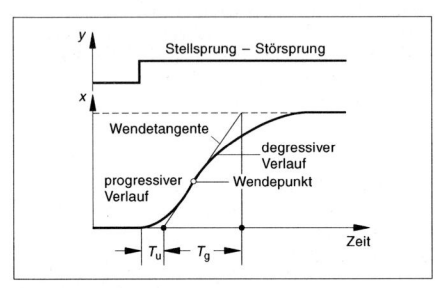

Graphische Darstellung der Ausgleichszeit T_g
(T_u Verzugszeit)

aushärtbare Legierungen
(age-hardenable alloys)
Zur Aushärtung geeignete Legierungssysteme sind:
Aluminium: AlCuMg, AlSiMg, AlZnMg;
Eisen: mikrolegierte Feinbleche, HS-Stähle, martensitaushärtende Stähle;
Kupfer: CuBe für Federn, CuCr für Punktschweißelektroden;

Titan: TiAl6V4 für Triebwerksteile im Flugzeug- und Rennmotorenbau.

Aushärten (precipitation treatment)
Verfahren der Festigkeitssteigerung für aushärtbare Legierungen durch feindisperse Ausscheidungen in Mischkristallen.
Geeignet sind Legierungssysteme, bei denen im Kristallgitter des Basismetalls eine kleine, mit der Temperatur abnehmende Löslichkeit für ein oder mehrere Legierungselemente auftritt.
Arbeitsgänge sind Lösungsbehandeln, d.h. Erwärmen und Abkühlen, um übersättigte Mischkristalle herzustellen und anschließendes Kalt- oder Warmauslagern, dabei Ablauf des Ausscheidungsvorgänges.
Für die Festigkeitssteigerung sind eine bestimmte Teilchengröße und -abstand wichtig. Sie werden durch exaktes Einhalten von Auslagerungstemperatur und -zeit erreicht.
(→Aushärtung, →Ausscheidungen)

Aushärtung (precipitation hardening)
Zustand erhöhter Festigkeit und Härte durch feindisperse Ausscheidungen in übersättigten Mischkristallen als Gleitblockierung.
(→Kaltauslagern, →Warmauslagern)

ausknicken (buckling)
→Knickung

Auslagern (ageing treatment)
→Aushärten, →Kaltauslagern, →Warmauslagern

Auslassventil (exhaust valve)
→Motorsteuerung, →Ventil

Auslaufversuch (deceleration test)
Verfahren zur Bestimmung der mittleren Reibzahl μ in Gleitlagern.
Beispiel: Eine Schleifscheibe wird bei einer bestimmten Drehzahl n ausgeschaltet und läuft im Zeitabschnitt Δt aus.
Mit dem Energieerhaltungssatz für Rotation (Drehung) findet man eine Gleichung zur Berechnung der Reibzahl $\mu = 2\pi n d_1^2/(4 g d_2 \Delta t)$, mit Fallbeschleunigung g.

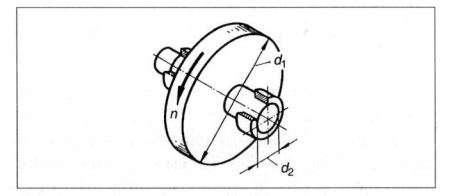

Maße der Schleifscheibe

Ausleger (cantilever; jib)
1. In der Hebetechnik auskragende Tragarme, über deren Spitze das Tragseil geführt wird.
Beispiel: Kranausleger bei Baukranen.
DIN 15 023 Krane mit Kragarmen, Ausladungen.
2. Im Werkzeugmaschinenbau Teil des Maschinengestells der Einständer-Hobelmaschine und der Radialbohrmaschine. (radial arm, rail, beam) Am Maschinenständer zur Anpassung an die Werkstückhöhe senkrecht geführter biege- und verdrehsteifer, einseitig auskragender Balken. Führungen auf seiner Stirnseite nehmen den Hobelschlitten oder den Bohrspindelschlitten auf.
(→Gestell)

Ausleger-Bohrmaschine
(radial drilling machine; radial)
→Radialbohrmaschine

Auslösestrom (mimimum current required to release a safety device; safety device release current)
Stromwert, bei dem eine Schutzeinrichtung anspricht.
Beispiel: Sicherung (I_A), Fehlerstrom-Schutzschaltung ($I_{\Delta N}$).

Ausregelzeit (correction time)
Zeit, die der Regler nach dem Auftreten einer Störgröße benötigt, um die Regelgröße wieder in den vorgegebenen Bereich zu bringen.
(→Führungsgröße, →Regelgröße, →Regler)

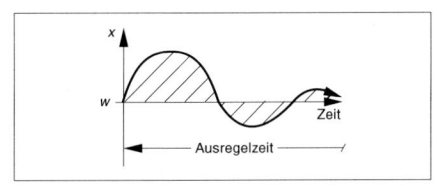

Zeichnerische Darstellung der Ausregelzeit

Aussageform (argument form)
Mathematischer Ausdruck, in dem Variablen vorkommen.
Aussageformen erhalten einen Wahrheitswert, wenn allen in ihnen vorkommenden Variablen ein Wert zugeordnet wird.
Beispiele:
Die Aussageform $x - 3 = 5$ wird zu einer wahren Aussage, wenn man für x die Zahl 8 einsetzt ($x = 8$ ist die Lösung der Gleichung).
Die Aussageform $x + 1 = 3$ wird zu einer falschen Aussage, wenn man für x die Zahl 1 einsetzt (denn die Lösung der Gleichung ist $x = 2$).

Ausschaltvermögen (breaking capacity)
Stromwert, den ein Schaltgerät oder eine Schutzeinrichtung unter den vom Hersteller definierten Bedingungen noch betriebssicher ausschalten kann.
DIN VDE 0660 Schaltgeräte, DIN VDE 0664 Fehlerstrom-Schutzeinrichtungen.

Ausscheidungen (precipitation)
Umlagern von Teilchen in oder aus Mischkristallen, die eine mit der Temperatur sinkende Löslichkeit für Legierungselemente besitzen.
Ausscheidungen sind Ursache der Alterung und Grundlage der Aushärtung.
(→Überalterung)

Ausschlagspannung σ_a (deflection tension)
Betrag des Spannungsausschlags im Spannungs-Zeit-Diagramm bei dynamischer Belastung eines Bauteils, z.B. einer Zugfeder.
(→Spannungs-Zeit-Diagramm)

Ausschneiden (blank)
→Lochen

Außengreifer (external gripper)
Bauform eines Greifers, der mit Halteelementen (Backen, Finger, Zangen) Werkzeuge und Werkstücke aufnimmt.
Durch Schließen der Greifelemente wird das Greifobjekt an seinen Außenflächen gehalten.
(→Greifer, →Greiferbacken, →Innengreifer, →Robotergreifer)

Außenleiter (three phase mains leads)
Zum Verbraucher stromführende Leiter L1, L2 und L3 in einem Drehstromsystem.
(→Drehstrom)

Außenräummaschine
(external broaching machine; surface broaching machine)
→Räummaschine

Außenrundschleifmaschine
(external cylindrical grinding machine)
Schleifmaschine, auf der zylindrische und kegelige Werkstücke auf ihren Mantelflächen bearbeitet werden.
Bei der Bearbeitung werden sowohl die Schleifscheibe als auch das Werkstück angetrieben. Kurze Werkstücke können im Spannfutter, lange zwischen Spitzen gespannt werden. Zu diesem Zweck wird auf dem Tisch ein Reitstock aufgespannt.

Außenwinkel (exterior angle)
Bei einem Dreieck die Supplementwinkel der Dreieckswinkel.
Die Winkelsumme der Außenwinkel eines Dreiecks beträgt 360°.
Auch in einem konvexen n-Eck bezeichnet man die Supplementwinkel der Winkel (Innenwinkel) als Außenwinkel.
($\rightarrow$Dreieck, $\rightarrow n$-Eck)

Aussetzbetrieb (intermittent operation)
Betrieb einer elektrischen Maschine mit stetigem Wechsel zwischen konstanter Belastung und Pausen, in denen eine Abkühlung auf die Kühlmitteltemperatur nicht erreicht wird.
Betriebsarten nach VDE 0530 Umlaufende elektrische Maschinen.
Beispiel aus der Fördertechnik: Der Hubantrieb steht still, während der Kran und/oder die Kranlaufkatze verfahren wird.

Austausch-Mischkristall
(substitutional solid solution)
Mischkristall, in dem die Atome des Basismetalls gegen solche der Legierungselemente regellos ausgetauscht sind, d.h. normale Gitterplätze besetzen.
($\rightarrow$Mischkristall-System)

Austenit (Austenite)
Gefügename (nach Roberts-Austen, engl. Forscher) für kubisch-flächenzentriertes γ-Eisen.
Existiert im Temperaturbereich oberhalb A_3 (723 ... 911 °C). Bildet in jedem Verhältnis Austauschmischkristalle mit Ni, Mn und Co. Löslichkeit für C zwischen 2 und 0,8%.
($\rightarrow$Austenitgebiet)

Austenitformhärten (ausforming)
Thermomechanische Behandlung mit plastischer Verformung des unterkühlten Austenits oberhalb der Martensitstufe.
Die Umwandlung erfolgt vor der Rekristallisation und ergibt Feinkorn mit höherer Zähigkeit und Dauerfestigkeit als beim normalen Härten.
($\rightarrow$ZTU-Schaubild)

Austenitgebiet, -bereich (austenite range)
Phasenfeld im Eisen-Kohlenstoff-Diagramm zwischen 723 und 911 °C und 0 ... 2,06% C. Elemente wie Ni, Mn, n erweitern dieses Gebiet bis auf Raumtemperatur. Andere Elemente wie Cr, Si, Mo, V, Ti und Al verkleinern oder schnüren es ab.
($\rightarrow$austenitische Stähle, $\rightarrow$ferritische Stähle)

austenitische Stähle (austenite steel)
Hochlegierte Stähle, deren γ-α-Umwandlung durch höhere Gehalte von Mn, Ni und N unterdrückt wird.
Sie sind umwandlungsfrei, unmagnetisch, korrosionsbeständig und nicht härtbar.
Niedrige Streckgrenze ist mit hoher Zähigkeit gekoppelt, auch bis zu -180 °C. Klassische Sorte war X10CrNi18-8 (Krupp 1928), jedoch nach dem Schweißen durch Ausscheidungen von Cr-Carbiden korrosionsanfällig. Deshalb stabilisierte Sorten mit Ti oder Nb (z.B. X6CrNiTi18-9) oder mit extrem niedrigen C-Gehalten (z.B. X2CrNi19-11). Gelöster Stickstoff (N $\approx$ 0,2%) erhöht die niedrige Streckgrenze fast auf das Doppelte (z.B. X2CrNiMoN17-13). Molybdän erhöht die Korrosionsbeständigkeit.

austenitisches Gusseisen
(austenite cast iron)
Gusseisensorten mit 12 ... 36% Ni (daneben Cr, Cu, Mn) und austenitischem Grundgefüge mit Carbiden. Sie sind unmagnetisch, beständig gegen Korrosion, Verzunderung, Wärmeschock, Sprödbruch in der Kälte und Verschleiß bei hohen Temperaturen.
8 Sorten GGL (GJLA) mit Lamellengraphit und 11 Sorten GGG (GJSA) mit Kugelgraphit.
DIN 1694 Austenitisches Gusseisen (DIN EN 18 835 E).

Austenitisierung (austenitizing)
Herstellen eines homogenen Austenitgefüges durch Erwärmen von Stahl und Halten im Austenitgebiet. Wärmgeschwindigkeit, Temperatur und Haltezeit bestimmen die Korngröße.
($\rightarrow$ZTA-Schaubild)

Austenitkorngröße
(McQuaid-Ehn grain size)
Einteilung in 12 ASTM-Klassen 0 bis 5 (grob, mit 320 ... 56 μm) und 6 bis 12 (fein, mit 40 ... 5 μm mittlerem Korndurchmesser).
($\rightarrow$Austenit)

Austenitzerfall (austenite dissociation)
Der Mischkristall Austenit zerfällt bei 723 °C in das Kristallgemisch Perlit.
Ursache ist die Gitterumwandlung des Austenits (0,8%C gelöst) in Ferrit (ohne C-Löslichkeit) und dadurch bedingtes Ausdiffundieren der C-Atome, die als Zementit in Lamellenform im Ferrit entstehen. Lamellenbreite kann durch schnellere Abkühlung verkleinert werden (Diffusionsbehinderung), dabei steigen Festigkeit und Zähigkeit des Stahles. Das entstehende Gefüge heißt Perlit.

Autoexec (Automatic Execution)
Datei, die nach dem Einschalten eines Rechners automatisch ausgeführt wird.
Sie enthält Anweisungen, die auch manuell eingegeben werden könnten, z.B. zur Wahl der Tastaturbelegung. Allerdings führt eine automatische Parametrierung des Rechners zu immer gleicher Arbeitsumgebung, wodurch die Arbeit erleichtert wird.

Axialkolbengetriebe

Beispiel:

Prompt pg;	nach dem > erscheint das aktuelle Verzeichnis
Path C:\DOS;	das Verzeichnis DOS ist immer erreichbar
Keyb gr;	die deutsche Tastaturbelegung QWERTZ ist aktiv
set dircmd = /P;	Dateiinhalt scrollt nicht über den Bildschirmrand
Mouse;	ein Maustreiber wird eingebunden

Autogenschweißen (autogenous welding)
→Gasschmelzschweißen

Automatenlegierungen (free cutting alloys)
Spezielle kurzspanende Sorten für Automatenbearbeitung mit 1 ... 3% Pb bei den Knetlegierungen der NE-Metalle, die normalerweise zäh sind und lange Fließspäne ergeben.
Beispiele:
Al CuMgPb, CuNi12Zn30Pb1, CuZn37Pb3.

Automatenstähle (free cutting steels)
Unlegierte Stähle, die hohe Schnittgeschwindigkeit bei reduziertem Werkzeugverschleiß durch Kurzspanbildung zulassen.
Sie enthalten 0,1 ... 0,3% S als feinverteiltes, sprödes Mn-Sulfid im Gefüge.
DIN EN 10087 Automatenstähle.

automatischer Werkzeugwechsel
(automatic tool change)
Bei CNC-Maschinen mit Werkzeugspeicher und Werkzeugwechseleinrichtung wird das Werkzeug bei Aufruf im CNC-Programm automatisch dem Magazin entnommen und der Werkzeugaufnahme zugeführt.
(→manueller Werkzeugwechsel, →Werkzeugaufruf, →Werkzeugkorrektur)

Automatisierung (automation)
Planung und Ausführung von Anlagen und Organisationssystemen, in denen selbsttätig Arbeitsvorgänge ablaufen, die durch ein Arbeitsprogramm gesteuert werden, ohne dass der Mensch direkt eingreift.

Avogadro-Konstante N_A
(Avogadro constant)
Zahl der in 1 Mol enthaltenen gleichartigen Teilchen (Atome, Moleküle, Elektronen usw.).
Beispiel: 1 Mol Fe enthält $6,023 \cdot 10^{23}$ Fe-Atome.
N_A ist für alle Stoffe gleich:
$N_A = 6,022045 \cdot 10^{23}$ mol^{-1}.

Der Betrag dieser Zahl wird oft mit der Loschmidt-Konstanten verwechselt. Benannt nach Amadeo Avogadro (1776–1856).
(→Loschmidt-Konstante, →Mol)

AWL
→Anweisungsliste

Axial-Rillenkugellager
(axial groove ball-bearing)
Nehmen nur Axialkräfte auf; das zweiseitig wirkende Lager überträgt Axialkräfte in beiden Richtungen. Ausgleich von Winkelfehlern bei Wellen über kugelige Gehäuse- und Unterlegscheiben. Einsatz immer dann, wenn auftretende Axialkräfte für Radiallager zu groß werden, wie z.B. in Bohrspindeln und Reitstockspitzen.

axiales Flächenmoment
(axial areal moment)
→Flächenmoment

axiales Widerstandsmoment
(axial section modulus)
→Widerstandsmoment

Axialkolbengetriebe
(axial piston type hydraulic transmission)
Hydrostatisches Getriebe mit offenem Kreislauf, zur stufenlosen Drehzahlverstellung in bestimmten Werkzeugmaschinen.
Pumpe und Motor sind konstruktiv gleichartig aufgebaut und haben (im Unterschied zum Flügelzellen- und Radialkolbengetriebe) kein gemeinsames Gehäuse. Die Kolben bewegen sich parallel zur Drehachse des Zylinderkörpers (axial). Dieser läuft in einem trommelförmigen Steuerkörper um, der zur Verstellung des Volumenstroms nach beiden Seiten geschwenkt werden kann (Schwenktrommel).
(→Axialkolbenpumpe)

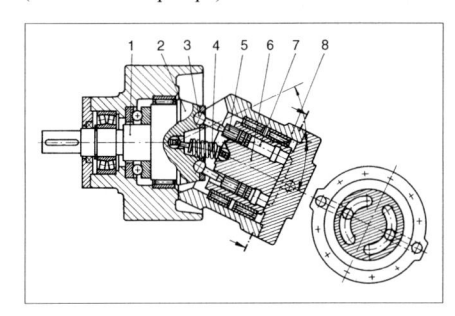

Hydropumpe eines Axialkolbengetriebes
1 Antriebswelle, 2 Antriebsflansch, 3 Kolbenstange, 4 Kreuzgelenk zum Antrieb des Zylinderkörpers, 5 Kolben, 6 Zylinderkörper, 7 Zylinder, 8 schwenkbarer Steuerkörper

Axialkolbenpumpe

Axialkolbenpumpe (axial piston pump)
Bauart der Kolbenpumpe, bei der mehrere Kolben achsparallel in einer zylindrischen Trommel angeordnet sind.
Sie werden in der Ölhydraulik eingesetzt. Nach Art der Erzeugung der Kolbenbewegung unterscheidet man Taumelscheiben-, Schwenktrommel- und Schrägscheibenpumpen. Bei Schrägscheibenpumpen sind die Kolben axial in einer rotierenden Zylindertrommel angeordnet. Die Kolbenenden werden auf einer schräg gestellten, fest stehenden Hubplatte geführt. Dadurch führt der Kolben bei einer Zylindertrommelumdrehung einen Saug- und Druckhub aus. Bei Schwenktrommelpumpen kann die rotierende Zylindertrommel nach beiden Seiten aus der Mittellage geschwenkt werden (Umkehr der Förderrichtung und Nullförderung bei hydrostatischen Fahrantrieben). Sie sind auch als Motor zu betreiben.
(→Axialkolbengetriebe, →Kolbenpumpen, →Pumpen)

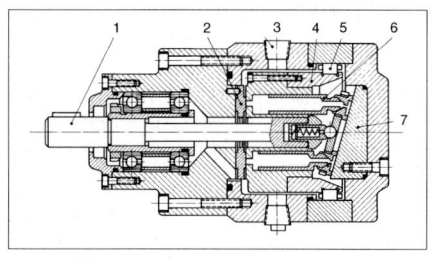

Schrägscheibenpumpe
1 Antriebswelle, 2 Steuerspiegel, 3 Lecköl-anschluss, 4 Zylinderkörper, 5 Rollenlager, 6 Kolben, 7 schräge Hubplatte

Axialkraft F_a (axial force)
Die in Richtung der Längsachse eines zylinderförmigen Körpers (Welle, Zahnrad, Walze) wirkende Kraft oder Kraftkomponente.

Beispiel: Zwischen den Zähnen eines schräg verzahnten Stirnrads wird die Zahnkraft übertragen. Zur Untersuchung ihrer Wirkung auf die Getriebewelle und die Lager wird sie in die drei Komponenten eines räumlichen Achsenkreuzes zerlegt.
(→Radialkraft, →Tangentialkraft)

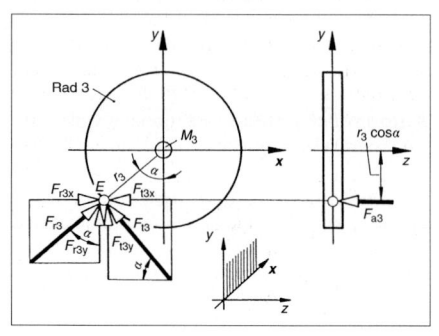

Axial-, Radial- und Tangentialkraftkomponenten einer Zahnkraft am schräg verzahnten Zahnrad einer Getriebewelle

Axiallager (axial bearing)
→Lager

Axiome (axioms)
Grundsätze, die man durch Erfahrung und fortwährende Bestätigung bei Beobachtungen in der Natur gefunden hat.
Sie lassen sich nicht aus noch so einfachen Beobachtungen entwickeln, sind aber selbst Bausteine für weitere physikalische Gesetze.
Beispiel für Axiome: Trägheitsgesetz, dynamisches Grundgesetz, Wechselwirkungsgesetz, Parallelogrammsatz.
(→Newton)

B

B-Betrieb (class B operation)
→Betriebsarten des Leistungsverstärkers

Backenbremse (block brake)
Bremsvorrichtung, bei der die Bremskraft F auf die Bremstrommel radial über die Bremsbacke (Bremsklotz) aufgebracht wird.
In der Fördertechnik und im Fahrzeugbau werden meist Doppelbackenbremsen verwendet, bei denen sich die Radialkräfte auf die Bremstrommel ausgleichen. Die Bremsmomente M_A, M_B an den Backen A und B betragen $M_A = Fl\mu r/(l_1 - \mu l_2)$, $M_B = Fl\mu r/(l_1 + \mu l_2)$, $M_{ges} = M_A + M_B$. F Bremskraft, μ Reibzahl, $r = d/2$.

Doppelbackenbremse

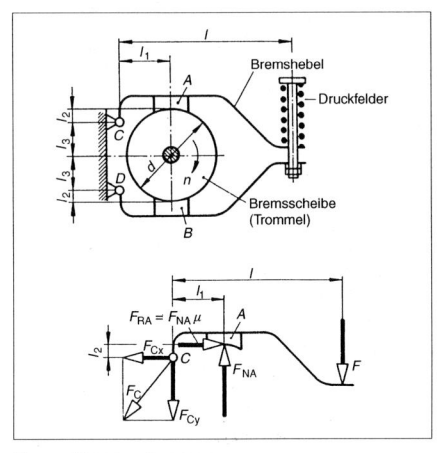

Badnitrieren (bath nitriding)
Nitrocarburieren in Salzschmelzen (Cyanate und Carbonate des K und Na) bei $550\ldots580\,°C$ ca. $30\ldots180$ min. Dabei wird neben N auch C aufgenommen.

Bär (hammer tup; falling weight)
→Energieerhaltungssatz, →Hammerbär, →Stoß

Bahnkorrektur (cutter compensation)
Automatisches Errechnen der Werkzeugbahn durch eine CNC-Steuerung.
Die selbständige Ermittlung der Werkzeugmittelpunktsbahn erfordert im CNC-Programm die Angabe des Werkzeugs sowie dessen Korrekturlage zur Kontur.

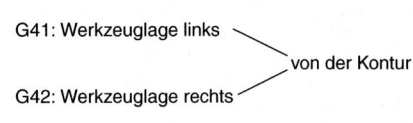

G41: Werkzeuglage links
G42: Werkzeuglage rechts
von der Kontur

Beispiel:

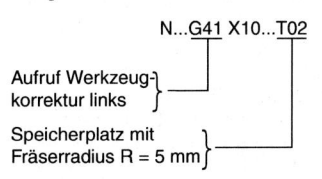

N...G41 X10...T02

Aufruf Werkzeugkorrektur links
Speicherplatz mit Fräserradius R = 5 mm

DIN 66 025 Programmaufbau für numerisch gesteuerte Arbeitsmaschinen.
(→Äquidistante, →CNC-Steuerung, →Fräserradiuskorrektur, →Schneidenradiuskorrektur)

Bahnsteuerung (contouring control system)
Möglichkeit einer CNC-Steuerung, ein Werkzeug gleichzeitig in zwei oder mehreren Achsen zu verfahren.
Für jede Achse sind getrennte Antriebsmotoren notwendig. Die Bewegungen innerhalb der Achsrichtungen werden relativ zueinander gesteuert. Es können beliebige Schrägen oder Kreisbahnen hergestellt werden. Man unterscheidet je nach Anzahl der gleichzeitig in einem Funktionszusammenhang stehenden Achsen die 2-, 3- und 5-Achsen-Bahnsteuerung. Für das Zusammenwirken der Achsbewegungen ist eine programmierbare Rechenschaltung nötig.
(→CNC-Steuerung, →Interpolator, →Punktsteuerungsverhalten, →Streckensteuerung)

Bainit (bainite)
Vergütungsgefüge nach E. Bain (engl. Forscher). Besteht aus mit C-Atomen übersättigtem Ferrit und Zementit in feinster Verteilung.

bainitisches Gusseisen
(austempered ductile iron, ADI)
Gusseisen mit Kugelgraphit in bainitischem Grundgefüge.
Es entsteht durch Bainitisieren bei $270\ldots450\,°C$ und hat Festigkeiten von 800 bis 1500 N/mm^2 (Sorten GJS-800-8...GJS-1500-1). Verwendung z.B. für Kegelräder mit erhöhter Dauerfestigkeit. DIN EN 1564 Bainitisches Gusseisen VDG-Merkblatt W 52.

Bainitisieren

Bainitisieren (Heat treatment required to procude a bainite structure)
Herstellen eines Gefüges aus Bainit durch isotherme Umwandlung in der Bainitstufe.
Anwendung bei Vergütungsstählen und bainitischem GJS.
DIN 17 022 Verfahren der Wärmebehandlung.

Bainitstufe (bainite temperature range)
Temperaturbereich im ZTU-Diagramm, in dem sich unterkühlter Austenit in Bainit umwandelt, zwischen Perlit- und Martensitstufe gelegen.

Bajonettscheibe (bayonet plate)
Flache runde Scheibe am Drehspindelkopf.
Um einen kleinen Winkel auf der Drehspindel drehbar, dient sie der sicheren Arretierung des Spannfutterflansches auf dem Kurzkegel des Spindelkopfes.
DIN 55 027 Spindelköpfe mit Zentrierkegel, Flansch und Bajonettscheibenbefestigung.
(→Spannfutter)

bake hardening BH (bake hardening)
Aushärtungseffekt bei mikrolegierten Karosseriefeinblechen, die im Zustand „lösungsbehandelt" verarbeitet werden und beim Lackeinbrennen warmauslagern, dabei ist eine Steigerung von R_m um 40 N/mm² möglich.
(→Stähle für Feinbleche)

Balkencode (Barcode)
Strich- oder Balkencode zur Datenerfassung, überwiegend im Bereich des Handels, aber auch in Bibliotheken mit Hilfe von Lichtgriffeln oder Laserabtastern.
Im europäischen Raum hat sich für die Kennzeichnung von Lebensmitteln der EAN-Code (**E**uropäische **A**rtikel **N**umerierung) durchgesetzt. Dieser besteht aus Strichen einfacher bis vierfacher Breite.

Bandbreite (bandwidth)
Differenz zwischen oberer Grenzfrequenz f_{ob} und unterer Grenzfrequenz f_u eines Verstärkers oder einer Übertragungseinrichtung: $b = f_{ob} - f_u$.

Bandbremse (band brake)
Bremsvorrichtung, bei der das Bremsband von einem Bremsband umschlungen und über einen Zughebel an die Bremstrommel angepresst wird.
Die entstehende Seilreibung erzeugt das Bremsmoment M_B. Die Zugkraft am Handhebel beträgt:
$F_z = 2\,M_B\,(l_1 + x\,e^{\mu\alpha}) / (d\,l_2\,(e^{\mu\alpha} - 1))$.

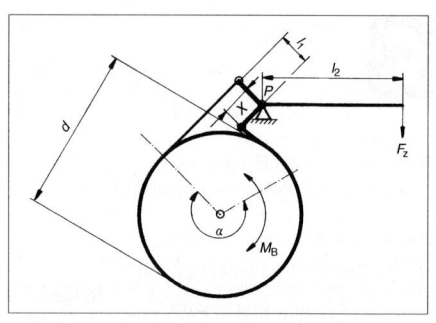

Drehrichtungsunabhängige Bandbremse

Bandreibung (bandfriction)
→Seilreibung

Bandzug (belt tension)
Kraft im Bremsband einer Bandbremse.
Der Bandzug ist über dem Umfang der Bandtrommel nicht konstant. Bei der Bremshebelanlenkung ist er am kleinsten, am Festpunkt des Bremsbandes am größten.

Bar (bar)
→Pascal

Basen nach Arrhenius
(nomenclature of bases according to Arrhenius)
Basen zerfallen in wässrigen Lösungen in positive Metallionen Me⁺-Ionen und negative Hydroxidionen, OH⁻-Ionen.
Beispiel:
Base → positive + negative
      Metallionen   Hxdroxidionen
Natriumhydroxid NaOH
   → Na⁺ + OH⁻
Calciumhydroxid Ca(OH)₂
   → Ca²⁺ + 2 OH⁻
Die Modellvorstellung nach Arrhenius ist auf Lösungen in Wasser beschränkt. Die Modellvorstellung nach Brönsted schließt auch andere Lösungsmittel wie flüssiges Ammoniak mit ein.

Basenbildung (base forming)
Beispiele nach Arrhenius:
Aus unedlen Metallen:
2 Na + 2 H₂O → 2 NaOH + H₂
Natrium + Wasser → Natriumhydroxid
      + Wasserstoff
Aus den Oxiden:
CaO + H₂O → Ca(OH)₂
Calciumoxid   Calciumhydroxid

Basis (radix; base)
→Logarithmus, →Potenz

basisch (basic)
Gegensatz von sauer.
In der Metallurgie sind basische Stoffe in Schlakken, feuerfesten Auskleidungen und Umhüllungen von Elektroden zu finden. Basische Stoffe können saure Stoffe abbinden.

basische Salze (basic salts)
→Oxid-Salze (veraltete Bezeichnung)

Basiseinheit (fundamental unit)
Durch internationale Vereinbarung festgelegte Einheit einer der 7 physikalischen Basisgrößen. Aus den Basiseinheiten lassen sich durch Potenzprodukte die abgeleiteten Einheiten über die Definitionsgleichungen gewinnen.
DIN 1301 Einheiten.
(→abgeleitete Einheit, →Basisgröße, →Einheit, →physikalische Größe, →SI)

SI-Basiseinheiten			
Basis-größe	Einheiten-name	Zei-chen	Benennung nach
Länge	Meter	m	(griech., Maß)
Masse	Kilogramm	kg	(griech., tausend u. Gewicht)
Zeit	Sekunde	s	(lat., zweiter)
Stromstärke	Ampere	A	Andre M. Ampere
Temperatur	Kelvin	K	Lord Kelvin
Stoffmenge	Mol	mol	(lat., Masse)
Lichtstärke	Candela	cd	(lat., Kerze)

Basisgröße (fundamental quantity)
Willkürlich festgelegte physikalische Größe mit der Bedingung, dass sie nicht aus anderen Basisgrößen abgeleitet werden kann.
Aus den Basisgrößen Länge l, Masse m, Zeit t, elektrische Stromstärke I, Temperatur T, Stoffmenge n und Lichtstärke I_v lassen sich über Definitionsgleichungen alle weiteren physikalischen Größen (abgeleitete Größen) gewinnen.
(→abgeleitete Größe, →Definitionsgleichung, →physikalische Größe, →SI)

Basismetall (base metal)
Bei Legierungen das Metall mit dem höchsten Masseanteil, z.B. das Fe in Stählen.

Basisschaltung (common base circuit)
→Transistorschaltung

Batch-Datei (batch data)
Enthält „gestapelte" Anweisungen, die einen häufig vorkommenden Vorgang automatisch ablaufen lassen.

Beispiel:
PASCAL.BAT
Inhalt: cd \
  cd c:\pascal
  pascal
  cd \
  cls
Diese für das Betriebssystem DOS benutzbare Batchdatei wechselt nach Aufruf automatisch in das PASCAL-Verzeichnis und startet PASCAL. Nach Beendigung der PASCAL-Entwicklungsumgebung wird in das Root-Verzeichnis zurückgewechselt und der Bildschirm gelöscht.
(→Algorithmus)

Batterie (battery)
Reihen- und/oder Parallelschaltung mehrerer Spannungsquellen (Akkumulatoren) oder Kondensatoren zu einer elektrischen Baugruppe.

Baud-Rate (baud rate)
Maß für die Datenübertragungsgeschwindigkeit. Jean Baudot (1845–1903), französischer Ingenieur. Einheitenzeichen: Bd; 1 Bd = 1 bit/s. Übliche Geschwindigkeiten sind: 1200, 2400 und 9600 Baud.
Bei serieller Datenübertragung:
1 Bd = 1 Bit/Sekunde.
Bei paralleler Datenübertragung:
1 Bd = 1 Zeichen/Sekunde.
(→bit)

Bauelement (device)
Kleinste Einheit eines Geräts oder einer Schaltung. Aktive Bauelemente bewirken eine Verstärkung (z.B. Transistoren), passive wirken leistungsmindernd. Sie haben keine Verstärkungseigenschaften. Je nach Anwendung unterscheidet man: Bauelemente der Elektronik, Informationselektronik, Energietechnik, Leistungselektronik, des Maschinenbaus, Schiffs-oder Flugzeugbaus, der Antriebs- oder Fördertechnik usw.
Beispiele: Widerstände, Kondensatoren, Spulen, Transistoren, Dioden, Schütze in einer Maschinensteuerung, Schalungselemente im Bauwesen, Rücklaufsperren in der Antriebstechnik.

Bauformen von Widerständen
(design of resistor)
Je nach Leistung und Verwendungszweck unterscheidet man: Drahtwiderstand, Schichtwiderstand, Stellwiderstand (Potentiometer).

Baugrößen eines Getriebes
(physical sizes of gear and drives)
→Übersetzung

Baugruppen 44

Baugruppen (modules; functional modules)
Zu einer Funktionseinheit zusammengefaßte Anordnung verschiedener einzelner Bauelemente.

Baukastenprinzip
(module construction method; unit construction method)
Konstruktionsprinzip, bei dem möglichst viele unterschiedliche Maschinen und Anlagen aus möglichst wenigen, immer gleichen Baugruppen oder Bauelementen zusammengesetzt werden.

Baukastenroboter (modular robot)
Roboter, der aus modular zusammengesetzten Baueinheiten besteht, die je nach Verwendungszweck oder Handhabungsaufgabe zusammengestellt werden können.
Roboter in Modulbauweise werden für spezielle Anforderungen vor allem in der Massenfertigung eingesetzt. Sie zeichnen sich durch eine hohe Flexibilität aus, z.B. bei einer Produktumstellung. Im Vergleich zu Universalrobotern (Knickarmrobotern) sind sie kostengünstiger.
(→Industrieroboter, →Modulbauweise, →Robotermodul)

Baukastensystematik
(modular construction; systems of construction using modules)
Methode der Konstruktionslehre, die Vorteile des Baukastenprinzips, der Standardisierung und der Baureihen zu nutzen.
(→Baugruppen, →Standardisierung)

Baureihe (product line)
Erzeugnis, das gestuft in mehreren Baugrößen angeboten wird.
Beispiele: Getriebe gleicher Konstruktion für verschiedene zu übertragende Leistungen, Baureihen von Elektrohebezeugen für verschiedene Traglasten, Baureihen von Kopfträgern und Getrieben für Standardlaufkrane.
(→Stufensprung)

Baustähle (constructional steel)
Stahlsorten, die aufgrund ihrer Zugfestigkeit für Stahlkonstruktionen im Brücken-, Hoch-, Schiffs-, Tief- und Wasserbau eingesetzt werden.
Ausreichende Zähigkeit und Schweißeignung müssen vorhanden sein. Die Festigkeiten liegen von 310 ... 900 N/mm² je nach Sorte und Nenndicke des Erzeugnisses.
Beispiele: S235JO (St 37-3), S355JO (St 52-3), E360 (St 70-2).
DIN EN 10025 Warmgewalzte Erzeugnisse aus unlegierten Stählen.
(→Feinkornbaustähle, →Stähle)

Bauverhältnis (construction relation)
Verhältnis (Quotient) geometrischer Größen (z.b. Abmessungen wie Längen, Durchmesser) bei technischen Bauteilen. Meist verwendet als Kenngröße bei Berechnungen, z.b. beim Festigkeitsnachweis.
Beispiel: Das Bauverhältnis v am Gleitlager ist der Quotient aus der Lagerungslänge l und dem Durchmesser d des Lagerzapfens. Bei $v = l/d = 1,2$ ist die Lagerungslänge das 1,2fache des Durchmessers.

BCD-Code (**B**inary-**C**oded-**D**ecimal)
Stellt Dezimalzahlen durch eine digitale Information dar.
Jede Dezimalstelle wird durch eine Folge von vier Bits dargestellt. Zusammenfassung von 4 Bits: Tetrade oder Nibble. Mit vier Bits können im Dualsystem 16 Codewörter gebildet werden. Die nicht für den BCD-Code benutzten Kombinationen nennt man Pseudotetraden.
Beispiel: 0001 1001 0011
           1   9   3
(→Bit, →Steuerung)

BCD-Zähler (BCD counter)
Das Ergebnis des Zählers liegt als BCD-Zahl vor.
(→Zähler)

BCD-Zahl (**b**inary **c**oded **d**ecimal)
Besondere Kodierungsart für Dezimalzahlen.
Jede einzelne Ziffer der Dezimalzahl wird durch eine 4-Bit-Binärzahl dargestellt. Eine BCD-kodierte Zahl benötigt zwar mehr Speicherplatz als eine herkömmliche binär kodierte Zahl gleicher Größe, lässt sich aber leichter wieder in die entsprechende Dezimalzahl umwandeln. BCD-Zahlen können mit Hilfe von Digitalanzeigen leicht dezimal angezeigt werden.
Beispiel: Dezimal   5   4   6   7
BCD-Kodierung: 0101 0100 0110 0111
zum Vergleich
herkömmlich binär kodiert: 1010101011011

BDSG (**B**undes**d**aten**s**chutz**g**esetz)
Enthält Bestimmungen, die die Speicherung, Verarbeitung und Weitergabe von personenbezogenen Daten regeln (Persönlichkeitsrecht).

Beanspruchung (stress)
Spannungszustand im Werkstoffgefüge eines durch äußere Kräfte F oder Kraftmomente M belasteten Bauteils, z.B. in einer drehmomentenbelasteten Getriebewelle (Beanspruchung: Torsion).
Man unterscheidet zwischen Beanspruchung und Belastung. Das Werkstoffgefüge des Bauteils wird durch *innere* Kräfte *beansprucht*, das Bauteil selbst durch *äußere* Kräfte *belastet*.
Die Höhe der Beanspruchung wird durch die *Spannung* gekennzeichnet.

Beispiel: Ein Stahlstab von $S = 10\,\text{mm}^2$ wird in Achsrichtung mit $F = 600\,\text{N}$ gezogen (äußere Kraft). Der Querschnitt hat dann die innere Kraft (Normalkraft) $F_N = 600\,\text{N}$ aufzunehmen (innere Kraft). Nach der Zughauptgleichung $\sigma_z = F_N/S = 600\,\text{N}/10\,\text{mm}^2 = 60\,\text{N/mm}^2$.
($\rightarrow$ Normalspannung, $\rightarrow$ Schubspannung)

Beanspruchungsart (sort of stress)
In der Festigkeitslehre eingeführter Begriff zur Kennzeichnung der Art des Spannungszustandes im Werkstoffgefüge.
Zug, Druck, Biegung, Knickung, Abscheren und Torsion sind die sechs Grundbeanspruchungsarten. Meist treten mehrere gleichzeitig auf: zusammengesetzte Beanspruchung.
Beispiel: Eine Getriebewelle wird durch Zahnkräfte auf Biegung und Torsion (Drehmoment) beansprucht.
Die Bezeichnungen Zug, Druck usw. sind Kurzformen für Zugbeanspruchung, Druckbeanspruchung usw.
($\rightarrow$ Beanspruchung, $\rightarrow$ zusammengesetzte Beanspruchung)

Beanspruchungsart und Festigkeit
(sort of stress and resistance)
Abhängigkeit der Festigkeitswerte (z.B. Zug-, Druck-, Biegefestigkeit) von der Spannungsart (Normal- oder Schubspannung) und der Spannungsverteilung über dem Querschnitt (gleichmäßig wie bei Zug/Druck oder linear wie bei Biegung und Torsion).
Beispiele: Die Streckgrenze Re beträgt bei Zug: $Re = 280\,\text{N/mm}^2$, bei Biegung $350\,\text{N/mm}^2$ und bei Verdrehung (Torsion) $190\,\text{N/mm}^2$. Von EN-GJL-200 beträgt die Zugfestigkeit $200\,\text{N/mm}^2$, die Druckfestigkeit $720\,\text{N/mm}^2$, die Biegefestigkeit $290\,\text{N/mm}^2$.

Beanspruchungsgrad (degree of loading)
$\rightarrow$ Brinellhärte

Becquerel Bq (becquerel)
Abgeleitete SI-Einheit der physikalischen Größe Aktivität A: $\text{Bq} = 1/\text{s}$.
Ein Becquerel Aktivität ist der Zerfall je eines Atomkerns pro Sekunde. Benannt nach Henri Becquerel (1862–1908).
($\rightarrow$ Aktivität, $\rightarrow$ Nuklid, $\rightarrow$ SI-Einheit)

Bedarfsermittlung (demand analysis)
Verfahren zur Ermittlung des in zukünftigen Zeitabschnitten auftretenden Materialbedarfs nach Menge und Terminen.

Befehl (instruction)
Anweisung an einen bestimmten Comptertyp oder Prozesssor in einer bestimmten Programmiersprache.

Befehlsausführung
(execution of a sequence of instructions)
Gesamtablauf eines Befehls in mehreren Schritten. Der Operationscode wird vom Speicher in das Befehlsregister gebracht und interpretiert. Anschließend wird der Befehl durch die Ablaufsteuerung ausgeführt.

Befehlsregister (instruction register, IR)
Dient zur Aufnahme von Befehlsworten, die anschließend decodiert und dem Steuerwerk der CPU zugeführt werden.

Befehlszähler (instruction counter)
Enthält die Adresse des Speicherplatzes, dessen Inhalt als nächstes zum Befehlsregister gelangen soll. Er erhöht sich automatisch immer um 1, wenn nicht durch Sprungbefehle eine andere Reihenfolge der Abarbeitung der Befehle erfolgt.
($\rightarrow$ Adresszähler, $\rightarrow$ Zentraleinheit)

Befehlszyklus (instruction cycle)
Umfasst den Gesamtablauf eines Befehles. Er besteht aus drei Phasen: Befehl holen, Befehl decodieren, Befehl durchführen.

Befestigungsgewinde (fastening thread)
$\rightarrow$ Schraubenverbindungen

Beharrungsgesetz (law of inertia)
$\rightarrow$ Trägheitsgesetz

Beharrungsvermögen (inertia)
$\rightarrow$ Trägheit, $\rightarrow$ Trägheitsgesetz

Beizen (pickling)
Oberflächenbehandlung von Metallen mit verdünnten Säuren, Säuregemischen oder Basen zum Entfernen von Oxidschichten oder eingebrannten Rückständen.
Wichtige Vorbereitung zum Aufbringen haftfester Schichten durch z.B. Schmelztauchen (Feuerverzinken, -verbleien, -veraluminieren).

Beizsprödigkeit (pickle brittleness)
Abfall der Zähigkeit durch H-Atome, die beim Beizen in den Ferrit eindiffundieren und Gleitvorgänge blockieren.

Belastbarkeit

Belastbarkeit (rating)
Angabe des zulässigen Nennstromes (Belastungsstrom) oder der Nennleistung bei Kabeln und Leitungen oder Geräten.

belasteter Spannungsteiler
(on-load voltage divider)
→Spannungsteiler

Belastung (loading)
→Belastungsfälle

Belastungsarten (type of loading)
Die Einstufung von Hebezeugen nach der Höhe der durchschnittlich zu hebenden Last im Verhältnis zur Traglast.
(→Belastungsfälle, →Traglast)

Belastungsfälle (loading case)
Kennzeichnen zeitlichen Verlauf und Richtung der Belastung eines Bauteils.
Man unterscheidet drei idealisierte Fälle:
Belastungsfall I ist die ruhende (statische) Belastung, sie wird einmal aufgebracht und dann konstant gehalten.
Beispiel: gespannte Zugfeder.

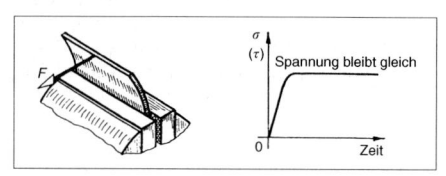

Belastungsfall I, ruhend

Belastungsfall II ist die schwellende (dynamische) Belastung, sie wird wiederholt aufgebracht und wieder weggenommen.
Beispiel: Getriebewelle, die nur in einer Drehrichtung an- und ausläuft.

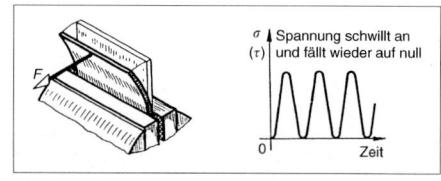

Belastungsfall II, schwellend

Belastungsfall III ist die wechselnde (dynamische) Belastung, sie wird schwellend mit Richtungsumkehr aufgebracht und weggenommen.
Beispiel: Feder unter Zug- und Druckbelastung.
Die Zeitdauer der Schwingungen ist ohne Einfluss auf die Festigkeit des Bauteils.

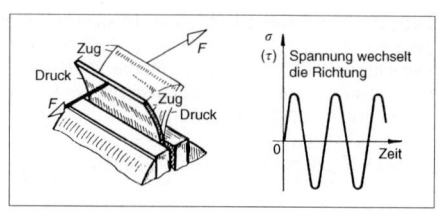

Belastungsfall III, wechselnd

Belastungskollektiv
(average statistical load)
Statistisch ermittelte durchschnittliche Belastung.
(→Belastungsart)

Belegungsliste (allocation list)
Gibt den Zusammenhang zwischen den Bezeichnungen, die im Programm der speicherprogrammierbaren Steuerung (SPS) verwendet werden und den angeschlossenen Geräten an.
Zu Dokumentationszwecken können in der Belegungsliste auch Merker, Zeit- und Zählglieder aufgeführt werden, die nur intern in der SPS existieren.
Beispiel:

Gerät	Bezeichnung im Schaltplan	Bezeichnung im SPS-Programm
Schlüsselschalter „Anlage EIN"	S1	E 1.1
Lichtschranke 1	S2	E 2.4
NOT-AUS	S3	E 10.5
Leuchtmelder „Anlage in Betrieb"	H1	A 1.1

(→speicherprogrammierbare Steuerung)

Beleuchtungsstärke E_v (luminous intensity)
Quotient aus dem auf eine Fläche auftreffenden Lichtstrom Φ_v und der beleuchteten Fläche A:
$E_v = \Phi_v / A$.
Einheit: Lux (lx) mit $1\,\text{lx} = 1\,\text{lm/m}^2$ (lm = Lumen).
(→Lichtstrom, →Lux, →physikalische Größe)

Belüftungselement (differenzial aeration cell)
Korrosionselement, das aus unbelüfteten (Katode) und belüfteten Bereichen (Anode) eines Bauteils besteht, letztere werden angegriffen.
Beispiel: Spundwände an der Luft-/Wassergrenze.

Bemaßung (dimension)
Systematische Angaben geometrischer Werte in Form von Koordinaten zur Beschreibung von Werkstückgeometrien.

DIN 66 025 Programmaufbau für numerisch gesteuerte Arbeitsmaschinen, DIN 406 Maßeintragungen.
(→Absolutbemaßung, →Inkrementalbemaßung, →Polarkoordinatenbemaßung)

Benetzen (wetting)
Lückenlose Ausbreitung einer Flüssigkeit auf einer Oberfläche (Pril-Wasser auf fettigem Teller). Wichtige Voraussetzung für Löten und Faserverbundwerkstoffe, um die Haftung zwischen Matrix und Faser zu gewährleisten. Hierzu müssen Fasern mit Überzügen versehen werden (interface, Schlichte).

Benson-Kessel (Benson boiler)
→Zwangsdurchlaufkessel

Benzin (benzine)(gas; gasoline; petrol)
Kohlenwasserstoffgemisch aus unverzweigten und verzweigten Alkanen, Alkenen, cyclischen Alkanen und Aromaten, hydrophob.
(→Ottokraftstoff)

Benzol (benzene)
C_6H_6, einfachster cyclischer (ringförmiger) Kohlenwasserstoff (Aromat) mit 3 abwechselnden Doppelbindungen, mit typischem, aromatischem Geruch, Krebs erregend, hydrophob; Lösungsmittel; Zusatzstoff im Benzin; Grundstoff für Kunststoffe, Farbstoffe, Arzneimittel.
Benzolring:

```
        H
        |
        C
       ╱ ╲
   H─C     C─H
    ‖       ‖
   H─C     C─H
       ╲ ╱
        C
        |
        H
```

Bernoulligleichung (Bernoulli's equation)
→Bernoull'sche Druckgleichung

Bernoull'sche Druckgleichung
(Bernoulli's equation)
Aus dem Energieerhaltungssatz hergeleitete Grundgleichung für strömende Fluide, nach dem Schweizer Mathematiker Daniel Bernoulli (1700–1782). Danach ist in einem strömenden Fluid die Summe aus dem statischen Druck p, dem kinetischen Druck $q = \rho w^2/2$ (Geschwindigkeitsdruck) und dem geodätischen Druck $\rho g h$ konstant. Für das strömende Fluid in einer nicht horizontalen Leitung gilt demnach an den Messstellen 1 und 2:
$p_1 + \rho g h_1 + \rho w_1^2/2 = p_2 + \rho g h_2 + \rho w_2^2/2$.
Teilt man die einzelnen Glieder der Druckgleichung durch den Ausdruck ρg, dann stellen diese Glieder Höhen (in m) dar und man erhält die Bernoull'sche Druckhöhengleichung:
$p_1/\rho g + h_1 + w_1^2/2g = p_2/\rho g + h_2 + w_2^2/2g = H$.
Darin sind $p/\rho g$ die statische Druckhöhe (ρ Dichte), $w^2/2g$ die kinetische Druckhöhe, h die geodätische Druckhöhe und H die Gesamthöhe.

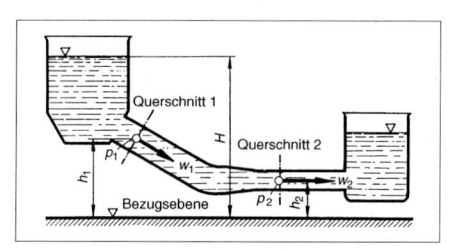

Strömung mit Höhenunterschieden

Bernoull'sche Druckhöhengleichung
(Bernoulli's equation)
→Bernoull'sche Druckgleichung

Beryllium Be (beryllium)
Hochschmelzendes Leichtmetall der Gruppe II des PSE (Be, Mg, Ca).
Verwendung für Röntgenfenster (geringe Absorption von γ-Strahlen) und für Atomreaktoren (wegen des kleinen Neutroneneinfangquerschnittes). Be ist Legierungselement in aushärtbaren CuBe- und NiBe-Legierungen.

Beschaffenheit (quality)
Gesamtheit der Merkmale und Merkmalswerte einer Einheit.
Dieser Begriff ist wertneutral, d.h. verschiedene Einheiten, das können Gegenstände, Stoffe, Teile oder Tätigkeiten sein, haben verschiedene Beschaffenheit.

Beschaffung (procurement)
→Materialwirtschaft

Beschaffungskosten (procurement costs)
Sind z.B. variable Bestellkosten, fixe Bestellkosten, variable Anlieferungskosten, Kosten für die Verwaltung des Lagers, für den Lagerraum, für Lagerschwund, Fehlmengen, zusätzliche Kosten (z.B. Eillieferungen) und Konventionalstrafen.

Beschichten (coating)
Verfahrens-Hauptgruppe aller Verfahren, die Schichten aus formlosem Stoff auf eine Unterlage (Substrat) aufbringen.
Es entsteht ein Schichtverbund. Werkstoff und Verfahren richten sich nach der Betriebstemperatur und der Aufgabe der Schicht (sog. Funktionsschichten).

beschichtete Schneidstoffe

Beispiele: Korrosions- oder Verschleißschutz, Verbesserung der Gleiteigenschaften, der Leitfähigkeit für Wärme oder elektrischen Strom bzw. deren Isolation.
(→CVD-Verfahren, →PVD-Verfahren, →thermisch Spritzen)

beschichtete Schneidstoffe
(tools with tips made of hard materials)
Überzug des Schneidteils eines Zerspanwerkzeugs mit einer meist mehrlagig aufgebrachten Hartstoffschicht. Durch Stoffverbund besitzt der Schneidteil eine zähe (beanspruchbare) Stoffbasis (Matrix) in Verbindung mit einer harten und verschleißfesten Deckschicht (Dicke bis ca. 10 µm). Marktgängige Basiswerkstoffe sind Schnellarbeitsstähle und Hartmetalle. Beschichtungsmaterialien sind Carbide (z.B. Titancarbid, TiC), Nitride (z.B. Titannitrid, TiN), Carbonitride (z.B. Titancarbonitrid, TiCN), Oxide (z.B. Aluminiumoxid, Al_2O_3) oder Diamant (PKD). Die Beschichtung erfolgt physikalisch (PVD-Verfahren) oder chemisch (CVD-Verfahren).
(→Schneidstoffe)

Beschichtungsroboter (coating robot)
Industrieroboter zum Beschichten von Werkstückoberflächen.
Beispiel: In der automatisierten Karosseriefertigung der Automobilindustrie trägt ein Prozessroboter Korrosionsschutz auf. Dabei führt er ein Farbsprühgerät entlang definierter Konturen.
(→Industrieroboter, →Kleberoboter, →Lackierroboter, →Prozessroboter)

Beschickungsroboter (load/unload robot)
Handhabungsroboter zum Zuführen von Halbzeugen oder Werkstücken an einen automatisierten Bearbeitungsprozess.
Beispiele:
1. Einlegen von Blechplatinen in eine Formpresse (Pressenroboter).
2. Werkstücke einem CNC-Bearbeitungszentrum zuführen und nach der Bearbeitung wieder entnehmen.
(→Handhabungsroboter, →Industrieroboter)

beschleunigte Bewegung
(accelerated movement)
Zeitlicher Ordnungsbegriff für den Bewegungszustand eines Körpers, gekennzeichnet durch die Zu- oder Abnahme der Geschwindigkeit v ($v \neq$ konstant).
Man unterscheidet zwischen gleichmäßig beschleunigter Bewegung ($v \neq$ konstant, $a =$ konstant) und ungleichförmiger Bewegung ($v \neq$ konstant, $a \neq 0$).

Beschleunigung a (acceleration)
Quotient aus der Geschwindigkeitsänderung dv und dem zugehörigen Zeitintervall dt: $a = dv/dt$ oder $a = \Delta v/\Delta t$ (Grundgleichung der beschleunigten oder verzögerten Bewegung).
Für den technisch häufigen Fall der gleichmäßig beschleunigten Bewegung gilt mit $\Delta v = v_2 - v_1$ und $\Delta t = t_2 - t_1$: $a = \Delta v/\Delta t$ in m/s². Δv ist die Geschwindigkeitszu- oder -abnahme in m/s während des Zeitabschnitts Δt in s.
(→Bewegung, →gleichmäßig beschleunigte Bewegung, →gleichförmige Bewegung, →ungleichmäßig beschleunigte Bewegung)

Beschleunigungsarbeit W_a
(acceleration work)
Diejenige Arbeit, die zum Beschleunigen (oder Verzögern) eines Körpers erforderlich ist.
Wird ein Körper der Masse m durch eine resultierende Kraft $F_{res} = ma$ gleichförmig ($a =$ konstant) längs eines Wegabschnitts Δs von der Geschwindigkeit v_1 auf die Geschwindigkeit v_2 beschleunigt (oder verzögert), dann ist dazu die Beschleunigungsarbeit $W_a = m(v_2^2 - v_1^2)/2$ erforderlich. W_a ist gleich der Änderung der kinetischen Energie ΔE_{kin} des Körpers: $W_a = \Delta E_{kin}$.
Für die Drehbewegung (Rotation) ist für die Masse m das Massenträgheitsmoment J und für die Geschwindigkeit v die Winkelgeschwindigkeit ω einzusetzen:
$W_a = J(\omega_2^2 - \omega_1^2)/2 = \Delta E_{rot}$ (Änderung der Rotationsenergie).

Beschleunigungsaxiom
(acceleration axiom)
→Dynamisches Grundgesetz

Beschleunigungsbegriff (acceleration term)
→Beschleunigung

Beschleunigungsdiagramm
(acceleration diagram)
Schaubild, in dem die Beschleunigung a eines Körpers über der Zeit t aufgetragen ist. Darstellung des Graphen $a(t)$ im rechtwinkligen Koordinatensystem.

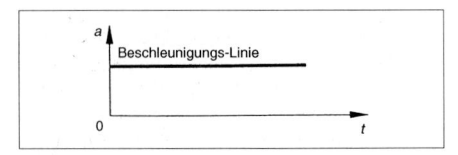

a,t-Diagramm einer gleichmäßig beschleunigten Bewegung ($a =$ konstant)

Beschleunigungslinie (acceleration line)
→Beschleunigungsdiagramm

beschränkte Folge (bounded sequence)
Folge, so dass für alle Glieder $|a_n| < K$ gilt, wobei $K > 0$ eine Konstante ist.
Existiert eine solche Zahl K nicht, spricht man von einer unbeschränkten Folge.
Beispiele:
Die Folge (a_n) mit $a_n = (-1)^{n+1}$ ist beschränkt ($K = 2$ zum Beispiel).
Die Folge (a_n) mit $a_n = n$ ist unbeschränkt.

beschränkte Funktion (bounded function)
Funktion, die sowohl nach oben als auch nach unten beschränkt ist.
Eine Funktion heißt nach oben beschränkt, wenn ihre Funktionswerte eine bestimmte Zahl nicht übertreffen, und nach unten beschränkt, wenn ihre Funktionswerte nicht kleiner als eine bestimmte Zahl sind.
Bei einer beschränkten Funktion $y = f(x)$ existieren also reelle Zahlen a und b mit $a < b$, so dass $a \leq f(x) \leq b$ für alle $x \in D$ gilt.
Beispiele:
$y = 1 - x^2$ ist nach oben beschränkt, denn $y \leq 1$.
$y = e^x$ ist nach unten beschränkt, denn $y > 0$.
$y = \sin x$ ist beschränkt, denn $-1 \leq y \leq 1$.

Bestellpunktverfahren (order point method)
Eine Bestellung erfolgt jeweils automatisch bei Unterschreitung eines Meldebestands im Lager. Minimaler Bearbeitungsaufwand, jedoch wenig flexibel.

Bestellrhythmusverfahren
(order rhythm method)
Überprüfung des Lagerbestands in konstanten Zeitabständen und Bestellung der Menge, die voraussichtlich im nächsten Zeitabschnitt benötigt wird.

Bestellung (order)
Schriftliche oder mündliche Aufforderung Außenstehender (Unternehmen oder Einzelperson) an ein Unternehmen, eine bestimmte Aufgabe durchzuführen.
Das aufgeforderte Unternehmen ist zur Durchführung verpflichtet, wenn es die Bestellung angenommen hat.

bestimmtes Integral (definite integral)
Der Grenzwert
$$\int_a^b f(x)\,dx = \lim_{n \to \infty} \sum_{k=1}^n f(\xi_k)\,\Delta x_k$$
heißt bestimmtes Integral einer beschränkten Funktion $y = f(x)$ mit einem abgeschlossenen Intervall $[a, b]$ als Definitionsbereich D, falls er existiert und unabhängig von der Wahl der Zahlen x_k und ξ_k ist (gesprochen: Integral von a bis b über $f(x)\,dx$).

Dabei ist $a = x_0 < x_1 < \ldots < x_n = b$ eine Einteilung des Intervalls $[a, b]$ mit $\Delta x_k = x_k - x_{k-1}$ und ξ_k, $k = 1, 2, \ldots, n$, ein beliebiger Zwischenpunkt mit $x_{k-1} \leq \xi_k \leq x_k$.

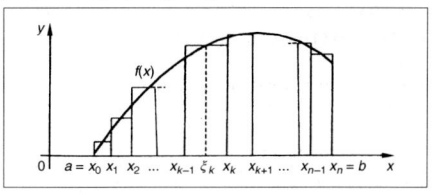

Zur Definition des bestimmten Integrals

Das Zeichen ∫ heißt Integralzeichen. Man nennt a die untere Integrationsgrenze, b die obere Integrationsgrenze, $f(x)$ den Integranden und x die Integrationsvariable.
Diese Integraldefinition geht auf Bernhard Riemann zurück (deutscher Mathematiker, 1826–1866).

Gilt $f(x) \geq 0$ für alle $x \in [a, b]$, dann ist $\int_a^b f(x)\,dx$ gleich dem Inhalt der von der Kurve und der x-Achse zwischen $x = a$ und $x = b$ berandeten Fläche.

Existenz des bestimmten Integrals:
Jede in einem Intervall $[a, b]$ stetige Funktion ist dort auch integrierbar. Auch jede im Intervall $[a, b]$ beschränkte Funktion, die in $[a, b]$ nur endlich viele Unstetigkeitsstellen besitzt, ist in diesem Intervall integrierbar.

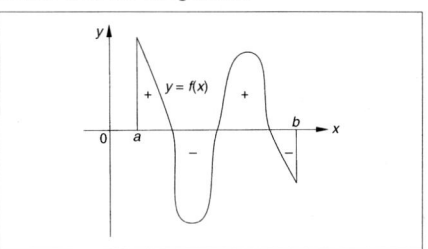

$\int_a^b f(x)\,dx$

Eigenschaften des bestimmten Integrals:
1. Vertauschung der Integrationsgrenzen:
$$\int_a^b f(x)\,dx = -\int_b^a f(x)\,dx$$
2. Zusammenfassen der Integrationsintervalle:
$$\int_a^b f(x)\,dx + \int_b^c f(x)\,dx = \int_a^c f(x)\,dx$$
3. $\int_a^a f(x)\,dx = 0$

4. Existieren die bestimmten Integrale $\int_a^b f(x)\,dx$ und $\int_b^a g(x)\,dx$, so gilt für beliebige $c_1, c_2 \in \mathbb{R}$:
$$\int_a^b (c_1 \cdot f(x)\,dx + c_2 \cdot g(x)\,dx) = c_1 \int_b^a f(x)\,(dx) + c_2 \int_a^b g(x)\,dx.$$

Den Zusammenhang zwischen bestimmtem und unbestimmtem Integral einer Funktion $y = f(x)$ liefert der Hauptsatz der Differenzial- und Integralrechnung.
Beispiel: Für die Funktion $f(x) = c$, $c \in \mathbb{R}$, $D = [a, b]$ und eine beliebige Einteilung $a = x_0 < x_1 < \ldots < x_n = b$ des Intervalls $[a, b]$ gilt
$$\lim_{n \to \infty} \sum_{k=1}^{n} f(\xi_k)\Delta x_k = \lim_{n \to \infty} \sum_{k=1}^{n} c \cdot \Delta x_k$$
$$= \lim_{n \to \infty} c \sum_{k=1}^{n} (x_k - x_{k-1}) =$$
$$= \lim_{n \to \infty} c\,(b - a)$$
$$= c\,(b - a).$$
Also ist die Funktion $f(x)$ im Intervall $[a, b]$ integrierbar, und es gilt $\int_a^b c\,dx = c\,(b - a)$.
→Hauptsatz der Differenzial- und Integralrechnung, →unbestimmtes Integral

Bestimmungsgleichung (conditional equation)
Bezeichnung für eine Gleichung mit einer Variablen, auch Unbekannte genannt.
Beispiel: $3x + 7 = 1$
Der Wert der Variablen x, der diese Bestimmungsgleichung (lineare Gleichung) erfüllt, ist $x = -2$. Man sagt auch, $x = -2$ ist die Lösung dieser Gleichung.
(→Aussageform)

Bestückungsroboter (pick and place robot)
Automatisierte Handhabungsvorrichtung zum Plazieren von Bauteilen auf einen Träger. Die Vorrichtung ist ausgeführt als programmierbares Greif- und Handhabungsgerät (Einfachroboter) mit wenigen Freiheitsgraden in vorgegebenen Bewegungszyklen.
Beispiel: Montage von elektronischen Bauteilen auf Leiterplatten. Erforderlich sind hier sehr hohe Roboterverfahrgeschwindigkeiten und Roboterpositioniergenauigkeiten. Der Robotergreifer paßt sich den unterschiedlichen Größen der Bauteile an. Sensoren überwachen den Füllstand der Bauteilemagazine.
(→Baukastenroboter, →Handhabungsroboter, →Industrieroboter, →Robotersensorik)

Betrag (absolute value)
Für reelle Zahlen heißt
$$|a| = \begin{cases} a & \text{für } a \geq 0 \\ -a & \text{für } a < 0 \end{cases}$$
Betrag oder Absolutbetrag von a.
Beträge sind nicht negativ.
Eigenschaften:
1. $|-a| = |a|$,
2. $|a| \geq 0$;
   $|a| = 0 \Leftrightarrow a = 0$,
3. $|a \cdot b| = |a| \cdot |b|$,
4. $|a/b| = |a|/|b|$ für $b \neq 0$;
   $|1/b| = 1/|b|$ für $b \neq 0$,
5. $|a^n| = |a|^n$ für $n \in \mathbb{N}$;
   $|1/a^n| = 1/|a|^n$ für $n \in \mathbb{N}$, $a \neq 0$.
Beispiele:
$|4| = |-4| = 4$;
$|(-3) \cdot 4| = |-3| \cdot |4| = 3 \cdot 4 = 12$;
$|(-3)^5| = |-3|^5 = 3^5$.

Betragszeichen (two vertical lines indicating the magnitude of a physical quantity)
Kennzeichnung des Formelzeichens einer vektoriellen physikalischen Größe durch zwei senkrechte Striche, wenn nur der *Betrag* der Größe (ohne Richtungsangabe) genannt werden soll.
Beispiel: Von einer Kraft von 200 Newton soll nur mit dem Betrag (ohne Vorzeichen) gerechnet werden, z.B. bei der Addition von Kräften. Die exakte Schreibweise ist dann $|F| = 200$ N.

Betrieb (company)
Örtliche, technische und organisatorische Einheit zum Zwecke der Erstellung von Gütern und Dienstleistungen.

Betriebsabrechnung (cost accounting)
Begriff für die zeitabschnittbezogene (meist monatliche) Verrechnung aller im Unternehmen anfallenden Kosten auf die Hauptkostenstellen. Sie dient primär der Kostenträgerrechnung, indem sie die Ausgangsdaten zur Ermittlung der Kostenträgergemeinkosten liefert. Sie ist das Bindeglied zwischen der Kostenartenrechnung und der Kalkulation.

Betriebsart (operation mode)
Vom Bediener wählbarer Arbeitszustand (Modus) eines programmierbaren Maschinensystems.
Beispiele: Programmiermodus, Automatikbetrieb, Handbetrieb, Diagnosemodus.
(→Roboterprogrammierung)

Betriebsarten des Leistungsverstärkers
(class of operation)
Je nach Lage des Arbeitspunktes im Ausgangskennlinienfeld des Transistors unterscheidet man A-, B-, AB- oder C-Betrieb.
A-Betrieb bei NF-Kleinsignalverstärkern, B- oder AB-Betrieb bei Endstufen oder Gegentaktverstärkern, C-Betrieb bei Sendeanlagen.

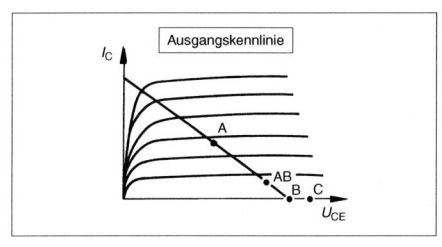

Lage möglicher Arbeitspunkte

Betriebsdaten (operating date)
Alle im Laufe eines Produktionsprozesses anfallenden Daten.

Betriebsdatenerfassung
(factory data capture)
Alle erforderlichen Maßnahmen, Betriebsdaten eines Produktionsbereichs in maschinell verarbeitungsfähiger Form am Ort ihrer Verarbeitung bereitzustellen.

Betriebskondensator
(phase-splitting capacitor for a motor)
Zur Hilfswicklung (Z1, Z2) eines Einphasenmotors in Reihe geschalteter Kondensator C_B zur Erzeugung eines Drehfeldes.
Der Anlaufkondensator C_A ermöglicht das Selbstanlaufen eines Kondensatormotors und wird nach dem Hochlaufen des Motors vom Fliehkraftschalter abgeschaltet.

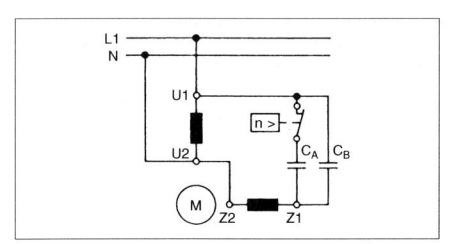

Motor mit Betriebs- (C_B) und Anlaufkondensator (C_A)

Betriebslagerspiel
(operation bearing clearance)
Bei Gleitlagern stellt sich bei der effektiven Schmierstofftemperatur ein bestimmtes Lagerspiel ein. Als Kenngröße für weitere Berechnungen wurde das mittlere relative Betriebslagerspiel als das auf den Lagerdurchmesser bezogene Lagerspiel definiert. Mit dem Betriebslagerspiel können die erforderlichen Passungen für Welle und Lager ausgewählt werden.
(→Sommerfeldzahl)

Betriebsmittel
(equipment), (electrical equipment)
1. Maschinen, Anlagen und alle sonstigen Geräte, die in einem Arbeitssystem daran beteiligt sind, die Arbeitsaufgabe zu erfüllen.
2. Alle Gegenstände und Bauelemente sowie Baugruppen, die zum Zweck der Erzeugung, Umwandlung, Übertragung, Verteilung und Anwendung elektrischer Energie dienen und/oder zur Informationsverarbeitung, Regelung und Steuerung elektrischer Anlagen einschließlich der Besonderheiten der Leistungselektronik geeignet sind.
DIN IEC 750/DIN 40 719 Kennzeichnung elektrischer Betriebsmittel.

Betriebsnotwendiges Vermögen
(floating capital)
Der für die Betriebsführung erforderliche Teil des Vermögens, ohne betriebsfremde Grundstücke und Beteiligungen.

Betriebsorganisation
(business organisation)
Gestaltung des inneren Betriebsgeschehens nach bestimmten Ordnungsprinzipien.

Betriebssystem (operating system)
Bestimmt die Arbeitsweise des Computers, sorgt für den problemlosen Ablauf der eingegebenen Programme, regelt den Zugriff auf Eingangs- und gespeicherte Signale, koordiniert den Datenverkehr zwischen Peripheriegeräten und Zentraleinheit über die verschiedenen Schnittstellen und bestimmt, in welcher Weise die Ausgangssignale an die Peripherie weitergegeben werden.
(→Peripheriegerät, →Zentraleinheit)

Bett (bed)
Flaches, liegendes Werkzeugmaschinengestellteil. Beispiele: Drehmaschinenbett, Hobelmaschinenbett.
(→Gestell)

Bettfräsmaschine (plano-milling machine)
Fräsmaschine, deren Werkstücktisch auf einem flachen Bett geführt wird.
(→Langfräsmaschine)

Bettschlitten (carriage; sliding saddle)
Unterteil des Werkzeugschlittens der Drehmaschine.
Liegt auf den Führungsbahnen des Bettes auf und überträgt die Längsvorschubbewegung auf das Werkzeug. Auf seiner Oberseite nimmt er den Planschlitten mit dem Drehteil auf.
(→Drehmaschinensupport)

beugen (pitch)
Kreisförmige Bewegung im Winkel < 360°, wobei die Drehachse in der Waagerechten liegt.
Beispiel: Bewegung eines Roboters.

Beugebewegung eines Robotergelenks

Beugung (diffraction)
Fächerartiges Aufweiten einer sich gradlinig ausbreitenden Wellenfront (Licht, Schall), die teilweise auf ein Hindernis (Kante, Spalt) stößt und dadurch ihre Ausbreitungsrichtung ändert.
Die Stärke der Beugung ist um so größer, je mehr sich die Hindernisgröße der Wellenlänge nähert. Sie ist besonders gut an engen Spalten zu beobachten.
(→Beugungsgitter, →Welle, →Wellenlänge)

Beugungsgitter (diffraction grating)
Optisches Instrument, das aus vielen, parallelen und sehr engen Spalten besteht und dazu dient, Licht in seine spektralen Bestandteile zu zerlegen.
Verstärkend wirkt hierbei die Interferenz der gebeugten Wellen miteinander, so dass ein dem Prismenspektrum ähnliches, aber lineares Spektrum entsteht.
(→Interferenz, →Prisma, →Spektrum)

Bewegung (motion)
Die zeitliche Änderung der Position oder Lage eines Körpers in einem Bezugssystem.
Wirken auf den Körper keine Kräfte ($\Sigma F = 0$), so befindet er sich in Ruhe oder in einer gleichförmigen Bewegung, was physikalisch gleichwertig ist, andernfalls wird er beschleunigt.
(→Beschleunigung, →gleichförmige Bewegung, →ungleichförmige Bewegung, →Weltkoordinatensystem)

Bewegungsänderung (change of motion)
Liegt vor, wenn sich der Betrag der Geschwindigkeit v eines Körpers ändert, z.B. von $v = 0$ auf $v > 0$, oder wenn sich die Richtung von v ändert, z.B. bei der gleichförmigen Bewegung (v = konstant) eines Körpers auf der Kreisbahn mit der fortwährenden Richtungsänderung zum Kreisbahnmittelpunkt hin.
(→Fliehkraft, →Trägheitsgesetz)

Bewegungsbahn (path of motion)
→Bewegungsordnung

Bewegungsdiagramm (motion diagram)
Stellt den Ablauf von einem oder mehreren Arbeitsschritten innerhalb von Steuerungen in binärer Form dar.
(→Funktionsdiagramm, →Weg-Schritt-Diagramm, →Weg-Zeit-Diagramm)

Bewegungsenergie
(kinetic energy; energy of motion)
→kinetische Energie

Bewegungsgleichung (equation of motion)
Mathematisches Gleichungssystem, das die Bewegung eines Punktes in der Ebene oder im Raum beschreibt.
Beispiel: Bahngleichungen der Wurfparabel.
(→Bewegung, →Kraft)

Bewegungsgröße
(quantity of motion; momentum)
→Impuls

Bewegungslehre (kinematics)
Beschreibung des Bewegungszustands eines Körpers ohne Berücksichtigung der an ihm angreifenden Kräfte F und Kraftmomente M.
Mit den physikalischen Größen Zeit t und Weg s werden Geschwindigkeit v und Beschleunigung a eines Körpers zu einem bestimmten Zeitpunkt und an einem bestimmten Ort, im Raum oder in der Ebene, mit mathematischen Gleichungen beschrieben.
Die zugehörigen Einheiten sind die Basiseinheiten m (Meter) für den Weg, s (Sekunde) für die Zeit, sowie die abgeleiteten Einheiten m/s für die Geschwindigkeit v und m/s² für die Beschleunigung oder Verzögerung (negative Beschleunigung) a.
Die Bewegungslehre nennt man auch Kinematik.

Bewegungsordnung (order of motion)
Einteilung der Bewegungsmöglichkeiten eines Körpers nach seinem Bewegungszustand (zeitliche Ordnung) und/oder seiner Bewegungsbahn (räumliche Ordnung).
Man unterscheidet:

a) drei Fälle für die zeitliche Ordnung (Bewegungszustände) von Bewegungen:
v = konstant und $a = 0$ →gleichförmige Bewegung (1),

$v \neq$ konstant und $a \neq 0$ →ungleichförmige Bewegung (2),
$v \neq$ konstant und $a =$ konstant →gleichmäßig beschleunigte (verzögerte) Bewegung (3).
Der freie Fall (ohne Luftwiderstand) ist eine mit Fallbeschleunigung $g =$ konstant $= 9{,}81$ m/s^2 gleichmäßig beschleunigte Bewegung.
b) zwei Fälle für die räumliche Ordnung (Bewegungsbahnen): geradlinige und krummlinige Bewegung.
Spezialfall der krummlinigen Bewegung ist die Kreisbewegung (Bewegung auf der Kreisbahn).

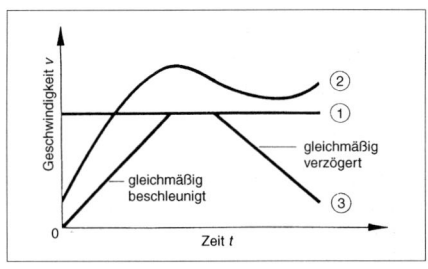

v,t-Diagramm für gleichförmige und ungleichförmige Bewegung

Bewegungszustand (state of motion)
→Bewegungsordnung

Beziehungen zwischen den trigonometrischen Funktionen für den gleichen Winkel
(relations between the trigonometric functions for equal angles)

1. Für beliebige Winkel α gelten folgende Umrechnungsformeln:
$\tan \alpha = \sin \alpha / \cos \alpha = 1/\cot \alpha$;
$\cot \alpha = \cos \alpha / \sin \alpha = 1/\tan \alpha$;
$\sin^2 \alpha + \cos^2 \alpha = 1$;
$\tan \alpha \cdot \cot \alpha = 1$;
$1 + \tan^2 \alpha = 1/\cos^2 \alpha$;
$1 + \cot^2 \alpha = 1/\sin^2 \alpha$

2. Für Winkel α mit $0° < \alpha < 90°$ gilt:

	$\sin \alpha$	$\cos \alpha$	$\tan \alpha$	$\cot \alpha$
$\sin \alpha =$	$\sin \alpha$	$\sqrt{1-\cos^2 \alpha}$	$\dfrac{\tan \alpha}{\sqrt{1+\tan^2 \alpha}}$	$\dfrac{1}{\sqrt{1+\cot^2 \alpha}}$
$\cos \alpha =$	$\sqrt{1-\sin^2 \alpha}$	$\cos \alpha$	$\dfrac{1}{\sqrt{1+\tan^2 \alpha}}$	$\dfrac{\cot \alpha}{\sqrt{1+\cot^2 \alpha}}$
$\tan \alpha =$	$\dfrac{\sin \alpha}{\sqrt{1-\sin^2 \alpha}}$	$\dfrac{\sqrt{1-\cos^2 \alpha}}{\cos \alpha}$	$\tan \alpha$	$\dfrac{1}{\cot \alpha}$
$\cot \alpha =$	$\dfrac{\sqrt{1-\sin^2 \alpha}}{\sin \alpha}$	$\dfrac{\cos \alpha}{\sqrt{1-\cos^2 \alpha}}$	$\dfrac{1}{\tan \alpha}$	$\cot \alpha$

(→trigonometrische Funktionen)

Bezugspunkt (reference point; zero point)
Nullpunkt oder Ursprung eines Koordinatensystems zur Beschreibung der Lage von festen und beweglichen Maschinenteilen sowie Werkstücken.
Beispiele: Programmierung, Werkstückbemaßung, Werkstückaufspannung, Werkzeugmaße, Werkzeugwechsel, Eichung von Wegmesssystemen.
DIN 55 003 Bildzeichen, numerisch gesteuerte Werkzeugmaschinen.
(→Maschinennullpunkt, →Programmnullpunkt, →Referenzpunkt, →Werkstücknullpunkt)

Bezugspunktverschiebung (zero offset)
Ermittlung und Speicherung des Abstands zwischen Werkstück- und Maschinennullpunkt bei CNC-Fertigungsmaschinen.
Unabhängig von der Lage des Werkstückrohlings in der Einspannung kann vorlaufend das CNC-Programm erstellt werden. Der Werkstücknullpunkt wird vor Fertigungsbeginn im Einrichtbetrieb festgelegt.
Beispiel: G54 beschreibt die Entfernung vom Werkstücknullpunkt W1 zum Maschinennullpunkt M in den Koordinaten X, Y und Z.
DIN 66 025 Programmaufbau für numerisch gesteuerte Arbeitsmaschinen.
(→CNC-Programm, →Maschinennullpunkt, →Werkstücknullpunkt)

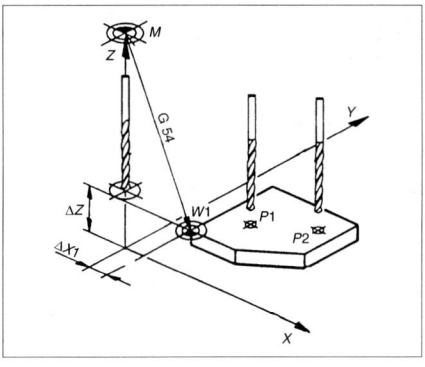

Bezugspunktverschiebung

Bezugssystem (reference system)
In der Zerspantechnik das System von Referenzebenen zur Definition der Winkel am Schneidteil eines Zerspanwerkzeugs. Beispiele: Bezugsebene, Schneidenebene, Orthogonalebene (Bild S. 54).
Das Werkzeug-Bezugssystem bestimmt die Schneidteilgeometrie (Werkzeugwinkel) am nicht im Schnitt stehenden Zerspanwerkzeug. Die beim Spanen wirksame Winkelgeometrie (Wirkwinkel) ist im Wirk-Bezugssystem definiert.
DIN 6581 Begriffe der Zerspantechnik.

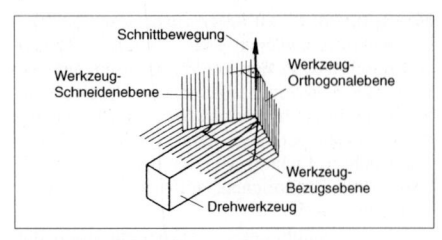

Referenzebenen am Drehwerkzeug

Bibliothek (library)
Sammlung funktionsfähiger Unterprogramme für standardisierte Aufgaben.
Deren Verwendung vereinfacht die Erstellung umfangreicher Programme durch die Vermeidung von Redundanz in der Entwicklung. Notwendig ist eine exakte Dokumentation sowie eine weitgehende Kapselung der Daten, um Konflikte mit anderen Programmteilen zu verhindern.

bidirektional (bidirectional)
Logische oder elektrische Verbindung, die einen Informationsfluss in zwei (bi) Richtungen erlaubt.
(→Bus, →Centronics, bidirektionale)

Biegebeanspruchung (bending strain)
→Biegung

Biegefeder (bending spring)
→Anformungsgleichung

Biegefestigkeit (bending resistance)
Im Biegeversuch ermittelter Festigkeitswert σ_{bB} in N/mm², z.B. ist für GJL-200: $\sigma_{bB} = 290$ N/mm².

Biegehauptgleichung
(principal bending equation)
Mathematischer Zusammenhang zwischen Biegemoment M_b in Nmm, axialem Widerstandsmoment W in mm³ und Biegespannung σ_b in N/mm²:
$\sigma_b = M_b / W$.
Arbeitsgleichungen (mit zulässiger Biegespannung $\sigma_{b\,zul}$):
erforderliches Widerstandsmoment
$W_{erf} = M_{b\,max} / \sigma_{b\,zul}$;
vorhandene Biegespannung
$\sigma_{b\,vorh} = M_{b\,max} / W_{vorh} \leq \sigma_{b\,zul}$;
maximal übertragbares Biegemoment
$M_{b\,max} = W_{vorh}\,\sigma_{b\,zul}$.

Biegelinie (elastic curve)
→Biegung

Biegemoment M_b (bending moment)
Statische Größe im inneren Kräftesystem (Einheit Nm oder Nmm), das Normalspannungen hervorruft (Biegespannung σ).
(→Biegespannung, →Biegung, →inneres Kräftesystem)

Biegemomentenberechnung
(bending moment calculation)
In der Festigkeitslehre die Ermittlung der statischen Belastung von Querschnitten biegebeanspruchter Bauteile.
Arbeitsplan: Bauteil (Biegeträger) frei machen, Stützkräfte bestimmen, z.b. rechnerisch mit den drei statischen Gleichgewichtsbedingungen, Momentensumme $\Sigma\,Fl$ für die gewählte Schnittstelle bilden (von der Schnittstelle aus nach links schauen und die „sichtbaren" Momente addieren, dabei links drehende positiv, rechts drehende negativ nehmen).

Biegemomentenverlauf
(bending moment behaviour)
Zeichnerische Darstellung der Veränderung des Biegemoments M_b in Abhängigkeit von der Trägerlänge x in einem M_b, x-Diagramm.
Bei der Biegemomentenberechnung ermittelt man für mehrere Trägerquerschnitte (vom linken Auflager nach rechts wandernd) das jeweilige Biegemoment und trägt es maßstäblich im M_b, x-Diagramm auf.

Beispiel: Für einen Stützträger mit Einzellast $F = 6000$ N ist im M_b, x-Diagramm der Graph $M_b(x)$ eine Gerade.
(→Querkraftverlauf)

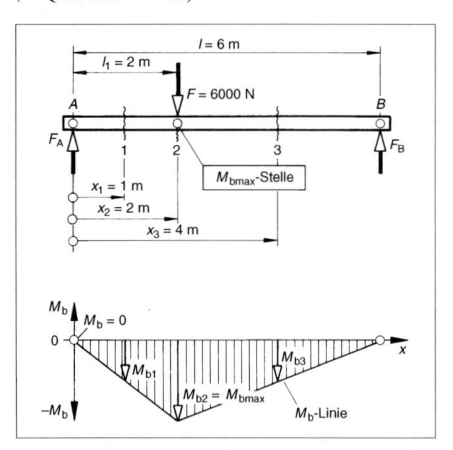

Lageskizze und M_b, x-Diagramm eines Stützträgers mit Einzellast
$M_{b1} = -4000$ Nm; $M_{b2} = -8000$ Nm;
$M_{b3} = -4000$ Nm

Biegen (bend)
In den äußeren Werkstoffschichten des gebogenen Bleches treten Zugspannungen, in den inneren Schichten Druckspannungen auf. Dabei verformen sich die äußeren Werkstofffasern plastisch.

Biegung und Torsion

Zum Werkstoffinnern hin nehmen die Zug- und Druckspannungen ab, die Werkstofffasern werden nur innerhalb des elastischen Bereichs beansprucht. Diese Fasern könnten zurückfedern, wenn die Oberflächenfasern nicht plastisch verformt wären. Deshalb tritt nur soviel Rückfederung auf, bis sich die Spannungen im Querschnitt ausgeglichen haben.
Biegeumformung schmaler Streifen hat eine Veränderung der Querschnittsflächenform zur Folge. Je schmaler die zu biegenden Bleche, desto größer ist die Veränderung der Querschnittsform.
DIN 8586 Fertigungsverfahren Biegeumformen.
(→neutrale Faserschicht, →Rückfederung, →Zuschnittlängen)

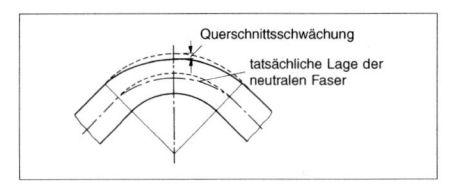

Biegespannung σ_b (bending stress)
Vom Querschnitt eines Bauteils aufzunehmende Kraft je Flächeneinheit in N/mm² bei der Beanspruchungsart Biegung.
Am belasteten, durchgebogenen Biegeträger stellen sich zwei vorher parallele Querschnitte schräg gegeneinander (aus ab, cd wird a'b', c'd'), wie das Verformungsbild zeigt. Die neutrale Faserschicht ist unverkürzt, sie geht durch den Querschnittsschwerpunkt. Die Randschicht des Querschnitts erhält die stärkste Beanspruchung, die neutrale Faserschicht ist spannungsfrei (lineare Spannungsverteilung). Zweckmäßig sind daher Hohlquerschnitte oder Doppel-T-Querschnittsformen.

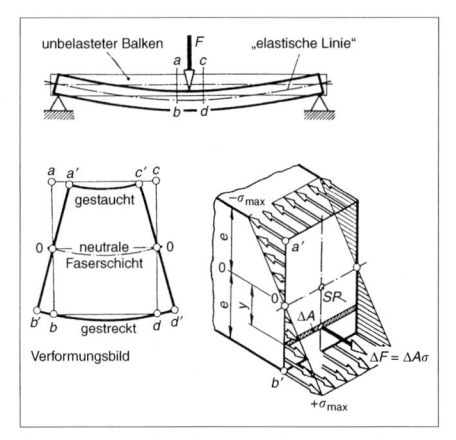

Spannungsverlauf bei Biegebeanspruchung

Biegeträger (girder)
Bezeichnung solcher Bauteile, die durch das äußere Kräftesystem hauptsächlich auf Biegung beansprucht werden.
(→Biegemomentenberechnung, →Wechselfestigkeit)

Biegsame Welle (flexible shaft)
→Wellen

Biegung (bending)
Grundbeanspruchungsart, bei der der Querschnitt des Bauteils durch ein Biegemoment M_b und eine Querkraft F_q beansprucht wird, z.B. bei Radachsen und Profilstahlträgern im Stahlhochbau.
Das Biegemoment M_b erzeugt im Querschnitt die Biegespannung σ_b, die Querkraft F_q die Schubspannung τ. W Widerstandsmoment.
Eine vor der Belastung gerade Bauteilachse (Stabachse) wird durchgebogen, im elastischen Beanspruchungsbereich zur sog. elastischen Linie (Biegelinie).
(→Biegehauptgleichung, →Durchbiegungsgleichung, →inneres Kräftesystem)

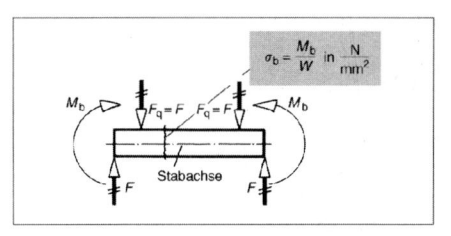

Inneres Kräftesystem bei Biegung

Biegung und Torsion (bending and torsion)
Zusammengesetzte Beanspruchung, die hauptsächlich bei Wellen auftritt (Beispiel: Zahnrad-Getriebewelle).
Wellen sollen Drehmomente M übertragen, die den Wellenquerschnitt auf Torsion beanspruchen. Durch quer zur Wellenachse wirkende Zahnkraftkomponenten (Umfangskraft F_u, Radialkraft F_r) tritt zusätzlich Biegung auf.
Der Wellenquerschnitt hat daher (rechtwinklig zum Querschnitt stehende) Normalspannungen σ und (im Querschnitt liegende) Schubspannungen τ aufzunehmen.
Die beiden rechtwinklig aufeinander stehenden Spannungen σ und τ werden nach den Spannungshypothesen zu einer *Vergleichsspannung* σ_v zusammengesetzt.
Gute Übereinstimmung mit Versuchsergebnissen liefert die sog. Hypothese der größten Gestaltänderungsenergie:

$$\sigma_v = \sqrt{\sigma_b^2 + 3(\alpha_0\,\tau_t)^2} \leq \sigma_{b\,zul}$$

Biegung und Zug/Druck

Darin ist
$\alpha_0 = \sigma_{b\,zul}/(1{,}73\,\tau_{zul})$ das Anstrengungsverhältnis mit $\alpha_0 = 1$, wenn σ_b und τ_t im gleichen Belastungsfall wirken,
$\alpha_0 = 0{,}7$ wenn σ_b wechselnd (Belastungsfall III) und τ_t schwellend (II) wirkt (tritt meistens auf).
(→Spannungshypothesen)

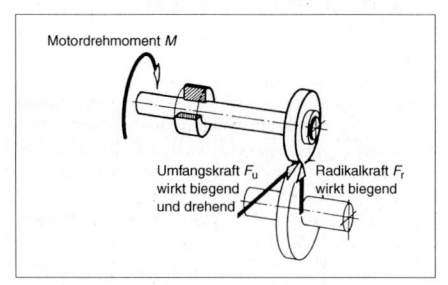

Kräfte- und Momentenwirkung in Bezug auf die obere Getriebewelle

Biegung und Zug/Druck
(bending and tension/compression)

Eine der zusammengesetzten Beanspruchungsarten, die hauptsächlich bei außermittigem Kraftangriff entsteht, z.B. wenn (im Stahlbau) die Kraft F über das am Träger angeschweißte Knotenblech eingeleitet wird.

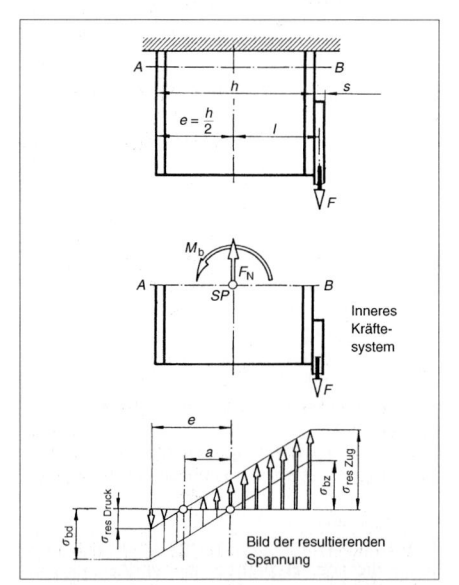

Knotenblechanschluss mit innerem Kräftesystem und Spannungsbild

Das innere Kräftesystem besteht dann aus dem Biegemoment M_b (erzeugt Biegespannungen σ_b) und der Normalkraft F_N (erzeugt Zugspannungen). Beide werden zur resultierenden Spannung zusammengesetzt. Im Beispiel ist $\sigma_{res\,Zug}$ die größte auftretende Spannung, die kleiner als die zulässige Zugspannung sein muss:

$\sigma_{res\,Zug} = \sigma_z + \sigma_{bz} < \sigma_{z\,zul}$.

Bifilarwicklung (bifilar winding)
Induktionsfreie Wicklung aus zwei eng nebeneinander liegenden isolierten Leitern, die in entgegengesetzter Richtung vom gleichen Strom durchflossen werden.
Anwendung bei Hochleistungs-Drahtwiderständen ohne induktive Komponente.

bijektive Abbildung (bijective mapping)
Anderer Name für bijektive Funktion.
(→bijektive Funktion)

bijektive Funktion (bijective function)
Eine Funktion, die sowohl injektiv als auch surjektiv ist.
Bei einer bijektiven Funktion ist die Bildmenge gleich dem Wertebereich, und jedes Bild besitzt genau ein Urbild.
Beispiel: $y = f(x) = x + 2, f : \mathbb{R} \to \mathbb{R}$.
(→Funktion, →injektive Funktion, →surjektive Funktion)

Bilanz (balance sheet; balance)
Gegenüberstellung von Vermögen (Aktiva) und Kapital (Passiva).

Bild (image)
→Funktion

Bildmenge (image set)
→Funktion

Bildungswärme, -enthalpie H_B
(enthalpy of formation)
Wärme, die bei der Entstehung einer chemischen Verbindung aus ihren Elementen frei wird (exotherme Reaktion) oder zuzuführen ist (endotherme Reaktion).
Aus Gründen der Vergleichbarkeit wird sie auf die Stoffmenge **1 Mol** und auf die Normbedingungen $25\,°C$ und $1{,}013$ bar bezogen.
Beispiele:
1) Oxidation des Eisens (exotherme Reaktion $-\Delta H_B$):
$4\,Fe + 3\,O_2 \to 2\,Fe_2O_3 - 1662\,KJ$
Bei der Oxidation von **2 Molen** Fe_2O_3 (~ 320 g) werden -1662 KJ freigesetzt, pro **1 Mol** ergibt das die Bildungswärme des Fe_2O_3 zu $H_B = -831$ KJ.

2) Reduktion des Aluminiums (endotherme Reaktion $+ \Delta H_B$):
$2 Al_2O_3 \rightarrow 4 Al + 3 O_2 + 3344\,KJ$
Bei der Reduktion von **2 Molen** Al_2O_3 (~ 204 g) müssen $+3344$ KJ zugeführt werden, pro **1 Mol** ergibt das eine Bildungswärme des Al_2O_3 von $H_B = +1672$ KJ.

binäre Steuerung (binary control)
Arbeitet intern ausschließlich mit Binärsignalen.
($\rightarrow$analoge Steuerung, $\rightarrow$Binärsignal)

binärer Logarithmus (binary logarithm)
Logarithmus zur Basis 2.
($\rightarrow$Logarithmus)

binäres Signal (binary signal)
Nur aus zwei diskreten Zuständen in Abfolge bestehende Information.
Entsprechend dem binären Zahlensystem (Dualsystem) werden die beiden Werte als Signalwert 0 und Signalwert 1 bezeichnet.

Binärsignal (binary signal)
Digitales Signal, das nur die zwei Zustandspegel „L" (Low) und „H" (High) besitzt.
($\rightarrow$Analogsignal, $\rightarrow$Verknüpfung)

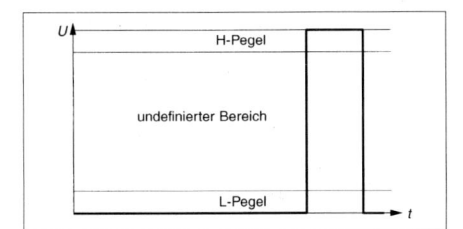

Binärsignal

Binärsystem (binary number system)
Zahlensystem mit der Basis 2 und den Ziffern 0 und 1.
($\rightarrow$Binärzeichen, $\rightarrow$Dualsystem)

Binärzeichen
(binary digit; bit; binary character)
Zeichen aus einem Vorrat mit nur zwei Zeichen wie z.B. „0" und „1".

Bindefestigkeit (binding strength)
Verhältnis der Bruchlast zur Klebfläche bei einschnittiger Überlappung. Wird durch Klebeversuche ermittelt. Die Größe der Bindefestigkeit – auch Zug-Scherfestigkeit genannt – hängt ab von der Art des Klebstoffs, der Oberflächenbeschaffenheit und Korrosionseinflüssen. Sie wird ermittelt nach der Formel $\tau_{KB} = F_m / A_{Kl} = F_m / (l \cdot b)$ mit F_m (Zerreißkraft), A_{Kl} (Klebfläche), $l_ü$ (Überlappungslänge) und b (Breite der Klebfläche).
($\rightarrow$Kleben)

Bindigkeit (chemical-bond theorie)
Bindungswertigkeit, Anzahl der Atombindungen, die von einem bestimmten Atom ausgehen.
Die Bindigkeit wird in der Strukturformel durch die Anzahl der Valenzstriche ($-$), in der Elektronenformel durch die Anzahl der Bindungselektronenpaare (:) angegeben.

Beispiele	Strukturformel	Elektronenformel
Im Chlorwasserstoff HCl ist Chlor einbindig	H – Cl	H : Cl
Im Wasser H_2O ist Sauerstoff zweibindig	H – O – H	H : O : H
Im Ammoniak NH_3 ist Stickstoff dreibindig	H – N – H | H	H : N : H : H
Im Methan CH_4 ist Kohlenstoff vierbindig	H | H – C – H | H	H : H : C : H : H

Bindung (chemical bonding)
$\rightarrow$Chemische Bindung

Bindungsarten (bond types)
Die meisten chemischen Verbindungen gehören nicht vollständig zu den Hauptbindungsarten. Daher gibt es fließende Übergangsformen zwischen den Hauptbindungsarten.
Beispiel: Bindungsarten und deren Übergänge

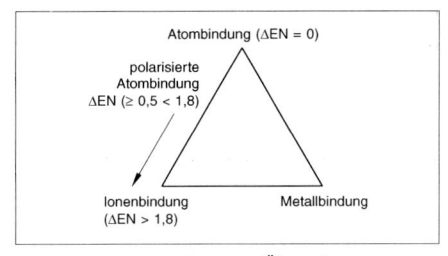

Bindungsarten und deren Übergänge

Bindungsenergie (bond energy)
Energiebetrag, der bei Bildung einer Atombindung (Molekülbindung) frei wird oder benötigt wird, um die Atombindung (Molekül) wieder zu trennen.
Beispiele:

Verbindung	Bindung	Bindungsenergie
Wasserstoff	H–H	435 KJ/mol
Chlorwasserstoff	H–Cl	432 KJ/mol

Binom (binomial)
Zweigliedriger Ausdruck der Form $a+b$ oder $a-b$. Die Multiplikation von Binomen führt zu den binomischen Formeln (zwei Faktoren) und zum binomischen Lehrsatz (n Faktoren, $n \geq 1$ beliebig). ($\rightarrow$binomische Formeln, $\rightarrow$binomischer Lehrsatz)

Binomialkoeffizient (binomial coefficient)
Für natürliche Zahlen n, k und $1 \leq k \leq n$ ist der Binomialkoeffizient $\binom{n}{k}$ (gesprochen: n über k) definiert durch

$$\binom{n}{k} = \frac{n(n-1)(n-2) \cdot \ldots \cdot (n-k+1)}{1 \cdot 2 \cdot 3 \cdot \ldots \cdot k} = \frac{n!}{k!(n-k)!}.$$

Man setzt außerdem $\binom{n}{0} = 1$ und $\binom{0}{0} = 1$.

Für die Binomialkoeffizienten gibt es eine Reihe von Rechenregeln. Die wichtigsten sind:

$$\binom{n}{k} = \binom{n}{n-k},$$

$$\binom{n-1}{k-1} + \binom{n-1}{k} = \binom{n}{k}.$$

Beispiel:
$$\binom{8}{3} = \frac{8!}{3!\,5!} = \frac{8 \cdot 7 \cdot 6}{1 \cdot 2 \cdot 3} = 56$$

($\rightarrow$binomischer Lehrsatz, $\rightarrow$Fakultät, $\rightarrow$Pascalsches Dreieck)

binomische Formeln (binomial formulae)
Die Rechenregeln
$(a+b)^2 = a^2 + 2ab + b^2,$
$(a-b)^2 = a^2 - 2ab + b^2,$
$(a+b)(a-b) = a^2 - b^2$
(a und b sind beliebige reelle Zahlen).
($\rightarrow$binomischer Lehrsatz)

binomischer Lehrsatz (binomial theorem)

$$(a+b)^n = a^n + \binom{n}{1} a^{n-1} b + \binom{n}{2} a^{n-2} b^2 +$$
$$+ \binom{n}{3} a^{n-3} b^3 + \ldots + \binom{n}{k} a^{n-k} b^k +$$
$$+ \ldots + \binom{n}{n-1} a b^{n-1} + b^n =$$
$$= \sum_{k=0}^{n} \binom{n}{k} a^{n-k} b^k$$

(a, $b \neq 0$ sind beliebige reelle Zahlen, n ist eine beliebige natürliche Zahl ≥ 1).

Beachte:
$$\binom{n}{0} = \binom{n}{n} = 1, a^0 = b^0 = 1, a^1 = a, b^1 = b$$

Für $n = 2$ ergeben sich die beiden ersten binomischen Formeln.
Beispiel:
$$(a+b)^3 = \binom{3}{0} a^3 + \binom{3}{1} a^2 b + \binom{3}{2} ab^2 +$$
$$+ \binom{3}{3} b^3 = a^3 + 3a^2 b + 3ab^2 + b^3$$

($\rightarrow$Binomialkoeffizient, $\rightarrow$Summenzeichen)

BIOS (**B**asic **I**nput **O**utput **S**ystem)
Teil des Betriebssystems, mit dem eine Softwareschnittstelle zur vorhandenen Hardware hergestellt wird.
Die Softwaremodule sind in einem ROM abgelegt und erlauben einen standardisierten Zugriff auf Systemkomponenten wie Bildschirm, Tastatur und Drucker. Damit eine Unabhängigkeit vom weiteren Betriebssystem erhalten bleibt, erfolgt die Benutzung der Softwaremodule nicht direkt über deren Adresse, sondern über Softwareinterrupts.
Beispiel:
Interrupt 17H; sendet ein Zeichen zum Drucker
   Bedingungen vor dem Interrupt:
   Register AH = 00H
   Register AL = enthält ASCII-Code
    des Zeichens
   Register DX = Nummer des jeweiligen Druckers
Nach dem Druckvorgang enthält das AH-Register den Status des Druckers.

bipolarer Transistor
(bipolar junction transistor)
$\rightarrow$Transistor

biquadratische Gleichung
(biquadratic equation)
Gleichung vierten Grades, in der die Koeffizienten von x^3 und x gleich Null sind:
$ax^4 + bx^2 + c = 0, a \neq 0$ (allgemeine Form)
oder
$x^4 + px^2 + q = 0$ (Normalform).
Die Normalform erhält man aus der allgemeinen Form durch Division durch $a \neq 0$ und Setzen von $b/a = p$ und $c/a = q$. Dabei sind a, b, c und somit auch p, q reelle Koeffizienten.
Mit Hilfe der Substitution $x^2 = z$ (man ersetzt also x^2 durch z) ergibt sich eine quadratische Gleichung in z, aus deren Lösungen man die Lösungen der biquadratischen Gleichung durch Radizieren (Wurzelziehen) erhält: $x = \pm\sqrt{z}$.

Beispiel:
$2x^4 - 6x^2 + 4 = 0$
Division durch 2 ergibt die Normalform:
$x^4 - 3x^2 + 2 = 0$.
Substitution $x^2 = z$ ergibt eine quadratische Gleichung in z:
$z^2 - 3z + 2 = 0$.
Lösungen der quadratischen Gleichung:
$z_1 = 1, z_2 = 2$.
Lösungen der biquadratischen Gleichung durch Radizieren:
$x_1 = \sqrt{z_1} = \sqrt{1} = 1, x_2 = -\sqrt{z_1} = -1$,
$x_3 = \sqrt{z_2} = \sqrt{2}, x_4 = -\sqrt{z_2} = -\sqrt{2}$.
(→quadratische Gleichung)

bistabile Kippschaltung (flip-flop)
→Kippschaltung

bistabile Kippstufe (bistable flipflop)
→Flipflop

Bit (binary digit)
Kleinste Informationseinheit in einem Datenverarbeitungssystem.
Ein Bit kann „1" oder „0" (wahr oder falsch) sein. Größere Informationseinheiten sind 1 kbit = 2^{10} bit = 1024 bit, 1 Mbit = 2^{20} bit = 1 048 576 bit.
(→Byte, →CNC-Programm)

Black-box (black box)
Komplexe elektronische Schaltung, die mit einem Symbol oder Namen gekennzeichnet ist.
Der Anwender benötigt weitgehend keine Kenntnisse des inneren Aufbaus, sondern nur die Ein- und Ausgangsdaten.
Beispiel: Verstärker.

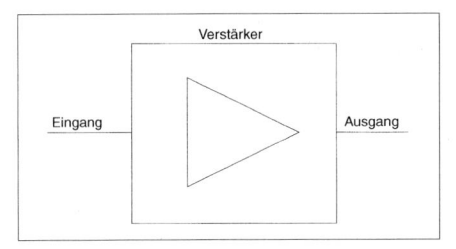

Black-box

Blattfedern (leaf springs)
Werden als Rechteck-, Dreieck- oder Trapezblattfeder verwendet. Rechteckblattfeder: Werkstoffausnutzung schlecht. Anwendung z.B. als Kontaktfeder. Dreieckblattfeder: Werkstoffausnutzung und Federungsarbeit besser als bei der Rechteckblattfeder.
Trapezblattfeder: Beste Form- und Werkstoffausnutzung. Anwendung vor allem bei geschichteten Blattfedern.

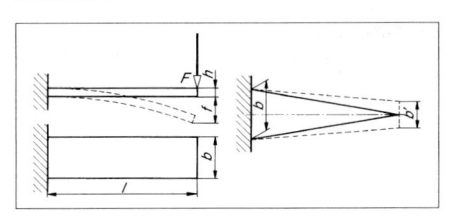

Berechnung der Blattfedern über die Biegespannung $\sigma_b = M_b/W = 6Fl/(bh^2) \leq \sigma_{b\,zul}$ mit F (Federkraft), M_b (Biegemoment), W (Widerstandsmoment) zur Durchbiegung $f = q \cdot l^3 \cdot F/(b \cdot h^3 \cdot E)$ mit E (Elastizitätsmodul). Für Rechteckblattfeder $q = 4$, für Dreieckblattfeder $q = 6$ und für Trapezblattfeder $q \approx 12/(2 + b'/b)$.

Blechkanten-Hobelmaschine
(plate-edge planer; breast planer)
Sonderhobelmaschine zum Bearbeiten von Blechkanten und schmalen Flächen an sperrigen Werkstücken.

Blechschneiden (plate cutting)
Schneidvorgang unterteilt sich in mehrere Schneidphasen:
1. Schneidphase: Es tritt nur elastische Verformung auf. Der zu trennende Werkstoff weicht seitlich aus. Vorhandene Spannung $\sigma_{vorh} \leq$ Streckgrenze R_e (oder 0,2-Dehngrenze $R_{p\,0,2}$). Die Anschnittkante wird abgerundet.
2. Schneidphase: Es tritt plastische Verformung (Fließen) entlang der Gleitebenen auf. Zugfestigkeit $R_m \geq$ vorhandene Spannung $\sigma_{vorh} \geq$ Streckgrenze R_e (oder 0,2-Dehngrenze $R_{p\,0,2}$). In dieser Phase entsteht eine glänzende, glatte Schnittfläche.
3. Schneidphase: Nach Mikro- und nachfolgenden Makrorissen entsteht eine gebrochene Fläche, die matt, körnig und uneben ist.

Schnittkraft F ist abhängig von der Scherfestigkeit des Blechwerkstoffs, der Blechdicke, der Länge und Form der Schnittlinien, der Größe des Schneidspaltes und der Art der Schmierung. Schnittkräfte für verschiedenen Schnittarten:
Schnittkraft $F = ls\tau_{aB}$ bei Parallelschnitt mit $\varphi = 0°$ mit l (Schnittlänge), s (Blechdicke) und τ_{aB} (Werkstoff-Abscherfestigkeit).

Blei Pb

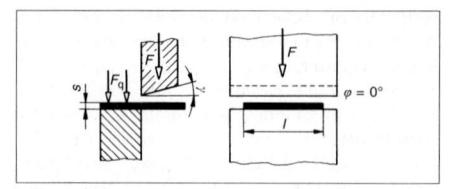

Schnittkraft $F = 0.5\ s^2\ \tau_{aB} / \tan \varphi$ bei Schrägschnitt mit $\varphi = 2°...6°$ mit s (Blechdicke) und τ_{aB} (Werkstoff-Abscherfestigkeit).

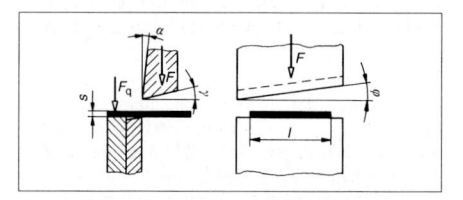

Schnittkraft $F = 0.5\ h_{st}\ s\ \tau_{aB} / \tan \alpha$ bei Rollenschnitt mit $h_{st} \approx 0.2\ s$ (Eindringtiefe des Messers), s (Blechdicke) und τ_{aB} (Werkstoff-Abscherfestigkeit).

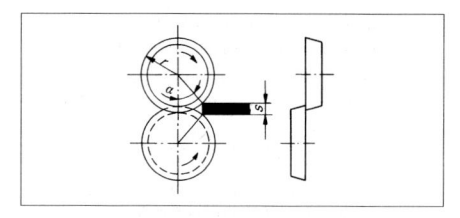

Abscherfestigkeit z.B. für St 42 $\tau_{aB} = 350\ \text{N/mm}^2$, für 16 MnCr5 $\tau_{aB} = 600\ \text{N/mm}^2$.
Schnittarbeit
$W = F_m\ s = 2/3\ l\ s^2 \tau_{aB}\ F_m \approx 2/3\ F$ mit F_m (mittlere Schnittkraft), l (Schnittlänge), s (Blechdicke, zurückgelegter Weg des Obermessers) und τ_{aB} Werkstoff-Abscherfestigkeit.
Schnittleistung $P = W/t = W_{Hub}\ n/60$ mit W_{Hub} (Schnittarbeit je Hub) und n (Hub des Obermessers pro Minute).

Blei Pb (lead)
Schwermetall mit einer Dichte $\rho = 11,34\ \text{kg/dm}^3$, als Pb 99,98 sehr korrosionsbeständig gegen Säuren. Sehr weich, deshalb geringe Zusätze von Cu, Sb zur Härtesteigerung.
Verwendung: Akkumulatoren.

bleibende Regelabweichung
(steady state error)
Differenz zwischen Soll- und Istwert einer Regelung, die von bestimmten Reglertypen prinzipbedingt nicht korrigiert werden kann. Die bleibende Regelabweichung tritt bei P- und PD-Reglern auf, die nicht im justierten Arbeitspunkt arbeiten. Bei Reglern mit Integralanteil tritt die bleibende Regelabweichung nicht auf, da diese Regler ihren Arbeitspunkt automatisch anpassen. (→I-Regler, →Istwert, →P-Regler, →PD-Regler, →Sollwert)

Bleilegierungen (lead base alloys)
Wichtigstes Legierungselement ist mit max. 8,5% Antimon Sb, es bewirkt Feinkorn und Härtesteigerung. Sn erhöht die Zähigkeit, Cu die Korrosionsbeständigkeit.
Verwendung: Hartblei für Kabelmäntel, Walzblei für Auskleidungen, Elektroden für Verchromung und Zinkelektrolyse und zum Schmelztauchen (Feuerverbleiung).
Weichlote aus dem eutektisches System Blei-Zinn mit niedrigstem Schmelzpunkt von 185 °C bei 62% Sn. Zusätze von Sb zur Festigkeitssteigerung.
Blei-Zinn-Lagermetalle mit guten Gleit- und Notlaufeigenschaften, geringe Verschleiß- und Temperaturbeständigkeit, unempfindlich gegen Kantenpressung.
DIN 17 640 Bleilegierungen, DIN 1707-100 Weichlote für Schwermetalle auch DIN EN 29453.

Blindleistung Q (reactive power)
Die von Spulen und Kondensatoren am Wechsel- oder Drehstromnetz aufgenommene Leistung zum Feldaufbau.
Blindleistung Q (Q_L für induktive, Q_C für kapazitive Blindleistung) belastet die Versorgungseinrichtungen unnötigerweise. Die häufig auftretende induktive Blindleistung kann durch Kompensation beseitigt werden.
$Q = U\ I \sin \varphi = S \sin \varphi$ in var mit Spannung U, Stromstärke I.

Blindleitwert B (susceptance)
Kehrwert des Blindwiderstandes X: $B = 1/X$ in $1/\Omega = $ S (Siemens)

Blindspannung (reactive voltage)
Die an einer idealen Spule oder an einem idealen Kondensator anliegende Spannung U_{bL} oder U_{bC}. Bei idealen Spulen oder Kondensatoren werden die enthaltenen Wirkwiderstände ignoriert.

Blindwiderstand X (reactance)
Widerstandsverhalten von Induktivität und Kapazität an Wechselspannung ist frequenzabhängig.
$X_L = 2\pi f L; X_C = 1/(2\pi f C)$. Einheit: Ω.

Blockdiagramm (block diagram)
Dient der übersichtlichen Darstellung von Signalabläufen und Programmen.
Die Einzelfunktionen werden in Blöcken dargestellt. Die verbindenden Linien stellen die Beziehungen untereinander dar.

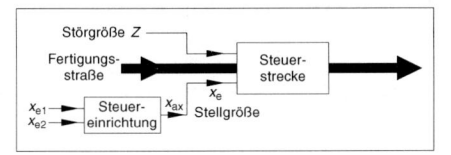

Blockdiagramm (x_e, x_a Eingangs- bzw. Ausgangsgröße)

Blockschaltbild (block diagram)
Vereinfachte Darstellung von Funktions- oder Baueinheiten durch ein einzelnes Schaltzeichen.
IEC 617/DIN 40 900 Graphische Symbole für die Elektrotechnik.

Bodenkraft F_b (force exerted on the base)
Belastung der Bodenfläche A eines Flüssigkeitsbehälters durch den hydrostatischen Druck $p = \rho g h$.
Die Flüssigkeit drückt mit der Bodenkraft $F_b = pA = \rho g h A$ auf den waagerechten Behälterboden. F_b ist also abhängig von der Dichte ρ der Flüssigkeit, von der Fallbeschleunigung g und von der Flüssigkeitshöhe h, nicht dagegen von der Gefäßform.

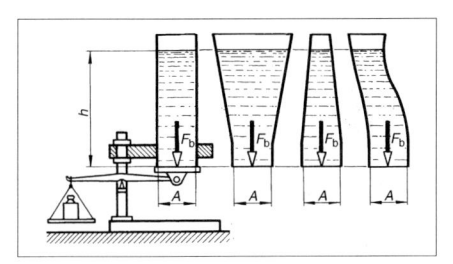

Versuchsanordnung zur Messung der Bodenkraft F_b bei unterschiedlichen Behälterformen mit gleicher Bodenfläche A: Die Bodenklappe öffnet sich bei allen Gefäßen bei der gleichen Füllhöhe h.

Bodenrad (main spindle gear; main drive gear)
Letztes, meistens relativ großes Zahnrad im Hauptgetriebe einer Werkzeugmaschine.
Sitzt auf der Werkstück- oder Werkzeugspindel und treibt diese an.

Boehringer-Sturm-Getriebe
(Boehringer hydraulic drive)
Innen beaufschlagtes Flügelzellengetriebe mit geschlossenem Kreislauf.
Die Hydraulikflüssigkeit wird der Hydropumpe und dem Hydromotor durch eine zentrale Leitachse („von innen") zugeführt. Hydropumpe und Hydromotor haben je ein eigenes Gehäuse, das mit den Kolbentrommeln umläuft. Durch getrenntes Verschieben des jeweiligen Umlaufgehäuses wird die Exzentrizität von Hydropumpe und/oder Hydromotor verändert und dadurch die Abtriebsdrehzahl der Hydromotorwelle stufenlos gesteuert.

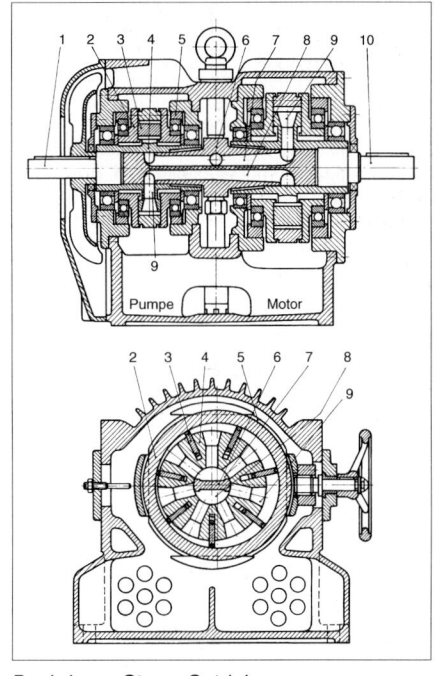

Boehringer-Sturm-Getriebe
1 Antriebswelle der Hydropumpe, 2 Pumpen-Umlaufgehäuse, 3 Flügel, 4 Kolbentrommel der Pumpe, 5 Verstellschlitten, 6 fest stehende Leitachse, 7, 8 Ölkanäle in der Leitachse, 9 Radialbohrungen der Kolbentrommel, 10 Abtriebswelle des Hydromotors

Bogenlänge (arc length)
Länge eines Kurvenstücks.
Lässt sich der Bogen durch eine stetig differenzierbare Funktion $y = f'(x)$, $f: [a, b] \to W$ beschreiben, dann gilt für die Bogenlänge

$$s = \int_a^b \sqrt{1 + [f'(x)]^2}\, dx.$$

Bogenmaß

Beispiel:
$y = \sqrt{1 - x^2}, D = [a, b] = [-1, 1]$ (Halbkreis)

$$s = \int_{-1}^{1} \sqrt{1 + \left(\frac{-x}{\sqrt{1-x^2}}\right)^2} dx = \int_{-1}^{1} \frac{1}{\sqrt{1-x^2}} dx$$

$$= \arc \sin x \Big|_{-1}^{1} = \pi$$

(→bestimmtes Integral, →Funktion)

Bogenmaß (measure of an angle in radians)
Maß für einen Winkel in der Ebene.
Das Bogenmaß eines Winkels α ist der Quotient b/r (Kreisbogen b, Radius r). Man schreibt: $\arc \alpha = b/r$. Die Einheit des Bogenmaßes ist der Radiant (rad).
Da der Einheitskreis (Kreis mit $r = 1$) den Umfang 2π hat, ist das Bogenmaß des Vollwinkels 2π. Daraus folgt: 2π rad $= 360°$ oder 1 rad $= 360°/2\pi \approx 57,2958°$. Deshalb gilt für die Umrechnung von Gradmaß und Bogenmaß eines Winkels, wenn α den in Grad und $x = \arc \alpha$ den in Radiant gemessenen Winkel bezeichnen, $x = (\pi/180°) \cdot \alpha$, $\alpha = (180°/\pi) \cdot x$.
Beispiele zur Umrechnung:
$1° = \pi/180$ rad $= 0,0174...$ rad,
$30° = \pi/6$ rad, $\pi/3$ rad $= (\pi/3) \cdot (180°/\pi) = 60°$.
(→Gradmaß)

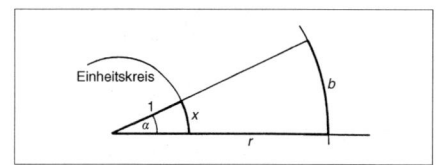

Zusammenhang zwischen Gradmaß (α) und Bogenmaß (x = arc α) eines Winkels:
$\arc \alpha = x = \dfrac{x}{1} = \dfrac{b}{r}$

Bohreinheit (drill unit; drilling unit; boring unit)
Spindelkasten mit aufgesetztem Motor und einem Getriebe für den Haupt- und Vorschubantrieb der Bohrspindel.
Wird beim Aufbau von Sondermaschinen für die Großserienfertigung als „Baustein" verwendet.

Bohrfutter (drill chuck)
Werkzeugspanner an Bohrmaschinen.
Das meistens verwendete Dreibacken-Bohrfutter hat drei schräg zur Spannachse geführte zylindrische Spannbacken. Durch Drehen der äußeren Spannhülse werden sie axial verschoben und passen sich durch ihre Schräglage dem jeweiligen Spanndurchmesser an. Seltener sind Zweibacken-Bohrfutter.

DIN 6349 Dreibacken-Bohrfutter mit Zahnkranz (→Schnellwechsel-Bohrfutter)

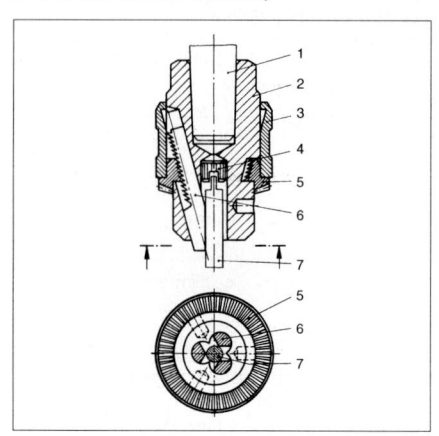

Dreibacken-Bohrfutter
1 Aufnahmekegel, 2 Futterkörper, 3 Spannhülse, 4 Mitnehmer für den Bohrerschaft, 5 Spannmutter mit Zahnkranz, 6 Spannbacke, 7 Bohrer

Bohrkopf (boring tool-holder; boring head)
Nimmt auf Bohrwerken und Radialbohrmaschinen (mitunter auch auf Drehmaschinen) zum Ausbohren von großen Durchmessern den Bohrmeißel auf. Der feste Bohrkopf wird auf der Bohrstange befestigt, der Vorschub-Bohrkopf wird während der Bearbeitung auf der Bohrstange verschoben und kann sehr lange Bohrungen bearbeiten.

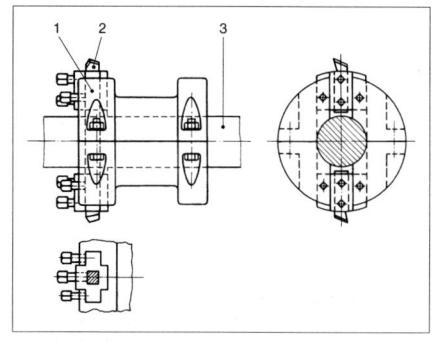

Fester Bohrkopf
1 Bohrkopf, 2 Bohrmeißel, 3 Bohrstange

Bohrsches Atommodell (Bohr atom model)
Modellvorstellung vom Bau der Atome, die einfacher und anschaulicher ist als das Orbitalmodell. Es lehnt sich an das Planetensystem der Sonne an. Die Elektronen werden als Masseteilchen behandelt. Sie bewegen sich entsprechend ihrem Ener-

giezustand auf unterschiedlichen Kreisbahnen um den Atomkern. Elektronen mit annähernd gleichen Energiezuständen werden zu Schalen (Energieniveaus) zusammengefasst.
Es gibt maximal 7 Schalen (Hauptenergieniveaus). Die Schalen werden von innen nach außen mit K, L, M, N, O, P, Q benannt.
Die Bindungsverhältnisse von chemischen Bindungen können nur ungenau erklärt werden.
Beispiel: Bohrsches Atommodell von Natrium.

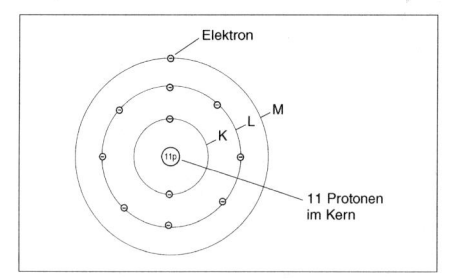

Bohrsches Atommodell von Natrium

Bohrspindel (drilling spindle; boring spindle)
Werkzeugträger der Bohrmaschine.
Überträgt Schnitt- und Vorschubbewegung vom Getriebe über den Werkzeugspanner auf das Bohrwerkzeug. Im Spindelkopf hat sie meist eine Kegelbohrung, die den kegeligen Bohrerschaft oder den Kegeldorn des Bohrfutters oder der Bohrstange aufnimmt.
(→Hauptspindel)

Bohrspindelschlitten (drilling head slide)
Spindelschlitten an Ständer- und Radialbohrmaschinen.

Bohrstange (boring bar)
Nimmt einen oder mehrere Bohrmeißel oder einen Bohrkopf auf und wird auf Bohr- und Drehmaschinen beim Ausbohren von vorgegossenen oder vorgebohrten Löchern verwendet.
(→geführte Bohrstange, →Kopfbohrstange)

Bohrverfahren (boring; boring process)
Spanende Bearbeitung (Bohren) von Werkstücken bei kreisförmig drehender Schnittbewegung und einer in Richtung der Drehachse verlaufenden linearen Vorschubbewegung des Werkzeugs.
Die Bohrwerkzeuge haben geometrisch bestimmte Schneidkeile. Nach der Form der erzeugten Werkstückflächen werden unterschieden:
Rundbohren (kreiszylindrische Innenflächen, die koaxial zur Drehachse der Schnittbewegung liegen, Beispiele: Bohren ins Volle, Aufbohren, Kernbohren), Schraubbohren (wendelförmige Innenschraubflächen, die koaxial zur Drehachse der Schnittbewegung liegen, Beispiel: Gewindebohren), Profilbohren (beliebig profilierte rotationssymmetrische Innenflächen, Beispiele: Zentrierbohren, Stufenbohren), Formbohren (Innenflächen, die durch gesteuerte Wirkbewegungen von der kreiszylindrischen Form abweichen, Beispiel: Unrundbohren).
DIN 8589, Teil 2 Fertigungsverfahren Spanen.
(→Reibverfahren, →Senkverfahren)

Bohrzyklus (drilling cycle)
In einer CNC-Steuerung vorprogrammierte Funktionen zum Erstellen häufig wiederkehrender Bohrbilder.
DIN 66 025 Programmaufbau für numerisch gesteuerte Arbeitsmaschinen.
(→CNC-Steuerung, →Drehzyklus, →Fräszyklus, →Zyklus an CNC-Maschinen)

Boltzmann-Konstante k
(Boltzmann-constant)
Naturkonstante, die das Verhältnis der wahrscheinlichsten kinetischen Energie E_k der Teilchen eines Körpers (Moleküle, Atome) und dessen Temperatur T angibt: $k = E_k/T = 1,380662 \cdot 10^{-23}$ J/K. Benannt nach Ludwig Eduard Boltzmann (1844–1906).
(→kinetische Energie, →Temperatur)

Bolzenschweißen (bolt welding)
Zwischen dem Anschweißbolzen und der ebenen Grundplatte wird ein Lichtbogen erzeugt, der die Stoßflächen auf Schweißtemperatur erwärmt. Ein genau dosierter Schlag oder Druck schweißt Bolzen und Platte zusammen. Anwendung beim Aufschweißen von Steh- oder Gewindebolzen bis 20 mm Durchmesser auf ebene Flächen.
(→Lichtbogenpressschweißen)

Bolzenverbindung (bolted union)
→Flächenpressung

Bool'sche Algebra (Boolean algebra)
Eine Menge B mit den Elementen $a, b, c, \ldots$, auf der zwei zweistellige Operationen $\sqcap$ („Konjunktion") und $\sqcup$ („Disjunktion") und eine einstellige Operation $\bar{a}$ („Negation") definiert sind und in der zwei Elemente 0 und 1 ausgezeichnet sind, heißt Bool'sche Algebra, wenn folgende Gesetze gelten:
1. Assoziativgesetze:
$(a \sqcap b) \sqcap c = a \sqcap (b \sqcap c),$
$(a \sqcup b) \sqcup c = a \sqcup (b \sqcup c),$
2. Kommutativgesetze:
$a \sqcap b = b \sqcap a, a \sqcup b = b \sqcup a,$
3. Absorptionsgesetze:
$a \sqcap (a \sqcup b) = a, a \sqcup (a \sqcap b) = a,$

4. Distributivgesetze:
$(a \sqcup b) \sqcap c = (a \sqcap c) \sqcup (b \sqcap c)$,
$(a \sqcap b) \sqcup c = (a \sqcup c) \sqcap (b \sqcup c)$,
5. $a \sqcap 1 = 1$, $a \sqcup 0 = a$, $a \sqcap 0 = 0$,
$a \sqcup 1 = 1$, $a \sqcap \bar{a} = 0$, $a \sqcup \bar{a} = 1$.

Eine Struktur, in der Assoziativ-, Kommutativ- und Absorptionsgesetze gelten, heißt Verband. Gelten außerdem die Distributivgesetze, so spricht man von einem distributiven Verband. Eine Boolesche Algebra ist also ein spezieller distributiver Verband.
Boolesche Variable können nur die Werte 0 oder 1 annehmen. Boolesche Ausdrücke bestehen aus Booleschen Variablen, die durch die definierten Operationen verknüpft sind.
Die Grundlagen für diese algebraische Struktur stammen von dem englischen Mathematiker G. Boole (1815–1864).
Eine Boolesche Algebra ist zum Beispiel die Menge der Teilmengen einer Menge bezüglich der Verknüpfungen $\cap$ (Durchschnitt) und $\cup$ (Vereinigung).
Eine typische Anwendung der Booleschen Algebra ist in der Schaltalgebra die Vereinfachung von Reihen-Parallel-Schaltungen (RPS). Dazu wird einer RPS mittels einer Transformation ein Boolescher Ausdruck zugeordnet. Dieser Ausdruck wird durch Umformungsregeln der Booleschen Algebra „vereinfacht"
135¼435'. Anschließend wird diesem Ausdruck wieder eine RPS zugeordnet (Rücktransformation). Im Ergebnis erhält man eine vereinfachte RPS, die das gleiche Schaltverhalten wie die Ausgangsschaltung hat.
(→De Morgan'sche Regeln, →logische Verknüpfung)

Bootstrap (bootstrap)
1. Bezeichnet den Vorgang, den ein Urlade-Programm ausführt.
Nach dem Einschalten eines Rechners wird das in einem ROM abgelegte BIOS gestartet, und dieses lädt nach einigen Systemtests das benötigte Betriebssystem von der Festplatte oder Diskette.
2. Elektrische Schaltung zur Erhöhung der Eingangsimpedanz.

Borcarbid, B₄C (boron carbide)
Schwarzer Hartstoff, Härte KN 100 = 3000, Dichte 2,51 kg/dm³, hoch abrasivverschleißfest und thermisch beständig.
Verwendung: Korn für Läppmassen, Sinterteile für Strahldüsen, Abrichter und Handläpper, Panzerplatten, Neutronenabsorber.

Borieren (boriding)
Thermochemisches Verfahren zum Anreichern der Randschicht mit Bor bei ca. 900 °C (ähnlich Pulveraufkohlen) und Bildung von Fe-Boriden in Dicken bis zu 250 µm mit 2000 HV 0,1.
Boridschichten sind ca. 25% dicker als die unbehandelte Zone. Für alle Stähle, Gusseisen und Sintereisen geeignet, die Kontakt mit verschleißenden Massen haben.
Beispiele: Glasformwerkzeuge, Kalkmilchpumpen.

Bornitrid BN (boron nitride)
Weißer, weicher Hochtemperaturwerkstoff mit graphitähnlichem Kristallgitter. Thermoschockbeständig, für Bauteile in Kontakt mit Metallschmelzen verwendet.
Beispiel: Kokillenringe im Horizontalstrangguss.
Durch Hochdruck und -temperaturbehandlung entsteht kubisches Bornitrid (CBN) mit Diamant-Gitter und einer Knoophärte HK 100 = 4700.
(→Schneidstoffe)

Brahmagupta, Satz des
(Brahmagupta's theorem)
In einem Sehnenviereck verhalten sich die Längen der Diagonalen wie die Summen der Produkte der Längen jener Seitenpaare, die sich in den Endpunkten der Diagonalen treffen:
$e/f = (ab+cd)/(ad+bc)$.
Die Formel wurde von dem Inder Brahmagupta (6./7. Jahrhundert u. Z.) entdeckt, der erste Beweis stammt von dem deutschen Mathematiker Johannes Müller, genannt Regiomontanus (1436–1476).
(→Sehnenviereck, →Viereck)

Branch (branch)
Befehl zur Verzweigung eines (Programm-)Ablaufs.
(→Kontrollstrukturen)

Break-Even-Analyse (break even analysis)
Hilfsmittel für Entscheidungen der Unternehmensführung.
Gesucht wird diejenige Absatzmenge eines Produkts, bei der die gesamten zugerechneten Kosten gerade gedeckt sind.

Brechung (refraction)
Sprunghafte Änderung der Ausbreitungsrichtung an der Grenzfläche von zwei verschiedenen optischen Medien, die durch das Brechungsgesetz beschrieben wird.
Im optisch dichteren Medium verlangsamt sich die Ausbreitungsgeschwindigkeit, der Strahl wird zum Einfallslot hin gebrochen.

Durch entsprechende Wahl der Flächen (Linse) lässt sich die Richtung der austretenden Strahlen nahezu beliebig festlegen. Die Wellenlängenabhängigkeit der Brechung wird im Prisma zur Erzeugung von Spektren ausgenutzt.
(→Brechungsgesetz, →Linse, →Prisma)

Brechungsgesetz (law of refraction)
Der Quotient der Sinusfunktionen von Einfalls- und Brechungswinkel $\sin \alpha$ und $\sin \beta$ ist gleich dem Quotient der Ausbreitungsgeschwindigkeiten c_1 und c_2 in den aneinander grenzenden Medien: $\sin \alpha / \sin \beta = c_1/c_2$.

Bremsen (brakes)
Geräte, die bei Maschinen die Drehzahl verringern, indem sie kinetische Energie in Wärme umsetzen.
(→Backenbremse, →Bandbremse, →kinetische Energie, →Reibungsbremse)

Bremsenberechnung (brake calculation)
Auslegung der Bremse nach dem erforderlichen Bremsmoment und der notwendigen Wärmeabfuhr der beim Bremsen entstehenden Reibungswärme. DIN 15 434 Trommel- und Scheibenbremsen, Berechnungsgrundsätze.
(→Scheibenbremse, →Trommelbremse)

Bremslüftgeräte (brake lifting devices)
Teile von Sicherheitsbremsen in Fördertechnik und Fahrzeugbau. Sicherheitsbremsen werden im Normalzustand durch eine Feder in Bremsstellung gehalten. Nur während bestimmter Betriebsvorgänge, z.B. während des definierten Hub- oder Senkvorgangs, wird die Kraft dieser Bremsfeder durch ein Bremslüftgerät überwunden und die Bremse wird gelüftet.
(→Doppelbackenbremse)

Bremsmoment (braking torque)
(→Backenbremse, →Bandbremse)

Bremsmotor
(brake motor; motor-brake-combination)
Kombinierte Einheit aus Motor, Bremse und Bremslüftgerät.
Im Ruhezustand ist die Bremse stets im Eingriff. Beim Einschalten des Motors wird sie automatisch gelüftet, beim Ausschalten des Motors fällt sie automatisch wieder ein.
Einfachster Fall ist der Verschiebeankermotor, dessen konusförmiger Rotor sich in axialer Richtung bewegen kann.
Zum Bremsen presst eine Feder den Rotor mit dem Bremsteller in den Innenkegel des Gehäuses. Im Betriebszustand zieht das Magnetfeld den Rotor heraus und lüftet so die Bremse.
(→Elektroseilzug, →Scheibenbremse)

Bremsscheibe (brake disc)
Scheibenförmiges Maschinenteil, an dem die Bremszangen angreifen und das Bremsmoment aufbringen.
Es gibt Vollscheiben und Bremsscheiben mit Ventilationskanälen zur besseren Wärmeabfuhr. DIN 15 432 Bremsscheiben.
(→Scheibenbremse)

Bremsversuch (braking test)
→Trägheitsmoment

Bremszange (pair of brake tangs)
Teil einer Scheibenbremsanlage, das die Reibkraft am äußeren Rand der Bremsscheibe aufbringt. Bremszangen sind schwimmend gelagert, so dass sie keine Axialkräfte auf die Bremsscheibe übertragen.
(→Scheibenbremse)

Brennpunkt (focus)
Der Punkt, an dem sich parallel zur Achse in eine Linse oder einen Hohlspiegel einfallende Strahlen vereinigen.
Zerstreuungslinsen (und konvexe Spiegel) haben einen scheinbaren (virtuellen) Brennpunkt an der Stelle, wo sich die nach rückwärts verlängerten gebrochenen Strahlen mit der Achse schneiden.
(→Ellipse, →Hyperbel, →Linse, →Parabel)

Brennschneiden (oxy-acetylene cutting)
In der Schneidfuge erfolgt eine Umwandlung von Eisen in Eisenoxid. Brennschneidbar sind nur Metalle, bei denen der Schmelzpunkt des Metalloxids unterhalb des Schmelzpunkts des Metalls liegt. Auch die Entzündungstemperatur der Metalls muss kleiner als seine Schmelztemperatur sein. Eine Brenngas-Sauerstoff-Flamme erwärmt das Werkstück örtlich auf Zündtemperatur. Auf die erwärmte Stelle wird der zum Schneiden erforderliche Sauerstoff geleitet. Der Werkstoff verbrennt im Bereich des Sauerstoffstrahls. Dabei ist die Vorwärmung weiter wirksam. Verwendet werden Saugbrenner mit Ring-, Block- oder Schlitzdüsen. Brennschneidmaschinen werden zur Steuerung des Brenners mit Schablonenabtastung, optisch-elektronischer Nachlauf- oder CNC-Steuerung ausgerüstet.
(→thermisches Trennen)

Brennstoffe (fuels)
Natürliche oder veredelte Stoffe, die mit Luftsauerstoff oder anderen Sauerstoffträgern in Feuerungsanlagen unter Wärmeentwicklung zu gasförmigen Verbindungen und festen Rückständen umgesetzt werden.

Technische Brennstoffe werden fest, flüssig und gasförmig genutzt. Als Festbrennstoffe werden Holz, Torf, Braun- und Steinkohle eingesetzt. Sie enthalten neben den brennbaren Elementen Kohlenstoff C, Wasserstoff H und Schwefel S, unbrennbare Balaststoffe wie Wasser und Asche.
Flüssige Brennstoffe sind Kohlenwasserstoff-Gemische. Sie werden unter Zerstäubung in den Verbrennungsraum eingebracht, durch die Feuerraumwärme verdampft, mit Luft gemischt, gezündet und verbrannt. Merkmal für die Brenneigenschaften sind Siedebereich und Flammpunkt. Gasförmige Brennstoffe sind Erdgas (natürliches Gas), Schwelgas, Stadtgas und Koksofengas.
DIN 51 700 ... 51729 Prüfung fester Brennstoffe.
(→Feuerungsanlage, →Flammpunkt)

Brennweite (focal distance)
Abstand des Brennpunkts vom Schnittpunkt der Achse mit dem Hohlspiegel oder der Linse.
(→Brennpunkt)

Brennwert H_o (gross calorific value)
Kenngröße für den Energieinhalt von Brennstoffen (früher Verbrennungswärme oder oberer Heizwert).
Wärmemenge H_o in kJ/kg oder kJ/m³, die bei vollständiger Verbrennung von 1 kg (fest, flüssig) oder 1 m³ (gasförmig) Brennstoff im Normzustand abgegeben wird.
(→Brennstoffe)

Brettfallhammer (drop-board hammer)
Fallhammer, dessen Bär durch ein von zwei Reibrollen angetriebenes Brett gehoben wird.

Briggsscher Logarithmus
(Briggs logarithm)
Logarithmus zur Basis 10.
(→dekadischer Logarithmus, →Logarithmus)

Brinellhärte HB (brinell hardness)
Quotient aus der Druckprüfkraft F und der Eindruckoberfläche A einer Kugel.
Kugel-Ø D von 1; 2,5; 5; 10 mm je nach Prüflingsdicke s, feste Kräfte je nach Kugel-Ø (9,8 N .. 29 420 N) und Beanspruchungsgrad 0,102 F/D^2, der je nach Metall 1; 2,5; 10 oder 30 beträgt.
Anwendung: für Metalle mit Hartmetallkugel (Kurzzeichen HBW) bis zu 650 HBW zur Kontrolle der Wärmebehandlung, nicht für harte Stoffe und dünne Schichten geeignet.
Härte $HB = 0{,}204\, F/\pi D (D - \sqrt{D^2 - d^2})$.

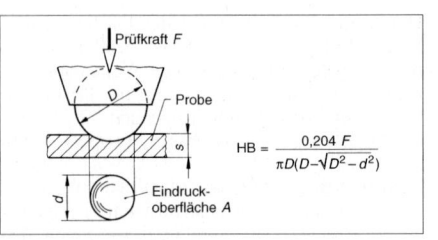

$$HB = \frac{0{,}204\, F}{\pi D(D - \sqrt{D^2 - d^2})}$$

Brinellhärteprüfung
ISO 6506-1 Härteprüfung nach Brinell.

Brönsted (Brönsted)
→Säuren und Basen nach Brönsted

Bruch (fraction)
Zahl, die durch einen Ausdruck m/n *(m* geteilt durch *n)* dargestellt wird.
Die Zahl m heißt Zähler, die Zahl n Nenner des Bruches. Dabei gilt $n \ne 0$, denn die Division durch Null ist nicht möglich: Die Division einer von Null verschiedenen Zahl durch Null ergibt keine Zahl.
Rationale Zahlen lassen sich als Brüche aus ganzen Zahlen darstellen.
(→rationale Zahl)

Bruchdehnung A (elongation at rupture)
Quotient aus Längenänderung ΔL und Ausgangslänge L_0 der Zugprobe.
Prozentuale Angabe der Fähigkeit des Metalls, sich bei Zugbeanspruchung bis zum Bruch noch plastisch verlängern zu können, z.B. Cu mit $A = 45\%$.
(→Zugversuch)

Brucheinschnürung Z (contraction in area)
Quotient aus Querschnittsänderung ΔS und Ausgangsquerschnitt S_0 der Zugprobe.
Prozentuale Angabe der Fähigkeit des Metalls, sich bei Zugbeanspruchung senkrecht zur Zugachse plastisch zusammenziehen zu können, z.B. Cu mit $Z = 75\%$.
(→Zugversuch)

Bruchlast (ultimate load; load at rupture)
Diejenige Zugkraft in einer Kette, bei der sie reißt.
(→Rundstahlkette)

Bruchrechnung (fractional arithmetic)
Wichtige Regeln der Bruchrechnung:
1. Erweitern und Kürzen:
   Erweitern heißt, Zähler und Nenner eines Bruches mit derselben Zahl zu multiplizieren. Der Wert des Bruches bleibt durch Erweitern unverändert.

$$\frac{a}{b} = \frac{a \cdot c}{b \cdot c} = \frac{ac}{bc} \quad (c \ne 0)$$

Beispiel:
$$\frac{2}{5} = \frac{2 \cdot 3}{5 \cdot 3} = \frac{6}{15}$$
Kürzen heißt, Zähler und Nenner eines Bruches durch dieselbe Zahl zu dividieren. Der Wert des Bruches bleibt durch Kürzen unverändert.
$$\frac{a}{b} = \frac{a:c}{b:c} \quad (c \neq 0)$$
Beispiel:
$$\frac{a^2 b c^2}{a^3 b c} = \frac{a^2 b c^2 : a^2 b c}{a^3 b c : a^2 b c} = \frac{c}{a}$$

2. Addieren und Subtrahieren:
Gleichnamige Brüche (Brüche mit dem gleichen Nenner) werden addiert oder subtrahiert, indem man die Zähler addiert oder subtrahiert und den Nenner beibehält.
$$\frac{a}{c} + \frac{b}{c} = \frac{a+b}{c}, \quad \frac{a}{c} - \frac{b}{c} = \frac{a-b}{c}$$
Beispiel:
$$\frac{3x^2}{4yz} + \frac{x^2}{4yz} = \frac{4x^2}{4yz} = \frac{x^2}{yz}$$
Ungleichnamige Brüche werden addiert oder subtrahiert, indem man sie auf den Hauptnenner bringt, also durch Erweitern gleichnamig macht. Der Hauptnenner ist das kleinste gemeinschaftliche Vielfache der Nenner.
$$\frac{a}{b} + \frac{c}{d} = \frac{a \cdot d}{b \cdot d} + \frac{c \cdot b}{d \cdot b} = \frac{ad + bc}{bd}$$
Beispiel:
$$\frac{2}{3} + \frac{4}{5} = \frac{2 \cdot 5}{3 \cdot 5} + \frac{4 \cdot 3}{5 \cdot 3} = \frac{10 + 12}{15} = \frac{22}{15}$$

3. Multiplizieren:
Brüche werden miteinander multipliziert, indem man Zähler mit Zähler und Nenner mit Nenner multipliziert. Vor dem Multiplizieren sollte man kürzen.
$$\frac{a}{b} \cdot \frac{c}{d} = \frac{a \cdot c}{b \cdot d} = \frac{ac}{bd}$$
Beispiel:
$$\frac{2}{3} \cdot \frac{4}{5} = \frac{2 \cdot 4}{3 \cdot 5} = \frac{8}{15}$$
Sonderfall: Ein Bruch wird mit einer Zahl multipliziert, indem man den Zähler mit der Zahl multipliziert.
$$\frac{a}{b} \cdot c = \frac{a \cdot c}{b} = \frac{ac}{b}$$

4. Dividieren:
Man dividiert durch einen Bruch, indem man mit seinem Kehrwert multipliziert.

$$\frac{a}{b} : \frac{c}{d} = \frac{a}{b} \cdot \frac{d}{c} = \frac{ad}{bc}$$
Beispiel:
$$\frac{2}{3} : \frac{4}{5} = \frac{2 \cdot 5}{3 \cdot 4} = \frac{5}{6}$$
Sonderfall: Ein Bruch wird durch eine Zahl dividiert, indem man den Zähler durch die Zahl dividiert oder den Nenner mit der Zahl multipliziert.
$$\frac{a}{b} : c = \frac{a}{b \cdot c} = \frac{a}{bc}$$

Bruchverhalten (break behaviour)
Erwünscht ist ein zähes Bruchverhalten, d.h. Bruch nach starker Verformungsarbeit (evtl. verhütet die dabei auftretende Kaltverfestigung einen Bruch). Neben dem Gefügezustand (fein-, grobkönig) haben Temperatur (Kaltsprödigkeit) und der Spannungszustand Einfluss. Sprödbrüche erfolgen ohne eine warnende Verformung und mit geringer Brucharbeit (sog. katastrophales Versagen) des Bauteils. (→Spaltbruch, →Verformungsbruch)

Brückenschaltung (bridge circuit)
Schaltung zur Bestimmung von Widerstands-, Kapazitäts- und Induktivitätswerten von Bauteilen. Auch als Wheatstone-Brücke und Wien-Brücke bezeichnet.

Brummspannung (hum voltage)
Wechselspannung U_{Br}, die einer Gleichspannung U_{AV} am Ausgang eines Gleichrichters überlagert ist. Die Brummspannung kann mit Tiefpaß-Filter entfernt werden.
(→Glättungsfaktor)

Buchsenkette (bush chain; roller chain)
Gliederkette, deren Laschen über in Buchsen geführte Bolzen zusammengehalten werden.
Beispiel: Fahrradkette.
DIN 8154 Vollbolzenkette, DIN 8168 Hohlbolzenkette, ISO 10 823, Auswahl von Kettentrieben.

Buchstabenrechnen
(operating with algebraic symbols)
Das Rechnen mit unbestimmten Zahlen. Formuliert man eine mathematische Aussage, die nicht nur für eine bestimmte Zahl, sondern für einen ganzen Zahlbereich oder sogar für alle Zahlen gilt, dann benutzt man statt einer Zahl einen Buchstaben. Der Buchstabe heißt unbestimmte Zahl.
Beispiel:
$$(a+b)^2 = a^2 + 2ab + b^2$$
(binomische Formel, sie gilt für alle reellen Zahlen a, b).

Bürstenhalter

Bürstenhalter (brush holder)
Vorrichtung zur Aufnahme der Kohlebürste an elektrischen Maschinen mit Kommutator.
Der Bürstenhalter drückt mit Federkraft die Kohlebürste auf den Kommutator bzw. die Schleifringe, um einen möglichst geringen Übergangswiderstand zu bewirken.
DIN IEC 276 Kohlebürsten, Bürstenhalter, Kommutatoren und Schleifringe.

Buffer (buffer)
Zwischenspeicher.

Bus (bus)
System gleichartiger Leitungen, durch die die Baugruppen eines Prozessorsystems verbunden sind, um Informationen auszutauschen.
Nach Art der Informationsübertragung unterscheidet man Datenbus, Adressbus und Steuerbus.

Bussystem (bus system)
Zusammenfassung paralleler Leitungen zur standardisierten Übertragung von Informationen zwischen Elementen eines Rechners oder einer Steuerung.
Der Vorteil eines Bussystems gegenüber herkömmlichen Leitungsverbindungen besteht darin, dass jedes Element nur einen standardisierten Busanschluss benötigt, um mit einer variablen Anzahl anderer Elemente zu kommunizieren. Bei Einfachbussystemen werden verschiedenartige Informationen wie Daten, Steuersignale oder Adressen über die gleichen Leitungen nacheinander (seriell) übertragen. Mehrfachbussysteme bestehen aus mehreren einzelnen Bussystemen, über die jeweils nur Informationen der gleichen Art übertragen werden. Bussysteme werden außerdem nach der Busbreite (Anzahl der parallelen Leitungen) unterschieden.
($\rightarrow$Adressbus, $\rightarrow$Datenbus)

Byte (byte)
Zusammengefasste Anzahl von 8 Bit zur Codierung von Informationen, z.B. Buchstaben, Zahlen und Sonderzeichen.
In einem 8-Bit-System entspricht das Byte einem Wort. Mit einem Byte können $2^8 = 256$ verschiedene Zustände codiert werden. Größere Einheiten:
1 kByte = 2^{10} Byte = 1024 Byte,
1 Mbyte = 2^{20} Byte = 1 048 576 Byte.
Beispiel aus der CNC-Technik: Ziffer „1 135¼35' auf einem 8-Spur-Lochstreifen ($\rightarrow$Bit, $\rightarrow$Lochstreifen)

1	0	1	1	0	0	0	1

8 Bit = 1 Byte

C

C (C)
Schnelle Hochsprache, die häufig zur Programmierung von Betriebssystemen eingesetzt wird. Bei Beschränkung auf den genormten Standardumfang dieser Sprache ist eine gute Portierung möglich.

C-Betrieb (class C operation)
→Betriebsarten des Leistungsverstärkers

Cache (cache; cache memory)
Zwischenspeicher zur Geschwindigkeitsanpassung von Speichermedium und verarbeitendem Prozessor.
Ein Festplatten-Cache enthält nach einem Lesezugriff sämtliche Daten einer Spur (Tracks), da es wahrscheinlich ist, dass diese im weiteren Verlauf benötigt werden, obwohl augenblicklich nur ein Teil davon angefordert wurde. Die Hardware dieses Cache ist häufig Teil des Hauptspeichers, seltener ein eigener Speicher im Festplatten-Controller. Der Code- oder Datencache eines Prozessors enthält die augenblicklich benötigten Prozessorbefehle und die dazugehörigen Daten. Aufgrund der höheren Arbeitsgeschwindigkeit des Cache gegenüber dem normalen Hauptspeicher (ca. Faktor 10) lohnt sich dessen Einsatz vor allem bei Programmschleifen, die häufig durchlaufen werden. Der Prozessor-Cache befindet sich meistens in dem Chip-Gehäuse, das auch den Prozessor sowie einen mathematischen Coprozessor enthält.

CAD (**C**omputer **A**ided **D**esign)
Rechnerunterstützte Entwurfs-und Entwicklungsarbeit.
Die CAD-Technik bietet mit der Software z.B. für Architektur, Konstruktion im Maschinen-, Flugzeug- und Schiffsbau und in der Entwicklung von Layouts für gedruckte Schaltungen eine wesentliche Arbeitserleichterung, da Zeichnungen leicht abgeändert und angepaßt werden können. Einmal vorgezeichnete Elemente können in andere Zeichnungen übernommen werden. CAD-Arbeitsplätze erfordern sehr leistungsfähige Rechner, Grafiktabletts zur Dateneingabe und Plotter zur Ausgabe der Zeichnungen.

Cadmium Cd (cadmium)
Zinkähnliches Metall mit ähnlicher Verwendung als Korrosionsschutz, wegen der Giftigkeit wenig angewandt.

Cd ist Legierungselement in niedrigschmelzenden Legierungen (Lote, Schmelzsicherungen, Modellguss) und in Hartblei. Wirkt in niedriglegiertem Cu stark kaltverfestigend bei guter Leitfähigkeit z.B. für Fahrdrähte.

Camlock-Befestigung (camlock mounting)
Amerikanische Art der Befestigung des Spannfutters auf dem Drehspindelkopf mittels mehrerer Exzenterbolzen.
DIN 55 029 Spindelköpfe und Futterflansche mit Zentrierkegel, Camlock-Ausführung
(→Drehspindel)

Candela Cd (candela)
SI-Basiseinheit der physikalischen Basisgröße Lichtstärke I_v.
Eine Candela ist die Lichtstärke in einer bestimmten Richtung einer Strahlungsquelle, die monochromatisches Licht der Frequenz $540 \cdot 10^{12}$ Hz aussendet und deren Strahlstärke in dieser Richtung (1/683) Watt beträgt.
(→Basiseinheit, →Basisgröße, →Lichtstärke, →SI)

Carbidbildner (carbide former)
→Carbide

Carbide (carbide)
Verbindungen von Metallen mit Kohlenstoff.
Calciumcarbid CaC_2 wird elektrometallurgisch aus CaO und Koks erschmolzen und ist Ausgangsstoff für die Äthinherstellung (Acetylen), wird auch zur Entschwefelung des Roheisens verwandt.
Carbide der Nebengruppenelemente Zr, Ta, Ti, V, Mo, W, Cr (Carbidbildner) sind harte, intermetallische Phasen in feiner Verteilung im Gefüge der Werkzeugstähle. Sie sind härter als Fe_3C (Fe-Carbid) und bis zu 95% in Sinterhartstoffen enthalten.
Mischcarbide: $(Fe,Mn)_3C$, $(Fe,Cr)_3C$; Doppelcarbide: Fe_3W_3C, Fe_4Mo_2C,
Sondercarbide: $Cr_{23}C_6$, Cr_7C_3.
Sondercarbide ist ein Sammelname für die Metallcarbide, die nicht die Zementitstruktur besitzen. Ihre Härte steigt mit dem C-Anteil im Kristallgitter (MC härter als M_2C).

Carbid	Mikrohärte	Carbid	Mikrohärte
TiC	3 200	VC	2 800
NbC	2 800	WC	2 400
Cr_3C_2	2 150	Mo_2C	1 500

Carbidschichten als Verschleißschutz können durch CVD- und PVD-Verfahren in Dicken bis zu 10 µm erzeugt werden.
(→Chromieren)

Carbonfaser (carbon fiber)
Fasern aus 80...99% C in Dicken von ca.10 µm. Carbonfasern haben als HT-Faser hohe Festigkeit, als HM-Faser höchsten E-Modul. Faserverbunde mit EP-Harz ergeben Werkstoffe höchster Festigkeit und Steifigkeit bei kleinster Masse.
Verwendung: Kardanwellen, Fahrradrahmen, Airbus-Seitenleitwerk.
(→Reißlänge)

Carbonitride (carbon nitride)
Carbide, in denen ein Teil der C-Atome im Kristallgitter durch N-Atome ersetzt ist.

Carbonitrieren (carbon nitriding)
Aufkohlen mit Stickstoffangebot (Ammoniakzusatz, Cyanidsalz) bei Temperaturen über A_1 (723 °C). Stickstoff N senkt die A_3-Temperatur, dadurch wird der Rand austenitisiert, der Kern noch nicht. Beim Abschrecken entsteht weniger Verzug. Die Stickstoffaufnahme erzeugt die carbonitridhaltige Verbindungsschicht mit günstigen Verschleißeigenschaften.
(→Einsatzhärtetiefe, →Nitrieren)

Carnot-Prozess (Carnot cycle)
Umkehrbarer (verlustfreier) Kreisprozess aus vier umkehrbaren (reversiblen) Zustandsänderungen nach Sadi Carnot (1796 – 1832).
Der Carnot-Prozess besteht aus zwei isothermen und zwei adiabaten Zustandsänderungen. Er zeigt die theoretische Möglichkeit, in einem Kreisprozess bei vorgegebenem Temperaturgefälle $(T_o - T_u)$ einen maximalen thermischen Wirkungsgrad $\eta_{th\,max}$ zu erreichen.
Der Carnot-Prozess kann technisch nicht realisiert werden. Er dient als Vergleichsprozess zur Beurteilung der Güte der Energieumwandlung in praktischen Kreisprozessen.

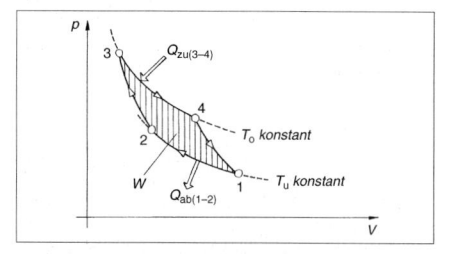

Carnot-Prozess im p,V-Diagramm

1 – 2 isotherme Kompression bei T_u (Wärme $Q_{ab(1-2)}$ wird abgeführt),
2 – 3 adiabate Kompression,
3 – 4 isotherme Expansion bei T_o (Wärme $Q_{zu(3-4)}$ wird zugeführt),
4 – 1 adiabate Expansion.

Carry (carry)
Übertrag bei Rechenschaltungen, tritt auf, wenn das Ergebnis größer ist, als das Ergebnisregister verarbeiten kann.
Beispiel für ein 8-Bit-Register:
A = 1000 0000
B = 1110 0000
A + B = **1** 0110 0000

Cash Flow (cash flow)
Überschuss der einzahlungswirksamen Beträge über die auszahlungswirksamen Aufwendungen.
Beispiel: Nicht entnommener Gewinn + neu gebildete Rücklagen + Abschreibungen + Pauschalwertberichtigungen = Cash Flow

Cavalieri, Prinzip des (Cavalieri's principle)
Körper mit inhaltsgleichem Querschnitt in gleichen Höhen haben gleiches Volumen.
Der Name stammt von dem italienischen Mathematiker Bonaventura Cavalieri (~1598 – 1647).
Beispiel: Prismen oder Zylinder mit gleicher Grundfläche und gleicher Höhe haben gleiches Volumen.

CCMC-Spezifikation
(Committee of Common Market Automobile Constructors-grade)
Spezifikation für Motorenöl, die anders als die API-Klassifikation und die MIL-Spezifikation insbesondere europäische Motorentechnologien und Verkehrsverhältnisse berücksichtigt.
Sie stellen an ein Motoröl höhere Anforderungen, als durch die API-Klassen vorgegeben. Hierzu zählen Schlammbildungsverhalten, Hochtemperaturfestigkeit, Ölkohlebildung, Dichtungsverträglichkeit und Verschleißverhalten. Öle für Ottomotoren werden mit G (Gasoline), für Lkw-Diesel mit D und für Pkw-Diesel mit PD gekennzeichnet. Die Qualitätskennzeichnung erfolgt durch eine angefügte Zahl. Die höhere Zahl zeigt ein höheres Qualitätsniveau an.
(→API-Klassifikation, →SAE-Klasse)

CD (**C**ompact **D**isc)
Speichermedium nach optischem Verfahren mit sehr hoher Speicherkapazität (Massenspeicher).
Die Information befindet sich auf einer verspiegelten Platte in Form von Vertiefungen (Pits) und dazwischen liegenden Flächen (Lands). Das Licht eines abtastenden Laserstrahls wertet die hierbei unterschiedlichen Reflexionen aus.

Celsius-Skala (Celsius scale)
Temperaturskala der relativen Celsius-Temperatur mit positiven und negativen Zahlenwerten.

Skalennullpunkt ist der Eispunkt des Wassers bei einem Umgebungsdruck von 1,01325 bar.
Die Skaleneinheit ist 1 Grad Celsius = 1 °C (Anders Celsius, 1701 – 1744). Die Celsius-Skala unterteilt den Temperaturbereich zwischen Eispunkt und Siedepunkt des Wassers bei 1,01325 bar (Normdruck) in 100 Temperatureinheiten (100 Grad Celsius). Celsius-Temperaturen ϑ in °C können in absolute Temperaturen T in K umgerechnet werden ($T = \vartheta + 273{,}15$).

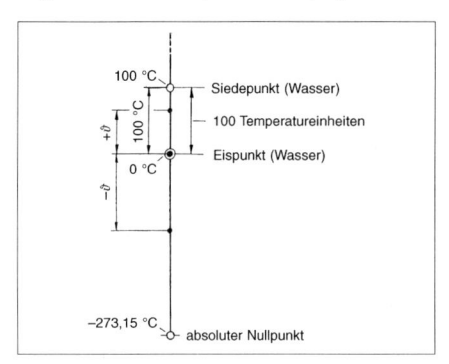

Celsius-Temperaturskala

Celsius-Temperatur t (Celsius temperature)
Temperatur auf einer Skala, deren Nullpunkt beim Schmelzpunkt des Wassers (besser Tripelpunkt) liegt und der Kelvin-Skala gegenüber um 273,15 K verschoben ist.
Die Celsius-Temperatur wird in der Einheit Grad Celsius gemessen. Benannt nach Anders Celsius (1701 – 1744).
Beispiele: 0 K = −273,15 °C ; 273,15 K = 0 °C; 373,15 K = 100 °C.
(→Grad Celsius, →Kelvin, →Temperatur, →Tripelpunkt)

Centronics (centronics)
Name der Entwicklungsfirma, der synonym für die weltweit übliche, parallele Druckerschnittstelle steht.
Neben den acht Datenleitungen, die auch bidirektional ausgeführt werden, stellt diese Schnittstelle mehrere Leitungen zur Verfügung, mit deren Hilfe die Datenübertragung gesteuert werden kann. Diese Schnittstelle unterliegt keiner Normung.

Cermets (cermets)
Verbundwerkstoffe aus Keramik und Metall in großer Bandbreite, von Keramik mit Metallzusätzen bis zu Metallen mit Oxidzusätzen, meist pulvermetallurgisch hergestellt.

Beispiele: Hochtemperaturheizelemente aus $MoSi_2 + SiO_2$, Turbinenschaufeln aus 97% Ni mit ThO_2.
(→Schneidstoffe)

Cetanzahl CZ (cetane number)
Maß für die Zündwilligkeit von Dieselkraftstoff. Sie gibt an, wie viel Vol.% Cetan (Cetanzahl = 100) in einer Mischung mit α-Methylnaphtalin (Cetanzahl = 0) enthalten ist, bei der im Prüfmotor (CFR-Prüfmotor) die gleiche Zündwilligkeit wie bei dem zu prüfenden Dieselkraftstoff festgestellt wird. Für Dieselkraftstoff CZ 45 ist Mindestwert vorgeschrieben. Die Zündwilligkeit steigt mit höherer Cetanzahl an. CZ 52 bedeutet, dass der Kraftstoff ebenso zündwillig ist, wie eine Testmischung aus 52 Vol.% Cetan und 48 Vol.% α-Methylnaphthalin.
DIN EN 590 Anforderungen an Dieselkraftstoffe.
(→CFR-Motor, →Dieselkraftstoff, →Zündwilligkeit)

CFR-Motor
(Committee of Fuel Research-engine)
Prüfmotor zur Messung der Klopffestigkeit (Oktanzahl) von Ottokraftstoff und der Zündwilligkeit (Cetanzahl) von Dieselkraftstoff.
Er ist ein Einzylinder-Viertaktmotor, bei dem das Verdichtungsverhältnis im Betrieb von $\varepsilon = 4:1$ ... 12:1 (Ottomotor), oder $\varepsilon = 7:1$ ... 28:1 (Dieselmotor), stufenlos bis zum Klopfen verändert werden kann. Je nach Prüfbedingung kann die Motor-Oktanzahl (MOZ) oder Research-Oktanzahl (ROZ) ermittelt werden. Alternativ wird der BASF-Prüfmotor mit anderen Prüfbedingungen verwendet.
(→Cetanzahl, →Klopfen, →Klopffestigkeit, →MOZ, →Oktanzahl, →ROZ)

Chemie (chemistry)
Naturwissenschaftliche Lehre von den Eigenschaften und den Umwandlungen der Stoffe.

chemische Bindung (chemical bond)
Beschreibung des Zusammenhaltes der Atomverbände, der anziehenden und abstoßenden elektrostatischen Kräfte, die daraus resultierende räumliche Gestalt der Atomverbände und ihres Energiezustandes.

chemische Elemente (elements)
Grundstoffe, die auf chemischem Wege nicht mehr in andere Stoffe zerlegbar sind.
Zur Zeit sind 110 chemische Elemente bekannt. Jedes chemische Element besitzt ein chemisches Symbol (Elementsymbol) aus einem großen und, falls erforderlich, aus einem zweiten kleinen lateinischen Buchstaben.
Beispiel: H = Wasserstoff und He = Helium
N = Stickstoff und Ni = Nickel

chemische Formeln

Die chemischen Elemente bestehen aus 22 Reinelementen mit nur einer Kernart. Die restlichen chemischen Elemente sind Mischelemente, die aus mehreren Kernarten (Isotopen) bestehen. (→Mischelemente, →Reinelemente)

chemische Formeln (chemical formulae)
Kennzeichnung eines Stoffes mit Elementsymbolen, international gebräuchlich.
Beispiele:
H Wasserstoff (**H**ydrogenium)
Na Natrium
Fe Eisen (**fe**rrum)
Ca Calcium
Fe_3O_4 Eisenoxid
$CaCO_3$ Calciumcarbonat
Tiefgestellte Zahlen (Atommultiplikatoren, Indizes) geben die Summe der gleichartigen Atome an.
Beispiel: Fe_3O_4 Eisenoxid enthält 3 Eisenatome und 4 Sauerstoffatome.

chemische Reaktion (chemical reaction)
Vorgänge, bei denen Stoffe (Ausgangsstoffe) in andere Stoffe (Reaktionsprodukte) mit oft völlig neuen Eigenschaften umgewandelt werden.
Häufig kann man Reaktionen nur an den Energieumsätzen erkennen.
Ausgangsstoffe → Reaktionsprodukten $+/- \Delta H_R$
Es bedeuten:
+ ΔH_R = wärmeaufnehmende Reaktion
(endotherme Reaktion)
− ΔH_R = wärmeabgebende Reaktion
(exotherme Reaktion)
Dabei erfolgen Veränderungen in den Elektronenhüllen der beteiligten Partner:
- Bei der Atombindung bilden Elektronen beider Bindungspartner ein bindendes Elektronenpaar. Es entsteht ein Molekül.
- Bei der Ionenbindung nimmt der eine Partner Elektronen auf, der andere gibt sie ab. Beide erreichen eine stabile Edelgaskonfiguration. Es entstehen Ionen.
- Bei der Metallbindung gehören die bindenden Elektronen (Valenzelektronen) allen Metallatomen gemeinsam. Es entsteht ein Metallgitter.
(→Ionen, →Metallgitter, →Molekül, →Valenzelektronen)

chemisches Gleichgewicht
(chemical equilibrium)
Gleichgewichtszustand, in dem die Geschwindigkeit der Bildungsreaktion gleich der Geschwindigkeit der Zerfallsreaktion ist (dynamisches Gleichgewicht).
Der Gleichgewichtszustand ist **unabhängig** vom Ausgangszustand. Die Konzentrationen der Ausgangsstoffe und der Reaktionsprodukte stellen sich zu einem gleich bleibenden Verhältnis ein.

chemisches Symbol (chemical symbol)
→Elementsymbol

chemisches Zeichen (chemical symbol)
→Elementsymbol

Chip (chip; silicon chip)
Siliziumplättchen sehr kleiner Fläche (z.b. 1 mm^2), auf dem sehr viele Transistorfunktionen (z.B. 10^8) in einem Schaltkreis in integrierter Form (IC - = integrated circuit) untergebracht sind.

Chrom Cr (chromium)
Dekoratives Überzugsmetall, korrosionsbeständig durch dünne Cr-Oxidschicht, als Hartchrom zum Verschleißschutz.
Wichtiges Legierungselement für Vergütungs- und Werkzeugstähle, korrosionsbeständige und warmfeste Stähle.
(→Chromstähle, →ferritische Stähle)

Chrom-Nickel-Stähle
(chromium-nickel steel)
Niedriglegierte Einsatzstähle (z.b.15CrNi6) und Vergütungsstähle (z.b. 36CrNiMo6) kombinieren hohe Festigkeit und Zähigkeit bei größeren Querschnitten.
Hochlegiert mit geringem C-Gehalt sind sie die wichtigste Gruppe der austenitischen Stähle, korrosionsbeständig mit hoher Zähigkeit bis − 200 °C. Bei 18% Cr genügen 8% Ni, um nach dem Abschrecken aus 1000 °C ein austenitisches Gefüge zu erhalten. Durch Kaltumformung entsteht teilweise Martensit, dadurch stark kaltverfestigend, durch höhere Ni-Gehalte zu vermeiden. Zusätze von Mo erhöhen Korrosionsbeständigkeit, besonders gegen Lochfraß.

Chromieren (chromizing)
Thermochemisches Verfahren zur Anreicherung von Cr (bis zu 30%) in der Randschicht C-armer Stähle als Korrosionsschutz durch Glühen bei > 1000 °C in Cr-Pulver oder gasförmigen Cr-Halogeniden.

Chromstähle (chromium steel)
Chrom Cr bildet Mischkristalle mit Fe, erhöht die Einhärtung und ist Carbidbildner.
Je nach C-Gehalt entstehen verschiedene Gefüge.

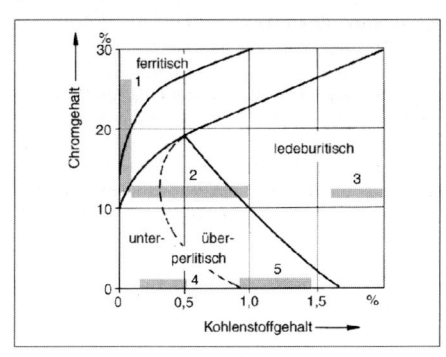

Gefüge der Chromstähle

cih-Motor (cam in head engine)
Bauart der Motorsteuerung mit obenliegender Nockenwelle, die seitlich im Zylinderkopf gelagert ist. Die Ventile werden über Stößel und Kipphebel oder nur über Kipphebel betätigt.
(→Motorsteuerung)

CISC (**C**omplex **I**nstruction **S**et **C**omputer)
Prozessor mit umfangreichem Befehlsvorrat. Relativ langsam in der Ausführung, weil der Mikrocode mehrere Maschinenzyklen benötigt.

Client (client)
Rechner in einem Netzwerk, der durch die Ausstattung mit einer Netzwerkkarte, einer Betriebssystemerweiterung und einer Verbindung zu einem Server Dienste des Servers in Anspruch nehmen kann. Dadurch stehen dem Client alle für ihn freigegebenen Ressourcen des Netzwerkes zur Verfügung.
(→Netzwerk, →Server)

Clock (clock)
→Takt

Cluster (cluster)
Kleinster nutzbarer Speicherraum auf Datenträgern wie Disketten oder Festplatten. Die Größe ergibt sich aus dem gesamten, auf dem Datenträger zur Verfügung stehenden Speicherplatz, dividiert durch die mögliche Anzahl von Einträgen im Inhaltsverzeichnis.
Beispiel: Für eine 3,5″ HD-Diskette mit 1 457 664 Byte verfügbarem Speicherplatz ergeben sich bei 2847 möglichen Einträgen im Inhaltsverzeichnis 512 Byte je Cluster.
Es wäre somit nicht möglich, z.B. 5 000 Dateien mit einer Größe von je 50 Byte zu speichern, obwohl die Dateien lediglich 250 000 Bytes belegen würden.

CMC (ceramic matrix composite)
Oberbegriff für Verbundwerkstoffe mit keramischer Matrix und Verstärkungsphasen in beliebiger Form.

CMOS (**C**omplementary-**M**etal-**O**xide-**S**emiconductor)
Technologie, bestehend aus komplementären P- und N-Kanal-MOS-Transistoren mit einer extrem niedrigen Leistungsaufnahme (sehr frequenzabhängig).

CMOS-RAM (CMOS-RAM)
Speicher, der aufgrund seiner niedrigen Stromaufnahme batteriegepuffert sein kann und daher auch beim Abschalten der Betriebsspannung des Computers seinen Inhalt nicht verliert.
(→RAM, →ROM)

CMOS-Technik
(**c**omplementary **m**etal **o**xide **s**emiconductor)
Zusammenschaltung von p-Kanal-MOS-Feldeffekttransistor (T1) und n-Kanal-MOS-Feldeffekttransistor (T2) zu einer Funktionseinheit.
GeringeVerlustleistung, hohe Schaltgeschwindigkeit und Störsicherheit und geringe Versorgungsspannung zeichnen diese integrierte Schaltungstechnologie aus.

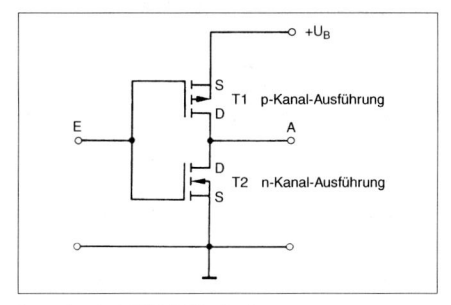

Inverter in CMOS-Technik

CNC-Programm
(computer numerical control program)
Zusammenfassung aller Programmanweisungen zur Bearbeitung eines Werkstücks auf einer CNC-Maschine.
Hauptbestandteile sind Programmname, Programmanfang und -ende sowie eine Folge von Programmsätzen mit Fertigungsanweisungen.
DIN 66 025 Programmaufbau für numerisch gesteuerte Arbeitsmaschinen.
(→Adresse, →Adresswert, →Programmsatz, →Satzanfang, →Satznummer, →Teilprogramm)

CNC-Satz (CNC block)
Teil einer Ausführungsanweisung im CNC-Programm.
Beginnt mit dem Adressbuchstaben N, der Satznummer als zugeordneter Zahl und Fertigungsanweisungen wie Wegbedingung G, Koordinaten X, Y, Z, Vorschub F, Spindeldrehzahl S, Werkzeug T, Zusatzfunktion M.
Beispiel: N12 G03 X40 Y65.
DIN 66 025 Programmaufbau für numerisch gesteuerte Arbeitsmaschinen.
(→CNC-Programm, →Programmanfang, →Programmende, →Programmsatz)

CNC-Steuerung (computer numerical control)
Mit Datenspeichern und Rechenwerken ausgerüsteter Mikrocomputer zur Fertigungsautomatisierung, der komplette Fertigungsprogramme bearbeitet, abspeichert und Daten an Baugruppen der Werkzeugmaschine zur selbsttätigen Bearbeitung eines Werkstücks übermittelt.
(→CNC-Programm, →CNC-Werkzeugmaschine)

CNC-Technik
(computer numerical control technique)
Beschreibt Aufbau, Funktion, Programmierung und Anwendung aller computergesteuerten Fertigungseinrichtungen und -maschinen.
(→CNC-Programm)

CNC-Werkzeugmaschine
(computer numerically controlled machine)
Fertigungseinheit, an der notwendige Maschinen- und Werkzeugbewegungen durch einen Computer gesteuert werden.
Damit wird in gleichbleibender Qualität und Wiederholgenauigkeit gefertigt.
Beispiele: CNC-Fräsmaschine, -Drehmaschine, -Brennschneidmaschine, -Erodiermaschine.

Code (code)
Vorschrift für die eindeutige Zuordnung von Zeichen eines Zeichenvorrats zu einem anderen Zeichenvorrat.
(→ASCII-Code, →BCD-Code, →Dual-Code, →Gray-Code)

Codewandler (code converter)
→Codierer

Codierer (code converter)
Codewandler, setzt einen Quellcode in einen Zielcode um.
Beispiel: BCD/7-Segment-Codierer

Compact-Disc (compact disc)
→CD

Compiler (compiler)
Übersetzt den vorliegenden Quelltext eines Programmes in ein lauffähiges Programm.
Es wird ein schnell ausführbarer Code erzeugt, der zudem wenig Speicher belegt, da das Programm des Anwenders anschließend auch in Abwesenheit des Compilers gestartet werden kann. Die Erstellung des Quelltextes wird von modernen Hochsprachenentwicklungsumgebungen u.a. durch Syntaxprüfung unterstützt.
(→Interpreter)

Comprex-Lader (Comprex supercharger)
Einrichtung zur Auflading von Verbrennungsmotoren nach dem Druckwellenprinzip.
Die Vorteile des Abgasturboladers und der mechanischen Auflading werden vereint. Der Abgasstrom wird in ein vom Motor angetriebenes Zellenrad geleitet, wo er seine Druckwellenenergie an die Frischladung weitergibt und sie verdichtet.
(→Abgasturbolader, →Auflading)

Computervirus (computer virus)
Programm(-teile), die unbefugt und ohne Wissen des Nutzers auf Computeranlagen laufen.
Diese Programme werden vom Nutzer nicht bemerkt, bis der Virus aktiv wird. Häufig wird lediglich die Arbeit behindert, in vielen Fällen wirken die Viren destruktiv und zerstören Datenbestände und Anwenderprogramme.
(→Antivirenprogramme, →Stealth-Virus, →Trojanisches Pferd)

Controller (controller)
Mikroprozessor, der nur für eine Aufgabe zugeschnitten ist und deshalb einen geringen Befehlsumfang besitzt. Er entlastet den Prozessor des Systems und meldet ihm die Erledigung seiner Arbeit.
Beispiel: Festplattencontroller, Grafikcontroller

Controlling (controlling)
Unternehmensplanung, die die Unternehmensziele ausdrücklich und messbar formuliert.
Für alle Bereiche im Unternehmen werden anhand der angestrebten Ziele Handlungsalternativen entwickelt, ausgewählt und deren erwartete Ergebnisse geplant.

Copolymer (copolymer)
Polymerisat aus zwei oder mehr Monomer-Bausteinen in einer Molekülkette, entspricht dem Mischkristalltyp der Metalle.
Wenn einem Monomer ein weiteres an den Seitenketten angelagert wird, sind es Pfropfpolymere. Dadurch lassen sich die Eigenschaftsprofile reiner Polymere verbessern.
Beispiel: Polystyrol PS ist sehr spröde. Die schlagfesten Polystyrole sind als Copolymerisate mit

Acrylnitril und/oder Butadien (Kautschuk) hergestellt (ABS, SAN).
(→Homopolymer)

Coprozessor (coprocessor)
Zusätzlicher Prozessor in einem Computer mit besonderer Aufgabe.
Beispiel: Prozessor für mathematische Berechnungen.

Coriolis-Kraft F_C (Coriolis force)
Trägheitskraft, die einen Körper, der sich in einem rotierenden System radial nach innen oder außen bewegt, tangential beschleunigt.
Benannt nach Gaspard Gustave Coriolis (1792−1843).
Beispiel: Ablenkung der Luftmassen in der Erdatmosphäre verbunden mit Wirbelbildung.
(→Kraft, →Trägheitskraft)

cos φ (power factor)
→Leistungsfaktor, →Kompensation

Coulomb C (coulomb)
Abgeleitete SI-Einheit der physikalischen Größe elektrische Ladung Q: $1\,C = 1\,A\,s$.
Ein Coulomb C ist die Elektrizitätsmenge, die ein elektrischer Strom von 1 Ampere in 1 Sekunde hervorruft. Benannt nach Charles Augustin de Coulomb (1736−1806).
(→elektrische Ladung, →SI-Einheit)

CPU (**C**entral **P**rocessing **U**nit)
Zentraleinheit eines Datenverarbeitungssystems.
(→Mikroprozessor)

Cramer'sche Regel (Cramer's rule)
Methode zur Berechnung der Lösungen von linearen Gleichungssystemen, bei denen die Anzahl der Gleichungen und die Anzahl der Variablen übereinstimmen.
Beispiel: Für ein lineares Gleichungssystem mit drei Gleichungen und drei Variablen, also
$a_1 x + b_1 y + c_1 z = d_1$,
$a_2 x + b_2 y + c_2 z = d_2$,
$a_3 x + b_3 y + c_3 z = d_3$,
lautet die Koeffizientenmatrix
$$M = \begin{bmatrix} a_1 & b_1 & c_1 \\ a_2 & b_2 & c_2 \\ a_3 & b_3 & c_3 \end{bmatrix}.$$
Ersetzt man die erste Spalte von M, also die Koeffizienten von x, durch die Absolutglieder des linearen Gleichungssystems, so ergibt sich die Matrix
$$M_x = \begin{bmatrix} d_1 & b_1 & c_1 \\ d_2 & b_2 & c_2 \\ d_3 & b_3 & c_3 \end{bmatrix}.$$

und durch Ersetzen der Koeffizienten von y und z erhält man analog die Matrizen
$$M_y = \begin{bmatrix} a_1 & d_1 & c_1 \\ a_2 & b_2 & c_2 \\ a_3 & d_3 & c_3 \end{bmatrix},\ M_z = \begin{bmatrix} a_1 & b_1 & d_1 \\ a_2 & b_2 & d_2 \\ a_3 & b_3 & c_3 \end{bmatrix}.$$

Mit den Determinanten $D = \det(M)$, $D_x = \det(M_x)$, $D_y = \det(M_y)$, $D_z = \det(M_z)$ ergibt sich dann für $D \neq 0$ als Lösung des linearen Gleichungssystems

$$x = \frac{D_x}{D} = \frac{\begin{vmatrix} d_1 & b_1 & c_1 \\ d_2 & b_2 & c_2 \\ d_3 & b_3 & c_3 \end{vmatrix}}{\begin{vmatrix} a_1 & b_1 & c_1 \\ a_2 & b_2 & c_2 \\ a_3 & b_3 & c_3 \end{vmatrix}},$$

$$y = \frac{D_y}{D} = \frac{\begin{vmatrix} a_1 & d_1 & c_1 \\ a_2 & d_2 & c_2 \\ a_3 & d_3 & c_3 \end{vmatrix}}{\begin{vmatrix} a_1 & b_1 & c_1 \\ a_2 & b_2 & c_2 \\ a_3 & b_3 & c_3 \end{vmatrix}},$$

$$z = \frac{D_z}{D} = \frac{\begin{vmatrix} a_1 & b_1 & d_1 \\ a_2 & b_2 & d_2 \\ a_3 & b_3 & d_3 \end{vmatrix}}{\begin{vmatrix} a_1 & b_1 & c_1 \\ a_2 & b_2 & c_2 \\ a_3 & b_3 & c_3 \end{vmatrix}}.$$

Beispiel:
Lineares Gleichungssystem:
$3x + 15y + 8z = 10$
$-5x + 10y + 12z = -1$
$2x + 7y + z = 1$

$$D = \begin{vmatrix} 3 & 15 & 8 \\ -5 & 10 & 12 \\ 2 & 7 & 1 \end{vmatrix}$$
$= 30 + 360 - 280 - 160 - 252 + 75 = -227$

Zählerdeterminanten:
$$D_x = \begin{vmatrix} 10 & 15 & 8 \\ -1 & 10 & 12 \\ 1 & 7 & 1 \end{vmatrix}$$
$= 100 + 180 - 56 - 80 - 840 + 15 = -681$

$$D_y = \begin{vmatrix} 3 & 10 & 8 \\ -5 & -1 & 12 \\ 2 & 1 & 1 \end{vmatrix}$$
$= -3 + 240 - 40 + 16 - 36 + 50 = 227$

Cremonaplan

$$D_z = \begin{vmatrix} 3 & 15 & 10 \\ -5 & 10 & -1 \\ 2 & 7 & 1 \end{vmatrix}$$
$= 30 - 30 - 350 - 200 + 21 + 75 = -454$

Als Lösung des linearen Gleichungssystems ergibt sich:

$$x = \frac{D_x}{D} = \frac{-681}{-227} = 3, \; y = \frac{D_y}{D} = \frac{227}{-227} = -1,$$

$$z = \frac{D_z}{D} = \frac{-454}{-227} = 2$$

Die Lösung des Gleichungssystems ist das (geordnete) Zahlentripel $(x, y, z) = (3, -1, 2)$ (oder Lösungsmenge: $L = \{(3, -1, 2)\}$).
($\rightarrow$Determinante, $\rightarrow$lineares Gleichungssystem)

Cremonaplan (Cremona diagram)
Zeichnerisches Verfahren der Statik zur Ermittlung der Stabkräfte in Fachwerken, benannt nach dem italienischen Mathematiker *Luigi Cremona* (1830–1903). Hat zugunsten rechnerischer Verfahren (z.B. PC-Programme) an Bedeutung verloren.
Nach dieser Zeichenvorschrift werden die Kraftecke der an den frei gemachten Knoten des Fachwerks angreifenden Stabkräfte beim maßstäblichen Aufzeichnen so aneinander gereiht, dass jede Stabkraft nur einmal im Plan erscheint.
Damit ergibt sich ein zusammenhängender Kräfteplan, aus dem die Beträge der am Knoten wirkenden Zug- oder Druckkräfte als Längen abgegriffen werden können.
($\rightarrow$Culmann'sches Verfahren, $\rightarrow$Ritter\9sches Schnittverfahren)

CS (Chip Select)
Anschlussleitung zur Auswahl eines Bausteins, meist Low-aktiv (/CS).

Culmann'sche Gerade
(Culman's straight line)
$\rightarrow$Culmann'sches Verfahren

Culmann'sches Verfahren
(Culman's method)
Zeichnerisches Verfahren der Statik zur Ermittlung von Stützkräften und Stabkräften in Fachwerken (Vierkräfteverfahren), benannt nach dem Schweizer Statiker *Karl Culmann* (1821–1881). Greifen vier Kräfte mit bekannter Wirklinie und Richtungssinn am Körper an und ist von einer der Betrag bekannt, kann man die Beträge der restlichen drei Kräfte bestimmen. Dazu fasst man je zwei Kräfte zu einer Resultierenden zusammen.

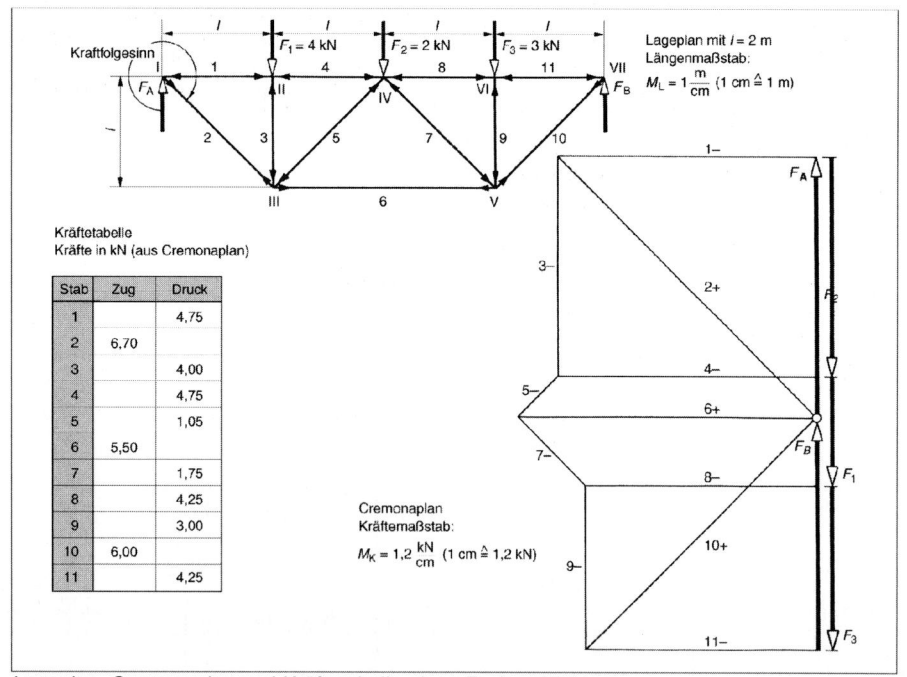

Kräftetabelle
Kräfte in kN (aus Cremonaplan)

Stab	Zug	Druck
1		4,75
2	6,70	
3		4,00
4		4,75
5		1,05
6	5,50	
7		1,75
8		4,25
9		3,00
10	6,00	
11		4,25

Cremonaplan
Kräftemaßstab:
$M_K = 1{,}2 \frac{kN}{cm}$ (1 cm ≙ 1,2 kN)

Lageplan mit $l = 2$ m
Längenmaßstab:
$M_L = 1 \frac{m}{cm}$ (1 cm ≙ 1 m)

Lageplan, Cremonaplan und Kräftetabelle eines Fachwerkträgers

Beide Resultierende müssen bei Gleichgewicht gleich groß sein und eine gemeinsame Wirklinie haben, die *Culmannsche Gerade*. Wie alle zeichnerischen Verfahren hat auch das Culmannsche in der Statik an Bedeutung verloren zugunsten der rechnerischen Verfahren.
(→Cremonaplan, →Rittersches Schnittverfahren)

Cursor (cursor)
Schreib- oder Zeichenmarke in Form eines Balkens, Unterstrichs, Fadenkreuzes o.ä., die auf dem Monitor die Position des nächsten, abzubildenden Zeichens oder der nächsten Aktion angibt. Bewegt wird der Cursor automatisch (bei der Texteingabe) oder manuell mit den Cursortasten oder mit einer Maus.

Curtis-Turbine (Curtis turbine)
Dampfturbinen-Bauart zur Verarbeitung großer Enthalpiedifferenzen mit Gleichdruckbeschaufelung (gleich bleibender Querschnitt des Schaufelkanals).
Wegen des großen Energiegefälles verwendet man meist zweikränzige Laufräder (2C-Rad). Die erste Stufe arbeitet mit Lavaldüse und Laufrad wie eine Laval-Turbine. Zwischen den beiden Laufrädern greift der feste Leitschaufelkranz ein, dessen Kanäle den mit hoher Geschwindigkeit austretenden Dampf des ersten Laufrades wieder in Laufrichtung zum zweiten Laufradkranz umleiten (Gleichdruckturbinen mit Geschwindigkeitsstufung). 2C-Räder werden bei mehrstufigen Turbinen oft als erste Stufe eingesetzt.

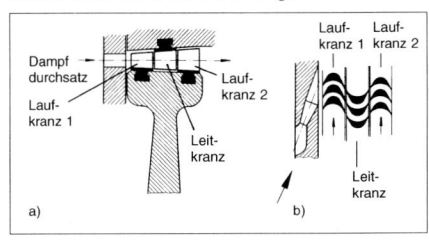

Zweistufige Curtis-Turbine
a) Längsschnitt, b) Meridianschnitt

(→Dampfturbinen, →Energiegefälle, →Enthalpie, →Laval-Düse)

Cushman-Futter (scroll chuck)
→Planspiralfutter

CVD-Verfahren
(Chemical-Vapour-Deposition)
Abscheiden von Reaktionsprodukten gasförmiger Stoffe auf der Oberfläche eines Substrats (Bauteile aus Metall oder Keramik).
Durchgeführt bei Temperaturen zwischen 850...1200 °C und Unterdruck durch Absaugung der Nebenprodukte.
Beispiel: Titan(IV)-chlorid $TiCl_4$ + Methan CH_4 = Salzsäure 4 HCl + Titancarbid TiC.
Möglich sind allseitig gleichmäßige Beschichtungen mit fast allen Metallen und Nichtmetallen, Metallboriden, -carbiden, -nitriden, -siliziden. Niedrigere Temperaturen (300...600 °C) durch Verwendung anderer Reaktionsgase oder Plasmaunterstützung.
Beispiele: Schichten aus TiC, TiN (goldfarben), Ti(CN) auch als Mehrfachschicht (Al-O-N) zum Verschleißschutz auf Schneidstoffen und Werkzeugen.
(→PVD-Verfahren)

cyclische Alkane (cyclic alkane)
Ringförmige Kohlenwasserstoffe mit Einfachbindungen.
Vorkommen als Naphthene im Erdöl. Allgemeine Summenformel: C_nH_{2n}
Beispiel:

H–C–H
H– C–H   H–C–H
H– C–H   H–C–H
H–C–H

C_6H_{12}
Cyclohexan

D

D-A-Wandler (digital-analog-converter)
Baustein, der ein digitales Signal in ein analoges Signal umwandelt.
($\rightarrow$A-D-Wandler, $\rightarrow$analoges Signal, $\rightarrow$digitales Signal)

D-Flipflop (D-type flipflop)
Flipflop mit einem Daten- und einem Takteingang.
Je nach Ansteuerung wird nach taktzustands- oder taktflankengesteuerten D-Flipflops unterschieden.

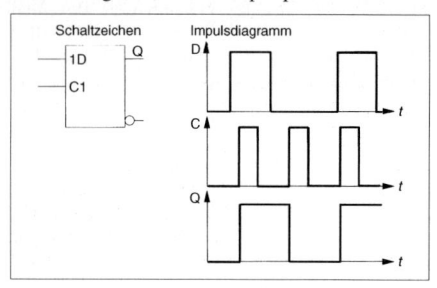

D-Flipflop

Dachführung (inverted vee-guide)
Prismenführung mit dachförmigem Querschnitt an Werkzeugmaschinen.
Beide Führungsflächen sind gegen die Waagerechte geneigt, und das geführte Maschinenteil (z.B. ein Werkzeugschlitten) wird durch die Eigengewichtskraft F_G und die Bearbeitungskräfte auf beide Flächen gedrückt, sodass kein Führungsspiel auftritt; deshalb als Richtführung besonders geeignet.
($\rightarrow$Geradführung)

Dämpfung (damping; attenuation)
Energieentzug durch Reibungsarbeit aus einem schwingenden mechanischen System.
Die Amplitude verringert sich durch Dämpfung, die Schwingungsdauer wird jedoch nicht beeinflusst.
($\rightarrow$Pendel, $\rightarrow$Schwingung)

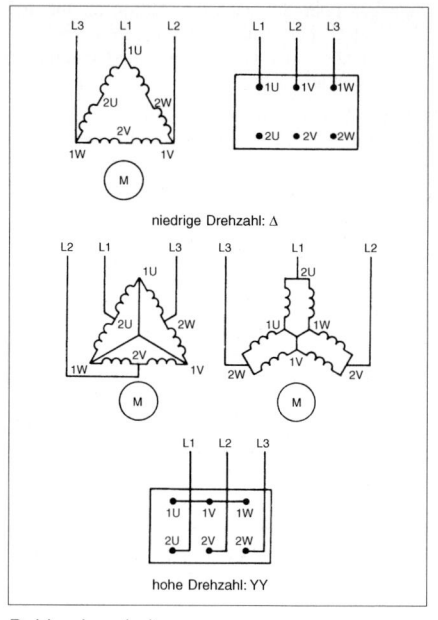

Dahlanderschaltung
(Dahlander polechanging circuit)
Bei Kurzschlußläufermotoren mögliche Ständerschaltung zur Umschaltung der wirksamen Polpaarzahl mit dem Ziel der Drehzahländerung.
Die Polpaarzahl kann verdoppelt und dadurch die Drehzahl im Verhältnis 2:1 umgeschaltet werden, z.B. für den Antrieb von Werkzeugmaschinen.
Umschaltung auf die doppelte Drehzahl: Die Netzanschlüsse (L1, L2, L3) werden auf die Klemmen 2U, 2V, 2W geschaltet, während die Klemmen 1U, 1V, 1W miteinander verbunden werden.

Dahlanderschaltung

d'Alembert (d'Alembert)
Französischer Physiker (1717–1783), führte das nach ihm benannte Prinzip ein:
Wird ein Körper durch eine resultierende Kraft F_{res} beschleunigt (verzögert), dann ist sie genau so groß wie die Trägheitskraft $T = ma$, die zur Beschleunigung a überwunden werden muss:
$F_{res} + T = 0$.
Durch das Einführen von gedachten Trägheitskräften, die den angreifenden äußeren Kräften genau entgegengesetzt sind, lassen sich die Aufgaben der Dynamik häufig leichter lösen, weil man die Gleichgewichtsbedingungen der Statik ansetzen kann, z.B. $\Sigma F_x = 0$.

Beispiel: Ein mit der Beschleunigung $a = 3$ m/s² anfahrendes Auto der Masse $m = 1500$ kg hat als Summe aller Widerstandskräfte $F_w = 500$ N zu überwinden (Fahrwiderstand, Luftwiderstand,

Steigungswiderstand). Gesucht ist die erforderliche Antriebskraft F_{an}.
$\Sigma F_x = 0 = F_{an} - F_w - T; T = m \, a$ eingesetzt:
$F_{an} = F_w + m \, a = 500 \, (\text{kgm/s}^2) +$
$+ 1500 \, \text{kg} \cdot 4 \, \text{m/s}^2 = 6500 \, \text{kgm/s}^2 = 6500 \, \text{N}$.
(→Dynamik, →Statik, →Trägheitskraft)

d'Alembert-Kraft (d'Alembert force)
→Trägheitskraft

d'Alembert'sches Prinzip
(d'Alembert's principle)
→d'Alembert

Dampf (steam)
Wichtigster Energieträger bei Dampfkraftmaschinen.
Im Dampferzeuger (Dampfkessel) wird Wasser durch heiße Brenngase auf Siedetemperatur erwärmt und verdampft (Sattdampf). Durchströmt Sattdampf einen Überhitzer, so entsteht durch Wärmeaufnahme Heißdampf (überhitzter Dampf). Bei Wärmeverlust wird Sattdampf durch Teilkondensation, bei meist gleich bleibendem Druck und ohne Temperaturverlust zu Nassdampf.
(→Dampferzeuger, →Überhitzer)

Dampferzeuger (steam generators)
Im konventionellen Dampferzeuger (Dampfkessel) wird durch Verbrennung von Brennstoffen (im Gegensatz zur Dampferzeugung durch Kernenergie) Wasser erwärmt und verdampft.
Technische Dampferzeugung aus Wasser gliedert sich in Wassererwärmung (Wasservorwärmer), Verdampfung (Verdampfer) und Überhitzung. Hierzu sind Hilfssysteme wie Luftvorwärmer, Rußbläser, Speisewasserpumpen, Wasseraufbereitungsanlagen und Staubfilteranlagen erforderlich. Sind Heizwände durch Asche, Ruß und Kesselstein verschmutzt, verschlechtert sich der Wärmedurchgang. Man unterscheidet Dampfkesselanlagen in Wasserraumkessel (Niederdruckkessel wie Flammrohr-, Heizrohr-, Rauchrohr- und Dreizugkessel) und Wasserrohrkessel (Hochdruckkessel wie Naturumlauf-, Steilrohr-, Strahlungs-, Zwangsumlauf- und Zwangsdurchlaufkessel).
(→Dreizugkessel, →Feuerungsanlage, →Überhitzer, →Zwangsdurchlaufkessel)

Dampferzeugung durch Müllverbrennung
(steam generator using refuse as fuel)
Dampferzeuger, die als Brennstoff Müll aus Haushalten und Industriebetrieben verwenden. Müll wird auf Rostfeuerungen (Walzen- oder Treppenroste) verbrannt. Zugabe von Kohlenstaub oder Öl zur Mülltrocknung und Verbrennungsverbesserung soll den geringen Müllheizwert ausgleichen. Große Ausbrandräume vermindern starke Rostverschmutzung. Der erzeugte Dampf wird meist in das Dampfnetz von Kraftwerken eingespeist oder zur Fernwärmeerzeugung verwendet.
(→Dampferzeuger, →Rostfeuerung)

Dampfgeschwindigkeit (steam velocity)
→Düsen

Dampfhammer (steam hammer)
Maschinenhammer, dessen Bär nach dem Schlag durch Dampf in seine obere Stellung gehoben und zur Vergrößerung der Schlagenergie beim Fall durch Dampf zusätzlich beschleunigt wird.

Dampfkessel (steam boiler)
→Dampferzeuger

Dampfturbinen (steam turbines)
Wärmekraftmaschinen mit rotierenden Schaufeln, in der ein Teil der im Dampf enthaltenen Enthalpie beim Durchströmen der Beschaufelung in einer oder mehreren Stufen in mechanische Arbeit umgesetzt wird.
Großturbinen bestehen aus Hoch-, Mittel- und Niederdruckteil mit Kondensatoren, Zwischenüberhitzern und Hilfseinrichtungen (Pumpen, Kühler). Möglichkeiten zur Turbinen-Einteilung: Nach der Dampfabführung in Gegendruck-, Entnahme-, Kondensations-, Abdampf- und Anzapfturbinen. Nach dem Arbeitsverfahren in Gleichdruck- und Überdruckturbinen. Nach dem Dampfdurchsatz in Axial- und Radialturbinen. Nach dem Dampfeintrittszustand in Heißdampf-, Sattdampf-, Niederdruck-, Mitteldruck- und Hochdruckturbinen. Nach ihren Entwicklern benannt, nach der Art der Enthalpieausnutzung und -aufteilung in Laval-, Curtis-, Zoelly- und Parsons-Turbinen.
DIN 4304 Dampfturbinen; Benennungen.
(→Abdampfturbine, →Curtis-Turbine, →Entnahmeturbine, →Gegendruckturbine, →Laval-Turbine, →Parsons-Turbine, →Zoelly-Turbine)

Dampfüberhitzer (steam superheater)
→Überhitzer

Darlingtonschaltung (Darlington circuit)
Schaltung von zwei (komplementäre) Transistoren zur Erhöhung der Gleichstromverstärkung, wobei der Emitter des ersten Transistors auf die Basis des zweiten Transistors gelegt ist.

Datei (data)
Zusammenfassung gleichartiger Daten (Texte, Adressen, auch ausführbare Maschinenbefehle) zum Zweck der gemeinsamen Handhabung.
Die Datei wird oft in Datensätze unterteilt, um die Übersicht zu erhalten. Ein solcher Datenbestand bekommt einen Namen, unter dem er gehandhabt werden kann. Die Anschrift eines jeden Mitarbeiters entspricht einem Datensatz; die Summe aller Datensätze ist die Anschriftendatei (Datendatei). Eine Programmdatei enthält mehrere (bis zu einigen Millionen) Anweisungen, die für die korrekte Verarbeitung einer Datendatei sorgen.
Beispiele:
Command.COM Programm: Kommandointerpreter von DOS
Write.EXE Programm: einfache Textverarbeitung
LexiDa1.DOC Text: dieser Lexikontext

Daten (data)
Informationen wie Zeichen, Texte, Bilder oder Sprache, die in codierter Form (binär) auf einem Massenspeicher oder Hauptspeicher vorliegen.
Aufwendig ist die Erfassung von Prozessdaten wie Temperatur, Druck oder andere physikalische Größen zum Zwecke der Auswertung und Regelung.
(→Sensoren)

Datenbank (data bank)
Sammlung logisch miteinander in Beziehung stehender Daten.
Die Beziehungen (Relationen) der gespeicherten Daten können aufgrund der maschinellen Auswertung komplex gehalten werden. Veränderbare Auswertealgorithmen erlauben einen vielfältigen Zugriff auf die Nutzdaten.

Datenbus (data bus)
Spezielle Form eines Bussystems, über das Daten parallel übertragen werden.
Datenbusse sind zusammen mit Adressbussen und Steuerbussen Bestandteil von Mehrfachbussystemen.
(→Adressbus, →Bussystem)

Datenermittlung (data determination)
Erfolgt durch schriftliche oder mündliche Befragung, Fragebogen, Interview, Beobachtung oder Experiment.
Ziel ist dabei die Ermittlung von Merkmalen, die Gegenstand einer Untersuchung sind.

Datenflussplan (data flow chart)
Graphische Darstellung von Programmabläufen. Zum Datenflussplan gehören Datenträger (Speicher) und Peripheriegeräte. Die Darstellung erfolgt mittels genormter Symbole.

Datensicherung (data protection)
1. Soll den Verlust wichtiger Daten vermeiden. Verbreitet ist die „Drei Generationen 135¼435'-Methode. Dabei existieren drei unabhängige Sicherungskopien; eine aktuelle Datensicherung überschreibt die älteste Version.
Diese Methode schützt nicht die aktuellen Daten, die nach der letzten Sicherung erzeugt wurden. Aufwendiger ist die Sicherung durch gespiegelte Festplattenlaufwerke, die somit den Datenbestand doppelt (redundant) enthalten. Zur Sicherung geänderter Datensätze einer Datenbank wird der Ursprungsdatensatz erst dann gelöscht, wenn das Schreiben des aktualisierten Datensatzes geprüft worden ist.
2. Soll den Missbrauch von Daten und Programmen verhindern.
Durch Einsatz geeigneter (Netzwerk-) Betriebssysteme werden die Zugriffsmöglichkeiten der Nutzer auf das notwendige Minimum beschränkt sowie der Zugriff protokolliert. Zur Sicherung gegen nicht lizensierten Gebrauch wird dem Programm ein Hardwarestecker beigelegt, ohne den es nicht lauffähig ist.
(→Dongle)

Datensichtgerät (terminal)
Gerät zur Darstellung und Eingabe von Daten, im Wesentlichen aus Bildschirm und Tastatur bestehend.
Im Gegensatz zum Personalcomputer ist das Datensichtgerät nicht in der Lage, Daten zu verarbeiten, sondern stellt nur die Verbindung zu Großrechnern her.
(→Peripheriegerät, →Personalcomputer)

Datenträger (nonvolatile data storage device; data storage medium)
Gerät zur Speicherung von Informationen und Daten, z.B. Lochkarte, Lochstreifen, Festplatte, Magnetband, Diskette, CD-ROM.
(→Festplatte, →Floppy-Disk)

Dauerfestigkeit σ_D (fatigue strength)
Oberbegriff für den größten Spannungswert in N/mm^2, den ein glatter, polierter Probestab bei dynamischer Belastung „dauernd 135¼435' ohne Bruch oder unzulässige Verformung aushält.
Man unterscheidet:
a) *Dauerstandfestigkeit* bei ruhender (statischer) Belastung (Belastungsfall I),
b) *Schwellfestigkeit* bei schwellender Belastung, d.h. die Belastung schwankt dauernd zwischen Null und einem Höchstwert (Belastungsfall II),

c) *Wechselfestigkeit* bei wechselnder Belastung, d.h. die Belastung schwankt dauernd zwischen einem gleich großen positiven und negativen Höchstwert (Belastungsfall III).
Die Dauerfestigkeitswerte für dynamische Belastung werden im Dauerversuch nach DIN 50 100 ermittelt (Dauerschwingversuch).
(→Belastungsfälle, →Kerbdauerfestigkeit, →Schwellfestigkeit, →Wechselfestigkeit)

Dauerschwingversuch (fatigue test)
→Dauerfestigkeit

De Morgan'sche Regeln (de Morgan laws)
Von dem Mathematiker de Morgan entwickelte Gesetzmäßigkeiten, mit denen -mit Hilfe von Negationen- ODER-Verknüpfungen in UND-Verknüpfungen umgewandelt werden können und umgekehrt.
Beispiel:
$\overline{a \wedge b} = \overline{a} \vee \overline{b} \quad \overline{a \vee b} = \overline{a} \wedge \overline{b} =$

Deckungsbeitragsrechnung (contribution analysis)
Betriebsergebnisrechnung durch Rechnen mit Einzelkosten und Deckungsbeiträgen.

Decoder (decoder)
Schaltung, die in Abhängigkeit einer digitalen Zahl den zugehörenden Ausgang auf Low oder High schaltet.
Beispiel: 1-aus-8-Decoder

Schaltzeichen	Wertetabelle
	C B A Q0 Q1 Q2 Q3 Q4 Q5 Q6 Q7
DEC 0—Q0 A— 1—Q1 B—G 0 2—Q2 C— 7 3—Q3 4—Q4 5—Q5 6—Q6 7—Q7	0 0 0 1 0 0 0 0 0 0 0 0 0 1 0 1 0 0 0 0 0 0 0 1 0 0 0 1 0 0 0 0 0 0 1 1 0 0 0 1 0 0 0 0 1 0 0 0 0 0 0 1 0 0 0 1 0 1 0 0 0 0 0 1 0 0 1 1 0 0 0 0 0 0 0 1 0 1 1 1 0 0 0 0 0 0 0 1

1-aus-8-Decoder

Decodierer (decoder)
→Decoder

decrementieren (to decrement)
Herunterzählen, ein Assemblerbefehl, um den Inhalt eines Registers um 1 zu vermindern.
Beispiel: DCR A (Vermindere den Inhalt des Akkumulators um 1).

Definitionsbereich (domain range)
→Funktion

Definitionsgleichung (defining equation)
Willkürlich aufgestellte mathematische Verknüpfung physikalischer Basisgrößen, die durch Beobachtung, Versuch oder Messung gefunden wurde und deren Zweckmäßigkeit allgemein anerkannt ist.
Beispiel: Arbeit W ist definiert als längs eines Weges wirkende Kraft: Arbeit = Kraft × Weg,
$W = F s$.
(→Basisgröße, →Dimensionsgleichung, →Einheit)

Definitionsmenge (domain set)
→Funktion

Dehndorn (expanding mandrel)
Spanndorn für hohe Rundlaufgenauigkeit und für Werkstücke, die nicht verspannt werden dürfen. Seine zylindrische Werkstückaufnahme (Spannkörper) wird in die fertig bearbeitete Werkstückbohrung eingeführt und hydraulisch oder mechanisch aufgeweitet (gedehnt). Der radiale Spannweg ist sehr klein und beträgt nur etwa zwei Tausendstel des Spanndurchmessers.
(→Hofer-Dorn, →Ringspann-Dorn, →Spieth-Dorn, →Stieber-Dorn)

Dehngrenze (proof stress)
Festigkeitswert, die Spannung σ, die eine bestimmte (Index) bleibende Dehnung ε hervorruft.
Beispiel: 0,2-Dehngrenze $R_{p\,0,2}$. Im Zugversuch ermittelte Spannung in N/mm², welche die Probe um 0,2% der Messänge bleibend gedehnt hat (spannungslos gemessen).

Dehnung ε (strain)
Quotient aus der Verlängerung Δl eines zugbeanspruchten (gespannten) Bauteils (Stabes) und seiner Ursprungslänge l_0 im ungespannten Zustand:
$\varepsilon = \Delta l / l_0$.
Δl ist das Differenz aus der Stablänge im gespannten (l) und ungespannten (l_0) Zustand $\Delta l = l - l_0$. Als Verhältnis zweier Längen hat ε die Einheit Eins.
(→Querdehnung)

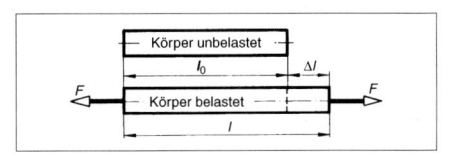

Stab ungespannt und gespannt

Dehnungshypothese (strain hypothesis)
→Spannungshypothesen

Deka da (deca)
Vorsatzsilbe, die das Zehnfache (10^1) der Einheit bezeichnet.
Beispiel: 1 dam = 1 Dekameter = 10 m.
(→Vorsatzzeichen)

dekadischer Logarithmus
(decimal logarithm)
Logarithmus zur Basis 10.
Die dekadischen Logarithmen haben den Vorteil, dass man mit den Logarithmen der Dezimalzahlen zwischen 1 und 10 über die Logarithmen aller positiven reellen Zahlen verfügt.
Jede reelle Zahl x lässt sich durch Abspalten einer Zehnerpotenz 10^k mit ganzzahligem k in der Form $x = 10^k \cdot \bar{x}$ mit $1 \leq \bar{x} \leq 10$ schreiben. Dabei ist $\bar{x}$ durch die Ziffernfolge von x bestimmt, während 10^k die Größenordnung von x angibt. Logarithmieren ergibt $\lg x = \lg(10^k \cdot \bar{x}) = k + \lg \bar{x}$ mit $0 \leq \lg \bar{x} < 1$ (also $\lg \bar{x} = 0, ...$).
Man nennt k die Kennzahl und die Ziffernfolge hinter dem Komma von $\lg \bar{x}$ die Mantisse des Logarithmus von x.
Von einer vor dem Komma n-stelligen Zahl ist die Kennzahl $n - 1$ (also um 1 kleiner). Für Zahlen kleiner als 1 sind die Kennzahlen negativ.
Logarithmentafeln enthalten in der Regel nur die Mantisse.
Alle Zahlen, die sich nur durch Zehnerpotenzen unterscheiden, haben die gleiche Mantisse, aber unterschiedliche Kennzahlen.
Beispiele:
$\lg 2250 = \lg(1000 \cdot 2{,}25) = \lg(10^3 \cdot 2{,}25) =$
$= \lg 10^3 + \lg 2{,}25 \approx 3 + 0{,}3522 =$
$= 3{,}3522,$
$\lg 200 \approx 2{,}3010, \quad \lg 20 \approx 1{,}3010,$
$\lg 2 \approx 0{,}3010, \quad \lg 0{,}2 \approx 0{,}3010 - 1,$
$\lg 0{,}02 \approx 0{,}3010 - 2, \lg 0{,}002 \approx 0{,}3010 - 3$
(→Logarithmus)

Dekoder (decoder)
Bauteil, das verschlüsselte Daten in eine lesbare oder weiterverarbeitbare Form übersetzt.
Beispiel: Dual-Dezimal-Dekoder wandeln Dualzahlen in Dezimalzahlen um.
(→Dezimalzahl, →Dualzahl)

Demodulation (demodulation)
Verfahren zur Rückgewinnung eines modulierten Nachrichtensignals nach der Übertragung.
(→Modulation)

Demodulator (demodulator)
Elektronische Schaltung zur Rückgewinnung eines Nachrichtensignals aus einem modulierten Signal.
(→Demodulation, →Modulation)

Demultiplexer (demultiplexer)
Schaltung, die eine Eingangsinformation auf verschiedene Ausgangsleitungen schaltet.

Dendriten (dendrite)
Erstarrungsform der ersten Kristalle (Tannenbaumkristalle) in den meisten Schmelzen.
Wärmeabfuhr und Stofftransport in der Schmelze ergeben bevorzugte Wachstumsrichtungen im Kristallgitter, so dass die Verästelungen entstehen.
Dendriten werden bei der Warmumformung zu normalen, rundlichen Körnern.

Determinante (determinant)
Algebraischer Ausdruck, der quadratischen Matrizen zugeordnet wird.
Bezeichnung:

$$D = \det(A) = |A| = \begin{vmatrix} a_{11} & a_{12} & ... & a_{1n} \\ a_{21} & a_{22} & ... & a_{2n} \\ ... & ... & ... & ... \\ a_{21} & a_{22} & ... & a_{2n} \end{vmatrix}.$$

Zweireihige Determinanten ($n = 2$):

$$D = \begin{vmatrix} a_{11} & a_{12} \\ a_{21} & a_{22} \end{vmatrix} = a_{11}a_{22} - a_{12}a_{21}$$

Die Elemente a_{11}, a_{22} bilden die sogenannte Hauptdiagonale, die Elemente a_{12}, a_{21} die Nebendiagonale. Die untereinander stehenden Elemente bilden die Spalten der Determinante, die nebeneinander stehenden Elemente die Zeilen. Die zweireihige Determinante hat also zwei Zeilen und zwei Spalten.
Beispiel:

$$D = \begin{vmatrix} -1 & 1 \\ 2 & 1 \end{vmatrix} = (-1) \cdot 1 - 1 \cdot 2 = -3$$

Dreireihige Determinanten ($n = 3$):

$$D = \begin{vmatrix} a_{11} & a_{12} & a_{13} \\ a_{21} & a_{22} & a_{23} \\ a_{31} & a_{32} & a_{33} \end{vmatrix} =$$

$$= a_{11} \begin{vmatrix} a_{22} & a_{23} \\ a_{32} & a_{33} \end{vmatrix} - a_{21} \begin{vmatrix} a_{12} & a_{13} \\ a_{32} & a_{33} \end{vmatrix} +$$

$$+ a_{31} \begin{vmatrix} a_{12} & a_{13} \\ a_{22} & a_{23} \end{vmatrix} =$$

$$= a_{11}(a_{22}a_{33} - a_{23}a_{32}) - a_{21}(a_{12}a_{33} - a_{13}a_{32}) +$$
$$+ a_{31}(a_{12}a_{23} - a_{13}a_{22}) =$$
$$= a_{11}a_{22}a_{23} - a_{11}a_{23}a_{32} + a_{13}a_{21}a_{32} -$$
$$- a_{12}a_{21}a_{33} + a_{12}a_{23}a_{31} - a_{13}a_{22}a_{31}$$

Beispiel:

$$D = \begin{vmatrix} 3 & 7 & -2 \\ 4 & 0 & 6 \\ -2 & -4 & 1 \end{vmatrix} = 3 \begin{vmatrix} 0 & 6 \\ -4 & 1 \end{vmatrix}$$

$$-4 \begin{vmatrix} 7 & -2 \\ -4 & 1 \end{vmatrix} + (-2) \begin{vmatrix} 7 & -2 \\ 0 & 6 \end{vmatrix} =$$

$$= 3(0 \cdot 1 - 6(-4)) - 4(7 \cdot 1 - (-2)(-4))$$
$$- 2(7 \cdot 6 - (-2)0) =$$
$$= 3 \cdot 24 - 4(-1) - 2 \cdot 42 =$$
$$= -8$$

Man nennt dies „Entwickeln" der dreireihigen Determinante nach der ersten Spalte. Dabei wird nacheinander jedes Element der ersten Spalte mit derjenigen zweireihigen Determinante multipliziert, die man erhält, wenn man in der dreireihigen Determinante die Zeile und die Spalte streicht, in der das Element vorkommt. Die so gebildeten Produkte werden mit alternierenden (wechselnden) Vorzeichen versehen, angefangen mit einem+, und anschließend addiert.
Dreireihige Determinanten können auch mit der Regel von Sarrus berechnet werden.
Auch für n-reihige Matrizen mit $n \geq 4$ lassen sich die Determinanten durch sukzessives (schrittweises) Entwickeln nach beliebigen Zeilen oder Spalten berechnen.
($\rightarrow$Matrix, $\rightarrow$Sarrus, Regel von)

deterministische Bedarfsermittlung (material requirements planning)
Der zukünftige Bedarf wird anhand des vorliegenden Absatz- oder Produktionsprogramms unter Verwendung von Stücklisten oder Teileverwendungsnachweisen ermittelt.
Das herzustellende Produkt wird in seine Einzelteile zerlegt und daraus der Sekundärbedarf an Roh-, Hilfs- und Betriebsmitteln, Baugruppen und Einzelteilen errechnet. Durch Abgleichen der Daten mit den bereits verfügbaren Lagerbeständen wird der Nettobedarf ermittelt.

Dezi d (deci)
Vorsatzsilbe, die den zehnten Teil (10^{-1}) der Einheit bezeichnet.
Beispiel: 1 dm = 1 Dezimeter = 0,1 m.
($\rightarrow$Vorsatzzeichen)

Dezimalbruch (decimal fraction)
Darstellung einer Zahl als Dezimalzahl.
($\rightarrow$Dezimalzahl)

Dezimalsystem (decimal number system)
System zur Darstellung der Zahlen.
Das Dezimalsystem (oder Zehnersystem) ist ein Positions- oder Stellenwertsystem zur Basis 10, das heißt, es gibt 10 verschiedene Ziffern (0, 1, 2, ..., 9) zur Darstellung der Zahlen, und der Wert einer Ziffer ist abhängig von der Position innerhalb der Zahl. Jede Ziffer hat den zehnfachen Stellenwert der ihr rechts folgenden Ziffer. Im Dezimalsystem dargestellte Zahlen heißen Dezimalzahlen.
Neben Positionssystemen gibt es Additionssysteme, bei denen der Wert der Zahlzeichen einfach addiert wird (Beispiel: römisches Zahlsystem).
Neben dem System zur Basis 10 gibt es Systeme zu anderen Basen (Beispiel: Dualsystem).

Beispiel:
$3607 = 3 \cdot 10^3 + 6 \cdot 10^2 + 0 \cdot 10^1 + 7 \cdot 10^0 =$
$= 3000 + 600 + 0 + 7$
($\rightarrow$Dualsystem)

Dezimalzahl (decimal number)
Darstellung einer reellen Zahl im Dezimalsystem (= Zehnersystem oder System zur Basis 10).
In einer Dezimalzahl hat jede Ziffer den zehnfachen Stellenwert der rechts darauf folgenden Ziffer.
Beispiel:
$6105,23 = 6 \cdot 10^3 + 1 \cdot 10^2 + 0 \cdot 10^1 + 5 \cdot 10^0 +$
$+ 2 \cdot 10^{-1} + 3 \cdot 10^{-2}$
($\rightarrow$Dezimalsystem)

Diagonale (diagonal)
In einem Polygon eine Verbindungsstrecke zweier nicht benachbarter Eckpunkte.
In einem konvexen Polygon verläuft jede Diagonale ganz im Innern des Polygons.
($\rightarrow$konvexe Punktmenge, $\rightarrow$Polygon)

Diamant (diamond)
Kristall aus C-Atomen mit Diamantgitter.
Nichtleiter für Elektrizität. Höchste Härte und Wärmeleitfähigkeit. Herstellung aus Graphit durch Hochdruck- und Hochtemperaturbehandlung, in dünnen Schichten durch PVD-Verfahren.

Diamantgitter (diamond lattice)
Kristallgitter aus C-Atomen, jedes ist mit 4 tetraedrisch gerichteten Elektronenpaarbindungen an die Nachbarn gebunden.

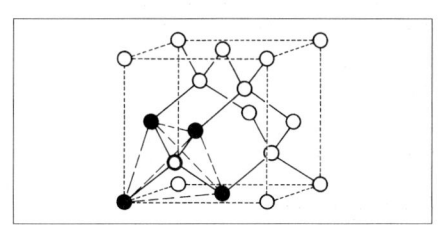

Kubisches Diamantgitter

Dichte 1 (density)
Quotient aus der Masse m einer Materie und dem zugehörigen Volumen V: $\rho = m/V$ in kg/m³.
Beispiele:
$\rho_{Wasser} = 1000$ kg/m³ bei 0 °C (998 kg/m³ bei 20 °C), $\rho_{Stahl} = 7800$ kg/m³.
($\rightarrow$Masse, $\rightarrow$Volumen)

dichteste Kugelpackung
(close-packed lattice)
Anordnung von Atomen im Kristallgitter, dabei ist ein Atom in der Ebene von 6 gleichgroßen Nachbarn umgeben.
Räumlich dichteste Packungen entstehen durch Übereinanderschichten.
(→hexagonales Kristallgitter, →kubisch-flächenzentriertes Kristallgitter)

Dickschichttechnik (thick-film technology)
Technologie zur Herstellung integrierter Schaltungen auf keramischem Trägermaterial mit geringer Integrationsdichte.

Dielektrikum (dielectric)
Durch ein elektrisches Feld polarisierbarer Isolierstoff zwischen den Belägen eines Kondensators. Materialien: Polystyrol, Styroflex, Polyester, keramische Massen.

Dielektrizitätskonstante ε
(dielectric constant)
Materialkonstante, die das Verhältnis von elektrischer Flussdichte D und elektrischer Feldstärke E in nichtleitendem Material angibt, welches einem elektrischen Feld ausgesetzt ist (Kondensatorprinzip): $\varepsilon = \varepsilon_r \varepsilon_0 = D/E$ in F/m = $s^4 A^2/(kg\,m^3)$.
Die Dielektrizitätszahl ε_r ist eine reine Vergleichszahl, die das Verhältnis der elektrischen Flussdichten im Material D und Vakuum D_0 berücksichtigt: $\varepsilon_r = D/D_0$ in der Einheit 1.
(→elektrische Feldkonstante, →elektrische Feldstärke, →elektrische Flussdichte)

Dielektrizitätszahl ε_r
(relative permittivity; dielectric constant)
Beschreibender Faktor (auch Permittivitätszahl genannt), um wieviel die Kapazität C eines Kondensators mit einem bestimmten Dielektrikum größer ist als mit dem Dielektrikum Luft $\varepsilon_r = 1$.
Die Dielektrizitätskonstante ist $\varepsilon = \varepsilon_r \varepsilon_0$, mit elektrischer Feldkonstante $\varepsilon_0 = 8,85419 \cdot 10^{-12}$ As/(Vm).

Dieselkraftstoff (diesel fuel)
Gemische aus flüssigen Kohlenwasserstoffen mit einem Siedebereich von 170 °C ... 310 °C.
Für den Einsatz im Dieselmotor sind insbesondere Zündwilligkeit, Kälteverhalten (Paraffinausscheidung bei niedrigen Temperaturen verstopfen Kraftstofffilter und Leitungen), Flammpunkt, Schwefelgehalt und Filtrierbarkeit von Bedeutung. Die Cetanzahl, für den Betrieb in Verbrennungsmotoren, liegt zwischen CZ = 45 ... 55.
DIN EN 590 Anforderungen an Dieselkraftstoffe.
(→Cetanzahl, →Flammpunkt, →Zündwilligkeit)

Dieselmotor
(diesel engine; compression-ignition oil engine)
Nach *Rudolf Diesel* (1858–1913) benannter Verbrennungsmotor mit innerer Gemischbildung und Selbstzündung.
Fahrzeug-Dieselmotoren arbeiten nach dem Viertaktverfahren. Großdiesel (Schiffsdiesel) vorwiegend nach dem Zweitaktverfahren. Nach der Brennraumgestaltung unterscheidet man Direkteinspritzung und indirekte Einspritzung (Vorkammer- und Wirbelkammerverfahren). Im Gegensatz zum Ottomotor ist keine Zündanlage notwendig. Die Einspritzanlage übernimmt Kraftstoffversorgung, -dosierung und Steuerung des Einspritzzeitpunktes. Elektronische Dieselregelung wird vereinzelt bei Pkw-Dieselmotoren ausgeführt.
(→Direkteinspritzung, →elektronische Dieselregelung, →Selbstzündung, →Vorkammerverfahren, →Wirbelkammerverfahren)

Differenzialgleichung der elastischen Linie (differential equation of an elastic curve)
→Durchbiegungsgleichung

Differenzialquotient (differential coefficient)
→Ableitung einer Funktion

Differenzialrechnung (differential calculus)
Teilgebiet der Mathematik, in dem Eigenschaften von Funktionen durch Betrachtung ihres Differenzialquotienten untersucht werden.
(→Ableitung einer Funktion)

Differenzialverhalten
(differential response; derivative response)
Zeitverhalten eines Bauelements, bei dem sich die Ausgangsgröße proportional zur Änderungsgeschwindigkeit der Eingangsgröße verhält.
(→Zeitverhalten)

Differenziationsregeln (differentiation rules)
Grundregeln der Differenziation (Ableitung) einer Funktion.
1. Die Ableitung einer konstanten Funktion ist Null:
$y = f(x) = c, c \in \mathbb{R}$, konstant $\Rightarrow y' = 0$
Beispiel: $y = 3 \Rightarrow y' = 0$
2. Die Ableitung einer Funktion mal konstantem Faktor ist gleich konstanter Faktor mal abgeleitete Funktion:
$y = cf(x), c \in \mathbb{R}$, konstant $\Rightarrow y' = cf'(x)$
Beispiel: $y = 3x^2 \Rightarrow y' = 3 \cdot 2x = 6x$, denn
$\frac{d}{dx}x^2 = 2x$
3. Die Ableitung der Summe (Differenz) zweier Funktionen ist gleich der Summe (Differenz) der Ableitungen der Funktionen:

$y = f(x) + g(x) \Rightarrow y' = f'(x) + g'(x)$
$y = f(x) - g(x) \Rightarrow y' = f'(x) - g'(x)$
Beispiel: $y = x^2 + 3x \Rightarrow y' = 2x + 3$, denn
$\frac{d}{dx} x^2 = 2x$ und $\frac{d}{dx}(3x) = 3$
(→Kettenregel, →Produktregel, →Quotientenregel)

Differenz (difference)
Ergebnis einer Subtraktion.
Die Zahl, von der subtrahiert wird, heißt Minuend.
Die Zahl, die subtrahiert wird, heißt Subtrahend.
(→Subtraktion)

Differenzbremse (differential brake)
Bauart der Bandbremse, bei der nur in einer Drehrichtung ein Bremsmoment aufgebracht werden kann.

Differenzenquotient (difference coefficient)
→Ableitung einer Funktion

differenzierbare Funktion
(differentiable function)
→Ableitung einer Funktion

Diffusion (diffusion)
Gegenseitige Durchdringung von Stoffen durch Wanderung von Atomen, Ionen oder Molekülen. In festen Stoffen geschieht es durch Platzwechsel über Leerstellen des Kristallgitters. Ursache sind Konzentrationsunterschiede. Stofftransport ist proportional dem Konzentrationsgefälle und steigt mit der Diffusionskonstanten D. D ist abhängig von der Stoffpaarung (kleine Atome in weiten Gittern haben größere D) und der Temperatur (exponentiell).

Diffusionsglühen (homogenizing)
Langzeitiges Glühen bei hohen Temperaturen, um eine Diffusion zu ermöglichen.
Bei Stahl im Austenitbereich zum Abbau von Seigerungen. Dabei besteht Gefahr von Randentkohlung und Kornwachstum.

Diffusionsverschleiß (tool wear due to diffusion and chemical corrosion)
Schneidstoffabtrag bei spanender Bearbeitung nach chemischen Reaktionen zwischen Werkstoff (Span) und Schneidstoff mit wechselseitigen Stoffübergängen (Diffusion) besonders im Kontaktbereich zwischen bandigem Span (Fließspan, Scherspan) und dem Schneidkeil des Zerspanwerkzeugs (Spanfläche).
Diffusionsverschleiß (Verschleißmechanismus: Diffusion) führt bei Zerspantemperaturen über 700 °C zum chemischen Zerfall des betroffenen Schneidstoffgefüges besonders bei der spanenden Bearbeitung langspanender Eisenmetalle (Stahl) mit Hartmetall- oder Diamantwerkzeugen.

digital-absolutes Wegmesssystem
(digital absolute position measuring system)
Messung von Verfahrwegen der Achsschlitten an CNC-Maschinen unmittelbar auf einen festen Nullpunkt bezogen.
Messprinzip:
– translatorisch über einen Glasmaßstab,
– rotatorisch über eine Impulsscheibe.
Die Messwerte ergeben sich aus den abgetasteten Impulsen der Hell-Dunkel-Felder der parallelen Codespuren.
(→Absolutbemaßung, →Bezugspunkt, →Glasmaßstab, →Impulsscheibe, →Wegmesssystem)

digital-inkrementales Wegmesssystem
(digital incremental position measuring system)
Messung von Verfahrwegen der Achsschlitten an CNC-Maschinen, wobei im Einschaltzustand zunächst kein definierter Nullpunkt vorliegt.
Die Messwerte ergeben sich aus den abgetasteten Impulsen der Gitterteilung auf dem Glasmaßstab oder der Impulsscheibe. Das Nullsignal wird bei Überfahren einer Referenzmarke gewonnen.
(→Bezugspunkt, →Glasmaßstab, →Impulsscheibe, →Wegmesssystem)

Digitalanzeige (digital display)
Anzeige, bei der die anzuzeigenden Informationen in Ziffernform dargestellt werden.

digitale Schaltkreise (digital circuit)
→Schaltkreise

digitale Steuerung (digital control)
Arbeitet intern mit Zahlenwerten.
Benutzt werden meist Dualzahlen, die aus mehreren zusammengefassten Binärsignalen gebildet werden. Im Aufbau der Grundelemente ist sie mit der binären Steuerung vergleichbar.
(→binäre Steuerung, →Binärsignal, →Dualzahl)

digitales Signal (digital signal)
→analoges Signal

Digitaltechnik (digital technique)
Verarbeitet physikalische Größen (Spannung, Strom, Druck, o.ä.) in stufiger Form.
Vorzugsweise werden zweistufige Systeme zur Übertragung und Verarbeitung logischer Informationen eingesetzt.
Beispiel: 0 V = Low
5 V = High
(→Binärsystem, →Pegel)

Dimension (dimension)
Beziehung einer physikalischen Größe zu den Basisgrößen des Systems.
Formal ist sie das mittels der Definitionsgleichung gebildete Potenzprodukt der Dimensionszeichen der Basisgrößen. Skalare und vektorielle Größen derselben Dimension bilden verschiedene Größenarten, zwischen Einheit und Dimension ist sorgfältig zu unterscheiden.
Beispiel: Die Dimensionen der Arbeit W (Skalar) und des Drehmoments M (Vektor) sind die einer Energie, aber von verschiedener Größenart:
$\dim W = \dim(Fs) = M L^2 T^{-2} = \dim(Fl) =$
$= \dim M$,
für die entsprechenden Einheiten gilt:
$[W] = J = kg\, m^2/s^2 = Nm = [M]$.
(→Basisgröße, →Definitionsgleichung, →Einheit, →Größenart, →physikalische Größe)

Dimensionszeichen

Basisgröße	Dimensionszeichen
Länge	L
Zeit	T
Masse	M
Stromstärke	I
Temperatur	Θ
Stoffmenge	N
Lichtstärke	J

Dimensionierung (dimensioning)
Bezeichnung aus der Festigkeitslehre für das Ermitteln, Berechnen und Festlegen von Baugrößen, z.B. Durchmesser d einer Welle oder Höhe h eines Biegeträgers.

Dimensionsgleichung (dimensional equation)
Gleichung zur Bestimmung der Dimension einer physikalischen Größe.
Sie wird aus der Definitionsgleichung entwickelt, wobei man alle Zahlenfaktoren fortlässt und auf der rechten Gleichungsseite für jede Größe deren Basisgrößen einsetzt; diese schreibt man als Potenzprodukt. Die Dimensionsgleichung ist völlig unabhängig von physikalischen Einheitensystemen.
Beispiel:
Die kinetische Energie E_k
Dimensiongleichung für E_k
$\dim E_k = \dim m\, \dim(v^2) = M L^2 T^{-2}$
Definitionsgleichung für E_k
$E_k = m v^2/2$
Einheitengleichung für E_k
$[E_k] = [m][v^2] = kg\, m^2/s^2$
(→Basisgröße, →Definitionsgleichung, →Dimension, →Einheitengleichung, →physikalische Größe)

Diode (diode)
Halbleiterbauelement der Nachrichtentechnik und Leistungselektronik mit zwei Anschlüssen und einem pn-Übergang, das den elektrischen Strom nur in einer Richtung fließen lässt.
Man unterscheidet Durchlaß- (U_F, I_F) und Sperrrichtung (U_R, I_R). Die elektrischen Eigenschaften werden mit Hilfe der Kennlinie, aber auch mit Kenndaten beschrieben. Die Durchbruchspannung U_{BRR} ist die Spannung, bei der die Diode in Sperrichtung leitend und somit zerstört wird. Bei Überschreiten der Schleusenspannung wird die Diode normal leitend.
DIN 41 781 Gleichrichterdioden für Leistungselektronik.

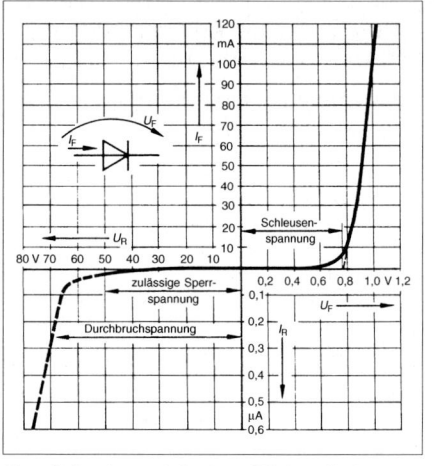

Kennlinie einer einfachen Siliziumdiode

DIP-Schalter (Dual Inline Package)
Kompaktes Bauelement mit mehreren Schaltern.
Einsatz: Computer und Peripheriegeräte
Beispiel: Einstellung von Adressbereichen, Voreinstellung von Druckern

Dipolbindung (dipole bond)
→Atombindung, polarisierte

Direkt-Antrieb (direct drive arm)
Antrieb eines Roboterarms ohne Getriebe.
Unmittelbar am Gelenk oder Gelenkarm angebauter getriebeloser Elektromotor (spezielle Gleichstrommotoren, variable Reluktanzmotoren) mit großem Drehmoment bei geringer Drehzahl.
(→Robotergelenk)

direkte Wegmessung (direct measurement)
Messwerterfassung von Verfahrwegen an CNC-Maschinen ohne mechanische Zwischenglieder.
Bei geradlinigen Bewegungen wird der durchfahrene Weg unmittelbar ohne Übersetzungsgetriebe erfasst.

Die Messwertabnahme erfolgt translatorisch; d.h. durch unmittelbare Abtastung eines Glasmaßstabes.
Beispiel: CNC-Fräsmaschine
(→CNC-Werkzeugmaschine, →Glasmaßstab, →indirekte Wegmessung, →Wegmesssystem)

Direkteinspritzung (direct injection)
Verfahren zur Kraftstoffeinspritzung bei Dieselmotoren.
Der Verbrennungsraum liegt als Brennraummulde oder -kammer im Kolbenboden. Man unterscheidet -luftverteilende und wandverteilende Direkteinspritzung. Bei luftverteilender Einspritzung wird Kraftstoff über eine Mehrlochdüse direkt in den durch Kolbenmulde und Zylinderkopf gebildeten Brennraum gespritzt. Die Luft wird durch den drallförmigen Einlasskanal und die Muldenform stark verwirbelt. Wandverteilende Einspritzung nach dem MAN M-Verfahren hat einen kugelförmigen, im Kolbenboden eingelassenen Brennraum, in den Kraftstoff über eine Mehrlochdüse eingespritzt wird. Beide Verfahren benötigen keine Glühkerzen als Kaltstarthilfe (gute Gemischbildung, geringer Kraftstoffverbrauch).
(→Dieselmotor, →Mehrlochdüse)

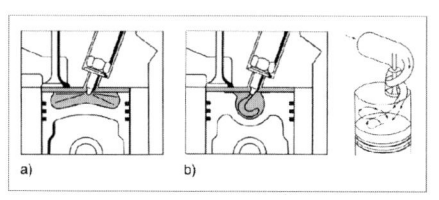

Direkteinspritzung
a) Luftverteilende Einspritzung, b) Wandverteilende Einspritzung nach dem MAN M-Verfahren

Direkthärten (direct hardening treatment)
Einsatzhärten direkt aus der Aufkohlungstemperatur.
Energiesparend, aber mit Gefahr der Bildung von Restaustenit durch überhöhte Härtetemperatur, deshalb vorheriges Absenken der Temperatur oder Einsatz von Mo-Cr-Stählen, die wenig Restaustenit bilden.

Disable Interrrupt (DI) (disable interrupt)
Befehl zur Verhinderung von Programmunterbrechungen.
Gegenteil: Enable Interrupt (EI).
(→Interrupt)

Disjunktion (disjunction)
→ODER-Verknüpfung, →disjunktive Normalform

disjunktive Normalform (disjunctive normal form)
Standardisierte Darstellungsart für Schaltfunktionen.
Sie besteht aus der ODER-Verknüpfung aller Minterme der Schaltfunktion.
(→konjunktive Normalform, →Minterm)

Diskette (diskette; floppy disc)
Speichermedium mit magnetischem Aufzeichnungsverfahren.
Heute sind 3,5″-Disketten weit verbreitet, sie haben die 5,25″-Disketten weitgehend verdrängt.
(→Massenspeicher)

Diskriminante (discriminant)
→kubische Funktion, →quadratische Gleichung

Dispersionsverfestigung (dispersion strengthening)
Mechanismus der Härtesteigerung durch feinste, gleichmäßig verteilte Teilchen aus Stoffen (Oxide, Cardbide, Nitride), die auch bei höheren Temperaturen in der Matrix unlöslich sind. Werkstoffe werden pulvermetallurgisch erzeugt und durch z.B. Strangpressen weiterverarbeitet.
Beispiel: Al-Pulver mit Al-Oxidanteilen gemischt (mechanisch legiert) und pulvermetallurgisch verarbeitet, ist warmfester und steifer als konventionelle Al-Legierungen (DISPAL, Erbslöh).
(→Sprühkompaktieren)

Display (display)
Optische Anzeigeeinheit (allgemein).
Beispiel: LED-Anzeige, LCD-Anzeige, LCD-Bildschirm.

Dissoziation (dissociation)
→Elektrolytische Dissoziation

distributives Gesetz (distributive rule)
Rechenregel in der Boole'schen Algebra, auch mit Verteilungsgesetz bezeichnet.
Durch Anwendung des Gesetzes können sich in Schaltgleichungen Vereinfachungen ergeben.
Beispiel:
$a \wedge (b \vee c) = a \wedge b) \vee (a \wedge c)$
$a \vee (b \wedge c) = a \vee b) \wedge (a \vee c)$

Distributivgesetz (distributive law)
Für reelle Zahlen gelten die Distributivgesetze (Zerlegungsgesetze):
$(a+b) \cdot c = a \cdot c + b \cdot c,$
$a \cdot (b+c) = a \cdot b + a \cdot c.$
Beispiele:
$(3+4) \cdot 7 = 3 \cdot 7 + 4 \cdot 7,$
$3 \cdot (4+7) = 3 \cdot 4 + 3 \cdot 7$
(→Assoziativgesetz, →Kommutativgesetz)

divergente Folge (divergent sequence)
Folge (a_n), die keinen Grenzwert besitzt. Bestimmte Divergenz liegt vor, wenn a_n mit unbegrenzt wachsendem n nach der positiven oder negativen Seite jede vorgegebene Zahl von beliebig großem Betrag überschreitet:
$$\lim_{n \to \infty} a_n = \infty \quad \text{oder} \quad \lim_{n \to \infty} a_n = -\infty$$
Andernfalls spricht man von unbestimmter Divergenz.
Beispiel: $\lim_{n \to \infty} a_n = \lim_{n \to \infty} n = \infty$
(→Folge, →konvergente Folge)

divergente Reihe (divergent series)
Unendliche Reihe, für die die Folge der Partialsummen eine divergente Folge ist.
(→Folge, →Reihe)

Dividend (dividend)
→Quotient

Division (division)
→Grundrechenarten

Divisionskalkulation (division calculation)
Methode zur Ermittlung der Herstell- oder Selbstkosten für die Leistungseinheit eines Produkts bei Massen- oder Sortenfertigung.

Divisor (divisor)
→Quotient

DMA (**D**irect **M**emory **A**ccess)
Betriebsart in der Mikroprozessortechnik, die einen direkten Zugriff externer Baugruppen oder Geräte auf den Speicher ohne Inanspruchnahme der CPU ermöglicht.
Die CPU ist während dieser Zeit hochohmig (passiv) geschaltet.
Beispiel: Austausch von Daten zwischen Diskettenlaufwerk und Speicher.

DNC-Betrieb (direct numerical control)
Ansteuerung von CNC-Werkzeugmaschinen über Datenleitungen.
Die Steuerung der Werkzeugmaschine erhält das CNC-Programm von einem Leitrechner. Möglich ist auch die gleichzeitige Übermittlung von Steuerprogrammen an mehrere CNC-Maschinen.

Dochtschmierung
(wick-feed lubrication; capillary lubrication)
Schmiersystem an den Führungsbahnen von Werkzeugmaschinen.
Im geführten Maschinenteil (Werkstücktisch, Werkzeugschlitten) befinden sich über den Führungsbahnen kleine Vorratsbehälter, aus denen ein Docht das Schmiermittel ansaugt und auf die Führungsbahnen tropfen lässt.

Dodekaeder (dodecahedron)
Konvexer regulärer Polyeder, der von zwölf regulären Fünfecken begrenzt wird, einer der platonischen Körper.
(→Platonische Körper)

dohc-Motor
(double overhead camshaft engine)
Bauart der Motorsteuerung mit je einer Nockenwelle für Einlass- und Auslassventilreihe. Direkte Ventilbetätigung über Tassenstößel. Besonders geeignet für Motoren mit drei, vier oder fünf Ventilen pro Zylinder (Mehrventiltechnik).
(→Motorsteuerung)

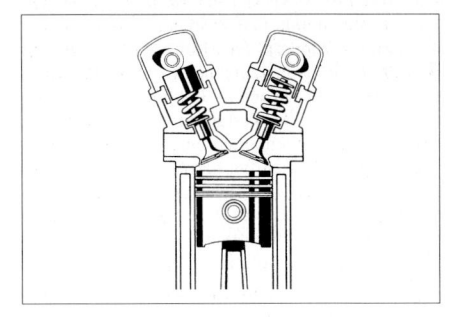

dohc-Motor (Opel)

Donatoren (donor element)
Fünfwertige Elemente, die als Störstellenatome in Halbleitern freie Elektronen erzeugen und somit die Leitfähigkeit der Halbleiter erhöhen, z.B. Phosphor, Arsen, Antimon.

Dongle (dongle)
Hardware-Modul als Kopierschutz, das auf die Druckerschnittstelle des Computers gesteckt werden muss, damit die Software lauffähig wird. Dabei wird nicht nur das Vorhandensein des Dongle geprüft, sondern ein verschlüsselter, änderbarer Teil der zu schützenden Software wird im Dongle abgelegt.

Doppelbackenbremse (double jaw brake)
Backenbremse, bei der die Bremskräfte über zwei symmetrisch angeordnete Backen aufgebracht werden, so dass die Bremswelle nicht auf Biegung beansprucht wird.

Doppelbindung (double bond)
Zwei bindende Elektronenpaare (zwei Valenzstriche) zwischen den Bindungspartnern (Atomen, Atomgruppen): eine stabile σ-Bindung und eine instabile π-Bindung. Vorkommen bei ungesättigten Kohlenwasserstoffen.

Beispiel: bei Alkenen wie Ethen (Ethylen) $H_2C = CH_2$ oder bei Benzol C_6H_6 (abwechselndes Doppelbindungssystem).
($\rightarrow \pi$-Bindung, $\rightarrow \sigma$-Bindung)

Doppelgreifer (double gripper)
Anordnung von zwei Greifern am Roboter.
Zwei Greifer, meist verbunden auf einer Dreh- oder Schwenkeinheit am Industrieroboter, die unabhängig voneinander angesteuert werden (Öffnen und Schließen).
Beispiel: Ein Handhabungsroboter beschickt und entnimmt Werkstücke einer Bearbeitungsmaschine in einem Zyklus. Greifer A entnimmt das fertig bearbeitete Werkstück. Nach dem Umschwenken legt Greifer B das Halbzeug ein. Dadurch wird die Stillstandszeit der Maschine verkürzt und die Roboterverfahrbewegungen werden verringert.
($\rightarrow$Beschickungsroboter, $\rightarrow$Greifer)

Doppelhaken
(sister hook; ramshorn hook; clove hook)
Lasthaken für Hebezeuge, der aus einem Schaft und links und rechts je einem Hakenelement besteht.
Doppelhaken werden bei schweren Lasten angewandt sowie für schwere Anschlagmittel, bei denen man für jede Schlaufe des Anschlagseils eine eigene Hakenöse braucht.
DIN 15 404 Lasthaken für Hebezeuge, DIN 15 402-1 Doppelhaken.
($\rightarrow$Hakenflasche)

Doppelmeißelhalter
(double tool post; duplex toolholder)
Werkzeugspanner an Dreh- und Hobelmaschinen. Nimmt zwei Meißel auf und ermöglicht dadurch die gleichzeitige Bearbeitung von zwei Werkstückflächen.

Doppelsalze (double salt)
Salze, die aus zwei verschiedenen Kationen (Metallionen) und/oder Anionen (Säurerestionen) bestehen. Sie liegen nur im kristallisierten Zustand vor. In wässrigen Lösungen zerfallen sie in die Ionen, aus denen sie aufgebaut sind.
Beispiele für Ionenpaarungen:
– ungleiche Kationen/gleiche Anionen: $CaMg(CO_3)_2$
Calcium-Magnesium-Carbonat (Dolomit)
– gleiche Kationen/ungleiche Anionen: $CaCl(ClO)$
Calciumchlorid-hypochlorit (Chlorkalk)
– unterschiedliche Kationen und Anionen: $CaSO_4 \cdot MgCO_3$
Calciumsulfat-Magnesiumcarbonat

Dorn (mandrel; arbor)
$\rightarrow$Spanndorn

Dot (dot)
Punkt in einer Computergrafik.
($\rightarrow$Pixel)

Dotierung (doping)
Vorgang der Einbringung von Akzeptoren und Donatoren in einen Halbleiterkristall.
Gezielte Verunreinigung eines reinen Silizium- oder Germanium-Kristalls um die Leitfähigkeit temperaturunabhängig zu machen.

Drachen, Drachenviereck (kite)
Viereck mit zwei Paaren gleich langer benachbarter Seiten.
Die Diagonalen e, f eines Drachens stehen senkrecht aufeinander.
Ein Drachen mit vier gleich langen Seiten ist ein Rhombus (eine Raute).
Flächeninhalt des Drachens: $A = \frac{1}{2} e f$.
($\rightarrow$Viereck)

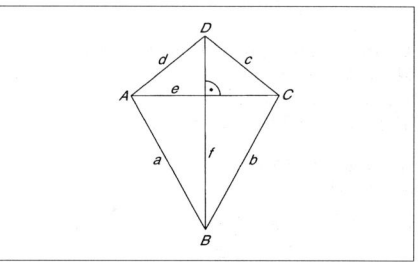

Drachen

Drahtseile (wire cable; metal rope)
Aus Stahldrähten geflochtene Seile.
Je nach Zweck als Hubseil, Abspannseil oder Tragseil für Seilbahnen gibt es unterschiedliche Seilkonstruktionen.
DIN 3051 Drahtseilnormen.

Drahtseilnormen (wire cable standards)
Verbindliche DIN-Normen, in denen Bruchlasten, Macharten, Maße, Lieferbedingungen und Berechnungsvorschriften festgelegt sind.
DIN 3051 Übersicht, Berechnungsgrundlagen und Lieferbedingungen, DIN 3052 bis 3071 Maßnormen, DIN 15 020 Berechnung von Seiltrieben.

Drahtwiderstände (wire resistor)
$\rightarrow$Bauformen von Widerständen

Drain (drain)
Elektrode eines unipolaren Transistors.

Drainschaltung
(common drain circuit; grounded drain circuit)
$\rightarrow$Transistorschaltung

Drall

Drall (spin)
→Drehimpuls

Drallfräsen (helical-groove milling)
→Universal-Teilkopf

DRAM (Dynamic **RAM**)
Speicher, dessen Zellen aus einer Kapazität und einem MOS-Transistor als Schalter bestehen. Da sich die Kapazität in kurzer Zeit über die Isolierschicht entladen kann, verliert der Speicher seine Information, wenn er nicht periodisch aufgefrischt wird. Aufgrund des einfachen Aufbaus sind bei diesem Speicher große Integrationsdichten möglich.
(→Refresh)

Dreharbeit (rotation work)
→Rotationsarbeit

Drehdorn (lathe mandrel; lathe arbor)
Werkstückspanner auf der Drehmaschine.
Er hat einen schwach kegeligen Schaft, auf den das Werkstück so weit aufgeschoben wird, dass es fest zentriert ist. Wird mit dem Werkstück zwischen Drehspitze und Körnerspitze des Reitstocks gespannt („Spitzendorn").
DIN 523 Drehdorne

Dreheisenmesswerk
(moving iron instrument)
Messwerk für Gleich- und Wechselstrom, das den Effektivwert einer sinusförmigen Wechselspannung anzeigt.
Funktionsprinzip: zwei gleichsinnig magnetisierte Eisenbleche stoßen sich aufgrund des magnetischen Feldes einer vom Messstrom durchflossenen Spule gegenseitig ab. Das beweglich gelagerte Eisenblech trägt den Zeiger. Die Skaleneinteilung ist im ersten Drittel nichtlinear.
DIN 40 716 Schaltzeichen für Messinstrumente und Messgeräte, DIN 43 807 Elektrische Messgeräte.

Drehfedern (torsion springs)
Haben die gleiche Form wie zylindrische Schraubenfedern, die Enden sind jedoch als Schenkel abgebogen. Verwendung überwiegend in der Feinmechanik als Scharnier-, Rückhol- und Anstellfedern.
Berechnung von Drehfedern über Biegespannung
$\sigma_b = k \cdot m_b/W \approx kFr/(0,1\,d^3) \leq \sigma_{b\,zul}$ mit F (Federkraft), r (Hebelarm der Federkraft), d (Drahtdurchmesser), D_m (mittlerer Windungsdurchmesser) und k (Beiwert zur Berücksichtigung der Spannungserhöhung durch die Drahtkrümmung) abhängig vom Wickelverhältnis $w = D_m/d$ ($k = 1,2$ bei $w = 7$) zum Verdrehwinkel
$\alpha° = 180° \cdot M_b l/(\pi \cdot EI) \approx 3700 \cdot FrD_m n/(E\,d^4)$.

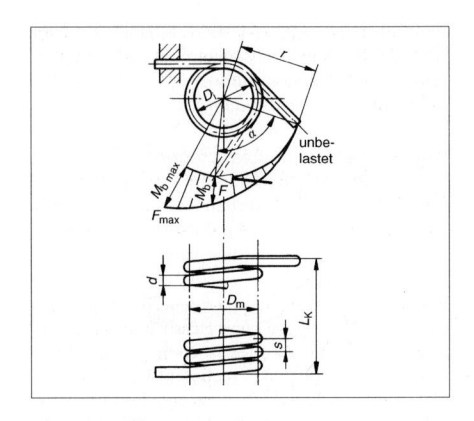

Drehfeld (rotating field)
Magnetisches Feld, das sich durch den Luftspalt einer Wechsel- oder Drehstrommaschine bewegt. In einem Drehstrommotor wird dieses Drehfeld durch den Drehstrom im Ständer dadurch hervorgerufen, dass die zeitlich phasenverschobenen Ströme in räumlich versetzten Spulen fließen.
(→Drehstrom)

Drehflügelpumpe (roller vane pump)
Verdrängerpumpe mit umlaufenden Verdrängungskörpern (Flügelzellenpumpe).
Ein zylindrischer, mit radialen Schlitzen versehener Rotor läuft in einer mit zwei Erhebungskurven versehenen, feststehenden Hubscheibe um. In den Rotorschlitzen befinden sich Flügel, die sich an der Hubscheibe abstützen. In axialen Seitenscheiben sind Steuerschlitze für Saug- und Druckraum angeordnet. Man verwendet Konstant- und Verstell-Flügelzellenpumpen.

Vorteile: kleine Abmessungen, hohe Förderleistungen, ruhiger Lauf und unempfindlich gegen Schmutz.
(→Verdrängerpumpen)

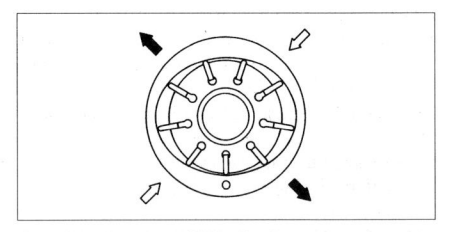

Drehflügelpumpe (Flügelzellenpumpe)
Aufbau-Schema

Drehgelenk (revolute)
Bewegliche Glieder, die sich zueinander rotatorisch um eine Drehachse bewegen können.
(→Robotergelenk)

Drehherz (lathe dog; drive carrier; driving dog)
Überträgt auf Spitzendrehmaschinen bei zwischen Spitzen gespannten Werkstücken das Spindeldrehmoment auf das Werkstück.
Mit einer Schraube auf dem Werkstück festgeklemmt, fasst es mit einem abgekrümmten „Finger" in eine Aussparung des auf dem Spindelkopf befestigten Mitnehmers.

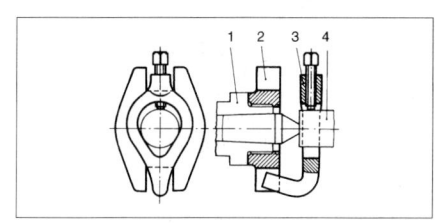

Drehherz
1 Spindelkopf, 2 Mitnehmer, 3 Drehherz, 4 Werkstück

Drehimpuls L (angular momentum)
Produkt aus dem Trägheitsmoment J eines Körpers, z.B. einer Kupplung, und seiner Winkelgeschwindigkeit ω in kgm²/s:
$L = J\omega$ in Nm s = kg m²/s.
Der Drehimpuls wird auch als Drall bezeichnet.
(→Impuls, →Rotation, →Trägheitsmoment, →Winkelgeschwindigkeit)

Drehimpulserhaltungssatz
(conservation of angular momentum)
In einem abgeschlossenen System (es wirken keine äußeren Drehmomente) ist die Summe aller Drehimpulse L in Betrag und Richtung (Vektorsumme) konstant.
Mit $L_{ges} = L_1 + L_2 + L_3 + \ldots + L_n$ = konstant lassen sich unbekannte Drehimpulse bestimmen.
(→Drehimpuls, →Drehmoment)

Drehkondensator (variable capacitor)
Variiert durch Verdrehen beweglicher Kondensatorplatten zwischen feststehenden Platten den Kapazitätswert C.
Anwendung: Abstimmen von Schwingkreisen.

Drehleistung (rotation power)
→Rotationsleistung

Drehmaschinensupport (carriage)
Werkzeugschlitten der Drehmaschine.
Auf Spitzendrehmaschinen besteht er aus vier übereinander angeordneten Funktionsgruppen. Der Bettschlitten für den Längsvorschub wird auf dem Bett der Maschine geführt. Der Planschlitten für den Planvorschub gleitet rechtwinklig zum Bett im Bettschlitten. Auf seiner Oberseite ist das Drehteil schwenkbar, in dem schließlich der verschiebbare Oberschlitten mit dem Drehmeißel geführt ist.

Drehmasse (moment of inertia)
→Trägheitsmoment

Drehmeißelhalter
(lathe tool holder; turning tool holder)
Werkzeugspanner an Drehmaschinen.
Spannt den Drehmeißel auf dem Werkzeugschlitten (Drehmaschinensupport) fest.
(→Doppelmeißelhalter, →Einfachmeißelhalter, →Herzklauen-Meißelhalter)

Drehmoment-Kennlinie
(torque characteristic)
→Leistungs- und Drehmoment-Kennlinie

Drehmoment M (torque)
Produkt aus der Kraft F und deren Wirkabstand l von einer Bezugsachse, meistens einer Wellenachse: $M = F\ l$ in Nm.
Der Wirkabstand l wird rechtwinklig zur Kraftwirklinie gemessen. Die Kraft F ist immer eine der beiden Kräfte eines Kräftepaares.
Gebräuchliche Zahlenwertgleichung:
$M = 9549{,}3 \cdot P_{rot}/n$ in Nm, mit Leistung P_{rot} in kW und Drehzahl n in min⁻¹.
(→Kräftepaar, →Kraftmoment, →Leistung)

Drehmomentengleichgewichtsbedingung (torque equilibrium condition)
Eine der beiden Gleichgewichtsbedingungen der Statik zur Berechnung unbekannter Kräfte oder Kraftmomente.
Ein am Körper wirkendes Kräftesystem ist dann im Gleichgewicht, d.h. der Körper befindet sich im Ruhezustand oder im Zustand der gleichförmig geradlinigen Bewegung, wenn die Summe aller Kräfte F und die Summe aller Kraftmomente (Drehmomente) M gleich null ist ($\Sigma F = 0$, $\Sigma M = 0$).
(→Gleichgewichtsbedingungen)

Drehmomentenschlüssel
(torque-controlled wrench)
Allgemeine Bezeichnung für Geräte zum sicheren Anziehen hochwertiger Schraubenverbindungen wie Zylinderkopfschrauben oder Radmuttern an Kfz-Rädern.
Das Anziehdrehmoment M_A kann von Hand (Schraubenschlüssel), elektrisch oder pneumatisch eingeleitet und fest eingestellt oder an einer Skala abgelesen werden. Übertragungsteil ist meist ein Federelement, z.B. ein Torsionsstahlstab, eine Schrauben- oder Spiralfeder.

Drehspindel

Beim Torsionsstab ist der Verdrehwinkel φ ein Maß für das beim Anziehen aufgebrachte Anziehdrehmoment M_A in Nm. Dafür gelten folgende Berechnungsgleichungen:
$d_{erf} = (16 M_A / \pi \tau_{t\,zul})^{1/3}$ ergibt mit zulässiger Torsionsspannung von $\tau_{t\,zul} = 1000\,\text{N/mm}^2$ für $M_A = 80000\,\text{Nmm}$ den Stabdurchmesser $d = 7{,}41\,\text{mm}$. Wird auf $d = 8\,\text{mm}$ erhöht, erhält man das polare Flächenmoment $I_p = \pi d^4/32 = 402\,\text{mm}^4$ und die federnde Stablänge $l = \pi \varphi G I_p / (180° M_A) = 254{,}6\,\text{mm}$.
(→Drehstabfeder)

Drehspindel
(lathe spindle; main spindle; headstock spindle)
Werkstückträger der Drehmaschine.
Wird vom Bodenrad angetrieben und überträgt die drehende Schnittbewegung vom Getriebe über den Werkstückspanner auf das Werkstück.
Sie hat meistens eine große durchgehende Längsbohrung, durch welche die Zugstange eines Spannantriebs hindurch gesteckt oder bei Stangenarbeit die Werkstoffstange hindurch geschoben werden kann. Der Spindelkopf hat eine Kegelbohrung und auf der Stirnseite des Spindelflansches einen großen Außenkegel zur Aufnahme von Werkstückspannern.
DIN 55 026 Spindelköpfe mit Zentrierkegel und Flansch, DIN 55 027 Spindelköpfe mit Zentrierkegel, Flansch und Bajonettscheibenbefestigung, DIN 55 029 Spindelköpfe und Futterflansche mit Zentrierkegel, Camlock-Ausführung
(→Hauptspindel)

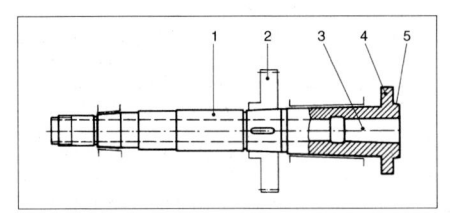

Hauptspindel einer Spitzendrehmaschine
1 Spindel, 2 Bodenrad, 3 Kegelbohrung, 4 Spindelflansch, 5 Außenkegel

Drehspitze (lathe centre; turning centre)
Werkstückspanner an der Drehmaschine („Spitzen"drehmaschine).
Wird mit ihrem Kegelschaft (Morse- oder metrischer Kegel) in die Bohrung der Drehspindel eingesetzt und zentriert das Werkstück gemeinsam mit der Körnerspitze im Reitstock.

Drehspulmesswerk (moving-coil instrument)
Messwerk mit linearer Skaleneinteilung zur Strom- und Spannungsmessung für Gleichstrom, bei Einsatz eines Gleichrichters auch für Wechselstrom verwendbar.

Funktionsprinzip: drehbar gelagerte stromdurchflossene Spule mit fest angebrachtem Zeiger in einem Dauermagneten. Bei fließendem Gleichstrom wird ein der Stromstärke proportionales Drehmoment erzeugt.
DIN 40 716 Schaltzeichen für Messinstrumente und Messgeräte, DIN 43 807 Elektrische Messgeräte.

Drehstabfeder (torsion-bar spring)
Stabförmiges Bauteil, das beim elastischen Verdrehen (Tordieren) durch ein aufgebrachtes Torsionsmoment um den Verdrehwinkel φ die Formänderungsarbeit $W_f = M_T \varphi / 2$ speichern kann.
Verwendung als Wagenfeder oder Drehstab-Stabilisator, für Drehmomentenschlüssel zum Anziehen von Schrauben und Muttern oder im Messgerätebau.
Berechnung nach DIN 2091 über die Verdrehspannung $\tau_t = M_T / W_p = M_T / 0{,}2\,d^3 \leq \tau_{t\,zul}$, W_p (polares Widerstandsmoment) und d (Durchmesser der Drehstabfeder) zum Verdrehwinkel $\varphi° = 180° \cdot M_T l / (0{,}1 \cdot d^4 \pi G)$ im Abstand l mit G (Schubmodul).

Drehstrom (three phase system)
Dreileiter- oder Vierleiternetz, bei dem die Außenleiter verkettet sind.
Erzeugt bei geschickter räumlicher Anordnung von Elektromagneten magnetische Drehfelder. Die Ströme (i_1, i_2, i_3) in den Außenleitern (L1, L2, L3) sind bei gleicher Belastung um 120° (ωt = Bogenmaß) zueinander phasenverschoben.
DIN 40 108 Elektrische Energietechnik.
(→Verkettungsarten)

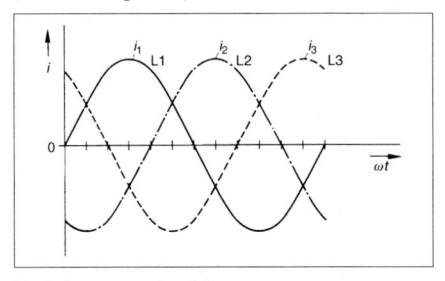

Dreiphasenwechselstrom

Drehstrom-Asynchronmotor
(three-phase asynchronous motor)
Robuster, wartungsarmer, kompakter Elektromotor.
Das im feststehenden Teil (Ständer) des Motors durch Drehstrom erzeugte Drehfeld induziert in dem drehbaren Teil (Läufer, Rotor) des Motors einen Strom. Dessen Magnetfeld erzeugt ein Drehmoment, das den Läufer in Drehrichtung des Ständerdrehfelds dreht. Die Spulen (Stränge) im Ständer können sowohl in Dreieck- als auch in Sternschaltung betrieben werden.

Beispiele: In der einfachsten Version handelt es sich um einen Käfigläufer-Drehstrom-Asynchronmotor, wobei die Konstruktion des Läufers (Hochstabläufer, Stromverdrängungsläufer) variabel ist.
Aufwendig ist demgegenüber der Drehstrom-Asynchronmotor mit Schleifringläufer.
Hohe Schutzarten sind kostengünstig zu realisieren und mit moderner Elektronik variable Drehzahlen machbar.
DIN VDE 0530 Umlaufende elektrische Maschinen, DIN 42 673 Oberflächengekühlte Drehstrommaschinen mit Käfigläufer.
(→Drehfeld)

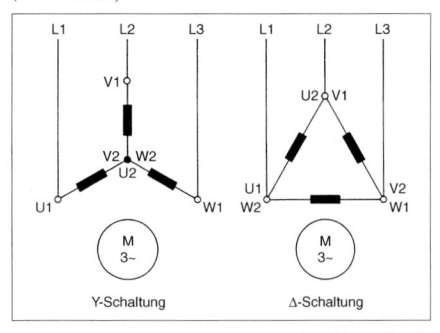

Drehstrom-Asynchronmotor mit Kurzschlußläufer und Ständerwicklungen (U1-U2, V1-V2, W1-W2) in Stern- und Dreieckschaltung

Drehstromgenerator
(three-phase generator)
Überwiegend aufgrund der robusten und wartungsarmen Technik für die allgemeine Energieversorgung eingesetzte Drehstrommaschine. Erzeugt durch Induktion in drei um 120° zueinander versetzt angeordneten Spulen (Strängen) sinusförmige Wechselspannungen und -ströme (I_1, I_2, I_3). Die drei Strangspannungen (U_1, U_2, U_3) haben identische Amplituden und Frequenzen f. Dieses System benötigt 6 Leiter zum Betrieb. Durch Verkettung der Spulen (Stränge) wird die Anzahl der Leiter reduziert.

Drehstromlichtmaschine (alternator)
→Generator

Drehstrommaschinen
(three-phase machine)
Alle elektrischen Maschinen, die mit Drehstrom betrieben werden (Drehstrommotor) oder Drehstrom (Drehstromgenerator) erzeugen.

Drehstromtransformator
(three-phase transformer)
Transformiert Dreiphasenwechselstrom (Drehstrom) von hohen Spannungswerten auf niedrige Werte und umgekehrt.

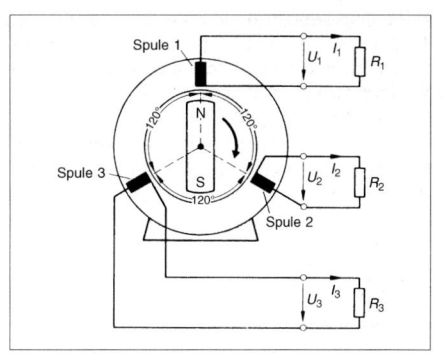

Erzeugung von Dreiphasenwechselstrom

Je nach Belastungsart und Netzform werden die Wicklungen auf der Primär- und Sekundärseite in verschiedenen Schaltungsvarianten ausgeführt (Dreieck-, Stern- und Zickzack-Schaltung).

Drehstromzähler
(three-phase electricity meter)
Gebräuchliche Bezeichnung für einen Drehstrom-Induktionszähler, der die elektrische Arbeit in kWh mißt, die ein mit Drehstrom betriebenes Gerät (z.B. Elektromotor) in eine andere Energieart (z.B. Drehbewegung) umwandelt.
In privaten Haushalten wird nur die aufgenommene Wirkleistung zugrunde gelegt.

Drehteil (swivel base; tool rest swivel)
Teil des Drehmaschinensupports.
Ist auf der Oberseite des Planschlittens drehbar, damit der im Drehteil geführte Oberschlitten mit dem Drehmeißel in beliebigem Winkel zum Werkstück angestellt und verschoben werden kann.

Drehtisch (revolving table; rotary table)
Werkstücktisch an einer Werkzeugmaschine, der um eine senkrechte Achse gedreht werden kann.

Drehverfahren (turning; turning process)
Spanende Bearbeitung (Drehen) von Werkstücken bei kreisförmig drehender Schnittbewegung des Werkstücks und einer beliebig quer zur Schnittrichtung verlaufenden, meist linearen Vorschubbewegung des Werkzeugs. Die Drehwerkzeuge haben einen geometrisch bestimmten Schneidkeil.
Nach Lage und Form der erzeugten Werkstückflächen werden unterschieden:
Runddrehen (kreiszylindrische Flächen, die koaxial zur Drehachse der Schnittbewegung liegen), Plandrehen (ebene Flächen, die senkrecht zur Drehachse der Schnittbewegung liegen), Schraubdrehen (wendelförmige Schraubflächen, die koaxial zur Drehachse der Schnittbewegung liegen, Beispiel: Gewindedrehen), Profildrehen (beliebig profilierte

rotationssymmetrische Flächen durch Abbildung des Werkzeugprofils), Formdrehen (beliebige rotationssymmetrische Flächen durch Steuerung der Wirkbewegungen, Beispiele: Nachformdrehen, CNC-Formdrehen).
DIN 8589, Teil 1 Fertigungsverfahren Spanen.

Drehwinkel φ (angle of rotation)
Der bei einer Rotation vom Fahrstrahl (Radius) überstrichene Winkel φ in rad = 1.
($\rightarrow$Rotation)

Drehzahl n
(number of revolutions per unit time)
Quotient aus der Anzahl z der Umdrehungen und dem zugehörigen Zeitabschnitt Δt: $n = z/\Delta t$.
Die Anzahl Umdrehungen, z.B. 1500, hat die Einheit Eins = 1.
Also gibt man n in 1/min = min^{-1} oder in 1/s = s^{-1} an, z.B. für einen Elektromotor $n = 1460$ min^{-1}.

Drehzahlbereich
(speed range; range of speeds)
Verhältnis zwischen der größten und der kleinsten Abtriebsdrehzahl eines Getriebes, speziell von zerspanenden Werkzeugmaschinen.
Reicht von 6...10:1 bei Hobelmaschinen über 50(...200):1 bei Drehmaschinen bis 400:1 an manchen Bohr- und Fräswerken.

Drehzahlbild (speed diagram)
Unsymmetrische schematische Darstellung eines Stufengetriebes nach Germar, aus dem symmetrischen Aufbaunetz entwickelt.
Es ermöglicht auf einfache Weise die Festlegung der Übersetzungen für die Zahnräderpaare in Stufengetrieben mit mehreren hintereinander geschalteten Wellen (Mehrwellengetrieben).
($\rightarrow$Germar-Schaubild)

Drehzahlen n **elektrischer Maschinen**
(speed of rotation)
Bei Drehstrommaschinen aufgrund des Drehfeldes an die Netzfrequenz f (in 1/s) gebunden ($n \leq 3000$ 1/min). Die Drehzahl n ist durch Konstruktion (z.B. Anzahl der Polpaare p im Ständer) veränderbar.
Die Drehzahl n ist der Quotient aus Frequenz f und Polpaarzahl p: $n = 60 f/p$, z.B. bei $p = 2$ ist $n \leq 1500$ 1/min.

Drehzahlregler (governor)
Bauelement der Einspritzpumpe von Dieselmotoren.
Sie sollen entweder eine bestimmte Drehzahl einhalten oder einen Drehzahlbereich nicht über- oder unterschreiten. Alldrehzahlregler wirken über den gesamten Drehzahlbereich des Motors. Fliehkraftregler arbeiten drehzahlabhängig über von der Pumpenwelle angetriebene Fliehgewichte, pneu-

matische Regler in Abhängigkeit vom Unterdruck im Ansaugrohr. Elektronische Drehzahlregler verwenden an Stelle der mechanischen Stellelemente elektromagnetische Stellglieder.
($\rightarrow$Einspritzpumpe)

Drehzahlstufung
(speed graduation; speed progression)
Abstufung der Abtriebsdrehzahlen eines Stufengetriebes nach einem bestimmten Schema.
($\rightarrow$geometrische Drehzahlstufung)

Drehzyklus (turning cycle)
In einer CNC-Steuerung vorprogrammierte Funktionen für häufig vorkommende Dreharbeiten. Sie werden meist durch G-Wörter adressiert und steuern komplette Bearbeitungsstufen wie Längs- oder Planschruppzyklus, Konturzyklus, Gewindezyklus, Einstechzyklus.
Beispiel: Programmsatz mit Drehzyklen G81 und G37

Drehzyklus achsparalleles Schruppen ——— N11 G81 G37 X60 Z200 I10

Drehzyklus konturparalleles Zerspanen ———

Konturendpunkt in X- und Z-Richtung ———

Zustellung pro Schnitt ———

($\rightarrow$Bohrzyklus, $\rightarrow$Fräszyklus, $\rightarrow$Zyklus an ...)

Dreibacken-Bohrfutter (three-jaw drill chuck)
$\rightarrow$Bohrfutter

Dreibackenfutter (three-jaw chuck)
Werkstückspanner, vorwiegend an Drehmaschinen. Das am häufigsten eingesetzte Spannfutter, weil es das Werkstück (im Rahmen der Toleranzen) zuverlässig und schnell zentriert und spannt.
Die Spannbacken werden von Hand oder von einem Kraftspannantrieb betätigt und bewegen sich dabei gleichzeitig in den radialen Führungen des Futterkörpers nach innen oder außen.
Die gebräuchlichsten handbetätigten Dreibackenfutter sind das Planspiralfutter (Bauart Cushman), das Plankurvenfutter (Bauart Herbert) und das Keilstangenfutter (Bauart Forkardt). Häufig verwendete kraftbetätigte Dreibackenfutter sind das Winkelhebelfutter und das Keilkolbenfutter.

Dreieck (triangle)
Drei nicht auf einer Gerade liegende Punkte A, B, C zusammen mit den Strecken $\overline{AB}$, $\overline{AC}$, $\overline{BC}$.
Die Punkte A, B, C sind die Eckpunkte des Dreiecks, die Strecken $\overline{AB}$, $\overline{AC}$, $\overline{BC}$ sind die Seiten des Dreiecks, und ihre Längen $|\overline{AB}|$, $|\overline{AC}|$, $|\overline{BC}|$ sind die Seitenlängen des Dreiecks.

Übliche Bezeichnungen: Seitenlängen a, b, c, Innenwinkel α, β, γ. Punkt A liegt der Seite mit der Länge a, Punkt B der Seite mit der Länge b, Punkt C der Seite mit der Länge c gegenüber. Winkel α hat den Scheitelpunkt A, Winkel β den Scheitelpunkt B, Winkel γ den Scheitelpunkt C.

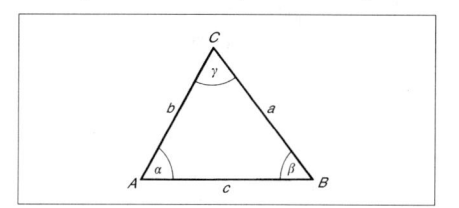

Bezeichnungen im Dreieck

Abkürzend verwendet man für ein Dreieck den großen griechischen Buchstaben Δ. Für ein Dreieck mit den Eckpunkten A, B, C schreibt man $\Delta(ABC)$. Die Winkelsumme in jedem Dreieck beträgt 180°: $\alpha + \beta + \gamma = 180°$.

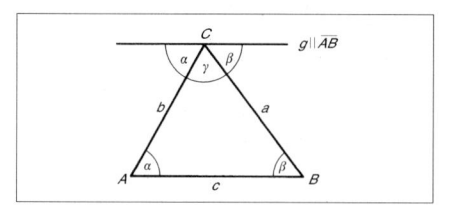

Winkelsumme gleich 180°

Im Dreieck ist die Summe zweier Seitenlängen stets größer als die dritte:
$a+b>c$, $a+c>b$, $b+c>a$.
Diese drei Ungleichungen zusammen heißen Dreiecksungleichungen.
Die Supplementwinkel der Dreieckswinkel nennt man Außenwinkel des Dreiecks. Die Summe der Außenwinkel in jedem Dreieck beträgt 360°: $\alpha' + \beta' + \gamma' = 360°$, wobei α', β', γ' die Außenwinkel des Dreiecks bezeichnen.

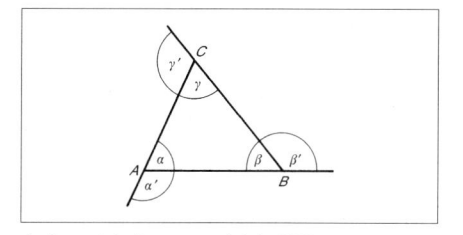

Außenwinkelsumme gleich 360°

In einem Dreieck liegt der größeren Seite stets der größere Winkel gegenüber:
$a>b>c \Leftrightarrow \alpha>\beta>\gamma$.

In einem spitzwinkligen Dreieck sind alle drei Innenwinkel kleiner als 90°, in einem rechtwinkligen Dreieck ist ein Winkel gleich 90°, in einem stumpfwinkligen Dreieck ist ein Winkel größer als 90°.
Der Umfang u eines Dreiecks ist die Summe der Seitenlängen: $u = a+b+c$.
Für den Flächeninhalt A gilt:
$A = \frac{1}{2} \cdot$ Grundseite $\cdot$ Höhe.
Daraus ergeben sich folgende Formeln für den Flächeninhalt A:
$A = a \cdot h_a / 2 = b \cdot h_b / 2 = c \cdot h_c / 2$,
$A = (a \cdot b \cdot \sin \gamma)/2 = (a \cdot c \cdot \sin \beta)/2 =$
$= (b \cdot c \cdot \sin \alpha)/2$,
$A = \sqrt{s(s-a)(s-b)(s-c)}$, $s = (a+b+c)/2$.
Die letzte Formel ist die sogenannte Heronische Flächenformel (nach dem griechischen Mathematiker Heron von Alexandria, 1. Jahrhundert u. Z.), damit ist die Berechnung des Flächeninhalts eines Dreiecks allein mit den Seitenlängen a, b, c möglich.
($\rightarrow$gleichschenkliges Dreieck, $\rightarrow$gleichseitiges Dreieck, $\rightarrow$Inkreis, $\rightarrow$Seitenhalbierende eines Dreiecks, $\rightarrow$Winkelhalbierende)

Dreieckschaltung (delta connection)
$\rightarrow$Verkettungsarten

Dreiecksungleichungen
(triangle inequalities)
In einem Dreieck ist die Summe zweier Seitenlängen stets größer als die dritte:
$a+b>c$, $a+c>b$, $b+c>a$.
($\rightarrow$Dreieck)

Dreiecksverband (diagonal tieing)
$\rightarrow$Fachwerke

Dreifachbindung (triple bond)
Drei bindende Elektronenpaare (drei Valenzstriche) zwischen den Bindungspartnern (Atomen, Atomgruppen): eine stabilere σ-Bindung und zwei instabilere π-Bindungen. Vorkommen bei ungesättigten Kohlenwasserstoffen.
Beispiel: bei Alkinen wie Ethin (Azetylen)
$HC \equiv CH$.
($\rightarrow \pi$-Bindung, $\rightarrow \sigma$-Bindung)

Dreikräfteverfahren (three forces method)
Zeichnerisches Verfahren zur Ermittlung unbekannter Kräfte in ebenen Kräftesystemen.
Drei nicht parallele Kräfte sind im Gleichgewicht, wenn sich ihre Wirklinien in einem Punkt schneiden und das Krafteck sich schließt. Einfachste Begründung: Fasst man zwei der drei Kräfte zu einer Resultierenden F_r zusammen, dann muss die dritte Kraft nach dem Wechselwirkungsgesetz gleich groß

Dreileiternetz

gegensinnig sein (Krafteck geschlossen) und auf gemeinsamer Wirklinie liegen (Seileck geschlossen). Wird heute meist durch den Ansatz der rechnerischen Gleichgewichtsbedingungen ersetzt.

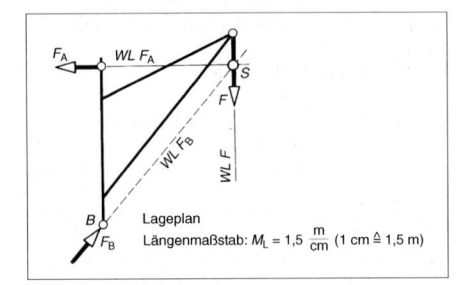

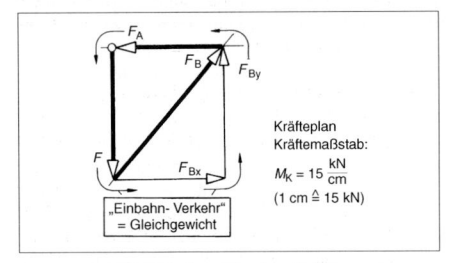

Lageplan
Längenmaßstab: $M_L = 1{,}5 \frac{m}{cm}$ (1 cm ≙ 1,5 m)

Kräfteplan
Kräftemaßstab:
$M_K = 15 \frac{kN}{cm}$
(1 cm ≙ 15 kN)

„Einbahn-Verkehr" = Gleichgewicht

Lage- und Kräfteplan für das Kräftesystem an einem Wanddrehkran

Dreileiternetz (three-phase three wire system)
Drehstromnetz, in dem nur die Außenleiter vorhanden sind. Es ist für symmetrische Belastung geeignet, d.h. die Widerstände in den Außenleitern müssen gleich groß sein.
(→Außenleiter)

Dreipunktgreifer (three-point gripper)
Bauform eines Greifers, mit dem ein Greifobjekt an drei Stellen kontaktiert und beim Aufnehmen zentriert wird.
(→Dreibackenfutter, →Greifer)

Dreiwege-Katalysator (three way catalyst)
→Katalysator, →Keramik-Monolith-Katalysator

Dreiwellengetriebe (triple gearing)
Bilden die Grundlage für den Entwurf von Stufengetrieben in Werkzeugmaschinen.
Zwei Zweiwellengetriebe sind so hintereinander angeordnet, dass die Abtriebswelle des ersten zugleich Antriebswelle des zweiten Getriebes ist. Die Anzahl der Abtriebsdrehzahlen des ersten Zweiwellengetriebes wird dadurch auf der Abtriebswelle des zweiten vervielfacht. In der Praxis haben diese Getriebe 4, 6, 8 oder 9 Abtriebsdrehzahlen.
(→Mehrwellengetriebe)

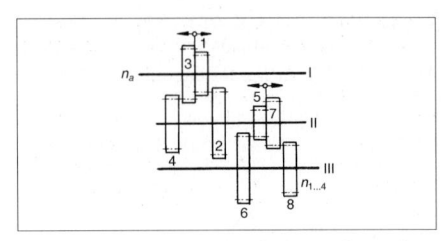

Schematische Darstellung eines vierstufigen Dreiwellengetriebes
1...8 Zahnräder, I...III Wellen, n_a Antriebsdrehzahl, $n_{1...4}$ 4 Abtriebsdrehzahlen

dreiwertiges Lager (trivalent bearing)
Bauart einer Lagerung, die eine beliebig gerichtete Kraft F und ein Kraftmoment M aufnehmen kann. Da die beliebig gerichtete Kraft F in einem rechtwinkligen Koordinatensystem in zwei senkrecht aufeinander stehende Komponenten F_x und F_y zerlegt werden kann (zweiwertig) und das Lager zusätzlich ein Kraftmoment M aufnimmt, spricht man von dreiwertiger Lagerung.

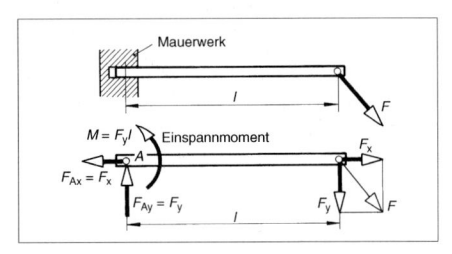

Lage- und Kräfteskizze eines in Mauerwerk eingespannten Freiträgers

Dreizugkessel (three draft boiler)
Dampferzeuger nach dem Wasserraumverfahren (Niederdruckkessel).
Heizflächenvergrößerung durch Kombination von Flammrohrkessel und Rauchrohrkessel. Das Flammrohr als Brennkammer hat gewellte Rohre (Heizflächenvergrößerung) und ist im unteren Wasserraum untergebracht. Wärmeaustausch und Wasserumlauf werden gefördert. In den Wendekammern werden die heißen Brenngase umgelenkt und durch wasserumspülte Rauchrohre des zweiten und dritten Kesselzuges umgeleitet.
(→Dampferzeuger)

Drosselspule (choke)
Elektrisches Betriebsmittel, das aufgrund der Selbstinduktion bei Wechselstrom einen induktiven, frequenzabhängigen Widerstand besitzt.
Wird zum Betrieb und Zünden von Leuchtstofflampen verwendet.

Drosselsteuerung (throttle valve control)
Steuerung des Volumenstroms (der Ölfördermenge) in Antrieben mit Hydrozylinder durch ein verstellbares Drosselventil.
Die Hydropumpe fördert einen konstanten Volumenstrom in den Ölkreislauf, das Drosselventil lässt nur einen einstellbaren Teil davon zum Hydrozylinder und steuert dadurch die Hubgeschwindigkeit des Kolbens.
(→Pumpensteuerung)

Drosselung (throttling)
Zustandsänderung eines strömenden Stoffes (Fluid) ohne Wärmeaustausch mit der Umgebung und ohne Arbeitsabgabe.
Durch Drosselung tritt eine Druckabnahme auf ($p_2 < p_1$). Sie entsteht durch eine Verengung des Strömungskanals mit verstärkter Reibung und Verwirbelung des Fluids (siehe Bild). Die dabei freigesetzte Wärme wird dem strömenden Stoff intern sofort wieder zugeführt.
Beim Drosseln wird die Enthalpie nicht verändert ($U_1 + p_1 \cdot V_1 = U_2 + p_2 \cdot V_2$, $H_1 = H_2$, $\Delta H = 0$, Isenthalpe). Die Entropie des strömenden Stoffes nimmt zu, daher ist die Drosselung nicht umkehrbar (irreversibel). Bei idealen Gasen bleibt auch die Temperatur konstant ($T_2 = T_1$). Die Temperatur von Dämpfen und realen Gasen in der Nähe ihres jeweiligen Kondensationspunktes nimmt bei Drosselung ab (Thomson-Joule-Effekt).

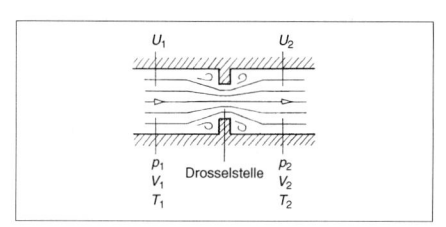

Drosselung eines Gases

Druck p (pressure)
Quotient aus einer rechtwinklig auf eine Fläche A wirkenden Kraft F und der Größe der Fläche:
$p = F/A$ in N/m² = Pa (Pascal).
(→Bernoulli'sche Druckgleichung, →Druckbeanspruchung, →hydrostatischer Druck, →Kraft, →Pascal)

Druck und Biegung (pressure and bending)
→Biegung und Zug/Druck

Druckabfall (pressure drop)
Druckverlust Δp im strömenden Fluid, z.B. in Öl, infolge der Reibungswiderstände an den Wänden der Rohrleitung.
Bei geraden, horizontal liegenden, glatten Kreisrohren ist der Druckabfall Δp fast linear und proportional der mittleren Strömungsgeschwindigkeit w. Mit Fluiddichte ρ in kg/m³, Strömungsgeschwindigkeit w in m/s, Rohrmaßen in m (Länge l, Durchmesser d) und Rohrreibungszahl λ (auch Widerstandszahl genannt) ist
$\Delta p = \lambda\, l\, \rho\, w^2/(2\, d)$ in N/m² = Pa (Pascal).

Druckausbreitungsgesetz
(pressure-propagation law)
Von *Blaise Pascal* (1623–1662) aufgestellter Satz über die Druckverteilung in einer Flüssigkeit ohne Berücksichtigung ihrer Schwerkraft (Gewichtskraft).
Danach breitet sich der Druck, der auf irgend einen Teil einer abgesperrten Flüssigkeit ausgeübt wird, nach allen Richtungen hin gleichmäßig aus. Bei hohen Drücken braucht der Druck $p = \rho g h$ infolge der Schwerkraft der Flüssigkeit nicht berücksichtigt zu werden.

Druckbeanspruchung (pressure loading)
Eine der 5 Grundbeanspruchungsarten aus der Festigkeitslehre, bei der durch das äußere Kräftesystem $+F - F = 0$ zwei benachbarte Querschnitte des beanspruchten Bauteils einander näher gebracht werden: der Stab wird verkürzt. Die rechtwinklig zur Querschnittsfläche liegende Spannung ist eine *Normal*spannung σ (Gegensatz: *Schub*spannung τ). Sie heißt Druckspannung σ_d.
Bei schlanken Stäben besteht die Gefahr des „Ausknickens": Beanspruchungsart *Knickung*. Die Beanspruchungsart bei aufeinander gepressten Berührungsflächen heißt *Flächenpressung*.
(→Beanspruchungsart, →Druckhauptgleichung)

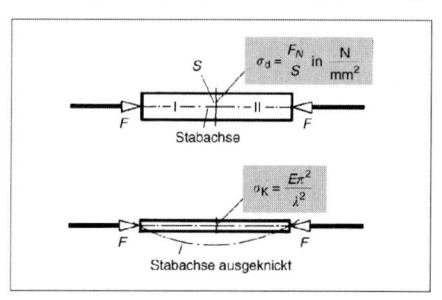

Druckbeanspruchung mit Druckhauptgleichung $\sigma_d = F_N/S$; F_N = Normalkraft = F

Druckeigenspannungen (internal stress)
Eigenspannungen in der Randschicht, die die betrieblichen Zugspannungen reduzieren und dadurch die Dauerfestigkeit von Bauteilen erhöhen. Sie entstehen durch mechanische Verformung (z.B. Walzen) oder durch volumenerweiternde Gefügeänderungen im Randbereich, z.B. beim Nitrieren oder Randschichthärten.

Druckeinheit Pa (pressure unit)
→Pascal

Drucker (printer)
Wichtiges Peripheriegerät eines Computers zur Ausgabe von Arbeitsergebnissen.
Vorherrschendes Druckprinzip ist die Abbildung einzelner Zeichen durch viele kleine Punkte. Diese Drucker sind zudem fähig, Grafiken darzustellen.
(→Laserdrucker, →Nadeldrucker, →Thermodrucker, →Tintenstrahldrucker)

Druckguss (pressure die casting)
Flüssiges Metall wird im Warm- oder Kaltkammerverfahren unter hohem Druck in geteilte Metallformen gedrückt. Während des Erstarrungsprozesses bleibt der Druck erhalten.
Beim Warmkammerverfahren befinden sich Presskolben und Zylinder im mit der Schmelze gefüllten Werkstoffbehälter. Verarbeitet werden Werkstoffe wie Magnesium oder Zink, die Presskolben und Zylinder nicht angreifen können. Lebensdauer der Druckgussformen von 30 000 Abgüssen (Kupferlegierungen) bis 100 000 Abgüsse (Zink- und Bleilegierungen).
Technische Daten: Arbeitsdruck 100 bar...3500 bar, Einströmquerschnitt 0,5 mm...8 mm, Strömungsgeschwindigkeit 10 m/s...70 m/s, Formfüllzeit 0,1 s...0,3 s.
Beim Kaltkammerverfahren befinden sich Presskolben und Zylinder außerhalb des mit der Schmelze gefüllten Werkstoffbehälters. Verarbeitet werden Werkstoffe wie Aluminium- und Kupferlegierungen, die Presskolben und Zylinder angreifen könnten.
Technische Daten: Arbeitsdruck 20 bar...100 bar, Einströmquerschnitt 0,1 mm...1 mm, Strömungsgeschwindigkeit 12 m/s...70 m/s, Formfüllzeit 0,05 s...0,2 s.
Konstruktionshinweise: Wanddicken zwischen 1 mm und 4 mm auslegen; Übergänge zur Vermeidung von Kerbrissen abrunden ($R \approx 1$ mm...2 mm); Hinterschneidungen ganz vermeiden; Kerne müssen Mindestdurchmesser von 2 mm für Magnesium, 2,5 mm für Aluminium, 1 mm für Zink haben.
Die höchste durch Druckguss herstellbare Werkstoffmasse beträgt für Werkstücke aus Aluminium ca. 18 kg, für Magnesiumlegierungen ca. 15 kg und für Zinnlegierungen ca. 25 kg.

Druckgusswerkstoffe (diecasting alloys)
Gusslegierungen, die sich dünnwandig vergießen lassen und wenig Seigerungs- und Lunkerneigung zeigen, die gefüge- und damit maßbeständig sein müssen.
Es sind oft eutektische oder naheutektische Sorten. Keine Schweißeignung wegen der Lufteinschlüsse, Ausnahme bei Vakuumdruckguss.

Zahlreiche Werkstoffgruppen: DIN EN 1706 AlSiCu, AlSi, AlSiMg; DIN EN 1774 ZnAlCu, ZnAl; DIN EN 1753 MgAlZn, MgAl; DIN 1741 PbCd; DIN 1742 SnPb; DIN EN 1982 CuZnPb, CuZnSi.

Druckhauptgleichung
(principal pressure equation)
Quotient aus der auf ein Bauteil wirkenden Normalkraft F_N und der Querschnittsfläche S:
Druckspannung $\sigma_d = F_N/S$ in N/mm².
Arbeitsgleichungen (mit zulässiger Druckspannung $\sigma_{d\,zul}$):
erforderlicher Querschnitt $S_{erf} = F_N/\sigma_{d\,zul}$,
vorhandene Spannung $\sigma_{d\,vorh} = F_N/S > \sigma_{d\,zul}$,
maximale Belastung $F_{N\,max} = S\,\sigma_{d\,zul}$.
(→Druckbeanspruchung)

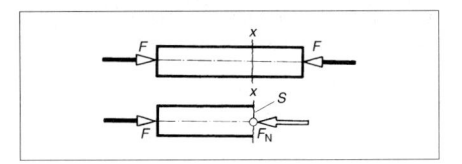

Druckbeanspruchter Stab

Druckhöhe (delivery head)
Diejenige Flüssigkeitshöhe h in m, die in einer Flüssigkeit infolge der eigenen Schwerkraft (Gewichtskraft) den Druck $p = \rho g h$ in N/m² = Pa (Pascal) hervorruft.
Darin ist ρ die Dichte in kg/m³, g die Fallbeschleunigung in m/s².
(→Bernoulli'sche Druckgleichung, →Druckausbreitungsgesetz)

Druckkraft auf gewölbte Böden
(force required to break a vessel)
Diejenige Kraft F in N, die einen Kessel oder ein Rohr (Durchmesser d und Länge l) infolge des herrschenden Innendrucks p in N/m² auseinander reißen kann: $F = p\,d\,l$.
Mit F in N, p in bar und l in mm kann man die Zahlenwertgleichung $F = 0,1\,p\,d\,l$ benutzen.
Ebenso für die Wanddicke $s = p\,d/(20\,\sigma_{zul})$ in mm, mit der zulässigen Zugspannung σ_{zul} in N/mm² für den Kessel- oder Rohrwerkstoff.

Drucklufthammer
(pneumatic hammer; air hammer)
→Lufthammer

Druckmittelpunkt (centre of pressure)
→Seitenkraft

Drucköl feuerung
(high pressure oil-fired burner or oven)
Feuerungsanlage für flüssige Brennstoffe (Heizöl).

Das erwärmte Heizöl wird unter Druck (20 ... 40 bar) von einer verschiebbaren Drucköllanze vernebelt, mit der Verbrennungsluft verwirbelt und gezündet. Es entsteht ein Feuerwirbel in Kegelmantelform. Die Rauchgase konzentrieren sich im Innern des Wirbels und werden aus dem Feuerraum abgesaugt.
(→Brennstoffe, →Feuerungsanlage, →Rauchgase)

Druckölgetriebe
(hydraulic transmission; hydraulic drive)
→hydrostatisches Getriebe

Druckölzylinder (oil pressure cylinder)
Kraftspannantrieb, bei dem die Zugstange zur Verkürzung der Spannzeit von einem durch Drucköl bewegten Kolben betätigt wird.

Druckschalter (pressure switch)
Schaltelement, das auf Änderungen des Eingangsdrucks reagiert.
Der Druckschalter führt einen Schaltvorgang aus, sobald der Eingangsdruck einen bestimmten, einstellbaren Schwellwert über- oder unterschreitet.

Druckspannung (compression stress)
→Druckbeanspruchung, →Druckhauptgleichung

Druckspannzange (push-type collet)
Spannzange, die durch eine Druckhülse mit Kegelbohrung betätigt wird.
Vorteil: Das Werkstück wird beim Spannen nicht wie bei der Zugspannzange axial verschoben. Nachteil: Geringere Spannkraft und Rundlaufgenauigkeit als bei der Zugspannzange.
(→Spannzange)

Druckstab (compression test bar)
→Fachwerk

Druckumlaufschmierung
(forced-feed lubrication)
Meistverwendete Bauart der Motorschmierung bei Viertaktmotoren.
Motoröl wird von der Ölpumpe aus der Ölwanne angesaugt und über einen Ölfilter durch Bohrungen und Leitungen zu den Schmierstellen gefördert. Aus den Pleuellagern tritt Öl seitlich aus und Schleuderöl schmiert Zylinderwandungen und Kolben. Es werden auch Ölspritzdüsen eingesetzt. Abtropfendes Öl gelangt in die Ölwanne zurück. Ölkühler werden verwendet, wenn die Rückkühlung in der Ölwanne nicht ausreicht. Abfallender Öldruck wird durch eine Warnleuchte angezeigt.
(→Motorschmierung, →Trockensumpfschmierung)

Druckverlust (pressure loss)
→Druckabfall

Druckverteilung in Flüssigkeiten
(pressure distribution in liquids)
→Druckausbreitungsgesetz

Dualcode (binary code)
→Dualsystem

dualer Logarithmus (binary logarithm)
Logarithmus zur Basis 2.
(→Logarithmus)

Dualsystem (Binärsystem)
(binary number system)
System zur Darstellung der Zahlen, ein Positions- oder Stellenwertsystem zur Basis 2 (Zweiersystem). Es gibt zwei verschiedene Ziffern 0 und 1 zur Darstellung der Zahlen, der Wert einer Ziffer ist abhängig von der Position innerhalb der Zahl. Jede Ziffer hat den doppelten Stellenwert der ihr rechts folgenden Ziffer.
Im Dualsystem dargestellte Zahlen heißen Dualzahlen. Dualsysteme werden überwiegend in Elektrotechnik und Datenverarbeitung angewendet.
Beispiel:
Der Dualzahl 1001101 entspricht die Dezimalzahl
$1 \cdot 2^6 + 0 \cdot 2^5 + 0 \cdot 2^4 + 1 \cdot 2^3 + 1 \cdot 2^2 + 0 \cdot 2^1 + 1 \cdot 2^0 = 64 + 0 + 0 + 8 + 4 + 0 + 1 = 77.$
(→Dezimalsystem)

Dualzähler (binary counter)
Das Ergebnis des Zählers liegt als Dualzahl vor.
(→Zähler)

Dualzahl (binary number)
→Binärsignal, →Dezimalzahl, →Dualsystem

Düsen (nozzle; jet)
Bauteile in Dampfturbinen, die potentielle Dampfenergie unter Druckminderung in kinetische Energie umsetzen.
Die Druckminderung von p_1 auf p_2 entspricht der Enthalpieänderung von $\Delta h = h_1 - h_2$ in kJ/kg.

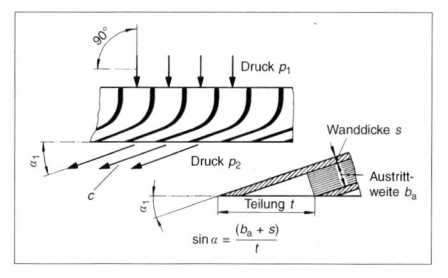

Einfachdüsensegment
α_1 Dampfaustrittswinkel, c Dampfgeschwindigkeit

Mit der Düsenreibzahl φ (0,93 ... 0,98) wird die Dampfgeschwindigkeit am Düsenaustritt $c = \varphi\sqrt{2\Delta h}$. Das Energiegefälle Δh wird aus der Entropietafel für Wasserdampf ermittelt. Düsenkanäle werden nebeneinander als Düsensegment in die Gehäusewand vor dem Laufrad eingebaut. Düse und Laufrad bilden eine Stufe. Mehrere Stufen werden zur Verarbeitung großer Druckgefälle hintereinander geschaltet.
($\rightarrow$Dampfturbinen, $\rightarrow$Energiegefälle, $\rightarrow$Laufrad)

Durchbiegungsgleichung
(load-deflection equation)

Ergebnis der mathematischen Untersuchung der elastischen Verformung eines Biegeträgers.
Die mathematische Entwicklung führt zur Differenzialgleichung der elastischen Linie $w''(x) = -M_b(x)/EI$ mit Biegemoment M_b in Nmm, Elastizitätsmodul E in N/mm² und Flächenmoment 2. Grades $I =$ konstant in mm⁴. $w(x)$ ist die Durchbiegung an der Trägerstelle x, w'' die zweite Ableitung der Funktion $w(x)$.
Mit dieser Differenzialgleichung der elastischen Linie sind die Durchbiegungsgleichungen für technisch wichtige Belastungsfälle an Biegeträgern hergeleitet worden.

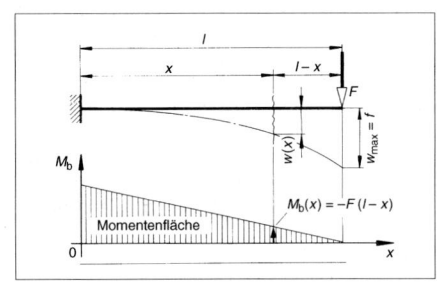

Beispiel: Für den skizzierten Freiträger liefert die erste Integration der Differenzialgleichung die Neigung der Biegelinie $w' = \tan\alpha = Fl^2/(2EI)$. Die größte Durchbiegung w_{max} an der Trägerstelle $x = l$ ist die Durchbiegung $f = Fl^3/(3EI)$.
Weitere spezielle Durchbiegungsgleichungen für andere Belastungsfälle stehen in Formelsammlungen zur Technischen Mechanik.

Durchdringungsverbunde
(infiltration composite)

Gruppe der Verbundwerkstoffe, in denen eine Komponente ein zusammenhängendes Netzwerk bildet, das die andere Komponente durchdringt. Herstellung durch Tränken einer porösen festen Komponente mit der flüssigen anderen oder pulvermetallurgisch. Dabei wird beim Sintern eine Komponente flüssig.

Beispiele: Metallmatrixverbunde, W/Cu-Kontakte und Elektroden zum Widerstandsschweißen, Reaktionsgebundes SiSiC für Wärmetauscher und Turboladerläufer.

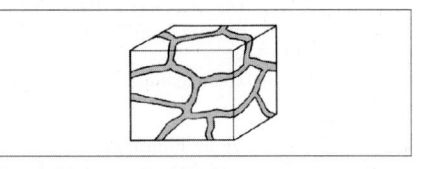

Durchdringungsverbund

Durchflutung (magnetomotive force)
$\rightarrow$elektrische Durchflutung

Durchhärtung (through-hardening)
Umwandlung des unterkühlten Austenits in Martensit bis in den Kern des Bauteils.
Bei unlegiertem Stahl ist Durchhärten nur bei Querschnitten bis ca. 15 mm erreichbar (vom Mn-Gehalt abhängig). Für steigende Querschnitte werden Stähle mit steigendem Gehalt an Legierungselementen benötigt. Diese senken die kritische Abkühlgeschwindigkeit so, dass auch der langsamer abkühlende Kern umwandelt.
($\rightarrow$Stirnabschreckkurve)

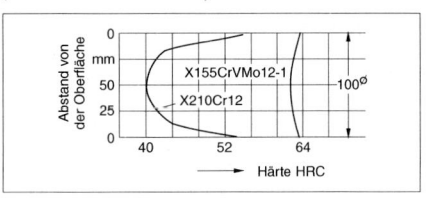

Durchhärtung, Härteverlauf im Innern eines Zylinders von 100 mm $\emptyset$

Durchmesser (diameter)
Sehne durch den Mittelpunkt, zum Beispiel beim Kreis und bei der Ellipse.
($\rightarrow$Kreis, $\rightarrow$Sehne)

Durchschlagsfestigkeit (dielectric strength)
$\rightarrow$elektrische Durchschlagsfestigkeit

Durchschnitt (intersection)
Der Durchschnitt $A \cap B$ zweier Mengen A und B besteht aus denjenigen Elementen, die sowohl in A als auch in B, also gleichzeitig in beiden Mengen A, B enthalten sind:
$A \cap B = \{x | x \in A \text{ und } x \in B\}$.
Beispiel:
$A = \{1, 2, 3\}, B = \{1, -1\}, A \cap B = \{1\}$.
($\rightarrow$Menge, $\rightarrow$Vereinigung)

Durchschnittsgeschwindigkeit
(average speed)
$\rightarrow$mittlere Geschwindigkeit

Durchstrahlungsprüfung
(radiographic test)
Zerstörungsfreies Prüfverfahren mit Röntgen- oder Gammastrahlen mit Leuchtschirmbetrachtung oder Foto (Dokument), auch mit Zählrohr-Rasteraufnahmen (Computer-Tomographie). Der Prüfling muss von der Rückseite zugänglich sein, er liegt zwischen Strahlenquelle und Film oder Zählrohr. Angezeigt wird die unterschiedliche Schwächung der Strahlen beim Durchgang durch inhomogene Stoffe. Strahlenquellen sind die Isotope Cäsium 137, Kobalt 60 oder Indium 192.
Hauptanwendung: Prüfung von Schweißnähten.
DIN EN 444 Grundlagen für die Durchstrahlungsprüfung

Duroplaste, Duromere (duroplastic)
Polymere mit vernetzten Ketten- oder mit Raumnetzmolekülen, dadurch unschmelzbar, nicht schweißbar, auch als härtbare Kunststoffe bezeichnet. Sie entstehen erst in der Form unter Druck bei Temperaturen von 20...230 °C aus Harz und Härter oder vorgefertigten Pressmassen und benötigen eine Haltezeit zur Bildung der Makromoleküle.
($\rightarrow$Aminoplaste, $\rightarrow$Epoxidharze, $\rightarrow$Phenolplaste, $\rightarrow$ungesättigte Polyester)

Dynamik (dynamics)
Lehre von den Bewegungen der Körper unter dem Einfluss von Kräften.
Man kann Dynamik (von griech. Kraft) auch als Oberbegriff für Statik und Kinetik ansehen.

dynamische Viskosität η
(dynamic viscosity)
Zähigkeit eines gasförmigen oder flüssigen Mediums.
Hervorgerufen wird sie durch die innere Reibung zwischen den Molekülen eines Körpers, der im Medium bewegt wird und den Molekülen des Mediums selbst, gemessen in Pa s = kg/(m s).
($\rightarrow$kinematische Viskosität)

dynamischer Speicher (dynamic memory)
$\rightarrow$DRAM

dynamisches Gleichgewicht
(dynamic equilibrium)
Für jeden ungleichförmig bewegten Körper ist die Summe aller äußeren und inneren Kräfte einschließlich aller Trägheitskräfte null: $\Sigma F = 0$.
Mit diesem (von d'Alembert stammenden) Satz lassen sich unbekannte Kräfte leichter bestimmen.
($\rightarrow$Kraft, $\rightarrow$statisches Gleichgewicht, $\rightarrow$Trägheitskraft, $\rightarrow$ungleichförmige Bewegung)

dynamisches Grundgesetz
(basic law of dynamics)
Zweites Newton'sches Axiom, wonach die auf einen Körper der Masse m einwirkende resultierende Kraft F_{res} gleich dem Produkt aus Masse m und Beschleunigung (Verzögerung) a des Körpers ist: $F_{res} = m a$ (mit F_{res} in N = kg m/s², m in kg und a in m/s².
Analog gilt für die Rotation eines Körpers mit $F_{res} \rightarrow M_{res}$, $m \rightarrow J$ (Trägheitsmoment), $a \rightarrow \alpha$ (Winkelbeschleunigung):
$M_{res} = J \alpha$ mit M_{res} in Nm (= kg m²/s²), J in kg m² und α in rad/s². In Worten: Das auf einen Körper vom Trägheitsmoment J einwirkende resultierende Drehmoment M_{res} ist gleich dem Produkt aus Trägheitsmoment J und Winkelbeschleunigung (Winkelverzögerung) α des Körpers.
($\rightarrow$Beschleunigung, $\rightarrow$Kraft, $\rightarrow$Masse)

E

e-Funktion (exponential function)
→Exponentialfunktion

E-Mail (E-mail)
Elektronische Post, die erst durch die Vernetzung von Rechnern und durch die Einrichtung ebenfalls elektronischer Briefkästen (Boxes, Boards) ermöglicht wurde.
(→Mailbox)

E/A (input/output, I/O)
Eine oder mehrere Ein- oder Ausgabeleitungen einer digitalen Baugruppe.

Ebenenauswahl
(selection of the working plane)
Wahl der Ebene, in der die Werkstückbearbeitung mittels einer CNC-Maschine erfolgen soll.
Durch die X-, Y- und Z-Achse des kartesischen Koordinatensystems ist die Bearbeitung in drei Ebenen möglich.
DIN 66 025 Programmaufbau für numerisch gesteuerte Arbeitsmaschinen.
(→CNC-Programm, →kartesisches Koordinatensystem)

ebener Winkel α, β, γ ... (plane angle)
Quotient aus dem von den Winkelschenkeln eingeschlossenen Kreisbogen b und dem Radius r: $\alpha = b/r$ in m/m = rad (Radiant) = 1.
(→Radiant, →Steradiant)

Echtzeit-Betriebssystem
(real time operating system)
Notwendiges Betriebssystem, um auf Wechselwirkungen zwischen einem Steuerrechner und einem technischen Prozess nachvollziehbar reagieren zu können.
Dabei kann es sich sowohl um eine Prozesssteuerung als auch lediglich um eine Prozessauswertung handeln. In beiden Fällen muss sichergestellt sein, dass ein externes Ereignis vom Rechner mit Sicherheit in einer vorbestimmten Zeit erkannt wird. Obwohl die Reaktionsgeschwindigkeit des Rechners ein wesentliches Qualitätsmerkmal ist, kommt der kalkulierbaren Programmlaufzeit die höhere Bedeutung zu.
(→Interrupt, →Polling)

Eckenwinkel ε_r (nose angle)
Winkel zwischen den Werkzeug-Schneidenebenen zusammengehörender Haupt- und Nebenschneiden am Schneidteil eines Zerspanwerkzeugs, gemessen in der Werkzeug-Bezugsebene des Werkzeug-Bezugssystems.
(→Werkzeugwinkel)

ECL (**E**mitter-**C**oupled-**L**ogic)
Schnellste bipolare Logikfamile mit hohem Ausgangslastfaktor und hoher Verlustleistung.
Aufgrund des technischen Aufbaus können ECL-Schaltungen zwei Ausgänge besitzen, deren Pegel invers zueinander sind.

edel (noble)
Bezeichnung für ein Element, meist Metall, das in der elektrochemischen Spannungsreihe rechts vom Wasserstoff steht und von Säuren nicht angegriffen wird, z.B. Ag, Au, Cu.

Edelgase (inert gas)
Sechs gasförmige chemische Elemente der 8. Hauptgruppe des PSE, die keine oder nur sehr wenige chemische Verbindungen mit anderen chemischen Elementen bilden.
Beispiel: Xenontetrafluorid XeF_4.
Edelgase haben eine stabile Elektronenkonfiguration auf der äußersten Schale. Sie wird als Edelgaskonfiguration bezeichnet.
Beispiele: Helium He, Neon Ne, Argon Ar, Krypton Kr, Xenon Xe, Radon Rn.

Edelgaskonfiguration
(inert-gas configuration)
Aufbau von Edelgasen.
Edelgase besitzen eine sehr geringe Verbindungsneigung mit anderen chemischen Elementen. Helium erreicht mit 2 Elektronen auf der 1. Schale (K-Schale) eine volle Elektronenschale (Elektronenduett). Hier liegt ein stabiler Energiezustand vor. Die restlichen 5 Edelgase erreichen mit jeweils 8 Elektronen auf ihren Außenschalen stabile Energiezustände (Elektronenoktett).
Diese Edelgaskonfiguration wird bei chemischen Reaktionen angestrebt.

Edelmetalle (noble metal)
Gruppenbezeichnung für sehr beständige Metalle. Im elementaren Zustand kommen Edelmetalle häufig gediegen (rein) vor. Sie sind schwer oxidierbar. Das erklärt ihr gediegenes Vorkommen.
Beispiele: Gold Au, Silber Ag, Platin Pt, Rhodium Rh, Iridium Ir, Quecksilber Hg.
(→Unedelmetalle)

Edelstähle (special steels)
→Stähle

Editor (editor)
Erfasst Text für Quelldateien zur Weiterverabeitung im Compiler oder Interpreter. Arbeitet ähnlich einem Textverarbeitungsprogramm aber ohne Funktionen zur Druckbildgestaltung. Oft wird vom Editor bereits eine Prüfung auf syntaktische Fehler einer bestimmten Programmiersprache durchgeführt.

EEPROM (**E**lectrically **E**rasable **P**rogrammable **R**ead **O**nly **M**emory)
Festwertspeicher, der elektrisch programmiert und wortweise oder gesamt elektrisch gelöscht werden kann.

effektiver Wirkungsgrad η_{eff}
(effective efficiency)
Kenngröße für das Nutzen/Aufwand-Verhältnis von Maschinen und Anlagen.
Kennzeichnet bei Verbrennungsmotoren das Verhältnis der Effektivleistung P_{eff} zur Energie, die in der zugeführten Wärmemenge enthalten ist, auch Nutzwirkungsgrad genannt. $\eta_{eff} = P_{eff}/(B\,H_u)$ mit Kraftstoffverbrauch B und spezifischem Heizwert H_u oder $\eta_{eff} = \eta_i \eta_m$ mit innerem Wirkungsgrad η_i und mechanischem Wirkungsgrad η_m.
(→Effektivleistung, →innerer Wirkungsgrad, →mechanischer Wirkungsgrad, →Wirkungsgrad)

Effektivleistung P_{eff} (effective power)
Kenngröße von Maschinen und Anlagen.
Leistung, die einer Arbeitsmaschine an ihrer Antriebswelle zugeführt wird (Kupplungsleistung) oder bei einer Kraftmaschine an der Kupplung nutzbar abgegeben werden kann (Nutzleistung). Sie ist um die Reibleistung P_r geringer als die Innenleistung P_i. $P_{eff} = P_i - P_r$. Den Unterschied drückt der mechanische Wirkungsgrad η_m aus. $P_{eff} = P_i \eta_m$. Bei Verbrennungsmotoren wird sie durch Bremsmessungen auf dem Motorprüfstand (Wasserwirbelbremse oder elektrische Bremse) ermittelt. Sie wird aus Motordrehmoment und Motordrehzahl oder aus dem mittleren effektiven Kolbendruck bestimmt. Bei Turbinen kann sie durch die gekuppelte elektrische Generatorleistung ermittelt werden.
(→Innenleistung, →mechanischer Wirkungsgrad)

Effektivwert (root mean square value)
Betrag einer Wechselspannung u oder eines Wechselstromes i, der in einem ohmschen Widerstand R die gleiche Wärmeleistung P erzielt wie eine ebenso große Gleichspannung oder ein ebenso großer Gleichstrom. Auch quadratischer Mittelwert genannt.

Effektivwerte werden in Großbuchstaben, Augenblickswerte in Kleinbuchstaben angegeben.
In der Energietechnik werden Effektivwerte angegeben.
(→Scheitelfaktor)

Eigenerwärmung
(rise in temperature due to internal heating)
Erwärmung eines Betriebsmittels oder Bauelementes aufgrund der Verlustleistung im Innenwiderstand, Gegensatz ist die durch die Umgebung erfolgende Fremderwärmung.

Eigenkapital (own capital)
Geldeinlage oder Wert des eingebrachten Vermögens der an einem Unternehmen Beteiligten, mit der Haftung für Verluste und dem Anspruch auf Gewinn.

Eigenleitung von Halbleitern
(intrinsic conduction)
Zunahme der Leitfähigkeit von Halbleitern bei Temperaturerhöhung.

Eigenspannungen (internal stress)
Spannungen, die nicht durch äußere Kräfte und Momente verursacht werden und zu Verformungen führen können.
Ursachen sind Wärmespanungen durch ungleichmäßigen Temperaturverlauf zwischen Rand und Kern beim Abkühlen sowie Umwandlungsspannungen durch unterschiedliche Gefügeumwandlungen über den Querschnitt oder Kaltumformen bzw. Stoffzufuhr mit Volumenvergrößerung in der Randschicht.
(→Druckeigenspannungen)

Einchip-Computer (single chip computer)
Funktionsfähiges Computersystem in einem einzigen Baustein.
(→Controller)

Einerkomplement (one's compliment)
Ergänzung der Zahl zur nächsthöheren Zweierpotenz minus 1. Bildung durch stellenweise Invertierung.
Zahl Z = 1000 1010 ;
Einerkomplement: 0111 0101.
(→Zweierkomplement)

Einfachbindungen (single bond)
Ein bindendes Elektronenpaar (ein Valenzstrich) zwischen den Bindungspartnern (Atomen, Atomgruppen): σ-Bindung.
Beispiel: bei Alkanen wie Ethan CH_3–CH_3, bei Alkoholen wie Ethanol CH_3–CH_2–OH.

Einfachmeißelhalter
(single-tool post; plain toolholder)
Werkzeugspanner an Dreh-, Hobel- und Stoßmaschinen.
Er nimmt im Unterschied zu anderen Meißelhaltern nur einen Meißel zur Bearbeitung einer Werkstückfläche auf.

Eingabebaustein (input unit)
Der Signalverarbeitung vorgeschalteter Baustein.
Aufgaben: Schutz des Logikteils vor Überspannung, Entstörung des Eingangssignals, Anpassung des Eingangssignals an Logikspannung, Umwandlung des Eingangssignals in andere Energieform z.B. pneumatisch/elektrisch.
(→Ausgabebaustein)

Eingabetaste (enter key)
Schließt die Dateneingabe ab und übergibt den Inhalt des Tastaturpuffers an den Kommandoprozessor.
Symbol auf der Taste: ↵

Eingang (input)
Anschluss des Eingabebausteins, dem von außen Daten zugeführt werden oder über den Daten empfangen werden können.
(→Ausgang)

Eingangssignal (input signal)
Wirkt von außen direkt über den Eingabebaustein auf die Signalverarbeitung ein.

Eingriffsgrößen (cutting depths)
Maßgrößen (Längenmaße) zur Beschreibung des Ineinandergreifens von Zerspanwerkzeug und Werkstück (Werkzeugeingriff) während der spanenden Bearbeitung.
Beispiele: Schnitttiefe, Arbeitseingriff.

Eingriffslinie (action line)
Teilstrecke der Tangente an die Grundkreise zweier Zahnräder.
Die Eingriffslinie ist der geometrische Ort aller Punkte während des Eingriffs beider Zahnflanken (Eingriffspunkte). Sie ist zugleich die Wirklinie der von Rad zu Rad übertragenen Zahnnormalkraft F_N. Diese mit dem Grundkreisradius r_b multipliziert ergibt das zwischen den Zahnrädern übertragene Drehmoment $M = F_N\, r_b$.
(→Zahnradgrößen)

Eingriffspunkt (contact point)
→Eingriffslinie

Eingriffswinkel (pressure angle)
→Zahnradgrößen

Einhärtung (depth of hardening; depth of martensite transformation)
Eigenschaft härtbarer Stähle, beim Härten bis in eine bestimmte Einhärtungstiefe das Härtungsgefüge Martensit zu bilden.
Beurteilung durch den Stirnabschreckversuch. Fast alle Legierungselemente verbessern die Einhärtbarkeit, indem sie die kritische Abkühlgeschwindigkeit erniedrigen, so dass auch bei milderem Abschrecken die Martensitbildung bis zum Kern erfolgt.
(→Durchhärtung, →Stirnabschreckkurve)

Einhärtungstiefe (depth of hardening)
Abstand von der Oberfläche senkrecht bis zu einer Stelle gemessen, an der die vereinbarte Grenzhärte GH (z.B. 50% der Randhärte) auftritt. Angabe in mm.
DIN 50 190 Ermittlung der Einhärtungstiefe.
(→Stirnabschreckkurve)

Einheit (unit)
Reproduzierbare physikalische Vergleichsgröße von genau festgelegtem Betrag, die der Messung anderer physikalischer Größen gleicher Größenart dient.
(→Dimension, →Größenart, →Messung, →physikalische Größe, →SI)

Einheitengleichung
(equation for determining the unit of a physical quantity)
Gleichung zur Bestimmung der Einheit einer physikalischen Größe.
Sie wird aus der Definitionsgleichung entwickelt, wobei man alle Zahlenfaktoren fortlässt und auf der rechten Gleichungsseite für jede Größe deren Basiseinheiten einsetzt; diese schreibt man als Potenzprodukt.
Beispiel: Die Einheit der Gravitationskonstante G errechnet sich aus dem Gravitationsgesetz $G = Fr^2/(m_1 m_2)$ zu $[G] = [F][r^2]/[m_1\ m_2] = (\text{kg m/s}^2)(\text{m}^2)/(\text{kg}^2) = \text{m}^3/\text{s}^2\text{kg}$.
(→Definitionsgleichung, →Dimensionsgleichung, →Einheit)

Einheitensystem (unit system)
Gesamtheit der Basiseinheiten und aller daraus über die Definitionsgleichungen abgeleiteten Einheiten, früher Maßsystem genannt.
Beispiel: SI, c-g-s-System nach den verwendeten Basiseinheiten Zentimeter (c), Gramm (g) und Sekunde (s).
(→Einheit, →SI)

Einheitsbohrung (basic bore)
Alle Innenpassmaße, z.B. Bohrungen, werden mit dem Toleranzfeld H gefertigt. Die Außenpass-

maße, z.B. Wellen, werden nach der geforderten Passung (Spiel oder Übermaß) hergestellt. Außenpassmaße mit den Toleranzfeldern a bis h ergeben ein Spieltoleranzfeld, j bis n ein Übergangstoleranzfeld und p bis zc ein Übermaßtoleranzfeld.
(→Passungen)

Einheitskreis (unit circle)
Kreis mit dem Radius $r = 1$.
(→Kreis)

Einheitssignal (standard signal)
Stetiges Signal, das sich innerhalb bestimmter, genormter Grenzen bewegt.
Durch die Verwendung von Bausteinen oder Geräten, die mit Einheitssignalen arbeiten, wird eine Signalanpassung zwischen den Komponenten einer Anlage unnötig.
Beispiele: elektrisches Einheitssignal (0 bis 20 mA, 4 bis 20 mA, 0 bis 10 V), pneumatisches Einheitssignal (0,2 – 1,0 bar)

Einheitsvektor (unit vector)
Vektor mit dem Betrag 1.
(→Vektor)

Einheitswelle (basic shaft)
Alle Außenpassmaße, z.B. Wellen, werden mit dem Toleranzfeld h gefertigt. Die Innenpassmaße, z.B. Bohrungen, werden nach der geforderten Passung (Spiel oder Übermaß) hergestellt. Innenpassmaße mit den Toleranzfeldern A bis H ergeben ein Spieltoleranzfeld, J bis N ergeben ein Übergangstoleranzfeld und P bis ZC ein Übermaßtoleranzfeld.

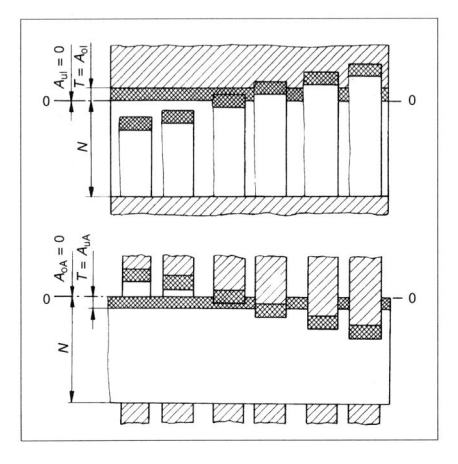

Einheitswurzeln (roots of unity)
→n-te Einheitswurzeln

Einlagerungsmischkristall
(interstitial solid solution)
Kristall mit kleineren Fremdatomen auf Zwischengitterplätzen des Wirtsgitters (< 1% C, H oder N in Metallgittern).
Die Gitterverzerrung ergibt eine Härtesteigung mit starker Abnahme der plastischen Verformbarkeit bei den kubisch-raumzentrierten Metallen.
(→Hartchrom)

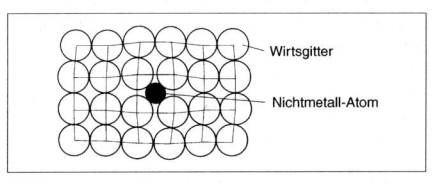

Einlagerungs-Mischkristall, schematisch

Einlagerungsstrukturen
(interstitial structure)
Kristallgitter, ähnlich den Einlagerungsmischkristallen, aber mit geordneter Verteilung der zweiten oder dritten Atomart.
Beispiele: Carbide und Nitride von Fe, Mo, Ta, Ti, V, W, Zr.

Einlassventil (intake valve)
→Motorsteuerung, →Ventil

Einnahmen (receipts)
Alle von einer Unternehmung eingenommenen Zahlungen.

Einphasentransformator
(single-phase transformer)
Transformator zur Übertragung elektrischer Energie bei Einphasen-Wechselstrom.

Einphasenwechselstrom
(single-phase alternating current)
Elektrisches Netz, das nur einen Außenleiter und den Neutralleiter oder nur zwei Außenleiter zum Energietransport benötigt.

Einplatinen-Computer
(single board computer)
Funktionsfähiger Computer, dessen benötigte Bauelemente sich alle auf einer gedruckten Platine befinden.
Einplatinen-Computer werden für Steuerungs-, Kontroll- und Messaufgaben eingesetzt.

Einrichtmikroskop

Einrichtmikroskop
(control adjusting microscope; setting-up microscope)
Hilfsmittel für den Bediener einer CNC-Maschine zur Lagebestimmung des Werkstückrohlings in der Aufspannung.
($\rightarrow$Kantentaster, $\rightarrow$Werkstücknullpunkt)

Einsatzhärten (case harden; carburize)
Härten einer Randschicht von nicht härtbaren Stählen, die durch Aufkohlen in einer Schicht bis zu 2 mm härtbar werden.
Für große Stückzahlen ist das Direkthärten aus der Gasaufkohlungswärme wirtschaftlich.
($\rightarrow$Einsatzstähle)
DIN 17 022-3 Verfahren der Wärmebehandlung, Einsatzhärten.

Einsatzhärtungstiefe Eht
(effective case depth after carburizing)
Abstand von der Oberfläche, senkrecht bis zu einer Stelle gemessen, an der die Grenzhärte GH = 550 HV 1 auftritt. Angabe in mm.
DIN 50 190/1 Ermittlung der Einsatzhärtungstiefe.

Einsatzstähle (case hardening steel)
Für das Einsatzhärten bestimmte, C-arme Stähle (<0,22% C) mit Legierungselementen (Cr, Mn, Mo, CrNi), die eine Durchvergütung größerer Querschnitte ermöglichen. Sie werden deshalb beim Abschrecken nicht hart und spröde, sondern bleiben zäh.
Verwendung: Bauteile mit Stoß- und Dauerschwingbeanspruchung, die auf Verschleiß beansprucht werden.
Beispiele: Zahnräder mit höchster Flankentragfähigkeit und Zahnfußfestigkeit, auch Werkzeuge für Kunststoffverarbeitung, deren Gravur kalt eingesenkt wird. Sorten sind z.B. C15, 15Cr3, 20MoCr4, 15CrNi6.
DIN EN 10 084 Einsatzstähle.

Einschaltstrom eines Elektromotors
(starting current for an electric motor)
Je nach Art und Aufbau 3 bis 8 mal so groß wie der Nennstrom I_N des Motors im normalen Betriebszustand (Nennbetrieb).

Einschaltvermögen
(maximum current capacity)
Wert des elektrischen Stromes I, den ein Schaltgerät bei vorgegebener Spannung U und unter bestimmten Bedingungen ertragen kann.
DIN VDE 0660 Schaltgeräte.

Einschaltzustand (closed circuit condition)
Selbständig von der Steuerung voreingestellte (initialisierte) Wegbedingungen (G-Funktionen) bei Inbetriebnahme einer CNC-Werkzeugmaschine. Diese Funktionen sind selbsthaltend (modal) wirksam.
Beispiele: Eilgang G00, Arbeitsebene G17, Absolutmaßprogrammierung G90, Vorschubgeschwindigkeit in mm/min G94.
DIN 66 025 Programmaufbau für numerisch gesteuerte Arbeitsmaschinen.
($\rightarrow$Absolutbemaßung, $\rightarrow$CNC-Steuerung, $\rightarrow$modal, $\rightarrow$Wegbedingung)

Einscheibenbremse (single-disc brake)
$\rightarrow$Scheibenbremse

einschnittig (single-shear)
$\rightarrow$Lochleibungsdruck, $\rightarrow$Nietverbindungen

Einseilgreifer
(single rope gripper; single rope grab)
$\rightarrow$Motorgreifer

einseitiger Grenzwert (one-sided limit)
Die Funktion $y = f(x)$ besitzt an der Stelle $x = a$ den einseitigen Grenzwert A, wenn sich die Funktion $f(x)$ bei unbegrenzter Annäherung von x von einer Seite an a unbegrenzt an A nähert.
Schreibweise: $\lim\limits_{\substack{x\to a \\ x<a}} f(x) = \lim\limits_{x\to a-0} f(x) = A$
(linksseitiger Grenzwert, Annäherung von links),
$\lim\limits_{\substack{x\to a \\ x>a}} f(x) = \lim\limits_{x\to a+0} f(x) = A$ (rechtsseitiger Grenzwert, Annäherung von rechts).
Die Variable x nähert sich a unbegrenzt an, es gilt jedoch stets $x \neq a$. Die Funktion $f(x)$ braucht an der Stelle $x = a$ den Wert A nicht anzunehmen und braucht an dieser Stelle auch nicht definiert zu sein.
Die Funktion $y = f(x)$ besitzt an der Stelle $x = a$ den Grenzwert $\lim\limits_{x\to a} f(x) = A$, wenn an dieser Stelle sowohl der linksseitige als auch der rechtsseitige Grenzwert existieren und gleich sind.
Beispiel:
$$f(x) = \begin{cases} 1 & \text{für } x > 0 \\ 0 & \text{für } x < 0 \end{cases}$$
Linksseitiger Grenzwert:
$\lim\limits_{\substack{x\to 0 \\ x<0}} f(x) = \lim\limits_{x\to 0-0} f(x) = 0$,
rechtsseitiger Grenzwert:
$\lim\limits_{\substack{x\to 0 \\ x>0}} f(x) = \lim\limits_{x\to 0+0} f(x) = 1$.
Die Funktion $y = f(x)$ besitzt also an der Stelle $x = 0$ sowohl den linksseitigen als auch den rechtsseitigen Grenzwert. Da diese jedoch verschieden sind, existiert der Grenzwert an der Stelle $x = 0$ nicht.
($\rightarrow$Grenzwert einer Funktion)

Einsetzungsverfahren (substitution method)
Methode zur Lösung eines linearen Gleichungssystems mit zwei Gleichungen und zwei Variablen (Unbekannten).
Dabei wird eine der beiden Gleichungen nach einer der Variablen aufgelöst und der entsprechende Term in die andere Gleichung eingesetzt. Das ergibt eine lineare Gleichung mit einer Variablen, die gelöst werden kann. Durch Einsetzen dieses Wertes in eine der beiden Ausgangsgleichungen ergibt sich eine lineare Gleichung in der anderen Variablen, die daraus dann auch berechnet werden kann.
Beispiel:
(I) $-x+y = 1$, (II) $2x+y = 4$.
(I) $\Rightarrow y = 1+x$;
Einsetzen in (II):
$2x+1+x = 4 \Rightarrow 3x = 3 \Rightarrow x = 1$
Einsetzen in (I) $\Rightarrow y = 2$
Somit Lösung: $(x, y) = (1, 2)$ (oder Lösungsmenge: $L = \{(1, 2)\}$)
(→Additionsverfahren, →Gleichsetzungsverfahren, →lineares Gleichungssystem)

Einspannlage (clamping position)
Geometrische Positionierung des Werkstückrohlings bei Drehmaschinen im Spannmittel. Notwendige Lagebeschreibung des Werkstücks bezogen auf den Drehmaschinen-Nullpunkt zur Abarbeitung des Werkstückteileprogramms. Dazu gehören auch Abmessungen des Spannmittels.
(→Bezugspunkt, →Bezugspunktverschiebung, →Spannmittelnullpunkt)

Einspannzapfen (spigot of a die)
Zylindrischer Zapfen, mit dem Presswerkzeuge an kleinen und mittleren Pressen in den Pressenstößel eingesetzt werden.
DIN 810 Stößelbohrungen für Einspannzapfen
(→Stößel)

Einspritzanlage (fuel-injection system)
Gemischbildungsverfahren für Ottomotoren, das genaue Kraftstoffzumessung vornimmt, meist in Verbindung mit einem Katalysator.
Man unterscheidet Anlagen mit Mehrpunkteinspritzung MPI (Multi-Point-Injection; jeder Zylinder hat ein Einspritzventil) und Zentraleinspritzung SPI (Single-Point-Injection; ein zentrales Einspritzventil für alle Zylinder). Nach dem Einspritzvorgang unterscheidet man kontinuierliche und intermittierende Einspritzung. Kontinuierliche Einspritzanlagen sind K-Jetronic und KE-Jetronic. Intermittierend arbeitende Anlagen sind L-Jetronic, LH-Jetronic, Motronic und Mono-Jetronic. Mehrpunkteinspritzung besitzen K-, KE-, L-, LH-Jetronic und Motronic. Mono-Jetronic und Mono-Motronic arbeiten mit Zentraleinspritzung.
(→K-Jetronic, →KE-Jetronic, →L-Jetronic, →LH-Jetronic, →Mono-Jetronic, →Motronic)

Einspritzdüse (injection nozzle)
Bauteil der Kraftstoffanlage des Dieselmotors. Der Dieselkraftstoff, durch die Einspritzpumpe gefördert, wird unter hohem Druck fein zerstäubt in den Verbrennungsraum gespritzt. Einspritzbeginn: Die Düsennadel hebt gegen den Federdruck vom Sitz ab. Einspritzende: Die Federkraft übersteigt die Kraftstoff-Druckkraft an der Düsennadel und schließt die Einspritzdüse. Lochdüsen (Mehrlochdüsen) werden für Dieselmotoren mit Direkteinspritzung (Öffnungsdruck 170... 350 bar) verwendet. Sie erhalten bis zu sechs, symmetrische Spritzlöcher mit 0,3 ... 0,4 mm Durchmesser. Zapfendüsen werden für Vor- und Wirbelkammerverfahren (Öffnungsdruck 110... 150 bar) eingesetzt. Drosselzapfendüsen und Flächenzapfendüsen sind Sonderbauformen mit besonderer Zapfenform. Düsen mit Nadelbewegungsfühlern bei elektronischer Dieselregelung.
(→Dieselmotor, →Direkteinspritzung, →Einspritzpumpe, →Vorkammerverfahren, →Wirbelkammerverfahren)

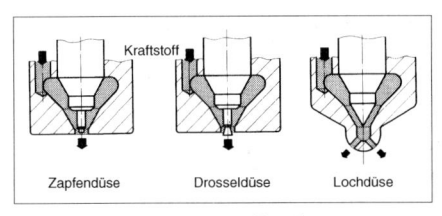

Einspritzdüsen-Bauarten (Opel)

Einspritzpumpe (fuel-injection pump)
→Reiheneinspritzpumpe, →Verteilereinspritzpumpe

Einständer-Hobelmaschine
(open sided planing machine)
→Langhobelmaschine

Einstellwinkel χ_r (cutting edge angle)
Winkel zwischen der Arbeitsebene des Wirk-Bezugssystems und der Werkzeug-Schneidenebene des Werkzeug-Bezugssystems, gemessen in der Werkzeug-Bezugsebene.
(→Werkzeugwinkel)

einstufiges Getriebe (single step gear)
Hat bei konstanter Drehzahl auf der Antriebswelle (Antriebsdrehzahl n_{an}) im Unterschied zum Stufengetriebe nur eine einzige Drehzahl auf der Abtriebswelle (Abtriebsdrehzahl n_{ab}).

Einwegschaltung

Einwegschaltung (half-wave rectifier circuit)
Schaltungsvariante zum Umwandeln von Wechselstrom in Gleichstrom, auch Einpuls-Mittelpunktschaltung M1 genannt.
(→Gleichrichterschaltung)

einwertiges Lager (single-valued bearing)
Bauart einer Lagerung, die nur eine rechtwinklig zur Stützfläche wirkende Kraft F_N (Normalkraft) aufnehmen kann, jedoch kein Kraftmoment. Diese Lagerart wird verwendet, um die Wärmeausdehnung nicht zu behindern, z.B. an Brückenträgern und Wellen (Loslager).
(→dreiwertiges Lager, →zweiwertiges Lager)

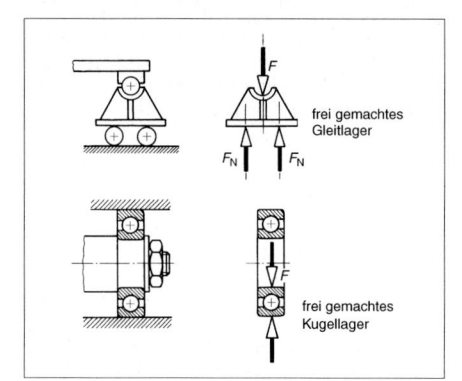

Frei gemachtes Gleit- und Kugellager

Einzelschrittbetrieb (single step mode)
Betriebsart, bei der alle aufeinanderfolgenden Schritte einzeln getestet und Signalzustände der Ein- und Ausgänge auf Fehler überprüft werden können.

Einziehkeil (draw-in key; draw-in cotter)
Querkeil zum schonenden Einziehen des Kegelschaftes von Bohrern, Senkern, Reibahlen und Fräsern in die Kegelaufnahme der Bohr- oder Frässpindel.
(→Kegel)

Eisen-Kohlenstoff-Diagramm
(iron-carbon diagram)
Zustandsschaubild der Legierung Fe/Fe$_3$C, Kohlenstoff tritt im Gefüge als Zementit auf, deshalb metastabiles System genannt.
Zustandsschaubild der Legierung Fe/C (gestrichelte Linien). Kohlenstoff tritt als unveränderlicher Graphit im Gefüge auf, deshalb stabiles System genannt.

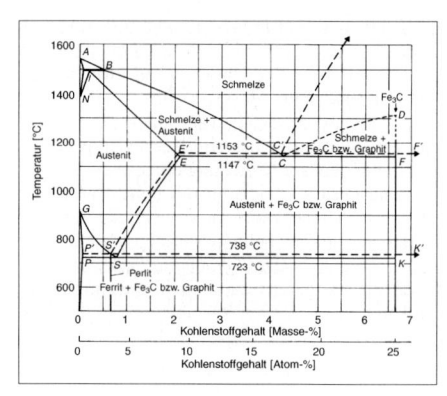

Eisen-Kohlenstoff-Diagramme

Eisencarbid (iron carbide)
→Zementit

EL-Getriebe
(EL–continuously variable friction drive)
Stufenloses Reibgetriebe mit ebenem Reibring. Die Antriebsscheibe ist ein flacher Kegel mit einem Kegelwinkel von fast 180° (Bild S. 109). Die Abtriebsscheibe trägt auf ihrer ebenen Stirnfläche einen elastischen Reibring, der von einer Feder gegen den Antriebskegel gedrückt wird. Zur Drehzahlverstellung wird der Antriebsmotor mit dem Antriebskegel radial gegen die Abtriebsscheibe verschoben. Dadurch ändert sich der Laufdurchmesser des Reibrings am Antriebskegel und damit das Übersetzungsverhältnis.

elastische Knickung (elastic buckling)
→Knickung

elastische Linie (elastic line)
→Durchbiegungsgleichung

elastische Verformung (elastic deformation)
Diejenige Formänderung unter den verschiedenen Beanspruchungsarten, die nach Wegnahme der äußeren Kräfte und Kraftmomente keine *bleibende* Verformung des Bauteils hinterlässt.
Beispiel: Der bei Belastung durchgebogene Träger erhält wieder seine ursprüngliche Form. Grund: Die bei der Verformung auftretende Höchstspannung in allen Querschnitten des Bauteils war kleiner als die Dehngrenze des Werkstoffs.
(→Spannungs-Dehnungs-Diagramm, →Zugversuch)

EL-Getriebe
1 Antriebskegel, 2 Reibring mit ebener, elastischer Lauffläche, 3 Abtriebsscheibe, 4 Abtriebs-Zahnräderpaar, 5 Anpressfeder

elastischer Bereich (elastic range)
→Knickung

elastischer Greifer (elastic gripper)
Bauform eines Greifers, bei dem sich zwei oder mehrere bewegliche elastische Finger (Halteelemente) verschiedenen Werkstückformen oder ungenauen Werkstückabmaßen anpassen.
Die Finger schützen empfindliche Werkstücke vor Beschädigung.
(→Greifer)

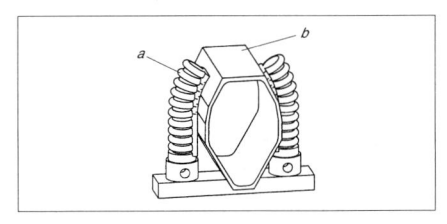

Beweglicher elastischer Finger (a), der sich dem Werkstück (b) anpasst

elastischer Stoß (elastic impact)
→Stoß

Elastizitätsfaktor (elastic factor)
→Geradstirnräder

Elastizitätsgrenze (elastic limit)
Grenzspannung, bis zu der ein zugbeanspruchter Probestab beim Zugversuch gedehnt werden kann, ohne sich bleibend zu verlängern.

Elastizitätsmodul E (elastic modulus)
Durch Dehnversuche an Probestäben ermittelte Werkstoffkonstante.
Zugversuche mit Probestäben (z.b. nach DIN 50 145) zeigen, dass bei vielen Werkstoffen die Dehnung ε mit der Spannung σ im gleichen Verhältnis (proportional) wächst, z.B. bleibt für Stahl in den für die Praxis wichtigen Spannungsgrenzen das Verhältnis σ/ε konstant. Das Verhältnis ist der Elastizitätsmodul (kurz: E-Modul) $E = \sigma/\varepsilon$ in N/mm².

Beispiele:
$E_{Stahl} = 210000$ N/mm² $= 2,1 \cdot 10^5$ N/mm²,
$E_{AlCuMg} = 0,72 \cdot 10^5$ N/mm²,
$E_{GJL-250} = 1,2 \cdot 10^5$ N/mm².
(→Hooke'sches Gesetz, →Spannungs-Dehnungs-Diagramm)

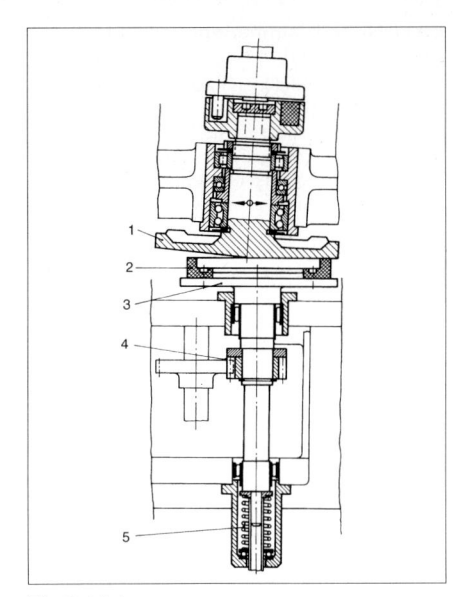

Elastomere (elastomer)
Kunststoffe mit elastischem Verhalten.
Sie haben lineare Kettenmoleküle, die untereinander durch wenige Elektronenpaarbindungen vernetzt sind, z.B. durch S-Atome beim Vulkanisieren des Kautschuks. Etwa 15 Typen synthetischer Kautschuksorten mit gegenüber Naturgummi erhöhter Wärme-, Öl- und Alterungsbeständigkeit für den Kfz.-Bau oder kaltzähe und kältemittelresistente Sorten, ebenso wetterfeste für Dächer und Dichtungen im Bauwesen.

Eldrogerät
(electrohydraulic brake lifting device)
Elektrohydraulisches Bremslüftgerät für Windwerke und andere Hebeanlagen.
Beim Einschalten des Hubmotors wird ein Elektromotor zugeschaltet, der über eine Hydraulikpumpe den Hydraulikdruck zum Lösen der Bremse erzeugt.
Bei Ausschalten des Motors fällt die Bremse sanft wieder ein. Eldrogeräte sind daher besonders in der Fördertechnik gebräuchlich.
(→Doppelbackenbremse)

elektrische Arbeit W (electric work)
Produkt aus elektrischer Leistung P in W und Zeit t in s: $W = Pt = UIt$ mit Spannung U in V und Stromstärke I in A.
Einheit: 1 Ws = 1 J (Joule) = 1 Nm.
(→Arbeit)

elektrische Durchflutung Θ
(magnetomotive force)
Produkt aus dem in der Spule fließenden Strom I in A und der Anzahl der Spulenwindungen N:
$\Theta = I N$ in A.
($\rightarrow$magnetische Spannung)

elektrische Durchschlagsfestigkeit E_d
(field strength required to rupture a dielectric)
Bei Isolierstoffen der Quotient aus der Durchschlagsspannung U_d in V und dem Abstand s der spannungsführenden Elektroden in m: $E_d = U_d/s$ in V/m.

elektrische Elementarladung e
(electronic charge or charge of an electron)
Ladung eines Elektrons oder Protons.
$e = 1{,}60219 \cdot 10^{-19}$ C ist die kleinstmögliche in der Natur vorkommende Ladungsmenge.
($\rightarrow$elektrische Ladung, $\rightarrow$Elektron, $\rightarrow$Proton)

elektrische Feldkonstante ε_0
(permittivity of free space)
Naturkonstante, die das Verhältnis der erzeugten elektrischen Flussdichte D_0 im Vakuum zur erzeugenden elektrischen Feldstärke E in einem Kondensator angibt:
$\varepsilon_0 = D_0/E = 8{,}8541878 \cdot 10^{-12}$ F/m.
($\rightarrow$Dielektrizitätskonstante, $\rightarrow$elektrische Feldstärke, $\rightarrow$elektrische Flussdichte)

elektrische Feldstärke E
(electric field strength)
Quotient aus der auf eine Ladung Q im elektrischen Feld wirkende Kraft F und der Größe der Ladung: elektrische Feldstärke = F/Q in N/(A s) = kg m/(s^3 A) = V/m, E ist ein Vektor in Richtung der Kraft.
($\rightarrow$elektrische Ladung, $\rightarrow$Kraft)

elektrische Flussdichte D
(electric flux density)
Quotient aus der Ladung Q und der Größe der geladenen Fläche A in einem Kondensator: $D = Q/A$ in C/m^2 = A s/m^2, D ist ein Vektor in Richtung von der positiven zur negativen Ladung.
($\rightarrow$elektrische Ladung)

elektrische Kapazität C
(electric capacitance)
Maß für die Fähigkeit eines Körpers, elektrische Ladung zu speichern.
Quotient aus der zugeführten elektrischen Ladung Q und der entstandenen elektrischen Spannung U in einem Kondensator:
$C = Q/U$ in As/V = s^4 A^2/(kg m^2) = F (Farad).
($\rightarrow$elektrische Ladung, $\rightarrow$elektrische Spannung, $\rightarrow$Farad)

elektrische Klemmenspannung U_{12}
(terminal voltage)
An den Anschlußklemmen $1-2$ gemessene Spannung am Erzeuger.
Bei Energieentnahme ist sie kleiner als die Quellenspannung U_q wegen der inneren Spannungsverluste U_i des Erzeugers am Innenwiderstand R_i:
$U_{12} = U_q - U_i$ in V.

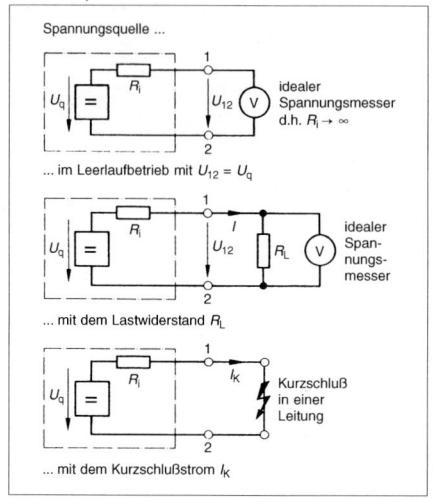

Schaltpläne zur Klemmen- und Quellenspannung

elektrische Ladung Q (electric charge)
Produkt aus der elektrischen Stromstärke I und der Zeit t: $Q = I t$ in As = C.
Als Summe der in einem Körper oder System enthaltenen Elementarladungen e unterscheidet man positive und negative Ladungen.
$|e| = 1{,}602 * 10^{-19}$ As : $Q = N |e| = C U$.
($\rightarrow$Coulomb, $\rightarrow$elektrische Stromstärke)

elektrische Leistung P (electric power)
Produkt aus wirksamer Spannung U in V und fließendem Strom I in A in einem Gerät oder Bauelement: $P = U I$ in W(Watt).
Einheit: 1 W = 1 Nm/s .

elektrische Leiter (conductor)
Stoffe, die für den Transport elektrischer Ströme (Ladungsträger) gut geeignet sind, z.B. Kupfer, Gold.
($\rightarrow$elektolytischer Leiter, $\rightarrow$metallischer Leiter)

elektrische Leitfähigkeit (conductivity)
$\rightarrow$elektrischer Leitwert, $\rightarrow$spezifischer Widerstand

elektrische Messgeräte (electric meter)
Bestehen aus dem Messinstrument (Messwerk) und Adaptern, die die Messung unterstützen, z.B. Wandler oder Widerstände.

Messgrößen können Spannung U, Stromstärke I oder Temperatur ϑ sein. Unterschieden werden schreibende und anzeigende Instrumente als analog (schreibend und anzeigend) oder digital (anzeigende) Messgeräte.

elektrische Prüfspannung U (insulation test voltage)
Spannung, die zur Prüfung der Isolierung an ein elektrisches Betriebsmittel oder einige seiner Teile angelegt wird.
Anwendung: Wicklungsprüfung bei elektrischen Maschinen.

elektrische Spannung U (voltage)
Der Elektronendruckunterschied zwischen zwei Punkten eines elektrischen Leiters, Ursache jedes elektrischen Stroms.
U ist der Quotient aus der in einem Leiter umgesetzten Leistung P und dem fließenden elektrischen Strom I:
$U = P/I$ in W/A = m^2 kg/(s^3 A) = V (Volt).
Die elektrische Spannung ist eine skalare Größe.
(→Leistung, →Strom, →Volt)

elektrische Spannungsquelle (source)
→Spannungsquelle

elektrische Stromdichte J (current density)
Wichtigste Beanspruchungsgröße in A/cm^2 für das Leitermaterial.
Aus der Stromdichte J ergibt sich für elektrische Leitungen mit festgelegtem Querschnitt A die maximal zulässige Stromstärke I: $J = I/A$ in A/cm^2.
VDE 0100 Errichten von Starkstromanlagen.

elektrische Stromstärke I (current)
Maß für die durch einen Leiter bewegten Ladungen.
Physikalische Basisgröße mit der SI-Basiseinheit Ampere.
(→Ampere, →Basisgröße, →SI-Einheit)

elektrische Urspannung U_0 (electromotive force)
→Quellenspannung

elektrischer Impuls (pulse signal)
Kurzzeitiges, meist einmaliges stoßartiges Auftreten einer elektrischen Größe (Spannung oder Strom). Impulse werden durch ihre Form, Amplitude und Dauer beschrieben.
(→Impulsfolge)

elektrischer Kurzschluss (short circuit)
Nichtbeabsichtigte leitende niederohmige Verbindung zwischen zwei oder mehr betriebsmäßig gegeneinander unter Spannung stehenden Leitern.

Beispiele: Direkte Verbindung Außenleiter – Außenleiter oder Außenleiter – Neutralleiter ohne zwischengeschalteten Verbraucher.
Man unterscheidet vollkommene (sehr niederohmige Verbindung) und unvollkommenen Kurzschluß. Ein Kurzschluss kann eine thermische und/oder mechanische Überbeanspruchung bewirken (Brand und mechanische Zerstörung).
VDE 0100 Errichten von Starkstromanlagen.
(→Kurzschlußstrom)

elektrischer Leitwert G (conductance)
Quotient aus dem durch ein Leiterstück fließenden elektrischen Strom I und der daran abfallenden elektrischen Spannung U:
$G = 1/R = I/U$ in A/V = 1/Ω = S (Siemens).
G ist der Kehrwert des elektrischen Widerstands R, gemessen in der SI-Einheit Siemens (S).
(→elektrische Spannung, →elektrischer Strom, →elektrischer Widerstand, →Siemens)

elektrischer Strom I (electric current)
Gerichtete Bewegung elektrischer Ladungsträger (Elektronen) in einem geschlossenen elektrischen Stromkreis.
(→Ampere)

elektrischer Stromkreis (circuit)
Geschlossenes System von Spannungsquelle, Verbraucher und Verbindungsleitungen (einfachster Stromkreis).
Schalter ermöglichen das Ein- und Ausschalten des Verbrauchers.
Reale Betriebsmittel wie Batterie und Glühlampe (oberes Bild) werden durch genormte Schaltzeichen, hier Spannungsquelle und Widerstand als Verbraucher, in den Technischen Zeichnungen dargestellt.

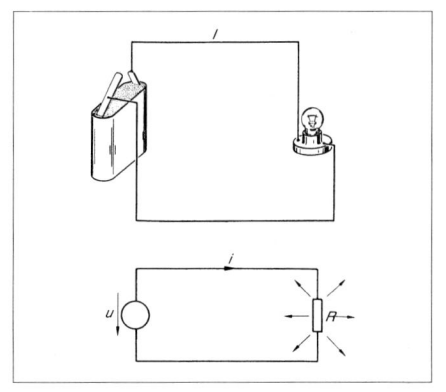

Elektrischer Stromkreis

elektrischer Verbraucher
(electrical equipment)
Gebräuchliche Bezeichnung für Geräte, die elektrische Energie in andere Energieformen umwandeln.

elektrischer Widerstand R (resistance)
Kennzeichnet die elektrischen Eigenschaften von Leitern und Bauelementen oder Geräten.
Beispiel: Widerstände für elektronische Schaltungen, Werte nach sog. E-Reihen genormt.
Einheit: $1 V/A = 1 \Omega$.
DIN 41 429 Farbliche Kennzeichnung von Widerständen, DIN 41 426 Vorzugsreihen.
($\rightarrow$IEC-Reihen)

elektrisches Ersatzschaltbild
(equivalent circuit diagram)
Darstellung eines elektrischen Bauelementes oder einer Schaltung zur Analyse oder Berechnung der besonderen Eigenschaften bei variablen Bedingungen.

elektrisches Feld (electric field)
Raum, in dem auf geladene Körper Kräfte ausgeübt werden.
Man unterscheidet homogene, inhomogene und radialsymmetrische Felder.

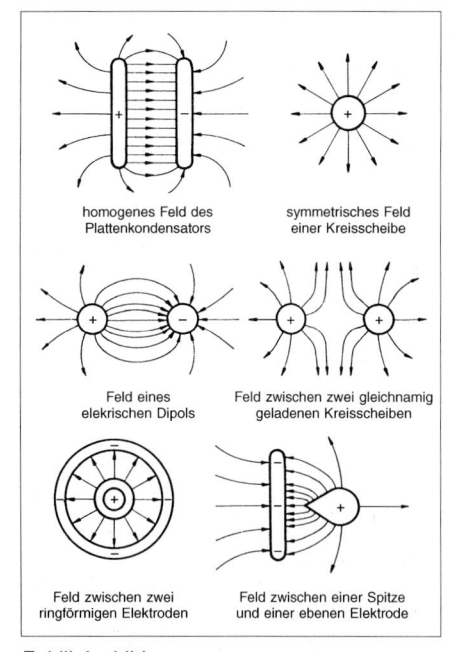

homogenes Feld des Plattenkondensators

symmetrisches Feld einer Kreisscheibe

Feld eines elekrischen Dipols

Feld zwischen zwei gleichnamig geladenen Kreisscheiben

Feld zwischen zwei ringförmigen Elektroden

Feld zwischen einer Spitze und einer ebenen Elektrode

Feldlinienbilder

elektrisches Potential (electric potential)
$\rightarrow$elektrische Spannung

Elektrizität (electricity)
Gesamtheit aller Vorgänge, die auf die Wirkung von elektrischen Ladungen zurückzuführen ist.

Elektrizitätsmenge (electric charge)
$\rightarrow$elektrische Ladung

elektrochemische Spannungsreihe
(electrochemical series)
Entsprechend der Höhe der Spannung eines bestimmten Metalls (und Kohle) gegen eine Normalelektrode (Wasserstoff) in einem Elektrolyten geordnete Reihenfolge der Metalle.

Elektrode (electrode)
Allgemeine Bezeichnung für den Stromanschluss und für eine Übergangsstelle zwischen Stoffen unterschiedlicher Leitfähigkeit, auch für den Anschluss zur Steuerung von elektrischen Ladungsträgern in Gasen, Elektrolyten, Plasmen oder Halbleitern.

Elektrodynamik (electrodynamics)
Lehre der bewegten elektrischen Ladungen (Strom) und sämtlicher elektromagnetischer Erscheinungen.

Elektrohebezeuge (electrical hoists)
Oberbegriff für elektrisch betriebene Hebezeuge, Elektroseilzüge, Elektrokettenzüge und Windwerke.

Elektrohydraulische Förderwagenbremse
(electrohydraulic mine car brake)
Im Bergbau gebräuchliche, stationärem hydraulische Bremse, in welche die Förderwagen einlaufen und abgebremst werden.
Nur im Augenblick des Ablaufens des Förderwagens wird die Bremse durch ein elektrohydraulisches Bremslüftgerät gelöst.

Elektrokettenzug
(electrical driven chain hoist)
Elektrisch angetriebenes Hebezeug mit einer Rundstahlkette als Tragorgan.
Durch die formschlüssige Verbindung Rundstahlkette – Antriebsritzel ist der Elektrokettenzug sehr kompakt. Häufigster Einsatzbereich: Hubhöhen bis 2 m und Traglasten bis 2 t. Darüber wird wegen des geringeren Gewichts von Seilen im Verhältnis zu Ketten der Elektroseilzug eingesetzt.
($\rightarrow$Elektroseilzug)

Elektrolyse (electrolysis)
Verfahren zur galvanischen Metallabscheidung in einem Elektrolyt und Zersetzung von Elektrolyten durch Gleichstrom.
Beispiel: Wasser (mit Schwefelsäure angesäuert) wird in Wasserstoff und Sauerstoff zerlegt.

Elektrolyt (electrolyte)
Stoff, der einer elektrolytischen Dissoziation unterliegt.
Echte Elektrolyte liegen schon im festen Zustand in Ionen vor.
Beispiel: Salze, die Ionengitter bilden.
Potenzielle Elektrolyte bilden erst in Lösungen Ionen.
Beispiel: HCl-Gas enthält bereits polarisierte Atombindungen, bildet jedoch erst in Wasser Salzsäure. Anwendung: verdünnte Schwefelsäure im Bleiakkumulator und verdünnte Kalilauge in NiCd- oder NiFe-Akkumulatoren.

elektrolytische Dissoziation
(electrolytic dissociation)
Zerfall von Stoffen (Elektrolyten) in mehr oder weniger frei bewegliche Ionen in der Schmelze oder in wässrigen Lösungen.
Beispiel: Elektrolytische Dissoziation des Wassers: $H_2O \leftrightarrows H^+ + OH^-$.
Beispiel: 1 Liter reines Wasser zerfällt bei 22 °C in $1 \cdot 10^{-7}$ mol H^+-Ionen und in $1 \cdot 10^{-7}$ mol OH^--Ionen.
Die Dissoziation des Wassers ist so gering, dass die Konzentration der Zerfallsprodukte in 10-er Potenzen mit negativen Exponenten angegeben wird.

elektrolytischer Leiter
(electrolytic conductor)
Verdünnte Säuren und Basen sowie wässrige Salzlösungen, in denen Ionen als Ladungsträger dienen.
(→elektrischer Leiter)

Elektrolytkondensator
(electrolytic capacitor)
Besteht aus dem Dielektrikum (Oxidschicht) und der Katode aus einem Elektrolyt (getränktes Papier).
Es werden gepolte und ungepolte Elektrolytkondensatoren hergestellt (Kurzwort: Elko).

Elektromagnet (electromagnet)
Elektrisches Betriebsmittel, das mit fließendem elektrischen Strom ein ein- und ausschaltbares Magnetfeld erzeugt.
Anwendung: Hubmagnete, Bremsmagnete, Relaisspulen.
(→Lasthebemagnet)

Elektromagnet-Spanner
(electromagnetic chuck)
Werkstückspanner an Werkzeugmaschinen, bei dem die Spannkraft durch Elektromagnete erzeugt wird.

elektromagnetisches Feld
(electromagnetic field)
Raum, in dem auf magnetisierbare Stoffe eine Kraft ausgeübt wird. Dieser Zustand wird durch das Magnetfeld um stromdurchflossene Leiter bewirkt.
(→Elektromagnet)

Elektromotoren (electric motors)
Allgemeine Bezeichnung für Energiewandler, die elektrische Energie in mechanische Energie (Drehbewegung) umwandeln.
In Fördertechnik und Maschinenbau die häufigsten Antriebsmotoren, die in einer Vielzahl von Spezialausführungen für jeweils bestimmte Einsatzgebiete gebaut werden.
Beispiele: Drehstrom-Asynchronmotoren mit fester oder über Frequenzwandler veränderlicher Drehzahl, kleine Gleichstrommotoren für den Feingeräte- und Fahrzeugbau, schwere Gleichstrommotoren wegen der guten Regelbarkeit für Walzwerk- und Umschlaganlagen, Servomotoren, bei denen Drehzahl und Drehweg über Steuergeräte und Regler vorgegeben werden (numerisch gesteuerte Werkzeugmaschinen).
(→CNC-Technik)

Elektron (electron)
Atomhüllenbaustein, negativ geladen.
Elektronen bilden die Hülle eines Atoms um den Kern aus Protonen und Neutronen, in elektrischen Leitern sind sie frei beweglich.
Symbol: e^-
Masse: $0{,}91094 \cdot 10^{-30}$ kg
Elementarladung: $1{,}602177 \cdot 10^{-19}$ Coulomb
(→elektrische Elementarladung, →Neutron, →Proton)

elektronegativ (electronegative)
→Ionen

Elektronegativität EN (electronegativity)
Relative Fähigkeit eines Atoms, innerhalb einer Bindung Elektronen anzuziehen.
Relative Angaben in einer empirischen Skala nach Pauling (Bild S. 114). Fluor hat den höchsten Wert von 4. Die anderen chemischen Elemente werden auf Fluor bezogen.
Im PSE Zunahme der EN in den Perioden von links nach rechts, in den Hauptgruppen Abnahme der EN von oben nach unten. Edelgase haben keine EN-Werte.
(→PSE, →EN-Werte)

Elektronegativitätsdifferenz ΔEN

Perioden		Hauptgruppenelemente						
		I	II	III	IV	V	VI	VII
	K	H 2,1						
	L	Li 1,0	Be 1,5	B 2,0	C 2,5	N 3,0	O 3,5	F 4,0
	M	Na 0,9	Mg 1,2	Al 1,5	Si 1,8	P 2,1	S 2,5	Cl 3,0
	N	K 0,8	Ca 1,0	Ga 1,6	Ge 1,8	As 2,0	Se 2,4	Br 2,8

Elektronegativitäten (nach Pauling)

Elektronegativitätsdifferenz ΔEN
(electronegativity difference)
Mit Hilfe der ΔEN-Werte lässt sich der Bindungscharakter von Verbindungen abschätzen.
Beispiel:

ΔEN	Bindungscharakter
0 bis 0,5	Atombindung
ab 0,5 bis 1,8	polarisierte Atombindung
ab 1,8	Ionenbindung

Elektronenduett
(stable electron gas configuration as in an inert gas)
→Edelgaskonfiguration

Elektronenformel (electron formula)
→Bindigkeit

Elektronengas (electron gas)
→Metallgitter

Elektronenhülle (electron shells)
→Bohrsches Atommodell

Elektronenoktett
(completely filled electron shell)
→Edelgaskonfiguration

Elektronenpaarbindung (electron pair bond)
→Atombindung

Elektronenschale (electron shells)
→Bohrsches Atommodell

Elektronenstrahlhärten
(electron-beam hardening)
Randschichthärten mit Kurzzeiterwärmung durch Elektronenstrahlen, ähnlich dem Laserhärten.

Elektronenstrahlmikrosonde EMA
(electron-beam microanalyser)
Analysengerät zur chemischen Analyse von einzelnen Phasen in Gefügen, auch der Elementverteilung in Mischkristallen und Kristallseigerungen mit einer Eindringtiefe von 2 µm.

Elektronenstrahlschweißen
(electron beam welding)
Die Bewegungsenergie hochbeschleunigter Elektronen wird zur Erwärmung und zum Abschmelzen des Werkstoffs genutzt. Der Werkstoff des Werkstücks verdampft; es entsteht ein tiefer Gaskanal. Durch den Tiefschweißeffekt können Bleche bis 150 mm Dicke geschweißt werden. Brennfleckdurchmesser ca. 0,1 mm, also sehr begrenzte örtliche Erhitzung. Der Schweißvorgang findet im Hochvakuum statt. Anwendung beim Schweißen hochschmelzender Metalle und ausgefallener NE-Legierungen wie z.b. aushärtbare AlCuMg- oder AlZnMgCu-Legierungen. Nachteil: Werkstückgröße ist durch Größe der Vakuumkammer begrenzt.
(→Schmelzschweißen)

Elektronenvolt eV (electron volt)
Einheit der Energie in der Atom- und Kernphysik.
$1\,eV = 1{,}60219 \cdot 10^{-19}\,J$, sie ist SI-fremd, aber zulässig.
1 Elektronenvolt ist die Energie, die 1 elektrische Elementarladung (Elektron) beim Durchlaufen einer Spannungsdifferenz von 1 V im Vakuum erhält.
(→elektrische Elementarladung, →Energie)

elektronisch geregelter Vergaser
(electronically controlled carburetor)
Elektronisches Gemischbildungssystem, das den Betrieb mit geregeltem Katalysator ermöglicht. Es besteht aus einem auf seine Grundsysteme reduzierten Vergaser (Registervergaser) mit Stellelementen, einem elektronischen Steuergerät und Sensoren zur Messwerterfassung. Das Steuergerät verarbeitet Signale der Drosselklappenstellung, Kühlmitteltemperatur, Motordrehzahl und Lambdasonde und führt sie als Steuergrößen den Vergaseranbaukomponenten zur Gemischbeeinflussung zu. Sie werden zunehmend von Einspritzanlagen abgelöst.
(→Einspritzanlage, →Katalysator, →Lambdasonde, →Vergaser)

elektronische Dieselregelung
(electronic Diesel control system – EDCS)
Bauart der Kraftstoffanlage bei Dieselmotoren. Sie regelt elektronisch den Einspritzbeginn, die Fördermenge und den Ladedruck bei aufgeladenen Motoren. Zusätzlich wird Leistungssteigerung, Kraftstoffverbrauchssenkung und Minderung der Abgasschadstoffe erzielt.
(→Dieselmotor)

elektronische Zündung
(electronic ignition system)
Bauart der Zündanlage im Ottomotor. Kernstück ist ein Steuergerät, in dem Zündkennfelder gespeichert sind, die auf Prüfständen für die Betriebsbedingungen des Motors ermittelt wurden. Signale für Motordrehzahl (induktiv am Schwungrad) und Motorbelastung (Saugrohrdruck) werden in Zündimpulse zur Zündzeitpunkt-Verstellung umgerechnet. Weitere Signale sind Drosselklappenstellung, Motortemperatur, Ansauglufttemperatur und Batteriespannung. Drehzahlbegrenzung, Leerlaufdrehzahlregelung und Klopfregelung mittels Klopfsensor. Als Hochspannungsverteiler (Zündverteiler) ist nur noch der Verteilerläufer vorhanden.
(→Klopfregelung, →Zündanlage)

elektronischer Schalter (electronic switch)
Kontaktloser Schalter mit Halbleiterbauelementen, bei denen die steuerbare Grenzschicht der pn-Übergänge als Öffner oder Schließer benutzt wird. Öffner ist ein niederohmiger pn-Übergang, also Durchlaßrichtung; Schließer ist ein hochohmiger pn-Übergang, also Sperrichtung.
Bauelemente: Transistoren, Thyristoren, Triacs.

Elektropneumatik (electro-pneumatics)
System, das sowohl elektrische als auch pneumatische Funktionselemente in einer Einheit zusammenfaßt. Beispiel: Elektrische Ansteuerung eines pneumatischen Kolbens.

Elektroseilzug (electric hoist)
Hebemaschine, bei der Seiltrommel, Seiltrieb, Motor, Bremse und Getriebe eine Einheit bilden. Elektroseilzüge werden nach der Baukastensystematik in Baureihen für verschiedene Traglasten gebaut. DIN 15 100 Serienhebezeuge.
(→Elektrokettenzug)

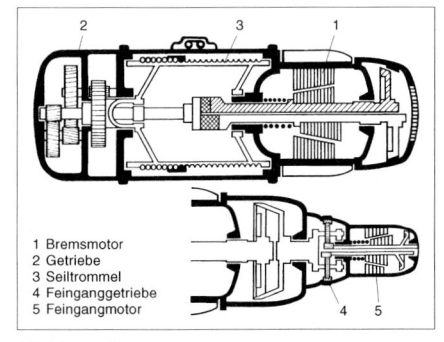

1 Bremsmotor
2 Getriebe
3 Seiltrommel
4 Feinganggetriebe
5 Feingangmotor

Elektroseilzug

Elektrospanner
(electric chucking attachment)
Kraftspannantrieb, bei dem die Zugstange durch einen Elektromotor betätigt wird.

Elektrostatik (electrostatics)
Lehre der ruhenden elektrischen Ladungen und die Wechselwirkung mit ihrer Umgebung.

elektrostatisches Feld (electrostatic field)
Elektrisches Feld mit ruhenden Ladungen.

elektrovalente Bindung (electrovalent bond)
→Ionenbindung

Elektrozug (electric hoist)
→Elektroseilzug

Element (element)
→chemisches Element, →Menge

elementare Funktion (elementary function)
Funktion, deren Funktionsgleichung durch einen geschlossenen analytischen Ausdruck dargestellt werden kann. Elementare Funktionen sind durch Formeln definiert, die nur endlich viele mathematische Operationen mit der unabhängigen Variablen und den Koeffizienten enthalten. Man teilt die elementaren Funktionen in algebraische Funktionen und transzendente Funktionen ein.
(→algebraische Funktion, →transzendente Funktion)

Elementarteilchen (elementary particle)
Kleinste Bauteilchen der Materie. Zur Zeit sind etwa 100 Elementarteilchen erforscht, hiervon sind Protonen, Neutronen und Elektronen die bekanntesten. Die restlichen Elementarteilchen zerfallen fast alle selbständig (spontan).

Elementarzelle (unit cell)
Kleinstmögliche, systematische, räumliche Anordnung der Teilchen in einem Kristallgitter, die sich nach drei Richtungen des Raumes fortschreitend wiederholt.
(→Kristallgitter)

Elementsymbol
(chemical symbols for elements)
→chemische Elemente

Ellipse (ellipse)
Geometrischer Ort aller Punkte einer Ebene, für die die Summe der Abstände von zwei festen Punkten F_1 und F_2 konstant ist.
Bezeichnet man den Abstand eines beliebigen Punktes P_1 der Ellipse zu F_1 mit r_1 und den Abstand von P_1 zu F_2 mit r_2, also $\overline{P_1 F_1} = r_1$, $\overline{P_1 F_2} = r_2$, dann gilt also $r_1 + r_2 = 2a$ mit einer Konstanten a.

Ellipsenkonstruktion

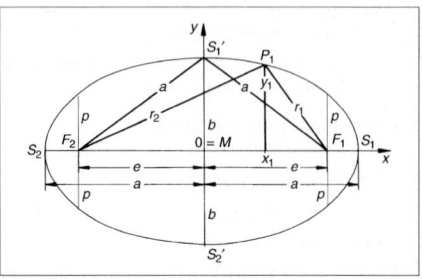

Bezeichnungen für die Ellipse:
M Mittelpunkt, F_1, F_2 Brennpunkte, S_1, S_2 Hauptscheitelpunkte, S_1', S_2' Nebenscheitelpunkte, $\overline{S_1 S_2}$ Hauptachse, $\overline{S_1' S_2'}$ Nebenachse

Ellipsengleichungen:
Fallen die Koordinatenachsen mit den Ellipsenachsen zusammen, so gilt
$x^2/a^2 + y^2/b^2 = 1$ (Normalform).
Ist $M(x_m|y_m)$ der Mittelpunkt der Ellipse, und sind die Ellipsenachsen parallel zu den Koordinatenachsen, dann gilt
$(x - x_m)^2/a^2 + (y - y_m)^2/b^2 = 1$ (Mittelpunktsform).
Gleichung der Tangente im Punkt $P_1(x_1|y_1)$ an die Ellipse mit der Gleichung
$(x - x_m)^2/a^2 + (y - y_m)^2/b^2 = 1$:
$y = -(x_1-x_m)/(y_1-y_m) \cdot (b^2/a^2) \cdot (x-x_1) + y_1$
oder
$(x_1-x_m)(x-x_m)/a^2 + (y_1-y_m)(y-y_m)/b^2 = 1$.
Gleichung der Normale (die Normale steht senkrecht auf der Tangente) durch den Punkt $P_1(x_1|y_1)$ der Ellipse:
$y = (y_1-y_m)/(x_1-x_m) \cdot (a^2/b^2) \cdot (x - x_1) + y_1$.
Für Fläche A und Umfang u einer Ellipse in Normalform oder Mittelpunktsform gilt:
Ellipsenfläche: $A = \pi a b$,
Ellipsenumfang: $u \approx \pi [1{,}5 \, (a+b) - \sqrt{ab}\,]$.
Der Wert für den Umfang ist nur eine Näherung, eine exakte Formel gibt es nicht.

Bezeichnungen:
$M(0|0)$ Mittelpunkt,
$F_1(e|0), F_2(-e|0)$ Brennpunkte,
$S_1(a|0), S_2(-a|0)$ Hauptscheitelpunkte,
$S_1'(0|b), S_2'(0|-b)$ Nebenscheitelpunkte,
$\overline{S_1 S_2}$ Hauptachse,
$\overline{S_1' S_2'}$ Nebenachse,
$|\overline{S_1 S_2}| = 2a$ Länge der Hauptachse,
$|\overline{S_1' S_2'}| = 2b$ Länge der Nebenachse $(b < a)$,
$|\overline{MF_1}| = |\overline{MF_2}| = e$ Abstand der Brennpunkte vom Mittelpunkt,

$p = b^2/a$ Halbparameter (die halbe Länge einer parallel zur Nebenachse gezogenen Sehne durch einen Brennpunkt),
$P_1(x_1|y_1)$ beliebiger Punkt der Ellipse,
$|\overline{P_1 F_1}| = r_1, |\overline{P_1 F_2}| = r_2$ Abstand von P_1 zu den Brennpunkten.

Eigenschaften:
$r_1 + r_2 = 2a$ Summe der Abstände ist konstant,
$e^2 + b^2 = a^2$ gilt nach dem Satz des Pythagoras,
$e = \sqrt{a^2 - b^2} > 0$ heißt lineare Exzentrizität der Ellipse,
$\varepsilon = e/a < 1$ heißt numerische Exzentrizität der Ellipse.

Bemerkungen:
Eine der drei Größen a, b, e kann wegen $e^2 + b^2 = a^2$ aus den beiden anderen berechnet werden.
Im Falle $a = b$ „entartet" die Ellipse zu einem Kreis. Die beiden Brennpunkte F_1, F_2 fallen dann mit dem Kreismittelpunkt zusammen.

Beispiel:
Gegeben: Punkte $P_1(2|2)$, $P_2(4|1)$ einer Ellipse, Koordinatenachsen gleich Ellipsenachsen.
Gesucht: Gleichung dieser Ellipse.
Berechnung von a und b (halbe Längen der Achsen):
Koordinaten von P_1 in die Normalform $x^2/a^2 + y^2/b^2 = 1$ der Ellipsengleichung einsetzen:
$4/a^2 + 4/b^2 = 1 \Rightarrow 4b^2 + 4a^2 = a^2 b^2$.
Kooordinaten von P_2 in die Normalform einsetzen:
$16/a^2 + 1/b^2 = 1 \Rightarrow 16b^2 + a^2 = a^2 b^2$.
Gleichsetzen der Gleichungen ergibt
$4b^2 + 4a^2 = 16b^2 + a^2 \Rightarrow 3a^2 = 12b^2 \Rightarrow a^2 = 4b^2$.
Durch Einsetzen errechnet man
$4b^2 + 16b^2 = 4b^4 \Rightarrow 20b^2 = 4b^4 \Rightarrow b^2 = 5$.
Daraus ergibt sich $a^2 = 4 \cdot 5 = 20$.
Die Ellipsengleichung lautet also:
$x^2/20 + y^2/5 = 1$.
($\rightarrow$Kegelschnitt)

Ellipsenkonstruktion
(construction of an ellipse)

Es gibt etliche Konstruktionsmöglichkeiten für eine Ellipse. Eine davon ist die sogenannte Faden- oder Gärtnerkonstruktion:
Die Endpunkte eines Fadens der Länge $2a$ werden mit Hilfe zweier Pfähle an zwei Punkten F_1 und F_2 fest verankert, und zwar so, dass der Faden

nicht straff ist. Ein dritter Pfahl, der den Faden spannt und ringsum geführt wird, bewegt sich dann auf einer Ellipse.
(→Ellipse)

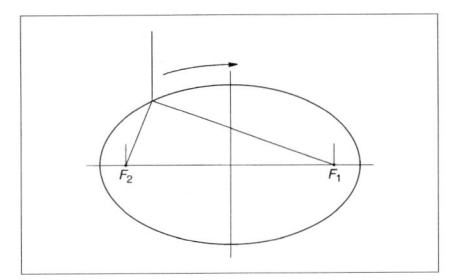

Gärtnerkonstruktion

Eloxal-Verfahren (anodizing)
→anodische Oxidation

Emissionen (emissions)
Die von Maschinen oder Anlagen ausgehenden Luftverunreinigungen (Gas, Dampf, Staub), Geräusche, Erschütterungen (Schwingungen), radioaktiven Strahlen, Wärme, Licht und ähnliche Erscheinungen mit schädlichen Auswirkungen.
(→Immissionen)

Emissionsgrad (emissivity)
Zahlenmäßige Darstellung der Wärmestrahlung (Emission) eines wirklichen Körpers im Vergleich zum absolut schwarzen Körper (schwarzer Strahler). Die thermische Ausstrahlung Q_e (Strahlungsenergie) eines grauen Strahlers (wirklicher Körper) ist geringer als die Ausstrahlung Q_s des schwarzen Strahlers ($Q_e < Q_s$). Der Emissionsgrad ε ist der Quotient aus beiden Größen ($\varepsilon = Q_e/Q_s < 1$). Für den schwarzen Strahler ist $\varepsilon = 1$. Der Emissionsgrad nennt die Absorbtionsfähigkeit und das Ausstrahlungsvermögen des angestrahlten Körpers. Rauhe und dunkle Flächen absorbieren den größten Teil der auftreffenden Strahlungsenergie und sind damit selbst entsprechend starke Strahler (ε groß). Helle und glatte Flächen zeigen nur geringe Absorbtion und Emission; hier überwiegt die Reflexion.
Beispiel: Der Emissionsgrad für eine polierte Stahlfläche beträgt $\varepsilon = 0{,}28$, d.h. 28% der auftreffenden Strahlungsenergie werden absorbiert und emittiert, 72% werden reflektiert.

Emitterschaltung
(common emitter circuit; emitter circuit)
→Transistorschaltung

EN-Werte (electronegative values)
→Elektronegativität

Enable Interrupt (EI) (enable interrupt)
Befehl zur Freigabe von Programmunterbrechungen.
(→Interrupt)

Endenergie (end-point energy)
→Energieerhaltungssatz

endotherm (endothermic)
→endotherme Reaktion

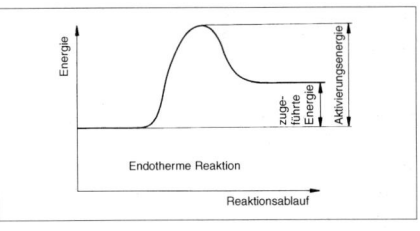

endotherme Reaktion
(endothermic reaction)
Wärmeaufnehmende Reaktion.
Symbol: $+\Delta H_R$. Pluszeichen, da die Energie des Systems durch Energiezufuhr vermehrt wird.
(→Bildungswärme)
Beispiel: Endotherme Reaktion

Endotherme Reaktion

Endstufe (power amplifier)
Teilschaltung von elektrischen Verstärkern (Ausgangsschaltung) zum Bereitstellen der erforderlichen Strom- und Spannungswerte (Leistungsstufe) zur Ansteuerung eines Verbrauchers (z.B. Lautsprecher).
(→Betriebsarten des Leistungsverstärkers)

Energie (energy)
Maß für die Fähigkeit eines Körpers, Arbeit zu verrichten (Energie = Arbeitsvermögen). Sie wird je nach Art der gespeicherten Arbeit unterteilt in elastische, potentielle, kinetische, elektrische Energie usw., oder nach Art des Systems in Arbeit (Mechanik), Energie (allgemein) und Wärme (Bewegungsenergie der Atome und Moleküle). Die SI-Einheit der Energie E ist das Joule, $1\,\text{J} = 1\,\text{kg}\,\text{m}^2/\text{s}^2$.
(→Arbeit, →Joule, →kinetische Energie, →potenzielle Energie, →Wärmemenge)

Energiearten (kinds of energy)
Kennzeichnung der Energie nach dem Ursprung des Arbeitsvermögens.
Neben der mechanischen Energie unterscheidet man z.B. Druckenergie (in einem Fluid), Atomenergie, Strahlungsenergie (von der Sonne), chemische Energie (in allen Brennstoffen), elektrische Energie. Die mechanische Energie unterteilt

man in *potentielle* Energie (Höhenlageenergie), *kinetische* Energie (Bewegungsenergie), z.B. eines fahrenden Autos, *Spannungsenergie* (Verformungsenergie) elastischer Körper, z.B. einer gespannten Feder.
Die verschiedenen Energiearten können ineinander überführt werden (Energieumwandlung, auch von Energie in mechanische, elektrische Arbeit und umgekehrt).
Beispiele: Die chemische Energie im Brennstoff wird in Wärme (Wärmeenergie) umgewandelt, ebenso die Strahlungsenergie der Sonne oder Reibarbeit (Temperatur).

Energiedosis *D* (energy dose)
Quotient aus der Strahlungsenergie E, die in einem Körper absorbiert wird und seiner Masse m: $D = E/m$ in m^2/s^2 = Gy (Gray).
(→Energie, →Gray)

Energieeinheit (energy unit)
→Joule

Energieerhaltungssatz (conservation of energy)
In einem abgeschlossenen physikalischen System ist die Energiebilanz null.
Seit über 100 Jahren bekannter und immer wieder bestätigter Erfahrungssatz, nach dem die Summe aller im Universum vorhandenen Energien erhalten (konstant) bleibt.
Energie kann weder aus nichts gewonnen werden noch geht sie verloren, sie kann nur umgewandelt werden. Die Summe aller Einzelenergien ist konstant:
$E_{ges} = E_1 + E_2 + E_3 + ... + E_n$ = konstant.
Beispiel: Ein bremsendes Fahrzeug kommt nicht durch „Vernichtung" der Bewegungsenergie zum Stillstand, sondern durch Umwandlung der Bewegungsenergie in Wärmeenergie in den Bremsen.
(→Energie)

Energieerhaltungssatz für strömende Fluide (energy theorem for flowing fluids)
→Bernoulli'sche Druckgleichung

Energieerhaltungssatz für technische Vorgänge (energy theorem related to technical processes)
Zweckmäßige Systemvorstellung des allgemeinen Energieerhaltungssatzes für spezielle technische Abläufe.
Technische Vorgänge, wie z.B. das Abbremsen eines Fahrzeugs, stellt man sich in einem abgeschlossenen System ablaufend vor. Das System ist dann von äußeren Kräften (Einflüssen) frei und es gilt: Die Energie E_E am Ende eines Vorgangs ist gleich der Energie E_A am Anfang des Vorgangs, vermehrt um die während des Vorgangs zugeführte Arbeit W_{zu} und vermindert um die während des Vorgangs abgeführte Arbeit W_{ab}. In Formelzeichen: $E_E = E_A + W_{zu} - W_{ab}$

Energiegefälle Δ*h* (energie degradation; enthalpy degradation)
In Dampfturbinen wird die potentielle Dampfdruckenergie unter Druckminderung durch düsenförmige Leiteinrichtungen (Düsen) in kinetische Energie umgesetzt.
Druckminderung von p_1 auf p_2 entspricht einer Enthalpieänderung $\Delta h = h_1 - h_2$ in kJ/kg. Das Energiegefälle Δh wird aus der Entropietafel für Wasserdampf (h,s-Diagramm) als Differenz zwischen den Drucklinien p_1 und p_2 abgelesen, beginnend mit der Temperatur t_1 und dem Druck p_1. Dampfreibung in der Düse bringt Erwärmung und Entropiezunahme. Die Enthalpiedifferenz Δh verkleinert sich um $h_r = (1 - \varphi^2) \Delta h$ (Düsenreibzahl $\varphi = 0,93 ... 0,98$). Nutzgefälle: $\Delta h_c = \varphi^2 \Delta h$.
(→Dampfturbinen, →Düsen, →Enthalpie, →kinetische Energie)

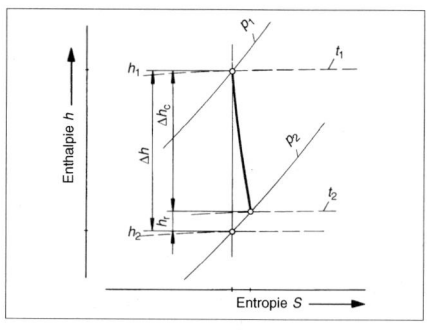

Energiegefälle

Energieminimum (energy minimum)
→Ursachen chemischer Reaktionen

Energieniveaus (energy level)
Energieinhalte eines Elektrons in der Atomhülle.
(→Bohrsches Atommodell, →Hauptniveau)

Energiesatz (energy theorem)
→Energieerhaltungssatz

Energieumwandlung (energy conversion)
→Energiearten

Energiezustand der Atome (atomic state)
→Bohrsches Atommodell

Enor-Getriebe (Enor drive)
→Forst-Enor-Getriebe

entarteter Kreis (degenerate circle)
Kreis mit dem Radius $r = 0$.
($\rightarrow$Kreis)

entartetes Dreieck (degenerate triangle)
Dreieck mit Flächeninhalt Null.
Bei einem entarteten Dreieck liegen alle drei Eckpunkte auf einer Gerade.
($\rightarrow$Dreieck)

Enter-Taste (enter key)
$\rightarrow$Eingabetaste

Entgratroboter (trimming robot)
Prozessroboter zur automatisierten Säuberung von Werkstückkanten.
Ein Industrieroboter führt
a) eine Schleifspindel, einen Miniaturbandschleifer oder ein Entgratwerkzeug entlang einer programmierten Bahn oder entlang der Kontur eines Werkstückes.
b) ein Werkstück an einer Entgrateinrichtung (Bearbeitungsmaschine, z.B. stationärer Bandschleifer). Die erforderliche Andruckkraft zwischen Werkzeug und Werkstück kann dabei über Kraftsensoren überwacht werden. Optische Sensoren überprüfen die Sauberkeit der Werkstückkanten.
($\rightarrow$Industrieroboter, $\rightarrow$Prozessroboter, $\rightarrow$Robotersensorik)

Enthalpie (enthalpy)
Energieinhalt eines Gases, der die innere Energie und die an die Umgebung abgegebene und dort gespeicherte isobare Volumenänderungsarbeit (äußere Arbeit) erfasst.
Die Enthalpie H in J ist die Summe aus innerer Energie U und der Volumenänderungsarbeit $p \cdot V$ bei konstantem Druck ($H = U + p \cdot V$).

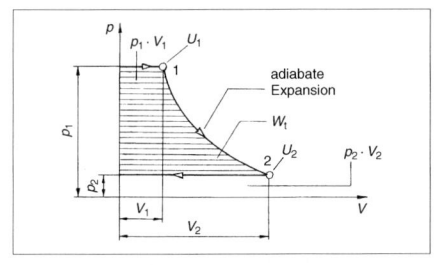

Technische Arbeit als Enthalpieänderung

Die Enthalpie wird meist auf $\vartheta = 0\,°C$ bezogen ($H = m \cdot c_p \cdot \vartheta$). Wärmetechnisch wichtiger als die Größe H ist die Änderung der Enthalpie (ΔH) während einer Zustandsänderung. Bei fortlaufendem Arbeitsgewinn in einer verlustfrei arbeitenden Wärmekraftmaschine mit adiabater Expansion ist die technische Arbeit W_t als Enthalpieänderung ΔH darstellbar:
$W_t = p_1 \cdot V_1 + U_1 - p_2 \cdot V_2 - U_2 = H_1 - H_2 = \Delta H$.
Bei der Drosselung gasförmiger Arbeitsstoffe ist die Enthalpie konstant (Isenthalpe).
($\rightarrow$spezifische Enthalpie)

Entkohlung (decarburizing)
Unerwünschte Absenkung des C-Gehaltes in der Randzone von härtbaren Stählen durch oxidierende Glühatmosphäre.
Ergibt geringere Randhärte und Dauerfestigkeit (z.B. bei Federn). Verbesserung durch nachträgliches Verfestigungsstrahlen ist möglich. Vorbeugung durch Wärmen in Schutzgas.

Entlohnung (remuneration)
$\rightarrow$Arbeitsentgelt

Entnahmeturbine (pass-out turbine)
Dampfturbinen-Bauart, bei der vor dem Mittel- und Niederdruckteil der Turbinenanlage Dampfströmung für andere industrielle Zwecke druckgeregelt entnommen wird.
($\rightarrow$Dampfturbinen)

Entropie (entropy)
Kalorische Zustandsgröße nach Rudolf Clausius (1822–1888) für die Bewertung der Nichtumkehrbarkeit (Irreversibilität) von Zustandsänderungen und Prozessen.
Die Entropie S (Umwandlungsfaktor) in J/K ermöglicht die Darstellung einer zu- oder abgeführten Wärme Q als Produkt einer Intensitätsgröße (mittlere Temperatur T_m) und einer Kapazitätsgröße (Entropie S). Damit erscheint Wärmeenergie im T, S-Diagramm (Wärmediagramm) als Fläche unter der Linie der Zustandsänderung ($Q = T_m \cdot \Delta S$).

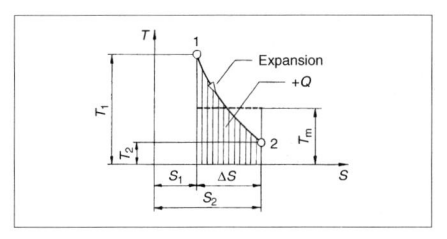

T,S-Diagramm (polytrope Expansion mit Wärmezufuhr)

Die Entropie wird meist auf $\vartheta = 0\,°C$ bezogen. Wärmetechnisch wichtiger als die Größe S ist die Änderung der Entropie während einer Zustandsänderung: $\Delta S = S_2 - S_1 = Q/T_m$. Wird einem System Wärme zugeführt ($+Q$), so nimmt die Entropie zu ($+\Delta S$).

Entropiemaximum 120

Bei Wärmeabfuhr ($-Q$) wird die Entropie kleiner ($-\Delta S$). Bei umkehrbaren (reversiblen) Zustandsänderungen ist die Entropie nach erfolgter Umkehrung unverändert ($\Delta S = 0$).
(→spezifische Entropie)

Entropiemaximum (entropy maximum)
→Ursachen chemischer Reaktionen

Epoxidharze EP (epoxy resins)
Gering schrumpfende, kalt- und warmhärtende Harze mit vielen Sorten, von zäh bis hart und solche mit hoher Wärmebeständigkeit (240 °C). Mit guten elektrischen Isoliereigenschaften und Haftung auf anderen Stoffen (Kleber).
Anwendung: Matrix (Laminierharz) für Faserverbundwerkstoffe mit hoher Reißlänge. Mit Füllstoffen für Kopiermodelle, Lehren und Formwerkzeuge für weiche Metalle und Polymere, Zweikomponentenkleber.

EPROM
(**E**rasable **P**rogrammable **R**ead **O**nly **M**emory)
Festwertspeicher, dessen Programmierung durch eigene Programmiergeräte erfolgt und der vollständig nur mit ultraviolettem (UV) Licht gelöscht werden kann.
(→PROM, →RAM, →ROM)

Erdbeschleunigung
(accleration due to gravity)
→Fallbeschleunigung

Ergebnis (result; issue; outcome; upshot)
Begriff aus der kurzfristigen Erfolgsrechnung. Monatliche oder quartalsweise Gegenüberstellung von Ertrag und Aufwand in einer Gewinn- und Verlustrechnung: Ertrag > Aufwand = Gewinn, Ertrag < Aufwand = Verlust.

Erholungszeit (recovery time)
Das Unterbrechen einer Tätigkeit zum Abbau der tätigkeitsbedingten Arbeitsermüdung, d.h. die zur Reproduktion der geistigen und körperlichen Spannkraft benötigte Zeit.
Notwendig zur Erreichung der Normalleistung. Teil der im Arbeitsstudium definierten Zeit je Einheit (te).

Erlöse (proceeds)
Geldlicher Gegenwert aus verkauften Leistungen.

Erosion (erosion)
Verschleißart mit Materialabtrag durch Feststoffteilchen, die von strömenden Gasen oder Flüssigkeiten mitgeführt werden.

Erosionskorrosion (erosion-corrosion)
Fortschreitende Korrosion, bei der die Erosion das Entstehen von Schutzschichten verhindert.

Ersatzkraft (resultant force)
Bezeichnung der Resultierenden F_r, mit der deutlich gemacht werden soll, dass die resultierende Kraft die gleiche Wirkung auf den Körper hat wie das gesamte Kräftesystem.
(→Kräfteparallelogramm)

Ersatzschaltplan (equivalent circuit diagram)
→elektrisches Ersatzschaltbild

Erstarrung (solidification)
Glasige Erstarrung bedeutet die Zunahme der Viskosität mit sinkender Temperatur, ohne dass eine flüssige und feste Phase nebeneinander existieren.
Beispiel: Gläser, amorphe Kunststoffe, Teer. Metalle können durch ultraschnelle Abkühlung in dünnen Bändern oder Fasern auch amorph erstarren (metallische Gläser).
(→Kristallisation)

Erstarrungspunkt (solidification point)
→Haltepunkt

Erster Hauptsatz (first law of thermodynamics)
Thermodynamisches Axiom über die Gleichwertigkeit von Wärme und Arbeit (z.B. bei der Energieumwandlung in Wärmekraftmaschinen) von Robert Mayer (1814–1878) und James Prescott Joule (1818–1889): Wärme ist eine Energieform. Sie kann aus mechanischer Arbeit erzeugt und in solche umgewandelt werden.
In einem geschlossenen thermodynamischen System (abgeschlossene Gasmenge) entspricht die zu- oder abgeführte Wärme Q der Summe aus verrichteter Volumenänderungsarbeit W und der Änderung der inneren Energie $\Delta U (Q = W + \Delta U)$.
Technisch wichtig ist die erweiterte Formulierung, nach der Wärme in mechanische und elektrische Arbeit umgewandelt und umgekehrt aus mechanischer und elektrischer Arbeit auch Wärme erzeugt werden kann. Dabei besitzen mechanische, thermische und elektrische Energie stets gleiche Zahlenwerte: 1 Nm (Newtonmeter) = 1 J (Joule) = 1 Ws (Wattsekunde).

Ertrag (yield; proceeds; profit)
Die einer Unternehmung zugerechneten Wertezugänge bei der Produktion von Gütern oder Dienstleistungen in einer Periode.

Erweitern (extend)
Multiplizieren sowohl des Zählers a als auch des Nenners b eines Bruches a/b mit derselben Zahl c, $c \neq 0$:
$$\frac{a}{b} = \frac{a \cdot c}{b \cdot c}$$
Beispiel: $\frac{3}{4} = \frac{3 \cdot 5}{4 \cdot 5} = \frac{15}{20}$
($\rightarrow$Kürzen)

Erweiterungssatz (widening rule)
Eine der statischen Grundoperationen, nach der einem Kräftesystem beliebig viele Kräfte hinzugefügt oder weggenommen werden können, wenn sie sich das Gleichgewicht halten, d.h., wenn sie gleich groß und gegensinnig sind und auf einer gemeinsamen Wirklinie liegen.

Erzeugnisgestaltung (product design)
Schrittweises Erarbeiten des vollständigen Produkts mit permanenter Überprüfung, ob die Kriterien der Anforderungsliste erfüllt werden können.

ESC-Taste (escape key)
Engl.: ESCape, die Flucht; beendet meistens den augenblicklichen Vorgang.
Beispiel: Ein Programm liefert einen Fehlerhinweis, der zur Kenntnis genommen werden muß. Nach dem Lesen beendet (flüchtet) der Anwender aus diesem Hinweis in sein laufendes Programm.

Ethernet (ethernet)
Netzwerksystem mit einer theoretischen Übertragungsrate von 10/1000 Mbit/Sek.
Die Übertragungsrate wird durch Datenkollisionen deutlich herabgesetzt. Preiswerte Netzvariante.

Euklid, Satz des (Euclid's theorem)
In einem rechtwinkligen Dreieck ist das Quadrat über einer Kathete gleich dem Rechteck aus Hypotenuse und Hypotenusenabschnitt (Kathetensatz).
($\rightarrow$Kathetensatz)

Eulerhyperbel (Euler hyperbola)
In der Festigkeitslehre verbreitete graphische Darstellung der linear abfallenden Tetmajergleichung (Tetmajergerade) für unelastische Knickung und der hyperbolisch verlaufenden Eulergleichung für elastische Knickung (Eulerhyperbel).
Über dem Schlankheitsgrad λ ist die Knickspannung σ_K aufgetragen. Die Senkrechte über dem Grenzschlankheitsgrad λ_0 trennt die Bereiche unelastische (Tetmajer) und elastische Knickung (Euler) voneinander ab. Koordinaten des Schnittpunkts beider Graphen sind Grenzschlankheitsgrad λ_0 und Proportionalitätsgrenze σ_{dP} des Werkstoffs. Dargestellt ist S235JR mit $\lambda_0 = 104$ und $\sigma_{dP} = 190$ N/mm^2.
($\rightarrow$Knickung)

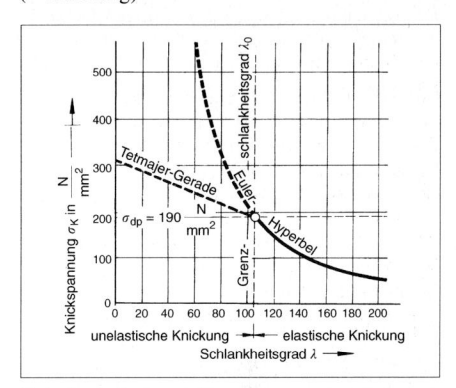

Eulerhyperbel und Tetmajergerade mit Grenzschlankheitsgrad λ_0

Euler'sche Formel (Euler's formula)
Formel für komplexe Zahlen z, die die Exponentialfunktion und die trigonometrischen Funktionen miteinander verknüpft (nach dem Schweizer Mathematiker Leonhard Euler, 1707–1783):
$e^{jz} = \cos z + j \sin z$ mit der imaginären Einheit $j = \sqrt{-1}$.
Für reelle Zahlen x gilt $e^{jx} = \cos x + j \sin x$.
Beispiel: Für $x = \pi/3$ ergibt sich
$e^{j\pi/3} = \cos(\pi/3) + j \sin(\pi/3) = 1/2 + (\sqrt{3}/2) j$.
($\rightarrow$komplexe Zahl)

Euler'sche Knickungsgleichung
(Euler's buckling equation)
$\rightarrow$Knickung

Euler'sche Zahl e (Euler number)
Grenzwert der Folge $\left(1 + \frac{1}{n}\right)^n$, bezeichnet nach dem schweizerischen Mathematiker Leonhard Euler (1707–1783):
$e = \lim\limits_{n \to \infty} \left(1 + \frac{1}{n}\right)^n = 2{,}7182818284\ldots$
e ist eine irrationale Zahl, sie ist Basis der natürlichen Logarithmen.
($\rightarrow$Folge)

Euler'scher Polyedersatz
(Euler's theorem on polyhedrons)
Für ein konvexes Polyeder gilt: $e + f = k + 2$.
Darin sind e die Anzahl der Ecken, k die Anzahl der Kanten und f die Anzahl der Flächen des Polyeders (Name nach dem schweizerischen Mathematiker Leonhard Euler, 1707–1783).
($\rightarrow$Polyeder)

Eutektikum (eutectic structure)
Gefügebestandteil von Legierungen eines eutektischen Systems.
Besteht aus einem meist feinkörnigen Gemenge von zwei (oder mehr) Kristallarten, die mit Unterkühlung am eutektischen Punkt gleichzeitig kristallisieren.

Eutektisches System (eutectic alloy system)
Legierungssystem mit Komponenten, die im festen Zustand wenig löslich sind.
Das tritt bei starken Unterschieden in Gittertyp, Atomdurchmesser, Wertigkeit oder der chemischen Beständigkeit auf. Kennzeichen ist eine v-förmige Liquidus-Linie im Zustandsschaubild und eine Legierung bestimmter Konzentration mit einem tiefsten Schmelz- bzw. Erstarrungspunkt, dem eutektischen Punkt. Legierungen dieser Art sind gute Gusslegierungen. Mehrfacheutektika mit Schmelztemperaturen von 60 °C für z.b. Schmelzsicherungen und Modellabgüsse.
Beispiele: Gusseisen, Zn-Druckguss ZnAl4, Al-Guss AC-Al Si12, Lötzinn SnPb 40.
(→Eisen-Kohlenstoff-Diagramm, →Zustandsschaubild)

Eutektoid (eutectoid)
Kristallgemisch, das beim Zerfall eines Mischkristalls im festen Zustand entsteht und der Entstehung eines Eutektikums ähnelt.
Beispiel: Perlit ist das Eutektoid des Systems Fe-C. Es entsteht durch den Austenitzerfall.

Evolute (evolute)
Der geometrische Ort der Mittelpunkte aller Krümmungskreise einer ebenen Kurve.
(→Evolvente, →Krümmung)

Evolvente (evolvent)
Die Evolventen einer ebenen Kurve sind die rechtwinklig schneidenden Kurven der Tangenten an die Ausgangskurve.
Liegt auf einer Kurve ein Faden, der an einem Ende an einem Punkt der Kurve befestigt ist, und wickelt man den straff gehaltenen Faden von der Kurve ab, so beschreibt der andere Endpunkt des Fadens eine Evolvente der Ausgangskurve.
Jede Kurve ist Evolute jeder ihrer Evolventen. Umgekehrt ist jede Kurve eine Evolvente ihrer Evolute.
(→Evolute, →Kreisevolvente)

Evolventenverzahnung (involute toothing)
Genormte Zahnform mit Zahnflanken, die im Normalschnitt Evolventenform haben.
(→Verzahnungsarten, →Zahnradgrößen)

Exa E (exa)
Vorsatzsilbe, die das Trillionenfache (10^{12}) der Einheit bezeichnet.
(→Vorsatzzeichen)

Exergie (exergy)
Teil der Energie, der im günstigsten Fall in Nutzarbeit umgewandelt werden kann.
Nach dem zweiten Hauptsatz setzt der Gewinn mechanischer Nutzarbeit die Zufuhr von Wärme bei möglichst hoher Temperatur T_o und eine Wärmeabfuhr bei möglichst niedriger Temperatur T_u voraus. Die maximale Arbeitsfähigkeit ist erreicht, wenn die Abwärme bei Umgebungstemperatur abgeführt wird ($T_u = T_{amb}$). Die dann noch vorhandene Energie ist nicht mehr umwandelbar und daher im Sinne einer Erzeugung mechanischer Nutzarbeit wertlos. Sie wird als Anergie bezeichnet. Die umwandelbare Wärme zwischen T_o und $T_u = T_{amb}$ wird Exergie genannt.
Der Umgebungszustand (Umgebungstemperatur T_{amb}) bildet die Grenze zwischen Exergie und Anergie.

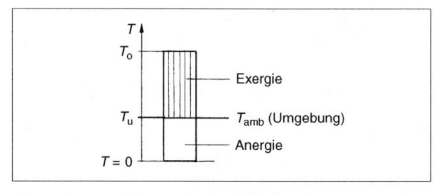

Exergie und Anergie im Säulendiagramm (unmaßstäblich)

Exklusiv-ODER (exclusive-OR)
Logische Verknüpfung von zwei Eingangsgrößen zu einer Ausgangsgröße (Bild S. 123).
Die Exklusiv-ODER-Funktion nimmt dann den logischen Wert 1 an, wenn eine Eingangsgröße den logischen Wert 0, die andere den Wert 1 hat. Haben beide Eingangsgrößen den gleichen Wert (0 bzw. 1), ergibt die Funktion logisch 0.
(→logische Verknüpfung)

Exoskelett (exoskeleton)
Hilfsvorrichtung zur Roboterprogrammierung.
Ein an den menschlichen Körper anlegbarer, beweglicher und mit Sensoren ausgestatteter Mechanismus zum Abnehmen der Bewegung an den Gelenken des Menschen. Die Signale werden zum Programmieren (teachen) eines Roboters nach dem Master-Slave-Prinzip verwendet.
(→Industrieroboter, →Master-Slave-System, →Roboter, →Teach-In-Roboterprogrammierung)

exotherm (exothermic)
→exotherme Reaktion

b_1	b_2	h
0	0	0
1	0	1
0	1	1
1	1	0

Schaltskizze

Symbol Antivalenz (Exklusiv-ODER) Funktion

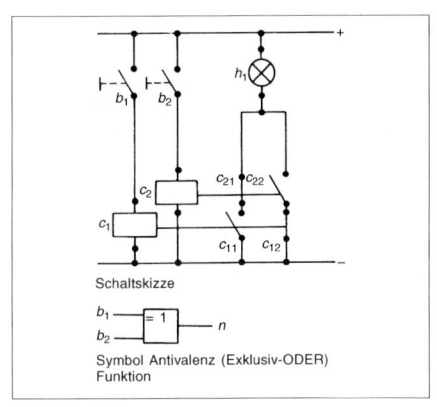

Technische Realisierung einer Exklusiv-ODER-Funktion

exotherme Reaktion (exothermic reaction)
Wärmeabgebende Reaktion.
Symbol: $-\Delta H_R$. Minuszeichen, da die Energie des Systems durch Energieabgabe verringert wird.
(→Bildungswärme)

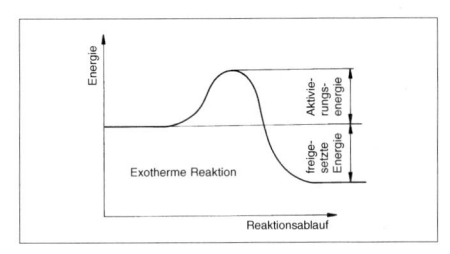

Exotherme Reaktion

Experimentierroboter (experimental robot)
Roboter, der zum Zweck der Forschung und zur Erprobung neuer Baugruppen oder Sensorsysteme betrieben wird.
(→Roboter, →Robotersensorik)

explizite Darstellung, explizite Funktion (explicit function)
Darstellung einer Funktion in der Form $y = f(x)$, andere Formen sind implizite Darstellung und Parameterdarstellung.

Beispiel: $y = \sqrt{1-x^2}$, $D = [-1, 1]$, $y \geq 0$ (obere Hälfte des Einheitskreises mit dem Mittelpunkt im Koordinatenursprung).
(→Funktion, →implizite Darstellung, →Parameterdarstellung)

Exponent (exponent)
→Potenz

Exponentialform der komplexen Zahlen (exponential form of complex numbers)
Darstellung einer komplexen Zahl z in der Form $z = r \cdot e^{j\varphi}$, wobei r der Modul und φ das Argument der komplexen Zahl sind.
Andere Formen sind algebraische Form und trigonometrische Form der komplexen Zahlen.
Für das Produkt und den Quotienten zweier komplexer Zahlen $z_1 = r_1 \cdot e^{j\varphi_1}$ und $z_2 = r_2 \cdot e^{j\varphi_2}$ ergibt sich
$z_1 \cdot z_2 = r_1 \cdot e^{j\varphi_1} \cdot r_2 \cdot e^{j\varphi_2} = r_1 \cdot r_2 \cdot e^{j(\varphi_1 + \varphi_2)}$,
$z_1/z_2 = (r_1/r_2) \cdot (e^{j\varphi_1}/e^{j\varphi_2}) = (r_1/r_2) \cdot e^{j(\varphi_1 - \varphi_2)}$
$(z_2 \neq 0)$.
Mit der Eulerschen Formel $e^{jx} = \cos x + j \sin x$ erhält man aus der Exponentialform die trigonometrische Form der komplexen Zahlen:
$z = r \cdot e^{j\varphi} = r (\cos \varphi + j \sin \varphi)$.
Beispiel:
$z = 2 e^{j\pi/3}$ (Exponentialform)
$= 2(\cos(\pi/3) + j \sin(\pi/3))$ (trigonometrische Form)
$= 2(1/2 + (\sqrt{3}/2)j) = 1 + \sqrt{3}j$ (algebraische Form)
(→algebraische Form der komplexen Zahlen, →komplexe Zahl, →trigonometrische Form der komplexen Zahlen)

Exponentialfunktion (exponential function)
Funktion der Gestalt $y = a^x$, $a \in \mathbb{R}^+$.
Für $a = e$ mit der Eulerschen Zahl e ergibt sich die natürliche Exponentialfunktion oder e-Funktion, sie wird häufig als *die* Exponentialfunktion bezeichnet. Diese Funktion spielt bei vielen Wachstumsprozessen eine wichtige Rolle.
Die Funktionen $y = a^x$, $a \in \mathbb{R}^+$ haben als Definitionsbereich $D = \mathbb{R}$ und als Bildmenge $W = f(D) = \mathbb{R}^+$ (für $a \neq 1$), alle Funktionswerte sind also positiv.
Für $a > 1$ ist $y = a^x$ streng monoton wachsend mit $\lim_{x \to -\infty} a^x = 0$, $\lim_{x \to \infty} a^x = \infty$, die (negative) x-Achse ist also Asymptote. Für $0 < a < 1$ ist $y = a^x$ streng monoton fallend mit $\lim_{x \to -\infty} a^x = \infty$, $\lim_{x \to \infty} a^x = 0$, die (positive) x-Achse ist Asymptote.

Exponentialgleichung

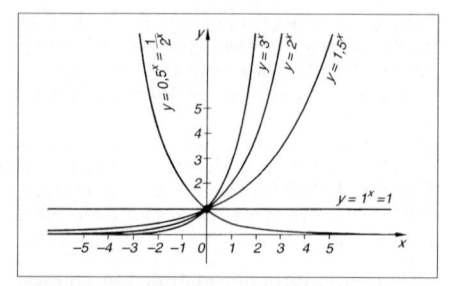

Graphen von Exponentialfunktionen

Die Exponentialfunktionen $y = a^x$, $a > 0$ können dargestellt werden in der Form
$$y = a^x = e^{\ln(a^x)} = e^{x \cdot \ln a}.$$
Für $a \neq 1$ ist die Logarithmusfunktion $y = \log_a x$ die Umkehrfunktion von $y = a^x$. Die Umkehrfunktion der e-Funktion ist die natürliche Logarithmusfunktion $y = \ln x$.

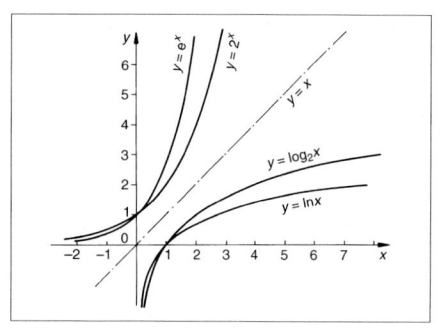

Graphen von Exponentialfunktionen und ihren Umkehrfunktionen

Ableitungen der Exponentialfunktionen:
$$y = a^x \Rightarrow y' = a^x \cdot \ln a,$$
$$y^{(n)} = a^x \cdot (\ln a)^n \quad \text{für } n = 1, 2, 3, \ldots$$
$$y = e^x \Rightarrow y' = e^x, y^{(n)} = e^x \quad \text{für } n = 1, 2, 3, \ldots$$
Unbestimmte Integrale der Exponentialfunktionen:
$$\int a^x dx = \frac{1}{\ln a} \cdot a^x + C, \int e^x dx = e^x + C.$$
(→Funktion, →Logarithmusfunktion)

Exponentialgleichung
(exponential equation)
Gleichung, in der die Variable (auch) im Exponenten einer Potenz steht.
Viele Exponentialgleichungen können mit Hilfe der Potenzrechnung und durch Logarithmieren zu einer beliebigen Basis oder durch Überführung in eine algebraische Gleichung mit Hilfe einer geeigneten Substitution und anschließendem Logarithmieren gelöst werden.

Die Exponentialgleichung $a \cdot b^x = c$ geht durch Logarithmieren über in $\log a + x \cdot \log b = \log c$, woraus sich für $b \neq 1$ die Lösung $x = (\log c - \log a)/\log b$ ergibt.
Die Exponentialgleichung
$$a_n b^{nx} + a_{n-1} b^{(n-1)x} + \ldots + a_2 b^{2x} + a_1 b^x + a_0 = 0$$
geht mit Hilfe der Substitution $y = b^x$ über in die algebraische Gleichung
$$a_n y^n + a_{n-1} y^{n-1} + \ldots + a_2 y^2 + a_1 y + a_0 = 0.$$
Ist $y > 0$ eine reelle Lösung dieser Gleichung, so ist $x = \log y / \log b$ eine Lösung der Exponentialgleichung.
Beispiel: $3^x = 4^{x-2} \cdot 2^x$
Logarithmieren zu einer beliebigen Basis ergibt
$x \log 3 = (x - 2) \log 4 + x \log 2$.
Auflösen nach x gibt die Lösung
$x = 2 \log 4 / (\log 4 - \log 3 + \log 2) =$
$= 4 \log 2 / (3 \log 2 - \log 3) \approx 2{,}826780$.
Bei der letzten Umformung wurde $\log 4 = 2 \log 2$ gesetzt.
(→Logarithmus, →Potenz)

extensive Größe (extensive quantity)
Physikalische Größe, die proportional zur Masse oder Teilchenzahl ist.
Teilchenzahl und Masse sind damit auch extensive Größen.
Beispiele: Volumen, Energie oder Impuls.
(→intensive Größe, →physikalische Größe)

Extremum (extremum)
Funktionswert $f(a)$ einer Funktion $y = f(x)$, der ein relatives Minimum oder ein relatives Maximum ist.
Statt Extremum sagt man auch relatives Extremum oder auch Extremwert.
Eine notwendige Bedingung dafür, dass die Funktion $y = f(x)$ an der Stelle $x = a$ ein relatives Extremum besitzt, ist das Verschwinden der Ableitung an dieser Stelle, also $f'(a) = 0$ (falls sie existiert). Zur Bestimmung der relativen Extrema müssen alle x berechnet werden, die die Gleichung $f'(x) = 0$ erfüllen.
$f(a)$ ist ein relatives Extremum, wenn $f'(a) = 0$ und $f''(a) \neq 0$ gilt oder wenn $f'(a) = f''(a) = 0$ gilt und es ein gerades n gibt, so daß $f'(a) = f''(a) = \ldots = f^{(n-1)}(a) = 0$, $f^{(n)}(a) \neq 0$ (n gerade).
Ein Extremum liegt also vor, wenn die erste an der Stelle a von Null verschiedene Ableitung von gerader Ordnung ist.
Dieses relative Extremum ist ein relatives Minimum, wenn im ersten Fall $f''(a) > 0$ und im zweiten Fall $f^{(n)}(a) > 0$ gilt. Das relative Extremum ist ein relatives Maximum, wenn im ersten Fall $f''(a) < 0$ und im zweiten Fall $f^{(n)}(a) < 0$ gilt.

Geometrisch bedeutet $f'(a) = 0$, dass die Tangente an die Kurve der Funktion im Punkt $P(a|f(a))$ waagerecht, also parallel zur x-Achse, verläuft.

Beispiele:
1. $f(x) = x^2$
   $f'(x) = 2x, f''(x) = 2$
   $f'(x) = 0 \Rightarrow x = 0, f''(0) = 2 > 0 \Rightarrow$
   $f(0) = 0$ ist ein relatives Minimum von
   $y = f(x)$.
2. $f(x) = -x^4 + 1$
   $f'(x) = -4x^3, f''(x) = -12x^2,$
   $f'''(x) = -24x, f^{(4)}(x) = -24$
   $f'(x) = 0 \Rightarrow x = 0, f''(0) = f'''(0) = 0,$
   $f^{(4)}(0) = -24 < 0 \Rightarrow$
   $f(0) = 0$ ist ein relatives Maximum von
   $y = f(x)$.

(→Maximum, →Minimum, →Sattelpunkt, →Wendepunkt)

Extremwert (extremum)
→Extremum

Extrusion (extrusion forming)
Kontinuierliches Urformverfahren für Polymere zu Profilen, Platten und Folien, auch zur Ummantelung von Drähten, Kabeln und Rohren.
Das Polymer (Granulat oder Pulver) wird in Extrudern mit Hilfe rotierender Schnecken in beheizten Zylindern erwärmt, zu einer homogenen Schmelze plastifiziert und durch eine Düse mit dem gewünschten Profil gedrückt (extrudiert).
(→Spritzgießen)

Exzenterpresse (eccentric press)
Presse, deren Stößel durch einen zur Hubveränderung verstellbaren Exzenter angetrieben wird.

exzentrischer Stoß (off-centre impact)
→Stoß

Exzentrizität (eccentricity)
→lineare Exzentrizität, →numerische Exzentrizität

F

Fachwerk (framework)
Tragkonstruktion aus Profilstäben, die Massivträger bei geringerem Werkstoffaufwand ersetzt. Die Profilstäbe werden als Zweigelenkstäbe angesehen und über Knotenbleche miteinander verbunden (genietet, geschraubt oder geschweißt). Als Zweigelenkstäbe können sie nur Zug- oder Druckkräfte aufnehmen („Zugstäbe", „Druckstäbe"). Einfachstes Fachwerk ist der Dreiecksverband mit 3 „Stäben" und 3 „Knoten". Das Dreieck ist die einfachste „starre" Figur, deshalb schließt man weitere Stäbe in gleicher Weise an. (→Nullstab)

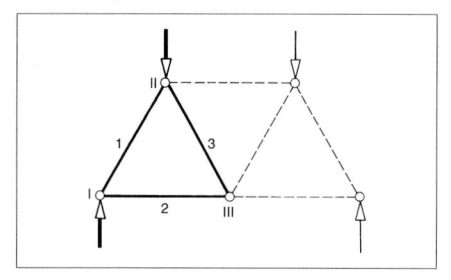

Aufbau eines Fachwerks aus Dreiecksverbänden

Fadenkonstruktion einer Ellipse
(string construction of an ellipse)
→Ellipsenkonstruktion

Fadenkonstruktion einer Hyperbel
(string construction of a hyperbola)
→Hyperbelkonstruktion

Fadenkonstruktion einer Parabel
(string construction of a parabola)
→Parabelkonstruktion

FAG-Hydrolager (FAG hydrobearing)
Ausdehnungsgleitlager mit einer nicht geschlossenen kegeligen Lauffläche, die aus mehreren Gleitkufen gebildet wird.
Wird durch Federdruck vorgespannt und behält dadurch auch bei Erwärmung konstantes, sehr enges radiales und axiales Lagerspiel. Für Spindellagerungen in Werkzeugmaschinen.

Fahrantriebe (power drives)
In der Fördertechnik komplette Funktionseinheiten für Krane und Laufkatzen, die aus Laufrollen mit Lagerung, Antriebsmotor und Antriebsgetriebe bestehen.

Fahrenheit-Skala (Fahrenheit scale)
Temperaturskala der relativen Fahrenheit-Temperatur mit positiven und negativen Zahlenwerten. Skalennullpunkt ist der Erstarrungspunkt einer Kältemischung (Salzlösung aus Ammoniumchlorid und Wasser).
Die Skaleneinheit ist 1 Grad Fahrenheit = 1 °F (Gabriel Daniel Fahrenheit, 1686–1736). Die Fahrenheit-Skala unterteilt den Temperaturbereich zwischen Eispunkt und Siedepunkt des Wassers bei $p = 1{,}01325$ bar (Normdruck) in 180 Temperatureinheiten (180 Grad Fahrenheit). Fahrenheit-Temperaturen ϑ_F in °F können in Celsius-Temperaturen ϑ in °C umgerechnet werden mit $\vartheta = 5\,(\vartheta_F - 32)/9$.

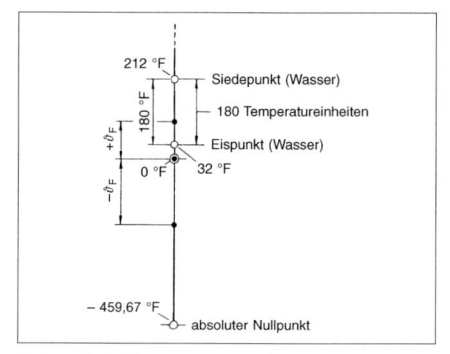

Fahrenheit-Temperaturskala

fahrerloses Transportsystem, FTS
(automated guided vehicle system)
Innerbetriebliches, flurgebundenes Fördersystem mit automatisch geführten Fahrzeugen (VDI 2510). Das FTS besteht aus: a) fahrerlosen Transportfahrzeugen (FTF), b) einer Bodenanlage (Navigations- und Kommunikationseinrichtungen) und c) einer Steuerung.
Fahrerlose Transportfahrzeuge haben einen eigenen Antrieb und sind mit oder ohne Ladehilfsmittel zur Übernahme von Gütern ausgerüstet. Sie werden spurgebunden oder spurungebunden automatisch geführt und gesteuert zum Ziehen/Schieben, Tragen/Heben/Stapeln/Einlagern von Transportgut.

Fahrwerkbremse
(undercarriage wheel brake)
Bremse, z.B. Backenbremse, bei der die Bremswirkung in beiden Drehrichtungen gleich groß ist.

Wird bei der Backenbremse erreicht, wenn der Drehpunkt D des Bremshebels tangential zur Bremsscheibe liegt (auf der Wirklinie der tangential an der Bremsscheibe angreifenden Reibkraft F_R). Dadurch sind Bremskraft $F = F_N l_1 / l$ und Bremsmoment $M = F l \mu r / l_1$ in beiden Drehrichtungen gleich groß.

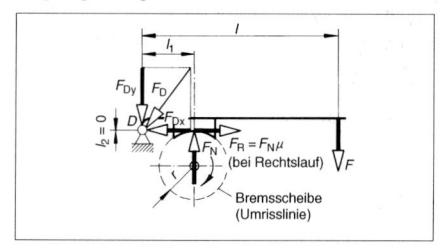

Backenbremse mit tangentialem Drehpunkt D

Fahrwiderstand F_w
(resistance to vehicular motion)
Kraft, die zum Fortbewegen eines Fahrzeugs auf ebener Bahn mit konstanter Geschwindigkeit erforderlich ist, um den Rollwiderstand an den Rädern und den Widerstand durch Lagerreibung zu überwinden.
Wird berechnet mit der durch Versuche ermittelten Fahrwiderstandszahl μ_f :
$$F_w = F_N \mu_f$$
(μ_f = 0,0025 für Eisenbahnen, 0,005 für Straßenbahnen mit Wälzlagern, 0,025 für Kraftfahrzeuge auf Asphalt).
Die Normalkraft F_N ist bei horizontaler Bahn gleich der Gewichtskraft F_G des Fahrzeugs, die erforderliche Zugkraft F_z ist gleich dem Fahrwiderstand $F_w = F_G \mu_f = F_z$ (ohne Luftwiderstand). Bei geneigter Fahrbahn muss die Zugkraft F_z auch die Hangabtriebskraft $F_a = F_G \sin\alpha$ überwinden, bei höheren Geschwindigkeiten zusätzlich noch den Luftwiderstand $F_w = c_w \rho_L A_p v^2 / 2$ mit dem Luftwiderstandsbeiwert c_w (0,3 bis 0,4 für Pkw), der Luftdichte ρ_L in kg/m³ (1,19 kg/m³ bei 20 °C und 1000 mbar Luftdruck), dem Anströmquerschnitt A_p (Projektionsfläche) in m² und der Fahrzeuggeschwindigkeit v in m/s.

Faktor (factor)
→Produkt

Faktor eines Polynoms
(factor of a polynomial)
Ist $P_n(x) = f(x) = a_n x^n + a_{n-1} x^{n-1} + \ldots + a_2 x^2 + a_1 x + a_0$ ein Polynom n-ten Grades und $P_m(x) = g(x) = b_m x^m + b_{m-1} x^{m-1} + \ldots + b_2 x^2 + b_1 x + b_0$ ein Polynom m-ten Grades ($m < n$) mit $f(x) = g(x) \cdot h(x)$, wobei $h(x)$ ebenfalls ein Polynom ist, dann heißt $g(x)$ Faktor des Polynoms $P_n(x) = f(x)$ oder genauer Faktor m-ten Grades.

Für $m = 1$ heißt $g(x)$ linearer Faktor, für $m = 2$ quadratischer Faktor, für $m = 3$ kubischer Faktor.
Beispiel:
$f(x) = x^3 - 3x^2 + x - 3 = (x - 3)(x^2 + 1)$
Es ist $g(x) = x - 3$ ein linearer Faktor und $h(x) = x^2 + 1$ ein quadratischer Faktor von $f(x) = x^3 - 3x^2 + x - 3$.
(→Nullstellen eines Polynoms)

Fakultät (factorial)
Für eine natürliche Zahl $n \in \mathbb{N}^*$ ist $n!$ (gesprochen: n Fakultät) definiert als das Produkt der ersten n von Null verschiedenen natürlichen Zahlen:
$n! = 1 \cdot 2 \cdot 3 \cdot \ldots \cdot n$.
Außerdem wird $0! = 1$ gesetzt.
Beispiel: $6! = 1 \cdot 2 \cdot 3 \cdot 4 \cdot 5 \cdot 6 = 720$

Fallbeschleunigung g
(gravitational acceleration)
Die durch die Gravitationskraft G der Erde nach dem dynamischen Grundgesetz hervorgerufene Beschleunigung jeder fallenden Masse ohne Berücksichtigung des Luftwiderstands m: $g = G/m \approx 9{,}81$ m/s².
In der Technik wird mit $g = 9{,}81$ m/s² gerechnet. Die Normfallbeschleunigung g_n ist international festgelegt mit $g_n = 9{,}80665$ m/s², gilt annähernd für 45° geografischer Breite und Meeresspiegelhöhe.
Allgemein gilt:
$g = 980{,}632 - 2{,}586 \cos 2\varphi + 0{,}003 \cos 4\varphi - 0{,}293 h$,
mit g in cm/s² (φ geographische Breite, h Höhe über dem Meeresspiegel in km).
(→dynamisches Grundgesetz, →Gravitationskraft, →Normfallbeschleunigung)

Fallen (fall)
→freier Fall

Fallhammer (drop hammer)
Maschinenhammer, bei dem der Bär mechanisch oder hydraulisch nach dem Fall in seine obere Stellung gehoben wird und beim Schlag ohne zusätzlichen Antrieb frei auf das Werkstück herabfällt.
Hubelement kann ein Riemen, eine Kette, ein Brett oder die Kolbenstange eines Hydraulikkolbens sein.

Fallhöhe H (head; height of fall)
Betriebsgröße von Wasserturbinen.
Man unterscheidet Fallhöhe der Anlage H_{geo} (geodätischer Höhenunterschied) und Fallhöhe der Turbine H. H_{geo} ergibt sich aus dem Höhenunterschied zwischen Oberwasser OW und Unterwasser UW. $H_{geo} = z_1 - z_2$.

Faltenbalg

Die Fallhöhe H wird nach der Bernoull'ischen Druckhöhengleichung berechnet. $H = z_1 - z_2 + (c_1^2 - c_2^2)/2g$ bei offenem Ober- und Unterwasserspiegel und $H = z_1 - z_2 + (p_1/\rho g) + (c_1^2 - c_2^2)/2g$ bei Turbinen mit Rohrzufluss (Lageenergie $z_1 - z_2$, Druckenergie $p_1/\rho g$ und Geschwindigkeitsenergie $(c_1^2 - c_2^2)/2g$). (→Bernoulligleichung, →Wasserturbinen)

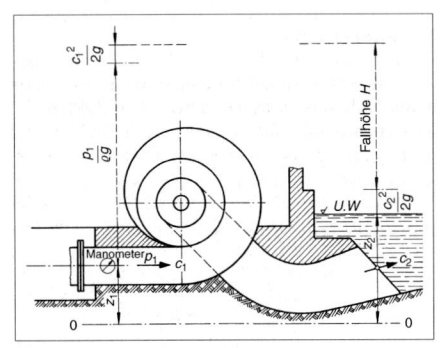

*Spiralturbine mit Rohrzufluss
UW Unterwasser, c_1 Eintrittsgeschwindigkeit,
c_2 Austrittsgeschwindigkeit*

Faltenbalg
(corrugated bellows; concertina cover)
Ziehharmonikaähnliche Abdeckung aus Leder oder Kunststoff an Führungsbahnen von Werkzeugmaschinen.

Fan-out (fan out)
Ausgangsbelastbarkeit.
Die zulässige max. Ausgangsbelastung einer Logikschaltung wird nicht in einer Stromstärke angegeben, sondern in der Anzahl möglicher Eingänge einer nachfolgenden Schaltung.
Beispiel: fan-out = 10

Farad F (farad)
Abgeleitete SI-Einheit der physikalischen Größe elektrische Kapazität C:
$[C] = F = C/V = s^4 A^2/(m^2 kg)$.
Ein Farad ist die elektrische Kapazität, die eine Ladung von 1 Coulomb unter einer Spannung von 1 Volt speichert. Benannt nach Michael Faraday (1791 – 1867).

Farbeindringverfahren
(dye penetration test)
Verfahren zur Prüfung auf Oberflächenrisse.
Aufgebrachte Farbstoffe werden durch Kapillarwirkung eingesaugt. Nach Säuberung mit Entwicklerflüssigkeit treten Risse, Doppelungen und andere Fehler fluoreszierend hervor.
Anwendung: für alle Metalle und Keramik.

Fasern (fibers)
Verstärkungselemente für Faserverbundwerkstoffe mit einem Länge/Durchmesser-Verhältnis von $10^3...10^6$ bei Querschnitten von $5...25\,\mu m$. Gegenüber massivem Material haben Fasern wesentlich höhere Festigkeiten und E-Modul und sind trotz hoher Härte biegsam. Endlosfasern lassen sich wie textile Fasern zu Bändern, Geweben, Gewirken und Fasergelegen verarbeiten, Schnittfasern zu Matten. Formmassen aus Thermoplasten enthalten Kurzglasfasern (bis 2 mm) oder auch Langfasern (ca. 6...8 mm) im Granulat.

Faserverbundwerkstoffe (fiber composites)
Größte Gruppe der Verbundwerkstoffe mit Polymer-, Metall- oder Keramikmatrix.
Fasern mit hohen Festigkeiten oder E-Modul verbessern im Verbund diese Eigenschaften bei Thermo- und Duroplasten, Leichtmetallen, hier auch die Warmfestigkeit, senken die Wärmedehnung und erhöhen bei Keramiken die Zähigkeit. Beste Eigenschaften in Faserrichtung, deshalb werden UD-, BD- und MD-Gelege unterschieden (uni-, bi- und multidirektional gerichtet).
(→Prepegs, →Rovings)

Faserverbund

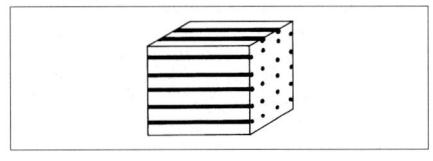

Faserwerkstoffe (composite fiber material)

Werkstoff	Dichte ρ g/cm³	δ_{zB} N/mm²	E[1]	Gebrauchs-Temp. °C
Glas	2,5	4000	80	250
Aramid HT	1,4	3500	80	250
Aramid HM	1,4	3000	150	
C-Faser HT	1,8	4000	250	2000
C-Faser HM	2,0	2000	400	
Al-Oxid	3,9	2000	470	900
Si-Carbid	3,0	3000	400	1100

[1] in 10^3 N/mm², HT: hohe Festigkeit; HM: hoher E-Modul

Federarbeit W_f (work done in bending a spring)
An einer Feder beim Spannen aufgebrachte mechanische Arbeit (Formänderungsarbeit).
Steht z.B. eine Schraubenzugfeder unter der Vorspannkraft F_1 und soll sie um den Federweg Δs weiter gedehnt werden, ist dazu eine stetig wachsende Kraft aufzubringen, die bis auf F_2 ansteigt. Der Graph $F(s)$ heißt Federkennlinie, sie ist bei vielen Federn eine Gerade (lineare Kennlinie). Es gibt auch progressiv und degressiv laufende Kennlinien. Die Federarbeit W_f entspricht dem Flä-

cheninhalt A unter der Kennlinie im Federkraft-Federweg-Diagramm (F,s-Diagramm). Für die Schraubenfeder gilt daher $W_f = (F_1 + F_2)\,\Delta s/2$ in Nm = J. Verwendet man die Federrate $R = F_1/s_1 = F_2/s_2$ in N/m, wird nach einigen Umformungen $W_f = R\,(s_2^2 - s_1^2)/2$ in Nm.

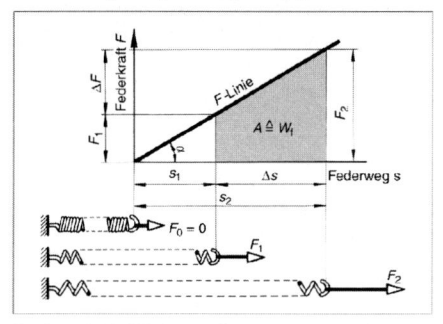

Federarbeit W_f beim Spannen einer Schraubenfeder

Federdiagramm (spring diagram)
→Federarbeit

Federhammer (spring hammer)
Leichter Maschinenhammer für hohe Schlagzahlen. Ein aus einem Blattfederpaket gebildeter ungleicharmiger Hebel wird an seinem kurzen Arm von einem Kurbeltrieb angetrieben. Der lange, federnde Arm treibt den Bär beim Auf- und Abwärtshub an.

Federkennlinie
(spring curve, spring load-deflection curve)
Zeigt die Abhängigkeit des Federwegs s von der Federkraft F oder des Verdrehwinkels α vom Federdrehmoment M.

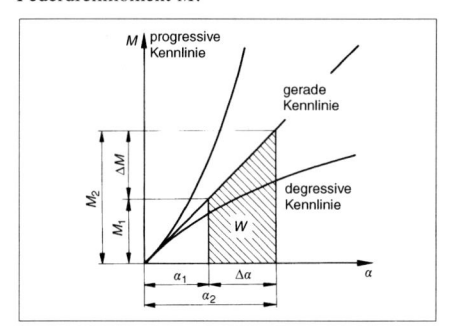

Federkennlinien können progressiv, linear oder degressiv verlaufen. Federn aus Werkstoffen, für die das Hooke'sche Gesetz gilt, zeigen bei reibungsfreier Federung lineare Kennlinien. Federn mit progressiven Kennlinien werden bei steigender Belastung „härter", solche mit degressiven Kennlinien werden bei steigender Belastung „weicher". Die Fläche unter der Kennlinie entspricht der Federungsarbeit W.
(→Federarbeit)

Federn (spring)
Verformen sich unter Einwirkung äußerer Kräfte und geben bei Entlastung die gespeicherte Energie durch Rückfederung wieder ab. Federn werden eingesetzt zur Stoß- und Schwingungsdämpfung, als Arbeitsspeicher, als Spannelemente und zur Kraftmessung.
DIN 2088 Zylindrische Schraubenfedern aus runden Drähten und Stäben; Berechnung und Konstruktion von Drehfedern (Schenkelfedern); DIN 2089 Zylindrische Schraubenfedern aus runden Drähten und Stäben; Berechnung und Konstruktion von Druck- und Zugfedern; DIN 2090 Zylindrische Schraubendruckfedern aus Flachstahl; DIN 2091 Drehstabfedern; Berechnung und Konstruktion; DIN 2092 Tellerfedern; DIN 2093 Tellerfedern; Maße und Güteeigenschaften; DIN 2095 Zylindrische Druckfedern aus Runddraht, kaltverformt; DIN 2097 Zylindrische Zugfedern aus Runddraht
(→Blattfedern, →Drehfedern, →Drehstabfedern, →Federkennlinien, →Federrate, →Federwerkstoffe, →Gummifedern, →Schraubenfedern, →Spiralfedern)

Federnachgiebigkeit (deformation rate)
→Federrate

Federrate R (spring rate)
Gibt an, welche Federkraft F in N oder welches Drehmoment M in Nm erforderlich ist, um bei einer bestimmten Feder einen Federweg f von 1 mm (z.B. Schraubenzugfeder) oder Verdrehwinkel φ von 1° (z.B. Spiralfeder oder Torsionsstabfeder) zu erreichen:
$R = F/s = F_1/s_1 = F_2/s_2 = (F_2 - F_1)/(s_2 - s_1)$
$= \Delta F/\Delta s$ für zugbeanspruchte Federn, $R = M/\alpha ={}_1/\alpha_1 = M_2/\alpha_2 = (M_2 - M_1)/(\alpha_2 - \alpha_1)$
$= \Delta M/\Delta \alpha$ für drehbeanspruchte Federn.

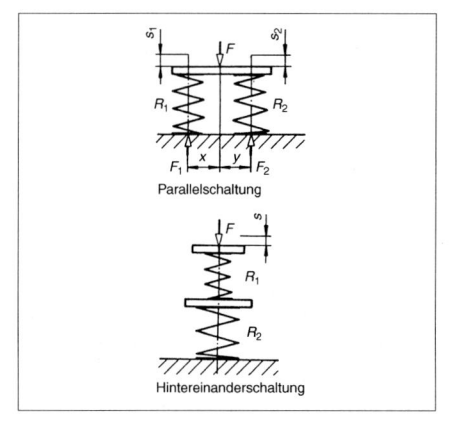

Parallelschaltung

Hintereinanderschaltung

Federstähle

Die Federnachgiebigkeit $\delta = 1/R$ ist der Kehrwert der Federrate und hat die Einheit mm/N oder m/N.
Parallelschaltung von zwei Federn:
Resultierende Federrate:
$R_{ges} = R_1 + R_2$ (für $s = s_1 = s_2$).
Hintereinanderschaltung von zwei Federn:
Resultierende Federrate:
$$R_{ges} = \frac{R_1 \cdot R_2}{R_1 + R_2} \text{ (für } s = s_1 + s_2\text{)}.$$
(→Federarbeit)

Federstähle (spring steel)
Niedrig legierte, vergütbare Stähle mit bis zu 0,8% C und geringen Anteilen (kleine Querschnitte) von Si, Mn, Cr und Mo oder V.
Eigenschaftsprofil: hohe Elastizitätsgrenze und Dauerfestigkeit bei ausreichender Zähigkeit, durch Vergüten und zusätzliches Verfestigungsstrahlen erzeugt.

Federungsarbeit (spring energy)
Maß für das Vermögen einer Feder, mechanische Arbeit W aufzunehmen oder abzugeben. Die Berechnung der Federungsarbeit richtet sich nach der Flächenform unter der Kennlinie.
Wird die Federungsarbeit vom entlasteten Federzustand aus berechnet, ergibt sich eine Dreiecksfläche unter der Kennlinie:
$W = F \cdot s/2 = F^2/(2 \cdot R) = (R/2) \cdot s^2$
oder für drehbeanspruchte Federn
$W = (M \cdot \alpha)/2 = M^2/(2 \cdot R) = (R/2) \cdot \alpha^2$.
(→Federkennlinien)

Federwerkstoffe (spring material)
Durch Härten mit anschließendem Anlassen (Vergüten) erhalten Federstähle hohe Mindestzugfestigkeiten (bis 2500 N/mm^2), hohe Streckgrenzen und hohe Dauerfestigkeitswerte. Neben Stahl und Nichteisenmetallen werden Gummi (Motorlagerungen), Flüssigkeiten (Stoßdämpfer) und Gase (Gasdruckfedern) hauptsächlich zur Dämpfung von Schwingungen und Stößen eingesetzt.
DIN 17 221 Warm gewalzter Stahl vergütbar, DIN EN 101 312-4 Kaltgewalzte Federbänder, DIN EN 10 270-1 ... 3 Stahldraht für Federn, DIN 17 224 Federdraht und -band aus nicht rostenden Stählen (E DIN EN 10 151), DIN EN 1654 Federbänder aus Cu-Legierungen

Fehler (error)
Begriff der Qualitätssicherung.
a) Kritischer Fehler: Von ihm ist anzunehmen oder bekannt, dass er voraussichtlich für Personen, welche die betreffende Einheit benutzen, instand halten oder auf sie angewiesen sind, gefährliche oder unsichere Situationen schafft. Oder ein Fehler, von dem anzunehmen oder bekannt ist, dass er voraussichtlich die Erfüllung der Funktion einer größeren Anlage (z.B. Schiff, Flugzeug, Rechenzentrum) verhindert.
b) Hauptfehler: Nicht kritischer Fehler, der voraussichtlich zu einem Ausfall führt oder die Brauchbarkeit für den vorgesehenen Verwendungszweck wesentlich herabsetzt.
c) Nebenfehler: Ein Fehler, der voraussichtlich die Brauchbarkeit für den vorgesehenen Verwendungszweck nicht wesentlich herabsetzt oder ein Abweichen von den geltenden Normen, der den Gebrauch oder Betrieb der Einheit nur geringfügig beeinträchtigt.

Fehlerstrom-Schutzschaltung (current-operated earth-leakage circuit breaker)
Schaltung zur allpoligen Abschaltung einer Versorgungseinrichtung als vorsorgende Schutzmaßnahme.
Ein Summenstromwandler (Eisenring mit Spulen) im Fehlerstrom-Schutzschalter registriert (durch Vergleich der Ströme I_1 und I_2 miteinander) einen unzulässig hohen Strom über den Erdleiter und führt (mit Hilfe des elektromagnetischen Relais) eine Abschaltung vor dem Erreichen eines Nennfehlerstromes $I_{\Delta N}$ herbei.
VDE 0100 Errichten von Starkstromanlagen.

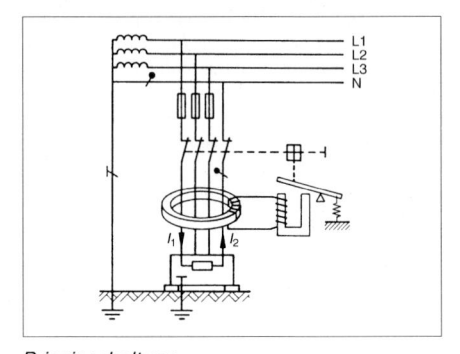

Prinzipschaltung

Feinguss (precision casting)
Verlorene Modelle für den Feinguss bestehen aus Wachs oder Thermoplasten und werden mit Spritzgussmaschinen hergestellt. Sehr kleine Modelle werden zu Modelltrauben zusammengesetzt. Arbeitsgänge zur Fertigung von Feingussstücken: Tauchen und Besanden des Modells oder der Modelltraube in eine zähflüssigen Masse mit Äthylsilikat. Dadurch bildet sich eine selbsttragende Keramikform. Ausschmelzen der Wachs- oder Kunststoffmasse mit Heißdampf. Brennen der Keramikform bei ca. 1000 °C in 10 h ...12 h. Ausgießen der Form durch statisches Gießen. Auch Unterdruck- oder Vakuumgießen wird angewen-

det. Zerstörung der Keramikform nach Abkühlung des flüssigen Werkstoffs.
Trennung der Gusswerkstücke vom Speisungssystem. Gusswerkstoffe müssen genügend große Fließfähigkeit haben, wie z.b. unlegierte und legierte Vergütungs- und Werkzeugstähle, Leichtmetalllegierungen auf Aluminium-, Magnesium- oder Titanbasis und Kupferlegierungen.
Gussstücke mit bis zu 800 mm Kantenlänge und bis zu 50 kg Masse. Toleranzen von ± 0,5% ... ± 0,7% vom Nennmaß bei Rauigkeiten von 10 μm ... 30 μm. Anwendung z.B. für Turbinenschaufeln, medizinische Geräte, im Werkzeugbau und der Luft- und Raumfahrt.

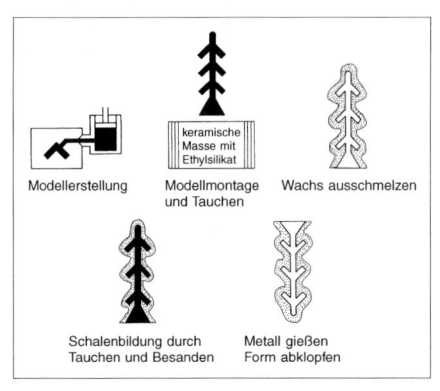

DIN EN 10 113 Warmgewalzte Erzeugnissse aus schweißgeeigneten Feinkornbaustählen.

Feinschneiden (fine blanking)
Vor dem Schneiden wird in einem bestimmten Abstand von der Schnittlinie eine Ringzackenplatte in das Blech gedrückt. Dadurch lassen sich bei einigen Werkstoffen, wie z.b. Al-Legierungen, Einsatzstählen und Vergütungsstählen, fast glatte Schnittflächen herstellen. Bei Blechdicken bis 5 mm reicht eine Ringzackenplatte auf der Stempelseite aus. Bei Blechdicken >5 mm ist eine zweite Platte auf der Matrizenseite erforderlich.

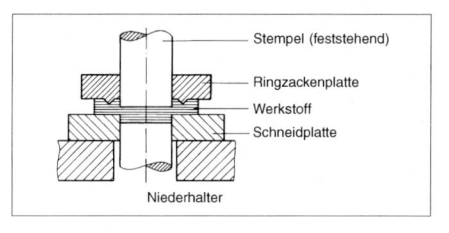

Feld (field)
→elektrisches Feld, →elektromagnetisches Feld

Feldeffekttransistor (field effect transistor)
Elektronisches Halbleiterbauelement mit Verstärkereigenschaft, wobei die Ausgangsgröße (Strom, Spannung) mit Hilfe eines elektrischen Feldes am Eingang gesteuert wird.
Am Verstärkungsvorgang sind nur Defektelektronen oder Elektronen beteiligt; daher auch die Bezeichnung „unipolare Transistoren".
Arten von Feldeffekttransistoren: Sperrschicht-FET (J-FET) und Isolierschicht-FET (IG-FET), siehe S. 132.
(→bipolare Transistoren)

Feinkorn (fine grain)
Erstrebter Gefügezustand für Werkstoffe, da durch Kornfeinung neben der Steckgrenze auch die Zähigkeit verbessert wird.
Maßnahmen sind Zugabe von Kornfeinungsmitteln (Keimwirkung) zur Schmelze, z.B. Al für Stähle, Ti für Al-Legierungen oder thermomechanische Behandlung beim Walzen und Wärmebehandlung unter Vermeiden von Kornwachstum.
(→Austenitkorngröße, →ZTA-Schaubild)

Feldkräfte (field forces)
Durch ein „Feld" (z.B. Magnetfeld) hervorgerufene Volumenkräfte, die man sich im Massenmittelpunkt des (als homogen angesehenen) Körpers angreifend vorstellt.
Wichtigste und stets wirksame Volumenkraft ist die Gewichtskraft F_G im Schwerefeld der Erde.
(→Oberflächenkräfte)

Feldstärke (field strength)
→elektrische Feldstärke, →magnetische Feldstärke

Femto f (femto)
Vorsatzsilbe, die den billiardsten Teil (10^{-18}) der Einheit bezeichnet.
(→Vorsatzzeichen)

Feinkornbaustähle
(refined fine graine steels)
Stähle mit niedrigem C-Gehalt (Schweißeignung) und mit V+Nb mikrolegiert.
Feinkorn wird durch thermomechanische Behandlung erzeugt und ergibt hohe Streckgrenzenwerte bei gleichzeitig hoher Zähigkeit. Es gibt Sorten mit unterschiedlicher Kaltzähigkeit und Schweißeignung mit gestufter Streckgrenze von 275 bis 460 N/mm².
Verwendung: im Stahlleichtbau anstelle der Stähle nach DIN EN 10 025.

Fernkraft (force at a distance)
Kraft, die über eine große Distanz wirkt.
(→Kraft)

Ferrit

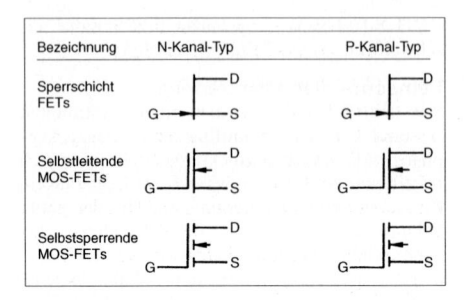

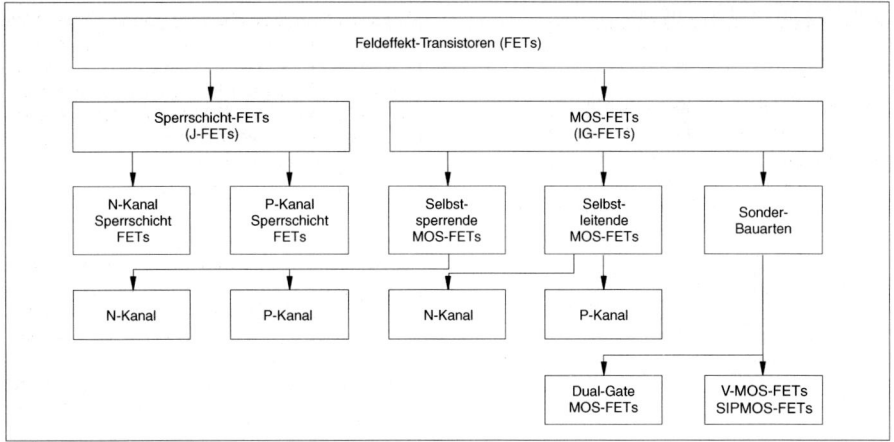

Bezeichnung	N-Kanal-Typ	P-Kanal-Typ
Sperrschicht FETs		
Selbstleitende MOS-FETs		
Selbstsperrende MOS-FETs		

Schaltzeichenübersicht nach N- und P-Kanal-Typ mit Anschlußkennzeichnung (Gate G, Drain D, Source S) und Gruppenzuordnung

Ferrit (ferrite)
Kristallname für kubisch-raumzentriertes Eisen und Gefügebestandteil der unlegierten und niedrig legierten Stähle und des Gusseisens im Temperaturbereich unterhalb 723 °C.
Ferrit hat sehr geringe Löslichkeit für C- und N-Atome.

ferritische Stähle (ferritic steel)
Gruppe legierter Stähle mit 0,06% C-Gehalt und > 13% Cr nebst Mo, die umwandlungsfrei sind, d.h. bei allen Temperaturen aus Ferrit bestehen. Dadurch sind sie nicht normalisierbar und härtbar, aber magnetisierbar.
Verwendung: korrosionsbeständige Werkstoffe mit geringerer Formbarkeit als austenitische Stähle. Mit Al und Si legiert entstehen hitzebeständige Stähle.

Ferritisieren (ferritic annealing)
Wärmebehandlung von Gusseisen mit Kugelgraphit GJS (GGG) zum Herstellen rein ferritischer Gefüge durch Austenitisierung und langsames Abkühlen im Umwandlungsbereich (über Ar_1) oder/und Halten darunter.

Fertigungsorganisation (organisation of production)
Ordnungsform für den Teilbereich Fertigung mit dem Ziel, unter menschengerechten Arbeitsbedingungen Wirtschaftlichkeit zu erreichen.

feste Rolle (fixed idler)
→Rollenzug

Festigkeit (strength)
Oberbegriff in der Festigkeitslehre für diejenige rechnerische mechanische Spannung in N/mm^2, die ein Probestab bei bestimmten Formen der Beanspruchung (z.B. Biegung oder Zug) erträgt, bevor er zu Bruch geht oder sich unzulässig verformt. (→Dauerfestigkeit, →Dehngrenze, →Schwellfestigkeit, →Wechselfestigkeit, →Zugversuch)

Festigkeitslehre (theory of the strength of materials)
Lehre von den inneren Kräfte- und Spannungssystemen, die durch die äußeren Belastungen aller Art hervorgerufen werden.

Für die Konstruktions- und Entwurfspraxis stellt die Festigkeitslehre Gleichungen zur Verfügung, mit deren Hilfe für technische Bauteile (Achsen, Wellen, Träger usw.)
a) der erforderliche Querschnitt,
b) die maximal zulässige Belastung,
c) die vorhandene Spannung und
d) die Verformung des Bauteils ermittelt werden können.

Festigkeitssteigerung (increase of strength)
Bei allen Werkstoffen durch Verbund mit anderen Phasen. Bei Metallen durch Erhöhung der Kristallfestigkeit mit Hilfe von 5 Mechanismen.
(→Aushärtung, →Dispersionsverfestigung, →Korngrenzenverfestigung, →Mischkristallverfestigung, →Verbundwerkstoffe)

Festigkeitswerte (strength value)
→Spannungs-Dehnungs-Diagramm

Festkörperreibung (solid friction)
Reibungszustand mit hohen Reibungszahlen. Die Reibpartner haben Kontakt ohne Zwischenstoff. Bei Metallen geht Festkörperreibung in Gegenwart von Gasen durch Oxidbildung in die Grenzreibung über. Im Vakuum tritt bei den meisten Metallen Verschweißen durch Adhäsion ein.

Festlager (fixed bearing)
→zweiwertiges Lager

Festplatte (hard disc)
Magnetischer Massenspeicher mit sehr hoher Kapazität.
Eine oder mehrere harte Aluminiumscheiben als Trägermaterial für die Magnetschicht laufen mit hoher Drehzahl um und erlauben dadurch einen schnellen Zugriff auf die gespeicherten Daten. Die Schreib- und Leseköpfe schweben auf einem extrem dünnen Luftpolster über der Plattenoberfläche. Dadurch ist der Verschleiß sehr gering und die Datensicherheit groß.

festprogrammierter Bewegungsautomat/ Roboter (fixed-sequence robot)
Programmierbarer Manipulator zur Wiederholung gleicher Bewegungsabläufe.
Die Festlegung und Änderung der Manipulatorbewegung wird durch mechanische Elemente wie Schaltnocken, Kurvenscheiben oder Anschläge erreicht.
(→Manipulator, →Robotergeneration, →Roboterprogrammierung)

Festschmierstoffe (solid lubricants)
Stoffe mit einem Schichtgitter wie Graphit, Molybdändisulfid, Bornitrid. Sie können in dünnsten Schichten abgleiten und die Reibpartner trennen. Verwendung: Schmierung im Vakuum (MoS_2), bei sehr hohen Flächenpressungen und kleinen oder oszillierenden Gleitbewegungen. Auch als Zusätze von PM-Legierungen und Kunststoffen. Im Gusseisen wirkt Graphit als Notlaufschmierstoff.

fest verdrahtete Steuerung (hard wired control)
System, dessen Programm durch dauerhafte Installation fest vorgegeben ist.
Das Programm kann nur verändert werden, wenn die Installation von Leitungen und Bauelementen verändert wird.
(→speicherprogrammierbare Steuerung (SPS))

Festwertspeicher
(nonvolatile memory; read only memory, ROM)
Nichtflüchtiger Speicher, der seine Daten beim Abschalten der Betriebsspannung nicht verliert. Speicher, der nur gelesen werden kann und vom Hersteller mit Programmen oder Daten programmiert wird, die ständig benutzt werden (Programme des Betriebssystems oder Steuerungsprogramme für Standardaufgaben).
(→EEPROM, →EPROM, →ROM)

Feuerungsanlage (firing equipment)
Baugruppe in Dampferzeugern.
Man unterscheidet liegende Verbrennung auf Rostanlagen für stückige Festbrennstoffe und schwebende Verbrennung bei Kohlenstaub (Kohlenstaubfeuerung, Schmelzfeuerung), Öl (Druckölfeuerung) und Gas.
(→Dampferzeuger, →Druckölfeuerung, →Kohlenstaubfeuerung, →Rostfeuerung, →Schmelzfeuerung)

FIFO (**F**irst **IN**, **F**irst **OUT**)
Form der Stapelspeicherung.
Die zuerst eingebrachten Daten werden auch zuerst wieder abgerufen.

File Server (file server)
→Server

Filter (filter)
Elektronische Schaltung oder Baugruppe zum Unterdrücken oder Hervorheben eines definierten Frequenzbereiches oder Frequenzbandes. Je nach beabsichtigter Wirkung verwendet man Tief-, Hoch- oder Bandpässe sowie Bandsperren (siehe S. 134). Verwendet werden Widerstände R, Kondensatoren C und Induktivitäten L in vielfältiger Variation. Aktive Filter vermeiden eine Minderung der Amplituden der Nutzsignale und können auch zur partiellen Verstärkung benutzt werden. Dazu werden hauptsächlich Operationsverstärker zur Unterstützung der Filterwirkung eingesetzt.
Der Frequenzgang beschreibt den Quotient aus Ausgangsspannung U_a und Eingangsspannung U_e bei verschiedenen Frequenzen, während der Phasengang den zugehörigen Phasenverschiebungswinkel φ darstellt.

Finanzielles Gleichgewicht

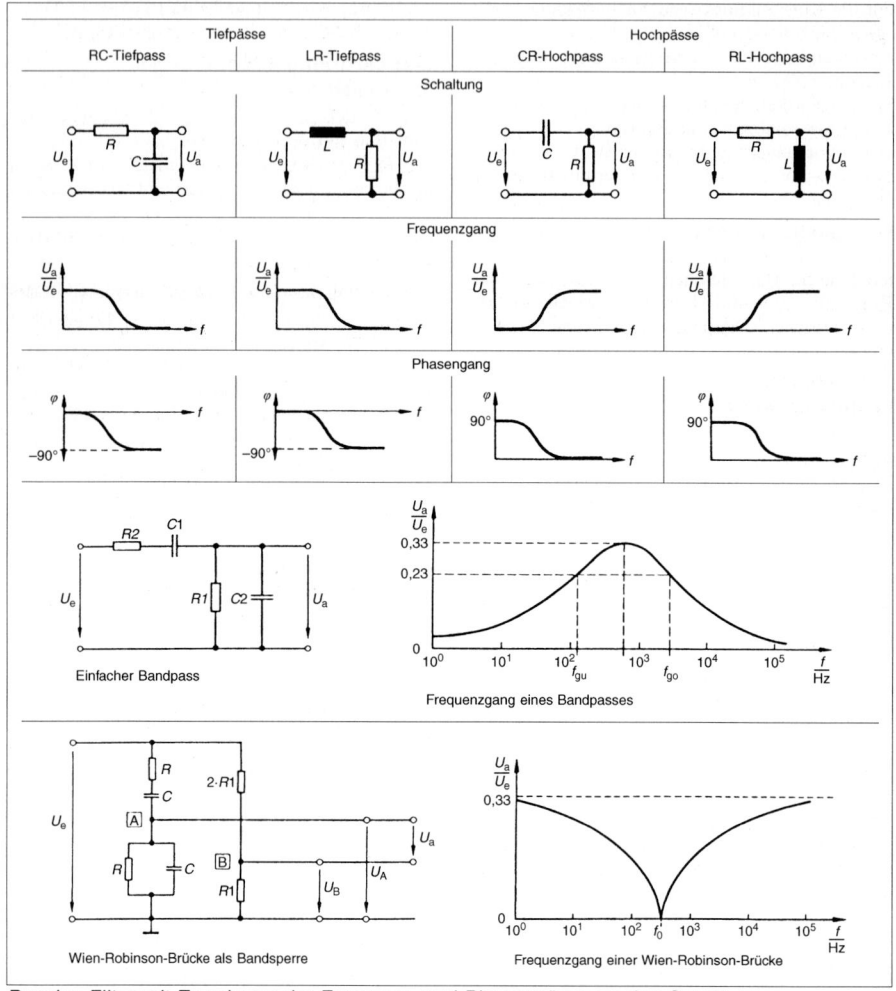

Passive Filter mit Zuordnung der Frequenz- und Phasengänge zu den Schaltungen

Finanzielles Gleichgewicht (financial balance)
Sicherung der Liquidität bei angemessener Rentabilität.

Fingergreifer (fingergripper)
Bauform eines Greifers, der mit zwei oder mehr beweglichen Halteelementen (Finger, Zangen) ausgerüstet ist, die gekoppelt öffnen und schließen oder einzeln ansteuerbar sind.
(→Greifer, →Greiferbacken)

Flachbildschirm (flat display screen)
Bildschirm in flacher Bauweise, meist LCD-Bildschirm.
(→Laptop, →LCD)

Flachführung (flat guide; flat slideway)
Führungsbahn an Werkzeugmaschinen mit waagerechter und/oder senkrechter Gleitfläche.
(→Geradführung)

Flachriemengetriebe (flat belt drive)
Verbundriemen haben gute Übertragungs- und Laufeigenschaften. Leder-, Gewebe- und Kunststoffriemen werden für Flachriemengetriebe kaum noch eingesetzt.
Bei Riemengeschwindigkeiten bis 90 m/s werden Leistungen bis 55 kW/cm Riemenbreite übertragen. Verbundriemen werden hauptsächlich endlos geliefert. Nicht endlose Flachriemen können geklebt oder geschweißt werden.

Flachschleifmaschine (flat grinding machine; surface grinding machine)
Schleifmaschine für die Bearbeitung von ebenen Flächen.
Der waagerechte Tisch nimmt das Werkstück auf. Bei Maschinen für das Umfangsschleifen (Schleifen mit dem Schleifscheibenumfang) liegt die Schleifspindel meistens waagerecht, beim Stirnschleifen (Schleifen mit der Stirnfläche der Schleifscheibe) senkrecht.

Flächenkorrosion (uniform corrosion)
Korrosion mit etwa gleichmäßigem Materialabtrag auf der beanspruchten Fläche.

Flächenkraft (surface force)
→Oberflächenkraft

Flächenmoment I (areal moment)
Mathematische (geometrische) Größe, die sich bei der Herleitung der Biege- und Torsionshauptgleichung ergibt (genauere Bezeichnung: Flächenmoment 2. Grades).
Man unterscheidet axiale Flächenmomente I_a (für Biege- und Knickungsberechnungen) und polare Flächenmomente I_p (für Torsionsberechnungen). Für technisch wichtige Querschnittsformen wurden Berechnungsgleichungen entwickelt und in Tabellen zusammengestellt.
Beispiel: Beim Kreisquerschnitt gilt für das axiale Flächenmoment $I_a = \pi\, d^4/64$.
$d = 8$ mm ergibt $I_a = \pi \cdot 8^4/64$ mm$^4 = 201$ mm^4.
Für den Rechteckquerschnitt gilt:
$I = b\,h^3/12$, mit b = Breite und h = Höhe des Rechteckquerschnitts. Das polare Flächenmoment I_p für den Kreisquerschnitt ist doppelt so groß wie das axiale: $I_p = \pi\, d^4/32 = 2\,I_a = 2\,\pi\, d^4/64$.
(→Widerstandsmoment)

Flächenportalroboter (portal robot)
Bauform eines Industrieroboters, bei dem die Bewegungsachsen als Linearverfahreinheiten ausgeführt sind.
(→Portalroboter, →Roboterarbeitsraum)

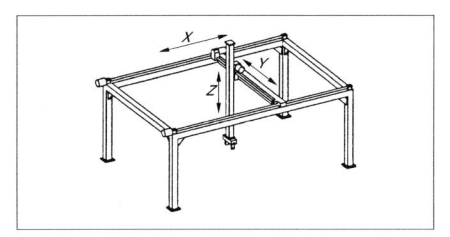

Flächenportalroboter mit den Bezeichnungen der Bewegungsachsen X, Y und Z

Flächenpressung p (surface pressure)
Beanspruchung in den Berührungsflächen (Oberflächen) zweier gegeneinander gedrückter Bauteile.
(→Flächenpressungshauptgleichung, →Hertz'sche Gleichungen)

Flächenpressungsgleichungen
(surface pressure equations)
Formeln zur Berechnung der an technischen Bauteilen auftretenden Flächenpressung p, entwickelt mit der in Kraftrichtung projizierten Druckfläche A_{proj}.
Für Gleitlager und Bolzen gilt $p = F/(d\,l)$ mit Kraft F in N, Lager- oder Zapfendurchmesser d und Lager- oder Bolzenlänge l in mm.
Die Flächenpressung am Nietschaft heißt Lochleibungsdruck σ_l.

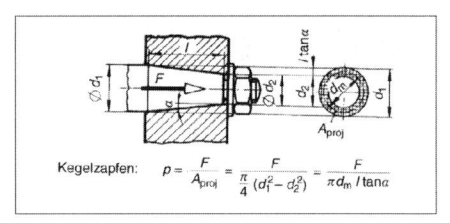

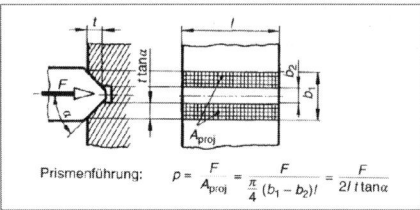

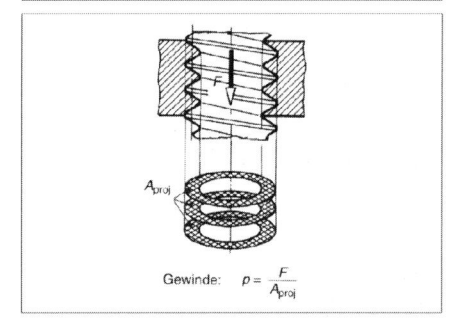

Kegelzapfen: $p = \dfrac{F}{A_{proj}} = \dfrac{F}{\tfrac{\pi}{4}(d_1^2 - d_2^2)} = \dfrac{F}{\pi\, d_m\, l\, \tan\alpha}$

Prismenführung: $p = \dfrac{F}{A_{proj}} = \dfrac{F}{\tfrac{\pi}{4}(b_1 - b_2)\,l} = \dfrac{F}{2\,l\, t\,\tan\alpha}$

Gewinde: $p = \dfrac{F}{A_{proj}}$

Typische Beispiele für die Verwendung der Gleichung $p = F/A_{proj}$

Flächenpressungshauptgleichung
(principal surface pressure equation)
Mathematischer Zusammenhang zwischen den Größen Flächenpressung (kurz: Pressung) p in N/mm^2, Normalkraft F_N in N und Berührungsfläche A in mm^2: $p = F_N/A$.

Flächenschleifmaschine

Arbeitsgleichungen (mit zulässiger Flächenpressung p_{zul}):
erforderliche Berührungsfläche $A_{erf} = F_N/p_{zul}$,
vorhandene Flächenpressung $p_{vorh} = F_N/A \leq p_{zul}$,
maximal übertragbare Normalkraft $F_N = A\, p_{zul}$.
(→Flächenpressungsgleichungen)

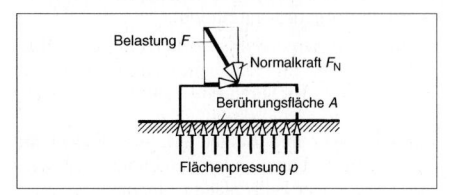

Flächenpressung ebener Flächen

Flächenschleifmaschine (flat grinding machine; surface grinding machine)
→Flachschleifmaschine

Flächenschwerpunkt (center of mass of an area)
Derjenige Punkt S auf der Schwerebene eines Bleches, in dem das abgestützte oder aufgehängte Blech in jeder beliebigen Lage in Ruhestellung bleibt.
Die Lage von S berechnet man mit dem Momentensatz für Flächen:
$x_0 = (A_1 x_1 + A_2 x_2 + \ldots + A_n x_n)/A$ mit
$A = A_1 + A_2 + \ldots A_n = \Sigma A_n$.
(→Linienschwerpunkt, →Schwerpunkt)

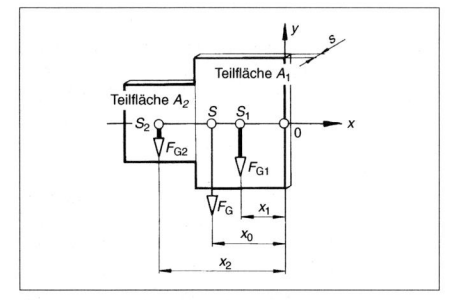

Schwerpunktlage und -berechnung von Flächengebilden

Flag (flag)
Zustandsanzeige einer arithmetischen oder logischen Funktion durch ein Bit in einem Register.
(→Flagregister)

Flagregister (flag register)
Register zur Zustandsanzeige arithmetischer und logischer Funktionen.

Der Inhalt des Flagregisters kann ausgewertet werden und damit eine Entscheidung über den weiteren Programmablauf getroffen werden.
Beispiel: Zeroflag (Null-Erkennung), Carryflag (Übertrag-Erkennung), Parityflag (Paritäts-Erkennung), Signflag (Vorzeichen-Erkennung).
(→Flag)

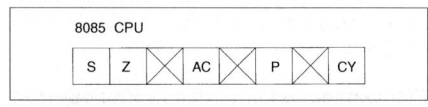

Flagregister

Flammglühkerze (flame glow plug)
→Kaltstarthilfe

Flammhärten (flame hardening)
Randschichthärten mit Gasbrennern hoher Leistung.
Verschiedene Methoden, um mit linien- oder ringförmigen Brennern mit Relativbewegung zum Werkstück die gewünschte Fläche zu überstreichen.
Anwendung: Kurbelwellen, Zahnflanken, Kettensterne und -glieder von Raupenfahrzeugen.

Flammpunkt (flash point)
Temperatur, bei der sich aus einer brennbaren Flüssigkeit unter festgelegten Bedingungen, Dämpfe in solchen Mengen entwickeln, dass eine Fremdzündquelle das über dem Flüssigkeitsspiegel befindliche Dampf-Luft-Gemisch entflammen kann.
Nach dem Flammpunkt werden brennbare Flüssigkeiten (Kraftstoffe) in Gefahrengruppen/-klassen (für Transport, Lagerung) eingeteilt.
Beispiele: Ottokraftstoff Gruppe A I (Flammpunkt $< 21\,°C$). Dieselkraftstoff Gruppe A III (Flammpunkt $55 \ldots 110\,°C$).
(→Kraftstoffe)

Flankenbeanspruchung (adjacent composite loading)
→Geradstirnräder

Flasche (block)
→Flaschenzug, →Rollenzug

Flaschenzug (block; pulley)
Seiltrieb mit einer Kombination von festen und losen Rollen, bei dem jeweils nur ein Seil angezogen wird, die Last aber über Rollenanordnungen (Flaschen) an mehreren Seilen hängt.
Flaschenzüge dienen zur Erhöhung der Hubkraft. Sie sind gebräuchlich bei Segelbooten (hier Taljen genannt) und bei Hebezeugen aller Art.
DIN 15 412 Unterflaschen für Hebezeuge.
(→Flaschenzugübersetzung, →Seiltriebberechnung)

Flaschenzugübersetzung
(pulley transmission)
Verhältnis zwischen der aufzubringenden Zugkraft am angezogenen Seil und der dadurch zwischen den Flaschen eines Flaschenzugs erzielten Gesamtzugkraft.
(→Seiltriebberechnung)

Fliehkraft (centrifugal force)
→Trägheitskraft, →Zentrifugalkraft

Fliehkraftabhebung bei Rücklaufsperren
(The use of centrifugal forces during foward motion to lift stops which prevent backward motion)
Methode zur Verschleißvermeidung bei Rücklaufsperren.
Die Klemmkörper, die durch Verklemmen den Rücklauf der Maschine verhindern, sind so konstruiert, dass sie beim Vorwärtslauf der Maschine unter der Einwirkung der Fliehkraft berührungsfrei werden (von ihrer Laufbahn abheben) und dadurch verschleißfrei laufen.

Fliehkraftregler (centrifugal governor)
→Drehzahlregler

Fliehkraftversteller
(centrifugal advance mechanism)
→Zündversteller

Fließfertigung (assembly line produktion)
Organisatorisches Prinzip der industriellen Produktion.
Ein weitgehend zerlegter Arbeitsprozess läuft unter Verwendung von Fließbändern oder anderen Fördermitteln kontinuierlich ab.

Fließgrenze (yield point)
Grenzspannung σ_F, die bei weichen Metallen den Beginn stärkerer plastischer Verformungen einleitet. Oberbegriff für Streckgrenze (Zugversuch) und Quetschgrenze (Druckversuch).

Fließkurve (assembly curve)
→Formänderungsfestigkeit

Fließpressen (assembly pressing)
Werkstoff wird unter hohem Druck zum Fließen gebracht und durch eine vom Pressstempel und Werkzeug gebildete Öffnung gepresst.
Kaltfließpressen geschieht unterhalb der Rekristallisationstemperatur. Die Werkstoffkristalle verzerren sich, die Formänderungsfestigkeit wird erhöht.
Warmfließpressen findet oberhalb der Rekristallisationstemperatur statt. Keine Erhöhung der Formänderungsfestigkeit, da sich die Kristalle nicht verzerren.

Rückwärtsfließpressen (indirektes Fließpressen):

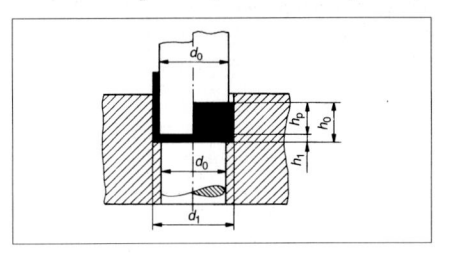

Werkstoff fließt der Stempelbewegung entgegen. Rohling ist meist eine Platine (d_0 Durchmesser, h_0 Höhe der Platine), die in das Werkzeugunterteil gelegt wird. Stempel drückt auf die Platine. Dabei steigt der Werkstoff am Stempel empor, bis Bodenhöhe h_1 und Napfdurchmesser d_1 erreicht sind (h_p Presstiefe). Die Wanddicke ist im Verhältnis zum Durchmesser gering.

Vorwärtsfließpressen (direktes Fließpressen):

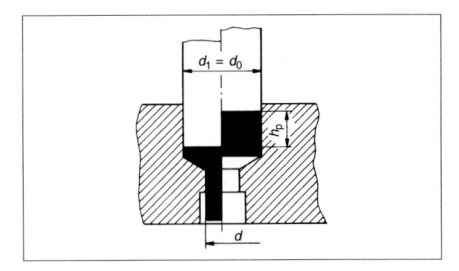

Werkstoff fließt in Richtung der Stempelbewegung. Der Stempel (Platinendurchmesser d_0 = Stempeldurchmesser d_1) drückt zunächst auf den Boden, dann auf die Stirnseiten der Napfwandung und presst den Werkstoff um die Presshöhe h_p durch die Matrizenöffnung.

Fließpressbare Werkstoffe haben im Verhältnis zur Zugfestigkeit eine niedrige Streckgrenze. Nichteisenmetalle wie z.B. Aluminium, Kupfer, Blei, Zinn und Zink – auch als Legierungen – lassen sich problemlos fließpressen. Kaltfließpressbare Stähle können nur dann fließgepresst werden, wenn die Kristalle bei einer bestimmten Druckbelastung gleiten, ohne dass der Zusammenhang der gleitenden Schichten verloren geht. Feststellung geeigneter Stähle durch die Kegelstauchprobe.
Die Umformgrenze liegt bei einem Kohlenstoffgehalt $< 0,45\%$. Warmfließpressbare Stähle müssen eine ausreichende Warmformänderungsfähigkeit besitzen. Feststellung ebenfalls durch Kegelstauchprobe und chemische Stahlanalyse.

Fließspan

Niedrig legierte Nickel- und Manganstähle sowie Stähle mit geringem C-Gehalt haben gegenüber hoch legierten Stählen eine gute Warmformbarkeit. Kalt- und warmfließpressbar sind z.B. Ck10, 15Cr3, 16MnCr5, X10Cr13, 20CrMo4.

Hinweise zur Werkzeugkonstruktion:

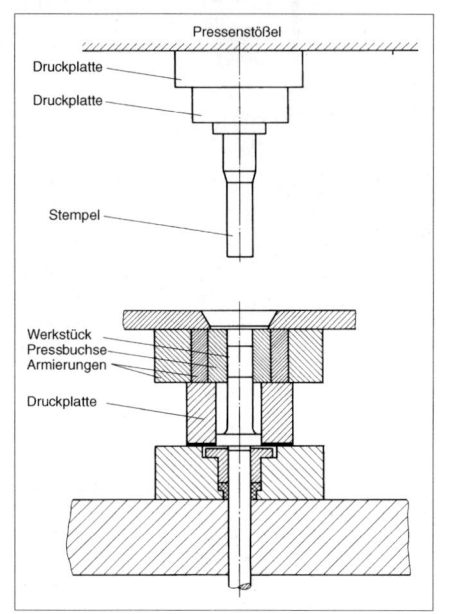

Der zylindrische Teil des Stempels sollte möglichst kurz gehalten werden (Knickgefahr!). Faustregel: Napftiefe oder abzustreckende Länge $l \approx 2{,}5 \ldots 3$ Stempeldurchmesser. Beim Vorwärtsfließpressen werden Stempel und Schaft getrennt gefertigt, da der Stempel als eigentliches Verschleißteil oft ausgewechselt werden muss. Werkzeugstoffe für Fließpresswerkzeuge müssen neben einer hohen Druckfestigkeit auch einen hohen Verschleißwiderstand haben. Druckspannungen bis zu $2500\,N/mm^2$ sind zulässig. Die Werkstoffauswahl zeigt, dass neben Hartmetall hauptsächlich hoch legierte Werkzeugstähle mit sehr hohem C-Gehalt zum Einsatz kommen: Stempeldruckplatte X210Cr12; Fließpressstempel X210Cr46; Pressbüchse X210Cr46, 50NiCr13 oder Hartmetall, Gegenstempel X210Cr46; Pressbüchsen-Druckplatte X145Cr6.

Schmierung: Normale Öle und Fette, auch mit Sulfid-, Phosphit- oder Nitridzusätzen, können nur bedingt eingesetzt werden, weil der Schmierfilm durch die große Flächenpressung ($p \leq 2500\,N/mm^2$) abgequetscht wird. Die Zusätze bilden bei hohen Temperaturen Salze, die einem Verschweißen der Metalle entgegenwirken. Seifen und Wachse bilden Schmierfilme, die auch bei sehr großer Flächenpressung nicht abreißen. Beispiel einer Wachsmischung: 48% Caruba-Wachs, 48% Stearinsäure, 2% Dibenzyldisulfid, 2% Pentachlorbuttersäure. Molybdändisulfid (MoS_2) wird wegen besonders guter Schmiereigenschaften auch beim Fließpressen von Stahl verwendet. MoS_2-Schmierfilme sind über die Fließgrenze aller bekannten Fließpresswerkstoffe hinaus druckbeständig.

DIN 8583 T1 Fertigungsverfahren Druckumformen; DIN 8583 T6 Fertigungsverfahren Druckumformen; Durchdrücken.

Fließspan (continous chip)
Spanart bei spanender Bearbeitung von Werkstoffen mit ausreichender Verformungsfähigkeit (langspanende Werkstoffe, z.B. Stahl mit hoher Bruchdehnung) ohne Beeinflussung durch externe Störschwingungen.

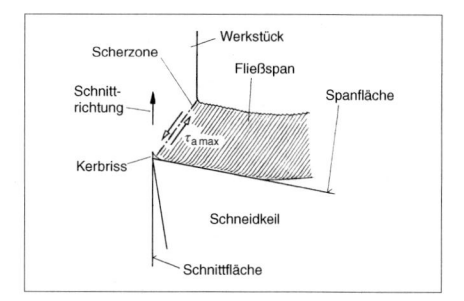

Fließspanbildung (schematisch)

Der Fließspan entsteht in der Scherzone. Die Abscherbeanspruchung des Werkstoffs vor der Schneide erreicht hier einen Maximalwert ($\tau_{a\,max}$). Durch den geringen Scherwiderstand reagiert der Werkstoff mit stetiger plastischer Schubverformung in den Gleitebenen des Raumgitters. Unter Bildung eines kurz voreilenden Kerbrisses fließt das angestauchte bandige Spanmaterial gleichförmig über die Spanfläche des Schneidkeils von der Wirkstelle ab.

Die entstehende Schnittfläche ist bei gleichförmigem Spanablauf makroskopisch glatt.

Flipflop (flipflop)
Digitale Schaltung zur Speicherung einer Information von einem Bit.
Flipflops besitzen meist zwei Eingänge zur Ansteuerung und zwei Ausgänge, die immer komplementäre stabile Zustände aufweisen. Durch Ansteuerung lassen sich die Ausgänge beeinflussen. Flipflops sind Grundbestandteile von Speicher, Register, Zähler und Frequenzteiler.

(→D-Flipflop, →JK-Flipflop, →Master-Slave-JK-Flipflop, →Register, →RS-Flipflop, →Speicher, →Zähler)

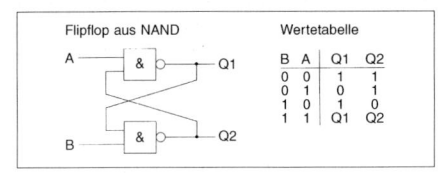

Flipflop aus NAND	Wertetabelle
	B A | Q1 Q2
A —&▷— Q1	0 0 | 1 1
	0 1 | 0 1
	1 0 | 1 0
B —&▷— Q2	1 1 | Q1 Q2

Flipflop

Floppy-Disk (floppy disk)
Datenträger, der aus flexiblen Kunststoffscheiben von 0,1 mm Stärke besteht. Die Oberfläche ist mit FeO beschichtet und magnetisierbar. Die Floppy-Disk ist mit einer flexiblen Kunststoffschicht gegen Beschädigungen und ungewollte Datenverluste geschützt.
(→Datenträger, →Festplatte)

Fluchtgeschwindigkeit v_F (escape speed)
Geschwindigkeit, die ein Körper mindestens erreicht haben muss, um die Schwerkraft der Erde zu überwinden (ohne Luftreibung).
Seine kinetische Energie muss seiner potenziellen Energie mindestens gleich sein, sie beträgt das $\sqrt{2}$-fache der Kreisbahngeschwindigkeit
$v_F = v_K \sqrt{2} = \sqrt{(2 f m_{Erde} / r)}$,
r = Abstand vom Erdmittelpunkt.
Beispiel: Ein Körper auf der Erdoberfläche benötigt eine Fluchtgeschwindigkeit von 11 180 m/s.
(→kinetische Energie, →Kreisbahngeschwindigkeit, →potenzielle Energie)

Flügelzellengetriebe (vane-type gear)
Hydrostatisches Getriebe mit geschlossenem Kreislauf.
Hydropumpe und Hydromotor sind im Getriebegehäuse gelagert; es enthält die zur Leistungsübertragung erforderliche Hydraulikflüssigkeit für den ständigen Umlauf im Getriebegehäuse. Hydropumpe und Hydromotor sind zylindrische Körper („Kolbentrommeln") mit tiefen achsparallelen Radialschlitzen, in denen flache prismatische „Flügel" radial frei beweglich sind. Pumpen- und Motorgehäuse sind einzeln oder gemeinsam im Getriebegehäuse verschiebbar und steuern auf diese Weise den Volumenstrom und damit die Abtriebsdrehzahl stufenlos.
(→Boehringer-Sturm-Getriebe, →Forst-Enor-Getriebe, →stufenloses Getriebe)

Flügelzellenpumpe (vane pump)
→Drehflügelpumpe

Flüssigkeit (liquid)
Fluid, das sich vom festen Körper durch leichte Verschiebbarkeit der Teilchen unterscheidet (widerstandslose Formänderung) und großen Widerstand gegen Volumenänderung besitzt.
Flüssigkeiten sind Energieträger, z.b. in hydraulischen Getrieben mit den hydraulischen Elementen Pumpe, Motor und Leitung.

Flüssigkeitsdruck (liquid pressure)
→hydrostatischer Druck

Flüssigkeitsreibung (fluid (liquid) friction)
Reibungszustand in Tribosystemen mit vollständiger Trennung der Reibpartner durch einen lückenlosen Schmierfilm.
Er entsteht hydrostatisch (durch äußere Druckölzufuhr) oder hydrodynamisch (Mitnahme der Ölmoleküle durch den bewegten Partner). Die Viskosität des Schmiermittels muss dazu auf die Gleitgeschwindigkeit abgestimmt werden.
(→Anlaufreibung, →Stribeckkurve)

Fluid (fluid)
Übergeordnete Bezeichnung für Flüssigkeiten, Gase und Dämpfe.
Die Gesetze der Fluidmechanik (Strömungsmechanik) wie Kontinuitätsgleichung und Bernoulligleichung gelten nicht nur für Flüssigkeiten, sondern auch für Gase und Dämpfe, wenn ihre Strömungsgeschwindigkeit unter 100 m/s liegt.

Fluidics (fluidics)
Steuerungselemente, die nach Gesetzen der Strömungsdynamik arbeiten.
Auch pneumatische Elemente und Schaltungen werden als Fluidics bezeichnet.

Flurförderzeug (fork lift)
Nicht schienengebundenes mobiles Fördermittel für den innerbetrieblichen Transport.
Beispiele: Gabelstapler, Mobilkrane, Elektrokarren.

Fluss (flux)
→magnetischer Fluss

Flussdiagramm (flow chart)
Grafische Darstellungsart für Programmabläufe. Die zeitliche Reihenfolge der einzelnen Schritte wird durch Symbole und Pfeile dargestellt. Flussdiagramme können Verzweigungen und Schleifen enthalten (Bild S. 140).

Förderband

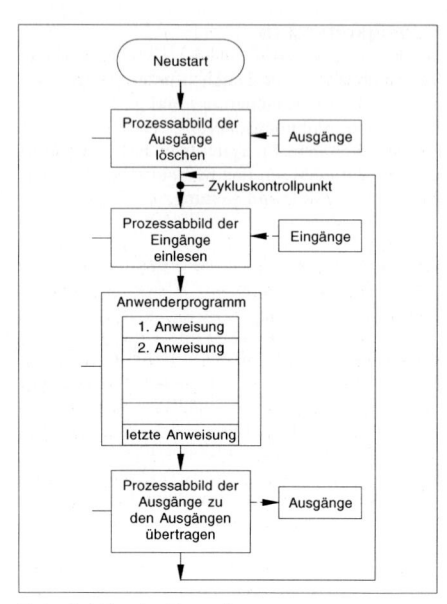

Beispiel für ein Flussdiagramm

Förderband (a) conveyor; b) conveyor belt)
a) Fördermaschine für Schüttgut, das auf einem umlaufenden Gummiband transportiert wird. Förderbänder werden bis zu 2 m Breite und mehreren km Länge gebaut.
b) Stahlarmiertes Gummiband, das in Fördermaschinen das Schüttgut trägt.
(→Förderleistung)

Förderbbeginn (commencement of delivery)
→Reiheneinspritzpumpe,   →Verteilereinspritzpumpe

Förderhöhe H (delivery head)
Betriebsgröße von Pumpen.
Man unterscheidet geodätische Förderhöhe H_{geo} und Pumpenförderhöhe H. H_{geo} setzt sich zusammen aus der Saughöhe H_s und der Druckhöhe H_d. Sie stellt den Höhenunterschied zwischen Saug- und Austrittsquerschnitt der Pumpenanlage dar. Die Saughöhe ist abhängig vom atmosphärischen Druck bei offenem oder vom Druck p_1 bei geschlossenem Saugbehälter. Bei 1 bar Atmosphärendruck ist die theoretische Saughöhe von kaltem Wasser ca. 10 m, die praktisch erreichbare ca. 7 ... 8 m. Neben H_s und H_d müssen Widerstände in Saug- und Druckleitung, Armaturen, Krümmern und durch Geschwindigkeitsänderungen infolge Querschnittsänderungen überwunden werden. Alle Widerstände werden in der Verlusthöhe H_v erfasst:

$$H = H_{geo} + (p_2 - p_1)/\rho g + (c_2^2 - c_1^2)/2g + H_v.$$

(→Förderleistung, →Förderstrom, →Pumpen)

Pumpenanlage

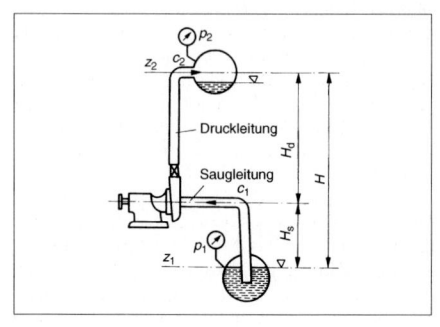

Förderleistung P_Q
(pump output; delivery rating)
Die von einer Arbeitsmaschine (z.B. einer Pumpe) oder von einer Förderanlage (z.B. einem Schüttgutförderer) erzielte Fördermenge je Zeiteinheit.
Für Pumpen gilt:
$P_Q = q_V H g \rho$ mit Volumenstrom q_V, Förderhöhe H, Fallbeschleunigung g und Dichte des Fördermediums ρ.
(→Förderhöhe, →Förderstrom, →Pumpen)

Fördermittel (means of transportation)
Sammelbegriff für verschiedene Fördermaschinen oder -anlagen.
Beispiele: Elektroseilzüge, Stetigförderer, Förderbänder; Unstetigförderer, Hängebahnen, Regalförderzeuge.

Förderstrom (capacity)
→Pumpen, →Volumenstrom

Fördertechnik
(material handling technology)
Teilbereich des Maschinenbaus, der sich mit allen Fragen des innerbetrieblichen Materialtransports und dessen Organisation befasst.
Hauptgebiete der Fördertechnik sind Stetigfördertechnik (Förderbänder, Pumpen), Hebetechnik (Krane, Elektrohebezeuge), Materialflußtechnik sowie Umschlagtechnik in Häfen und Containerterminals.

fördertechnische Systeme
(distribution systems)
Umfangreiche fördertechnische Anlagen für Stückgut, bei denen neben dem reinen Transport organisatorische Funktionen wie Sortieren, Verteilen, Kommissionieren eine wichtige Rolle spielen.
Beispiele: Gepäckverteilsysteme in Flughäfen, Warenlager- und Verteilzentren mit Hochregallagern und Kommissionierstationen bei Arzneimittelgroßhändlern.

Folge (sequence)
Eine Menge von Zahlen
$a_1, a_2, a_3, ..., a_n, ...,$
die in einer bestimmten Reihenfolge angeordnet sind, auch Zahlenfolge genannt.
Die Zahlen der Folge werden Glieder der Folge genannt. Bei endlich vielen Zahlen heißt die Folge endlich, andernfalls unendliche Folge. Unter den Gliedern können auch gleiche Zahlen auftreten.
Eine Folge kann durch direkte Angabe ihrer Glieder oder auch durch einen arithmetischen Ausdruck gegeben sein. Ein solcher arithmetischer Ausdruck kann entweder eine explizite Formel für das Folgenglied a_n oder eine rekursive Definition sein. Bei einer Rekursion wird a_n durch Folgenglieder mit kleineren Indizes definiert.
Schreibweise von Folgen: $(a_n) = (a_1, a_2, a_3, ...)$.
Eine konstante Folge (a_n) ist eine Folge mit $(a_n) = (a, a, a, ...)$.
Beispiele:
1. $(a_n) = (1, 2, 3, 4, 5, 6, 7, 8, 9, 10)$.
2. $(a_n) = (n) = (1, 2, 3, 4, ...)$,
3. $(a_n) = (3 - 1/2^{n-2}) = (1, 2, 5/2, 11/4, 23/8, ...)$,
4. $(a_n) = (4 + 3 (n - 1)) = (4, 7, 10, 13, ...)$,
5. $(a_n) = ((-1)^{n+1}) = (1, -1, 1, -1, 1, ...)$,
6. $(a_n) = (1/n) = (1, 1/2, 1/3, 1/4, ...)$,
7. (a_n) mit $a_1 = 0$, $a_{n+1} = (1/2)(1 + a_n)$
für $n \in \mathbb{N}^*$, also
$(a_n) = (0, 1/2, 3/4, 7/8, 15/16, ...)$.
Die erste Folge ist endlich, alle anderen sind unendlich. Die erste Folge ist durch Angabe ihrer Glieder definiert, die letzte Folge ist rekursiv definiert und alle anderen durch eine explizite Formel. Die ersten vier und die letzte Folge sind streng monoton wachsend, die sechste Folge ist streng monoton fallend. Die fünfte Folge ist alternierend.
Folge 1, 3, 5, 6 und 7 sind beschränkt.
(→alternierende Folge, →beschränkte Folge, →monotone Folge)

Folgeschneidwerkzeug
(progressive follow die)
→Schneidwerkzeuge

Folgesteuerung (sequence control)
→Ablaufsteuerung, →Steuerungsarten

Forkardt-Futter (Forkardt chuck)
→Keilkolbenfutter, →Keilstangenfutter

Form Feed (form feed)
Seitenvorschub beim Drucker, der durch Software oder eine Taste am Drucker ausgelöst werden kann.

Formänderung (deformation)
Begriff aus der Festigkeitslehre für die bei Belastung auftretende elastische Verformung eines Bauteils.
Je nach Beanspruchungsart (Zug, Druck, Biegung, Abscheren, Torsion) treten folgende Formänderungen auf:
Bei Zug: *Verlängerung* $\Delta l = \sigma l_0 / E$ in mm, mit Zugspannung σ in N/mm², Ursprungslänge l in mm, Elastizitätsmodul E in N/mm²;
bei Druck: *Verkürzung* $\Delta l = \sigma l_0 / E$ wie Zug;
bei Biegung: *Durchbiegung f* je nach Trägerbelastung (Freiträger, Stützträger, Kragträger) mit der entsprechenden Durchbiegungsgleichung;
bei Abscheren: *Verschiebung* $\gamma = \tau l_0 / G$ in mm, mit Abscherspannung τ in N/mm², Schnittuferabstand l_0 in mm, Schubmodul G in N/mm²;
bei Torsion: *Verdrehwinkel* $\varphi = M_T l \, 180° / (I_p G \pi)$ in Grad, mit Torsionsmoment M_T in Nmm, Stablänge (Torsionslänge) l in mm, polarem Flächenmoment I_p in mm⁴, Schubmodul G in N/mm².
(→elastische Verformung)

Formänderungsarbeit (deformation work)
Zur elastischen Verformung eines Bauteils aufzubringende mechanische Arbeit, z.B. in einer Schraubenfeder.
(→Federarbeit)

Formänderungsfestigkeit
(deformation resistance)
Bei Überschreitung einer Grenzbeanspruchung können die Kristalle metallischer Werkstoffe in bestimmte Richtungen gleiten, ohne dass der stoffliche Zusammenhang aufgehoben wird. Plastische Verformung setzt ein, wenn im Werkstoff eine Spannung zwischen der Streckgrenze R_e (oder der Spannung $R_{p0,2}$ bei 0,2% Dehnung) und der Zugfestigkeit R_m wirkt. Diese Spannung wird als Formänderungsfestigkeit k_f bezeichnet. Wird die Formänderungsfestigkeit über dem logarithmischen Ziehverhältnis $\varphi = \ln \beta_0$ (auch Umformgrad genannt) aufgetragen, erhält man Fließkurven, die für jeden in der Umformtechnik wichtigen Werkstoff ermittelt worden sind.

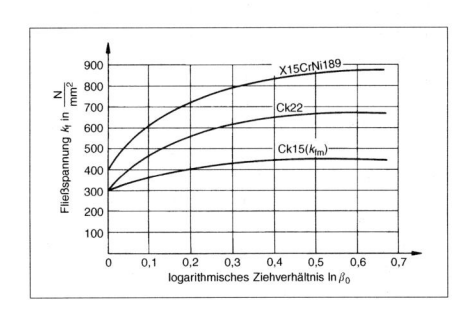

Formatierung

Formatierung (formatting)
1. Bei der Textverarbeitung die Möglichkeit, den Text in eine gewünschte Form zu bringen.
2. Einteilung der Massenspeicher (z.B. Disketten) in Sektoren durch ein Formatierungsprogramm. Fabrikneue Datenträger müssen zunächst immer formatiert werden, bevor auf ihnen Daten gespeichert werden.
(→Diskette)

Formbacken (form jaws)
Ausführung von Greiferbacken (Halteelemente), deren Kontur der Negativabbildung der Kontur des Greifobjektes entspricht.
Die Objekte können so formschlüssig gehalten werden. Die Greifkräfte bleiben gering.
(→Greifer, →Greiferbacken, →Greifkräfte)

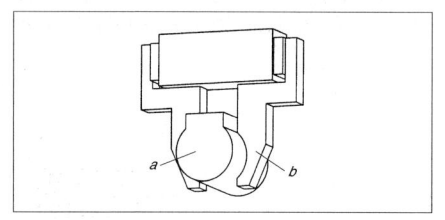

Werkstück (a), dass von Formbacken (b) gehalten wird

Formelzeichen (symbol; formula symbols)
International festgelegte Abkürzungen in Form von lateinischen und griechischen Groß- und Kleinbuchstaben für eine chemische, mathematische oder physikalische Größe.
Im Druck werden alle Formelzeichen kursiv (schräg) gesetzt, die Einheitenzeichen dagegen steil (senkrecht).
Beispiel: Kraft = F, Dichte = ρ.
DIN 1304 Allgemeine Formelzeichen.

Formmassen (moulding material)
Härtbare Phenol- und Harnstoffharze mit mineralischen, körnigen, fasrigen oder flächigen Füllstoffen (Schnitzeln) wie Holzmehl, Glimmer, Gesteinsmehl, Baumwollfasern.
Zur leichten Formfüllung sind sie in rieselfähigen Zustand gebracht und haben konstante Verarbeitungsbedingungen (Temperatur, Druck, Zeit). Sie schmelzen im Presswerkzeug und härten darin nach einer Haltezeit aus.
Thermoplastische Formmassen nach vielen Normen jeweils in verschiedenen Typen mit Zusätzen wie z.B. Farben, Flammhemmer, Antistatika, Stabilisatoren, Vernetzungsmitteln und Füllstoffen.

DIN 7708 Formmassegruppen.
(→Aminoplaste, →GMT, →Phenoplaste, →Polyesterharze, →SMC)

Formtoleranzen (geometrical limit)
Begrenzen die Abweichungen eines Bauteils von seiner geometrisch idealen Form. Formtoleranzen sollen dann angegeben werden, wenn Formabweichungen zu Beeinträchtigungen der Funktion, z.B. von Passungen führen können.
Beispiele: Ebenheit einer Gleitfläche; Rundheit eines Drehteils; Geradheit einer zylindrischen Achse.
DIN 7184 T1 Grundlagen der Form- und Lagetoleranzen; Begriffe, Zeichnungseintragungen, Bemaßung und Tolerierung von Linienformen

Forst-Enor-Getriebe (Forst-Enor-drive)
Außen beaufschlagtes Flügelzellengetriebe mit geschlossenem Kreislauf.
Die Hydraulikflüssigkeit fließt der Hydropumpe und dem Hydromotor an der Peripherie des gemeinsamen Verstellgehäuses („von außen") zu. Durch Verschieben des Verstellgehäuses wird die Exzentrizität von Hydropumpe und Hydromotor gleichzeitig verstellt und dadurch die Abtriebsdrehzahl der Hydromotorwelle stufenlos gesteuert.

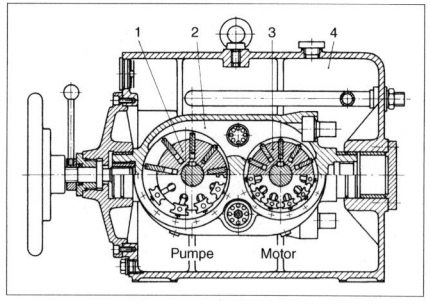

Forst-Enor-Getriebe
1 Kolbentrommel des Hydromotors, 2 gemeinsames Verstellgehäuse, 3 Kolbentrommel der Hydropumpe, 4 Getriebegehäuse

FORTRAN (**For**mular **Tran**slator)
Eine der frühen Hochsprachen (seit 1955 verfügbar) für den technisch-wissenschaftlichen Bereich. Große Programmsammlungen sichern dieser Sprache auch heute noch ihre Bedeutung.
(→Hochsprachen)

Fotodiode (photo diode)
Gepoltes Halbleiterbauelement mit veränderbarem elektrischem Widerstand.

In Sperrrichtung ist der Widerstand wie bei einer konventionellen Diode sehr hoch, in Durchlassrichtung ist er abhängig vom Lichteinfall. Fotodioden werden als Lichtsensoren eingesetzt.
(→Fototransistor, →Fotowiderstand)

Fototransistor (photo transistor)
Halbleiterbauelement, das als Verstärker arbeitet.
Der Fototransistor arbeitet wie ein normaler Transistor, wird aber mit Licht anstelle von Strom angesteuert. Je höher die Intensität der Lichteinstrahlung ist, desto geringer wird der Widerstand der Kollektor-Emitter-Strecke. Fototransistoren werden als Lichtsensoren eingesetzt.
(→Fotodiode, →Fotowiderstand)

Fotowiderstand
(photo resistor; light dependent resistor)
Bauelement, dessen elektrischer Widerstand sich abhängig vom Lichteinfall verändert.
Der Dunkelwiderstand kann um den Faktor 1000 größer sein als sein Hellwiderstand. Fotowiderstände werden als Lichtsensoren eingesetzt.
(→Fotodiode, →Fototransistor)

Fräserdorn (milling arbor)
Werkzeugspanner an Fräsmaschinen.
Der Dorn wird mit seinem Kegelschaft in die Aufnahmebohrung des Fräsundspindelkopfes eingesetzt und mit einer Anzugstange festgespannt. Auf den zylindrischen Teil des Dorns wird der Fräser aufgeschoben und mit einer Mutter axial verspannt.
DIN 2086 Fräserdorne für Wälzfräser, DIN 6354/55 Fräserdorne mit Steilkegel

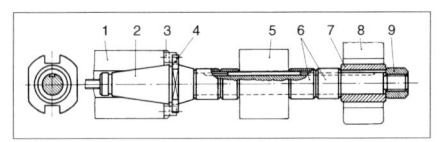

Fräserdorn
1 Frässpindelkopf, 2 Aufnahmekegel (ISO-Steilkegel), 3 Mitnehmerstein, 4 Dornflansch, 5 Fräser, 6 Distanzringe, 7 Laufbuchse, 8 Gegenhalterlager, 9 Spannmutter

Fräserradiuskorrektur (cutter radius offset)
Verschiebung des Fräsers um seinen Radius neben die programmierte Werkstückkontur.
Die Radiuskorrektur bewirkt die Bewegung des Fräsermittelpunkts auf der Mittelpunktsbahn.
(→Äquidistante, →Bahnsteuerung, →Streckensteuerung)

Fräsmaschine (milling machine)
Werkzeugmaschine für die zerspanende Bearbeitung, vorwiegend von ebenen Werkstückflächen.

Das walzen-, scheiben- oder fingerförmige Werkzeug (Fräser) führt die drehende Schnittbewegung aus. Die Schneidflächen des Fräsers liegen an seinem Umfang und/oder auf seiner Stirnfläche. Je nach Lage der Frässpindel unterscheidet man zwischen Waagerecht- und Senkrecht-Fräsmaschinen. Nach der Art der Werkstücktisch-Führung wird zwischen Konsol- und Tischfräsmaschinen unterschieden.

Frässpindel (milling spindle; cutter spindle)
Werkzeugträger der Fräsmaschine.
Überträgt die drehende Schnittbewegung vom Hauptgetriebe über den Werkzeugspanner oder unmittelbar auf das Werkzeug. Der Spindelkopf hat eine Kegelbohrung zur zentrischen Aufnahme von Schaftfräsern oder Fräserdornen und einen Außenkegel oder einen Zentrierzylinder für die Aufnahme von Messerköpfen. Die Spindel hat eine durchgehende Längsbohrung für die Spannstange (Anzugstange).
DIN 2079 Spindelköpfe mit Steilkegel 7 : 24, DIN 2201 Kegelschaftaufnahmen mit Mitnehmer

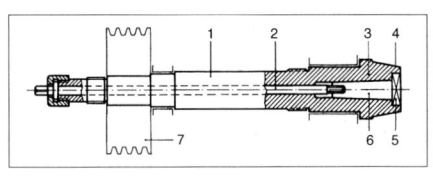

Frässpindel mit Spindelkopf nach DIN 2201
1 Frässpindel, 2 Spannstange, 3 Spindelkopf, 4 Aufnahmekegel für Messerköpfe, 5 Mitnehmerflächen, 6 Morsekegel für Schaftfräser und Fräserdorne, 7 Antriebsriemenscheibe

Fräsverfahren (milling; milling process)
Spanende Bearbeitung (Fräsen) von Werkstücken bei kreisförmig drehender Schnittbewegung des Werkzeugs und meist linearer Vorschubbewegung des Werkstücks.
Die Fräswerkzeuge haben geometrisch bestimmte Schneidkeile. Nach Lage und Form der erzeugten Werkstückflächen werden unterschieden:
Planfräsen (ebene Flächen bei linearer Vorschubbewegung), Rundfräsen (kreiszylindrische Flächen bei drehender Vorschubbewegung, Rundvorschub), Schraubfräsen (wendelförmige Schraubflächen bei wendelförmiger Vorschubbewegung, Beispiel: Gewindefräsen), Wälzfräsen (Flächen, die durch ein Fräswerkzeug mit Bezugsprofil im Abwälzverfahren entstehen, Beispiel: Zahnflankenfräsen), Profilfräsen (beliebig profilierte Flächen durch Abbildung des Werkzeugprofils), Formfräsen (beliebige Flächen durch Steuerung der Vorschubbewegung, Beispiele: Nachformfräsen, CNC-Formfräsen).
DIN 8589, Teil 3 Fertigungsverfahren Spanen

Fräszyklus (milling cycle)
In einer CNC-Steuerung vorprogrammierte Funktionen für häufig vorkommende Fräsarbeiten.
Sie werden meist durch G-Wörter adressiert und enthalten komplette Bearbeitungsstufen wie Lochkreiszyklus, Nutenzyklus, Rechtecktaschenzyklus, Kreistaschenzyklus.
Beispiel: Deckel Dialog 2 Steuerung

N...	(Satznummer)
G71	Arbeitszyklus
F125	Vorschub
S+1000	Drehzahl
X+50	Taschenmaß
D+51	Werkzeugkorrektur
X+0.5	Aufmaß
X+40	Taschenmaß
Y+4	Zustellmaß
F100	Zustellvorschub
Z-17	Fertigungsmaß + Sicherheitsabstand
Z-5	Zustellmaß
Z-0.3	Aufmaß

(→Bohrzyklus, →Drehzyklus, →Zyklus an CNC-Maschinen)

Francisturbinen (Francis turbines)
Wasserturbinen in Hoch- und Niederdruckanlagen für große und kleine Fallhöhen von 1...800 m und für große Durchflussmengen.
Bei Hochdruckanlagen mündet der Rohrzufluss in ein Spiralgehäuse (Spiralturbinen), bei Niederdruckanlagen ist meist ein offener Zufluss vorgesehen (Schachtturbinen). Vor dem Laufrad durchströmt das Wasser den Leitapparat mit verstellbaren Leitschaufeln, die zur Regelung der Durchflussmenge und der Turbinenleistung dienen. Die Zuströmung ist immer mit Wasser gefüllt (Vollbeaufschlagung).
(→Hochdruckanlagen, →Niederdruckanlagen, →spezifische Drehzahl, →Wasserkraftwerke, →Wasserturbinen)

Freeware (public domain software)
Programme, die nicht kopiergeschützt sind und weitergegeben werden dürfen (Public-Domain-Software).

freie Knicklänge (free length of column)
→Knickung

freier Fall (free fall)
Durch die Erdanziehung gleichmäßig beschleunigte Bewegung eines frei fallenden Körpers.
Im luftleeren Raum, z.B. in einer luftleer gepumpten Glasröhre, fallen alle Körper gleich schnell mit der Fallbeschleunigung g. Bei Berechnungen muss festgelegt werden, ob der Luftwiderstand F_w berücksichtigt werden soll. Für den freien Fall mit Berücksichtigung des Luftwiderstandes $F_w = c_w \rho_L A_p v^2 / 2$ gilt:

stationäre Sinkgeschwindigkeit
$v_s = \sqrt{2mg/(c_w \rho_L A_p)}$ in m/s, mit Masse m in kg, Fallbeschleunigung g in m/s², Luftwiderstandsbeiwert c_w (0,2 für Kugeln, 3−4 für Pkw), Dichte ρ_L in kg/m³ (= 1,19 kg/m³ für Luft bei 20°C und 1000 mbar Luftdruck), Anströmquerschnitt A_p in m² (Projektionsfläche);
Momentangeschwindigkeit $v(t) = v_s \tanh(t/t_s)$
mit der Zeitkonstanten $t_s = \sqrt{2m/(c_w \rho_L A_p g)}$;
Momentanwegstrecke $s(t) = v_s t_s \ln \cosh(t/t_s)$.
tanh = Hyperbelfunktion (Tangenshyperbolicus) mit Taschenrechnertaste hyp abrufbar; ln cosh = natürlicher Logarithmus der Hyperbelfunktion cosh.

freier Vektor (free vector)
→Vektor

Freifläche (flank)
Begrenzungsfläche am Schneidkeil eines Zerspanwerkzeugs, die der am Werkstück entstehenden Schnittfläche zugewandt ist.
Bei Hauptschneide und Nebenschneide bestehen sinngemäß Hauptfreifläche und Nebenfreifläche.
(→Schneidkeil, →Spanfläche)

Freiflächenverschleiß (flank wear)
Verschleißform am geometrisch bestimmten Schneidkeil eines Zerspanwerkzeugs (besonders Drehwerkzeuge) durch Reibkontakt mit der Schnittfläche.
Freiflächenverschleiß wird überwiegend durch Abrasion und Adhäsion verursacht. Auf der Freifläche entsteht eine zunehmend breiter werdende Verschleißmarke, die eine zahlenmäßige Darstellung des Verschleißzustandes am Schneidkeil ermöglicht. Der Schneidkeil gilt als stumpf (Standzeitende), wenn die Verschleißmarkenbreite VB einen verfahrensabhängigen Grenzwert VB_{zul} (Standkriterium) erreicht. Beispiele:
Standkriterien beim Schruppdrehen $VB_{zul} = 0,6...1,2$ mm, beim Schlichtdrehen $VB_{zul} = 0,2...0,4$ mm, beim Feindrehen $VB_{zul} = 0,1...0,2$ mm.

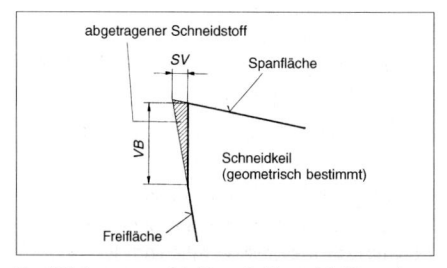

Freiflächenverschleiß mit Verschleißmarkenbreite VB und Schneidenversatz SV

Durch Freiflächenverschleiß entsteht auch eine Verlagerung der Schneide. Zur Vermeidung von Maßabweichungen am gefertigten Werkstück muß der Schneidenversatz SV durch Nachstellung des Werkzeugs ausgeregelt werden.

Freiheitsgrad (degree of freedom)
Bewegungsmöglichkeit eines Körpers im Raum oder in der Ebene.
Ein im Raum frei beweglicher Körper hat sechs Freiheitsgrade, in der Ebene drei.

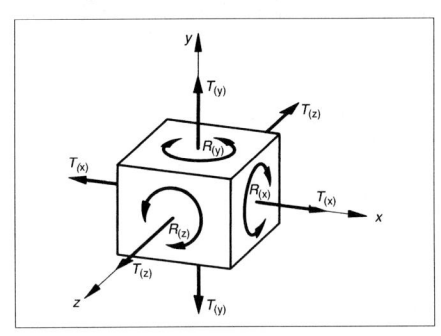

$T_{(x)}$, $T_{(y)}$, $T_{(z)}$: Translation in Richtung der 3 Achsen
$R_{(x)}$, $R_{(y)}$, $R_{(z)}$: Rotation um die 3 Achsen

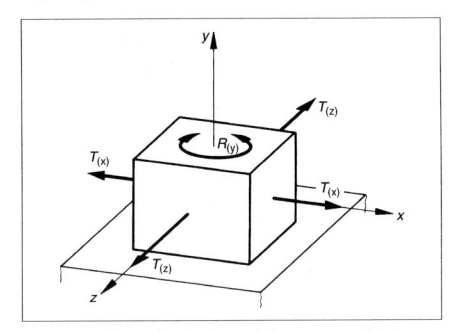

$T_{(y)}$, $T_{(z)}$: Translation in Richtung der 2 Achsen
$R_{(y)}$: Rotation um 1 Achse

Freilauf (free wheel)
Maschinenelement der Antriebstechnik, das nur in einer Drehrichtung eine Drehmomentübertragung ermöglicht.
Die Sperrung in dieser Drehrichtung wird durch Klemmkörper oder Klemmrollen mit Klemmrampen erreicht. Anwendungsfälle sind Überholfreiläufe in Mehrmotorenanlagen oder Rücklaufsperren bei Förderbändern. Im Gegensatz zu Klinkengesperren arbeiten Freiläufe stufenlos.
Beispiel: Bei Fahrrädern verhindert der Überholfreilauf das Mitdrehen der Pedale, wenn das Fahrrad schneller fährt, als man tritt.

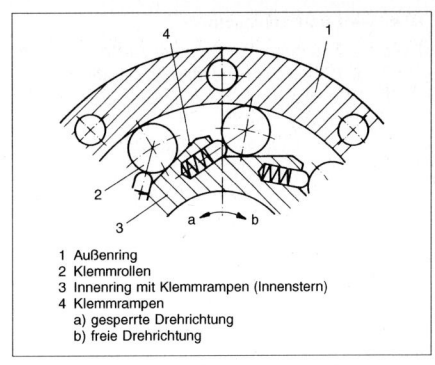

1 Außenring
2 Klemmrollen
3 Innenring mit Klemmrampen (Innenstern)
4 Klemmrampen
a) gesperrte Drehrichtung
b) freie Drehrichtung

Rollenfreilauf als Rücklaufsperre für Fördereinrichtungen

Freilaufdiode (free-wheeling diode)
Schutzdiode, die [parallel zu einer induktiven Last (Relais)] in Sperrichtung in Gleichstromkreisen liegt.
Die Diode D_S verhindert beim Abschalten die Entstehung hoher Induktionsspannungen und schützt das schaltende Bauelement V1 (z.B. Transistor).

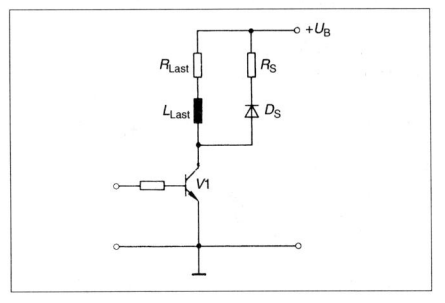

Prinzipschaltung mit bipolarem Transistor V1, Freilaufdiode D_S und induktiver Last L_{Last}

Freimachen, Freischneiden
(freeing process for a body)
Verfahren der Statik, mit dem sichergestellt werden soll, dass tatsächlich alle am Bauteil angreifenden Kräfte (äußere Kräfte) in die Untersuchung einbezogen werden.
Zum Freimachen oder Freischneiden nimmt man die Nachbarbauteile Stück für Stück weg und bringt dafür diejenigen Kräfte an, die vom weggenommen auf das freizumachende Bauteil wirken.
(→Schnittmethode)

frei programmierbarer Roboter
(freely programmable robot)
Roboter (Industrieroboter), der veränderbar und ohne mechanische Hilfsmittel in einfacher Weise programmiert werden kann.

Dabei wird unterschieden:
a) ohne selbständige Programmbeeinflussung, wobei der Roboter nur die Bewegungsabläufe ausführt, die durch das jeweilige Programm festgelegt worden sind.
b) mit selbständiger Programmbeeinflussung, wobei der Roboter seine Bewegungsabläufe den sich in seiner Umgebung ändernden Bedingungen anpassen kann.
(→Adaptionsfähigkeit, →Robotergeneration, →Roboterprogrammierung)

Freischalten (disconnection)
Herbeiführen der Spannungsfreiheit eines Netzes oder einer Anlage mit Hilfe von Schaltgeräten (erste der fünf Sicherheitsregeln):
1. Freischalten,
2. Gegen Wiedereinschalten sichern,
3. Spannungsfreiheit feststellen,
4. Erden und kurzschließen,
5. Benachbarte unter Spannung stehende Teile abdecken oder abschranken.

VDE 0105 Betrieb von Starkstromanlagen.

Freischneidwerkzeug (easy cut-off tool)
→Schneidwerkzeuge

Freistrahlturbinen (Pelton wheel turbines)
→Peltonturbinen

Freiträger (semi-beam)
Bezeichnung aus der Statik für alle Maschinenelemente oder sonstige Bauteile, die einseitig gelagert sind, z.B. die Pedalachse am Fahrrad.

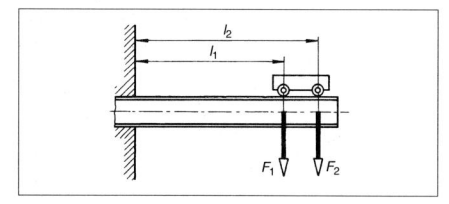

Freiträger mit Laufkatze und deren Radkräften

Freiwinkel α (clearance angle)
Winkel zwischen der Freifläche des Schneidkeils eines Zerspanwerkzeugs und der Werkzeug-Schneidenebene im Werkzeug-Bezugssystem. Der in der Orthogonalebene des Bezugssystems gemessene Freiwinkel ist der Orthogonalfreiwinkel α_o.
(→Werkzeugwinkel)

Fremdkapital (borrowed capital)
Kredite mit Anspruch auf vereinbarte Zinsen und fristgerechte Rückzahlung.

Fremdstromanode
(impressed current anode)
→kathodischer Korrosionsschutz

Fremdzündung (spark-ignition)
Merkmal von Ottomotoren nach dem Viertakt- und Zweitaktverfahren.
Das Kraftstoff-Luft-Gemisch wird durch einen von der Zündanlage gesteuerten Zündfunken an der Zündkerze gezündet.
(→Zündanlage)

Frequenz f (frequency)
Anzahl der Schwingungen eines periodischen Vorgangs in einem bestimmten Zeitintervall.
$f = t^{-1}$ in s^{-1} = 1/s = Hz (Hertz).
Einheit: 1/s = Hz (Hertz), im angelsächsischen Sprachraum: cps (cycles per second).
(→Hertz, →Periode, →Schwingung, →Wechselspannung)

Frequenzgang (frequency response)
Beschreibt das von der Signalfrequenz abhängige Übertragungsverhalten eines Bauelementes oder einer Schaltung.
Im sog. Bodediagramm wird das frequenzabhängige Übertragungsverhalten aufgetrennt in den Frequenzgang der Amplitudenverstärkung (Betragskennlinie) und den der Phasenverschiebung (Phasenkennlinie) dargestellt.
Logarithmische Achseneinteilung, die Verstärkung wird in Dezibel angegeben:
$V_u = U_a/U_e = 20 \log U_a/U_e$

Frequenzwandler (frequency converter)
Betriebsmittel zum Umformen von ein- oder mehrphasigem Wechselstrom in einen Wechselstrom mit anderer Frequenz oder Phasenzahl.
Elektronische Frequenzwandler (Umrichter) bestehen aus einer entsprechenden Gleichrichterschaltung und einem Wechselrichter.

Frist (allowed time; deadline; respite)
Zeitraum, in dem eine bestimmte Handlung vorgenommen werden muss.
Möglich sind Stunden, Tage, Wochen, Monate, Jahre oder Bruchteile von Jahren (Halbjahr, Vierteljahr).

Fristenplan (operational schedule)
Zeigt an, in welcher Reihenfolge und Zeitdauer die einzelnen Arbeitsvorgänge zur Erfüllung einer bestimmten Arbeitsaufgabe ausgeführt werden müssen.

Füllstoffe

Fristigkeit (deadline period)
Zeitraum, für den ein Plan aufgestellt wurde.
Die kurzfristige Planung (bis zu einem Jahr), primär eine quantitative Planung, soll einen möglichst optimalen Einsatz von Menschen, Sachmitteln und Informationen zur Erreichung konkreter Ziele sicherstellen.
Die mittelfristige Planung (ein bis fünf Jahre) umfasst drei Aufgabenbereiche: Zieldefinitionen für das Gesamtunternehmen und seine Bereiche, Ableitung von Maßnahmen und robusten Schritten zur Zielverwirklichung sowie die Budgetierung für die Teilperioden des kurzfristigen Plans.
Die langfristige Planung (mehr als fünf Jahre) dient der Anpassung der Unternehmensziele vor dem Hintergrund der zu erwartenden Veränderungen.

Frontdrehmaschine
(frontal lathe; front-operated lathe; front turning machine)
Kurze Futterdrehmaschine, die von der Stirnseite des Bettes aus („frontal") bedient wird.

Fügehilfe, Fügemechanismus, Fügekopf
(compliant device)
Einrichtung bei automatischen Montage-Vorrichtungen und Robotern.
Sie gleicht durch elastische Elemente (passiv) oder sensorunterstützte gesteuerte Elemente (aktiv) Fluchtungs- und Verdrehfehler bei einem automatischen Fügevorgang aus. Die Steifigkeit, z.B. die eines Roboterarms, wird mit einer Fügehilfe künstlich herabgesetzt.
(→Ausgleichseinheit)

Führung (guide; slideway)
→Geradführung

Führungsgröße (reference variable)
Größe im Regelkreis, die als Bezug für die Regelgröße gilt. Es ist Aufgabe der Regelung, die Regelgröße möglichst genau an die von außen zugeführte Führungsgröße anzupassen. Im Falle eines Unterschiedes zwischen Führungsgröße und Regelgröße muss durch Stellgrößenänderung eine Angleichung des Istwertes an den Sollwert erreicht werden. Sollwert ist der Momentanwert der Führungsgröße.
(→Istwert, →Regelgröße, →Regelkreis, →Sollwert)

Führungskette
(guideways fitted with caged rolling elements)
Eine Form der Wälzführung, bei der die einzelnen Wälzkörper in Käfigen laufen, die gelenkig miteinander zu einer endlosen umlaufenden Kette verbunden sind.
Beispiel: Kreuzrollenkette.

Führungsschiene
(supporting blade; work-rest blade)
Eine Form der Wälzführung, bei der die Wälzkörper (Kugeln oder Rollen) in einen starren Käfig (Schiene) so eingelegt sind, dass sie sich gegenseitig nicht berühren.
Wird spielfrei zwischen die Führungsflächen des starren und des bewegten Maschinenteils eingelegt.

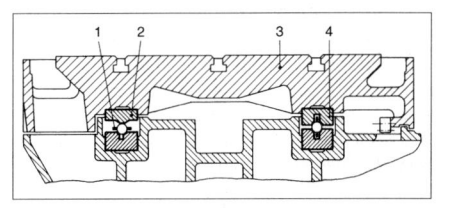

Kugelführungsschienen an einem Schleifmaschinentisch
1 Führungsschiene, 2 Tragführungsbahn, 3 Werkstücktisch, 4 Richtführungsbahn

Führungssteuerung (pilot control)
Steuerung, bei der zwischen Führungsgröße (Eingangsgröße) und Ausgangsgröße ein eindeutiger Zusammenhang besteht, soweit durch Störgrößen keine Abweichung entsteht.
(→Führungsgröße, →Regelung, →Steuerungsarten)

Führungsverhalten (transient response)
Verhalten einer Steuerung oder Regelung bei zeitlich nicht konstanter Führungsgröße.
Optimales Führungsverhalten bedeutet, dass die Regelgröße der Führungsgröße schnell, präzise und schwingungsfrei folgt. Diese Anforderungen können meist nicht gleichzeitig erfüllt werden, weil die eine zu Lasten der anderen geht. Schnelle Regelungen haben meist eine größere Schwingneigung als langsame, Schwingungsoptimierung geht zu Lasten der Geschwindigkeit.
(→Führungsgröße, →Regelgröße, →Regelung, →Steuerung)

Füllstoffe (filler)
Zusätze zu Polymeren mit verstärkender und verbilligender Wirkung, bei Harzen als Harzträger bezeichnet.
Form und Art sind in den Normen der Formmassen festgelegt. Sie verbessern Wärmebeständigkeit (mineralische Pulver wie Kreide, Glimmerplättchen, Quarzmehl, Talkum), Zähigkeit (Fasern, Schnitzel, Gewebe aus Papier, Cellulose), Fließfähigkeit in der Form (Glaskugeln), Festigkeit und E-Modul durch Fasern.

Fundamentalsatz der Algebra
(fundamental theorem of algebra)
Jede algebraische Gleichung n-ten Grades besitzt genau n (reelle oder komplexe) Wurzeln.
Dabei ist jede Wurzel, die mehrfach auftritt, mit ihrer Vielfachheit zu zählen (eine m-fache Nullstelle ist also m-fach zu zählen).
Der Fundamentalsatz der Algebra wurde 1799 von dem deutschen Mathematiker Carl Friedrich Gauß (1777–1855) bewiesen.
(→algebraische Gleichung)

Funktion (function)
Eine Zuordnung f, die jeder Zahl x einer gegebenen Zahlenmenge D genau eine Zahl $y = f(x)$ einer Zahlenmenge W zuordnet.
Statt Funktion sagt man auch Abbildung, $f(x)$ heißt das Bild von x und x das Urbild von $f(x)$.
Die Menge D heißt Urbildmenge, Definitionsmenge oder Definitionsbereich und ist eine Teilmenge der Menge $\mathbb{R}$ der reellen Zahlen ($D \subseteq \mathbb{R}$).
Die Menge W, aus der die Bilder stammen, heißt Wertemenge oder Wertebereich. Die Menge der Bilder (also alle y-Werte zusammen) heißt Bildmenge, bezeichnet mit $f(D)$. Die Elemente der Bildmenge nennt man Funktionswerte. Die Bildmenge $f(D)$ ist eine Teilmenge des Wertebereichs W, und W ist eine Teilmenge der Menge $\mathbb{R}$ der reellen Zahlen ($f(D) \subseteq W \subseteq \mathbb{R}$).
Eine Funktion besteht aus drei Teilen: Zuordnungsvorschrift, Definitionsbereich und Wertebereich. Zwei Funktionen sind genau dann gleich, wenn sowohl die Zuordnungsvorschriften als auch die Definitionsbereiche als auch die Wertebereiche übereinstimmen.
Die Zuordnungsvorschrift ist meist eine Gleichung, die Funktionsgleichung $y = f(x)$ (gesprochen: y gleich f von x), wobei x unabhängige Variable oder Argument der Funktion und y abhängige Variable heißt.
Neben der sogenannten expliziten Darstellung $y = f(x)$ der Funktionsgleichung gibt es die implizite Darstellung und die Parameterdarstellung.
Funktionen können auch durch Tabellen, Schaubilder (Graphen), Pfeildiagramme oder geordnete Wertepaare (Wertetabelle) dargestellt werden.
Schreibweise einer Funktion mit Funktionsgleichung $y = f(x)$, Definitionsbereich D und Wertebereich W:
$y = f(x), f: D \to W$.
Fehlen die Angabe des Definitionsbereichs und des Wertebereichs, so gilt $D = \mathbb{R}$ und $W = \mathbb{R}$.
Beispiele:
1. $D = \{-1, -2, -3, -4, -5\}$,
   $W = \{1, 2, 3, 4, ..., 24, 25\}$,
   $f(-1) = 1, f(-2) = 4, f(-3) = 9$,
   $f(-4) = 16, f(-5) = 25$.
2. $y = f(x) = x + 2, f: \mathbb{R} \to \mathbb{R}$ (also $D = W = \mathbb{R}$).
(→Graph einer Funktion, →implizite Darstellung, →Parameterdarstellung, →Wertetabelle einer Funktion)

funktionelle Gruppe (functional group)
Atome oder Atomgruppen, die den Charakter einer Verbindung bestimmen.
Beispielsweise hängt die Hygroskopie (Wasserlöslichkeit) bei Alkoholen von der Zahl der OH-Gruppen im Molekül ab, so besitzt Glycerin (dreiwertiger Alkohol) eine starke Hygroskopie.
Auswahl weiterer funktioneller Gruppen:

Formel	Bindung	Beispiel	mit Formel
–COOH	Karboxyl-	Ameisensäure	H–COOH
–CHO	Aldehyd-	Formaldehyd	H–CHO
–NH$_2$	Amino-	Aminoessigsäure	H$_2$N–CH$_2$–COOH
–CO–	Keto-	Aceton	CH$_3$–CO–CH$_3$

Funktionsdiagramm (function diagram)
Wird aus Weg-Schritt- und Steuerdiagramm gebildet.
Im Funktionsdiagramm werden Bewegungsabläufe und die Zustände der Steuerelemente (z.B. Endschalter) in einen Zusammenhang gestellt.
(→Ablaufdiagramm, →Steuerdiagramm, →Weg-Schritt-Diagramm)

Funktionsgleichung (equation of a function)
Gleichung für die Zuordnungsvorschrift einer Funktion.
(→Funktion)

Funktionsplan (function chart)
Neben Kontaktplan und Anweisungsliste eine der gebräuchlichsten Programmiersprachen für speicherprogrammierbare Steuerungen (SPS).

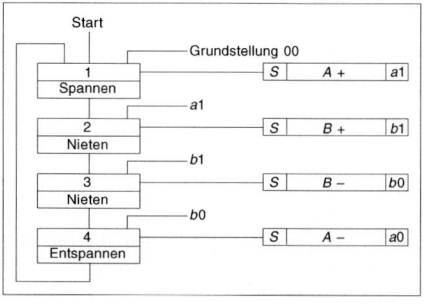

Beispiel für einen Funktionsplan

Der Funktionsplan ist für Verknüpfungssteuerungen und Ablaufsteuerungen verwendbar. Die graphische Darstellungsart bezieht sich auf den Wirkungsverlauf der Steuerung. Es werden genormte Symbole verwendet.
DIN 40719 Darstellungen von Steuerungsaufgaben.
(→Anweisungsliste, →Kontaktplan, →SPS)

Funktionstasten (function keys)
Im engen Sinne 10 oder 12 Tasten einer Computertastatur (F1...F12), die vom Anwenderprogramm mit Funktionen belegt werden können.
Im weiteren Sinne auch die Cursortasten sowie alle Tasten mit Editieraufgaben (Einfügen/Entfernen usw.) und die Tasten des abgesetzten Ziffernblockes.
Beispiel: Unter DOS wiederholt die Funktionstaste F3 das zuletzt eingegebene DOS-Kommando.

Funktionswert (function value)
→Funktion

FUP (function chart)
→Funktionsplan

Fußkreisdurchmesser (root diameter)
→Zahnradgrößen

Futterarbeit (chuck work; chuck operation)
Alle Arbeiten auf Drehmaschinen, bei denen das Werkstück einseitig („fliegend") gespannt ist (z.B. in einem Spannfutter oder einer Spannzange) und nicht am freien Ende durch die Reitstockspitze abgestützt wird.

Futterdrehmaschine (chucking lathe)
Drehmaschine ohne Reitstock, auf der nur relativ kurze Werkstücke beim Bearbeiten einseitig („fliegend") in einem Spannfutter oder einer Spannzange gespannt werden.

Fuzzy Logic (fuzzy logic)
Neuartige Form der Steuerungslogik, in der Informationen nicht binär kodiert sind.
In herkömmlichen Steuerungen sind nur binäre Informationen zugelassen. Die Fuzzy Logic lässt Zwischenwerte innerhalb bestimmter Bereiche zu. Für bestimmte Aufgaben innerhalb der Steuerungstechnik ist diese Steuerungslogik wesentlich effizienter, da sie die tatsächlichen Zusammenhänge besser abbildet. Für Steuerungen mit Fuzzy Logic sind spezielle Bauelemente erforderlich.

G

Gärtnerkonstruktion einer Ellipse
(string construction of an ellipse)
→Ellipsenkonstruktion

GAL (**G**eneric **A**rray **L**ogic)
Logikbaustein mit programmierbarer UND-, bzw. ODER-Matrix und Registerausgang. Er kann elektrisch gelöscht und neu programmiert werden und reduziert den Platzbedarf gegenüber Standardlogikschaltungen erheblich. Gegen nicht erwünschtes Kopieren kann eine Sicherheitszelle programmiert werden.

Galvanoformung (electroforming)
Urformverfahren, bei dem durch galvanische Abscheidung ein Metallniederschlag auf eine geformte Kathode aufgebracht wird. Das Modell (Negativform des herzustellenden Werkstücks) wird spanabhebend oder auch durch Gießen hergestellt. Der Metallniederschlag kann durch fast alle Metalle und viele Legierungen wie z.B. Kobalt-Wolfram oder Nickel-Chrom erreicht werden.
Vorteile: Sehr hohe Abbildungsgenauigkeit; hohe Maßgenauigkeit bei Rautiefen $R_z \leq 0{,}5\,\mu m$; sehr gute Festigkeits-, Korrosions- und Verschleißeigenschaften durch leicht anpassbare Werkstoffzusammenstellungen (ähnlich dem Sintern). Anwendung in der Filtertechnik bis in den Mikrobereich hinein, Spinn- und Einspritzdüsen, Siebdruckschablonen und Siebe.

Gamet-Lager (Gamet bearing)
Kegelrollenlager mit axial durchbohrten Laufrollen. Wie jedes Kegelrollenlager „pumpt" es beim Umlauf durch Fliehkraftwirkung das Schmiermittel von einer Seite des Lagers nach außen auf die andere Seite. Der dadurch erzeugte Kühleffekt wird durch die „Innenkühlung" in den Bohrungen noch verstärkt.

ganze rationale Funktion
(entire rational function)
Rationale Funktion $y = f(x)$, bei der $f(x)$ ein Polynom ist:

$$y = a_n x^n + a_{n-1} x^{n-1} + \ldots + a_2 x^2 + a_1 x + a_0 = \sum_{k=0}^{n} a_k x^k$$

mit $a_0, a_1, a_2, \ldots, a_{n-1}, a_n \in \mathbb{R}$, $a_n \neq 0$, $n \in \mathbb{N}^*$.
Ist n der Grad des Polynoms, so nennt man die Funktion ganze rationale Funktion n-ten Grades. Ganze rationale Funktionen vom Grad 0 heißen konstante Funktionen, vom Grad 1 lineare Funktionen, vom Grad 2 quadratische Funktionen, vom Grad 3 kubische Funktionen.
Beispiele:
$y = 23 x^4 - 12 x + 4$,
$y = 4 x^3 - 2 x + 5$ (kubische Funktion).
(→gebrochene rationale Funktion, →kubische Funktion, →lineare Funktion, →quadratische Funktion, →rationale Funktion)

ganze Zahl (integer)
Die Zahlen $\ldots, -4, -3, -2, -1, 0, 1, 2, 3, 4, \ldots$
Die ganzen Zahlen setzen sich zusammen aus den natürlichen Zahlen und den negativen ganzen Zahlen. Alle ganzen Zahlen bilden zusammen die Menge $\mathbb{Z}$ der ganzen Zahlen.
Beispiele: 38; -700632; 0; 105.
(→Zahlenmengen)

Ganzstahl-Reibgetriebe
(all-steel friction drive)
→Heynau-Getriebe

Gasaufkohlen (gas carburizing)
Aufkohlen in geschlossenen Öfen mit Mischgasen unter Zugabe von Kohlenwasserstoffen. Gute Regelung und Kontrolle der C-Aufnahme sowie Möglichkeit zum Direkthärten.

Gasnitrieren (gas nitriding)
Nitrieren bei ca. 520 °C in Ammoniak unter Abspaltung von atomarem Stickstoff, der eindiffundiert.

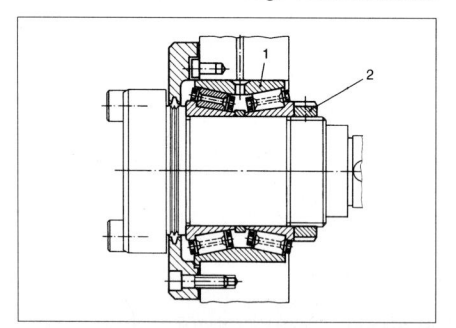

*Gamet-Lager im Hauptlager einer Frässpindel
1 Gamet-Lager, 2 Einstellmutter für Radial- und Axialspiel*

Für Dicken von 0,5 mm sind lange Glühzeiten (bis 100 h) erforderlich. Deshalb werden auch abgewandelte Verfahren angewandt.
(→Nitrocarburieren)

Gasschmelzschweißen
(autogenous welding)
Die Wärme zum Schmelzen der Stoßkanten liefert eine Gasflamme über den Injektor- oder Gleichdruckbrenner. Das Gas ist vorwiegend ein Acetylen-Sauerstoffgemisch im Mischungsverhältnis 1:1 bis 1:1,1 für neutrale Flamme, aber auch Propangas, Wasserstoff, Methan- oder Wassergas. Fehlt Werkstoff in der Schweißfuge, wird Zusatzwerkstoff über Gasschweißstäbe zugegeben. Anwendung bei Stumpf- und Eckstößen. Wanddicken bis 15 mm schweißbar. Bleche bis 3 mm Nachlinks-, über 3 mm Nachrechtsschweißung. Schweißbar sind unlegierte Stähle bis 1% C, Stahlguß, Messing, Kupfer.
(→Schweißen)

Gasturbinen (gas turbines)
Wärmekraftmaschinen mit innerer kontinuierlicher Verbrennung.
Die Zustandsänderungen laufen räumlich getrennt gleichzeitig ab. Man unterscheidet Gasturbinen für Flugtriebwerke (Hubschrauber, Propellerflugzeuge), Industrieturbinen zur Stromerzeugung mit Kraft-Wärmekopplung und Fahrzeugturbinen. Der Grundaufbau (Verdichter, Brennkammer, Turbine) ist bei den Ausführungen gleich.
Verbrennungsluft wird vom Radialverdichter angesaugt und in die Brennkammer geleitet (3...10 bar). Dort wird kontinuierlich Brennstoff (Gas, Diesel oder beides im Dualbetrieb) verbrannt. Das Heißgas (ca. 900 °C) expandiert unter Energieabgabe an den Laufschaufeln des Turbinenrades und wird als Abgas ausgestoßen. Fahrzeuggasturbinen konnten über Versuchsanlagen nicht hinauskommen (unwirtschaftlich).
DIN 4340 Gasturbinen; Begriffe, Benennungen.

Gaszustandsgleichung
(universal gas equation)
→allgemeine thermische Zustandsgleichung

Gate (gate)
→Tor

Gate-Array (gate array)
In regelmäßiger Anordnung vorgefertigte Logikschaltung in einem Baustein.
Der Schaltungsentwickler stellt die Verbindungen für eine funktionsfähige Schaltung mit Hilfe geeigneter Programme her.
(→GAL, →PAL)

Gatter (gate)
Integrierte Schaltung mit einer digitalen Grundfunktion.

Gatterlaufzeit (gate propagation delay time)
Zeit, die ein Signal benötigt, um den Ausgang eines Gatters zu beeinflussen.
Die Gatterlaufzeit bezieht sich auf die Differenz der Ein- und Ausgangsflanke in 50%iger Höhe.

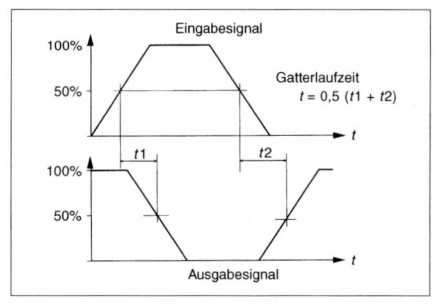

Gatterlaufzeit

Gaußsche Zahlenebene
(Gauss number plane)
Zahlenebene zur Darstellung der komplexen Zahlen $z = a + bj$
(Name nach dem deutschen Mathematiker Carl Friedrich Gauß, 1777 – 1855).
In einem kartesischen Koordinatensystem der Ebene wird der Realteil a von z auf der Abszissenachse und der Imaginärteil b von z auf der Ordinatenachse abgetragen. Die reellen Zahlen liegen somit auf der Abszissenachse (reelle Achse), die imaginären Zahlen liegen auf der Ordinatenachse (imaginäre Achse).
(→komplexe Zahlen, →Koordinatensystem)

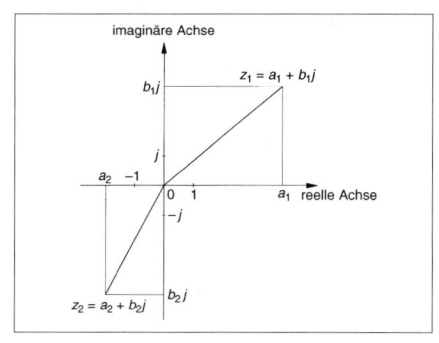

Gaußsche Zahlenebene

Gebläse (blower; cooler; fan)
→Verdichter

gebrochene rationale Funktion
(fractional rational function)
Rationale Funktion $y = f(x)$, bei der $f(x)$ ein Quotient zweier Polynome ist:
$$y = \frac{a_n x^n + a_{n-1} x^{n-1} + \ldots + a_2 x^2 + a_1 x + a_0}{b_m x^m + b_{m-1} x^{m-1} + \ldots + b_2 x^2 + b_1 x + b_0}$$
$$= \frac{\sum_{i=0}^{n} a_i x^i}{\sum_{k=0}^{m} b_k x^k}$$

mit $a_0, a_1, \ldots, a_n, b_0, b_1, \ldots, b_m \in \mathbb{R}$, $a_n, b_m \neq 0$, $m \neq 0$.
Die Definitionsmenge einer gebrochenen rationalen Funktion besteht aus denjenigen reellen Zahlen, für die der Nenner nicht Null wird.
Für $n < m$ heißt die Funktion echt gebrochene rationale Funktion, für $n \geq m$ heißt sie unecht gebrochene rationale Funktion.
Gebrochene rationale Funktionen mit $n = 1$ und $m = 1$, also $y = (a_1 x + a_0)/(b_1 x + b_0)$, nennt man gebrochene lineare Funktionen.
Beispiele:
$y = (x^4 - 22 x^3 + \frac{1}{3}x^2 - 12)/(x^5 - 11 x^3 + x + 1)$
(echt gebrochene rationale Funktion),
$y = (2x+4)/(x-3)$ (gebrochene lineare Funktion).
(→ganze rationale Funktion, →rationale Funktion)

gebundenes Getriebe
(splined shaft gear mechanism)
Stufengetriebe in Werkzeugmaschinen mit mindestens zwei Getriebegruppen (drei Wellen), in dem mindestens ein Zahnrad auf der Abtriebswelle der einen Getriebegruppe (Abtriebsrad) zugleich Antriebsrad für die nächste Getriebegruppe ist.
Vorteil: ein Zahnrad (oder mehrere) weniger, kürzerer Lagerabstand, dadurch kleinerer Wellen- und Lagerdurchmesser, kleineres Getriebegehäuse.

gefaste Schneide (chamfered cutting edge)
Schneide mit abgewinkeltem geradem Übergang zwischen Spanfläche und Freifläche am geometrisch bestimmten Schneidkeil eines Zerspanwerkzeugs. Die Fase ergibt als Spanflächenfase oder Freiflächenfase eine Stabilisierung der Schneidenkante zur Vermeidung eines spontanen Werkzeugausfalls, besonders bei sehr harten und daher spröden Schneidstoffen (Schutzfase).
Spanflächenfasen begünstigen das Brechen des verspröderten Spanmaterials und beeinflussen so Spanbildung und Spanformung. Freiflächenfasen verbessern die Werkzeugführung (Beispiel: Führungsfase beim Innen-Rundräumen). Schutzwirkung entsteht auch durch einfaches Brechen (Abziehen) der Schneidenkante.

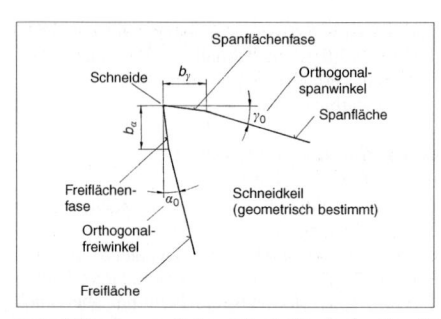

Schutzfasen am Schneidkeil (Fasenbreiten b_α und b_γ)

Gefüge (microstructure)
Struktur eines Werkstoffes mit seinen Phasen und deren Kristallgittern mit Fehlern, Größe und Form der Phasen sowie den Korngrenzen mit Ausscheidungen und Verunreinigungen.
Kunststoffgefüge mit Füllstoffen (Harzträgern) und Verstärkungen.

geführte Bohrstange
(guided boring bar; boring bar supported at both ends)
Werkzeugspanner an Bohr- und Fräswerken. Gleicht in Aufbau und Funktion der Kopfbohrstange, ist aber zusätzlich an ihrem Kopfende im Setzstock der Maschine geführt und darum wegen ihrer geringeren seitlichen Ausweichung besonders zur Bearbeitung von mehreren hintereinander liegenden Bohrungen geeignet, die genau miteinander fluchten müssen.

Gegendruckturbine (back-pressure turbine)
Dampfturbinen-Bauart, die nur das obere Energiegefälle des Dampfes nutzt.
Der verbleibende Abdampf wird anderen industriellen Verbrauchern zugeführt (Heiz- oder Prozeßwärme).
(→Abdampf, →Dampfturbinen)

Gegeninduktivität (mutual inductance)
→gegenseitige Induktivität

Gegenkathete (opposite small side)
Diejenige Kathete eines rechtwinkligen Dreiecks, die auf keinem Schenkel des Winkels α liegt.
(→rechtwinkliges Dreieck)

Gegenkopplung (negative feedback)
→Rückkopplung

Gegenlauffräsen (upmilling)
Spanende Fräsbearbeitung von Werkstücken, bei der im Bereich des Werkzeugeingriffs die Schnitt-

bewegung des Fräswerkzeugs entgegengerichtet zur Vorschubbewegung des Werkstücks verläuft. (→Gleichlauffräsen)

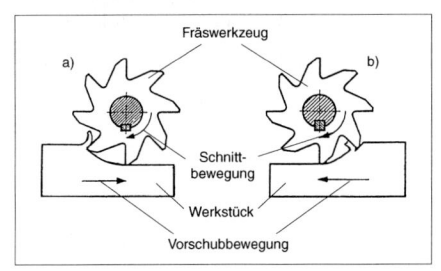

Umfangsfräsen als Gegenlauffräsen (a) und Gleichlauffräsen (b)

Gegenschlaghammer
(counterblow hammer)
Maschinenhammer mit zwei miteinander verbundenen Bären, die sich beim Schlag mit gleicher Geschwindigkeit aufeinander zu bewegen.
Vorteil: Fast die ganze Schlagenergie beider Bäre wird für die Verformung des Werkstücks ausgenutzt, die schwere Schabotte entfällt, Maschinengestell und Fundament sind leichter als bei anderen Hammerbauarten.

gegenseitige Induktion (mutual induction)
Elektromagnetische Induktion in einem Stromkreis, die durch einen fließenden Strom in einem anderen Stromkreis hervorgerufen wird, auch Gegeninduktion genannt.

gegenseitige Induktivität
(coefficient of mutual inductance)
Maß für die Stärke des verketteten magnetischen Flusses aufgrund eines elektrischen Stromes in der jeweils anderen Leiteranordnung, früher als Gegeninduktivität bezeichnet.

Gegenstrombremsung
(counter-current braking)
Umkehr des Drehfeldes eines Drehstrommotors durch Vertauschen zweier Außenleiter, wodurch der Motor ein entgegengesetztes Drehmoment erhält, das ihn bremst, ohne ihn zu blockieren.

Gegentakt-B-Endstufen
(class B push-pull amplifier)
→Betriebsarten des Leistungsverstärkers

Gehänge zur Lastaufnahme
(suspensions for supporting the load)
Lastaufnahmemittel, die dem zu hebenden Gut angepasst sind.

Gehänge sind z.B. Anschlagketten, Greifzangen, Netze oder Hubgabeln.
(→Anschlagmittel)

Gelenk (joint)
Bewegliche Verbindung zweier Glieder.
Die Bewegung kann translatorisch entlang einer Achse oder rotatorisch um eine Achse erfolgen.
Ein Gelenk kann passiv (ohne Antrieb) oder aktiv (mit Antrieb) ausgeführt sein.
(→Drehgelenk, →Lineargelenk, →Robotergelenk)

Gelenkarm (articulated arm; jointed arm)
Bewegliche Mechanik eines Manipulators oder Roboters.
Die Kopplungsstellen zwischen den einzelnen Manipulator-/Robotergliedern sind mit rotatorischen oder translatorischen Gelenken verbunden.
(→Gelenk, →Kinematik, →Knickarmroboter, →Manipulator)

Gelenkketten (plate link chains)
Ketten, deren Querbolzen wie ein Gelenk wirken.
Bekannte Gelenkketten sind Gallkette und Buchsenkette, im Gegensatz zur Rundstahlkette.

Gelenkkoordinaten (joint coordinates)
Koordinatensystem, das sich auf die Stellungen der Robotergelenke bezieht.
(→Koordinatensystem, →Koordinatentransformation)

Gelenkspindel-Bohrmaschine
(universal-joint driven drilling machine; multiple-spindle drilling machine)
Bohrmaschine zum gleichzeitigen Bearbeiten mehrerer Bohrungen an einem Werkstück.
Alle Bohrspindeln sind in einer „Bohrglocke" auf das jeweilige Bohrbild einzeln einstellbar und werden über Gelenkspindeln angetrieben.

Gelenkstäbe (toggle link)
→Zweigelenkstab

Gelenkwellen (cardan shaft)
→Wellen

Gemeinkosten (overheads)
Verbundkosten, verbundene Kosten, nicht abtrennbare Kosten, die sich keiner bestimmten Bezugsgröße (Kostenstelle, Kostenträger) exakt zurechnen lassen.

Generation (generation)
Aufbrechen von Elektronenpaarbindungen und paarweise Entstehung von Elektronen und Defektelektronen (Löchern) in Halbleitern.

Generator (electric generator)
Allgemeine Bezeichnung für ein Betriebsmittel, das Gleichstrom oder Wechselstrom mit beliebiger (einstellbarer) Amplitude, Frequenz und/oder Kurvenform zur Verfügung stellt.
In der Energietechnik ist der Generator eine Maschine zur Umwandlung mechanischer in elektrische Energie. Andere Bezeichnungen sind Funktionsgenerator, Signalgenerator, Taktgenerator für Prozessorsysteme.
Im Kfz-Bau ist er ein vom Verbrennungsmotor angetriebener Stromerzeuger (oft Lichtmaschine genannt), der die Stromversorgung des Fahrzeugs und die Batterieaufladung übernimmt (Drehstromgenerator).
Für Pkw und Lkw werden Klauenpol-Synchrongeneratoren, für Großfahrzeuge Einzelpolgeneratoren, mit 12 V und 24 V Bordspannung gebaut. In den um 120° versetzten Ständerwicklungen wird bei Läuferdrehung ein Dreiphasen-Wechselstrom (Drehstrom) induziert. Der Hauptstrom wird durch Leistungsdioden gleichgerichtet an das Bordnetz abgegeben. Durch die Regelung des Erregerstromes (Ein- und Ausschalten) wird die Generatorspannung gleich hoch gehalten.
(→Periode, →Wechselspannung)

Generatorregel (right-hand rule)
Regel (auch Rechte-Hand-Regel genannt) zur Bestimmung der Richtung des induzierten Stromes. „Hält man die **rechte Hand** so, dass die Feldlinien vom Nordpol her auf die Innenfläche der Hand auftreffen und der Daumen in die Bewegungsrichtung des Leiters zeigt, so fließt im Leiter der Induktionsstrom in Richtung der ausgestreckten Finger."

Genfer Schema (Geneva scheme)
International vereinheitlichte Gliederung zur Arbeitsbewertung durch sechs Anforderungsarten: Können, Belastung, geistige und körperliche Anforderungen, Arbeitsbedingungen, Verantwortung.

geodätischer Druck (geodesic pressure)
→Bernoullische Druckgleichung

geometrische Addition (geometric addition)
Zusammenfassen von zwei oder mehr Vektoren (Kräfte, Geschwindigkeiten, Beschleunigungen) zu einem resultierenden Vektor von gleicher Wirkung.
Vektoren dürfen nicht algebraisch addiert werden wie Skalare (1 kg Masse + 2 kg Masse = 3 kg Masse), weil Vektoren zusätzlich zu ihrem Betrag (z.B. 5 v = m/s) noch einen Richtungssinn haben. Bestes Beispiel für den Sinn einer geometrischen Addition ist der Parallelogrammsatz.

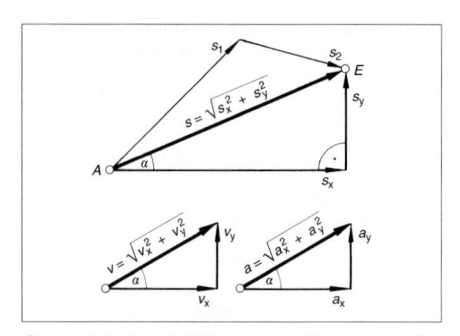

Geometrische Addition von Wegen s, Geschwindigkeiten v und Beschleunigungen a mit dem Parallelogrammsatz

geometrische Drehzahlstufung
(geometrical progression of speeds)
Für Werkzeugmaschinengetriebe übliche und genormte Abstufung der Abtriebsdrehzahlen.
Aus Gründen der wirtschaftlichen Bearbeitung sind die Drehzahlen nach dem Gesetz der geometrischen Folge gestuft, d.h. der Quotient aus einer Drehzahl und der nächstniedrigen ist konstant (konstanter „Stufensprung").
Die Grundreihe der genormten Drehzahlen (Normdrehzahlen) hat als Anfangsglied 10 und den Stufensprung 1,122018... Gröber gestufte „abgeleitete" Reihen entstehen durch Auswahl jedes 2., 3., 4. oder 6. Gliedes der Grundreihe.
Auch die Vorschübe an Werkzeugmaschinen sind nach den gleichen Zahlenreihen gestuft.
DIN 803 Vorschübe für Werkzeugmaschinen, DIN 804 Lastdrehzahlen für Werkzeugmaschinen.

geometrische Folge (geometric sequence)
Folge, bei der der Quotient je zweier aufeinanderfolgender Glieder konstant ist.
Durch das Anfangsglied $a_1 = a$ und den konstanten Quotienten q ist die Folge dann eindeutig bestimmt: $(a_n) = (a, aq, aq^2, aq^3, ..., aq^{n-1}, ...)$.
Das n-te Glied einer geometrischen Folge lautet $a_n = a q^{n-1}$, $n \in \mathbb{N}^*$.
Das Glied $a_1 = a$ nennt man Anfangsglied der Folge und $q = a_{n+1}/a_n$ (für $n = 1, 2, 3, ...$) den Quotienten der Folge.
Beispiel: $(a_n) = (3 \cdot 2^{n-1}) = (3, 6, 12, 24, ...)$ (geometrische Folge mit $a = 3$ und $q = 2$).
(→Folge)

geometrische Optik (geometric optics)
Teilgebiet der Optik, das sich mit dem Ausbreitungsverhalten von Wellen beschäftigt.

geometrische Ortslinie
(geometric locus line)
Geometrischer Ort in der Planimetrie.
(→geometrischer Ort)

geometrische Reihe (geometric series)
Ist $(a_n) = (a\,q^{n-1})$ eine geometrische Folge, dann nennt man $\sum_{k=1}^{n} a_k$ eine endliche geometrische Reihe und $\sum_{k=1}^{\infty} a_k$ eine unendliche geometrische Reihe.
Für die Partialsummen s_n einer unendlichen geometrischen Reihe gilt
$$s_n = \sum_{k=1}^{n} a_k = \sum_{k=1}^{n} (a\,q^{k-1}) = a \sum_{k=1}^{n} q^{k-1} = a\,\frac{q^n-1}{1-q}$$
für $q \neq 1$ (und $s_n = n \cdot a$ für $q = 1$).
Es gilt $\lim q^n = 0$ für $|q| < 1$, denn $|q|^n = |q^n|$ wird für große n beliebig klein.
Für $|q| < 1$ konvergiert deshalb die unendliche geometrische Reihe, und für ihre Summe gilt
$$s = \lim_{n \to \infty} s_n = \sum_{k=1}^{\infty} (a\,q^{k-1}) = \lim_{n \to \infty} a\,\frac{q^n-1}{q-1} = \frac{a}{1-q}$$
$(|q| < 1)$.
Für $|q| \geq 1$ divergiert die unendliche geometrische Reihe.
Beispiele:
$$\sum_{k=1}^{10} 2 \cdot 3^{k-1} = 2 \cdot \frac{3^{10}-1}{3-1} = 3^{10} - 1 = 59048$$
$(a = 2, q = 3)$,
$$\sum_{k=1}^{\infty} 5 \cdot (-\frac{11}{12})^{k-1} = \frac{5}{1+11/12} = \frac{60}{23} \quad (a = 5, q = -\frac{11}{12}).$$
(→geometrische Folge, →Reihe)

geometrischer Ort (geometric locus)
Punktmenge, die alle Elemente mit einer bestimmten geometrischen Eigenschaft (oder mehreren) enthält.
In der Planimetrie sind die geometrischen Örter Linien, daher werden sie auch geometrische Ortslinien genannt. In der Stereometrie sind die geometrischen Örter Flächen.
Beispiele:
Der geometrische Ort aller Punkte der Ebene,
– die von einem festen Punkt M die feste Entfernung r haben, ist der Kreis um M mit dem Radius r,
– die von einer gegebenen Gerade g den festen Abstand d haben, ist eine Parallele zu g im Abstand d,
– die von zwei festen Punkten A und B gleich weit entfernt sind, ist die Mittelsenkrechte auf der Strecke $\overline{AB}$,
– die von zwei festen nicht parallelen Geraden g und h den gleichen Abstand haben, sind die beiden (zueinander senkrechten) Winkelhalbierenden zwischen g und h.

geometrisches Mittel (geometric mean)
Für zwei positive reelle Zahlen a und b ist das geometrische Mittel x die Quadratwurzel aus ihrem Produkt: $x = \sqrt{a \cdot b}$.
Die Größen a, x, b bilden eine geometrische Folge.
Für n positive reelle Zahlen $a_1, a_2, \ldots, a_n$ ist $x = \sqrt[n]{a_1 \cdot a_2 \cdot \ldots \cdot a_n}$.
Beispiele:
Das geometrische Mittel von 3 und 12 ist
$x = \sqrt{3 \cdot 12} = 6$,
das geometrische Mittel von 3, 5, 9, 15 ist
$x = \sqrt[4]{3 \cdot 5 \cdot 9 \cdot 15} = \sqrt[4]{2025} = 3\sqrt[4]{25} = 6{,}7082\ldots$
(→arithmetisches Mittel, →geometrische Folge, →harmonisches Mittel, →Proportion, →quadratisches Mittel)

Gerade (line; straight line)
Grundelement der Geometrie, eine beidseitig unbegrenzte gerade Linie.
Eine Gerade ist durch zwei voneinander verschiedene Punkte eindeutig bestimmt. Die kürzeste Verbindung zweier Punkte P_1 und P_2 liegt auf der Geraden durch P_1 und P_2. Zwei verschiedene Geraden in der Ebene sind parallel zueinander oder haben einen Punkt, ihren Schnittpunkt, gemeinsam. Die Gerade durch die Punkte P_1 und P_2 schreibt man P_1P_2 (gesprochen: Gerade P_1P_2).
Für eine Gerade gibt es verschiedene Gleichungsformen:
Allgemeine Geradengleichung:
$ax + by + c = 0$.
Hauptform (Normalform) der Geradengleichung:
$y = mx + n$.
Punktsteigungsform der Geradengleichung:
$y = m(x - x_1) + y_1$.
Zweipunkteform der Geradengleichung:
$y = \dfrac{y_2 - y_1}{x_2 - x_1}(x - x_1) + y_1$ oder
$\dfrac{y - y_1}{x - x_1} = \dfrac{y_2 - y_1}{x_2 - x_1}$.

Achsenabschnittsform der Geradengleichung:
$x/x_0 + y/y_0 = 1$.
Hessesche Normalform der Geradengleichung:
$x \cos \varphi + y \sin \varphi - d = 0$.
Beispiel:
Gesucht ist die Gerade durch die Punkte $P_1(-5 \mid 3{,}5)$ und $P_2(2 \mid -7)$.
Zweipunkteform:
$(y - 3{,}5)/(x+5) = (-7 - 3{,}5)/(2+5)$.
Punktsteigungsform:
Da die rechte Seite der Zweipunkteform die Steigung m angibt, also
$m = (-7 - 3{,}5)/(2+5) = -1{,}5$,
folgt
$y = -1{,}5(x+5) + 3{,}5$.

gerade Funktion

Hauptform:
Aus der Punktsteigungsform ergibt sich
$y = -1{,}5x - 7{,}5 + 3{,}5$
und somit
$y = -1{,}5x - 4$.

Hessesche Normalform:
Durch Umstellung der Hauptform ergibt sich $-1{,}5x - y - 4 = 0$. Durch Vergleich mit der allgemeinen Geradengleichung $ax + by + c = 0$ erhält man $a = -1{,}5$, $b = -1$, $c = -4$. Man erhält die Hessesche Normalform, indem man die Gleichung $-1{,}5x - y - 4 = 0$ durch $+\sqrt{a^2 + b^2} = +\sqrt{(-1{,}5)^2 + (-1)^2} = +\sqrt{3{,}25}$ dividiert:
$-(1{,}5/\sqrt{3{,}25})x - (1/\sqrt{3{,}25})y - 4/\sqrt{3{,}25} = 0$.
($\rightarrow$Achsenabschnittsform der Geradengleichung, $\rightarrow$allgemeine Geradengleichung, $\rightarrow$Hauptform der Geradengleichung, $\rightarrow$Hessesche Normalform der Geradengleichung, $\rightarrow$Punktsteigungsform der Geradengleichung, $\rightarrow$Zweipunkteform der Geradengleichung)

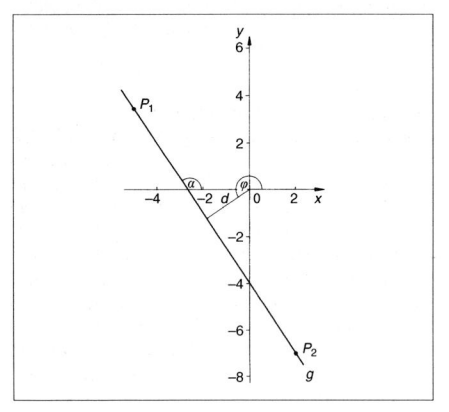

Gerade durch die Punkte $P_1(-5 \mid 3{,}5)$ und $P_2(2 \mid -7)$

gerade Funktion (even function)
Funktion, für deren Funktionsgleichung $f(x) = f(-x)$ gilt.
Der Graph einer geraden Funktion ist symmetrisch zur y-Achse. Man nennt die Funktion selbst auch symmetrisch.
Beispiele: $y = x^4 - 2x^2 + 3$; $y = \cos x$
($\rightarrow$ungerade Funktion)

gerade Pyramide (right pyramid)
Pyramide, deren Spitze senkrecht über dem Mittelpunkt der Grundfläche liegt.
Voraussetzung: Die Grundfläche besitzt einen Mittelpunkt (wie gleichseitiges Dreieck oder Rechteck).
($\rightarrow$Pyramide)

Geradengleichungen (equations of a straight line)
$\rightarrow$Gerade

Geradeninterpolation (linear interpolation)
$\rightarrow$Linearinterpolation

gerader Kegel (right cone)
Kegel, dessen Spitze senkrecht über dem Mittelpunkt der Grundfläche liegt.
Voraussetzung: Die Grundfläche besitzt einen Mittelpunkt (wie Kreis oder Ellipse).
($\rightarrow$Kegel)

gerader Kreiskegel (right circular cone)
Kegel mit einer Kreisfläche als Grundfläche und Spitze senkrecht über dem Kreismittelpunkt.
Alle Mantellinien eines geraden Kreiskegels sind gleich lang. Mit Radius r und Höhe h ist die Länge der Mantellinien $s = \sqrt{r^2 + h^2}$.
Die Mantelfläche kann in die Ebene abgewickelt werden (Bild). Es entsteht ein Kreissektor mit dem Radius s und der Kreisbogenlänge $2\pi r$. Für den Flächeninhalt A_M dieses Kreissektors, also für die Mantelfläche, gilt $A_M = \pi rs$. Der Kreis der Grundfläche (der Grundkreis) hat den Flächeninhalt πr^2. Daraus folgt für die Oberfläche
$A_O = \pi rs + \pi r^2 = \pi r(r+s) = \pi r(r + \sqrt{r^2 + h^2})$.
Für den geraden Kreiskegel gilt damit:
Volumen: $\qquad V = (1/3) \cdot \pi r^2 h$,
Oberfläche: $\qquad A_O = \pi r(r+s)$,
Länge der Mantellinie: $s = \sqrt{r^2 + h^2}$
($\rightarrow$Kegel, $\rightarrow$Mantelfläche, $\rightarrow$Mantellinie)

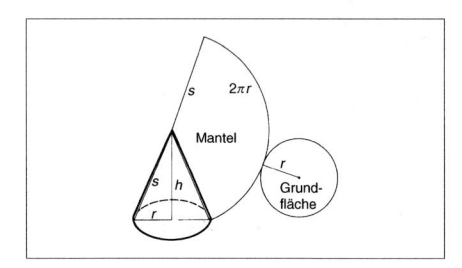

Gerader Kreiskegel

gerader Kreiskegelstumpf
(truncated right circular cone)
Gerader Kreiskegel, von dem durch einen Schnitt parallel zur Grundfläche der obere Teil abgeschnitten ist.
Die Schnittfläche heißt Deckkreis, der Abstand zwischen Grundkreis und Deckkreis Höhe h des Kreiskegelstumpfes.
Volumen: $\qquad V = \frac{h}{3}\pi(r_1^2 + r_1 r_2 + r_2^2)$,
Mantelfläche: $\qquad A_M = \pi s(r_1 + r_2)$,

Geradstirnräder

Oberfläche: $A_O = \pi(r_1^2 + s(r_1+r_2) + r_2^2)$,
Länge der Mantellinie: $s = \sqrt{h^2 + (r_1+r_1)^2}$ ...
(→gerader Kreiskegel, →Kegel, →Kegelstumpf)

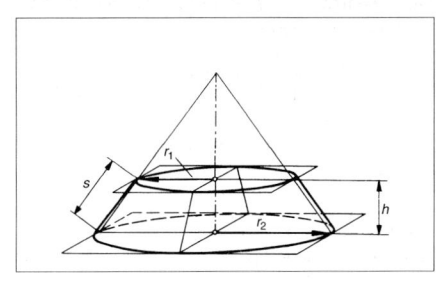

Gerader Kreiskegelstumpf

gerader Kreiszylinder (right circular cylinder)
Zylinder mit senkrecht auf Grund- und Deckfläche stehenden Mantellinien und mit einer Kreisfläche als Grundfläche (Grund- und Deckfläche sind kongruent).
Die Mantelfläche kann in ein Rechteck abgewickelt werden (Bild). Dies kann dadurch veranschaulicht werden, dass eine Dose ohne Deckel und Boden längs einer Mantellinie aufgeschnitten und in eine Ebene abgewickelt wird. Daraus folgt für die Oberfläche:
$A_O = 2\pi r^2 + 2\pi r h = 2\pi r(r+h)$.
Für den geraden Kreiszylinder gilt damit:
Volumen: $V = \pi r^2 h$,
Oberfläche: $A_O = 2\pi r(r+h)$,
Gesamtkantenlänge: $l = 4\pi r$.
(→Zylinder)

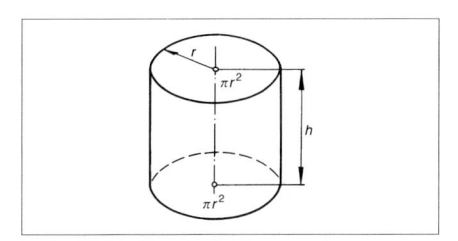

Gerader Kreiszylinder

gerader Zylinder (right cylinder)
Zylinder mit senkrecht auf Grund- und Deckfläche stehenden Mantellinien.
(→Zylinder)

gerades Prisma (right prism)
Prisma mit senkrecht auf der Grundfläche stehenden Mantellinien.
(→Prisma)

Geradführung
(straight-line guide; straight line path)
Geradführungen sind diejenigen Flächen an Werkzeugmaschinen, auf denen Werkstück- und Werkzeugträger oder ihre Teile oder Teile des Maschinengestells, z.B. Maschinenständer, geradlinig gegeneinander verschoben werden.
Beispiele: Dachführung, Flachführung, Schwalbenschwanzführung, V-Führung, Zylinderführung.

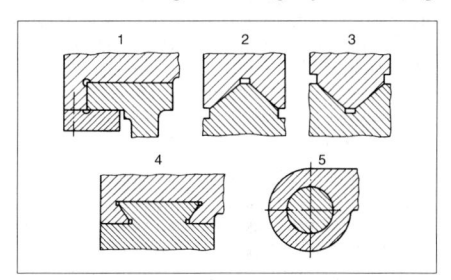

*Gebräuchliche Formen der Geradführung
1 Flachführung, 2 Dachführung, 3 V-Führung, 4 Schwalbenschwanzführung, 5 Zylinderführung*

Geradstirnräder (straight teeth)
Verwendung bei Umfangsgeschwindigkeiten $v \leq 20$ m/s z.B. für Universalgetriebe, Hebezeuge, Vorschubgetriebe in Werkzeugmaschinen. Im Gegensatz zu Schrägstirnrädern muss von den Lagern keine zusätzliche Axialkraft aufgenommen werden. Ungünstig ist die Schwingungsbelastung und Geräuschbildung bei hohen Drehzahlen. Vorwahl der Hauptabmessungen, wenn Durchmesser der Ritzelwelle aus Festigkeitsberechnungen gegeben oder überschlägig bestimmt wird. Festlegung der Ritzelzähnezahl in Abhängigkeit von der Umfangsgeschwindigkeit v:
Ritzelzähnezahl $z_1 \approx 20...25$ Zähne für $v > 5$ m/s; $z_1 \approx 18...22$ Zähne für $v > 1...5$ m/s; $z_1 \approx 15...20$ Zähne für $v < 1$ m/s. Modul m ergibt sich aus $m = d_1/z_1$; Auswahl Verzahnungsmaße; Zahnbreite $b_1 \approx \psi_m$ mit Breitenverhältnis $\psi_m \approx 10$ bei gegossenen Zähnen; $\psi_m \approx 15$ bei geschnittenen Zähnen; $\psi_m \approx 25$ bei genau geschnittenen Zähnen.
Vorwahl der Hauptabmessungen, wenn Wellendurchmesser nicht bekannt; nicht gebunden an bestimmten Achsabstand: Ermittlung des Ritzel-Teilkreisdurchmessers über das Drehmoment des treibenden Rades und die zu übertragende Leistung, Nachprüfung der Zahnfußbeanspruchung, der Flankenbeanspruchung (Grübchentragfähigkeit) und der Hertzschen Pressung.
(→Profilverschiebung, →Verzahnungsmaße, →Zahnräder)

Geräuschdämpfer (silencer)
→Abgasschalldämpfer

Germar-Schaubild
(Germar diagram which shows how to combine drive speed components)
Wichtiges Hilfsmittel beim Entwurf von Werkzeugmaschinengetrieben mit geometrischer Drehzahlstufung und mehreren hintereinander geschalteten Einzelübersetzungen (Mehrwellengetrieben). In einer schematischen Darstellung des Getriebes werden die Wellen als waagerechte Linien aufgezeichnet, die Drehzahlen als eine Schar von senkrechten Linien gleichen Abstands, die Zahnräderpaare als schräge oder senkrechte Verbindungslinien zwischen den „Wellen".
(→Aufbaunetz, →Drehzahlbild)

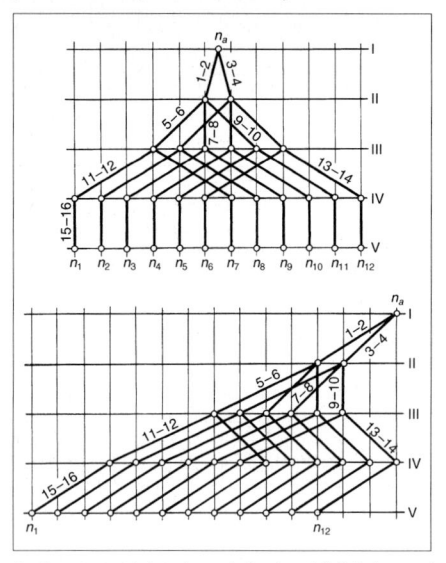

Aufbaunetz (oben) und Drehzahlbild (unten) eines zwölfstufigen Fünfwellengetriebes I...V Wellen, 1-2....15-16 Räderpaare, n_a Antriebsdrehzahl, $n_{1...12}$ Abtriebsdrehzahlen

Gesättigte Kohlenwasserstoffe
(saturated hydrocarbons)
→Einfachbindungen

geschlossener Kreislauf
(closed circulation; closed circuit)
Im geschlossenen Kreislauf fließt die Hydraulikflüssigkeit in einem hydrostatischen Getriebe von der Hydropumpe zum Hydromotor und von dort unmittelbar zur Pumpe zurück.
Beispiele: Boehringer-Sturm-Getriebe, Forst-Enor-Getriebe.
(→offener Kreislauf)

Geschwindigkeit v (velocity)
Quotient aus dem zurückgelegten Wegabschnitt Δs in m und dem zugehörigen Zeitabschnitt Δt in s: $v = \Delta s/\Delta t$ in m/s.
Diese Gleichung gilt nur dann, wenn sich der Körper gleichförmig bewegt; bei ungleichförmiger Bewegung ergibt der Quotient $v = \Delta s/\Delta t$ die mittlere Geschwindigkeit (Durchschnittsgeschwindigkeit).
Mathematisch exakt ist dann der Differenzialquotient $v = ds/dt$. v ist eine vektorielle Größe.
(→Beschleunigung, →mittlere Geschwindigkeit)

Geschwindigkeits-Zeit-Diagramm
(velocity-time-diagram)
→Bewegungsordnung

Geschwindigkeitsänderung Δv
(speed change)
Zu- oder Abnahme der Geschwindigkeit v eines Körpers ($\Delta v = v_2 - v_1$), Kennzeichen der beschleunigten oder verzögerten Bewegung (ungleichförmige Bewegung).
(→Beschleunigung)

Geschwindigkeitsdreieck (velocity triangle)
→Geschwindigkeitsplan

Geschwindigkeitsdruck q
(dynamic pressure)
Der vom Quadrat der Strömungsgeschwindigkeit w abhängige Teil $q = \rho w^2/2$ des Gesamtdrucks in einem strömendem Fluid (kinetischer Druck, auch Staudruck genannt).
(→Bernoulli'sche Druckgleichung)

Geschwindigkeitseinheit (velocity unit)
Quotient aus einer Wegeinheit (z.B. m, km) und einer Zeiteinheit (z.B. s, min, h).
Umrechnungsbeziehung zwischen den gebräuchlichsten Geschwindigkeitseinheiten:
1 km/h = 1/3,6 m/s oder 1 m/s = 3,6 km/h.
Beispiel: Ein Pkw fährt mit $v = 72$ km/h. Das sind (1/3,6) 72 m/s = 20 m/s.

Geschwindigkeitshöhe (velocity head)
→Ausflussgeschwindigkeit

Geschwindigkeitsplan
(velocity plan; velocity diagram)
Zeichnerische Darstellung der Geschwindigkeiten am Ein- und Austritt des Laufradkanals von Strömungsmaschinen.
Die vektorielle Addition von Umfangsgeschwindigkeit u des Laufrades, Absolutgeschwindigkeit c des strömenden Mediums bei Laufradein- und -austritt und der Relativgeschwindigkeit w des strömenden Mediums zum Laufrad erfolgt zeichnerisch im Geschwindigkeitsdreieck.

Geschwindigkeitsdreiecke für Ein- und Ausgang ergeben zusammengefasst den Geschwindigkeitsplan der Energienutzung. Sie werden meist nebeneinandergezeichnet und bilden eine wichtige Konstruktionsgrundlage.
($\rightarrow$ Strömungsmaschinen)

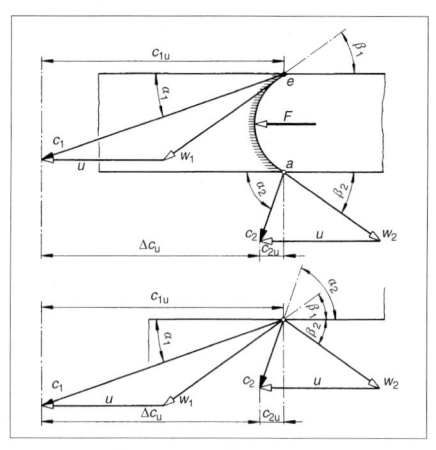

Geschwindigkeitsplan
α_1 Dampfzuströmwinkel, α_2 Dampfabströmwinkel, β_1 Dampfrichtungswinkel (Eintritt), β_2 Dampfrichtungswinkel (Austritt), c_1 Dampfgeschwindigkeit (Eintritt), c_2 Dampfgeschwindigkeit (Austritt), u Radumlaufgeschwindigkeit, F Radtreibkraft, w_1 Dampfrelativgeschwindigkeit unter β_1, w_2 Dampfrelativgeschwindigkeit unter β_2, Δc_u wirksame Treibgeschwindigkeit des Dampfes

Gesenkschmieden (drop-forging)
Beim Gesenkschmieden wird der Werkstoff über mehrere Stufen in einer allseitig geschlossenen Form geschlagen.

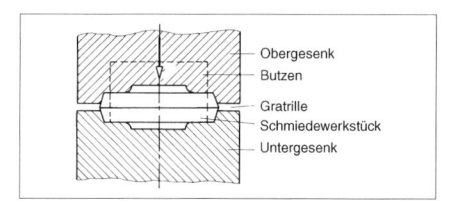

- Obergesenk
- Butzen
- Gratrille
- Schmiedewerkstück
- Untergesenk

Die Form besteht aus Ober- und Untergesenk. Der auf Schmiedetemperatur erwärmte Rohling wird umgeformt und fließt in die Richtung der Gratbahn. In der Gratbahn kühlt er sehr schnell ab. Dadurch wird verhindert, dass weiterer Werkstoff nachfließen kann. Der Druck im Gesenk erhöht sich stark und es können Feinheiten wie z.B. kleine Radien ausgebildet werden.

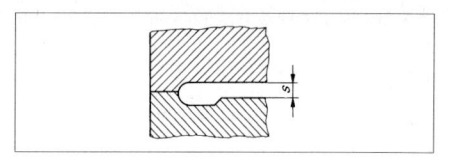

Gratbahndicke
$$s = 0{,}015\sqrt{A_s} \quad \text{oder} \quad s = 0{,}015\sqrt{D_s}$$
mit A_s (projizierte Fläche des Werkstücks ohne Grat) und D_s (größter Durchmesser bei einer kreisförmigen Projektionsfläche). Richtwerte für Gratbahndicke s und Gratbreite b abhängig von der Größe der projizierten Fläche des Werkstücks ohne Grat, z.B. für $A_s = 28\,000 \ldots 71\,000\,\text{mm}^2$ ist $s = 4\,\text{mm}$ bei einem Gratverhältnis $b/s = 3$.
DIN 1749 T1 Gesenkschmiedestücke aus Aluminium; Festigkeitseigenschaften; T3 Grundlagen für die Konstruktion;
DIN 7523 T1 Schmiedestücke aus Stahl, Gestaltung von Gesenkschmiedestücken, Regeln für zeichnerische Darstellung; T2 Gestaltung von Gesenkschmiedestücken, Bearbeitungszugaben, Seitenschrägen, Bodendicken, Wanddicken.
DIN 7526 Schmiedestücke aus Stahl, Toleranzen und zulässige Abweichungen für Gesenkschmiedestücke, Anwendungsbeispiele.
($\rightarrow$ Schmieden)

Gesetz von Boyle und Mariotte
(Boyles law, Mariottes law)
Erfahrungsgesetz (empirisches Gesetz) zur Darstellung des physikalischen Zusammenhangs zwischen dem absoluten Druck p und dem Volumen V einer Gasmenge bei konstanter absoluter Temperatur T.
Versuche zeigen, dass unabhängig von der Gasart die absoluten Drücke p eines Gases sich bei konstanter Temperatur T umgekehrt wie die Volumina V verhalten: $p_1/p_2 = V_2/V_1$. Das Gesetz von Robert Boyle (1627–1691) und Edme Mariotte (1620–1684) gilt nur für ein ideales Gas, wird jedoch auch auf reale Gase mit angenähert idealem Verhalten angewendet.
($\rightarrow$ Gesetz von Gay-Lussac)

Gesetz von Gay-Lussac (Gay-Lussacs law)
Erfahrungsgesetz (empirisches Gesetz) zur Darstellung des physikalischen Zusammenhangs zwischen dem Volumen V und absoluter Temperatur T einer Gasmenge bei konstantem absolutem Druck p.
Versuche zeigen, dass sich unabhängig von der Gasart die Volumina V eines Gases bei Erwärmung unter konstantem Druck p wie die absoluten Temperaturen T verhalten:

$V_1/V_2 = T_1/T_2$. Das Gesetz von Louis Joseph Gay-Lussac (1778–1850) gilt nur für ein ideales Gas, wird jedoch auch auf reale Gase mit angenähert idealem Verhalten angewendet.
(→Gesetz von Boyle und Mariotte)

Gesetz von Stefan und Boltzmann
(Stefans law, Boltzmanns law)
Darstellung der Abhängigkeit der Wärmestrahlung von der absoluten Temperatur T des schwarzen Strahlers nach Joseph Stefan (1835–1893) und Ludwig Boltzmann (1844–1906).
Die von einem schwarzen Strahler (absolut schwarzer Körper) in 1 s abgestrahlte Wärmeenergie in J, bezogen auf die Flächeneinheit der Körperoberfläche (spezifische Ausstrahlung M_e in W/m^2 = J/(m^2 s)) ist der 4. Potenz der absoluten Temperatur des Körpers direkt proportional ($M_e = \sigma \cdot T^4$). Dabei ist σ die Stefan-Boltzmann-Konstante $\sigma = 5{,}67 \cdot 10^{-8}$ W/(m^2 K^4).

Grundformen der Gestellbauteile
1 Bett, 2 Ständer, 3 Säule, 4 Rahmen, 5 Konsole, 6 Ausleger, 7 Querbalken, 8 Traverse (Querhaupt, Joch)

Gesperre (locking mechanism)
Obergriff für Maschinenelemente, die eine Drehmomentübertragung nur in einer Richtung zulassen. Es gibt Zahngesperre sowie Freiläufe und Rücklaufsperren.
(→Freilant)

gesteuerter Gleichrichter
(silicon controlled rectifier (SCR); thyristor)
Enthält Gleichrichterschaltungen, in denen die Dioden durch Thyristoren ersetzt sind.
Vorteil: Die Amplitude des Gleichstromes oder der Gleichspannung am Verbraucher ist einstellbar.

gestreckter Winkel
(angle subtended by a straight line)
Winkel α mit $\alpha = 180°$.
(→Winkel)

Gestaltfestigkeit
(strength of a component or frame)
Festigkeit des Bauteils im Gegensatz zur Festigkeit eines Probestabes.
(→Dauerfestigkeit, →Schwellfestigkeit, →Wechselfestigkeit)

Gestell (base; body)
Nimmt in Werkzeugmaschinen Werkstück- und Werkzeugträger, Lagerungen, Führungen und Getriebe auf und verbindet diese Baugruppen zu einem Ganzen, der Werkzeugmaschine.
Grundformen der Gestelle sind: Bett (flaches liegendes Maschinenunterteil), Ständer (stehend, mit prismatischem Querschnitt), Säule (stehend, zylindrisch, hohl), Rahmen (stehend, mit Arbeitsöffnung zwischen den Seitenteilen), Konsole (senkrecht am Ständer verschiebbar, mit oben liegenden Tischführungsbahnen), Ausleger (an Ständer oder Säule senkrecht verschiebbar, um Säule auch schwenkbar, mit seitlichen Schlittenführungsbahnen), Querbalken (zwischen zwei Ständern senkrecht verschiebbar), Traverse, Querhaupt, Joch (festes Verbindungsstück zur Versteifung zwischen den Köpfen zweier Ständer).

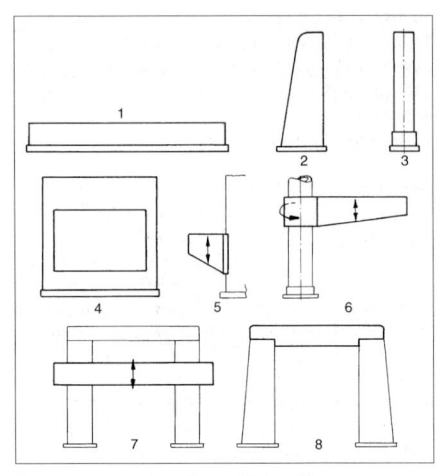

Getriebe (gears)
Leiten Rotationsenergie von der Eingangswelle über Zahnräder aller Art, Riemen- oder Reibscheiben zur Ausgangswelle weiter, meist unter Verringerung der Drehzahl.
Die Eingangsleistung $P_1 = M_1 \omega_1$ verringert sich dabei durch den Getriebewirkungsgrad η zur Ausgangsleistung $P_2 = M_2 n_2 = \eta P_1 = \eta M_1 n_1$.
(→Übersetzung, →Wirkungsgrad)

Getriebegruppe (gear unit)
Zwei in einem Stufengetriebe aufeinander folgende Wellen mit ihren Antriebs- und Abtriebszahnrädern (Riemenscheiben, Ketten...).
(→Dreiwellengetriebe, →Mehrwellengetriebe)

Getriebemotor (geared motor)
Antriebsbaugruppe, bei der Elektromotor und Getriebe eine aufeinander abgestimmte Baueinheit bilden.
Häufig wird als Motor ein Bremsmotor verwendet.

Gewicht (weight)
Ältere Bezeichnung für die Gewichtskraft F_G.
Der Begriff soll heute nicht mehr gebraucht werden und darf nicht mit der Masse verwechselt werden.
($\rightarrow$Gewichtskraft, $\rightarrow$Masse)

Gewichtskraft F_G (force of gravity)
Spezieller Fall der Gravitationskraft zwischen einem Körper und der Erde.
Sie ist das Produkt aus der Körpermasse m und der an seinem Ort herrschenden Fallbeschleunigung g: $F_G = mg$. Da die Fallbeschleunigung vom Standort abhängt, ist F_G ebenfalls standortabhängig, die Unterschiede sind gering (max. 0,5%). Deshalb wurde eine Normgewichtskraft F_{Gn} mittels der Normfallbeschleunigung g_n festgelegt.
($\rightarrow$Gravitationskraft, $\rightarrow$Kraft, $\rightarrow$Normfallbeschleunigung, $\rightarrow$Normgewichtskraft)

Gewinde (thread)
Schraubenförmig am Umfang eines Zylinders verlaufende Rillen unterschiedlicher Form.
Kennzeichnung durch das Profil (z.B. Sägengewinde), die Steigung, die Gangzahl (ein- oder mehrgängig) und durch den Windungssinn (rechts- oder linkssteigend).
DIN 13-21 Metrisches ISO-Gewinde mit Flankenwinkel 60°, Durchmesserbereich 1 mm ... 68 mm für Befestigungsschrauben und Muttern aller Art; DIN 13-21 bis 13-26 Metrisches ISO-Feingewinde mit Flankenwinkel 60°, Durchmesserbereich 1 mm ... 300 mm als Dichtungsgewinde, für Mess- und Einstellschrauben; DIN 103 Metrisches ISO-Trapezgewinde mit Flankenwinkel 30°, Durchmesserbereich 8 mm ... 300 mm als Bewegungsgewinde bei Spindeln an Schraubstöcken, Pressen, Drehmaschinen; DIN 380 Flache metrische Trapezgewinde
DIN ISO 228 Rohrgewinde (nicht im Gewinde dichtend) mit Flankenwinkel 55° für Hähne und Fittings; DIN 405 Rundgewinde als Bewegungsgewinde für rauhen Betrieb, z.B. für Kupplungsspindeln; DIN 513 Sägengewinde als Bewegungsgewinde bei hohen einseitigen Belastungen, hat eine höhere Tragfähigkeit als Trapezgewinde. Durchmesserbereich 10 mm ... 640 mm.
($\rightarrow$Flächenpressungsgleichungen)

Gewindegetriebe (screw-cutting mechanism)
Besonderer Teil des Vorschubgetriebes an Drehmaschinen.
Mit dem Gewindegetriebe können (anstelle der geometrisch gestuften Vorschübe nach DIN 803) die Steigungen der genormten Gewinde als Vorschübe eingestellt werden.
($\rightarrow$Nortongetriebe, $\rightarrow$Wechselrädergetriebe)

Gewindereibmoment M_{RG} (thread friction torque)
Beim Anziehen einer Schraubenverbindung in den Gewindegängen zwischen Bolzen- und Muttergewinde auftretendes Reibmoment $M_{RG} = F r_2 \tan(\alpha + \rho')$ in Nm, mit Schraubenlängskraft F in N, Gewindeflankenradius r_2 in m, Gewindesteigungswinkel α in Grad und Gewindereibwinkel ρ' in Grad, r_2 und α aus der Gewindetabelle, $\rho' = \arctan \mu'$ mit Gewindereibzahl μ' (z.B. $\mu' = 0{,}1$ für Metrisches Spitzgewinde, leicht geölt).
($\rightarrow$Anzugsmoment, $\rightarrow$Auflagereibmoment)

Gewinn- und Verlustrechnung (GuV)
(profit/loss account)
Verfahren zur Ermittlung des Periodenergebnisses einer Unternehmung.
Durch Gegenüberstellung von Aufwendungen und Erträgen werden die Unternehmungsergebnisse und seine Quellen dargestellt. Die GuV ist Pflichtbestandteil des Jahresabschlusses. Sie ist klar und übersichtlich zu gliedern, um einen Einblick in die Ertragslage der Unternehmung zu gewährleisten.

Gewinnvergleichsrechnung
(profit analysis)
Vergleich der zurechenbaren Gewinne (Erlöse-Kosten) für verschiedene Investitionsprojekte.

Gezeiten-Kraftwerke (tidal power plants)
Bauausführung von Wasserkraftwerken, die Höhenunterschiede zwischen Ebbe und Flut im Meer ausnutzen.
Natürliche Buchten (Errichtung von Sammelbecken) für die Standortwahl von Bedeutung. Nachteilig ist das periodisch auftretende Energieangebot, das mit doppelt wirkenden Anlagen (arbeiten bei Ebbe und Flut) gleichmäßiger wird (zwei Flutungsbecken nötig).
($\rightarrow$Wasserkraftwerke, $\rightarrow$Wasserturbinen)

Gießen (casting)
Füllung einer Form mit flüssigem oder teigig plastischem Metall. Die Form entspricht der äußeren Körperform des Gussstückes. Weil sich flüssiges Metall beim Abkühlen zusammenzieht, muss die Form um die Abkühlungsschwindung größer sein als das Gussstück. Die Größe der Abkühlungsschwindung zu vergießender Metalle ist vom Werkstoff abhängig; z.B. Gusseisen 1%, Stahlguss 2%, Al-Legierungen 1,25%. Flächen, die nachfolgend spangebend bearbeitet werden müssen, erhalten Bearbeitungszugaben von 2 mm ... 20 mm.
($\rightarrow$Druckguss, $\rightarrow$Feinguß, $\rightarrow$Modell, $\rightarrow$Sandguß, $\rightarrow$Strangguß)

Gießharze

Gießharze (cast resin)
Duroplaste, die als Harz-Härter-Gemische nach einer temperaturabhängigen Verarbeitungszeit (Topfzeit) durch Vernetzung erhärten.
Meist verwendet sind UP- und EP-Harze mit Verstärkung durch Fasern oder pulvrige Füllstoffe.

Giga G (giga)
Vorsatzsilbe, die das Milliardenfache (10^9) der Einheit bezeichnet.
(→Vorsatzzeichen)

Gitterenergie (lattice energy)
Energie, die bei Bildung eines Ionengitters frei wird oder bei dessen Auflösung (Lösungswärme) benötigt wird.
Die Gitterenergie ist ein Maß für die Zusammenhaltskräfte in einem Ionengitter.
Beispiele:

Ionenverbindung	Formel	Gitterenergie
Natriumchlorid	NaCl	− 768 KJ/mol
Kalziumoxid	CaO	− 3479 KJ/mol
Magnesiumoxid	MgO	− 3930 KJ/mol
Aluminiumoxid	Al_2O_3	−15100 KJ/mol

Gitterkonstante (lattice constant)
Kennzeichnende Abstände der Atome, Ionen oder Moleküle in Kristallgittern, in der Einheit Nanometer (nm) angegeben.
Beispiel: Eisen kubisch-flächenzentriert a = 0,365 nm, kubisch-raumzentriert a = 0,267 nm, dabei ist a die Kantenlänge der Elementarzelle.
(→Kristallgitter)

Gitterumwandlung (lattice transformation)
Änderung des Kristallgitters, die bei einigen Stoffen bei bestimmten Umwandlungstemperaturen beobachtet wird, oft mit einer Volumenänderung verbunden.
(→Polymorphie)

Glättungsfaktor g (smoothing factor)
Quotient aus Brummspannung U_{Br1} am Eingang zur Brummspannung U_{Br2} am Ausgang eines Siebgliedes oder einer Siebkette: $g = U_{Br1}/U_{Br2}$.

Glättungstiefe (peak to mean line height)
→Oberflächenbeschaffenheit

Glasmaßstab (glass scale)
→direkte Wegmessung, →Wegmesssystem

Glasübergangstemperatur T_g
(glass or brittle temperature)
(= Einfriertemperatur = Erweichungstemperatur), Grenze zwischen den Zuständen spröde und thermoelastisch bei Thermoplasten.
Bei T_g wird im Torsionsschwingversuch ein steiler Abfall des G-Moduls mit steilem Anstieg der Dämpfung beobachtet. Amorphe Thermoplaste (PVC, PS, PC) werden unterhalb dieser Temperatur im so genannten Glaszustand eingesetzt, teilkristalline Thermoplaste (PE, PP, PA, POM, PETP) oberhalb dieser Temperatur. Dabei sind die amorphen Bereiche elastisch, während die Kristallite bis zur Kristallitschmelztemperatur T_s starr bleiben (zähharter Zustand).

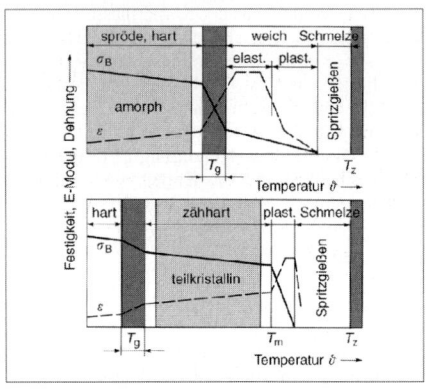

Mechanische Eigenschaften Festigkeit σ_B (E-Modul E) und Dehnung e als Funktion der Temperatur. Verwendungsbereiche schraffiert

Gleichdruckprozess
(constant-pressure cycle)
Idealer Kreisprozess des Dieselmotors mit Wärmezufuhr Q_z bei konstantem Druck (Gleichdruck). In der Praxis arbeiten Motoren nicht nach diesem Kreisprozess, da die Verbrennung des eingespritzten Dieselkraftstoffes nicht bei gleich bleibendem Druck erfolgt und mechanische, Drossel- und Wärmeverluste auftreten.
(→Dieselmotor, →isobare Zustandsänderung, →Seiligerprozess)

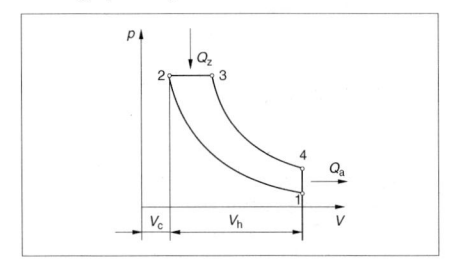

*p,V-Diagramm Gleichdruckprozess
1−2 isentrope Kompression, 2−3 isobare Wärmezufuhr Q_z, 3−4 isentrope Expansion, 4−1 isochore Wärmeabgabe Q_a, V_c Verdichtungsraum, V_h Zylinderhubraum*

gleichförmig beschleunigte Bewegung
(uniformly accelerated motion)
Bewegung eines Körpers mit konstanter Beschleunigung.
Die Geschwindigkeitsänderung ist proportional zur Zeit und wird durch eine konstant wirkende Kraft hervorgerufen.
Beispiel: Ein Körper wird mit 5 m/s² beschleunigt. Seine Geschwindigkeit ist nach 1 s um 5 m/s, nach 2 s um 10 m/s, nach 3 s um 15 m/s usw. angewachsen.
(→Beschleunigung, →Bewegung, →Kraft)

gleichförmig beschleunigte Rotation
(uniformly accelerated rotation)
Drehbewegung eines Körpers, bei der die Winkelbeschleunigung konstant ist.
Die Winkelgeschwindigkeitsänderung ist proportional zur Zeit und wird durch ein konstant wirkendes Drehmoment hervorgerufen.
(→Drehmoment, →Rotation, →Winkelbeschleunigung, →Winkelgeschwindigkeit)

gleichförmige Bewegung (uniform motion)
→Bewegungsordnung

gleichförmige Rotation (uniform rotation)
Drehbewegung eines Körpers um eine feste Achse, bei der die Winkelgeschwindigkeit ω konstant bleibt.
Es wirken keine Drehmomente auf den Körper ein, seine Winkelbeschleunigung ist somit null.
Beispiel: Drehung der Erde um ihre Achse.
(→Drehmoment, →Rotation, →Winkelbeschleunigung, →Winkelgeschwindigkeit)

Gleichgewicht (equilibrium)
Zustand eines mechanischen Systems, in dem sich alle inneren und äußeren Kräfte gegenseitig aufheben ($\Sigma F = 0$, das Kräftesystem ist im Gleichgewicht).
Wird das System durch eine äußere Kraft gestört und kehrt es in die alte Lage zurück, so befindet es sich im stabilen Gleichgewicht; bleibt es in der neuen Lage, so befindet es sich im indifferenten Gleichgewicht; vergrößert sich die Störung selbsttätig weiter, dann liegt ein labiles Gleichgewicht vor.
(→Kraft)

Gleichgewichtsbedingungen
(equilibrium conditions)
Rechenregeln der Statik zur Ermittlung unbekannter Kräfte F oder/und Kraftmomente (Drehmomente) M an Bauteilen, die sich im Gleichgewichtszustand befinden sollen, exakt gültig nur für sog. starre Körper.
Ein (starrer) Körper befindet sich im Gleichgewichtszustand (in der Statik als Ruhezustand angesehen), wenn die drei Gleichgewichtsbedingungen erfüllt sind. Es muss sein:
I. die Summe aller Kräfte in waagerechter Richtung gleich null : $\Sigma F_x = 0$,
II. die Summe aller Kräfte in senkrechter Richtung gleich null: $\Sigma F_y = 0$,
III. die Summe aller am Körper angreifenden Kraftmomente (Drehmomente) gleich null: $\Sigma M = 0$.
Da F_x und F_y Komponenten der Kraft F sind, kann man auch von zwei Gleichgewichtsbedingungen sprechen: $\Sigma F = 0$ und $\Sigma M = 0$.

Gleichgewichtszustände
(equilibrium states)
Der Zustand eines Körpers, in dem keine resultierende Kraft auf ihn einwirkt ($\Sigma F = 0$ oder $F_{res} = 0$).
In diesem Zustand ist der Körper entweder in Ruhe oder in gleichförmig geradliniger Bewegung. Beide Zustände sind gleichwertig.

Gleichlauffräsen (downmilling)
Spanende Fräsbearbeitung von Werkstücken, bei der im Bereich des Werkzeugeingriffs die Schnittbewegung des Fräswerkzeugs gleich gerichtet mit der Vorschubbewegung des Werkstücks verläuft.
(→Gegenlauffräsen)

gleichmäßig beschleunigte Bewegung
(uniformly accelerated motion)
→Bewegungsordnung

gleichnamige Brüche
(fractions with equal denominators)
Brüche mit dem gleichen Nenner.
Gleichnamige Brüche werden addiert oder subtrahiert, indem man die Zähler addiert oder subtrahiert und den Nenner beibehält.
(→Bruchrechnung)

Gleichraumprozess
(constant-chamber cycle)
Idealer Kreisprozess des Ottomotors mit Wärmezufuhr Q_z bei konstantem Volumen (Gleichraum). Mit steigendem Verdichtungsverhältnis steigt die Verdichtungstemperatur und der thermische Wirkungsgrad wird verbessert. In der Praxis arbeiten Motoren nicht nach diesem Kreisprozess, da die Verbrennung nicht mit unendlich großer Geschwindigkeit stattfindet und mechanische, Drossel- und Wärmeverluste auftreten (Bild S. 164).
(→isochore Zustandsänderung, →Ottomotor, →Seiligerprozess)

Gleichrichter

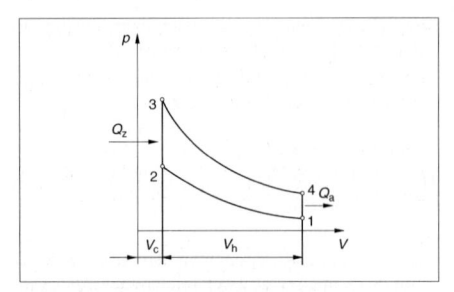

p,V-Diagramm Gleichraumprozess
1−2 isentrope Kompression, 2−3 isochore Wärmezufuhr Q_z, 3−4 isentrope Expansion, 4−1 isochore Wärmeabgabe Q_a, V_c Verdichtungsraum, V_h Zylinderhubraum

Gleichrichter (rectifier)
Allgemeine Bezeichnung für ein Betriebsmittel, das Strom nur in einer bestimmten Richtung fließen lässt und damit Ein- und Mehrphasenwechselstrom in Gleichstrom umformt.

Gleichrichterschaltungen (rectifier circuit)
Schaltungen mit Dioden, die Einphasenwechselstrom oder Drehstrom in einen (pulsierenden) Gleichstrom umwandeln und durch nachgeschaltete Siebglieder weiter glätten.
Wichtige Schaltungen: Einpuls-Mittelpunktschaltung (M1), Zweipuls-Mittelpunktschaltung (M2), Zweipuls-Brückenschaltung (B2, auch Graetzschaltung) für den Einphasenwechselstrombetrieb; Dreipuls-Mittelpunktschaltung (M3), Sechspuls-Brückenschaltung (B6) für den Drehstrombetrieb.

Gleichrichtwert
(rectified value; mean value; average value)
→arithmetischer Mittelwert

gleichschenkliges Dreieck
(isosceles triangle)
Dreieck mit zwei gleich langen Dreiecksseiten. Die gleich langen Seiten heißen Schenkel und die dritte Seite Basis des Dreiecks. Die Winkel an der Basis sind die Basiswinkel. Die Basiswinkel sind gleich groß (Bild). Höhe, Seitenhalbierende, Mittelsenkrechte und Winkelhalbierende der Basis sind identisch.
(→Dreieck)

gleichschenkliges Trapez
(isosceles trapezium)
Trapez mit gleich langen Schenkeln.
(→Trapez)

Gleichschenkliges Dreieck

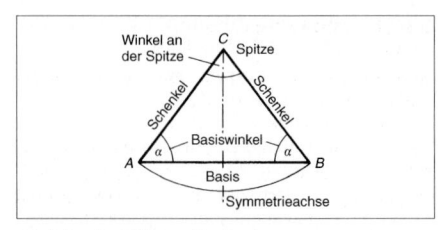

Gleichschlagseil (long lay rope)
Konstruktionsart von Drahtseilen, bei denen die einzelnen Drähte der Litzen und die Litzen selbst in der gleichen Richtung gewunden (geschlagen) sind.
Gleichschlagseile sind besonders biegsam und haben deshalb eine große Aufliegezeit. Da sie sich aber leicht aufdrehen, sind sie nur für geführte Lasten (z.B. Aufzüge) geeignet.
(→Aufliegezeit)

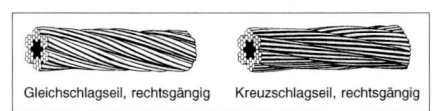

Gleichschlagseil, rechtsgängig   Kreuzschlagseil, rechtsgängig

gleichseitige Hyperbel
(equilateral hyperbola)
Hyperbel mit senkrecht aufeinander stehenden Asymptoten.
In den Hyperbelgleichungen gilt für gleichseitige Hyperbeln $a = b$.
(→Hyperbel)

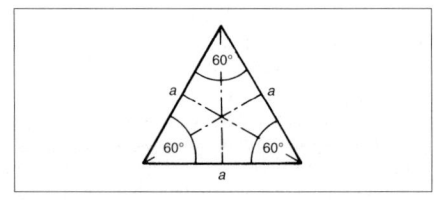

gleichseitiges Dreieck (equilateral triangle)
Dreieck mit drei gleich langen Dreiecksseiten und gleich großen Winkeln (also 60°).
Höhe, Winkelhalbierende, Seitenhalbierende und Mittelsenkrechte fallen beim gleichseitigen Dreieck zusammen, daher auch die Mittelpunkte des Inkreises und des Umkreises mit dem Schwerpunkt des Dreiecks.
Das gleichseitige Dreieck heißt auch reguläres oder regelmäßiges Dreieck.
(→Dreieck, →reguläres n-Eck)

Gleichseitiges Dreieck

Gleichsetzungsverfahren
(method of equating)
Methode zur Lösung eines linearen Gleichungssystems mit zwei Gleichungen und zwei Variablen (Unbekannten).
Man löst beide Gleichungen nach derselben Variablen auf und setzt die beiden Terme gleich. Man erhält so eine lineare Gleichung mit einer Variablen, die gelöst werden kann. Durch Einsetzen dieses Wertes in eine der beiden Ausgangsgleichungen ergibt sich eine lineare Gleichung in der anderen Variablen, die daraus dann auch berechnet werden kann.
Beispiel:
(I) $-x+y = 1$, (II) $2x+y = 4$.
(I) $\Rightarrow y = 1+x$, (II) $\Rightarrow y = 4 - 2x$
Gleichsetzen
$\Rightarrow 1+x = 4 - 2x \Rightarrow 3x = 3 \Rightarrow x = 1$
Einsetzen in (I) $\Rightarrow y = 2$
Somit Lösung: $(x, y) = (1, 2)$ (oder Lösungsmenge: $L = \{(1, 2)\}$)
(→Additionsverfahren, →Einsetzungsverfahren, →lineares Gleichungssystem)

Gleichstrom (direct current)
Elektrischer Strom, der nur in einer Richtung und mit gleichbleibender Stärke fließt.
Abkürzung: DC.

Gleichstrom-Nebenschlußmotor
(D.C. constant speed motor)
Gleichstrommotor, der auch bei größeren Schwankungen des abverlangten Drehmomentes nur eine kleine Drehzahländerung zeigt.
(→Asynchronmotor)

Gleichstrom-Reihenschlußmotor
(D.C. variable speed motor)
Gleichstrommotor, dessen Drehzahl stark vom abverlangten Drehmoment abhängig ist.
Der Einsatz erfolgt dort, wo ein Regelverhalten erwünscht ist. Bei Hafenkranen werden auf diese Weise ohne Zwischengetriebe kleine Lasten schneller und große langsamer gehoben.

Gleichstromgenerator
(direct-current generator)
→Gleichstrommaschine

Gleichstrommaschine
(direct-current machine)
Rotierende elektrische Maschine, die Gleichspannung erzeugt (Gleichstromgenerator) oder am Gleichstromnetz als Gleichstrommotor betrieben wird.
Der Ankerstrom wird über Kohlebürsten und Stromwender der Maschine zugeführt oder von ihr abgeleitet. Nach der Art der Erregung werden die Schaltungen unterschieden in Reihenschluß-, Nebenschluß- und Doppelschlußmaschine sowie fremderregte Gleichstrommaschine.

Gleichstrommotor (direct-current motor)
Gleichstrommaschine zur Umwandlung elektrischer Energie in mechanische Energie (Drehbewegung).
Durch fortgesetzte Umpolung des Ankerstroms mit Hilfe des Stromwenders wird auf den Anker ein Drehmoment in stets gleicher Richtung ausgeübt. Je nach Schaltungsart können Drehmoment, Ankerspannung, Drehzahl und Erregerstrom verändert und optimiert werden.
Fließt der elektrische Strom in alphanumerischer Reihenfolge durch die Wicklungen, arbeitet der Motor im Rechtslauf.
(→Gleichstrom-Nebenschlußmotor, →Gleichstrom-Reihenschlußmotor)

a) Schaltbild der fremderregten Maschine
b) Schaltbild der Nebenschluß-Maschine
c) Schaltbild der Reihenschluß-Maschine
d) Schaltbild der Doppelschluß-Maschine

Ankerwicklung: A Erregerwicklungen:
Wendepolwicklung: B Reihenschlußwicklung: D
Kompensationswicklung: C Nebenschlußwicklung: E
 Fremderregung: F

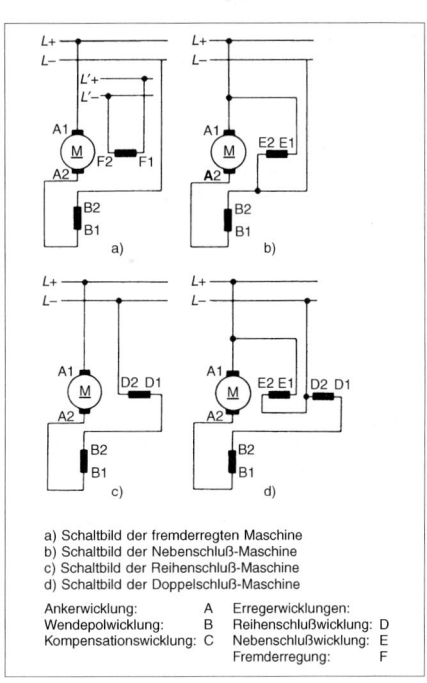

Schaltbilder verschiedener Schaltungsarten von Gleichstrommaschinen, hier Gleichstrommotoren

Gleichung (equation)
Gleichheitsbeziehung zwischen zwei algebraischen Ausdrücken, bei denen sich im Unterschied zur Identität nur einige spezielle Werte einsetzen lassen.

Gleichung der elastischen Linie

So wird zum Beispiel eine Gleichheitsbeziehung $f(x) = g(x)$ zwischen zwei Funktionen $f(x)$ und $g(x)$ derselben Variablen x als Gleichung mit einer Unbekannten bezeichnet, wenn sie nur für bestimmte Werte dieser Variablen richtig ist. Bleibt die Gleichheitsbeziehung für beliebige Werte der Variablen x erhalten, dann nennt man sie eine Identität.
Beispiele:
$2x+1 = x^2 - 2$ ist nur für $x = 3$ und $x = -1$ richtig,
$5x^2 - 5 = x^3 - x$ ist nur für $x = 5$, $x = 1$ und $x = -1$ richtig.
(→Identität)

Gleichung der elastischen Linie (equation of the elastic line)
→Durchbiegungsgleichung

Gleichung der Wurfbahn (equation of a trajectory)
Mathematischer Zusammenhang zwischen der Fallhöhe h und der Wurfweite s_x beim waagerechten Wurf: $h = k s_x^2$ (Wurfparabel mit der Konstanten $k = g/(2v_0^2)$).
(→schräger Wurf)

Gleichung n-ten Grades (equation of degree n)
Gleichung der Form
$a_n x^n + a_{n-1} x^{n-1} + a_{n-2} x^{n-2} + ... + a_2 x^2 + a_1 x + a_0 = 0$, $a_n \neq 0$ (allgemeine Form)
oder
$x^n + b_{n-1} x^{n-1} + b_{n-2} x^{n-2} + ... + b_2 x^2 + b_1 x + b_0 = 0$ (Normalform).
Dabei sind a_n, a_{n-1}, a_{n-2}, ..., a_2, a_1, a_0 und b_{n-1}, b_{n-2}, ..., b_2, b_1, b_0 reelle Koeffizienten, und n ist eine von Null verschiedene natürliche Zahl.
Gleichungen ersten Grades heißen auch lineare Gleichungen, Gleichungen zweiten Grades quadratische Gleichungen und Gleichungen dritten Grades kubische Gleichungen.
Nur für $n \leq 4$ (Gleichungen höchstens vierten Grades) gibt es allgemeine Lösungsformeln, in denen nur (ineinandergeschachtelte) Wurzeln stehen. Für Gleichungen fünften und höheren Grades existieren solche Lösungsformeln nicht. Außer in Spezialfällen lassen sich dann die Lösungen nicht mehr exakt berechnen, man muss sich mit so genannten Näherungslösungen begnügen (zum Beispiel mit Regula falsi oder Newtonschem Verfahren zu berechnen).
Beispiele:
$x^6 - 5x^5 + \pi x^3 - 20x + 4 = 0$
(Gleichung 6. Grades in Normalform),

$2x^{12} + 25 x^{11} - 7 x^3 + 25 x - \frac{2}{3} = 0$
(Gleichung 12. Grades in allgemeiner Form).
(→biquadratische Gleichung, →kubische Gleichung, →Newtonsches Verfahren, →quadratische Gleichung, →Regula falsi)

Gleichungssystem (system of equations)
Ein System von mehreren Gleichungen mit mehreren Variablen.
Man kann versuchen, das Gleichungssystem zu lösen, das heißt, die Werte der Variablen zu bestimmen, die alle Gleichungen dieses Systems erfüllen. Hat das Gleichungssystem zwei Variable, dann besteht eine Lösung aus einem Paar von Werten. Ein Gleichungssystem mit drei Variablen hat ein Lösungstripel, ein Gleichungssystem mit n Variablen hat als Lösung ein n-Tupel.
Die Variablen nennt man deshalb auch Unbekannte.
Beispiel: Das lineare Gleichungssystem
$3x + 2y - z = 1$, $2x - 4z = 0$, $x + 2y + 2z = 2$
aus drei Gleichungen mit drei Variablen hat das Lösungstripel
$(x, y, z) = (-2, 3, 1)$.
(→lineares Gleichungssystem)

Gleichwert (direct component)
Gleichstrom- oder Gleichspannungsanteil einer beliebigen Wechselspannung, entsprechend der Fourier-Analyse.

Gleitblockierung (slip obstruction)
Hindernisse im Kristallgitter, die das Abgleiten oder Wandern von Versetzungen bis zur Blockierung behindern.
Sie erhöhen die zur Verformung nötige Schubspannung und damit die Streckgrenze.
Beispiele: Gitterverzerrungen, entstanden durch Fremdatome (Legieren) oder Abschrecken (Härten), durch Ausscheidungen aus Mischkristallen (Aushärten) oder feinstverteilte Partikel (Dispersionsverfestigung).

Gleitebenen (slip plane)
Gitterebenen in Metallgittern, auf denen Kugelschichten mit geringer Schubspannung gegeneinander abgleiten können, ohne dass es zur Trennung kommt, meist die Ebenen dichtester Kugelpackung.
Bei höheren Temperaturen kommen weitere Ebenen und auch die Korngrenzen dazu.
(→hexagonales Kristallgitter, →kubisch-flächenzentriertes Kristallgitter, →kubisch-raumzentriertes Kristallgitter)

Gleitlager (slide bearing)
Vorteile: Unempfindlich gegen Stöße und Erschütterungen; geräuscharmer Lauf; unbegrenzt

hohe Drehzahlen möglich; im Bereich der Flüssigkeitsreibung praktisch verschleißfreier Lauf und unbegrenzte Lebensdauer.
Nachteile: Hohes Anlaufmoment wegen anfänglicher Festkörperreibung; hoher Schmierstoffverbrauch und laufende Überwachung.
Schmierungs- und Reibungsverhältnisse: In Radial-Gleitlagern entsteht durch die exzentrische Lage des Lagerzapfens in der Bohrung ein keilförmiger Spalt.

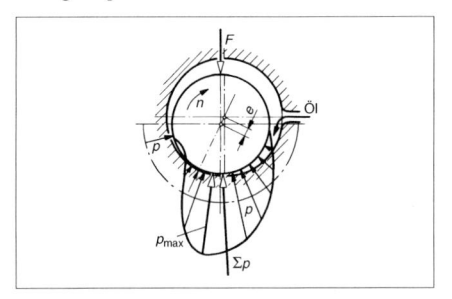

Festkörperreibung: Beim Anlauf der Welle berühren sich die Gleitflächen noch. Bei trockenen Reibflächen können Reibzahlen bis $\mu \geq 0{,}3$ auftreten. Der auftretende Abrieb nimmt mit der Rauheit der Oberflächen zu. Mischreibung: Mit steigender Drehfrequenz werden die Gleitflächen teilweise durch eine Flüssigkeitsschicht getrennt ($\mu = 0{,}01 \ldots 0{,}1$). Flüssigkeitsreibung: Bei weiter steigender Drehfrequenz nimmt der Flüssigkeitsdruck im keilförmigen Spalt weiter zu und hebt den Lagerzapfen der Welle an ($\mu = 0{,}002 \ldots 0{,}013$).
Berechnungsschema für hydrodynamisch tragende Radialgleitlager:
Sind Drehfrequenz der Welle, dynamische Viskosität des Öls, Lagerkraft, Lagerabmessungen, Lagerwerkstoff und Umgebungstemperatur bekannt, kann eine Nachrechnung des Lagers durchgeführt werden:
Spezifische Lagerbelastung p (Grenzrichtwerte p_{zul} in N/mm² nach DIN 31 652), relative Lagerbreite, Umfangsgeschwindigkeit des Lagerzapfens, Wärme abgebende Oberfläche des Lagergehäuses, Wärmestrom durch Konvektion (Wärmeübergang vom Lagergehäuse an die Luft). Temperaturvergleich mit der Bedingung $\Delta t = |t_L - t_{\text{eff}}| \leq 2°\text{C}$ mit $t_{\text{eff}} = 60°\text{C}$ und t_L (Lagertemperatur). Ist der Betrag der Temperaturdifferenz größer als $2°\text{C}$, muss über das Betriebslagerspiel ψ_B (nach Vogelpohl), die Ermittlung von Passtoleranzfeldern, die effektive Viskosität η_{eff} des Öls, die Sommerfeldzahl und die Reibzahl eine erneute Lagerberechnung durchgeführt werden.
DIN 1850 Buchsen für Gleitlager; DIN 31 652 Hydrodynamische Radial-Gleitlager im stationären Betrieb; DIN ISO 51 519 Viskositätsklassifikation für flüssige Industrieschmierstoffe; DIN 51 563 Bestimmung des Viskositäts-Temperatur-Verhaltens. (→Gleitlagerwerkstoffe)

Gleitlagerwerkstoffe (slide bearing material)
Wellenwerkstoff je nach Anforderung und Beanspruchung Baustahl, Vergütungsstahl oder Einsatzstahl. Grundregel: Wellenwerkstoff soll immer härter sein als der Lagerwerkstoff.
Werkstoffauswahl Gleitlager: Gusseisen (DIN EN 1561) mit sehr guter Verschleißfestigkeit, hoher statischer Tragfähigkeit und kleiner Wärmedehnung, aber mäßigen Gleit- und Notlaufeigenschaften. Sintermetall mit guten Notlaufeigenschaften und kleiner Wärmedehnung, aber mäßigen Gleiteigenschaften. CuSn-Knetlegierung (DIN ISO 4382-2) wird am häufigsten eingesetzt. Allerdings geringe Beständigkeit gegen hohe Temperaturen. CuPb-Legierungen (DIN ISO 4382-1) haben gegenüber CuSn-Knetlegierungen noch bessere Gleiteigenschaften, aber kleinere statische Tragfähigkeit und keine Beständigkeit gegen hohe Temperaturen. Können bei sehr hohen Gleitgeschwindigkeiten eingesetzt werden. Blei-Zinn-Lagermetalle (DIN ISO 4381) haben ähnliche Eigenschaften wie CuPb-Legierungen. Kunststoffe mit sehr guten Gleit- und Notlaufeigenschaften; für Wasserschmierung oder auch Trockenlauf geeignet. Bei kleinen Gleitgeschwindigkeiten nur sehr gering belastbar.

Gleitmodul (shear modulus)
→Schubmodul

Gleitmöglichkeiten (slip possibilities)
Produkt aus der Zahl der Hauptgleitebenen und den Gleitrichtungen eines Metallgitters. Damit wird die Verformungsfähigkeit des Metalles beurteilt.

Gleitreibkraft F_R (force of sliding friction)
Tangential zwischen zwei gegeneinander bewegten Körpern auftretende Widerstandskraft. F_R ist abhängig von der Normalkraft F_N zwischen beiden Körpern und der Gleitreibzahl μ der Stoffpaarung: $F_R = F_N \mu$. Sie versucht den schnelleren Körper zu verzögern, den langsameren (oder stillstehenden) zu beschleunigen. Ruhen beide Körper, bestimmt der zu erwartende Bewegungszustand den Richtungssinn der Reibkraft.
(→Haftreibkraft, →Reibzahlen)

Gleitreibung (sliding friction)
Widerstand gegenüber der Relativbewegung zweier aneinander liegender fester Körper.
(→Gleitreibkraft, →Haftreibung)

Gleitrichtungen (slip directions)
Richtung des Abgleitens mit geringster Abstandsänderung der Kugelschichten, d.h. jede Kugel der Oberschicht gleitet über den Sattel aus Atomen der Unterschicht.

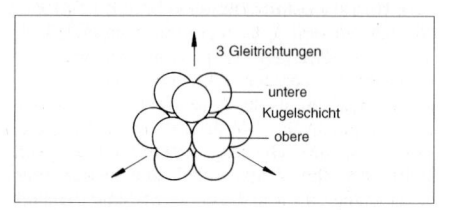

Gleitrichtungen

Gleitspanen (surface finishing by the vibratory impact of abrasive materials)
Spanende Bearbeitung (Gleitschleifen) von Werkstücken durch ungeordnete Bewegungen (z.B. Schütt- oder Vibrationsbewegungen) einer Vielzahl von losen Schleifkörpern (Chips) relativ zur Werkstückoberfläche unter Ausnutzung der Arbeitsfähigkeit (Schleiffähigkeit) der bewegten Schleifkörpermasse. Wassergelöste Zusatzstoffe (Compound) nehmen Schmutz, Abrieb und Ölreste auf und schützen die Werkstückflächen vor Korrosion. Anwendungsbeispiele: Entgraten, Glätten und Reinigen von Oberflächen.
DIN 8589, Teil 17 Fertigungsverfahren Spanen.

Gleitverschleiß (scuffing)
Häufigste Verschleißart, die beim Gleiten zweier Kontaktflächen auftritt, z.B. in Lagern und Führungen.
Je nach Art des Tribosystems sind alle Verschleißmechanismen möglich, die z.B. zu Fresserscheinungen, Kratzern, Mulden, Rissen und Grübchen sowie Partikeln als Reaktionsprodukt führen können.

Glühen (annealing)
Wärmebehandlung, die aus Erwärmen auf bestimmte Temperatur, Halten und einem Abkühlen besteht.
Ziel ist ein Gefügezustand, der dem Gleichgewicht der Phasen bei Raumtemperatur näher kommt, es werden keine metastabilen Gefüge erzeugt.

Glühen auf kugelige Carbide, GKZ (spheroidizing)
Glühen bei →Ac_1 (723 °C) mit längerem Halten und mit Pendeln um diesen Punkt.
Dabei werden Zementit und andere Carbide zu rundlichen Körnern eingeformt, dadurch Kaltumformen und Zerspanen erleichtert.

Glühkerze (glow plug; heater plug)
Kaltstarthilfe für Dieselmotoren nach dem Vor- und Wirbelkammerverfahren.
Draht- oder Stiftglühkerzen ragen in den Nebenbrennraum (Vor- oder Wirbelkammer im Zylinderkopf), um vor dem Motorstart die Luft darin zu erwärmen. Stiftglühkerzen erreichen schon nach 4 ... 10 s die notwendige Entflammungstemperatur. Nachglühen nach dem Start, in Abhängigkeit von der Motortemperatur, verbessert die Warmlaufeigenschaften. Stiftglühkerzen sind einpolig und werden elektrisch parallel geschaltet. Drahtglühkerzen in Reihe.
(→Kaltstarthilfe, →Vorkammerverfahren, →Wirbelkammerverfahren)

GMT (glass reinforced thermoplastics)
Glas-Mattenverstärkte Thermoplaste sind flächige Vorprodukte zum Warmpressen von großformatigen Bauteilen.
Meist verwendet wird PP. GMT sind z.T. günstiger als SMC (Lagerfähigkeit und Abfallverwertung).
Beispiele: Kfz-Innenenausbau, -unterbodenteile, Spoiler, Stoßstangen.

goldener Schnitt (golden section)
Die Teilung einer Strecke in der Weise, dass sich die Länge der ganzen Strecke zur Länge des größeren Teilstücks verhält wie die Länge des größeren Teilstücks zur Länge des kleineren Teilstücks. Statt goldener Schnitt einer Strecke sagt man auch stetige Teilung der Strecke.
Setzt man $r = \overline{AB}$ (Strecke $\overline{AB}$), $s = \overline{AT}$ (T Teilungspunkt von $\overline{AB}$), so gilt für einen goldenen Schnitt $r/s = s/(r-s)$. Mit $x = r/s$ ergibt sich

$$x = \frac{r}{s} = \frac{s+(r-s)}{s} = 1 + \frac{r-s}{s} = 1 + \frac{1}{\frac{s}{r-s}} = 1 + \frac{1}{\frac{r}{s}} = 1 + \frac{1}{x}$$

also nach Multiplikation mit x
$x^2 = x + 1 \Leftrightarrow x^2 - x - 1 = 0$.
Die Wurzeln dieser quadratischen Gleichung sind $x_1 = (1/2)(1+\sqrt{5})$ und $x_2 = (1/2)(1-\sqrt{5})$.

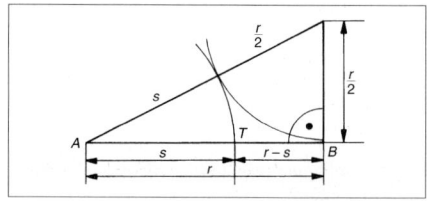

Goldener Schnitt der Strecke $\overline{AB}$ und eine Konstruktionsmöglichkeit

Wegen $x_1 > 0$ und $x_2 < 0$ kommt nur die positive Wurzel für das Teilungsverhältnis in Frage:
$$\frac{r}{s} = \frac{s}{r-s} = \frac{1}{2}(1+\sqrt{5}).$$
Die Zahl $\frac{1}{2}(1+\sqrt{5}) = 1{,}6180339887\ldots$ heißt goldene Zahl.
($\rightarrow$ Streckenteilung)

Gon (gon)
Einheit des Gradmaßes bei Einteilung des Vollwinkels in 400 gleiche Teile (in der Geodäsie gebräuchlich).
1 gon ist also 1/400 des Vollwinkels.
($\rightarrow$ Gradmaß)

goniometrische Form der komplexen Zahlen (goniometric form of complex numbers)
$\rightarrow$ trigonometrische Form der komplexen Zahlen

goniometrische Funktionen (goniometric functions)
$\rightarrow$ trigonometrische Funktionen

goniometrische Gleichung (goniometric equation)
$\rightarrow$ trigonometrische Gleichung

Grad (degree)
Einheit des Gradmaßes.
1 Grad ($1°$) ist 1/360 des Vollwinkels.
($\rightarrow$ Gradmaß)

Grad Celsius °C (Celsius degree)
Abgeleitete SI-Einheit der physikalischen Größe Celsius-Temperatur t:
$1\,°\text{C} = 1\,\text{K}$. Bei Angabe der Celsius-Temperatur $t = T - 273{,}15\,\text{K}$ wird der Einheitenname Grad Celsius als besonderer Name für das Kelvin benutzt. Eine Differenz zweier Celsius-Temperaturen darf auch in Grad Celsius angegeben werden.
DIN 1301 Einheiten, DIN 13 346 Temperatur.
($\rightarrow$ Celsius-Temperatur, $\rightarrow$ Kelvin, $\rightarrow$ SI-Einheit, $\rightarrow$ Temperatur)

gradierte Werkstoffe
(heterogenous materials with a concentration gradient in one of the phases)
Heterogene Werkstoffe, bei denen sich die Konzentration einer Phase im Bauteil über den Querschnitt oder der Länge mit einem gewissen Gradienten ändert.
Auch bei Schichten angewandt, da bei schroffem Übergang zum Grundwerkstoff höhere Spannungen entstehen. Herstellung pulvermetallurgisch oder durch thermisches Spritzen.

gradlinige Bewegung (rectilinear motion)
$\rightarrow$ Translationsbewegung

Gradmaß (measure of angle in degrees)
Maß für einen Winkel in der Ebene.

Dabei wird der Vollwinkel in 360 gleiche Teile eingeteilt (Sexagesimaleinteilung). Die Einheit des Gradmaßes ist Grad ($°$), $1°$ entspricht also 1/360 des Vollwinkels. Untereinheiten des Grads sind Minuten und Sekunden:
$1°$ (1 Grad) = $60'$ (60 Minuten), $1'$ (1 Minute) = $60''$ (60 Sekunden), $1' = (1/60)°$, $1'' = (1/60)'$.
In der Geodäsie wird eine Zentesimaleinteilung verwendet. Dabei wird der Vollwinkel in 400 gleiche Teile eingeteilt. Die Einheit ist gon (Gon), 1 gon entspricht also 1/400 des Vollwinkels. Ältere, heute nicht mehr gebräuchliche Einheit ist Neugrad.
Somit: 1 Vollwinkel = $360° = 400$ gon.
($\rightarrow$ Bogenmaß)

Graph einer Funktion (graph of a function)
Der Graph einer Funktion f mit dem Definitionsbereich D ist das Bild, das man erhält, wenn man die geordneten Zahlenpaare $(x, y) = (x, f(x))$ mit $x \in D$ in ein Koordinatenkreuz einträgt.
Mitunter sagt man statt Graph auch Schaubild oder Kurve der Funktion.
($\rightarrow$ Funktion)

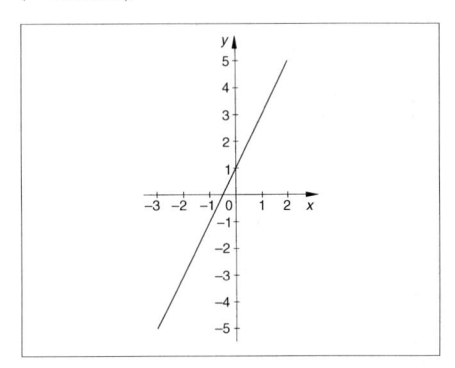

Graph der Funktion $y = f(x) = 2x + 1$
$f: \mathbb{R} \rightarrow W$

graphisches Lösen von Gleichungen (graphical solution of equations)
Näherungsweise Bestimmung der reellen Lösungen einer Gleichung mit Hilfe des Graphen einer Funktion.
Bringt man eine Bestimmungsgleichung mit der Variablen x auf die Form $f(x) = 0$, dann sind die reellen Lösungen der Gleichung die Nullstellen der Funktion mit der Gleichung $y = f(x)$. Das Aufsuchen der Lösungen der Bestimmungsgleichung $f(x) = 0$ ist also gleichbedeutend mit der Bestimmung der Nullstellen der Funktion $y = f(x)$. Zeichnet man den Graph der Funktion in einem kartesischen Koordinatensystem, dann sind die Nullstellen der Funktion die Schnittpunkte der Kurve mit der x-Achse.

graphisches Lösen von Gleichungen 170

Die aus der Zeichnung abgelesenen Werte sind nur Näherungswerte für die Nullstellen. Mit Hilfe von Näherungsverfahren (zum Beispiel Newtonsches Verfahren oder Regula falsi) lassen sich diese Werte verbessern.
Man erzielt oft genauere Ergebnisse, wenn man die gegebene Gleichung $f(x) = 0$ auf die Form $f_I(x) = f_{II}(x)$ bringt und dabei versucht, für $y_I = f_I(x)$ und $y_{II} = f_{II}(x)$ Funktionen mit einfach zu zeichnenden Graphen zu erhalten. Für jeden Schnittpunkt $S(x_s \,|\, y_s)$ der Kurven gilt $f_I(x_s) = f_{II}(x_s)$ und deshalb $f(x_s) = f_I(x_s) - f_{II}(x_s) = 0$. Die Abszisse x_s ist also eine Lösung der Gleichung $f(x) = 0$.
Spezielle Bestimmungsgleichungen (dargestellt in einem kartesischen Koordinatensystem):
Die Lösung einer linearen Gleichung $ax + b = 0$, $a \neq 0$, erhält man als Nullstelle der linearen Funktion $y = ax + b$. Ihr Graph in einem kartesischen Koordinatensystem ist eine Gerade mit der Steigung a und dem y-Achsenabschnitt b.
Beispiel: $5x + 7 = 0$
Man setzt $y = 5x + 7$, zeichnet die dadurch gegebene Gerade und liest am Schnittpunkt der Gerade mit der x-Achse das Ergebnis ab: $x \approx -1{,}4$.

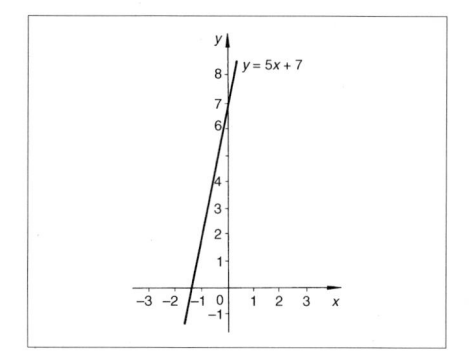

Graph der Funktion $y = 5x + 7$

Die Lösung oder die Lösungen einer quadratischen Gleichung $x^2 + px + q = 0$ erhält man als Nullstelle oder Nullstellen der quadratischen Funktion $y = x^2 + px + q$. Ihr Graph ist eine verschobene Normalparabel.
Durch quadratische Ergänzung ergibt sich $y = (x + p/2)^2 - (p^2/4 - q) = (x + p/2)^2 - D$ mit $D = p^2/4 - q$. Der Scheitelpunkt der Parabel ist $S(-p/2 \,|\, q - p^2/4)$. Die Anzahl der Schnittpunkte der Parabel mit der x-Achse (also die Anzahl der Nullstellen der Funktion) und damit die Anzahl der Lösungen der quadratischen Gleichung ist abhängig vom Vorzeichen der Diskriminante D: Für $D > 0$ gibt es zwei Schnittpunkte, für $D < 0$ keinen Schnittpunkt und für $D = 0$ einen Berührpunkt (bedeutet eine doppelte reelle Lösung der quadratischen Gleichung).
Beispiel: $x^2 - 5x + 3 = 0$
Der Scheitelpunkt der Parabel ist $S(5/2 \,|\, -13/4)$.
Wegen $D = 13/4 > 0$ hat die Parabel zwei Schnittpunkte mit der x-Achse und damit die Gleichung zwei reelle Lösungen.
Aus dem Bild liest man die Näherungslösungen $x_1 \approx 4{,}3$ und $x_2 \approx 0{,}7$ ab.

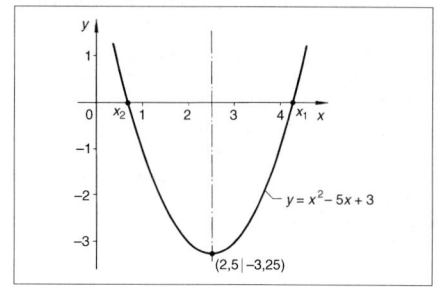

Graph der Funktion $y = x^2 - 5x + 3$

Reelle Lösungen einer quadratischen Gleichung $x^2 + px + q = 0$ erhält man auch aus den Schnittpunkten der Graphen der Funktionen $y_I = x^2$ (Normalparabel) und $y_{II} = -px - q$ (Gerade).
Beispiel: $x^2 - 2x + 1/2 = 0$
Gleichung der Normalparabel: $y_I = x^2$, Geradengleichung: $y_{II} = 2x - 1/2$.
Für die Abszissen der Schnittpunkte liest man als Näherungslösungen ab: $x_1 \approx 1{,}7$, $x_2 \approx 0{,}3$.

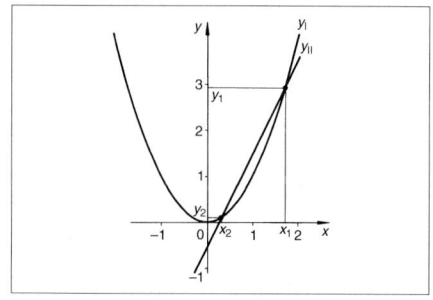

Graphen der Funktionen $y_I = x^2$ und $y_{II} = 2x - 1/2$

Näherungen für die reellen Lösungen einer kubischen Gleichung in Normalform $x^3 + ax^2 + bx + c = 0$ erhält man aus den Schnittpunkten des Graphen der Funktion $y = x^3 + ax^2 + bx + c$ mit der x-Achse.
Eine andere Möglichkeit ergibt sich mit Hilfe einer Reduktion der kubischen Gleichung. Mit der Substitution $x = z - a/3$ wird das quadrati-

sche Glied beseitigt. Durch Einsetzen und Ordnen erhält man
$$z^3 + (b - a^2/3)\, z + ((2/27)\, a^3 - ab/3 + c) =$$
$$= z^3 + pz + q = 0.$$
Reelle Lösungen dieser kubischen Gleichung erhält man dann aus den Schnittpunkten der Graphen der Funktionen $y_I = z^3$ (kubische Normalparabel) und $y_{II} = -pz - q$ (Gerade). Ist z_s die Abszisse eines solchen Schnittpunktes, dann ist $x_s = z_s - a/3$ eine Lösung der Ausgangsgleichung.
Beispiel: $x^3 + 3x^2 - 2{,}11x + 0{,}18 = 0$
Die Substitution $x = z - 1$ ergibt $p = -2{,}11 - 3 = -5{,}11$ und $q = 2 + 2{,}11 + 0{,}18 = 4{,}29$. Die reduzierte Gleichung lautet also $z^3 - 5{,}11z + 4{,}29 = 0$.
Gleichung der kubischen Normalparabel: $y_I = z^3$, Geradengleichung: $y_{II} = 5{,}11z - 4{,}29$.
Für die Abszissen der Schnittpunkte liest man ab: $z_1 \approx -2{,}6$, $z_2 \approx 1{,}1$, $z_3 \approx 1{,}5$.
Daraus ergeben sich als Näherungslösungen der Ausgangsgleichung $x_1 \approx -3{,}6$, $x_2 \approx 0{,}1$, $x_3 \approx 0{,}5$.

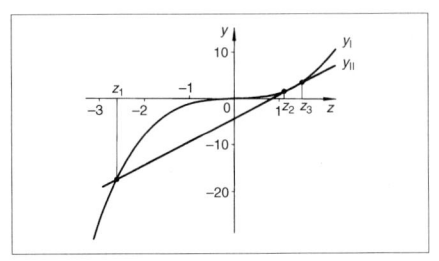

Graphen der Funktionen $y_I = z^3$ und $y_{II} = 5{,}11z - 4{,}29$

Auch für transzendente Gleichungen lassen sich mit der Zerlegungsmethode mitunter Näherungslösungen angeben.
Beispiel: $e^x - x = 3$
Zerlegt man die Funktion mit der Gleichung $y = f(x) = e^x - x - 3$ in die Funktionen $y_I = f_I(x) = e^x$ und $y_{II} = f_{II}(x) = x + 3$, dann gilt $f(x) = f_I(x) - f_{II}(x)$ und somit $f(x_s) = f_I(x_s) - f_{II}(x_s) = 0$ für die Abszisse x_s eines Schnittpunkts S der Kurven der Funktionen $y_I = f_I(x) = e^x$ und $y_{II} = f_{II}(x) = x + 3$.
Für die Abszissen der Schnittpunkte liest man ab: $x_1 \approx -2{,}95$, $x_2 \approx 1{,}51$.
Auch für Gleichungssysteme lassen sich graphisch Näherungslösungen finden. Die Lösung eines Systems $a_1x + b_1y = c_1$, $a_2x + b_2y = c_2$ von zwei linearen Gleichungen mit zwei Variablen ergibt sich aus den Koordinaten des Schnittpunkts der zugehörigen Geraden.
Beispiel:
$x - y/3 = -8/3$, $(4/5)x + 2y = 3/5$

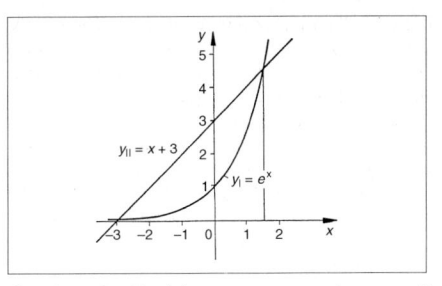

Graphen der Funktionen $y_I = e^x$ und $y_{II} = x + 3$

Auflösen der beiden Gleichungen nach y:
$y = 3x + 8$, $y = -(2/5)x + 3/10$.
Im Bild sind die durch diese Gleichungen bestimmten Geraden gezeichnet, und man liest als Koordinaten des Schnittpunkts $S(x \mid y)$ die Näherungslösung $(x, y) \approx (-2{,}2, 1{,}2)$ des linearen Gleichungssystems ab.

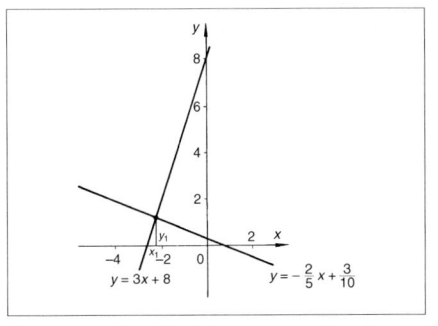

Graphen der Funktionen $y = 3x + 8$ und $y = -(2/5)x + 3/10$

Grafit (graphite)
Reiner Kohlenstoff mit einem Gitter aus Schichten. Verwendung: Elektrodenmaterial, Schleifkontakte, mit Kunstharz imprägnierter Grafit als Werkstoff für stark korrosiv beanspruchte Teile von Pumpen, Ventilen usw. in Chemieanlagen. Als Gefügebestandteil von Gusseisen wichtig für Gleit-, Dämpfungs- und Wärmeleiteigenschaften.
(→Grafitgitter)

Grafitausbildung (graphite formation)
Form und Größe der Grafitkristalle im Gusseisen wirken sich stark auf z.B. Festigkeit, Zähigkeit, Dämpfung und Spanbarkeit aus und geben den Gussarten ihre Unterschiede und Namen. Lamellar GJL (GG), kugelig GJS (GGG), flockig GJM (GT), wurmartig GJV (GGV).
Beeinflussung durch Impfen der Schmelzen und Einhalten bestimmter Analysen.

Beispiel: Die Kugelform wird durch Entschwefeln, Mg-Behandlung und Impfen mit FeSi einer (As, Pb, Bi und Ti)-freien Schmelze evtl. mit zusätzlicher Wärmebehandlung erreicht.
(→Ferritisieren)

groblamellar GJL (GG)	flockig, knotig GJM (GT)
wurmförmig GJV (GGV)	kugelförmig GJS (GGG)

Graphitausbildung

Graphitgitter (graphite lattice)
Hexagonales Atomgitter aus übereinander liegenden ringförmigen Schichten aus je 6 Kohlenstoffatomen.
In diesen Schichten wirken hohe Bindungskräfte (σ-Bindungen), von einer Schicht zur anderen geringere (π-Bindungen).
Ursache: Nur die drei Valenzelektronen der C-Atome in den Schichten sind stärker gebunden. Das vierte Elektron zwischen den Schichten ist ähnlich frei beweglich wie das Elektronengas in Metallgittern und ergibt eine schwächere Bindung. Folge: geringere Härte gegenüber Diamantgitter. (Anwendung: →Schmierstoffe, →Diamantgitter)
Beispiel: Graphitgitter

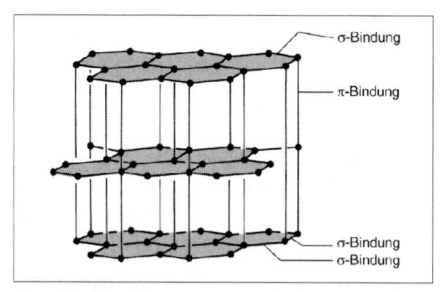

Graphitgitter

Gravitation (gravitation)
→Gravitationskraft

Gravitationsgesetz (law of gravitation)
Alle Massen ziehen sich gegenseitig an; die Kraft (Gravitationskraft F_G) zwischen zwei Massen m_1 und m_2 ist beiden Massen proportional und dem Quadrat ihres Abstandes umgekehrt proportional: $F_g \sim m_1 m_2 / r^2$.
(→Gravitationskraft)

Gravitationskonstante G (gravitational constant)
Naturkonstante, Proportionalitätsfaktor im Gravitationsgesetz.
$G = 6{,}672 \cdot 10^{-11}$ m^3/(kg s^2). Wegen der Kleinheit von G ist die Gravitationskraft die schwächste aller Kräfte.
(→Gravitationskraft)

Gravitationskraft F_g (gravitational force)
Kraft zwischen allen materiellen Körpern, die stets anziehend wirkt und deren Ursprung in der Masse der Körper liegt.
Sie wird durch das Newtonsche Gravitationsgesetz beschrieben: $F_g = f m_1 m_2 / r^2$.
(→Gravitationsgesetz, →Gravitationskonstante, →Kraft)

Gray-Code (gray code)
Unbewerteter Code, der sich für jede Wortbreite realisieren lässt und sich von dem vorherigen und nachfolgendem Bitmuster jeweils nur um ein Bit unterscheidet.
Er wird oft zur Umwandlung analoger Größen in eine digitale Information eingesetzt, weil mögliche Fehljustierungen sich auf ein Bit beschränken.

Gray Gy (gray)
Abgeleitete SI-Einheit der physikalischen Größe Energiedosis D: 1 Gy = 1 J/kg = 1 m^2/s^2.
Ein Gray ist gleich der Energiedosis, die einer ionisierenden Strahlungsenergie von 1 Joule entspricht, die in 1 kg Masse vollständig absorbiert wird. Benannt nach Louis H. Gray.
(→Energiedosis, →SI-Einheit)

Greifer (gripper)
Einrichtung zur Aufnahme und Abgabe von Werkstücken oder Werkzeugen an Handhabungsgeräten und Robotern. In der Fördertechnik Lastaufnahmemittel für Schüttgut (z.B. Baggergreifer).
Greifprinzipien:
1. Halten durch Kraftschluss:
    a) durch Reibkräfte bei Greifern mit aktiv beweglichen Fingern (Fingergreifer, Zangengreifer) oder Mechaniken, die die Gewichtskraft des Handhabungsobjekts in Reibkraft umsetzen (Scherengreifer, Greifzange), b) durch Saugkräfte beim Erzeugen eines Unterdrucks (Vakuumgreifer), c) durch Magnetkräfte (Permanent- oder Elektromagnete).

2. Halten durch Formschluss:
a) mit starren Halteelementen (Greiferbacken), die der Oberfläche des Greifobjekts angepasst sind, b) mit flexiblen Halteelementen, die sich aktiv der Objektkontur anpassen.
3. Halten durch die Kombination von Kraft- und Formschluss.

Nach der kinematischen Struktur werden unterschieden: Parallelgreifer, Winkelgreifer (Kniehebelgreifer), Servogreifer, Drei- und Mehrbackengreifer, Zangengreifer.

Zur Verringerung der Greifer-Gewichtskraft werden sie hauptsächlich aus hochfesten Leichtmetallegierungen und mit zusätzlicher Oberflächenhärtung hergestellt.
($\rightarrow$Außengreifer, $\rightarrow$Fingergreifer, $\rightarrow$Greiferantrieb, $\rightarrow$Greiferbacken, $\rightarrow$Industrieroboter, $\rightarrow$Innengreifer, $\rightarrow$Robotergreifer)

Greiferantrieb (gripper drive)
Antrieb zur Erzeugung von Greifkräften und Bewegung der Halteelemente von Greifern.
Reibkraft- und formschlüssige Greifer sind in der Regel mit Antrieben, Getriebe- und Führungselementen ausgerüstet, damit Handhabungsobjekte definiert (steuerbar) aufgenommen, gehalten und wieder abgegeben werden können. Die Steuerung, z.B. der Greifkräfte, übernimmt in der Regel die Robotersteuerung.
Die Greiferantriebe werden nach dem Energiemedium der Antriebe unterteilt in
a) pneumatische Greifer: hohe Bewegungsgeschwindigkeit der Halteelemente (Finger; Backen), kostengünstig;
b) hydraulische Greifer: sehr hohe Greifkräfte bei geringer Baugröße;
c) elektromotorische Greifer: einfache Energieübertragung, gute Regelbarkeit;
d) elektromagnetische Greifer: einfache Energieübertragung.
($\rightarrow$Greifer)

Greiferbacken (jaw)
Teile des Greifers, die den Kontakt mit dem Greifobjekt herstellen.
Je nach Ausführung der Backen können Außen- oder Innengreifoperationen durchgeführt werden. Zur Erhöhung des Reibungskoeffizienten zwischen Backen und Objekt kann ein Belag an den Kontaktflächen aufgebracht werden.
($\rightarrow$Formbacken, $\rightarrow$Greifer, $\rightarrow$Robotergreifer)

Greiferwechselsystem, Werkzeugwechsler (gripper change system)
Einrichtung zum automatischen schnellen Greiferwechsel an Industrierobotern und automatischen Handhabungssystemen.

Auf Befehl der Robotersteuerung wird das Roboterarbeitsorgan automatisch gewechselt. Die verschiedenen Werkzeuge befinden sich in Halterungen im Roboterarbeitsraum und können vom Roboter angefahren und aufgenommen werden. In einem automatischen Bearbeitungs- oder Handhabungsprozess sind zwei oder mehr Greifer erforderlich, weil sich die Form und die Abmessungen der Werkstücke nach der Bearbeitung ändern. Bei einem Montageroboter erfordern die verschiedenen zu montierenden Bauteile einen Greiferwechsel. Ein Werkzeugwechsel bei einem Prozessroboter ermöglicht unterschiedliche Bearbeitungsverfahren. ($\rightarrow$Greifer, $\rightarrow$Handhabungsroboter, $\rightarrow$Industrieroboter, $\rightarrow$Prozessroboter, $\rightarrow$Werkzeugwechsler an Robotern)

Greifkraft (grasping force)
Kraft, die über die Halteelemente von Greifern auf das Greifobjekt wirkt.
Die Greifkraft wird durch den Greiferantrieb erzeugt. Ihre Größe ist abhängig von der Gewichtskraft des Greifobjektes, den Trägheitskräften durch Beschleunigung, den Fliehkräften bei der Bewegung und den Prozesskräften z.B. beim Fügen.
($\rightarrow$Greifer, $\rightarrow$Greiferantrieb, $\rightarrow$Greiferbacken, $\rightarrow$Kraft)
Anhand von drei Greifmöglichkeiten dargestellter Lösungsansatz zur Berechnung der Greifkraft:
a) Kraftschluss: $F_G = m \cdot g (1 + a/g) \sin \alpha/2 \cdot S/2 \, \mu$
b) Formschluss: $F_G = m(a + g) S$
c) Formschluss: $F_G = m(a + g) \tan \alpha/2 \cdot S/2$

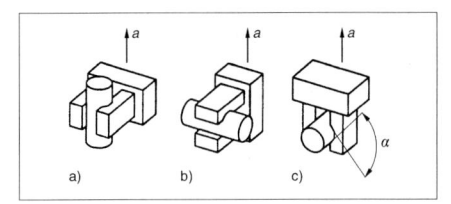

Greifkräfte in Abhängigkeit von Formschluss/ Kraftschluss mit der Richtung der Beschleunigung des Greifers (F_G Greifkraft, m Masse des Greifobjektes, g Erdbeschleunigung, a Beschleunigung des Greifers bei der Bewegung, S Sicherheitsfaktor, z.B. 2, wenn das Greifobjekt definiert positioniert werden soll, μ Reibwert zwischen Halteelement und Objekt)

Greifkraftsicherung
(grasping force safety device)
Einrichtung in Greifern, bei Energieausfall die Spannkraft am Handhabungsobjekt aufrecht zu erhalten.
Die Greifkraft wird aufrechterhalten (z.B. bei einem Bruch der Druckluftleitung):

Greifplanung

a) mit Federn: Beim Öffnen des Greifers wird die Feder durch einen doppeltwirkenden Pneumatik-Zylinder gespannt. Beim Greifen (Schließen) wirkt die Summe aus Federkraft und Zylinderkraft (nur bei doppeltwirkendem Zylinder) als resultierende Greifkraft. Die Feder muß so dimensioniert sein, dass sie die erforderliche Greifkraft aufbringt.

b) mit Ventilen: Der Überdruck im Zylinder wird durch Rückschlagventile aufrechterhalten.

(Federkraft, →Greifer, →Greifkraft)

Greifplanung (grasp planning)

Automatische Bestimmung möglicher Roboter-Greifoperationen nach Objekten unter gegebenen Randbedingungen.

Vor einer erfolgreichen Greifoperation sind zu ermitteln:

a) die Lage und Orientierung des Objekts zum Greifer,

b) die Kollisionsfreiheit bei der Annäherung des Greifers an das Objekt und

c) die Kollisionsfreiheit des Greifers mit gegriffenen Objekt während der Bewegung.

Folgende Randbedingungen sind zu berücksichtigen:

a) die Geometrie und Kinematik des Greifers (wie weit kann der Greifer öffnen und schließen?),

b) die Abmaße und Form des Greifobjekts (wo kann der Greifer ansetzen?),

c) die Stabilität des Griffes (können Objekte möglichst im Schwerpunkt gegriffen werden?),

d) die erforderliche Umgreifoperation (behindert die erste Greifposition auszuführende Fügevorgänge?) und

e) die sinnvolle Greif-Reihenfolge (überlappen sich Objekte ganz oder teilweise?).

(→Greifer, →Griff in die Kiste, →Video-Sensor)

Grenzfrequenz f_g (3dB frequency)

Frequenz, bei der das Ausgangssignal U_2 gegenüber dem Eingangssignal U_1 eine Dämpfung V_u von 3 dB (Dämpfung ist eine negative Verstärkung) gegenüber dem sonstigen Verlauf der Übertragungskurve hat.

Das ist von Bedeutung bei Filtern und Verstärkereinrichtungen:

$V_u = U_2/U_1 = 20 \log U_2/U_1 = -3$ dB.

Grenzreibung (boundary lubrication)

Reibungszustand, bei dem die Reibpartner durch einen molekularen Film getrennt sind.

Er entsteht durch chemisch-physikalische Reaktionen der beanspruchten (aktivierten) Oberfläche mit dem Zwischenstoff (Luft, Schmierstoff mit Additiven) und vermindert Reibung und Adhäsion. Große Bedeutung für alle Reibungsvorgänge mit niedrigen Gleitgeschwindigkeiten.

Für einige Fertigungsverfahren (z.b. Fließpressen, Ziehen) wird durch Oberflächenbehandlung (z.b. Phosphatieren) eine solche Grenzschicht erzeugt.

Grenzschlankheitsgrad (limit for slenderness ration)

→Knicken

Grenzwert (limit value)

Wert einer Größe, der nicht überschritten werden darf oder dessen Erreichen eine Zustandsänderung auslöst.

Beispiel: Beim Zweipunktregler findet beim Erreichen des Grenzwerts der Regelgröße ein Schaltvorgang statt. Dadurch wird ein Prozess ausgelöst, der die Regelgröße wieder in den gewünschten Bereich bringen soll.

(→Zweipunktregler)

Grenzwert einer Folge (limit of a sequence)

Die Folge (a_n) besitzt den Grenzwert a (auch Limes genannt), wenn die Abweichung $|a - a_n|$ der Folgenglieder a_n von a für genügend große n beliebig klein wird.

Schreibweise: $\lim_{n \to \infty} a_n = a$ oder $(a_n) \to a$

(gesprochen: Limes a_n gleich a).

Exakte Definition:

Die Folge (a_n) besitzt den Grenzwert $\lim_{n \to \infty} a_n = a$, wenn sich nach Vorgabe einer beliebig kleinen positiven Zahl ε ein $n_0 \in \mathbb{N}$ so finden lässt, dass für alle $n \geq n_0$ gilt:

$|a - a_n| < \varepsilon$.

Man sagt: (a_n) konvergiert gegen a. Eine Folge (a_n) heißt konvergent, wenn sie einen Grenzwert besitzt, andernfalls divergent.

Eine Folge (a_n) besitzt höchstens einen Grenzwert. Für konvergente Folgen gelten folgende Rechenregeln:

$\lim_{n \to \infty} (a_n + b_n) = \lim_{n \to \infty} a_n + \lim_{n \to \infty} b_n$

$\lim_{n \to \infty} (a_n \cdot b_n) = \lim_{n \to \infty} a_n \cdot \lim_{n \to \infty} b_n$

$\lim_{n \to \infty} (a_n/b_n) = \lim_{n \to \infty} a_n / \lim_{n \to \infty} b_n$,

falls $b_n \neq 0$ und $\lim_{n \to \infty} b_n \neq 0$

Beispiele:

$\lim_{n \to \infty} a_n = \lim_{n \to \infty} 1/n = 0$,

$\lim_{n \to \infty} a_n = \lim_{n \to \infty} n/(n+1) = 1$,

$\lim_{n \to \infty} a_n = \lim_{n \to \infty} (3 - 1/2^{n-2}) = 3$.

(→divergente Folge)

Grenzwert einer Funktion (limit of a function)
Die Funktion $y = f(x)$ besitzt an der Stelle $x = a$ den Grenzwert A, wenn sich bei unbegrenzter Annäherung von x an a die Funktion $f(x)$ unbegrenzt an A nähert.
Schreibweise: $\lim_{x \to a} f(x) = A$ oder $f(x) \to A$ für $x \to a$ (gesprochen: Limes $f(x)$ für x gegen a gleich A).
Die Variable x nähert sich a unbegrenzt an, es gilt jedoch stets $x \neq a$. Die Funktion $f(x)$ braucht an der Stelle $x = a$ den Wert A nicht anzunehmen und braucht an dieser Stelle auch nicht definiert zu sein.
Exakte Definition:
Die Funktion $y = f(x)$ besitzt an der Stelle $x = a$ den Grenzwert $\lim_{x \to a} f(x) = A$, wenn sich nach Vorgabe einer beliebig kleinen positiven Zahl ε eine zweite positive Zahl δ so finden lässt, dass für alle x mit $|x - a| < \delta$ gilt $|f(x) - A| < \varepsilon$, eventuell mit Ausnahme der Stelle a.
Besitzt die Funktion $y = f(x)$ an der Stelle $x = a$ den Grenzwert $\lim_{x \to a} f(x) = A$, so sagt man auch, der Grenzwert $\lim_{x \to a} f(x)$ existiert und ist gleich A.
Beispiel:
Die Funktion $f(x) = (2x^2 + 5x)/3x$ ist an der Stelle $x = 0$ nicht definiert, da für $x = 0$ der Nenner Null ist. Es gilt
$\lim_{x \to 0} f(x) = \lim_{x \to 0} (2x^2 + 5x)/3x =$
$= \lim_{x \to 0} (2x + 5)/3 = (2/3) \lim_{x \to 0} x + 5/3 =$
$= 5/3$.
Die Funktion $y = f(x)$ besitzt an der Stelle $x = 0$ also den Grenzwert 5/3.
(→einseitiger Grenzwert)

Grenzwerte (absolute maximum ratings)
Leistungswerte eines (elektronischen) Bauelementes, die auf keinen Fall überschritten werden dürfen.
Schwankungen der Betriebsspannung sowie die Toleranzen anderer Bauelemente sind zu berücksichtigen. Einzelne Grenzwerte dürfen auch dann nicht überschritten werden, wenn andere Grenzwerte deutlich unterschritten bleiben.
Beispiel: zulässige maximale Verlustleistung P_{tot}.

Grenzzähnezahl (minimum number of teeth)
→Zahnunterschnitt

Griff auf's laufende Band (conveyor picking)
Gezielter Greifvorgang eines Roboters in Verbindung mit einem Sensorsystem nach einem beliebig positionierten Objekt vom linear bewegten Transportband.

Dabei werden auch verschiedene nebeneinander liegende Objekte erkannt.
(→Greifplanung, →Griff in die Kiste, →Robotersensorik)

Griff in die Kiste (bin picking)
Gezielter Greifvorgang eines Roboters in Verbindung mit einem Sensorsystem nach einem Objekt aus einer Menge verschiedener und ungeordnet liegender Objekte.
Die Aufgabe, störende Objekte zu greifen, sie abzulegen, um an das eigentliche aufzunehmende Werkstück zu gelangen, bedarf einer automatischen Greifplanung.
(→Greifplanung, →Griff auf's laufende Band, →Robotersensorik)

Grobkornglühen (grain coarsening)
Glühen von C-armen Stahl bei Temperaturen weit oberhalb Ac_3 (723...911 °C), um durch Kornwachstum ein grobkörniges Gefüge mit besserer Spanbarkeit zu erzielen.

Größenart (sort of quantity)
Gesamtheit aller physikalischen Größen, die von gleicher qualitativer Wesensart sind und dieselbe Dimension haben.
Elemente einer Größenart werden in Einheiten gleicher Art gemessen und lassen sich untereinander formal addieren, was bei unterschiedlicher Größenart nicht möglich ist.
Beispiel: Entfernungen, Durchmesser und Dicken sind von derselben Größenart einer Länge und werden in der Einheit Meter gemessen.
(→Dimension, →Einheit, →physikalische Größe)

Größengleichung
(equation involving physical quantities)
Gleichungen zwischen physikalischen Größen, die außer den entsprechenden Formelzeichen nur Zahlenfaktoren enthalten.
Sie sind willkürlich aufgestellte oder in mathematische Form gebrachte Naturgesetze und von der Wahl des Einheitensystems völlig unabhängig.
Beispiel: Kinetische Energie $E_k = mv^2/2$.
(→Einheit, →physikalische Größe)

Grundbacke (sliding jaw; master jaw)
Unterteil der geteilten Spannbacke.
(→Aufsatzbacke)

Grundbeanspruchungsarten
(basic kinds of stress)
→Beanspruchungsarten, →zusammengesetzte Beanspruchung

Grundkapital (original capital)
Nennwert aller ausgegebenen Aktien einer AG. Mindestnennbetrag: $\approx 50\,000$ €. Seine Höhe sagt nichts über den ständig wechselnden Wert des Gesellschaftsvermögens aus.

Grundkreisdurchmesser
(basic single diameter)
→Zahnradgrößen

Grundlastregelung (base load control)
Besondere Form einer Regelung, bei der nur ein Teil der Regelgröße durch die Regelung beeinflußt werden kann.
Grundlast ist der Anteil der Regelgröße, den der Regler nicht beeinflussen kann. Der vom Regler beeinflußbare Anteil heißt Teillast. Die Stellgeräte können bei dieser Regelungsvariante kleiner dimensioniert werden als bei herkömmlicher Regelung. Dadurch wird die Regelung schneller und wirtschaftlicher.

Beispiel: Kraftwerk. Die aufzubringende Energiemenge schwankt nicht zwischen Null und dem Spitzenwert, sondern zwischen dem Mindestbedarf und dem Spitzenbedarf. Als Grundlast wählt man den Mindestbedarf. Geregelt wird die Teillast, d.h. die Differenz zwischen Mindestbedarf und Spitzenbedarf. So kann die Turbine, die den Mindestbedarf deckt, konstant und damit sehr wirtschaftlich laufen.

Grundoperationen der Statik
(fundamental rules of statics)
Grundgesetze der Statik, auf die alle Lösungsverfahren zurückgeführt werden können: Parallelogrammsatz, Erweiterungssatz, Längsverschiebungssatz, Parallelverschiebungssatz.

Grundrechenarten
(basic arithmetical operations)
Die vier Grundrechenarten sind die Addition (Summand plus Summand gleich Summe), die Subtraktion (Minuend minus Subtrahend gleich Differenz), die Multiplikation (Faktor mal Faktor gleich Produkt) und die Division (Dividend geteilt durch Divisor gleich Quotient).
Man bezeichnet die Grundrechenarten auch als rationale Rechenoperationen.

Grundstellung (initial position)
Zustand der Ein- und Ausgänge einer Steuerung, der nach dem Einschalten aber vor dem Start des Steuerprogrammes erreicht wird.

Grundtoleranz (basic tolerance)
→Maßtoleranz

Gruppen (groups)
→Haupt- und Nebengruppenelemente

Guldin'sche Regeln (Guldin's rules)
Von Paul Guldin (1577−1643) aufgestellte Gleichungen zur Volumen- und Oberflächenberechnung von Rotationskörpern.
Das *Volumen V* eines Rotationskörpers (z.B. Kreisring, Kugel) ist das Produkt aus der Profilfläche A und ihrem Schwerpunktsweg $2\pi x_0$ bei einer Umdrehung:
$V = A\, 2\pi x_0$, mit $x_0 =$ Schwerpunktsabstand der Profilfläche von der Drehachse.
Die *Oberfläche* (Mantelfläche) A eines Rotationskörpers ist das Produkt aus der Länge l der Profillinie und ihrem Schwerpunktsweg $2\pi x_0$ bei einer Umdrehung:
$A = l\, 2\pi x_0$, mit $x_0 =$ Schwerpunktsabstand der Profillinie von der Drehachse.

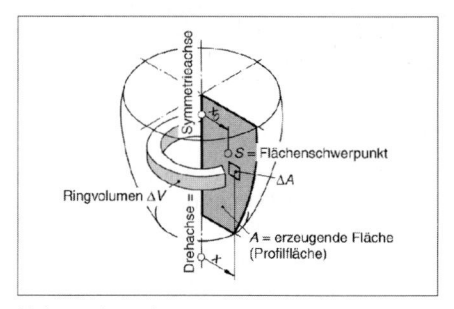

Volumenberechnung

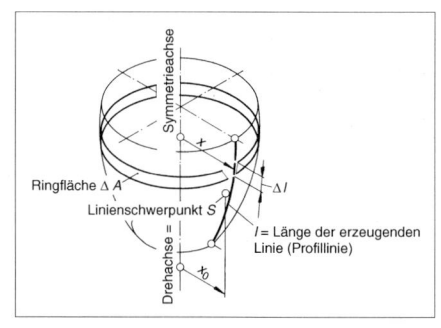

Oberflächenberechnung

Gummifeder (rubber spring)
Anwendung allgemein zur Dämpfung von Schwingungen und Stößen, wie z.B. in Druckfederelementen, elastischen Kupplungen und Motoraufhängungen. Eingesetzt wird ausschließlich Weichgummi mit $\leq 10\%$ Schwefel. Verwendungstemperaturen zwischen $-30°$ C und $+80°$ C. Lebensdauer wird vor allem durch Zusammenwirken mit Öl oder Benzin stark vermindert.

Die Verformung von Gummi setzt sich zusammen aus elastischer Formänderung, Kriechen und Setzen. Setzen tritt bei schwingender Belastung während der ersten $5 \cdot 10^5$ Lastspiele auf und führt zu plastischer Verformung. Gummi verliert bei allseitigem Einschluss seine elastischen Eigenschaften, es ist dann fast inkompressibel.
DIN 53 501 Begriffsbestimmung gummiartiger Werkstoffe; DIN 53 505 Einteilung der Elastomere nach der Shore-A-Härte; VDI-Richtlinie 2005 Anwendung und Gestaltung von Gummiteilen

Gusseisen (cast iron)
Eisen mit C-Gehalten über 3%, dessen Gefüge stark vom Si-Gehalt und der Wanddicke beeinflusst wird.
Si und langsame Erstarrung führen zur Bildung von Graphitlamellen in Ferrit und grauer Bruchfläche (Gusseisen). Schnellere Abkühlung (kleine Wanddicke) und niedriger Si-Gehalt führen zur Bildung von Zementit mit heller Bruchfläche (weißes Eisen). Nach der Graphitausbildung werden die Sorten Temperguss und Gusseisen mit Kugelgraphit, mit Lamellengraphit, mit Vermiculargraphit und Sonderguss unterschieden.
DIN EN 1560 Bezeichnungssystem für Gusseisen.
(→Eisen-Kohlenstoff-Diagramm)

Gusseisen mit Kugelgraphit GJS (GGG)
(nodular graphite cast iron)
Gefüge aus kugelförmigen Graphitkristallen (Spärolithen) in ferritischer bis perlitischer Grundmasse. GJS ist besser gießbar als Stahlguß, noch zäher als Temperguss und auch für große Teile geeignet: Kurbelwellen für PkW, LkW-Radnaben, Lenk-und Getriebegehäuse, Pressenständer 165 t. Sorten von GJS-400 bis GJS-800 mit Festigkeiten von 400...800 N/mm² und GJS-350-22-LT und GJS-400-18-LT mit erhöhter Zähigkeit in der Kälte und schweißgeeignet.
DIN EN 1563 Gusseisen mit Kugelgraphit.
(→bainitisches Gusseisen)

Gusseisen mit Lamellengraphit GJL (GG) (lamellar graphite cast iron)
Gefüge aus Graphitlamellen in ferritischem bis perlitischem Grundgefüge.
Festigkeit steigt mit dem Perlitanteil. Ferritisches GJL hat hohe Schwingungsdämpfung, beste Zerspanbarkeit und gute Wärmeleitung. Durch größeren Perlitanteil werden Festigkeit und Verschleißwiderstand auf Kosten obiger Eigenschaften erhöht.
Anwendung: wenn keine besondere Zähigkeit (Stoßbelastung) verlangt wird, Sorten GJL-150 bis GJL-350 mit Festigkeiten von 150...350 N/mm² (bei 15 mm Wanddicke).
DIN EN 1591 Gusseisen mit Lamellengraphit.

Gusseisen mit Vermikulargraphit GGV (GJV) (vermicular graphite cast iron)
Gefüge aus wurmförmigen Graphitkristallen (Zwischenform von Lamelle und Kugel) in Ferrit. Herstellung ähnlich GJS. Die Eigenschaften liegen zwischen GJL und GJS.
Anwendung: bei Temperaturwechselbeanspruchung oder wenn größere Spanungsarbeiten notwendig sind wie bei Abgaskrümmern und -turboladergehäusen, Stahlwerkskokillen. Sorten GGV-30 und GGV-40.
VDG-Merkblatt W-50/85.

Gusslegierungen (cast alloys)
Werkstoffgruppen innerhalb verschiedener Legierungssysteme mit guten Gieß- und Spanungseigenschaften.
Häufig eutektische oder naheutektische Legierungen.
Beispiele: Al-, CuAl-, CuPb-, CuSnZn-, CuZn-, Mg-Gusslegierungen. Gegensatz von Knetlegierungen.

Gusstextur (cast texture)
Gefüge mit langen, dünnen Kristallen, die senkrecht auf den kalten Formwänden aufwachsen (Stängelkristalle) und bei einer folgenden Warmumformung verschwinden.

H

h-Parameter (hybrid parameters)
Arbeitspunktabhängige Kennwerte eines Transistors, die sein Verhalten bei kleinen Aussteuerungen (Kleinsignalbetrieb) um einen festen Arbeitspunkt beschreiben.
h-Parameter sind im NF-Bereich reelle Größen, während sie im HF-Bereich komplex sind und als y-Parameter (Leitwertmatrix) angegeben werden.
(→Arbeitspunkt)

H-Trieb (H-drive)
→Heynau-Getriebe

Härtbarkeit (hardenability)
Fähigkeit eines Stahles, sein Gefüge durch Abschrecken nach einer Austenitisierung in Martensit umzuwandeln.
Dabei wird zwischen der Aufhärtbarkeit und der Einhärtung unterschieden.

Härte (hardness)
Widerstand des Stoffes gegen das Eindringen eines härteren (Eindring-)Körpers mit Diamantspitze oder einer Stahl- bzw. Hartmetallkugel.

Härten (quench hardening treatment)
Wärmebehandlung von Stahl zwecks Härtezunahme durch Austenitisieren und Abkühlen (schneller als kritischer Abkühlverlauf).
Dabei verschiebt sich der Ar_3-Punkt nach unten (Hysterese) zum Martensitpunkt M_s.
Die Gitterumwandlung findet dann ohne C-Diffusion statt, es entsteht Martensit.
DIN 17 022 Verfahren der Wärmebehandlung.

Härteprüfung (hardness test)
→Brinellhärte, →Rockwellhärte, →Vickershärte, →Shorehärte

Härtevergleich (hardness conversion)
Umwertungstabellen für Brinell-, Vickers-, Rockwell- und Shore-Härtewerte, durch Versuche ermittelt.
Angenäherte Beziehungen sind Brinellhärte $HB \approx 0{,}95 \cdot$ Vickershärte HV und Rockwellhärte $HRC \approx 0{,}1 \cdot HV$ im Bereich von 200...400 HV.
DIN 50 150 Umwertungstabellen.

Härteverzug (quenching deformation)
Elastische Formänderung gehärteter Teile durch Wärmespannungen, die beim Abschrecken auftreten.
Ursache ist der Temperaturunterschied in Rand und Kern, der zu behinderter Schrumpfung führt. Zusätzlich treten Umwandlungsspannungen auf, da Martensit ein größeres Volumen als Austenit hat.

Haftreibkraft F_{RO} (static friction force)
Tangential zwischen zwei ruhenden Körpern wirkende größte Widerstandskraft, die bei dem Versuch auftritt, den einen Körper gegenüber dem anderen zu verschieben.
Die Haftreibkraft ist abhängig von der Normalkraft F_N zwischen beiden Körpern und der Haftreibzahl μ_O der Stoffpaarung: $F_{RO\,max} = F_N\,\mu_O$. Sie wächst beim Anschieben des einen Körpers von null bis zum Größtwert $F_{RO\,max}$ und ist größer als die nach dem Anschieben auftretende Gleitreibkraft F_R.
(→Haftreibung, →Reibzahlen)

Haftreibung (static friction)
Widerstand gegenüber der Relativbewegung zwischen zwei aneinander gepressten festen Körpern.
(→Gleitreibung, →Haftreibkraft)

Haftreibwinkel (angle of static friction)
→Reibwinkel

Haftreibzahl (coefficient of static friction)
→Haftreibkraft

Haken (hook)
→Lasthaken

Hakenflasche (hook block)
In der Hebetechnik bei Flaschenzügen die Unterflasche, an der der Haken befestigt ist.
(→Flaschenzug, →Seiltriebberechnung)

Hakengeschirr (hook support block)
→Hakenflasche

Halbgerade (ray)
Anderer Name für Strahl.
(→Strahl)

halbgleich liegende Winkel
(semi-corresponding angles)
Winkelpaare an von einer Gerade geschnittenen Parallelen, die weder Stufenwinkel noch Wechselwinkel sind.
Halbgleichliegende Winkel sind Supplementwinkel, sie ergänzen sich also zu 180°.
(→Stufenwinkel, →Wechselwinkel, →Winkel)

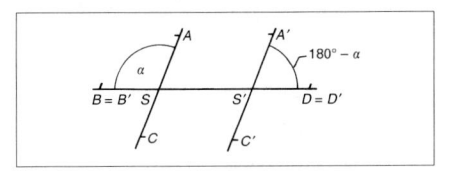

Halbgleichliegende Winkel ($\sphericalangle ASB$ und $\sphericalangle D'S'A'$)

Halbleiter (semiconductor)
Stoffe, deren Leitfähigkeit bei Raumtemperatur zwischen der von Isolatoren und metallischen Leitern liegt.
Reine Halbleiter sind bei sehr niedrigen Temperaturen Isolatoren.
Durch Dotierung kann die Leitfähigkeit nahezu temperaturunabhängig gemacht werden.
Wichtige Halbleiterstoffe sind Germanium, Silizium und Gallium mit anderen Stoffen legiert (Arsen, Phosphor, Antimon u.a).
Verwendung z.B. bei Dioden, Transistoren, Leuchtdioden, Fotodioden.

Halbleiterbauelemente
(semiconductor devices)
Elektronische Bauelemente, deren Eigenschaften im wesentlichen durch die Besonderheiten der verwendeten Halbleiter bestimmt werden.
Wichtige Bauelemente sind Dioden, Transistoren, Thyristoren, Triacs, IC als Summe vieler Einzelfunktionen.

Halbmetalle (semimetal)
Chemische Elemente mit zum Teil metallischen und nichtmetallischen Eigenschaften.
Sie werden im PSE zwischen den Metallen und den Nichtmetallen eingeordnet. Ihre elektrische Leitfähigkeit ist geringer als die der Metalle.
Beispiele: Bor, Silizium, Germanium, Arsen.
($\rightarrow$Periodensystem der Elemente, PSE)
Beispiel: Periodensystem, schematisch

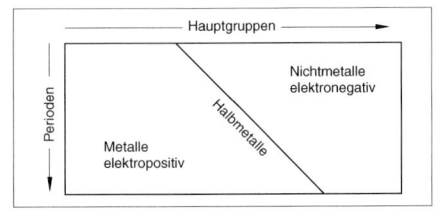

Periodensystem, schematisch

Halbparameter (semifocal chord)
Die halbe Länge einer senkrecht zur Hauptachse gezogenen Sehne durch einen Brennpunkt in einer Ellipse oder einer Hyperbel.
($\rightarrow$Ellipse, $\rightarrow$Hyperbel)

Halbwertszeit $T_{1/2}$ (half life)
Der Zeitabschnitt $T_{1/2}$, in dem die Hälfte der vorhandenen Atomkerne eines radioaktiven Nuklids zerfallen ist.
Sie ist für eine bestimmte Atomsorte (Nuklid) konstant und eine wichtige Kenngröße der Kernphysik.
($\rightarrow$Nuklid, $\rightarrow$Radioaktivität)

Halbzeugformen (wrought products)
Lieferformen, in denen Knetwerkstoffe je nach Eignung für weitere Fertigungsverfahren geliefert werden können.
Beispiele: Bänder, Bleche, Rohre, Stangen, Drähte, Strangpressprofile, Gesenk- oder Freiformschmiedestücke.
DIN EN 10 079 Begriffsbestimmungen für Stahlerzeugnisse.
DIN EN 515 Al- und Al-Legierungen, Werkstoffzustände im Halbzeug, DIN EN 1143 Cu- und Cu-Legierungen, Zustandsbezeichnungen.

HALL-Generator (hall generator; hall sensor)
Halbleiterbauelement, bei dem unter Einwirkung eines magnetischen Feldes ein elektrisches Feld entsteht, das die sog. HALL-Spannung bewirkt *(Hall, amerikanischer Physiker)*.
Elektronen der durchfließenden Stromes werden durch die Lorentz-Kraft abgelenkt, was eine Ladungstrennung hervorruft, die von außerhalb zu messen ist. Diese HALL-Spannung ist bei konstantem Strom proportional zum magnetischen Fluss.
Anwendung: Messen magnetischer Felder, kontaktlose Schalter.

Halslager (collar bearing)
Spezielles einwertiges Lager, das zusammen mit einem Spurlager verwendet wird.

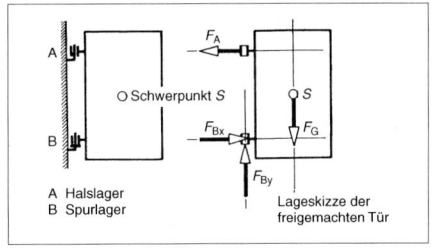

Lagerung einer Tür mit einwertigem Hals- und zweiwertigem Spurlager

Haltegliedsteuerung (hold element control)
Steuerungsart, bei der nach der Wegnahme oder Zurücknahme des Eingangssignals das Ausgangssignal erhalten bleibt.
Erst ein weiteres Signal führt zu einer Änderung der Ausgangsgröße. Haltegliedsteuerungen werden mit Hilfe von Speichern realisiert.

Haltepunkt

Haltepunkt (arrest point)
Temperaturpunkte in der Abkühlkurve, bei denen Phasenumwandlungen bei konstanter Temperatur stattfinden.
Bezeichnung mit A und Zusatz (c für Erwärmen, r für Abkühlen), z.B. Ar_1 der Austenitzerfall bei 723 °C.

Hammerbär (hammer tup; falling weight)
Werkzeugträger des Maschinenhammers.
Hat je nach Hammergröße 50 bis 5000 kg Masse, bei kleinen Hämmern auch weniger, bei schwersten Hämmern bis 10 000 kg. In einer schwalbenschwanzförmigen Fuge auf der unteren Stirnseite des Bärs wird der Schmiedesattel oder das Gesenkoberteil mit Keilen befestigt.
(→Energieerhaltungssatz, →Stoß)

Handantrieb (hand actuated drive)
Antriebsart bei Kettenhebezeugen für Montagezwecke bis zu 10 t, im Gegensatz zum Elektroantrieb.
(→Kettenhebezeug)

Handhabungsroboter
(material-handling robot)
Industrieroboter, der Objekte definiert positioniert, transportiert und im Raum orientiert.
Dabei kann er sie zeitweise halten und/oder mit ihnen eine definierte Bewegung durchführen, um sie einer Bearbeitung zuzuführen. Er wird eingesetzt zum Palletieren, Magazinieren, Transportieren, Ordnen, Bereitstellen, Drehen (Wenden), Positionieren, Spannen, und Prüfen (VDI-2860).
Beispiel: Ein Beschickungsroboter nimmt mit einem Greifwerkzeug ein Halbzeug aus einem Magazin auf und führt es einem Bearbeitungszentrum zu. Nach der Bearbeitung entnimmt er das Werkstück und legt es auf einem Transportsystem ab.
(→Greifer, →Industrieroboter)

Handhebezeug (hand actuated hoist)
Handgetriebenes Kettenhebezeug mit Planetengetriebe, mit dem Lasten bis zu 10 t gehoben werden können.
(→Haspelkette, →Kettenhebezeug, →Planetengetriebe)

Handwinde (hand winch)
Aus Handkurbelwelle, Zahnradgetriebe und Seiltrommel bestehendes Hebezeug.

Hangabtriebskraft (component of weight parallel to an inclined plane)
Diejenige Komponente F_H der Gewichtskraft F_G eines Fahrzeugs, die beim Fahren auf einer unter α geneigten schiefen Ebene parallel zur Fahrbahn abwärts gerichtet ist und von der Zugkraft überwunden werden muss: $F_H = F_G \sin \alpha$.

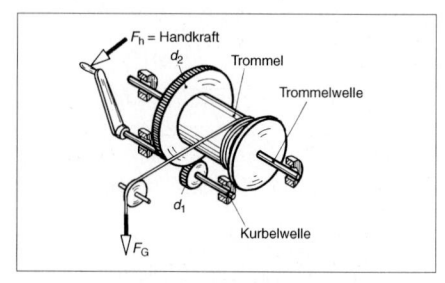

Handwinde einfachster Bauart

Harddisk (hard disc)
→Festplatte

Hardware (hardware)
Elektronische und mechanische Bestandteile informationsverarbeitender Geräte.
Umfasst die Zentraleinheit (CPU), Daten- und Programmspeicher sowie Peripheriegeräte (Eingabe- und Ausgabegeräte).
(→Software)

harmonische Reihe (harmonic series)
Die Reihe $\sum_{k=1}^{n} a_k = \sum_{k=1}^{n} \frac{1}{k}$ heißt endliche harmonische Reihe und $\sum_{k=1}^{\infty} a_k = \sum_{k=1}^{\infty} \frac{1}{k}$ unendliche harmonische Reihe.
Für $a_k = (-1)^{k+1}(1/k)$ heißt die Reihe alternierende harmonische Reihe.
Die unendliche harmonische Reihe ist divergent, die unendliche alternierende harmonische Reihe ist dagegen konvergent.
Beispiele:
$\sum_{k=1}^{6} \frac{1}{k} = 1 + \frac{1}{2} + \frac{1}{3} + \frac{1}{4} + \frac{1}{5} + \frac{1}{6}$
(endliche harmonische Reihe),
$\sum_{k=1}^{\infty} (-1)^{k+1} \frac{1}{k} = 1 - \frac{1}{2} + \frac{1}{3} + \frac{1}{4} + \dots +$
$+ (-1)^{n+1} \frac{1}{n} + \dots = \ln 2$
(unendliche alternierende harmonische Reihe).
(→Reihe)

harmonische Schwingung
(harmonic oscillation)
Bewegung eines Körpers, bei dem sich die Auslenkung y, Geschwindigkeit v_y und Beschleunigung a_y sinusförmig ändern.
Der Quotient aus Rückstellkraft F_R und Auslenkung y, die Richtgröße D, ist bei harmonischen Schwingungen konstant, die Rückstellkraft folgt dem linearen Kraftgesetz: $F_R / y = D = \text{const.}$
(→lineares Kraftgesetz, →Pendel)

harmonische Teilung (harmonic division)
Eine Art der Streckenteilung.
(→Streckenteilung)

harmonisches Mittel (harmonic mean)
Das harmonische Mittel x zweier von Null verschiedener reeller Zahlen a und b ist Zwei geteilt durch die Summe ihrer Kehrwerte:
$x = 2 / (\frac{1}{a} + \frac{1}{b})$.
Das harmonische Mittel x von n von Null verschiedenen reellen Zahlen $a_1, a_2, \ldots, a_n$ ist
$x = n / (\frac{1}{a_1} + \frac{1}{a_2} + \ldots + \frac{1}{a_n})$.
Beispiele:
Das harmonische Mittel von 3 und 6 ist
$x = 2 / (\frac{1}{3} + \frac{1}{6}) = 2 / \frac{1}{2} = 4$.
Das harmonische Mittel von 3, 4, 6, 12 ist
$x = 4 / (\frac{1}{3} + \frac{1}{4} + \frac{1}{6} + \frac{1}{12}) = 4 / \frac{10}{12} = \frac{24}{5} = 4,8$.
(→arithmetisches Mittel, →geometrisches Mittel, →quadratisches Mittel)

Hartchrom (hard chrome plating)
Elektrolytisch abgeschiedene Cr-Schichten mit H-Atomen auf Zwischengitterplätzen, die eine Gitterverzerrung bewirken.
Härte 800...1000 HV schützt gegen Abrasion und Adhäsion, die Dauerfestigkeit des Verbundes sinkt.
Anwendung: Umformwerkzeuge (nicht für Al-, Mg- und Ti- Bearbeitung).

Hartgewebe (resin bonded fabric)
Schichtpressstoff aus Duroplasten mit Asbest-, Glas- oder Baumwollgeweben (grob, fein, feinst) in Dicken von 0,5...100 mm.

Hartguss (white cast iron)
Sondergusseisen, das graphitfrei (weiß) erstarrt ist und durch den hohen Zementitgehalt hohen Widerstand gegen abrasiven Verschleiß besitzt.
Verwendung: Maschinenteile in der Hartzerkleinerung, auch in Schichten.
(→Schalenhartguss, →Umschmelzhärten)

Hartmatte (glass-mat-base plastic)
Schichtpressstoff aus Duroplasten mit Glasfasermatten verpresst in Dicken von 0,5...100 mm.

Hartmetall (hard metal)
Pulvermetallurgisch hergestellter (eisenfreier) Schneidstoff mit einem Gefüge aus Cobalt als Bindemetall (Matrix) und fein verteilt eingelagerten Carbiden der Metalle Wolfram, Titan, Tantal und Niob.
Hartmetalle sind bis ca. 1350 °C (Erweichung der Cobaltmatrix) als Schneidstoff einsetzbar. Einteilung in Zerspanungs-Hauptgruppen P, M und K:
Gruppe P für langspanende Eisenmetalle (Beispiel: Stahlwerkstoffe),
Gruppe M für lang- und kurzspanende Eisenmetalle sowie Nichteisenmetalle (Mehrbereichssorten),
Gruppe K für kurzspanende Eisenmetalle (Beispiel: Eisengusswerkstoffe) sowie Nichteisenmetalle und nichtmetallische Werkstoffe.

Hartpapier (paper base laminate)
Schichtpressstoff aus Duroplasten mit Papierlagen verpresst in Dicken von 0,1...100 mm.

Haspelkette (hasp chain)
Bei Handhebezeugen die Rundstahlkette, die mit der Hand betätigt wird, um die Last zu heben, zu senken oder zu verfahren.
(→Kettenhebezeug)

Haspelrad (hasp wheel; reel wheel)
Kettenrad mit Taschen zur Führung einer Rundstahlkette.
Das Haspelrad setzt die Linearbewegung der Haspelkette in eine Drehbewegung für den Antrieb des Handhebezeugs um.
(→Kettenhebezeug, →Kettenrolle)

Hauptbindungsarten (main bond type)
Atombindung, Ionenbindung, Metallbindung.

Hauptdiagonale (main diagonal)
→Determinante

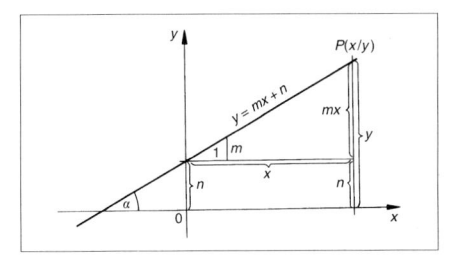

Hauptform der Geradengleichung
(principal form of the equation of a straight line)
Gleichung der Geraden in der Form $y = mx + n$.
Die Hauptform oder Normalform der Geradengleichung ergibt sich, indem man die allgemeine Geradengleichung $ax + by + c = 0$ durch $b \neq 0$ dividiert und $m = -a/b$ und $n = -c/b$ setzt (Geraden mit $b = 0$, also Parallelen zur y-Achse, besitzen keine Hauptform).
Die Größe m heißt Richtungskoeffizient oder Steigung der Geraden und ist gleich $\tan \alpha$ (Bild). Die Strecke n wird von der Geraden auf der y-Achse abgeschnitten, deshalb heißt n auch Achsenabschnitt oder genauer y-Achsenabschnitt.
(→Gerade)

Hauptform der Geradengleichung

Hauptform der Kreisgleichung
(principal form of the equation of a circle)
→Mittelpunktsform der Kreisgleichung

Hauptform der Kugelgleichung
(principal form of the equation of a sphere)
→Mittelpunktsform der Kugelgleichung

Hauptgetriebe (main gearing; main drive)
Steuert an spanenden Werkzeugmaschinen die Schnittbewegung am Werkzeug oder Werkstück.

Hauptgruppe (main group)
→Hauptgruppenelemente

Hauptgruppenelemente
(main group elements)
Sie füllen die jeweils äußerste Elektronenschale auf. Die Hauptgruppennummer gibt die Anzahl der Elektronen in der jeweils äußersten Schale an.

Hauptgruppennummer
(number of main group; number of electrons in the outer shell of a main group element)
Entspricht der Anzahl der Außenelektronen bei Hauptgruppenelementen.
Beispiel: Al in der 3. Hauptgruppe hat 3, Cl in der 7. Hauptgruppe hat 7 Außenelektronen.

Hauptnenner (least common denominator)
Bei mehreren Brüchen das kleinste gemeinschaftliche Vielfache aller Nenner.
Sollen ungleichnamige Brüche addiert oder subtrahiert werden, so müssen sie auf den Hauptnenner gebracht werden, also durch Erweitern gleichnamig gemacht werden.
Beispiele:
1. Der Hauptnenner der Brüche 1/3, 3/5, 5/6 ist $5 \cdot 6 = 30$.
   Addition der Brüche:
   $\frac{1}{3} + \frac{3}{5} + \frac{5}{6} = \frac{1 \cdot 5 \cdot 2}{3 \cdot 5 \cdot 2} + \frac{3 \cdot 6}{5 \cdot 6} + \frac{5 \cdot 5}{6 \cdot 5} = \frac{10+18+25}{30} = \frac{53}{30}$
2. Der Hauptnenner der Brüche
   $(a-b)/2x$, a/x, $b/3y$, $(a+b)/4y$ ist
   $3 \cdot 4 \cdot xy = 12xy$.
   Addition der Brüche:
   $\frac{a-b}{2x} + \frac{a}{x} + \frac{b}{3y} + \frac{a+b}{4y} =$
   $= \frac{(a-b)}{2x \cdot 6y} + \frac{a \cdot 12y}{x \cdot 12y} + \frac{b \cdot 4x}{3y \cdot 4x} + \frac{(a+b) \cdot 3x}{4y \cdot 3x} =$
   $= \frac{(a-b) \cdot 6y + a \cdot 12y + b \cdot 4x + (a+b) \cdot 3x}{12xy}$
   $= \frac{3ax + 18ay + 7bx - 6by}{12xy}$

Hauptniveau (main energy levels)
Energieniveaus der Schalen K, L, M.....Q. Entspricht vereinfacht dem Abstand des Energieniveaus vom Atomkern.
(→Bohrsches Atommodell)

Hauptquantenzahl n
(principal quantum number)
Sie beschreiben den Energiezustandes der Elektronen auf dem Hauptniveau.
Sie legt fest, zu welchem der Hauptenergieniveaus (Schale K, L, M....Q) ein Elektron gehört.

Hauptsatz der Differenzial- und Integralrechnung
(fundamental theorem of calculus)
Ist die Funktion $y = f(x)$ mit $D = [a, b]$ im Intervall $[a, b]$ integrierbar, und besitzt $f(x)$ eine Stammfunktion $F(x)$, so gilt
$$\int_a^b f(x)\,dx = F(b) - F(a),$$
also Funktionswert von F an der oberen Intervallgrenze minus Funktionswert von F an der unteren Intervallgrenze. Dabei ist $F(x)$ eine beliebige Stammfunktion von $f(x)$.
Statt $F(b) - F(a)$ schreibt man auch
$$F(x) \big|_{x=a}^{x=b} = F(x) \big|_a^b.$$
Mit diesem Satz wird die Berechnung des bestimmten Integrals einer Funktion auf die Berechnung einer Stammfunktion der Funktion zurückgeführt. Der Satz stellt den Zusammenhang zwischen dem bestimmten und dem unbestimmten Integral einer Funktion $y = f(x)$ her. Der Satz wurde von G.W. Leibniz (deutscher Mathematiker, 1646–1716) und I. Newton (englischer Mathematiker, 1642–1727) entdeckt.
Beispiele:
$\int_a^b x\,dx = \frac{1}{2} x^2 \big|_a^b = \frac{1}{2}(b^2 - a^2),$
$\int_1^3 \frac{dx}{x} = \ln x \big|_1^3 = \ln 3,$
$\int_1^5 x^3\,dx = \frac{1}{4} x^4 \big|_1^5 = \frac{1}{4} 5^4 - \frac{1}{4} 1^4 = \frac{5^4 - 1}{4} = 156,$
$\int_0^\pi \sin x\,dx = -\cos x \big|_0^\pi = -\cos \pi - (-\cos 0)$
$= 1 + 1 = 2,$
$\int_0^{2\pi} \cos x\,dx = \sin x \big|_0^{2\pi} = \sin 2\pi - \sin 0 = 0.$
(→bestimmtes Integral, →Stammfunktion, →unbestimmtes Integral)

Hauptschneide (major cutting edge)
Schneide am Schneidteil eines Zerspanwerkzeugs, die bei Betrachtung in der Arbeitsebene in Vorschubrichtung weist.
(→Nebenschneide)

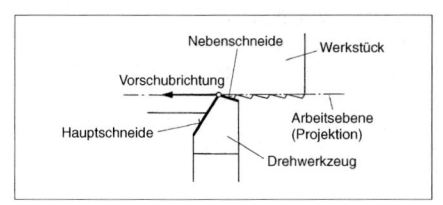

Hauptschneide beim Runddrehen (Draufsicht)

Hauptspeicher (main memory; working memory)
Speicherbereich, den der Mikroprozessor direkt ansprechen kann.
Ihm können sowohl RAM als auch ROM angehören.
Beispiel: Die 8086 CPU mit 20 Adressleitungen kann $2^{20} = 1\,048\,576 = 1$ Mbyte Speicherplätze adressieren.

Hauptspindel (headstock spindle; main spindle)
Werkstück- oder Werkzeugträger an spanenden Werkzeugmaschinen mit drehender Schnittbewegung.
Nimmt an Dreh- und Rundschleifmaschinen den Werkstückspanner, an Bohr-, Fräs- und Schleifmaschinen sowie Bohr- und Fräswerken das Werkzeug oder den Werkzeugspanner auf. Mit dem Hauptgetriebe kann auf der Hauptspindel eine mehr oder weniger große Anzahl von Drehzahlen (Drehzahl„stufen") geschaltet werden.
(→Bohrspindel, →Drehspindel, →Frässpindel, →Schleifspindel)

Hauptstromölfilter (full-flow oil filter)
→Ölfilter

Head-Crash (head crash)
Aufsetzen des Magnetkopfes auf die Festplatte durch Erschütterung.
Dabei kann die Magnetschicht zerstört werden. Durch „Parken" wird der Kopf in nicht benutzte Bereiche der Festplatte gefahren.

Header (header)
Vorspann einer Datei, in dem Informationen wie Anfang, Ende, Länge und Erstellungsdatum stehen.
Hierdurch wird ein Programm im Arbeitsspeicher klar spezifiziert.

Hebebock (lifting stage; lifting jack)
Lasthebeeinrichtung für Lasten bis 300 t, bei der die Last hydraulisch oder durch Spindeln angehoben wird (Hubhöhe maximal 3m).
(→hydraulischer Hebebock)

Hebetechnik (hoist technology)
Teilgebiet der Fördertechnik.
Beispiele: Krane, Hängebahnen, Elektrohebezeuge.

Hebezeuge (hoist)
Fördergeräte, mit denen Lasten gehoben werden.
Beispiele: Hebeböcke, Zahnstangenwinden, Elektroseilzüge.

Heisenbergsche Unschärfebeziehung (Heisenberg's uncertainty principle)
Es ist grundsätzlich unmöglich, für ein Elektron gleichzeitig den Aufenthaltsort *und* seine Geschwindigkeit zu bestimmen. Es können nur Bereiche angeben werden, in denen es sich mit größter Wahrscheinlichkeit aufhält, das sind die Orbitale (Aufenthaltswahrscheinlichkeitsräume).

heißisostatisches Pressen (hot isostatic pressing)
Pressen von Pulvern, die in dichte Kapseln aus Fe oder Glas eingerüttelt, verschlossen und durch heiße Gase unter Druck allseitig verdichtet werden. Dadurch gleichmäßig hohe Dichte im Bauteil und verbesserte mechanische Eigenschaften (Biegefestigkeit, Zähigkeit). Wegen des Ein-und Entkapselns sind nur einfache Formen möglich.
Anwendung: Sinterhartmetalle, HS-Stähle und Keramik.

Heißleiter (thermally sensitive resistor; thermistor)
Stark temperaturabhängiger Widerstand mit nichtlinearer Kennlinie, der mit steigender Temperatur niederohmiger wird.
Andere Bezeichnung: NTC (**n**egative **t**emperature **c**oefficient).
Anwendung als Temperaturfühler (Sensor) in der Mess- und Regelungstechnik, Temperaturmessgerät.

Heizwert (net calorific value)
→Brennwert, →spezifischer Heizwert

Heizwert H_o (gross calorific value)
Reaktionswärme, die bei vollständiger Abkühlung der Abgase einer Feuerungsanlage auf Umgebungstemperatur zur Verfügung steht.
Heute meist als spezifischer Brennwert bezeichnet, früher auch oberer Heizwert genannt, in KJ/kg.
Anwendung: Brennwertkessel

Heizwert H_u
(net calorific value; specific calorific value)
Verbrennungswärme H_V, vermindert um die Energie in den erhitzten Abgasen (Verdampfungsenthalpie des Wassers).
Heute als spezifischer Heizwert bezeichnet, früher unterer Heizwert genannt, in KJ/kg.
Bezeichnung an älteren Heizungsanlagen.
(→Verbrennungswärme)

Hekto h (hecto)
Vorsatzsilbe, die das Hundertfache (10^2) der Einheit bezeichnet.
Beispiel: 1 hl = 100 l.
(→Vorsatzzeichen)

Henry H (henry)
Abgeleitete SI-Einheit der physikalischen Größe Induktivität L: 1 H = 1 Wb/A = 1 kg m²/(s² A²).
Ein Henry ist diejenige Induktivität einer Spule, die bei einer Stromänderung von 1 Ampere in 1 s eine Spannung von 1 Volt induziert. Benannt nach Joseph Henry.
(→Induktivität, →SI-Einheit)

Herbert-Futter (cam-type chuck)
→Plankurvenfutter

Heronische Formel (Heron's formula)
Formel zur Berechnung des Flächeninhalts A eines Dreiecks mit den Seitenlängen a, b, c (Name nach dem griechischen Mathematiker Heron von Alexandria, 1. Jahrhundert u. Z.):

$$A = \sqrt{s(s-a)(s-b)(s-c)}, s = \tfrac{1}{2}(a+b+c).$$

(→Dreieck)

Herstellkosten (actual production costs)
Begriff für die bei der Herstellung eines Produkts entstehenden Kosten.
Sie setzen sich zusammen aus der Summe von Fertigungseinzel- und Fertigungsgemeinkosten sowie Materialeinzel- und Materialgemeinkosten.

Hertz Hz (hertz)
Abgeleitete SI-Einheit der Größe Frequenz f:
1 Hz = 1 s⁻¹ = 1/s
Ein Hertz ist die Frequenz eines periodischen Vorgangs (Schwingung), der genau 1 Sekunde dauert. Benannt nach Heinrich Hertz (1857–1894).
(→Frequenz, →Schwingung, →SI-Einheit)

Hertz'sche Gleichungen
(Hertz's equations for pressure intensity)
Gleichungen für die Flächenpressung an gewölbten Flächen, entwickelt von *Heinrich Rudolf Hertz* (Hertzsche Pressung).
Für die maximale Pressung $p_0 = p_{max}$ in N/mm² zwischen zwei Stahlkugeln gilt:
$p_0 = 1{,}5 F/(\pi a^2)$ mit $a = 1{,}11 \sqrt[3]{Fr/E}$.
Zwischen Zylinder und Ebene oder Zylinder und Zylinder gilt:
$p_0 = 2 F/(\pi a l)$ mit $a = 1{,}52 \sqrt{Fr/(El)}$.
r aus $1/r = 1/r_1 + 1/r_2$; für ebene Platte ist $1/r_2 = 0$, für Hohlkugel $1/r_2$ negativ einzusetzen. Anwendung z.B. bei der Berechnung der Grübchentragfähigkeit bei Zahnrädern.

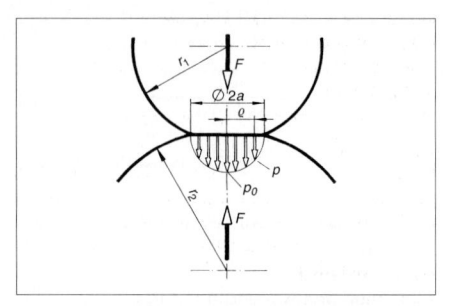

Pressung zwischen zwei Kugeln

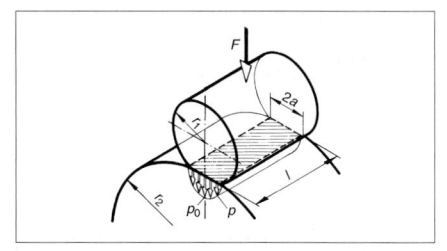

Pressung zwischen zwei Zylindern (Walzen)

Herzklauen-Meißelhalter (lathe dog)
Gehört als Werkzeugspanner zur Normalausrüstung an vielen Spitzendrehmaschinen.
Er hat seinen Namen nach der herzförmigen Spannklaue, mit welcher der Drehmeißel auf dem Oberschlitten des Supports festgespannt wird.

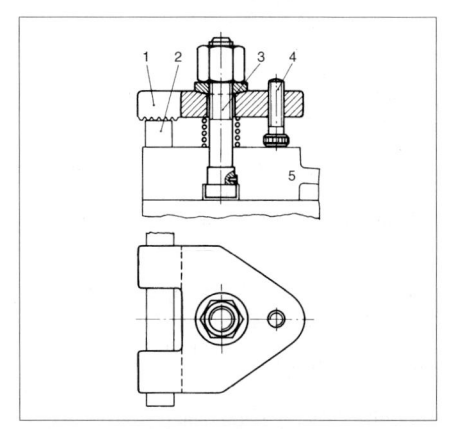

Herzklauen-Meißelhalter
1 Herzklaue, 2 Drehmeißel, 3 Meißelhalterschraube, 4 Stellschraube zur Waagerechtstellung, 5 Oberschlitten

Hessesche Normalform der Geradengleichung
(Hesse normal form of the equation of a straight line)
Gleichung der Geraden in der Form
$x \cos\varphi + y \sin\varphi - d = 0$.
Dabei ist φ mit $0 \leq \varphi < 2\pi$ der Winkel zwischen der positiven x-Achse und der Normale, und $d \geq 0$ ist der Abstand des Koordinatenursprungs O von der Geraden g, also die Länge des Lotes von O auf die Gerade g.

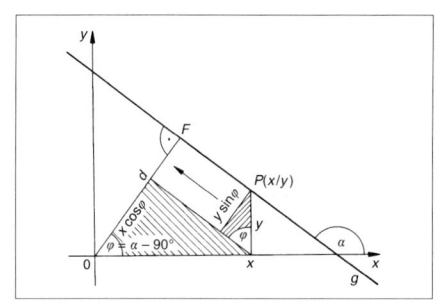

Hessesche Normalform der Geradengleichung

Die Hessesche Normalform (oder Hesse-Form) der Geradengleichung hat ihren Namen nach dem deutschen Mathematiker L.O. Hesse (1811–1874). Man kann die Hessesche Normalform aus der allgemeinen Geradengleichung $ax + by + c = 0$ durch Multiplikation mit dem Normierungsfaktor $\pm 1/\sqrt{a^2\, b^2}$ herleiten. Das Vorzeichen des Normierungsfaktors muss entgegengesetzt zu dem von c gewählt werden.
(→Gerade, →Lot, →Normale)

heterogen (heterogeneous)
uneinheitlich, ungleichmäßig aufgebaut.
(Gegensatz →homogen)

heterogene Gefüge (heterogenous structure)
Gefüge mit mehr als einer Phase.
Beispiele: Mischkristalle mit Ausscheidungen auf den Korngrenzen und eutektische Gefüge.

heterovalente Bindung (heterovalent bond)
→Ionenbindung

Hexadezimalsystem (hexadecimal system)
Zahlensystem mit der Basis 16 und den Ziffern 0...9 und A, B, C, D, E, F.

Hexaeder (hexahedron)
Synonym für Würfel.
(→Würfel)

hexagonales Kristallgitter
(hexagonal lattice)
Kristallgitter mit dichtester Kugelpackung (hdp), Koordinationszahl 12. Es besitzt nur eine Gleitebene (Basisebene) mit drei Gleitrichtungen, dadurch geringe Verformbarkeit und Zähigkeit.

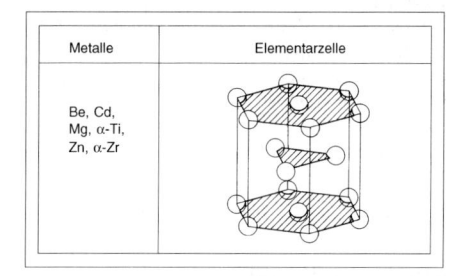

Metalle	Elementarzelle
Be, Cd, Mg, α-Ti, Zn, α-Zr	

Heynau-Getriebe (Heynau drive)
Stufenloses Ganzstahl-Reibgetriebe.
Auf Antriebs- und Abtriebswelle sitzen je zwei Kegelscheiben, deren Abstand axial gegeneinander verstellbar ist. Über beide Kegelpaare läuft ein Stahlring, der ähnlich wie ein Treibriemen oder eine Kette beide Wellen mit einander verbindet. Kegel und Stahlring werden durch eine Verspannvorrichtung gegen einander gepresst und übertragen die Leistung durch Reibung. Bei Änderung des Kegelscheibenabstands verändert sich der Laufdurchmesser des Stahlrings auf den Kegelscheiben und damit die Übersetzung stufenlos.
(→stufenloses Getriebe)

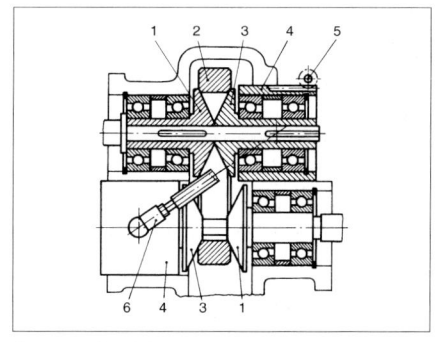

Heynau-Getriebe
1 fester Kegel, 2 Stahl-Reibring, 3 verschiebbarer Kegel, 4 Schiebehülse, 5 Verstellritzel für die Schiebehülse, 6 Verspannvorrichtung

HIGH (high)
Binärer Signalpegel und Zustand. Zweiter Signalpegel: LOW.
(→Pegel)

Hilfseinheit

Hilfseinheit (auxiliary unit)
Physikalische Einheit, die der Umschreibung der Zahl Eins dient.
Sie ist sinnvoll bei Verhältnisgrößen.
Beispiele: Radiant 1 rad = 1 m/1 m = 1 m/m = 1; Steradiant; Umdrehung;.
(→Radiant)

Hilfspunkt (auxiliary point)
Anfahrpunkt für ein Werkzeug bei CNC-Fertigung, um sauber in eine Kontur einzutauchen.
(→Bahnkorrektur, →Schneidenradiuskorrektur, →Werkzeugeinstellposition)

HIP (hot isostatic pressing)
→heißisostatisches Pressen

hitzebeständige Stähle
(heat resisting steels)
Hochlegierte Sorten mit Cr (ferritisch) oder CrNi (austenitisch), dadurch umwandlungsfrei.
Zusätzliche Legierungselemente mit höherer Sauerstoffaffinität (Al oder Si) ergeben festhaftende Schutzschichten, die weitere Verzunderung hemmen.
Verwendung für tragende und fördernde Teile von Industrieöfen, an Dampfkesseln, für Glasformen.
DIN EN 10 095 Hitzebeständige Stähle und Legierungen, DIN 17 465 Hitzebeständiger Stahlguss.
(→Verzunderung)

Hobelmaschine (planer; planing machine)
→Langhobelmaschine

Hobelmeißelhalter
(planer tool post; planer toolholder)
Werkzeugspanner an Hobelmaschinen.
Jeweils zwei bügelförmige Meißelhalter spannen den Hobelmeißel auf der Meißelklappe des Hobelschlittens (Supports) fest (Bild rechts). Mit Doppelmeißelhaltern können zwei Meißel nebeneinander gespannt werden, um zwei Werkstückflächen gleichzeitig bearbeiten zu können.

Hobelschlitten
(planer tool head; planer tool carriage)
Werkzeugträger der Hobelmaschine.
Sein Grundschlitten führt auf dem Querbalken oder dem Ausleger der Maschine die waagerechte Vorschubbewegung aus. Auf seiner Vorderseite ist ein Drehteil nach beiden Seiten schwenkbar. Es nimmt in einer Führung den Oberschlitten mit dem Werkzeugspanner auf, der je nach Stellung des Drehteils senkrecht oder schräg verschoben werden kann.
(→Querbalkensupport, →Seitensupport, →Ständersupport)

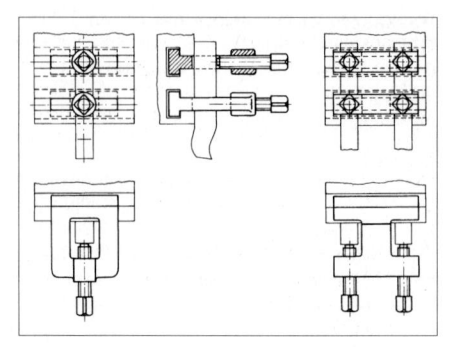

Hobelmeißelhalter
links: Bügelmeißelhalter, rechts: Doppelmeißelhalter

Hobelsupport
(planer tool post; planer tool support)
→Hobelschlitten

Hochdruckanlagen
(high pressure hydropower station)
Bauausführung von Wasserkraftwerken als Talsperren- oder Druckstollen-Wasserkraftanlagen im Gebirge.
Sie besitzen große statische Höhendifferenz zwischen Oberwasser und Unterwasser. Wasser wird vom Stausee über einen Kanal oder Stollen zum Wasserschloss oder direkt durch Rohrleitungen zur Wasserturbine geleitet.
(→Wasserkraftwerke, →Wasserturbinen)

Hochpaß (high-pass filter)
→Filter

Hochsprache (high level language)
Programmiersprache, bei der ein Befehl durch mehrere Maschinenbefehle realisiert wird.
Vorteil einer Hochsprache ist die bessere Selbstdokumentation und der kürze Quelltext. Nachteilig wirkt sich der erhöhte Speicherbedarf sowie die verminderte Geschwindigkeit aus.
Beispiel: BASIC, PASCAL

Hochstabläufer
(conductor with optimal shape for current reduction)
→Stromverdrängungsläufer

Höchstmaß (maximum dimension)
→Toleranzen

Höhe (altitude)
In einem Dreieck das Lot von einem Eckpunkt auf die gegenüberliegende Seite.
Die drei Höhen eines Dreiecks schneiden sich in einem Punkt H. Der Höhenschnittpunkt H des Dreiecks wird mitunter Orthozentrum des Dreiecks genannt.

Bei spitzwinkligen Dreiecken liegt der Höhenschnittpunkt H im Innern des Dreiecks, bei einem rechtwinkligen Dreieck fällt H mit dem Scheitelpunkt des rechten Winkels zusammen (zwei Höhen fallen mit den Katheten zusammen), bei stumpfwinkligen Dreiecken liegt der Höhenschnittpunkt H außerhalb des Dreiecks.
Die Längen der Höhen im Dreieck werden mit h_a, h_b, h_c bezeichnet. Es gilt $h_a = c \sin \beta = b \sin \gamma$, $h_b = c \sin \alpha = a \sin \gamma$, $h_c = a \sin \beta = b \sin \alpha$.
Die Längen der Höhen verhalten sich umgekehrt proportional wie die zugehörigen Seitenlängen: $h_a : h_b : h_c = 1/a : 1/b : 1/c$.
($\rightarrow$Dreieck)

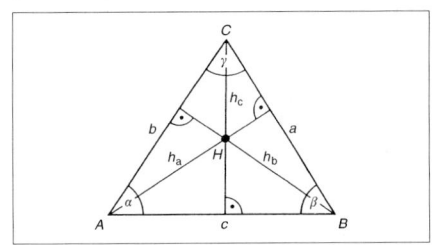

Die Höhen eines Dreiecks schneiden sich in einem Punkt

Höhenenergie
(potential energy acquired by raising a body)
Durch Heben um die Höhe h einem Körper der Masse m vermittelte Energie $E = m g h$.
($\rightarrow$Hubarbeit, $\rightarrow$potentielle Energie)

Höhensatz (altitude theorem)
In einem rechtwinkligen Dreieck ist das Quadrat über der Höhe h auf der Hypotenuse gleich dem Rechteck aus den beiden durch die Höhe gebildeten Hypotenusenabschnitten p und q: $h^2 = p q$.
Der Höhensatz heißt auch zweiter Satz des Euklid (nach dem hellenistischen Mathematiker Euklid von Alexandria, $\sim 365 - 300$ v.u.Z.).
($\rightarrow$Ähnlichkeit von Dreiecken, $\rightarrow$Kathetensatz, $\rightarrow$Pythagoras, Satz des)

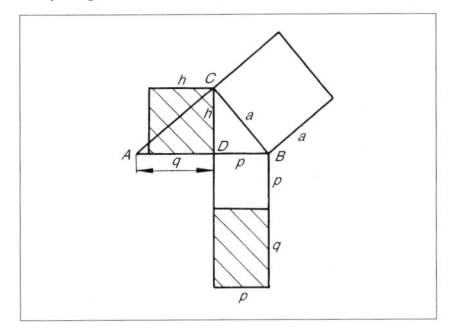

Höhensatz

höhere Ableitungen einer Funktion
(higher derivatives of a function)
Ist die Funktion $y = f(x)$ differenzierbar oder zumindest in einem ganzen Intervall ihres Definitionsbereichs differenzierbar, so kann dort an jeder Stelle die Ableitung $f'(x)$ gebildet werden. Dann ist $y = f'(x)$ wieder eine Funktion von x. Ist diese Funktion wieder differenzierbar, so nennt man diese Ableitung der (ersten) Ableitung die zweite Ableitung der Ausgangsfunktion $y = f(x)$, geschrieben $f''(x)$ oder $y''(x)$ oder $(d^2y/dx^2)(x)$ oder $(d^2f/dx^2)(x)$ (gesprochen: f zwei Strich von x bzw. y zwei Strich von x bzw. d zwei y nach dx Quadrat an der Stelle x bzw. d zwei f nach dx Quadrat an der Stelle x).
Entsprechend kann es auch eine dritte, vierte, ... Ableitung von $f(x)$ geben. Die n-te Ableitung von $f(x)$ schreibt man
$$f^{(n)}(x) = y^{(n)}(x) = \frac{d^n y}{dx^n}(x) = \frac{d^n f}{dx^n}(x).$$
Beispiel: Die Funktion $f(x) = x^5$ hat als (erste) Ableitung $f'(x) = 5x^4$, als zweite Ableitung $f''(x) = 20x^3$, als dritte Ableitung $f'''(x) = 60x^2$, als vierte Ableitung $f^{(4)}(x) = 120x$ und als fünfte Ableitung $f^{(5)}(x) = 120$. Alle höheren Ableitungen sind Null, also $f^{(k)}(x) = 0$ für $k = 6, 7, ...$
($\rightarrow$Ableitung einer Funktion)

Hofer-Dorn
(Hofer hydraulic expanding mandrel)
Hydraulischer Dehndorn zum Spannen von Werkstücken in ihrer Bohrung.
Der Spannkörper wird von einer dünnwandigen Spannhülse umhüllt, die beim Spannvorgang durch eine plastische Masse aufgeweitet wird und dabei das Werkstück sehr genau zentriert.

Hohlspiegel (concave mirror)
Spiegel mit nach innen gewölbter Oberfläche, der einfallende Strahlen in einem Punkt vereinigt.
($\rightarrow$Linse)

Hohlzylinder (hollow cylinder)
Gerader Kreiszylinder (Kreis mit Radius R), aus dem ein kleinerer gerader Kreiszylinder (konzentrischer Kreis mit Radius r, $r < R$) ausgeschnitten ist.
Das Volumen des Hohlzylinders ist die Differenz der Volumina der beiden geraden Kreiszylinder. Die Oberfläche setzt sich aus der äußeren Mantelfläche $A_{M,a} = 2 \pi R h$ (h ist die Höhe), aus der inneren Mantelfläche $A_{M,i} = 2 \pi r h$, aus der Grundfläche $A_G = \pi (R^2 - r^2)$ und aus der Deckfläche $A_D = \pi (R^2 - r^2)$ zusammen.

Volumen: $V = \pi h (R^2 - r^2)$,
Oberfläche: $A_O = 2\pi h(R+r) + 2\pi(R^2 - r^2)$
$= 2\pi(R+r)(R-r+h)$.
(→gerader Kreiszylinder, →Zylinder)

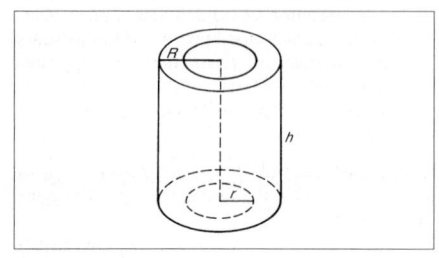

Hohlzylinder

homöovalente Bindung
(homopolar bond; covalent bond)
→Atombindung

homogen (homogeneous)
einheitlich, gleichmäßig aufgebaut.
(Gegensatz →heterogen)

homogene Gefüge (homogenous structure)
Gefüge mit nur einer Phase, bei allen Reinmetallen und Mischkristallegierungen vorhanden.
Beispiele: CuZn37 (Messing), CuSn6 (Zinnbronze), Cu-Ni und austenitische Stähle.

homologe Reihe (homologous series)
Reihe von Verbindungen, bei denen sich zwei aufeinanderfolgende Glieder durch die CH_2-Gruppe (Methylengruppe) unterscheiden.
Beispiele: Alkane, Alkene, Alkine, Alkohole.

Homopolymer (homopolymer)
Kunststoff aus einer Art von Monomeren, z.B. Polyethen PE oder Polystyrol PS. Gegensatz von Copolymer.

Honverfahren (honing; honing process)
Spanende Bearbeitung (Honen) von Werkstücken bei zusammengesetzter Schnittbewegung mit drehender Teilbewegung des Werkzeugs (Langhubhonen) oder des Werkstücks (Kurzhubhonen) und einer axial gerichteten linearen Hubbewegung (Langhubhonen) oder oszillierenden Schwingungsbewegung (Kurzhubhonen) jeweils des Werkzeugs. Eine axiale Vorschubbewegung des Werkstücks wird z.B. beim Kurzhubhonen als Durchgangsbearbeitung überlagert. Honwerkzeuge haben geometrisch unbestimmte Schneidkeile, die von den Kornkanten der fest gebundenen Schleifstoffkörner gebildet werden. Auf der Werkstückoberfläche entstehen sich gerade oder wellig kreuzende Bearbeitungsspuren mit extrem geringer Rauheit. So dient das Honen besonders der Verbesserung von Maß- und Formgenauigkeit und der Oberflächengüte.
Nach der Form der erzeugten Werkstückflächen werden unterschieden:
Planhonen (ebene Flächen), Rundhonen (kreiszylindrische Flächen), Schraubhonen (wendelförmige Schraubflächen, Beispiel: Gewindehonen), Wälzhonen (Flächen, die durch ein Werkzeug mit Bezugsprofil im Abwälzverfahren entstehen, Beispiel: Zahnflankenhonen), Profilhonen (beliebig geformte Flächen, die durch Abbildung des Werkzeugprofils auf dem Werkstück entstehen), Formhonen (beliebig geformte Flächen, die durch formabhängig gesteuerte Wirkbewegungen entstehen).
DIN 8589, Teil 14 Fertigungsverfahren Spanen.

Hooke'sches Gesetz (Hooke's law)
Von dem englischen Physiker *Robert Hooke* (1635–1703) entwickelte Beziehung zwischen der mechanischen Spannung σ und der dadurch auftretenden Dehnung ε eines zugbeanspruchten metallischen Stabes: $\sigma = \varepsilon E$ (E = Elastizitätsmodul des Werkstoffs).
(→Elastizitätsmodul)

Horizontal-Fräsmaschine
(horizontal milling machine)
→Waagerecht-Fräsmaschine

Horner-Schema (Horner's method)
Verfahren zur Berechnung von Funktionswerten ganzer rationaler Funktionen.
Ist eine Funktion
$$f(x) = a_n x^n + a_{n-1} x^{n-1} + \ldots + a_2 x^2 + a_1 x + a_0 =$$
$$= \sum_{k=0}^{n} a_k x^k$$
gegeben und der Funktionswert $f(x_0)$ an der Stelle x_0 gesucht, so dividiert man $\sum_{k=0}^{n} a_k x^k$ durch $(x-x_0)$:

$(a_n x^n + a_{n-1} x^{n-1} + \ldots + a_2 x^2 + a_1 x + a_0) : (x-x_0)$
$= a_n x^{n-1} + c_1 x^{n-2} + \ldots + c_{n-2} x + c_{n-1} + c_n/(x-x_0)$.
Für die Koeffizienten c_i gilt $c_1 = a_n x_0 + a_{n-1}$ und
$c_i = c_{i-1} x_0 + a_{n-i}$ für $i = 2, 3, \ldots, n$.
Es folgt $f(x) = (a_n x^{n-1} + c_1 x^{n-2} + \ldots + c_{n-2} x + c_{n-1}) (x - x_0) + c_n$ und somit $f(x_0) = c_n$. Die Berechnung des Funktionswertes $f(x_0)$ ist also auf die Berechnung der Konstante c_n zurückgeführt worden, die dann in n Schritten durch einander folgende Berechnung von $c_1, c_2, \ldots, c_n$ ermittelt wird. Man berechnet zuerst c_1 aus $c_1 = a_n x_0 + a_{n-1}$, dann c_2 aus $c_2 = c_1 x_0 + a_{n-2}$ und so weiter und schließlich c_n aus $c_n = c_{n-1} x_0 + a_0$.
Dieses Verfahren nennt man Horner-Schema (nach dem englischen Mathematiker W.G. Horner, 1786–1837). Es lässt sich schematisch darstellen:

a_n	a_{n-1}	a_{n-2}	...	a_1	a_0
+		$a_n x_0$	$c_1 x_0$	...	$c_{n-2} x_0$	$c_{n-1} x_0$
	a_n	c_1	c_2	...	c_{n-1}	c_n

Beispiel: $f(x) = 2x^4 - 8x^3 + 2x^2 + 28x - 48$
Gesucht ist $f(-3)$, also der Funktionswert an der Stelle $x_0 = -3$.
Horner-Schema:

2	−8	2	28	−48
+		−6	42	−132	312
	$(=2 \cdot (-3))$	$(=(-14) \cdot (-3))$	$(=44 \cdot (-3))$	$(=(-104) \cdot (-3))$
2	−14	44	−104	264

Der Funktionswert an der Stelle $x_0 = -3$ beträgt demnach $f(-3) = 264$.

Hotkey (hot key)
Eine Tastenkombination, die gedrückt einen komplexen Vorgang in einem Anwenderprogramm startet.
Oft besteht die Kombination aus einer Funktionstaste (Shift, ALT, Strg o.ä.) in Verbindung mit einem merkfähigen Buchstaben.
Beispiel: Strg + t führt zu tiefgestellten Schriftzeichen.
(→Makro)

HSS-Stähle (high speed steels)
→Schnellarbeitsstähle

Hubarbeit W_h (work done in lifting)
Von Kranen oder anderen Senkrechtförderern aufgebrachte Arbeit, um Lasten der Masse m in kg von der Höhe h_1 auf die Höhe h_2 in m zu heben: $W_h = mg(h_2 - h_1)$ in Nm = J (Joule).
(→potentielle Energie)

Hubgetriebe (hoist gear)
Auf den Hebebetrieb spezialisierte Getriebe, die auf hohe Bruchsicherheit, geringe Einschaltzeiten und lange Stillstandszeiten hin ausgelegt sind.

Hubleistung P_h (lifting power)
Quotient aus der Hubarbeit W_h und der zum Heben erforderlichen Zeit t: $P_h = W_h/t$ in Nm/s, mit W_h in Nm und t in s.

Hubmotor (hoist motor)
Speziell für den Hubwerksbetrieb ausgelegter Motor mit hohem Anzugsmoment.
Beispiele: Asynchron-Bremsmotor bei kleinen und mittleren Lasten, geregelte Motoren in Drehstrom- oder Gleichstromtechnik bei Windwerken und Kranen.

Hubraum V_h (displacement; swept volume)
Volumen in Kolbenmaschinen, das vom Kolben zwischen dem oberen- und unteren Totpunkt bestrichen wird.
Mit dem Zylinderdurchmesser d und dem Kolbenhub s errechnet sich der Zylinderhubraum V_h eines Verbrennungsmotors $V_h = (d^2 \pi s)/4$. Mit z Zylindern beträgt der Gesamthubraum V_H eines Motors $V_H = V_h z$.
(→Verdichtungsraum, →Verdichtungsverhältnis)

Hubraumleistung P_H (power output per liter)
Kennwert für Motorbaugröße und -belastung des Verbrennungsmotors.
$P_H = P_{eff}/V_H$ ist der Quotient aus Effektivleistung P_{eff} und Gesamthubraum V_H.
(→Effektivleistung)

Hubverhältnis a (stroke to bore ratio)
Kennwert des Kurbeltriebwerks von Verbrennungsmotoren.
$a = s/d$ ist der Quotient aus Kolbenhub s und Zylinderdurchmesser d. Das Hubverhältnis kennzeichnet Motoren als Kurzhub- ($a < 1$), Langhub- ($a > 1$) oder Quadrathubmotor ($a = 1$). Übliche Werte bei Fahrzeug-Ottomotoren und -Dieselmotoren liegen bei $a = 0{,}75 \ldots 1{,}25$.

Hubwerksbremse (hoist brake)
Speziell auf den Hubbetrieb ausgelegte Bremse, die im Ruhestand im Bremseingriff ist und nur während der Hub- oder Senkbewegung gelöst wird.
(→Bremslüftgeräte, →Doppelbackenbremse)

Hund'sche Regel (Hund's rules)
Auffüllung der Atomhülle mit Elektronen in gleichen Orbitalen erst einzeln, dann paarweise.
Beispiel: Kohlenstoffatom im Grundzustand in symbolischer Elektronenkonfiguration (Kästchenschreibweise):

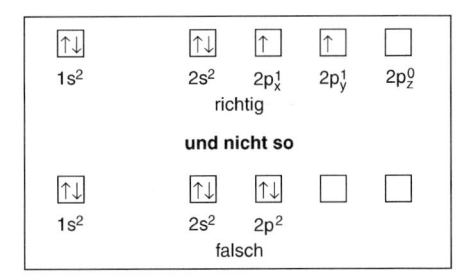

↑↓	↑↓	↑	↑	
$1s^2$	$2s^2$	$2p_x^1$	$2p_y^1$	$2p_z^0$
		richtig		

und nicht so

↑↓	↑↓	↑↓		
$1s^2$	$2s^2$	$2p^2$		
		falsch		

richtig: Erst das $1s^2$-Orbital, dann das $2s^2$-Orbital und dann die 3 Formen des 2p-Orbitals nacheinander auffüllen.

Huygens'sches Prinzip (Huygens' principle)
Jeder von einer Welle erfasste Raumpunkt wird selbst zum Ausgangspunkt einer neuen Welle, der Elementarwelle. Die Überlagerung aller Elementarwellen ergibt die gemeinsame Wellenfront. Dadurch lassen sich nach Christiaan Huygens (1629–1695) Wellenerscheinungen und ihre Ausbreitung erklären.
(→Welle)

Hydratation, Hydration (hydration)
Anlagerung von Wassermolekülen an Ionen beim Lösen von Ionenverbindungen, z.T. Freisetzung von Lösungswärme.
Elektrostatische Polarität der Ionen und der Dipole führt zur Anlagerung der positiven Wasserdipole an negative Ionen und der negativen Wasserdipole an die positiven Ionen. Durch Wärmebewegung Herauslösung der Ionen. Im freien Wasser Umlagerung dieser Ionen vollständig mit Wassermolekülen (Hydratation).
Beispiel: Hydratation von Kochsalz:

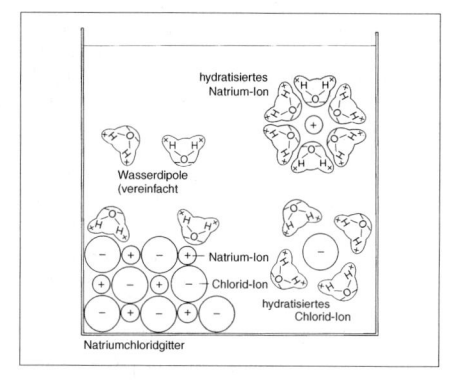

Hydraulikmotor (hydraulic motor)
Kompakter, drehmomentstarker Antrieb, der seine Energie über Hydraulikleitungen von einer Hydraulikpumpe erhält.

Hydraulikpumpe (hydraulic pump)
Elektrisch oder durch Verbrennungsmotor angetriebene Pumpe, die einen oder mehrere Hydraulikverbraucher versorgt (Hydraulikzylinder, Hydraulikmotoren).
Es gibt Hydraulikpumpen mit konstantem Fördervolumen (z.B. Zahnradpumpen) und regelbare Pumpen (z.B.Schrägkolbenpumpen).

Hydraulikzylinder (hydraulic cylinder)
Mit Hydraulik betriebenes Hubgerät für kurze Hubbewegungen mit großer Hubkraft.
Beispiele: Hubzylinder bei Gabelstaplern, Betätigungszylinder bei Hydraulikbaggern.

hydraulische Presse (hydraulic press)
Arbeitet wie der hydraulische Hebebock.
Mit Berücksichtigung der Reibung an den Dichtungsstellen der Lippendichtungen gilt für die Presskraft $F_2 = F_1 \eta d_2^2/d_1^2$, mit Wirkungsgrad $\eta = (1 - 4\mu(h_2/d_2))/(1 + 4\mu(h_1/d_1))$.

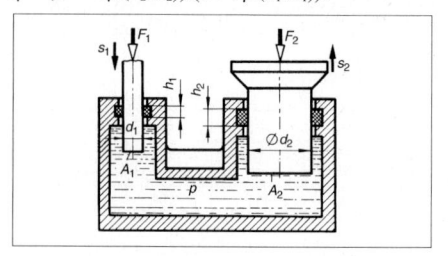

hydraulische Pressung (hydraulik pressing)
→hydrostatischer Druck

hydraulische Stößel (hydraulic-valve tappet)
Bauteile der Motorsteuerung von Verbrennungsmotoren.
Sie ermöglichen spielfreie Ventilsteuerung ohne Ventilspieleinstellen und gleichen die Längenausdehnung infolge Erwärmung selbsttätig aus. Hydrotassenstößel oder Spielausgleichselemente sind an die Motorschmierung angeschlossen und gleichen über ein Öldrucksystem mit Spielausgleichsfeder das Ventilspiel aus.
(→Motorsteuerung, →Ventilspiel)

Hydraulischer Dehndorn
(hydraulic expanding mandrel)
→Hofer-Dorn

hydraulischer Hebebock
(hydraulic lifting jack)
Mit Wasser oder Öl gefülltes Gefäß, an dem zwei Zylinder von unterschiedlichen Durchmessern angeschlossen sind, in denen Kolben gleiten.
Hat der Triebkolben den kleineren Durchmesser, lassen sich mit kleiner Triebkraft größere Lasten heben. Es gilt das Druckausbreitungsgesetz. Die Kolbenkräfte verhalten sich zueinander wie die Kolbenflächen: $F_1/F_2 = A_1/A_2$, die Kolbenwege verhalten sich umgekehrt zueinander wie die Quadrate der Kolbendurchmesser: $s_1/s_2 = d_2^2/d_1^2$.

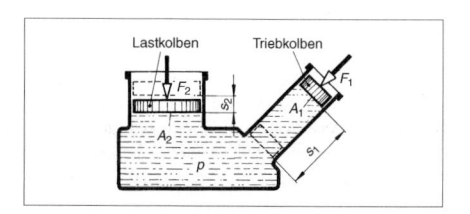

hydraulischer Widder (hydraulic ram)
→Strahlpumpe

hydraulischer Wirkungsgrad η_h (hydraulic efficiency)
Kenngröße von Kreiselpumpen und Wasserturbinen. Kennzeichnet bei Kreiselpumpen das Verhältnis von Förderleistung P_Q zu Schaufelleistung P_S. $\eta_h = P_Q/P_S$. Die tatsächliche Förderleistung ist durch Reibung der Flüssigkeit in Laufrad und Schaufelkanälen, Richtungsänderungen und Stöße geringer als die Schaufelleistung.
(→Förderleistung, →Kreiselpumpen, →volumetrischer Wirkungsgrad, →Wasserturbinen, →Wirkungsgrad)

Hydrodynamik (hydrodynamics)
Lehre von den Bewegungen der Flüssigkeiten und den dabei auftretenden Kräften, Teilgebiet der Strömungsmechanik.
(→Strömungsmechanik)

Hydrogensalze (hydrogen salt)
Salze, deren mehrwertige Säurereste noch Wasserstoffatome enthalten.
Beispiele: NaHCO$_3$, Natrium**hydrogen**carbonat. Na$_2$**HPO**$_4$, Dinatrium-**hydrogen**-phosphat

Hydrolager (hydrobearing)
→FAG-Hydrolager

Hydrolyse (hydrolysis)
Zerlegung einer Verbindung mit Hilfe von Wasser. Hydrolyse von Salzen mit Hilfe von Wasser in Säure und Base. Salz + Wasser ⇌ Säure + Base.
Beispiel: NaCl + H$_2$O ⇌ HCl + NaOH.
(Umkehrung →Neutralisation)

Hydromotor (hydraulic motor)
Abtriebsseitige Baugruppe des hydrostatischen Getriebes.
Gleicht im Aufbau der Hydropumpe und wird durch den Druck der Hydraulikflüssigkeit angetrieben, die ihm von der Hydropumpe zugeführt wird. Durch Verändern des Fördervolumens (Volumenstroms) der Hydropumpe ändert der Hydromotor seine Drehzahl. Zusätzlich kann sein „Schluckvolumen", d.h. die von ihm je Umdrehung aufgenommene Flüssigkeitsmenge, verändert werden, was zu einer weiteren Veränderung seiner Drehzahl führt.

hydrophil (hydrophilic)
Wasser anziehend, wasserfreundlich, z.B. Stoffe mit wasserfreundlicher OH-Gruppe (Hydroxyl-Gruppe).
Beispiele: Alkohole, Zucker.
(Gegensatz →hydrophob)

hydrophob (hydrophobic)
Wasser abweisend, wasserfeindlich, z.B. bei Stoffen ohne wasserfreundliche OH-Gruppe (Hydroxyl-Gruppe).
Beispiele: Benzin, Öle, Wachse, Fette.
(Gegensatz →hydrophil)

Hydropumpe (hydraulic pump)
Antriebsseitige Baugruppe des hydrostatischen Getriebes.
Pumpt die Hydraulikflüssigkeit zum Hydromotor, wobei der Volumenstrom und damit die Drehzahl des Hydromotors verändert werden kann.

Hydrostatik (hydrostatics)
Lehre vom Gleichgewicht der in und auf ruhende Flüssigkeiten wirkenden Kräfte.
(→Gleichgewicht, →Kraft)

hydrostatische Antriebe (hydrostatic drives)
Hydraulische Antriebe, die aus einer regelbaren Hydraulikpumpe und aus einem meist ebenfalls regelbaren Hydraulikmotor bestehen.
Hydrostatische Antriebe sind nach Weg und Geschwindigkeit sehr genau steuerbar und sehr kompakt. Haupteinsatzgebiet sind mobile Fördergeräte, z.B. Hydraulikbagger.

hydrostatischer Druck p (hydrostatic pressure)
Quotient der im Innern oder von außen auf das Fluid wirkenden Kraft F und der gepressten Fläche A : $p = F/A$ in N/m^2 oder N/cm^2.
Der hydrostatische Druck wird auch kurz mit Druck p bezeichnet. Er entspricht in der Festigkeitslehre der Druckspannung σ_d in N/mm^2. Das Newton je Quadratmeter (N/m^2) hat den Einheitennamen Pascal mit dem Kurzzeichen Pa: 1 Pa = 1 N/m^2 nach *Blaise Pascal*, 1623 – 1662.

hydrostatisches Getriebe (hydrostatic transmission)
Stufenloses Getriebe, das die Antriebsleistung durch den Druck einer verhältnismäßig langsam fließenden Hydraulikflüssigkeit (meistens mineralische Öle) auf die Abtriebswelle überträgt.
Hauptbaugruppen sind die Hydropumpe auf der Antriebs- und der Hydromotor auf der Abtriebswelle. Beide Aggregate befinden sich meistens in einem gemeinsamen Getriebegehäuse (Ausnahme: Axialkolbengetriebe).

Parallele dazu ist das hydrodynamische Getriebe. Es nutzt die Wucht des mit großer Geschwindigkeit strömenden Öls zur Leistungübertragung. (→Axialkolbengetriebe, →Flügelzellengetriebe, →Pittler-Stern-Getriebe)

Hydrozylinder (hydraulic cylinder)
In Werkzeugmaschinen vielfältig eingesetztes Antriebselement für geradlinig bewegte Maschinenteile.
Eine Pumpe fördert Drucköl in den Ölkreislauf. Steuerventile leiten es im Hydrozylinder abwechselnd vor und hinter den Kolben und erzeugen dadurch eine hin- und hergehende Bewegung. Der Öl-Volumenstrom und damit die Hubgeschwindigkeit kann durch Drossel- oder Pumpensteuerung stufenlos verändert werden.

Hyperbel (hyperbola)
Geometrischer Ort aller Punkte einer Ebene, für die der Betrag der Differenz der Abstände von zwei festen Punkten F_1 und F_2 (Brennpunkte) konstant ist. Bezeichnet man den Abstand eines beliebigen Punktes P_1 der Hyperbel zu F_1 mit r_1 und den Abstand von P_1 zu F_2 mit r_2, also $\overline{P_1F_1} = r_1$, $\overline{P_1F_2} = r_2$, dann gilt also $|r_1 - r_2| = 2a$ mit einer Konstanten a.
Die Hyperbel ist nicht zusammenhängend, sie besteht aus zwei getrennten symmetrischen Ästen (die Hyperbel hat also auch keinen endlichen Flächeninhalt). Die Hyperbel besitzt zwei Asymptoten.
Hyperbelgleichungen:
Scheitelpunkte auf der x-Achse, Mittelpunkt im Koordinatenursprung:
$x^2/a^2 - y^2/b^2 = 1$ (Normalform).
Beide Koordinatenachsen sind Symmetrieachsen der Hyperbel. Die Hyperbel ist nach rechts und nach links geöffnet.
Gleichungen der Asymptoten: $y = \pm (b/a)x$. Nur im Falle $a = b$ stehen die Asymptoten senkrecht aufeinander. Solche Hyperbeln heißen gleichseitige Hyperbeln.
Hauptachse parallel zur x-Achse, Mittelpunkt $M(x_m \mid y_m)$:
$(x - x_m)^2/a^2 - (y - y_m)^2/b^2 = 1$ (Mittelpunktsform).
Die Hyperbel ist nach rechts und nach links geöffnet.
Gleichungen der Asymptoten:
$y = \pm (b/a)(x - x_m) + y_m$.
Scheitelpunkte auf der y-Achse, Mittelpunkt im Koordinatenursprung:
$-x^2/a^2 + y^2/b^2 = 1$.
Beide Koordinatenachsen sind Symmetrieachsen der Hyperbel. Die Hyperbel ist nach oben und nach unten geöffnet.

Gleichungen der Asymptoten:
$y = \pm (b/a)x$.
Hauptachse parallel zur y-Achse, Mittelpunkt $M(x_m \mid y_m)$:
$-(x - x_m)^2/a^2 + (y - y_m)^2/b^2 = 1$.
Die Hyperbel ist nach oben und nach unten geöffnet. Die Länge der Hauptachse ist $2b$.
Gleichungen der Asymptoten:
$y = \pm (b/a)(x - x_m) + y_m$.
Koordinatenachsen als Asymptoten, Mittelpunkt im Koordinatenursprung:
$x \cdot y = c$ oder $y = c/x$ $(c \neq 0)$.
Für $c > 0$ ist die Winkelhalbierende $y = x$ die Hauptachse, die Hyperbeläste liegen im ersten und im dritten Quadranten. Im Falle $c < 0$ ist die Winkelhalbierende $y = -x$ die Hauptachse, die Hyperbeläste liegen im zweiten und im vierten Quadranten.
Gleichungen der Asymptoten: $x = 0$, $y = 0$.
Gleichung der Tangente im Punkt $P_1(x_1 \mid y_1)$ an die Hyperbel mit der Gleichung
$(x - x_m)^2/a^2 - (y - y_m)^2/b^2 = 1$:
$y = (x_1 - x_m)/(y_1 - y_m) \cdot (b^2/a^2) \cdot (x - x_1) + y_1$
oder
$(x_1 - x_m)(x - x_m)/a^2 - (y_1 - y_m)(y - y_m)/b^2 = 1$.
Gleichung der Normale (die Normale steht senkrecht auf der Tangente) durch den Punkt $P_1(x_1 \mid y_1)$ der Hyperbel:
$y = -(y_1 - y_m)/(x_1 - x_m) \cdot (a^2/b^2) \cdot (x - x_1) + y_1$.

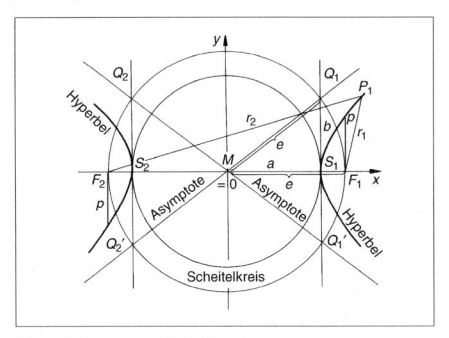

Bezeichnungen für die Hyperbel:
M Mittelpunkt, F_1, F_2 Brennpunkte, S_1, S_2 Scheitelpunkte, $\overline{S_1S_2}$ Hauptachse (Hyperbelachse)

Bezeichnungen (Bild):
$M(0 \mid 0)$	Mittelpunkt,
$F_1(e \mid 0)$, $F_2(-e \mid 0)$	Brennpunkte,
$S_1(a \mid 0)$, $S_2(-a \mid 0)$	Scheitelpunkte,
$\overline{S_1S_2}$	Hauptachse (Hyperbelachse),

$\overline{S_1 S_2} = 2a$	Länge der Hauptachse,
$\overline{MF_1} = \overline{MF_2} = e$	Abstand der Brennpunkte vom Mittelpunkt,
Q_1, Q'_1, Q_2, Q'_2	Schnittpunkte der Asymptoten mit den Senkrechten zur Hauptachse durch die Scheitelpunkte,
$\overline{S_1 Q_1} = \overline{S_1 Q'_1} =$ $= \overline{S_2 Q_2} = \overline{S_2 Q'_2} = b$	Abstand der Schnittpunkte zu den Scheitelpunkten,
$p = b^2/a$	Halbparameter (die halbe Länge einer senkrecht zur Hauptachse gezogenen Sehne durch einen Brennpunkt),
$P_1(x_1 \mid y_1)$	beliebiger Punkt der Hyperbel,
$\overline{P_1 F_1} = r_1, \overline{P_1 F_2} = r_2$	Abstand von P_1 zu den Brennpunkten.

Eigenschaften:

$\mid r_1 - r_2 \mid = 2a$	Betragsdifferenz der Abstände ist konstant,
$a^2 + b^2 = e^2$	gilt nach dem Satz des Pythagoras,
$e = \sqrt{a^2 + b^2} > 0$	heißt lineare Exzentrizität der Hyperbel,
$\varepsilon = e/a > 1$	heißt numerische Exzentrizität der Hyperbel.

Eine der drei Größen a, b, e kann wegen $a^2 + b^2 = e^2$ aus den beiden anderen berechnet werden.
Beispiel:
Gegeben: Brennpunkte $F_1(5 \mid 0)$, $F_2(-5 \mid 0)$, halbe Länge der Hauptachse $a = 4$.
Gesucht: Hyperbelgleichung, numerische Exzentrizität, Gleichungen der Asymptoten.
Berechnung von b^2: $b^2 = e^2 - a^2 = 25 - 16 = 9$.
Hyperbelgleichung: $x^2/16 - y^2/9 = 1$.
Numerische Exzentrizität: $\varepsilon = e/a = 5/4 = 1,25$.
Gleichungen der Asymptoten:
$y = \pm (b/a)x = \pm (3/4)x$.
(→Kegelschnitt)

Hyperbel n-ter Ordnung
(hyperbola of order n)
Graphen der Funktionen
$y = a/x^n$, $n \in \mathbb{N}$, $n \geq 1$, $a \in \mathbb{R}$, $a \neq 0$.
(→Hyperbel)

Hyperbelfunktion (hyperbolic function)
→Eulerhyperbel

Hyperbelkonstruktion
(construction of a hyperbola)
Es gibt etliche Konstruktionsmöglichkeiten für eine Hyperbel. Eine davon ist die sogenannte Fadenkonstruktion:
In einem der beiden Brennpunkte (F_1) wird ein Stab der Länge $l > 2a$ drehbar befestigt. Die Enden eines Fadens der Länge $l - 2a$ werden am freien Stabende und am anderen Brennpunkt (F_2) befestigt. Mit einem Stift wird der Faden am Stab gestrafft. Wird der Stab um den Brennpunkt F_1 gedreht, dann beschreibt der Stift einen Teil eines Hyperbelastes.
(→Hyperbel)

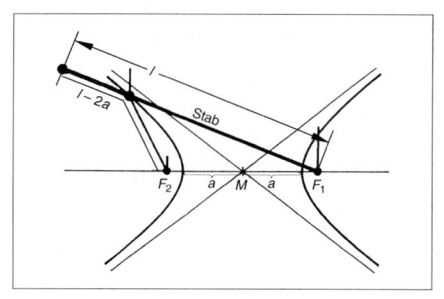

Fadenkonstruktion

Hypotenuse (hypotenuse)
In einem rechtwinkligen Dreieck die dem rechten Winkel gegenüberliegende Seite.
(→rechtwinkliges Dreieck)

Hypothese (hypothesis)
Wissenschaftliche Annahme (von Gesetzlichkeiten oder Tatsachen), die noch zu beweisen ist.
(→Spannungshypothesen)

Hypothese der größten Gestaltänderungsenergie
(deformation energy hypothesis)
→Spannungshypothesen

Hysterese (hysteresis)
Bezeichnet die Fortdauer einer Wirkung, obwohl die Ursache beseitigt ist.
1. Bei Werkstoffen ist Hysterese die Trägheit von Phasenumwandlungen. Dadurch liegen beim praktischen Erwärmen die Haltepunkte höher als die theoretischen Werte und beim Abkühlen niedriger. Hat Bedeutung für alle Vorgänge mit schneller Temperaturänderung wie z.B. Unterkühlung, Austenitisieren, Härten.

2. Die magnetische Hysterese bezeichnet das Zurückbleiben der magnetischen Flussdichte B in ferromagnetischen Stoffen gegenüber der magnetischen Feldstärke H (Hystereseschleife).
3. In der Regelungstechnik ist die Hysterese die richtungsbedingte Differenz bei einem umkehrbaren Vorgang.
Bei unstetigen Reglern entsteht die Hysterese bei der Umkehr des Schaltvorgangs. Sie ist die richtungsbedingte Differenz der Eingangssignale, bei denen das Ausgangssignal von Ein nach Aus und von Aus nach Ein springt.
(→Ausgangssignal, →Eingangssignal)

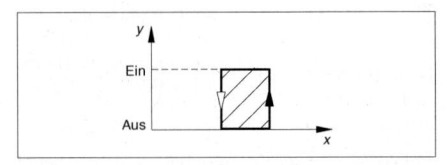

Zeichnerische Darstellung einer Schalthysterese

I

I-Regler (controller with integral action)
Reglerart, bei der die Geschwindigkeit der Stellgrößenänderung zur Regeldifferenz proportional ist. Eine konstante Regeldifferenz führt zu einer linear ansteigenden (oder abfallenden) Stellgröße. I-Regler haben keinen festen Arbeitspunkt und daher keine bleibende Regelabweichung. Sie sind sehr präzise, regeln aber relativ träge.
(→bleibende Regelabweichung, →Regeldifferenz)

IC (**I**ntegrated **C**ircuit)
Analoges oder digitales Bauelement mit einer oder mehreren elektronischen Schaltungen in einem einzigen Gehäuse.
(→Logikschaltungen, →Mikroprozessoren, →Operationsverstärker, →Speicher)

ideales Gas (ideal gas; perfect gas)
Gedachter (nicht realer) gasförmiger Stoff, bei dem die Gasteilchen kein Eigenvolumen besitzen und gegenseitige Bindungskräfte nicht wirksam werden. Zwischen den Teilchen wirken keine Kräfte, das ideale Gas ist bei allen Temperaturen beliebig komprimierbar, ohne zu verflüssigen.
Wirkliche (reale) Gase verhalten sich praktisch wie ein ideales Gas, wenn sie physikalisch weit genug von ihrem jeweiligen Kondensationspunkt (Verflüssigungstemperatur) entfernt sind. Die Gasgesetze (Gay-Lussac, Boyle und Mariotte, allgemeine thermische Zustandsgleichung) beziehen sich auf ein ideales Gas. Eine Anwendung auf wirkliche Gase ist möglich und üblich.

Idealkristall (ideal crystal)
Modellhafter Körper mit fehlerlosem Kristallgitter, d.h. ohne Lücken, Versetzungen und andere Kristallfehler. Dient zur vereinfachten Erklärung von Vorgängen in Kristallen.

ideelle Spannung (non-material stress)
→Spannungshypothesen

Identität (identity)
Gleichheitsbeziehung zwischen zwei algebraischen Ausdrücken, die bei Einsetzen beliebiger Zahlenwerte anstelle der darin aufgeführten Buchstabensymbole erhalten bleibt.
Beispiele:
$(a+b)^2 = a^2 + 2ab + b^2$;
$1 + 2 + 3 + ... + n = n(n+1)/2$.
(→Gleichung)

IEC-Reihen
(IEC nomenclature for resistors and capacitors)
Nach IEC (Internationale Elektrotechnische Kommission) genormte Nennwerte für industriell hergestellte Widerstände und Kondensatoren unter Vorgabe zugelassener Abweichungen vom Nennwert.
E-Reihen: E6 = ± 20%; E12 = ± 10%; E24 = ± 5%; E48 = ± 2% ; E96 = ± 1%.
DIN IEC 63 Vorzugsreihen für die Nennwerte von Widerständen und Kondensatoren.

IEC-Schnittstelle (IEC-interface)
Genormtes Bauteil zur Verbindung von Computern mit Peripheriegeräten. Die IEC-Schnittstelle besitzt 8 Daten-, 3 Quittierungs- und 5 Steuerleitungen.

IGFET (**i**nsulated **g**ate **f**ield **e**ffect **t**ransistor)
→Feldeffekttransistoren

Ikosaeder (icosahedron)
Konvexer regulärer Polyeder, der von zwanzig gleichseitigen Dreiecken begrenzt wird, einer der platonischen Körper.
(→Platonische Körper)

imaginäre Einheit (imaginary unit)
Eine Zahl j, deren Quadrat gleich -1 ist.
Die Einführung der imaginären Einheit führt zu einer Verallgemeinerung des Zahlbegriffs zu den komplexen Zahlen.
In der Mathematik wird für die imaginäre Einheit der Buchstabe i verwendet, in der Elektrotechnik nimmt man den Buchstaben j, um Verwechslungen mit der Stromstärke i zu vermeiden.
(→komplexe Zahl)

imaginäre Zahl (imaginary number)
→komplexe Zahl

Imaginärteil (imaginary part)
→komplexe Zahl

immaterielle Investitionen
(intangible fixed investment)
Entstehen durch Forschung, Entwicklung, Werbung, Ausbildung und Sozialleistungen und erhöhen dadurch den Wert einer Unternehmung.

Immissionen (emissions)
Einwirkungen von Emissionen auf Menschen, Tiere, Pflanzen, Gewässer und Sachwerte.
Zum Schutz der Umwelt wurde das Bundes-Immissionsschutzgesetz (BImSchG) erlassen. Betreiber von Anlagen und Maschinen sind verpflichtet,

schädliche Umwelteinwirkungen und Belästigungen von der Allgemeinheit fern zu halten.
(→Emissionen)

Impedanz Z (impedance)
→Scheinwiderstand

Implikation (implication)
→logische Zeichen

implizite Darstellung, implizite Funktion (implicit function)
Darstellung einer Funktion in der Form $F(x, y) = 0$, andere Formen sind explizite Darstellung und Parameterdarstellung.
Beispiel:
$F(x,y) = x^2 + y^2 - 1 = 0$, $D = [-1, 1]$, $y \geq 0$ (obere Hälfte des Einheitskreises mit dem Mittelpunkt im Koordinatenursprung).
Mit $x^2 + y^2 - 1 = 0$ wird keine reelle Funktion definiert, denn die Zuordnung ist nicht eindeutig, da jedem Element des Definitionsbereichs zwei Werte zugeordnet werden (einer auf dem oberen Halbkreis und einer auf dem unteren Halbkreis).
(→explizite Darstellung, →Funktion, →Parameterdarstellung)

Impuls-Echo-Verfahren (pulse echo method)
Art der Ultraschallprüfung mit einem Prüfkopf, der mit Impulsen abwechselnd als Sender und Empfänger arbeitet und für Untersuchungen von Prüflingen geeignet ist, die nur von einer Seite zugänglich sind.

Impuls, elektrischer (pulse)
→elektrischer Impuls

Impuls p (momentum)
Produkt aus der Masse m eines Körpers und seiner Geschwindigkeit v. $p = m v$ in kg m/s.
Der Impuls ist ein Vektor mit der Richtung der Geschwindigkeit.
(→Impulserhaltungssatz, →Masse)

Impulsantwort (pulse function response)
Verfahren, um das zeitliche Verhalten eines Bauelements zu untersuchen.
Als Eingangssignal wird ein kurzer, nadelförmiger Impuls vorgegeben und das Ausgangssignal wird aufgezeichnet. Der zeitliche Verlauf des Ausgangssignals läßt Schlüsse über das dynamische Verhalten des Bauelements zu, die vor allem in der Regelungstechnik von Bedeutung sind.
(→Anstiegsantwort, →Sprungantwort)

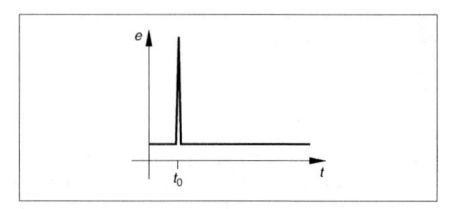

Zeitlicher Verlauf des Eingangssignals

Impulsdiagramm (pulse diagram)
Darstellungsform von digitalen Schaltungen als Impuls-Zeitplan.
(→Boolesche Algebra, →Wertetabelle)

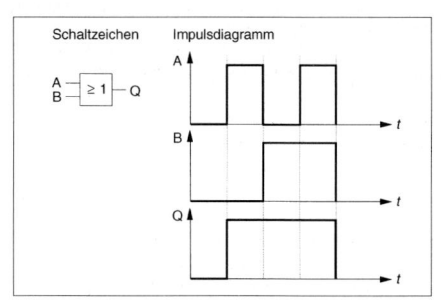

Impulsdiagramm am Beispiel ODER

Impulserhaltungssatz
(conservation of momentum)
In einem abgeschlossenen System bleibt die vektorielle Summe aller Einzelimpulse konstant: $p = \Sigma m_i v_i$ = konstant.
Physikalischer Grundsatz wie der Energieerhaltungssatz. Für die Drehung gilt analog: $p = \Sigma J_i \omega_i$ = konstant, mit J = Trägheitsmoment und ω = Winkelgeschwindigkeit.
(→Impuls)

Impulserzeuger (pulse generator)
Elektronisches oder pneumatisches Gerät zur Erzeugung von Impulsreihen oder Impulszügen. Impulse bestehen aus Zustandsänderungen von Signalen.

Impulsfolge (pulse train)
Periodische Wiederholung gleichartiger Impulse, z.B. Rechteckimpulse.
Durch Variation der Impulsdauer t_i kann der arithmetische Mittelwert der Spannung U_A eingestellt werden und so eine elektrische Leistung gesteuert werden.
(→elektrischer Impuls, →Periode)

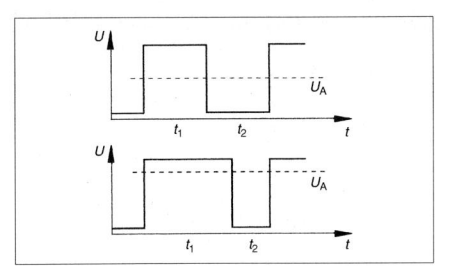

Impulsdauer t_1 und Impulspause t_2 einer Impulsfolge

Impulsgatter (gate module)
Steuervorsatz für einen Zählspeicher. Steuert und ordnet die Eingangssignale.

Impulsgenerator (pulse generator)
→Impulserzeuger

Impulsscheibe (pulse former)
→digital-inkrementales Wegmesssystem, →Wegmesssystem

Impulswandler (pulse converter)
Elektronisches oder pneumatisches Gerät zur Verlängerung oder Verkürzung von Eingangssignalen. (→Monoflop)

Index (index)
Tiefgestelltes Zeichen, das an Symbole für Variable, Funktionen oder Operationen angebracht wird.
1. In der Mathematik meistens eine Zahl.
   Beispiel: In der Summe $a_1 + a_2 + a_3$ sind die Zahlen 1, 2 und 3 Indizes.
2. In der Chemie die Anzahl der gleichartigen Atome in einer chemischen Verbindung.
(→chemische Formeln, →Produktzeichen, →Summenzeichen)

Indexloch (index slot; index hole)
Markierung des ersten Sektors einer Diskette.

Indikatordiagramm (indicator diagram)
Darstellung des Druckverlaufs in Kolbenmaschinen (Kolbenpumpen, Kolbenverdichter und Verbrennungsmotoren) während eines Arbeitsspiels, in Abhängigkeit von dem jeweils über dem Kolben befindlichen Volumen, aufgezeichnet von einem Indikator (Druckschreiber) als Druck-Volumendiagramm (p,V-Diagramm).
Die Diagrammfläche ist ein Maß für verrichtete oder aufgewendete Arbeit während eines Arbeitsspiels. Sie wird mit dem Planimeter oder durch Streifenrechnung ermittelt.
(→Arbeitsspiel)

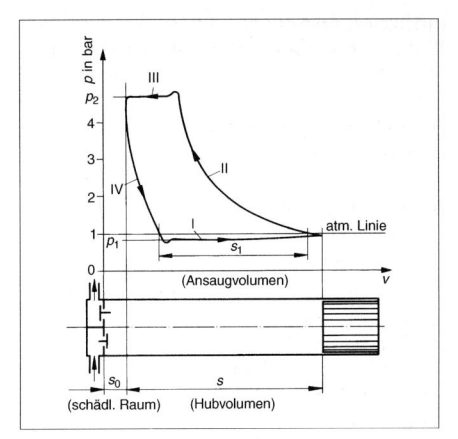

Indikatordiagramm eines Kolbenverdichters I Ansauglinie, II Kompressionslinie, III Ausschublinie, IV Rückexpansionslinie

Indikatoren (indicator)
Farbstoffe, die durch charakteristische Farbe der Lösung einen bestimmten pH-Bereich anzeigen. Bei Überschreitung dieses Bereiches erfolgt ein Farbumschlag.

Beispiele	Farbe bei tieferem pH-Wert	Farbumschlag im pH-Bereich
Phenolphthalein	farblos	8,2...10,0
Lackmus	rot	5,0... 8,0
Kresolrot	gelb	7,2... 8,8
Methylorange	rot	3,1... 4,4
Beispiele	Farbe bei höherem pH-Wert	
Phenolphthalein	rot	
Lackmus	blau	
Kresolrot	rot	
Methylorange	gelb	

Gebräuchlich sind Universalindikatoren (Farbgemische), die pH-Werte über den gesamten Bereich durch Farbumschlag von 0 bis 14 anzeigen.

indirekte Wegmessung
(indirect measurement)
Erfassung von Messwerten an CNC-Maschinen über mechanische Zwischenglieder.
Die Drehbewegung einer Tischspindel wird durch ein Zwischengetriebe übersetzt und als Maß des Verstellweges erfasst (rotatorische Messwertabnahme).
Beispiel: Drehmaschinen.
(→direkte Wegmessung, →Wegmesssystem)

Induktion

Induktion (induction)
Vorgang, bei dem sich die magnetische Flussdichte ändert und eine Spannung erzeugt (induziert) wird.
(→gegenseitige Induktion, →magnetische Induktion)

Induktionsgesetz (law of induction)
Beschreibt den Zusammenhang zwischen der Induktionsspannung u_i und dem magnetischen Fluss Φ.
Die in einer Spule induzierte Spannung u_i in V ist um so größer, je größer die Windungszahl N der Spule, je größer die Flussänderung $\Delta\Phi$ in Vs und je kürzer die Zeitdauer Δt in s ist, in der diese Flussänderung abläuft: $u_i = N \Delta\Phi / \Delta t$.

Induktionshärten (Induction hardening)
Randschichthärten mit Erwärmen durch induzierte Wechselströme (1 kHz ... 1 MHz) mittels gekühlter Induktionsspulen.
Randschichthärtetiefe (6 mm ... 0,01 mm) fällt mit steigender Frequenz.

Induktionsmotor (induction motor)
→Asynchronmotor, →Synchronmotor

induktive Erwärmung (induction heating)
Beabsichtigte oder unbeabsichtigte Erwärmung von Metallen durch induzierte Wirbelströme.
Anwendung: Oberflächenhärtung, Induktions-Tiegelöfen.

induktives Widerstandspressschweißen
(induction resistance welding under pressure)
Erwärmung der Stoßflächen durch Widerstandserwärmung über einen Induktor mit hochfrequentem Strom. Verschweißung der Stoßflächen durch Kraftübertragung über Rollen. Anwendbar für die Herstellung dünnwandiger Rohre aus geformten Blechbändern.

Induktivität L (inductance)
Quotient aus induzierter Spannung U_i und Änderung der Stromstärke ΔI pro Zeiteinheit Δt in einer Leiterschleife (Spule): $L = -U_i / (\Delta I / \Delta t) = -U_i \Delta t / \Delta I$
in Wb/A = kg m²/(s² A²) = H (Henry).
(→elektrische Spannung, →elektrische Stromstärke, →Henry)

Industrieroboter (industrial robot)
Programmierbarer Bewegungsautomat mit mehreren Achsen.
Seine Glieder sind bezüglich seiner Bewegungsfolge, seinen Wegen und Winkeln in der Regel frei programmierbar oder sensorgeführt. Roboter werden für das Handhaben (VDI-2860) von Werkstücken (Handhabungsroboter) und für das Bearbeiten (DIN-8580) mit Werkzeugen (Prozessroboter) eingesetzt. Dazu sind sie mit Arbeitsorganen wie Greifern oder Werkzeugen und zusätzlichen Einrichtungen wie Greiferwechselsystemen und Fügehilfen ausgerüstet. Unterschieden werden sie nach ihrer Kinematik, ihrer Bauform (Geometrie), ihren Antrieben, ihren technischen Anforderungen wie Positionier-/Bahngenauigkeit und Verfahrgeschwindigkeit.
Teilsysteme eines Industrieroboters sind der Roboterarm (über Gelenke verbundene Glieder), das Arbeitsorgan (Greifer, Werkzeug), die Steuerung, der Antrieb und das Sensorsystem.
Eingesetzt werden Industrieroboter bei Arbeiten mit vielen gleichen Bewegungswiederholungen und ersetzen durch Automatisierung menschliche Arbeitskräfte in gesundheitsschädigenden bzw. gesundheitsgefährdenden Arbeitsprozessen. Gefährdung für den Menschen besteht z.B. durch Funkenflug, Wärmeentwicklung, schädliche Gase und Flüssigkeiten, bei Arbeiten in Unter- oder Überdruckbereichen, bei großen Haltegewichten in ungünstiger Lage, beim Schweißen, bei hoher Taktrate und bei monotoner, ermüdender Arbeit. Roboter ermöglichen Arbeiten in unzugänglichen Räumen, z.B. bei der Instandhaltung und Reparatur im Inneren von Rohrleitungen.
In Deutschland waren 2000 ca. 81 000 Roboter installiert (auf 10 000 Arbeitnehmer in der Industrie kommen 102 Roboter), weltweit ca. 900 000.
(→Handhabungsroboter, →Kinematik, →Manipulator, →Prozessroboter, →Roboterantrieb, →Roboterbauform, →Robotergreifer, →Robotersensorik, →Robotersteuerung)

Infinitesimalrechnung
(infinitesimal calculus)
Synonym für Differenzial- und Integralrechnung, dem Teilgebiet der Mathematik, das auf dem Grenzwertbegriff aufbaut.
Infinitesimal bedeutet beliebig („unendlich") klein, gegen Null strebend.
(→Analysis)

Informationsfluss (information flow)
Ablauf und Zusammenwirken aller Informationen für die Fertigung eines Werkstücks auf CNC-Maschinen, zusammengefasst durch das CNC-Programm.
Notwendig sind geometrische und technologische Daten sowie Werkzeugkenngrößen, Korrekturwerte, Maschineneinrichtdaten.
(→CNC-Programm, →Datenträger, →Informationsquellen)

Informationsquellen
(sources of information)
Hilfsmittel für den Programmierer oder Maschinenbediener zur Erstellung von CNC-Programmen.

Daten werden aus technischer Zeichnung, Bearbeitungsplan, Werkzeugplan, Spannmittelkartei und Maschinen-/Programmieranleitung entnommen. (→CNC-Programm, →Informationsfluss)

Inhibition
(exclusion; NOT-IF-THEN operation)
Logische Verknüpfung, bei der am Ausgang nur dann logisch 1 anliegt, wenn am ersten der beiden Eingänge 1 und am zweiten 0 anliegt.

Initialisierung (initialization)
Vorgang, der Bausteine der Datentechnik in einen definierten Anfangszustand versetzt, um damit arbeiten zu können.
Beispiel: Um einen E/A-Baustein dazu zu bewegen, Daten zu lesen oder auszugeben, muss zuvor die Aufgabenstellung Port A = Eingabe, Port B = Ausgabe durch ein Kommandowort in ein Kommandoregister des Bausteins geschrieben werden.

injektive Abbildung (injective mapping)
Anderer Name für injektive Funktion.
(→injektive Funktion)

injektive Funktion (injective function)
Eine Funktion, bei der jedes Bild genau ein Urbild besitzt.
Bei einer injektiven Funktion gehören zu verschiedenen Argumenten also stets verschiedene Bilder:
$x_1 \neq x_2 \Rightarrow f(x_1) \neq f(x_2)$.
Beispiele:
$y = f(x) = \sqrt{x}, f: \mathbb{N} \to \mathbb{R}$ (injektive Funktion),
$y = f(x) = x^2 - 1, f: \mathbb{R} \to \mathbb{R}$
(nicht injektive Funktion).
(→bijektive Funktion, →Funktion, →surjektive Funktion)

inkohärente Einheit (incoherent unit)
→kohärente Einheit

Inkreis (inscribed circle)
Der einem Dreieck einbeschriebene Kreis.

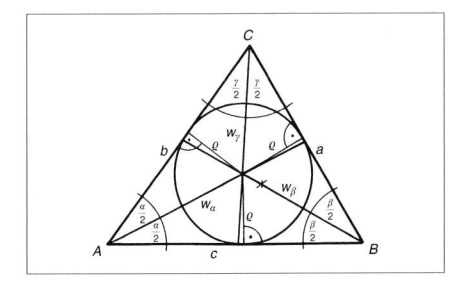

Dreieck mit Inkreis

Der Inkreis berührt die drei Dreiecksseiten von innen, er hat die Dreiecksseiten also als Tangenten.

Der Mittelpunkt des Inkreises ist der gemeinsame Schnittpunkt der drei Winkelhalbierenden w_α, w_β, w_γ des Dreiecks. Für den Radius ρ des Inkreises gilt:
$\rho = (s-a)(s-b)(s-c)/s$
$= s \cdot \tan(\alpha/2) \cdot \tan(\beta/2) \cdot \tan(\gamma/2)$
mit $s = (a+b+c)/2$.
(→Umkreis)

Inkrementalbemaßung
(incremental dimensioning)
Bemaßungssystem in der CNC-Technik, bei dem Kettenmaße für die Beschreibung von Werkstückgeometrien verwendet werden.
Erster Bearbeitungspunkt wird vom Werkstücknullpunkt aus angegeben. Jedes folgende Konturpunktmaß bezieht sich auf den zuvor definierten Punkt. Wird auch als Zuwachsbemaßung bezeichnet und mit dem Wegbefehl G91 aktiviert.
DIN 66 025 Programmaufbau für numerisch gesteuerte Arbeitsmaschinen, DIN 406 Maßeintragung.
(→Absolutbemaßung)

Inkrementalmaßprogrammierung
(incremental programming)
→Inkrementalbemaßung

Innengreifer (internal gripper)
Bauform eines Greifers zur Aufnahme und Handhabung von Werkstücken und Werkzeugen, wobei die Handhabungsobjekte an ihren Innenflächen (z.B. Bohrungen, Aussparungen) gehalten werden.
(→Außengreifer, →Greifer, →Greiferbacken, →Robotergreifer)

Innenleistung P_i (indicated power)
Kenngröße von Maschinen und Anlagen, auch indizierte Leistung P_i genannt.
Bei Kolbenmaschinen vom Gasdruck an den Kolben (Verbrennungsmotor) oder vom Kolben auf das Fördermedium übertragene Leistung (Kolbenverdichter, Kolbenpumpen). Sie kann aus dem Indikatordiagramm bestimmt werden. Beim Verbrennungsmotor beträgt $P_i = A s z p_i n/2$ (Viertaktverfahren) oder $P_i = A s z p_i n$ (Zweitaktverfahren) mit Kolbenfläche A, Kolbenhub s, Zylinderzahl z, mittlerem Kolbendruck p_i und Motordrehzahl n.
Bei Pumpen ist $P_i = q_V H g \rho$ (Förderleistung), mit Volumenstrom q_V, Förderhöhe H, Fallbeschleunigung g und Dichte ρ. Bei Wasserturbinen ist $P_i = q_V H g \rho$, mit H als Fallhöhe. Bei Dampfturbinen ist $P_i = q_{mD} \Delta h$, mit Dampfdurchsatz q_{mD} und Energiegefälle Δh.
(→Effektivleistung, →Indikatordiagramm, →innerer Wirkungsgrad)

Innenräummaschine
(internal broaching machine)
→Räummaschine

Innenrundschleifmaschine
(internal cylindrical grinding machine)
Schleifmaschine, auf der Werkstückbohrungen bearbeitet werden.
Dabei werden sowohl die Schleifscheibe als auch das Werkstück angetrieben. Das Werkstück wird im Spannfutter „fliegend" gespannt.

innere Energie (intrinsic energy)
Die (thermische) innere Energie U in J (Joule) ist der Energiebestand eines (ruhenden) geschlossenen Systems (ohne chemische und nukleare Energieanteile). Sie kann nur durch Energieaustausch zwischen System und Umgebung (Wärme, Arbeit) über die Syszemgrenze hinweg verändert werden.

innere Kräfte (inner forces)
Werden von den äußeren Kräften im Innern eines Bauteils (Werkstücks) hervorgerufen und wirken dort seiner Verformung entgegen.
Zur fehlerfreien Dimensionierung des Bauteils (Festigkeitsrechnungen) muss das gesamte innere Kräftesystem bekannt sein.
Lösungsweg: Erst Körper (Bauteil, Welle, Zapfen, Zahnrad usw.) *frei machen* und mit den Gesetzen und Verfahren der Statik die äußeren Kräfte bestimmen, z.B. rechnerisch durch den Ansatz der statischen Gleichgewichtsbedingungen ($\Sigma F_x = 0$, $\Sigma F_y = 0$, $\Sigma M = 0$). Dann Schnittverfahren anwenden und die inneren Kräfte ermitteln. Zum Abschluss die Festigkeitsrechnungen durchführen.
(→inneres Kräftesystem, →Wechselwirkungsgesetz)

innere Teilung (internal division)
Eine Art der Streckenteilung.
(→Streckenteilung)

innerer Fotoeffekt
(internal photoelectric effect)
Einfallende optische Strahlung setzt innerhalb eines Halbleiterkristalls Ladungsträger (Elektronen und Defektelektronen) frei.
Dadurch erhöht sich die Leitfähigkeit des Kristalls.
Bei Benutzung eines pn-Überganges wird zusätzlich die Ladungsverteilung geändert, so dass der pn-Übergang zum Spannungserzeuger wird.
Anwendung: Fotodioden, Fototransistor, Fotoelement.

innerer Wirkungsgrad η_i (internal efficiency)
Kenngröße von Maschinen und Anlagen, mit der innere Verluste (mit Ausnahme der mechanischen) erfasst werden.
Dazu zählen Düsen-, Schaufel-, Spalt-, Wirbel- und Austrittsverluste bei Strömungsmaschinen.
Bei Verbrennungsmotoren ist η_i das Verhältnis der im Zylinder in Arbeit umgesetzten Wärme zu der durch den Kraftstoff zugeführten Energie:

$\eta_i = P_i/(BH_u)$ mit Innenleistung P_i, Kraftstoffverbrauch B und spezifischem Heizwert H_u.
(→effektiver Wirkungsgrad, →Innenleistung, →mechanischer Wirkungsgrad, →Wirkungsgrad)

inneres Kräftesystem
(system of inner forces)
Diejenigen Kräfte F und Kraftmomente M, die von zwei benachbarten Querschnitten eines Bauteils übertragen werden können.
Ein vollständiges inneres Kräftesystem besteht aus:
a) einer rechtwinklig zur Schnittfläche wirkenden Normalkraft F_N, die Normalspannungen σ erzeugt;
b) einer in der Schnittfläche wirkenden Querkraft F_q, die Schubspannungen τ erzeugt;
c) einem rechtwinklig zur Schnittfläche wirkenden Biegemoment M_b, das Biegespannungen σ_b erzeugt (Normalspannungen);
d) einem in der Schnittfläche wirkenden Torsionsmoment M_T, das Torsionsspannungen τ erzeugt (Schubspannungen).
(→Biegung, →innere Kräfte)

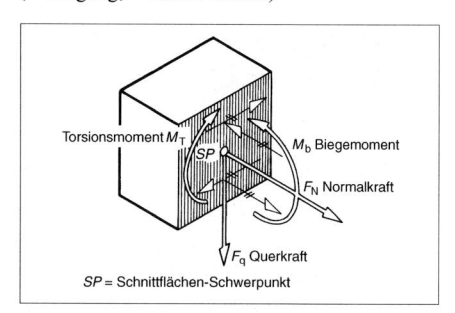

Das allgemeine innere Kräftesystem

Integer-Zahl (integer number)
Datentyp oder Zahl, die nur ganzzahlige Werte enthalten kann.
Beispiel: 137

Integral (integral)
→bestimmtes Integral, →unbestimmtes Integral

Integralrechnung (integral calculus)
Teilgebiet der Mathematik, das sich mit der Integration von Funktionen befasst.
(→bestimmtes Integral, →unbestimmtes Integral)

Integralschaumstoff (selfskinning foam)
Bauteile, die aus einem geschäumten Kern bestehen, der zur Oberfläche hin feinzelliger wird, während die Oberfläche porenfrei ist.
Herstellung nach dem RIM-Verfahren in einem Arbeitsgang in verschiedenen Dichten (hart, halbhart, weichelastisch).

Verwendung: dickwandige, dadurch steife, aber leichte Bauteile wie Armaturenbretter, Arm- und Nackenstützen im Pkw, Gerätegehäuse der Datentechnik, auch durch Hinterschäumen von Dekofolien.

Integralverhalten (integral response)
Zeitverhalten eines Bauelements, bei dem sich die Änderungsgeschwindigkeit der Ausgangsgröße proportional zur Eingangsgröße verhält.
(→Zeitverhalten)

Integralzeichen (integral sign)
Das Zeichen $\int$.
(→bestimmtes Integral, →unbestimmtes Integral)

Integrand (integrand)
→bestimmtes Integral, →unbestimmtes Integral

Integration einer Funktion
(integration of a function)
Berechnung eines (bestimmten oder unbestimmten) Integrals einer Funktion.
(→bestimmtes Integral, →unbestimmtes Integral)

Integrationsregeln (integration rules)
Grundregeln der Integration einer Funktion, zum Beispiel gelten die Regeln:
1. Ein konstanter Faktor im Integranden kann vor das Integralzeichen gezogen werden:
$\int c f(x)\, dx = c \int f(x)\, dx \quad (c \in \mathbb{R})$.
2. Das unbestimmte Integral einer Summe ist gleich der Summe der unbestimmten Integrale (falls Stammfunktionen existieren):
$\int (f(x) + g(x))\, dx = \int f(x)\, dx + \int g(x)\, dx$
3. Ist der Integrand ein Bruch, in dem der Zähler die Ableitung des Nenners ist, dann ist das unbestimmte Integral gleich dem natürlichen Logarithmus des Nenners:
$\int (f'(x)/f(x))\, dx = \ln f(x) + C$.
Beispiele:
1. $\int 3x\, dx = 3 \int x\, dx$
$= 3 \cdot (1/2)\, x^2 + C = (3/2)\, x^2 + C$
2. $\int (4x^3 - 3x^2 + 5)\, dx =$
$= \int 4x^3\, dx - \int 3x^2\, dx + \int 5\, dx =$
$= 4 \int x^3\, dx - 3 \int x^2\, dx + \int 5\, dx =$
$= 4 \cdot (1/4)\, x^4 - 3 \cdot (1/3)\, x^3 + 5x + C =$
$= x^4 - x^3 + 5x + C$
3. $\int ((2x + 3)/(x^2 + 3x - 5))\, C$
$= \ln(x^2 + 3x - 5) + C$
(→partielle Integration, →Substitutionsmethode)

integrierbare Funktion (integrable function)
→bestimmtes Integral, →Stammfunktion

integrierte Schaltkreise (integrated circuits)
Komplexe elektronische Schaltung, bei der alle zur Funktion erforderlichen Bauelemente sowie deren leitende Verbindungen in einem Silizium-Kristall realisiert werden.
Je nach Integrationsdichte (Anzahl der Bauelemente pro Flächeneinheit) werden verschiedene Herstellungstechnologien angewendet. Hinsichtlich der schaltungstechnischen Verwendung werden analoge und digitale IC unterschieden.
Vorteil: Miniaturisierung von Baugruppen und Schaltungseinheiten, geringere Kosten für größere Schaltungseinheiten.

intelligenter Greifer (intelligent gripper)
Greifer mit Adaptionsfähigkeiten, d.h. er kann sich unterschiedlichen Greifaufgaben selbständig anpassen.
Beispiel: Ein Greifer soll ein Werkstück mit grob tolerierten Bohrungsdurchmessern und variablen Bohrungsabständen aufnehmen. Die Bohrungen sollen als Greiffläche der Halteelemente (Finger) dienen. Die Greifoperation kann nur durchgeführt werden, wenn die Öffnungsweite der Halteelemente variabel ist und sie einzeln ansteuerbar sind. Unterstützt wird die Bewegung der Halteelemente durch Sensoren, die die Lage und Größe der Bohrungen feststellen und die Daten der Robotersteuerung übertragen.
(→Adaptionsfähigkeit, →Greifer)

intensive Größe (intensive quantity)
Physikalische Größe, die unabhängig von der Teilchenzahl oder Masse ist.
Quotienten zweier extensiver Größen sind auch intensive Größen.
Beispiele: Druck, Temperatur, Dichte als Quotient von Masse und Volumen: $\rho = m/V$.
(→extensive Größe, →physikalische Größe)

Interface (interface)
Schnittstelle (Verbindungsstelle), die Geräte, Baustufen oder Module (Programmteile) nach unterschiedlichen Bedingungen wie beispielsweise Pegel und Innenwiderstände oder bei Programmen Parameter und Protokolle einander anpasst.

Interferenz (interference)
Überlagerung von zwei oder mehreren Wellen. Die Wellenamplituden (Auslenkungen) werden geometrisch (vektoriell) addiert und ergeben so das jeweilige Interferenzmuster.
(→Welle)

Interkristallin (intergranular)
Zwischen den Kristallen, Gegensatz zu intrakristallin.

interkristalline Korrosion
(intergranular corrosion)
Korrosionsart mit Angriff längs der Korngrenzen (Kornzerfall) bei an sich korrosionsbeständigen Chrom- und Chrom-Nickelstählen mit C-Gehalten von 0,1% nach dem Schweißen in der Wärmeeinflusszone beobachtet.
Ursache ist die Chromverarmung des Austenits durch Bildung von Chromcarbiden auf den Korngrenzen, ausgelöst durch die Schweißwärme. Abhilfe durch Zulegierung von Ti oder Nb/Ta mit höherer C-Affinität (stabilisierte Stahlsorten) oder Absenkung des C-Gehaltes auf 0,02% durch Vakuumentkohlung.
(→Korrosionselemente)

Interlace (interlacing)
Verfahren zur Darstellung von Monitor- und Fernsehbildern durch zwei ineinander verschachtelte Halbbilder.
Der Elektronenstrahl schreibt zunächst alle geradzahligen Zeilen und dann alle ungeradzahligen Zeilen. Auf Grund der Trägheit des menschlichen Auges erscheint ein einigermaßen ruhiges Bild.

intermetallische Phase, IP
(intermetallic compound)
Kristallarten in einigen Legierungssystemen.
Hierzu gehören Überstrukturen (geordnete Austauschmischkristalle, Gitter im Gitter) oder Kristalle, die ein von denen der Komponenten abweichendes Gitter besitzen, und die Carbide, Nitride und Boride der Übergangsmetalle. Gemeinsame Eigenschaften sind hohe Härte, geringe Verformbarkeit. IP treten in Legierungssystemen auf, deren Komponenten geringe Ähnlichkeit in Atomradius, Gitterart, Valenzelektronenzahl u.a. haben, wie z.B. bei Cu-Zn, Cu-Sn, Al-Cu, Ni-Al, Ti-Al. Aus den beiden letzten Systemen sind Ti_3Al und NiAl als leichte, hochfeste, steife Werkstoffe mit höherer Schmelztemperatur als Al-Legierungen für den Flugtriebwerksbau im Einsatz. Formgebung der meist spröden Stoffe pulvermetallurgisch mit nachfolgendem Strangpressen.

intermetallische Phasen
(intermetallic phases)
Metallische Phasen aus Legierungselementen mit begrenzter Löslichkeit im Wirtsgitter.
Sie haben neben der Metallbindung noch Anteile von Ionen- und Atombindung.

internationales Einheitensystem
(international unit system)
→SI

interner Zinsfuß (internal interest rate)
Effektivverzinsung bzw. interne Rendite einer Investition.
Gemeint ist der Zinsfuß, bei dem der Barwert der Auszahlungen gleich dem Barwert der Einzahlungen einer Investition oder der Kapitalwert aller Nettozahlungsüberschüsse einer Investition gleich den Anschaffungsauszahlungen sind.

Interpolationsarten (interpolation modes)
Programmierbare Rechenschaltung an CNC-Steuerungen, die Verfahrbewegungen für achsparallele Konturen (Linearinterpolation) und für beliebige Bahnen (Zirkularinterpolation) ermittelt. Antriebsmotoren für Vorschubbewegungen der Achsschlitten werden über Geschwindigkeitsregler so koordiniert, dass eine programmierte Bahn fehlerfrei abgefahren wird.
DIN 66 025 Programmaufbau für numerisch gesteuerte Arbeitsmaschinen.
(→CNC-Steuerungen, →Linearinterpolation)

Interpolator (director; interpolator)
Programmierbare Rechenschaltung in CNC-Steuerungen, die mehrere Achsbewegungen über Geschwindigkeitsregler der Antriebsmotoren so koordiniert, dass jede beliebige Werkzeugbahn erzeugt werden kann.
Dadurch können gleichzeitig 2, 3, 4 oder auch 5 Achsen an CNC-Maschinen verfahren werden.
(→Interpolationsarten, →Linearinterpolation)

Interpreter (interpreter)
Übersetzt den vorliegenden Quelltext eines Programms während das Programm ausgeführt wird Befehl für Befehl.
Durch die mehrfache Übersetzung eines Befehles bei mehrfacher Ausführung (z.B. in Zählschleifen) benötigt der Interpreter häufig mehr Zeit für sich selbst, als für das Programm des Anwenders. Daraus folgen relativ langsame Programme, die aber durch umfangreiche Fehlerprüfung bereits bei der Erstellung des Quelltextes schnell entworfen sind.
(→Compiler)

Interrupt (interrupt)
Zeitlich unabhängige Unterbrechungsanforderung peripherer Geräte an die CPU.
Das gerade laufende Programm wird unterbrochen und verzweigt sich zu einer für den Interrupt festgelegten Adresse. Nach Durchlaufen der Interruptroutine wird das Programm an der zuvor unterbrochenen Stelle fortgesetzt.
(→Polling)

Interruptebene (interrupt plane)
Zuordnung verschiedener Prioritäten zu Interrupts, um bei gleichzeitiger Anforderung mehrerer Interrupts eine definierte Abarbeitungsreihenfolge durch die CPU zu gewährleisten.

Interruptroutine (interrupt routine)
Unterprogramm für eine Unterbrechungsanforderung.
($\rightarrow$Interrupt)

Intervall (interval)
Eine zusammenhängende Menge reeller Zahlen mit den Endpunkten a und b, wobei $a < b$ ist und a gleich $-\infty$ und b gleich ∞ gesetzt werden kann, wird Intervall oder Zahlenintervall mit den Endpunkten oder Randpunkten a und b genannt.
Gehört der Randpunkt nicht selbst zum Intervall, so spricht man von einem offenen Intervallende, im entgegengesetzten Fall von einem abgeschlossenen Intervallende.
Die Angabe eines Intervalls erfolgt durch seine Randpunkte a und b, indem diese in Klammern gesetzt werden. Eine eckige Klammer steht für ein abgeschlossenes Intervallende, eine runde für ein offenes Intervallende.
Gehören beide Randpunkte zu dem Intervall, so heißt es abgeschlossen, gehört nur einer der Randpunkte (also entweder a oder b) zum Intervall, so heißt es halboffen, gehört keiner der Randpunkte zum Intervall, so heißt es offen.
Intervalle dienen der Beschreibung von Zahlenmengen. Man unterscheidet beschränkte und nicht beschränkte Intervalle.
Bei einem beschränkten Intervall sind die Intervallgrenzen a und b reelle Zahlen. Es besteht aus allen reellen Zahlen x, die zwischen diesen beiden Grenzen liegen.
Schreibweise:
$[a, b] = \{x \mid x \in \mathbb{R}$ und $a \leq x \leq b\}$
(abgeschlossenes Intervall);
$(a, b) = \{x \mid x \in \mathbb{R}$ und $a < x < b\}$
(offenes Intervall);
$[a, b) = \{x \mid x \in \mathbb{R}$ und $a \leq x < b\}$
(halboffenes Intervall);
$(a, b] = \{x \mid x \in \mathbb{R}$ und $a < x \leq b\}$
(halboffenes Intervall).
Bei einem nicht beschränkten Intervall ist mindestens eine der Intervallgrenzen $-\infty$ oder ∞. Solche Intervalle können durch eine Ungleichung beschrieben werden.
Schreibweise:
$[a, \infty) = \{x \mid x \in \mathbb{R}$ und $x \geq a\}$
(halboffenes Intervall, nach rechts unbeschränkt);
$(a, \infty) = \{x \mid x \in \mathbb{R}$ und $x > a\}$
(offenes Intervall, nach rechts unbeschränkt);
$(-\infty, a] = \{x \mid x \in \mathbb{R}$ und $x \leq a\}$
(halboffenes Intervall, nach links unbeschränkt);
$(-\infty, a) = \{x \mid x \in \mathbb{R}$ und $x < a\}$
(offenes Intervall, nach links unbeschränkt);
$(-\infty, \infty) = \{x \mid x \in \mathbb{R}\}$
(offenes Intervall, nach links und nach rechts unbeschränkt).

Invarstahl (invar)
Fe-Ni-Legierungen mit 35% Ni und kleinster Wärmedehnung im Bereich von ± 100 °C für Präzisionsmessinstrumente und Uhren.

inverse Funktion (inverse function)
$\rightarrow$Umkehrfunktion

inverse trigonometrische Funktionen
(inverse trigonometric functions)
$\rightarrow$Arkusfunktionen

Inversion (inversion)
$\rightarrow$NICHT-Verknüpfung

Inversionsgesetze
(inversion laws; de Morgan' laws)
$\rightarrow$De Morgansche Regeln

Inverter (inverter)
Elektronische oder digitale Schaltung mit der Aufgabe, die Eingangsinformation umzukehren.

Invertieren (invert)
Umdrehen, aus einem H-Pegel wird ein L-Pegel und umgekehrt.
($\rightarrow$Inverter)

Investition (investment)
Eine Kapitalanlage mit dem Ziel, daraus später Einnahmen zu erhalten.
Sachinvestitionen sind Grundstücke, Anlagen, Vorräte und Fremdleistungen. Finanzinvestitionen sind Beteiligungen und Forderungen.

Investitionsrechnung
(capital expenditure budgeting)
Verfahren zur Ermittlung der Zweckmäßigkeit von Investitionen.

I/O mapped (mapped I/O)
Getrennter Adressraum für Ein-/Ausgabebausteine und Speicher.
Die Unterscheidung der Adressräume erfolgt über eine Steuerleitung der CPU.
($\rightarrow$Memory Mapped I/O)

I/O-Port (**I**nput/**O**utput-Port)
$\rightarrow$E/A-Baugruppe

Ionen (ions)
Atome oder Atomgruppen, die positive elektrische Ladung (Kation) oder negative elektrische Ladung (Anion) tragen.
Beispiel: Atome:
NaCl besteht aus Na^+-Ionen (Kationen) und Cl^--Ionen (Anionen).

Ionenbindung

Beispiel: Atomgruppen:
Sulfat-Gruppe SO_4^{2-} (Anion), Ammonium-Gruppe NH_4^+ (Kation).

Ionenbindung (ionic bond)
Bindungszustand zwischen Nichtmetallatomen und Metallatomen (heteropolare Bindung).
Das elektropositivere Metall gibt ein oder mehrere Elektronen aus seiner Elektronenschale ab, das elektronegativere Nichtmetall nimmt diese Elektronen in seine Elektronenschale auf. Das Metall wird zum positiven Kation, das Nichtmetall zum negativen Anion.
Beispiel: Na^+Cl^- Kochsalz (Natriumchlorid) besteht aus positiven Na^+-Ionen und negativen Cl^--Ionen. ($\Delta EN > 1,8$).
Beispiel: Ionenbindung des NaCl

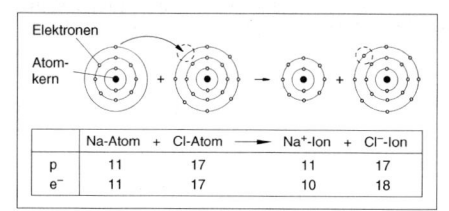

	Na-Atom	+	Cl-Atom	→	Na^+-Ion	+	Cl^--Ion
p	11		17		11		17
e^-	11		17		10		18

Ionenbildung von NaCl

Ionenformeln (ionic formula)
Darstellung der Ionenbindung durch die Angabe des Ladungszustandes des Ions rechts oben am Element.
Beispiele: Natriumchlorid $NaCl \rightarrow Na^+ Cl^-$
Magnesiumchlorid $MgCl_2 \rightarrow Cl^- Mg^{2+} Cl^-$
Beispiel: Ionenformeln in Elektronenschreibweise

Beispiele:
Na· + ·C̈l: ⟶ Na^+ + :C̈l:$^-$
Ca + ·Ö: ⟶ Ca^{2+} + :Ö:$^{2-}$
2 Al· + 3 ·Ö: ⟶ :Ö:$^{2-}$ + Al^{3+} + :Ö:$^{2-}$ + Al^{3+} + :Ö:$^{2-}$

Ionenformeln

Ionengitter (ionic lattice)
Kristallgitter, in denen die Gitterplätze abwechselnd von Kationen und Anionen besetzt sind, so dass die Anziehung gegensätzlich geladener Ionen und Abstoßung gleichgeladener im Gleichgewicht ist.
Keine Kaltverformung möglich, im Schmelzzustand elektrische Leitfähigkeit.
Beispiele: Oxide, Oxidkeramik, Salze.

Ionenimplantieren (ion implantation)
Oberflächenbehandlung im Vakuum zur Anreicherung von Ionen (N, Ti, B, Sn) bei $< 200°C$ ohne Auswirkung auf Oberfläche und Geometrie in einer max. 1 µm dicken Randschicht zum Schutz gegen Adhäsionsverschleiß bei Werkzeugen.

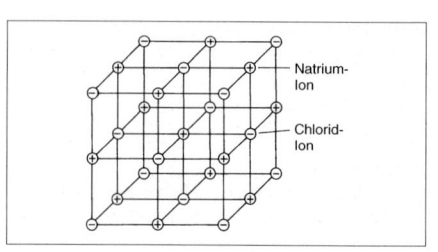

Ionengitter des Natriumchlorids

Die Ionen erzeugen Fehlstellen im Gitter und lösen sich oder bilden Verbindungen. Auch nachträgliches Legieren einer aufgedampften Schicht mit dem Grundwerkstoff, als Ionenmischen bezeichnet.

Ionenprodukt des Wassers K_W
(ionic product of water)
Produkt der Konzentration von H^+-Ionen c_{H^+} und der OH^--Ionen c_{OH^-}, die in 1 Liter reinem Wassers bei konstanter Temperatur von 22 °C enthalten sind.
Allgemein gilt:
$$K_W = c_{H^+} \cdot c_{OH^-}$$
Mit Konzentrationen:
$K_W = 1 \cdot 10^{-7} \text{ mol/l} \cdot 1 \cdot 10^{-7} \text{ mol/l}$
$K_W = 1 \cdot 10^{-14} \text{ mol}^2/\text{l}^2$.
K_W gilt für alle wässrigen Lösungen wie Säuren, Laugen.
($\rightarrow$ Elektrolytische Dissoziation)

Ionenwertigkeit (ionic valence)
Zahl der aufgenommenen oder abgegebenen Elektronen in einer Ionenverbindung.
Zahl der aufgenommenen Elektronen = negative Ionenwertigkeit.
Zahl der abgegebenen Elektronen = positive Ionenwertigkeit.

Beispiele in Ionenformeln	Ionenwertigkeiten
Natriumnitrat $Na^+ NO_3^-$	Na^+ einfach positiv NO_3^- einfach negativ
Magnesiumchlorid $Cl^- Mg^{2+} Cl^-$	Mg^{2+} zweifach positiv Cl^- einfach negativ

Ionisierungsenergie (ionization energy)
Energie, die nötig ist, um ein oder mehrere Elektronen (e^-) aus einem Atom oder einer Atomgruppe zu entfernen.

Beispiel:

H $\to$ H$^+$ + 13,6 eV	Abtrennung eines e$_-$
He $\to$ He$^+$ + 24,6 eV	Abtrennung des ersten e$_-$
He$^+$ $\to$ He^{2+} + 54,4 eV	und des zweiten e$_-$

Erklärung:
1 eV (Elektronvolt) = $15{,}993 \cdot 10^{-23}$ KJ
positives Vorzeichen = aufzuwendende Energie

Ionitrieren (ion nitriding)
Nitrieren mit Plasmaunterstützung (Klöckner-Ionotron), dadurch sind niedrigere Temperaturen und Ausbildung einphasiger Nitrierschichten möglich.

irrationale Funktion (irrational function)
Algebraische Funktion, die nicht rational ist.
Bei irrationalen Funktionen tritt die unabhängige Variable auch unter einem Wurzelzeichen auf.
Beispiele: $y = \sqrt{3x^2 + 4}$; $y = \sqrt[3]{(x^2+1)}\sqrt{x}$

($\to$algebraische Funktion, $\to$rationale Funktion)

irrationale Zahl (irrational number)
Reelle Zahl, die nicht rational ist.
Der Dezimalbruch einer irrationalen Zahl hat unendlich viele Stellen und keine Periode.
Beispiele: $\sqrt{3}$; $\sqrt[3]{4}$; $-2\sqrt{53}$; $-\pi$; e.
($\to$rationale Zahl, $\to$reelle Zahl)

ISO-Steilkegel
(short taper; steep-angle taper)
Nimmt im Frässpindelkopf nach DIN 2079 den Kegelschaft von Fräsern oder Fräserdornen auf. Die Werkzeuge lassen sich leichter als beim Morse- oder metrischen Kegel aus der Kegelbohrung der Frässpindel lösen, aber der Mitnahme des Werkzeugs muss zusätzlich durch Mitnehmer am Spindelkopf gewährleistet werden.
DIN 2079 Spindelköpfe mit Steilkegel 7:24,
DIN 2080 Steilkegelschäfte für Werkzeuge und Spannzeuge
($\to$Fräserdorn)

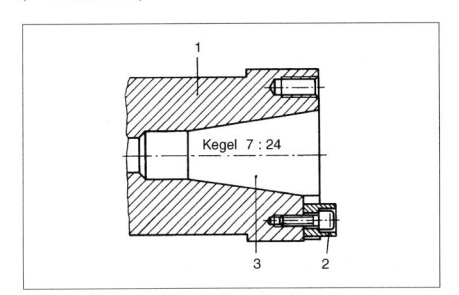

*ISO-Steilkegel im Frässpindelkopf nach DIN 2079
1 Spindelkopf, 2 Mitnehmerstein, 3 ISO-Steilkegel*

isobare Zustandsänderung
(constant pressure change; isobaric change)
Reversible Änderung des physikalischen Zustandes eines eingeschlossenen Gases bei konstantem Druck p.
Wird einem Gas bei p = konstant Wärme zugeführt, dehnt es sich aus und gibt Volumenänderungsarbeit nach außen ab (äußere Arbeit). Das Volumen V eines idealen Gases ändert sich im gleichen Verhältnis wie die absolute Temperatur T: $V_1/V_2 = T_1/T_2$ (Gesetz von Gay-Lussac).
Die reversibel abgegebene Volumenänderungsarbeit W erscheint im p,V-Diagramm als Fläche. Sie ist zusammen mit der Erhöhung der inneren Energie U der zugeführten Wärme Q gleichwertig ($Q = \Delta U + W$).
Bei isobarer Kompression (Volumenverkleinerung) wird die Volumenänderungsarbeit von außen zugeführt, die Wärme Q wird abgeführt.

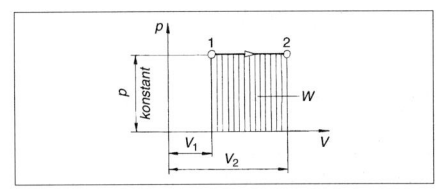

Isobare Zustandsänderung (Expansion von 1 nach 2) im p,V-Diagramm

isochore Zustandsänderung
(constant volume change; isochoric change)
Reversible Änderung des physikalischen Zustandes eines eingeschlossenen Gases bei konstantem Volumen V.
Wird einem Gas bei V = konstant Wärme Q zugeführt oder entzogen, tritt Volumenänderungsarbeit (äußere Arbeit) nicht auf. Der absolute Druck p eines idealen Gases ändert sich im gleichen Verhältnis, wie die absolute Temperatur T: $p_1/p_2 = T_1/T_2$.
Die zugeführte oder abgeführte Wärme Q erhöht oder vermindert unmittelbar die innere Energie U des Gases ($Q = \Delta U$).

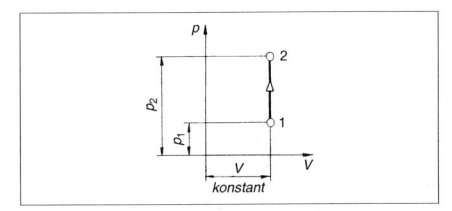

Isochore Zustandsänderung (Druckerhöhung von 1 nach 2) im p,V-Diagramm

Isolationswiderstand (insulation resistance)

Elektrischer Widerstand zwischen zwei elektrisch leitfähigen Teilen, die durch Isolationsmaterialien getrennt sind. Der Widerstand ist nur theoretisch unendlich groß und kann zu fehlerhaften Funktionsabläufen führen oder Menschen gefährden. Es sind geeignete Maßnahmen (z.B. Isolationsstoffe) zu ergreifen, um Mindestwerte (z.B. 1000 Ω/V) zu garantieren.
VDE 0100 Errichten von Starkstromanlagen, VDE 0700 Sicherheit elektrischer Geräte für den Hausgebrauch, VDE 0701 Instandsetzung, Änderung und Prüfung elektrischer Geräte, DIN-VDE 0340 Elektroisolierbänder.

isotherme Umwandlung
(isothermal transformation)

Gefügeänderung des Austenits bei konstanter Temperatur oberhalb der Martensitstufe.
Dazu muss nach Austenitisierung schnell auf die Umwandlungstemperatur abgeschreckt werden, die dann bis zum Ende der Umwandlung gehalten wird.
(→Bainitisieren, →Patentieren)

isotherme Zustandsänderung
(isothermal change)

Reversible Änderung des physikalischen Zustandes eines eingeschlossenen Gases bei konstanter Temperatur T.
Wird dem Gas Wärme bei T = konstant zugeführt, dehnt es sich aus und gibt Volumenänderungsarbeit nach außen ab (äußere Arbeit). Das Produkt aus Volumen V und absolutem Druck p ist während der Zustandsänderung eines idealen Gases konstant: $p_1 \cdot V_1 = p_2 \cdot V_2$ (Gesetz von Boyle und Mariotte).

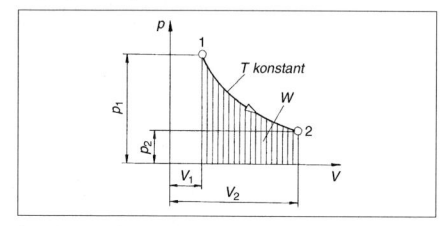

Isotherme Zustandsänderung (Expansion von 1 nach 2) im p,V-Diagramm

Die abgegebene Volumenänderungsarbeit W erscheint im p,V-Diagramm als Fläche. Sie ist der zugeführten Wärme Q gleichwertig ($Q = W$). Die innere Energie U des Gases ändert sich nicht (U konstant, $\Delta U = 0$).
Bei isothermer Kompression (Volumenverkleinerung) wird die Volumenänderungsarbeit von außen zugeführt, die gleichwertige Wärme Q wird abgeführt.

Isotope (isotope)

Kernarten eines chemischen Elements mit der gleichen Protonenzahl (Ordnungszahl), aber unterschiedlichen Neutronenzahlen und damit unterschiedlichen Massenzahlen.
Isotope stehen im PSE an der gleichen Stelle wie die „normalen" chemischen Elemente. Sie haben gleiche chemische, jedoch unterschiedliche physikalische Eigenschaften.
(→Neutron, →Nuklid, →Proton)
Beispiele:

Isotope des Kohlenstoffs			Isotope des Wasserstoffs		
$^{12}_{6}$C	$^{13}_{6}$C	$^{14}_{6}$C	$^{1}_{1}$H	$^{2}_{1}$H	$^{3}_{1}$H
C–12	C–13	C–14	H–1	H–2	H–3

oder

Die Zahlenangaben links oben oder hinter den Elementsymbolen geben die Massenzahlen an.

Isotropie (Isotropy)

Richtungsunabhängigkeit der Eigenschaften. Tritt bei amorphen und vielkristallinen Stoffen ohne Textur oder Zeilengefüge auf.
(Quasiisotropie)
(→Anisotropie)

Istwert (actual value)

Wert, den eine Größe zum betrachteten Zeitpunkt tatsächlich hat.
DIN 19 226 Regelungs- und Steuerungstechnik, Begriffe und Benennungen.
(→Führungsgröße, →Regelgröße, →Sollwert)

J

Jahresabschluss (annual balance sheet)
Die nach den handelsrechtlichen Vorschriften von allen Kaufleuten aufzustellende Jahresbilanz mit Gewinn- und Verlustrechnung.
Im Rahmen der gesetzlichen Vorschriften sind sämtliche Vermögensgegenstände, Schulden, Rechnungsabgrenzungsposten, Aufwendungen und Erträge auszuweisen.

JK-Flipflop (JK flipflop)
Flipflop mit einem Takteingang und den Vorbereitungseingängen J und K.
Die Informationsübernahme kann nur erfolgen, wenn am Takteingang ein Impuls anliegt. $J = K = 1$ ändert den bisherigen Ausgangswert, bei $J = K = 0$ bleibt er erhalten.
$J = 1$, $K = 0$ setzt den Ausgang auf 1, $J = 0$, $K = 1$ auf 0.
($\rightarrow$R-S-Flipflop)

Joule J (joule)
Abgeleitete SI-Einheit der physikalischen Größe Arbeit, Energie, Wärme E.

$1 J = Nm$ (Newtonmeter) $= Ws$ (Wattsekunde)
$= kg\, m^2/s^2$.
Ein Joule (Aussprache: dschul) ist gleich der Arbeit, die aufgebracht wird, wenn der Angriffspunkt einer Kraft von 1 Newton in Richtung der Kraft um 1 m bewegt wird. Benannt nach James Prescott Joule (1818 – 1889).
Am Schluss von Rechnungen sollte stets die Einheit Joule stehen, wenn es sich um die Größen Arbeit, Energie oder Wärme handelt.
($\rightarrow$Arbeit, $\rightarrow$Energie, $\rightarrow$SI-Einheit, $\rightarrow$Wärmemenge)

Joystick (joystick)
Eingabegerät für DV-Geräte mit der Möglichkeit, eine von vier Richtungen anzugeben sowie eine oder mehrere Funktionstasten zu betätigen.
Von einfachen, digitalen (für Spiele) bis zu aufwendigen analogen Lösungen (für Zeichenprogramme, Steuerungen für Schiffe, Krane o.ä.) reicht das Angebotsspektrum.

K

K-Jetronic (continuous-injection system-CIS)
Mechanisch-hydraulisch arbeitende Einspritzanlage für Ottomotoren.
Der Kraftstoff wird in Abhängigkeit von der angesaugten Luftmenge kontinuierlich vor die Einlassventile gespritzt. Zum Betrieb eines geregelten Katalysators ist das System nicht genau genug, daher durch die KE-Jetronic abgelöst.
(→Einspritzanlage, →KE-Jetronic)

Käfigläufer (squirrel-cage rotor)
Läuferbauform, bei der Leiterstäbe aus Kupfer oder Aluminium in die Nuten des Rotors eingebettet und an ihren Enden durch Kurzschlussringe verbunden sind.
In diesem Käfig fließen die induzierten Ströme und erzeugen ein entsprechendes Magnetfeld. Der Käfigläufer stellt den einfachsten elektrischen Aufbau des Läufers eines Induktionsmotors dar.
(→Induktion)

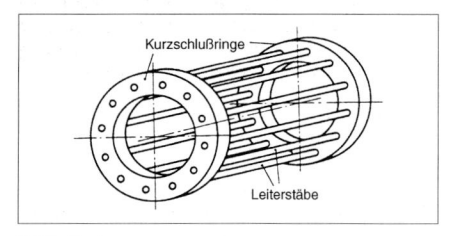

Käfigläufer

Kälteverhalten (low temperature behaviour)
→Dieselkraftstoff

Kalkulation (calculation)
Jede Art der rechnungsbezogenen Zusammenfassung von Kosteninformationen.
Teilgebiet der Kostenträgerrechnung.
Ziel ist, die Kosten einzelner Einheiten (Stück, Charge, Partie, Auftrag) der produzierten und abgesetzten Kostenträger zu ermitteln. Kosteninformationen werden vor allem für die Preisfindung benötigt.
Bei bestimmten Arten öffentlicher Aufträge sind Kostenpreise rechtlich vorgeschrieben. Beim Angebot neuer Produkte sind Stückkosten neben nachfragebezogenen Informationen das grundlegende Datengerüst zur Preisfestsetzung.
Bei bestehenden Marktpreisen muss zur Ermittlung des preispolitischen Spielraums die kosten-
mäßige Preisuntergrenze ermittelt werden. Die Art des verwendeten Kalkulationsverfahrens hängt wesentlich von der Art der Leistungserstellung ab.
(→Divisionskalkulation, →Kostenträgerrechnung, →Vollkostenrechnung, →Zuschlagskalkulation)

Kalorie (calorie)
Früher gebräuchliche, nicht mehr zulässige Einheit der Wärme, ersetzt durch die gesetzliche Einheit Joule (J).

Kaltarbeitsstähle (cold working steels)
Speziell legierte Werkzeugstähle, die auf höchste Härte bei angepasster Zähigkeit wärmebehandelt werden können und bei der Bearbeitung von Werkstücken Temperaturen bis zu 200 °C erreichen.

Kaltauslagern (age-hardening)
Festigkeitssteigernde Phase des Aushärtens, die bei klimatischen Temperaturen abläuft.
Die Ausscheidungen bewirken einen zeit- und temperaturabhängigen Anstieg der Streckgrenze.
(→Gleitblockierung)

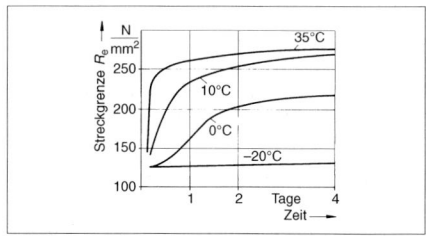

Kaltauslagern von AlCuMg

Kaltfließpressen (cold extrusion)
→Fließpressen

Kaltleiter (PTC resistor)
Stark temperaturabhängiger Widerstand mit nichtlinearer Kennlinie, der mit steigender Temperatur hochohmiger wird.
Andere Bezeichnung: PTC (**p**ositive **t**emperature **c**oefficient).
Anwendung: Temperaturüberwachung, Niveauwächter.

Kaltstarthilfe (cold start aid)
Einrichtungen zur Starterleichterung von Dieselmotoren, wenn bei kaltem Motor, durch die Verdichtung allein, die zur Selbstzündung notwendige Brennraumtemperatur nicht erreicht wird.
Bei Dieselmotoren nach dem Vor- und Wirbelkammerverfahren werden Glühkerzen verwendet. Sie ragen in den Nebenbrennraum und erwärmen die Luft vor dem Start.
Dieselmotoren mit Direkteinspritzung zeigen ein besseres Kaltstartverhalten. Ein Heizflanschelement mit elektrisch beheizten Drähten im Ansaugrohr erwärmt die beim Start angesaugte Luft.
Bei Flammstartanlagen wird über ein Magnetventil Dieselkraftstoff einer Flammglühkerze im Saugrohr zugeführt. Er verdampft in einem Verdampferrohr, entzündet sich an einem Glühstift und erwärmt durch die offene Flamme die Ansaugluft beim Kaltstart.
(→Direkteinspritzung, →Glühkerze, →Vorkammerverfahren, →Wirbelkammerverfahren)

Kaltverfestigung (work hardening)
Anstieg von Festigkeit und Härte bei Abnahme der Dehnbarkeit während einer Kaltverformung. Zunehmende Abgleitvorgänge erhöhen die Zahl der Versetzungen, die das weitere Abgleiten erschweren, später unmöglich machen (vollständige Versprödung).
Anwendung bei kaltgewalzten Blechen, Bändern, Profilen und Schrauben. Bei hochfesten Rundstahlketten wird die Kaltverfestigung bereits bei der Herstellung aufgebracht, um Bruchlast und Genauigkeit der Ketten zu erhöhen.

Kaltverformung (cold forming)
Umformen ohne äußeres Erwärmen.
Die metallographische Grenze zur Warmumformung ist die Rekristallisationsschwelle.
Bei den meisten Metallen tritt Kaltverfestigung auf.

Kantentaster (edge finding probe)
Hilfsmittel für den Bediener einer CNC-Maschine zur Lagebestimmung des Werkstückrohlings in der Aufspannung.
Besteht aus zwei mit einer Feder verbundenen Zylindern. Eine Zylinderhälfte wird beim Anfahren an eine Kontur ausgelenkt. Die erfassten Koordinaten werden gespeichert.
(→Bezugspunktverschiebung, →Einrichtmikroskop, →Werkstücknullpunkt)

Kapazität C (capacitance)
→elektrische Kapazität

Kapazitäten (capacities)
Dazu gehören Fertigungsanlagen, Arbeitsplätze, Maschinen, Werkzeuge, Arbeitskräfte (Kapazitätseinheiten).

Kapital (capital)
Die auf der Passivseite der Bilanz einzelner Unternehmungen ausgewiesenen Ansprüche an das Vermögen.
Es wird unterschieden in Eigenkapital mit Gewinnbeteiligung (nur im Falle eines vom Unternehmen erzielten Reingewinns), Fremdkapital, lang-, mittel- oder kurzfristiger Kredit mit festem Anspruch auf Verzinsung, auch im Falle eines ausgewiesenen Verlustes.
(→Bilanz)

Kapitalumschlag (capital turnover)
Kennzahl für das Verhältnis von Umsatz zu Eigenkapital, bezogen auf die Umschlagsdauer oder Umschlagshäufigkeit.

Kaplanturbinen (Kaplan turbines)
Wasserturbinen in Niederdruckanlagen für kleine Fallhöhen (2...70 m) und große Wassermengen. Die Laufradwelle wird meist in vertikaler Anordnung ausgeführt und ist direkt mit dem Generator gekuppelt. Die Flügelanzahl der Laufräder (4...8) ist abhängig von der Fallhöhe. Für Flusskraftwerke werden axialdurchströmte Rohrturbinen eingesetzt. Leistungsanpassung wird über Doppelregelung, durch gleichzeitige Verstellung der Leitrad- und Laufradbeschaufelung vorgenommen.
(→Wasserkraftwerke, →Wasserturbinen)

Kapselung (data hiding)
Einschluss von Variablen und anderen Daten innerhalb eines Programmteils, damit die Zugriffe auf diese Daten nachvollziehbar werden.
Das bedeutet die konsequente Nutzung lokal gültiger Variablen und die Datenübergabe via Parameter. Eine fehlerhafte Doppelnutzung von Variablenbezeichnern wird verhindert, da diese nach dem Verlassen des Programmteils ungültig werden. Eine optimale Kapselung lässt sich durch die objektorientierte Programmierung erreichen, da hier Daten und Methoden nur gemeinsam zugänglich sind.

Karnaugh-Diagramm (Karnaugh map)
Grafisches Verfahren zur Vereinfachung von Schaltfunktionen oder schaltalgebraischen Gleichungen, 1953 von Karnaugh entwickelt.
Die Methode kann sowohl bei Verknüpfungssteuerungen als auch bei Ablaufsteuerungen angewendet werden. Die Anzahl der Felder des Diagramms ist gleich der Zweierpotenz der Anzahl der Variablen der Schaltfunktion.

Jedes Feld repräsentiert einen möglichen Schaltzustand. Für die Schaltzustände, bei denen die Schaltfunktion den Wert logisch 1 ergibt, wird eine 1 in das entsprechende Feld eingetragen. Vereinfachungen sind dann möglich, wenn Felder mit dem Inhalt 1 zu Blöcken zusammengefasst werden können. Das Verfahren ist für bis zu fünf Variable sinnvoll, bei höherer Variablenzahl geht die Übersichtlichkeit verloren.

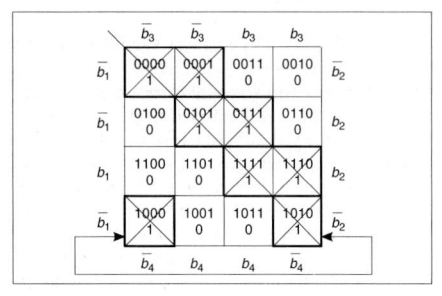

Karnaugh-Diagramm für 4 Variable

Karnaugh-Veith-Diagramm
(Karnaugh-Veith diagram)
→Karnaugh-Diagramm

kartesische Koordinaten
(Cartesian coordinates)
→Koordinatensystem

kartesisches Koordinatensystem
(cartesian coordinate system)
Rechtwinkliges Koordinatensystem, in dem die Achsen X, Y und Z rechtwinklig zueinander stehen und sich im Ursprung kreuzen.
Jeder Punkt im Raum kann durch drei Abstände x_1, y_1 und z_1 beschrieben werden.
DIN 66 217 Koordinatenachsen und Bewegungsrichtungen für numerisch gesteuerte Arbeitsmaschinen.
(→Koordinatensystem)

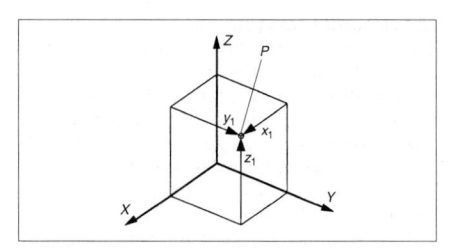

Beschreibung eines Punktes P im kartesischen Koordinatensystem

Karussell-Drehmaschine
(vertical turning and boring mill)
Drehmaschine mit in einem Untersatz gelagerter Planscheibe mit senkrechter Drehachse.
Einständermaschinen haben am Ständer einen festen Querträger. Auf seinen Führungsbahnen wird der Werkzeugschlitten verschoben.
Zweiständermaschinen haben zwischen den Ständern einen Querbalken, der mit den (meist zwei) Werkzeugschlitten senkrecht an den Ständern verschoben werden kann.

Kaskadenschaltung
(cascade circuit; cascade connection)
Reihenschaltung von Betriebsmitteln oder Baugruppen.
1. In der Energietechnik: Reihenschaltung von Leistungsschaltern mit unterschiedlichem Schaltvermögen, wobei im Bedarfsfall der Schalter mit dem höchsten Schaltvermögen den Kurzschlussschutz der Anlage übernimmt.
2. In der Elektronik Reihenschaltung von Dioden zur Erhöhung der Gesamtsperrspannung. Reihenschaltung von zwei oder mehr Villard-Schaltungen (C_1, D_1, C_2, D_2) als Spannungsvervielfacherschaltung zur Erzeugung von Hochspannungen. Jede Villard-Schaltung bewirkt eine Spannungsverdopplung.
Anwendung: Hochspannungskaskade für Bildröhren.

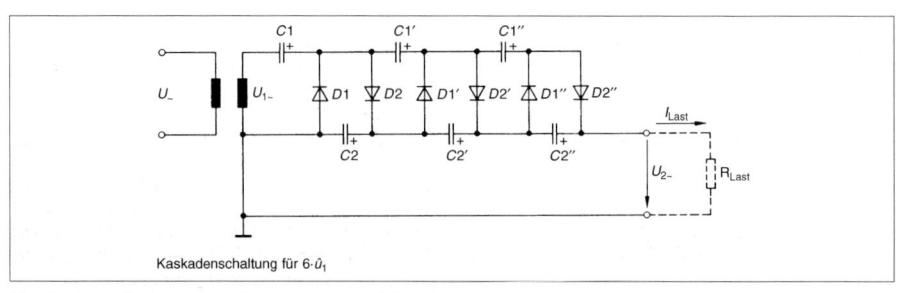

Kaskadenschaltung für $6 \cdot \hat{u}_1$

Kaskadenschaltung zur Spannungsvervielfachung

Katalysator (catalyst)
Einrichtung zur Minderung der Abgasschadstoffe von Verbrennungsmotoren.
Katalysatoren für Ottomotoren wandeln in Verbindung mit einer Lambdasonde die schädlichen Abgasbestandteile Kohlenwasserstoffe (CH), Stickoxide (NO_x) und Kohlenmonoxid (CO) in Kohlendioxid (CO_2), Wasser (H_2O) und Stickstoff (N_2) um (Dreiwege-Katalysator genannt, weil alle drei Schadstoffgruppen verringert werden). Man unterscheidet: Keramik-Monolith-Katalysatoren (vorwiegend eingesetzt), Metall-Monolith-, Einbett-, Doppelbett- und Diesel-Katalysatoren. Einbett-Katalysatoren sind entweder Oxidations- oder Reduktionskatalysatoren. Doppelbett-Katalysatoren sind Reihenschaltungen aus Oxidations- und Reduktionskatalysatoren (Sekundärluftzufuhr um Oxidation zu ermöglichen). Dieselkatalysatoren arbeiten wegen des hohen Restsauerstoffgehalts im Abgas als Oxidationskatalysator in Verbindung mit Abgasrückführung.
(→Keramik-Monolith-Katalysator, →Lambdasonde)

Katheten (small sides)
In einem rechtwinkligen Dreieck die den rechten Winkel einschließenden Seiten.
(→rechtwinkliges Dreieck)

Kathetensatz (Euclid's theorem)
In einem rechtwinkligen Dreieck ist das Quadrat über einer Kathete gleich dem Rechteck aus Hypotenuse und Hypotenusenabschnitt.
Der Hypotenusenabschnitt ist die Parallelprojektion der entsprechenden Kathete auf die Hypotenuse.
Mit a, b Kathetenlängen, c Hypotenusenlänge und p, q zugehörige Hypotenusenabschnitte des Dreiecks gilt: $a^2 = pc$, $b^2 = qc$.
Der Kathetensatz heißt auch erster Satz des Euklid (nach dem hellenistischen Mathematiker Euklid von Alexandria, ~365−300 v. u. Z.).
(→Ähnlichkeit von Dreiecken, →Höhensatz, →Pythagoras, Satz des)

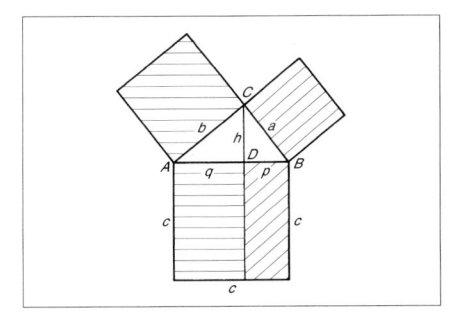

Kathetensatz

Kathode (cathode)
Negativer Pol (Elektrode) bei der Elektrolyse.
(Gegenpol: Anode)

kathodischer Korrosionsschutz (cathodic corrosion protection)
Schutzverfahren zur Verhinderung von Korrosionsschäden.
Bauteile werden durch Zuschaltung von Schutzelektroden zur Kathode gemacht.
Galvanische (Opfer)-Anoden sind unedlere Metalle (Al, Mg, Zn), die elektrisch leitend mit dem Schutzobjekt verbunden werden.
Fremdstromanoden (FeSi in Kokseinbettung) haben durch eine äußere Gleichspannungsquelle ein negativeres Potential als das Schutzobjekt. In beiden Fällen ist das Bauteil kathodisch und damit geschützt.
Anwendung: erdverlegte Leitungen und Behälter, Stahlbewehrung im Beton, Schrauben und Ruder bei Schiffen.
DIN 30 676 Kathodischer Korrosionsschutz/Außenschutz, DIN 50 927 Innenschutz von Behältern und Rohren

Kation (cation)
Ion mit positiver Ladung, wandert bei der Elektrolyse zur negativen Kathode.
Beispiele Metallionen:
Na^+ Natrium-Ion, Mg^{2+} Magnesium-Ion, Al^{3+} Aluminium-Ion.

Kavitation (cavitation)
Bildung und nachfolgender schlagartiger Zusammenbruch von Dampfblasen in Flüssigkeitsströmungen (Hohlsog).
Dampfblasen entstehen an Stellen, an denen der Druck in der Flüssigkeit so weit sinkt dass der zur Flüssigkeitstemperatur gehörende Dampfdruck erreicht wird. Steigt der statische Druck auf dem Strömungsweg über den Dampfdruck der Flüssigkeit, so kommt es zum schlagartigen Zusammenfall (Implosion) der Dampfblase infolge Kondensation. Starke Druckstöße und Schallabstrahlungen (Schlaggeräusche) führen zu Energieverlust und an Oberflächen von Maschinen- und Rohrteilen (Laufräder von Turbinen und Pumpen) zur Werkstoffermüdung und Oberflächenzerstörung durch Materialabtrag (schwammartige Anfressungen).

KE-Jetronic
(electronic continuous-injection system)
Elektronisch gesteuerte, mechanisch-hydraulische Einspritzanlage für Ottomotoren mit Katalysator. Weiterentwicklung der K-Jetronic, deren mechanisch-hydraulisches Grundprinzip erhalten blieb. Das Steuergerät verarbeitet Signale, wie Motordrehzahl, Motortemperatur, Stauklappenstellung, angesaugte Luftmenge, Gaspedalstellung und

Lambdasonden-Spannung und gibt sie als Steuersignal an den elektrohydraulischen Drucksteller weiter. Dieser verändert den Druck in den Unterkammern der Differenzdruckventile, was zu einer Veränderung der zugeteilten Kraftstoffmenge an den Einspritzventilen führt.
(→Einspritzanlage, →K-Jetronic)

Kegel (cone)
Körper, dessen Mantelfläche von allen Strecken (Mantellinien) gebildet wird, die durch einen Punkt (Kegelspitze) und eine vorgegebene geschlossene Kurve (Leitkurve) gehen.

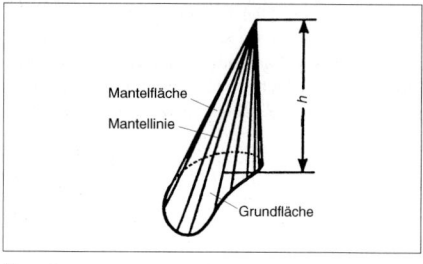

Kegel

Pyramiden sind spezielle Kegel (Kegel mit n-Ecken als Grundfläche). Für einen Kegel mit Mantelfläche A_M und Grundfläche A_G gilt:
Volumen: $V = \frac{1}{3} A_G \cdot h$,
Oberfläche: $A_O = A_M + A_G$.
An Werkzeugmaschinen dient die geometrische Form des Kegels im Spindelkopf von Bohr-, Dreh- und Fräsmaschinenspindeln zur Aufnahme von Werkzeugen und Werkstück- oder Werkzeugspannern.
Die Werkzeuge oder Spanner werden mit ihrem Kegelschaft in der Kegelbohrung zentriert und durch Reibung oder auch zusätzlich durch Mitnehmer mitgenommen. Die Kegelabmessungen sind genormt.
(→gerader Kreiskegel, →ISO-Steilkegel, →Kreiskegel, →Mantelfläche, →Mantellinie, →metrischer Kegel, →Morsekegel, →Pyramide)

Kegelreibungsbremse
(conical friction brake)
Scheibenbremse, bei der die äußeren, die Bremsbeläge tragenden Flächen kegelstumpfförmig ausgebildet sind.
Die drehfest mit der Bremswelle verbundene Bremsscheibe mit Außenkegel wird durch Federkraft axial gegen den gehäusefesten Innenkegel gepresst und hydraulisch oder elektromagnetisch gelüftet. Durch die Kegelreibfläche kann das gleiche Bremsmoment $M = F r z \mu / \sin \alpha$ wie bei einer Einscheibenbremse mit kleinerer Bremskraft $F = M \sin \alpha /(r z \mu)$ erzeugt werden (kleinere Konstruktionsmaße). M in Nm, F in N, r in m, z Anzahl der Reibflächen ($z = 1$ bei Kegelbremse, $z = 2$ bei Einscheibenbremse), α Kegelwinkel ($\alpha = 90°$ bei Einscheibenbremse, $\alpha \approx 20°$ bei Kegelbremse).
Kegelreibungsbremsen sind hauptsächlich bei Asynchronmotoren mit Konusläufer in Gebrauch, weil hier der konische Läufer selbsttätig ein Lösen der Bremse bewirkt, wenn der Motor eingeschaltet wird.
(→Backenbremse, →Bandbremse, →Scheibenbremse)

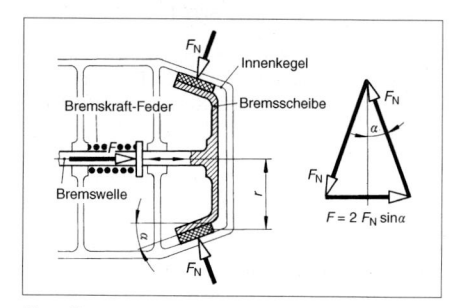

Kegelbremse mit Kräftedreieck

Kegelbremsscheibe (conical brake disc)
→Kegelreibungsbremse

Kegelkupplung (cone clutch)
→Flächenpressungsgleichungen

Kegelrollenlager (tapered roller bearing)
Radial und axial hoch belastbar; Einbau paarweise spiegelbildlich zueinander; Lagerspiel kann ein- und nachgestellt werden. Einsatz z.B. in Radnabenlagerungen von Fahrzeugen, Spindellagerungen von Werkzeugmaschinen.

Kegelschnitt (conic)
Schnittfigur einer Ebene und des Mantels eines geraden Doppelkreiskegels.
Ein gerader Kreiskegel entsteht durch Rotation einer Geraden (die Erzeugende oder Mantellinie) in einem festen Punkt (der Spitze) um eine vertikale Achse, wobei sich die rotierende Gerade entlang eines Kreises bewegt (also mit einem Kreis als Leitkurve), der in einer Ebene senkrecht zur Rotationsachse liegt.
Schneidet man einen solchen Doppelkegel (Spitze auf Spitze) mit einer nicht durch die Spitze S gehenden Ebene E, dann entsteht als Kurve ein sogenannter Kegelschnitt. Abhängig von der Lage der Ebene zum Doppelkegel erhält man verschiedene Kurven:

Kreis:
Die Schnittebene liegt senkrecht zur Kegelachse (Rotationsachse).
Ellipse:
Die Schnittebene ist so geneigt, dass sie nur eine Hälfte des Doppelkegels schneidet und nicht parallel zu einer Mantellinie verläuft.

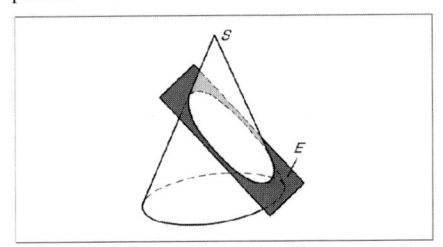

Beziehung des Öffnungswinkels α des Kegels zum Neigungswinkel β der Schnittebene zur Rotationsachse

Kegelschnitt (Ellipse)

Parabel:
Die Schnittebene verläuft parallel zu einer Mantellinie.
Hyperbel:
Die Schnittebene trifft beide Hälften des Doppelkegels. Es werden zwei Kurven ausgeschnitten, die beiden Äste einer Hyperbel.

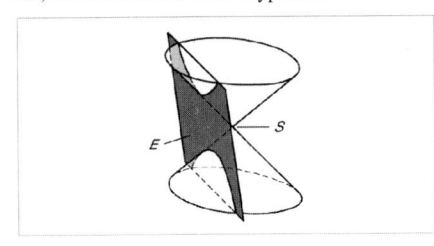

Kegelschnitt (Hyperbel)

Die Kegelschnitte lassen sich auch durch die Beziehung des Öffnungswinkels α des Kegels zum Neigungswinkel β der Schnittebene E zur Rotationsachse beschreiben:

Kreis: $\beta = 90°$,
Ellipse: $\frac{\alpha}{2} < \beta < 90°$
Parabel: $\beta = \frac{\alpha}{2}$,
Hyperbel: $0 \leq \beta < \frac{\alpha}{2}$.

Geht die Ebene E durch die Kegelspitze S, dann besteht die Schnittmenge entweder nur aus einem Punkt (dem Punkt S) oder aus einer oder zwei durch S gehende Geraden (Mantellinien). Solche Schnittmengen heißen entartete Kegelschnitte.
Kreis und Ellipse sind beschränkt, Parabel und Hyperbel nicht. Die Parabel besteht aus einem einzigen Ast (sie ist also zusammenhängend), während die Hyperbel zwei getrennte symmetrische Äste besitzt.
Die allgemeine Gleichung eines Kegelschnitts lautet:
$$Ax^2 + 2Bxy + Cy^2 + Dx + Ey + F = 0.$$
Diese Gleichung enthält als Sonderfälle auch Gleichungen von Punkten, Geraden, Geradenpaaren und imaginären Kurven.
Beispiele:
1. $A = -1, B = C = D = 0, E = 1, F = 0$
   $\Rightarrow y = x^2$
   (Gleichung der Normalparabel).
2. $A = 1, B = 0, C = 1, D = E = 0, F = -r^2$
   $\Rightarrow x^2 + y^2 = r^2$
   (Mittelpunktsform der Gleichung eines Kreises mit dem Mittelpunkt im Koordinatenursprung).
3. $A = 1/a^2, B = 0, C = 1/b^2, D = E = 0,$
   $F = -1 \Rightarrow x^2/a^2 + y^2/b^2 = 1$
   (Mittelpunktsform der Gleichung einer Ellipse mit dem Mittelpunkt im Koordinatenursprung).
4. $A = 1/a^2, B = 0, C = -1/b^2, D = E = 0,$
   $F = -1 \Rightarrow x^2/a^2 - y^2/b^2 = 1$
   (Mittelpunktsform der Gleichung einer Hyperbel mit dem Mittelpunkt im Koordinatenursprung).
5. $A = B = C = 0, D = -1, E = 1, F = 0$
   $\Rightarrow y = x$
   (Gleichung der Winkelhalbierenden).
   (→Ellipse, →Hyperbel, →Kreis, →Parabel)

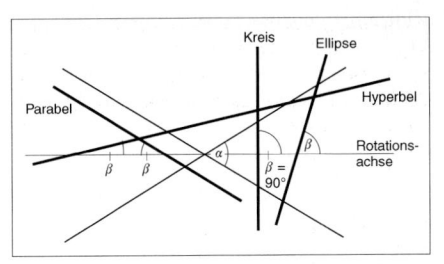

Kegelstumpf (truncated cone)
Kegel, von dem durch einen Schnitt parallel zur Grundfläche der obere Teil abgeschnitten ist.
(→gerader Kreiskegelstumpf, →Kegel)

Kehrwert

Kehrwert (inverse value; reciprocal value)
Der Kehrwert (reziproker Wert) einer Zahl $a \neq 0$ ist die Zahl $1/a$. Der Kehrwert eines Bruches $\frac{p}{q}$ ist der Bruch $\frac{q}{p}$, also der Bruch, bei dem Zähler und Nenner vertauscht sind.
Beispiele: $\frac{1}{3}$ ist der Kehrwert von 3, der Kehrwert von $\frac{16}{19}$ ist $\frac{19}{16}$, der Kehrwert von $-\frac{11}{3}$ ist $-\frac{3}{11}$.

Keilkolbenfutter (collet piston chuck)
Kraftbetätigtes Spannfutter.
Der Spannkolben wird durch den Kraftspannantrieb axial im Futterkörper bewegt. Seine schräg zur Futterlängsachse geneigten Führungsflächen verschieben dabei die Spannbacken gleichzeitig nach innen oder außen.

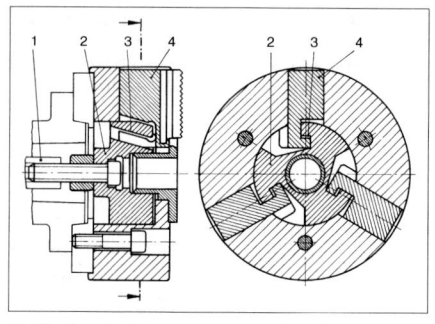

Keilkolbenfutter
1 Zugstange des Kraftspannantriebs, 2 Spannkolben, 3 schräge Führungsfläche, 4 Spannbacke (Grundbacke)

Keilnut (keyway)
→Prismenführung

Keilreibkraft (key friction force)
→Prismenführung

Keilreibzahl (coefficient of key friction)
→Prismenführung

Keilriemen (vee belt)
→Prismenführung

Keilriemengetriebe (V-belt drive)
Je nach Verwendungszweck unterscheidet man Normal-, Schmal-, Breit-, Doppel- und Keilrippenriemen. Bei einem Keilwinkel von 32°...28° ziehen sich Keilriemen unter Belastung in die Rille der Riemenscheibe hinein und erzeugen über die Flanken den zur Kraftübertragung erforderlichen Reibschluss. Dabei dürfen die Keilriemen nicht auf dem Rillengrund aufliegen! Keilriemen können auch bei kleinen Umschlingungswinkeln große Leistungen übertragen. Die Lagerbelastungen sind gering. Der Wirkungsgrad ist durch die größere Walkarbeit und die damit verbundene Erwärmung kleiner als bei Flachriemen. Keilrippenriemen sind wesentlich biegsamer als normale Keilriemen und laufen auch bei hohen Geschwindigkeiten geräusch- und vibrationsarm. Die Berechnungsgrundlagen sind wie bei Riemengetrieben genormt. Es ist empfehlenswert, die Berechnungen für Keilriemengetriebe nach den Unterlagen der Hersteller durchzuführen, weil die in den Normen genannten Leistungswerte einzelner Keilriemenprofile oft überschritten werden.
(→Riemengetriebe, →Riemenwerkstoffe)

Keilschloss (gib and cotter)
Klemmelement, mit dem am Ende eines Seils eine Kausche, Öse oder Lasche befestigt werden kann.
(→Seilschloss)

Keilstangenfutter (collet bar chuck)
Handbetätigtes Spannfutter.
Im Futterkörper werden quer zur Futterlängsachse kurze prismatische Stangen geführt, die auf ihrer Vorderseite schräg liegende Zähne haben (Keilstangen). Die Spannbacken fassen mit einer Gegenverzahnung in diese Zähne und werden beim Verschieben der Keilstangen radial nach innen oder außen bewegt.

Keilwinkel β (wedge angle)
Winkel zwischen Spanfläche und Freifläche des Schneidkeils eines Zerspanwerkzeugs. Der in der Orthogonalebene des Werkzeug-Bezugssystems gemessene Keilwinkel ist der Orthogonalkeilwinkel β_o.
(→Werkzeugwinkel)

Kellerspeicher (stack register)
→Stack

Kelvin K (kelvin)
SI-Basiseinheit der Basisgröße Temperatur T.
Ein Kelvin ist der 273,16te Teil der thermodynamischen Temperatur des Tripelpunkts des Wassers. Benannt nach Lord Kelvin (William Thomson 1824–1907).
(→Basiseinheit, →Basisgröße, →SI, →Temperatur, →Tripelpunkt)

Kelvin-Skala (Kelvin scale)
Temperaturskala der absoluten Kelvin-Temperatur (thermodynamische Temperatur). Skalennullpunkt ist der absolute Nullpunkt.
Die Skaleneinheit ist 1 Kelvin = 1 K (William Thomson, Lord Kelvin, 1824–1907). Die Kelvin-Skala unterteilt den Temperaturbereich zwischen Eispunkt und Siedepunkt des Wassers bei 1,01325 bar (Normdruck) in 100 Temperatureinheiten (100 Kelvin). Absolute Temperaturen T in K können in relative Celsius-Temperaturen ϑ in °C umgerechnet werden ($\vartheta = T - 273{,}15$).

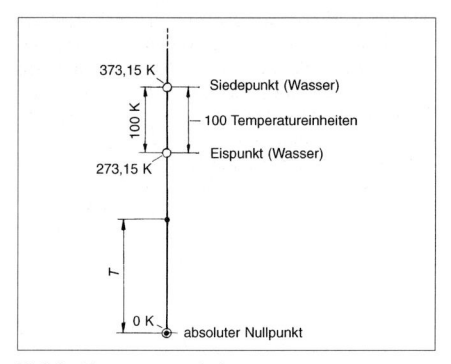

Kelvin-Temperaturskala

Kennfelder (mapping; group of curves)
Grafische Darstellung der Zusammenhänge mehrerer Kenngrößen bei Kraft- und Arbeitsmaschinen. Es werden meist Kennlinien derselben Abhängigkeit unter dem Einfluss eines veränderlichen Parameters gezeichnet (Muschelkennfeld). Das Kennfeld eines Verbrennungsmotors enthält die Linien konstanten spezifischen Kraftstoffverbrauchs b_e (Muschellinien) in Abhängigkeit von Motordrehzahl n und mittlerem effektiven Druck p_e sowie Linien konstanter Effektivleistung P_{eff} (Hyperbeln) und die Volllastkurve. Sie dienen zur Darstellung der Betriebszustände, unter denen gearbeitet werden kann.
($\rightarrow$Kennlinien)

Kennlinien (characteristic curves)
Grafische Darstellung der Zusammenhänge technisch wichtiger Größen bei Kraft- und Arbeitsmaschinen.
Sie stellen bei Verbrennungsmotoren Effektivleistung (Nutzleistung) P_{eff}, Motordrehmoment M und spezifischen Kraftstoffverbrauch b_e in Abhängigkeit von der Motordrehzahl n in einem Diagramm dar. Die auf dem Motorprüfstand ermittelten Werte (Volllast- und Teillastkennlinien) ermöglichen eine schnelle Übersicht der Motorcharakteristik. Bei Strömungsmaschinen werden meist Förder- oder Fallhöhe, Leistung und Wirkungsgrad über dem Volumen- oder Förderstrom dargestellt. Umfassende Aussagen über den Arbeitsbereich vermitteln Kennfelder.
($\rightarrow$Kennfelder)

Kennlinienfeld (characteristic curve)
Diagramm zur quantitativen Beschreibung des elektrischen Verhaltens eines Bauelementes, z.B. Varistor oder eines Betriebsmittels, z.B. Sicherungsautomat.
Die Einteilung der Achsen kann linear, doppeltlogarithmisch oder linear-logarithmisch erfolgen.

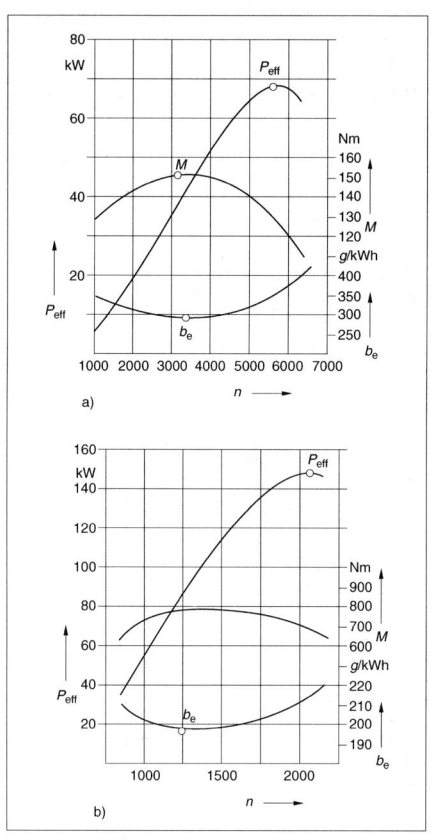

Volllastkennlinien
a) Ottomotor, b) Dieselmotor

Der Wert der Einteilung (mit entsprechendem Vorzeichen) und das zugehörige Formelzeichen sind an den Achsen anzutragen.
Im Bild auf Seite 216 stellt die Widerstandskennlinie einen linearen Verlauf dar, die Leistungskennlinie ist eine Hyperbel. In der I-U-Kennlinie des VDR ist der Betriebsspannungsbereich eingegrenzt. Die Auslösekennlinie ermöglicht die Bestimmung der Abschaltzeit des Stromkreises bei hohen Kurzschlussströmen (mehrfacher Nennstrom des Sicherungsautomaten).
DIN 40 719 Einteilung von Schaltungsunterlagen,
DIN 461 Grafische Darstellung in Koordinatensystemen.

Kennwort (password)
Zeichenkette, die ein privilegierter Benutzer eines Computers über die Tastatur verdeckt eingibt, um unbefugten Zugriff auf Daten zu verhindern.

Kennzahl

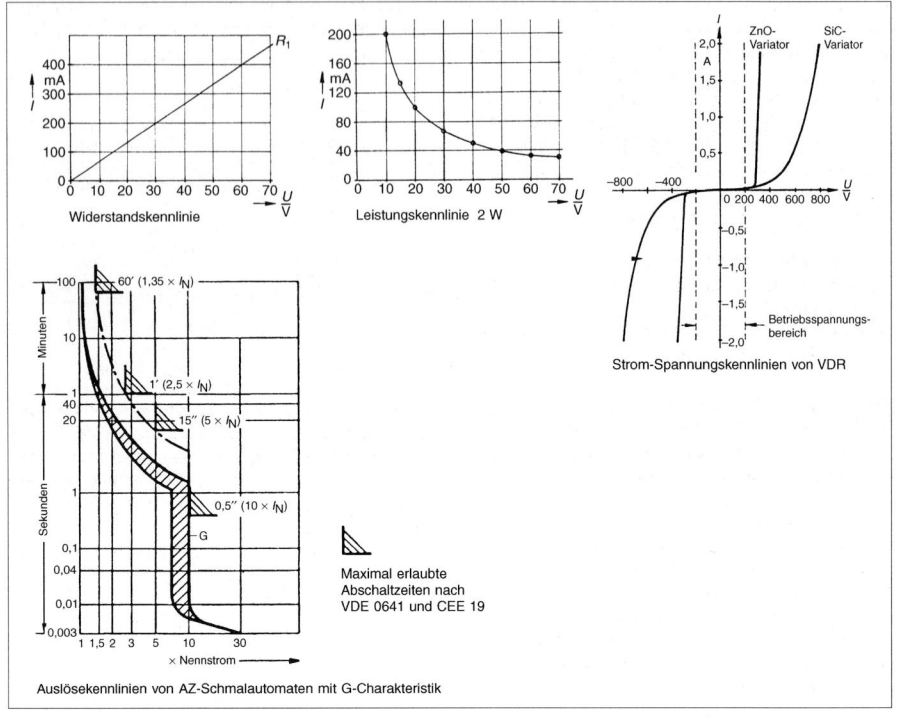

Beschreibung von Bauteilen und Betriebsmittel mit Hilfe ihrer Kennlinien

Kennzahl (characteristic)
→dekadischer Logarithmus

Kennzahlen (reference numbers)
Maßstabswerte für den inner- und zwischenbetrieblichen Vergleich.
Sie setzen in einem leicht fassbaren Zahlenausdruck verschiedene Größen in ein sinnvolles Verhältnis zueinander. Man unterscheidet Gliederungszahlen, Beziehungszahlen und Indexzahlen.
Beispiele: Kosten im Verhältnis zu Umsatz oder Erlös, Umsatz je Kunde oder Auftrag, Reingewinn zu Kosten oder Eigenkapital.

Keramik-Monolith-Katalysator
(ceramic-monolith catalyst)
Meistverwendeter Katalysator für Ottomotoren. Der Keramikkörper (MgAl-Silikat) ist in Strömungsrichtung von parallelen Kanälen durchzogen. Die katalytische Beschichtung besteht aus Platin und Rhodium, die auf einer Zwischenschicht (wash-coat) aus Al_2O_3 eingebettet ist, um eine größere Oberfläche zu erhalten. Platin ist für

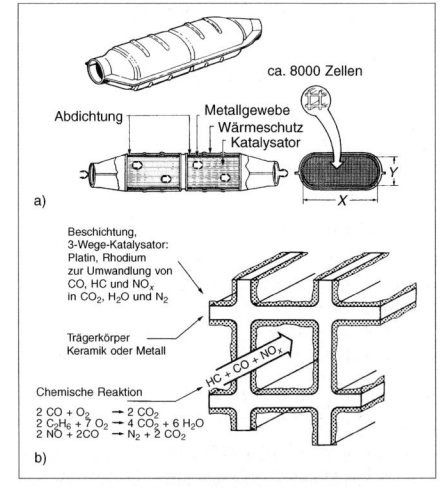

Keramik-Monolith-Katalysator (Opel)
a) Aufbau des Katalysators, b) Wirkungsweise des Katalysators

Oxidation der CO- und HC-Komponenten, Rhodium für NO_x-Reduktion erforderlich. Da Oxidation und Reduktion gleichzeitig ablaufen, muss der O_2-Gehalt des Abgases klein gehalten werden. Motor muss eng um das Luftverhältnis $\lambda = 1$ betrieben werden (Lambda-Regelkreis). Bleifreier Kraftstoff und eine Betriebstemperatur von 400 ... 800 °C sind für den Betrieb erforderlich.
($\rightarrow$Katalysator, $\rightarrow$Lambdasonde)

keramische Stoffe (ceramics)
Baukeramik besteht aus gebrannten Tonmineralien (Silikatkeramik).
Keramik für Maschinenteile wird in Oxid- und Nichtoxidkeramik unterteilt.

Kerbdauerfestigkeit σ_{DK}
(notch fatigue strength)
Quotient aus der Dauerfestigkeit σ_D und der Kerbwirkungszahl β_k: $\sigma_{DK} = \sigma_D/\beta_k$.

Kerbquerschnitt (notch cross-section)
Durch schroffe Querschnittsänderung (Kerben) wie Bohrungen, Naben, Wellenabsätze, Keilnuten geschwächter Bauteilquerschnitt.
Jede Kerbe verursacht im Querschnitt Spannungsspitzen. Ist σ_n die rechnerische Spannung (Nennspannung) und β_k die Kerbwirkungszahl, ergibt die Spannungsspitze $\sigma_{max} = \sigma_n \beta_k$.

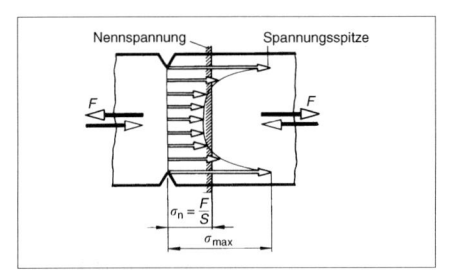

Spannungsverlauf im Kerbquerschnitt

Kerbschlagarbeit A_v
(notched bar impact work)
Mit dem Kerbschlagbiegeversuch ermitteltes Maß für die Zähigkeit in der Einheit J.
Mindestwerte sind in zahlreichen Normen enthalten, z.B. für Baustähle in DIN EN 10025.

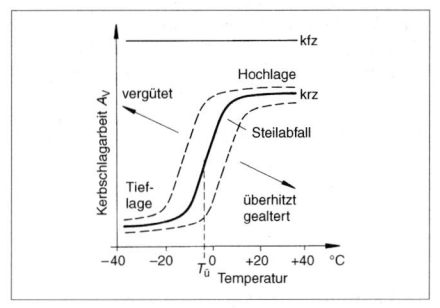

Kerbschlagarbeit-Temperatur-Kurve
(impact-temperature curve)
Mit dem Kerbschlagbiegeversuch ermittelte Zähigkeit bei verschiedenen Temperaturen.
Die Kurve ist kristallgitterabhängig, bei kubischraumzentrierten Metallen ist ein Steilabfall von der Hochlage zur Tieflage der Kerbschlagarbeit vorhanden. Die Lage des Steilabfalls (Übergangstemperatur) ist vom Gefügezustand abhängig.

Kerbschlagarbeit-Temperatur-Kurve

Kerbschlagbiegeversuch (notched bar test)
Zerschlagen einer genormten, gekerbten Probe (ISO-V, VDM-Probe) mit dem Pendelhammer. Aus der Differenz der Lageenergien in den beiden Endstellungen wird die verbrauchte Kerbschlagarbeit errechnet.
DIN 50115, DIN EN 10045 Kerbschlagbiegeversuch.

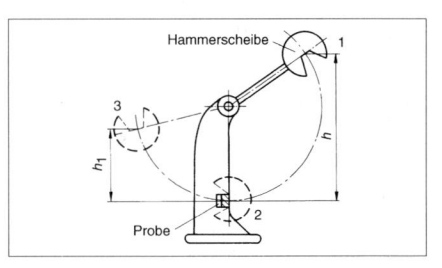

Kerbschlagbiegeversuch

Kerbwirkungszahl β_k (notch factor)
Quotient aus der Dauerfestigkeit σ_D und der Kerbdauerfestigkeit σ_{DK}: $\beta_k = \sigma_D/\sigma_{DK}$.
β_k ist abhängig vom Werkstoff, von der Kerbform und von der Beanspruchungsart.
Beispiel: abgesetzte Welle (Lagerzapfen):
$\beta_k = 1,5 - 2$ für St 37 – St 60.

Kernarten (types of nuclei)
$\rightarrow$Isotope

Kerne (core)
$\rightarrow$Sandguss, $\rightarrow$Druckguss

Kernladungszahl (atomic number)
$\rightarrow$Ordnungszahl

Kernphysik (nuclear physics)
Lehre vom Aufbau und dem Verhalten von Atomkernen und deren Bestandteilen.
($\rightarrow$Atomphysik)

Kette

Kette (chain)
Zugorgan, das aus gelenkig verbundenen, festen Kettengliedern besteht.
In der Fördertechnik sind Ketten neben Seilen die wichtigsten Tragmittel. In Hebezeugen werden Rundstahlketten für Lasten bis etwa 3 t eingesetzt.
(→Buchsenkette, →Rundstahlkette)

Kettencharakteristik
(load-tension diagram for chains)
Zeigt die erforderliche Zugkraft in der Kette abhängig von deren Verlängerung. Die Kettencharakteristik gibt Aufschluss über die Kaltverfestigungsfähigkeit der Kette.

Kettenfallhammer (chain lift hammer)
Fallhammer, dessen Bär nach dem Schlag durch eine Gliederkette gehoben wird.
(→Maschinenhammer)

Kettengetriebe (chain drive)
Baugruppe aus Ketten und Kettenrädern zur Drehzahl- und Drehmomentwandlung oder zur Lastenbeförderung. Kettengetriebe sind preiswert und im Maschinen-und Anlagenbau sehr flexibel dem Einzelfall anpassbar.
Zur Energieübertragung werden ausschließlich Gelenkketten verwendet. In der Fördertechnik ist das Heben oder Bewegen von Lasten die Hauptfunktion von Kettengetrieben (hier Kettentriebe genannt). Verwendet werden Rundstahlketten in Kettenhebezeugen und deren Flaschenzügen als Tragorgan, Laschenketten in vielfältigen Ausführungen für Kreisförderer, Kettenkratzförderer und Paternosterregale.
DIN 8195 Auslegung von Kettentrieben.
(→Kettenhebezeug, →Kettenrolle)

Kettenhebezeug (chain hoist)
Kompaktes Hebezeug mit Hand- oder Elektroantrieb, das eine Rundstahlkette als Tragorgan hat.

Kettenkreisförderer
(circular chain conveyor)
→Kreisförderer

Kettenmoleküle (chain molecule)
Makromoleküle aus gewinkelt gebundenen Einzelmolekülen von Kohlenwasserstoffen, die miteinander verknäuelt sind.

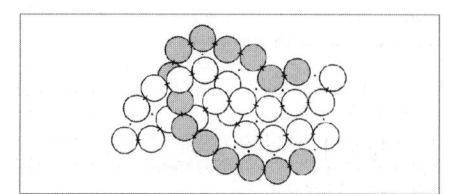

Kettenmoleküle

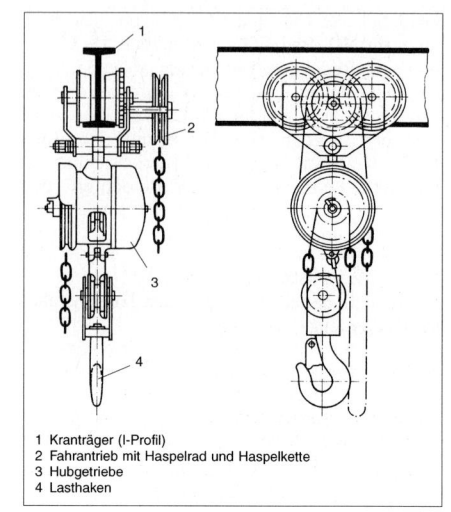

1 Kranträger (I-Profil)
2 Fahrantrieb mit Haspelrad und Haspelkette
3 Hubgetriebe
4 Lasthaken

Kettenhebezug für Traglasten bis 10 t

Kettenregel (chain rule)
Regel zur Differenziation zusammengesetzter Funktionen.
Ist $y = F(x)$ eine zusammengesetzte Funktion, also $F(x) = f(h(x))$, und setzt man $z = h(x)$, dann ist $y = F(x)$ differenzierbar, wenn die Funktionen $y = f(z)$ und $z = h(x)$ differenzierbar sind:
$y' = F'(x) = (df/dz) \cdot (dh/dx) = f'(z) \cdot h'(x) =$
$= f'(h(x)) \cdot h'(x)$.
Man nennt $f'(h(x))$ die äußere Ableitung und $h'(x)$ die innere Ableitung der Funktion $y = f(h(x))$.
Beispiel:
$y = F(x) = (x^3 - 2x + 1)^3$,
also $z = h(x) = x^3 - 2x + 1$
und $y = f(z) = z^3$
$\Rightarrow y' = F'(x) = f'(z) \cdot h'(x) = 3z^2 \cdot (3x^2 - 2) =$
$= 3(x^3 - 2x + 1)^2 \cdot (3x^2 - 2)$
(→Ableitung einer Funktion)

Kettenrolle (chain wheel; chain sprocket)
Dient dem Umlenken von Rundstahlketten.
Mit formschlüssig ausgebildeten Kettenrollen können Tangentialkräfte von der Kette auf die Kettenrolle übertragen werden und umgekehrt (siehe Bild Seite 219).

Kettenstruktur (chain structure)
Schematische Darstellung von Steuer- und Regelstrecken.
In der Steuerungstechnik gibt es verzweigte und unverzweigte Kettenstrukturen, die als offene Steuerketten mit Anfang und Ende dargestellt werden.

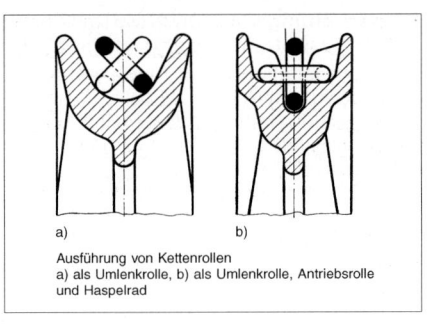

Ausführung von Kettenrollen
a) als Umlenkrolle, b) als Umlenkrolle, Antriebsrolle und Haspelrad

Kettenrollen-Ausführung

In der Regelungstechnik werden Kreisstrukturen verwendet, bei der vom Ausgang zum Eingang Rückkopplungen bestehen. Über die Rückkopplung, auch Rückführung genannt, wird die Struktur zum Regelkreis geschlossen.

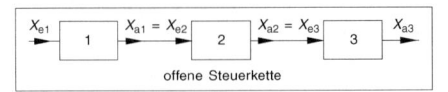

Kettenstruktur (offene Steuerkette)

Kreisstruktur

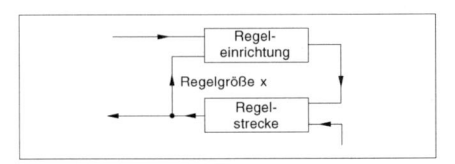

Kettentrieb (chain gear)
→Kettengetriebe

Kettentrommel (chain drum)
Trommel zum Aufwickeln von Lastketten. Kettentrommeln sind nur für Rundstahlketten, nicht für Gelenkketten möglich.

Kettenzug (chain hoist)
→Kettenhebezeug

Keybord (keyboard)
→Tastatur

Kilo k (kilo)
Vorsatzsilbe, die das Tausendfache (10^3) der Einheit bezeichnet.
(→Vorsatzzeichen)

Kilogramm kg (kilogram)
SI-Basiseinheit der Basisgröße Masse m.
Ein Kilogramm ist gleich der Masse des Internationalen Kilogrammprototyps.
(→Basiseinheit, →Basisgröße, →Masse, →SI)

Kilowattstunde kWh (kilowatt hour)
In der Elektrotechnik übliche Einheit für elektrische Energie: $1\,\text{kWh} = 3600\,\text{Ws} = 3600\,\text{J} = 3{,}6\,\text{kJ}$.
(→Energie, →Joule, →Wattsekunde)

Kinematik (kinematics)
Lehre von den geometrischen Bedingungen bei den Bewegungen der Körper, ohne Berücksichtigung der einwirkenden Kräfte.
Beispiel: Man untersucht und beschreibt geometrisch-mathematisch die Bewegungsbahn eines einzelnen Punktes am Umfang eines rollenden Rades.
(→Bewegungslehre, →Dynamik, →Mechanik)

kinematische Kette (kinematic chain)
Mathematische Beschreibung der mechanischen Beweglichkeit gekoppelter Glieder.
Drehgelenke oder linear verfahrbare Einheiten verbinden feste Körper, die in ihrer gegenseitigen Beweglichkeit eingeschränkt sind. Es wird zwischen einer offenen und einer geschlossenen kinematischen Kette unterschieden.
Beispiel: Armsegmente eines Roboters.
(→Gelenk, →Roboter)

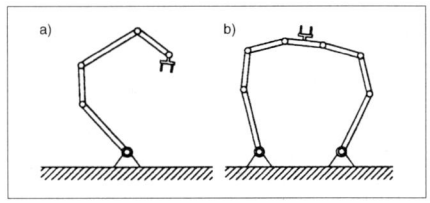

Offene kinematische Kette (a) und geschlossene kinematische Kette (b)

kinematische Viskosität ν
(kinematic viscosity)
Quotient aus der dynamischen Viskosität η eines Mediums und seiner Dichte ρ: $\nu = \eta\,\rho$ in m^2/s.
(→Dichte, →dynamische Viskosität)

Kinetik (kinetics)
Lehre von den Bewegungen der Körper ($v \neq 0$) unter dem Einfluss von Kräften.
Beispiel: Beim lotrecht fallenden Körper unter Berücksichtigung des Luftwiderstands muss der Einfluss der Schwerkraft (Gewichtskraft F_G) und die die Bewegung bremsenden Widerstandskraft durch die Luft in die Untersuchung der Bewegung einbezogen werden.
(→Bewegungslehre, →Dynamik, →Mechanik)

kinetische Energie E_k

kinetische Energie E_k (kinetic energy)
Ein Maß für die Bewegungsenergie, die ein Körper der Masse m aufgrund seiner Geschwindigkeit v hat. Am Körper ist zuvor Beschleunigungsarbeit verrichtet worden: $E_k = mv^2/2$ in kg m²/s².
(→Energie, →Masse)

kinetischer Druck (kinetic compression)
→Geschwindigkeitsdruck

Kippen (tilting)
Drehbewegung eines ruhenden, frei beweglichen Körpers um eine Körperkante (Kippkante). Dem rechtsdrehenden Kippmoment $M_k = Fa$ wirkt das linksdrehende Standmoment $M_s = F_G b$ entgegen und sucht den Körper in der Ruhelage zu halten.
Kein Kippen, solange $M_s > M_k$ ist.
Der Quotient beider Momente ist die Standsicherheit $S = M_s/M_k = F_G b/(Fa) = b/f > 1$. Untersuchungen der Standsicherheit sind z.B. an Kranen erforderlich.

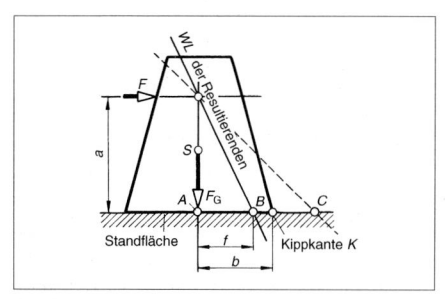

Größen beim Kippen

Kippmoment (tilting moment)
→Kippen

Kippmoment M_K eines Elektromotors
(breakdown torque)
Maximal erreichbares Drehmoment bei vorgegebener Spannung U und Frequenz f.
Der Motor läuft mit dem Anlaufdrehmoment M_A an und erreicht mit steigender Drehzahl n über das Kippmoment M_K das Nenndrehmoment M_N bei Nenndrehzahl n_N. Ein Lastdrehmoment $M_L > M_K$ führt zum Stillstand des Motors.

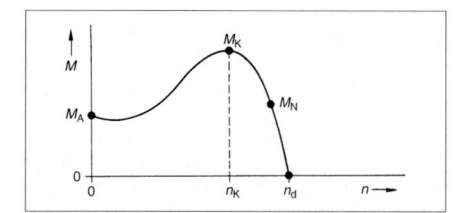

Drehmomentenkennlinie

Kippschaltung (circuits with two stable states including astable, monostable and bistable)
Elektronische Schaltung mit Transistoren oder einem Operationsverstärker, bei der sich das Ausgangssignal durch die Schaltung selbst oder von außen beeinflusst sprunghaft zwischen zwei Werten ändert.
Man unterscheidet drei Arten der Kippschaltung KS:
Astabile KS: Eigenständiges Ändern der Ausgangsspannung U_A. Frequenz f der Spannung U_A wird durch das R_3C_1-Glied bestimmt. Anwendung: Erzeugung von Rechtecksignalen. Bezeichnungen: Rechteck-Generator, Multivibrator.
Bistabile KS: Ändern der stabilen Ausgangsspannung U_A durch äußere Eingangssignale auf die Eingänge E_1 und E_2. Anwendung: Speichern von Informationen. Digitalbaustein. Bezeichnungen: Flip-Flop, RS-Glied.
Monostabile KS: Ändern des stabilen in einen instabilen Ausgangszustand durch ein äußeres Eingangssignal U_E und eigenständige Rückkehr in den stabilen Zustand durch das R_3C_1-Glied. Der stabile Zustand wird durch die Diode V1 bewirkt. Anwendung: Zeitverzögerung. Digitalbaustein. Bezeichnungen: Timer, Mono-Flop.

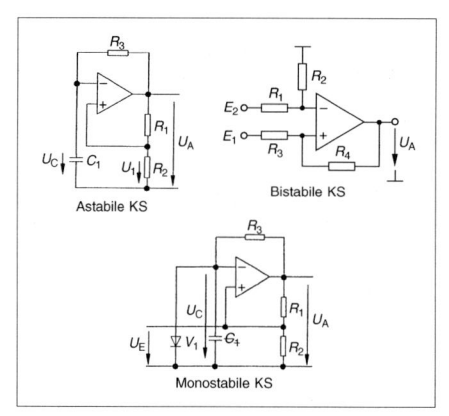

Schaltungsbeispiele mit Operationsverstärker

Kirchhoff'sche Gesetze
(Kirchhoff's electric laws)
Erste Kirchhoff'sche Regel: In jedem Knoten (Verzweigungspunkt) ist die Summe der zufließenden und abfließenden Ströme gleich null (Knotenregel): $\Sigma I = 0$.
Zweite Kirchhoff'sche Regel: In jedem geschlossenen Stromkreis ist die Summe aller Spannungen gleich null (Maschenregel): $\Sigma U = 0$.
Gustav Kirchhoff, dt. Physiker 1824−1887.

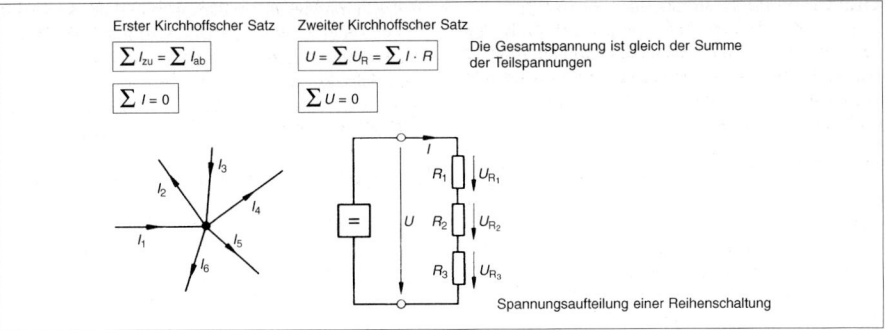

Erster Kirchhoffscher Satz

$\sum I_{zu} = \sum I_{ab}$

$\sum I = 0$

Zweiter Kirchhoffscher Satz

$U = \sum U_R = \sum I \cdot R$

$\sum U = 0$

Die Gesamtspannung ist gleich der Summe der Teilspannungen

Spannungsaufteilung einer Reihenschaltung

Schaltbild der Knoten- und Maschenregel

Klammerrechnung (parenthesis arithmetic)
Klammern gehören immer paarweise zusammen. Wichtige Regeln der Klammerrechnung:
1. Ein Klammerpaar nach einem Pluszeichen kann weggelassen werden:
$+(a+b) = a+b$.
2. Beim Weglassen der Klammern nach einem Minuszeichen müssen alle in der Klammer vorkommenden Vorzeichen umgedreht werden:
$-(a+b) = -a-b$,
$-(a-b) = -a+b$.
3. Man multipliziert eine Zahl mit einer Summe (Differenz), indem man die Zahl mit jedem Glied multipliziert und die erhaltenen Produkte addiert (subtrahiert):
$a(b+c) = ab+ac$,
$a(b-c) = ab-ac$,
$(a+b)c = ac+bc$,
$(a-b)c = ac-bc$.
4. Enthalten alle Glieder einer Summe oder Differenz den gleichen Faktor, so kann man diesen ausklammern:
$ab+ac = a(b+c)$,
$ac-bc = (a-b)c$.
5. Man multipliziert zwei Summen miteinander, indem man jedes Glied der einen Summe mit jedem Glied der anderen Summe multipliziert und die erhaltenen Produkte addiert:
$(a+b)(c+d) = ac+ad+bc+bd$,
$(a+b)(c-d) = ac-ad+bc-bd$,
$(a-b)(c+d) = ac+ad-bc-bd$,
$(a-b)(c-d) = ac-ad-bc+bd$.
6. Man dividiert eine Summe (Differenz) durch eine Zahl, indem man jedes Glied durch die Zahl dividiert und die erhaltenen Quotienten addiert (subtrahiert):
$(a+b):c = a:c+b:c$,
$(a-b):c = a:c-b:c$.
7. Bei verschachtelten Klammern sind die Klammern immer von innen nach außen aufzulösen:
$a(b+c(d+e)) = a(b+cd+ce)$
$= ab+acd+ace$.

Klassenfaktor (class factor)
→Maßtoleranz

Klauenkasten (jaw box; box-type jaw)
→Planscheibe

Kleben (adhesive bonding)
Verbindung gleicher oder unterschiedlicher Werkstoffe (metallisch oder nichtmetallisch) durch die Oberflächenhaftung der Klebstoffe. Klebverbindungen gehören zu den unlösbaren Verbindungen.
Vorteile: kein Wärmeverzug, keine Kontaktkorrosion, keine Querschnittsminderung.
Nachteile: aufwendige Vorbehandlung der Oberflächen erforderlich, oft lange Abbindezeiten notwendig, geringe Warm- und Dauerfestigkeit.
Konstruktive Hinweise für Klebverbindungen: Zug-, Biege- und Schälbeanspruchungen sollten vermieden werden. Stumpfstöße wie beim Schweißen sind meist nicht möglich.
DIN 16 920 Klebstoffe, Klebstoffverarbeitung, Begriffe
(→Bindefestigkeit)

Kleberoboter (gluing robot)
Industrieroboter zum Auftragen von Klebern in einem automatisierten Arbeitsprozess.
Der Roboter führt dabei Lochdüsen entlang der Kontur, die beschichtet werden soll. Die Klebermenge wird entsprechend der Verfahrgeschwindigkeit automatisch dosiert. Bei grob tolerierten Konturen wird der Roboter sensorunterstützt geführt.
(→Beschichtungsroboter, →Industrieroboter, →Robotersensorik)

Klebstoffe (liquid adhesive)
Werden nach der VDI-Richtlinie 2229 in physikalisch abbindende und chemisch abbindende Klebstoffe eingeteilt. Physikalisch abbindende Klebstoffe sind in organischen Lösungsmitteln (z.B. Kohlenwasserstoffen) gelöste natürliche oder synthetische Grundstoffe wie z.B. Kautschuk oder Kunstharze. Während des Klebvorgangs müssen die Lösungsmittel ablüften können. Das ist nur möglich, wenn mindestens ein zu verbindender Werkstoff porös ist. Mögliche Werkstoffkombinationen: Metall auf Holz oder Leder oder (durchlässiger) Kunststoff. Verbindungen undurchlässiger Werkstoffe (z.B. Metall auf Metall) miteinander sind nicht möglich. Chemisch abbindende Klebstoffe (Reaktionsklebstoffe) wie Phenol- und Epoxidharze werden durch sogenannte Katalysatoren (Härter) in sehr feste Stoffe umgewandelt. Man spricht auch von Zwei-Komponenten-Klebern. Diese Klebstoffe kommen ohne Lösungsmittel aus, sie sind also auch für das Verkleben von Metallen, Glas, Keramik usw. geeignet.

Kleinhebezeuge (small hoist)
Meist handgetriebene Hebezeuge wie Winden oder Kettenzüge mit Haspelketten.
(→Kettenhebezeug)

Kleinsignalverstärker (small signal amplifier)
Verstärker für kleine nieder- oder hochfrequente Spannungen.
Anwendung: Rundfunk- und Fernsehtechnik im mV- und μV-Bereich.
(→h-Parameter)

Klemmbedingung (clamping condition)
Geometrische Voraussetzung für Führungen an beweglichen Maschinenteilen, die entweder reibungsarm gleiten (Pressenstößel, Ziehschlitten) oder ungeklemmt sicheren Halt gewährleisten sollen (Bohrmaschinentische).
Jede Führung klemmt, unabhängig vom Betrag der Verschiebekraft F, wenn die Führungslänge $l \leq 2 \mu l_1$ ist, mit Reibzahl μ und Wirkabstand l_1 der Verschiebekraft von der Führungsmitte.
Ist $l > 2 \mu l_1$, dann gleitet die Führungsbuchse um so leichter, je größer die Führungslänge l ist.

Klemmen (clamp)
→Klemmbedingung

Klemmenspannung (terminal voltage)
→elektrische Klemmenspannung

Klemmkörper-Freilauf (free wheel with clamping elements)
Freilauf mit konzentrischem Innen- und Außenring und dazwischen angeordneten Klemmstücken. Die Klemmwirkung in der einen und der Freigang in der anderen Drehrichtung wird durch die Form der Klemmkörper bestimmt.
(→Freilauf)

Klinkengesperre (tooth locking mechanism)
→Zahngesperre

Kloben (dog)
Stahlklötze, mit denen Werkstücke auf Werkstücktischen gespannt oder gegen Verschieben gesichert werden.
Besonders an Hobelmaschinen als Werkstückspanner üblich.
(→Anschlagkloben, →Spannkloben)

Klopfen (knock)
Bezeichnung für hell klingende (Ottomotor) oder harte Geräusche (Dieselmotor), die durch schlagartige, ungesteuerte Verbrennung des Kraftstoff-Luft-Gemischs im Brennraum des Motors entstehen. Schlagartiger, steiler Druckanstieg bewirkt eine hohe Verbrennungsgeschwindigkeit mit hohen thermischen und mechanischen Triebwerksbelastungen. Verhinderung: Kraftstoff mit ausreichender Klopffestigkeit, Zündzeitpunktsteuerung (Klopfregelung) und Brennraumgestaltung.
(→Klopffestigkeit, →Klopfregelung)

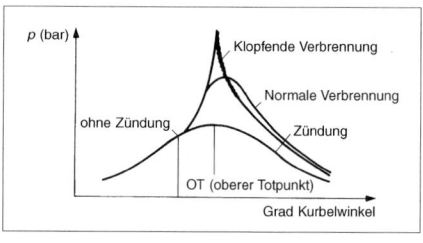

Verbrennung im Ottomotor (Shell)

Klopffestigkeit (knock resistance)
Bezeichnung für die Widerstandsfähigkeit eines Kraftstoffes gegen unkontrollierte Selbstzündung im Ottomotor.
Sie wird in genormten Einzylindermotoren (CFR-Motor, BASF-Motor) geprüft und in Oktanzahlen angegeben. Je nach Prüfbedingungen wird die Motoroktanzahl MOZ oder die Researchoktanzahl ROZ ermittelt.
DIN 51 756 Bestimmung der Klopffestigkeit (Oktanzahl).
(→CFR-Motor, →Klopfen, →Klopfregelung, →MOZ, →Oktanzahl, →ROZ)

Klopfregelung (knock control system; knock-sensing device)
Baugruppe einer Einspritzanlage mit elektronischer Zündung.

Sie besteht aus einem oder mehreren Klopfsensoren und gespeicherten Zündkennfeldern (Steuergerät) zur elektronischen Verstellung des Zündzeitpunktes. Der Klopfsensor wird am Motorblock befestigt. Er enthält eine piezokeramische Scheibe, die mechanische Energie (Klopfen) in Spannungssignale (an das Steuergerät) umwandelt. Tritt Klopfen auf, wird der Zündwinkel kennfeldgesteuert zurückgenommen und nach kurzer Zeit wieder an die Klopfgrenze herangeführt. Bei zylinderselektiver Klopfregelung kann der Zündwinkel jedes einzelnen Zylinders beeinflußt werden.
($\rightarrow$Einspritzanlage, $\rightarrow$Klopfen)

Klotzbremse (block brake)
$\rightarrow$Backenbremse

Knetlegierungen (wrought alloys)
Werkstoffgruppen bei den Al-, Cu-, Mg-, Ti- und Zn-Legierungen.
Sie sind im Gegensatz zu ihren Gusslegierungen speziell für die Bearbeitungslinie Umformen/Trennen/Fügen geeignet. Sie haben z.T. homogene Gefüge aus Mischkristallen oder solche mit kleinen Anteilen einer härteren Kristallart. Knetlegierungen des Eisens sind die Stähle.
Beispiel: Mg-Knetlegierungen DIN 1729 T1, Mg-Gusslegierungen DIN EN 1753.

Knickarmroboter (buckling-arm robot)
Bauform eines Industrieroboters.
Die Kopplungsstellen der einzelnen Roboterglieder sind als Drehgelenke ausgebildet.
Einsatzbeispiele: Lackieren, Schweißen, Kleben und Beschichten.
($\rightarrow$Drehgelenk, $\rightarrow$Industrieroboter, $\rightarrow$Roboterarbeitsraum)

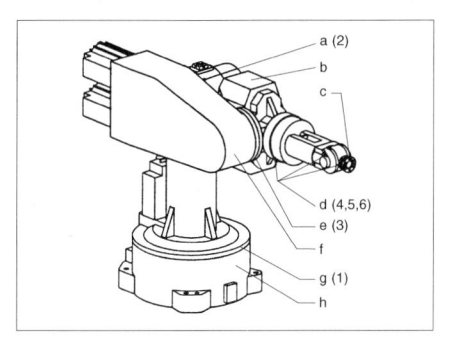

Knickarmroboter mit der Bezeichnung seiner Baugruppen und der Durchnummerierung der Gelenke:
Schultergelenk (a, Gelenk 2), Unterarm (b), Handflansch (c), Handgelenke (d, Gelenke 4, 5 und 6), Ellenbogengelenk (e, Gelenk 3), Oberarm (f), Roboterbasis (g, Gelenk 1), Gestell (h)

Knickkraft (buckling force)
$\rightarrow$Knickung

Knicklänge (buckling length)
$\rightarrow$Knickung

Knickpunkte (salient point)
$\rightarrow$Abkühlungskurve

Knickspannung (buckling stress)
$\rightarrow$Knickung

Knickstäbe (Eulerian columns)
Im Hoch-, Kran- und Brückenbau und in Fachwerken auf Druck (Knickung) beanspruchte Bauteile (Stützen).
Günstig gegenüber Knicken sind alle Querschnitte, deren Trägheitsradien i für alle Knickachsen gleich groß sind, am besten beim Rohrquerschnitt verwirklicht. Zur Sicherheit gegen Ausbeulen soll die Wanddicke $\delta \geq D/10$ sein.
($\rightarrow$Omegaverfahren)

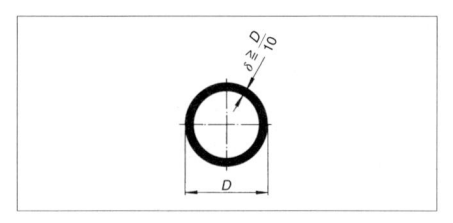

Rohrquerschnitt

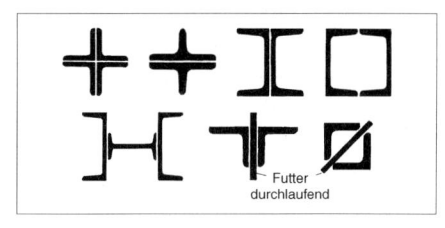

Einteilige Knickstäbe

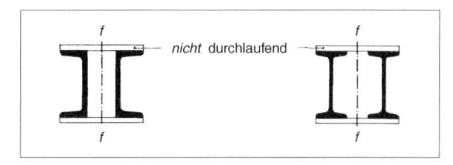

Querschnitte mit stofffreier Biegeachse

Knickung (buckling)
Bei Druckbeanspruchung schlanker Stäbe (Kolbenstangen, Säulen, Stößel, Lochstempel usw.) auftretender Sonderfall, bei dem das Bauteil plötzlich seitlich „ausknickt".

Dies geschieht, obwohl der Stab genau in Richtung seiner Achse gedrückt wird und die Druckspannung σ_d unterhalb der Proportionalitätsgrenze liegt. Knickung ist daher kein Spannungs- sondern ein Stabilitätsproblem. Man unterscheidet:
a) *elastische* Knickung, für die der Mathematiker und Physiker *Leonhard Euler* (1707–1783) eine Gleichung entwickelt hat (*Eulergleichung* oder *Euler'sche Knickungsgleichung*): Knickkraft $F_K = E I_{min} \pi^2/s^2$ in N mit E Elastizitätsmodul in N/mm², I_{min} kleinstes axiales Flächenmoment 2. Grades in mm⁴ (z.B. für Kreisquerschnitt $I_{min} = \pi d^4/64$), s freie Knicklänge in mm, je nach Führungsverhältnissen, meist kann $s = l$ gesetzt werden (Stablänge l zwischen den Druckkräften). F_K ist diejenige Kraft, bei der das Ausknicken gerade beginnt. Die Eulergleichung gilt nur, solange der vorhandene Schlankheitsgrad λ_{vorh} größer ist als der Grenzschlankheitsgrad λ_0 ($\lambda_{vorh} \geq \lambda_0$: Eulerbedingung) mit $\lambda_0 = \pi\sqrt{E/\sigma_{dP}}$ (σ_{dP} Proportionalitätsgrenze oder 0,2-Dehngrenze des Stabwerkstoffs).
Dieser Spannungsbereich heißt elastischer Bereich, z.B. ist für den Werkstoff S235JR mit $E = 2,1 \cdot 10^5$ N/mm² und $\sigma_{dP} = 190$ N/mm² der Grenzschlankheitsgrad $\lambda_0 \approx 105$. Stellt sich bei der Nachrechnung mit den nach Euler festgelegten Querschnittsmaßen (z.B. Kolbenstangendurchmesser d) heraus, dass der vorhandene Schlankheitsgrad λ_{vorh} *kleiner* ist als der Grenzschlankheitsgrad λ_0 ($\lambda_{vorh} < \lambda_0$), liegt keine elastische Knickung vor, sondern
b) *unelastische* Knickung, für die *Tetmajer* besondere Gleichungen entwickelt hat, wie die folgende Tabelle zeigt.

Tabelle für Grenzschlankheitsgrad λ_0 und Tetmajergleichungen:

Werkstoff	Grenzschlankheitsgrad λ_0	Tetmajergleichungen (σ_K in N/mm²)
Nadelholz	100	$\sigma_K = 29{,}3 - 0{,}194\,\lambda$
Grauguß	80	$\sigma_K = 776 - 12\,\lambda + 0{,}053\,\lambda^2$
St 37	105	$\sigma_K = 310 - 1{,}14\,\lambda$
St 50, St 60	89	$\sigma_K = 335 - 0{,}62\,\lambda$

Mit den Tetmajergleichungen ist eine unmittelbare Berechnung der Querschnittsabmessungen nicht möglich.
Rechengang: Man legt die Querschnittsmaße mit der Eulergleichung fest, überprüft die Knicksicherheit ν mit $\nu = F_K/F$ oder $\nu = \sigma_K/\sigma_{d\,vorh}$ ($\sigma_K = F_K/S$, mit S Querschnittsfläche in mm²), ermittelt dann λ_{vorh} und vergleicht mit λ_0.
Bei $\lambda_{vorh} \leq \lambda_0$ ist die Berechnung in Ordnung. Ist $\lambda_{vorh} > \lambda_0$, wird mit den Tetmajergleichungen σ_K berechnet und damit die Knicksicherheit ν_{vorh}.

Ist $\nu_{vorh} \geq \nu_{erforderlich}$, ist die Rechnung in Ordnung, sonst muss der Querschnitt erhöht und die Rechnung mit Euler von vorn begonnen werden.
(→Dehngrenze, →Spannungs-Dehnungs-Diagramm, →Zugversuch)

Knickzahl (buckling number)
→Omegaverfahren

Kniehebelgreifer (toggle gripper)
Bauform eines Winkelgreifers, bei der die Halteelemente in geöffneter Position einen Öffnungswinkel von 180° ermöglichen.
(→Greifer, →Greiferantrieb, →Greiferbacken, →Winkelgreifer)

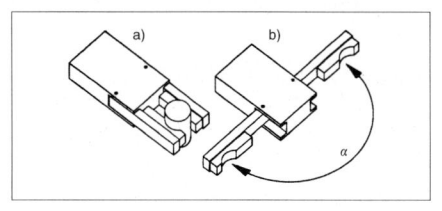

a) Kniehebelgreifer hält mit den geschlossenen Halteelementen das Werkstück,
b) Kniehebelgreifer in geöffneter Stellung (Öffnungswinkel a = 180°)

Knoophärte (Knoop hardness)
Härtemessung ähnlich dem Vickersverfahren, jedoch mit einer Diamantpyramide, die in der Oberfläche einen schmalen Rhombus als Eindruck hinterlässt.
Die lange Diagonale des Eindrucks ist der Messwert.
Anwendung: Hartstoffe und dünnste Schichten.

Knoten (joint)
→Fachwerk

Knotenbleche (gusset plates)
→Fachwerk

Knotenpunkt (node)
Verbindungspunkt (kurz: Knoten) von zwei oder mehr Zweigen eines elektrischen Netzwerks, für den die Knotenregel gilt.
(→Fachwerk, →Kirchhoff'sche Gesetze)

Kobalt, Co (cobalt)
Schwermetall mit einer Dichte $\rho = 8{,}9$ kg/dm³, ferromagnetisch, Basismetall für hochwarmfeste Legierungen (CoCrNi, CoCrW bis zu 1100 °C), Legierungsmetall für HSS-Stähle, Stellite und magnetische Werkstoffe.

Koeffizient (coefficient)
Der konstante Faktor (Beizahl) in einem Produkt aus einer Zahl und einer Variablen.
Beispiele: 3 in $3x$; 2 und 5 in $2x+5y = 1$.

Koeffizientenmatrix (matrix of coefficients)
Matrix, deren Elemente die Koeffizienten eines linearen Gleichungssystems sind.
(→lineares Gleichungssystem, →Matrix)

Koeffizientenvergleich
(method of comparison of coefficients)
→Partialbruchzerlegung

Königswelle (vertical shaft)
→Planscheibe

Körnerspitze
(work-holding centre; lathe center)
Werkstückspanner an Dreh- und Außenrundschleifmaschinen.
(→Spitze)

kohärente Einheit (coherent unit)
Abgeleitete Einheit, die nur mit dem Zahlenfaktor 1 als Produkt, Potenzprodukt oder Quotient aus den Basiseinheiten abgeleitet wird.
Alle SI-Einheiten sind kohärente Einheiten. Inkohärente Einheiten enthalten stets einen von 1 verschiedenen Zahlenfaktor in der Gleichung.
Beispiel: Das Joule (J) ist eine kohärente SI-Einheit: $1\,J = 1\,kg\,m^2/s^2$, die veraltete Einheit Kalorie (cal) war inkohärent: $1\,cal = 4{,}1868\,kg\,m^2/s^2$.
(→abgeleitete Einheit, →Einheit, →SI-Einheit)

Kohäsion (cohesion)
Kraft zwischen Atomen oder Molekülen desselben Körpers, hervorgerufen durch gegenseitige Anziehung (Molekularkräfte).
Sie wirkt allseitig nur im Inneren eines festen, flüssigen oder extrem verdichteten gasförmigen Körpers. Bei Molekülen in der Nähe der Oberfläche bleibt eine nach innen gerichtete Restkraft und als deren Folge die Oberflächenspannung, die dazu führt, dass Tropfen eine Kugelform annehmen.
(→Adhäsion, →Kraft)

Kohlenstaubfeuerung
(pulverized fuel furnaces)
Feuerungsanlage für feste Brennstoffe (Braunkohle, Steinkohle).
Die Brennstoffe werden durch Einblasmühlen (Schlagrad mit Ventilator) gemahlen, durch rückgesaugtes Rauchgas getrocknet (Mahltrocknung), gesichtet, eingeblasen und mit erwärmter Luft verbrannt. Der Staub verbrennt schwebend im Feuerraum ohne Rost. Der Feuerraum ist mit senkrechten Wasserrohrwänden ausgekleidet, die von der frei brennenden Flamme bestrahlt und nicht berührt werden (Strahlungskessel). Asche sinkt aus der Flamme auf die unteren Wasserrohrwände, wird abgeschreckt und gesammelt.
(→Feuerungsanlage)

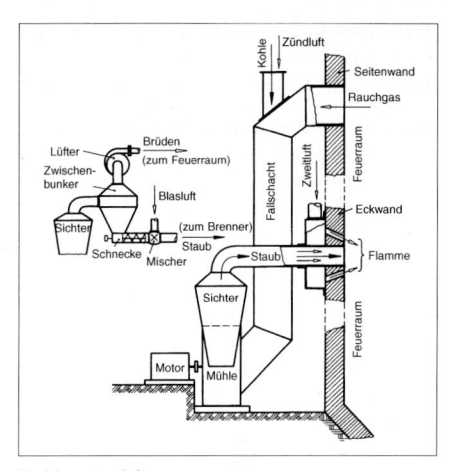

Kohlenstaubfeuerung

Kohlenstoff (carbon)
Element der IV. Gruppe des PSE mit 4 Außenelektronen.
Atome können mit arteigenen und anderen Atomen Einfach-, Doppel- und Dreifachbindungen eingehen. Kohlenstoff tritt in den zwei Zustandsformen (Modifikationen) Graphit und Diamant auf.
(→Kohlenwasserstoffe)

Kohlenwasserstoffe (hydrocarbons)
Organische Verbindungen, die nur aus Kohlenstoff- und Wasserstoffatomen zusammengesetzt sind.
(→Alkane, →Alkene, →Benzole)

Kolben (piston)
Bauteil des Kurbeltriebwerks von Kolbenmaschinen, das bei Arbeitsmaschinen (Kolbenpumpe, Kolbenverdichter) Bewegungs- in Druckenergie und bei Kraftmaschinen (Verbrennungsmotor) Druck- in Bewegungsenergie umsetzt.
Durch besondere Kolbenformgebung werden kleine Laufspiele erzielt. Hochbelastete Dieselmotoren erhalten Ringträgerkolben (eingegossener Ringträger für den ersten Verdichtungsring) und Kühlkanalkolben (Kolbenkühlung durch Ölspritzdüsen).
(→Kurbeltriebwerk)

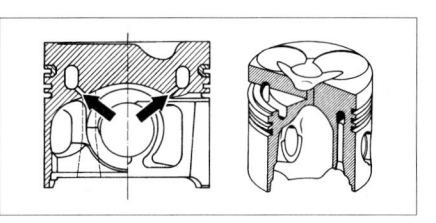

Kühlkanalkolben (Daimler-Benz)

Kolbenbeschleunigung a
(piston acceleration)
Kenngröße des Kurbeltriebwerks von Kolbenmaschinen.
Die Kolbenbewegung ist ungleichförmig beschleunigt und verzögert. Mit dem Kurbelradius r und der Pleuelstangenlänge l errechnet sich das Pleuelstangenverhältnis $\lambda_{PL} = r/l$. Mit $\omega = 2\pi n =$ konstant (Winkelgeschwindigkeit ω des Kurbelzapfens, Kurbelwellendrehzahl n), Umfangsgeschwindigkeit der Kurbelwelle $v_u = r\omega$ und Kurbelwinkel α errechnet sich die Kolbenbeschleunigung $a = (v_u^2/r)(\cos\alpha \pm \lambda_{PL}\cos 2\alpha)$ und mit $\alpha = \omega t$ (t = Zeit in s) wird $a = r\omega^2(\cos\omega t \pm \lambda_{PL}\cos 2\omega t)$.
(→Kolbengeschwindigkeit, →Kolbenkräfte)

Kolbenbolzen (gudgeon pin; piston pin)
→Kolben, →Kurbeltriebwerk

Kolbengeschwindigkeit v (piston speed)
Kenngröße des Kurbeltriebwerks von Kolbenmaschinen.
Mit dem Kurbelradius r und der Pleuelstangenlänge l ist das Pleuelstangenverhältnis $\lambda_{PL} = r/l$. Mit $\omega = 2\pi n =$ konstant (Winkelgeschwindigkeit ω des Kurbelzapfens, Kurbelwellendrehzahl n), Umfangsgeschwindigkeit der Kurbelwelle $v_u = r\omega$ und Kurbelwinkel α wird die Kolbengeschwindigkeit $v = v_u \ (\sin\alpha \pm \frac{1}{2}\lambda_{PL}\sin 2\alpha)$ und mit $\alpha = \omega t$ (t = Zeit in s) wird $v = r\omega (\sin\omega t \pm \frac{1}{2}\lambda_{PL}\sin 2\omega t)$.
Für Überschlagsrechnungen verwendet man die mittlere Kolbengeschwindigkeit $v_m = sn/30$ (Kolbenhub s).
Richtwerte: Ottomotoren $v_m = 9 \ldots 15$ m/s, Dieselmotoren $v_m = 8 \ldots 14$ m/s.
(→Kolbenbeschleunigung, →Kolbenkräfte)

Kolbenkräfte (piston forces)
Kenngrößen des Kurbeltriebwerks von Kolbenmaschinen.
Durch den veränderlichen Verbrennungsdruck p wird die sich ständig ändernde Kolbenkraft F_K erzeugt. Mit dem mittleren effektiven Druck p_{eff} und der Kolbenfläche A wird die mittlere Kolbenkraft $F_K = p_{eff} A$. Durch Zerlegung erhält man mit dem Pleuelstangenwinkel β, die senkrecht zur Zylinderwand wirksame Kolbenseitenkraft $F_N = F_K \tan\beta$ und die Pleuelstangenkraft $F_S = F_K/\cos\beta$. Die Pleuelstangenkraft F_S wird am Pleuelzapfen der Kurbelwelle in die Tangentialkraft F_T und die Radialkraft F_R zerlegt. Sie ändert sich mit dem Kurbelwinkel α. Es gilt: $F_T = F_K(\sin(\alpha+\beta)/\cos\beta)$ und mit F_S: $F_T = F_S\sin(\alpha+\beta)$ sowie: $F_R = F_K(\cos(\alpha+\beta)/\cos\beta)$ und mit F_S: $F_R = F_S\cos(\alpha+\beta)$. Durch die Tangentialkraft wird mit dem Kurbelradius r am Pleuelzapfen der Kurbelwelle das Motordrehmoment $M = F_T r$ erzeugt.
(→hydraulische Presse, →Kolbenbeschleunigung, →Kolbengeschwindigkeit)

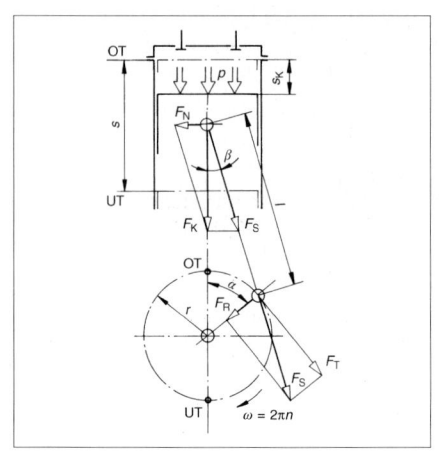

Kräfte am Kurbeltrieb
p Verbrennungsdruck, r Kurbelradius, s Kolbenhub ($s = 2r$), l Pleuelstangenlänge, a Kurbelwinkel ($a = wt$), b Pleuelstangenwinkel, s_K Kolbenweg, n Kurbelwellendrehzahl, OT und UT Totpunktlagen

Kolbenpumpen (piston pumps)
Verdrängerpumpen mit oszillierender Hubbewegung.
Verdrängungskörper sind Kolben, die an ihrem Umfang abdichtend (Kolbenringe) in einem Zylinder arbeiten oder Tauchkolben (Plunger), die in einer Stopfbuchse den Arbeitsraum periodisch verändern (siehe Bild Seite 227). Trennelemente zwischen Saug- und Druckraum sind durch Druckunterschiede gesteuerte Ventile oder Klappen. Schiebersteuerung wird bei höheren Drehzahlen eingesetzt. Windkessel zum Ausgleich des pulsierenden Volumenstroms, werden in Saug- und Druckleitung angeordnet (Saugwind- und Druckwindkessel). Kolbenpumpen sind selbstansaugend. Nach der Kolbenanordnung zum Antrieb werden Axialkolbenpumpen, Radialkolbenpumpen und Reihenpumpen unterschieden.
(→Verdrängerpumpen)

Kolbenringe (piston ring)
Elastische Stahlringe als Dichtelemente von Kolben in Kolbenmaschinen (Bild Seite 227). Kolbenringe sollen im Verbrennungsmotor den Verbrennungsraum gegenüber dem Kurbelgehäuse beweglich abdichten (Verdichtungs- oder Kompressionsringe), Schmieröl von den Zylinderlauf-

Kolkverschleiß

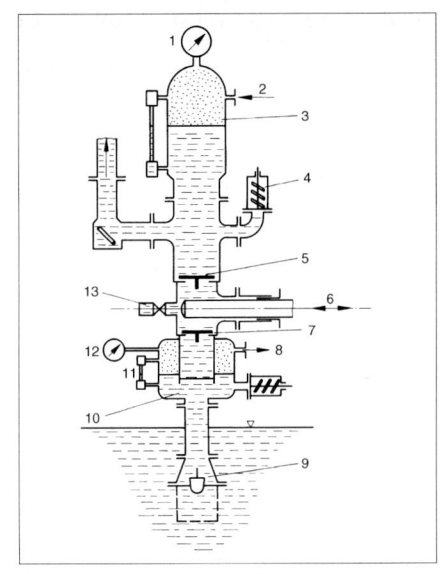

Schematischer Aufbau einer einfachwirkenden Pumpe mit Tauchkolben (liegende Bauweise)
1 Manometer, 2 Druckluftzufuhr, 3 Druckwindkessel, 4 Sicherheitsventil, 5 Druckventil, 6 Tauchkolben, 7 Saugventil, 8 Ejektor, 9 Filterventil, 10 Saugwindkessel, 11 Wasserstandsmesser, 12 Vakuummeter, 13 Schnüffelventil

flächen abstreifen (Ölabstreifringe) und Wärmetransport vom Kolben an die gekühlte Zylinderwand vornehmen. Sie liegen unter radialer Vorspannung an der Zylinderwand an. Zweitaktmotoren erhalten Verdichtungsringe mit Verdrehsicherung und keine Ölabstreifringe. In der ersten Kolbenringnut werden Rechteck- oder Minutenringe mit konischer oder balliger Lauffläche und für den zweiten Ring meist Trapez- oder Nasenringe eingesetzt. Ölabstreifringe sind mit Bohrungen versehen, durch die das Öl auf die Kolbeninnenseite gedrückt wird (Schmierung des Kolbenbolzens).
DIN ISO 6621 Kolbenringe für den Kraftfahrzeugbau.
(→Kolben, →Kurbeltriebwerk)

Kolbenverdichter (piston type compressors)
Verdichter-Bauart zur Verdichtung von Gasen, insbesondere Luft.
Sie werden für hohe Drücke bei kleinen Fördermengen eingesetzt (Kreiselverdichter für große Fördermengen und kleine Drücke). Mehrstufige Verdichtung bedingt Mehrzylinderbauweise. Die

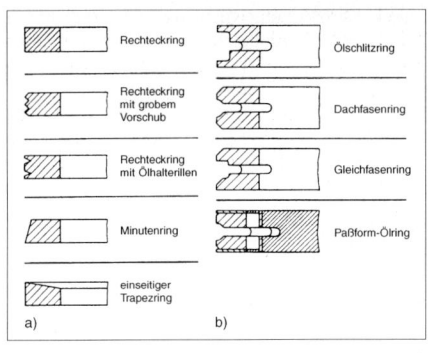

Kolbenringbauarten
a) Verdichtungsringe, b) Ölabstreifringe

Fördermenge kann durch Drehzahlregelung, Leerlaufregelung und stufenlose Mengenregelung den Verhältnissen angepasst werden.
(→Verdichter)

Kolkverhältnis
(crater dimensional relationships)
Zahlenmäßige Darstellung der Bruchgefährdung des Schneidkeils eines Zerspanwerkzeugs durch Kolkverschleiß. Das Kolkverhältnis $KV = KT/KM$ ist der Quotient aus der Kolktiefe KT und dem Kolkmittenabstand KM.
Durch die Auskolkung wird der Orthogonalkeilwinkel β_o gleichsam um $\Delta\beta_o$ auf β_o' verkleinert. Der Tangens der Keilwinkeländerung ist dem Kolkverhältnis gleich (tan $\Delta\beta_o = KV$).
Das Kolkverhältnis soll den Grenzwert $KV_{zul} = 0{,}4$ (Standkriterium) nicht überschreiten. Dies entspricht einer Keilwinkelabnahme um $21{,}8°$.

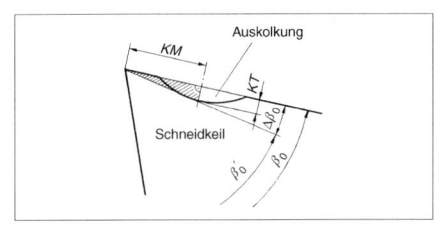

Definition des Kolkverhältnisses

Kolkverschleiß (crater wear)
Verschleißform am geometrisch bestimmten Schneidkeil eines Zerspanwerkzeugs (besonders Drehwerkzeuge) durch Kontakt mit dem ablaufenden Spanband (Fließspan, Scherspan).
Kolkverschleiß wird bei hohen Schnittgeschwindigkeiten ($v_c > 150$ m/min) durch Abrasion und Diffusion verursacht. Auf der Spanfläche entsteht eine zunehmend breiter und tiefer werdende Auskolkung, die die Bruchstabilität des Schneidkeils

durch Kerbwirkung verringert. Ein Maß für die entstehende Bruchgefahr ist das Kolkverhältnis.

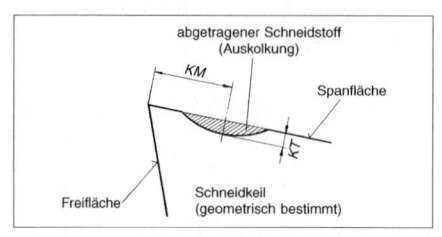

Kolkverschleiß mit Kolktiefe KT und Kolkmittenabstand KM

Kollisionsschutzvorrichtung bei Robotern (collision protection device)
Einrichtung mit der Aufgabe, den Roboter bei einer Kollision (Crash) abzuschalten. Sie wird zwischen Roboterhandgelenk und Roboterarbeitsorgan eingesetzt. Im Normalbetrieb ist ein bewegliches Element arretiert. Bei Überlast (Crash) lässt es einen gewissen Weg zu, der für einen Sensor ausreicht, ein Steuersignal an die Robotersteuerung zu senden. Die Roboterbewegung wird sofort gestoppt.

kommissionieren (commissioning)
Tätigkeit mit dem Ziel, Waren nach den Wünschen des Kunden oder Rohmaterialien nach den Erfordernissen der Produktion zusammenzustellen.

Kommissioniertechnik (comissioning technology)
Befasst sich mit Hochregallagern, Regalförderzeugen und Prozessrechnern, um bestimmte Kundensortimente aus einer großen Anzahl von Artikeln wirtschaftlich zusammenstellen zu können.
Beispiel: Zusammenstellen von etwa 5000 Arzneimittelbestellungen täglich in einem Kommissionierlager.

kommunizierende Röhren (communication tubes)
Röhrensystem von zwei oder mehr oben offenen Röhrenschenkeln, die unten miteinander verbunden sind.
Enthält das System nur *eine* Flüssigkeit, so steht sie in allen Schenkeln gleich hoch ($h_1 = h_2$ bei zwei Schenkeln), unabhängig von Form und Größe der Schenkel. Der Flüssigkeitsspiegel steht immer waagerecht. Enthält das System zwei Flüssigkeiten unterschiedlicher Dichte $\rho_1 \neq \rho_2$, steht bei Gleichgewicht die leichtere Flüssigkeit in einem Schenkel höher als die schwerere im anderen: $h_1/h_2 = \rho_2/\rho_1$. Die Flüssigkeitshöhen h über der Trennebene verhalten sich umgekehrt zueinander wie die Dichten. Damit kann die unbekannte Dichte einer Flüssigkeit berechnet werden, wenn die zweite Dichte bekannt ist (z.B. bei Öl und Wasser). (→absoluter Druck)

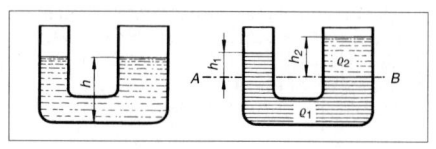

Aus der Druckgleichheit
$p = p_1 = p_2 = \rho_1 g h_1 = \rho_2 g h_2$ *ergibt sich*
$h_1/h_2 = \rho_2/\rho_1$

Kommutativgesetz (commutative rule)
Rechenregel in der Boole'schen Algebra, auch mit Vertauschungsgesetz bezeichnet.
Durch Anwendung des Gesetzes können sich in Schaltgleichungen Vereinfachungen ergeben.
Beispiel:
$a \wedge b = b \wedge a$
$a \vee b = b \vee a$

Kommutativgesetz, Vertauschungsgesetz (commutative law)
Für reelle Zahlen gilt bezüglich der Addition und Multiplikation das Kommutativgesetz (Vertauschungsgesetz):
$a + b = b + a, \quad a \cdot b = b \cdot a$.
Beispiel: $3 + 4 = 4 + 3, \quad 3 \cdot 4 = 4 \cdot 3$
(→Assoziativgesetz, →Distributivgesetz)

Kommutator (collector; commutator)
→Stromwender

Komparator (comparator)
1. Digitale Schaltung, die zwei Zahlen A und B nach $A = B$, $A > B$ und $A < B$ vergleicht.
2. Kippschaltung mit Operationsverstärker zum Vergleich zweier Spannungen.

Kompensation (compensation)
Ausgleich der induktiven Blindleistung in einem Betriebsmittel oder einer Versorgungseinheit durch die kapazitive Blindleistung von Kondensatoren. Ziel ist die Verbesserung des Leistungsfaktors $\cos \varphi$ (Wirkgröße/Scheingröße) in einem Netz. Es darf nur auf den Wert $\cos \varphi = 0{,}96$ kompensiert werden.
Anwendung: Motoren, Leuchtstofflampen.
(→Leistungsfaktor)

kompilieren (compiling)
Übersetzen von Programmen einer Hochsprache in die Maschinensprache.
(→Compiler)

Komplementwinkel (complementary angles)
Winkel, die sich zu $90°$ ergänzen.
Der Komplementwinkel zu einem Winkel α ist der Winkel $\beta = 90° - \alpha$.

komplexe Funktion (complex function)
Ist die unabhängige Variable einer Funktionsgleichung eine komplexe Zahl z, dann wird durch $w = f(z)$ eine komplexe Funktion einer komplexen Variablen beschrieben. Komplexe Funktionen werden in dem mathematischen Gebiet Funktionentheorie behandelt.
(→Funktion, →reelle Funktion)

komplexe Zahl (complex number)
Zahl der Form $z = a + bj$, wobei a und b reelle Zahlen sind und j die imaginäre Einheit, $j = \sqrt{-2}$.
Eine komplexe Zahl z besteht aus dem reellen Teil a (Realteil) und dem imaginären Teil b (Imaginärteil).
Wenn a und b alle möglichen reellen Werte durchlaufen, dann werden alle möglichen komplexen Zahlen z erzeugt. Komplexe Zahlen sind nicht mehr auf einer Zahlengeraden, sondern nur noch in einer Zahlenebene, der sogenannten Gaußschen Zahlenebene, darstellbar.
Komplexe Zahlen z mit Realteil gleich 0 (also $a = 0$) heißen imaginäre Zahlen, die komplexen Zahlen z mit Imaginärteil gleich 0 (also $b = 0$) sind die reellen Zahlen. Die komplexen Zahlen umfassen also die imaginären Zahlen und die reellen Zahlen. Alle komplexen Zahlen bilden zusammen die Menge $\mathbb{C}$ der komplexen Zahlen: $\mathbb{C} = \{z = a + bj \mid a, b \in \mathbb{R}\}$.
Komplexe Zahlen $z = a + bj$ und $\bar{z} = a - bj$, also mit gleichem Realteil und entgegengesetzt gleichem Imaginärteil, heißen konjugiert komplex.
Rechenregeln für komplexe Zahlen:
$j = \sqrt{-1}$, $j^2 = -1$, $j^3 = -j$, $j^4 = 1$,
$j^{4n-3} = j$, $j^{4n-2} = -1$, $j^{4n-1} = -j$, $j^{4n} = 1$
($n \in \mathbb{N}^*$),

$z_1 + z_2 = (a_1 + b_1 j) + (a_2 + b_2 j) =$
$= (a_1 + a_2) + (b_1 + b_2) j$,
$z_1 - z_2 = (a_1 + b_1 j) - (a_2 + b_2 j) =$
$= (a_1 - a_2) + (b_1 - b_2) j$,
$z + \bar{z} = (a + bj) + (a - bj) = 2a$,
$z - \bar{z} = (a + bj) - (a - bj) = 2bj$,
$z_1 \cdot z_2 = (a_1 + b_1 j)(a_2 + b_2 j) =$
$= (a_1 a_2 - b_1 b_2) + (a_1 b_2 + a_2 b_1) j$,
$z \cdot \bar{z} = (a + bj)(a - bj) = a^2 + b^2$,
$z_1 / z_2 = (a_1 + b_1 j)/(a_2 + b_2 j) =$
$= (a_1 a_2 + b_1 b_2)/(a_2^2 + b_2^2) +$
$+ ((b_1 a_2 - a_1 b_2)/(a_2^2 + b_2^2)) j$ ($z_2 \neq 0$),
$z/\bar{z} = (a + bj)/(a - bj) =$
$= (a^2 - b^2)/(a^2 + b^2) + (2ab/(a^2 + b^2)) j$
($z \neq 0$).

Die Darstellung einer komplexen Zahl in der Form $z = a + bj$, bei der kartesische Koordinaten verwendet werden, heißt algebraische Form. Daneben gibt es die trigonometrische Form $z = r \ (\cos \varphi + j \sin \varphi)$, also die Darstellung mit Polarkoordinaten, und die Exponentialform $z = r \cdot e^{j\varphi}$.
Beispiele für komplexe Zahlen:
$3 + \sqrt{2} j$; $-1 + 5j$; $e + \pi^2 j$; $-4j$ (imaginäre Zahl); $3\sqrt{2}$ (reelle Zahl).

Beispiele zum Rechnen mit komplexen Zahlen:
$z_1 - z_2 = (2{,}66 + 0{,}89 j) - (-0{,}81 + 1{,}49 j) =$
$= 3{,}47 - 0{,}60 j$,
$z_1 \cdot z_2 = (3 + 4j)(5 - 2j) =$
$= (3 \cdot 5 - 4 \cdot (-2)) +$
$+ (3 \cdot (-2) + 5 \cdot 4) j = 23 + 14 j$,
$z \cdot \bar{z} = (2{,}4 + 0{,}9 j)(2{,}4 - 0{,}9 j) =$
$= (2{,}4)^2 + (0{,}9)^2 = 5{,}76 + 0{,}81 = 6{,}57$,
$$\frac{z_1}{z_2} = \frac{3 + 4j}{5 - 2j} = \frac{3 \cdot 5 + 4 \cdot (-2)}{5^2 + (-2)^2} +$$
$$+ \frac{4 \cdot 5 - 3 \cdot (-2)}{5^2 + (-2)^2} j$$
$$= \frac{15 - 8}{25 + 4} + \frac{20 + 6}{25 + 4} j = \frac{7}{29} + \frac{26}{29} j.$$

(→Exponentialform der komplexen Zahlen, →Gaußsche Zahlenebene, →imaginäre Einheit, →Koordinatensystem, →trigonometrische Form der komplexen Zahlen, →Zahlenmengen)

Komplexsalze (complex salt)
Salze, die einen komplizierten Aufbau der Kationen und Anionen enthalten.
Komplexverbindung steht in eckigen Klammern. Bei der Benennung wird zuerst der Name des Kations und dann der Name des Anions angegeben.
Beispiele:
Komplexe Kationen: [Cu(NH$_3$)$_4$]SO$_4$, Tetrammin-kupfer(II)-sulfat
Komplexe Anionen:
K$_4$[Fe(CN)$_6$], Kalium-hexazyano-ferrat(II) (gelbes Blutlaugensalz)

Komponenten
(standardized subassemblies; compounds)
a) In der Fördertechnik Baugruppen, aus denen das komplette Erzeugnis besteht. Beispiel: Fahrantriebe, Elektrozüge und Lastaufnahmeeinrichtungen sind Komponenten von Kranen.
b) In der Technischen Mechanik Anteile einer Kraft in x- und y-Richtung.
(→analytische Lösung, →Baugruppen, →Gleichgewichtsbedingungen)

Kompressor (compressor)
→Verdichter

Kondensator (capacitor)
Bauelement der Elektrotechnik und Elektronik mit der elektrophysikalischen Eigenschaft Kapazität C.
Sein Widerstandsverhalten ist frequenzabhängig, die Ladungsaufnahme von einer Gleichspannung über einen ohmschen Widerstand folgt einer Exponentialfunktion zur Basis e.
Anwendung: Allgemein zur Speicherung elektrischer Ladung, in Wechselstromnetzen zur Phasenverschiebung verwendbar.

Kondensatoren (condensers)
Baugruppe in Dampfturbinen-Anlagen.
Kondensatoren entziehen durch Wasserrohrkühlung dem Abdampf die Verdampfungswärme bei Unterdruck (Vakuum). Das entstehende Kondenswasser wird dem Dampferzeuger wieder zugeführt. Die zur Kühlung erforderlichen Wassermengen werden bei Frischwasserkühlung Flussläufen entnommen (meist in Kühltürmen rückgekühlt).
Man unterscheidet Oberflächen- und Einspritzkondensatoren, sowie Kondensatoren mit indirekter- und direkter Luftkühlung.
(→Dampferzeuger, →Dampfturbinen)

Kongruenz (congruence)
Deckungsgleichheit geometrischer Figuren.
Deckungsgleiche geometrische Figuren heißen kongruent. Kongruente geometrische Figuren stimmen in Größe und Gestalt völlig überein, alle Bestimmungsstücke wie Längen, Winkel, Fläche und so weiter sind gleich. Kongruente Figuren unterscheiden sich nur durch ihre Lage in der Ebene.
So sind zum Beispiel zwei Quadrate mit gleicher Seitenlänge kongruent oder zwei Kreise mit gleichem Radius (und unterschiedlichen Mittelpunkten).
Kongruente Figuren lassen sich durch Parallelverschiebung, Spiegelung oder Drehung oder mehrere dieser drei Bewegungen zur Deckung bringen.

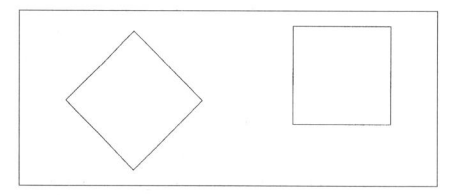

Kongruente Quadrate

Für Dreiecke gibt es vier Kongruenzsätze, die Bedingungen für die Kongruenz von Dreiecken angeben.
(→Ähnlichkeit, →Kongruenzsätze für Dreiecke)

Kongruenzsätze für Dreiecke
(congruence theorems for triangles)
Für Dreiecke gibt es vier Kongruenzsätze, die Bedingungen für die Kongruenz von Dreiecken angeben.
In der folgenden Aufzählung steht W für Winkel und S für Seite (Seitenlänge).
1. Kongruenzsatz WSW und SWW:
   Dreiecke sind kongruent, wenn sie in einer Seite und den beiden anliegenden Winkeln übereinstimmen (WSW).
   Dreiecke sind kongruent, wenn sie in einer Seite und einem anliegenden sowie dem gegenüberliegenden Winkel übereinstimmen (SWW).

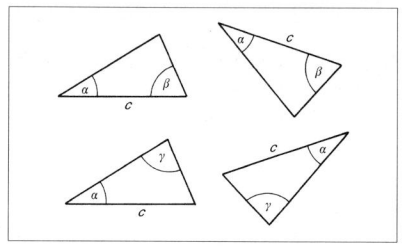

Kongruenzsätze WSW und SWW

2. Kongruenzsatz SSW:
   Dreiecke sind kongruent, wenn sie in zwei Seiten und dem der längeren Seite gegenüberliegenden Winkel übereinstimmen.

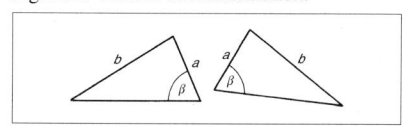

Kongruenzsatz SSW

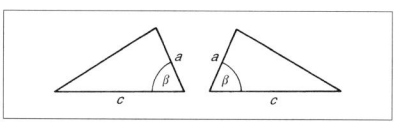

3. Kongruenzsatz SWS:
   Dreiecke sind kongruent, wenn sie in zwei Seiten und dem von ihnen eingeschlossenen Winkel übereinstimmen.

Kongruenzsatz SWS

4. Kongruenzsatz SSS:
   Dreiecke sind kongruent, wenn sie in den drei Seiten übereinstimmen.

Kongruenzsatz SSS

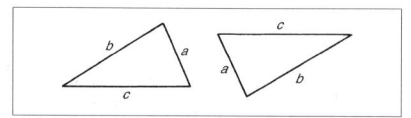

(→Dreieck)

konjugiert komplexe Zahlen
(conjugate complex numbers)
Komplexe Zahlen mit gleichem Realteil und entgegengesetzt gleichem Imaginärteil.
Die komplexen Zahlen $z = a + bj$ und $\bar{z} = a - bj$ sind also konjugiert komplex.
Beispiel: $z = 3 + 5j$ und $\bar{z} = 3 - 5j$.
(→komplexe Zahl)

Konjunktion (conjunction)
→UND-Verknüpfung

konjunktive Normalform
(conjunctive normal form)
Standardisierte Darstellungsart für Schaltfunktionen.
Sie besteht aus der UND-Verknüpfung aller Maxterme der Schaltfunktion.
(→disjunktive Normalform, →Maxterm)

konkave Funktion (concave function)
Eine Funktion $y = f(x)$ heißt an der Stelle $x = a$ von unten konkav (oder von oben konvex), wenn alle Punkte der Kurve der Funktion in einer Umgebung von a unterhalb der Tangente im Punkt $P(a \mid f(a))$ liegen.
In einem von unten konkaven Bereich ist die Ableitungsfunktion $y' = f'(x)$ streng monoton fallend, was äquivalent zu $f''(x) < 0$ ist. Die Funktion $y = f(x)$ hat dort eine Rechtskrümmung (der Graph macht in x-Richtung eine Rechtskurve).
(→Ableitung einer Funktion, →konvexe Funktion, →Tangente)

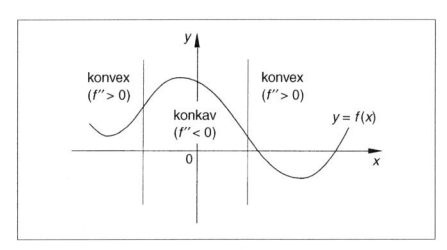

Konkave und konvexe Bereiche der Funktion $y = f(x)$

konkave Punktmenge (concave point set)
→konvexe Punktmenge

Konsole (knee)
Teil des Werkzeugmaschinengestells.
Ist in seitlichen Führungen am Maschinenständer senkrecht verschiebbar und nimmt in ihren oberen waagerechten Führungsbahnen den Werkstücktisch auf.
(→Gestell)

Konsolfräsmaschine
(column-and-knee milling machine; knee-type miller)
Vielseitig einsetzbare Fräsmaschine mit waagerechter oder senkrechter Frässpindel.
Der Ständer trägt am Kopf den Spindelstock mit der Frässpindel. An der unteren Vorderseite des Ständers wird eine Konsole senkrecht geführt. Sie nimmt einen Kreuztisch als Werkzeugträger auf, der parallel und rechtwinklig zur Frässpindel verschoben werden kann.
(→Universalfräsmaschine)

Konsolträger (console beam)
Einseitig angeschweißtes, angeschraubtes oder angenietetes Tragteil aus Profilstahl oder Blech, das zur Werkstoffersparnis meistens angeformt ist.

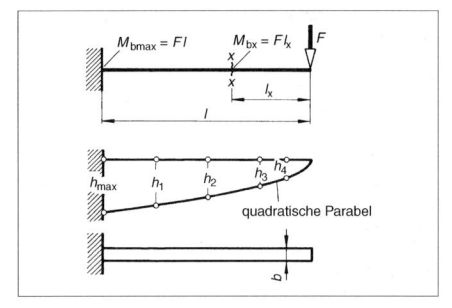

Angeformter Konsolträger aus Blech,
Anformungsgleichung: $h_x = h_{max} \sqrt{l_x / l}$

konstante Funktion (constant function)
Funktion mit der Funktionsgleichung $y = f(x) = b$ ($b \in \mathbb{R}$)
Der Graph einer konstanten Funktion ist eine Parallele zur x-Achse mit dem Abstand b. Im Fall $b = 0$ ist die Gerade die x-Achse selbst.
(→Funktion)

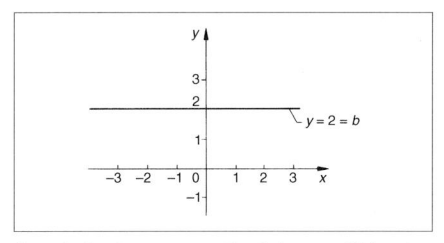

Graph der konstanten Funktion $y = f(x) = 2$

Kontaktelement (galvanic cell)
Korrosionselement zwischen Metallen mit größerer Potentialdifferenz in der elektro-chemischen Spannungsreihe bei Zutritt einer ionenleitenden Flüssigkeit.

Kontaktkorrosion

Beispiel: Zusammenbau von Cu-Legierungen mit verzinktem Stahl. Vermeidung durch elektrische Isolation.

Kontaktkorrosion (galvanic corrosion)
Korrosion durch Bildung eines Kontaktelementes.

Kontaktplan (contact plan; programming language based on circuit symbols)
Grafische Programmiersprache für speicherprogrammierbare Steuerungen (SPS).
Elemente sind Öffner-, Schließer-, Verzweigungs-, Leitungs- und Relaissymbole. Der Kontaktplan entspricht im Aufbau einem elektrischen Stromlaufplan. Vorteil: leichte Nachvollziehbarkeit der Steuerungsfunktion.
(→Anweisungsliste, →Funktionsplan)

Konterschneiden (counter cutting)
Ausschneiden des Bleches in zwei bis drei gegenläufigen Schneidstufen:
1. Stufe: Anschnitt bis kurz vor die Rissbildung;
2. Stufe: Anschnitt von der gegenüberliegenden Seite bis kurz vor die Rissbildung;
3. Stufe: Durchschnitt.

Damit werden die voneinander getrennten Teile auf jeder Seite gratfrei. Allerdings muss ein Folge- oder Gesamtschneidwerkzeug eingesetzt werden.

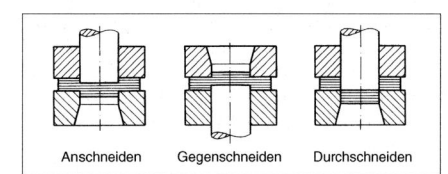

Anschneiden Gegenschneiden Durchschneiden

Kontinuitätsgleichung (continuity equation)
Gesetzmäßigkeit, nach der durch unterschiedliche Querschnitte A_1, A_2 einer Leitung in der Zeiteinheit (z.B. 1 s) das gleiche Fluidvolumen fließen muss.
Keine Volumenänderung (Dichteänderung) vorausgesetzt, gilt dann die Kontinuitätsgleichung (Stetigkeitsgleichung):
Volumenstrom $q_V = A_1\, w_1 = A_2\, w_2$ in m³/s.
Der Volumenstrom q_V ist das Produkt aus dem Strömungsquerschnitt A und der Strömungsgeschwindigkeit w.

Kontraktion (contraction)
Einschnürung eines Fluidstrahls durch Umlenkung der Stromfäden infolge einer Querschnittsverengung.
Der Strahlquerschnitt ist dann nicht A, sondern αA, mit der Kontraktionszahl $\alpha < 1$.
(→Ausflusszahl)

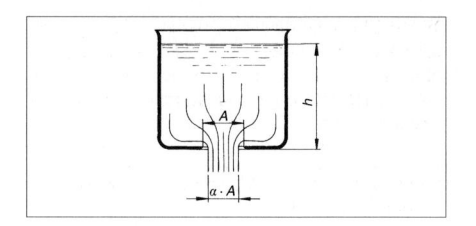

Kontrollstrukturen
(control sequence; control structure)
Steuern den Ablauf eines Programms anhand des Wertes einer Variablen.
Verbreitet sind Zähler- und selbstgesteuerte Wiederholschleifen sowie die Fallabfrage.
Beispiele:
FOR x = 1 TO 10 DO ; REPEAT ... UNTIL Y > 0 ; CASE Z OF ...

konvergente Folge (convergent sequence)
Folge (a_n), die einen Grenzwert besitzt:
$\lim_{n\to\infty} a_n = a$.
(→divergente Folge, →Folge)

konvergente Reihe (convergent series)
Unendliche Reihe, für die die Folge der Partialsummen eine konvergente Folge ist.
(→Folge, →Reihe)

konvexe Funktion (convex function)
Eine Funktion $y = f(x)$ heißt an der Stelle $x = a$ von unten konvex, wenn alle Punkte der Kurve der Funktion in einer Umgebung von a oberhalb der Tangente im Punkt $P(a \mid f(a))$ liegen.
In einem von unten konvexen Bereich ist die Ableitungsfunktion $y' = f'(x)$ streng monoton wachsend, was äquivalent zu $f''(x) > 0$ ist. Die Funktion $y = f(x)$ hat dort eine Linkskrümmung (der Graph macht in x-Richtung eine Linkskurve).
(→Ableitung einer Funktion, →konkave Funktion, →Tangente)

konvexe Punktmenge (convex point set)
Eine Punktmenge, bei der mit je zwei beliebigen Punkten auch die gesamte Verbindungsstrecke zur Punktmenge gehört.
Punktmengen, die nicht konvex sind, heißen konkav.
In der Ebene sind zum Beispiel reguläre n-Ecke, Kreise und Ellipsen konvex.

konzentrisch (concentric)
Bezeichnung für die Lage von Kreisen in einer Ebene, wenn sie den gleichen Mittelpunkt haben.

Koordinaten (coordinates)
Maßbezeichnungen in einem räumlichen rechtwinkligen Koordinatensystem.

DIN 66 217 Koordinatenachsen und Bewegungsrichtungen für numerisch gesteuerte Arbeitsmaschinen.
(→kartesisches Koordinatensystem, →Koordinatensystem, →Polarkoordinatensystem)

Koordinatenachsen (axis of coordinates)
→Koordinatensystem

Koordinatenbohrmaschine
(coordinate drilling machine; precision boring machine)
Bohrmaschine für höchste Genauigkeitsansprüche an Bohrungsdurchmesser und Bohrungsmittenabstände. Werkstücktisch und/oder Bohrspindelschlitten können feinfühlig sehr genau verschoben werden, wobei die jeweilige Position meist optisch auf 1/100 mm bis 1/1000 mm genau abgelesen werden kann.

Koordinatenkreuz (system of coordinates)
In der Ebene zwei sich schneidende Achsen (Abszissen- oder x-Achse und Ordinaten- oder y-Achse) mit Orientierung und Maßstab. Der Schnittpunkt heißt Koordinatenursprung O.
(→Koordinatensystem)

Koordinatensystem (system of coordinates)
System von geometrischen Objekten, mit deren Hilfe die Lage anderer geometrischer Objekte durch Zahlenwerte (Koordinaten genannt) umkehrbar eindeutig beschrieben werden kann.
Beispiele:
Kartesisches Koordinatensystem der Ebene (benannt nach dem französischen Mathematiker R. Descartes, genannt Cartesius, 1596 – 1650):
In einem kartesischen (rechtwinkligen) Koordinatensystem der Ebene besteht das System von geometrischen Objekten aus zwei senkrecht aufeinander stehenden Geraden (Koordinatenachsen, die Abszissenachse und die Ordinatenachse). Der Schnittpunkt der Geraden heißt Koordinatenursprung. Auf jeder der beiden Geraden wird vom Koordinatenursprung aus eine positive und negative Orientierung sowie der gleiche Maßstab festgelegt. Die Abszissenachse nennt man auch x-Achse und die Ordinatenachse y-Achse. Die Koordinatenachsen bilden ein Rechtssystem: Die x-Achse geht durch Drehung um einen rechten Winkel im mathematisch positiven Sinne (also entgegen dem Uhrzeigersinn) in die y-Achse über.
Ein beliebiger Punkt P der Ebene kann dann durch seine kartesischen Koordinaten beschrieben werden: $P(x \mid y)$ mit x als Abszisse und y als Ordinate.

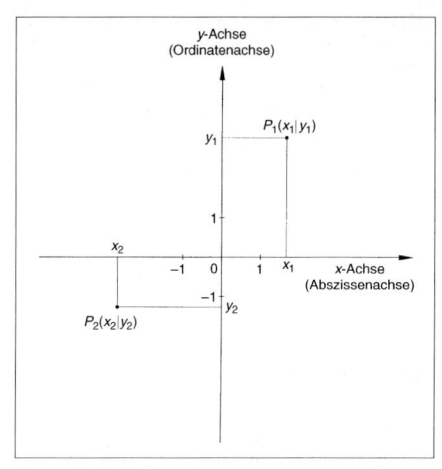

Kartesisches Koordinatensystem der Ebene

Polarkoordinatensystem der Ebene:
In einem Polarkoordinatensystem der Ebene besteht das System von geometrischen Objekten aus einem festen Punkt (Pol O) und einer von ihm ausgehenden fest gewählten Achse (Polarachse) mit Orientierung und Maßstab.
Ein beliebiger Punkt P der Ebene lässt sich dann durch seine Polarkoordinaten beschreiben: $P(r \mid \varphi)$, wobei r der Abstand des Punktes P vom Pol O ist und φ der Winkel, den der Strahl vom Pol O durch den Punkt P mit der Polarachse bildet. Dabei wird der Winkel φ (Polarwinkel des Punktes P) in mathematisch positiver Richtung gemessen (linksdrehend, entgegen dem Uhrzeigersinn).

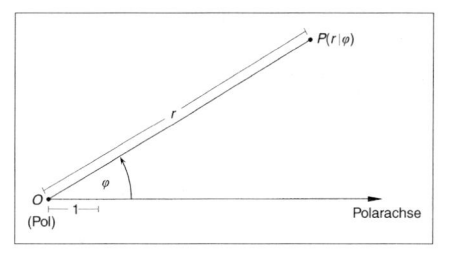

Polarkoordinatensystem der Ebene

Kartesisches Koordinatensystem des Raums:
Ein kartesisches Koordinatensystem des Raums besteht aus drei paarweise aufeinander senkrecht stehenden Geraden (Koordinatenachsen), die sich in einem Punkt, dem Koordinatenursprung, schneiden.
Die drei Koordinatenachsen bilden ein Rechtssystem: Winkelt man Daumen, Zeigefinger und Mittelfinger der rechten Hand so ab, dass sie aufeinander senkrecht stehen, dann können diese

Koordinatentransformation

Finger als positive Richtungen eines Rechtssystems aufgefasst werden. Man bezeichnet die Achsen in dieser Reihenfolge meist als x-Achse, y-Achse und z-Achse. Auf allen drei Achsen sind die Maßstäbe gleich.
Ein beliebiger Punkt P des Raums kann dann durch seine kartesischen Koordinaten beschrieben werden: $P(x\,|\,y\,|\,z)$, wobei x, y und z die senkrechten Projektionen des Punktes auf die drei Koordinatenachsen sind.

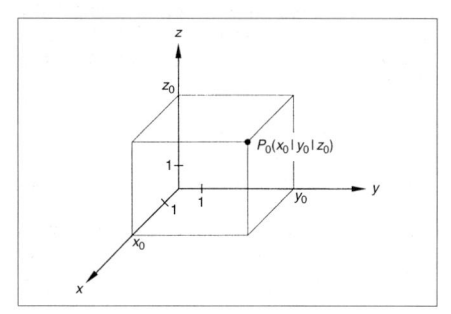

Kartesisches Koordinatensystem des Raums

(→Abszissenachse, →Ordinatenachse)

Koordinatentransformation
(coordinate transformation)
Mathematisches Verfahren zur Umwandlung von Koordinaten.
Beispiel: Zur Vereinfachung der Roboterprogrammierung wird ein Punkt aus einem kartesischen Koordinatensystem in ein maschineneigenes Koordinatensystem transformiert (Raumkoordinaten in Gelenkwinkelkoordinaten).
(→Koordinatensystem, →Roboterprogrammierung)

Koordinationszahl (coordination number)
Anzahl der Nachbarn eines Teilchens im Kristallgitter, die zu ihm den gleichen kleinsten Abstand besitzen.
Beispiel: Fe hat im kubisch-raumzentriertem Gitter die Zahl 8, im flächenzentrierten die Zahl 12.

KOP
→Kontaktplan

Kopfbohrstange (boring head; boring tool)
Werkzeugspanner an Bohrwerken, Radialbohrmaschinen und Drehmaschinen zum Ausbohren von gegossenen oder vorgebohrten Löchern.
Die Bohrstange wird mit einem Kegelschaft in die Spindelbohrung („fliegend") eingespannt. An ihrem vorderen Ende („Kopf") ist in einer Querbohrung der Bohrmeißel mit einer Spannschraube festgeklemmt. Durch hintereinander angeordnete Meißel können mehrere Bohrungen gleichzeitig bearbeitet werden. Mit nacheinander arbeitenden Meißeln ist auch Schruppen und Schlichten in einem Arbeitsgang möglich.
(→Bohrstange)

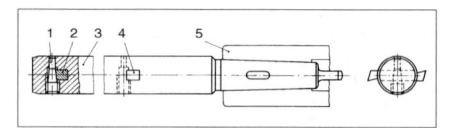

Kopfbohrstange mit doppelseitig schneidendem Bohrmeißel und zwei Werkzeugaufnahmen
1 Spannschraube, 2 Bohrmeißel, 3 Bohrstange, 4 Werkzeugaufnahme, 5 Bohrspindel

Kopfdrehmaschine (facing lathe)
→Plandrehmaschine

Kopierdrehmaschine
(copying lathe; contouring lathe)
Drehmaschine, auf der die Form der Mantelfläche eines Werkstücks durch Abtasten einer Schablone oder eines Musterstücks auf die Bewegungsbahn des Drehmeißels übertragen wird.

Korngrenzen (grain boundaries)
Bereich zwischen den Kristallkörnern mit gestörtem Gitteraufbau.
Korngrenzen sind Sammelstellen für andere Atome, die von den Kristallen nicht aufgelöst werden können und Hindernis für das Wandern von Versetzungen bei der plastischen Verformung sind.
(→Korngrenzenverfestigung)

Korngrenzenverfestigung
(grain-boundary strengthening)
Festigkeits- und Härtesteigerung durch Zunahme des Korngrenzenanteils am Gefüge beim Ausbilden feinkörniger Gefüge.
An Korngrenzen wird das Wandern der Versetzungen gestoppt. Durch Feinkorn wird die Festigkeit erhöht, ohne dass dabei die Zähigkeit sinkt.

Korngrenzenzementit
(grain-boundary cementite)
C-Atome, die bei der Abkühlung von Austenit mit 0,8...2% C im Temperaturbereich von 1147...723 °C ausscheiden (Löslichkeitslinie GS im Eisen-Kohlenstoff-Diagramm).
Die C-Atome bilden zwischen den Austenitkörnern den Korngrenzenzementit oder Sekundärzementit.

Korngröße (grain size)
Mittlerer Durchmesser der Kristallkörner eines Gefüges, am Schliffbild ermittelt.
(→Austenitkorngröße)

Kornwachstum (grain growth)
Meist unerwünschte Veränderung der Korngrenzen in homogenen Gefügen beim Halten auf hohen Temperaturen.
Dabei werden kleinere Kristalle von größeren aufgezehrt. Kornwachstum wird von feindispersen Ausscheidungen gebremst.

Kornzerfall (grain disintegration)
→interkristalline Korrosion

Korrekturdaten (offset data)
Werkzeugmaße, die im Korrekturspeicher einer CNC-Steuerung abgelegt sind.
Beispiele: Werkzeuglänge und -durchmesser beim Fräsen, Schneidenradius beim Drehen.

korrespondierende Addition und Subtraktion
(corresponding addition and subtraction)
Allgemeines Gesetz zur Umformung von Proportionen.
(→Proportion)

Korrosion (corrosion)
Reaktion eines metallischen Werkstoffes mit seiner Umgebung, die eine messbare Veränderung des Stoffes und eine Beeinträchtigung der Funktion der Bauteile oder des Systems bewirkt.
Reaktionsarten sind:
a) chemische Korrosion: Angriff von Säuren und Basen, Salzschmelzen und heißen Gasen, z.B. die Verzunderung,
b) metallphysikalische Vorgänge, z.B. Abtragung durch Kontakt mit flüssigen Metallen,
c) elektrochemische Korrosion (meist auftretend) durch Bildung von Korrosionselementen, wenn eine ionenleitende Flüssigkeit (Elektrolyt) hinzutreten kann.
DIN 50 900 Korrosion der Metalle, Begriffe.
(→Korrosionsarten, →Korrosionserscheinung, →Korrosionsprodukt)

Korrosionsarten (corrosion types)
→Flächenkorrosion, →Muldenkorrosion, →Lochkorrosion, →Spaltkorrosion, →Kontaktkorrosion, →interkristalline Korrosion, →Spannungsrisskorrosion, →Schwingungsrisskorrosion, →Erosionskorrosion, →Reibkorrosion

korrosionsbeständige Stähle
(corrosion-resistant steels)
Hochlegierte Cr und CrNi-Stähle mit sehr niedrigem C-Gehalt.
Für starken Korrosionsangriff zusätzlich mit Mo und Cu legiert.
DIN EN 10 088 Nichtrostende Stähle
(→austenitische Stähle, →ferritische Stähle)

Korrosionselement (corrosion cell)
Galvanische Elemente, bei denen Anode und Katode von Werkstoffbereichen (Mikrobereiche) oder Gefügebestandteilen gebildet und vom Elektrolyten evtl. nur filmartig bedeckt werden.
Elektrischer Strom fließt durch das Innere der Bauteile, es besteht ständiger Kurzschluss.
(→Belüftungselement, →Kontaktelement, →Lokalelement)

Korrosionserscheinungen
(manifestation of corrosion)
Durch Korrosion am Bauteil bewirkte Veränderungen.
Je nach Korrosionsart werden beobachtet: gleichmäßiger Flächenabtrag (harmlos), Muldenfraß, Lochfraß (gefährlich). Selektiver Angriff richtet sich gegen einzelne Gefügebestandteile, die interkristalline Angriffsform zersetzt die Bereiche zwischen den Körnern.

Korrosionsgrößen
(values of corrosion attack)
Abtragungsgeschwindigkeit (in z.B. mm/Jahr) und die Lebensdauer als Kehrwert (in Jahr/mm).
Die Korrosionsgrößen werden aus den Messgrößen (Masseverlust, Oberfläche, Angriffstiefe und Belastungsdauer) errechnet.

Korrosionsprodukte (corrosion products)
Bei der Korrosion entstehende Stoffe wie Zunder, Rost, Schichten, Ausblühungen.
Wenn entstehende Deckschichten festhaftend und dicht sind, wirken sie als Schutz.
Beispiel: Oxidschichten auf Al oder Cr.

Korrosionsschutz (corrosion protection)
Maßnahmen zum Vermeiden von Funktionsstörungen durch Korrosion.
Möglichkeiten sind: durch Werkstoffwahl und konstruktive Maßnahmen das Entstehen von Korrosionselementen verhindern; Zusätze zum Korrosionsmittel; Änderung des pH-Wertes oder der Strömungsgeschwindigkeit begünstigen die Schutzschichtbildung und verringern die Abtragungsgeschwindigkeit; Änderung der elektrischen Verhältnisse als kathodischer Schutz; Trennung der Reaktionspartner durch Überzüge oder Schichten.
DIN 50 902 Schichten für den Korrosionsschutz, Begriffe, Verfahren, DIN EN ISO 12 944 T 1...8, Korrosionsschutz von Stahlbauten durch Beschichtungen und Überzüge.

Korrosionssystem (corrosion system)
Systematische Betrachtung der Korrosion mit Systemelementen und den möglichen Einflussgrößen auf die Korrosionsrate.

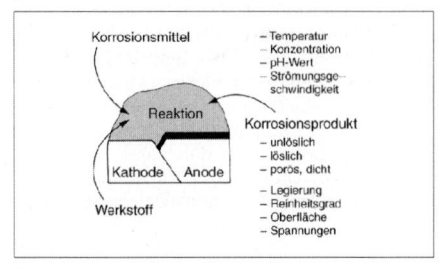

Korrosionssystem

Kosinus (cosine)
Eine der trigonometrischen Funktionen.
In einem rechtwinkligen Dreieck ist $\cos\alpha$ das Verhältnis von Ankathete zu Hypotenuse.
(→Kosinusfunktion, →trigonometrische Funktionen)

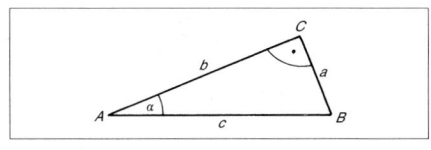

$$\cos\alpha = \frac{b}{c}$$

Kosinusfunktion (cosine function)
Die Funktion $y = \cos x$.
Der Definitionsbereich ist $D = \mathbb{R}$ und der Wertebereich $W = [-1, 1]$. Die Kosinusfunktion hat die Periode 2π, es gilt also $\cos(x + 2k\pi) = \cos x$ für $k \in \mathbb{Z}$. Die Amplitude der Funktion ist 1.

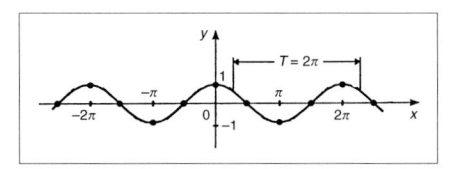

Kosinuskurve

Die Kosinusfunktion ist gerade, denn es gilt $\cos(-x) = \cos x$. Der Graph der Funktion heißt Kosinuskurve, sie liegt symmetrisch zur y-Achse.
(→trigonometrische Funktionen)

Kosinussatz (law of cosines)
In einem beliebigen Dreieck ist das Quadrat einer Seitenlänge gleich der Summe der Quadrate der beiden anderen Seitenlängen minus dem doppelten Produkt der Längen dieser beiden anderen Seiten und dem Kosinus des von ihnen eingeschlossenen Winkels.

$a^2 = b^2 + c^2 - 2bc\cos\alpha$,
$b^2 = a^2 + c^2 - 2ac\cos\beta$,
$c^2 = a^2 + b^2 - 2ab\cos\gamma$
oder
$\cos\alpha = (b^2 + c^2 - a^2)/(2bc)$,
$\cos\beta = (a^2 + c^2 - b^2)/(2ac)$,
$\cos\gamma = (a^2 + b^2 - c^2)/(2ab)$.

Der Kosinussatz ist eine Verallgemeinerung des Satzes von Pythagoras für rechtwinklige Dreiecke. Anwendung z.B. zur rechnerischen Ermittlung der Resultierenden zweier gerichteter Größen (Kräfte, Geschwindigkeiten).
(→Kosinusfunktion, →Parallelogrammsatz, →Pythagoras, Satz des)

Kosten (costs)
Zur Erstellung der betrieblichen Leistung (Sach- und/oder Dienstleistungen) verbrauchte Güter und Leistungen, in Geld bewertete Schaffung und Aufrechterhaltung der notwendigen Teilkapazitäten, üblicherweise aus dem Aufwand hergeleitet.
(→Kapazitäten)

Kosten- und Leistungsrechnung
(cost and output accounting)
Verfahren zur Ermittlung des Betriebsergebnisses einer Periode, eines Teilbereichs, oder in Bezug auf ein Produkt sowie zur Überwachung bestimmter Kostenarten.

Kostenarten (categories of costs)
Nach Entstehung der Kosten und ihrer Struktur unterteilt in Vollkosten, Teilkosten und Gemeinkosten.

Kostenerfassung
(collection of different types of cost data)
Kostenartenbezogene Aufzeichnung der Kosten, differenziert nach Kostenbetrag und für Auswertungsrechnungen wesentlichen Merkmalen. Kostenerfassung hat zentrale Bedeutung für die Genauigkeit, Aussagefähigkeit, Flexibilität, Aktualität und Wirtschaftlichkeit der Kostenrechnung. Sie verursacht selbst einen erheblichen Teil der anfallenden Kosten. Zahl und Art der zu erfassenden Merkmale der Kosten hängen stark vom verwendeten Kostenrechnungssystem ab.

Kostenstellenrechnung
(cost center accounting)
Kostenverursachung nach Verantwortungsbereich.

Kostenträgerrechnung
(cost objective accounting)
Teilbereich der Kostenrechnung, der Kosten für Kostenträger direkt aus der Kostenartenrechnung oder mit Hilfe von Kalkulationsverfahren aus der

Kostenstellenrechnung übernimmt und pro Kostenträger für die gesamte Abrechnungsperiode oder pro Einheit zuordnet.

Kostenvergleichsrechnung (comparison of costs)
Summierung einmaliger und laufender Kosten zu Gesamtkosten pro Monat und Vergleich der Kosten verschiedener Projekte.

Kotangens (cotangent)
Eine der trigonometrischen Funktionen.
In einem rechtwinkligen Dreieck ist $\cot \alpha$ das Verhältnis von Ankathete zu Gegenkathete.
(→Kotangensfunktion, →trigonometrische Funktionen)

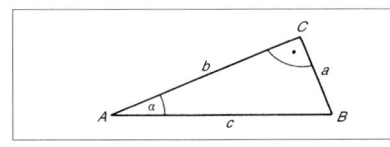

$\cot a = \frac{b}{a}$

Kotangensfunktion (cotangent function)
Die Funktion $y = \cot x$.
Der Definitionsbereich ist $D = \mathbb{R}$, $x \neq k\pi$, $k \in \mathbb{Z}$ und der Wertebereich $W = \mathbb{R}$.
Die Stellen $x = k\pi$, $k \in \mathbb{Z}$ sind Polstellen der Funktion. Dabei gilt
$\lim_{x \to k\pi - 0} \cot x = -\infty$, $\lim_{x \to k\pi + 0} \cot x = +\infty$
Die Geraden $x = k\pi$ sind Asymptoten der Funktion. Die Kotangensfunktion hat die Periode π, es gilt also $\cot(x + k\pi) = \cot x$ für $k \in \mathbb{Z}$. Eine Amplitude besitzt die Funktion nicht (Polstellen!).
Die Kotangensfunktion ist ungerade, denn es gilt $\cot(-x) = -\cot x$. Der Graph der Funktion heißt Kotangenskurve, sie liegt symmetrisch zum Koordinatenursprung.
(→trigonometrische Funktionen, →Unstetigkeitsstelle)

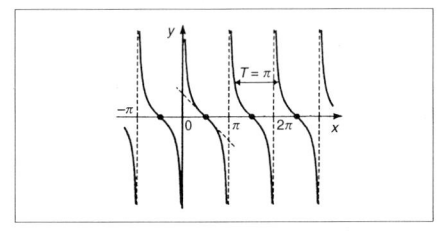

Kotangenskurve

kovalente Bindung (covalent bond)
→Atombindung

Kräftegleichgewicht (equilibrium of forces)
→Gleichgewichtsbedingungen

Kräftepaar (forces in a couple)
In der Statik Bezeichnung für zwei gleich große, gegensinnig wirkende Kräfte auf parallelen Wirklinien mit dem Wirkabstand l (rechtwinklig zu den Wirklinien gemessen).
Das Kräftepaar erzeugt ein Drehmoment M, die Resultierende F_r beider Kräfte ist gleich null.

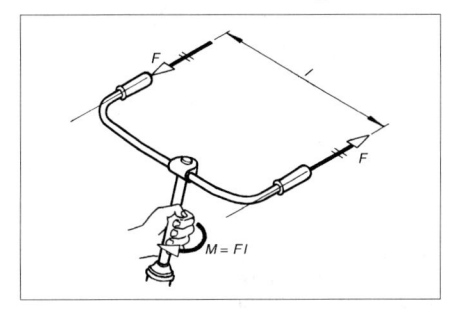

Kräftepaar am Fahrradlenker

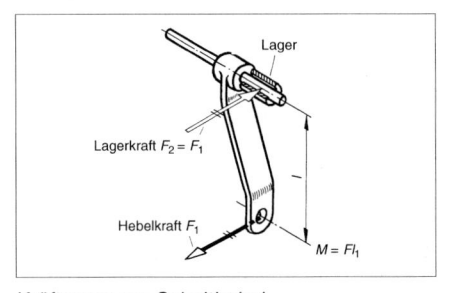

Kräftepaar am Schalthebel

Kräfteparallelogramm (parallelogram of forces)
→Parallelogrammsatz

Kräftereduktion (reduction of forces)
→Parallelogrammsatz

Kräftesystem (system of forces)
→allgemeines Kräftesystem, →zentrales Kräftesystem

Kraft F (force)
Ursache jeder Bewegungsänderung frei beweglicher Körper oder die Ursache von Formänderungen, formal das Produkt aus Masse m und Beschleunigung a: $F = ma$ in kg m/s² = N (Newton).
Die Kraft ist eine gerichtete Größe (Vektor), die in der Physik in einer Vielzahl von Erscheinungsformen auftritt. Sie wird von Körper zu Körper (Nahkraft) oder mittels Kraftfeldern über große Distanzen (Fernkraft) übertragen und kann von außen auf einen Körper einwirken (äußere Kraft) oder im Inneren auftreten (innere Kraft und Molekularkraft). Jede Kraft, die von außen auf einen

Kraft-Weg-Diagramm 238

Körper wirkt, verteilt sich entweder über seine Oberfläche (Oberflächenkraft), oder sie wirkt sich auf den gesamten Körper aus (Volumenkraft). Die Annahme einer punktförmig angreifenden Kraft ist nur ein vereinfachendes Modell.
(→äußere Kraft, →innere Kraft, →Molekularkraft, →Newton, →Oberflächenkraft, →Trägheitskraft, →Volumenkraft)

Kraft-Weg-Diagramm (force-path-diagram)
Grafische Darstellung der längs eines Weges s auf einen Körper einwirkenden Kraft F (F, s-Diagramm).
Aus der Definition der mechanischen Arbeit $W = Fs$ folgt, dass in jedem F, s-Diagramm die Fläche A unter der Kraftlinie der aufgebrachten Arbeit W entspricht: $W = A$.
(→Arbeitsdiagramm)

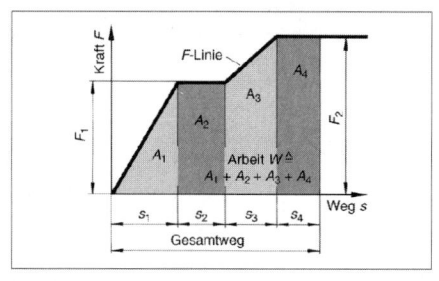

F, s-Diagramm einer veränderlichen Kraft F

Krafteck (force polygon)
→Parallelogrammsatz

Kraftmaschine (power engine)
Maschine, der (meist über eine Welle) technische Arbeit entnommen werden kann (z.B. zum Antrieb von Arbeitsmaschinen), die sie aus anderen Energieformen erzeugt hat.
(→Dampfturbinen, →Verbrennungsmotor, →Wasserturbinen, →Windkraftanlagen)

Kraftmoment M (moment of a force; torque)
In der Statik die Bezeichnung für das Produkt aus einer Einzelkraft F in N und ihrem rechtwinklig zur Wirklinie gemessenen Abstand (Wirkabstand) l in m von einer Bezugsachse: $M = F l$ in Nm.
Bewirkt das Kraftmoment eine Drehbewegung, nennt man es Drehmoment. Wirkt das Kraftmoment biegend auf einen Körper, heißt es in der Festigkeitslehre Biegemoment M_b, wirkt es tordierend (verdrehend), nennt man es Dreh- oder Torsionsmoment M_T. Der Drehsinn des Kraft-(Dreh)moments wird durch das Vorzeichen angegeben: $(+) =$ Linksdrehsinn, $(-) =$ Rechtsdrehsinn (im Uhrzeigerdrehsinn).
(→Drehmoment, →Kräftepaar)

Kraftspannantrieb
(power operated chuck loading device)
Elektrische, hydraulische oder pneumatische Vorrichtung zur Betätigung von Spannern (z.b. eines Spannfutters oder einer Spannzange) beim Spannen und Entspannen an Werkzeugmaschinen. Wird am hinteren Ende der Hauptspindel angeflanscht und ist mit dem Spanner durch eine durch die Spindelbohrung geführte Zugstange verbunden. Bei Mengenfertigung zur Verkürzung der Spannzeit eingesetzt.
(→Druckölzylinder, →Elektrospanner, →Pressluftzylinder)

Kraftspannfutter (power-operated chuck)
Werkstückspanner an Werkzeugmaschinen. Spannfutter, das zum Spannen von einem Kraftspannantrieb betätigt wird.

Kraftspannzange
(power-operated collet chuck)
Werkstückspanner an Drehmaschinen. Sonderbauform der Spannzange, durch einen Kraftspannantrieb betätigt.
Übergangsform von der Spannzange zum Spannfutter. Sie hat gewöhnlich drei Spannbacken, die durch einen Spannkegel betätigt werden.

Kraftstoff (fuel)
→Ottokraftstoff, →Dieselkraftstoff

Kraftstofffilter (fuel filter)
Bauteil der Kraftstoff-Versorgungsanlage in Verbrennungsmotoren.
Sie filtern Verunreinigungen aus dem Kraftstoff, damit die Funktion nachgeschalteter Bauelemente nicht beeinträchtigt wird. Verwendet werden Einfachfilter (Kraftstoff fließt durch eine Filterbox), Stufenfilter (Kraftstoff fließt durch hintereinander geschaltete Grob- und Feinfilter) und Parallelfilter (Kraftstoff wird auf zwei Filterboxen aufgeteilt). Ottomotoren erhalten Papierfilter, die vor Vergaser oder Einspritzanlage angeordnet sind. Dieselmotoren sind mit Grobfiltern (Kunststoff) in der Kraftstoffförderpumpe und mit Hauptfiltern (Filz- oder Papier-Wechseleinsätze) vor der Einspritzpumpe versehen. Dieselfilter können Einrichtungen zur Kraftstoffvorwärmung (gegen Paraffinausscheidung) erhalten.
DIN ISO 4020 Kraftstoff-Filter für Dieselmotoren.
(→Kraftstoff, →Kraftstoffförderpumpe)

Kraftstoffförderpumpe (fuel-transfer pump)
Bauteil der Kraftstoffanlage von Verbrennungsmotoren.
Bei Dieselmotoren zur Förderung des Dieselkraftstoffs vom Tank über den Kraftstofffilter zur Einspritzpumpe. Je nach Förderleistung werden einfach- oder doppelt wirkende Kolbenförder-

pumpen verwendet, die von der Reiheneinspritzpumpe angetrieben werden. Membranpumpen werden oft von der Nockenwelle angetrieben. Eine integrierte Handpumpe dient zum Füllen und Entlüften der Kraftstoffanlage. Verteilereinspritzpumpen besitzen eine eingebaute Flügelzellenpumpe. Einspritzanlagen für Ottomotoren verwenden elektrische Rollenzellenpumpen.
(→Kraftstoff, →Kraftstofffilter)

Kraftstoffverbrauch B (fuel consumption)
Kenngröße von Verbrennungsmotoren.
Für Kraftfahrzeuge wird der Kraftstoffverbrauch B in l/100 km angegeben. Bei Pkw wird er in einem Fahrzyklus ermittelt, der Stadtverkehr (v veränderlich) und konstante Fahrten bei $v = 90$ km/h und 120 km/h vorsieht. Bei Lkw und Bussen wird der Streckenverbrauch in l/100 km angegeben. Als Prüfstrecke ist hier eine ebene, trockene, 10 km lange Straße definiert, die mit 3/4 der Höchstgeschwindigkeit hin- und zurückgefahren werden muss. Zur Berücksichtigung ungünstiger Umstände wird ein Aufschlagfaktor von 10% vorgesehen. DIN 70 030 Teil 1 und 2 Kraftstoffverbrauch für Pkw, Lkw Kom und Krafträder.
(→spezifischer Kraftstoffverbrauch)

Kraftstoß (impulse of a force)
Produkt aus der auf einen Körper einwirkenden resultierenden Kraft und dem zugehörigen Zeitabschnitt: $F_{res} \Delta t$ in Ns.
Der Kraftstoß ist gleich der Änderung des Impulses während des betrachteten Zeitabschnitts:
$F_{res} \Delta t = m v_2 - m v_1$.
(→Impuls, →Momentenstoß)

Kragträger (semibeam)
→Trägerarten

Kreditarten (kinds of credit)
Überlassung von Geld- und Sachwerten gegen Entgelt in Form von Zinsen, unterteilt in kurzfristige Kredite wie Lieferantenkredit, Kundenkredit, Kontokorrentkredit, Avalkredit (Kreditinstitut übernimmt Haftung für eine Verbindlichkeit), Lombardkredit (Kreditgewährung gegen Verpfändung von Wertpapieren, Waren oder Forderungen) und langfristige Kredite wie Darlehen, Anleihen oder Schuldscheindarlehen.

Kreditrisiken (credit risks)
Wagnis der Geschäftsbanken bei Gewährung von Krediten. Drückt sich durch die Wahrscheinlichkeit des totalen oder partiellen Verlustes des Kreditkapitals sowie der vertraglich vereinbarten Zinsen aus.
Zu unterscheiden sind Verlustrisiko (Nichtrückzahlung), Liquiditätsrisiko (verspätete Rückzahlung), Sicherheitsrisiko (Wertverluste bei Sicherheiten), Zinsrisiko (Veränderung der Zinsen), Geldwertrisiko (Inflation).

Kreditsicherungsformen
(collateral for secured loan)
Hingabe von Vermögenswerten oder Rechten daran als Sicherung des Gläubigers vor Verlusten aus gewährten Krediten.
Zu unterscheiden sind Eigentumsvorbehalt, Sicherungsübereignung, Sicherungsabtretung, Verpfändung, Grundpfandrechte (Hypothek: an bestimmte Forderung gebunden), Grundschuld (nicht an bestimmte Forderung gebunden), Bürgschaft.

Kreis (circle)
Geometrischer Ort aller Punkte der Ebene, die von einem festen Punkt M (Mittelpunkt) einen konstanten Abstand r (Radius) haben.
Eine Sehne durch den Mittelpunkt heißt Durchmesser d des Kreises ($d = 2r$).
Kreisumfang: $u = 2\pi r = \pi d$,
Kreisfläche: $A = \pi r^2 = \frac{\pi}{4} d^2$.
Kreisgleichungen:
Liegt der Mittelpunkt M eines Kreises mit dem Radius r im Koordinatenursprung O, dann gilt: $x^2 + y^2 = r^2$.

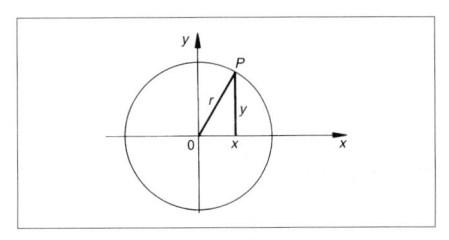

Kreisgleichung $x^2 + y^2 = r^2$

Hat der Kreismittelpunkt M die Koordinaten x_m und y_m, also $M = M(x_m \mid y_m)$, dann ergibt sich die Mittelpunktsform oder Hauptform der Kreisgleichung: $(x - x_m)^2 + (y - y_m)^2 = r^2$.

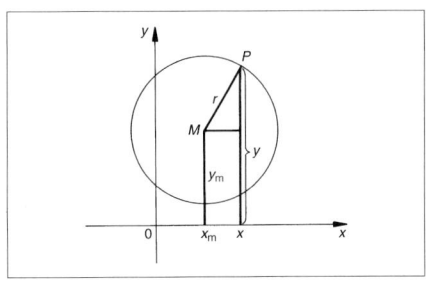

Kreisgleichung $(x - x_m)^2 + (y - y_m)^2 = r^2$

Kreis und Gerade

Löst man in der Mittelpunktsform die Klammern auf, dann ergibt sich die allgemeine Form der Kreisgleichung: $x^2 + y^2 + 2ax + 2by + c = 0$.
Ein Kreis ist festgelegt durch den Mittelpunkt und einen weiteren Punkt oder durch drei Punkte (die nicht alle auf einer Geraden liegen).
(→Kreis und Gerade)

Kreis und Gerade (circle and line)
Ein Kreis und eine Gerade können drei grundsätzlich verschiedene Lagen zueinander haben: Gerade und Kreis haben keinen Punkt gemeinsam (die Gerade ist eine Passante p), Gerade und Kreis haben einen Punkt (Berührungspunkt) P gemeinsam (die Gerade ist eine Tangente t), Gerade und Kreis haben zwei Punkte (Schnittpunkte) P_1 und P_2 gemeinsam (die Gerade ist eine Sekante s).
Die gemeinsamen Punkte eines Kreises und einer Gerade erfüllen sowohl die Gleichung des Kreises als auch die Gleichung der Gerade, also das (nichtlineare) Gleichungssystem
(I) $(x - x_m)^2 + (y - y_m)^2 = r^2$,
(II) $ax + by + c = 0$
Aus (II) wird eine Variable durch die andere eliminiert (also Auflösen nach x oder y) und in (I) eingesetzt. Dadurch entsteht eine quadratische Gleichung, die in Abhängigkeit von der Diskriminante keine, eine oder zwei reelle Lösungen hat.
Gleichung der Tangente im Punkt $P_1(x_1 | y_1)$ an den Kreis mit der Gleichung $(x - x_m)^2 + (y - y_m)^2 = r^2$:
$(x_1 - x_m)(x - x_1) + (y_1 - y_m)(y - y_1) = 0$
oder
$(x_1 - x_m)(x - x_m) + (y_1 - y_m)(y - y_m) = r^2$.
Die Normale steht senkrecht auf der Tangente. Beim Kreis geht jede Normale durch den Kreismittelpunkt.
Gleichung der Normale durch den Punkt $P_1(x_1 | y_1)$ des Kreises:
$y = [(y_1 - y_m)/(x_1 - x_m)](x - x_1) + y_1$.
Beispiel: Bestimmung der Gleichungen von Tangente und Normale an den Kreis mit der Gleichung $(x - 2)^2 + (y + 3)^2 = 10$ im Punkt $P_1(1 | 0)$ des Kreises.

Tangente:
$(1 - 2)(x - 1) + (0 + 3)(y - 0) = 0$
$\Rightarrow y = (1/3)x - 1/3$,
Normale:
$y = [(0 + 3)/(1 - 2)](x - 1) + 0$
$\Rightarrow y = -3x + 3$.
(→Gerade, →Kreis, →quadratische Gleichung)

Kreisabschnitt (circular segment)
Anderer Name für Kreissegment.
(→Kreissegment)

Kreisausschnitt (circular sector)
Anderer Name für Kreissektor.
(→Kreissektor)

Kreisbahngeschwindigkeit v_K
(orbital speed)
Geschwindigkeit, die ein Körper haben muss, um sich in einer Umlaufbahn um die Erde zu halten.
$v_K = \sqrt{(fm_{Erde}r)}$, r = Abstand vom Erdmittelpunkt.
Beispiel: Ein Körper auf der Erdoberfläche würde ohne Luftwiderstand eine Geschwindigkeit von 7900 m/s benötigen, um sich auf einer Umlaufbahn zu halten.
(→Fluchtgeschwindigkeit)

Kreisbewegung (circular motion)
Ortsveränderung eines Punktes auf einer Kreisbahn, meist betrachtet bei der Drehung eines Körpers (Welle, Zahnrad, Schleifscheibe). Die dabei wichtigen Größen heißen Kreisgrößen. Kennt man die Gesetze der geradlinigen Bewegung (Translation), lassen sich durch Analogiebetrachtungen die Gesetze der Kreisbewegung (Rotation) leicht erkennen.
Beispiel: Der Geschwindigkeit $v = \Delta s / \Delta t$ bei der Translation entspricht die Winkelgeschwindigkeit $\omega = \Delta \varphi / \Delta t$ bei der Rotation.

Kreisbogen (circular arc)
Ein durch einen Zentriwinkel ausgeschnittener Teil eines Kreises (Kreisrands). Verbindet man die Schnittpunkte A und B der beiden Schenkel und des Kreises miteinander, so ergibt sich eine Sehne des Kreises. Für den durch A und B begrenzten Kreisbogen schreibt man $\overarc{AB}$, wobei $\overarc{AB}$ der Bogen ist, den ein Punkt beschreibt, wenn er sich im mathematisch positiven Sinn (linksdrehend) auf dem Kreis von A nach B bewegt.
(→Kreis)

Kreiselpumpe (centrifugal pump)
Pumpenbauart, bei der die zugeführte mechanische Energie innerhalb der Laufradbeschaufelung

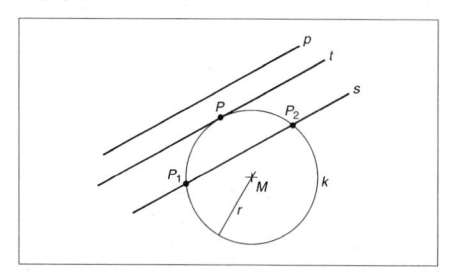

Sekante s, Tangente t, Passante p

in Druckenergie und kinetische Energie umgewandelt wird.
Nach der Förderhöhe unterscheidet man Niederdruckpumpen (bis ca. 80 m), Mitteldruckpumpen (ca. 80...200 m), Hochdruckpumpen (ca. 200... 1200 m) und Höchstdruckpumpen (> 1200 m).
Nach der Laufradform Radial-, Halbaxial (Diagonal)- und Axialkreiselpumpen. Für große Förderhöhen werden mehrstufige-, für große Volumenströme mehrflutige Kreiselpumpen eingesetzt.
Der axial in das Laufrad eintretenden Flüssigkeit wird mechanische Arbeit übertragen. Sie durchströmt von innen nach außen die Schaufelkanäle (Fliehkraftwirkung) und wird am Laufradumfang mit hoher Geschwindigkeit abgeschleudert. Ein feststehendes Leitrad oder Spiralgehäuse (Diffusor) verzögert die Flüssigkeit und wandelt Geschwindigkeitsenergie in Druckenergie um.
Zur Aufrechterhaltung einer Flüssigkeitsströmung verbleibt ein Rest Geschwindigkeitsenergie.
DIN 24 260 Kreiselpumpen und Kreiselpumpenanlagen.
(→Pumpen)

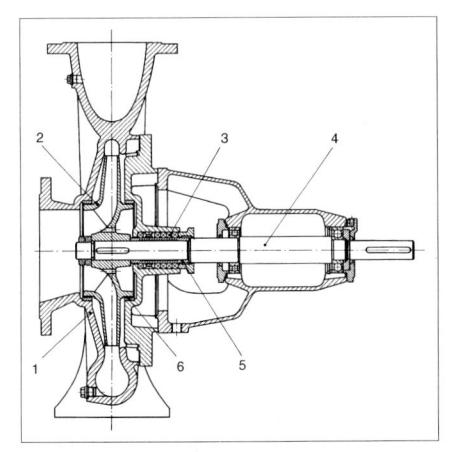

Einstufige, einflutige Kreiselpumpe mit Lagerbock
1 Gehäuse, 2 Laufrad, 3 Packung, 4 Welle, 5 Wellenschutzhülse, 6 Spaltringe

Kreiselverdichter (centrifugal compressors)
→Turboverdichter

Kreisevolvente (evolvent of a circle)
Die Kreistangenten rechtwinklig schneidende Kurve mit der Parameterdarstellung $x = a(\cos\varphi + \varphi\sin\varphi)$, $y = a(\sin\varphi - \varphi\cos\varphi)$, $a > 0$.
Für den den Krümmungsradius gilt: $\rho = a\varphi$.

Die Kreisevolventen sind wichtig zur Konstruktion der Flankenform von Zahnrädern (Evolventenverzahnung).
(→Evolvente, →Krümmung)

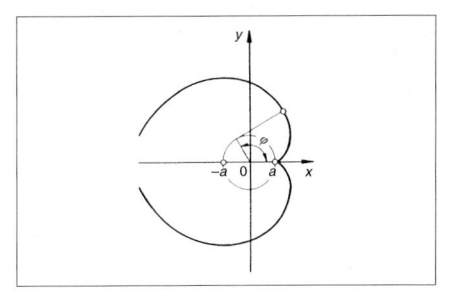

Kreisevolvente

Kreisförderer (circular chain conveyor)
Förderanlage mit Hängegondeln, deren Fahrwerke in Schienen an der Decke laufen und in ständig umlaufende Antriebsketten ein- und ausgeklinkt werden können.
Die Hängegondeln kommen ähnlich wie Skiliftgondeln immer wieder an ihren Ausgangspunkt zurück, der Förderer fördert im Kreis herum.
Kreisförderer sind häufig in Montagebetrieben, bei Lackieranlagen in der Automobilindustrie anzutreffen.

Kreisfrequenz ω (radian frequency)
Rechengröße in elektrischen Netzen mit sinusförmigem Wechselstrom.
Die Kreisfrequenz in 1/s = Hz ist gleich der Winkelgeschwindigkeit ω eines umlaufenden Zeigers im Zeigerdiagramm (Bild S. 242):
$\omega = 2\pi f$ mit Frequenz f in 1/s.
Der Zeiger r in Bild a) rotiert mit der Winkelgeschwindigkeit ω um seinen Ursprung gegen den Uhrzeigersinn und stellt so in der Projektion eine Sinuskurve dar.
Die Zeiger U und I (Länge ist die Amplitude) in Bild b) sind zueinander um den Phasenwinkel φ verschoben und rotieren gemeinsam mit der Winkelgeschwindigkeit ω, um so die Liniendiagramme eines sinusförmigen Stromes I und einer Spannung U zu konstruieren.

Kreisfunktionen (circular functions)
→trigonometrische Funktionen

Kreisgleichungen (equations of a circle)
→Kreis

Kreisinterpolation (circular interpolation)
Berechnung von Verfahrwegen an geometrischen Elementen in der CNC-Technik.
Eindeutige geometrische Beschreibung eines Kreises oder Kreisbogens durch Startpunkt, Ziel-

Kreisinterpolationsparameter

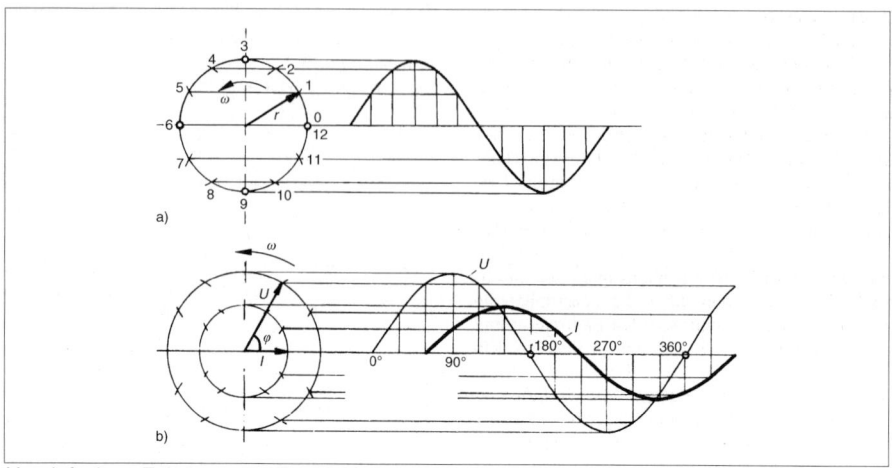

Vereinfachtes Zeiger- und Liniendiagramm

punkt und Interpolationsparameter für den Mittelpunkt.
DIN 66 025 Programmaufbau für numerisch gesteuerte Arbeitsmaschinen.
(→Kreisinterpolationsparameter)

Kreisinterpolationsparameter
(circular interpolation parameter)
Mittelpunktskoordinaten für die Programmierung von Kreisbögen und Vollkreisen in der CNC-Technik.
DIN 66 025 Programmaufbau für numerisch gesteuerte Arbeitsmaschinen.
(→Kreisinterpolation)

Kreiskegel (circular cone)
Ein Kegel mit einer Kreisfläche als Grundfläche.
(→Kegel)

Kreiskolbenmotor (rotary-piston engine)
Verbrennungsmotor ohne oszillierende (hin- und hergehende) Massen nach dem Viertaktverfahren (Wankelmotor).
Der Gaswechsel wird über Schlitze im Gehäuse gesteuert (kein Ventiltrieb).
Der Läufer (Kreiskolben) hat die Form eines Bogendreiecks. Er ist auf einer Exzenterwelle gelagert und dreht mit 2/3 der Wellendrehzahl mit entgegengesetzter Drehrichtung. Bei Drehung des Läufers bleiben seine drei Dichtkanten ständig mit der Gehäusewand in Berührung und erzeugen Hubräume wechselnder Größe für die einzelnen Takte. Ein Viertakt-Arbeitsspiel ergibt sich nach einer Läuferumdrehung (drei Exzenterwellenumdrehungen). Das wassergekühlte Gehäuse ist mit Ein- und Auslasskanal und gegenüberliegenden Zündkerzen versehen.
DIN 6261 Teile für Kreiskolbenmotoren.

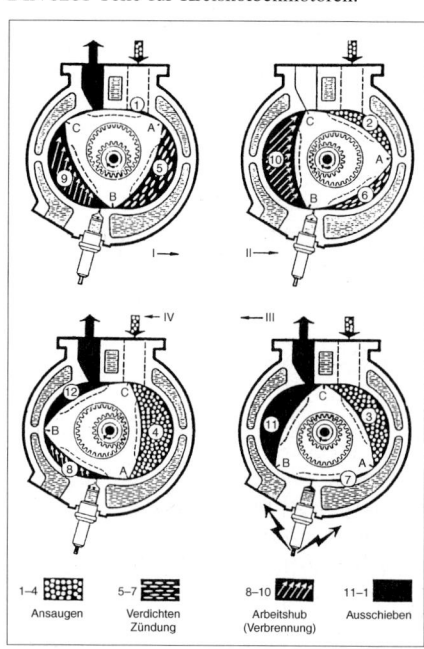

Wirkungsweise des Kreiskolbenmotors

Kreisperipherie (periphery of the circle)
Anderer Ausdruck für Kreislinie oder Kreisrand.
(→Kreis)

Kreisprozess (cycle)

Aufeinanderfolge mehrerer Zustandsänderungen (≥ 2) so, dass im p, V-Diagramm der Anfangspunkt der ersten Zustandsänderung und der Endpunkt der letzten Zustandsänderung deckungsgleich sind (geschlossener Prozess). Dabei wird z. B. in einer Wärmekraftmaschine Wärme in mechanische Arbeit umgewandelt.

Ein Arbeitsgewinn W (Nutzarbeit) erfordert im p,V-Diagramm für die Expansion (Volumenzunahme von V_1 nach V_2) einen anderen Verlauf als für die Kompression (Volumenabnahme von V_2 nach V_1). Dabei muss die Volumenänderungsarbeit W_{1-2} (Expansion) größer sein als W_{2-1} (Kompression). Die innere Energie des gasförmigen Arbeitsmittels ändert sich insgesamt nicht ($\Delta U = 0$). Daher ist die Nutzarbeit W die Differenz der bei Expansion und Kompression verrichteten reversiblen Volumenänderungsarbeit oder der zu- oder abgeführten Wärme Q:
$(W = W_{1-2} - W_{2-1} = Q_{zu} - Q_{ab})$.

Ein aus umkehrbaren Zustandsänderungen gebildeter Kreisprozess ist selbst umkehrbar. Ein solcher umkehrbarer (reversibler) Kreisprozess ist als verlustloser Idealprozess ein wichtiger Bezugsablauf für einen Gütevergleich mit praktischen Kreisprozessen (Vergleichsprozess).

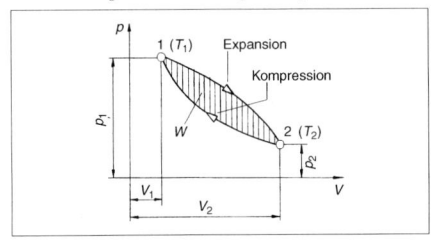

Kreisprozess einer Wärmekraftmaschine im p,V-Diagramm

Kreisring (circular ring)

Von zwei Kreisen mit dem gleichen Mittelpunkt begrenzte Fläche.
Flächeninhalt A des Kreisringes (R äußerer, r innerer Kreisradius): $A = \pi(R^2 - r^2)$.
($\rightarrow$ Kreis)

Kreissegment, Kreisabschnitt
(circular segment)

Der Teil der Fläche eines Kreises, der von einer Sehne AB und einem der zugehörigen Kreisbögen AB oder BA begrenzt wird.
Für die Sehnenlänge gilt $s = 2r\sin(\alpha/2)$ (α zugehöriger Zentriwinkel, r Kreisradius) und für die Kreissegmenthöhe $h = 2r\sin^2(\alpha/4)$, woraus für die Länge des Kreisbogens $l_\alpha = (\alpha/180°)\pi r$ und für die Fläche des Kreissegments $A_\alpha = [rl_\alpha - s(r-h)]/2$ folgt.

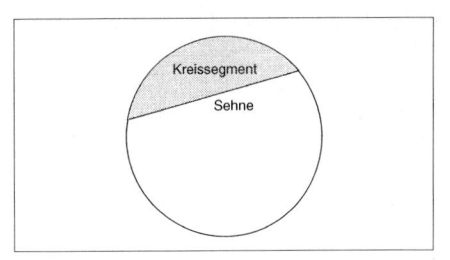

Kreissegment

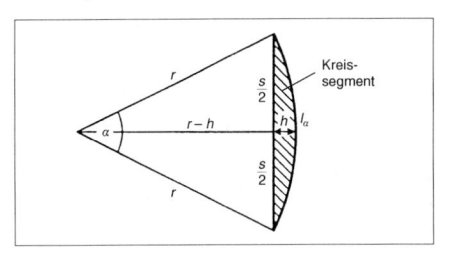

Bezeichnungen am Kreissegment

Kreissektor, Kreisausschnitt
(circular sector)

Der Teil der Fläche eines Kreises, der von den Schenkeln eines Zentriwinkels und dem zugehörigen Kreisbogen begrenzt wird.

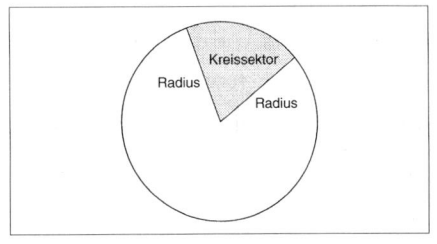

Kreissektor

Länge des Kreisbogens: $l_\alpha = (\alpha/180°)\pi r$ mit α Zentriwinkel, r Kreisradius. Fläche des Kreissektors: $A_\alpha = (\alpha/360°)\pi r^2 = rl_\alpha/2$.

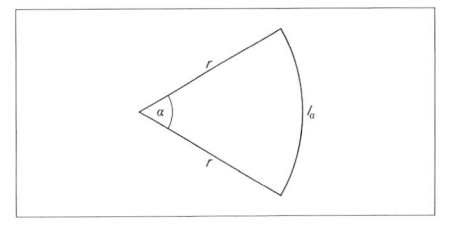

Bezeichnungen am Kreissektor

Kreiszahl π (circle number π)
Flächeninhalt des Einheitskreises ($r = 1$).

Kreiszylinder

Die Kreiszahl ist eine irrationale Zahl, sie wird mit π bezeichnet:
π = 3,1415926535 ...

Kreiszylinder (circular cylinder)
Ein Zylinder mit einer Kreisfläche als Grundfläche.
(→gerader Kreiszylinder, →Zylinder)

Kreuz- und Drehtisch (compound table fitted with additional rotary table)
Werkstückträger an Werkzeugmaschinen. Kreuztisch mit einem zusätzlichen Drehteil, das eine Drehung des Werkstücks um 360° erlaubt.

Kreuzrollenkette (cross-roller chain)
Wälzführungselement an Werkzeugmaschinen. Zwischen den Führungsflächen umlaufende Kette aus einzelnen Käfiggliedern, in denen als Wälzkörper Stahlrollen laufen, deren Achsen abwechselnd um 90° gegeneinander versetzt sind, sodass die Führung auch Abhebekräfte aufnehmen kann.

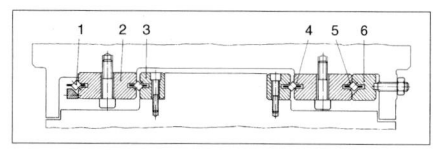

Schlittenführung mit Kreuzrollenketten
1 Kreuzrollenkette, 2 Umlaufschiene, 3 gerade Führungsschiene, 4 Führungsbahn, 5 Rücklaufbahn, 6 Einstellschiene

Kreuzschlagseil (cross lay rope)
Konstruktionsart von Drahtseilen, bei denen die Drähte der einzelnen Litze und die Litzen des gesamten Seils entgegengesetzt gewickelt sind. Kreuzschlagseile neigen nicht dazu, sich aufzudrehen. Sie werden daher hauptsächlich bei freihängenden Lasten an Kranen verwendet.
(→Drahtseilnormen, →Gleichschlagseil)

Kreuztisch
(compound table; coordinate table)
Werkstückträger an Werkzeugmaschinen. Das Unterteil des Werkstücktisches ist in seiner Führung in einer Richtung verschiebbar, das darüber angeordnete Oberteil kann rechtwinklig dazu auf dem Unterteil verschoben werden.

Kriechen (creeping)
Langsame, plastische Verformung von Metallen unter Spannung bei höheren Temperaturen durch Zusammenballen der Gleitblockierungen (Koagulieren von Carbiden, Nitriden). Dadurch höhere Beweglichkeit der Versetzungen und Korngrenzengleiten. Kriechen führt in seiner Endphase zum Bruch.
(→Zeitdehngrenze)

Kristallerholung (crystal regeneration)
Zunahme der Zähigkeit ohne wesentlichen Rückgang der Härte von kaltverfestigenden Metallen beim Glühen unterhalb der Rekristallisationsschwelle.
Dabei bleibt die vorherige Kornstruktur erhalten, es werden punktförmige Gitterfehler reduziert und Spannungen durch kleine Versetzungsbewegungen im Kristallkorn abgebaut.

Kristallfehler (crystal defect)
Abweichungen vom idealen Kristallgitter (Idealkristall).
Durch die relativ schnelle Kristallisation technischer Schmelzen können Atome nicht alle Plätze des Kristallgitter korrekt besetzen. Es entstehen Fehler.
Punktförmige Fehler sind unbesetzte Plätze (Lükken oder Fremdatome auf Zwischengitterplätzen, linienförmige die Versetzungen, flächenförmige die Korngrenzen.

Kristallgitter (crystal lattice)
Räumlich regelmäßige Anordnung von Atomen, Ionen oder Molekülen im Raum.
Die meisten festen Stoffe sind kristallin, d. h. ihre Teilchen ordnen sich beim Übergang in den festen Zustand zu Kristallgittern. Sie werden durch die Elementarzelle beschrieben.
Neben der geometrischen Struktur ist noch die Bindungsart der Teilchen für die Eigenschaften des Kristalls bestimmend. Die wichtigsten der 7 Kristallisationssysteme sind:

System	Elementarzelle
kubisch	Würfel, flächen- oder raumzentriert
tetragonal	Quadratsäule, flächen- oder raumzentriert
hexagonal	Sechsecksäule
rhombisch	Rechtecksäule
rhomboedrisch	Rhomboeder

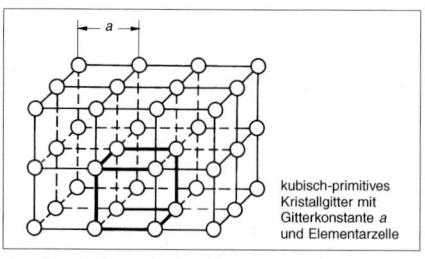

kubisch-primitives Kristallgitter mit Gitterkonstante a und Elementarzelle

einfach kubisches Kristallgitter

(→Atomgitter, →Ionengitter, →Metallgitter, →Molekülgitter)

Kristallkeime (crystal nucleus)
Ausgangspunkte für das Wachsen von Kristallen in einer Schmelze, wenn die Temperatur die Liquidus-Linie unterschreitet.
Eigenkeime sind zufällige Gruppierungen von Teilchen in Form einer Elementarzelle. Je weiter die Temperatur unter die der Solidus-Linie sinkt (Unterkühlung), umso größer ist ihre Anzahl. Als Fremdkeime wirken solche Stoffe, deren Gitter zur Anlagerung dient.
(→Graphitausbildung)

Kristallwasser (water of crystallisation)
Wassermoleküle, die in ein Ionengitter eingebunden sind.
Nachweis durch Freisetzung von Wasser durch Erhitzung.
Beispiel: Kupfersulfat-pentahydrat
$CuSO_4 \cdot 5 H_2O \rightleftharpoons CuSO_4 + 5 H_2O$
Kupfersulfat-pentahydrat   Kupfersulfat + 5 Wassermoleküle.
mit Kristallwasser
von blau ←—Farbumschlag—→ nach weiß.
Ionenverbindungen mit Kristallwasser haben andere Eigenschaften als solche ohne Kristallwasser.
(Gegensatz →Hydratation)

kritische Abkühlgeschwindigkeit v_{crit}
(critical cooling rate)
Niedrigste Geschwindigkeit für eine Temperaturänderung, bei der noch eine bestimmte Gefügeumwandlung erreicht wird.
Beispiel: Stahl muss zum Härten nach der Austenitisierung mit v_{crit} abgekühlt werden, damit die Gefügeumwandlung vollständig zu Martensit abläuft.

kritischer Verformungsgrad
(critical deformation)
Bereich schwacher Kaltumformung von 5 ... 20%, bei dem nach Erwärmen über die Rekristallisationstemperatur ein grobkörniges Gefüge entsteht.

Krümmung (curvature)
Der Grenzwert κ des Quotienten aus der Differenz der Steigungswinkel α_1, α der Tangenten durch zwei Punkte P_1, P an eine Kurve und der Länge Δs des Kurvenbogens zwischen den Punkten (falls der Grenzwert existiert):
$\kappa = \lim_{P_1 \to P}(\alpha_1 - \alpha)/\Delta s = \lim_{P_1 \to P} \Delta\alpha/\Delta s = d\alpha/ds$.
Die Krümmung einer Funktion ist in einem konvexen Bereich („Linkskurve") positiv, in einem konkaven Bereich („Rechtskurve") negativ. Für eine Gerade gilt $\kappa = 0$.
Für die Krümmung in einem Punkt $P(x \mid y)$ der Funktion $y = f(x)$ gilt:
$\kappa = f''(x)/[1 + f'^2(x)]^{3/2}$.

Für $\kappa \neq 0$ heißt $\rho = 1/|\kappa|$ Krümmungsradius und der Kreis mit diesem Radius Krümmungskreis der Kurve im Punkt $P(x \mid y)$.
Beispiel: $f(x) = 3x^3 - 1$
$f'(x) = 9x^2$, $f''(x) = 18x$.
Es folgt: $\kappa = 18x/(1 + 81x^4)^{3/2}$.
Krümmung im Punkt $P(1 \mid 2)$ zum Beispiel:
$\kappa = 18/82^{3/2} \approx 0{,}0242$.
(→konkave Funktion, →konvexe Funktion)

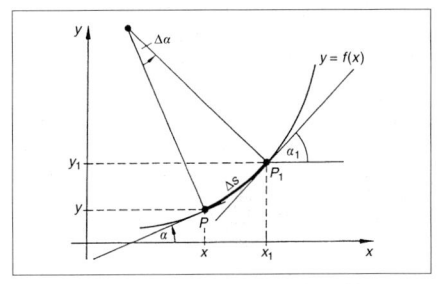

Zur Definition der Krümmung einer Kurve

Krümmungskreis (circle of curvature)
→Krümmung

Krümmungsradius (radius of curvature)
→Krümmung

Krümmungsverhalten einer Funktion
(degree of curvature of a function)
Die Verteilung von konvexen und konkaven Bereichen der Kurve einer Funktion.
Die Krümmung ist die Abweichung einer Kurve von der Geraden.
(→konkave Funktion, →konvexe Funktion, →Krümmung)

kubisch-flächenzentriertes Kristallgitter
(face-centred cubic lattice)
Kristallgitter mit dichtester Kugelpackung, Koordinationszahl 12, vier Gleitebenen (Tetraeder bzw. Oktaederflächen) mit je drei Gleitrichtungen. Metalle haben höchste Verformbarkeit und Kaltzähigkeit.

Metalle	Elementarzelle
Ag, Al, Au, Cu, τ-Fe, Ni, Pb, Pt	

kubisch-raumzentriertes Kristallgitter
(body-centred cubic lattice)

Kristallgitter mit der Koordinationszahl 8 (weniger dicht gepackt), sechs Hauptgleitebenen mit je zwei Gleitrichtungen (längs der Raumdiagonale). Metalle haben gute Verformbarkeit (bei wenig Fremdatomen auf Zwischengitterplätzen), Zähigkeit mit Steilabfall bei der Übergangstemperatur.

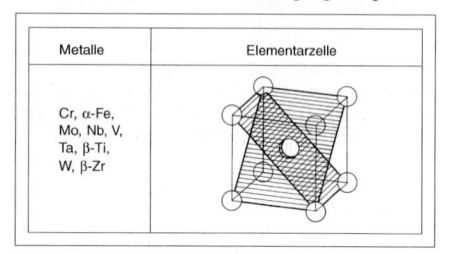

Metalle	Elementarzelle
Cr, α-Fe, Mo, Nb, V, Ta, β-Ti, W, β-Zr	

kubische Funktion (cubic function)
Funktion mit der Funktionsgleichung
$$y = f(x) = a_3 x^3 + a_2 x^2 + a_1 x + a_0$$
$(a_3, a_2, a_1, a_0 \in \mathbb{R}, a_3 \neq 0)$.
Eine kubische Funktion ist eine ganze rationale Funktion 3. Grades. Der Graph einer kubischen Funktion ist eine kubische Parabel.

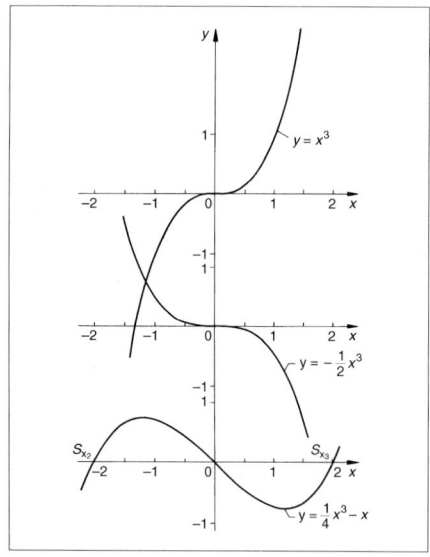

Kubische Parabeln $y = x^3$, $y = -\frac{1}{2}x^3$, $y = \frac{1}{4}x^3 - x$

Das Verhalten der Funktion hängt wesentlich von dem Koeffizienten a_3 und der Diskriminante $D = 3a_3 a_1 - a_2^2$ ab. Für $D \geq 0$ und $a_3 > 0$ ist die Funktion monoton wachsend, für $D \geq 0$ und $a_3 < 0$ ist die Funktion monoton fallend, für $D < 0$ besitzt die Funktion ein Maximum und ein Minimum.

Die kubische Parabel hat einen, zwei (dann ist ein Schnittpunkt ein Berührpunkt) oder drei Schnittpunkte mit der x-Achse (abhängig von den Koeffizienten a_3, a_2, a_1, a_0). Der Schnittpunkt mit der y-Achse ist $S_y(0 \mid a_0)$.
Beispiele: $y = x^3$ (kubische Normalparabel), $y = -(1/2)x^3$ (kubische Parabel), $y = (1/4)x^3 - x$.
(→ganze rationale Funktion)

kubische Gleichung (cubic equation)
Gleichung der Form:
$$ax^3 + bx^2 + cx + d = 0, \quad a \neq 0$$
(allgemeine Form) oder
$$x^3 + rx^2 + sx + t = 0$$
(Normalform).
Die Normalform erhält man aus der allgemeinen Form durch Division durch $a \neq 0$ und Setzen von $b/a = r$, $c/a = s$, $d/a = t$. Dabei sind a, b, c, d und somit auch r, s, t reelle Koeffizienten.
„Kubisch" bedeutet, dass die Variable x in keiner höheren als der dritten Potenz vorkommt. Deshalb nennt man kubische Gleichungen auch Gleichungen dritten Grades. Mit Hilfe der so genannten Cardanischen Formel lassen sich die Lösungen exakt berechnen. In Spezialfällen führen oftmals einfachere Methoden zum Ziel.
Beispiel:
$x^3 - 4x = 0 \Rightarrow x (x^2 - 4) = 0 \Rightarrow x_1 = 0$.
$x^2 - 4 = 0$ hat die Lösungen $x = \pm 2$.
Somit hat die kubische Gleichung $x^3 - 4x = 0$ die Lösungen $x_1 = 0$, $x_2 = 2$, $x_3 = -2$.
(→Gleichung n-ten Grades, →graphisches Lösen von Gleichungen)

kubische Normalparabel
(normal cubic parabola)

Graph der Funktion mit der Gleichung $y = x^3$. Der Koordinatenursprung ist ein Sattelpunkt (Wendepunkt mit horizontaler Tangente), die kubische Normalparabel ist punktsymmetrisch zum Koordinatenursprung (Bild siehe kubische Funktion).
(→kubische Funktion, →kubische Parabel, →Parabel n-ter Ordnung, →Potenzfunktion)

kubische Parabel (cubic parabola)
Graph der Funktion mit der Gleichung $y = ax^3$ ($a \in \mathbb{R}$, $a \neq 0$).
Der Koordinatenursprung ist ein Sattelpunkt (Wendepunkt mit horizontaler Tangente), die kubische Parabel ist punktsymmetrisch zum Koordinatenursprung (Bild siehe kubische Funktion).
(→kubische Funktion, →Parabel n-ter Ordnung, →Potenzfunktion)

kubischer Faktor eines Polynoms
(cubic factor of a polynomial)
→Faktor eines Polynoms

kubisches Bornitrid (cubic boron nitride)
Pulvermetallurgisch hergestellter (synthetischer) Schneidstoff aus kubisch-kristallinem Bornitrid (CBN).
Anwendung als versinterte Schneidteile (polykristallines Bornitrid, PKB). CBN-Granulat dient als Schleifmittel (Borazon).

Kühlkanalkolben (cooling channel piston)
→Kolben

Kühlkörper (heat sink)
Bauteil aus gut wärmeleitendem Material (Aluminium, Kupfer) zum Ableiten der in einem Halbleiterbauelement entstandenen Verlustleistung.
Die mathematisch-physikalische Beschreibung der Ableitfähigkeit erfolgt mit der Rechengröße „Wärmewiderstand".
Bauformen: Kühlstern, Rippenkühlkörper, einfaches Blech.

Kühlschmieremulsion
(water emulsified cutting fluids)
Mit Wasser gemischter (emulgierbarer) Kühlschmierstoff im Anwendungszustand (gebrauchsfertige Mischung) mit Schmier- und Kühlfähigkeit. Kühlschmieremulsion ist eine disperse Mischung (Dispersion) aus Mineralöl mit synthetischen Schmierstoffzusätzen und Wasser (Öl in Wasser). Bildung und Wirksamkeit werden durch Zusatzstoffe erreicht.

Kühlschmierlösung
(water soluble cutting fluids)
Mit Wasser gemischter (wasserlöslicher) Kühlschmierstoff im Anwendungszustand (gebrauchsfertige Mischung) mit ausgeprägter Kühlfähigkeit.
Kühlschmierlösungen sind meist mineralölfreie Mischungen aus wasserlöslichen Chemikalien und Wasser. Ihre Wirksamkeit wird durch Zusatzstoffe verbessert.

Kühlschmierstoffe (metal cutting fluids)
Flüssige Hilfsstoffe bei spanender Bearbeitung metallischer und nichtmetallischer Werkstoffe.
Sie ermöglichen eine weitergehende Ausnutzung der Leistungsfähigkeit spanender Werkzeugmaschinen und erhöhen Maßgenauigkeit und Oberflächengüte.
Durch Kühlwirkung wird die Gebrauchsdauer (Standzeit) der eingesetzten Zerspanwerkzeuge fast immer verlängert. Hauptbestandteile sind Mineralöle (für Schmierung und Korrosionsschutz) und Wasser (für Kühlung und Spülung). Zusatzstoffe verbessern die Wirkungsfähigkeit der Kühlschmierstoffe und erweitern ihre Anwendungsmöglichkeiten.
Nicht wassermischbare Kühlschmierstoffe besitzen eine ausgeprägte Schmierfähigkeit durch Oberflächen- und Reaktionswirkung der Zusatzstoffe (Additive). Hauptbestandteile sind Mineralöle mit tierischen, pflanzlichen und synthetischen Schmierstoffzusätzen sowie polaren Wirkstoffen und EP-Zusatzstoffen (extreme pressure). Sie werden als gebrauchsfertige Produkte geliefert.
Wassermischbare Kühlschmierstoffe sind emulgierbare oder wasserlösliche Stoffkonzentrate, die vor der Anwendung mit Wasser gemischt werden. Emulgierbare Kühlschmierstoffe bilden mit Wasser gemischt eine Emulsion, wasserlösliche Kühlschmierstoffe ergeben eine Lösung.
DIN 51 385 Kühlschmierstoffe.
(→Kühlschmieremulsion, →Kühlschmierlösung)

Kühlung (cooling)
→Motorkühlung, →Luftkühlung, →Wasserkühlung

Kürzen (reduce)
Dividieren sowohl des Zählers a als auch des Nenners b eines Bruches a/b durch dieselbe Zahl $c \neq 0$:
$$\frac{a}{b} = \frac{a:c}{b:c}$$
Beispiel: $\frac{30}{12} = \frac{30:6}{12:6} = \frac{5}{2}$
(→Erweitern)

Kugel (sphere)
Geometrischer Ort aller Punkte des Raumes, die von einem festen Punkt M (Mittelpunkt) einen konstanten Abstand r (Radius) haben.
Jede die Kugel schneidende Ebene schneidet sie in einem Kreis.

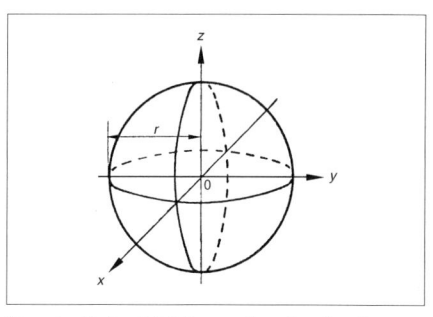

Kugel mit der Gleichung $x^2 + y^2 + z^2 = r^2$

Eine Sehne durch den Mittelpunkt heißt Durchmesser d der Kugel ($d = 2r$).
Volumen: $V = \frac{4}{3}\pi r^3 = \frac{1}{6}\pi d^3$,

Kugelabschnitt

Oberfläche: $A_O = 4\pi r^2 = \pi d^2$.

Kugelgleichungen:
Liegt der Mittelpunkt M einer Kugel mit dem Radius r im Ursprung eines (dreidimensionalen) kartesischen Koordinatensystems, dann gilt $x^2 + y^2 + z^2 = r^2$.
Hat der Kugelmittelpunkt M die Koordinaten x_m, y_m und z_m, also $M = M(x_m \mid y_m \mid z_m)$, dann ergibt sich die Mittelpunktsform oder Hauptform der Kugelgleichung:
$(x - x_m)^2 + (y - y_m)^2 + (z - z_m)^2 = r^2$.
Eine Kugel ist festgelegt durch den Mittelpunkt und einen weiteren Punkt oder durch vier Punkte (die nicht alle in einer Ebene liegen).

Kugelabschnitt (spherical segment)
Anderer Name für Kugelsegment.
($\rightarrow$Kugelsegment)

Kugelausschnitt (spherical sector)
Anderer Name für Kugelsektor.
($\rightarrow$Kugelsektor)

Kugelbüchse (cylindrical guideways fitted with rolling elements)
Wälzführungselement an Zylinderführungen in Werkzeugmaschinen.
Eine gehärtete, zum Einstellen von Spiel oder Vorspannung geschlitzte Stahlbuchse enthält mehrere Käfige, in denen Stahlkugeln lose umlaufen.

Kugelgelenk (spherical joint)
Drehgelenk mit drei Freiheitsgraden.
Die Funktion ist dem Kardangelenk ähnlich, nur mit zusätzlicher Drehung um die eigene Achse.
($\rightarrow$Drehgelenk)

Kugelgraphit (spheroidal graphite)
$\rightarrow$Graphitausbildung, $\rightarrow$Gusseisen mit Kugelgraphit

Kugelkappe (spherical cap)
Mantelfläche eines Kugelsegments.
($\rightarrow$Kugelsegment)

Kugelkoordinatensystem,
Polarkoordinatensystem
(spherical (polar) coordinate system)
Geometrisches System, mit dem die Lage eines Punktes im Raum durch die Parameter Abstand s, Winkel φ und Winkel λ beschrieben wird.

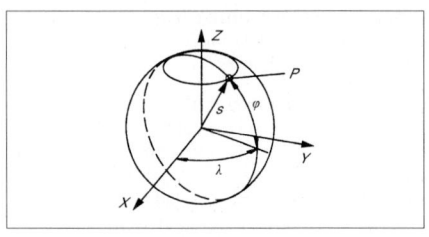

Beschreibung eines Punktes P im Kugel-/Polarkoordinatensystem

Kugelschicht (spherical layer)
Der durch zwei zueinander parallele Ebenen ausgeschnittene Teil einer Kugel.
Die Mantelfläche der Kugelschicht heißt Kugelzone.
Es gilt:
Radien der Schnittkreise:
$\sigma_1 = \sqrt{h_1(2r - h_1)}$,
$\sigma_1 = \sqrt{(h+h_1)(2r - h - h_1)}$,
Volumen der Kugelschicht:
$V = \pi h (3\rho_1^2 + 3\rho_2^2 + h^2)/6$,
Flächeninhalt der Kugelzone:
$A = 2\pi r h$,
Oberfläche der Kugelschicht:
$A_O = \pi (2rh + \rho_1^2 + \rho_2^2)$.

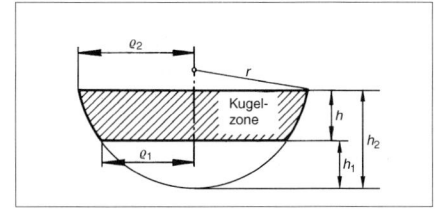

Kugelschicht

Kugelsegment (spherical segment)
Der durch eine Ebene abgeschnittene Teil einer Kugel (Bild S. 249).
Statt Kugelsegment sagt man auch Kugelabschnitt.
Die Mantelfläche des Kugelsegments heißt Kugelkappe.
Es gilt:
Radius des Schnittkreises:
$\sigma_1 = \sqrt{h(2r - h)}$,
Volumen des Kugelsegments:
$V = \pi h(3\rho^2 + h^2)/6 = \pi h^2(3r - h)/3$,
Flächeninhalt der Kugelkappe:
$A = 2\pi r h$,
Oberfläche des Kugelsegments:
$A_O = 2\pi r h + \pi \rho^2 = \pi(2rh + \rho^2)$.
($\rightarrow$Kugelsektor)

Kugelsegment

Kugelsektor (spherical sector)
Einem Kugelsegment (Kugelabschnitt) ist ein Kegel zugeordnet, dessen Grundfläche der Schnittkreis des Kugelsegments und dessen Spitze der Kugelmittelpunkt ist. Der Gesamtkörper aus Kugelsegment und zugeordnetem Kegel heißt Kugelsektor oder Kugelausschnitt.
Es gilt:
Volumen des Kugelsektors:
$V = \frac{2}{3} \pi r^2 h$,
Oberfläche des Kugelsektors:
$A_O = \pi r (2h + \varrho)$.
(→Kegel, →Kugelsegment)

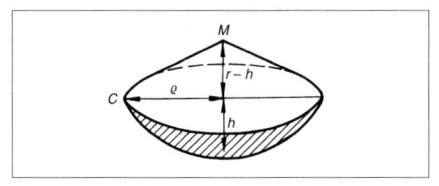

Kugelsektor

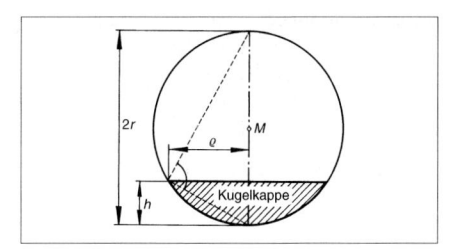

Kugelzone (spherical zone)
Mantelfläche einer Kugelschicht.
(→Kugelschicht)

Kulissenhebel
(link rod; slotted link; rocker arm)
→schwingende Kurbelschleife

Kulissenrad (bull gear; rocker gear)
→schwingende Kurbelschleife

Kulissenstein (sliding block)
→schwingende Kurbelschleife

Kunstharzpressholz
(synthetic-resin-pressed wood)
Schichtverbundwerkstoffe aus phenolharzverpressten Furnieren, die parallel, kreuzweise oder sternförmig liegen.
Verwendung: Arbeitsplatten, Lagerschalen, Laufräder, schusssichere Panzerplatten.

Kunststoffe (plaste; plastics)
Synthetisch hergestellte Stoffe, aus Makromolekülen bestehend.
Einteilung in Duroplaste (Duromere), Thermoplaste (Plastomere) und Elaste (Elastomere).
Makromoleküle entstehen durch Polykondensation, Polymeristaion oder Polyaddition.

Kupfer Cu (copper)
Rötliches, weiches, stark dehnbares Schwermetall und der Dichte $\varrho = 8{,}93 \, \text{kg/dm}^3$.
Mit E- bezeichnete Sorten sind elektrische Leitwerkstoffe. S-Sorten sind sauerstofffrei und ohne Versprödung durch die Wasserstoffkrankheit löt- und schweißbar. Beständig gegen Trink- und Brauchwasser und Außenklima.
Verwendung: Dach-und Bauklempnerei, Rohrleitungen, Stranggießkokillen.
Gusskupfer ist nach der elektrischen Leitfähigkeit benannt (z. B. G-CuL35).
Verwendung: Kühlarmaturen, Hochofenblasformen, Elektrodenhalter und Kontaktbacken für Elektroöfen.
DIN 1787 Kupfer, DIN EN 1776 Gegossene Rohformen aus Cu

Kupferlegierungen (copper base alloys)
Legierungen mit Al, Fe, Mn, Ni, Pb, Sn, Zn allein oder in Kombination.
Nur Ni bildet mit Cu ein lückenloses Mischkristallsystem, die anderen Legierungssysteme haben ein begrenztes Mischkristallgebiet im Zustandsschaubild. Bei diesen kleineren Legierungsanteilen liegen die Knetlegierungen.
Bei höheren Anteilen entstehen intermetallische Phasen im Gefüge, die zu höherer Härte und besserer Spanbarkeit bei verminderter Kaltformbarkeit führen. In diesem Bereich liegen die Sorten für Warmumformung und die Gusslegierungen.
CuZn-Legierungen (Messing) mit 5...44% Zn und Zusätzen sind in ca. 40 Sorten genormt und haben den breitesten Bereich der Verarbeitungs- und Bauteileigenschaften und Verwendung.
Beispiel: CuZn37 kaltumformbare Hauptlegierung; CuZn39Pb3 warmumformbare Automatenlegierung, gut spanbar; G-CuZn40Fe Gusslegierung, lötgeeignet.
Höhere Korrosionsbeständigkeit haben CuSn-, CuAl-, CuZnNi- und CuNi-Legierungen, höchste Festigkeit und Zähigkeit einige CuAl-Sorten.
Höhere Korrosionsbeständigkeit haben CuSn-, CuAl, CuZnNi- und CuNi-Legierungen höchste Festigkeit und Zähigkeit einige CuAl-Sorten.
DIN EN 1982 Blockmetalle und Gussstücke aus allen bisherigen Cu-Gusslegierungen.
Knetlegierungen sind je nach Eignung für das Herstellverfahren in den Erzeugnisnormen enthalten: DIN EN 1652 Platten, Bleche für allg.

Kupplung

Verwendung. DIN EN 1653 desgl. für Kessel, Druckbehälter, DIN EN 12 449/51/52 nahtlose Rohre, DIN EN 12 163/64/66/67/68 Stangen, Profile, DIN EN 12 420 Schmiedestücke.
(→Lagerwerkstoffe)

Kupplung (clutch)
Verbinden hauptsächlich Wellen miteinander und übertragen Rotationsleistungen. Sie können bestimmte dynamische Eigenschaften verbessern, Wellenverlagerungen ausgleichen und Verbindungen vor Überlastung schützen.
Drehstarre (feste) Kupplungen: Zentrische, also genau fluchtende Verbindung von Wellenenden; es tritt kein Kupplungsverschleiß auf; für beide Drehrichtungen verwendbar.
Drehelastische Kupplungen: Mildern Drehmomentenstöße und dämpfen Drehschwingungen; Fluchtfehler können ausgeglichen werden. Übertragungselemente sind entweder aus Metall (metallelastische Kupplungen) wie die Stahlbandkupplung, oder aus Gummi (gummielastische Kupplung).
Schaltkupplungen: Ermöglichen durch Unterbrechung und Wiederherstellung der Verbindung die Übertragung des Drehmoments. Die Betätigung kann mechanisch, elektromagnetisch, hydraulisch oder pneumatisch erfolgen. Die Kraftübertragung kann form- oder kraftschlüssig sein.
Sicherheitskupplungen: Unterbrechen die Verbindung bei Überlastung, z.B. durch Sollbruchstellen (Brechbolzen) oder durch Einstellung des gewünschten Höchstdrehmomentes bei Reibungskupplungen.
Freilauf- und Überholkupplungen: Verbinden Elemente nur bei Gleichlauf und lösen sie, wenn das antreibende Element langsamer als das getriebene umläuft.
VDI-Richtlinie 2240: Wellenkupplungen, systematische Einteilung nach ihren Eigenschaften
(→Lamellenkupplung, →Schalenkupplung, →Scheibenkupplung)

Kupplungsgetriebe
(clutch driving mechanism)
Stufengetriebe, dessen Zahnräder (Riemenscheiben ...) auf ihren Wellen nicht axial verschoben werden.
Die Zahnräder sind mit ihren Gegenrädern ständig im Eingriff und sitzen z.T. fest auf ihren Wellen, z.T. laufen sie lose mit. Zum Schalten der verschiedenen Übersetzungen werden lose laufende Zahnräder durch Kupplungen fest mit ihren Wellen verbunden.
(→Schieberädergetriebe)

Kurbelpresse (crank press)
Presse mit Stößelantrieb durch eine Kurbelwelle.

Kurbelschwinge
(crank and rocker mechanism)
→Schwingende Kurbelschleife

Kurbeltriebwerk (crank mechanism)
Baugruppe in Kolbenmaschinen.
Formt die oszillierende Kolbenbewegung über die Pleuelstange in eine Drehbewegung an der Kurbelwelle um. Besteht bei Verbrennungsmotoren aus Kolben mit Kolbenringen, Kolbenbolzen, Pleuelstange, Kurbelwelle mit Kurbelwellenlagern und Schwungrad.
DIN ISO 7967 Bauteile für Hubkolbenmotoren.
(→Kolben, →Kolbenringe, →Kurbelwelle, →Kurbelwellenlager, →Pleuelstange)

Kurbelwelle (crankshaft)
Bauteil des Kurbeltriebwerks in Kolbenmaschinen. Setzt beim Verbrennungsmotor die geradlinige Kolbenbewegung in eine Drehbewegung um. Sie ist im Kurbelgehäuse gelagert und besteht aus Hauptlagerzapfen, Pleuellagerzapfen und Kurbelwangen mit Ausgleichsgewichten. Statisches und dynamisches Auswuchten durch Anbohren der Ausgleichsgewichte. Die Gestalt wird von Zylinderanordnung, Zylinderanzahl, Lage- und Anzahl der Hauptlager, Kolbenhub und Zündfolge (Einspritzfolge) des Motors bestimmt. Beanspruchung auf Torsion, Biegung und Wechselbeanspruchung durch Drehschwingungen. Sie werden im Gesenk, durch Freiformschmieden (Vergütungs-, Nitrierstahl) und durch Gießen (Kugelgraphitguss) hergestellt. Einzylindermotoren erhalten aus Einzelteilen gefügte Kurbelwellen.
(→Kurbeltriebwerk)

Kurbelwellenlager (crankshaft bearing)
Bauteil des Kurbeltriebwerks in Kolbenmaschinen.
Bei Otto- und Dieselmotoren werden geteilte Gleitlager für Pleuel- und Hauptlager verwendet. Pass- oder Führungslager mit seitlichen Anlaufscheiben oder Bund übernehmen Axialkräfte. Mehrschichtlager besitzen eine Stützschale aus Stahl, mehrere Lagermetallschichten und die Gleitschicht (PbSn-Legierung). Lagerschalen erhalten Haltenasen als Verdrehsicherung. Hauptlager besitzen Ringnuten zur Ölaufnahme und Ölbohrungen zum Öltransport in die Lager. Bei Einzylinder-Motoren mit montierten Kurbelwellen werden Wälzlager verwendet.
(→Kurbeltriebwerk)

Kurve (curve)
Zusammenhängende Punktmenge im Raum. Eine ebene algebraische Kurve wird durch eine Gleichung $F(x,y) = 0$ gegeben, wobei $F(x,y)$ ein Polynom in x und y ist. Ebene algebraische Kurven sind zum Beispiel Geraden und Kegelschnitte. Der Grad von $F(x,y)$ gibt die Ordnung der algebraischen Kurve an. Die Kegelschnitte (Kreis, Ellipse, Parabel, Hyperbel) sind zum Beispiel algebraische Kurven 2. Ordnung, denn die allgemeine Gleichung eines Kegelschnitts lautet
$Ax^2 + 2Bxy + Cy^2 + Dx + Ey + F = 0$.
Statt Graph einer Funktion sagt man auch Kurve.
(→Graph, →Kegelschnitte)

Kurvendiskussion
(investigation of the properties of a function)
Untersuchung einer Funktion bzw. des Graphen einer Funktion auf typische Eigenschaften. Dazu gehören Definitionsbereich, Symmetrie, Monotonie, Nullstellen, relative Extrema, Wendepunkte, Unstetigkeitsstellen, Asymptoten.
Beispiel: $f(x) = \frac{1}{2}x(x-2)^3$
Ableitungen:
$f'(x) = \frac{1}{2}(x-2)^3 + \frac{3}{2}x(x-2)^2 =$
$= \frac{1}{2}(x-2)^2(x-2+3x) = (x-2)^2(2x-1)$
$f''(x) = 2(x-2)(2x-1) + 2(x-2)^2 =$
$= (x-2)(4x-2+2x-4) =$
$= 6(x-1)(x-2)$
$f'''(x) = 6(x-1) + 6(x-2) = 6(2x-3)$
Definitionsbereich:
$D = \mathbb{R}$
Nullstellen:
$f(x) = \frac{1}{2}x(x-2)^3 = 0 \Rightarrow x_1 = 0, x_2 = 2$
Relative Extremwerte:
$f'(x) = (x-2)^2(2x-1) = 0 \Rightarrow x_3 = 2, x_4 = \frac{1}{2}$
$f''(x_3) = f''(2) = 0, \quad f'''(2) = 6 > 0$
(n ungerade) $\Rightarrow$ bei $x_3 = 2$ Wendepunkt; wegen $f'(2) = 0$ ist $P(2 \mid 0)$ ein Sattelpunkt
$f''(x_4) = f''(\frac{1}{2}) = 6 \cdot \frac{1}{2} \cdot \frac{3}{2} > 0$
$\Rightarrow$ Minimum bei $x_4 = \frac{1}{2}$

Wendepunkte:
$f''(x) = 6(x-1)(x-2) = 0$
$\Rightarrow x_5 = 1, x_6 = x_3 = 2$
$f'''(x_5) = f'''(1) \neq 0 \Rightarrow$ Wendepunkt bei $x_5 = 1$,
Sattelpunkt bei $x_6 = x_3 = 2$ (siehe oben)
Die Funktion $f(x) = \frac{1}{2}x(x-2)^3$ hat also die Nullstellen $x_1 = 0$ und $x_2 = 2$, das relative Minimum $f(\frac{1}{2}) = \frac{1}{2} \cdot \frac{1}{2} \cdot (-\frac{3}{2})^3 = -\frac{27}{32}$, den Wendepunkt $P(1 \mid -\frac{1}{2})$ (denn $f(1) = \frac{1}{2} \cdot 1 \cdot (-1)^3 = -\frac{1}{2}$) und den Sattelpunkt $P(2 \mid 0)$. Die Funktion besitzt keine Unstetigkeitsstellen und Asymptoten, sie ist weder zur y-Achse noch zum Koordinatenursprung symmetrisch. Die Funktion ist streng monoton fallend im Intervall $(-\infty, \frac{1}{2}]$ und streng monoton wachsend im Intervall $[\frac{1}{2}, \infty)$.
(→Asymptote, →Extremum, →Funktion, →monotone Funktion, →Nullstelle, →Sattelpunkt, →Unstetigkeitsstelle, →Wendepunkt)

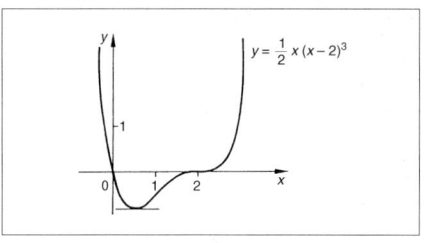

Graph der Funktion $f(x) = \frac{1}{2}x(x-2)^3$

Kurzhobelmaschine
(shaper; shaping machine)
→Stoßmaschine

Kurzschluss (short circuit)
→elektrischer Kurzschluss

Kurzschlussstrom (short-circuit current)
Bei einem elektrischen Kurzschluss fließt ein hoher Strom, dessen Höhe nur durch den Innenwiderstand der Quelle begrenzt wird. Im Kurzschlussfall trennen Sicherungen und Leitungsschutzschalter das fehlerbehaftete Netz von der Quelle.
VDE 0100 Errichten von Starkstromanlagen.

L

L-Jetronic
(electronically-controlled fuel-injection-EFI-L)
Elektronische Einspritzanlage für Ottomotoren mit Luftmengenmessung und intermittierender Einspritzung.
Ein Druckregler sorgt für gleichmäßigen Kraftstoffdruck an den elektromagnetischen Einspritzventilen. Jeder Zylinder ist mit einem Einspritzventil versehen, die alle gleichzeitig betätigt werden (je Kurbelwellenumdrehung einmal). Die Ansaugluft bewegt eine federbelastete Stauklappe im Luftmengenmesser. Die Winkelauslenkung dient als Signal für die angesaugte Luftmenge. Weitere Signale über Ansaugluft- und Motortemperatur, Motordrehzahl, Stellung der Drosselklappe und der Lambdasonde verarbeitet das Steuergerät zur Gemischveränderung (Öffnungsdauer der Einspritzventile). Eine Weiterentwicklung ist die LH-Jetronic.
(→Einspritzanlage, →LH-Jetronic)

Label (label)
Symbolischer Name für eine Adresse.

labile Schwimmlage
(unstable floating condition)
→Schwimmen

Lackierroboter (spray-painting robot)
Industrieroboter zum Sprüh-Auftragen von Lacken.
Er ist vorwiegend als Knickarmroboter mit fünf bis sechs Freiheitsgraden ausgeführt. Die Roboterbewegungen werden in der Regel im direkten Teach-In-Programmierverfahren programmiert. Sind mehre Farbtöne erforderlich, kann der Roboter entweder mit einer automatischen Wechseleinrichtung ausgestattet werden oder es erfolgt ein gesondertes Leersprühen (Reinigen) der Düsen.
(→Beschichtungsroboter, →Knickarmroboter, →Prozeßroboter, →Roboterprogrammierung, →Teach-In-Roboterprogrammierung, →Werkzeugwechsler)

Ladedruckregelventil
(charge pressure valve)
→Abgasturbolader

Ladeluftkühler (charge-air cooler)
→Abgasturbolader

Ladung (charge)
→elektrische Ladung

Ladung, elektrische (electric charge)
→elektrische Ladung

Ladungswechsel
(charge cycle gas exchange)
→Verbrennungsmotor

Ladungszahl (charge number)
→Bindigkeit

Länge l (length)
Der Abstand l zwischen zwei Punkten im Raum oder in einer Ebene.
Physikalische Basisgröße, gemessen in der SI-Basiseinheit Meter m. Im Unterschied zum Weg ist die Länge (meistens) eine skalare Größe.
Beispiele: Abstand, Dicke, Entfernung, Durchmesser.
(→Basiseinheit, →Meter, →Skalar, →Weg)

Längenausdehnung (linear expansion)
Wärmeausdehnung lang gestreckter Körper in Richtung der Länge.
Die Längenzunahme Δl bei Erwärmung um $\Delta T = \vartheta_2 - \vartheta_1$ beträgt $\Delta l = l_1 \cdot \alpha_l \cdot (\vartheta_2 - \vartheta_1)$.
α_l Längenausdehnungskoeffizient des Stoffes.

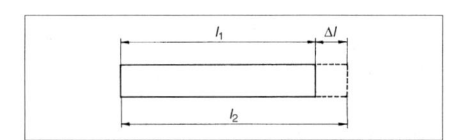

Längenausdehnung Δl eines stabförmigen Körpers mit der Ausgangslänge l_1 (Darstellung unmaßstäblich)

Längenausdehnungskoeffizient α_l
(coefficient of linear expansion)
Verlängerung (Längenzunahme) eines metallischen Stabes in m je 1 m Länge und 1 K ($1\,°C = 1\,K$).
Beispiel: Für Stahl ist $\alpha_l = 12 \cdot 10^{-6}$ 1/K, d. h., ein Stahlstab von 1 m verlängert sich bei Erwärmung um $1\,K = 1\,°C$ um $12 \cdot 10^{-6}$ m = 0,012 mm. α_l ist temperaturabhängig und nimmt mit steigender Temperatur zu. Für technische Rechnungen werden tabellarisierte Mittelwerte verwendet.

Längsdehnung (linear expansion)
→Dehnung

Längslager (axial bearing)
→Spurzapfen

Längsverschiebungssatz
(rule relating to longitudinal displacement)
Eine der statischen Grundoperationen, nach der Kräfte auf ihrer Wirklinie verschoben werden dürfen.

Läppverfahren (lapping; lapping process)
Spanende Bearbeitung (Läppen) von Werkstücken durch ungeordnet verlaufende Abrollbewegungen einer Vielzahl von losen, in einer Flüssigkeit oder Paste (Läppgemisch) geführten Schleifstoffkörnern. Die Rollbewegung wird durch ein angedrücktes Läppwerkzeug (formübertragendes Gegenstück, z.B. Läppscheibe) erzeugt. Nach Kaltverformung und Versprödung der Werkstückrandschicht brechen kleinste Partikel als Werkstoffabtrag aus dem Stoffverband heraus. Auf der Werkstückoberfläche entstehen bei ungerichteten Bearbeitungsspuren Rautiefen von weniger als $R_z = 0,05$ μm. So dient das Läppen besonders der Verbesserung von Maß- und Formgenauigkeit sowie der Oberflächengüte.
Nach der Form der erzeugten Werkstückflächen werden unterschieden:
Planläppen (ebene Flächen), Rundläppen (kreiszylindrische Flächen), Schraubläppen (wendelförmige Schraubflächen, Beispiel: Gewindeläppen), Wälzläppen (Flächen, die durch ein Werkzeug mit Bezugsprofil im Abwälzverfahren verbessert werden, Beispiel: Zahnflankenläppen), Profilläppen (Flächen, die durch Verwendung eines formabhängig profilierten Werkzeugs verbessert werden, Beispiel: Kugelläppen).
DIN 8589, Teil 15 Fertigungsverfahren Spanen.

Lageenergie (potential energy)
→potentielle Energie

Lager (bearing)
Maschinenelement zur Aufnahme belasteter still stehender oder umlaufender Bauteile.
Im Gleitlager tritt eine Gleitbewegung (Gleitreibung) zwischen Lager und gelagertem Teil (Welle oder Achse) auf. Im Wälzlager findet durch Wälzkörper eine Wälzbewegung (Rollreibung) statt.
Radiallager (Querlager) übertragen Lagerkräfte rechtwinklig zur Wellenmittelachse, Axiallager (Längslager) in Richtung der Wellenmittelachse.

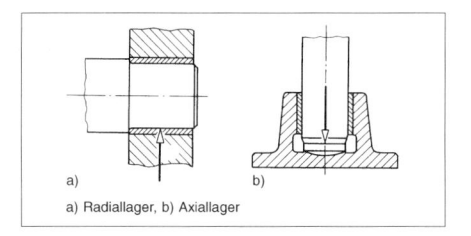

Loslager lassen eine Längsverschiebung zu. Festlager nehmen Quer- und Längskräfte auf.
(→dreiwertige Lager, →einwertige Lager, →Spurzapfen, →Tragzapfen, →zweiwertige Lager)

Lagerauswahl Wälzlager
(types of roller bearing)
Rillenkugellager: Geeignet für Radial- und Axialbelastung und hohe Drehfrequenzen; nicht geeignet zum Fluchtfehlerausgleich.
Schrägkugellager: Geeignet für große Radial- und Axialbelastung; nicht geeignet für große Drehfrequenzen und zum Fluchtfehlerausgleich.
Pendelkugellager: Geeignet für große Radial- und geringe Axialbelastung und zum Fluchtfehlerausgleich; nicht geeignet für hohe Drehfrequenzen.
Zylinderrollenlager: Geeignet für große Radial- und geringe Axialbelastung bei kleineren Drehfrequenzen; nicht geeignet zum Ausgleich von Fluchtfehlern.
Kegelrollenlager: Geeignet für große Radial- und Axialbelastung; nicht geeignet für große Drehfrequenzen und zum Fluchtfehlerausgleich.
Pendelrollenlager: Geeignet für große Radial- und Axialbelastung und zum Fluchtfehlerausgleich; nicht geeignet für hohe Drehfrequenzen.
Tonnenlager: Geeignet für große Radial- und geringe Axialbelastung und zum Fluchtfehlerausgleich; nicht geeignet für hohe Drehfrequenzen.
Nadellager: Geeignet für große Radialbelastung; nicht geeignet für hohe Drehfrequenzen, Axialbelastung und zum Fluchtfehlerausgleich.
Axial-Rillenkugellager: Geeignet für große Axialbelastung; nicht geeignet für hohe Drehfrequenzen, Radialbelastung und zum Fluchtfehlerausgleich.

Lagerdichtungen (bearing seals)
Filzring saugt Öl oder Fett auf, was die Reibung vermindert und die Dichtfähigkeit erhöht. Wird auch als Feindichtung hinter Labyrinthdichtungen eingesetzt.

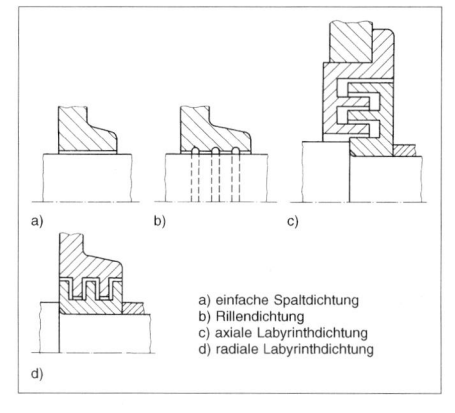

a) Radiallager, b) Axiallager

a) einfache Spaltdichtung
b) Rillendichtung
c) axiale Labyrinthdichtung
d) radiale Labyrinthdichtung

Lagerreibkraft

Schleifende Dichtungen: Schließen Wälz- und Gleitlager spaltlos ab. Es sind sorgfältig bearbeitete Gleitflächen erforderlich. Nicht für hohe Drehfrequenzen geeignet (Erwärmung). Unbedingt Einbaurichtlinien, z. B. Wellenoberfläche, Toleranzen, Form des Wellenendes, beachten.
Nicht schleifende Dichtungen: Arbeiten verschleißfrei und haben eine fast unbegrenzte Lebensdauer. Anwendung überwiegend bei fettgeschmierten Lagern. Spalt- oder Rillendichtungen für geringe Verschmutzungsgefahr. Labyrinthdichtungen, oft noch mit Fett gefüllt, können selbst bei schmutzigstem Betrieb eingesetzt werden.
DIN 3760 Radial-Wellendichtringe Form A mit Dichtlippe, Form AS mit Dicht- und Staublippe

Lagerreibkraft (bearing-friction force)
→Spurzapfen, →Tragzapfen

Lagertemperatur (bearing temperature)
→Gleitlager

Lagerwerkstoffe (bearing material)
Werkstoffe zur Abstützung von rotierenden oder gleitenden Maschinenteilen und mit geringer Neigung zur Adhäsion mit dem Reibpartner.
Anforderungsprofil: kleine Reibungszahl, gute Wärmeableitung, genügend Zähigkeit gegen Kantenausbrechen, Fähigkeit zum Einbetten harter Fremdpartikel.
Beispiele: CuSn-, CuPb-, CuPbSn-, CuAlNi- Legierungen, AC-Al Si12CuNiMg, Al Zn4, Sintereisen und -bronze, Verbundwerkstoffe aus Sinterbronze mit PTFE oder POM auf Stahlstützschalen, Polymere wie PTFE, POM, PA, PBT, PI, z.T. mit Graphit oder MoS_2 gefüllt sowie PH-Hartgewebe oder Kunstharzpressholz, Siliciumcarbid.

Lagerwertigkeit (bearing value)
→einwertige Lager, →zweiwertige Lager, →dreiwertige Lager

Lagerzapfen (privot pin)
→Spurzapfen, →Tragzapfen

Lagetoleranzen (location tolerance)
Begrenzen die Abweichungen der Lage zweier oder mehrerer Bauteile zueinander. Lagetoleranzen sollen dann angegeben werden, wenn Lageabweichungen zu Beeinträchtigungen der Funktion, z. B. von Passungen führen können. Lagetoleranzen werden unterteilt in Lauf-, Orts- und Richtungstoleranzen. Beispiele: Rund- und Planlauf bei Drehteilen; Parallelität zweier Passflächen; Symmetrie zweier Flächen zur Mittelachse eines Zylinders

Lambda-Regelkreis
(lambda regulating circuit)
Regeleinrichtung zur Anpassung des Kraftstoff-Luftgemisches für Ottomotoren mit Katalysator zur Erreichung einer Gemischzusammensetzung, die eng um das Luftverhältnis $\lambda = 1$ liegen soll. Veränderungen des Restsauerstoffgehalts in den Abgasen werden von der Lambdasonde an das Steuergerät geleitet. Steigt die Sondenspannung an (U ca. 0,8 V – fettes Gemisch, wenig O_2 in Abgas), reduziert das Steuergerät die Einspritzmenge der Einspritzventile, das Gemisch magert ab, der O_2-Anteil im Abgas steigt. Das führt zu einer sprungartigen Senkung der Sondenspannung (U ca. 0,1 V). Das Steuergerät fettet das Gemisch durch Erhöhung der Einspritzmenge an.
Das fette Gemisch bewirkt eine Senkung des O_2-Anteils im Abgas und Steigerung der Sondenspannung auf ca 0,8 V. Der Zyklus wird ständig wiederholt.
(→Katalysator, →Lambdasonde, →Luftverhältnis)

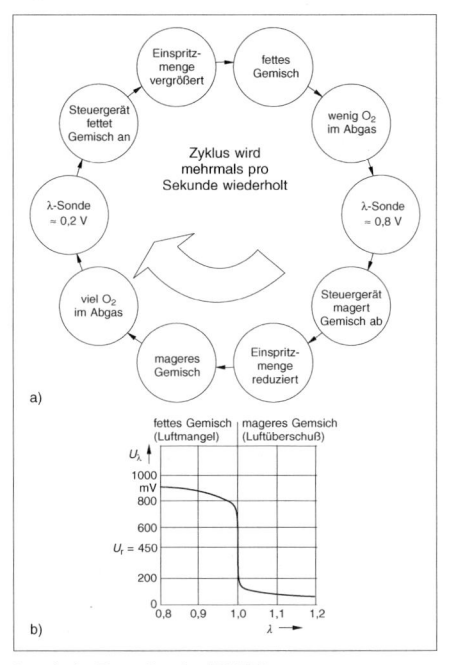

Lambda-Regelkreis (BMW)
a) zeitlicher Ablauf, b) Lambdasondenspannung in Abhängigkeit vom Kraftstoff-Luftgemisch

Lambdasonde (lambda probe; λ probe)
Messfühler eines Kfz mit geregeltem Katalysator, der den Restsauerstoffgehalt im Abgas ermittelt

und als Signal dem Steuergerät zuführt (Lambda-Regelkreis).
Die Sonde wird in die Abgasleitung vor den Katalysator geschraubt. Bei Veränderungen der O_2-Konzentration zwischen der luft- und abgasseitigen Elektrode, entsteht ab ca. 300 °C eine Sondenspannung. Bei O_2-Mangel im Abgas (fettes Gemisch) steigt die Sondenspannung und sinkt bei höherem O_2-Gehalt (mageres Gemisch). Der Spannungssprung beim Luftverhältnis $\lambda = 1$ wird zur Regelung benutzt. Um die notwendige Arbeitstemperatur (ca. 600 °C) schneller zu erreichen, werden beheizte Sonden verwendet.
(→Katalysator, →Lambda-Regelkreis, →Luftverhältnis)

Lamellengraphit (foliated graphite)
Graphitausbildung in Lamellenform, tritt im Gefüge der Sorten nach DIN EN 1561 Gusseisen mit Lamellengraphit und bei austenitischem Gusseisen GGL nach DIN 1694 auf.

Lamellenkupplung (multiple-disc clutch)
In die auf der treibenden Welle sitzende Nabe (1) mit Außenverzahnung greifen die (meist) sinusförmig gewellten Innenlamellen (3). Die plangeschliffenen Außenlamellen (4) greifen mit Außenzähnen in die Innenverzahnung des Mantels der Nabe (2) ein. Wird die Schaltmuffe (5) nach links verschoben, presst der Winkelhebel (6) die axial verschiebbaren Federstahl-Lamellen gegen-einander; es wird eingekuppelt. Anpresskraft ist durch die Ringmutter (7) einstellbar. Dadurch ist diese Kupplung auch als Sicherheitskupplung einsetzbar. Betätigung ist mechanisch, elektromagnetisch und hydraulisch möglich.

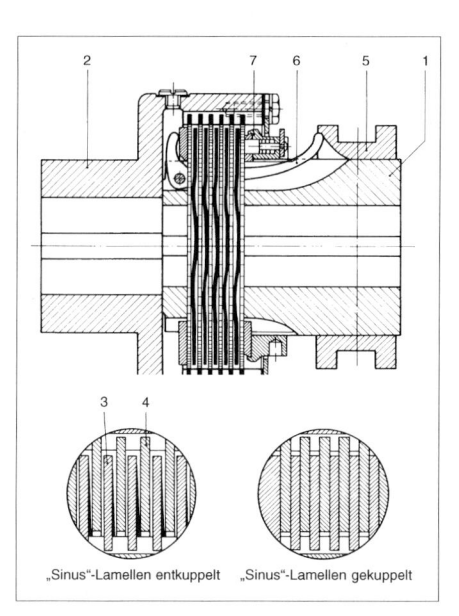

Lamellenspanndorn
(laminar expanding mandrel)
Werkstückspanner an Dreh- und Außenrundschleifmaschinen.
Der zylindrische Dornkörper hat gleichmäßig am Umfang verteilte Längsschlitze, in denen flache Spannkörper (Lamellen) von einem Spannkegel radial nach außen verschoben werden. Vorteil gegenüber anderen Spanndornen ist der größere Spannbereich (bis 8 mm).

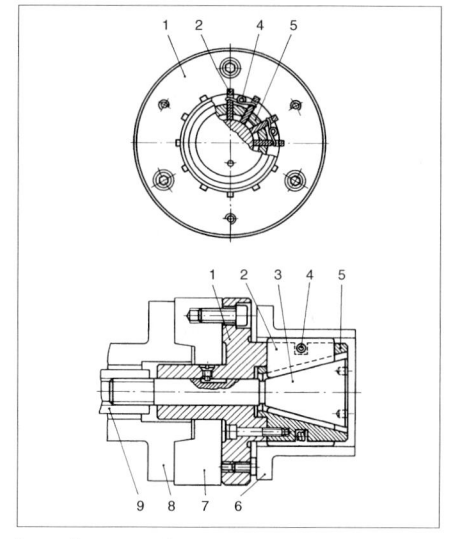

Lamellenspanndorn
1 Dornkörper mit Flansch, 2 Spannlamellen, 3 Spannkegel, 4 Haltefeder (drückt die Lamellen nach innen), 5 Lamellenkopf, 6 Werkstück, 7 Zwischenflansch, 8 Spindelkopf, 9 Zugstange zum Kraftspannantrieb

Lamellenspannzange
(collet chuck with lamellar clamping elements)
Werkstückspanner an Dreh- und Außenrundschleifmaschinen.
In einem Spannkorb werden in radialen Schlitzen mehrere flache Spannlamellen geführt, deren abgeschrägte Außenflächen in eine Kegelbohrung gedrückt werden. Zum Spannen wird der Spannkorb in die Kegelbohrung hineingezogen, und die Lamellen werden dadurch nach innen verschoben.

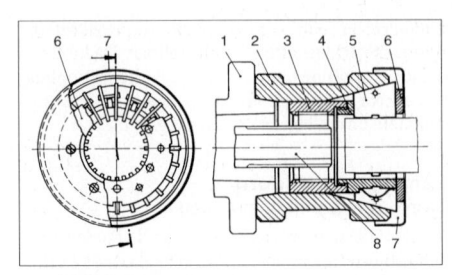

Lamellenspannzange
1 Spindelkopf, 2 Zangenkörper, 3 Spannbüchse, 4 Spannkorb, 5 Lamelle, 6 Deckscheibe, 7 Schutzhaube, 8 Zugstange zum Kraftspannantrieb

LAN (Local Area Network)
Lokal begrenztes Netzwerk, das durch seine hohe Übertragungsgeschwindigkeit dem Nutzer keine bedeutsamen Wartezeiten abverlangt.

Langfräsmaschine (plano-milling machine; planer-type milling machine)
Fräsmaschine zur Bearbeitung von langen ebenen Flächen an großen Werkstücken.
Der Werkstücktisch ist auf einem langen flachen Bett in Vorschubrichtung verschiebbar, der Spindelschlitten mit der Frässpindel und dem Fräser ist in Führungen an einem Ständer verschiebbar und führt alle übrigen Bewegungen aus.
Die Zweiständer-Langfräsmaschine (Portalfräsmaschine) hat an jedem Ständer einen und am Querbalken meist zwei Spindelschlitten und kann mehrere Flächen gleichzeitig bearbeiten.
Die Einständer-Langfräsmaschine ist besonders für die Bearbeitung von sperrigen Werkstücken geeignet, die auf der dem Ständer abgewandten Seite über die Aufspannfläche des Werkstücktisches hinaus ragen.

Langhobelmaschine
(planing machine; planer)
Große Werkzeugmaschine zur zerspanenden Bearbeitung von ebenen Flächen an langen und schweren Werkstücken.
Im Unterschied zur Kurzhobelmaschine (Stoßmaschine) führt der Tisch mit dem Werkstück die Schnittbewegung und der Hobelsupport mit dem Werkzeug die Vorschubbewegung aus.
Zweiständer-Hobelmaschinen haben beiderseits des langen Betts je einen Ständer. Beide Ständer sind am Kopfende durch eine Traverse miteinander verbunden („Portal"hobelmaschine). An den Ständern wird ein Querbalken senkrecht geführt, der einen oder zwei waagerecht verschiebbare Hobelsupporte aufnimmt. Oft tragen auch die Ständer senkrecht verschiebbare Supporte. Die Werkstück-breite ist durch den Abstand zwischen den Ständern begrenzt.
Einständer-Hobelmaschinen haben statt des Querbalkens einen über das Bett auskragenden Ausleger für die Supporte und können auch Werkstücke bearbeiten, die über die Aufspannfläche des Tisches hinaus ragen.

Laptop (laptop)
Kleiner, tragbarer Computer mit Flachbildschirm, Diskettenlaufwerk und Festplatte, der netzunabhängig betrieben werden kann.

Laser-Schweißen (laser-welding)
Laser erzeugen einen Lichtstrahl. Werden elektrisch angeregte Elektronen gezwungen, in einen energieärmeren Zustand überzugehen, wird ein zusätzliches Photon ausgesandt, das mit dem Ausgangsphoton in Energieinhalt und Polarisation übereinstimmt. Der Laser ist ein Generator und Verstärker elektromagnetischer Wellen.
In dem Molekülgaslaser (CO_2-Laser) besteht der aktive Stoff aus einem CO_2-N_2-He-Gasgemisch, das durch eine Gasentladung elektrisch angeregt wird. CO_2-Laser mit Dauerleistungen von 1 kW...12 kW werden in der Schweißtechnik am häufigsten eingesetzt.
Bei Feststofflasern (z. B. Nd:YAG-Laser) besteht das aktive Material aus einem künstlich hergestellten Kristall, z.B. Yttrium-Aluminium-Granat (YAG), in den Neodymatome (Nd) eingelagert sind.
Der Werkstoff wird im Brennpunkt einer Fokussieroptik geschmolzen und teilweise verdampft. Es bildet sich ein Gaskanal, sodass schmale, tiefe Nähte entstehen. Geschweißt wird unter Argon-Schutzgasatmosphäre. Laser-Schweißen setzt eine sehr gründliche Nahtvorbereitung voraus (mechanisch-chemische Reinigung der Fügestellen).
Laser-Schweißen wird verstärkt da eingesetzt, wo es, wie z.B. in der Karosseriefertigung, auf hohe Stückzahlen, große Konturgenauigkeit und geringen Verzug ankommt.
(→Schmelzschweißen)

Laserdrucker (laser printer)
Ein Laserstrahl belichtet eine lichtempfindlich beschichtete Selentrommel, die das so entstandene (Schrift-)Bild mit Hilfe eines elektrisch geladenen, schwarzen Staubes (Toner) auf das Papier überträgt.
Der Toner muss mit Wärmeenergie auf dem Papier fixiert werden. Dieses Druckverfahren arbeitet schnell und mit einer sehr hohen Auflösung (bis 1200 dpi).

Laserhärten (hardening by laser treatment)
Randschichthärten durch Erwärmen mit Laserstrahlen in Spurbreiten von 1...12 mm und bis 1 mm Tiefe.
Günstig für linienförmige Härtezonen, Verschleißkanten, die zum Schneiden oder Umformen (Werkzeuge) oder zum Dichten (Bauteile) dienen.

Laserstrahlschneiden (laser-jet welding)
Verwendet werden fast ausschließlich CO_2-Laser mit einer Wellenlänge im Infrarotbereich (10,6 µm).
Laserbrennschneiden: Zu dem nur als Heizflamme dienenden Laserstrahl wird, wie beim Brennschneiden, Sauerstoff zugeführt. Eignet sich nur zum Schneiden oxidierbarer Metalle.
Schmelz- und Sublimierschneiden: Werkstoff in der Schnittfuge wird verdampft und durch inerte Spülgase entfernt. Schneiden aller Werkstoffe möglich.
(→Thermisches Trennen, →Laser-Schweißen)

Last (load)
In der Technik benutzter Ausdruck für eine äußere Kraft, die einen Körper nicht als Ganzes bewegt, sondern nur verformt oder um eine Ruhelage schwingen lässt.
Beispiel: Kraft, die an einem Tragbalken angreift und ihn durchbiegt.
(→Kraft)

Lastaufnahmeeinrichtungen (mechanical devices used for gripping a load)
Sammelbegriff für alle Konstruktionsteile und Hilfsmittel, die die Verbindung zwischen Fördermittel und Transportgut herstellen.
Beispiele: Lasthaken, Zangen, Greifer, Anschlagseile, Paletten.
DIN 15 003 Lastaufnahmeeinrichtungen.
(→Anschlagmittel)

Lastaufnahmemittel (means for load gripping)
→Lastaufnahmeeinrichtungen

Lastbügel (shackle; clevis)
Lastaufnahmeeinrichtung in Form einer Öse, die anstelle des normalen Lasthakens angebracht wird.

Lastdrehzahl (on-load speed)
Drehzahl, mit der die Hauptspindel (Arbeitsspindel) einer Werkzeugmaschine während der Bearbeitung eines Werkstücks umläuft.
(→Drehzahlstufung)

Lastdruckbremse (load reaction brake)
Vorwiegend bei Handhebezeugen benutzte Reibungsbremse, deren Bremsmoment von der Last selbst über ein Gewinde aufgebracht wird.
Mit zunehmender Last erhöht sich auch das Bremsmoment.
(→Reibungsbremse)

Lastfall (loading case)
Vorgeschriebene Bezeichnung der Belastungsannahmen für Festigkeitsrechnungen von Stahlbauten (Hochbau, Brückenbau, Kranbau), z. B. Lastfall H für Hauptlasten, Lastfall Z für Zusatzlasten, Lastfall S für Sonderlasten.
Hauptlasten (H) sind z. B. Eigenlast, Verkehrslast, Schneelast, Massenkräfte. Zusatzlasten (Z) sind z. B. Windlast und Wärmeeinwirkungen. Sonderlasten (S) sind z. B. unvorhersehbarer Anprall (Stoß) und Einwirkungen von Baugrundbewegungen.

Lasthaken (hook)
Tragmittel an Hebezeugen zum Aufnehmen der Last.
Die Lasthaken sind nach Größe, Form und Material genormt.
DIN 15 105, 15 106, 15 400, 15 401 Lasthaken.

Lasthebemagnet (hoisting magnet)
Großer Elektromagnet, der als einfaches Lastaufnahmemittel für ferromagnetische Fördergüter wie Bleche, Rohre, Schrott und Gussstauben dient.

Lasttrum (tight side)
Bei einem Riemengetriebe der ziehende Teil des Flach- oder Keilriemens, in dem eine größere Spannkraft F_1 herrscht als im gezogenen Teil (Leertrum mit F_2).
Für die Spannkräfte gilt die Eytelwein'sche Gleichung: $F_1 = F_2 e^{\mu\alpha}$, mit der Basis des natürlichen Logarithmus $e = 2{,}718\ldots$, Reibzahl μ und Umschlingungswinkel α an der kleineren Riemenscheibe.

Latch (latch)
→Register

Laufrad (impeller; turbine rotor)
Rotierendes, mit Schaufeln versehenes Bauteil in Strömungsmaschinen.
Durch Strömungsumlenkung an den Schaufeln erfolgt Energieaustausch vom Laufrad auf das Fördermedium (Kreiselpumpen, Turboverdichter) oder vom Strömungsmedium auf das Laufrad (Dampfturbinen, Wasserturbinen). Nach der Durchflussrichtung werden Axial-, Halbaxial- und Radialräder unterschieden.
(→Leitrad, →Strömungsmaschinen)

Laufräder (running wheels)
In der Fördertechnik die Räder, auf denen Krane und Kranlaufkatzen verfahren. Die Laufräder sind meist spurkranzgeführt.
(→Fahrantrieb, →Stufensprung)

Lauftoleranzen (running tolerance)
→Lagetoleranzen

Laufzeit (duty time)
In der Fördertechnik die mittlere Laufzeit je Tag in Stunden, die ein Kran oder ein Triebwerk in Betrieb ist.

Laugen (lye)
Wässrige Lösung einer Base nach Arrhenius.
Beispiele: Natronlauge NaOH, Kalklauge $Ca(OH)_2$, Seifenlauge.

Laval-Turbine (laval turbines)
Dampfturbinen-Bauart, die mit Gleichdruckbeschaufelung (gleichbleibender Schaufelkanalquerschnitt) am Leitrad versehen ist (auch als Gleichdruckturbine bezeichnet).
Da mit großem Energiegefälle gearbeitet wird, übersteigt die Düsenströmung die Schallgeschwindigkeit für Dampf (kritisches Druckgefälle). Das Leitrad ist daher mit Lavaldüsen versehen.
(→Dampfgeschwindigkeit, →Dampfturbinen, →Lavaldüsen)

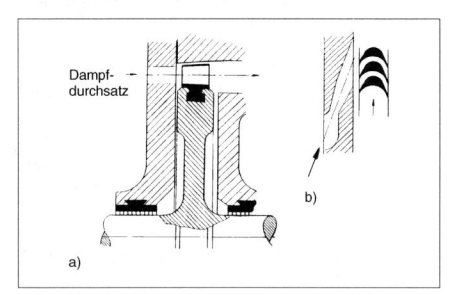

Laval-Turbine
a) Längsschnitt, b) Meridianschnitt

Lavaldüse (laval nozzle)
Düsenbauart in Dampfturbinen.
Solange die Dampfgeschwindigkeit in Düsen nicht die Schallgeschwindigkeit für Dampf erreicht, dürfen Düsenkanäle stetige Querschnittsverkleinerungen bis zum Dampfaustritt aufweisen (Einfachdüsen). Bei großem Energiegefälle (Laval-Turbine, Curtis-Turbine) überschreitet die Dampfströmung in der Düse die Schallgeschwindigkeit. Hier muss eine erweiterte Düse (Lavaldüse) verwendet werden. Bis zum engsten Querschnitt A_{min} wird das kritische Druckverhältnis p_k/p_1 und danach im Erweiterungsteil das restliche Druckgefälle verarbeitet.
(→Curtis-Turbine, →Dampfgeschwindigkeit, →Dampfturbinen, →Düsen, →Laval-Turbine)

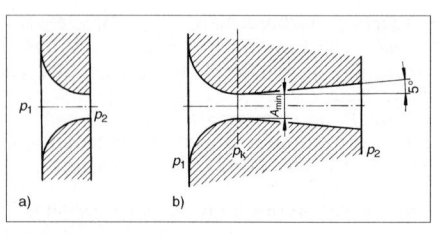

Düsenarten
a) Einfachdüse, b) Lavaldüse

Layout (layout)
1. Anordnung von Text und Grafik auf einer Seite.
2. Anordnung von Bauelementen und Leiterbahnen auf einer Platine.

LCD (liquid crystal display)
Flüssigkeitsanzeige mit sehr geringem Stromverbrauch in flacher Bauweise, die selbst kein Licht erzeugt, sondern Außenlicht reflektiert.
(→Flachbildschirm, →Laptop)

Lebensdauer von Seilen (lifetime of ropes)
Zulässige Aufliegezeit, die von der Zugfestigkeit der verwendeten Drähte, der Betriebsweise, den Durchmessern der Seiltrommeln und Seilrollen und den Seilrillen abhängt.
(→Aufliegezeit)

Ledeburit (Ledeburite)
Gefügename des Eutektikums der Eisen-Kohlenstoff-Legierungen. Besteht aus Ferrit und Zementit im Verhältnis 36:64.
Gefügebestandteil von Temperrohguss und Hartguss, die Härte beträgt ca. 50 HRC.

Lederriemen (leather belt)
→Riemenwerkstoffe

Leertrum (driven side)
→Lasttrum

Legierte Stähle (alloyed steels)
Legierungselemente wirken durch Mischkristallverfestigung (alle lösen sich im Ferrit), damit erniedrigen sie die kritische Abkühlgeschwindigkeit (tiefere Einhärtung, Öl- und Luftabkühlung von größeren Querschnitten).
Durch Verschiebung des Austenitgebietes entstehen perlitische Stähle bei C-Gehalten unter 0,8% (höhere Festigkeit), ferritische oder austenitische Stähle. Einige bilden intermetallische Phasen mit hoher Härte (Carbidbildner in Werkzeugstählen) und Stabilität bei hohen Temperaturen (warmfeste

Stähle), Nitridbildner bewirken Aushärtung und Kornverfeinerung.
(→Einsatz-, Nitrierstähle, →hitzbeständige Stähle, →korrosionsbeständige Stähle, →Vergütungsstähle, →Werkzeugstähle)

Legierungen (alloys)
Physikalische Gemenge, deren Komponenten Metalle und kleine Anteile von Nichtmetallen sind. Sie können physikalisch oder chemisch miteinander reagieren. Im festen Werkstoff können folgende Phasen auftreten: Mischkristalle, intermetallische Phasen, Metall-Nichtmetallverbindungen (Carbide, Nitride, Carbonitride), sowie Verunreinigungen wie Oxide, Sulfide als Schlackenteilchen. Für Legierungen, die schmelzmetallurgisch erzeugt werden, stellen sich bei der Abkühlung Gefüge ein, die dem thermodynamischen Gleichgewicht entsprechen. Sie lassen sich den Zustandsschaubildern entnehmen.
Pulvermetallurgisch lassen sich Zwangslegierungen erzeugen, d. h. Mischungen, die schmelztechnisch wegen Unlöslichkeit in der Schmelze oder zu hoher Schmelztemperatur nicht herstellbar sind.
Beispiel:
Wolfram-Kupfer für Kontakte, P-legierter Stahl.

Lehrenbohrwerk
(jig boring machine; jig borer)
→Koordinatenbohrmaschine

Leichtmetall (light metal)
Metalle mit einer Dichte $< 4,5$ kg/dm^3.
Beispiele:
Aluminium Al, Magnesium Mg, Beryllium Be, Titan Ti.

Leistung P (power)
Quotient aus der verrichteten Arbeit W und der dazu erforderlichen Zeit t mit der Einheit Watt (W) = 1 J/s = 1 Nm/s: $P = W/t$.
Die Leistung P ist eine skalare Größe. Für die Translation gilt P_{trans} = Verschiebekraft F · Geschwindigkeit v, für die Rotation gilt P_{rot} = Drehmoment M · Winkelgeschwindigkeit ω.
Gebräuchliche Zahlenwertgleichung:
$P_{rot} = M\ n/9549,2$ in kW, mit Drehmoment M in Nm und Drehzahl n in min^{-1}.

Leistungen (achievements)
Ergebnisse von betrieblichen Tätigkeiten in Geld bewertet und leistungsbezogener Werteverzehr oder Wertezugang.

Leistungs- und Drehmoment-Kennlinie
(power-torque characteristic)
Diagramm, mit dem die Veränderung der Leistung und des Drehmoments an der Abtriebswelle eines Getriebes in Abhängigkeit von der Abtriebsdrehzahl und den konstruktiven Gegebenheiten des Getriebes dargestellt wird.

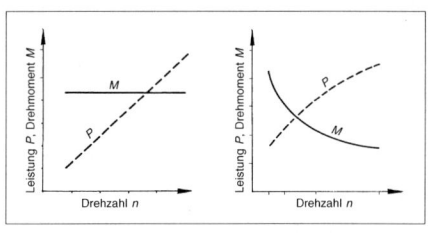

Leistungs- und Drehmoment-Kennlinie
links: eines stufenlosen Reibradgetriebes,
rechts: eines Stufenscheibengetriebes

Leistungselektronik (power electronics)
Bereich der Elektronik, der sich mit dem Schalten und Verstärken hoher Spannungen und Ströme befasst.
Anwendung: Stromrichtertechnik, Antriebstechnik, Drehzahlsteuerung.

Leistungsfaktor cos φ (power factor)
Quotient aus Wirkleistung P und Scheinleistung S: $\cos\varphi = P/S$.
Mit dem $\cos\varphi$ werden die durch Blindleistung entstehenden Verluste beschrieben. Gute Werte für den Leistungsfaktor liegen zwischen 0,85 und 0,95.

Leistungsgrad (relative performance; level of performance; efficiency)
Verhältnis von beeinflußbarer Ist-Mengenleistung zu beeinflußbarer Bezugs- oder Normalmengenleistung, wird während der Zeitaufnahme beurteilt.
(→Zeitaufnahme)

Leistungskennlinie (power characteristic)
→Leistungs- und Drehmoment-Kennlinie

Leistungsmesser (power meter)
Gerät zur Messung der Wirkleistung P (Induktionsmesswerk).

Leistungstransistoren (power transistor)
Bipolare und unipolare Transistoren, die große Strom- und Spannungsamplituden der Ausgangswerte ermöglichen und darum zum direkten Betrieb von Verbrauchern mit größeren Leistungen geeignet sind.
Anwendung: Endstufen, Schaltstufen, Leistungselektronik.

Leit- und Zugspindeldrehmaschine
(sliding, sufacing, and screw-cutting lathe; engine lathe)
Drehmaschine, auf der der Vorschubantrieb im Schlosskasten sowohl über eine Zugspindel als auch (beim Gewindedrehen) über eine Leitspindel eingestellt werden kann.
Weit verbreitete, vielseitig einsetzbare Drehmaschine.

Leiter (conductor)
→elektrischer Leiter, →elektrolytischer Leiter, →metallischer Leiter

Leiterspannung (circuit voltage)
Spannung zwischen zwei Außenleitern.
(→Außenleiter, →Verkettungsarten)

Leiterstrom (conductor current)
Strom in den Außenleitern zum Drehstromgerät.
(→Außenleiter, →Verkettungsarten)

Leitlinie (focal line)
→Parabel

Leitrad (guide wheel; diffuser)
Bauteil in Strömungsmaschinen.
Im Gegensatz zum rotierenden Laufrad fest mit dem Gehäuse verbundene Leiteinrichtung (axiale-, halbaxiale- oder radiale Schaufelkränze). Soll dem Medium günstige Strömungsrichtung und Drallströmung vor Eintritt in das nachfolgende Laufrad vermitteln und bei Kreiselpumpen und Turboverdichtern in eine drallfreie Strömung nach dem Laufradaustritt umwandeln. Bei Francis-Turbinen sind sie zur Regelung verstellbar.
(→Laufrad, →Strömungsmaschinen)

Leitspindel (leadscrew)
Lange Gewindespindel an der Vorderseite eines Drehmaschinenbetts.
Abtriebswelle des Gewindegetriebes an der Leit- und Zugspindel-Drehmaschine.
(→Schlosskasten, →Schlossmutter)

Leitstrahl (guide beam; localizer beam)
Beschreibungselement für die Bemaßung eines Bearbeitungspunktes durch Polarkoordinaten.
(→Polarkoordinatenbemaßung)

Leitwert (conductance)
→elektrischer Leitwert

Lenzsche Regel (Lenz's laws)
Eine durch Induktion erzeugte Spannung U_i ist stets so gerichtet, dass der von ihr getriebene Strom der Entstehungsursache (Magnetfeld) entgegenwirkt.
(→Linearmotor, →Freilaufdiode)

Leuchtdichte L (luminance)
Quotient aus der Lichtstärke Φ und der leuchtenden Fläche A: $L = \Phi A$ in cd/m².
Beispiele: Die Leuchtdichte der Sonne beträgt ca. 150 000 cd/m², die des Vollmondes ca. 0,25 cd/m².
(→Lichtstärke)

Leuchtstofflampen (fluorescent lamp)
Gasentladungslampen mit vorgeheizten Elektroden für Niederspannung.
Die erzeugte UV-Strahlung wird mit Hilfe von Leuchtstoffen an der Innenseite der Röhre in sichtbares Licht umgewandelt. Zur Zündung des Quecksilberdampfes werden ein induktives Vorschaltgerät und ein Starterbauelement benötigt, die die erforderliche Zündspannung (800 – 1000V) hervorrufen.
Röhrenformen in Stab-, U- und Ringform.

LH-Jetronic
(LH-electronically-controlled fuel-injection system)
Elektronische Einspritzanlage für Ottomotoren.
Statt des Klappen-Luftmengenmessers der L-Jetronic erfolgt Luftmassenmessung über ein Hitzdrahtelement. Die Ansaugluft wird über einen beheizten Platindraht geleitet, der auf konstante Temperatur gehalten wird. Der Heizstrom zur Temperaturkonstanthaltung wird als Maß für die angesaugte Luftmasse verwendet. Das Gemisch wird vom Steuergerät über die Einspritzdauer der Einspritzventile beeinflusst (kennfeldgesteuert).
(→Einspritzanlage, →L-Jetronic)

Lichtbogen-Handschweißen
(arc welding by hand)
Lichtbogen wird zwischen dem Werkstück und einer Metallelektrode (Zusatzwerkstoff) gezogen.
Schweißstrom (Gleich- oder Wechselstrom) $I \approx$ 15...20 A/mm² Elektroden-Kerndurchmesser bei $U \approx 10...45$ V Spannung. Stahlschweißungen mit Wechselstrom nur mit ummantelten Elektroden. Schweißstromerzeuger für Wechselstrom sind Transformatoren (billig), für Gleichstrom Schweißumformer und Gleichrichter (teuer). Schweißen mit Gleichstrom ist aber günstiger, weil der Lichtbogen bei konstanter Spannung länger brennt. Elektrodenumhüllung stabilisiert den Lichtbogen und dient als Schutzgasmantel. Anwendung für Verbindungs- und Auftragsschweißungen aller Art in allen Schweißpositionen von unlegierten und legierten Stählen mit einer Blechdicke über 1 mm, Stahlguss, NE-Metallen und NE-Metall-Legierungen.

Lichtbogenpressschweißen
(arc pressure welding)
Erwärmung der Stoßflächen zweier zu verbindender Teile durch einen kurzzeitig brennenden Lichtbogen und Verschweißung unter Druck.
(→Bolzenschweißen, →Pressschweißen, →Schweißen)

Lichtgeschwindigkeit c (speed of light)
Naturkonstante, Ausbreitungsgeschwindigkeit von Licht und anderen elektromagnetischen Wellen. $c = 299792458$ m/s ist die höchste in der Natur vorkommende Geschwindigkeit, die jedoch kein materieller Körper erreichen kann.

Lichtgriffel (light pen; light gun)
→Lightpen

Lichtschranke (light barrier)
Elektronischer Näherungssensor, der auf Unterbrechung eines Lichtstrahls reagiert.
Von einem Sender zu einem Empfänger verläuft ein Lichtstrahl. Sobald der Strahl von einem lichtundurchlässigen Element durchbrochen wird, ändert sich das Ausgangssignal des Bauelements. Für Lichtschranken kann sowohl sichtbares als auch unsichtbares Licht (Infrarotlicht) eingesetzt werden.

Lichtstärke I (luminous intensity)
Maß für die auf verschiedenen Strahlrichtungen entfallende Lichtleistung.
Physikalische Basisgröße, gemessen in der SI-Basiseinheit Candela (cd).
(→Basisgröße, →Candela, →SI-Einheit)

Lichtstrom Φ (luminous flux)
Produkt aus der Lichtstärke I und dem durchstrahlten Raumwinkel Ω: $\Phi = I\,\Omega$ in cd sr = lm (Lumen).
(→Lichtstärke, →Lumen, →Raumwinkel)

Liefergrad λ_L (volumetric efficiency)
Verhältnis der in den Zylinder von Verbrennungsmotoren angesaugten Ladungsmasse q_{mz} zur theoretisch möglichen Ladungsmasse q_{mth}. Liefergrad $\lambda_L = q_{mz}/q_{mth}$ ist abhängig von der Drosselung und Erwärmung beim Ansaugen und von der Motordrehzahl. Durch Auflading, Mehrventiltechnik und lange Ventilöffnung wird λ_L verbessert. Bei Kreiselpumpen und Turboverdichtern ist er das Verhältnis des effektiven Volumenstroms q_V zu dem aus dem Laufrad austretenden Volumenstrom q_{VL}. Er berücksichtigt die Spaltverluste und wird auch als volumetrischer Wirkungsgrad $\eta_v = q_V/q_{VL}$ bezeichnet.
(→Auflading, →volumetrischer Wirkungsgrad)

LIFO (last in, first out)
Speicher, bei dem die zuletzt eingeschriebenen Daten beim Auslesen zuerst wieder zur Verfügung stehen.
Beispiel: Stack (Kellerspeicher).

Lightpen (light pen)
Eingabegerät für Computer, bei dem durch Zeigen mit einem optischen Lesestift auf eine bestimmte Position des Bildschirms Reaktionen ablaufen.

Limes (limit)
→Grenzwert einer Folge

lineare Exzentrizität (linear eccentricity)
Abstand eines Brennpunkts vom Mittelpunkt in einer Ellipse oder einer Hyperbel.
(→Ellipse, →Hyperbel)

lineare Funktion (linear function)
Funktion mit der Funktionsgleichung
$y = f(x) = mx + b$ $(m, b \in \mathbb{R}, m \neq 0)$.
Eine lineare Funktion ist eine ganze rationale Funktion 1. Grades.
Der Graph einer linearen Funktion ist eine Gerade (daher der Name lineare Funktion), und zwar die Gerade mit der Steigung m und dem Achsenabschnitt b auf der y-Achse.
Für $m > 0$ ist die Funktion streng monoton wachsend, für $m < 0$ ist sie streng monoton fallend. Für $b = 0$ ist die Funktion eine Proportionalfunktion.
Der Punkt $S_x(-b/m \mid 0)$ ist der Schnittpunkt des Graphen der Funktion mit der x-Achse, $S_y(0 \mid b)$ ist der Schnittpunkt mit der y-Achse.
(→Gerade, →Proportionalfunktion)

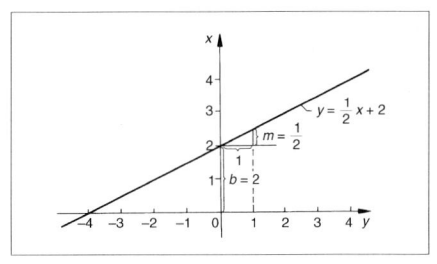

Graph der linearen Funktion
$y = f(x) = \tfrac{1}{2}x + 2$

lineare Gleichung (linear equation)
Gleichung der Form $ax + b = 0$, $a \neq 0$, mit reellen Koeffizienten a und b.
„Linear" bedeutet, dass die Variable x in keiner höheren als der ersten Potenz vorkommt. Deshalb nennt man lineare Gleichungen auch Gleichungen ersten Grades.

Nach Subtraktion von b und Division der Gleichung durch $a \neq 0$ erhält man als Lösung für die Variable $x = -a/b$.
Beispiel: $24x - 16 = 0$
Subtraktion von -16, Division durch 24 und Kürzen durch 8 ergibt $x = -(-16/24) = 2/3$.
(→Gleichung n-ten Grades, →graphisches Lösen von Gleichungen, →kubische Gleichung, →quadratische Gleichung)

lineare Schaltkreise (linear circuits)
→Schaltkreise

lineare Spannungsverteilung
(linear stress distribution)
Die bei Biegung und Torsion auftretende Spannungsverteilung über dem Querschnitt des belasteten Bauteils.
Die Spannung σ (bei Biegung) und τ (bei Torsion) ist in der Querschnittsmitte gleich null (neutrale Faser) und wächst bis zu den Randfasern hin gleichmäßig (linear) bis auf σ_{max} bzw. τ_{max}.
(→Biegespannung, →Torsionsspannung)

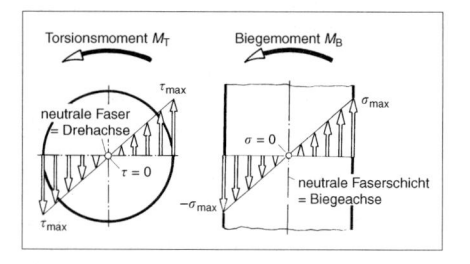

linearer Widerstand (linear resistor)
Widerstand mit gerader Kennlinie im Strom-Spannungs-Diagramm (U-I-Kennlinie).
Der Quotient aus Spannung U und Strom I, der ohmsche Widerstand R, ergibt für den gesamten Verlauf der Kennlinie immer den gleichen Wert.
Bei nichtlinearen Widerständen, z.B. temperaturabhängige Widerstände (Heißleiter, Kaltleiter), magnetfeldabhängige Widerstände (HALL-Generator), spannungsabhängige Widerstände (Varistor), ergeben sich für den gesamten Verlauf der Kennlinie stets unterschiedliche Quotienten aus Spannung und Strom.
(→Kennlinienfeld)

lineares Gleichungssystem
(system of linear equations)
System von mehreren linearen Gleichungen mit mehreren Variablen.
Ein lineares Gleichungssystem ist durch die Koeffizienten der Variablen und durch die Absolutglieder bestimmt. Es gibt verschiedene Methoden, lineare Gleichungssysteme zu lösen, das heißt, die Werte der Variablen zu bestimmen, die alle Gleichungen des Systems erfüllen.
Übliche Verfahren, um ein System $a_1 x + b_1 y = c_1$, $a_2 x + b_2 y = c_2$ von zwei linearen Gleichungen mit zwei Variablen zu lösen, sind das Einsetzungsverfahren (Substitutionsverfahren), das Additionsverfahren und das Gleichsetzungsverfahren.
Zur Berechnung der Lösungen von linearen Gleichungssystemen, bei denen die Anzahl der Gleichungen und die Anzahl der Variablen übereinstimmen, lässt sich die Cramersche Regel anwenden.
(→Additionsverfahren, →Cramersche Regel, →Einsetzungsverfahren, →Gleichsetzungsverfahren, →Gleichungssystem)

lineares Kraftgesetz (law of linear force)
Proportionalität zwischen Auslenkung y und Rückstellkraft F_R bei einer mechanischen Schwingung.
Der Quotient aus Rückstellkraft und Auslenkung ist konstant: $F_R \sim y$, $F_R / y = $ const.
Dies ist die Grundbedingung für eine harmonische Schwingung.
(→harmonische Schwingung, →Pendel)

Linearfaktor eines Polynoms
(linear factor of a polynomial)
→Faktor eines Polynoms, →Nullstellen eines Polynoms

Lineargelenk (linear joint)
Translatorisch bewegliche Glieder, die sich entlang einer Achse linear im Raum bewegen können.
(→Gelenk)

Linearinterpolation (linear interpolation)
Berechnung einer geradlinigen Verfahrstrecke bei der CNC-Fertigung durch Verfahren einer oder mehrerer Achsen gleichzeitig.
Wird im CNC-Programm mit dem Wegbefehl G01 aktiviert und ist modal wirksam.
DIN 66025 Programmaufbau für numerisch gesteuerte Arbeitsmaschinen.
(→Interpolationsarten, →Kreisinterpolation, →modal)

Linearmotor (linear motor)
Antriebsmaschine, die statt eines Drehmoments eine in der Ebene wirkende Bewegungskraft hervorruft.
Man kann sich eine solche Antriebsmaschine als in der Ebene angeordnete Drehstrom(Ständer-)wicklung vorstellen, die somit ein Wanderfeld bewirkt. In dem aus einem massiven Leiter, z.B. Aluminium, bestehenden Anker werden dadurch Wirbelströme induziert. Diese sind nach der Lenzschen Regel so gerichtet, dass das Vorbeieilen des Wanderfeldes geschwächt wird.
Anwendung: Magnetschwebebahn, Torantriebe.

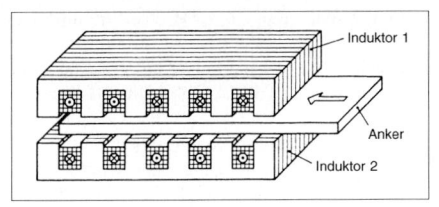

Linearmotor mit Induktoren

Linienportalroboter (portal robot)
Bauform eines Industrieroboters.
Die Hauptbewegungsachsen sind als Linearverfahreinheiten ausgeführt.
(→Portalroboter)

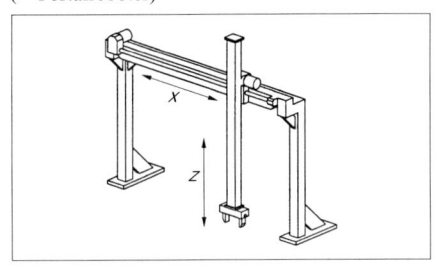

Linienportalroboter mit seinen Bewegungsachsen

Linienschwerpunkt (centre of mass of a line)
Derjenige Punkt S auf der Schwerlinie eines Liniengebildes, in dem der abgestützte oder aufgehängte Stab in jeder beliebigen Lage in Ruhestellung bleibt.
Die Lage von S berechnet man mit dem Momentensatz für Linien: $x_0 = (l_1 x_1 + l_2 x_2 + ... l_n x_n)/l$ mit
$l = l_1 + l_2 + ... l_n = \Sigma\, l_n$.
(→Flächenschwerpunkt, →Schwerpunkt)

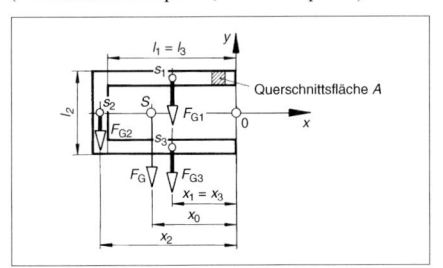

Schwerpunktlage und -berechnung von Liniengebilden

linksseitiger Grenzwert (limit from the left)
→einseitiger Grenzwert

Linse (lens)
Durchsichtiger Körper, der durch seine kugelförmig gekrümmte Oberfläche hindurchgehende Strahlen durch Brechung in charakteristischer Weise ablenkt.
Man unterscheidet einwärts gewölbte Konkavlinsen mit zerstreuender Wirkung und auswärts gewölbte Konvexlinsen mit bündelnder Wirkung. Durch Kombination spezieller Linsen (und Hohlspiegel) entstehen optische Instrumente.
Beispiele: Mikroskop, Teleskop, Kamera.
(→Brechung)

Liquidität (liquidity)
Aufrechterhaltung ständiger Zahlungsfähigkeit, sichtbar nur durch Einnahmen-Ausgaben-Plan über mehrere Perioden.
Hat kurzfristig Priorität vor angemessener Rentabilität, langfristig beeinträchtigt schlechte Rentabilität die Liquidität.

Liquidus-Linie (liquidus line)
In Zustandsschaubildern die untere Begrenzung des Phasenfeldes Schmelze.

Liter l, L (liter)
Allgemein anwendbare Einheit des Volumens außerhalb des SI.
$1\,l = 1\,dm^3 = 0,001\,m^3$.
DIN 1301 Einheiten.

Lochen (punching; perforating; blanking)
Lochen und Ausschneiden erfolgt mit Schneidwerkzeugen.
Durch Lochen wird am Werkstück eine Innenform, durch Ausschneiden eine Außenform hergestellt. Größte Werkstoffdicken: Lochen bis 45 mm Walzstahldicke, aber nicht dicker als Schneidstempeldurchmesser; Ausschneiden bis 15 mm Walzstahldicke, wenn Schneidstempel und Schneidplatte ausreichend stabil gebaut werden können.
Die Abschrägungen H sind abhängig von der Werkstückdicke.

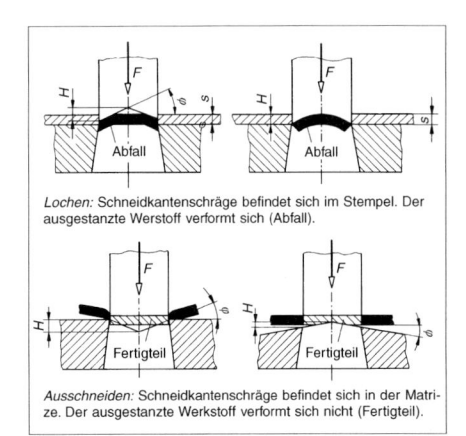

Lochen: Schneidkantenschräge befindet sich im Stempel. Der ausgestanzte Werstoff verformt sich (Abfall).

Ausschneiden: Schneidkantenschräge befindet sich in der Matrize. Der ausgestanzte Werkstoff verformt sich nicht (Fertigteil).

Für Werkstückdicke $s \leq 3$ mm wird Schrägungswinkel $\varphi \leq 5°$, für Werkstückdicke $s \leq 10$ mm wird Schrägungswinkel $\varphi \leq 8°$. Innenkonturen sollten keine scharfen Ecken haben. Abrundungsradius $\leq 0,6\ s$. Ausschnitte mit einer Breite $\leq 2\ s$ sollten vermieden werden. Der Abstand vom Lochrand bis zur Außenkante des Bleches soll mindestens $1\ s$ betragen.
(→Blechschneiden)

Lochfraß (pits)
→Lochkorrosion

Lochkorrosion (pitting corrosion)
Korrosionsart mit örtlich kleinem Angriff.
Die Abtragung geht in die Tiefe mit nadelstich- oder kraterartigen Erscheinungsformen (Lochtiefe $\geq$ Lochdurchmesser, auch als Lochfraß bezeichnet und gefährlich, da sie schnell zu Leckagen führt. Sie wird vor allem durch Cl-Ionen bewirkt, wenn eine durch (Passivierung entstandene, schützende Deckschicht) örtlich durchbrochen wird. Gefährdet sind hochlegierte CrNi-Stähle sowie Al-, Cu- und Ni-Legierungen.
Beständigkeit gegen Lochkorrosion wird bei CrNi-Stählen durch Mo-Zusatz erreicht, wenn die Summe W = % Cr + 3,3 % Mo + 30 % N > 30 (W als Wirksumme bezeichnet).

Lochleibungsdruck σ_l
(bearing pressure of projected area)
Flächenpressung am Nietschaft: $\sigma_l = F/(n\,d_1\,s)$ in N/mm². F Kraft in N, n Anzahl der Niete, $d_1\,s$ projizierte Schaftfläche eines Nietes.
(→Flächenpressungshauptgleichung)

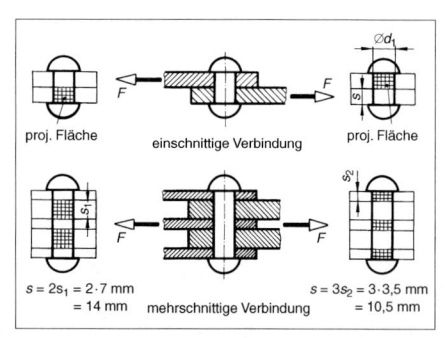

Schnittigkeit und projizierte Schaftfläche bei Nietverbindungen

$s = 2s_1 = 2 \cdot 7$ mm = 14 mm   einschnittige Verbindung
$s = 3s_2 = 3 \cdot 3,5$ mm = 10,5 mm   mehrschnittige Verbindung

Löslichkeit (solubility)
Anteil eines gelösten Stoffes in Flüssigkeiten oder Kristallgittern (Wirtsgitter bei Mischkristallen) in Masse-% oder Atom*% (Anzahl).
Die Löslichkeit der meisten Metalle steigt mit der Temperatur (Gitteraufweitung durch Wärmebewegung), bei wenigen, z. B. Cu-Zn sinkt sie jedoch.
Beispiel: Austenit kann bei 723 °C 0,8 Masse-%, bei 1 147 °C aber 2,06 % C Kohlenstoff lösen.

Löslichkeitslinie (solvus curve)
Seitliche, untere Begrenzung eines Mischkristallgebietes im Zustandsschaubild, z. B. Linie GS im Eisen-Kohlenstoff-Diagramm.
Wird bei der Abkühlung einer Legierung aus dem Mischkristallgebiet die Löslichkeitslinie unterschritten, verändern sich die Mischkristalle. Schnelle Abkühlung bewirkt Übersättigung, langsame die Ausscheidung von Sekundärkristallen. Aufwendung beim Aushärten.

Lösung (solution)
Ein Wert für die Variable einer Gleichung, der die Gleichung erfüllt.
Eine Lösung einer Gleichung mit zwei Variablen oder eine Lösung eines Systems aus zwei Gleichungen mit zwei Variablen ist ein geordnetes Paar von Werten.
Beispiele:
1. Die lineare Gleichung $x + 3 = 7$ hat die Lösung $x = 4$ (und keine weitere).
2. Die quadratische Gleichung $x^2 - 4x + 3 = 0$ hat die Lösungen $x = 1$ und $x = 3$ (und keine weitere).
3. Die Gleichung $2x + y = 3$ hat als Lösung zum Beispiel $(x, y) = (1, 1)$ (also $x = 1$, $y = 1$) oder $(x, y) = (-1, 5)$ (also $x = -1$, $y = 5$), aber auch noch viele andere Paare (zu einem beliebigen x errechnet man das zugehörige y eines Lösungspaars aus $y = 3 - 2x$).
4. Das Gleichungssystem $x + y = 3$, $3x - y = 1$ hat als Lösungspaar $(x, y) = (1, 2)$, also $x = 1$, $y = 2$ (und kein weiteres).
(→Gleichung, →Gleichungssystem, →Lösungsmenge)

Lösungsbehandeln (solution treatment)
Arbeitsgänge beim Aushärten.
Glühen im Mischkristallgebiet, um homogene Mischkristalle durch Auflösen von Ausscheidungen zu erhalten und nachfolgendes Abschrecken zum Erzeugen übersättigter Mischkristalle.

Lösungsmenge einer Gleichung
(set of solutions for an equation)
Die Gesamtheit L der Lösungen einer Gleichung.
Beispiel: Die quadratische Gleichung $2x^2 - 10x + 12 = 0$ hat die Lösungen $x_1 = 3$ und $x_2 = 2$, also die Lösungsmenge $L = \{2, 3\}$.
(→algebraische Gleichung, →Lösung)

Lösungswärme E_L (heat of solution)
Bei Hydratation wird Energie frei (Hydratationsenergie). Zum Auflösen des Ionengitters wird Energie verbraucht (Gitterenergie).
Lösungswärme E_L = Hydratationsenergie − Gitterenergie
E_L hängt vom Lösungsmittel und vom gelösten Stoff ab. Die Temperaturänderung der Lösung hängt von dem stärksten energetischen Vorgang ab.
Beispiele:

Lösungswärme E_L	Temperaturänderung	Beispiele
$E_L > 0$	Erwärmung	NaOH in H_2O
$E_L < 0$	Abkühlung	NH_4Cl in H_2O
$E_L = 0$	keine	NaCl in H_2O

logarithmische Gleichung (logarithmic equation)
Gleichung, in der die Variable im Argument eines Logarithmus vorkommt.
Einige dieser Gleichungen lassen sich mit Hilfe der Logarithmenrechnung auf die lösbare Form $\log_a x = b$ bringen. Die Lösung lautet dann $x = a^b$.
Spezielle logarithmische Gleichungen können mit Hilfe einer geeigneten Substitution in eine algebraische Gleichung umgewandelt werden.
Beispiel: $\log_7 (x^2 + 19) = 3$
Durch Potenzieren ergibt sich $7^3 = x^2 + 19$, also $x^2 = 324$. Daraus erhält man die Lösungen $x_1 = 18$ und $x_2 = -18$.
(→algebraische Gleichung, →Logarithmus, →Substitution)

logarithmische Spirale (logarithmic spiral)
Ebene Kurve mit der Gleichung $r = a e^{b\varphi}$, $a > 0$, $b > 0$ in Polarkoordinaten.
Die logarithmische Spirale schneidet jede durch den Pol O gehende Gerade unter dem gleichen Winkel α mit $\cot \alpha = b$.
Für den Krümmungsradius gilt: $\sigma = r\sqrt{b^2 + 1}$.
(→Archimedische Spirale, →Krümmung)

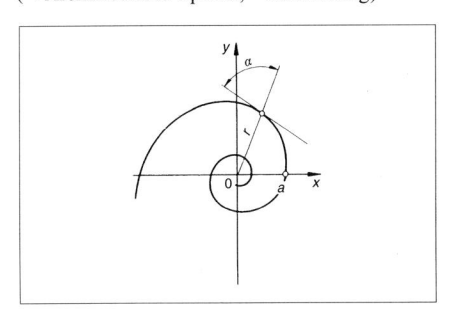

Logarithmische Spirale

Logarithmus (logarithm)
Zahl der Form $\log_a b$ (gesprochen: Logarithmus b zur Basis a).
Dabei heißt b Numerus des Logarithmus und ist eine reelle Zahl größer als 0, a heißt Basis des Logarithmus und ist eine positive reelle Zahl ungleich 1. Der Logarithmus $\log_a b$ ist definiert als die eindeutige Lösung x der Gleichung $a^x = b$:
$\log_a b = x \Leftrightarrow a^x = b$.
Der Logarithmus $x = \log_a b$ ist also der Exponent zu der Basis a, für den die Potenz a^x gleich dem Numerus b ist.
Für spezielle Basen gibt es für den Logarithmus gesonderte Namen und Schreibweisen:
Logarithmen zur Basis $a = 10$ heißen Zehnerlogarithmen oder dekadische Logarithmen oder Briggssche Logarithmen (nach dem englischen Mathematiker H. Briggs, 1556–1630), man schreibt statt $\log_{10} b$ auch einfach $\lg b$.
Logarithmen mit der Eulerschen Zahl $e = 2{,}71828182\ldots$ als Basis werden natürliche Logarithmen oder Nepersche Logarithmen genannt (nach dem schottischen Mathematiker J. Neper (Napier), 1550–1617), geschrieben $\log_e b = \ln b$.
Logarithmen zur Basis $a = 2$ heißen Zweierlogarithmen, binäre oder duale Logarithmen, man schreibt statt $\log_2 b$ auch $\operatorname{ld} b$.
Wichtige Regeln der Logarithmenrechnung:
$\log_a a = 1$ (denn $a^1 = a$)
$\log_a 1 = 0$ (denn $a^0 = 1$)
$\log_a (u \cdot v) = \log_a u + \log_a v$
$\log_a (u/v) = \log_a u - \log_a v$
$\log_a (u^r) = r \cdot \log_a u$
$\log_a \sqrt[n]{u} = (1/n) \log_a u$
   ($a, u, v \in \mathbb{R}^+$, $a \neq 1$, $r \in \mathbb{R}$, $n \in \mathbb{N}^*$)
Umrechnungsregel bei verschiedenen Basen a und c:
$\log_a u = \log_c u / \log_c a$ ($a, c, u \in \mathbb{R}^+$, $a \neq 1$, $c \neq 1$)
Beispiele für Logarithmen:
$\log_4 16 = 2$ (denn $4^2 = 16$)
$\log_3 81 = 4$ (denn $3^4 = 81$)
$\log_2 32 = \operatorname{ld} 32 = 5$ (denn $2^5 = 32$)
$\operatorname{ld} \sqrt{2} = 1/2$ (denn $2^{1/2} = \sqrt{2}$)
$\log_{10} 1000 = \lg 1000 = 3$ (denn $10^3 = 1000$)
$\lg 0{,}01 = -2$ (denn $10^{-2} = 0{,}01$)
Beispiele zur Logarithmenrechnung:
$\log_4 4 = 1$, $\log_7 1 = 0$,
$\operatorname{ld}(4 \cdot 64) = \operatorname{ld} 4 + \operatorname{ld} 64 = 2 + 6 = 8$
   (denn $2^2 = 4$ und $2^6 = 64$),
$\log_3 (9/243) = \log_3 9 - \log_3 243 = 2 - 5 = -3$
   (denn $3^2 = 9$ und $3^5 = 243$),
$\lg 10000 = \lg 10^4 = 4 \lg 10 = 4$,
$\log_5 \sqrt[3]{5} = (1/3) \log_5 5 = 1/3$

Logarithmusfunktion

Beispiel zur Umrechnungsregel:
ln 1000 = lg 1000 / lg $e \approx 3/0{,}4343 \approx 6{,}9077$
(→dekadischer Logarithmus, →Potenz)

Logarithmusfunktion (logarithmic function)
Funktion der Gestalt $y = \log_a x$, $a \in \mathbb{R}^+$, $a \neq 1$.
Für $a = e$ mit der Eulerschen Zahl e ergibt sich die natürliche Logarithmusfunktion.
Noch allgemeiner bezeichnet man auch solche Funktionen, die eine algebraische Funktion des Arguments x als Numerus haben, als Logarithmusfunktion, zum Beispiel $y = \log_2(5x^2 - 4x)$.
Alle Logarithmusfunktionen $y = \log_a x$, $a \in \mathbb{R}^+$, $a \neq 1$ haben als Definitionsbereich $D = \mathbb{R}^+$ und als Bildmenge $W = f(D) = \mathbb{R}$.
Wegen $\log_a 1 = 0$ gehen die Graphen aller Funktionen durch den Punkt $P(1 \mid 0)$.
Für $a > 1$ ist die Funktion $y = \log_a x$ streng monoton wachsend mit $\lim\limits_{x \to \infty} \log_a x = \infty$,
$\lim\limits_{x \to 0+0} \log_a x = -\infty$, die (negative) y-Achse ist also Asymptote. Für $x > 1$ gilt $\log_a x > 0$, für $x = 1$ gilt $\log_a 1 = 0$, und für x mit $0 < x < 1$ gilt $\log_a x < 0$.
Für $0 < a < 1$ ist die Funktion $y = \log_a x$ streng monoton fallend mit $\lim\limits_{x \to \infty} \log_a x = -\infty$,
$\lim\limits_{x \to 0+0} \log_a x = \infty$, die (positive) y-Achse ist somit Asymptote. Für $x > 1$ gilt $\log_a x < 0$, für $x = 1$ gilt $\log_a 1 = 0$, und für x mit $0 < x < 1$ gilt $\log_a x > 0$.
Der Graph der Funktion nähert sich für alle a um so schneller der y-Achse, je größer $|\ln a|$ ist, für $a > 1$ also je größer a ist und für $a < 1$ je kleiner a ist.
Die Logarithmusfunktionen $y = \log_a x$, $a > 0$, $a \neq 1$ können dargestellt werden in der Form $y = \log_a x = (1/\ln a) \cdot \ln x$.
Die Umkehrfunktion von $y = \log_a x$ ist die Exponentialfunktion $y = a^x$. Die Umkehrfunktion der natürlichen Logarithmusfunktion $y = \ln x$ ist die e-Funktion $y = e^x$.

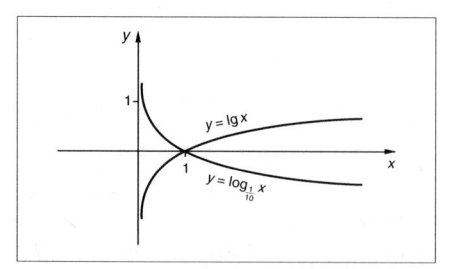

Graphen der Logarithmusfunktionen $y = \lg x$ und $y = \log_{1/10} x$

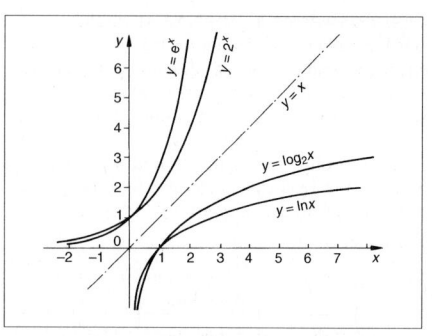

Graphen der Logarithmusfunktionen $y = \ln x$ und $y = \log_2 x$ und ihrer Umkehrfunktionen $y = e^x$ und $y = 2^x$

Ableitungen der Logarithmusfunktionen:
$y = \log_a x \Rightarrow y' = (1/x) \log_a e = (1/\ln a) \cdot (1/x)$,
$y^{(n)} = (-1)^{n+1} ((n-1)!/\ln a) \cdot (1/x^n)$
für $n = 1, 2, 3, ...$
$y = \ln x \Rightarrow y' = 1/x$,
$y^{(n)} = (-1)^{n+1} ((n-1)!/x^n)$
für $n = 1, 2, 3, ...$
Unbestimmte Integrale der Logarithmusfunktionen:
$\int \log_a x \, dx = (1/\ln a) \cdot x \cdot (\ln x - 1) + C$,
$\int \ln x \, dx = x \cdot (\ln x - 1) + C$.
(→Exponentialfunktion, →Funktion)

Logik (logic)
Negative L.: Zuordnung der logischen „0" zum H- und der logischen „1" zum L-Pegel.
Positive L.: Zuordnung der logischen „1" zum H- und der logischen „0" zum L-Pegel.
(→Digitaltechnik)

Logikbaustein (logic device; logic module)
Integrierte elektronische Schaltung, dessen Ausgangspegel nur „L" oder „H" annehmen kann. Sie dienen der Realisierung logischer Verknüpfungen mehrerer Eingangsgrößen.
Beispiel: TTL-Familie (Transistor-Transistor-Logic)
(→AND, →NAND, →NOR)

Logikplan (logic diagram)
Grafische Darstellung, bei der mit Hilfe von logischen Verknüpfungen Steuerungsaufgaben dargestellt werden.
(→Funktionsplan, →logische Verknüpfung)

Logikschaltung (logic circuit)
Schaltung mit logischen Funktionen entsprechend der Boole'schen Algebra.

Logikteil (logic unit)
Teil innerhalb der Steuereinheit, in dem die logischen Verknüpfungen und Berechnungen stattfinden.

logische Verknüpfung
(logic equation; Boolean equation)
Gleichung, die den Zusammenhang zwischen Eingang und Ausgang einer Steuerschaltung mit schaltalgebraischen Elementen beschreibt.
Logische Verknüpfungen sind: UND-, ODER-, NAND-, NOR- und NICHT-Verknüpfungen. Sie können untereinander kombiniert werden. Die Darstellung erfolgt mit Hilfe von Schaltfunktionen, Wertetabellen oder logischen Symbolen.
(→NAND, →NICHT, →NOR, →ODER, →UND)

logische Zeichen (logic symbols)
In der Mathematik ist es häufig sinnvoll, kompliziertere Aussagen mit Hilfe logischer Zeichen zu formalisieren.
Sind A und B Aussagen, dann bedeutet
$A \Rightarrow B$, dass B aus A folgt, und
$A \Leftrightarrow B$, dass sowohl $A \Rightarrow B$ als auch $B \Rightarrow A$ gelten.
Eine Aussage $A \Rightarrow B$ heißt eine Implikation, man sagt: A impliziert B.
Gilt $A \Leftrightarrow B$, so sagt man, die beiden Aussagen A und B sind äquivalent oder gleichwertig.
Beispiele:
Für eine natürliche Zahl $n \geq 1$ ist die Implikation
6 teilt $n \Rightarrow 2$ teilt n
wahr. Die umgekehrte Implikation gilt nicht.
6 teilt $n \Leftrightarrow 2$ teilt n und 3 teilt n
sind zwei äquivalente Aussagen.

Lokalelement (local element)
Korrosionselement aus zusammenhängenden Elektrodenflächen oder Gefügebestandteilen und einem Elektrolyten.
Beispiel: Perlit, Ferrit ist Anode, Zementit ist Katode.

Los
Teilmenge einer Produktart, die ohne Unterbrechung hintereinander in einer Produktionsstufe erzeugt wird.
→optimale Losgröße

Loschmidt-Konstante N_L
(Loschmidt constant)
Im Normzustand sind in 1 m³ eines jeden Gases immer gleich viele N_L Teilchen enthalten:
$N_L = 2,68675 \cdot 10^{25}$ m^{-3}. Benannt nach Joseph Loschmidt (1821–1895).
(→Avogadro-Konstante, →Mol, →Normzustand)

lose Rolle (loose idler) →Rollenzug

Loslager (aligning bearing)
→einwertiges Lager, →Lager

Lot (perpendicular)
Gerade, die durch einen Punkt einer anderen Gerade (oder einer Ebene) geht und auf dieser Gerade (Ebene) senkrecht steht.
(→Senkrechte)

LOW (low)
Binärer Signalpegel und Zustand. Zweiter Signalpegel: HIGH.
(→Pegel)

Low-aktiv (low active)
Kennzeichnung für das Aktivwerden einer Schaltung durch den Low-Pegel oder bei taktflankengesteuerter Schaltung mit abfallender Flanke eines Impulses.
Der Anschluss ist mit „/" gekennzeichnet.
Beispiel: /RESET.

LSB (Least Significant Bit)
Bei einem digitalen Wort das Bit mit der kleinsten Wertigkeit. Gegenteil: MSB Beispiel: 1010101**1**.

Lünette →Setzstock

Luftdruck (air pressure) →absoluter Druck

Luftfilter (air filter)
Baugruppe im Verbrennungsmotor.
Sie reinigen angesaugte Luft und dämpfen Ansauggeräusche. Trockenluftfilter haben auswechselbare Papier-Feinfilterpatronen. Für Nutzfahrzeuge werden bei hohem Staubanteil Zyklon-Vorabscheider vor dem Ölbad- oder Trockenluftfilter geschaltet. Die angesaugte Luft wird durch Leitbleche in Drehung versetzt. Schwere Staubteilchen werden durch Fliehkraftwirkung ausgetragen. Beim Ölbadluftfilter strömt Luft über ein Ölbad. Ein nachgeschaltetes, ölbenetztes Metallgewebe bindet den Staub. Beim Nassluftfilter durchströmt Luft ein ölbenetztes Metall- oder Naturfasergewebe, an dem sich Staubteilchen ablagern.

Lufthärter (air hardening steel)
Hoch mit Cr, Mo und Ni legierte Stähle, die nach dem Austenitisieren durch Abkühlen an bewegter oder ruhender Luft martensitisch werden.
Sie haben dadurch geringen Härteverzug, für Werkzeuge verwendet.

Lufthammer (pneumatic hammer)
Maschinenhammer, bei dem der Bär nach dem Schlag durch Druckluft in seine obere Stellung gehoben und beim Fall zur Vergrößerung seines Arbeitsvermögens durch Druckluft zusätzlich beschleunigt wird.

Luftkühlung (air cooling)
Baugruppe im Verbrennungsmotor zur direkten Ableitung von Verbrennungswärme (Motorkühlung).

Die Oberflächen von Zylinder und Zylinderkopf sind durch Kühlrippen vergrößert und werden von Luft umströmt. Durch Werkstoffe mit guter Wärmeleitfähigkeit wird die Wärmeabfuhr verbessert. Der Luftstrom kann durch Fahrtwind (Zweiräder) oder Gebläse an die Zylinder herangeführt werden (riemengetriebene Axial- oder Radialgebläse). Über Drosselringe oder eine hydraulische Strömungskupplung kann die Luftzufuhr thermostatisch geregelt werden.
(→Motorkühlung, →Wasserkühlung)

Luftschranke (air barrier)
Pneumatischer Sensor, der auf Unterbrechung eines Luftsrahls reagiert.
Zwischen einem Sender und einem Empfänger verläuft ein Luftstrahl. Sobald der Strahl von einem luftundurchlässigen Element durchbrochen wird, ändert sich das Ausgangssignal der Luftschranke.

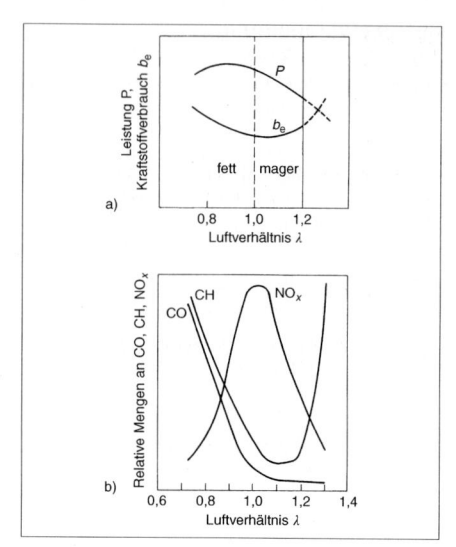

Einfluss der Luftverhältniszahl λ auf a) Leistung, Verbrauch und b) Abgaszusammensetzung

Luftverhältnis λ (air ratio; excess-air factor)
Kennzeichnet das Verhältnis der tatsächlichen der Verbrennung zugeführten Luftmenge zum theoretisch notwendigen Luftbedarf.
$\lambda = L/L_{min}$ mit Luftverhältnis λ, zugeführte Luftmenge L und theoretischer Luftbedarf L_{min}. Bei $\lambda = 1$ (stöchiometrisches Verhältnis) verbrennt das Kraftstoff-Luft-Gemisch im Verbrennungsmotor vollständig. $\lambda < 1$ kennzeichnet ein fettes Gemisch (Luftmangel), $\lambda > 1$ ein mageres Gemisch (Luftüberschuss). Ab $\lambda > 1,3$ ist das Gemisch im Ottomotor (normales Zündsystem) nicht mehr zündfähig. Dieselmotoren werden mit Luftüberschuss betrieben ($\lambda = 1,2 \ldots 10$ im Leerlauf und $\lambda = 1,2 \ldots 2$ bei Vollast).
(→Lambda-Regelkreis, →Lambdasonde)

Luftvorwärmer (air heater)
Baugruppe im Dampferzeuger, die einen Teil der Rauchgas-Wärme ausnutzt, um die Verbrennungsluft vorzuwärmen (Erhöhung der Brennraumtemperatur und Verbrennungsverbesserung).
Man verwendet umlaufende (Ljungström-Regeneratoren) und feststehende Luftvorwärmer (Rekuperatoren) als Röhren- oder Plattenlufterhitzer. Es sind große Heizflächen erforderlich (schlechter Wärmeübergang).
(→Dampferzeuger)

Luftwiderstand F_w (aerodynamic resistance)
→freier Fall

Luftwiderstandsbeiwert
(aerodynamic coefficient)
→freier Fall

Lumen lm (lumen)
Abgeleitete SI-Einheit der physikalischen Größe Lichtstrom Φ: 1 lm = 1 cd sr.
Ein Lumen ist der Lichtstrom von 1 Candela Lichtstärke, der einem Raumwinkel von 1 Steradiant durchstrahlt.
(→Lichtstärke, →Lichtstrom, →Raumwinkel, →SI-Einheit)

Lunker (blow hole)
Hohlraum, der beim Erstarren im Kern von Gussteilen entsteht.
Ursache ist der Volumenschwund (Schwindung) beim Übergang flüssig-fest, so dass die Restschmelze das Gussteil nicht voll ausfüllt. Abhilfe durch angesetzte, auch beheizte Trichter, aus denen noch Schmelze nachgesaugt werden kann.

Lux lx (lux)
Abgeleitete SI-Einheit der physikalischen Größe Beleuchtungsstärke E: 1 lx = lm/m² = 1 cd sr/m².
Ein Lux ist die Beleuchtungsstärke von 1 Lumen Lichtstrom auf 1 m² Empfängerfläche.
(→Beleuchtungsstärke, →SI-Einheit)

M

Mackensen-Lager (Mackensen bearing)
Ausdehnungsgleitlager an Schleifmaschinen für sehr hohe Rundlaufgenauigkeit.
Nur für geringe Belastungen geeignet.

Mächtigkeit (cardinality)
Die Anzahl der Elemente einer endlichen Menge, also einer Menge mit endlich vielen Elementen.
Ist M eine endliche Menge, so bezeichnet man ihre Mächtigkeit mit $|M|$.
Beispiel: $M = \{2, 4, 6, 8, 10\} \Rightarrow |M| = 5$.
(→Menge)

Magnesium Mg (magnesium)
Hexagonales Leichtmetall mit einer Dichte $\rho = 1{,}74 \, \text{kg/dm}^3$.
Schlecht kalt-, besser warmumformbar, hohe chemische Reaktionsfähigkeit, deshalb Schutzmaßnahmen beim Gießen und Zerspanen.
Verwendung zur thermischen Reduktion hochschmelzender Metalle (Ti, Zr), in der Sekundärmetallurgie und für Kugelgraphitguss.

Magnesiumlegierungen
(magnesium base alloys)
Überwiegend Legierungen für Sand- Kokillen- und Druckguss mit Al und Zn (Mn) legiert.
Gut spanbar und zäher als Rein-Mg, mit Festigkeiten von 170...260 N/mm².
Beispiele: MCMgAl9Zn1, MCMgAl4Si.
Warmfeste Sorten (bis 300 °C) mit höherer Dauerfestigkeit enthalten Cer, Se, Zr.
Beispiel: MCMgRE2Ag2Zr.
Verwendung: Teile von hydraulischen und elektrischen Geräten in Flugkörpern, zunehmend auch im Kfz (Armaturenbretter), Gehäuse für tragbare Maschinen und Geräte.
DIN EN 1753 Magnesiumlegierungen.

Magnet zum Lastheben (hoisting magnet)
→Lasthebemagnet

magnetfeldabhängiger Widerstand
(magnetic field dependent resistor)
Bauteil (sog. Feldplatte), in dem der Widerstandswert durch Magnetfelder eingestellt und hervorgerufen wird.
Je nach Stärke des Magnetfeldes werden die Elektronen aus ihrer Richtung abgelenkt, die Strombahnen dadurch verlängert und damit der Widerstand erhöht.

Solche Widerstände bestehen aus Indiumantimonid (InSb) mit Einlagerungen aus Nickelantimonid (NiSb) auf einem Kunststoff als Trägermaterial.

Magnetfutter (magnetic chuck)
Werkstückspanner an Schleif- und Drehmaschinen. Magnetspannplatte, die beim Schleifen oder Feindrehen auf dem Spindelkopf befestigt wird. Nur für kleine Bearbeitungskräfte geeignet.

magnetische Feldkonstante μ_0
(permeability of free space)
Naturkonstante, die das Verhältnis der erzeugten magnetischen Flussdichte B_0 im Vakuum zur erzeugenden magnetischen Feldstärke H in einem Magnetfeld angibt: $\mu_0 = B_0/H = 1{,}2566371 \cdot 10^{-6}$ H/m.
(→magnetische Feldstärke, →magnetische Flussdichte, →Permeabilität)

magnetische Feldstärke H
(magnetic field strength)
Quotient aus der elektrischen Durchflutung Θ in A (auch magnetische Spannung V) und der Länge l des zu magnetisierenden Raumes in m:
$H = \Theta/l = (IN)/l$ in A/m.
(→elektrische Feldstärke)

magnetische Flussdichte B
(magnetic flux density)
Quotient aus dem magnetischen Fluss Φ in Vs und der von ihm durchsetzten Fläche A in m², auch magnetische Induktion genannt:
$B = \Phi/A$ in Vs/m² = T (Tesla).
DIN 1325 Elektromagnetisches Feld.
(→magnetischer Fluss, →Tesla)

magnetische Induktion
(magnetic induction; magnetic flux density)
→magnetische Flussdichte

magnetische Induktion B
(magnetic induction)
Andere Bezeichnung für magnetische Flussdichte B.
(→magnetische Flussdichte)

magnetische Spannung V
(magnetomotive force)
Andere Bezeichnung für die elektrische Durchflutung.
Aus der Analogie magnetischer/elektrischer Kreis kann die elektrische Durchflutung Θ als die treibende Kraft für den magnetischen Fluss Φ durch

magnetischer Fluss

den magnetischen Widerstand R_m eines magnetischen Kreises angesehen werden:
$\Theta = H \cdot l_m$ in A mit magnetischer Feldstärke H in A/m und Feldlinienlänge l_m in m.
(→magnetischer Fluss, →magnetischer Kreis)

magnetischer Fluss Φ (magnetic flux)
Maß für den magnetischen Strom, ähnlich dem elektrischen Strom in einem Leiter.
Φ ist das Produkt aus der magnetischen Flussdichte B und der Querschnittsfläche A des Magnetfeldes:
$\Phi = BA$ in $V s = kg\,m^2/(s^2 A) = Wb$ (Weber).
(→SI-Einheit, →Weber)

magnetischer Kreis (magnetic circuit)
Alle von einem magnetischen Fluss Φ durchsetzten, zusammengehörigen Teile oder Räume einschließlich eines vorhandenen Luftspaltes.
Ist ein in sich geschlossener Weg der magnetischen Feldlinien vorhanden, so kann der magnetische Kreis (oberes Bild) mit dem elektrischen Kreis (Ersatzschaltbild) verglichen werden (Analogie magnetischer/elektrischer Kreis). R_{m1} berechnet sich mit der mittleren Eisenlänge l_{Fe} in m, R_{m2} mit der Luftspaltbreite l_L.
Das Ohmsche Gesetz gilt dann auch für den magnetischen Kreis:
$\Theta = R_m \Phi$ in A mit magnet. Widerstand R_m in A/(Vs) und magnet. Fluss Φ in Vs.
(→magnetische Spannung, →magnetischer Fluss, →magnetischer Widerstand R_m)

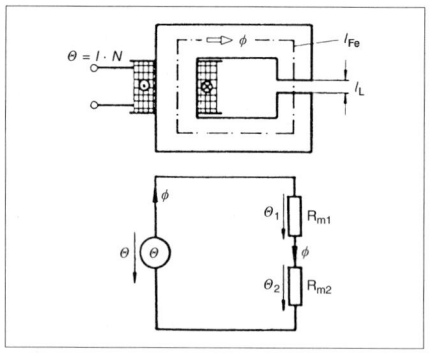

Magnetischer Kreis

magnetischer Leitwert Λ (permeance)
Beschreibt die Leitfähigkeit eines Materials für magnetische Feldlinien.
Kehrwert des magnetischen Widerstandes R_m:
Λ (Lambda) $= (\mu_r \mu_0 A)/l_m$ in H (Henry) mit Kernquerschnitt A in m^2, Feldlinienlänge l_m in m und der Permeabilität $\mu = \mu_r \mu_0$ in Vs/Am.
(→Permeabilität)

magnetischer Widerstand R_m
(magnetic resistance)
→magnetischer Leitwert

Magnetisierungskennlinien
(magnetization curve; B-H curve)
Grafische Darstellung der Abhängigkeit der magnetischen Flussdichte B von der magnetischen Feldstärke H bei Magnetwerkstoffen einschließlich Luft.
(→Hysterese)

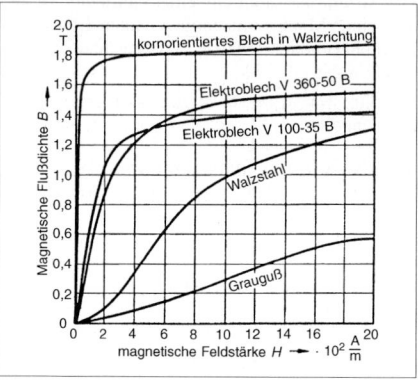

Magnetisierungskennlinien

Magnetpulverprüfung
(magnetic powder test)
Zerstörungsfreie Werkstoffprüfung zum Nachweis von Oberflächenrissen.
Das Bauteil (Fe, Ni, Co) muss von magnetischen Kraftlinien durchflossen werden.
An Rissen treten die Kraftlinien nach außen und werden mit Hilfe einer Aufschlämmung von Fe- oder Fe_3O_4-Teilchen in Öl angezeigt. Die Teilchen bilden Brücken über die Risse.

Magnetquantenzahl m
(magnetic quantum number)
Beschreibung der räumlichen Anordnung der Orbitale in x-, y- und z-Richtung.
Beispiel: p_x-, p_y-, p_z-Orbitale.

Magnetspanner (magnetic chuck)
Werkstückspanner, vorwiegend an Flächenschleifmaschinen, selten auch an Dreh-, Fräs-, Hobel- und Stoßmaschinen.
Rechteckige oder runde Platte, auf der das Werkstück durch Elektro- oder Permanentmagnete bei der Bearbeitung festgehalten wird.
(→Elektromagnet-Spanner, →Magnetfutter, →Permanentmagnet-Spanner)

Mailbox (mailbox)
Rechner innerhalb eines WAN oder LAN mit einem Betriebssystem zur Verwaltung von privaten und öffentlichen „Briefkästen" (Boxes) sowie „Anschlagbrettern" (Boards).
Über die Briefkästen können die angeschlossenen Nutzer kommunizieren, und die Anschlagbretter dienen der allgemeinen Verbreitung von Informationen. Diese eröffnen auch Diskussionen über bestimmte Themen mit enormer Reaktionsgeschwindigkeit.

Makro (macro)
Zusammenfassung mehrere Anweisungen zu einem funktionalen Block.

Makromoleküle (macromolecule)
Bausteine der Kunststoffe, auch in einigen Naturstoffen wie Cellulose oder Naturkautschuk vorhanden.
($\rightarrow$Kettenmoleküle, $\rightarrow$Raumnetzmoleküle)

Mammutpumpe (mammoth pump)
Pumpen-Bauart, deren Funktion auf der Auftriebswirkung eines Flüssigkeit-Luftgemisches beruht (Mischluft-Wasserheber, Drucklufttheber oder Air-Lift).
Sie besteht aus einem eingetauchten weiten Förderrohr mit parallelem engen Luftrohr, das kurz vor dem unteren Förderrohrende in dieses einmündet. Eingeblasene Druckluft fördert das Wasser-Luftgemisch (geringere Dichte) nach oben. Zur Förderung von verschmutztem und sandhaltigem Wasser gut geeignet. Förderhöhe von Eintauchtiefe und Druckluftmenge abhängig.
($\rightarrow$Pumpen)

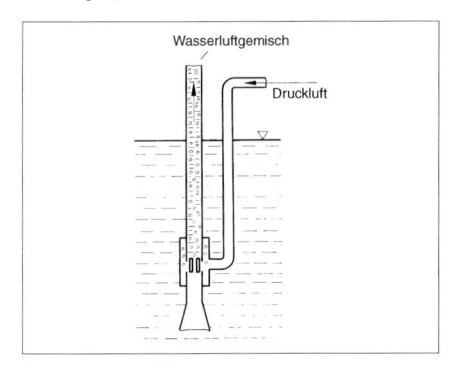

Schema einer Mammutpumpe

Mangan Mn (manganese)
Wichtiges Legierungselement für unlegierte Stähle (max. 1,65%).
Bindet Reste von S im Stahl zu MnS, das die Schmiedbarkeit nicht behindert, verhindert thermischen Zerfall des Fe_3C, erhöht Festigkeit durch Mischkristallbildung, verbessert die Schweißeignung und erhöht die Einhärtung.

Manganhartstahl
(hadfields manganese steel)
Hochlegierter Baustahl (X120Mn12).
Nach Wasserabschrecken aus 1000 °C austenitisch, sehr zäh und beim Kaltumformen durch teilweise Martensitbildung stark verfestigend.
Anwendung: Bauteile mit oberflächlicher Schlagbeanspruchung,
Weichenherzstücke, Baggerketten und -bolzen.
Nicht geeignet bei rein abrasivem Verschleiß.

Manipulator (manipulator)
Manuell gesteuerter Mechanismus.
Er besteht aus beweglichen Gliedern, die mit Dreh- oder Lineargelenken verbunden sind und kann Bewegungen kraftverstärkt weitergeben. Ein Manipulator wird vorwiegend zur Handhabung (VDI-2411 und VDI-2860) von Objekten eingesetzt.
Beispiel: Anbaukran eines LKW's.
($\rightarrow$Gelenk)

Mantelfläche (lateral surface)
Der Teil der Oberfläche eines Zylinders zwischen Grund- und Deckfläche oder der Teil der Oberfläche eines Kegels zwischen Grundfläche und Spitze oder der Teil der Oberfläche eines Rotationskörpers zwischen den Begrenzungsflächen.
($\rightarrow$Kegel, $\rightarrow$Rotationskörper, $\rightarrow$Zylinder)

Mantellinie (generator)
Der Teil der Erzeugenden einer Zylinder- oder Kegelfläche, der zwischen Grund- und Deckfläche oder zwischen Grundfläche und Spitze liegt.
($\rightarrow$Kegel, $\rightarrow$Zylinder)

Mantisse (mantissa)
$\rightarrow$dekadischer Logarithmus

manuelle Programmierung
(manual programming)
Alle von einem Teileprogrammierer nach bestimmten Regeln von Hand niedergeschriebenen Steuerbefehle für die Fertigung auf CNC-Maschinen.
Ausführungsanweisungen werden in Einzelschritte unterteilt und bestehen aus geometrischen und technologischen Daten.
Beispiele: Werkstückkoordinaten, Schnittgeschwindigkeit, Vorschub, Wegbefehle.
DIN 66025 Programmaufbau für numerisch gesteuerte Arbeitsmaschinen.
($\rightarrow$CNC-Programm, $\rightarrow$CNC-Steuerung, $\rightarrow$maschinelle Programmierung)

manueller Werkzeugwechsel
(manual tool change)
Bei Aufruf eines Werkzeugs in einem CNC-Programm muss das der Werkzeugnummer zugeordnete Teil der Werkzeugaufnahme von Hand zugeführt werden.
Korrekturangaben zu Werkzeuglänge, Werkzeugdurchmesser oder Schneidenradius müssen in einem Werkzeug- oder Korrekturspeicher abgelegt werden.
(→automatischer Werkzeugwechsel, →CNC-Programm, →Werkzeugkorrektur, →Werkzeugkorrekturspeicher)

Martensit (martensite)
Gefügename des Härtungsgefüges von Stahl und des beim Härten entstehenden Kristalls.
Martensit hat ein tetragonal aufgeweitetes α-Gitter mit C-Atomen in Zwangslösung.

martensitaushärtende Stähle
(martensitic steels; maraging steel)
Hochlegierte, C-arme, Ni-legierte Stähle (z.B. X3NiCoMo18-7-5).
Nach Lösungsglühen entsteht durch Luftabkühlen ohne Diffusion der Legierungsatome ein übersättigtes α-Eisen, gut verformbar. Warm ausgelagert besitzen sie Zugfestigkeiten bis zu 2000 N/mm² bei guter Kaltzähigkeit.
Verwendung: Druckgießformen höchster Standmenge, Sicherheitsbauteile an Luftfahrzeugen, Wehrtechnik.

Martensitbildung (martensite formation)
Diffusionslose Gitterumwandlung des Stahles.
Austenit wird zu einem verzerrten, kubisch-raumzentriertem α-Eisen. Dazu muss so schnell abgekühlt werden, dass die Martensitstufe ohne vorherige Umwandlung zu Perlit erreicht wird.
(→kritische Abühlgeschwindigkeit)

Martensitpunkte (martensite points)
→M_f und →M_s

Martensitstufe (martensite region)
Bereich unterhalb des M_s-Punktes im ZTU-Diagramm.

Maschengleichung (Kirchhoff's voltage law)
Mathematische Formulierung der Maschenregel:
$U_1 + U_2 + U_3 + ... + U_n = U_g$
oder $\sum_{i=1}^{n} U_i = 0$ mit n als höchster Indexnummer.
(→Kirchhoffsche Gesetze)

Maschenregel (mesh rule)
→Kirchhoffsche Gesetze

Maschenstromverfahren (mesh method)
Mathematisches formalisiertes Berechnungsverfahren von Spannungen und Strömen in beliebigen Netzwerken auf der Grundlage der Kirchhoffschen Gesetze.
Das Netzwerk (mit zwei und mehr Spannungsquellen) lässt sich nach Bildung von Maschenumläufen in eine mathematische Zahlenmatrix umformen, und mit Hilfe der Determinantenrechnung können die entsprechenden Ströme in den Maschen berechnet werden.

maschinelle Programmierung
(computer programming)
Rechnergestüztes Umsetzen eines Quellprogramms mithilfe eines NC-Postprozessors in ein steuerungsspezifisches CNC-Programm.
Das Quellprogramm wird von Hand erstellt oder z.B. aus CAD-Dateien gewonnen.
DIN 66 246 Programmierung numerisch gesteuerter Arbeitsmaschinen.
(→CNC-Programm, →NC-Postprozessor)

Maschinencode (machine code)
Verschlüsselung von Arbeitsprogrammen entsprechend dem Codeschlüssel eines speziellen Mikroprozessors.
Die Arbeitsprogramme werden mit Befehlen, die die Steuereinheit direkt verstehen und ausführen kann, dargestellt. Sie brauchen nicht für den Mikroprozessor übersetzt zu werden.

Maschinengestell
(machine base; machine frame)
→Gestell

Maschinenhammer (power hammer)
Schmiedehammer für die Warmumformung (Schmieden) von Werkstücken.
Seine wichtigsten Funktionsteile sind der Amboss, der das Werkstück oder ein Untergesenk aufnimmt und auf einem schweren Unterbau, der Schabotte, ruht, und der in einem senkrechten Ständer geführte Bär mit dem Schmiedesattel oder dem Obergesenk.
Der Bär fällt aus seiner oberen Stellung entweder frei herab (Fallhammer), oder er wird beim Fall zusätzlich angetrieben, z.B. durch Druckluft oder Dampf.

Maschinennullpunkt
(machine reference point)
Ursprung des unveränderlichen Koordinatensystems einer Werkzeugmaschine, Bezugspunkt für alle weiteren Nullpunkte im Arbeitsbereich einer CNC-Maschine.
Nur an wenigen Maschinen ist seine Position nicht in allen Achsen anfahrbar. Hier dient der Referenzpunkt als Hilfspunkt. An neuen CNC-Ma-

schinen haben Maschinennullpunkt und Referenzpunkt die gleiche Bedeutung.
DIN 55 003 Bildzeichen, numerisch gesteuerte Werkzeugmaschinen.

Bildzeichen:

(→Bezugspunkt, →Koordinatensystem, →Referenzpunkt, →Werkstücknullpunkt)

Maschinenschraubstock (machine vice)
→Spannstock

Maschinenschutzraum
(machine protection zone)
Feste räumliche Abgrenzung, die dafür sorgt, dass Personen und Gegenstände nicht in den Gefahrenbereich einer Maschine kommen können. Der Zugang wird nur durch überwachte Öffnungen oder bei Abschaltung der Maschine ermöglicht.
Beispiel: Ein System von Lichtschranken umgibt den Sicherheitsraum eines Montageroboters. Betritt eine Person den Maschinenschutzraum, wird der Roboter automatisch angehalten.

Maschinensprache (machine language)
Programmiersprache, die von der Steuereinheit eines Rechners direkt verstanden wird.
Die Maschinensprache drückt die Anweisungen im Maschinencode aus.
(→Maschinencode)

Maschinenständer
(machine column; pedestal)
→Ständer

Maschinenstundensatz
(costs per machine hour)
Kosten einer Kostenstelle, bezogen auf eine Zeiteinheit der Nutzung der in ihr betriebenen Anlage.

Maschinenstundensatzrechnung
(machine hour assessment costs)
Sonderform einer Bezugsgrößenkalkulation, bei der die Gesamtkosten einer Kostenstelle auf die Nutzungszeit der Anlagen bezogen werden.
Die Kostenverrechnung erfolgt gemäß der jeweiligen zeitlichen Inanspruchnahme (Fertigungsstunden multipliziert mit dem Maschinenstundensatz).

Maske (mask)
1. Unterlagen zur Fertigung von Chips.
2. In Maschinensprache die Anordnung einer binären Information, um Teile eines Wortes zu löschen oder zu setzen. In Verbindung mit Portbausteinen können so Leitungen aktiviert oder gesperrt werden.
3. Bildschirmmaske in Verbindung mit Software.

Maskierung (masking)
Verändern bestimmter Bits in einem Wort, um Teilinformationen zu gewinnen.
Beispiel:
Wort: 1011   1111
Maske: **0000   1111**
Wort UND Maske: 0000   1111

Masse m (mass)
Maß für die Anziehungskraft auf andere Körper (Schwere) und zugleich ein Maß für den Widerstand gegenüber Bewegungsänderungen (Trägheit), also die Eigenschaft jeder Materie, schwer und träge zu sein.
Sie ist eine ortsunabhängige physikalische Basisgröße, die durch den Vergleich mit Körpern bekannter Masse bestimmt und in der SI-Basiseinheit Kilogramm kg gemessen wird.
(→Basisgröße, →Kilogramm, →Trägheit)

Massenanziehung
(attraction between masses)
Die zwischen Körpern (Massen) stets anziehend wirkende Gravitationskraft F_G.
(→Gravitationskraft)

Massenerhaltungssatz
(law of conservation of mass)
Gesamtmasse und Energie bleiben in einem geschlossenen System bei einer chemischen Reaktion unverändert.

Massenmoment 2. Grades
(moment of inertia)
→Trägheitsmoment

Massenpunkt (mass point)
→Punktmasse

Massenspeicher
(large capacity nonvolatile memory devices)
Nichtflüchtiger Speicher mit einer Kapazität im Bereich von Mbyte bis Gbyte.
Dient der dauerhaften Ablage von Programmen und Daten.
Beispiel: CD-ROM, Festplatte, Diskette, Streamer

Massenträgheitsmoment
(moment of inertia)
→Trägheitsmoment

Massenzahl (mass number)
Zahl der Kernbausteine (Nukleonen) = Summe der Protonen + Neutronen im Kern eines Atoms.
Beispiele:
— Fluor **F** mit der Massenzahl 19 hat 9 Protonen und 10 Neutronen im Kern (F-19, sprich: Fluor Neunzehn).

— Kohlenstoff **C** besteht aus 3 Isotopen mit unterschiedlichen Neutronenzahlen, C-12 mit 6 Neutronen, C-13 mit 7 Neutronen, C-14 mit 8 Neutronen.

Maßtoleranz (dimensional tolerance)
Differenz zwischen größtem zulässigen Maß (Höchstmaß G_o) und kleinstem zulässigen Maß (Mindestmaß G_u), bezogen auf das Nennmaß N. Die Toleranzfeldgröße hängt von den Abmessungen und dem Verwendungszweck des zu tolerierenden Bauteils ab. Grundlage für die Festlegung der Toleranzgröße ist der Toleranzfaktor $i = 0{,}45 \cdot \sqrt[3]{D} + 0{,}001 \cdot D$ (DIN 7151 für Nennmaßbereich 1 mm...500 mm) mit $D \to$ geometrisches Mittel des Nennmaßbereiches; z.B. wird für den Nennmaßbereich 50 mm ... 80 mm das geometrische Mittel
$D = \sqrt{(50 \cdot 80)}$ mm = 63,245 mm.
Insgesamt stehen zur Ermittlung der Grundtoleranz T_g zwanzig Toleranzklassen (01, 0, 1 ... 18) zur Verfügung. Für jede Toleranzklasse gibt es innerhalb eines Nennmaßbereichs einen Klassenfaktor K, der ein Vielfaches des Toleranzfaktors i ist. Ab Toleranzklasse 5 wächst der Klassenfaktor geometrisch mit dem Stufensprung q_5.
Beispiel: Nennmaßbereich 80 mm bis 120 mm, Toleranzklasse 11 mit Klassenfaktor $K = 100$
$D = \sqrt{(80 \cdot 120)}$ mm = 97,980 mm;
$i = (0{,}45 \cdot \sqrt[3]{97{,}980} + 0{,}001 \cdot 97{,}98)$ µm
$i = 2{,}172$ µm
Grundtoleranz T_g für Toleranzklasse 11:
$T_g = K \cdot i = 100 \cdot 2{,}172 = 217{,}2$ µm; $T_g \approx 220$ µm.
Die Lage der Toleranzfelder (DIN 7150) zur Nullinie (Nennmaß) wird durch Buchstaben von a bis zc angegeben. Innenmaße werden durch große, Außenmaße durch kleine Buchstaben gekennzeichnet.
(→Normzahlen)

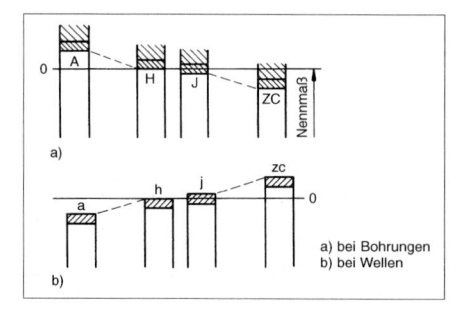

a) bei Bohrungen
b) bei Wellen

Maßzahl (magnitude)
Früherer Name für Zahlenwert.
(→Zahlenwertgleichung)

Master-Slave-JK-Flipflop
(master-slave JK-flipflop)
Zweiflankengesteuertes Flipflop.
Mit der ersten Flanke wird die Eingangsinformation in den Master übernommen und mit der zweiten diese Information dem Slave zugeführt. Dadurch entsteht eine zeitliche Trennung zwischen der Informationsaufnahme und der Informationsweitergabe.

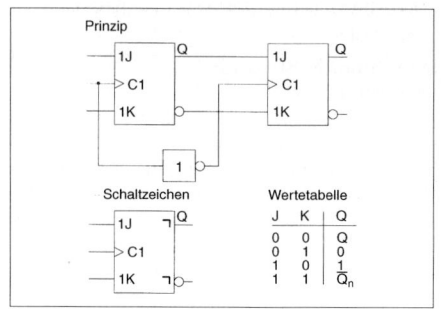

Master-Slave-Flipflop

Master-Slave-System
(master-slave-system)
Einrichtung zum Programmieren von Robotern. Zwei Manipulatoren (Master-Arm und Slave-Arm) sind durch Datenübertragungsleitungen verbunden. Der Master-Arm wird durch eine Person zu den jeweiligen Positionen geführt, während der ferngesteuerte Slave-Arm die Bewegungen synchron ausführt. Die Koordinatendaten werden im Rechner gespeichert. Der Slave-Arm kann den Bewegungsablauf jetzt beliebig oft automatisch wiederholen.
Beispiel: Anwendung bei einem Schweißroboter. Ein erfahrener Schweißer führt den Master-Arm entlang einer zu schweißenden Kontur.
(→Exoskelett, →Industrieroboter, →Manipulator, →Roboterprogrammierung)

Materialwirtschaft (materials management)
Gesamtheit aller materialbezogenen Funktionen, die sich mit der Versorgung des Betriebes und der Steuerung des Materialflusses durch die Fertigung bis hin zur Auslieferung der Fertigerzeugnisse befassen.
Aufgaben: Bereitstellung der benötigten Güter und Dienstleistungen in der erforderlichen Art, Menge und Qualität zur rechten Zeit am rechten Ort, Minimierung der Kosten der Bereitstellung.
Teilaufgaben: Bedarfsermittlung, Disposition, Bestellmengenplanung, Wareneingangskontrolle, Lagerung und innerbetrieblicher Transport.

Matrix (matrix)
1. Rechteckiges Zahlenschema der Mathematik mit m Zeilen und n Spalten.

$$A = \begin{bmatrix} a_{11} & a_{12} & ... & a_{1n} \\ a_{21} & a_{22} & ... & a_{2n} \\ ... & ... & ... & ... \\ a_{m1} & a_{m2} & ... & a_{mn} \end{bmatrix}$$

Die Zahlen des Schemas sind die Elemente der Matrix. Das Element a_{ij} steht in der i-ten Zeile und der j-ten Spalte. Gilt $m = n$, also Zeilenanzahl gleich Spaltenanzahl, dann heißt A eine n-reihige quadratische Matrix.

2. Grundmasse bei Verbundwerkstoffen, die die verstärkenden Phasen (Fasern, Teilchen, Schichten) zusammenhält.

Beispiel zu 2: Faserverbundwerkstoffe bestehen aus Fasern, die in eine Matrix aus Kunststoff, Metall oder Keramik eingebettet sind.
(→Determinante)

Maus (mouse)
Bewegliches Eingabegerät für Computer, bei der die Rotation einer Kugel in Informationen umgewandelt und durch den Maustreiber ausgewertet wird.
Der Cursor bewegt sich entsprechend der Mausbewegung. Mit den Maustasten können auf Benutzeroberflächen Reaktionen der Programme abgerufen werden.

Maximum (maximum)
Eine Funktion $y = f(x)$ besitzt an der Stelle $x = a$ ein relatives Maximum $f(a)$, wenn in einer Umgebung von a alle Funktionswerte kleiner als $f(a)$ sind.
Es gilt dann $f(x) < f(a)$ für alle $x \neq a$ aus einer passenden Umgebung von a. Alle benachbarten Funktionswerte sind also kleiner als $f(a)$.
Es handelt sich bei einem relativen Maximum um eine lokale Eigenschaft, denn es wird nur eine Umgebung von $x = a$ betrachtet.
Das absolute oder globale Maximum einer Funktion $y = f(x)$, die in einem abgeschlossenen Intervall $[c, d]$ differenzierbar ist, ist entweder ein relatives Maximum, oder es wird am Rand, also für $x = c$ oder $x = d$, angenommen.
Eine notwendige Bedingung dafür, dass die Funktion $y = f(x)$ an der Stelle $x = a$ ein relatives Extremum (Maximum oder Minimum) besitzt, ist das Verschwinden der Ableitung an dieser Stelle, also $f'(a) = 0$ (falls sie existiert). Zur Bestimmung der relativen Extrema müssen alle x berechnet werden, die die Gleichung $f'(x) = 0$ erfüllen.
$f(a)$ ist ein relatives Extremum, wenn $f'(a) = 0$ und $f''(a) \neq 0$ gilt oder wenn $f'(a) = f''(a) = 0$ und es ein gerades n gibt, so dass $f'(a) = f''(a) = ... = f^{(n-1)}(a) = 0, f^{(n)}(a) \neq 0$ (n gerade).

Ein Extremum liegt also vor, wenn die erste an der Stelle a von Null verschiedene Ableitung von gerader Ordnung ist.
Dieses relative Extremum ist ein relatives Minimum, wenn im ersten Fall $f''(a) > 0$ und im zweiten Fall $f^{(n)}(a) > 0$ gilt. Das relative Extremum ist ein relatives Maximum, wenn im ersten Fall $f''(a) < 0$ und im zweiten Fall $f^{(n)}(a) < 0$ gilt.
(→Extremum, →Minimum)

Maxterm (maxterm)
Begriff aus der Boole'schen Algebra.
Ein Maxterm besteht aus einer ODER-Verknüpfung aller Variablen einer Verknüpfung, entweder in negierter oder nicht negierter Form. Maxterme können einfach aus den Zeilen der Wahrheitstabelle gebildet werden, in denen der Funktionswert den Wert 0 annimmt. Die komplette Schaltfunktion kann als UND-Verknüpfung aller Maxterme dargestellt werden.
(→Boole'sche Algebra, →Wahrheitstabelle)

a	b	c	z	
0	0	0	1	
1	0	0	1	
0	1	0	0	$\Rightarrow a \vee \bar{b} \vee c$
1	1	0	1	
0	0	1	1	
1	0	1	1	
0	1	1	1	
1	1	1	1	

Ermittlung eines Maxterms mit Hilfe der Wahrheitstabelle

Mechanik (mechanics)
Ursprünglich die Lehre von den Maschinen, heute die Lehre von der Bewegung der Körper unter dem Einfluss äußerer Kräfte.
(→Dynamik, →Kinematik, →Kinetik, →Statik)

mechanische Arbeit (mechanical work)
→Arbeit

mechanische Energiearten
(kinds of mechanical energy)
→Energiearten

mechanischer Wirkungsgrad η_m
(mechanical efficiency)
Kenngröße von Maschinen und Anlagen, mit der äußere- oder mechanische Verluste berücksichtigt werden (Reibungsverluste durch Lager, Wellen, Dichtungen, Triebwerkteile und Kolben).
Bei Verbrennungsmotoren ist η_m das Verhältnis von Effektivleistung P_{eff} zu Innenleistung P_i:
$\eta_m = P_{eff} / P_i$.
(→effektiver Wirkungsgrad, →Effektivleistung, →Innenleistung, →innerer Wirkungsgrad, →Wirkungsgrad)

Meehaniteguss (Meehanite cast iron)
Lizensiertes Herstellverfahren für Gusseisen mit Lamellen- und Kugelgraphit.
4 Hauptgruppen mit jeweils zahlreichen Sorten für verschiedene Betriebsbedingungen: Allgemeiner Maschinenbau; Hitze-, Verschleiß- und Korrosionsbeanspruchung. Gegenüber den normalen Gusseisensorten haben sie etwas höhere Festigkeiten und gleichmäßigeres Gefüge bei unterschiedlichen Wanddicken.
($\rightarrow$Wanddickenempfindlichkeit)

Mega M (mega)
Vorsatzsilbe, die das Millionenfache (10^6) der Einheit bezeichnet.
($\rightarrow$Vorsatzzeichen)

Mehrarmroboter (multi-arm robot)
Roboter mit mehreren unabhängig voneinander bewegbaren Armen.
($\rightarrow$Industrieroboter, $\rightarrow$Roboter)

Mehrbereichsöl (multi-grade oil)
$\rightarrow$SAE-Klasse

Mehrlochdüse (multihole nozzle)
$\rightarrow$Einspritzdüse

Mehrseilgreifer (two rope grab)
Greifer für Schüttgut mit einem Tragseil und einem Seil zum Öffnen und Schließen des Greifers.
Die früher gebräuchlichen Zweiseilgreifer sind von Einseilgreifern (Verladeanlagen) und Hydraulikbaggern (mobile Geräte) verdrängt worden.
($\rightarrow$Motorgreifer)

Mehrwellengetriebe
(multiple-shaft gearing; multiple gearing)
Stufengetriebe an Werkzeugmaschinen mit mehr als drei Wellen.
Zweiwellengetriebe findet man an Werkzeugmaschinen nur selten. Mit Dreiwellengetrieben lassen sich nur unter ungünstigen Nebenbedingungen neun bis zwölf Drehzahlstufen erreichen. Für Stufenzahlen über neun müssen dann weitere Getriebegruppen (= Wellen) vorgesehen werden.

Meißelhalter (toolholder; tool post)
Werkzeugspanner an Dreh-, Hobel- und Stoßmaschinen.
($\rightarrow$Doppelmeißelhalter, $\rightarrow$Einfachmeißelhalter, $\rightarrow$Schnellwechsel-Meißelhalter, $\rightarrow$Schwenk-Meißelhalter, $\rightarrow$Stoßmeißelhalter)

Melaminharz MF (melamine resin)
Aminoplast aus Melamin und Formaldedyd.
Die Formmassen ergeben Formteile mit hellen Farben und sind (mit Holzmehl gefüllt) für Lebensmittelkontakt unbedenklich.
Beispiele: Haus- und Küchengeräte, Schichtpressstoffe.
Auch mit Phenol gemischt als Melamin-Phenol-Formaldehyd MPF mit besseren elektrischen Eigenschaften als PF.
DIN 7708 Formmassetypen.
($\rightarrow$Aminoplaste UF, $\rightarrow$Phenoplaste PF)

Memory mapped (memory mapped)
Gemeinsamer Adressraum für Speicher und Ein/Ausgabebausteine.
($\rightarrow$I/O-Mapped)

Menge (set)
Jede Zusammenfassung von bestimmten unterscheidbaren Objekten zu einer Gesamtheit.
Eine Menge ist definiert, wenn feststeht, welche Objekte zu dieser Menge gehören und welche nicht. Die zur Menge gehörenden Objekte heißen ihre Elemente. Mengen werden meistens mit großen lateinischen Buchstaben bezeichnet, die Elemente mit kleinen Buchstaben.
Es gibt zwei Möglichkeiten, Mengen zu definieren: Durch Aufzählen ihrer Elemente, die in beliebiger Reihenfolge zwischen geschweiften Klammern (Mengenklammern) gesetzt sind und durch Kommata getrennt werden (Schreibweise: {Element 1, Element 2, ...}) oder durch Angabe einer die Elemente charakterisierenden Eigenschaft (Schreibweise: $\{x \mid x$ erfüllt Eigenschaft$\}$).
Gehört ein Objekt a einer Menge M an, so schreibt man $a \in M$ (gelesen: a ist Element von M). Gehört a nicht zu M, so schreibt man $a \notin M$. Wenn jedes Element einer Menge M auch Element einer Menge N ist, so nennt man M Teilmenge von N und schreibt $M \subseteq N$. Nach dieser Definition ist offenbar jede Menge Teilmenge von sich selbst.
Die leere Menge $\emptyset = \{\ \}$ enthält kein Element.
Beispiele:
1. $A = \{1, 2, 3\}$ (die Menge A besteht aus den Elementen 1, 2 und 3),
2. $B = \{x \mid x^2 - 1 = 0\}$ (die Menge B besteht aus den Elementen x, für die $x^2 - 1 = 0$ gilt),
3. $B = \{1, -1\}$ (da $x^2 - 1 = 0$ die Lösungen $x = 1$ und $x = -1$ besitzt, kann man die Menge B auch in dieser Form schreiben),
4. $C = \{-1, 0, 1, 2, 3, 4, 5\}$ (die Menge C besteht aus den Elementen $-1, 0, 1, 2, 3, 4, 5)$.
Es gilt: $2 \in A$; $2 \in C$; $4 \in C$; $4 \notin A$; $A \subseteq C$.
($\rightarrow$Durchschnitt, $\rightarrow$Vereinigung)

Mengenteilung
(quantitative sharing-out of a task)
Teilung einer Arbeit auf mehrere Menschen oder Betriebsmittel derart, dass jeder den gesamten Ablauf an einer Teilmenge ausführt.

Merker (flag)
Internes Speicherelement, das bei SPS-Steuerungen Signalzustände, Informationen oder Zwischenergebnisse abspeichert.
Merker können gesetzt, gelöscht und abgefragt werden. Sie können nicht an den Ausgängen der Steuerung kontrolliert werden, sondern nur über das Programmiergerät sichtbar gemacht werden. In der Wirkungsweise sind Merker mit Hilfsrelais in verdrahteten Relaissteuerungen vergleichbar.
(→Signalspeicher)

Messbereichserweiterung
(range extension)
Schaltungstechnische Maßnahme zur Erweiterung des Messbereichs bei Messinstrumenten.
Wird angewandt bei Strommessern durch Parallelschaltung eines Widerstandes (Shunt) zum Messwerk, bei Spannnungsmessern durch Reihenschaltung eines Widerstandes zum Messwerk.

Messerkopf (inserted-tooth face milling cutter; cutter head; facing head)
Fräswerkzeug zur wirtschaftlichen Bearbeitung von breiten ebenen Flächen.
Schwach kegelige, runde Scheibe aus Stahl oder Al-Legierung, in deren Stirnseite mehrere nacheinander schneidende Fräswerkzeuge eingesetzt sind.

Messerschlitten (shearing beam)
Werkzeugträger an Scheren.
Platten- oder balkenförmiges, senkrecht geführtes Bauteil. Auf seiner Vorderseite wird das Obermesser der Schere aufgeschraubt.

Messerschneidwerkzeug (knife edge tool)
→Schneidwerkzeuge

Messgeräte (measuring instruments)
→elektrische Messgeräte

Messing (brass)
Alter Name für Cu-Zn-Legierungen mit 28...60% Zn.

Messroboter (gauging robot)
Roboter, der Mess-/Prüfaufgaben übernimmt.
Es wird zwischen zwei Varianten unterschieden:
a) Der Roboter kann Messzeuge aufnehmen und mit ihnen Werkstücke vermessen.
b) Der Roboter, ausgerüstet mit einem Messtaster, stellt selbst ein Dreikoordinatenmesssystem dar.
Messroboter sind oft in automatischen Fertigungsabläufen integriert.

Beispiel: Ein Roboter zur Kontrolle von Formtoleranzen fährt mit einem Tastsensor die Oberfläche eines Werkstücks ab.
(→Industrieroboter)

Messumformer (signal converter)
Baustein, der Signale in eine Form umwandelt, die die nachgeschalteten Geräte verarbeiten können. Das Ausgangssignal eines Messumformers ist in der Regel ein Einheitssignal, das von standardisierten Geräten wie zum Beispiel Einheitsreglern verwendet werden kann. Ein- und Ausgangssignal können sich sowohl in der Größenordnung als auch im Signaltyp (pneumatisch, elektrisch) unterscheiden. Oft benötigen Messumformer zur Erzeugung des Ausgangssignals Hilfsenergie.
(→Einheitssignal)

Messung (measurement)
Vergleich einer unbekannten physikalischen Größe mit einer bekannten der gleichen Größenart.

Messwandler (measuring transformer)
Ermöglicht das Messen hoher Ströme und Spannungen mit normalen Messinstrumenten durch Herabsetzung der Originalwerte.
(→Transformator)

Messwertaufnehmer
(measuring device; sensor)
Bauteil, das die Regelgröße erfasst und in geeigneter Form (meist als Spannungs-, Strom- oder Drucksignal) an den den Regler weitergibt.
Beispiel: Thermoelement
(→Regelgröße, →Regler)

Metall-Aktivgas-Schweißen mit Kohlendioxid
(metal active welding with carbon dioxide)
Abgekürzt MAGC. Wie Metall-Aktivgas-Schweißen, aber mit Schutzgas Kohlendioxid statt des teureren Argon mit Nachteilen wie Oxydation und Abbrand von Legierungsbestandteilen.
Geeignet für beruhigte unlegierte Stähle kleinerer Blechdicken in allen Schweißpositionen.

Metall-Aktivgas-Schweißen mit Mischgas
(metal active welding with a mixture of gases)
Abgekürzt MAGM. Wie Metall-Inertgas-Schweißen, aber unter Schutzgasgemisch aus z.B. 76% Argon, 18% CO_2 und 6% O_2. Kostengünstiger als MIG- und WIG-Verfahren. Nachteile des inerten Schutzgases (Porenbildung) und der Kohlensäure (Abbrand von Legierungsmetallen) werden vermindert; geeignet für alle Stähle aller Blechdicken in allen möglichen Schweißpositionen.

Metall-Aktivgas-Schweißen mit zwei Gasen

Metall-Aktivgas-Schweißen mit zwei Gasen (metal active welding with two gases)
Abgekürzt MAGCI. Verfahren wie MAGC und MAGM, aber Zuführung von zwei getrennten Schutzgaskomponenten: Argon und CO_2. Dadurch soll die Spritzerbildung beim Schweißen verhindert werden.

Metall-Inertgas-Schweißen (metal inert gas welding)
Abgekürzt MIG. Lichtbogen brennt zwischen einer abschmelzenden Drahtelektrode (gleichzeitig Zusatzwerkstoff und dem Werkstück. Schutzgas ist reines Argon. Schweißen aller wichtigen Metalle wie Stahl (auch hochlegiert), Aluminium, Kupfer, Titan möglich.

Metall-Lichtbogenschweißen (metal arc welding)
→Lichtbogen-Handschweißen, →Schweißen, →Unter-Pulver-Band-Schweißen, →Unter-Pulver-Schweißen, →Unter-Schienen-Schweißen

Metallbindung (metallic bond)
Art des Zusammenhalts der positiven Metallionen in Metallgittern.
Ihre Abstoßung wird durch die Anziehung der negativen Valenzelektronen aufgehoben, die als Elektronenwolke das Kristallgitter erfüllen (Elektronengas).
Die Metallbindung ist Ursache der typischen Metalleigenschaften wie plastische Verformbarkeit und elektrische Leitfähigkeit.

Metalle (metals)
Zahlreichste Gruppe der chemischen Elemente (ca. 70).
Kennzeichen sind Bildung positiver Ionen durch Abgabe von 1...4 (6) Außenelektronen und Aufbau einfacher Kristallgitter mit Metallbindung. Einteilung in Gruppen nach der Dichte in Leicht- und Schwermetalle, nach dem Schmelzpunkt in niedrig, hoch- und höchstschmelzende und in korrosionsbeständige Edelmetalle.

Metallgitter (metallic lattice)
Anordnung von positiven Metallionen (Atomrümpfen) und negativen Valenzelektronen (Elektronengas) in einem gemeinsamen Gitter.
Der Zusammenhalt der Bindung resultiert aus den Anziehungskräften zwischen den frei beweglichen negativen Valenzelektronen und positiven Metallionen im Metallgitter.
(→hexagonales Kristallgitter, →kubisch-flächenzentriertes Kristallgitter, →kubisch-raumzentriertes Kristallgitter, →Metallbindung)

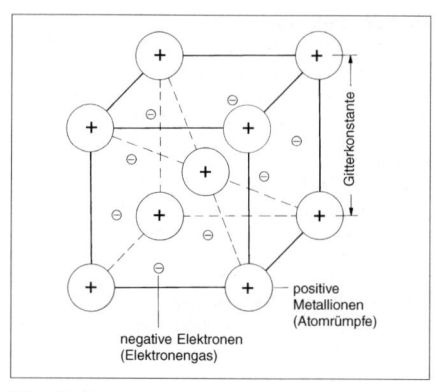

Metallgitter

Metallionen (metal ions)
→Metallbindung

metallischer Leiter (metallic conductor)
Gute Leiter sind Silber, Kupfer, Gold, Aluminium. Elektronen dienen als Ladungsträger.
(→elektrischer Leiter, →spezifischer Leitwert, →spezifischer Widerstand)

Metallographie (metallography)
Beschreibung der Struktur von Werkstoffen durch Sichtbarmachen des Gefüges.
Das Gefüge wird durch das Schliffbild kontrastreich dargestellt und im Licht- oder Raster-Elektronenmikroskop vergrößert abgebildet. Dadurch lassen sich die Phasen in Kornform und -größe sowie evtl. Auscheidungen und Verunreinigungen erkennen.
Große Bedeutung für Forschung und Qualitätssicherung.

metastabil (metastable)
Zwangszustand von schnell abgekühlten Legierungen.
Durch Umlagerung von Teilchen (Diffusion oder Gitterumwandlung) versuchen sie, den Gleichgewichtszustand einzustellen, der dem Zustandsschaubild entspricht. Dadurch sind Form- und Eigenschaftsänderungen möglich. Bei Wiedererwärmen wird der stabile Zustand umso schneller erreicht, je höher die Temperatur ist.
Beispiel: Stahl nach dem Abschrecken und beim Anlassen.

metazentrische Höhe (metacentric height)
→Schwimmen

Metazentrum (metacentre)
→Schwimmen

Meter m (meter)
SI-Basiseinheit der SI-Basisgröße Länge *l*.

Ein Meter ist die Länge der Strecke, die das Licht im Vakuum in (1/299792458) Sekunden durchläuft.
(→Basiseinheit, →Basisgröße, →Länge, →SI)

metrischer Kegel (metric taper)
Kegel 1: 20, am Einspannschaft von Maschinenwerkzeugen (z.b. Bohrern, Fräsern) zum Zentrieren des Werkzeugs in der Hauptspindel. DIN 228 Morsekegel und metrischer Kegel
(→Werkzeugkegel)

M$_f$ (endpoint for martensite formation)
Endpunkt der Martensitbildung.
Liegt für unlegierte Stähle über 0,6% C unterhalb der Raumtemperatur.
(→Restaustenit)

Mikro μ (micro)
Vorsatzsilbe, die den millionsten Teil (10^{-6}) der Einheit bezeichnet.
(→Vorsatzzeichen)

Mikrocomputer (microcomputer)
Arbeitsfähige Schaltung aus Mikroprozessor eines Rechners mit Ein- und Ausgabeeinheiten und Arbeitsspeicher.

Mikrocontroller (microcontroller)
Mikroprozessor mit zusätzlich integrierten Peripheriebausteinen auf einem Chip.
Arbeitsfähige Mikrocomputerschaltung. Mikrocontroller können durch zusätzliche Peripheriebausteine ergänzt werden.

Mikroelektronik (microelectronics)
Bereich der Elektronik mit dem Ziel, Bauelemente und Baugruppen soweit es geht zu verkleinern (Miniaturisierung).

Mikrokontakte (micro-contact face)
Wahre Kontaktfläche zwischen den Spitzen der Rauheitshügel der Kontaktflächen.
Durch plastische Verformung im Mikrobereich erhöht sich die Summe der Mikrokontakte (Traganteil), damit die Adhäsion der Reibpartner.

Mikrolunker (micro sink hole)
Mikroskopisch kleine Lunker zwischen den Verästelungen der Dendriten.
Mikrolunker verschweißen beim Warmumformen und sind Ursache der geringeren Eigenschaftswerte von Gusslegierungen gegenüber gleichartigen Knetwerkstoffen.

Mikroprozessor (microprocessor)
Zentraleinheit eines Mikrocomputersystems.
Besteht aus einem Befehlsregister, der ALU, aus Arbeitsregistern und einer Zeit- und Ablaufsteuerung. Untereinander sind die einzelnen Komponenten über ein internes Bussystem verbunden; ohne periphere Komponenten nicht arbeitsfähig.
(→Zentraleinheit)

Milli m (milli)
Vorsatzsilbe, die den tausendsten Teil (10^{-3}) der Einheit bezeichnet.
(→Vorsatzzeichen)

Mindestmaß (minimum dimension)
→Toleranzen

Minimum (minimum)
Eine Funktion $y = f(x)$ besitzt an der Stelle $x = a$ ein relatives Minimum $f(a)$, wenn in einer Umgebung von a alle Funktionswerte größer als $f(a)$ sind.
Es gilt dann $f(x) > f(a)$ für alle $x \neq a$ aus einer passenden Umgebung von a. Alle benachbarten Funktionswerte sind also größer als $f(a)$.
Es handelt sich bei einem relativen Minimum um eine lokale Eigenschaft, denn es wird nur eine Umgebung von $x = a$ betrachtet.
Das absolute oder globale Minimum einer Funktion $y = f(x)$, die in einem abgeschlossenen Intervall $[c, d]$ differenzierbar ist, ist entweder ein relatives Minimum, oder es wird am Rand, also für $x = c$ oder $x = d$, angenommen.
Eine notwendige Bedingung dafür, dass die Funktion $y = f(x)$ an der Stelle $x = a$ ein relatives Extremum (Maximum oder Minimum) besitzt, ist das Verschwinden der Ableitung an dieser Stelle, also $f'(a) = 0$ (falls sie existiert). Zur Bestimmung der relativen Extrema müssen alle x berechnet werden, die die Gleichung $f'(x) = 0$ erfüllen.
$f(a)$ ist ein relatives Extremum, wenn $f'(a) = 0$ und $f''(a) \neq 0$ gilt oder wenn $f'(a) = f''(a) = 0$ und es eine gerades n gibt, so dass $f'(a) = f''(a) = ... = f^{(n-1)}(a) = 0, f^{(n)}(a) \neq 0$ (n gerade).
Ein Extremum liegt also vor, wenn die erste an der Stelle a von Null verschiedene Ableitung von gerader Ordnung ist.
Dieses relative Extremum ist ein relatives Minimum, wenn im ersten Fall $f''(a) > 0$ und im zweiten Fall $f^{(n)}(a) > 0$ gilt. Das relative Extremum ist ein relatives Maximum, wenn im ersten Fall $f''(a) < 0$ und im zweiten Fall $f^{(n)}(a) < 0$ gilt.
(→Extremum, →Maximum)

Minimumprinzip (minimum principle)
Vorgegebene Soll-Leistung mit minimalen Kosten erreichen.

Minterm (minterm)
Begriff aus der Booleschen Algebra.
Besteht aus einer UND-Verknüpfung aller Variablen einer Verknüpfung, entweder in negierter oder nicht negierter Form. Minterme können einfach aus den Zeilen der Wahrheitstabelle gebildet werden,

Minuend

in denen der Funktionswert den Wert 1 annimmt.
Eine Schaltfunktion kann als ODER-Verknüpfung aller Minterme dargestellt werden.
(→Boolesche Algebra, →Maxterm, →Wahrheitstabelle)

a	b	c	z	
0	0	0	0	
1	0	0	1	$\Rightarrow a \wedge \overline{b} \wedge \overline{c}$
0	1	0	0	
1	1	0	0	
0	0	1	0	
1	0	1	0	
0	1	1	0	
1	1	1	0	

Ermittlung eines Minterms mit Hilfe der Wahrheitstabelle

Minuend (minuend)
→Differenz

Minute (minute)
Untereinheit des Gradmaßes für Winkel in der Ebene:
$1°$ (1 Grad) $= 60'$ (60 Minuten).
(→Gradmaß)

MIPS (**M**illion **I**nstructions **P**er **S**econd)
Aussage über die Zahl der vom Computern pro Sekunde verarbeiteten Befehle.

Mischelemente (mixed element)
Kernarten (Isotope) der chemischen Elemente, mit der gleichen Anzahl Protonen, aber unterschiedlichen Anzahl Neutronen.
Derzeitig sind 88 Mischlemente bekannt.
Beispiele: Kohlenstoff, Wasserstoff, Helium, Eisen, Kupfer.

Mischkeramik
(mixed ceramic materials for cutting tools)
Pulvermetallurgisch hergestellter Schneidstoff auf Aluminiumoxid (Al_2O_3)-Basis.
Zusätze (Beispiel: Titancarbid, bis 40%) erhöhen die Beanspruchbarkeit. Mischkeramik (schwarze Keramik) ist bis ca. $1000\,°C$ als Schneidstoff einsetzbar.

Mischkristall-System
(solid-solution alloy system)
Legierungssystem mit vollkommener Löslichkeit der Komponenten im festen Zustand.
Tritt auf bei hoher Ähnlichkeit der Atome in Durchmesser, Wertigkeit, Stellung in der Spannungsreihe und bei gleichen (gleichdichten) Kristallgittern.
Beispiele: Cu/Ni, Cu/Au, Fe/Ni, Fe/Cr, Fe/Co.
(→Austausch-Mischkristalle)

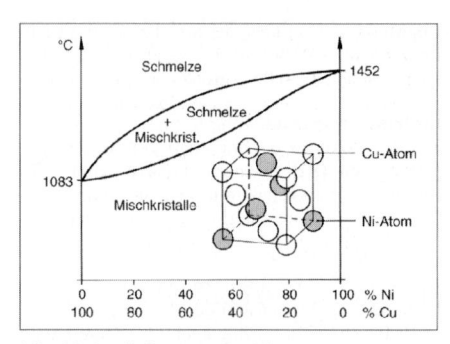

Mischkristall-System Cu-Ni

Mischkristalle (mixed crystal, solid solution)
Kristallgitter aus zwei oder mehr Atom- oder Ionenarten.
(→Austausch-Mischkristalle, →Einlagerungs-Mischkristalle)

Mischkristallverfestigung
(solid-solution strengthening)
Steigerung von Härte und Festigkeit in Kristallgittern, die aus Atomen verschiedenen Durchmessers gebaut sind und dadurch erhöhten Widerstand gegen das Abgleiten besitzen.
(→Austausch-Mischkristalle, →Einlagerungs-Mischkristalle)

Mischreibung (mixed friction)
Reibungszustand zwischen Grenz- und Flüssigkeitsreibung.
Der Schmierfilm ist noch nicht vollständig aufgebaut, es kommt zu Kontakten der Reibpartner.
Beispiele: Anfahren von Maschinen mit kaltem Öl, ruckartiges Gleiten auf Führungen (slip-stick-Effekt).
(→Anlaufreibung, →Stribeck-Kurve)

Mischungsschmierung
(lubrication using an oil-fuel mixture)
Bauart der Motorschmierung bei Zweitaktmotoren. Dem Kraftstoff wird Motoröl im Verhältnis $1:25 ... 1:50$ beim Tanken zugegeben. Im Vergaser entsteht ein Kraftstoff-Luft-Ölgemisch. Das Öl benetzt die Zylinderwandungen und Motorteile im Kurbelgehäuse. Einfach und billig, jedoch hoher Ölverbrauch und Umweltbelastung durch unverbranntes Öl in den Abgasen. Bei Frischölschmierung wird Öl aus einem Behälter dem Kraftstoff-Luft-Gemisch im Vergaser beigemischt (drehzahl- und lastabhängig).
(→Motorschmierung)

Mischungstemperatur
(temperature of mixture)
Temperatur, die sich nach Mischen (Berührung) von Stoffen mit unterschiedlichen Ausgangstemperaturen nach erfolgtem Wärmeaustausch einstellt. Die Mischungstemperatur ϑ_{Mi} in °C einer Zweistoffmischung ist
$\vartheta_{Mi} = (m_1 \cdot c_1 \cdot \vartheta_1 + m_2 \cdot c_2 \cdot \vartheta_2)/(m_1 \cdot c_1 + m_2 \cdot c_2)$
mit Massen m, spezifischen Wärmekapazitäten c, Ausgangstemperaturen ϑ der Stoffe 1 und 2.

Mitkopplung (positive feedback)
→Rückkopplung

Mitnehmer (driver; driving carrier)
Überträgt an Werkzeugmaschinen das Drehmoment von der Hauptspindel auf das Werkstück, das Werkzeug oder den Werkzeugspanner. (→Drehherz, →Fräserdorn, →Stirnseiten-Mitnehmer)

Mittelpunktsform der Ellipsengleichung
(centre form of the equation of an ellipse)
Gleichung der Ellipse in der Form
$(x - x_m)^2/a^2 + (y - y_m)^2/b^2 = 1$
(a halbe Länge der Hauptachse, b halbe Länge der Nebenachse, x_m, y_m Koordinaten des Mittelpunkts).
(→Ellipse)

Mittelpunktsform der Hyperbelgleichung
(centre form of the equation of a hyperbola)
Gleichung der Hyperbel in der Form
$(x - x_m)^2/a^2 - (y - y_m)^2/b^2 = 1$
(a halbe Länge der Hauptachse, b Abstand der Scheitelpunkte zu den Schnittpunkten der Asymptoten mit den Senkrechten zur Hauptachse, x_m, y_m Koordinaten des Mittelpunkts).
(→Hyperbel)

Mittelpunktsform der Kreisgleichung
(centre form of the equation of a circle)
Gleichung des Kreises in der Form
$(x - x_m)^2 + (y - y_m)^2 = r^2$
(x_m, y_m Koordinaten des Mittelpunkts M, also $M = M(x_m \mid y_m)$, r Radius des Kreises).
Diese Form heißt Mittelpunktsform oder Hauptform der Kreisgleichung.
(→Kreis)

Mittelpunktsform der Kugelgleichung
(centre form of the equation of a sphere)
Gleichung der Kugel in der Form
$(x - x_m)^2 + (y - y_m)^2 + (z - z_m)^2 = r^2$
(x_m, y_m, z_m Koordinaten des Mittelpunkts M, also $M = M(x_m \mid y_m \mid z_m)$, r Radius der Kugel).

Diese Form heißt Mittelpunktsform oder Hauptform der Kugelgleichung.
(→Kugel)

Mittelpunktswinkel
(angle at the centre of a circle)
Andere Bezeichnung (Synonym) für Zentriwinkel.

Mittelsenkrechte
(perpendicular through the midpoint)
Senkrechte durch den Mittelpunkt einer Strecke. Beim Dreieck schneiden sich die drei Mittelsenkrechten in einem Punkt M, dem Mittelpunkt des Umkreises. Bei spitzwinkligen Dreiecken liegt M innerhalb des Dreiecks, bei stumpfwinkligen Dreiecken außerhalb und bei rechtwinkligen Dreiecken auf dem Rand (Mittelpunkt der Hypotenuse) des Dreiecks.
(→Senkrechte, →Umkreis)

Mittelspannung (central stress)
→Spannungs-Zeit-Diagramm

Mittenrauhwert (centre peak-to valley height)
→Oberflächenbeschaffenheit

mittlere Geschwindigkeit v_m
(average speed)
Quotient aus dem zurückgelegten Wegabschnitt Δs in m eines ungleichförmig bewegten Körpers und dem zugehörigen Zeitabschnitt Δt in s:
$v_m = \Delta s/\Delta t$ in m/s.
Beispiel: Ein Auto legt den Wegabschnitt $\Delta s =$ 82 km in 53 min zurück. Seine mittlere Geschwindigkeit (oder Durchschnittsgeschwindigkeit) beträgt dann $v_m = \Delta s/\Delta t = 82000 \text{ m}/(53 \cdot 60 \text{ s}) =$ 25,786 m/s = 92,8 km/h. Analog gilt bei der Kreisbewegung für die mittlere Winkelgeschwindigkeit $\omega_m = \Delta\varphi/\Delta t$ mit dem überstrichenen Drehwinkel $\Delta\varphi$ in rad.
(→Geschwindigkeit)

mittlere Kolbengeschwindigkeit v_m
(mean piston speed)
→Kolbengeschwindigkeit

mittlere Proportionale (mean proportional)
→Proportion

MMC (metal matrix composite)
Verbundwerkstoffe mit Metallmatrix und Kurzfasern oder Teilchen als Verstärkungskomponenten. Bevorzugt bei Al- und Mg-Legierungen, die mit Al-Oxid- oder SiC-Fasern örtlich verstärkt werden, um Warmfestigkeit und E-Modul zu erhöhen und Verschleiß- und Thermoschockverhalten zu verbessern.

Beispiel: Al-Kolben mit Oxidfaser in Kolbenboden und Ringnut. Herstellung durch Aus- und Umgießen vorgeformter Faserstrukturen.
(→ODS-Legierungen, →Sprühkompaktieren)

Mnemonics (mnemonics)
Sinnvolle Abkürzungen für Befehle in einer Maschinensprache.
Eine Abkürzung entspricht dabei auch einem Maschinenbefehl.
Beispiel: ADD   Addiere
          JZ   Jump if Zero

modal (modal)
Selbsthaltende Anweisung in einem CNC-Programm.
Selbsthaltende Anweisungen sind solange im gesamten CNC-Programm wirksam, wie sie nicht gelöscht oder überschrieben werden. Nichtselbsthaltende Anweisungen sind nur im programmierten Satz wirksam.
Beispiele:
G01 → Befehl „Linearvorschub mit programmierter Geschwindigkeit", selbsthaltend,
M06 → Befehl „Spindel halt", nichtselbsthaltend.
DIN 66 025 Programmaufbau für numerisch gesteuerte Arbeitsmaschinen.
(→CNC-Programm)

Modelle (model)
Modelle werden aus leicht bearbeitbaren Werkstoffen wie Holz, Wachs, Styropor oder Metall hergestellt. Hohlräume in Gusskörpern werden durch Kerne geformt. Holzmodelle halten bis zu 80 – 100 Einformungen ohne Instandsetzung aus. Styropormodelle sind für Einzelabgüsse vorgesehen. Der Formwerkstoff verbrennt beim Einguss (verlorene Form).
(→Gießen)

Modem (modem)
Gerät zur Umwandlung elektrischer Signale in Frequenzsignale und umgekehrt.
Modem ist die Abkürzung für Modulator-Demodulator. Dadurch ist es möglich, Daten zwischen Mikrocomputern über Telefon- oder sonstige Sprachleitungen zu übertragen.

Modul (module; metric module)
1. Teil eines Rechnerprogramms mit einer bestimmten Funktion.
2. Elektronischer Baustein mit spezieller Aufgabenstellung in einem Gerät.
3. Grundmaß in der Zahnradgeometrie.
(→Verzahnungsmaße)

Modulation (modulation)
Verfahren, bei dem die Amplitude, die Frequenz oder die Phase des Trägersignals durch das zu übertragende Nachrichtensignal beeinflusst wird.

Modul einer komplexen Zahl (modulus of a complex number)
Die nichtnegative reelle Zahl r in der trigonometrischen Form $z = r\,(\cos\varphi + j\sin\varphi)$ einer komplexen Zahl z.
Man nennt r auch Absolutbetrag von z (also $r = |z|$), weil r den Abstand der Zahl z vom Koordinatenursprung in einem Polarkoordinatensystem angibt.
(→Argument einer komplexen Zahl, →komplexe Zahl, →Koordinatensystem, →trigonometrische Form einer komplexen Zahl)

Modulator (modulator)
Elektronische Schaltung zur Umsetzung eines Nachrichtensignals in einen anderen Frequenzbereich zur Nachrichtenübertragung.

Modulbauweise (modular design)
Bauweise eines Systems, bei dem die Geräteeinheiten austauschbar sind.
Die Einzelgeräte haben bestimmte Funktionen und sind mit genormten Schnittstellen ausgerüstet.
Beispiele: Netzgerät, Messeinrichtung, Anzeigegerät, Schalter (Öffner/Schließer), Bedienteil;
(→Robotermodul, →Schnittstelle)

Modulsystem (modular system)
Umfasst in der Fördertechnik Erzeugnisse, die so aufeinander abgestimmt sind, dass sich auch verschiedene Größen gut stapeln lassen.
Beispiele: Container, Behälter für Schrauben und Kleinteile, Gitterboxen.

Moivre, Formel von (de Moivre's formula)
Formel für die n-te Potenz z^n $(n\in\mathbb{N},\ n\geq 1)$ der komplexen Zahl $z = r\,(\cos\varphi + j\sin\varphi)$ (Name nach dem französischen Mathematiker A. de Moivre, 1667 – 1754):
$z^n = [r\,(\cos\varphi + j\sin\varphi)]^n = r^n(\cos n\varphi + j\sin n\varphi)$.
Außerdem gilt
$z^0 = 1, \quad z^{-n} = 1/z^n = (1/r^n)(\cos n\varphi - j\sin n\varphi)$.
(→komplexe Zahl)

MOL (mol; mole)
1 Mol ist die Stoffmenge n eines Systems bestimmter Zusammensetzung, das aus ebenso viel Teilchen besteht, wie Atome in 0,012 kg des Kohlenstoffisotops C-12 enthalten sind.
Teilchen können Atome, Ionen, Moleküle sein.

Mol mol (mol)
SI-Basiseinheit der Basisgröße Stoffmenge n.
Ein Mol ist die Stoffmenge, in der soviel Teilchen enthalten sind, wie Atome in 0,012 kg des Kohlenstoffisotops ^{12}C.
Ein Mol enthält $6,022045 \cdot 10^{23}$ Teilchen und ist durch die Avogadro-Konstante bestimmt. Bei Benutzung des Mols müssen die Einzelteilchen spezifiziert sein und können Atome, Elektronen, Ionen, Moleküle, oder Gruppen solcher Teichen genau angegebener Zusammensetzung sein.
(→Avogadro-Konstante, →Basiseinheit, →Basisgröße, →Stoffmenge)

molare Gaskonstante (molar gas constant)
→universelle Gaskonstante

molare Masse M (molar mass)
Masse eines Mols eines chemischen Elements oder einer chemischen Verbindung.
Entspricht der relativen Atommasse oder der relativen Molekularmasse, versehen mit der Einheit Gramm (10^{-3} kg).
Beispiel:
$M(He) = 4,0$ g/mol, $M(HCl) = 36,46$ g/mol.
(→Masse, →relative Atommasse, →Stoffmenge)

molares Normvolumen V_{mn} (molar standard volume)
Raumbedarf eines gasförmigen Stoffes mit der Masse $m = M$ kg im Normzustand.
V_{mn} in m³/kmol ist das Produkt aus dem spezifischen Normvolumen v_n und der molaren Masse M: ($V_{mn} = v_n \cdot M$). Es beträgt für ein ideales Gas (gerundet) $V_{mn} = 22,4$ m³/kmol, geringe Abweichungen bei realen (wirklichen) Gasen.
DIN 1343 Referenzzustand, Normzustand, Normvolumen.
(→ideales Gas, →molares Volumen, →Normzustand, →Stoffmenge)

molares Volumen V_m (molar volume)
Raumbedarf eines gasförmigen Stoffes mit der Masse $m = M$ kg.
Das molare Volumen V_m in m³/kmol ist das Produkt aus dem spezifischen Volumen v und der molaren Masse M: ($V_m = v \cdot M$). Es wird beeinflusst durch Temperatur und Druck.
(→molares Normvolumen, →spezifisches Volumen, →Stoffmenge, →Volumen)

Molekül (molecule)
Atomverband aus gleichartigen oder ungleichartigen Atomen.
Bei gleichartigen Atomen liegt das bindende Elektronenpaar symmetrisch zwischen den Atomen, die Ladungswolke des Moleküls umschließt beide Atomkerne gleichmäßig.

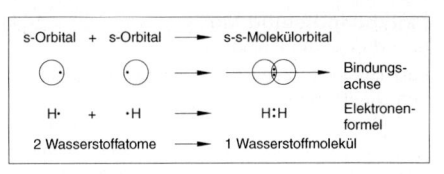

Beispiel: Atombindung

Bei ungleichartigen Atomen liegt das bindende Elektronenpaar unsymmetrisch zwischen den Atomen. Die Ladungswolke des Moleküls umschließt beide Atomkerne ungleichmäßig.
(→Atombindung, polarisiert)

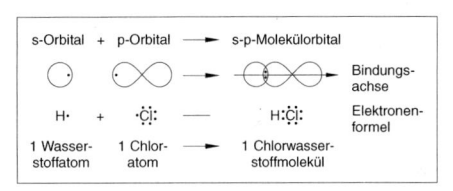

Beispiel: Atombindung, polarisierte

Molekülgitter (molecular lattice)
Kristallgitter aus Molekülen, die untereinander schwächer gebunden sind als die Bausteine im Molekül.
Dadurch stärkere Temperaturabhängigkeit als bei anderen Kristallgittern.
Beispiele: Eis, feste Gase (CO_2), Nichtmetalle (S, P) und Kunststoffe.
(→Atomgitter, →Ionengitter, →Metallgitter)

Molekularkraft (molecular force)
Die zwischen Atomen, Ionen und Molekülen im Inneren eines Körpers wirkenden Kräfte.
Sie bestimmen den Aggregatzustand, die Festigkeit, das Volumen und andere Eigenschaften.
Beispiele: Adhäsion, Kohäsion.
(→Adhäsion, →Kohäsion, →Kraft)

Molybdän Mo (molybdenum)
Hochschmelzendes Schwermetall, Basismetall für hochwarmfeste Legierungen mit geringen Anteilen von Ti, Zr, Cr.
Zeitfestigkeiten $R_{m/10000h/1000}$ von 400...480 N/mm². Mo ist Legierungselement in Vergütungsstählen, warmfesten Stählen und erhöht die Beständigkeit der Cr- und CrNi-Stähle gegen Korrosion.
Verwendung: Strangpresswerkzeuge, Heizleiter, Bauteile in Kontakt mit Schmelzen, Gasturbinenschaufeln.

Molybdänsulfid MoS$_2$
(molybdenum disulphide)
Festschmierstoff aufgrund seines hexagonalen Schichtgitters (ähnlich Graphit). In Vakuum wirksam, in Luft bis ca. 350 °C beständig. Bestandteil von Gleitlacken und Gleitelementen aus Kunststoffen, Bauteile können durch PVD damit beschichtet werden.

Momentenfläche (moment area)
→Biegemomentenverlauf

Momentengleichgewichtsbedingung
(equilibrium condition for moments)
Gleichungsansatz für ein Kräftesystem, das auch bezüglich einer Drehung um eine beliebige Achse im Gleichgewicht sein soll (Ruhezustand oder gleichförmig geradlinige Bewegung).
An Stelle des in der Statik üblichen Ansatzes der drei Gleichgewichtsbedingungen $\Sigma F_x = 0$, $\Sigma F_y = 0$, $\Sigma M = 0$ können die noch unbekannten Stützkräfte F_A, F_B an einem Bauteil auch durch den dreimaligen Ansatz der Momentengleichgewichtsbedingung für drei nicht auf einer Gerade liegende Punkte berechnet werden.
(→Gleichgewichtsbedingungen)

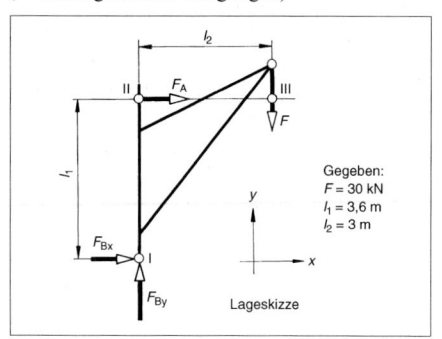

Gegeben:
$F = 30$ kN
$l_1 = 3,6$ m
$l_2 = 3$ m

Lageskizze

Ansatz der drei Momentenbedingungen am Beispiel eines Wanddrehkrans:
I. $\Sigma M_{(I)} = 0 = -F_A l_1 - F l_2$
II. $\Sigma M_{(II)} = 0 = F_{bx} l_1 - F l_2$
III. $\Sigma M_{(III)} = 0 = F_{bx} l_1 - F_{by} l_2$

Momentensatz (theorem of moments)
In der Statik Gleichung zur Berechnung der Lage (l_0) der Resultierenden F_r eines Kräftesystems. Das Kraftmoment M_r der Resultierenden F_r, bezogen auf einen beliebigen Punkt D, ist gleich der Summe der Kraftmomente der Einzelkräfte F in Bezug auf denselben Punkt:
$M_r = M_1 + M_2 + M_3 + ... + M_n$
$F_r l_0 = F_1 l_1 + F_2 l_2 + F_3 l_3 + ... + F_n l_n$
$l_0 = (F_1 l_1 + F_2 l_2 + F_3 l_3 + ... + F_n l_n)/F_r$
(→Drehmoment, →Flächenschwerpunkt, →Linienschwerpunkt)

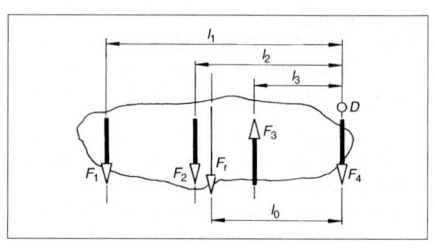

Anwendung des Momentensatzes

Momentenstoß (impulse of a moment)
Produkt aus dem resultierenden Moment M_{res} und dem zugehörigen Zeitabschnitt Δt: $M_{res} \Delta t$ in Nms. Der Momentenstoß ist gleich der Änderung des Drehimpulses während des betrachteten Zeitabschnitts: $M_{res} \Delta t = J\omega_2 - J\omega_1$.
(→Drehimpuls, →Kraftstoß)

Monitor (monitor)
Datensichtgerät; als Monochrom- und Farbmonitor.

Mono-Jetronic
(Single Point Fuel Injection -SPFI)
Elektronische Einspritzanlage für Ottomotoren. Es wird nur ein Einspritzventil zur intermittierenden Einspritzung (synchron zum Ansaugtakt) verwendet (Zentraleinspritzung). Die Gemischverteilung erfolgt wie beim Vergaser über das Saugrohr zu den einzelnen Zylindern. Das digitale Steuergerät mit Mikrocomputer und Kennfeldspeicher verarbeitet Signale von Motor- und Lufttemperaturfühler, Drosselklappenpotentiometer, Lambdasonde und Zündanlage. Es errechnet hieraus die Einspritzdauer des zentralen, elektromagnetisch betätigten Einspritzventils (im Takt der Zündimpulse), als Maß für die Gemischzusammensetzung.
(→Einspritzanlage, →Vergaser)

Monoflop (monostabile Kippstufe)
(monostable multivibrator)
Impulserzeuger mit einstellbarer Impulsdauer. Die Impulsdauer des Ausgangssignals ist unabhängig von der des Eingangssignals. Monoflops können zur Impulsverkürzung und -verlängerung eingesetzt werden.

Monomer (monomer)
Ausgangsstoffe der Makromoleküle, meist niedermolekulare Kohlenwasserstoffe.
Beispiel: aus dem Monomer Ethen C_2H_4 (Äthylen) entstehen durch Polymerisation die Kettenmoleküle des Polyethens PE (Polyäthylen).

monostabile Kippstufe
(monostable multivibrator)
→Kippschaltung, →Taktgeber

monoton fallende Funktion
(monotonously decreasing function)
→monotone Funktion

monoton wachsende Funktion
(monotonously increasing function)
→monotone Funktion

monotone Folge (monotonous sequence)
Eine Folge (a_n) heißt monoton wachsend, wenn gilt
$a_1 \leq a_2 \leq a_3 \leq ... \leq a_n \leq ...$,
und monoton fallend, wenn gilt
$a_1 \geq a_2 \geq a_3 \geq ... \geq a_n \geq ...$
Sind alle Ungleichheitszeichen echt, das heißt, es kommen keine Gleichheitszeichen vor, dann spricht man von einer streng monoton wachsenden Folge bzw. von einer streng monoton fallenden Folge.
Beispiele:
Die Folge (a_n) mit $a_n = n$, also (a_n) = (1, 2, 3, 4, ...) ist streng monoton wachsend.
Die Folge (a_n) mit $a_n = 1/n$, also (a_n) = (1, 1/2, 1/3, 1/4, ...) ist streng monoton fallend.
(→Folge)

monotone Funktion (monotonous function)
Eine Funktion $y = f(x)$ heißt in einem bestimmten Bereich B (B ist eine Teilmenge des Definitionsbereichs D) monoton wachsend, wenn aus $x_1 < x_2$ stets $f(x_1) \leq f(x_2)$ folgt, streng monoton wachsend, wenn aus $x_1 < x_2$ stets $f(x_1) < f(x_2)$ folgt, monoton fallend, wenn aus $x_1 < x_2$ stets $f(x_1) \geq f(x_2)$ folgt, streng monoton fallend, wenn aus $x_1 < x_2$ stets $f(x_1) > f(x_2)$ folgt. Dabei sind x_1, x_2 beliebige Punkte aus diesem Bereich B.
Beispiele:
1. $f(x) = 3x$, $D = \mathbb{R}$ ist streng monoton wachsend in D.
2. $f(x) = a^x$, $a \in \mathbb{R}$, $a > 0$, $D = \mathbb{R}$ ist für $a > 1$ streng monoton wachsend in D und für $0 < a < 1$ streng monoton fallend in D.
3. $f(x) = x^2$, $D = \mathbb{R}$ ist in $B_1 = \{x \mid x \in D$ und $x \leq 0\}$ streng monoton fallend und in $B_2 = \{x \mid x \in D$ und $x \geq 0\}$ streng monoton wachsend.
4. $f(x) = 3$, $D = \mathbb{R}$ ist in D monoton wachsend (und monoton fallend).
(→Funktion)

Montagegreifer (assembly end effector)
Arbeitsorgan eines Roboters.
Robotergreifer, der in der Lage ist, intern im System Greifer Einzelteile zu Baugruppen zu montieren.
(→Greifer)

Montageroboter (assembly robot)
Industrieroboter, der automatisch und selbständig Einzelteile oder Baugruppen zu Erzeugnissen montiert.

Abhängig von der Montageaufgabe (Fügeaufgabe) muss die Roboterbauform (Kinematik) und die Robotersensorik gewählt und die Roboterperipherie entsprechend ausgelegt werden. Eine Montagebewegung kann aus mehreren Teilbewegungen wie Fügen mit gleichzeitiger Drehbewegung, mehrfachem Fügen in Abhängigkeit der Reihenfolge, Einlegen und Schrauben bestehen. Fügerichtung und Fügekräfte können varieren. Bei geringen Fügetoleranzen oder mangelnder Robotergenauigkeit wird die Feinbewegung durch eine Fügehilfe ausgeführt.

Beispiel: Ein Roboter an einem Automobilmontageband montiert die Reifen mit Felge auf die Radnaben. Die Stellung der Radnabe wird sensorunterstützt erfasst. Der Roboter korrigiert die Fügeposition, indem er das zu fügende Rad axial dreht, bis die Bohrungen der Radnabe mit den Gewindebohrungen in der Nabe fluchten.
(→Adaptionsfähigkeit, →Bestückungsroboter, →Industrieroboter, →Kinematik, →Robotersensorik)

Montagevorspannkraft
(assembly prestressing force)
→Schraubenverbindungen

Morsekegel (Morse taper)
Kegel ca. 1: 20, am Einspannschaft von Maschinenwerkzeugen (z.B. Bohrern, Fräsern) zum Zentrieren der Werkzeuge in der Hauptspindel.
DIN 228 Morsekegel und metrischer Kegel
(→Werkzeugkegel)

MOSFET (**m**etal **o**xide **s**emiconductor **f**ield **e**ffect **t**ransistor)
Feldeffekttransistor (IGFET) mit besonderem technologischem Aufbau der Isolierschicht am Steuereingang G.
Einen anderer Aufbau haben MISFET – **m**etal **i**solator **s**emiconductor FET.

Motherboard (motherboard)
Grundplatine eines Computers mit Daten- und Adressbus und Steckplätzen für Arbeitsspeicher und Schnittstellen.
Häufig ist auch die CPU Bestandteil des Motherboards.

Motorgreifer (motor grab)
Baggergreifer für Schüttgut, dessen Antrieb zum Öffnen und Schließen direkt am Greifer angebaut ist (Bild Seite 286).
Ein Motorgreifer benötigt also nur ein Tragseil und kein Seil zum Öffnen und Schließen.
(→Mehrseilgreifer)

Motorkennlinien

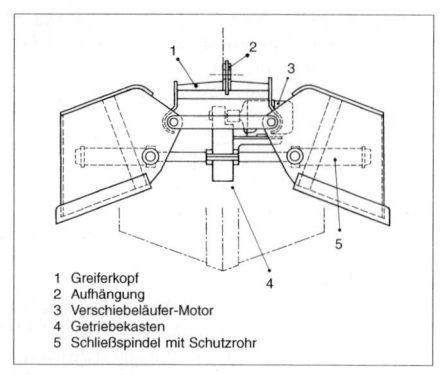

1 Greiferkopf
2 Aufhängung
3 Verschiebeläufer-Motor
4 Getriebekasten
5 Schließspindel mit Schutzrohr

Motorgreifer mit Spindelantrieb

Motorkennlinien
(engine characteristic curves)
→Kennfelder, →Kennlinien

Motorkühlung (engine cooling)
Baugruppe im Verbrennungsmotor mit der Aufgabe, einen Teil der Verbrennungswärme abzuführen, die Schmierfähigkeit des Motoröls zu erhalten, die Warmfestigkeit der Motorbauteile nicht zu überschreiten und den Verbrennungsablauf kontrolliert ablaufen zu lassen.
Die Wärme wird entweder indirekt über eine Wasserkühlung oder direkt an die Außenluft (Luftkühlung) abgegeben. Daneben wird durch den Frischladungswechsel und durch den im Zylinder verdampfenden Kraftstoff (Verdampfungswärme) Wärmeenergie entzogen.
DIN 6266 Kühlungsarten.
(→Luftkühlung, →Wasserkühlung)

Motorleistung *P* (engine power)
→Innenleistung, →Effektivleistung

Motorschmierung (engine lubrication)
Baugruppe in Verbrennungsmotoren zur Schmierung der Triebwerksteile, Lager und Zylinder.
Man unterscheidet Druckumlaufschmierung, Trockensumpfschmierung und Mischungsschmierung. Für ihren Betrieb benötigt sie Ölpumpe, Ölfilter und evt. Ölkühler. Einrichtungen zur Kontrolle einer ausreichenden Ölmenge (Peilstab, elektrische Ölstandsgeber), des Öldruckes (Öldruckmanometer oder Öldruckschalter mit Öldruckkontrollleuchte) und der Öltemperatur (über NTC-Widerstand) erhöhen die Betriebssicherheit.
(→Druckumlaufschmierung, →Mischungsschmierung, →Trockensumpfschmierung)

Motorschutzschalter
(motor protection switch)
Schaltgerät zum Schutz von Motoren vor Überlastung.

Bei thermischer Überlastung wirken Thermobimetalle auf das Schaltschloß ein. Elektromagnetische Auslöser (Kurzschlussschutz) und Unterspannungsauslöser können zusätzlich integriert werden. Als Ausschaltschwelle wird der Motornennstrom eingestellt.

Motorsteuerung (engine timing; valve timing)
Baugruppe im Verbrennungsmotor zu Steuerung des Ladungswechsels.
Besteht beim Viertaktmotor aus Ein- und Auslassventilen mit Ventilfedern, Ventilbetätigung und Nockenwelle mit Übertragungsteilen. Nach der Ventil-Schließbewegung unterscheidet man obengesteuerte (hängende Ventile) und untengesteuerte Motoren (stehende Ventile, nicht mehr verwendet). Nach Lage der Nockenwelle ohv-, ohc-, dohc- und cih-Motoren. Die Steuerung der Zweitaktmotoren (Zweitaktverfahren) erfolgt über Schlitze in der Zylinderwand, bei Zweitakt-Dieselmotoren auch über Ventile.
(→cih-Motor, →dohc-Motor, →ohc-Motor, →ohv-Motor, →Ventilbetätigung)

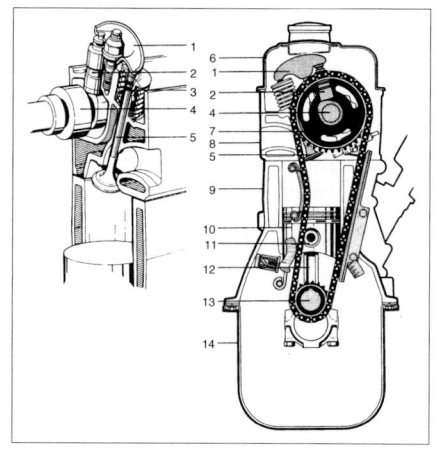

Bauteile der Motorsteuerung (Opel)
1 Kipphebel, 2 Ventilstößel, 3 Ventilfeder, 4 Nockenwelle, 5 Tellerventil, 6 Zylinderkopfhaube, 7 Zahnrad des Steuergetriebes, 8 Zylinderkopf, 9 Zylinderblock, 10 Kolben, 11 Kolbenbolzen, 12 Pleuelstange, 13 Kurbelwelle, 14 Ölwanne

Motronic (electronic engine control)
Einspritzanlage für Ottomotoren, die mit einer elektronischen Zündung zu einem digitalen Motorsteuerungssystem zusammengefasst ist.
Die Einspritzung arbeitet als L- oder LH-Jetronic.
Die Steuerung basiert auf gespeicherten Kennfeldern (Zünd-, Einspritz-, Schließwinkel-, Lambdaregelungs- und Warmlaufkennfeld), deren Para-

meter abhängig von Drehzahl, Motorbelastung und Batteriespannung sind. Im Mikrocomputer werden die durch Sensoren übermittelten Daten in Steuergrößen für den günstigsten Zündzeitpunkt und die optimale Einspritzmenge umgerechnet. (→Einspritzanlage, →elektronische Zündung, →L-Jetronic, →LH-Jetronic)

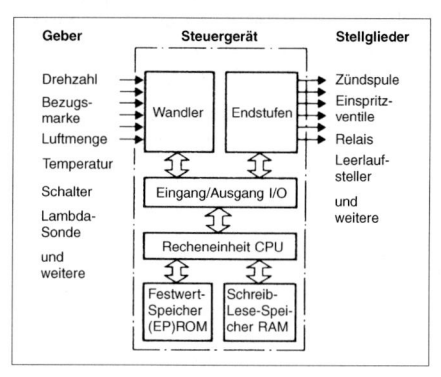

Steuergrößen des Motronic-Steuergerätes (Bosch)

MOZ (motor octan number)
→Oktanzahl, →ROZ

M$_s$ (startpoint for martensite formation)
Startpunkt der Martensitbildung.
Vom C-Gehalt des Stahles abhängige Temperatur (100...400 °C), bei der unterkühlter Austenit beginnt, sich in Martensit umzuwandeln. (→Restaustenit)

MSB (**M**ost **S**ignificant **B**it)
Bei einem digitalen Wort das Bit mit der höchsten Wertigkeit. Gegenteil: LSB.
Beispiel: 1010101**1**.

MTM-Verfahren (methods time measurement)
Verfahren der Systeme vorbestimmter Zeiten (SvZ). Jede Handarbeit wird in neun Grundbewegungen zerlegt. Jeder dieser Grundbewegungen weist das MTM-System einen vorbestimmten Normalzeitwert zu. Die für die Grundbewegungen erforderlichen Arbeitszeiten sind in MTM-Normalzeitwerttabellen vorgegeben. Die Grundbewegungszeiten stellen Normalzeiten dar. Die Zeiteinheit ist ein TMU (time measurement unit) = 0,036 s.

Muldenkorrosion (shallow pit formation)
Korrosionsart mit ungleichmäßiger Abtragung des Werkstoffes.
Sie geht nicht in die Tiefe. Korrosionserscheinungen sind flache Mulden: Muldenfraß.

Multi-Emitter (multi-emitter)
Transistor mit mehreren Elektroden als Emitter ausgeführt.
Der Multi-Emittertransistor ist Kennzeichen von TTL-Eingangsstufen.

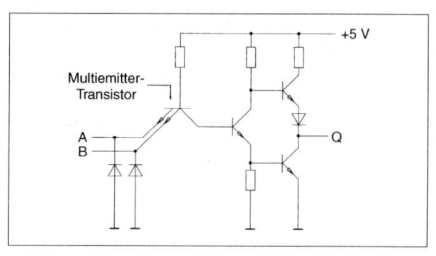

Multi-Emittertransistor im TTL-Eingang

Multimomentaufnahme (work sampling)
Beobachtungstechnik, bei der die Häufigkeit zuvor festgelegter Ablaufarten an einem oder mehreren Arbeitsplätzen mit Hilfe stichprobenartig durchgeführter Kurzzeitbeobachtungen erfasst wird.
Ohne Messgeräte kann eine hohe Genauigkeit der Zeitstudien erreicht werden. Grundsätzlich können sämtlicher Zeitarten erfasst werden.

Multiplexer (multiplexer)
Elektronischer Umschalter, der mehrere Eingangsinformationen verschiedener Quellen auf einen Ausgang schaltet, auch Bauelement zur Umschaltung zwischen verschiedenen Signalquellen.
Beispiel: Zur Einsparung von Anzeigegeräten werden mehrere Messstellen über einen Multiplexer an eine gemeinsame Anzeige angeschlossen. Es wird automatisch und zeitabhängig zwischen den einzelnen Signalquellen umgeschaltet.

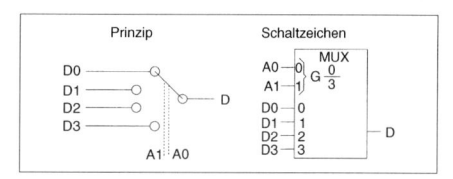

Multiplexer

Multiplikation (multiplication)
→Grundrechenarten

Multitasking (multitasking)
Das installierte Betriebssystem erlaubt das (quasi) gleichzeitige Ablaufen mehrerer *verschiedener* Aufgaben auf einem Rechner.

Multiuser (multi-user)
Das installierte Betriebssystem erlaubt es mehreren Benutzern, (quasi) gleichzeitig mit *einem* Anwendungsprogramm zu arbeiten.

Multivibrator (multivibrator)
→Kippschaltung
Mutternarten (types of nuts)
Vollbelastbare Sechskantmuttern nach DIN ISO 4032 und 4034, Festigkeitsklassen 5 bis 10 mit Nennhöhen $m \geq 0{,}85 \cdot d$. Sie werden mit einer Zahl (Prüfspannung/100) gekennzeichnet. Sechskantmuttern mit eingeschränkter Belastbarkeit nach DIN ISO 4035 und DIN 439. Nennhöhen $m \geq 0{,}5$ bis $0{,}8 \cdot d$. Hutmuttern nach DIN 917 und DIN 1587 schützen das Schraubengewinde und verhüten Verletzungen. Vierkantmuttern nach DIN 557 und DIN 562 zum Verschrauben von Holzteilen. Nut- und Kreuzlochmuttern nach DIN 1804 und DIN 1816 mit Feingewinde z.B. zur Befestigung von Wälzlagern.

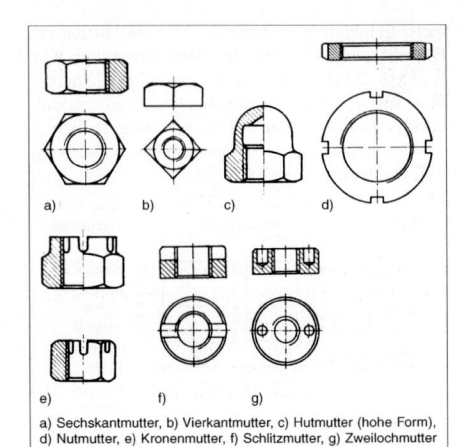

a) Sechskantmutter, b) Vierkantmutter, c) Hutmutter (hohe Form), d) Nutmutter, e) Kronenmutter, f) Schlitzmutter, g) Zweilochmutter

N

n-Eck (*n*-gon)
Ein Polygon mit *n* Eckpunkten.
(→Polygon)

n-seitige Pyramide (*n*-sided pyramid)
Eine Pyramide mit einem *n*-Eck als Grundfläche.
(→Pyramide)

n-seitiges Prisma (*n*-sided prism)
Ein Prisma mit einem **n-Eck als Grundfläche**.
(→Prisma)

n-te Einheitswurzeln (*n*th roots of unity)
Die *n*-ten Wurzeln aus der komplexen Zahl $z = 1$:
$w_k = \cos(2(k-1)\pi/n) + j\sin(2(k-1)\pi/n)$,
$k = 1, 2, \ldots, n$.
Die Gleichung $w^n = z = 1$ ($n \in \mathbb{N}^*$) besitzt im Bereich der komplexen Zahlen genau *n* verschiedene Lösungen $w_1, w_2, \ldots, w_n$.
Beispiele:
1. $n = 2$:
   $w_1 = \cos 0 + j \sin 0 = 1$,
   $w_2 = \cos \pi + j \sin \pi = -1$
2. $n = 3$:
   $w_1 = 1$,
   $w_2 = \cos(2\pi/3) + j\sin(2\pi/3) = -1/2 + (\sqrt{3}/2)j$,
   $w_3 = \cos(4\pi/3) + j\sin(4\pi/3) = -1/2 - (\sqrt{3}/2)j$
(→komplexe Zahl)

nachgebende Rückführung
(elastic feedback; feedback which decreases with time)
Rückführung, deren Wirkung im Zeitverlauf abnimmt.
Technisch wird diese durch Verwendung von speichernden Bauteilen in der Rückführleitung erreicht. Durch den Einsatz einer nachgebenden Rückführung entsteht bei verstärkenden Bauelementen ein Integralverhalten.
(→Integralverhalten)

Nachstellzeit T_n (reset time)
Bestimmungsgröße des PI-Reglers.
Sie lässt sich zeichnerisch aus der Sprungantwort ermitteln. T_n gibt an, welche Zeit der Integralanteil bei gleich bleibender Regeldifferenz benötigt, um eine Stellgrößenänderung in Höhe des Proportionalsprungs zu bewirken.
(→PI-Regler, →Regeldifferenz, →Sprungantwort)

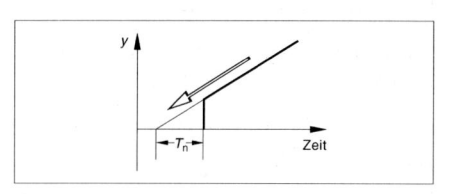

Grafische Ermittlung der Nachstellzeit

Nadeldrucker (needle printer)
Drucker, bei dem Zeichen ausgegeben werden, die sich aus einzelnen Punkten zusammensetzen. Im Druckkopf sind einzeln steuerbare Nadeln (9 – 24) angebracht, die auf das Farbband schnellen und so das Punktmuster erzeugen, das einem Zeichen entspricht.

Nadellager (needle bearings)
Bei kleinen Baudurchmessern nur radial belastbar (als kombiniertes Nadel-Axialkugellager auch für Aufnahme von Axialkräften geeignet); Lager wird oft ohne Innen- und Außenring eingesetzt; unempfindlich gegen stoßartige Belastung. Einsatz z.B. für Pleuel- und Kipphebellagerungen.

NAND (not and)
UND-Verknüpfung mit negiertem Ausgang.
Die Ausgangsgröße nimmt nur dann den Wert 0 an, wenn alle Eingangsgrößen 1 sind. In allen anderen Fällen nimmt der Ausgang 1 an.
(→Disjunktion, →logische Verknüpfung, →NICHT, →UND)

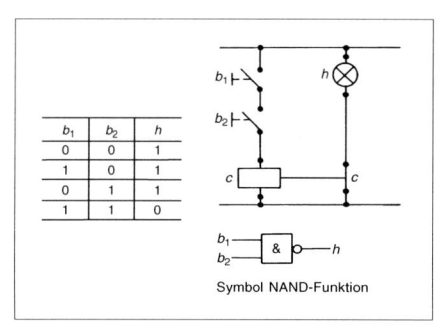

b_1	b_2	h
0	0	1
1	0	1
0	1	1
1	1	0

Symbol NAND-Funktion

Technische Realisierung einer NAND-Funktion

Nano n (nano)
Vorsatzsilbe, die den milliardsten Teil (10^{-9}) der Einheit bezeichnet.
(→Vorsatzzeichen)

Nassluftfilter (wet-type air filter)
→Luftfilter

natürliche Zahl (non-negative integer)
Die Zahlen 0, 1, 2, 3, 4, ...
Die natürlichen Zahlen sind die nicht negativen ganzen Zahlen. Alle natürlichen Zahlen bilden zusammen die Menge IN der natürlichen Zahlen.
(→Zahlenmengen)

natürlicher Logarithmus (natural logarithm)
Logarithmus mit der Eulerschen Zahl $e = 2,71828182...$ als Basis.
(→Logarithmus)

NC-Postprozessor (NC postprocessor)
Programm zur Übersetzung eines allgemeinen CNC-Programms (Cutter Location Data) in ein maschinenspezifisches Steuerprogramm.
(→CNC-Programm, →maschinelles Programmieren)

Nebenbindungsart (mixed bonds)
Übergangsform zwischen den Hauptbindungsarten: Atombindung, Ionenbindung und Metallbindung. Die Bedingungen dieser Hauptbindungsarten werden von den meisten chemischen Elementen nicht voll erfüllt, daher sind die Übergänge zwischen den Hauptbindungsarten fließend.
(→Bindungsarten)

Nebendiagonale (secondary diagonal)
→Determinante

Nebengruppe (auxilliary groups)
→Nebengruppenelemente

Nebengruppenelemente
(auxiliary group elements)
Chemische Elemente, die zwischen der zweiten und dritten Hauptgruppe eingeordnet werden. Sie besitzen in der äußersten Schale meistens 2 Elektronen.
Fast alle technisch wichtigen Metalle gehören zu den Nebengruppenelementen.
Beispiele: Fe, Cu, Au, Cr, Mn.

Nebenniveau (orbital energy levels)
Beschreibung des Energiezustandes des Elektrons auf dem Nebenniveau, z.B. im s-Orbital, p-Orbital, d-Orbital.

Nebenquantenzahl l
(orbital quantum number)
Beschreibung des Energiezustandes des Elektrons auf dem Nebenniveau, sie gibt die Form des Orbitals an, z.B. das s-Orbital, p-Orbital, d-Orbital.

Nebenschneide (minor cutting edge)
Schneide am Schneidteil eines Zerspanwerkzeugs, die bei Betrachtung in der Arbeitsebene der Vorschubrichtung abgewandt ist.
(→Hauptschneide)

Nebenstromölfilter (bypass oil filter)
→Ölfilter

Nebenwinkel (adjacent angles)
Benachbarte Winkel an zwei sich schneidenden Geraden.
Nebenwinkel sind Supplementwinkel, sie ergänzen sich also zu 180°.
(→Winkel)

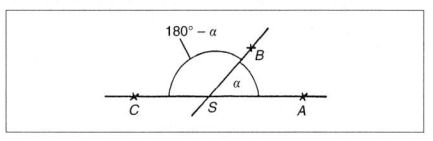

Nebenwinkel (a ASB und a BSC)

Negation (negation)
→NICHT-Verknüpfung

negative Zahl (negative number)
Alle reellen Zahlen, die kleiner als 0 sind.
Beispiele: $-1/4; -10^3; \sqrt[5]{-2}, -10^{-10}$.
(→reelle Zahl)

Neigungswinkel λ_s (cutting edge inclination)
Winkel zwischen der Hauptschneide des Schneidteils eines Zerspanwerkzeugs und der Werkzeug-Bezugsebene des Werkzeug-Bezugssystems, gemessen in der Werkzeug-Schneidenebene.
(→Werkzeugwinkel)

Nenner (denominator)
→Bruch

Nennmaß (nominal dimension)
→Toleranzen

Nennspannung (rated voltage)
In der Elektrotechnik diejenige Spannung, für die ein Betriebsmittel eingerichtet ist oder die ein Netz nominell bereitstellt.
DIN IEC 38 IEC-Normspannungen.
(→Kerbquerschnitt)

Neperscher Logarithmus
(Neperian logarithm)
Logarithmus mit der Eulerschen Zahl $e = 2,71828182...$ als Basis.
(→Logarithmus)

Nettotragfähigkeit von Robotern (payload of a robot)
Zulässige Tragkraft des Roboters.
Die Summe der Masse des Roboterarbeitsorgans (Werkzeug oder Greifer) und der Masse des Handhabungsobjekts ergibt das Nettotragvermögen.
(→Industrieroboter, →Robotertragfähigkeit)

Netzform (electrical network)
Aufbau des Niederspannungsnetzes bezüglich der Erdverbindungen.
Man unterscheidet TN-, TT- und IT-Netze (Bild rechts). Aus der Netzform ergeben sich die zulässigen Schutzmaßnahmen nach VDE 0100.
DIN VDE 0100 Errichten von Starkstromanlagen.

Netzteil (power supply unit)
Transformator mit Gleichrichterteil, der dafür sorgt, dass die Netzspannung in eine für einen Rechner verwendbare Spannung umgewandelt wird.

Netzwerk (network)
Miteinander verbundene Rechner, die Programme, Daten oder angeschlossene Geräte gemeinsam nutzen können.
(→LAN, →Server, →WAN)

Neugrad (grade)
Ältere, heute nicht mehr gebräuchliche Einheit des Gradmaßes bei Einteilung des Vollwinkels in 400 gleiche Teile.
Die heutige Bezeichnung für die Einheit ist Gon (gon).
(→Gon, →Gradmaß)

Neusilber (Alpaka; german silver)
Nicht genormter Name für Kupfer-Nickel-Zink-Legierungen.

neutrale Faser (neutral fibre)
→lineare Spannungsverteilung

neutrale Faserschicht (neutral fibrous layer)
Gedachte Fläche im Biegewerkstück, die ihre Länge bei der Biegeumformung nicht ändert.
In der neutralen Faserschicht treten keine Zug- oder Druckspannungen auf. Durch die Veränderung der Querschnittsflächenform beim Biegen verschiebt sich die neutrale Faserschicht von der Mitte des Querschnitts (beim ungebogenen Teil) nach innen zur Druckzone hin (beim gebogenen Teil).
(→lineare Spannungsverteilung)

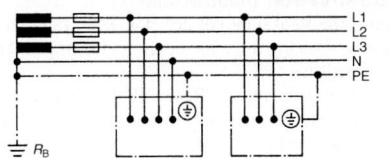

TN-S-Netz – Getrennte Neutralleiter und Schutzleiter im gesamten Netz.

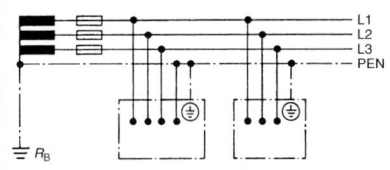

TN-C-Netz – Neutralleiter- und Schutzleiterfunktionen sind im gesamten Netz in einem einzigen Leiter, dem PEN-Leiter, zusammengefaßt.

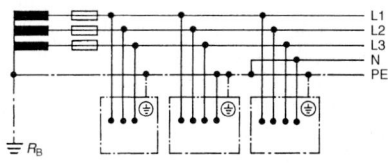

TN-C-S-Netz – In einem Teil des Netzes sind die Funktionen des Neutralleiters und des Schutzleiters in einem einzigen Leiter, dem PEN-Leiter, zusammengefaßt.

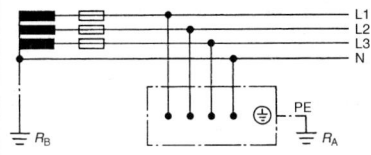

Im TT-Netz ist ein Punkt direkt geerdet (Betriebserder); die Körper der elektrischen Anlage sind mit Erdern verbunden, die vom Betriebserder getrennt sind.

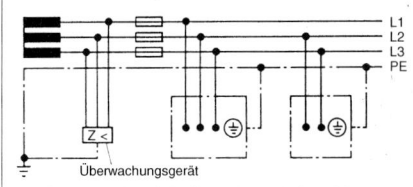

Das IT-Netz hat keine direkte Verbindung zwischen aktiven Leitern und geerdeten Teilen; die Körper der elektrischen Anlage sind geerdet.

Netzformen

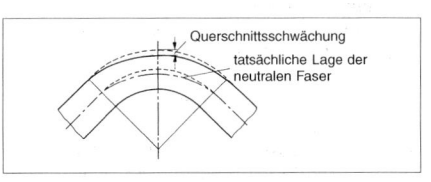

neutrale Faserschicht

Neutralisation (neutralization)
Chemische Reaktion, bei der eine saure oder eine basische Lösung in eine neutrale Lösung überführt wird.
Allgemein gilt: Säure + Base $\rightleftharpoons$ Salz + Wasser.
Da es bei der Neutralisation nur auf die charakteristischen Gruppen ankommt, gilt vereinfacht:
H^+ $\quad\quad\quad$ + OH^- $\rightarrow H_2O$.
Wasserstoffion + Hydroxidion $\rightarrow$ Wasser.
Die Umkehrung der Neutralisation ist die Hydrolyse.
($\rightarrow$Hydrolyse)

Neutralleiter (floating neutral)
Mit dem Mittel- oder Sternpunkt des Netzes verbundener Leiter, der zur Übertragung elektrischer Energie beiträgt.
Er ist in unsymmetrisch belasteten Drehstromnetzen erforderlich, im Einphasennetz ist er der Rückleiter. Im Netz gehört der Neutralleiter (N-Leiter) zu den sog. aktiven Teilen.
Farbliche Kennzeichnung: Blau

Neutralsalze (neutral-salt)
Salze, die in wässrigen Lösungen neutral reagieren, also weder sauer noch basisch.
Es entstehen gleichstarke Anteile von Säure und Base.
Beispiel: $NaCl + H_2O \rightarrow NaOH + HCl$
($\rightarrow$Hydrolyse)

Neutron (neutron)
Kernbaustein (Nukleon) des Atoms, der etwa die 1839fache Masse eines Elektrons besitzt, aber keine elektrische Ladung trägt.
Symbol: $\quad\quad$ n.
Masse: $\quad\quad$ $1{,}6749 \cdot 10^{-27}$ kg.
Durchmesser: $1{,}6 \cdot 10^{-15}$ m.
Elementarladung: keine.
($\rightarrow$Elektron, $\rightarrow$Proton)

Neutronenzahl (neutron number)
Massenzahl minus Protonenzahl.

Newton N (Newton)
Abgeleitete SI-Einheit der physikalischen Größe Kraft F: $1 N = 1 J/m = 1 kg\, m/s^2$.
1 Newton ist diejenige Kraft, die eine Masse von 1 kg in 1 s auf eine Geschwindigkeit von 1 m/s beschleunigt.
Benannt nach *Isaac Newton* (1643–1727), engl. Physiker, Mathematiker und Astronom, Begründer der Mechanik.
Seinen Namen tragen u.a. die drei Newtonschen Axiome: *Trägheitsgesetz, Beschleunigungsgesetz* (dynamisches Grundgesetz), *Wechselwirkungsgesetz* (actio gleich reactio), ebenso das *Gravitationsgesetz* sowie die Krafteinheit 1 Newton = $1\, kg\, m/s^2$ = 1 N (Kurzzeichen).
($\rightarrow$Kraft, $\rightarrow$SI-Einheit)

Newtonmeter Nm (newton-meter)
Abgeleitete SI-Einheit für das Drehmoment M.
Außerdem ist Nm eine in der Mechanik übliche Einheit der mechanischen Arbeit W, die durch das Joule (J) ersetzt werden sollte: 1 Nm = 1 J.
($\rightarrow$Arbeit, $\rightarrow$Energie, $\rightarrow$Joule)

Newton'sche Axiome (Newton's axioms)
$\rightarrow$Newton'sche Gesetze

Newton'sche Gesetze
(Newton's laws of motion)
Drei fundamentale Gesetze, von Isaac Newton im Jahre 1687 veröffentlicht.
Die „Gesetze der Bewegung" bilden die Grundlage der klassischen Mechanik, alle weiteren Gesetze bauen darauf auf oder sind daraus ableitbar.
($\rightarrow$dynamisches Grundgesetz, $\rightarrow$Trägheitsgesetz, $\rightarrow$Wechselwirkungsgesetz)

Newton'sches Verfahren (Newton's method)
Verfahren zur näherungsweisen Bestimmung einer Nullstelle einer stetig differenzierbaren Funktion.
Bei diesem Verfahren wird die Funktion in der Nähe einer Nullstelle nicht durch eine Sekante wie bei Regula falsi, sondern durch eine Tangente ersetzt. Für eine stetig differenzierbare Funktion $y = f(x)$ wird eine Nullstelle, also eine Stelle x_0 mit $f(x_0) = 0$, gesucht. Ist x_1 eine Stelle in der Nähe der Nullstelle x_0, dann ersetzt man die Funktion durch die Tangente in dem Punkt $P(x_1 | f(x_1))$. Der Schnittpunkt x_2 dieser Tangente mit der x-Achse ergibt einen neuen Näherungswert für die Nullstelle x_0: $x_2 = x_1 - f(x_1)/f'(x_1)$.
Damit x_2 tatsächlich ein besserer Näherungswert als x_1 für die Nullstelle x_0 ist, muss in der Umgebung von x_0 die Bedingung $|f(x) \cdot f''(x) / [f'(x)]^2 | < 1$ erfüllt sein.
Dasselbe Verfahren lässt sich auch auf x_2 anwenden. Man erhält als weitere Verbesserung den Wert $x_3 = x_2 - f(x_2)/f'(x_2)$. Allgemein findet man durch die Iterationsvorschrift
$x_{k+1} = x_k - f(x_k)/f'(x_k)$, $k = 1, 2, 3, \ldots$
aus x_1 eine Folge von verbesserten Näherungswerten $x_2, x_3, x_4, \ldots$ für die Nullstelle x_0.
Diese Methode zur Bestimmung von Näherungswerten einer Nullstelle heißt Newton'sches Verfahren (nach dem englischen Mathematiker I. Newton, 1642–1727) oder auch Tangentenverfahren.

Beispiel: $f(x) = x^3 + 2x^2 + 10x - 20$
Wegen $f'(x) = 3x^2 + 4x + 10$ erhält man die Iterationsvorschrift
$x_{k+1} = x_k - (x_k^3 + 2x_k^2 + 10x_k - 20)/(3x_k^2 + 4x_k + 10)$.
Für die Anfangsnäherung $x_1 = 1$ gilt $f(x_1) = f(1) = -7$, und man berechnet
$x_2 = 1,4117...$ mit $f(x_2) = 0,9175...$,
$x_3 = 1,3693...$ mit $f(x_3) = 0,0111...$,
$x_4 = 1,3688...$ mit $f(x_4) = 0,000001...$.
Die Zahl x_4 ist also schon eine sehr gute Näherung für die Nullstelle x_0.
(→Regula falsi, →stetig differenzierbare Funktion)

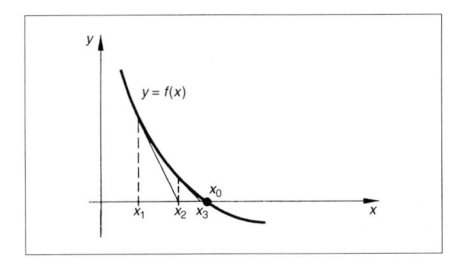

Newton'sches Verfahren

Nibble (nibble)
→Tetrade

nicht algebraische Gleichung
(non-algebraic equation)
Gleichung, die nicht algebraisch ist, die also nicht in der Form
$a_n x^n + a_{n-1} x^{n-1} + a_{n-2} x^{n-2} + ... + a_1 x + a_0 = 0$
mit reellen Koeffizienten dargestellt werden kann.
Beispiele:
$\sqrt{3x - 5} + 4 = 2x + 7$; $e^x + 2x^2 - 5 = 0$.
(→algebraische Gleichung)

NICHT-Verknüpfung (NOT)
Logische Grundverknüpfung mit einer Eingangs- und einer Ausgangsgröße.
Die Ausgangsgröße nimmt den umgekehrten Wert der Eingangsgröße an.
(→Negation)

Nichtmetalle (non-metal)
Chemische Elemente, die im rechten Teil des PSE eingeordnet werden.
Sie haben wenige gemeinsame Eigenschaften. Die Elektronen der äußeren Schale sind fest gebunden (lokalisiert). Daher weisen sie z.B. keine elektrische Leitfähigkeit auf.
Bei Reaktionen neigen sie zur Aufnahme von Elektronen mit dem Ziel der Bildung einer Edelgaskonfiguration auf der äußersten Schale. So bilden sie negative Anionen.
Beispiele: alle Edelgase, N, O, S, Cl, P...

Nichtoxidkeramik (non-oxide ceramics)
Keramische Stoffe, die wegen der Bindungsverhältnisse nicht zur Silikat- oder Oxidkeramik gehören.
Sie besitzen eine Mischform zwischen Elektronenpaar- und Metallbindung.
Hauptvertreter sind Siliciumnitrid, Siliciumcarbid, Borcarbid und Bornitrid. Wegen der schlechten Sinterfähigkeit gibt es verschiedene Herstellverfahren, die den Kurznamen bilden.
Beispiele: SSiC gesintertes SiC, SiSiC reaktionsgebundenes SiC, HPSiC heißgepresstes SiC, HIPSiC heißisostatisch gepresstes SiC. Ähnliche Herstellung und Zeichen auch für Si-Nitrid (SN).

Nickel (nickel)
Als Reinmetall für Deko- und Korrosionsschutzschichten verwendet, auch in stromlos abgeschiedenen Dispersionsschichten.
Zum Stahl legiert erhöht es Zähigkeit und Einhärtung.
(→austenitische Stähle, →Chrom-Nickel-Stähle)

Nickellegierungen (nickel base alloys)
Zahlreiche Legierungssysteme mit z.T. geschützten Namen und allgemein guter Korrosionsbeständigkeit.
Für erhöhte Festigkeit: NiCr, NiMn, NiBe (Zündkerzen, Heizleiter, Ventilfedern). Für hohe Korrosionsbeanspruchung im chemischen Apparatebau: NiCuFe (Monel), NiCrFeMo (Hastelloy), lochfraßbeständig z.B. für Wärmeaustauscher.
DIN 17 743 Nickel-Kupfer-Legierungen.

Niederdruckanlagen
(low pressure hydropower station)
Bauausführung von Wasserkraftwerken für Flussläufe.
Sie haben geringe nutzbare Fallhöhen. Das Wasser fließt vom Einstaugebiet oberhalb des Wehres durch den Obergraben zur Turbinenanlage und danach in den Untergraben ab. Gemauerte oder betonierte Kanäle erzielen höhere Zulaufgeschwindigkeiten. Rechen und Kiesfang sorgen für Wasserreinheit. Im Flachgelände liegt die Turbinenkammer direkt am Wehr ohne Obergraben.
(→Wasserkraftwerke, →Wasserturbinen)

Niederhalter (blank holder)
→Tiefziehen

Niederspannbacke
(two piece clamp with downward action)
Zweiteilige Spannbacke am Spannstock.
Die Innenbacken gleiten beim Spannen mit ihren Keilflächen in den Außenbacken nach unten und ziehen dabei das Werkstück fest auf die Unterlage.

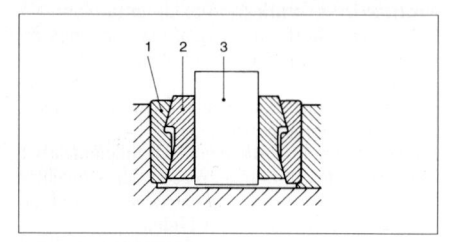

Niederspannbacke
1 Außenbacke, 2 Innenbacke, 3 Werkstück

Nietverbindung (rivet joint)
Unlösbare Verbindung von Bauteilen aus beliebigen Werkstoffen.
Man unterscheidet je nach Verwendungsart *feste* Verbindungen (Stahlbau), *feste und dichte* Verbindungen (Kesselbau) und *dichte* Verbindungen (Behälterbau).
Diese werden auf Abscheren (Abscherhauptgleichung) und Lochleibungsdruck berechnet, da der Reibungsschluss zwischen den Bauteilen nicht sicher ist. Dabei ist neben der Anzahl der an der Kraftübertragung beteiligten Niete die Schnittigkeit zu beachten. Das ist die Anzahl der von *einem* Niet beanspruchten Querschnitte.

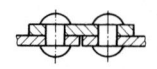

einschnittige Nietverbindung

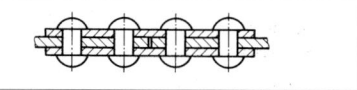

zweischnittige Nietverbindung

Nitridbildner (nitride former)
Legierungselemente des Stahles (Al, Cr, Mo), die bei Stickstoffangebot Nitride bilden können und z.T. in den Nitrierstählen enthalten sind.

Nitride (nitride)
Metall-Stickstoffverbindungen, insbesondere des Al, Fe, Ti.
Sie enstehen entweder durch Nitrieren von Stählen in der Randschicht oder werden durch CVD- und PVD-Verfahren auf Werkzeug- und HSS-Stählen sowie Sinterhartstoffen und Schneidkeramik aufgebracht.
($\rightarrow$Titannitrid)

Nitridkeramik (nitride ceramics)
Pulvermetallurgisch hergestellter Schneidstoff auf Siliziumnitrid (Si_3N_4)- Basis.
Zusätze (Beispiel: Yttriumoxid Y_2O_3) erweitern den zerspantechnischen Anwendungsbereich. Nitridkeramik (dunkle Keramik) ist bis ca. 1200 °C als Schneidstoff einsetzbar.

Nitrieren (nitriding)
Thermochemische Behandlungen für Stähle und Gusseisen zur Bildung von Nitriden und Carbonitriden.
Es entstehen Randschichten bis zu einer Nitrierhärtetiefe Nht von 0,1 ... 0,5 mm.
Zahlreiche Varianten zur Verkürzung der langen Glühzeiten des Gasnitrierens z.B. Salzbad- und Plasmanitrieren sowie Nitrocarburieren. Die Glühtemperaturen (500 ... 580 °C) liegen so, dass vergütete Teile nitriert werden können. Abkühlung beliebig, kein Härteverzug. Nitridschichten bestehen aus einer Verbindungsschicht und einer tieferliegenden Diffusionsschicht.
Anwendung: Erhöhung der Dauerfestigkeit und des Widerstandes gegen Adhäsionsverschleiß.
DIN 17 022-4 Nitrieren und Nitrocarbunieren.

Nitrierhärtetiefe Nht (depth of nitriding)
Senkrechter Abstand von der Oberfläche bis zu einer Stelle mit der Grenzhärte GH.
GH liegt um 50 HV 0,5 über der Kernhärte.
DIN 50 190/3 Ermittlung der Nitrierhärtetiefe.

Nitrierstähle (nitrided steel)
Stähle mit zusätzlichen Nitridbildnern, die vergütbar sein müssen (Stützwirkung für die dünne Nitridschicht), besonders zum Nitrieren geeignet.
Beispiele: 34CrAlMo5 für Al-Druckgießformen, 31CrMoV9 für Zahnräder, 31CrMo12 für Maschinenteile zur Kunststoffplastifizierung.
DIN EN 10 085 Nitrierstähle.

Nitrocarburieren (nitrocarburizing)
Thermochemische Verfahren zum Anreichern der Randschicht mit C, N und O in Gasen oder im Salzbad.
Kürzere Glühzeiten als beim Nitrieren; unter Plasmaeinwirkung sind auch niedrigere Temperaturen möglich.

Nockenwelle (camshaft)
Bauteil der Motorsteuerung in Verbrennungsmotoren.
Sie bestimmt Öffnen und Schließen der Ventile, die Dauer der Öffnung und den Öffnungshub. Bei Viertaktmotoren läuft sie mit halber Kurbelwel-

lendrehzahl. Unten liegende Nockenwellen (ohv-Motor) haben Antriebsexzenter und Ritzel zum Antrieb von Kraftstoffförderpumpe, Zündverteiler und Ölpumpe. Antrieb von der Kurbelwelle erfolgt über Steuerzahnräder (ohv-Motor), Rollenketten mit Kettenspannern (hydraulisch oder federbelastet) oder Zahnriemenantrieb für obenliegende Nockenwellen (ohc-Motor). Von der Nockenform (Ventilhebungskurven) werden Ventilhub und die Öffnungs- und Schließvorgänge bestimmt. Sie werden aus legiertem Stahl geschmiedet oder aus Schalenhartguss und Kugelgraphitguss hergestellt. Lagerstellen und Nocken sind oberflächengehärtet.
($\rightarrow$ Motorsteuerung)

NOR-Verknüpfung (not or)
ODER-Verknüpfung mit negiertem Ausgang. Die Ausgangsgröße nimmt nur dann den Wert 1 an, wenn alle Eingangsgrößen 0 sind. In allen anderen Fällen nimmt der Ausgang 0 an.
($\rightarrow$ logische Verknüpfung, $\rightarrow$ NICHT, $\rightarrow$ ODER)

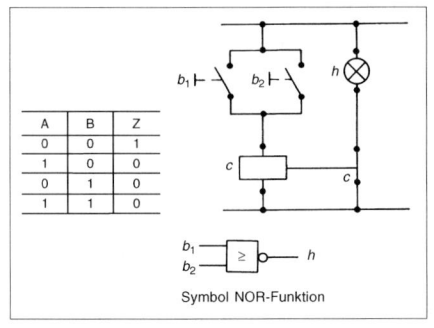

A	B	Z
0	0	1
1	0	0
0	1	0
1	1	0

Technische Realisierung einer NOR-Funktion

Normalbeschleunigung
(centripetal acceleration)
$\rightarrow$ Zentripetalbeschleunigung

Normale (normal line)
Gerade durch den Punkt $P(a|f(a))$ einer Funktion $y = f(x)$, die senkrecht auf der Tangente an die Kurve der Funktion in diesem Punkt P steht. Die Gleichung der Normale durch den Punkt $P(a|f(a))$ lautet
$y = -(1/f'(a))(x-a) + f(a)$.
Beispiel: $f(x) = x^2$, $P(1|1)$
$f'(x) = 2x \Rightarrow f'(1) = 2$
Die Gleichung der Normale durch den Punkt $P(1|1)$ lautet somit
$y = -(1/2)(x-1) + 1 = -(1/2)x + 3/2$.
($\rightarrow$ Tangente)

Normalform der Ellipsengleichung
(normal form of the equation of an ellipse)
Gleichung der Ellipse in der Form
$x^2/a^2 + y^2/b^2 = 1$
(a halbe Länge der Hauptachse, b halbe Länge der Nebenachse).
($\rightarrow$ Ellipse)

Normalform der Geradengleichung
(normal form of the equation of a straight line)
$\rightarrow$ Hauptform der Geradengleichung

Normalform der Hyperbelgleichung
(normal form of the equation of a hyperbola)
Gleichung der Hyperbel in der Form
$x^2/a^2 - y^2/b^2 = 1$
(a halbe Länge der Hauptachse, b Abstand der Scheitelpunkte zu den Schnittpunkten der Asymptoten mit den Senkrechten zur Hauptachse).
($\rightarrow$ Hyperbel)

Normalform der Parabelgleichung
(normal form of the equation of a parabola)
Gleichung der Parabel in der Form
$y^2 = 2px, \quad p > 0$
(p Parameter der Parabel, also der Abstand des Brennpunkts von der Leitlinie).
($\rightarrow$ Parabel)

Normalglühen (normalizing)
Glühen von Stahl mit zweimaliger Gitterumwandlung zum Erzeugen eines gleichmäßig feinkörnigen Gefüges.
Es ist von der vorherigen Behandlung unabhängig. Nach der Austenitisierung erfolgt schnelles Abkühlen bis unter Ar_1 (723 °C), dann langsamer an ruhender Luft.

Normalkraft F_N (normal force)
Rechtwinklig auf der Querschnittsfläche stehende innere Kraft eines beanspruchten Bauteils, die Normalspannungen σ hervorruft, oder rechtwinklig auf einer Stützfläche stehende äußere Kraft oder Kraftkomponente.
Dagegen liegt die Querkraft F_q in der Querschnittsfläche und verursacht Schubspannungen τ.
($\rightarrow$ Axialkraft, $\rightarrow$ Radialkraft, $\rightarrow$ Spannungsarten)

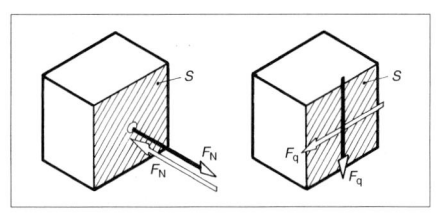

Normalkraft F_N und Querkraft F_q

Normalleistung (standard performance)

Bewegungsausführung, die dem Beobachter hinsichtlich der Einzelbewegungen, der Bewegungsfolge und ihrer Koordinierung besonders harmonisch, natürlich und ausgeglichen erscheint. Sie liegt gewöhnlich unter der Durchschnittsleistung von im Leistungslohn Arbeitenden. Sie kann erfahrungsgemäß von jedem in erforderlichem Maß geeigneten, geübten und voll eingearbeiteten Ausführenden auf die Dauer und im Mittel der Schichtzeit erbracht werden, sofern der Mensch die für persönliche Bedürfnisse und auch für Erholung vorgegebenen Zeiten einhält und die freie Entfaltung seiner Fähigkeiten nicht behindert wird. Sie ist eine Bezugsleistung aus der Durchschnittsleistung, die dazu dient, die Soll-Zeit einer Arbeitsleistung zu bestimmen.

Normalparabel (normal parabola)

Graph der Funktion mit der Gleichung $y = x^2$.
Der Scheitelpunkt der Normalparabel ist der Koordinatenursprung, sie ist symmetrisch zur y-Achse und nach oben geöffnet.
(→Parabel, →quadratische Funktion)

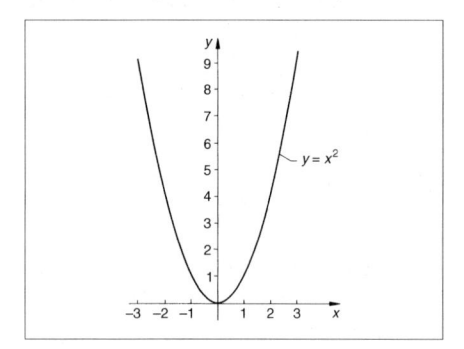

Normalparabel

Normalspannung (normal stress)
→Spannungsarten

Normbedingungen (normal conditions)

Einheitliche Bezugsbasis mit dem Druck von 1013 mbar und der Temperatur von 0 °C (273 K).

Normdichte
(density of a gas under standard conditions)

Dichte eines gasförmigen Stoffes im Normzustand. Die Normdichte ρ_n in kg/m³ ist eine stoffabhängige Größe (z.B. für Sauerstoff $\rho_n = 1,429$ kg/m³). Sie ist der Kehrwert des spezifischen Normvolumens ($\rho_n = 1/v_n$).

Normdrehzahlen
(standardized speeds of rotation)

Durch Normung festgelegte Lastdrehzahlen der Hauptspindeln von Werkzeugmaschinen (Dreh-, Bohr-, Fräs-, Schleifmaschinen).
DIN 804 Lastdrehzahlen für Werkzeugmaschinen
(→Drehzahlstufung)

Normfallbeschleunigung g_n
(standard gravitational acceleration)

International vereinbarter Wert für die Fallbeschleunigung g.
Aufgrund der Ortsabhängigkeit der Fallbeschleunigung (9,78 m s⁻² am Äquator; 9,83 m s⁻² an den Polen) hat man einen mittleren Wert von $g_n = 9,80665$ m s⁻² festgelegt, um weltweit vergleichbare Werte für die daraus resultierende Normgewichtskraft F_{Gn} zu erhalten.
(→Fallbeschleunigung, →Gewichtskraft)

Normgewichtskraft F_{Gn}
(standard force of gravity)

Spezielle Gewichtskraft F_G, die ein Körper der Masse m unter dem Einfluss der festgelegten Normfallbeschleunigung g_n besitzen würde.
$F_{Gn} = m/g_n = m \cdot 9,80665$ m/s².

Beispiel: Für einen Körper der Masse von 37 kg beträgt seine Normgewichtskraft:
$F_{Gn} = 37$ kg.
9,80665 m/s² $= 362,84605$ kg m/s² $\approx 362,8$ N.
(→Gewichtskraft, →Normfallbeschleunigung)

normierter Vektor (normalized vector)
Vektor mit dem Betrag 1.
(→Vektor)

Normung (standardization)

Planmäßige, gemeinschaftlich durchgeführte Vereinheitlichung von materiellen und immateriellen Gegenständen zum Nutzen der Allgemeinheit. Umfasst auch die Anpassung an den jeweiligen Stand der Entwicklung. Dient der Sicherheit von Menschen und Sachen sowie der Qualitätsverbesserung in allen Lebensbereichen.

Normvolumen V_n (standard volume)

Raumbedarf eines gasförmigen Stoffes im Normzustand.
V_n in m³ ist abhängig von Stoffart und Stoffmenge. Für eine bestimmte Gasart ist das Normvolumen ein Maß für die Gasmenge ($V_n \sim m$).
(→Volumen)

Normzahlen (standard number)
Zur Kostenreduzierung Beschränkung auf Vorzugszahlen bei der Festlegung von Maßen aller Art. Anwendung z.B. bei der Festlegung von Baugrößen, Drehfrequenzen, Drehmomenten.
Normzahlen sind nach geometrisch gestuften Zahlenfolgen in vier Grundreihen (R5; R10; R20; R40) festgelegt. Die Grundreihen unterscheiden sich durch die Größe ihres Stufensprunges. Der Stufensprung q ist das Verhältnis einer Normzahl zur vorhergehenden.
Beispiel: Die Normzahlreihe R10 ist nach dem Stufensprung $q_{10} = \sqrt[10]{10} = 1{,}2589 \ldots$ gestuft.
Daraus ergeben sich die (gerundeten) Normzahlen 1,00 1,25 1,60 ...
DIN 323 Normzahlen, Hauptwerte, Genauwerte, Rundwerte.

Normzustand (standard state)
Durch genormte Bezugsgrößen (Referenzgrößen) für Temperatur und Druck festgelegter Bezugszustand zum Vergleichen und Umrechnen verschiedener Gasvolumina.
Normtemperatur $T_n = 273{,}15$ K ($\vartheta_n = 0\,°C$), Normdruck $p_n = 101325$ Pa $= 1{,}01325$ bar.
DIN 1343 Referenzzustand, Normzustand, Normvolumen.
($\rightarrow$ Druck, $\rightarrow$ Temperatur)

Norton-Getriebe
(Norton gear; quick change gear mechanism)
Teil des Vorschub- und Gewindegetriebes an Leit- und Zugspindel-Drehmaschinen (Bild). Es hat zwei Wellen: Auf der Abtriebswelle läuft ein kompakter Block von elf Zahnrädern mit abgestuften Zähnezahlen (Räderkegel), auf der Antriebswelle ist mit einer Schwinge (Nortonschwinge) ein Zahnrad (Schieberad) längs verschiebbar, das über ein weiteres in der Schwinge gelagertes Zahnrad (Schwenkrad) jeweils eines der Zahnräder auf dem Räderkegel antreibt.

Nukleonen (nucleons)
$\rightarrow$ Atomkern

Nuklid (nuclide)
Atomkernart, Atomkern mit bestimmter Protonen und Neutronenzahl.
Beispiel: Das Nuklid Uran ^{238}U besteht aus 92 Protonen und 146 Neutronen.
($\rightarrow$ Neutron, $\rightarrow$ Proton)

Nulleiter (earthed neutral conductor)
Alte Bezeichnung für den PEN-Leiter, der sowohl Neutral- als auch Schutzleiter ist.
Farbliche Kennzeichnung: Grün-Gelb

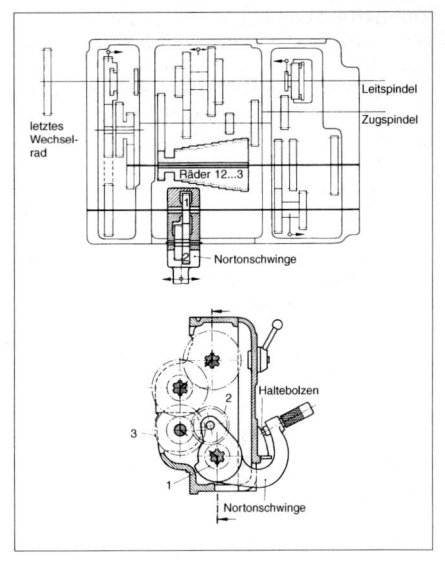

Schema des Nortongetriebes
1 Schieberad, 2 Schwenkrad, 3 ... 12 Räderkegel, 13 Nortonschwinge

Nullpunkt (starting point; zero point)
$\rightarrow$ Bezugspunkt

Nullpunktverschiebung (zero shift)
$\rightarrow$ Bezugspunktverschiebung

Nullstab (zero-member)
In einem Dreiecksverband der Fachwerkstab, der keine Belastung trägt.
Stoßen in einem Fachwerk drei Stäbe nach Skizze zusammen, so ist die Stabkraft im dritten Stab gleich der in Stabrichtung angreifenden Belastung. Trägt der Knoten keine Belastung, hat der dritte Stab keine Stabkraft zu übertragen: Nullstab. Solche Stäbe sollen die Knickgefahr langer Druckstäbe verringern und nehmen erst durch elastische Verformung belasteter Stäbe Kräfte auf.
($\rightarrow$ Fachwerk)

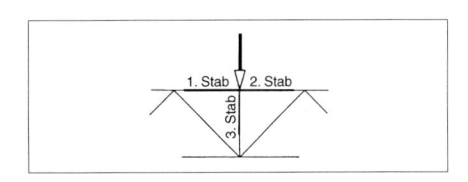

Nullstab in einem Dreiecksverband

Nullstelle (zero)

Eine Zahl $x \in D$ einer Funktion $y = f(x)$, $f: D \to \mathbb{R}$, für die $f(x) = 0$ gilt.
Die Nullstellen sind die Schnittpunkte des Graphen der Funktion mit der x-Achse.
Beispiel: $f(x) = 3x + 6$, $D = \mathbb{R}$
$f(x) = 0 \Rightarrow 3x + 6 = 0 \Rightarrow x = -2$
Die Funktion $f(x) = 3x + 6$ hat eine Nullstelle, und zwar $x = -2$.
($\to$Funktion)

Nullstellen eines Polynoms
(zeros of a polynomial)

Stellen x_0 mit $f(x_0) = 0$ für ein Polynom
$P_n(x) = f(x) =$
$= a_n x^n + a_{n-1} x^{n-1} + ... + a_2 x^2 + a_1 x + a_0$.
Ist x_0 eine Nullstelle von $f(x)$, dann gilt $f(x) = (x - x_0) \cdot g(x)$, das Polynom $P_n(x) = f(x)$ lässt sich also durch $x - x_0$ dividieren, und $g(x)$ ist ein Polynom $(n-1)$-ten Grades: $g(x) = P'_{n-1}(x)$. Man nennt $x - x_0$ einen Linearfaktor von $P_n(x) = f(x)$.
Gilt $f(x) = (x - x_0)^m \cdot h(x)$, und $h(x)$ ist ein Polynom mit $h(x_0) \ne 0$, dann heißt x_0 eine m-fache Nullstelle von $f(x)$, und m heißt Vielfachheit der Nullstelle x_0.
Ist x_0 eine reelle Zahl, dann nennt man x_0 eine reelle Nullstelle des Polynoms.
Beispiele:
1. $f(x) = x^3 - 3x^2 + x - 3 =$
$= (x - 3)(x^2 + 1) = (x - 3) h(x)$
Wegen $h(3) \ne 0$ ist $x_0 = 3$ eine einfache Nullstelle des Polynoms $f(x) = x^3 - 3x^2 + x - 3$.

2. $f(x) = x^3 - 3x + 2 = (x - 1)^2 (x + 2)$
Es ist $x_0 = 1$ eine doppelte Nullstelle und $x_1 = -2$ eine einfache Nullstelle von $f(x) = x^3 - 3x + 2$.
($\to$Polynom)

Nullung (protective multiple earthing)
Schutzmaßnahme nach VDE 0100 im TN-S-System und im TN-C-System.
DIN VDE 0100 Errichten von Starkstromanlagen.

Nullwinkel (zero angle)
Ein Winkel α mit $\alpha = 0°$.
($\to$Winkel)

numerische Exzentrizität
(numerical eccentricity)

Für eine Ellipse oder eine Hyperbel der Wert $\varepsilon = e/a$ (*e* lineare Exzentrizität (Abstand eines Brennpunkts vom Mittelpunkt), *a* halbe Länge der Hauptachse).
Für Ellipsen gilt $\varepsilon < 1$, für Hyperbeln $\varepsilon > 1$.
($\to$Ellipse, $\to$Hyperbel)

Numerus (antilogarithm)
$\to$Logarithmus

Nur-Lese-Speicher (read only memory)
$\to$ROM

Nutzarbeit (effective work)
$\to$Wirkungsgrad

Nutzleistung (effective capacity)
$\to$Wirkungsgrad

O

Oberflächenbeschaffenheit (surface conditions)
Durch die Bearbeitung von Werkstücken z.b. durch Drehen oder Fräsen treten Unebenheiten auf, die als Gestaltabweichungen von der geometrisch idealen Oberfläche bezeichnet werden. Diese Unebenheiten werden in 6 Gruppen eingeteilt:
1. Ordnung: Formabweichungen wie Unebenheit oder Unrundheit, z.B. Durchbiegung eines Werkstücks oder Maschinengestells, Härteverzug.
2. Ordnung: Welligkeit, z.B. Schwingungen der Maschine oder des Werkzeugs, außermittige Einspannung von Werkzeugen.
3. Ordnung: Rillen, z.b. Vorschub beim Drehen oder Fräsen, Werkzeugschneidenform.
4. Ordnung: Riefen, z.B. Bildung von Reiß- oder Scherspänen oder Aufbauschneide.
5. Ordnung: Gefügeänderungen, z.B. Korrosion oder andere Veränderungen an der Oberfläche.
6. Ordnung: Gitteraufbau des Werkstoffes, z.b. Spannungen im Kristallgitter beim Härten. Abweichungen 3. bis 5. Ordnung werden als Rauheit bezeichnet. Messgrößen für Gestaltabweichungen 3. bis 5. Ordnung:
Rautiefe R_z (gemittelt): arithmetischer Mittelwert aus 5 Einzelrautiefen einer Bezugsstrecke.
Rautiefe R_{max} (maximale): Abstand zwischen höchstem und tiefstem Punkt einer Bezugsstrecke.
Mittenrauwert R_a:
Arithmetischer Mittelwert aller Abstände des Rauheitsprofils von der Mittellinie der Bezugsstrecke.
Glättungstiefe R_p:
Größte Abweichung des Rauheitsprofils der Bezugsstrecke von der Mittellinie.

Oberflächenkraft (surface force)
Kraft, die nur an der Oberfläche eines Körpers angreift und nicht im Inneren wirkt.
Sie tritt nur auf, wenn sich zwei Körper unmittelbar berühren.
Beispiele: Adhäsion und Kohäsion.
(→Kraft)

Oberflächenschichten (surface layers)
Veränderung des Werkstoffes in der Randzone durch thermische und thermo-chemische Verfahren oder durch Beschichten.
Ziel ist die Verbesserung des Eigenschaftsprofils von Werkstoffen.

Anwendung: Erhöhung von Dauerfestigkeit, Korrosionsbeständigkeit und Verschleißwiderstand, z.T. auch um Wärmedämmung, bestimmte Reibungszustände oder elektrische Leitfähigkeit zu erzielen (Funktionsschichten).
(→Einsatzhärten, →Nitrieren, →Randschichthärten)

Oberflächenzerrüttung (rolling contact fatigue)
Verschleißmechanismus bei dynamischer Beanspruchung von Oberflächen (in Wälzlagern, an Zahnflanken).
Ermüdung des Werkstoffes auch bei Schmierung und Ausbrechen von Partikeln aus der Oberfläche (Grübchenbildung, Pitting), bevorzugt an harten, oxidischen Einschlüssen. Deshalb höhere Lebensdauer bei Bauteilen aus Stählen höchsten Reinheitsgrades.

Oberschlitten (top slide)
Oberer Teil des Drehmaschinensupports.
Er trägt den Werkzeugspanner mit dem Drehmeißel und wird im Drehteil des Supports durch eine Gewindespindel verschoben. Mit dem Oberschlitten wird der Drehmeißel beim Langdrehen an- und zugestellt, beim Plandrehen führt er mit dem Meißel die Planvorschubbewegung aus.

Oberspannung σ_o (maximum stress)
→Spannungs-Zeit-Diagramm

Objekt (object)
Umfasst die zu einem (Teil-)Problem gehörenden Daten *und* auch die zur Verarbeitung erforderlichen Methoden.
Sie erlangen ihre Bedeutung innerhalb der Programmiertechnik durch die Möglichkeit, Eigenschaften zu vererben, aber auch zu verändern. Dadurch sind derart erstellte Programme gut zu pflegen.
(→Kapselung)

Objekterkennung (object recognition)
Fähigkeit eines Sensorsystems, in Verbindung mit einem Rechner unterschiedliche Objekte zu identifizieren.
Beispiel: In Verbindung mit einem Robotersystem können fehlerhafte Werkstücke von fehlerfreien Werkstücken in einem automatischen Produktionsprozess getrennt werden.
(→Griff in die Kiste)

ODER (or)
Logische Grundverknüpfung mit zwei oder mehr Eingangsgrößen.
Die ODER-Funktion liefert den logischen Wert 1, wenn mindestens eine der Eingangsgrößen den logischen Wert 1 hat. Haben alle Eingangsgrößen den logischen Wert 0, ergibt die ODER-Funktion den logischen Wert 0. Technisch wird die ODER-Funktion oft durch eine Parallelschaltung realisiert.
(→Disjunktion, →logische Verknüpfung, →NICHT, →UND)

b_1	b_2	h
0	0	0
1	0	1
0	1	1
1	1	1

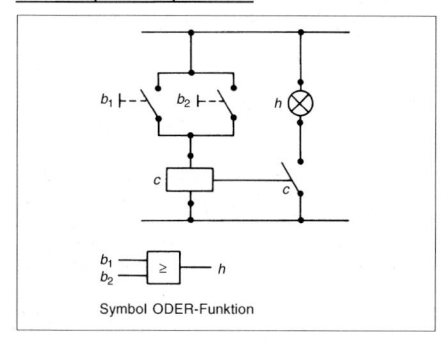

Symbol ODER-Funktion

Technische Realisierung einer ODER-Funktion

ODS-Legierungen
(oxide dispersion strengthened alloys)
→Dispersionsverfestigung

Öffner
(break contact; normally closed contact)
Bauform eines elektrischen Schaltkontakts. Bei Betätigung wird die leitende Verbindung unterbrochen.
(→Schließer)

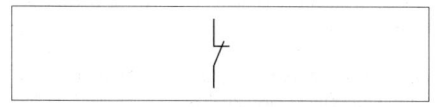

Zeichnerische Darstellung eines Öffnerkontaktes

Ölabstreifring (oil control ring)
→Kolbenring

Ölbadluftfilter (oil-bath air cleaner)
→Luftfilter

Ölfilter (oil filter)
Bauteil der Motorschmierung in Verbrennungsmotoren.
Sie reinigen den Ölstrom von Metallabrieb, Verbrennungsrückständen und Verunreinigungen. Nach Anordnung der Filter im Ölstrom unterscheidet man Hauptstrom-, Nebenstrom- und Kombinationen von Haupt- und Nebenstromfiltern. Hauptstromfilter filtern den von der Ölpumpe kommenden Ölstrom bei jedem Umlauf, Nebenstromfilter nur 5...15% der umlaufenden Ölmenge. Das gesamte Öl wird im Verlauf mehrerer Umläufe gefiltert. DIN ISO 7747 Filterelemente für Ölfilter im Hauptstrom.
(→Motorschmierung)

Ölgetriebe (oil drive unit; hydraulic unit; oil hydraulic transmission)
→hydrostatisches Getriebe

Ölhärter (oil hardening steel)
Stähle, die so legiert sind, dass beim Härten die kritische Abkühlgeschwindigkeit durch Eintauchen in Öl erreicht wird.

Ölkühler (oil cooler)
Bauteil der Motorschmierung in thermisch hochbelasteten Verbrennungsmotoren (z.B. mit Abgasturbolader).
Sie haben für die Erhaltung der Schmierfähigkeit des Motoröls durch ausreichende Kühlung zu sorgen. Im Normalfall ist die Ölwanne zur Kühlung ausreichend. Ölkühler werden als Luftölkühler (thermostatisch geregelt) oder als Wärmetauscher (kühlwassergekühlt) gebaut. Hier wird das Öl ständig durch den Kühler gepumpt. In der Warmlaufphase wird die Betriebstemperatur des Motors schneller erreicht.
(→Motorschmierung)

Off-line-Eingabe (off-line input)
Einlesen eines CNC-Teileprogramms mittels Datenträger wie Lochstreifen, Diskette oder Magnetband in den Rechner einer CNC-Maschine.
(→CNC-Programm, →CNC-Werkzeugmaschine, →On-line-Eingabe)

offener Kreislauf
(open circulation; open circuit)
Ein hydrostatisches Getriebe arbeitet mit offenem Kreislauf, wenn die Hydraulikflüssigkeit vom Hydromotor erst in den Ölbehälter zurückfließt und dann von dort der Hydropumpe wieder zugeführt wird.
Beispiel: Axialkolbengetriebe.
(→geschlossener Kreislauf)

ohc-Motor (overhead camshaft engine)
Bauart der Motorsteuerung in Verbrennungsmotoren mit obenliegender Nockenwelle. Ventilbetätigung über Schwinghebel, Kipphebel oder Tassenstößel. Durch geringe Massenbeschleunigung schnelle Betätigung möglich. Meist verwendet.
(→Motorsteuerung)

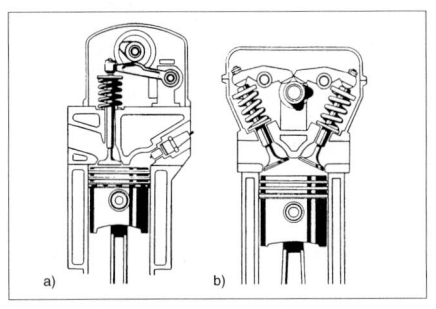

ohc-Motor (Opel)
Ventilbetätigung über a) Schwinghebel, b) Kipphebel

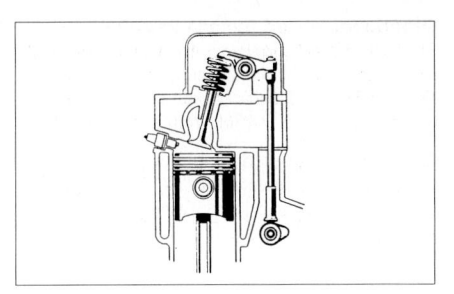

ohv-Motor (Opel)

Ohm Ω (ohm)
Abgeleitete SI-Einheit der physikalischen Größe elektrischer Widerstand R:
$1\,\Omega = 1\,V/A = 1\,kg\,m^2/(s^3\,A^2)$.
1 Ohm ist der elektrische Widerstand eines Leiterstücks, durch den bei einer anliegenden Spannung von 1 Volt ein elektrischer Strom von 1 Ampere fließt. Benannt nach Georg Simon Ohm (1789–1854).
(→elektrischer Leitwert, →elektrischer Widerstand, →SI-Einheit, →Siemens)

Ohm'sches Gesetz (ohm's law)
Grundgesetz der Elektrotechnik, nach dem deutschen Physiker G. S. Ohm (1789–1854).
Beschreibt den Zusammenhang von elektrischer Spannung U, elektrischem Strom I und elektrischem Widerstand R bei passiven Zweipolen, allgemein als Verbraucher bezeichnet.
$U = R\,I$ (bei Gleichspannung), $U = Z\,I$ (bei Wechselspannung; Z für Scheinwiderstand).
Ist der Quotient U/I konstant, wird der Widerstand R als Ohm'scher Widerstand bezeichnet.

ohv-Motor (overhead valve engine)
Bauart der Motorsteuerung in Verbrennungsmotoren mit unten liegender Nockenwelle. Ventilbetätigung über Stößel, Stößelstange und Kipphebel. Verwendung bei Nutzfahrzeug-Dieselmotoren und älteren Ottomotor-Konstruktionen.
(→Motorsteuerung)

Oktaeder (octahedron)
Konvexer regulärer Polyeder, der von acht gleichseitigen Dreiecken begrenzt wird, einer der platonischen Körper.
(→Platonische Körper)

Oktanzahl OZ (octane number)
Kennzahl für die → Klopffestigkeit eines → Ottokraftstoffes.
Durch Vergleich eines Kraftstoffes mit einem Bezugsgemisch aus klopffestem Isooktan C_8H_{18} (Oktanzahl = 100) und sehr klopffreudigem n-Heptan C_7H_{16} (Oktanzahl = 0) im CFT- oder BASF-Prüfmotor, wird die Klopffestigkeit eines Ottokraftstoffes geprüft und in Oktanzahlen ausgedrückt. Ein Gemisch aus 92 Vol.% Isooktan und 8 Vol.% n-Heptan hat z. B. dieselbe Klopffestigkeit wie ein Ottokraftstoff mit der Oktanzahl OZ = 92. Je nach Testbedingungen unterscheidet man die Research-Oktanzahl ROZ (Verhalten bei Beschleunigung und geringer Motorbelastung) und die Motor-Oktanzahl MOZ (Betrieb bei hoher Drehzahl und Motorbelastung). Die Mindestwerte der Research-Oktanzahl nach DIN EN 228 betragen für die Ottokraftstoffe Normalbenzin 91 ROZ, Superbenzin 95 ROZ und Super-Plus 98 ROZ. Die seltener verwendete Straßenoktanzahl SOZ kennzeichnet das Straßenverhalten. Zwischen der Oktanzahl OZ und der Cetanzahl CZ, bzw. zwischen der Klopffestigkeit und der Zündwilligkeit besteht die Beziehung OZ ≈ 120-2CZ.
DIN EN 228 Kennwerte von Normalbenzin, Superbenzin und Super-Plus.
DIN 51 756 T1 ... T6 Bestimmung der Klopffestigkeit (Oktanzahl).
▲(Klopffestigkeit, → CFR-Motor, → MOZ, → ROZ, → Ottokraftstoff))

Oktettregel (octet rule)
→Edelgaskonfiguration

Omegaverfahren

Omegaverfahren (omega-traverse)
Bis 1990 vorgeschriebenes Rechenverfahren (ω-Verfahren) zur knicksicheren Ausbildung der Druckstäbe im Hoch-, Kran- und Brückenbau, ersetzt durch DIN 18 800 vom November 1990.

On-line-Eingabe (on-line input)
Unmittelbares Einlesen eines CNC-Teileprogramms über eine alphanumerische Tastatur in den Rechner einer CNC-Maschine.
($\rightarrow$CNC-Programm, $\rightarrow$CNC-Werkzeugmaschine, $\rightarrow$NC-Postprozessor, $\rightarrow$Off-line-Eingabe)

Opcode (**Op**erations**code**)
Befehl in Maschinensprache und Assembler.

Open Collector (open collector)
Integrierte Digitalschaltung mit offenem Kollektor. Der Ausgangstransistor muss extern mit einem Pull-Up-Widerstand beschaltet werden, um binäre Ausgangszustände zu ermöglichen. Die Parallelschaltung mehrerer Ausgänge ist möglich.
($\rightarrow$Wired AND, $\rightarrow$Wired OR)

Open-Top-Container (open top container)
Spezialcontainer, der oben offen ist.

Operand (operand)
Ausdruck, der bei der Programmierung von SPS-Steuerungen verwendet wird.
Man unterscheidet die Begriffe Operation und Operand. Die Operation gibt an, was in einem Programmschritt getan werden soll, der Operand gibt an womit etwas durchgeführt werden soll. In der Anweisungsliste (AWL) für SPS-Steuerungen enthält die 2. Spalte die Operation und die 3. Spalte den Operanden.
($\rightarrow$Anweisungsliste, $\rightarrow$Operation)

Operation (operation)
Teil eines Programmschritts eines SPS-Programm der die Art der Anweisung enthält, die durchgeführt werden soll.
($\rightarrow$Anweisungsliste, $\rightarrow$Operand)

Operationsteil (operation part)
Teil der Steuerungsanweisung der angibt, welche Operation durchgeführt werden soll.

Operationsverstärker (operational amplifier)
Integrierter Verstärkerbaustein mit sehr hoher Leerlaufverstärkung.
Ursprünglich als Rechenbaustein konzipiert, ist er heute Grundbaustein in Mess- und Regelsystemen. Er dient als Vorverstärker, als Filter und wird in zahlreichen Teilen der Digitaltechnik eingesetzt.

Opferanode (sacrifical anode)
Unedle Metalle, die als Anode in Lösung gehen.
($\rightarrow$kathodischer Korrosionsschutz)

Optik (optics)
Lehre von der Entstehung, Ausbreitung und der Eigenschaft von Licht und verwandten Wellen.

Optimale Losgröße (optimal commission)
Ausgehend vom geplanten Gesamtjahresbedarf jeder Produktart wird je Produktart jene Zahl von Losen mit jeweils bestimmter Stückzahl ermittelt, bei der die Gesamtkosten (Rüst- und Lagerungskosten) ein Minimum bilden.
Mit zunehmender Zahl der Lose nehmen die durchschnittlich gebundenen Lagerbestände und damit Zins- und sonstige Lagerungskosten ab, gleichzeitig nehmen mit wachsender Zahl der Lose die Umrüstvorgänge und damit die Umrüstkosten zu.

optischer Sensor (optical sensor)
Sensor, der Lichtsignale in elektrische Signale umwandelt.
Unter Lichtsignalen versteht man sowohl sichtbares als auch unsichtbares Licht (z.B. Infrarotlicht).
($\rightarrow$Lichtschranke)

Optokoppler (optocoupler)
Schutzeinrichtung, die benutzt wird, um schädliche Spannungen von der empfindlichen Steuereinheit fern zu halten.
Ein elektrisches Eingangssignal wird mit einem optoelektrischen Sender in ein optisches Signal umgewandelt. Dieses wird in einem optoelektrischen Empfänger wieder in ein elektrisches Signal verwandelt. Die Übertragungsstrecke dazwischen ist eine galvanische Trennschicht, die elektrisch nicht leitend ist.

Orbital (orbital)
Aufenthaltsraum von Elektronen.
In diesen halten sich die Elektronen mit 90 bis 95%-iger Wahrscheinlichkeit auf.
Um Orbitale einigermaßen anschaulich darstellen zu können, werden die kernferneren Aufenthaltsorte der Elektronen mit 5 — 10% vernachlässigt.
Beispiel: s-Orbital der ersten Schale:

Orbitalgeschwindigkeit (orbital speed)
$\rightarrow$Kreisbahngeschwindigkeit

Orbitalmodell (orbital model)
Modellvorstellung vom Bau der Atome, die genauer und komplizierter ist als das Bohrsche Atommodell.
Nach dem Orbitalmodell können Elektronen gleichzeitig als Masseteilchen und als elektro-magnetische Welle erklärt werden. Diese Erscheinung der Elektronen wird als Dualismus von Teilchen und Welle bezeichnet.
Entsprechend ihren Energiezuständen halten sich die Elektronen nicht auf Kreisbahnen, sondern in bestimmten Räumen (Orbitalen) auf.

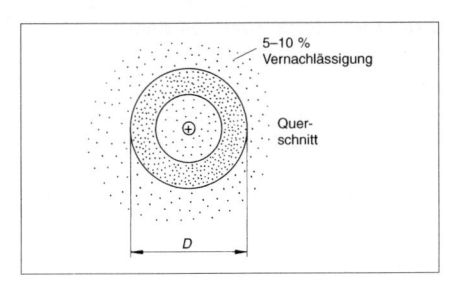

Orbital der ersten Schale

Es gibt folgende Orbitalformen: s-, p-, d-, f-Orbitale.
Weitere wichtige Gesetzmäßigkeiten: Heisenbergsche Unschärfebeziehung, Hundsche Regel, Pauli-Prinzip, Quantenzahlen.

Ordinate (ordinate)
Die y-Koordinate eines Punktes in einem ebenen Koordinatensystem.
($\rightarrow$Abszisse, $\rightarrow$Koordinate, $\rightarrow$Koordinatensystem)

Ordinatenachse (axis of ordinates)
Die y-Achse in einem ebenen Koordinatensystem.
($\rightarrow$Abszissenachse, $\rightarrow$Koordinatenachse, $\rightarrow$Koordinatensystem)

Ordnungszahl (atomic number)
Zahl der Protonen im Kern eines Atoms (Massenzahl minus Neutronenzahl).

Organisation (organization)
System von Regelungen, die das Verhalten der Organisationsmitglieder auf ein übergeordnetes Ziel ausrichten sollen.
In Form von Stellenbeschreibungen und Ablaufregelungen werden die von den einzelnen Mitarbeitern zu erfüllenden Aufgaben mehr oder weniger detailliert umrissen und der Informationsaustausch zwischen den organisatorischen Einheiten und Bereichen geregelt. In der betriebswirtschaftlichen Organisationslehre hat sich die Unterscheidung zwischen Aufbauorganisation und Ablauforganisation durchgesetzt.

Orientierung (orientation)
$\rightarrow$Koordinatensystem, $\rightarrow$Vektor

orthogonal (orthogonal)
Geometrische Bezeichnung für senkrecht.

Orthozentrum (orthocentre)
Der Schnittpunkt der drei Höhen eines Dreiecks.
($\rightarrow$Höhe)

ortsbeweglicher Roboter (mobile robot)
Fahrbarer Handhabungs- oder Prozessroboter.

Roboter zur Durchführung von Handhabungsaufgaben werden in Verbindung mit Transportaufgaben eingesetzt.
($\rightarrow$Prozessroboter, $\rightarrow$Transportroboter)

ortsfester Roboter (stationary robot)
Industrieroboter, der durch Verbindungselemente stehend oder hängend an einer Vorrichtung befestigt ist.
($\rightarrow$Industrieroboter)

Ortskurve (locus diagram)
Darstellung der Abhängigkeit einer komplexen Größe, z.B. Strom, Spannung, Widerstand, Leitwert von einer sich stetig verändernden Größe, z.B. Frequenz.

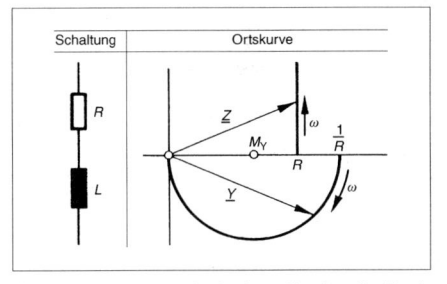

Ortskurve einer technischen Spule als Funktion der Frequenz f, Scheinwiderstand Z und Scheinleitwert Y

Ortstoleranzen (locus tolerance)
$\rightarrow$Lagetoleranzen

Ortsvektor (localized vector)
Vektor mit festem Anfangspunkt.
($\rightarrow$Vektor)

Oszillator (oscillator)
Elektronische Schaltung zur Erzeugung elektromagnetischer Schwingungen im Nieder- und Hochfrequenzbereich, ausgeführt mit RC- und LC-Kombinationen.
Gebräuchliche Schaltungen sind Meißner-Oszillator und Wien-Brücken-Oszillator.
Oszillatoren sind als IC-Bausteine für verschiedene Verwendungszwecke erhältlich.

Oszillatorfrequenz (oscillator frequency)
Frequenz f_o, auf die ein Oszillator abgestimmt ist.

Ottokraftstoff (otto fuel; gasoline)
Ketten- und ringförmige Kohlenwasserstoffgemische mit einem Siedebereich zwischen 30... 215 °C, die zum Betrieb in Ottomotoren vorgesehen sind.
Nach der Oktanzahl werden Normal- und Superkraftstoffe unterschieden. Bleiverbindungen er-

Ottomotor

höhen die Klopffestigkeit, sind in Deutschland jedoch auf 0,15 g/l begrenzt. Für den Fahrzeugbetrieb mit einem Katalysator sind unverbleite Ottokraftstoffe erforderlich.
DIN EN 228 Anforderungen Ottoktaftstoffe.
(→Klopffestigkeit, →Oktanzahl)

Ottomotor (otto engine; spark ignition engine)
Nach *Nicolaus A. Otto* (1832 – 1891) benannter Verbrennungsmotor, bei dem das durch äußere Gemischbildung vorbereitete Kraftstoff-Luft-Gemisch durch zeitlich gesteuerte Fremdzündung entzündet wird.
Beim Vergaser-Ottomotor wird das Kraftstoff-Luft-Gemisch im Vergaser gebildet. Beim Einspritzmotor wird der Kraftstoff durch Einspritzventile in das Saugrohr gespritzt. Ottomotoren können nach dem Zweitaktverfahren und dem Viertaktverfahren arbeiten.
(→Fremdzündung, →Verbrennungsmotor, →Viertaktverfahren, →Zweitaktverfahren)

Override (override)
Geschwindigkeitsregelung.
Die Geschwindigkeiten der beweglichen Komponenten (Drehzahl der Arbeits- und Vorschubantriebe) an programmierbaren Maschinensystemen können während der Bewegung geändert werden.
Beispiel: Im Probelauf wird ein Roboter mit geringer Verfahrgeschwindigkeit als in der Sollvorgabe betrieben, damit die programmierten Bahnen kontrolliert werden können. Im Betrieb kann die Sollvorgabe experimentell überschritten werden, z.B. um die Taktzeit zu verkürzen.

Oxid-Salze (oxide salt)
Salze, deren mehrwertiger Säurerest noch Hydroxylgruppen (OH⁻-Gruppen) enthalten.
Beispiel: Al**OH**Cl$_2$ (Aluminum**hydroxid**dichlorid).

Oxidation (oxidation)
Verbindung eines Stoffes mit Sauerstoff, Entstehung von Oxiden (alte Modellvorstellung).
Beispiel: Bildung von Magnesiumoxid
Mg+O → MgO.
Neue Modellvorstellung: Oxidation ist die Abgabe von Elektronen.
$\dot{M}g + \dot{\ddot{O}}: \rightarrow Mg^{2+} \; :\ddot{\ddot{O}}:$
Die Oxidation ist die Umkehrung der Reduktion.
(→Redoxreaktionen)

Oxidationsmittel (oxidizing agent)
Stoffe, die Elektronen aufnehmen und dabei reduziert werden wie F$_2$, Cl$_2$, KMnO$_4$ Kaliumpermanganat, H$_2$O$_2$ Wasserstoffsuperoxid.
(→Redoxreaktionen)

Oxidationsstufe (oxidation step)
→Oxidationszahl

Oxidationsverschleiß (wear due to oxidation)
Schneidstoffabtrag bei spanender Bearbeitung nach schneller Oxidation (Verzunderung) des Schneidstoffs durch Einwirkung von Luftsauerstoff an den Rändern der Kontaktbereiche zwischen Werkstück (Span) und dem Schneidkeil des Zerspanwerkzeugs (Spanfläche und Freifläche).
Oxidationsverschleiß (Verschleißmechanismus: Oxidation) führt bei Zerspantemperaturen über 700 bis 800 °C zum chemischen Zerfall des betroffenen Schneidstoffgefüges besonders bei der spanenden Bearbeitung langspanender Werkstoffe mit Hartmetallwerkzeugen.

Oxidationszahl (oxidation number)
Positive oder negative Ladung von Atomen oder Atomgruppen. Dabei wird angenommen, dass alle beteiligten Atome oder Atomgruppen in Ionenform vorliegen.
Bei Ionen dient die Ionenwertigkeit als Oxidationszahl.
Bei Molekülen dient deren Polarisierung als Hilfe.
Beispiel: Dipol-Molekül Wasser:

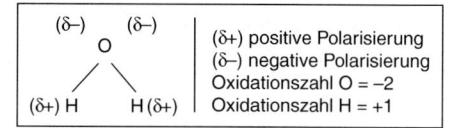

($\delta-$) ($\delta-$)	($\delta+$) positive Polarisierung
O	($\delta-$) negative Polarisierung
／＼	Oxidationszahl O = −2
($\delta+$) H H ($\delta+$)	Oxidationszahl H = +1

Oxidieren (oxidize)
Thermochemische Behandlung von Fe-Werkstoffen in Salzschmelzen (Brünieren).
Behandlung bei ca. 150 °C oder bei 500 °C mit Wasserdampf (für Sinterteile). Es werden Schutzschichten gegen Korrosion und adhäsiven Verschleiß erzeugt.

Oxidkeramik (oxide ceramics)
Keramik aus den Oxiden des Al, Mg, Ti und Zr, auch gemischt, mit überwiegend ionischer Bindung. Ohne verglaste Anteile dicht gesintert, dadurch hochtemperatur-, verschleiß- und korrosionsbeständig.
Beispiele: Zündkerzen, Dichtelemente aus Al-Oxid, Zr-Oxid für Ventilführungen, Lambda-Sonden. Al-Titanat für Umgießteile im Motorenbau wie Auspuffkrümmer und Kolbenböden.
(→Schneidstoffe)

P

π-Bindung (pi-bond)
Bindungszustand zwischen Atomen mit p-Orbitalen.
Entstehende Molekülorbitale liegen achsensymmetrisch zur Bindungsachse.
Vorkommen besonders bei Kohlenstoffverbindungen mit Doppel- und Dreifachbindungen.
Wichtige Voraussetzung für Additionsreaktionen, z.B. bei Alkenen, wie Ethen (Ethylen) $H_2C=CH_2$ und bei Alkinen, wie Ethin (Azetylen) HC CH.
Beispiel: p-p-π-Bindung

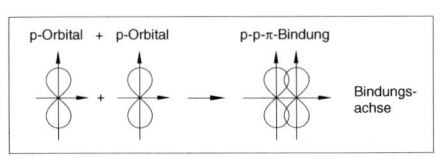

p-p-π-Bindung

p-Orbitale (p-orbital)
Aufenthaltswahrscheinlichkeitsraum für p-Elektronen.
Darstellung als doppelhantelförmige Ladungswolken.
Beispiel: p-Orbitale

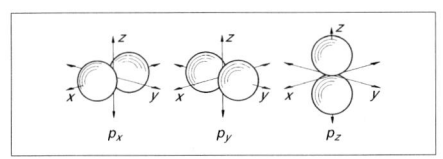

Schematische Darstellung der drei möglichen Orbitalformen des p-Niveaus

P-Regler (controller with proportional action)
Reglerart, bei der innerhalb des Stellbereichs ein linearer Zusammenhang zwischen Stellgröße und Regeldifferenz besteht.
P-Regler haben einen fest eingestellten Arbeitspunkt, außerhalb davon erzeugen sie eine bleibende Regelabweichung.
(→bleibende Regelabweichung, →Regeldifferenz, →Stellbereich, →Stellgröße)

PA (polyamide)
→Polyamide

PAL (Programmble Array Logic)
Logikbaustein mit programmierbarer UND-Matrix im Eingang und nachfolgend festverdrahteter ODER-Matrix und verschiedenen Ausgangskonfigurationen wie Tristate und Registerausgang.

Parabel (parabola)
Geometrischer Ort aller Punkte einer Ebene, die von einem festen Punkt F (Brennpunkt) und einer festen Gerade l (Leitlinie) den gleichen Abstand besitzen.
Der Scheitelpunkt S liegt in der Mitte zwischen Brennpunkt F und Leitlinie l. Die Parabelachse ist Symmetrieachse für die Parabel und steht senkrecht auf der Leitlinie l. Der Abstand p des Brennpunkts F von der Leitlinie l heißt Parameter der Parabel.

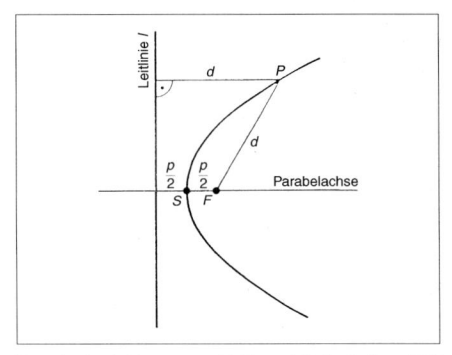

Parabel mit Brennpunkt F und Scheitelpunkt S

Parabelgleichungen:
x-Achse ist Parabelachse, Scheitelpunkt im Koordinatenursprung:
$y^2 = 2px$, $p > 0$ (Normalform).
Der Brennpunkt ist $F(p/2 \mid 0)$, die Gleichung der Leitlinie ist $x = -p/2$.
Parabelachse parallel zur x-Achse, Scheitelpunkt $S(x_s \mid y_s)$:
$(y - y_s)^2 = 2p(x - x_s)$, $p > 0$
(Scheitelpunktsform).
Der Brennpunkt ist $F(p/2 + x_s \mid y_s)$, die Gleichung der Leitlinie ist $x = x_s - p/2$.
y-Achse ist Parabelachse, Scheitelpunkt im Koordinatenursprung:
$x^2 = 2py$ oder $y = [1/(2p)]x^2$, $p > 0$.
Der Brennpunkt ist $F(0 \mid p/2)$, die Gleichung der Leitlinie ist $y = -p/2$.
Eine Parabel in dieser Lage ist der Graph einer quadratischen Funktion.

Parabelachse parallel zur y-Achse, Scheitelpunkt $S(x_s \mid y_s)$:
$(x - x_s)^2 = 2p(y - y_s)$ oder
$y = (x - x_s)^2/(2p) + y_s$, $p > 0$.
Der Brennpunkt ist $F(x_s \mid p/2 + y_s)$, die Gleichung der Leitlinie ist $y = y_s - p/2$.
Eine Parabel in dieser Lage ist der Graph einer quadratischen Funktion.
Gleichung der Tangente im Punkt $P_1(x_1 \mid y_1)$ an die Parabel mit der Gleichung $(y - y_s)^2 = 2p(x - x_s)$:
$(y_1 - y_s)(y - y_1) = p(x - x_1)$
oder
$(y_1 - y_s)(y - y_s) = p(x + x_1 - 2x_s)$.
Gleichung der Normale (die Normale steht senkrecht auf der Tangente) durch den Punkt $P_1(x_1 \mid y_1)$ der Parabel:
$y = -((y_1 - y_s)/p)(x - x_1) + y_1$.
Beispiel:
Gegeben: Parabelgleichung $y^2 = 6x$.
Gesucht: Brennpunkt, Gleichung der Leitlinie.
Parameter: $p = 3$,
Brennpunkt: $F(p/2 \mid 0) = F(3/2 \mid 0)$,
Gleichung der Leitlinie: $x = -p/2 = -3/2$.
(→Kegelschnitt, →quadratische Funktion)

Parabel n-ter Ordnung (parabola of order n)
Die Graphen der Funktionen $y = ax^n$, $n \in \mathbb{N}$, $n \geq 2$, $a \in \mathbb{R}$, $a \neq 0$.
(→Parabel, →Potenzfunktion)

Parabelkonstruktion
(construction of a parabola)
Es gibt etliche Konstruktionsmöglichkeiten für eine Parabel. Eine davon ist die sogenannte Fadenkonstruktion:
Ein rechtwinkliges Dreieck wird entlang der Leitlinie verschoben. Ein Faden mit der Länge der Kathete $\overline{AC}$ wird mit den Enden in A und dem Brennpunkt F befestigt. Mit einem Stift wird der Faden an der Kathete $\overline{AC}$ gestrafft. Gleitet das Dreieck entlang der Leitlinie, dann beschreibt der Stift ein Parabelstück.
(→Parabel)

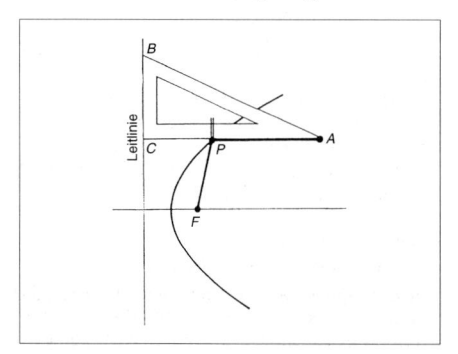

Parallele (parallel line)
Gerade in der Ebene, die mit einer gegebenen Gerade keinen Punkt gemeinsam hat.
Zwei Parallelen oder parallele Geraden g und h, in Zeichen $g \parallel h$ (gesprochen: g parallel h), schneiden sich in keinem Punkt der Ebene. Zwei Geraden sind parallel, wenn eine dritte Gerade sie unter den gleichen Winkeln α schneidet.

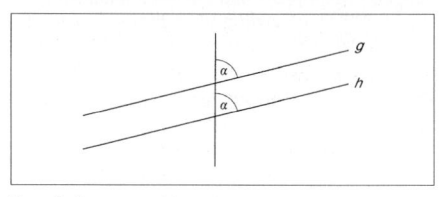

Parallelen g und h

parallele Datenübertragung
(parallel data transmission)
Form der Datenübertragung, bei der auf mehreren Leitungen gleichzeitig übertragen wird.
Der Vorteil gegenüber der seriellen Datenübertragung ist die höhere Geschwindigkeit. Nachteilig ist der höhere Bauaufwand.

Parallelepiped (parallelepiped)
Schiefes Prisma mit einem Parallelogramm als Grundfläche.
(→Prisma)

Parallelflach (parallelepiped)
Schiefes Prisma mit einem Parallelogramm als Grundfläche.
Parallelflach ist ein Synonym für Parallelepiped.
(→Prisma)

Parallelgreifer (parallel gripper)
Bauform von Greifern, bei denen sich die Halteelemente (Finger, Backen) parallel und linear zueinander bewegen.
Die Halteelemente öffnen oder schließen gleichzeitig, so dass das Greifobjekt im Greifer zentriert wird. Parallelgreifer, bei denen die Halteelemente einzeln ansteuerbar sind, werden an Robotern kaum eingesetzt.
Die Parallelbewegung wird erzeugt durch:
a) einen Arbeitszylinder (pneumatisch oder hydraulisch) über eine Führung, ausgeführt als schiefe Ebene, wobei der Hub (Weg) durch eine Einstellschraube eingestellt (verändert) werden kann.

Parabelkonstruktion

b) einen Zahnrad-Zahnstangenantrieb, wobei der Hub über die Antriebssteuerung veränderbar ist.
(→Greifer, →Greiferbacken)

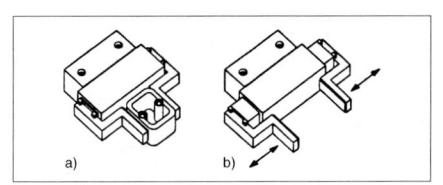

a)
b)

a) Parallelgreifer hält mit den geschlossenen Halteelementen das Werkstück,
b) Parallelgreifer in geöffneter Stellung

Parallelogramm (parallelogram)
Viereck, bei dem die beiden jeweils einander gegenüberliegenden Seiten parallel sind.
Einander gegenüberliegende Seiten eines Parallelogramms sind gleich lang, einander gegenüberliegende Winkel sind gleich groß, benachbarte Winkel ergänzen sich zu 180°, die Diagonalen halbieren sich in ihrem Schnittpunkt.
Das Parallelogramm mit den Seitenlängen a und b ist flächengleich einem Rechteck mit den Seitenlängen a und h_a (oder b und h_b).
Umfang: $u = 2a + 2b$,
Flächeninhalt: $A = a h_a = b h_b = ab \sin \alpha$.
In einem Parallelogramm ist die Summe der Quadrate der Seitenlängen a, b gleich der Summe der Quadrate der Diagonalenlängen e, f (Satz von Apollonios, nach dem hellenistischen Geometer und Astronom Apollonios von Perge, ~ 262–190 v. u. Z.):
$2a^2 + 2b^2 = e^2 + f^2$.
(→Viereck)

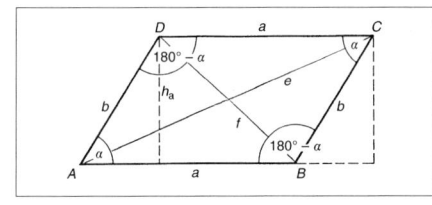

Parallelogramm

Parallelogrammsatz
(parallelogram principle)
In der Statik die Grundoperation zur geometrischen Addition und Subtraktion von Kräften.
Zwei an einem Körperpunkt angreifende Kräfte F_1, F_2 lassen sich durch eine Einzelkraft F_r (die Resultierende) von gleicher Wirkung ersetzen. Diese Resultierende F_r ist die Diagonale des aus den beiden Einzelkräften gebildeten Kräfteparallelogramms. Der Satz ist ein Axiom und gilt für alle Vektoren, z.B. für Geschwindgkeiten v. Durch wiederholte Anwendung lassen sich beliebig viele an einem Punkt angreifende Kräfte auf eine einzige Kraft, die Resultierende F_r, reduzieren (zurückführen, Kräftereduktion). Zeichnerisch (maßstäblich) ergibt sich dann ein Krafteck (Kräftezug, Kräftepolygon).
In diesem Krafteck ist die Resultierende F_r die Verbindungslinie vom Anfangspunkt A der zuerst gezeichneten zum Endpunkt E der zuletzt gezeichneten Kraft (Kraftfolge ist beliebig).
(→Erweiterungssatz, →Längsverschiebesatz)

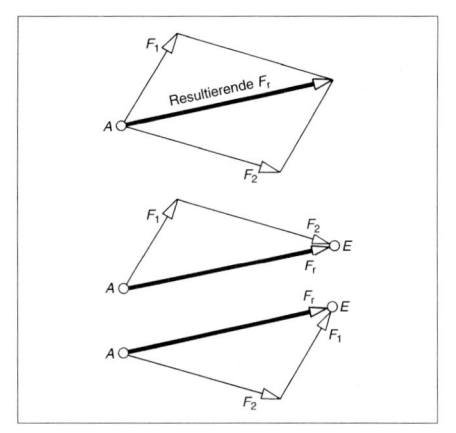

Zusammensetzen zweier Vektoren (Kräfte) – Kräftedreiecke als Ersatz für das Kräfteparallelogramm

Parallelschaltung (parallel connection)
Schaltung von zwei oder mehr Betriebsmitteln wie Kondensatoren, Widerstände, Spulen an dieselbe Spannung.
Der Gesamtstrom ist dann die Summe der Teilströme der einzelnen Betriebsmittel.

Parallelschwingkreis
(parallel resonant circuit)
Parallelschaltung einer Induktivität L mit einer Kapazität C mit Resonanzverhalten.
Bei der Resonanzfrequenz f_o in Hz hat der Parallelschwingkreis den höchsten elektrischen Widerstand (Sperrkreis): $f_o = 1 / (2 \pi \sqrt{LC})$
Parallelschwingkreise werden als Filter verwendet.
(→Filter, →Resonanzfrequenz)

Parallelverschiebesatz
(parallel displacement principle)
Eine der statischen Grundoperationen, nach der eine Kraft F auf eine parallele Wirklinie mit dem Wirkabstand l verschoben werden darf, wenn ein Kraftmoment $M = Fl$ hinzugefügt wird.

Parameter (parameter)
1. In der Datentechnik Größe oder Wert, der die Abarbeitung von Programmen oder Programmteilen beeinflußt.
Mit Wertparametern können Größen ausschließlich an das Programm (Modul) übergeben werden, während Variablenparameter einen geänderten Wert für die Größe an das aufrufende Hauptprogramm zurückliefern.
2. In der Mathematik auch Abstand des Brennpunkts von der Leitlinie in einer Parabel.
(→Parabel einer Funktion, →Parametrieren, →Variable)

Parameterdarstellung
(parametric representation of a function)
Darstellung einer Funktion in der Form $x = \varphi(t)$, $y = \psi(t)$.
Die Werte von x und y werden jeweils als Funktion einer Hilfsvariablen t angegeben, die Parameter genannt wird. Die Funktionen $\varphi(t)$ und $\psi(t)$ müssen denselben Definitionsbereich haben.
Neben der Parameterdarstellung gibt es auch die explizite Darstellung und die implizite Darstellung einer Funktion.
Beispiel: $x = 2t + 5$, $y = 8t + 4$, $t \in \mathbb{R}$
Durch Elimination von t erhält man
$4x - 20 = y - 4 \Rightarrow y = 4x - 16$,
also eine Geradengleichung (in expliziter Form).
(→explizite Darstellung, →Funktion, →implizite Darstellung)

Parameterdarstellung einer Kurve
(parametric representation of a curve)
Darstellung einer ebenen Kurve in der Form $x = \varphi(t)$, $y = \psi(t)$.
Die Werte von x und y werden jeweils als Funktion einer Hilfsvariablen t angegeben, die Parameter genannt wird. Die Funktionen $\varphi(t)$ und $\psi(t)$ müssen denselben Definitionsbereich haben.
Kurven im Raum lassen sich entsprechend in der Form
$x = \varphi(t)$, $y = \psi(t)$, $z = \omega(t)$ darstellen.
Beispiel: Parameterdarstellung des Kreises:
$x = \cos t$, $y = \sin t$, $0 \leq t < 2\pi$.
(→Kurve)

Parametrieren (setting of parameters)
Vorbereitung eines Programms, Moduls (oder Geräts) mit Hilfsgrößen auf einen bestimmten Anwendungszweck.
Beispiel: Der Parameter für die Hintergrundfarbe eines Bildschirmfensters, das der Fehlermeldung dient, wird auf ROT gesetzt; anschließend wird die Fehlermeldung in dem Fenster ausgegeben.
(→Parameter)

Paritätsbit (parity bit)
Prüfbit, das einem Codewort beigefügt wird, um Übertragungsfehler zu erkennen.
Man unterscheidet nach gerader und ungerader Parität.

	Prüf-bit	Code-wort
Beispiel für gerade Parität:	1	001 0011 (Anzahl der 1 gerade)
Beispiel für ungerade Parität:	0	001 0011 (Anzahl der 1 ungerade)

Paritätsprüfung (parity check)
Codierungs- und Prüfverfahren zur Feststellung von Übertragungsfehlern.
(→Paritätsbit)

Parsons-Turbine (Parsons turbine)
Dampfturbinen-Bauart, bei der nicht nur in den Leiträdern sondern auch in den Laufrädern ein Teil des Energiegefälles in kinetische Energie umgesetzt wird.
Leitschaufel- und Laufschaufelkanäle sind als Düsen ausgebildet (ungleicher Schaufelquerschnitt). Der Dampfdruck vor der Laufschaufel ist größer als nach der Laufschaufel (Überdruckturbine).
Läufer in Trommelbauweise (Trommelturbinen) erlauben kleine radiale Laufspalte der Leit- und Laufschaufeln.
(→Dampfturbinen, →Energiegefälle)

Partialbruchzerlegung
(splitting into partial fractions)
Zerlegung einer gebrochenen rationalen Funktion $f(x)$ in eine Summe von Brüchen, deren Nenner nicht weiter zerlegt werden können.
Beispiel: $2/(1 - x^2) = 1/(1 + x) + 1/(1 - x)$

Partialsumme einer Reihe
(partial sum of a series)
→Reihe

partielle Integration (partial integration)
Methode zur Berechnung des unbestimmten Integrals einer Funktion $y = f(x)$.
Lässt sich die Funktion $f(x)$ als Produkt zweier Funktionen $g(x) = u(x)$ und $h(x) = v'(x)$ darstellen, also $f(x) = g(x) \cdot h(x) = u(x) \cdot v'(x)$, dann gilt
$\int u(x) v'(x) dx = u(x) v(x) - \int u'(x) v(x) dx$.
Mit dieser Methode wird ein Integral der Form $\int u(x) v'(x) dx$ auf das oft leichter berechenbare Integral $\int u'(x) v(x) dx$ zurückgeführt.

Beispiele:
1. $\int \ln x \, dx$
Setzt man $u(x) = \ln x$ und $v'(x) = 1$, dann ist $u'(x) = 1/x$ und $v(x) = x$, und es ergibt sich
$\int \ln x \, dx = \int 1 \cdot \ln x \, dx =$
$= x \cdot \ln x - \int x \cdot (1/x) \, dx =$
$= x \cdot \ln x - \int dx = x \cdot \ln x - x + C$

1. $\int x e^x \, dx$
Setzt man $u(x) = x$ und $v'(x) = e^x$, dann ist $u'(x) = 1$ und $v(x) = e^x$, und es folgt
$\int x e^x \, dx = x e^x - \int 1 \cdot e^x \, dx =$
$= x e^x - e^x + C = (x - 1) e^x + C.$

(→Integrationsregeln, →unbestimmtes Integral)

PASCAL (pascal)
Ursprünglich nur für die Ausbildung entwickelt, gilt diese Hochsprache heute durch ihre gute Selbstdokumentation und die ständige Weiterentwicklung als universelle, professionelle Programmiersprache.

Pascal Pa (Pascal)
Einheitenname (Kurzzeichen Pa) für die gesetzliche und internationale Einheit (SI-Einheit) des Drucks p nach *Blaise Pascal* (1623 – 1662):
1 Pa = 1 N/m².
Größere Druckeinheiten sind das Megapascal (MPa) und das Bar (bar):
1 Mpa = 10^6 Pa = 10^6 N/m²,
1 bar = 10^5 Pa = 10^5 N/m².
Früher gebräuchlich:
1 bar = 10 N/cm², ca. 1 kp/cm² = 1 at (Atmosphäre).
(→Druck, →Kraft, →SI-Einheit)

Pascal'sches Dreieck (Pascal's triangle)
Dreieck, das aus den Binomialkoeffizienten gebildet wird:

$$\binom{0}{0}$$
$$\binom{1}{0} \binom{1}{1}$$
$$\binom{2}{0} \binom{2}{1} \binom{2}{2}$$
$$\binom{3}{0} \binom{3}{1} \binom{3}{2} \binom{3}{3}$$
$$\binom{4}{0} \binom{4}{1} \binom{4}{2} \binom{4}{3} \binom{4}{4}$$
$$\binom{5}{0} \binom{5}{1} \binom{5}{2} \binom{5}{3} \binom{5}{4} \binom{5}{5}$$
$$\binom{6}{0} \binom{6}{1} \binom{6}{2} \binom{6}{3} \binom{6}{4} \binom{6}{5} \binom{6}{6}$$

usw.

Rechnet man die Binomialkoeffizienten aus, so lauten die ersten Zeilen des Pascal'schen Dreiecks:

```
            1
          1   1
        1   2   1
      1   3   3   1
    1   4   6   4   1
  1   5  10  10   5   1
1   6  15  20  15   6   1
```

Wegen der Rechenregeln für Binomialkoeffizienten ist jedes Element des Pascal'schen Dreiecks gleich der Summe der beiden unmittelbar darüberstehenden Elemente. Oftmals ist es einfacher, die Binomialkoeffizienten nicht direkt, sondern mit Hilfe des Pascal'schen Dreiecks zu berechnen.
(→Binomialkoeffizient)

Passante (passant line)
Gerade, die eine Kurve, also den Graph einer Funktion $y = f(x)$, nicht schneidet (Passante = „Vorbeiziehende").
(→Kreis und Gerade, →Sekante, →Tangente)

passive Bauelemente (passive component)
→Bauelement

passive RC-Filter (passive filter)
→Filter

passiver Zweipol (passive two-port)
→Zweipol

Passivierung (passivation)
Abnahme der Reaktionsfähigkeit einiger Metalle in Korrosionsmitteln durch Bildung von porenfreien Oxidschichten (Passivschichten).
Metalle sind Al, Cr, Fe, Ni, die diese Eigenschaft auch auf Legierungen übertragen, z.B. in Cr- und Cr-Ni-Stählen.

Passungen (fits)
Maßunterschied zwischen dem Maß einer Innenpassfläche (z.B. Bohrung) und einer Außenpassfläche (z.B. Welle) vor dem Fügen. Passungen werden ausgewählt hinsichtlich ihrer Funktion (Gleitlagerung oder Aufschrumpfen eines Zahnrades) und ihrer Austauschbarkeit.
Grundbegriffe: Höchstpassung P_o: Maßunterschied zwischen Höchstmaß der Innenpassfläche G_{oI} und Mindestmaß der Außenpassfläche G_{uA}:
$P_o = G_{oI} - G_{uA} = A_{oI} - A_{uA}$
Mindestpassung P_u: Maßunterschied zwischen Mindestmaß der Innenpassfläche G_{uI} und Höchstmaß der Außenpassfläche G_{oA}:
$P_u = G_{uI} - G_{oA} = A_{uI} - A_{oA}$
Spiel P_s ergibt eine positive Passung; Übermaß $P_ü$ ergibt eine negative Passung; Grenzpassung kann

eine Höchst- oder Mindestpassung sein. Als Passtoleranzfelder sind Spiel-, Übergangs- und Übermaßtoleranzfelder möglich.
DIN 7182 T1 Grundbegriffe für Maße, Abmaße, Toleranzen und Passungen
(→Einheitsbohrung, →Einheitswelle)

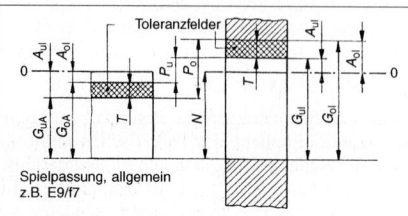

Spielpassung, allgemein z.B. E9/f7

N Nennmaß, G_o Höchstmaß, G_u Mindestmaß, I Istmaß, A_o oberes Grenzabmaß, A_u unteres Grenzabmaß, T Maßtoleranz, P_S Spiel, $P_Ü$ Übermaß, P_o Höchstpassung, P_u Mindestpassung

Passungsrost (fretting corrosion)
Durch Reibkorrosion zwischen Passungsflächen entstandener Rost.

Passwort (pass word)
→Kennwort, →PIN

Patentieren (to patent)
Isotherme Umwandlung von Austenit in der Perlitstufe (500 °C).
Es entsteht ein Gefüge mit guten Zieheigenschaften. Anwendung für Stahldrähte.

Patina (patina)
Korrosionsprodukt auf Cu-Blechen, die der Witterung ausgesetzt sind.

Pauli-Prinzip (Pauli's exclusion principle)
In einem Atom dürfen niemals 2 Elektronen den gleichen Energiezustand einnehmen. Sie müssen sich mindestens in einer der vier Quantenzahlen unterscheiden.
(→Quantenzahlen)

PBT (PBET)
→Polyalkylenterephthalat

PC (PC)
1. Personal Computer.
   Einzelplatzrechner, der auf die „persönlichen" Ansprüche des Nutzers abgestimmt ist.
2. Programmzähler (Program-Counter).
3. Kurzzeichen für Polycarbonat.

PD-Regler (controller with proportional plus derivative action)
Regler mit Proportional- und Differenzialanteil. Die Ausgangsgröße wird aus der Summe des Proportional- und des Differenzialanteils gebildet. Der Differenzialanteil bewirkt eine sehr schnelle Reaktion des Reglers auf Regelabweichungen.
(→Differenzialverhalten, →P-Regler, →Proportionalverhalten)

PE (polyethene)
→Polyethen

PE-Wandler (pneumatic-electric converter)
Gerät, das ein pneumatisches Signal in ein elektrisches Signal umwandelt.
PE-Wandler werden dort benötigt, wo Steuerungen oder Regelungen sowohl pneumatische als auch elektrische Komponenten enthalten.

Pedipulator (pedipulator)
Mechanismus zur Fortbewegung, der aus beweglichen Gliedern besteht, die mit Dreh- oder Lineargelenken verbunden sind (Schreitbewegung mit Beinen).
(→Schreitroboter)

Peer-to-Peer (peer to peer)
Netzwerkklasse, die ohne Server auskommt, in der jeder Rechner Server- und Clientaufgaben übernehmen kann.

Pegel (value in dB; designation of logic law and high in terms of voltages)
1. Wert eines elektrischen Signals in logarithmischem Maß (dB).
   Man unterscheidet Spannungs- und Leistungspegel.
   $P_U = 10 \lg U2/U1$; $P_P = 10 \lg P2/P1$
2. Zuordnung digitaler Werte LOW und HIGH zu Spannungsbereichen.
   Man unterscheidet zwischen positiver und negativer Logik.

Peltonturbinen (Pelton turbines)
Wasserturbinen in Hochdruckanlagen mit großen Fallhöhen (100...2000 m) auch bei geringen Wassermengen (Freistrahl- oder Gleichdruckturbinen). Wasser strömt über ein Druckrohrsystem einer oder mehreren Düsen zu. Die Energie des in der Düse erzeugten freien Wasserstrahls wird durch Ablenkung an der umlaufenden, doppelschalenförmigen Radschaufel ausgenutzt. Die in der Düse enthaltene verstellbare Düsennadel regelt die Turbinenleistung und verhindert unzulässigen Drehzahlanstieg (Mengenregelung). Strahlablenker verändern die Durchflussmenge ohne Unterbrechung. Zur Leistungsänderung schneidet der Ablenker einen Teil des Strahls ab und leitet ihn am Laufrad vorbei. Doppelregelung (Nadelverstellung und Ablenker) verhindert schädliche Wasserstöße bei raschem Schließen der Düse (Leerlaufschaltung).
(→Turbinenleistung, →Wasserkraftwerke, →Wasserturbinen)

PEN-Leiter (earthed neutral conductor)
Schutzleiter PE und Neutralleiter N werden als ein Leiter geführt.
Zulässig nur bei Leiterquerschnitten $A \geq 10\,mm^2$.
DIN VDE 0100 Errichten von Starkstromanlagen.
($\rightarrow$Nulleiter)

Pendel (pendulum)
Ein um eine Gleichgewichtslage schwingender mechanischer Körper.
Ursache ist eine, der auslenkenden Kraft F'_a vom Betrag genau gleiche Rückstellkraft F_R, die stets zur Ruhelage hin gerichtet ist und im Wechselspiel mit der auslenkenden Kraft die Schwingungen bewirkt: $F_R = F_a$. Nach dem linearen Kraftgesetz führt der Körper eine harmonische Schwingung aus, wenn die Rückstellkraft F_R der Auslenkung y proportional ist: $F_R/y = D$ in N/m. Die Richtgröße D ist neben der Masse m des Körpers bestimmend für die Dauer T der Schwingung:
$T = 2\pi\sqrt{m/D}$ in s.
Beispiele: Fadenpendel, Federpendel, Torsionspendel
($\rightarrow$harmonische Schwingung, $\rightarrow$lineares Kraftgesetz)

Pendelfunktion (weave funktion)
Steuerbare Funktion bei einem Schweißroboter. Der Roboter führt mit der Schweißpistole quer zum Schweißnahtverlauf eine Pendelbewegung aus. Entsprechend der Nahtdicke werden die Schweißfugen ausgefüllt.
($\rightarrow$Schweißroboter)

Pendelkugellager (self-aligning ball bearing)
Unempfindlich gegen winklige Wellenverlagerungen; radial und axial belastbar. Einsetzbar z.B. in Landmaschinen und Förderanlagen.

Pendelrollenlager (spherical roller bearing)
Für höchste Radial- und Axialbelastung geeignet. Einsatz z.B. für Schiffs- und Kurbelwellenlagerungen sowie schwere Seilrollenlagerungen.

Penetrierverfahren (color penetration test)
$\rightarrow$Farbeindringverfahren

Periode T (period)
Zeitdauer einer Schwingung.
Bei sinusförmiger Wechselspannung die Zeitdauer einer positiven und negativen Halbwelle.
Einheit: s (Sekunde)
($\rightarrow$Wechselspannung)

Periodendauer T (periodic time)
In der Schwingungslehre kürzester Zeitabschnitt in s oder min, nach dem sich eine Schwingung periodisch wiederholt.

Im Maschinenbau ist die Periodendauer T der Kehrwert der Drehzahl n und damit die Umlaufzeit für eine Umdrehung der Kurbelwelle: $T = 1/n$.

Periodensystem der Elemente
(periodic system, PSE)
Ordnungsprinzip, das auf ähnlichen Eigenschaften der chemischen Elemente beruht.
Anordnung der chemischen Elemente in waagerechten Reihen nach steigenden Ordnungszahlen (Perioden). Nach Auftreten eines Edelgases beginnt eine neue Reihe (Periode). Das PSE hat 7 waagerechte Reihen (Perioden).
In den senkrechten Spalten werden die chemischen Elemente mit ähnlichen Eigenschaften zu je 8 Gruppen (8 Hauptgruppen und 8 Nebengruppen) zusammengefasst.
Beispiel: Li, Na, K... bilden die Gruppe der Alkalimetalle, Cl, Br, J... bilden die Gruppe der Halogene.

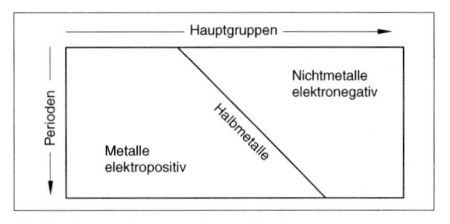

Periodensystem, schematisch

periodische Funktion (periodic function)
Funktion, deren Funktionsgleichung die Bedingung $f(x + T) = f(x)$, $T = const.$ erfüllt.
Die kleinste positive Zahl T mit dieser Eigenschaft heißt Periode der Funktion. Den absolut größten Funktionswert nennt man Amplitude der periodischen Funktion.
Beispiel: Sinus und Kosinus haben die Periode 2π, denn es gilt
$\sin(x + 2k\pi) = \sin x$, $\cos(x + 2k\pi) = \cos x$ für
$k = 0, \pm 1, \pm 2, ...$,
und die Amplitude 1, denn es gilt
$|\sin x| \leq 1$, $|\cos x| \leq 1$, $\sin(\pi/2) = \cos 0 = 1$.
($\rightarrow$Kosinusfunktion, $\rightarrow$Sinusfunktion)

Peripherie (peripheral devices)
Alle Geräte, die an einem Computer angeschlossen sind.

Peripheriegerät (peripheral device)
Externe Geräte außerhalb einer SPS bzw. einer Datenverarbeitungsanlage, die mit dem System verbunden werden und der Anzeige, Ausgabe oder Speicherung von Daten dienen. Bsp: Drucker, Diskettenlaufwerk.

Peripheriewinkel

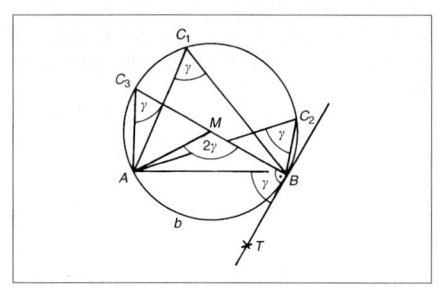

Peripheriewinkel (angle at the circumference)
Winkel, dessen Scheitelpunkt ein Punkt eines Kreises (Kreisrands) ist und dessen Schenkel Sekanten des Kreises sind.
Ein anderer Name für Kreisrand ist Kreisperipherie. Verbindet man die Schnittpunkte der beiden Schenkel und des Kreises miteinander, so ergibt sich eine Sehne des Kreises.
Eigenschaften von Peripheriewinkeln:
Alle Peripheriewinkel über der gleichen Sehne sind gleich groß, jeder Peripheriewinkel über dem Durchmesser ist ein rechter Winkel (Thaleskreis), jeder Peripheriewinkel ist halb so groß wie der Zentriwinkel über dem gleichen Kreisbogen (über der gleichen Sehne).
($\rightarrow$Thaleskreis, $\rightarrow$Zentriwinkel)

Peripheriewinkel ($\sphericalangle$ AC_1B, $\sphericalangle$ AC_2B, $\sphericalangle$ AC_3B)

Perlit (perlite)
Gefügename für das Kristallgemisch aus Ferrit mit eingelagerten Zementitlamellen, das beim Austenitzerfall entsteht.
Es geht beim Weichglühen in die kugelige Form über.
($\rightarrow$Glühen auf kugelige Carbide)

Perlitbildung (formation of perlite)
$\rightarrow$Austenitzerfall

Permanentmagnet-Spanner
(permanent-magnetic chuck)
Magnetspanner, bei dem die Spannkraft durch Permanentmagnete erzeugt wird.

Permeabilität μ (permeability)
Materialkonstante, die das Verhältnis der erzeugten magnetischen Flussdichte B zur magnetischen Feldstärke H in einem magnetischen Leiter angibt: $\mu = \mu_0 \mu_r = B/H$.
Die Permeabilitätszahl μ_r ist eine reine Vergleichszahl, die das Verhältnis der magnetischen Flussdichten im Leiter B und im Vakuum B_0 berücksichtigt: $\mu_r = B/B_0$.
($\rightarrow$magnetische Feldkonstante, $\rightarrow$magnetische Feldstärke, $\rightarrow$magnetische Flussdichte)

Permeabilitätszahl (permeability number)
$\rightarrow$Permeabilität

Permittivität (permittivity)
$\rightarrow$Dielektrizitätskonstante

Personalcomputer (personal computer)
Kleinrechner, die im privaten, aber zunehmend auch im kommerziellen Bereich verwendet werden.
In den letzten Jahren ist durch Vernetzung von Personalcomputern der Anteil im kommerziellen Bereich stark ausgeweitet worden. Personalcomputer dienen auch als Peripheriegeräte zur Eingabe von Programmen bei SPS-Steuerungen.

PET (PETP)
$\rightarrow$Polyalkylentherepthalat

Peta P (peta)
Vorsatzsilbe, die das Billiardenfache (10^{15}) der Einheit bezeichnet.
($\rightarrow$Vorsatzzeichen)

Peters-Verrippung
(zigzag bracing; diagonal bracing)
Zickzackförmig angeordnete Rippen zwischen Vorder- und Hinterwange von Drehmaschinenbetten zur Verbesserung der Verdrehsteifigkeit.

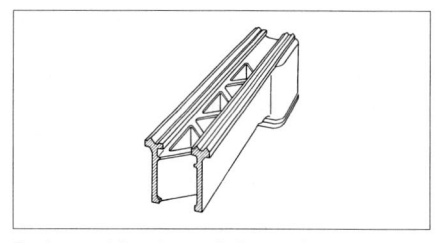

Drehmaschinenbett mit Peters-Verrippung

Pfannenmetallurgie (secondary metallurgy)
$\rightarrow$Sekundärmetallurgie

*p*H-Indikatoren (pH indicators)
$\rightarrow$Indikatoren

*p*H-Wert (hydrogen ion exponent)
Negativer dekadischer Logarithmus des Zahlenwertes der molaren Wasserstoffionen-Konzentration einer Lösung c_H^+.
$pH = -\log c_H^+$.
Gilt nur für stark verdünnte wässrige Lösungen. Die nach außen wirksame (messbare) Ionenkonzentration heißt Wasserstoffionen-Aktivität a_H^+.

Beispiele:
Saure Lösung pH-Wert 0 bis 7
$c_H^+ > 1 \cdot 10^{-7}$ mol/l,
Neutrale Lösung pH-Wert $= 7$
$c_H^+ = 1 \cdot 10^{-7}$ mol/l,
Basische Lösung pH-Wert > 7 bis 14
$c_H^+ < 1 \cdot 10^{-7}$ mol/l.

Phantomroboter (replica master)
Roboter zur Roboterprogrammierung.
In der Ausführung entspricht der Phantomroboter der Kinematik des zu programmierenden Roboters.
Beispiel: Ein Handhabungsroboter in einem radioaktiv hoch belasteten Einsatzraum soll umprogrammiert werden. Die Programmierung wird zuvor an einem bauartgleichen Roboter in gefahrloser Umgebung vorgenommen. Die Daten werden anschließend dem Einsatzroboter übertragen.
($\rightarrow$ Roboterprogrammierung)

Phase (phase)
1. Allgemein: Schwingungszustand einer Welle zu einem bestimmten Zeitpunkt und an einem bestimmten Ort.
2. In der Elektrotechnik der Verlauf einer Strom- oder Spannungskurve in einem Strom-Zeit- oder Spannungs-Zeit-Diagramm zwischen zwei Nulldurchgängen der Kurven.
3. In der Werkstoffkunde ein in sich homogener Körper in einem Stoffgemenge, der sich durch eine Grenzfläche von anderen Phasen unterscheidet.

Phasen sind meist physikalisch trennbar. In Legierungen sind es neben der Schmelze die Kristallarten.

Phasenanschnittsteuerung
(phase-angle control)
Verfahren in der Leistungselektronik zur verlustlosen Steuerung der Leistungsaufnahme von Geräten, z.b. Helligkeit von Lampen, Drehzahlsteuerung von Gleichstrommotoren (Bild unten).
Durch zeitlich variable Zündimpulse innerhalb von Halbwellen werden z.b. Thyristoren gezündet und so der Stromzufluss in die Geräte kontrolliert.

Phasenregel (phase doctrine)
Gesetz über den Zusammenhang von n Komponenten, p Phasen und f Freiheitsgraden in Stoffgemengen (Legierungen).
$f = n - p + 2 \quad$ allgemein,
$f = n - p + 1 \quad$ für Druck $p =$ konstant
Freiheitgrade f sind die Änderungsmöglichkeiten der Zustandsgrößen Druck, Temperatur und Konzentration, die sich unabhängig voneinander in Grenzen ändern können, ohne dass sich das System ändert (d.h. die Anzahl der Phasen).

Phasenumwandlungen
(phase transformation)
Änderung des Aggregatzustandes; Gitterumwandlungen (Polymorphie) bei den Metallen Fe, Ti, Co, Sn und Zr; Diffusionsvorgänge, die zu Ausscheidungen im festen Zustand führen, z.T. zur Bildung intermetallischer Phasen.
Beispiel: eutektoider Zerfall von Mischkristallen:
Gitterumwandlung + Diffusion.
($\rightarrow$ Austenitzerfall)

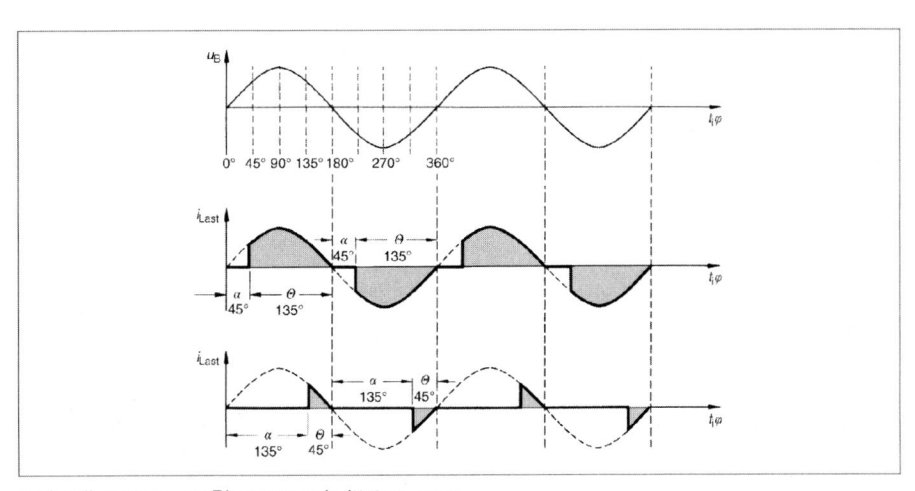

Liniendiagramm zur Phasenanschnittsteuerung

Phasenverschiebung φ

Phasenverschiebung φ (phase shift)
Phasendifferenz zwischen zwei Wellen der gleichen Frequenz, die zu unterschiedlichen Zeitpunkten ihr Maximum durchlaufen.
In der Elektrotrechnik bezeichnet φ die unterschiedlichen Nulldurchgänge der Kurven von Strom I und Spannung U.
Die Phasenverschiebung φ wird als Winkel mit der Einheit 1 angegeben.
(→Welle)

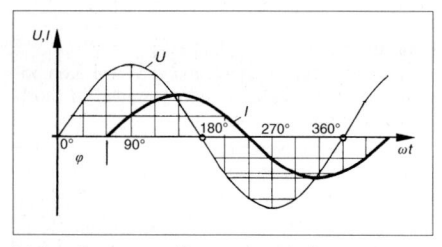

Liniendiagramm (Spannung U, Strom I)

Phasenwinkel φ (phase angle)
Beschreibung der Phasenverschiebung als Winkel φ im U-I-Liniendiagramm.
Die Halbwelle einer sinusförmigen Wechselspannung überstreicht einen Winkel von 180° (im Bogenmaß π).
(→Phasenverschiebung)

Phenoplaste PF (phenolic plastic)
Duroplast aus Phenolen und Formaldehyd mit dunkler Farbe.
Meist mit Füllstoffen, steif und hart, bis 120° (150°) einsetzbar.
Verwendung: Gehäuse für elektronische Geräte, Schichtpressstoffe, Harz als Bindemittel für Schleifscheiben und Formsande.
(→Formmassen, →Hartgewebe, →Hartpapier, →Kunstharzpressholz)

Phosphatieren (phosphatizing)
Chemische Erzeugung von Metallphosphatschichten (5 bis 25 μm) auf Stahl.
Behandlung durch Tauchen oder Spritzen mit saurem Zn- und Mn-Phosphat.
Anwendung: Haftgrundschichten für Anstriche (Korrosionsschutz), für Fette (Verbesserung des Kaltumformens), für Öle (Reibminderung in der Einlaufphase).

Physik (physics)
Naturwissenschaft, die durch Experimente und Messungen die Erscheinungen, Zustandsformen und gesetzmäßigen Zusammenhänge der unbelebten Materie, Strahlungen und Kraftfelder untersucht.

physikalische Atmosphäre (standard atmosphere)
Früher gebräuchliche Druckeinheit (nicht mehr zulässig).
Umrechnung in gesetzliche Einheit:
1 atm = 1,01325 · 10^5 Pa (Pascal) = 1,01 bar.

physikalische Größe (physical quantity)
Eigenschaft eines Körpers oder Vorgangs, der quantitativ und qualitativ beschrieben werden kann.
Formal gilt dies für alles, das sich als Produkt aus Zahlenwert × Einheit = physikalische Größe ausdrücken lässt.
Beispiel: Die Masse eines Körpers lässt sich quantitativ durch seine Menge und qualitativ durch seine Schwere und Trägheit beschreiben.
(→Dimension, →Einheit, →Größenart, →Zahlenwertgleichung)

PI-Regler
(controller with proportional plus integral action)
Regler mit Proportional- und Integralanteil.
Die Ausgangsgröße wird aus der Summe des Proportional- und des Integralanteils gebildet. Der PI-Regler verbindet den Vorteil eines P-Reglers (relativ schnelle Reaktion) mit dem eines I-Reglers (Präzision).
(→Integralverhalten, →Proportionalverhalten)

Pickerfunktion (picker function)
Steuerbare Funktion bei einem Industrieroboter.
Mit ihr kann ein Robotergelenk nach dem Anfahren an eine programmierte Position ein definiertes Drehmoment erzeugen und zeitlich vorgegeben halten.
Beispiel: Ein Schweißroboter mit Schweißzangen zum Punktschweißen.
(→Drehmoment, →Industrieroboter)

PID-Regler (controller with proportional plus integral plus derivative action)
Universalregler mit Proportional-, Integral- und Differenzialanteil.
Die Ausgangsgröße setzt sich aus der Summe der einzelnen Anteile zusammen. Diese Reglerart ist sehr flexibel einsetzbar. Die einzelnen Anteile können meist über die Parameter X_p (Proportionalbereich), T_n (Nachstellzeit) und T_v (Vorhaltezeit) variiert werden. Durch Abschaltung einzelner Anteile können P-, PD-, PI- und I-Regler nachgebildet werden.
(→Differenzialverhalten, →Integralverhalten, →Proportionalverhalten)

Piezo-Effekt (piezoelectric effect)
Spannungserzeugung durch mechanischen Druck auf einen Piezo-Kristall.
(→Quellenspannung)

Piko p (pico)
Vorsatzsilbe, die den billionsten Teil (10^{-12}) der Einheit bezeichnet.
(→Vorsatzzeichen)

PIN
(pin of a socket; personal identification number)
1. Anschlussverbindung eines IC (Integrierte Schaltung) mit seiner internen Schaltung.
2. Personal Identification Number. Geheimnummer, die beispielsweise im Zahlungsverkehr zur eindeutigen Identifikation eines Nutzers vergeben wird.

Pinole (center sleeve; tailstock sleeve; quill)
Axial verschiebbare zylindrische Hülse an Werkzeugmaschinen.
Beispiele: Reitstockpinole zum Verschieben der Reitstockspitze an Spitzendrehmaschinen, Bohrspindelpinole zum Verschieben der Bohrspindel.

PIO (Parallel Input/Output)
Paralleler Ein/Ausgabebaustein eines Prozessorsystems.

Pit (pit)
Vertiefungen in einer CD mit logisch „0" als Bedeutung.
Gegenteil: Land, Fläche zwischen den Vertiefungen mit logisch „1" als Bedeutung.

Pitting (pitting)
→Oberflächenzerüttung

Pittler-Stern-Getriebe (Pittler star drive; hydrostatic continuously variable drive)
Hydrostatisches stufenloses Radialkolbengetriebe mit geschlossenem Kreislauf.
Auf An- und Abtriebswelle sitzt je ein Zylinderstern, eine ebene Scheibe mit Radialbohrungen, in denen kleine Kolben gleiten, die durch die Fliehkraft gegen die Innenwand einer Trommel gedrückt werden. Durch exzentrisches Verschieben der Trommeln gegen den Zylinderstern werden der Kolbenhub und damit der umlaufende Ölvolumenstrom und die Abtriebsdrehzahl verändert.

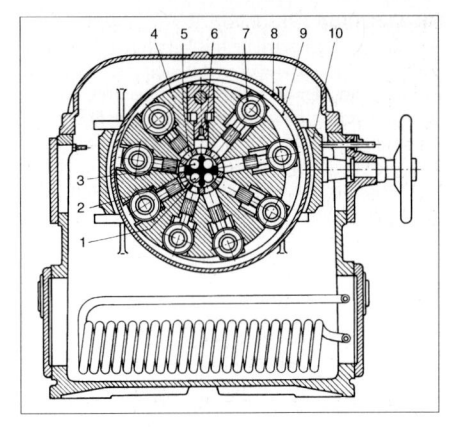

Pittler-Stern-Getriebe
1 Mittelzapfen, 2, 3 Ölkanalpaare im Mittelzapfen, 4 Zylinderstern, 5 Zylinderbohrung, 6 Kolben, 7 Stützrollen, 8 umlaufende Trommel, 9 Laufring, 10 Verstellschlitten

P.I.V.-Getriebe
(P.I.V.-drive; P.I.V.-variable speed drive)
Stufenloses Kettengetriebe.
Auf An- und Abtriebswelle sind je zwei flache Kegelscheiben axial gegeneinander verschiebbar. Eine Spezialkette läuft zwischen beiden Kegelpaaren und wird je nach Scheibenabstand mehr oder weniger tief zwischen die Scheiben eingezogen. Dadurch ergeben sich stufenlos veränderliche Laufdurchmesser auf beiden Scheibenpaaren und damit auch stufenlos veränderliche Übersetzungen.

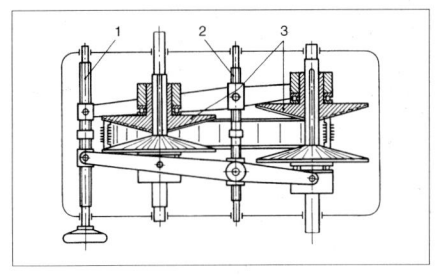

Schema des P.I V.-Getriebes
1 Verstellspindel, 2 Spannspindel, 3 Kegelscheiben

Pixel (pixel)
Punkt einer Grafik.

PK-Getriebe (PK drive)
Stufenloses Reibgetriebe mit kegeligem Reibring. Auf dem Antriebskegel stützt sich der elastische Reibring ab, der in einer Schwinge frei um die Abtriebswelle schwenken kann. Zur Drehzahlsteuerung wird der Antriebskegel axial verschoben. Dabei verändert sich auf dem Kegel der Laufdurchmesser des Reibrings und damit auch das Übersetzungsverhältnis.

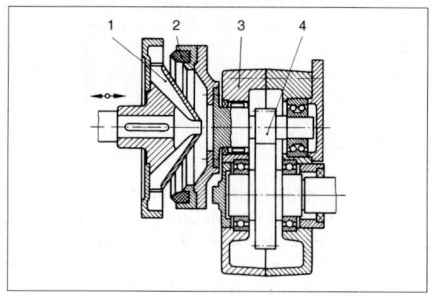

*Reibradgetriebe mit kegeligem Laufring
1 Antriebskegel, mit dem Motor axial verschiebbar, 2 Reibring mit schmaler, kegeliger Lauffläche, 3 Schwinge, um die Abtriebswelle schwenkbar, 4 Zahnräderpaar*

Planarverfahren (planar structure)
Verfahren zur Herstellung integrierter Schaltungen und Halbleiterbauelemente.
Das geschieht durch schichtweisen ebenen Aufbau an der Oberfläche eines Siliziumkristalls.

Planck-Konstante h (Planck constant)
Naturkonstante, die das Verhältnis der Energie E einer Strahlung zu ihrer Frequenz ν angibt.
$h = E/\nu = 6{,}626176 \cdot 10^{-34}$ J s.
Benannt nach Max Karl Ernst Ludwig Planck (1854–1947).
(→Energie, →Frequenz)

Plandrehmaschine
(surfacing machine; facing lathe)
Drehmaschine für die Bearbeitung meist großer und/oder sperriger Werkstücke.
Der Kopf der waagerecht liegenden Hauptspindel trägt eine Planscheibe, die oft mehrere Meter Durchmesser hat. Sie wird vorwiegend für Plandreharbeiten eingesetzt und hat meistens ein stufenloses Hauptspindelgetriebe, damit die Schnittgeschwindigkeit beim Plandrehen vom größten bis zum kleinsten Bearbeitungsdurchmesser konstant gehalten werden kann.

Planetengetriebe (planetary gear)
Rotationssymmetrisches Zahnradgetriebe, in dem der umlaufende „Steg" (Umlaufgetriebe) zwei oder mehr „Planetenräder" trägt, die mit einem außen- oder innenverzahnten „Sonnenrad" kämmen und sich dadurch auch um ihre eigene Achse drehen.
Wegen der Leistungsverzweigung können Planetengetriebe kleiner gebaut werden als normale Stirnradgetriebe. Häufigste Bauform ist das dreirädrige Planetengetriebe mit zwei Sonnenrädern (außen- und innenverzahnt) und drei auf dem Steg gelagerten Planetenrädern. Das (schnell laufende) Sonnenritzel treibt das Planetenrad an, das mit Nadellagern im Steg umläuft. Es stützt sich beim Drehen um die eigene Achse außen am gehäusefesten innenverzahnten Sonnenrad (Hohlrad) ab und treibt dadurch den Steg (Planetenträger) mit der (langsam laufenden) Abtriebswelle. An- und Abtriebswelle haben die gleiche Zentralachse und drehen sich bei diesem Getriebe stets gegensinnig. Übersetzungen von $i = 4$ bis $i = 13$ bei höherem Wirkungsgrad als entsprechende „Standgetriebe". Zwei hintereinander geschaltete dreirädrige Planetengetriebe (zweistufige Planetengetriebe) haben dann Übersetzungen von $i = 4 \cdot 4 = 16$ bis $i = 13 \cdot 13 = 169$.

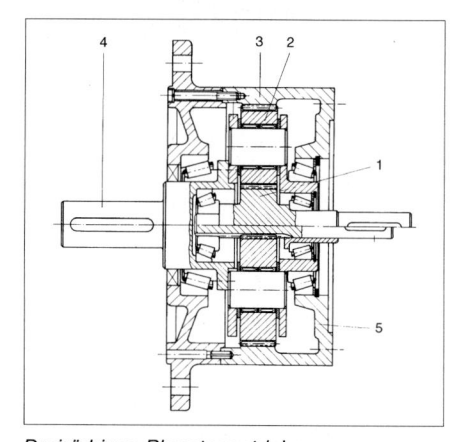

*Dreirädriges Planetengetriebe
1 Antriebswelle mit Sonnenritzel, 2 Planetenrad, 3 gehäusefestes Sonnenrad (Hohlrad), 4 Steg mit angeflanschter Abtriebswelle, 5 Gehäuse*

Planfräsmaschine (fixed bed milling machine; solid bed milling machine; face milling machine)
→Langfräsmaschine

Planimetrie (planimetry)
Geometrie der Ebene.
Teildisziplin der Geometrie.
(→Stereometrie)

Plankurvenfutter (cam-type chuck)
An Drehmaschinen verwendetes Spannfutter mit kleinem Spannbereich.
Der Spannring im Futterkörper hat auf der Stirnfläche kreisbogenförmige Nuten (mitunter auch Stege), deren Mittelpunkte gegen die Futtermitte versetzt sind. In jede Nut fasst eine Spannbacke mit einem Gleitstein, und beim Drehen des Spannrings werden die Backen infolge der Exzentrizität der Nuten gleichzeitig konzentrisch verschoben.

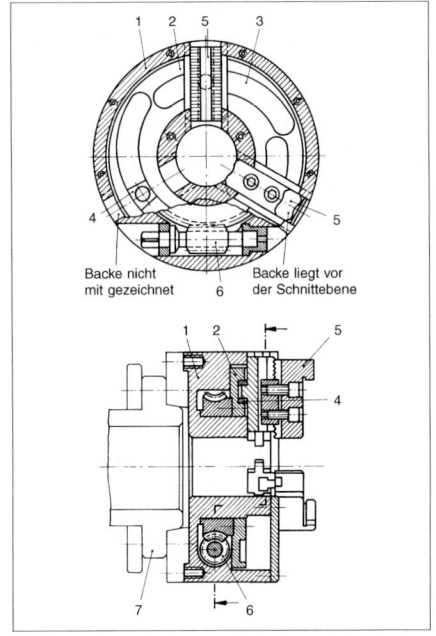

Plankurvenfutter (Bauart Herbert)
1 Futterkörper, 2 Spannring, 3 Nut im Spannring (Spannkurve), 4 Gleitstein, 5 Spannbacke, 6 Schnecke zum Spannringantrieb, 7 Spindelkopf

Planscheibe (faceplate; horizontale table)
Werkstückspanner an Drehmaschinen zum Spannen von Werkstücken mit beliebigem, unsymmetrischem Einspannquerschnitt.
Ähnelt dem Vierbackenfutter, hat aber größere Abmessungen (bis 2 Meter Durchmesser und mehr).

Jede der vier Spannklauen ist mit einer Gewindespindel einzeln radial verstellbar. Große Planscheiben haben häufig grob verstellbare Klauenkästen, in denen die Spannklauen mit einer Gewindespindel beim Spannen fein verstellt werden.
An Drehmaschinen mit waagerechter Arbeitsspindel sitzt die Planscheibe auf dem Spindelkopf und ihre Aufspannfläche liegt in der senkrechten Ebene (faceplate). An der Karusselldrehmaschine liegt sie waagerecht und wird von der senkrechten Königswelle angetrieben (horizontal table).
Die Planscheibe an Waagerecht-Bohr-und Fräswerken ist ein Werkzeugträger und anders aufgebaut.

Planschleifmaschine
(surface grinding machine; face grinder)
Schleifmaschine zur Bearbeitung der Stirnflächen von flachen Werkstücken für höchste Anforderungen an Planparallelität und Ebenheit.
Während der Bearbeitung rotiert das Werkstück, und die Schleifscheibe wird radial über die Arbeitsfläche geführt. Sie schleift dabei im Umfangsschleifverfahren.
(→Flachschleifmaschine)

Planschlitten (cross slide; slide rest)
Einzelschlitten des Drehmaschinensupports.
Er wird im Bettschlitten quer zur Bettachse geführt und übernimmt den Planvorschub. Auf seiner Oberseite nimmt er das Drehteil auf.

Planspiralfutter
(plane spiral chuck; scroll chuck)
An Drehmaschinen häufig verwendetes Spannfutter mit großem Spannbereich.
In die Stirnseite der Spannscheibe 2 im Futterkörper 1 ist eine Spiralnut eingefräst, in die die Spannbacken 3 mit einem kammähnlichen Profil auf ihrer Rückseite fassen. Zum Spannen wird die Spannscheibe vom Spannritzel 4 gedreht, und dabei werden die Spannbacken gleichzeitig konzentrisch verschoben.

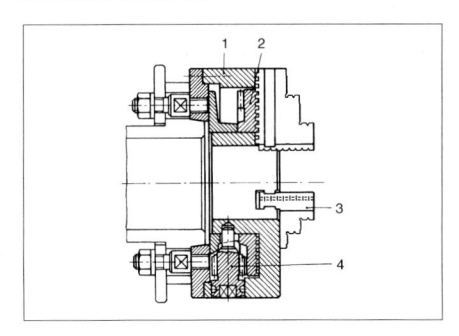

Planzeit (budget time)
Soll-Zeit für bestimmte Aufgaben, deren Ablauf mit Hilfe von Einflussgrößen beschrieben ist. Erleichtert die Kalkulationen und Bildung von Kennzahlen.

Plasma (plasma)
Thermisches Plasma besteht aus Elektronen, Ionen, Molekülen und Atomen, die sich infolge der hohen Temperatur in einer starken, ungeordneten Bewegung befinden. Treffen die Plasmateilchen auf eine kältere Oberfläche, geben sie die vorher aufgenommene Energie an das Werkstück ab. Diese Eigenschaft wird beim Plasma-Schweißen und Plasma-Schneiden ausgenutzt.

Plasma-Schneiden (plasma cutting)
Zum Schneiden metallischer Werkstoffe wird ein Plasma-Schneidstrahl benutzt. Im Gegensatz zum Brennschneiden wird das Metall nur aufgeschmolzen; chemische Umwandlungen finden im Werkstoff nicht statt. Das Plasma muss einen möglichst hohen Anteil an ionisiertem Gas, z.B. Argon-Wasserstoffgemisch, haben. Wasser-Plasmaschneiden: Eine Wasserdüse spritzt Wasser in den Stickstoff-Plasmastrahl. Das Wasser verdampft und spaltet sich auf in Wasserstoff und Sauerstoff. Noch bessere Ergebnisse erzielt man, wenn Schneidkopf und zu trennende Bleche vollständig unter Wasser liegen. Trocken-Plasmaschneiden: Geeignet für das Schneiden von Stahlblechen bis 12 mm Dicke. Nachteile gegenüber dem Wasser-Plasmaschneiden: Das zu schneidende Werkstück erwärmt sich und kann sich verziehen. Die beim Schneiden entstehenden Gase gehen in die Atmosphäre.
(→Schutzgasschweißen, →thermisches Trennen)

Plasma-Schweißen (plasma welding)
Abgekürzt WP. Der eingeschnürte Lichtbogen brennt zwischen Wolframelektrode und Innenwand der Plasmadüse und erhitzt beim Durchgang das Plasmagas. Schutzgas kann inert oder aktiv oder Mischgas, z.B. Argon-CO_2 (für Stahlschweißung), sein.
Plasmalichtbogenschweißen (WPL): Der eingeschnürte Lichtbogen brennt zwischen Wolframelektrode und Werkstück. Schutzgas wie WPS-Verfahren. Plasmastrahl- Plasmalichtbogenschweißen: Kombination der WPS- und WPL-Verfahren mit zwei Schweißstromquellen. Der WPS-Lichtbogen erleichtert das Zünden des WPL-Hauptlichtbogens. Auftragen von hoch temperaturbeständigen Werkstoffen auf weniger beständige Grundwerkstoffe. Mikroplasmaschweißen für Bleche und Folien bis 1 mm Dicke. Plasmadickblechschweißen für Bleche 1 ... 8 mm Dicke.

Platonische Körper (Platonic solids)
Konvexe reguläre Polyeder, bei denen in jeder Ecke gleich viele Flächen zusammenstoßen und alle Flächen kongruente reguläre n-Ecke sind.
Benannt nach dem griechischen Philosophen Platon, 427 – 347 v. u. Z.
Die Namen stammen aus dem Griechischen und geben die Anzahl der Flächen der Körper an. Das Tetraeder („Vierflächner") hat vier gleichseitige Dreiecke als Begrenzungsflächen, der Würfel

Platonischer Körper	Begrenzungsflächen	Anzahl Flächen in jeder Ecke	Anzahl Ecken	Anzahl Kanten	Volumen	Oberfläche
Tetraeder	4 gleichseitige Dreiecke	3	4	6	$\dfrac{\sqrt{2}}{12}a^3$	$\sqrt{3}\,a^2$
Hexaeder (Würfel)	6 Quadrate	3	8	12	a^3	$6a^2$
Oktaeder	8 gleichseitige Dreiecke	4	6	12	$\dfrac{\sqrt{2}}{3}a^3$	$2\sqrt{3}\,a^2$
Dodekaeder	12 reguläre Fünfecke	3	20	30	$\dfrac{15+7\sqrt{5}}{4}a^3$	$3\sqrt{5(5+2\sqrt{5})}\,a^2$
Ikosaeder	20 gleichseitige Dreiecke	5	12	30	$\dfrac{5(3+\sqrt{5})}{12}a^3$	$5\sqrt{3}\,a^2$

Eigenschaften der platonischen Körper (Kantenlänge a)

oder das Hexaeder („Sechsflächner") wird von sechs Quadraten begrenzt, das Oktaeder („Achtflächner") von acht gleichseitigen Dreiecken, das Dodekaeder („Zwölfflächner") von zwölf regulären Fünfecken und das Ikosaeder („Zwanzigflächner") von zwanzig gleichseitigen Dreiecken. Weitere konvexe reguläre Polyeder gibt es nicht.
In der Tabelle sind die wichtigsten Eigenschaften der platonischen Körper zusammengestellt (mit Kantenlänge a).
(→Polyeder)

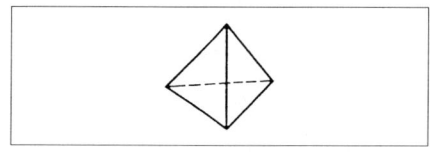

Tetraeder

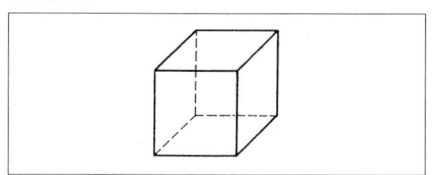

Hexaeder (Würfel)

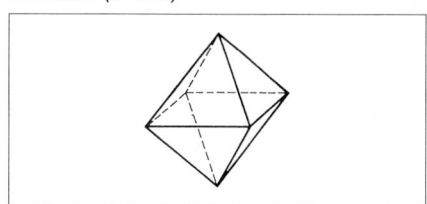

Oktaeder

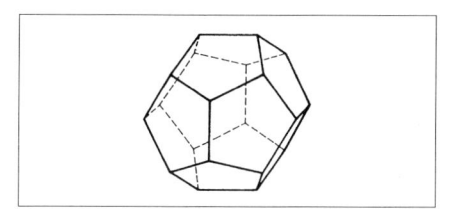

Dodekaeder

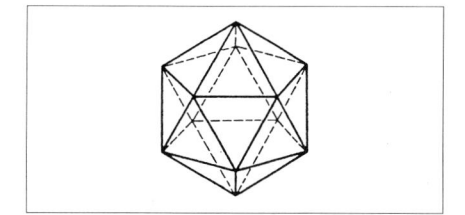

Ikosaeder

Platten-Bohr- und Fräswerk
(floor-type boring, drilling and milling machine)
Waagerecht-Bohr- und Fräswerk mit einer flachen, fest auf dem Boden aufliegenden Aufspannplatte für das Werkstück.
Die Aufspannplatte ist sehr lang, oft mehr als zehn Meter. Der Ständer ist parallel zur Aufspannplatte auf ihrer vollen Länge auf einem Bett verschiebbar, der Spindelschlitten auf den senkrechten Führungsbahnen des Ständers höhenverstellbar, die Querbewegung übernimmt die Hauptspindel. Für sehr große und schwere Werkstücke.
Vorteil: Bei großem Zeitbedarf für das Einrichten und Spannen eines Werkstücks kann an einer anderen Stelle der Platte ein anderes Werkstück bearbeitet werden.
(→Tischbohrwerk)

Plattenbauweise (laminated construction)
Besonders an Scheren und Pressen gebräuchliche Bauweise für das Maschinengestell.
Gestelle mit verhältnismäßig einfachen Formen, die als Schweißkonstruktion aus Stahlplatten gefertigt werden.
(→Scheuerplatten-Bauweise)

Plattenführungsschneidwerkzeug
(plate subpress die)
→Schneidwerkzeuge

PLD (**P**rogrammable **L**ogic **D**evice)
Logikbausteine, die vom Anwender programmiert werden können.

Pleuelstange (connecting rod)
Bauteil des Kurbeltriebwerks von Kolbenmaschinen.

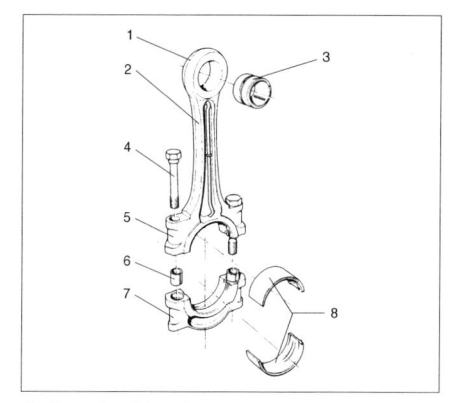

Aufbau der Pleuelstange
1 Pleuelauge, 2 Pleuelschaft, 3 Pleuelbuchse,
4 Dehnschraube, 5 Pleuelfuß, 6 Passhülsen,
7 Pleueldeckel, 8 Pleuellagerschalen

Pleuelstangenverhältnis λ_{PL}

Die Pleuelstange verbindet den Kolben über den Kolbenbolzen mit der Kurbelwelle. Sie überträgt die Kolbenkräfte auf die Kurbelwelle und ermöglicht Umformung der oszillierenden Kolbenbewegung in eine Drehbewegung an der Kurbelwelle. Pleuellagerdeckel mit Pleuellager werden mit Dehnschrauben und Passhülsen, oder Kerbverzahnung zwischen Lagerdeckel und Lagerfuß passgerecht verschraubt.
(→Kurbeltriebwerk)

Pleuelstangenverhältnis λ_{PL}
(ratio of stroke to connecting rod length)
→Kolbengeschwindigkeit

Plotter (plotter)
Elektronisch gesteuertes Zeichengerät.
Die erzielbare Genauigkeit hängt von der relativen Stiftgeschwindigkeit und der Schrittweite ab.
Beim Plotter werden die Zeichenstifte nur in X-Richtung bewegt, während die Y-Bewegung durch Verschieben des Papiers mit Hilfe einer Walze erreicht wird. Für große Zeichenformate (DIN A0) geeignet.

PMMA (polymethylmethacrylate)
→Polymethylmethacrylat

pn-Übergang (pn-junction)
Bereich zwischen einem p- und n-dotierten Halbleiter mit Gleichrichterverhalten.
Liegt der Pluspol einer Spannungsquelle an der p-Schicht und der Minuspol an der n-Schicht, können Elektronen aus der n-Schicht in die p-Schicht und Defektelektronen (Löcher) aus der p-Schicht in die n-Schicht wandern: es fließt also ein Strom. Bei Umkehrung der Polarität der Spannungsquelle fließt kein Strom durch den pn-Übergang.
Anwendung z.B. bei Dioden, Transistoren, Triacs, Thyristoren.

Pneumistor (pneumatic amplifier)
Fluidikelement, bei dem ein laminarer Luftstrahl durch einen rechtwinklig auftreffenden Steuerstrahl beeinflusst wird.
Der Steuerstrahl benötigt nur 10% des Druckes des Signalstrahls, um diesen zu unterbrechen. Der pneumatisch wirkende Pneumistor kann in seiner Wirkungsweise mit dem elektronisch wirkenden Transistor verglichen werden.

Poissonzahl μ (Poisson number)
Nach *Poisson* (1781 – 1840) benanntes Verhältnis von Querdehnung ε_q zu Längsdehnung ε:
$\mu = \varepsilon_q / \varepsilon$.
Zweckmäßige Rechengröße für Festigkeitsuntersuchungen: $\mu_{Stahl} = 0,3$; $\mu_{Gusseisen} = 0,5$.

Pol (pole)
Unstetigkeitsstelle einer Funktion $y = f(x)$.
(→Unstetigkeitsstelle)

polare Bindung (polar bond)
→Atombindung, polarisierte

polares Flächenmoment
(polar areal moment)
→Flächenmoment

polares Widerstandsmoment
(polar section modulus)
→Torsionshauptgleichung, →Widerstandsmoment

Polarisation (polarization)
Erzeugen einer festen Schwingungsebene aus den ungeordneten Schwingungen des Lichts oder verwandter Wellen.

Polarität von Atombindungen
(polarity of atomic bonds)
Abschätzung der Polarität von Verbindungen (Atombindung bis Ionenbindung) mit Hilfe der Differenz der Elektronegativitäten der beteiligten Atome.
(→Elektronegativitäten)
Beispiel: Binäre Verbindungen des Chlors:

Verbindung	EN		ΔEN	Polarisierung	Bindungsart
NaCl	Na 0,9 Cl 3,0		3,0 − 0,9 = 2,1		Überwiegend Ionenbindung
MgCl$_2$	Mg 1,2 Cl 3,0		3,0 − 1,2 = 1,8	abnehmende Polarisierung	
AlCl$_3$	Al 1,5 Cl 3,0		3,0 − 1,5 = 1,5		Polarisierte Atombindung
SiCl$_4$	Si 1,8 Cl 3,0		3,0 − 1,8 = 1,2		
PCl$_3$	P 2,1 Cl 3,0		3,0 − 2,1 = 0,9		
SCl$_2$	S 2,5 Cl 3,0		3,0 − 2,5 = 0,5		
Cl$_2$	Cl 3,0		3,0 − 3,0 = 0		Reine Atombindung

Polarkoordinaten (polar coordinates)
→Koordinatensystem

Polarkoordinatenbemaßung
(polar coordinate dimension)
Beschreibung geometrischer Elemente in der CNC-Technik durch Leitstrahl R und Polarwinkel φ. Polarwinkel werden von der positiven X-Achse ausgehend angegeben und laufen im Gegenuhrzeigersinn durch die Quadranten des Koordinatensystems.
(→Absolutbemaßung, →Inkrementalbemaßung, →Leitstrahl, →Polarwinkel)

Polarkoordinatensystem
(system of polar coordinates)
→Koordinatensystem

Polarwinkel (polar angle)
Legt die Stellung des Leitstrahls R in der Polarkoordinatenbemaßung fest.

Wird von der positiven X-Achse eines Koordinatensystems ausgehend angegeben und verläuft im Gegenuhrzeigersinn durch die Quadranten.
(→Koordinatensystem, →Leitstrahl, →Polarkoordinatenbemaßung)

Polling (polling)
Zyklische Abfrage der Computerperipherie, um festzustellen, ob ein bestimmtes Ereignis (z.B. Taste gedrückt, Maus bewegt) eingetreten ist. Einfache, aber Prozessorzeit verschwendende Programmiertechnik, daher weitgehend ersetzt durch das Abarbeiten von Interrupts, die von der Peripherie ausgelöst werden.

polumschaltbare Motoren (pole-changing motor)
Drehstromasynchronmotor mit Kurzschlussläufer, der zwei getrennte Ständerwicklungen mit unterschiedlicher Polpaarzahl p hat.
Durch Umschaltung zwischen den Ständerwicklungen kann die Drehzahl n geändert werden: $n = 60\ f/p$ in min^{-1} mit Frequenz f in 1/s und Polpaarzahl p.

Polyaddition (polyaddition)
Reaktion von zwei Monomeren mit je zwei reaktionsfähigen Gruppen mit Verkettung zu kettenförmigen Makromolekülen durch Platzwechsel von H-Atomen, ohne dass Nebenprodukte abgespalten werden.
Hat ein Monomer drei reaktionsfähige Stellen, entstehen vernetzte Makromoleküle.
(→Epoxidharze, →Polyurethane)

Polyalkylenterephthalate PTP (polyalkylenterephthalate)
Hierzu gehören Polyethylenterephthalat PET (PETP) und Polybutylenterephthalat PBT (PEBT). Amorphe bis teilkristalline, harte, kaltzähe Thermoplaste, zeitstandfest, gute Gleiteigenschaften, schweiß- und klebbar.
PET meist amorph für Flaschen und Folien (füllstofffrei), bis 70 °C beständig.
PBT ist besser verarbeitbar und kristallisierend, glasfaserverstärkt bis 200 °C beständig.
Beispiele: für maßhaltige Teile von Fein- und Haushaltsgeräten, Sockel und Gehäuse für Büromaschinen, benzin- und witterungsbeständige Teile für den Fahrzeugbau.

Polyamide PA (polyamide)
Teilkristalline, harte und steife Thermoplaste verschiedener Struktur. Durch Wasseraufnahme zäher, abriebfest mit geringer Reibung.
Kennzahlen geben die Anzahl der CH_2- Gruppen an (Ursache der Wasseraufnahme, von PA6 zu PA12 geringere Wasseraufnahme), Sorten mit C- oder Glasfaser verstärkt (bis 150 °C) und mit MoS_2 oder Graphit gefüllt.
Beispiele: Zahnräder, Kupplungsteile, Gehäuse für Kleinmaschinen aus PA6 und PA66.

Polycarbonat PC (polycarbonate)
Amorpher Thermoplast, hart bei guter Zähigkeit, zeitstandfest und konstanter E-Modul bis 130° C, kaltzäh, geringe Wasseraufnahme, hohe Lichtdurchlässigkeit (ungefärbt). Auch als Polymerblend mit ABS oder PBTP und glasfaserverstärkt angewandt.
Beispiele: Abdeckungen für Rückleuchten (Kfz.), Sicherheitsverglasung, Gehäuse von optischen Geräten, Staubsaugern, Straßenbriefkästen.

Polyeder (polyhedron)
Ein Körper, der von Ebenen begrenzt wird.
Die Begrenzungsebenen sind die Flächen des Polyeders. Schnittlinien von Flächen heißen Kanten des Polyeders. Die Kanten schneiden sich in den Ecken des Polyeders.
Polyeder sind die dreidimensionale Verallgemeinerung von Polygonen: Ein Polygon wird von lauter Geraden begrenzt.
Ein Polyeder heißt konvex, wenn mit zwei Punkten die gesamte Verbindungsstrecke zum Polyeder gehört. Beispiele für konvexe Polyeder sind Quader oder Prismen und Pyramiden, deren Grundfläche konvex ist.
Für konvexe Polyeder gilt der Eulersche Polyedersatz: $e+f=k+2$ mit e Anzahl der Ecken, k Anzahl der Kanten, f Anzahl der Flächen.
(→Platonische Körper)

Polyesterharze UP (polyester resin)
Duroplaste aus ungesättigten Polyestern mit Styrol vernetzt, geringe Wasseraufnahme, je nach Vernetzung und Füllstoff steif-spröde bis zäh-elastisch, kaltzäh, bis 80 (160) °C einsetzbar.
Beispiele: Gießharze und Formmassen für flächige Bauteile mit Glasfaserverstärkung (Harzmatten) wie Bootskörper, Karosserien, Großbehälter, Lichtkuppeln, Kopierwerkzeuge.
(→Formmassen, →Prepegs, →Reaktionsharze, →SMC)

Polyethylen PE (polythene)
Teilkristalliner, zäher Thermoplast mit geringer Wasseraufnahme. Sorten mit steigendem Polymerisationsgrad (LDPE mit niedriger Dichte, HDPE mit höherer), dabei steigende mechanische und thermische Eigenschaften (auch durch Vernetzung mittels energiereicher Strahlen). Bis 100 °C einsetzbar; hochwertiger elektrischer Isolator auch für HF-Technik. Gut schweiß-, schlecht klebbar.
Beispiele: Batteriekästen, Behälter aller Art, Rohrleitungen, Kabelisolation.

Polyfluor-Kunststoffe (polyfluorcarbon)
Polytetrafluorethylen PTFE ist ein teilkristalliner Thermoelast, ohne Wasseraufnahme, hornartig zäh, geringe Härte, niedrige Reibungszahl, hochbeständig und klebwidrig, bis 260 °C einsetzbar. Spritzpressen nicht möglich, sondern Presssintern.
Verwendung: Dichtelemente aller Art, Gleitlager, Verbundlager, Brückengleitlager, Beschichtungen für Haushalt- und Industriegeräte.
Weitere fluorhaltige Thermoplaste in zahlreichen Typen durch Änderung des chemischen Aufbaus oder Copolymerisation. Sie sind thermisch weniger beständig.

Polygon (polygon)
Geschlossener Streckenzug der Ebene.
Ein Polygon oder Vieleck mit n Eckpunkten heißt n-Eck.
Die Summe der Innenwinkel in einem beliebigen n-Eck beträgt $(n-2) \cdot 180°$.
In einem regulären (regelmäßigen) Polygon haben alle Seiten die gleiche Länge und alle Innenwinkel sind gleich groß.
($\rightarrow$reguläres n-Eck)

Polykondensate (polycondensation product)
Kunststoffe, die durch Polykondensation entstanden sind.
Beispiele: Phenoplaste, Aminoplate, Polyester, Polyamide.

Polykondensation (polycondensation)
Reaktion, bei der sich zwei Monomere unter Abspaltung eines niedermolekularen Stoffes (Kondensat, z.B. Wasser, Ammoniak) zu Makromolekülen verbinden.
Bei zwei reaktionsfähigen Gruppen entstehen lineare (thermoplastische), bei mehreren vernetzte (duroplaste) Makromoleküle.

Polymer-Blends (blends)
Mischungen von fertigen Polymerisaten als verarbeitungsfähiges Granulat (Formmassen) zur Verbesserung bestimmter Eigenschaften wie Zähigkeit, elastisches Verhalten oder Verhalten beim Spritzgießen.
Sie entsprechen den Legierungen mit einem Kristallgemisch-Gefüge.
Beispiel: ABS + PMMA, Blend aus ABS und PMMA.

Polymerbeton (concrete polymer)
Teilchenverbundwerkstoff aus einer Matrix aus Epoxid-, Polyester- und Methacrylharzen (ca. 5%) und Granit, Quarzit und Basalt in betonüblicher Korngrößenverteilung.
Verwendung: Alternative zu Gusseisen mit geringerer Dichte, Wärmedehnung, höherer Steifigkeit, Dämpfung, Korrosionsbeständigkeit.
Beispiel: Werkzeugmaschinengestelle.

Polymerisate (polymer)
Kunststoffe, die durch Polymerisation entstanden sind: Homopolymerisate, Copolymerisate.
Beispiele: Polycarbonat, Polyethen, Polystyrol.

Polymerisation (polymerization)
Reaktion von Monomeren, die sich durch Aufklappen einer Doppelbindung zu linearen oder verzweigten Makromolekülen verbinden.
Bei mehr als zwei reaktionsfähigen Stellen entstehen vernetzte Makromoleküle (Duroplaste).
Auch nachträgliche Polymerisation durch Strahlen zur oberflächlichen Vernetzung (Härtung) von Thermoplasten und Klebern.

Polymerisationsgrad (degree of polymerization)
Mittlere Anzahl der Monomergruppen in Makromolekülen, deren Länge um diesen Mittelwert verteilt ist. Mit der Länge steigen Festigkeit und E-Modul.

Polymethylmethacrylat PMMA (polymethylmethacrylate)
Amorpher, harter und steifer Thermoplast, bis 65 °C beständig, hohe Lichtdurchlässigkeit, schweiß- und klebbar.
Beispiele: Haushaltsgeräte, Leuchtenabdeckungen, Zeichengeräte, Verglasungen für Gewächshäuser.
($\rightarrow$Acrylglas)

Polymorphie (polymorphism)
Vielgestaltigkeit einiger Metalle, die in bestimmten Temperaturbereichen in unterschiedlichen Kristallgittern auftreten, sie sind polymorph.

Metalle	Gitterart und Temperaturbereiche °C
Eisen	α-Fe (krz) bis 723, γ-Fe (kfz) bis 1401, darüber δ-Fe (krz)
Kobalt	α-Co (hex) bis 400, darüber β-Co (kfz)
Titan	α-Ti (hex) bis 882, darüber β-Ti (krz)
Zinn	α-Sn (kub.-diam.) bis 13, β-Sn (tetr) bis 161, darüber γ-Sn (rhomb)
Zirkon	α-Zr (hex) bis 862, darüber β-Zr (krz)

Polynom (polynomial)
Ausdruck der Form
$$P_n(x) = a_n x^n + a_{n-1} x^{n-1} + \ldots + a_2 x^2 + a_1 x + a_0 = \sum_{k=0}^{n} a_k x^k$$
mit reellen Koeffizienten $a_0, a_1, a_2, \ldots, a_{n-1}, a_n$ und $a_n \neq 0$, $n \in \mathbb{N}^*$ (genauer: Polynom in x vom Grad n).

Zwei Polynome sind gleich, wenn sie vom gleichen Grad sind und die entsprechenden Koeffizienten übereinstimmen.
Beispiele:
$x^5 - \frac{1}{3}x^4 + 2x - 3$;
$0,34 x^9 - 24,3 x^6 + 22 x^5 - \frac{1}{3}x^4 + 11$.

Polynomdivision (division of polynomials)
Division zweier Polynome $P_n(x)$ und $P_m(x)$.
Beispiel:
$P_4(x) = 3x^4 - 10x^3 + 22x^2 - 24x + 10$,
$P_2(x) = x^2 - 2x + 3$.

$$(3x^4 - 10x^3 + 22x^2 - 24x + 10) : (x^2 - 2x + 3) = 3x^2 - 4x + 5$$
$$-(3x^4 - 6x^3 + 9x^2)$$
$$- 4x^3 + 13x^2 - 24x$$
$$-(- 4x^3 + 8x^2 - 12x)$$
$$5x^2 - 12x + 10$$
$$-(5x^2 - 10x + 15)$$
$$-2x - 5$$

Es gilt somit
$(3x^4 - 10x^3 + 22x^2 - 24x + 10): \quad (x^2 - 2x + 3) = 3x^2 - 4x + 5 + (-2x - 5)/(x^2 - 2x + 3)$.

Polyoxymethylen POM (polyoxymethylene)
Teilkristalliner, steif-harter Thermoplast mit guter Zähigkeit auch in der Kälte, bis 100 °C einsetzbar. Gut schweiß-, schlecht klebbar, gut für Schnappverbindungen geeignet.
Beispiele: maßhaltige, formsteife Getriebeteile der Feinwerktechnik, Gleitelemente, Pumpenteile, Laufräder, Lager, Gleitelemente.

Polypropylen PP (polypropylene)
Teilkristalliner Thermoplast, ähnlich PE, aber härter, steifer und weniger zäh in der Kälte, bis 110 °C einsetzbar, wechselbiegefest (Filmscharniere), kaltzähe Sorten durch Copolymersiation mit Ethylen oder Elastomeren.
Beispiele: Fußbodenheizungselemente, Scheinwerfer- und Heckleuchtengehäuse, Stoßstangen und Spoiler, laugen- und heißwasserbeständige Teile für Waschmaschinen (talkumverstärkt). (→GMT)

Polystyrol PS (polystyrene)
Amorpher, hartspröder, kerbempfindlicher Thermoplast mit kleiner Kriechneigung, bis 70 °C einsetzbar, geringe Wasseraufname, schweißbar und gut klebbar.
Verwendung für durchsichtige Verpackungen, Einweggeschirr, Einmalspritzen.
Schlagzähe Polystyrole werden verwendet in zahlreichen Sorten als Polymer-Blend oder Copolymer mit Butadien-Kautschuk (SB), Acrylnitril (SAN) oder beiden (ABS), meist trüb bis opak und mit höherer Wasseraufnahme, glasfaserverstärkt bis 100 °C einsetzbar.
Beispiele: Gehäuse für Staubsauger, Büro- und Haushaltgeräte, Elektronik, Kfz.-Teile wie Zierleisten, Armlehnen, Batteriekästen, technisches Spielzeug.

polytrope Zustandsänderung
(change of state of a gas)
Änderung des physikalischen Zustandes eines eingeschlossenen Gases, bei der sich die thermischen Zustandsgrößen Druck p, Volumen V und Temperatur T ändern.
Bei einer polytropen Expansion oder Kompression (Volumenänderung) werden Wärme und Volumenänderungsarbeit (äußere Arbeit) in unterschiedlichen äquivalenten Beträgen zu- oder abgeführt. Auch die innere Energie des Gases ändert sich. Dies entspricht den technischen Ablaufbedingungen in Wärmekraftmaschinen und Kältemaschinen.
Polytropen sind solche Zustandsänderungen, bei denen das Produkt aus absolutem Druck p eines idealen Gases und der Potenz des Volumens V mit dem Exponenten n (V^n) konstant ist:
$p_1 \cdot V_1^n = p_2 \cdot V_2^n$. n ist der Polytropenexponent. Meist ist $1 < n < \kappa$ (für Luft : $1 < n < 1,4$). Bei schnell laufenden Maschinen nähert sich n dem Wert κ (adiabate Zustandsänderung).
Die verrichtete Volumenänderungsarbeit W erscheint im p, V-Diagramm als Fläche.

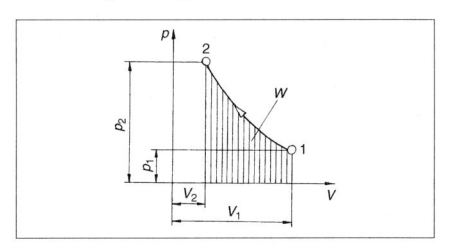

Polytrope Zustandsänderung (Kompression von 1 nach 2) im p, V-Diagramm

Polyurethane PUR (polyurethane)
Durch Polyaddition hergestellte Polymere.
Durch die Wahl der beiden Komponenten lassen sich Sorten mit breitem Eigenschaftsspektrum erzeugen.
Beispiele: Harter PUR-Schaum für große Gehäuseteile und Möbel, halbharter PUR-Schaum für Kfz.-Innenteile, Stoßfänger. Elastomere (Vulkollan) von höchstem Widerstand gegen Abrasion und Einreißen für z.B. Laufrollenbeläge, Zahnriemen, Schleifteller.
(→Integralschaumstoff, →Reaktionsharze, →RIM-Verfahren)

Polyvinylchlorid PVC (polyvinyl chloride)
Amorpher, steifer, kaltspröder Thermoplast, bis 65 °C einsetzbar, geringe Wasseraufnahme, schweiß- und klebbar, chemisch hoch beständig.
Eigenschaftsverbesserung durch Copolymerisation mit zahlreichen Stoffen (schlagzähes PVC-U).
Beispiele: Auskleidungen, Armaturen für chemische Apparate, Fensterprofile, Rohre im Bauwesen.
Durch Weichmacher entstehen weiche, gummiartige Werkstoffe (PVC-P) mit geringerer chemischer und thermischer Beständigkeit als Hart-PVC.
Unterscheidung der Sorten durch Shore-Härte.
Beispiele: Kunstleder, Umleimer, Fußbodenbeläge, Bautenschutzfolien.

POM (polyoxymethylene)
→Polyoxymethylen

Port (port)
→I/O-Port

Portalfräsmaschine (planer-type milling machine; double-column plano-milling machine)
→Langfräsmaschine

Portalhobelmaschine (platform type planing machine)
→Langhobelmaschine

Portalroboter (portal robot)
Bauform eines Industrieroboters. Das Roboterarbeitsorgan bewegt sich auf linear verfahrbaren Einheiten, die auf Stützen gelagert sind. Je nach Anforderung kann es mit einem Drehgelenk um die Z-Achse (C-Achse) ausgerüstet sein. Unterschieden wird zwischen Linienportalrobotern, deren Roboterarbeitsraum durch die Raumachsen X und Z beschrieben wird, und Flächenportalrobotern, deren drei Raumachsen (X, Y und Z) den Arbeitsraum beschreiben.
Beispiele: Einsatz eines Linienportalroboters zum Beschicken eines Drehautomaten (CNC-Drehmaschine). Die Halbzeuge werden in das automatische Spannfutter eingelegt und nach der Bearbeitung wird das Werkstück entnommen. Ein möglicher Einsatz für einen Flächenportalroboter ist das Stapeln von Paketen.
(→Flächenportalroboter, →Industrieroboter, →Linienportalroboter, →Roboterarbeitsraum, →Roboterkoordinatensystem)

Portierung (to port; changing from one operating system to another)
Übertragung, Anpassung eines Programms von einem Hardwaresystem auf ein davon verschiedenes unter Beibehaltung der Programmiersprache (z.B. BASIC) und der Eigenschaften des Programms.

Der Aufwand verringert sich, wenn der Programmierer im Rahmen der benutzten Hochsprache arbeitet und auf direkte Hardwarezugriffe verzichtet.

Positionierung (positioning)
Bewegen und Festlegen eines Objekts in eine definierte Position im Raum.
Beispiel: Zuführen und Ausrichten eines Werkstücks in einem automatisierten Fertigungsprozess.

Positionsgeber (position feedback transducer)
Sensor zur Erfassung von Weg- und Winkelpositionen. Er wandelt mechanische Bewegung in elektrische Signale um.
(→Sensor)

Positionssystem (positional system)
→Dezimalsystem

positive Zahl (positive number)
Alle reellen Zahlen, die größer als 0 sind.
Beispiele: 3; π; $0,00123$; $-3/\sqrt[3]{-3}$; 10^{-7}.
(→reelle Zahl)

potentielle Energie E_p (potential energy)
Maß für das Arbeitsvermögen eines Körpers der Masse m im Bereich der Schwerkraft F_G, die er aufgrund seiner Höhe h gegenüber einer tiefer gelegenen Ebene hat.
Am Körper ist zuvor Hubarbeit verrichtet worden: $E_p = F_G h = m g h$ in kg m^2/s^2 = J.
(→Energie, →Gewichtskraft)

Potenz (power)
Zahl der Form a^x (a Basis oder Grundzahl, x Exponent oder Hochzahl).
Die Schreibweise a^x steht für die Vorschrift, die Basis a insgesamt x-mal mit sich selbst zu multiplizieren. Diese algebraische Operation ist das Potenzieren.
Ist der Exponent x eine natürliche Zahl, so nennt man a^x die x-te Potenz von a.
Es gilt: $a^0 = 1$ für $a \neq 0$.
Wichtige Regeln der Potenzrechnung ($a, b \in \mathbb{R}^+$, $n, m \in \mathbb{R}$):
$(a \cdot b)^n = a^n \cdot b^n$, $(a/b)^n = a^n/b^n$,
$a^n \cdot a^m = a^{n+m}$, $a^n/a^m = a^{n-m}$, $a^{-n} = 1/a^n$, $a^0 = 1$,
$(a^n)^m = (a^m)^n = a^{n \cdot m}$.
Beispiele für Potenzen:
π^e; $(-\sqrt{3})^{5,1}$; 6^2 (Quadratzahl); $(-3)^3$ (Kubikzahl); 3^4 (vierte Potenz von 3).
Beispiele zur Potenzrechnung:
$(3 \cdot 4)^3 = 3^3 \cdot 4^3$, $(5/2)^{3/2} = 5^{3/2}/2^{3/2}$,
$4^2 \cdot 4^5 = 4^{2+5} = 4^7$, $5^6/5^4 = 5^{6-4} = 5^2 = 25$,
$3^{-2} = 1/3^2 = 1/9$,
$(3^4)^2 = (3^2)^4 = 3^{4 \cdot 2} = 3^8$.

Potenzfunktion (power function)
Funktion der Form $y = x^n$, $n \in \mathbb{N}^*$.
Der Definitionsbereich der Potenzfunktionen ist $D = \mathbb{R}$, für die Bildmenge gilt $f(D) = \{z \mid z \in \mathbb{R}, z \geq 0\}$ für gerade $n \geq 2$ und $f(D) = \mathbb{R}$ für ungerade n.
Für $n = 0$ ist $y = x^0 = 1$ eine konstante Funktion. Die Stelle $x_0 = 0$ ist eine n-fache Nullstelle der Funktion für $n \geq 1$.
Für $n \geq 2$ ist im Punkt $P(0|0)$ die Tangente waagerecht. Die Stelle $x_0 = 0$ ist für gerade $n \geq 2$, also für $n = 2, 4, 6, ...$, ein relatives Minimum, und für ungerade $n \geq 3$, also für $n = 3, 5, 7, ...$, ist der Punkt $P(0|0)$ ein Sattelpunkt (Wendepunkt mit waagerechter Tangente).
Für gerade n ist $y = x^n$ eine gerade Funktion, der Graph der Funktion ist also symmetrisch zur y-Achse. Für ungerade n ist $y = x^n$ eine ungerade Funktion, der Graph der Funktion ist somit punktsymmetrisch zum Koordinatenursprung.
Man bezeichnet allgemeiner auch Funktionen $y = a x^n$, $a \in \mathbb{R}$, $a \neq 0$ als Potenzfunktionen. Die Kurve der Funktion $y = a x^n$ ist im Vergleich zur Kurve der Funktion $y = x^n$ für $|a| < 1$ gestaucht, für $|a| > 1$ gestreckt und für $a < 0$ an der x-Achse gespiegelt.
Die Graphen der Funktionen $y = a x^n$ und $y = x^n$ nennt man für $n \geq 2$ Parabeln n-ter Ordnung.

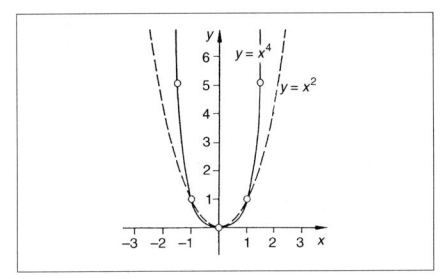

Parabeln 2. und 4. Ordnung

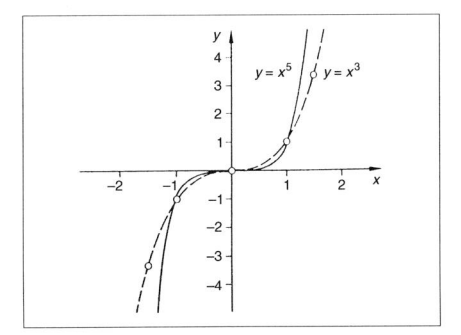

Parabeln 3. und 5. Ordnung

Ableitungen der Potenzfunktionen:
$y = a x^n \Rightarrow y' = n a x^{n-1}$,
$y^{(k)} = n (n-1) \cdot ... \cdot (n-k+1) a x^{n-k}$.
Unbestimmtes Integral der Potenzfunktionen:
$\int a x^n \, dx = a x^{n+1}/(n+1) + C$.
($\rightarrow$Funktion, $\rightarrow$Wurzelfunktion)

Potenzieren (raising to a power)
$\rightarrow$Potenz

Precifilm-Gleitlager (Precifilm slide bearing)
Ausdehnungsgleitlager für Schleifmaschinenspindeln.
Es hat keine geschlossene Lagerfläche, sondern drei auf Kugelflächen abgestützte Lagerbacken, mit denen das Lagerspiel eingestellt werden kann. Sie passen sich der Biegelinie der Schleifspindel an und vermeiden dadurch Kantenpressung an den Lagerkanten.

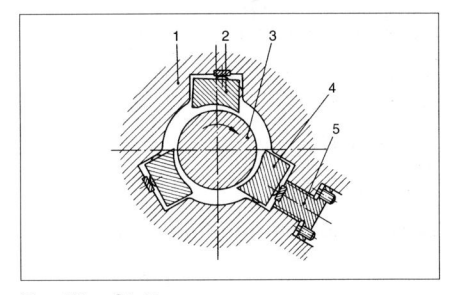

Precifilm-Gleitlager
1 Spindelstock, 2 feste Lagerbacke, 3 Schleifspindel, 4 einstellbare Lagerbacke, 5 Einstellschraube

prellfreier Schalter (chatter-proof switch)
Wichtiges Betriebsmittel in der digitalen Steuerungs- und Regelungstechnik, um die durch das Prellen eines Schalters auftretenden elektrischen Impulse zu vermeiden, die zu Fehlfunktionen führen können.
Unter Prellen ist das unbeabsichtigte, kurzzeitige ein- oder mehrmalige Berühren und wieder Trennen der Kontaktstücke eines Schalters (Relais) zu verstehen.

Prepegs (prepeg)
Getränkte Harzmatten mit Schnittfasern (fließfähig für Mehrfachwölbung) oder Fasergewebe bzw. Kreuzgelege (nicht fließfähig, nur Einfachwölbung), die im Formwerkzeug aushärten.

Press-Stumpf-Schweißen
(pressure butt welding)
Schweißflächen müssen metallisch blank, glatt und plan parallel sein. Durch Berühren der Flächen erfolgt bei Stromdurchgang (Wechselstrom mit ho-

her Stromstärke und niedriger Spannung) Widerstandserwärmung durch den Übergangswiderstand. Nach Erwärmung auf Schweißtemperatur werden die Schweißflächen gegeneinander gepresst. Anwendbar für Stumpfstöße von Stab- und Profilformen aus unlegiertem Stahl bis zu einem Querschnitt von 600 mm².

Pressenroboter (press robot)
Er legt Bleche in eine Presse ein (Handhabungsroboter).
Bei einem möglichen Entnahmevorgang muss sich der Greifer der geänderten Werkstückkontur anpassen können. Dies geschieht z.B. mit Vakuumgreifern, einzeln steuerbaren Halteelementen am Greifer oder mit einem Greiferwechselsystem.
(→Greifer, →Greiferwechselsystem, →Handhabungsroboter, →Vakuumgreifer)

Pressluft-Spanneisen
(pneumatic holding strap)
Werkstückspanner, besonders an Hobelmaschinen. Wird auf dem Werkstücktisch festgespannt und hat zum Spannen des Werkstücks einen beweglichen Spannhebel, der durch Pressluft betätigt wird.

Pressluft-Spannstock
(pneumatic machine vice)
Werkstückspanner an Werkzeugmaschinen. Spannstock, dessen bewegliche Spannbacke zur Verkürzung der Spannzeit durch Pressluft betätigt wird.

Pressluft-Zylinder
(compressed-air cylinder; air chucking cylinder)
Kraftspannantrieb, bei dem die Zugstange zur Verkürzung der Spannzeit durch einen von Pressluft bewegten Kolben betätigt wird.

Pressmassen
(compression-moulding compound)
Typisierte Mischungen aus duroplastischen Formmassen mit Harzträgern (Füllstoffen).
Harzträger in pulvriger, faseriger oder flächiger Form, Anteil bis zu 60%, rieselfähig zum leichten Füllen der Pressformen.
DIN 7708 Formmassetypen.
(→Aminoplaste, →Phenoplaste, →Polyesterharze)

Pressschweißen (compressed welding)
Fügen von Werkstücken durch Druck in teigigem Zustand. Pressschweißen legierter Stähle hat gegenüber dem Schmelzschweißen den Vorteil, dass die Gefahr der Kristallentmischung geringer ist.
(→Lichtbogenpressschweißen, →Ultraschallschweißen, →Widerstandspressschweißen)

Pressung (pressing)
→Flächenpressung

Primzahl (prime number)
Natürliche Zahl größer als 1, die nur durch 1 und durch sich selbst ohne Rest teilbar ist.
Die Primzahlen sind die Zahlen 2, 3, 5, 7, 11, 13, 17, 19, 23, 29, ..., die Zahl 1 ist keine Primzahl. Es gibt unendlich viele Primzahlen, das heißt, es gibt keine größte Primzahl, zu jeder Primzahl gibt es noch größere. 2 ist die einzige gerade Primzahl. Jede natürliche Zahl $n \geq 2$ lässt sich in ein Produkt von Primzahlen zerlegen, die Zerlegung ist eindeutig bis auf die Reihenfolge der Faktoren (so genannte Primfaktorzerlegung).
Beispiele zur Primfaktorzerlegung:
$100 = 2 \cdot 2 \cdot 5 \cdot 5 = 2^2 \cdot 5^2$, $546 = 2 \cdot 3 \cdot 7 \cdot 13$.
(→natürliche Zahl)

Prinzip von d'Alembert
(d'Alembert's principle)
Zweckmäßiges Verfahren zum Lösen von Aufgaben aus der Dynamik mit Hilfe der Gleichgewichtsbedingungen der Statik.
Wird für beschleunigte oder verzögerte Körper die sogenannte Trägheitskraft $T = m a$ eingeführt, dürfen die sonst nur für ruhende Körper gültigen statischen Gleichgewichtsbedingungen zur Ermittlung unbekannter Größen angesetzt werden. Die Trägheitskraft T ist immer der Beschleunigung a entgegengesetzt gerichtet.

Prisma (prism)
1. Mathematik: Polyeder von gleichbleibendem Querschnitt mit parallelen kongruenten Polygonen als Grund- und Deckfläche und Parallelogrammen als Seitenflächen.
   Ist das Polygon ein n- Eck, dann heißt das Prisma n-seitiges Prisma.
   Volumen: $V = A_G \cdot h$,
   Oberfläche: $A_O = A_M + 2 A_G$.
   (→Quader, →quadratische Säule, →Würfel)

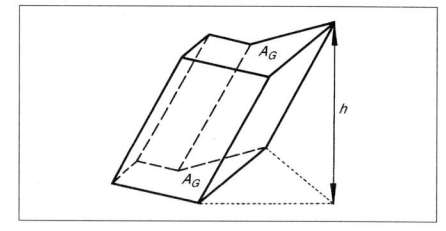

Prisma

2. Optik: Durchsichtiger Körper mit zwei ebenen, zueinander geneigten lichtbrechenden Flächen. Einfallendes Licht wird je nach Wellenlänge unterschiedlich stark gebrochen und so in seine Bestandteile zerlegt.
(→Brechung)

Prismenführung (prismatic guideway)
Dient der Belastungsaufnahme und Führung des Bettschlittens von Werkzeugmaschinen.
Bei der unsymmetrischen Prismenführung gilt für die Verschiebekraft
$F_V = F(\mu_1 \cos\alpha_2 + \mu_2 \cos\alpha_1)/\sin(\alpha_1 + \alpha_2)$.
Die symmetrische Prismenführung ist ein Sonderfall (Keilführung) mit $\alpha_1 = \alpha_2$ und $\mu_1 = \mu_2$.
Es gilt dann: Keilreibzahl $\mu' = \mu/\sin\alpha$ mit Keilwinkel 2α und Keilreibkraft $F_R = F_V = F\mu'$. Wegen $\mu' > \mu$ übertragen Keilnuten größere Reibkräfte als Ebenen.
(→Dachführung, →V-Führung)

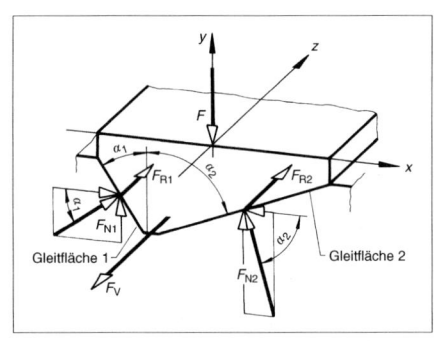

Unsymmetrische Prismenführung

Produkt (product)
Ergebnis einer Multiplikation.
Die Zahlen, die multipliziert werden, heißen Faktoren.
(→Multiplikation)

Produktionsfaktoren (production factors)
Güter, die eingesetzt werden, um die Betriebsbereitschaft aufrechtzuerhalten und den Produktionsprozess zu ermöglichen.
Das sind: Die menschliche Arbeitsleistung, die sich auf die Planung, Organisation und Kontrolle der Produktion bezieht, die menschliche Arbeitsleistungen bei der Produktion sowie Werkstoffe und Betriebsmittel.

Produktivität (productivity)
Messzahl für die technische Effizienz der Produktionsstruktur als Verhältnis zwischen Einsatzmenge und Ergiebigkeit der betrieblichen Ausbringungsmenge.
Nicht gleichbedeutend mit Wirtschaftlichkeit oder Rentabilität.

Produktregel (product rule)
Regel zur Differenziation des Produkts von Funktionen:
$y = f(x) \cdot g(x) \Rightarrow y' = f(x) \cdot g'(x) + f'(x) \cdot g(x)$.

Für die Ableitung des Produkts von drei Funktionen gilt
$y = f(x) \cdot g(x) \cdot h(x)$
$\Rightarrow y' = f(x) \cdot g(x) \cdot h'(x) + f(x) \cdot g'(x) \cdot h(x) + f'(x) \cdot g(x) \cdot h(x)$.
Mehrfache Anwendung der Produktregel ergibt die Ableitung der Potenzfunktion:
$y = x^n$, $n \in \mathbb{N}$ $\Rightarrow$ $y' = nx^{n-1}$.
Durch Anwendung von Quotienten- und Kettenregel kann man dieses Ergebnis auf reelle Exponenten ausweiten:
$y = x^r$, $r \in \mathbb{R}$ $\Rightarrow$ $y' = rx^{r-1}$.
Beispiele:
1. $y = 3x^2 \cdot \sin x \Rightarrow y' = 3x^2 \cdot \cos x + 6x \cdot \sin x$,
2. $y = x^7 \Rightarrow y' = 7x^6$,
3. $y = x^{7/3} \Rightarrow y' = (7/3)\, x^{5/3}$.
(→Ableitung einer Funktion, →Kettenregel, →Quotientenregel)

Produktzeichen
(product sign; product symbol)
Das Produktzeichen $\prod$ dient zur vereinfachten Darstellung von Produkten:
$$\prod_{k=1}^{n} a_k = a_1 \cdot a_2 \cdot a_3 \cdot \ldots \cdot a_n$$
(gesprochen: Produkt über a_k von $k = 1$ bis $k = n$). Der Buchstabe k heißt Index und kann durch einen beliebigen anderen Buchstaben ersetzt werden. Man erhält alle Faktoren des Produkts, wenn man in a_k für den Index k zunächst 1, dann 2 usw. und schließlich n setzt.
Beispiele:
$$\prod_{k=1}^{7} k^2 = 1^2 \cdot 2^2 \cdot 3^2 \cdot 4^2 \cdot 5^2 \cdot 6^2 \cdot 7^2,$$
$$\prod_{i=2}^{4} 3^i = 3^2 \cdot 3^3 \cdot 3^4 = 3^{2+3+4} = 3^9,$$
$$\prod_{j=1}^{5} 4 = 4 \cdot 4 \cdot 4 \cdot 4 \cdot 4 = 4^5.$$
(→Index, →Summenzeichen)

Profilverschiebung
(tooth-profile modification)
Wird erforderlich, wenn Zahnunterschnitt vermieden oder ein festgelegter Achsabstand erreicht werden soll. Profilverschiebung bei Geradverzahnung $V = x \cdot m$ ($x \cdot m_n$ bei Schrägverzahnung) mit x (Profilverschiebungsfaktor) und m, m_n (Modul).
Positive Profilverschiebung V_{plus}: Werkzeug wird gegenüber seiner Normallage **ab**gerückt. Negative Profilverschiebung V_{minus}: Werkzeug wird gegenüber seiner Normallage **ein**gerückt. Bezogen auf einzelne Zahnräder unterscheidet man:

Null-Räder: Zahnräder ohne Profilverschiebung.
V_{plus}-Räder: Zahnräder mit positiver Profilverschiebung. V_{minus}-Räder: Zahnräder mit negativer Profilverschiebung.
Bezogen auf Räderpaarungen unterscheidet man:
Null-Getriebe: Ergibt sich bei der Paarung zweier Nullräder mit Null-Achsabstand a_d.
V_{null}-Getriebe: Ein V_{plus}- und ein V_{minus}-Rad werden so kombiniert, dass ihr Achsabstand gleich dem Null-Achsabstand ist.
V_{plus}-Getriebe: Zwei V-Räder oder ein V_{plus}-Rad und ein Null-Rad werden so kombiniert, dass ihr Achsabstand größer als der Null-Achsabstand ist.
V_{minus}-Getriebe: Zwei V-Räder oder ein V_{minus}-Rad und ein Null-Rad werden so kombiniert, dass ihr Achsabstand kleiner als der Null-Achsabstand ist.

Program Counter (PC) (program counter)
Zählregister (Programmzähler), das immer den Inhalt der abzuarbeitenden Speicherstelle enthält.
(→Befehlszähler)

Programm (program)
Folge von Steuerungsanweisungen, die automatisch hintereinander ausgeführt werden.
Ein Programm kann fest in einer Steuerung integriert sein (durch feste Verdrahtung oder Schlauchverbindungen) oder veränderlich in Form von Software realisiert werden.
(→Hardware, →Software)

Programmablauf (program flow)
Darstellung aufeinander folgender Beziehungen zwischen Teilvorgängen in Steuerungen.
Aus dem Programmablaufplan ergibt sich die folgerichtige Ausführung eines Programms.

Programmablaufplan (flow chart)
Grafisches Hilfsmittel zur Darstellung von Programmabläufen.
Sehr einfach zu erlernen (DIN 6601), unterstützt jedoch nur unzureichend moderne, strukturierte Hochsprachen, die durch Modularisierung gekennzeichnet sind.
(→Struktogramm)

Programmanfang (program start)
Beginn eines CNC-Programms, gekennzeichnet durch das Prozentzeichen (%).
Anschließend kann eine Programmnummer oder ein Programmname aus alphanumerischen Zeichen geschrieben werden.
Beispiel: % 2406.
DIN 66 025 Programmaufbau für numerisch gesteuerte Arbeitsmaschinen.
(→CNC-Programm, →Programmende)

Programmende (end of program)
Kennzeichnet das Ende einer Teilefertigung an CNC-Maschinen durch Hilfsfunktionen.
Die Anweisungen M02 oder M30 für die Steuerung müssen im letzten Satz des CNC-Programms stehen.
Beispiele: M02 → Programmende und Abschalten der Maschine, M30 → Programmende mit Rücksetzen zum Programmanfang.
DIN 66 025 Programmaufbau für numerisch gesteuerte Arbeitsmaschinen.
(→CNC-Programm)

Programmgeber (program module)
Mechanisch wirkendes Automatisierungsgerät für Steuerungsvorgänge nach einem Programm.
Die Weiterschaltung erfolgt durch Rückmeldesignal oder durch Taktgeber. Der Antrieb erfolgt oft mit pneumatischem Schrittantrieb. Programmgeber sind unempfindlich gegenüber Feuchtigkeit und Staub. Sie eignen sich daher für rauhe Betriebsbedingungen.

Programmiergerät (programmer)
Gerät, mit dem das Programm in den Programmspeicher der SPS eingegeben und verändert werden kann.
Das Programm kann entweder direkt in den Programmspeicher eingegeben werden (online), oder auf einem Datenträger erstellt und dann in den Programmspeicher geladen werden (offline). Einfache Programmiergeräte besitzen nur eine Tastatur und ein Anzeigendisplay. Für die Eingabe von komplexeren Programmen benutzt man Personalcomputer mit Bildschirm.

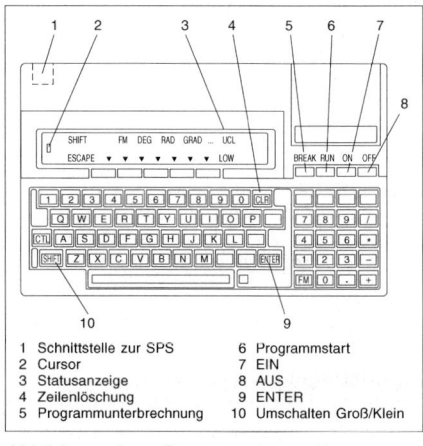

1 Schnittstelle zur SPS
2 Cursor
3 Statusanzeige
4 Zeilenlöschung
5 Programmunterbrechung
6 Programmstart
7 EIN
8 AUS
9 ENTER
10 Umschalten Groß/Klein

Abbildung eines Programmiergeräts

Programmiersprache (programming language)
Gesamtheit der Regeln und Elemente, mit deren Hilfe eine Liste von Anweisungen (Programm) für einen Prozessor erstellt werden kann.
Es gibt maschinenorientierte und anwendungsorientierte Programmiersprachen.
Maschinenorientierte Programmiersprachen sind an der Funktionsweise des Rechners orientiert. Jede einzelne Maschinenanweisung muss einzeln programmiert werden. Die Programme funktionieren nur auf Rechnern eines speziellen Typs. Beispiele für maschinenorientierte Programmiersprachen: Assembler, AWL (für SPS).
Anwendungsorientierte (höhere) Programmiersprachen helfen dem Programmierer durch genormte Regeln und Funktionen bei der Erstellung von Programmen. Diese werden dann mit Hilfe von Compilern oder Interpretern in den Maschinencode des Rechners übersetzt. Anwendungsorientierte Programmiersprachen gehen auf die spezielle Funktionsweise des Rechners nicht ein. Die Programme funktionieren auf unterschiedlichen Rechnertypen.
Beispiele für anwendungsorientierte Programmiersprachen: BASIC, PASCAL, FUP (für SPS)
(→ASSEMBLER, →AWL, →FUP, →Maschinencode, →PASCAL)

Programmierung (programming)
Umsetzung einer Aufgabe mit Hilfe einer Programmiersprache in Anweisungen, die von einem Computersystem verstanden und ausgeführt werden können.

Programmkommentar (program comment)
Klartexterläuterung zur Dokumentation eines CNC-Programms.
Er muss in Klammern gesetzt am Ende des zu kommentierenden Satzes eingefügt werden.
Beispiel: N10 G54 (Nullpunktverschiebung).
DIN 66 025 Programmaufbau für numerisch gesteuerte Arbeitsmaschinen.
(→CNC-Programm)

Programmnullpunkt (program zero point)
Beginn des CNC-Programms, nicht genormt. Werkzeugstandort vor Beginn der Bearbeitung.

Bildzeichen: ⊕

(→Bezugspunktverschiebung, →Maschinennullpunkt, →Werkstücknullpunkt)

Programmsatz (block; record)
→CNC-Satz, →CNC-Programm
DIN 66 025 Programmaufbau für numerisch gesteuerte Arbeitsmaschinen.

Programmspeicher (program memory)
Speicher, in den das Arbeitsprogramm eingegeben wird.
Die Steuereinheit ruft das Arbeitsprogramm schrittweise ab und verarbeitet es. Gekoppelt mit dem Programmspeicher ist der Adressenzähler, der die Einzeladressen des Programmspeichers in einem vorgegebenen Takt anwählt.

Programmteilwiederholung (program loop)
Programmteile, die bereits abgearbeitet wurden und von nachfolgenden Programmsätzen aus nochmals aufgerufen und abgearbeitet werden.
(→CNC-Programm)

Programmzähler (program counter)
→program counter

Projektion (projection)
Man unterscheidet Parallelprojektion und Zentralprojektion.
Eine Parallelprojektion ist die Abbildung eines räumlichen Gegenstandes durch parallele Strahlen auf eine Ebene. Bei senkrechter Parallelprojektion stehen die projizierenden Strahlen senkrecht auf der Ebene, bei schiefer Parallelprojektion nicht.
Bei einer Zentralprojektion gehen die Strahlen alle durch einen festen Punkt (Projektionszentrum).

PROM (Programmable Read Only Memory)
Programmierbarer Nur-Lese-Speicher.
Anwender oder Hersteller können Daten mit Programmiergeräten einmal in den Speicher einschreiben. Die gespeicherte Information bleibt auch beim Abschalten der Betriebsspannung erhalten.
(→EEPROM, →EPROM, →Festwertspeicher, →RAM, →ROM)

Proportion (proportion)
Verhältnisgleichung der Form $a:b = c:d$ oder (in Bruchschreibweise) $\frac{a}{b} = \frac{c}{d}$ (gesprochen: a verhält sich zu b wie c zu d).
Die Größen a, b, c, d heißen Proportionale. Man nennt die Proportionalen a und d die Außenglieder und die Proportionalen b und c die Innenglieder der Proportion.
Treten in einer Proportion gleiche Innenglieder oder gleiche Außenglieder auf, so heißt die Proportion stetig. Im Falle gleicher Innenglieder, also $a:b = b:c$, nennt man b mittlere Proportionale.
Aus $a:x = x:b$ folgt $x^2 = a \cdot b$. Das geometrische Mittel $x = \sqrt{a \cdot b}$ zweier Größen a und b ist also auch aufzufassen als der Betrag der mittleren Proportionale der Proportion $a:x = x:b$.
Sind von den Gliedern einer Proportion drei bekannt, dann lässt sich die vierte Proportionale berechnen. Sind zum Beispiel a, b, c bekannt und d gesucht, so gilt: $d = bc/a$.

Proportionalbeiwert

Die Proportion $a:b = c:d$ lässt sich verschieden umformen. Äquivalente Formen sind $d:c = b:a$, $a:c = b:d$, $d:b = c:a$, $b:a = d:c$, $a \cdot d = b \cdot c$.
Aus der Proportion $a:b = c:d$ lassen sich weitere Proportionen ableiten, z.B. durch Addition oder Subtraktion von 1 auf beiden Seiten. Man nennt ein solches Umformen der Proportion korrespondierende Addition oder korrespondierende Subtraktion:

$\frac{a+b}{b} = \frac{c+d}{d}$; $\frac{a}{a+b} = \frac{c}{c+d}$; $\frac{a-b}{b} = \frac{c-d}{d}$; $\frac{a}{a-b} = \frac{c}{c-d}$.

(→geometrisches Mittel)

Proportionalbeiwert (ratio of output to input values)
Quotient zwischen Eingangsgröße und Ausgangsgröße eines Bauelements.

Proportionalbereich X_p (proportional range; proportional region)
Teil des Arbeitsbereichs eines P-Reglers, in dem sich die Stellgröße proportional zur Regeldifferenz verhält.
Der Proportionalbereich wird in Prozent angegeben und entspricht dann dem Kehrwert des Proportionalbeiwerts K_p ($X_p = 1/K_p \cdot 100\%$).
(→P-Regler, →Proportionalbeiwert, →Regeldifferenz, →Stellgröße)

Proportionale (proportional)
Die Glieder einer Proportion.
(→Proportion)

Proportionalfunktion (proportional function)
Funktion mit der Funktionsgleichung $y = f(x) = mx$ ($m \in \mathbb{R}$).
Der Graph einer Proportionalfunktion ist eine Gerade durch den Ursprung O mit der Steigung $m = y/x = \tan \alpha$. Für $m = 0$ ist die Gerade die x-Achse. Die Zahl m heißt auch Proportionalitätsfaktor der Gleichung.
(→Proportion)

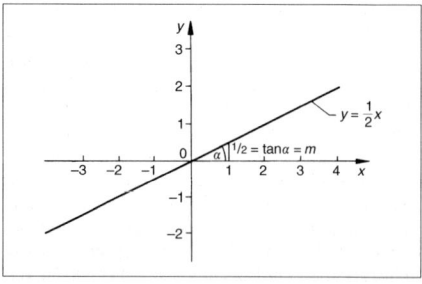

Graph der Proportionalfunktion $y = \frac{1}{2}x$

Proportionalverhalten (proportional response)
Verhalten eines Bauelements, bei dem die Ausgangsgröße stets im gleichen Verhältnis zur Eingangsgröße steht.

Protokolle (protocols)
Regeln in einem Netzwerk den Datenfluss. Insbesondere wird das Netzwerk auf Datenkollision überwacht, falls einmal zwei Rechner gleichzeitig das Netz benutzen wollen. Die Art des Protokolls hat großen Einfluss auf die Datensicherheit, Reaktionsgeschwindigkeit und Datenübertragungsrate in einem Netzwerk.

Proton (proton)
Atomkernbaustein (Nukleon) des Atoms, etwa 1836mal schwerer als ein Elektron, positiv geladen.
Symbol: p^+.
Masse: $1{,}6725 \cdot 10^{-27}$ kg.
Durchmesser: $4 \cdot 10^{-15}$ m.
Elementarladung: $1{,}602177 \cdot 10^{-19}$ Coulomb.
(→Neutron)

Protonenzahl (proton number)
Massenzahl minus Neutronenzahl.

Prozess (process)
Vorgang bei dem Material, Energie und/oder Informationen umgeformt werden.
DIN 66 201 Prozesstechnik.

Prozessleitsystem (process control system)
System zur Überwachung und Koordination von Mess-, Steuer- und Regelaufgaben in großen Anlagen.
Die einzelnen Steuerungen und Regelungen können in abhängigen Prozessen nicht unabhängig voneinander ablaufen. Prozessleitsysteme organisieren den Informationsfluss zwischen den einzelnen Komponenten einer Anlage und bieten die Möglichkeit der zentralen Überwachung. Von der Bedienstation eines Prozessleitsystems kann gezielt auf Teilbereiche einer Anlage Einfluss genommen werden, auch wenn sie räumlich weit entfernt sind.

Prozessor (processor)
Zentrale Funktionseinheit in der Steuereinheit eines Steuerungssystems.
Der Prozessor kann Daten aufnehmen und verarbeiten.
(→Mikroprozessor)

Prozessrechner (process control system)
Rechner zur Erfassung, Verarbeitung und Steuerung von Daten aus Arbeitsprozessen.
Prozessrechner werden eingesetzt um Steuerungs- oder Regelungsvorgänge zu koordinieren und zu kontrollieren.

Prozessroboter (material-processing robot)
Roboter, der mit einem Werkzeug eine Bearbeitung ausführt.
Die Roboterperipherie muss so beschaffen sein, dass die Werkstücke lageorientiert gespannt werden. Wenn nötig, wird die Lage der Werkstücke über die Robotersteuerung geändert (z.B. automatischer Schwenktisch). An einen Industrieroboter zur Werkstückbearbeitung werden unter anderem folgende Anforderungen gestellt: Anpassung der Werkzeugandruckkraft und des Kontaktpunktes zwischen Werkzeug und Werkstück, richtiger Werkzeuganstellwinkel, angepasste Verfahrrichtung und Verfahrgeschwindigkeit.
Beispiele: Lichtbogenschweißen, Lackieren, Entgraten, Sandstrahlen, Schleifen.
(→Industrieroboter, →Roboterarbeitsorgan, →Roboterperipherie, →Robotersensorik)

Prüfspannung (test voltage; testing potential)
→elektrische Prüfspannung

Prym-Getriebe (Prym drive)
→PK-Getriebe

PS (polystyrol)
→Polystyrol

PSE (periodic system)
Abkürzung für das **P**eriodensystem der **E**lemente

PTFE (PTFE)
→Polyfluor-Kunststoffe

Ptolemäus, Satz des (Ptolemy's theorem)
In einem Sehnenviereck ist das Produkt der Diagonalenlängen gleich der Summe der Produkte der Längen je zwei gegenüberliegender Seiten: $ef = ac + bd$.
Die Formel wurde hergeleitet und bewiesen von dem hellenistischen Geometer und Astronom Ptolemaios von Alexandria (~ 83 – 161 u. Z.).
(→Sehnenviereck, →Viereck)

Ptolemäus, verallgemeinerter Satz des (Ptolemy's generalized theorem)
In einem Viereck ist das Produkt der Diagonalenlängen kleiner oder gleich der Summe der Produkte der Längen je zwei gegenüberliegender Seiten: $ef \leq ac + bd$.
Die Gleichheit gilt genau dann, wenn das Viereck ein Sehnenviereck ist (Name nach dem hellenistischen Geometer und Astronom Ptolemaios von Alexandria, ~ 83 – 161 u. Z.).
(→Sehnenviereck, →Viereck)

Puffer (buffer)
1. Speicher zur vorübergehenden Aufnahme von Ein- oder Ausgabedaten.
Digitale Informationen werden hier zwischengespeichert, um unterschiedliche Verarbeitungsgeschwindigkeiten auszugleichen.
Beispiel: Tastaturpuffer, Schreib-Lesepuffer für Dateien.
2. Verstärker zur Impedanzanpassung.
Beispiel: Leitungstreiber für Bussysteme.

Pull-Down-Widerstand
(pull-down resistor)
Widerstand, der einseitig mit Masse verbunden für konkrete Pegel sorgt.

Pull-Up-Widerstand (pull-up resistance)
Widerstand, der einseitig mit der Betriebsspannung verbunden für konkrete Pegel sorgt, auch Arbeitswiderstand für Open-Collector-Technik.

Pulveraufkohlung (pack carburizing)
Aufkohlen von Teilen, in C-haltiges Granulat eingerüttelt und in Kästen oder Töpfen dicht verpackt. Arbeitsaufwändig und nicht regelbar, für dicke Schichten (2 mm) angewandt, partielle Aufkohlung durch Abdeckpasten möglich.

Pulvermetallurgie (powder metallurgie)
Urformverfahren aus Pulvern.
Arbeitsgänge: Pulverherstellung, Pressen (mit 60 MN/cm^2), Sintern (bei ca. 1200 °C für Fe) und, wenn erforderlich, Kalibrieren, Oberflächenbehandlung oder Infiltrieren. Auch PM-Spritzgießen (auf Kunststoffmaschinen) von Pulvern mit 30% Polymerbinder, der beim Sintern vergast. Sinterteile haben unterschiedliche Porosität, die von der Teilchenform und den Pressverfahren (Einfach-, Zweifach- oder heißisostatisches Pressen HIP oder Sinterschmieden) abhängt. Steigende Sinterdichte ergibt höhere Festigkeit und Zähigkeit.
Beispiele: Sinterhartmetalle, Cermets, höchstschmelzende Metalle wie W, Ta, Mo, Diamantschleifkörper, Stromabnehmerkohlen, W-Cu-Schaltkontakte.
Für Bauteile werden Pulvermischungen auf Fe-, Cu- und Al-Basis verwendet und in verschiedenen Dichteklassen von 0...50% Pororisität (z.B. Filter) verpresst.
DIN EN ISO 3252 Pulvermetallurgie; WLB, Werkstoffleistungsblätter des Fachverbandes Pulvermetallurgie DIN 30 910/11/12.

Pumpen (pumps)
Arbeitsmaschinen zum Fördern von Flüssigkeiten auf höheren Druck oder ein höher gelegenes Niveau.
Zugeführte mechanische Energie wird in Druck-, Lage- und kinetische Energie umgewandelt. Sie arbeiten nach dem Strömungsprinzip (Kreiselpumpen, Flügelzellenpumpen), nach dem Verdrängungsprinzip (Verdrängerpumpen), nach dem Strahlprinzip (Strahlpumpen) und nach dem Auftriebprinzip (Mammutpumpen).
DIN 24 260 E...DIN 24 261 Pumpen und Pumpenanlagen; Begriffe, Zeichen, Einheiten.
(→Arbeitsmaschinen, →Förderhöhe, →Förderleistung, →Förderstrom, →Kreiselpumpen, →Mammutpumpen, →Pumpenleistung, →Strahlpumpen, →Verdrängerpumpen)

Pumpenleistung P (pump power)
Kenngröße der Leistungsfähigkeit von Pumpen. Sie ist die an der Pumpenkupplung zugeführte Leistung $P = q_V H g \rho / \eta$ mit Volumenstrom q_V, Förderhöhe H, Fallbeschleunigung g, Dichte ρ des Fördermediums und Pumpenwirkungsgrad η.
(→Pumpen)

Pumpensteuerung
(pump control system; pump regulating system)
Steuerung des Volumenstroms (der Ölfördermenge) und damit der Hubgeschwindigkeit des Kolbens bei Antrieben mit Hydrozylinder durch eine Pumpe mit verstellbarem Volumenstrom, z.B. eine Flügelzellenpumpe.
(→Drosselsteuerung, →Flügelzellengetriebe)

Pumpspeicher-Kraftwerk
(pumped-storage plants)
Bauart von Wasserkraftwerken, die mit Pumpen-Wasserturbinen-Kombinationen arbeiten. Sie werden im Umlaufsystem betrieben. Bei freier elektrischer Leistungskapazität wird durch elektrisch betriebene Pumpen Wasser vom UW (Unterwasser)-Speicherbecken zum OW (Oberwasser)-Speicherbecken gefördert. Benötigt das Verbundnetz bei Spitzenbelastungen Zusatzenergie, so wird umgestellt und Wasser von OW auf die Turbinen geleitet. Reversierbare Pumpturbinen arbeiten durch Umkehrung des Dreh- und Antriebprinzips als Pumpe und Turbine. Im Verbund mit Motor-Generatorsätzen sind sie wirtschaftlicher als Einzelkomponenten.
(→Wasserkraftwerke, →Wasserturbinen)

Pumpturbinen (pump turbines)
→Wasserturbinen, →Pumpspeicher-Kraftwerk

Punktmasse (model in which mass is concentrated at a point)
Ein Modell, bei dem man sich die gesamte Masse eines starren Körpers im Schwerpunkt vereinigt vorzustellen hat und das alle mechanischen Eigenschaften, bis auf sein Volumen behält.
(→Schwerpunkt)

Punktmenge (point set)
Eine Menge, deren Elemente Punkte sind (zum Beispiel der Ebene oder des Raums).
(→Menge)

Punktschweißen (spot welding)
Zwei stiftförmige Kupfer- oder Sintermetallelektroden mit Durchmesser 1 mm...12 mm pressen die zu verbindenden Werkstücke aufeinander. Ein Stromstoß (Wechsel- oder Gleichstrom mit hoher Stromstärke bei niedriger Spannung) erhitzt die Verbindungsstelle auf Schweißtemperatur; es entsteht ein Schweißpunkt. Elektroden sind genormt nach DIN ISO 5182. Verbinden von Blechen aus unlegiertem oder legiertem Stahl, NE-Metallen oder Kupfer. Auch Bleche aus verschiedenen Werkstoffen können verschweißt werden.

Punktsteigungsform der Geradengleichung (point-slope form of the equation of a straight line)
Gleichung der Geraden in der Form
$$y = m(x - x_1) + y_1$$
Man benutzt die Punktsteigungsform der Geradengleichung, wenn von der Gerade ein Punkt $P_1 = P(x_1 \mid y_1)$ und die Steigung $m = \tan \alpha$ bekannt sind.
(→Gerade)

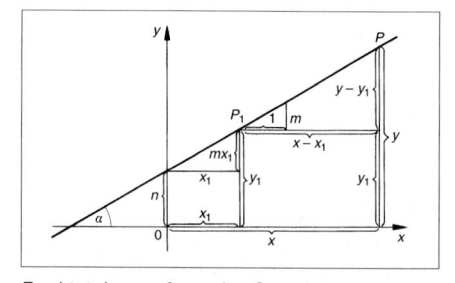

Punktsteigungsform der Geradengleichung

Punktsteuerungsverhalten
(positioning control system)
Geradlinige Bewegung eines Werkzeugs bei Positionierungen auf einer CNC-Maschine.

Ein Werkzeug wird im Eilgang vom Startpunkt an einen Zielpunkt gefahren, ohne dabei im Eingriff zu sein. Die Weginformation für das Verfahren außerhalb einer Werkstückgeometrie wird in einem Teileprogramm mit dem Wegbefehl G00 angegeben.
DIN 66 025 Programmaufbau für numerisch gesteuerte Arbeitsmaschinen.
($\rightarrow$Bahnsteuerung, $\rightarrow$Streckensteuerung)

Punktsymmetrie (central symmetry)
Eine ebene Figur F heißt punkt- oder zentralsymmetrisch, wenn sich in ihrer Ebene ein Punkt P angeben lässt, so dass F durch eine Spiegelung an P in sich überführt wird. Der Punkt P heißt dann Symmetriezentrum.
Beispiele punktsymmetrischer Figuren:
Strecke mit ihrem Mittelpunkt als Symmetriezentrum, Rechteck mit seinem Mittelpunkt als Symmetriezentrum, Ellipse mit ihrem Mittelpunkt als Symmetriezentrum.
($\rightarrow$Achsensymmetrie)

PUR (polyurethane)
$\rightarrow$Polyurethane

PVC (PVC, polyvinylchloride)
$\rightarrow$Polyvinylchlorid

PVD-Verfahren (physical-vapor-deposition)
Abscheidung von Schichten bis zu 10 µm Dicke aus der Gasphase.
Schichten bilden sich im Vakuum auf dem Werkstück (Substrat) durch einen gerichteten Teilchenstrom, der durch Verdampfung einer Stoffquelle (Target) entsteht. Allseitig gleichmäßige Schichten erfordern eine Rotation des Werkstücks vor den Quellen. Niedrigere Arbeitstemperaturen als beim CVD-Verfahren.
Schichtwerkstoffe sind Metalle, Oxide, Carbide und Nitride.

Pyramide (pyramid)
Kegel mit einem Polygon als Grundfläche. Alle Seitenflächen einer Pyramide sind Dreiecke. Ist das Polygon ein n-Eck, so gibt es n Dreiecke als Seitenflächen.
Pyramiden sind auch spezielle Polyeder, nämlich Polyeder, die ein n-Eck und n Dreiecke als Begrenzungsflächen haben.
Ist das Polygon der Grundfläche ein n-Eck, dann heißt die Pyramide eine n-seitige Pyramide. Ist das n-Eck ein reguläres n-Eck, dann heißt die Pyramide reguläre Pyramide.
Hat die Grundfläche einen Mittelpunkt (wie gleichseitiges Dreieck oder Rechteck) und liegt die Spitze der Pyramide senkrecht über diesem Mittelpunkt, so heißt die Pyramide gerade, andernfalls schief.
Volumen: $V = \frac{1}{3} A_G \cdot h$,
Oberfläche: $A_O = A_M + A_G$
(A_G Flächeninhalt des n-Ecks, A_M Summe der Flächeninhalte der Seitendreiecke, h Höhe der Pyramide (Abstand der Spitze von der Ebene des n-Ecks)).
($\rightarrow$Kegel, $\rightarrow$Polyeder)

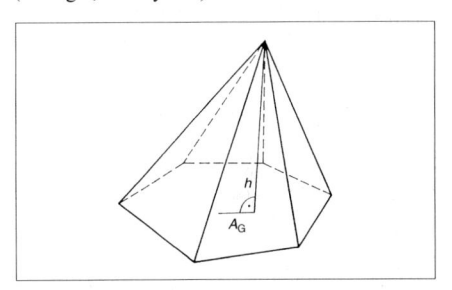

Pyramide

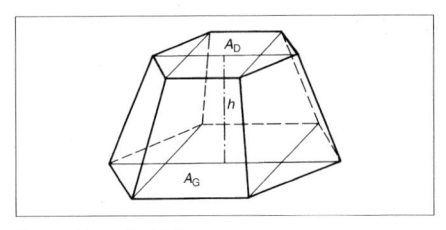

Pyramidenstumpf (truncated pyramid)
Pyramide, von der durch einen Schnitt parallel zur Grundfläche der obere Teil abgeschnitten ist. Die Schnittfläche heißt Deckfläche des Pyramidenstumpfes. Die Seitenflächen eines Pyramidenstumpfes sind Trapeze.
Volumen: $V = \frac{h}{3}(A_G + \sqrt{A_G A_D} + A_D)$
(A_G Flächeninhalt der Grundfläche, A_D Flächeninhalt der Deckfläche, h Höhe des Pyramidenstumpfs).
($\rightarrow$Pyramide)

Pyramidenstumpf

Pythagoras, Satz des (Pythagoras' theorem)
In einem rechtwinkligen Dreieck ist die Summe der Quadrate über den Katheten a, b gleich dem Quadrat der Hypotenuse c: $a^2 + b^2 = c^2$.
($\rightarrow$Höhensatz, $\rightarrow$Kathetensatz)

Q

Quader (rectangular parallelopiped; cuboid)
Gerades Prisma mit einem Rechteck als Grundfläche.
Volumen: $V = a b h$,
Oberfläche: $A_O = 2(a b + a h + b h)$,
Gesamtkantenlänge: $l = 4(a + b + h)$
(a, b Seitenlängen des Rechtecks, h Höhe des Quaders).
(→Prisma)

Quadranten (quadrants)
Die vier Teile der Ebene eines kartesischen Koordinatensystems.
Für die Koordinaten der Punkte im ersten Quadranten gilt $x > 0$, $y > 0$, im zweiten Quadranten $x < 0$, $y > 0$, im dritten Quadranten $x < 0$, $y < 0$ und im vierten Quadranten $x > 0$, $y < 0$.
(→Koordinatensystem)

Quadrat (square)
Rechteck mit gleich langen Seiten.
Die Diagonalen eines Quadrats sind gleich lang und stehen senkrecht aufeinander.
Diagonalenlänge: $e = a\sqrt{2}$.
Umfang: $u = 4a$
Flächeninhalt: $A = a^2 = \frac{1}{2} e^2$
(a Seitenlänge des Quadrats)
(→Rechteck, →reguläres n-Eck, →Viereck)

quadratische Ergänzung
(completion of a square)
Ergänzen des Terms $x^2 + p x$ einer quadratischen Gleichung $x^2 + p x + q = 0$ zu einem vollständigen Quadrat:

$$\begin{aligned} x^2 + p x + q &= 0 \\ x^2 + p x &= -q \\ x^2 + p x + (p/2)^2 &= (p/2)^2 - q \\ (x + p/2)^2 &= (p/2)^2 - q \end{aligned}$$

Beispiel:
$$\begin{aligned} x^2 - 6x + 2 &= 0 \\ x^2 - 6x &= -2 \\ x^2 - 6x + 9 &= 9 - 2 \\ (x - 3)^2 &= 7 \end{aligned}$$

(→quadratische Gleichung)

quadratische Funktion (quadratic function)
Funktion mit der Funktionsgleichung $y = f(x) = a_2 x^2 + a_1 x + a_0$ (a_2, a_1, $a_0 \in \mathbb{R}$, $a_2 \neq 0$).
Eine quadratische Funktion ist eine ganze rationale Funktion 2. Grades. Der Graph einer quadratischen Funktion ist eine Parabel.
Durch quadratische Ergänzung (Ergänzen von $a_2 x^2 + a_1 x$ zu einem vollständigen Quadrat) ergibt sich
$$y = f(x) = a_2 x^2 + a_1 x + a_0 = $$
$$= a_2(x + a_1/(2 a_2))^2 + a_0 - a_1^2/(4 a_2).$$
Der Punkt $S(x_S \mid y_S) = S(-a_1/(2 a_2) \mid a_0 - a_1^2/(4 a_2))$ ist der Scheitelpunkt der Parabel. Deshalb nennt man $y - y_S = a_2(x - x_S)^2$ Scheitelform der quadratischen Funktion, dagegen heißt $y = a_2 x^2 + a_1 x + a_0$ Normalform der quadratischen Funktion.
Für $a_2 > 0$ ist die Parabel nach oben, für $a_2 < 0$ nach unten geöffnet. Für $|a_2| > 1$ ist die Parabel im Vergleich zur Normalparabel (siehe unten) gestreckt und für $|a_2| < 1$ gestaucht. Man nennt $|a_2|$ deshalb den Streckungsfaktor der Parabel. Eine Änderung des Koeffizienten a_1 bewirkt eine Verschiebung der Parabel in x-Richtung, eine Änderung von a_0 bewirkt eine Verschiebung in y-Richtung.
Für $a > 0$ ist der Scheitelpunkt der Parabel ein Minimum, für $a < 0$ ist er ein Maximum. Ist die Diskriminante $D = a_1^2 - 4 a_2 a_0 > 0$, so hat der Graph der Funktion zwei Schnittpunkte mit der x-Achse, für $D = 0$ gibt es einen Schnittpunkt (der Schnittpunkt ist dann ein Berührpunkt), und für $D < 0$ gibt es keinen Schnittpunkt mit der x-Achse.
Schnittpunkte mit der x-Achse:
$S_{x_1}\left(\frac{1}{2 a_2}(-a_1 + \sqrt{a_1^2 - 4 a_2 a_0}) \mid 0\right)$,
$S_{x_2}\left(\frac{1}{2 a_2}(-a_1 - \sqrt{a_1^2 - 4 a_2 a_0}) \mid 0\right)$,
Schnittpunkt mit der y-Achse: $S_y(0 \mid a_0)$.
Spezialfälle:
Mit den Koeffizienten $a_2 = 1$, $a_1 = 0$, $a_0 = 0$ ergibt sich die Normalparabel $y = x^2$. Der Scheitelpunkt der Normalparabel ist der Ursprung, also $S(0 \mid 0)$.
Mit $a_2 = 1$ und beliebigen Werten für a_1 und a_0 (aber nicht beide gleich 0) erhält man eine verschobene Normalparabel $y = x^2 + a_1 x + a_0$.
Mit den Koeffizienten $a_2 = -1$, $a_1 = 0$, $a_0 = 0$ erhält man die gespiegelte Normalparabel $y = -x^2$. Die gespiegelte Normalparabel entsteht aus der Normalparabel durch Spiegelung an der x-Achse.

Mit $a_2 = -1$ und beliebigen Werten für a_1 und a_0 (aber nicht beide gleich 0) ergibt sich eine gespiegelte verschobene Normalparabel $y = -x^2 + a_1 x + a_0$.
(→ganze rationale Funktion, →Parabel, →quadratische Ergänzung, →quadratische Gleichung)

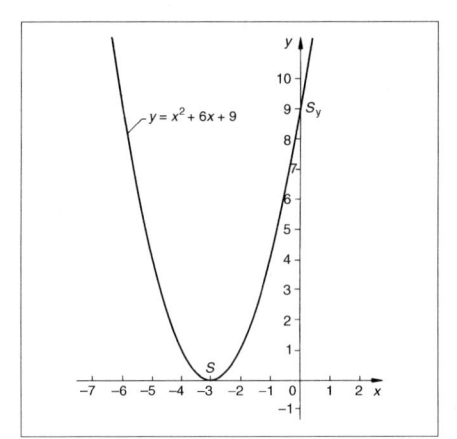

Graph der quadratischen Funktion
$y = x^2 - 6x + 9$

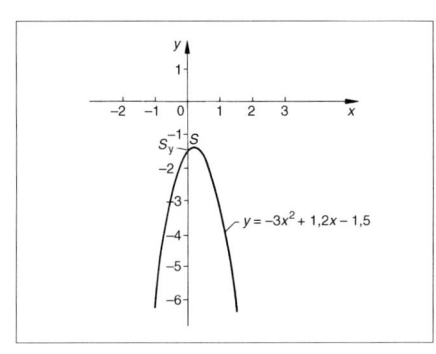

Graph der quadratischen Funktion
$y = -3x^2 + 1{,}2x - 1{,}5$

quadratische Gleichung
(quadratic equation)
Gleichung der Form:
$ax^2 + bx + c = 0$, $a \neq 0$ (allgemeine Form)
oder $x^2 + px + q = 0$ (Normalform).
Die Normalform erhält man aus der allgemeinen Form durch Division durch $a \neq 0$ und Setzen von $b/a = p$ und $c/a = q$. Dabei sind a, b, c und somit auch p, q reelle Koeffizienten.
„Quadratisch" bedeutet, dass die Variable x in keiner höheren als der zweiten Potenz vorkommt.

Deshalb nennt man quadratische Gleichungen auch Gleichungen zweiten Grades.
Lösungen der allgemeinen Form:
$x_{1,2} = \frac{1}{2a}(-b \pm \sqrt{b^2 - 4ac})$,
Lösungen der Normalform:
$x_{1,2} = -p/2 \pm \sqrt{p^2/4 - q}$.
Der Wert der so genannten Diskriminante $D = p^2/4 - q$ (Normalform) oder $\overline{D} = b^2 - 4ac$ (allgemeine Form) bestimmt die Anzahl der reellen Lösungen der quadratischen Gleichung:
Für $D > 0$ ($\Leftrightarrow \overline{D} > 0$) existieren zwei reelle Lösungen x_1 und x_2, für $D = 0$ ($\Leftrightarrow \overline{D} = 0$) gibt es eine reelle Lösung ($x_1 = x_2$), für $D < 0$ ($\Leftrightarrow \overline{D} < 0$) hat die quadratische Gleichung keine reelle Lösung (es existieren zwei komplexe Lösungen).
Als Probe für die Lösung (Lösungen) kann der Satz von Viëta benutzt werden.
Beispiel:
$2x^2 - 10x + 12 = 0$ (allgemeine Form)
$x^2 - 5x + 6 = 0$ (Normalform)
$p = -5$, $q = 6 \Rightarrow D = p^2/4 - q = 25/4 - 6 = 1/4$
($D > 0$) $\Rightarrow$ zwei reelle Lösungen)
Lösungen:
$x_{1,2} = -p/2 \pm \sqrt{p^2/4 - q} = -p/2 \pm \sqrt{D} =$
$= -(-5/2) \pm \sqrt{1/4} = 5/2 \pm 1/2$
$\Rightarrow x_1 = 5/2 + 1/2 = 3$, $x_2 = 5/2 - 1/2 = 2$.
(→Gleichung n-ten Grades, →graphisches Lösen von Gleichungen, →kubische Gleichung, →Viëta, Satz von)

quadratische Säule
(column with a square base)
Ein Quader mit einem Quadrat als Grundfläche. Mit Seitenlänge a und Höhe h gilt:
Volumen: $V = a^2 h$,
Oberfläche: $A_O = 2a^2 + 4ah$,
Gesamtkantenlänge: $l = 8a + 4h$.
(→Prisma, →Quader)

quadratischer Faktor eines Polynoms
(quadratic factor of a polynomial)
→Faktor eines Polynoms

quadratisches Mittel (quadratic mean)
Das quadratische Mittel x zweier reeller Zahlen a und b ist die Quadratwurzel der halben Summe ihrer Quadrate: $x = \sqrt{(a^2 + b^2)/2}$.
Das quadratische Mittel x von n reellen Zahlen $a_1, a_2, ..., a_n$ ist $x = \sqrt{(a_1^2 + a_2^2 + ... + a_n^2)/n}$.

Beispiele:
Das quadratische Mittel von 1 und 7 ist
$\sqrt{(1^2+7^2)/2} = \sqrt{25} = 5$.
Das quadratische Mittel von 2, 6, 10, 16 ist
$\sqrt{(2^2+6^2+10^2+16^2)/4} = \sqrt{396/4} = \sqrt{99}$.
(→arithmetisches Mittel, →geometrisches Mittel, →harmonisches Mittel)

Quadratzahl (square number)
Natürliche Zahl $\neq 0$ deren Wurzel ebenfalls eine natürliche Zahl ist.
Beispiele: 1, 4, 9, 16, 25, 36, 49, 10 000.
(→Potenz)

Qualifikation (qualification)
Individuelles Arbeitsvermögen, die Gesamtheit der subjektiv-individuellen Fähigkeiten, Kenntnisse und Verhaltensmuster, die es dem Einzelnen erlauben, die Anforderungen in bestimmten Arbeitsfunktionen auf Dauer zu erfüllen.

Qualität (quality)
Auch mit Beschaffenheit, Güteklasse, Befähigung, Wertbeständigkeit und Brauchbarkeit beschrieben. Güte eines Produkts, einer Sach- oder Dienstleistung im Hinblick auf seine Eignung für den Verwender. Erst der Bezug auf die Anforderungen erlaubt ein Urteil über die Qualität. Sie ist ein Gesamteindruck aus Teilqualitäten, die sich bei jeder differenzierbaren Eigenschaft eines Produkts bilden lassen. Der Qualitätsbegriff kann subjektiv und objektiv interpretiert werden. Die Qualität kann durch technische und Marketingmaßnahmen beeinflusst werden und unterliegt der Qualitätssicherung.

Qualitätfähigkeit (ability to maintain quality)
Eignung einer Organisation zur Realisierung einer Einheit, d. h. die Qualitätsforderungen an diese Einheit zu erfüllen.

Qualitätsaudit (quality report)
Beurteilung der Wirksamkeit des Qualitätssicherungssystems oder seiner Elemente durch eine unabhängige systematische Untersuchung.
Die Beurteilung umfasst die Prüfung, inwieweit die einschlägigen Qualitätssicherungs- und Verfahrensanweisungen befolgt werden und ob diese zweckmäßig sind.

Qualitätsforderung
(quality requirements; quality standard)
Die festgelegten und vorausgesetzten Erfordernisse.
Beispiel: Eine Toleranz von +/− 0,1 mm ist eine niedrigere Qualitätsforderung als 0,01 mm, aber keine geringere Qualität.

Qualitätsmerkmal
(quality characteristic; quality standard)
Bezeichnung für die an den Elementen einer Gesamtheit interessierenden Eigenschaften, die in individuell unterschiedlichen Ausprägungen auftreten.

Qualitätssicherung (quality assurance)
Alle organisatorischen und technischen Maßnahmen, die der Schaffung und Erhaltung der Konzept- und Ausführungsqualität dienen.
In der Qualitätsplanung werden die Qualitätsmerkmale ausgewählt sowie ihre geforderten und zulässigen Ausprägungen für ein Produkt und Verfahren festgelegt. Dies geschieht im Hinblick auf die durch die Anwendung oder eine Norm gegebenen Erfordernisse und deren Realisierbarkeit. Die Qualitätssteuerung, auch als Qualitätslenkung oder Qualitätsregelung bezeichnet, enthält die Vorgabe der geplanten Produkt- und Ausführungsanforderungen sowie deren Überwachung mit erforderlicher Korrektur der Ausführung bei der Produkterstellung. Unter Verwendung der Ergebnisse der Qualitätskontrolle sollen die vorgegebenen Qualitätsanforderungen erfüllt werden. Es können Maßnahmen veranlasst werden, die qualitätsmindernde Störungen im Produktionsprozess beseitigen helfen, z.B. durch rechtzeitigen Werkzeugwechsel mit entsprechender vorbeugender Instandhaltung. Oder es werden Maßnahmen geplant und veranlaßt, die auf eine Änderung der Entwurfsqualität oder der eingesetzten Produktionsverfahren abzielen.
Die Qualitätskontrolle oder auch Qualitätsprüfung ist der Soll-Ist-Vergleich, bei dem festgestellt wird, inwieweit Produkte die an sie gestellten Qualitätsanforderungen erfüllen. Sie enthält sowohl die Überprüfung der Entwurfsqualität als auch der Ausführungsqualität. Die Überprüfung der Ausführungsqualität als Qualitätskontrolle wird nach dem Umfang der durchzuführenden Kontrollmaßnahmen in Totalkontrolle oder Partialkontrolle unterschieden. Durch die Partialkontrolle (statistische Qualitätskontrolle) wird versucht, mit Hilfe statistischer Methoden entweder Aussagen über den Zustand des Produktionsprozesses zu machen oder Informationen über den Ausschussanteil eines gefertigten Loses zu erhalten. Bei der Abnahmeprüfung werden Stichprobenprüfpläne verwendet, während bei der Produktionskontrolle die Kontrollkartentechnik durchgeführt wird. Eine Verbindung zwischen Produktionskontrolle und Abnahmeprüfung stellt die kontinuierliche Stichprobenprüfung dar.

Quantenmechanik (quantum mechanics)
→Quantenphysik

Quantenphysik (quantum physics)
Erweiterte Mechanik kleinster physikalischer Systeme (Elementarteilchenphysik).
Sie beruht auf der Erkenntnis, dass Energie nur in festen ganzzahligen Portionen vorkommt und übertragen werden kann (Quanten). Diese verhalten sich wie Teilchen.

Quantenzahl (quantum number)
Beschreibung des Energiezustandes eines Elektrons in der Atomhülle.

Quecksilbersäule (mercury column)
Früher gebräuchliche, heute nicht mehr zulässige Einheit mmHg.
Umrechnungen: 1 mmHg = 133,3224 Pa (Pascal).

Quellenspannung U_q (source voltage)
Gemessene Spannung am Spannungserzeuger ohne Energieentnahme, auch Leerlaufspannung genannt.

Querbalken (cross-rail; cross slide)
Teil des Gestells von Zweiständer-Werkzeugmaschinen.
An beiden Ständern zur Anpassung an die Werkstückhöhe senkrecht geführter biege- und verdrehsteifer Balken. In den Führungen auf seiner Stirnseite führen die Werkzeugschlitten die waagerechte Vorschubbewegung aus.
Beispiel: Querbalken der Zweiständer-Hobelmaschine.
($\rightarrow$Gestell)

Querbalkensupport (crossrail head)
Werkzeugträger der Hobelmaschine.
Sein Grundschlitten führt auf dem Querbalken der Zweiständer-Hobelmaschine oder dem Ausleger der Einständer-Hobelmaschine die waagerechte Vorschubbewegung aus. Auf seiner Vorderseite ist ein Drehteil nach beiden Seiten schwenkbar. Es nimmt in einer Führung den Oberschlitten mit dem Werkzeugspanner auf, der bei der Bearbeitung je nach Stellung des Drehteils senkrecht oder schräg verschoben werden kann.

Querdehnung ε_q (transverse strain)
Quotient aus der Dickenänderung (Querschnittsminderung) Δd eines zugbeanspruchten Stabes und seiner Ursprungsdicke d_0: $\varepsilon_q = \Delta d / d_0$.
Als Verhältnis zweier Längen hat ε die Einheit Eins.
($\rightarrow$Dehnung)

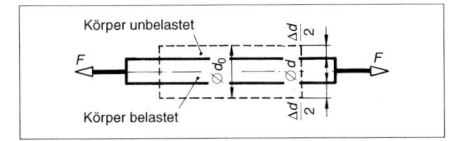

Querhaupt
(cross-head; cross-beam; traverse; top rail)
$\rightarrow$Traverse

Querhobler (shaping machine; shaper)
$\rightarrow$Stoßmaschine

Querkraft F_q (transverse force)
$\rightarrow$Normalkraft

Querkraftberechnung
(transverse force calculation)
Arbeitsplan: Bauteil (Biegeträger) frei machen, Stützkräfte bestimmen z.B. mit Hilfe der statischen Gleichgewichtsbedingungen, Momentensumme ΣFl für die gewählte Schnittstelle bilden (von der Schnittstelle aus nach links oder rechts schauen und die „sichtbaren" Momente addieren, dabei links drehende positiv, rechts drehende negativ nehmen).

Querkraftbestimmung
(transverse force calculation)
$\rightarrow$Querkraftberechnung

Querkraftverlauf
(transverse force behaviour)
Zeichnerische Darstellung der Veränderung der Querkraft F_q in Abhängigkeit von der Trägerlänge x in einem F_q, x-Diagramm.
Nach dem Arbeitsplan für die Querkraftberechnung ermittelt man für mehrere Trägerquerschnitte die jeweilige Querkraft und trägt sie in dem F_q, x-Diagramm auf.
($\rightarrow$Biegemomentenverlauf)

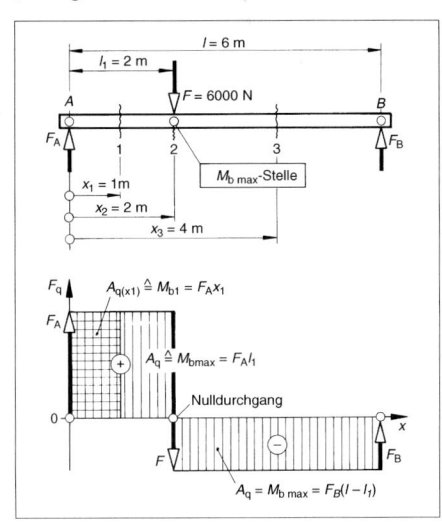

Lageskizze und F_q, x-Diagramm eines Stützträgers mit Einzellast

Querlager (transverse bearing)
→Tragzapfen

Quersumme (sum of the digits)
Die Quersumme einer ganzen Zahl ist die Summe ihrer Ziffern.
Eine Zahl ist durch 3 teilbar, wenn ihre Quersumme durch 3 teilbar ist. Eine Zahl ist durch 9 teilbar, wenn ihre Quersumme durch 9 teilbar ist.
Beispiel: Die Zahl 209 334 042 ist durch 9 teilbar, denn ihre Quersumme
$2+0+9+3+3+4+0+4+2 = 27$
ist durch 9 teilbar.

Quetschgrenze (compressive yield point)
Grenzspannung σ_Q im Druckversuch. Beginn stärkerer, plastischer Verformung

Quotient (quotient)
Ergebnis einer Division.
Die Zahl, durch die dividiert wird, heißt Dividend.
Die Zahl, die dividiert wird, heißt Divisor.
(→Division)

Quotientenregel (quotient rule)
Regel zur Differenziation des Quotienten zweier Funktionen:
$y = f(x)/g(x) \quad (g(x) \neq 0)$
$\Rightarrow y' = (f'(x) \cdot g(x) - f(x) \cdot g'(x))/g^2(x).$
Der Zähler von y' beginnt also mit der Ableitung der Zählerfunktion $f(x)$.
Im Spezialfall, dass $f(x)$ eine konstante Funktion mit $f(x) = 1$ ist, gilt
$y = 1/g(x) \Rightarrow y' = -g'(x)/g^2(x).$
Beispiel:
$y = \frac{5x-1}{2x+3} \Leftrightarrow y' = \frac{(2x+3)\cdot 5 - (5x-1)\cdot 2}{(2x+3)^2} = \frac{17}{(2x+3)^2}.$

(→Ableitung einer Funktion)

R

Radial-Wellendichtring (radial oil seal ring)
→Lagerdichtungen

Radialbeschleunigung (radial acceleration)
→Zentripetalbeschleunigung

Radialbohrmaschine
(radial drilling machine; radial)
Maschine zum Bearbeiten von Bohrungen an großen, sperrigen Werkstücken.
Am Rand der großen Grundplatte steht der Ständer, um den eine „übergestülpte" zylindrische Hohlsäule geschwenkt werden kann. Auf ihr wird der Ausleger senkrecht verschoben und gemeinsam mit ihr geschwenkt. Auf den Führungsbahnen an der Stirnseite des Auslegers ist der Bohrspindelschlitten waagerecht verschiebbar. Auf diese Weise können mit dem Bohrwerkzeug alle Bohrpositionen innerhalb des großen Aufspannbereichs der Grundplatte erreicht werden.

Radialkolbengetriebe
(radial-cylinder hydraulic drive)
→Pittler-Stern-Getriebe

Radialkraft F_r (radial force)
Die in Richtung des Radius zum Mittelpunkt eines zylinderförmigen Körpers (Welle, Zahnrad, Walze) wirkende Kraft oder Kraftkomponente.
(→Axialkraft, →Tangentialkraft)

Radiallager (radial bearing)
→Lager

Radialturbinen (radial-flow turbines)
→Dampfturbinen

Radiant rad (radian)
Abgeleitete SI-Einheit des Bogenmaßes ebener Winkel α: 1 rad = m/m = 1.
Ebenfalls üblich ist die Definition: 1 Vollwinkel = 2π rad.
1 rad ist der Winkel, der von zwei Schenkeln der Länge 1 m und einem Kreisbogen der Länge 1 m aufgespannt wird.
Beispiele: $360° = 2\pi$ rad, $1° = \pi/180$ rad $\approx$ 0,01745 rad, 1 rad = $(180/\pi)° \approx 57,2958°$.
(→Bogenmaß, →ebener Winkel, →SI-Einheit)

Radikand (radicand)
→Wurzel

Radioaktivität (radioactivity)
Eigenschaft bestimmter Atomkernarten (Nuklide), sich unter Aussenden von Strahlung in andere Nuklide umzuwandeln.
Dieser Vorgang (radioaktiver Zerfall) kann nicht von außen beeinflusst werden und ist für das jeweilige Nuklid charakteristisch.
(→Aktivität, →Halbwertszeit, →Nuklid)

Radius (radius)
→Kreis

Radiuskorrektur (radius offset)
→Fräserradiuskorrektur

Radizieren (taking of the root)
→Wurzel

Räummaschine (broaching machine)
Spanende Werkzeugmaschine.
Auf der Innenräummaschine werden vorbearbeitete Bohrungen durch eine Räumnadel mit einem Innenprofil (z.B. Keilnutprofil) versehen. Auf der Außenräummaschine wird das Werkzeug an der Außenseite des Werkstücks entlanggeführt und erzeugt dabei Nuten und Profile unterschiedlichen Querschnitts. In beiden Fällen erfolgt die fertige Bearbeitung mit einem einzigen Arbeitshub des Räumwerkzeugs.

Räumnadel (broach; internal broach)
Stabförmiges Zerspanwerkzeug zur Fertigung von vielfältigen Innen- und Außenprofilen auf Räummaschinen.

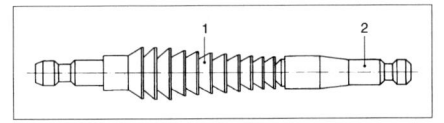

Räumnadel für die Bearbeitung eines Innenprofils
1 Schneidenteil, 2 Einspannschaft

Räumschlitten (broach slide; broach head)
Werkzeugträger der Räummaschine.
Bei der Außenräummaschine ist er eine lange, schmale Platte, auf der das Werkzeug auf seiner ganzen Länge abgestützt und in T-Nuten festgespannt wird. Bei der Innenräummaschine besteht er aus zwei Teilschlitten: Der Zuführungsschlitten führt die Räumnadel vor dem Beginn des Arbeitshubs durch die Werkstückbohrung bis in den Ziehkopf des Ziehschlittens, der dann die

Räumverfahren

Räumnadel durch die Bohrung hindurchzieht. Antrieb meistens durch einen oder zwei Hydrozylinder.

Räumverfahren (broaching)
Spanende Bearbeitung (Räumen) von Werkstücken bei meist linearer Schnittbewegung des Werkzeugs. Durch gestaffelte Anordnung der hintereinander liegenden Schneidzähne des Räumwerkzeugs mit geometrisch bestimmten Schneidkeilen ist eine Vorschubbewegung überflüssig. Die in Schnittrichtung letzten Schneidzähne besitzen das verlangte Werkstückprofil. Nach Form und Lage der erzeugten Werkstückflächen werden unterschieden: Planräumen (ebene Flächen, die bei linearer Schnittbewegung parallel zur Schnittrichtung liegen), Rundräumen (kreiszylindrische Flächen bei linearer Schnittbewegung), Schraubräumen (wendelförmige Flächen bei schraubenförmiger Schnittbewegung), Formräumen (Räumen mit gesteuerter kreisförmiger Schnittbewegung, Beispiel: Drehräumen).
DIN 8589, Teil 5 Fertigungsverfahren Spanen.

Rahmen (frame)
Stehende Gestellbauform an Werkzeugmaschinen mit einer Arbeitsöffnung zwischen den Seitenteilen.
Beispiele: Pressen-, Scherenrahmen.
(→Gestell)

RAM (**R**andom **A**ccess **M**emory)
Schreib-Lese-Speicher mit wahlfreiem Zugriff. Gespeicherte Daten können später wieder ausgelesen werden.
Arbeitsspeicher von Computern sind zur Kurzzeitspeicherung von Daten mit RAM's realisiert. Beim Abschalten der Spannungsversorgung geht der Speicherinhalt verloren.
(→DRAM, →Speichermatrix, →SRAM)

Randentkohlung (decarburization)
Abnahme des C-Gehaltes in der Randschicht von Stählen durch oxidierende Gase (z.B. beim Glühen oder Erwärmen von Schmiedeteilen).
Führt zu Abnahme der Härte (Dauerfestigkeit). Abhilfe durch Schutzgasatmosphäre.
(→Verfestigungsstrahlen)

Randfaserspannung
(stress on fibres at a boundary)
→Biegespannung, →Torsionsspannung

Randhärtetiefe Rht (hardness depth)
Dicke der durch Randschichthärten veränderten Randzone, in der die Härte auf 50% der Randhärte abfällt.

Randschichthärten
(surface hardening treatment)
Härten mit Martensitbildung in einer Randschicht bis zu 6 mm.
Durch sehr schnelles Erwärmen wird nur die Randschicht austenitisiert und durch sofortiges Abschrecken zu Martensit umgewandelt. Die Härte wird durch den C-Gehalt, die Randhärtetiefe vom Legierungsgehalt des Stahles und vom Erwärmungsverlauf bestimmt.
(→Elektronenstrahlhärten, →Flammhärten, →Induktionshärten, →Laserhärten)

Raster-Elektronen-Mikroskop REM
(Scanning Elektron Mikroscope SEM)
Gerät zur Beobachtung von Gefüge- und Bruchflächen mit größerer Schärfentiefe und Punktauflösung (Abstand zweier Punkte) als mit dem Lichtmikroskop.

Rastgesperre (tooth locking mechanism)
→Zahngesperre

rationale Funktion (rational function)
Algebraische Funktion, für die eine Funktionsgleichung $y = f(x)$ als eine explizite Formel angegeben werden kann, in der auf die unabhängige Variable x nur endlich viele rationale Rechenoperationen (Addition, Subtraktion, Multiplikation und Division) angewandt werden.
Für rationale Funktionen ist $f(x)$ ein Polynom (dann ist $y = f(x)$ eine ganze rationale Funktion) oder ein Quotient aus Polynomen (dann heißt $y = f(x)$ eine gebrochene rationale Funktion).
Eine algebraische Funktion, die nicht rational ist, heißt irrational.
Beispiele:
$y = 3x^3 - 1/4$;
$y = (2x^2 - 3x + 5)/(x^3 + 3x^2 - 2)$.
(→algebraische Funktion, →ganze rationale Funktion, →gebrochene rationale Funktion, →irrationale Funktion, →Polynom)

rationale Rechenoperationen
(rational arithmetical operations)
→Grundrechenarten

rationale Zahl (rational number)
Alle ganzen und gebrochenen Zahlen (die positiven und negativen sowie die Null).
Rationale Zahlen lassen sich als Brüche aus ganzen Zahlen darstellen. Jede rationale Zahl kann als endlicher oder unendlicher periodischer Dezimalbruch dargestellt werden. Alle rationalen Zahlen bilden zusammen die Menge $\mathbb{Q}$ der rationalen Zahlen.
Beispiele:
$-2; 3/2 = 1,5; 4/3 = 1,3333... = 1,\overline{3}$;

— 1/8 = − 0,125;
— 16/11 = − 1,454545 ... = − 1,$\overline{45}$
(der periodische Teil wird überstrichen).
(→Zahlmengen)

Rationalisierung (rationalization)
Begriff der betriebswirtschaftlichen Theorie und Praxis, der alle Maßnahmen umfasst, die der Verwirklichung des Rationalprinzips bei veränderten Bedingungen dienen.
Die zu optimierenden Ziele können dabei Wert-, Sach- und/oder Sozialziele sein sowie alle Maßnahmen für eine Produktivitäts- und Wirtschaftlichkeitssteigerung. Unterschieden werden betriebliche und überbetriebliche Rationalisierung.

Rattermarken (chatter mark)
Korrosionserscheinung der Reibkorrosion. Sie kann an stillstehenden Wälzlagern entstehen, wenn die Maschine Schwingungen ausgesetzt ist.
(→Passungsrost)

Rauchgase (flue gas)
Verbrennungsprodukte von Brennstoffen in Feuerungsanlagen.
Die Zusammensetzung ist abhängig von Brennstoff, Verbrennungsablauf und Luftverhältniszahl λ. Der CO_2-Gehalt wird bei Großanlagen ständig überprüft, um wirtschaftliche Verbrennung zu erhalten. Neben Verbrennungsrückständen wie Asche und Schlackeanteilen, wird Wärmeenergie (Abgasverlust) abgeführt. Niedrige Rauchgastemperaturen werden angestrebt. Grenze ist der Taupunkt. Wird er unterschritten, kondensiert der Wasseranteil und bildet mit SO_2-Anteilen schweflige Säuren, die zu Korrosionsschäden führen. Rauchgas-Wärmeenergie wird zur Verbrennungsluft- und Speisewasservorwärmung verwendet. Zur Verringerung der Umweltbelastungen sind Schadstoffgrenzwerte stufenweise herabgesetzt worden (Immissionen). Um den Asche- und Rußausstoß zu mindern, durchströmen Rauchgase Staubfilteranlagen. Neben Fliehkraftabscheidern werden vorwiegend Elektroabscheider eingesetzt.
(→Brennstoffe, →Emissionen, →Feuerungsanlage, →Immissionen, →Luftverhältnis)

Rauheit (roughness)
→Oberflächenbeschaffenheit

Rauhtiefe (roughness)
→Oberflächenbeschaffenheit

Raumnetzmoleküle
(large spatially interlinked molecules)
Riesenmoleküle mit räumlicher Vernetzung der Einzelmoleküle.

Dadurch ist in der Wärme keine Verschiebung möglich, es sind Duroplaste. Die Monomere müssen mindestens drei reaktionsfähige Stellen haben.

Raumnetzmoleküle, Benzolringe mit CH-Gruppen vernetzt

Raumwinkel Ω (solid angle)
Quotient aus der Teilfläche A einer Kugel und dem Quadrat ihres Radius r: $\Omega = A/r^{-2}$ in Steradiant (sr).
(→Radiant, →Steradiant)

Raute (rhombus)
Parallelogramm mit vier gleich langen Seiten, Synonym für Rhombus.
(→Rhombus)

RC-Oszillator (RC oscillator)
→Oszillator

Reaktion (reaction)
→Chemische Reaktion

Reaktionsgrad r (degree of reaction)
Kennzahl bei Strömungsmaschinen.
Bei Dampfturbinen ist der Reaktionsgrad r das Verhältnis des im Laufrad verarbeiteten Energiegefälles Δh_L zum gesamten Stufengefälle Δh_S. Es gilt $r = \Delta h_L / \Delta h_S$. Für Gleichdruckturbinen ist $r = 0$, weil der Dampfzustand vor und hinter dem Laufrad gleich ist. Überdruckturbinen ($r > 0$, üblich $r = 0,5$) haben vor der Laufschaufel größeren Dampfdruck als nach der Laufschaufel (Parsons-Turbine).
(→Dampfturbinen)

Reaktionsharze (reaction resin)
Duroplaste, die als Harz-Härter-Gemische nach einer temperaturabhängigen Verarbeitungszeit (Topfzeit) durch Vernetzung erhärten.
Meist verwendet sind UP- und EP- Harze mit Verstärkung durch Fasern oder Füllstoffen, auch als Polymerbeton.
Beispiele: PUR-Schäume verschiedener Härtegrade für dickwandige Integralschaumteile: Gehäuse, Front- und Heckteile, Fahrzeuginnenteile. Weichere Schäume zum Hintergießen von dekorativen Folien für Polster.

Reaktionsschaumguss (reactive injection moulding; reactive injection casting)
→RIM-Verfahren

Reaktionswärme H_R (reaction heat)
→endotherme Reaktionen, →exotherme Reaktionen.

Real-Zahl (real number)
Datentyp oder Zahl, die aus einem Vor- und einem Nachkommaanteil besteht.
Beispiel: 23,678.

Realkristall (real crystal)
Mit Gitterstörungen behaftete Kristalle, aus denen reale Werkstoffe bestehen.
Wegen der relativ kurzen Entstehungszeit enthalten sie Kristallfehler, die die theoretische Kristallfestigkeit auf 1/100 herabsetzen, jedoch wichtig für die plastische Verformung und die Diffusion in Metallen sind. Wenig Störungen haben langsam gezüchtete Einkristalle.

Realteil (real part)
→komplexe Zahl

Rechenwerk (arithmetic logic unit, ALU)
Bestandteil der Zentraleinheit einer digitalen Steuerung oder eines digitalen Rechners. Das Rechenwerk führt die Rechenoperationen und logischen Operationen durch.
(→ALU, →Zentraleinheit)

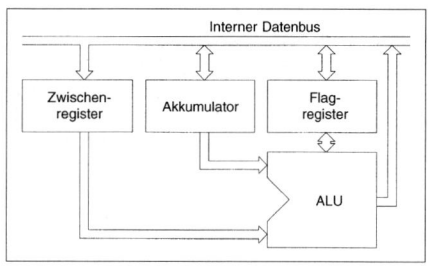

Rechenwerk

Rechner (Computer)
Bezeichnung für ein Datenverarbeitungssystem. Anlage oder digitale Maschine, die zugeführte Daten nach einem vorgegebenen Algorithmus verarbeitet und zur Weiterverwendung ausgibt.

rechnerische Gleichgewichtsbedingungen (arithmetical equilibrium conditions)
→Gleichgewichtsbedingungen

Rechnungswesen
(accountancy; accounting)
Verfahren zur systematischen Erfassung und Auswertung aller quantifizierbaren Beziehungen und Vorgänge der Unternehmung für die Zwecke der Planung, Steuerung und Kontrolle des betrieblichen Geschehens.

Beispiel: Feststellung von Bestandsveränderungen, Errechnung der Stückkosten, Ermittlung von Beständen.
Wirtschaftlichkeits- und Rentabilitätsrechnungen dienen der Unternehmensleitung als Planungsgrundlagen. Aufgrund gesetzlicher Vorschriften sind die Unternehmen verpflichtet, Rechenschaft über die betrieblichen Abläufe abzulegen.

Rechteck (rectangle)
Parallelogramm mit vier rechten Winkeln.
Die Diagonalen eines Rechtecks halbieren sich in ihrem Schnittpunkt und sind gleich lang. Mit Seitenlängen a, b gilt:
Diagonalenlängen: $e = f = \sqrt{a^2 + b^2}$
Umfang: $u = 2a + 2b$
Flächeninhalt: $A = ab$.
(→Parallelogramm, →Viereck)

rechter Winkel (right angle)
Ein Winkel α mit $\alpha = 90°$.
In einer Figur kennzeichnet man einen rechten Winkel mit einem Punkt zwischen seinen Schenkeln und einem Winkelbogen.
(→rechtwinkliges Dreieck)

rechtsseitiger Grenzwert
(limit from the right)
→einseitiger Grenzwert

rechtwinkliges Dreieck
(right-angled triangle)
Dreieck mit einem rechten Winkel.
Die Summe der beiden anderen (spitzen) Winkel in einem rechtwinkligen Dreieck ist ebenfalls 90°.
Die dem rechten Winkel gegenüberliegende Dreiecksseite ist die Hypotenuse, die beiden anderen Seiten sind die Katheten des rechtwinkligen Dreiecks.
(→Dreieck)

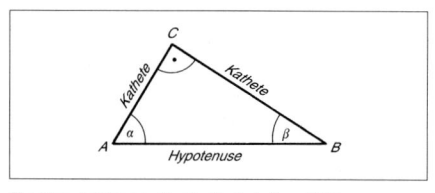

Rechtwinkliges Dreieck ($\alpha + \beta = 90°$)

Reckalterung (strain ageing)
Alterung von Stahl nach kleinen, plastischen Verformungen.

Recklast (yield point load or elastic point load)
Bei der Prüfung von Rundstahlketten diejenige Kraft, mit der die Ketten nach dem Vergüten belastet werden, damit sie maßhaltig bleiben.

Bis zur Recklast ist die Kette danach auch bei wiederholten Belastungen nur elastisch verformbar. (→Kaltverfestigung)

Record (record)
Verbund aus mehreren, verschiedenen Datentypen, die unter einem Bezeichner gehandhabt werden können.
Beispiel: Adresse
Rec: Name, Vorname
Straße, Hausnummer
PLZ, Ort

Redoxreaktionen (redox reaction)
Chemische Reaktionen, bei der Oxidation und Reduktion gleichzeitig verlaufen.
Beispiel: Eisengewinnung im Hochofen

Reduktion des Eisens

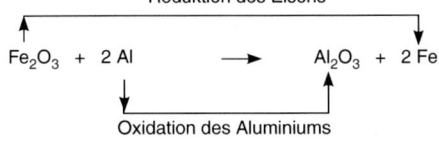

$Fe_2O_3 + 2\,Al \longrightarrow Al_2O_3 + 2\,Fe$

Oxidation des Aluminiums

Teilvorgänge:
2 Al: $\rightarrow 2\,Al^{3+} + 6\,e^-$ (Oxidation)
$2\,Fe^{3+} + 6\,e^- \rightarrow 2\,Fe$: (Reduktion)

Reduktion (reduction)
Entzug von Sauerstoff aus einer Verbindung (veraltete Modellvorstellung).
Beispiel: Reduktion des Eisens mit Wasserstoff
$Fe_2O_3 + 3\,H_2 \rightarrow 2\,Fe + 3\,H_2O$
Neuere Modellvorstellung: Aufnahme von Elektronen
$2\,Fe^{3+} + 6\,e^- \rightarrow 2\,Fe$:
Die Reduktion ist die Umkehrung der Oxidation.
(→Redoxreaktionen)

Reduktionsformeln für die trigonometrischen Funktionen (reduction formulas for the trigonometric functions)
Zurückführung der trigonometrischen Funktionen für beliebige Winkel auf trigonometrische Funktionen für Winkel zwischen $0°$ und $90°$.
1. Winkel größer als $360°$ ($n \in \mathbb{N}$):
$\sin(360° \cdot n + \alpha) = \sin\alpha$,
$\cos(360° \cdot n + \alpha) = \cos\alpha$,
$\tan(180° \cdot n + \alpha) = \tan\alpha$,
$\cot(180° \cdot n + \alpha) = \cot\alpha$.
2. Negative Winkel:
$\sin(-\alpha) = -\sin\alpha$,
$\cos(-\alpha) = \cos\alpha$,
$\tan(-\alpha) = -\tan\alpha$,
$\cot(-\alpha) = -\cot\alpha$.

3. Winkel zwischen $0°$ und $360°$:

Funktion	$\beta = 90° \pm \alpha$	$\beta = 180° \pm \alpha$
$\sin\beta$	$+\cos\alpha$	$\mp\sin\alpha$
$\cos\beta$	$\mp\sin\alpha$	$-\cos\alpha$
$\tan\beta$	$\mp\cot\alpha$	$\pm\tan\alpha$
$\cot\beta$	$\mp\tan\alpha$	$\pm\cot\alpha$

Funktion	$\beta = 270° \pm \alpha$	$\beta = 360° - \alpha$
$\sin\beta$	$-\cos\alpha$	$-\sin\alpha$
$\cos\beta$	$\pm\sin\alpha$	$+\cos\alpha$
$\tan\beta$	$\mp\cot\alpha$	$-\tan\alpha$
$\cot\beta$	$\mp\tan\alpha$	$-\cot\alpha$

Beispiele:
$\sin 365° = \sin 5° \approx 0{,}0872$,
$\cos(-20{,}5°) = \cos 20{,}5° \approx 0{,}9367$,
$\tan 176° = -\tan 4° \approx -0{,}0699$.
(→trigonometrische Funktionen)

Reduktionsmittel (reducing agent)
Stoffe, die Elektronen abgeben und dabei oxidiert werden.
Beispiele: Al, Ca, K, Na, Mg.
(→Redoxreaktion)

redundanter Roboter
(robot with redundant degrees of freedom)
Roboter, der über mehr unabhängig bewegliche Gelenke verfügt, als zur Durchführung einer Positionierungsaufgabe für das Roboterarbeitsorgan notwendig ist.
Beispiele:
a) Roboter in der Raumfahrttechnik, bei dem Ersatzgelenke zur Verfügung stehen, falls einzelne Gelenke ausfallen.
b) Montageroboter, der vereinzelt Operationen unter Umgehung von Hindernissen ausführt, bei der ein weiterer Freiheitsgrad benötigt wird.
(→Industrieroboter, →Roboterarbeitsorgan, →Roboterfreiheitsgrad)

reduzierte Masse m_{red} (reduced mass)
Im beliebigen Abstand r von der Drehachse eines Körpers gedachte Ersatzmasse, die in Bezug auf die Drehachse das gleiche Trägheitsmoment J besitzt wie die verteilte Masse m des ursprünglichen Körpers.
m_{red} wird zur Vereinfachung bestimmter Rechnungen verwendet und aus $m_{red} = J/r^2$ berechnet.

reelle Funktion (real-valued function)
Funktion mit der Funktionsgleichung $y = f(x)$, deren Definitions- und Wertemenge nur reelle Zahlen enthalten (reelle Funktion einer reellen Variablen).

Beispiele:
1. $y = x^2$, $D = (-\infty, \infty)$, $W = [0, \infty)$,
2. $y = \sqrt{x}$, $D = [0, \infty)$, $W = [0, \infty)$.
(→Funktion)

reelle Zahl (real number)
Alle Zahlen, die auf der reellen Achse der Zahlenebene (Gaußsche Zahlenebene), der so genannten Zahlengeraden, darstellbar sind.
Die reellen Zahlen werden untergliedert in die rationalen und die irrationalen Zahlen. Alle reellen Zahlen bilden zusammen die Menge IR der reellen Zahlen.
Beispiele: -4; $3/4$; $4 - \pi$; e^3; $\sin 5°$.
(→Zahlenmengen)

Referenzelement (reference element)
Betriebsmittel, das eine feste Vergleichsgröße, z.B. Spannung vorgibt, mit der eine nichtkonstante Größe zum Zwecke des Ausgleichs verglichen wird.
Anwendung: Regelungstechnik, Stabilisierungsschaltung.

Referenzpunkt (reference point)
Hilfspunkt, der an CNC-Maschinen in allen Achsen die Ausgangsposition bestimmen lässt. Ist notwendig, wenn der Maschinennullpunkt in einer Achse nicht anfahrbar ist. Wird auch zur Eichung (Nullung) der auf den drei Achsen liegenden Wegmesssysteme benutzt. Fällt oft mit dem Maschinennullpunkt zusammen.
DIN 55 003 Bildzeichen, Numerisch gesteuerte Werkzeugmaschinen.

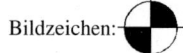

Bildzeichen:

(→Bezugspunkt, →Bezugspunktverschiebung, →Maschinennullpunkt)

Referenzspannung (reference voltage)
→Referenzelement

Reflexion (reflection)
Das Zurückwerfen von Wellen an einer Fläche.
(→Reflexionsgesetz)

Reflexionsgesetz (law of refection)
Der Einfallswinkel α_{ein} (Winkel des einfallenden Strahls mit dem Einfallslot) ist gleich dem Reflexionswinkel α_{Ref} (Winkel des reflektierten Strahls mit dem Einfallslot): $\alpha_{ein} = \alpha_{Ref}$.

Refresh (refresh; refresh circuit)
Wiederauffrischen des Speicherinhalts.
(→DRAM)

Regalförderzeug (shelf crane)
Spezialisiertes Hebezeug, das in Hochregallagern zwischen den Regalreihen verfährt und mit dem man, bemannt oder unbemannt, Teile in die Regalfächer des Hochregals einlagert oder diesen entnimmt.

Regelabweichung (deviation)
Differenz zwischen Führungsgröße und Regelgröße.
(→Führungsgröße, →Regelgröße)

Regeldifferenz e (system deviation)
Differenz zwischen Führungsgröße und Regelgröße.
(→Führungsgröße, →Regelgröße)

Regeleinrichtung
(closed loop control system)
Zusammenfassung der Geräte einer Regelung, die für die aufgabenmäßige Beeinflussung der Regelstrecke benötigt werden.
Die Regeleinrichtung beinhaltet die Einrichtungen zur Einstellung der Führungsgröße, zur Erfassung der Regelgröße, zum Vergleich von Führungs- und Regelgröße und zur Bildung der Stellgröße.
(→Führungsgröße, →Regelgröße, →Regelkreis, →Stellgröße)

Regelgröße (controlled variable)
Größe im Regelkreis, die beeinflußt werden soll.
Die Regeleinrichtung wirkt über die Stellgröße auf die Regelgröße ein und ist bestrebt, die Differenz zwischen Führungsgröße und Regelgröße möglichst gering zu halten. Der Momentanwert der Regelgröße heißt Istwert.
DIN 19 226 Regelungs- und Steuerungstechnik, Begriffe und Benennungen.
(→Führungsgröße, →Regeleinrichtung, →Regelkreis, →Stellgröße)

Regelgüte (control precision)
Maß für die Qualität einer Regeleinrichtung.
Die Regelgüte lässt sich nicht einheitlich definieren, da die Forderungen an eine Regelung unterschiedlich sind und sich widersprechen können. Vorteilhaft sind geringe Werte für Regelabweichung, Ausregelzeit und Überschwingweite. Die Verbesserung einer Eigenschaft geht oft zu Lasten einer anderen. Beispielsweise lässt sich die Überschwingweite durch Dämpfung verringern. Die Verstärkung der Dämpfung hat aber meist eine größere Ausregelzeit zur Folge. Eine Regelung, die alle wünschbaren Eigenschaften in sich vereint, ist technisch meist nicht realisierbar, deshalb muss die Regelgüte an der jeweiligen Regelaufgabe gemessen werden.
(→Führungsverhalten, →Störverhalten)

Regelkolben (control piston)
→Kolben

Regelkreis (control loop)
Modell für die Funktionsweise einer Regelung.

Der einfache Regelkreis besteht aus Regelstrecke und Regeleinrichtung. Dabei wirkt der Ausgang der Regelstrecke auf den Eingang der Regeleinrichtung und der Ausgang der Regeleinrichtung auf den Eingang der Regelstrecke. (Der Ausgang der Regelung wirkt auf den Eingang zurück). Der Regelkreis verdeutlicht den in sich geschlossenen Wirkungsweg einer Regelung.

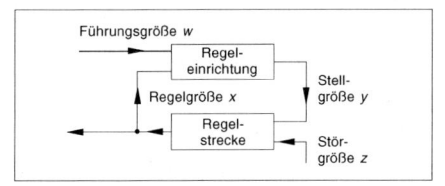

Regelkreis

regelmäßiges n-Eck (regular n\=gon)
Anderer Name für reguläres n-Eck.
(→reguläres n-Eck)

regelmäßiges Polygon (regular polygon)
→Polygon, →reguläres n-Eck

Regelstrecke (controlled system)
Derjenige Teil des Wirkungsweges, der den zu beeinflussenden Teil der Anlage darstellt.
DIN 19226 Regelungs- und Steuerungstechnik, Begriffe und Benennungen

Regelstrecke mit Ausgleich
(control system with self-regulation)
Regelstrecke, bei der die Regelgröße nach einer Stellgrößenänderung einem bestimmten Endwert zustrebt.
Beispiel: Eine Temperatur wird durch Veränderung der Brennstoffmenge beeinflusst. Wird die Brennstoffmenge erhöht, steigt die Temperatur so weit an, bis sich Wärmezufuhr und Wärmeverlust ausgleichen und ein Endwert erreicht ist.

Regelstrecke ohne Ausgleich
(control system without self regulation)
Regelstrecke, bei der die Regelgröße nach einer Stellgrößenänderung keinem Endwert zustrebt, sondern immer weiter läuft, bis die technische Grenze erreicht ist.
Beispiel: Der Füllstand in einem Behälter wird durch Veränderung der Einlaufmenge geregelt. Wird die Einlaufmenge erhöht, so steigt der Füllstand kontinuierlich an, ohne einem bestimmten Wert zuzulaufen. Die technische Grenze ist erreicht, wenn der Behälter überläuft.

Regelung (closed-loop control)
Vorgang, bei dem eine Größe (Regelgröße) fortlaufend erfasst, mit einer zweiten Größe (Führungsgröße) verglichen und an diese angeglichen wird.

Eine Regelung ist dann erforderlich, wenn unerwünschte, veränderliche Störgrößen vorhanden sind, die die Regelgröße beeinflussen.
DIN 19226 Regelungs- und Steuerungstechnik, Begriffe und Benennungen.

Register (register)
Kleiner Speicher mit einer Kapazität von einem Wort (8 bit, 16 bit, 32 bit).

Regler (controller)
Gerät oder Bauteil im Regelkreis, das aus der Führungsgröße w und der Regelgröße x die Stellgröße y bildet.
Der Regler besteht aus Messeinrichtung, Sollwerteinsteller und Vergleicher. Die Messeinrichtung hat die Aufgabe, das Signal der Regelgröße in eine für den Vergleicher verwertbare Form umzuwandeln. Der Sollwerteinsteller leistet das Gleiche für das Signal der Führungsgröße. Im Vergleicher wird die Stellgröße in Abhängigkeit der Differenz von Regel- und Führungsgröße gebildet. Je nach Regelaufgabe findet dort auch eine Wirkungsumkehr statt.

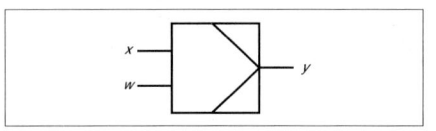

Blockdarstellung des Reglers

(→Führungsgröße, →Regelgröße, →Stellgröße, →Wirkungsumkehr)

Regula falsi (regula falsi)
Verfahren zur näherungsweisen Bestimmung einer Nullstelle einer stetigen Funktion (auch Sekantenverfahren genannt).
Für eine stetige Funktion $y = f(x)$ wird eine Nullstelle, also eine Stelle x_0 mit $f(x_0) = 0$, gesucht. Sind x_1 und x_2 zwei Stellen in der Nähe der Nullstelle x_0, deren Funktionswerte unterschiedliche Vorzeichen haben (also $f(x_1) \cdot f(x_2) < 0$), dann erhält man eine bessere Näherung, indem man durch die Punkte $P_1(x_1 | f(x_1))$ und $P_2(x_2 | f(x_2))$ die Verbindungsgerade (Sekante) legt. Der Schnittpunkt x_3 der Verbindungsgerade mit der x-Achse liefert einen verbesserten Näherungswert für die Nullstelle x_0:
$$x_3 = x_2 - [(x_2 - x_1)/(f(x_2) - f(x_1))] f(x_2).$$
Dies ergibt sich aus $(x_2 - x_3)/(x_2 - x_1) =$
$= f(x_2)/(f(x_2) - f(x_1))$ (zweiter Strahlensatz).
Das Verfahren lässt sich zur Bestimmung immer besserer Näherungslösungen für die Nullstelle x_0 beliebig oft wiederholen. Im nächsten Schritt wendet man das Verfahren auf x_3 und den Wert x_1 oder x_2 an, dessen Funktionswert ein von $f(x_3)$ verschiedenes Vorzeichen hat.

Beispiel:

$f(x) = x^3 + 2x^2 + 10x - 20$

Für $x_1 = 1$ und $x_2 = 1{,}5$ gilt $f(x_1) = f(1) = -7$ und $f(x_2) = f(1{,}5) = 2{,}875$. Eine bessere Näherungslösung für die Nullstelle von $f(x)$, die zwischen 1 und 1,5 liegt, erhält man mit Regula falsi:

$x_3 = 1{,}5 - \frac{1{,}5 - 1}{2{,}875 - (-7)} \cdot 2{,}875 =$

$= 1{,}5 - \frac{0{,}5}{9{,}875} \cdot 2{,}875 = 1{,}3544\ldots$

Wegen $f(x_3) = -0{,}3020\ldots < 0$ lässt sich im nächsten Schritt das Verfahren auf x_3 und x_2 anwenden:

$x_4 = x_3 - [(x_3 - x_2)/(f(x_3) - f(x_2))] f(x_3) =$
$= 1{,}3544\ldots - [(1{,}3544\ldots - 1{,}5)/(-0{,}3020\ldots$
$- 2{,}875)] (-0{,}3020\ldots) = 1{,}3682\ldots$

Es gilt $f(x_4) = -0{,}0113\ldots$, das heißt, x_4 ist schon eine gute Näherung für die Nullstelle x_0.
Will man die Näherung weiter verbessern, so wendet man Regula falsi im nächsten Schritt auf x_4 und x_2 an ($f(x_4)$ und $f(x_3)$ haben dasselbe Vorzeichen, deshalb kann das Verfahren nicht auf x_4 und x_3 angewandt werden).
(→Newtonsches Verfahren, →Stetigkeit einer Funktion)

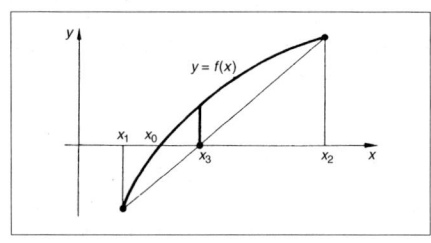

Regula falsi

reguläre Pyramide (regular pyramid)
Pyramide mit einem regulären n-Eck als Grundfläche.
(→Pyramide)

reguläres n-Eck (regular n-gon)
Polygon mit n Eckpunkten, bei dem alle Seiten die gleiche Länge haben und alle Innenwinkel gleich groß sind.
Bei einem regulären n-Eck liegen alle Eckpunkte auf einem Kreis, dem Umkreis des n-Ecks, und alle Seiten sind Tangenten eines einbeschriebenen Kreises, dem Inkreis des n-Ecks.
Ein reguläres Dreieck ist ein gleichseitiges Dreieck, ein reguläres Viereck ist ein Quadrat.
Die Summe der Innenwinkel in einem beliebigen n-Eck ist $(n-2) \cdot 180°$.

Durch die Verbindungsstrecken der Eckpunkte mit dem Mittelpunkt des Umkreises wird das reguläre n-Eck in n kongruente Dreiecke zerlegt.

Innenwinkel: $\gamma_n = [(n-2)/n] \cdot 180°$,
Basiswinkel: $\beta_n = \gamma_n/2 = [(n-2)/n] \cdot 90°$,
Zentriwinkel: $\alpha_n = 360°/n$,
Seitenlänge: $a_n = 2\sqrt{r^2 - \rho_n^2} = 2r \sin(\alpha_n/2)$
$= 2\rho_n \tan(\alpha_n/2)$,
Umkreisradius: $r = a_n/(2 \sin(\alpha_n/2))$,
Inkreisradius: $\rho_n = (a_n/2) \cot(\alpha_n/2)$,
Umfang: $u_n = n a_n$,
Flächeninhalt: $A_n = n a_n \rho_n/2 = (n r^2/2) \sin \alpha_n =$
$= (n a_n^2/4) \cot(\alpha_n/2)$.

Mit wachsendem n nähern der Umfang u_n sich dem Umfang $2r \cdot \pi = 2r \cdot 3{,}1415\ldots$ und der Flächeninhalt A_n sich dem Flächeninhalt πr^2 des Kreises mit dem Radius r an.
(→Polygon)

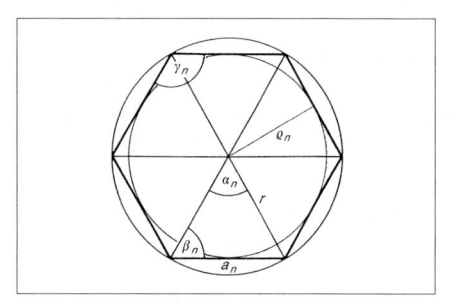

Bezeichnungen im regulären n-Eck

reguläres Polygon (regular polygon)
→Polygon, →reguläres n-Eck

Reibarbeit W_R (friction work)
Produkt aus Reibkraft F_R in N und Reibweg s_R in m: $W_R = F_R s_R = F_N \mu s_R$ in Nm = J, mit Normalkraft F_N und Reibzahl μ.

Reibgetriebe (friction gearing; friction drive)
Getriebe, in denen gegeneinander gepresste Räder, Scheiben, Kegel oder Ringe die Leistung durch Reibung übertragen.
Durch die realisierbaren Reibkräfte begrenzte Leistung. In Werkzeugmaschinen mitunter als stufenlos verstellbare Getriebegruppe verwendet, wenn das Verstellelement ein Kegel ist.
Beispiele: EL-Getriebe, Heynau-Getriebe, PK-Getriebe.

Reibkorrosion (fretting corrosion)
Tribochemische Reaktion an Passungsflächen mit kleiner, schwingender Relativbewegung der Partner unter Luftzutritt (z.B. Welle-Nabe Verbindungsflächen).
Die Verschleißpartikel (Passungsrost) können Ursache für Anrisse und Ermüdungsbruch sein.

Reibkraft (friction force)
→Gleitreibkraft, →Haftreibkraft

Reibleistung P_R (friction power)
Produkt aus Reibkraft F_R und Geschwindigkeit v: $P_R = F_R v$ (bei Translation) oder Produkt aus Reibmoment M_R und Winkelgeschwindigkeit ω: $P_R = M_R \omega$ (bei Rotation) oder Quotient aus Reibarbeit W_R und zugehörigem Zeitabschnitt Δt: $P_R = W_R / \Delta t$.

Reibmoment M_R (friction moment)
Produkt aus Reibkraft F_R und Wirkabstand r: $M_R = F_R r = F_N \mu r$ in Nm, mit Normalkraft F_N und Reibzahl μ.
(→Spurzapfen, →Tragzapfen)

Reibradgetriebe (friction-gear drive)
Reibgetriebe, das die Leistung durch gegeneinander gepresste Räder überträgt.

Reibspindelpresse
(friction-driven screw press)
Presse, deren Stößel durch eine von einer Reibscheibe angetriebene Gewindespindel betätigt wird. Bei der gebräuchlichsten Bauart sitzt die Mutter fest im Gestell, und die Spindel schraubt sich darin mit der Reibscheibe nach unten oder oben. Bei der Vincent-Presse sitzt die Mutter in der im Gestell gelagerten Reibscheibe und läuft mit ihr um. Dabei wird die Spindel längs verschoben, ohne sich zu drehen.

Reibung (friction)
→Gleitreibung, →Haftreibung

Reibung auf der schiefen Ebene
(friction on inclined plane)
→Selbsthemmung

Reibungsbremse (friction brake)
Scheiben- oder Trommelbremse für Fahrzeugbau und Fördertechnik, um Fahr- und Senkbewegungen von Massen (Lasten) abzubremsen.
DIN 15 434 Trommel- und Scheibenbremsen, Berechnung.
(→Kegelreibungsbremse)

Reibungskegel (friction cone)
Mit bekanntem Reibwinkel $\rho_0 = \arctan \mu_0$ gezeichneter Kegelmantel zur zeichnerischen Lösung von Reibungsaufgaben.
Der skizzierte Körper bleibt solange in Ruhe, wie die Resultierende F_r aller äußeren Kräfte innerhalb des Reibungskegels liegt. Jede Mantellinie des Reibungskegels ist eine Wirklinie der aus Haftreibkraft F_{R0max} und Normalkraft F_N (hier $F_G = F_N$) zusammengesetzten Ersatzkraft F_e.

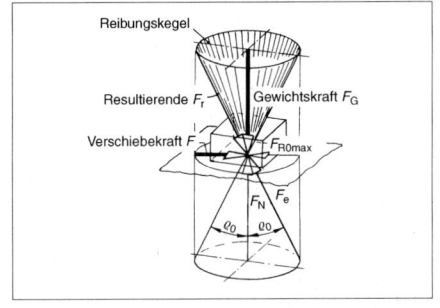

Reibungskegel bei Haftreibung

Reibungszustände (friction state)
Einteilung von Tribosystemen nach der Art des Zwischenstoffes.
(→Festkörperreibung, →Flüssigkeitsreibung, →Grenzreibung, →Mischreibung)

Reibverfahren (reaming; reaming process)
Spanende Bearbeitung (Reiben) von Werkstücken bei kreisförmig drehender Schnittbewegung und einer in Richtung der Drehachse verlaufenden linearen Vorschubbewegung des Werkzeugs.
Reiben ist das Aufbohren vorher erzeugter (z.B. vorgebohrter) Löcher (bei geringer Bearbeitungszugabe) zur Verbesserung der Oberflächengüte und Maßgenauigkeit. Die Reibwerkzeuge haben geometrisch bestimmte Schneidkeile. Nach der Form der erzeugten Werkstückflächen werden unterschieden:
Rundreiben (Aufreiben kreiszylindrischer Löcher), Profilreiben (Aufreiben kegeliger Löcher).

Reibwinkel ρ (angle of friction)
Winkel im Kräfteplan zwischen Normalkraft F_N und der aus Gewichtskraft F_G und Verschiebekraft F gebildeten Ersatzkraft F_e.
Das rechtwinklige Dreieck im Kräfteplan Seite 348 zeigt: Reibzahl $\mu = \tan \rho$. Ist die Reibzahl μ gegeben, wird der Reibwinkel aus $\rho = \arctan \mu$ berechnet. Gleiche Rechnungen gelten für Haftreibzahl μ_0 und Haftreibwinkel ρ_0.

Reibzahl μ 348

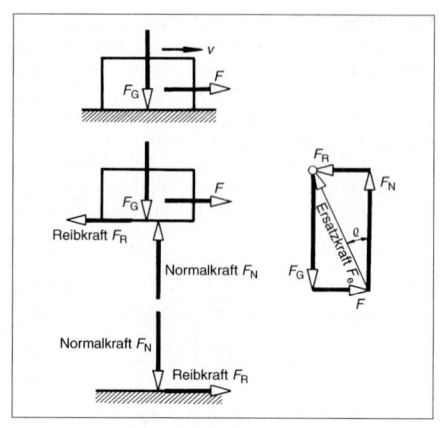

Frei gemachter Körper und Kräfteplan mit Reibwinkel ρ

Reibzahl μ (friction coefficient)
Durch Versuche ermittelte Reibwinkel ρ und ρ_0 ergeben die Reibzahl $\mu = \tan \rho$ und $\mu_0 = \tan \rho_0$ für verschiedene Werkstoffpaarungen. Die Ergebnisse sind Mittelwerte aus mehreren Versuchen.
Beispiele der Reibzahlen μ und μ_0 (Klammerwerte sind Gradzahlen für die Reibwinkel ρ und ρ_0).

Werkstoff	Gleitreibzahl μ		Haftreibzahl μ	
	trocken	gefettet	trocken	gefettet
Stahl auf Stahl	0,15 (8,5)	0,01 (0,6)	0,15 (8,5)	0,1 (5,7)
Stahl auf GG	0,18 (10,2)	0,01 (0,6)	0,19 (10,8)	0,1 (5,7)
GG auf GG			0,1 (5,7)	0,16 (9,1)
Holz auf Holz	0,3 (16,7)	0,08 (4,6)	0,5 (26,6)	0,16 (9,1)
Holz auf Stahl	0,5 (26,6)	0,1 (5,7)	0,7 (35)	0,11 (6,3)
Lederriemen auf GG				0,3 (16,7)
Textilriemen auf GG	0,4 (21,8)			
Bremsbelag auf Stahl	0,5 (26,6)	0,4 (21,8)		
Lederdichtungen auf Metall	0,2 (11,3)	0,12 (6,8)	0,6 (31)	0,2 (11,3)

Reichweite (reach)
Maximale Entfernung zwischen zwei Wegpositionen auf einer Bewegungsachse.
Beispiel: maximaler Verfahrweg des Lineargelenks eines Roboters.
($\rightarrow$Industrieroboter, $\rightarrow$Lineargelenk)

Reihe (series)
Summe der Glieder einer Folge (Zahlenfolge) (a_n), also $a_1 + a_2 + ... + a_n + ...$
Ist die Folge endlich, so nennt man auch die Reihe endlich. Für unendliche Folgen ergeben sich unendliche Reihen, und man schreibt

$$a_1 + a_2 + ... + a_n + ... = \sum_{k=1}^{\infty} a_k.$$

Die Zahlen a_n nennt man auch Glieder der Reihe. Die Summen

$$s_1 = a_1, \quad s_2 = a_1 + a_2, ..., \quad s_n = \sum_{k=1}^{n} a_k$$

heißen Teilsummen oder Partialsummen der Reihe.
Man spricht von einer konvergenten unendlichen Reihe, wenn die Folge (s_n) der Partialsummen konvergiert, also einen Grenzwert s besitzt. Man schreibt dann

$$s = \lim_{n \to \infty} s_n = \sum_{k=1}^{\infty} a_k$$

und nennt diesen Grenzwert die Summe der Reihe.
Besitzt die Folge der Partialsummen keinen Grenzwert, dann spricht man von einer divergenten unendlichen Reihe. In diesem Fall können die Partialsummen unbegrenzt wachsen oder oszillieren.
Die Frage nach der Konvergenz einer unendlichen Reihe wird somit auf die Frage nach der Existenz eines Grenzwertes der Folge (s_n) der Partialsummen zurückgeführt.
Für konvergente Reihen gilt:
Konvergieren die Reihen $\sum_{k=1}^{\infty} a_k$ und $\sum_{k=1}^{\infty} b_k$, so konvergieren auch die Reihen

$$\sum_{k=1}^{\infty} (a_k + b_k) \text{ und } \sum_{k=1}^{\infty} c \cdot a_k, c \in \mathbb{R}, \text{ und es gilt:}$$

$$\sum_{k=1}^{\infty} (a_k + b_k) = \sum_{k=1}^{\infty} a_k + \sum_{k=1}^{\infty} b_k,$$

$$\sum_{k=1}^{\infty} c \cdot a_k = c \sum_{k=1}^{\infty} a_k.$$

Beispiele:
$$\sum_{k=1}^{10} 2^k = 2^1 + 2^2 + 2^3 + ... + 2^{10} =$$
$$= 2 + 4 + 8 + ... + 1024 \quad \text{(endliche Reihe)},$$

$$\sum_{k=1}^{\infty} 3^k / k \quad \text{(unendliche Reihe)}.$$

($\rightarrow$alternierende Reihe, $\rightarrow$arithmetische Reihe, $\rightarrow$geometrische Reihe, $\rightarrow$harmonische Reihe)

Reihenbohrmaschine (in-line multiple-spindle drilling machine; gang drill)
Maschine mit mehreren in einer Reihe nebeneinander angeordneten Bohrspindelschlitten. Besonders für Serien- und Massenfertigung geeignet, weil mehrere aufeinander folgende Arbeitsgänge an einem Werkstück ohne Werkzeugwechsel ausgeführt werden können.

Reiheneinspritzpumpe
(in-line injection pump)
Einspritzpumpen-Bauart für Dieselmotoren.

Verdichtet den Dieselkraftstoff auf den Einspritzdruck und verteilt die Kraftstoffmenge belastungs- und drehzahlabhängig auf die Zylinder des Motors. Sie hat für jeden Motorzylinder ein Pumpenelement, das aus Pumpenzylinder (meist Zweilochelement mit Zulauf- und Steuerbohrung) und Pumpenkolben besteht. Der Kolbenhub ist konstant. Die Fördermenge wird durch Drehung der Kolben über die vom Fahrpedal betätigte Regelstange verstellt. Drehzahlregler und Spritzversteller sind für Drehzahlregelung und Förderbeginnverstellung erforderlich.
(→Dieselmotor, →Drehzahlregler, →Spritzversteller, →Verteilereinspritzpumpe)

Reihenresonanz (series resonance)
→Resonanz

Reihenschaltung (series connection)
Zusammenschaltung von Kondensatoren, Widerständen, Induktivitäten und anderen Bauelementen in der Art, dass sie (nacheinander) vom selben Strom durchflossen werden (auch Serienschaltung genannt). Der Strom wird von der Summe der wirksamen Widerstandswerte der einzelnen Bauelemente begrenzt.

Reinelelemente (monoisotopic element)
Kernarten (Isotope) chemischer Elemente, die nur aus *einer* bestimmten Anzahl von Protonen und *einer* bestimmten Anzahl von Neutronen bestehen.
Derzeit gibt es 21 Reinelemente.
Beispiele: Aluminium, Arsen, Beryllium, Wismut, Caesium, Kobalt, Gold, Iod.
(→Mischelemente)

Reinheitsgrad (percentage purity)
Qualitätskriterium für Stähle, gibt den Gehalt an oxidischen und sulfidischen Schlacken an.
Die Stoffe gelangen durch eingesetzte Rohstoffe, feuerfeste Auskleidungen und metallurgische Reaktionen (z.B. Desoxidation) in den Stahl. Der zulässige Gehalt nimmt von den Grundstählen zu den Qualitäts- und Edelstählen hin ab.

Reißlänge l_r (tearing length)
Länge, bei der ein frei hängendes Seil allein unter seiner Eigengewichtskraft reißt.
Mit Zugfestigkeit R_m in N/mm², Werkstoffdichte ρ in kg/m³ und Fallbeschleunigung g in m/s² berechnet man die Reißlänge l_r in km mit der Zahlenwertgleichung $l_r = 10^3 \, R_m/(\rho g)$. Die Gleichung zeigt, dass l_r nicht von Form und Größe des Stabquerschnitts abhängt. l_r kann also nicht durch Vergrößerung des Seildurchmessers erhöht werden, weil sich dadurch auch die Eigengewichtskraft erhöht. Reißlängen einiger Werkstoffe:

Für S235JR (Baustahl) mit Zugfestigkeit $R_m = 370$ N/mm² und Dichte $\rho = 7850$ kg/m³ ist $l_r = 4{,}8$ km; für Federstahl mit $R_m = 1800$ N/mm² ist $l_r = 23{,}4$ km; für Duralumin mit $R_m = 250$ N/mm² und $\rho = 2800$ kg/m³ ist $l_r = 9{,}1$ km.
Übersicht zur Reißlänge l_r

Werkstoff	R_m N/mm²	Dichte ρ kg/dm³	Reißlänge L_R in km
S355J0 (St 52-3)	510	7,85	6,60
X2NiCoM18-8-5	2000	8,2	24,86
Al CuMg1,5	520	2,8	18,95
TiAl 6V4	1150	4,5	26,05
EP-GF-60 (UD)	1500	2,0	76,45
EP-CF-60 (UD)	1790	1,6	114,04

Reißspan (discontinuous or segmental chips)
Spanart bei spanender Bearbeitung von nicht verformbaren und spröden Werkstoffen (kurzspanende Werkstoffe, z.B. Eisengusswerkstoffe). Der Reißspan entsteht vor der Schneide am Schneidkeil des Zerspanwerkzeugs bei Überschreitung der geringen Zugbruchfestigkeit (R_m) im Kerbrissbereich. Bei weit vorauseilendem Kerbriss werden einzelne Spanstücke ohne nennenswerte vorherige Schubgleitung durch Trennungsbruch aus dem Werkstoffgefüge herausgebrochen (Bröckelspan).
Die entstehende Schnittfläche ist bei willkürlichem Rissverlauf mit internen Schwingungen makroskopisch rau.

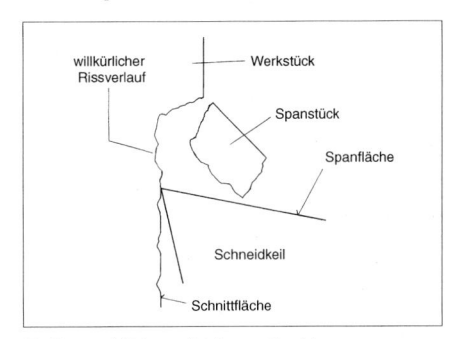

Reißspanbildung (schematisch)

Reitstock (tailstock)
Werkstückspanner an Spitzendreh- und Außenrundschleifmaschinen.
Nimmt mit der mit der Pinole verschiebbaren Reitstockspitze das Werkstück auf der Stirnfläche in einer Zentrierbohrung auf, zentriert und spannt es axial.
DIN 332 Zentrierbohrungen.

Rekristallisation

Rekristallisation (recrystallization)
Neukristallisation im festen Zustand, die nach einer Mindestkaltumformung (ca. 5% Umformung als Triebkraft) und einer Erwärmung auf Temperaturen über der Rekristallisationsschwelle stattfindet.

Rekristallisationsglühen (recrystallizing)
Glühen oberhalb der Rekristallisationsschwelle zum Aufheben der Kaltverfestigung.
Die Korngröße wird klein bei starker Kaltumformung und niedriger Temperatur.

Rekristallisationsschwelle (recrystallizing temperature)
Temperaturbereich, bei dem die Rekristallisation stattfindet.
Er liegt bei ca. 0,4 des Schmelzpunktes (beide in Kelvin) und bei starker Kaltumformung niedriger als bei schwacher.

relative Adresse (relative address)
Sprungadresse (Ziel), bei der lediglich die Differenz zum aktuellen Stand des Programmzählers angegeben wird.
Dadurch wird die Angabe einer absoluten Adresse vermieden und das Programm wird relokativ (im Speicher verschiebbar).

relative Atommasse A_r (atomic weight)
Gibt an, wievielmal schwerer ein Atom eines chemischen Elementes ist als die atomare Masseneinheit u (Verhältniszahl).
Beispiel: $A_r(H) = 1{,}008\,u$, $A_r(N) = 14\,u$, $A_r(O) = 16\,u$.
(A_r ist der Mittelwert der relativen Atommassen der natürlichen Isotopengemische). Veraltete Bezeichnung: Atomgewicht.

relative Formelmasse F_r (formula weight)
Summe der relativen Atommassen aller Atome, die in einer Ionenverbindung vorkommen. Sie dient zur Abgrenzung gegenüber der relativen Molekularmasse.
Beispiele: $F_r(NaCl) = 23 + 35{,}5 = 58{,}8$.
$F_r(Fe_2O_3) = 2 \cdot 56 + 3 \cdot 16 = 166$.

relative Molekularmasse M_r (molecular weight, M.W.)
Summe der relativen Atommassen aller Atome, die im Molekül vorkommen.
Beispiel: $M_r(H_2SO_4) = 2 \cdot 1{,}008 + 1 \cdot 32{,}07 + 4 \cdot 16{,}0 = 98{,}086$ (Verhältniszahl).
Veraltet: Molekulargewicht.

relatives Extremum (relative extremum)
→Extremum

relatives Maximum (relative maximum)
→Maximum

relatives Minimum (relative minimum)
→Minimum

Relativgeschwindigkeit w (relative velocity)
→Geschwindigkeitsplan, →Schaufelplan

Relativitätstheorie (theory of relativity)
Physikalische Lehre, nach der Raum, Zeit und Masse abhängig vom Bewegungszustand des jeweiligen Beobachters sind. Begründet durch Albert Einstein (1879 – 1955).

Reluktanzmotor (reluctance motor)
Elektromotor für einen getriebelosen Antrieb, mit einer dem eines Schrittmotors ähnlichen Funktionsweise. Er wird z.B. bei direktangetriebenen Robotergelenken verwendet.
(→Direkt-Antrieb, →Schrittmotor)

REM (raster electron microscope; scanning electron microscope)
→Raster-Elektronen-Mikroskop

RESET (reset)
Rücksetzsignal, um einem System oder einer Schaltung einen definierten Anfangszustand zu geben, meist Low-aktiv (/RESET).

Resolver (resolver)
System zur analogen Messwerterfassung beim Verfahren der Achsschlitten an CNC-Maschinen.
(→Wegmesssystem)

Resonanz (resonance)
Zustand eines Systems, bei dem es nicht mehr zur Schwingung angeregt zu werden braucht, sondern mit der Schwingungszahl des anregenden Systems übereinstimmt und mitschwingt.
Beispiel: elektrischer Schwingkreis (Parallel- und Reihenschwingkreis).

Resonanzfrequenz f_o (resonance frequency)
Frequenz, bei der Resonanz eintritt, auch Eigenfrequenz genannt.
(→Resonanz)

Ressourcen (resources)
Sämtliche, in einem Netzwerk zur Verfügung stehenden Geräte, Daten und Programme. Auf diese kann von allen Nutzern gemeinsam zugegriffen werden.

Restaustenit (retained austenite)
Nicht umgewandelter Austenit im Gefüge gehärteter Stähle mit über 0,6% gelöstem C.
Die Kurve des M_f-Punktes verläuft unterhalb der Raumtemperatur zu tieferen Temperaturen.

Restaustenit wandelt sich bei Tieftemperaturbehandlung noch zu Martensit um oder geht beim Anlassen in die Anlassgefüge über. Restaustenit erniedrigt die Gesamthärte und ist bei Werkzeugen unerwünscht.

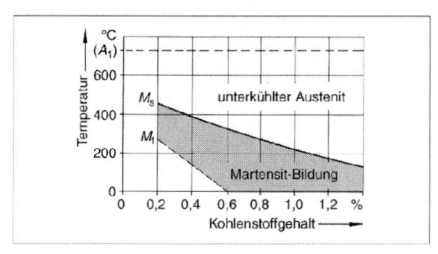

Martensitumwandlungsbereich

Resultierende (resultant; vector sum)
Die vektorielle Summe zweier oder mehrerer Vektoren, die nicht nur im Betrag, sondern auch in den Richtungen addiert werden.
Beispiel: Kräfteparallelogramm.

RETURN (return)
→Eingabe Taste

Revolver (turret)
→Revolverkopf

Revolverbohrmaschine
(turret-type drilling machine)
Bohrmaschine für Serien- und Mengenfertigung. Auf dem Bohrspindelschlitten ist auf einem waagerechten Zapfen ein Sternrevolver drehbar gelagert. Dieser nimmt mehrere Werkzeuge auf, die bei der Bearbeitung eines Werkstücks nacheinander in Arbeitsposition geschwenkt werden.

Revolverdrehmaschine
(turret lathe; capstan lathe)
Drehmaschine für Serien- und Mengenfertigung. Kennzeichen ist der Revolverkopf, ein schwenkbarer Aufsatz auf dem Revolverschlitten. Er nimmt auf der Stirnfläche oder auf seinen Seitenflächen alle Werkzeuge auf, die für die Bearbeitung eines Werkstücks gebraucht werden, und schwenkt sie vor jedem Arbeitsgang in die Arbeitsposition. Vorwiegend für Stangenarbeit (Arbeit von der Werkstoffstange) und Futterarbeit eingesetzt.

Revolverkopf (turret head)
Teil des Werkzeugträgers an Revolverdreh- und Revolverbohrmaschinen.
Auf dem Revolverschlitten drehbar nimmt er mehrere Werkzeuge gleichzeitig auf, die nacheinander durch Schwenken des Revolverkopfes mit geringem Zeitaufwand in Arbeitsstellung gebracht werden.
(→Sternrevolver, →Trommelrevolver)

Revolverschlitten
(turret slide; turret saddle; capstan slide)
Werkzeugträger an Revolverdrehmaschinen.
Sein Bettschlitten ist auf dem Bett parallel zur Werkstückachse längs geführt. Der Trommelrevolver sitzt unmittelbar auf dem Bettschlitten. Der Sternrevolver braucht einen zusätzlichen im Bettschlitten geführten Planschlitten.
(→Revolverkopf)

reziproker Wert
(inverse value; reciprocal value)
→Kehrwert

Rhombus (rhombus)
Parallelogramm mit gleich langen Seiten.
Die Diagonalen eines Rhombus (einer Raute) halbieren sich in ihrem Schnittpunkt, sie halbieren alle Winkel, und sie stehen senkrecht aufeinander. Ein Rhombus mit vier rechten Winkeln ist ein Quadrat.
Umfang: $u = 4a$,
Flächeninhalt: $A = a^2 \sin \alpha = \frac{1}{2} e f$.
(→Parallelogramm, →Viereck)

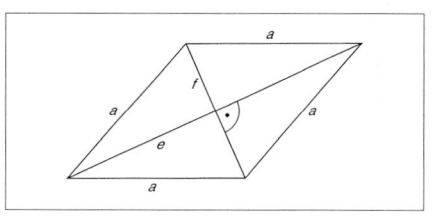

Rhombus

Richtführung (directional guideways)
Diejenige Führungsbahn an Werkzeugmaschinen, die neben den Abstützen der Gewichts- und Bearbeitungskräfte die Bewegungsbahn des geführten Maschinenteils bestimmt.
(→Geradführung, →Tragführung)

Richtgröße *D* (directional quantity)
Quotient aus der Rückstellkraft F_R und der zugehörigen Auslenkung y eines schwingenden Körpers: $F_R/y = D$ in N/m.
(→Pendel, →Schwingung)

Richtungskoeffizient einer Gerade
(slope of a straight line)
→Hauptform der Geradengleichung

Richtungsregeln (rules of direction)
Festlegung der Richtung von Strom oder Spannung in Abhängigkeit von anderen Größen, z.B. Richtung eines Magnetfeldes, Bewegungsrichtung bewegter Leiter.
(→Generatorregel, →Gleichstrommotor)

Richtungstoleranzen (directional tolerance)
→Lagetoleranzen

Richtungswinkel α (directional angle)
Der Winkel, den die Wirklinie einer Kraft mit der positiven x-Achse eines rechtwinkligen Achsenkreuzes einschließt: $0 \leq \alpha \leq 360°$.

Riemenfallhammer
(drop hammer with strap lifting facility)
Fallhammer, dessen Bär nach dem Schlag durch einen Riemen gehoben wird.

Riemengetriebe (belt gearing)
Anwendung bei der Leistungsübertragung zwischen Wellen mit größerem Abstand (parallel oder in beliebigem Winkel zueinander) oder als Transportmittel für Schütt- oder Stückgüter (nur Flachriemen).
Kraftschlüssige Leistungsübertragung durch unverzahnte Flach- oder Keilriemen, formschlüssige Leistungsübertragung durch Zahnriemen.
Vorteile: Überbrückung größerer Wellenabstände, preiswert, wartungsarm (keine Schmierung erforderlich), geräuscharmer und schwingungsdämpfender Lauf; große Umfangsgeschwindigkeiten möglich. Nachteile: Durch Dehnung der Flach- oder Keilriemen tritt Schlupf auf, größerer Platzbedarf gegenüber leistungsmäßig vergleichbaren Zahnrad- und Kettengetrieben, kleiner Betriebstemperaturbereich ($-20\,°C$ bis $+65\,°C$).
DIN 109 Achsabstände für Riemengetriebe mit Keilriemen; DIN 111 Hauptabmessungen von Flachriemenscheiben; DIN 2211 Hauptabmessungen von Schmalkeilriemenscheiben; DIN 2215 Endlose Keilriemen; DIN 2217 Hauptabmessungen von Keilriemenscheiben; DIN 2218 Endlose Keilriemen für den Maschinenbau; DIN 7753 Endlose Schmalkeilriemen für den Maschinenbau (→Flachriemengetriebe, →Keilriemengetriebe, →Riemenwerkstoffe, →Schlupf, →Zahnriemengetriebe)

Riemenwerkstoffe (belt material)
Flachriemen aus Leder erreichen zwar hohe Reibungswerte, können jedoch nur geringe Leistungen übertragen. Sie werden in der Antriebstechnik nicht mehr verwendet. Gewebeflachriemen (Textilriemen) bestehen aus Baumwolle, Natur- oder Kunstseide. Kunststoffflachriemen haben eine hohe Festigkeit und sehr geringe Dehnung bei niedrigen Reibungswerten. Einsatzmöglichkeiten z.B. in schnell laufenden Holzbearbeitungs- oder Textilmaschinen.
Verbundriemen bestehen aus mehreren fest miteinander verbundenen Schichten, z.B. einem Nylonkern und als Lauffläche einem Baumwollgewebe mit Synthesekautschuk. Dadurch können sowohl hohe Zugfestigkeiten ($R_m = 400\,N/mm^2$ ... 600 N/mm^2) als auch große Reibungszahlen ($\mu = 0,5 ... 0,6$) erreicht werden.
Bei Keilriemen besteht der Kern aus einer Kautschukmischung, die Umhüllung aus gummiertem Baumwoll- oder Synthetikgewebe. Eingearbeitet sind gekordelte Polyesterfasern, um die Festigkeit zu erhöhen.
Zahnriemen (Synchronriemen) haben einen Zugkörper entweder aus gewickelter Glasfaser oder gekordeltem Stahlseil. Zähne und Rücken werden aus einer Polyurethan- und Kautschukmischung hergestellt. Häufig werden die Zähne noch mit einer Nylonschicht überzogen, um sie vor Abnutzung zu schützen.

Rillenkugellager (deep-groove ball bearing)
Radial und axial in beiden Richtungen belastbar; erreichen von allen Wälzlagern die höchsten Drehzahlen und sind billig. Universallager für alle Bereiche der Technik.

RIM-Verfahren (reactive-injektion-moulding)
Herstellverfahren für großformatige Kunststoffteile (aus PUR, EP und Guss-PA) mit geringen Formschließkräften.
Die reaktionsfähigen Monomere werden über einen Mischkopf noch dünnflüssig in die Form gebracht und erhärten dort.
Anwendung: Karosserieteile wie Stoßstangen, Spoiler, auch als Integralschaum.

Ringspanndorn
(actuacted expanding mandrel)
Mechanischer Dehndorn zum Spannen in einer Werkstückbohrung.
Auf dem Grunddorn sitzt ein Paket von schwach kegeligen Ringspannscheiben, das beim Spannen mit einer Mutter flach gedrückt wird und dadurch seinen Außendurchmesser vergrößert.

Ringspannfutter (ring type jaw chuck)
Mechanisches Schrumpffutter zum Spannen auf einer Werkstückaußenfläche.
Wirkt wie der Ringspanndorn, das Scheibenpaket wird jedoch außen im Gehäuse abgestützt und verformt sich beim Spannen nach innen.

Ringspannscheibe (spring washer)
Dünne, kreisrunde, schwach kegelige Federstahlscheibe, die abwechselnd von innen und außen tiefe radiale Schlitze hat.
Infolge der Schlitze kann die Scheibe flach gedrückt werden. Dabei wird der Innendurchmesser kleiner, der Außendurchmesser größer.
(→Ringspanndorn, →Ringspannfutter)

Ringspurlager (ring-footstep bearing)
→Spurzapfen

Ringspurzapfen (ring pin)
→Spurzapfen

Ritter'sches Schnittverfahren
(Ritter's traverse)
Rechnerische Methode zur Ermittlung einzelner Stabkräfte in einem Fachwerk.
Arbeitsplan: Stützkräfte zeichnerisch oder rechnerisch ermitteln (Gleichgewichtsbedingungen ansetzen); Fachwerk durch einen Schnitt trennen, der höchstens drei Stäbe trifft, die nicht in einem Punkt zusammenlaufen; Lageskizze des abgeschnittenen Fachwerkteils zeichnen und Stabkräfte als Zugkräfte eintragen; die drei Momentengleichgewichtsbedingungen aufstellen und auswerten (positives Ergebnis beim Zugstab, negatives beim Druckstab).
(→Cremonaplan, →Momentengleichgewichtsbedingung)

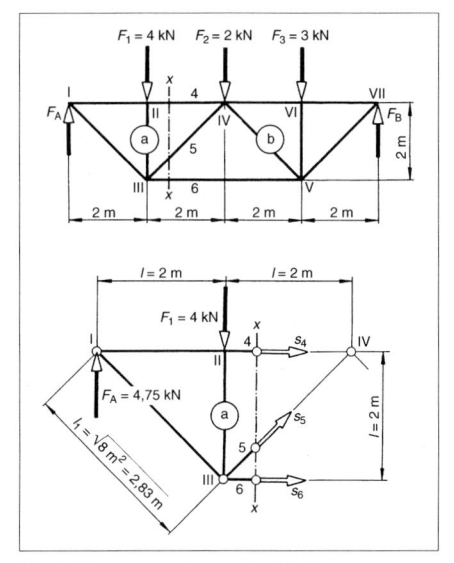

Nach Ritter berechnete Stabkräfte:
$S_4 = -4{,}75\,kN$, $S_5 = -1{,}06\,kN$ *(Druckstab),*
$S_6 = 5{,}5\,kN$ *(Zugstab)*

Roboter (robot)
Universell einsetzbare Bewegungsautomaten. Roboter sind in mehreren Achsen hinsichtlich ihrer Bewegungsfolge, Wege und Winkeln frei programmierbar (VDI 2860).
(→Handhabungsroboter, →Industrieroboter, →Manipulator, →Prozessroboter, →Robotersteuerung)

Roboterachsen (axes of a robot)
Rotatorische und translatorische Achsen der beweglichen Roboterglieder.
Durch sie wird die Bewegung des Roboterarbeitsorgans im Raum ermöglicht. Unterschieden wird zwischen Haupt- und Nebenachsen. Die Hauptachsen (in der Regel die ersten drei Achsen) beschreiben die Positionen im Roboterarbeitsraum. Die Nebenachsen ermöglichen die Orientierung bei vergleichsweise geringen Verfahrwegen.
Achsen von Robotergreifern oder Einrichtungen zum Drehen und Spannen von Werkstücken an einem Roboterarbeitsplatz werden nicht zu den Roboterachsen gezählt.
(→Industrieroboter, →Kinematik, →Roboterfreiheitsgrad, →Roboterkoordinatensystem)

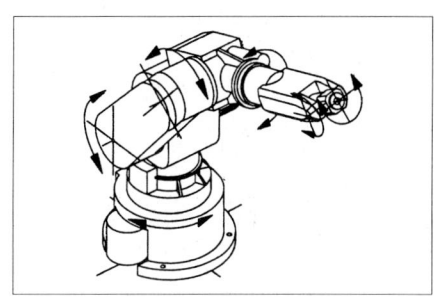

Roboterachsen eines Knickarmroboters

Roboterantrieb (robot drive)
Antriebe von Robotergelenken unterschieden nach der Energieform.
a) hydraulisch: geeignet für höchste Tragfähigkeiten
b) pneumatisch: für sehr schnelle Bewegungen ohne thermische Nebenwirkungen
c) elektrisch: großer Regelbereich und gutes dynamisches Verhalten

Hydraulische und pneumatische Antriebe werden in Industrierobotern kaum eingesetzt.
Elektromotorische Antriebe (Servomotoren) erfüllen Anforderungen wie hohe Verstellgeschwindigkeit und Positioniergenauigkeit bei hoher Tragfähigkeit.
Beispiele:
a) Gleichstrommotoren in Form von Scheibenläufer-, Glockenanker- und Stabläufermotoren
b) Schritt- und Reluktanzmotoren
c) Drehstrom-Asynchronmotoren.

Translatorische Antriebe werden z.B. mit Gewindespindeln, Zahnrad/Zahnstange, Ketten- oder Zahnriemen realisiert. Bei rotatorischer Bewegung wird das Getriebe z.B. als Stirnrad-, Kegelrad- oder Planetengetriebe oder als Riemen-, Ketten- oder Schneckentrieb ausgeführt.
Getriebelose Antriebe (Direkt-Drive-Antrieb) bieten eine gute Positioniergenauigkeit, sind aber aufwendiger zu regeln.
(→Elektromotor, →Industrieroboter, →Robotergelenk)

Roboterarbeitsorgan (end effector of a robot)
Vorrichtung (Arbeitswerkzeug, Greifer), die am Handflansch eines Industrieroboters montiert wird oder automatisch wechselbar ist.
Beispiele: Außengreifer, Innengreifer, Schleifwerkzeuge, Entgratwerkzeuge, Schweißeinrichtungen, Farbsprüheinrichtungen, Mess- und Prüfmittel, Schneidwerkzeuge.
(→Greifer, →Industrieroboter, →Knickarmroboter, →Schweißroboter)

Roboterarbeitsraum (robot workzone)
Durch die Anordnung und Ausführung (rotatorisch oder translatorisch) der ersten drei Roboterachsen (Hauptachsen) bei maximaler Auslenkung der Roboterglieder beschriebener Hauptarbeitsraum.
Dazu wird noch der Raum (Nebenarbeitsraum) addiert, der durch die Bewegung der Roboterhandgelenke beschrieben wird. Der so definierte Raum (VDI-2861) und der nicht nutzbare Raum innerhalb des Arbeitsraumes wird als Bewegungsraum bezeichnet.
(→Knickarmroboter, →Portalroboter, →Roboterachsen, →Robotergelenk, →SCARA-Roboter)

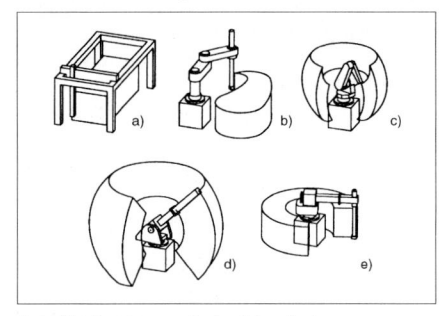

Arbeitsräume von Industrierobotern:
a) quaderförmig (3 Translationen), b) SCARA-spezifisch (2 Rotationen und 1 Translation), c) torusähnlich (3 Rotationen), d) sphärisch (1 Translation und 2 Rotationen), e) zylinderförmig (2 Translationen und 1 Rotation).

Roboterbahnabweichung (positioning error of robot)
Differenz zwischen der Istbahn und der programmierten Sollbahn des Roboterarbeitsorgans bei der Bewegung unter maximaler Last im betriebswarmen Zustand.
(→Bahnsteuerung, →Robotergenauigkeit, →Roboter-Verfahrgeschwindigkeit, →Robotertragfähigkeit)

Roboter-Bahnsteuerung (continuous-path control)
Steuerung der Bewegung des Roboterarbeitsorgans auf einer Bahn.

Die Bahnsteuerung verbindet Start- und Zielpunkt mit einem Interpolator, der Stützstellen (Hilfspunkte) entlang der Sollbahn berechnet.
Beispiel: Verbinde die Punkte A und B mit einer Raumgeraden (Linieninterpolation).
(→Bahnsteuerung, →Interpolationsarten)

Roboterbauformen, Roboterarchitektur (robot mounting design)
Unterscheidung von Robotern nach ihren Bauformen.
(→Knickarmroboter, →Portalroboter, →SCARA-Roboter, →Schreitroboter)

Roboterdynamik (robot dynamics)
Mathematische Beschreibung für die Drehmomente und Kräfte in den Robotergelenken.
Die Roboterdynamik wird mit Differenzialgleichungen formuliert. Die Dynamik beschreibt den Zusammenhang zwischen der Roboterbewegung und den dazu erforderlichen Kräften und Drehmomenten. Massenträgheit, Corioliskräfte, Fliehkräfte und Gravitation sind zu berücksichtigen.
(→Corioliskraft, →Differenzialrechnung, →Drehmoment, →Fliehkraft, →Gravitation, →Kraft, →Massenträgheit, →Robotergelenk)

Roboterfreiheitsgrad (degrees of freedom of a robot)
Anzahl möglicher voneinander unabhängiger Bewegungen des Roboters im Raum.
Die Bewegungen innerhalb von Robotergreifern und Einrichtungen zum Spannen und Drehen von Werkstücken werden nicht mitgezählt.
(→Freiheitsgrad, →Roboterachsen)

Robotergelenk (joint of a robot)
Bewegliche Verbindung zweier Roboterglieder.
Die Bewegung kann rotatorisch (um eine Achse) oder translatorisch (in Richtung einer Achse) erfolgen.
Bauarten: Schubgelenk, axiales oder radiales Drehgelenk, Kugelgelenk, Schraubgelenk (Bewegungsgewinde).
(→Gelenk, →Kinematik, →Knickarmroboter, →Roboterachsen)

Robotergenauigkeit (accuracy of a robot)
Qualität der Toleranz zwischen programmierter Sollposition und angefahrener Istposition durch einen Roboter.
Sie kann abhängig sein von Roboterbauform, Kalibrierung des Roboters, Verschleiß, Nutzlast in Verbindung mit der Roboter-Verfahrgeschwindigkeit, Leistungsfähigkeit der Robotersteuerung, Auflösungsgrad der Sensorsysteme.

Einfluss auf die Genauigkeit haben auch die Anzahl und Steifigkeit der Roboterglieder sowie die Bauform der Getriebe an den Robotergelenken.
(→Roboter-Positioniergenauigkeit, →Roboter-Wiederholgenauigkeit)

Robotergeneration (robot generation)
Klassifizierung von Robotern unter den Teilaspekten Informationsaufnahme und Informationsverarbeitung.
1. Generation: Roboter mit festprogrammierter Steuerung. Arbeitszyklen sind vollständig vorgegeben und lassen sich nicht verändern oder erweitern.
2. Generation: Roboter mit speicherprogrammierter Steuerung. Algorithmen und Prozessinformationen werden vorgegeben und im laufenden Programm verarbeitet. Mit Sensorsystemen können Veränderungen erkannt und verarbeitet werden.
3. Generation: Roboter mit künstlicher Intelligenz. Der Roboter trifft eigene Entscheidungen und kann auf unvorhersehbare Ereignisse reagieren. Dazu verfügt er über intelligente Sensorsysteme für die Erforschung seiner Umgebung.
(→Algorithmus, →Industrieroboter, →Roboterprogrammierung, →Sensor)

Roboterglieder (links of a robot)
Körper eines Roboters, die durch Robotergelenke verbunden sind.
(→Knickarmroboter, →Robotergelenk)

Robotergreifer (gripper of a robot)
Werkzeug zur steuerbaren Aufnahme und Abgabe von Werkstücken oder Werkzeugen.
Der Greifer wird am Handgelenk (Handflansch) eines Industrieroboters angebaut. Die Lochkreisdurchmesser, Zentrierungen und Kennzeichnungen der Roboterhandflansche legt die ISO 9409-1 fest.
(→Greifer, →Knickarmroboter)

Roboterhandgelenk (wrist of a robot)
Gelenke zwischen Unterarm und Roboterarbeitsorgan.
Mit dem Handgelenk kann der Roboter den Greifer oder ein Werkzeug im Raum orientieren.
Beispiele: Feinpositionieren, Beugen, Schwenken und Drehen.
(→Knickarmroboter)

Roboterhauptachsen (major axes of a robot)
Bewegungsachsen eines Roboters, die den Roboterarbeitsraum beschreiben.
Häufig bilden die ersten drei Achsen (Gelenk 1, 2 und 3) die Hauptachsen.
(→Roboterachsen, →Roboterarbeitsraum, →Roboternebenachsen)

Roboter-Home-Position
(robot's home-position)
Position, die der Roboter (Roboterarm) nach Beendigung der Arbeitsabläufe einnimmt, bevor er ausgeschaltet wird.
(→Roboter-Park-Position, →Roboterreferenzposition)

Roboterkoordinatensystem
(robot's coordinate system)
Bei der Roboterprogrammierung gebräuchliches Koordinatensystem.
Bei einem Roboter können nebeneinander mehrere Koordinatensysteme (kartesisches, zylindrisches oder sphärisches (Kugel-) Koordinatensystem) angewendet werden. Die linearen Raumkoordinaten werden mit X, Y und Z bezeichnet, die rotatorischen Bewegungen um diese Koordinatenachsen werden mit A, B und C bezeichnet (VDI-2864). Die Roboterbasis ist relativ zum Weltkoordinatensystem festgelegt.
(→kartesisches Koordinatensystem, →Koordinatensystem, →Kugelkoordinatensystem, →zylindrisches Koordinatensystem)

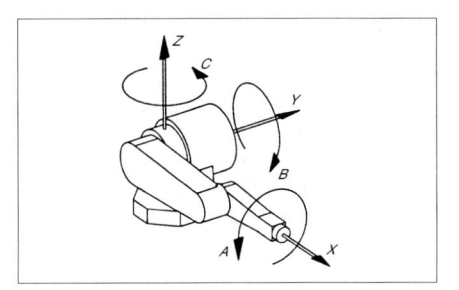

Roboterkoordinatensystem mit den entsprechenden Achsbezeichnungen

Robotermodul (module of a robot)
Einzelne Funktionseinheit eines Baukastenroboters.
Die Anzahl und Art der Module kann der Handhabungsaufgabe angepasst werden. Module können z.B. bei einer Produktumstellung wiederverwendet werden.
Beispiele für Module: Linearverfahreinheiten, Drehgelenkeinheiten und Greifer, mit jeweils unterschiedlichen Anforderungskriterien wie Größe, Geschwindigkeit und Genauigkeit.
Die Robotersteuerung kann ebenfalls modular aufgebaut sein, z.B. mit verschiedenen Sensorsystemen.
(→Baukastenroboter, →Modulbauweise)

Roboternebenachsen (minor axes of a robot)
Bewegungsachsen eines Roboterhandgelenks.
Die Nebenachsen ermöglichen die Orientierung und die Feinpositionierung des Roboterarbeitsorgans.
(→Roboterachsen, →Roboterhauptachsen)

Roboter-Park-Position
(robot's park position)
Position, die der Roboter (Roboterarm) nach Beendigung eines Arbeitstaktes einnimmt.
Der Roboter wird nicht ausgeschaltet. In der Zeit zwischen zwei Takten werden entweder Werkstücke zugeführt oder entnommen, die der Roboter (Prozeßroboter) bearbeitet, oder der Roboter wartet auf die Freigabe, Werkstücke einer Bearbeitungsmaschine zuzuführen oder ihr zu entnehmen (Handhabungsroboter).
(→Industrieroboter, →Roboter-Home-Position, →Roboterreferenzposition)

Roboterperipherie (robot peripherals)
Umfeld eines Industrieroboters.
Die Peripherie enthält die Robotersensorik, die Roboterwerkzeuge, eine Werkzeugwechseleinrichtung, Werkstücktransport- und Positioniervorrichtung, Bearbeitungsmaschinen zur robotergeführten Werkstückbearbeitung und Schutzvorrichtungen.
Beispiele: Dreh/Schwenkvorrichtung für Schweißteile, Werkzeugmagazin, Hängeförderer, fahrerloses Transportsystem, Rollenförderer, Werkstückvereinzeler, Entgratvorrichtung.
(→Industrieroboter, →Roboterarbeitsorgan, →Robotersensorik)

Roboter-Positioniergenauigkeit
(positional accuracy of a robot)
Abweichung zwischen Ist- und Sollposition des Roboterarbeitsorgans.
Die Ungenauigkeiten ergeben sich aus
a) systematischen Fehlern durch Belastung (Robotertragfähigkeit), Ausfahrweg der Robotergelenke und der Robotergeschwindigkeit, Kalibrierfehler der Sensoren.
b) zufälligen Störgrößen wie Schwankungen des Energiemediums, Spiel in Lagern und Führungen und deren Reibverhalten bei thermischen Veränderungen.
(→Robotergenauigkeit)

Roboterprogrammiersprache
(robot programming language)
Sprache zur Formulierung von Roboterfunktionen.
Beispiele:

VAL 1/VAL 2	Vicarm Language (Unimation/USA)	
PASRO	PASCAL for Robots (Biomatic/Freiburg)	
AL	Assembly Language (Stanford Universität/USA)	
AML	A Manufacturing Language (IBM/USA)	
RCCL	Robot Control C Library	
IRL	Industrial Robot Language (DIN 66 312)	
IRDATA	Industrial Robot Data (VDI 2863)	

(→Programmiersprache, →Roboterprogrammierung)

Roboterprogrammierung
(robot programming)
Erstellen und Eingeben von Steuerbefehlen für die Bewegungen der Robotergelenke.
Die Befehle beziehen sich auf die Wege und Winkel sowie auf die Kommunikation mit Sensorsystemen.
Roboter werden programmiert
a) indirekt: Das Programm wird in einer Programmiersprache formuliert und über eine Tastatur in den Steuerrechner eingegeben.
b) direkt: Die Bewegungsfolge wird festgelegt durch manuelles Führen des Roboterarms oder durch Teachen mit Teach-Box, Joystick oder Phantomroboter.
c) explizit: Bewegungsabläufe werden mathematisch definiert und über eine Programmiersprache beschrieben.
d) implizit: Beschreibung der Aufgabe, wobei der Lösungsweg offen ist.
e) textuell: Programmierung der Bewegungsabläufe mit einem problem- oder funktionsorientierten Programm.
Die Festprogrammierung, bei der Programmänderungen nur aufwendig realisiert werden können, ist veraltet und wird bei Robotern nicht mehr angewendet. Bei ihr wird der Programmablauf mittels mechanischen Steuerkurven oder Nocken festgelegt.
(→Phantomroboter, →Roboterprogrammiersprache, →Robotersteuerung, →Teach-In-Roboterprogrammierung)

Roboterreferenzposition
(robot's reference position)
Referenzmarken mit bekanntem Istwert auf jedem einzelnen Robotergelenk, die der Roboter nach dem Einschalten automatisch anfährt.
(→Referenzpunkt)

Robotersensorik (robot sensorics)
Intelligente Meßwerterfassung am Roboter und in seiner Peripherie.

Zur Robotersensorik gehören sowohl Sensoren im Roboter (z.B. Winkelencoder) als auch Sensoren im Roboterarbeitsorgan (z.B. Näherungsschalter). Aufgaben von Sensoren an Industrierobotern sind Kollisionsüberwachung, Regelung von ausgeübten Kräften (Greifkräfte, Fügekräfte), Ort- und Lagebestimmung von Handhabungsobjekten, Feinjustageregelung bei Füge- und Montagevorgängen.

Beispiel: Ein Roboter entnimmt aus einer Materialzuführeinrichtung Werkstücke und montiert die Einzelteile zu Baugruppen. Sensoren überwachen dabei die Positionierung und Qualität der zugeführten Teile, regeln während der Handhabungsbewegung die erforderliche Greifkraft und überprüfen den Zustand der Ablagevorrichtung.
(→Greifplanung, →Rutschsensor, →Sensor)

Robotersicherheitssystem
(safety system of a robot)
Sicherheitseinrichtungen am Industrieroboter. Interne roboterspezifische Sicherheitseinrichtungen sind z.b. automatische Gelenkbremsen bei Not-Aus oder Energieausfall (VDI-2853), automatischer Überlastschutz (Kollisionsschutz), Verhinderung des Verlierens von Handhabungsobjekten aus Greifern durch Flieh- und Trägheitskräfte. Das sichere Halten wird entweder durch spezielle Formgebung der Greiferbacken oder durch Anpassung der Greifkräfte während der Roboterbewegung erreicht (Adaptionsfähigkeit der Greifer). Eine externe Sicherheitseinrichtung kann z.b. die Überwachung durch Videosensoren sein.
(→Industrieroboter, →Maschinenschutzraum, →Videosensor)

Robotersimulation (robot simulation)
Rechner-Programmsystem zur Überprüfung der Roboterprogrammierung.
Auf einem Bildschirm wird mittels CAD die Roboterperipherie maßstabsgerecht als Volumenmodell dargestellt. Der Roboter wird gemäß seiner Kinematik modelliert und ist in der Simulation voll beweglich. Das Verhalten des Roboters, seines Greifers und aller beweglichen Elemente wird in einer übersichtlichen dreidimensionalen (3D-) Darstellung angezeigt.
(→CAD, →Roboterperipherie)

Robotersteuerung (robot control)
Schaltschrank zur Überwachung, Steuerung und Regelung der Robotergelenkbewegungen sowie zur Auswertung und Umsetzung von Sensordaten. Unterschieden wird zwischen zwei Steuerungsarten, der Punktsteuerung und der Bahnsteuerung. Teilsysteme (Baugruppen) der Steuerung sind Bedienpult (Tastatur), Teach-Box, Netzteil, Leistungselektronik, Steuerrechner, Datenspeicher und Interface zur Ankopplung eines Steuerrechners.
(→Bahnsteuerung, →Punktsteuerungsverhalten, →Roboterprogrammierung, →Speicher, →Teach-Box)

Robotersystem (robot system)
Besteht aus Robotersteuerung mit Leistungsteil, Manipulator (Roboterarm), Roboterarbeitsorgan (Greifer), Sensoren und Einrichtungen mit Überwachungssystemen für den Werkzeug- und Werkstücktransport.
(→Industrieroboter, →Roboterarbeitsorgan, →Roboterperipherie, →Robotersensorik, →Robotersteuerung)

Roboter-Tragfähigkeit
(load carrying capacity of a robot)
Zulässige Belastung des Roboters am Handflansch.
Sie resultiert aus der Summe der statischen Kräfte durch Robotergreifer, Werkzeuge und Handhabungsobjekten und der dynamischen Kräfte durch Beschleunigungsvorgänge.
Als Nennlast wird die Summe der Gewichtskräfte aus Handhabungsobjekten und Greifwerkzeugen bezeichnet. Sie enthält die Nutzlast, das ist die maximale Gewichtskraft eines Handhabungsobjekts. Die Auslastung des Roboters (Industrieroboter) zur maximalen Nennlast hat keine Auswirkungen auf die Roboter-Verfahrgeschwindigkeit und die Robotergenauigkeit.
Bei Überschreitung der Nennlast muss die Roboter-Verfahrgeschwindigkeit verringert werden.
(→Beschleunigung, →Kraft)

Robotertrajektorie (robot trajectory)
Positionierung und Orientierung des Roboterarbeitsorgans entlang einer Sollbahn unter Berücksichtigung von Beschleunigung und Geschwindigkeit.
(→Industrieroboter, →Roboter-Tragfähigkeit, →Roboterarbeitsorgan)

Roboter-Verfahrgeschwindigkeit
(robot velocity)
Zulässige Geschwindigkeit der Robotergelenke bei maximaler Roboter-Nennlast zwischen zwei Punkten einer Geraden (translatorisches Gelenk) oder eines Winkels (Drehgelenk).
(→Roboter-Tragfähigkeit, →Robotergelenk)

Roboterwerkzeug (robot tool)
Arbeitsorgan eines Roboters (Industrieroboter).
(→Roboterarbeitsorgan)

Roboter-Wiederholgenauigkeit
(positional repeatability of a robot)
Größte Abweichung des Roboterarbeitsorgans bei wiederholtem Anfahren der gleichen Sollposition.
(→Roboterarbeitsorgan, →Robotergenauigkeit)

Roboterzelle (robot workspace)
Integration von Prozessmaschinen und Robotern in einer Arbeitszelle.
In einer Roboterarbeitszelle sind eine oder mehrere Bearbeitungsmaschinen im Arbeitsraum eines Industrieroboters angeordnet. Der Roboter entnimmt die Werkstücke einer Zuführeinrichtung, führt sie den einzelnen Bearbeitungsstationen zu, entnimmt die Werkstücke und legt sie auf einem Transportsystem ab. Dazu kann er mit mehreren automatisch wechselbaren Greifern ausgestattet werden.
(→Roboterperipherie)

Roboterzyklus (robot cycle)
Zeit, die für die Handhabung eines Werkstücks oder für einen Prozess einschließlich aller Nebenzeiten benötigt wird.
Die Nebenzeiten enthalten Werkstück- und Werkzeugzuführung, Werkzeug- und Greiferwechsel, Positionierung und Überwachung der zu bearbeitenden Werkstücke.
(→Greiferwechselsystem, →Handhabungsroboter, →Prozessroboter)

Robotik, Robotertechnik (robotic)
Technologie und Wissenschaft, die sich mit Grundlagenforschung, Entwicklung und Optimierung, Produktion, Einsatz und Betrieb von Robotersystemen befasst.
(→Greifplanung, →Roboterdynamik, →Robotergeneration, →Roboterprogrammierung, →Robotersensorik, →Robotersystem)

Rockwellhärte (Rockwell hardness)
Härtemessung über die bleibende Eindringtiefe h des Eindringkegels nach Einwirkung der Prüfgesamtkraft $F_0 + F_1 = 98\,N + 1373\,N = 1471\,N$, gemessen unter Wirkung der Prüfvorkraft $F_0 = 98\,N$.
Rockwellhärte HRC = $100 - 500 \cdot h$. Gültiger Messbereich zwischen 20...70 HRC, gehärteter Stahl hat max. 64 HRC. Weitere Verfahrensvarianten mit Kugel für weichere Stoffe (HRB) oder mit kleineren Prüfkräften für härtere Stoffe oder dünne Schichten (HRA-Messung).
DIN EN 10 109 Härteprüfung nach Rockwell.

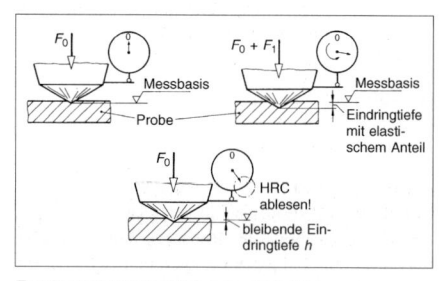

Rockwellhärteprüfung in drei Phasen

Röntgenprüfung (x-ray testing)
→Durchstrahlungsprüfung

Rohrreibungszahl (pipe friction coefficient)
→Druckabfall

Rollbedingung (rolling condition)
Die zum Rollen eines Rades erforderliche Bedingung, die ein Gleiten verhindert.
Damit sich die Räder eines Fahrzeugs auf seiner Unterlage drehen, muss die Haftreibkraft $F_{R0\,max}$ größer sein als der Fahrwiderstand F_w. Daraus ergibt sich die Rollbedingung $\mu_0 \geq \mu_f$. Bei $\mu_0 \leq \mu_f$ gleiten die Räder auf der Fahrbahn (μ_0 = Haftreibzahl, μ_f = Fahrwiderstandszahl).

Rollbewegung (rolling motion)
Gleichzeitig ausgeführte Rotation und Translation eines Körpers.
Beispiel: Die Bewegung eines Rades an einem Fahrzeug.
(→Rotation, →Translation)

Rollenfreilauf (roller free wheel)
Spezielle Bauform von Freiläufen und Rücklaufsperren, die aus einem konzentrischen Außenring, Rollen als Klemmelementen und einem sternförmigen Innenring mit Klemmrampen bestehen.
(→Freilauf)

Rollenzug (set of pulleys)
Kombination fester und loser Rollen als Übersetzungsmittel zwischen einer zu hebenden Gewichtskraft F_G (Last) und der dazu erforderlichen Zugkraft F.
Aus der Lageskizze der unteren Flasche erhält man mit der Gleichgewichtsbedingung $\Sigma F_y = 0 = F_1 + F_2 + F_3 + F_4 - F_G$ eine Zugkraftgleichung für Rollenzüge mit 4 tragenden Seilsträngen beim Lastheben: $F = F_G (1 - \eta)/\eta (1 - \eta^4)$.
Mit $F_G = mg$ gilt für „n" tragende Seilstränge $F = mg(1 - \eta)/\eta(1 - \eta^n)$ und für den Kraftweg $s_1 = n s_2$ (Lastweg). Darin ist η der Wirkungsgrad *einer* losen oder festen Rolle. Der Wirkungsgrad η_r des Rollenzugs beträgt $\eta_r = \eta (1 - \eta^n)/n(1 - \eta)$.

Tabelle für η_r bei n tragenden Seilsträngen (obere Zeile für Gleitlagerung mit $\eta = 0,96$, untere Zeile für Wälzlagerung mit $\eta = 0,98$).

n	1	2	3	4	5
η_r	0,960	0,941	0,922	0,904	0,886
η_r	0,980	0,970	0,961	0,951	0,942
n	6	7	8	9	10
η_r	0,869	0,852	0,836	0,820	0,804
η_r	0,932	0,923	0,914	0,905	0,896

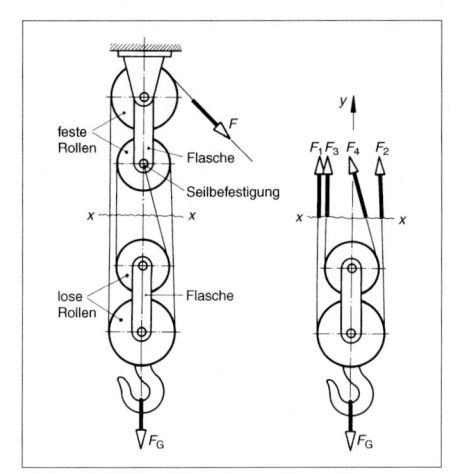

Rollenzug mit frei gemachter unterer Flasche

Rollreibung (rolling friction)
→Rollwiderstand

Rollwiderstand (rolling resistance)
Das durch geringfügige elastische Formänderung (Eindrücken) fortwährend ablaufende „Kippen" um eine Kippachse (D), das zum Rollvorgang führt. Aus der Momentengleichgewichtsbedingung $\Sigma M_{(D)} = 0$ ergibt sich die Rollkraft $F = F_G \, f/r$, mit Hebelarm der Rollreibung f in cm und Rollradius r in cm.
Für Gusseisen und Stahl auf Stahl ist $f \approx 0{,}05$ cm, für gehärtete Stahlrollen und -kugeln auf gehärteten Laufringen (Wälzlager) ist $f \approx 0{,}0005$ cm bis $0{,}001$ cm.

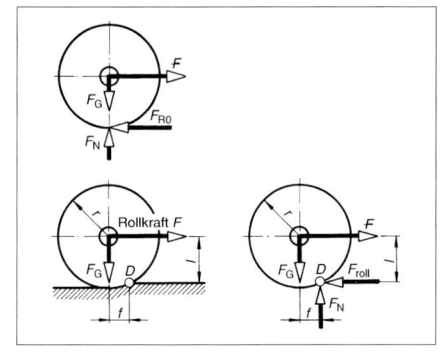

Kräfte am Rollkörper

ROM (**R**ead **O**nly **M**emory)
Nur-Lesespeicher, der seine Information auch beim Abschalten der Betriebsspannung beibehält (Festwertspeicher).

Man unterscheidet Masken-ROM, dessen Programmierung vom Hersteller vorgenommen wird und PROM, die der Anwender selbst programmieren kann.
Beispiel: Programmspeicher für das Betriebssystem eines Mikrocomputers.
(→EEPROM, →EPROM, →Festwertspeicher, →PROM)

Rondendurchmesser
(circular blank diameter)
→Zuschnittdurchmesser

Rootsgebläse (Roots blower)
→Rotorverdichter

Rostfeuerung (stokers and grates)
Feuerungsanlage zur Verbrennung fester, stückiger Brennstoffe in Dampferzeuger-Anlagen.
Die Kohle brennt in dünnen, porösen Schichten auf der durch auswechselbare Roststäbe gebildeten Rostfläche. Durch die Spaltabstände wird die Unterluftzufuhr (Verbrennungsluft) geleitet. Roststäbe können Plan- oder Formstäbe sein. Im Einsatz sind Planrost-, Unterschubrost-, Gegenschubrost- und Zonenwanderrost-Anlagen.
(→Feuerungsanlage, →Zonenwanderrost)

Rotation (circular motion)
Drehung, kreisförmige Drehbewegung eines Körpers.
Sämtliche Punkte des Körpers bewegen sich um eine feste Raumachse, seine Orientierung im Raum ändert sich ständig.
Beispiele: Uhrzeiger, Erddrehung.
(→Rollbewegung, →Translation)

Rotationsarbeit W_{rot} (rotary work)
Produkt aus dem an einer Kurbelwelle wirkenden Drehmoment M und dem beim Drehen von der Kurbel überstrichenen Drehwinkel φ: $W_{rot} = M\varphi$ in J.
Drehmoment M und Drehwinkel φ sind sog. Kreisgrößen, z.B. entsprechen den allgemeinen (Translations-)Größen Kraft F und Weg s die Kreisgrößen Drehmoment M und Drehwinkel φ.
(→Arbeit, →Arbeitseinheit)

Rotationsbewegung (rotary motion)
→Rotation

Rotationsenergie E_{rot} (rotary energy)
Maß für die Bewegungsenergie, die ein rotierender Körper mit dem Trägheitsmoment J aufgrund seiner Winkelgeschwindigkeit ω hat: $E_{rot} = J\omega^2/2$ in kg m^2/s^2 = J.
(→Energie, →Trägheitsmoment, →Winkelgeschwindigkeit)

Rotationskörper (solid generated by rotation)
Ein Körper, der entsteht, wenn die Kurve einer Funktion $y = f(x)$, mit $f(x) \geq 0$ um die x-Achse (Rotationsachse) zwischen $x = a$ und $x = b$ rotiert (oder die inverse Funktion um die y-Achse). Ein Rotationskörper ist also durch zwei Schnitte rechtwinklig zur Rotationsachse begrenzt. Die von der Kurve der x-Achse und den Geraden $x = a$ und $x = b$ begrenzte Fläche heißt die erzeugende Fläche des Rotationskörpers.
Die Kugel ist zum Beispiel ein Rotationskörper: Sie entsteht durch Rotation eines Kreises mit dem Mittelpunkt im Koordinatenursprung um eine der beiden Achsen. Auch gerade Kreiskegel und gerade Kreiszylinder sind Rotationskörper.
Für das Volumen und für den Inhalt der Mantelfläche eines Rotationskörpers gilt

Volumen: $\quad V = \pi \int_a^b f^2(x)\, dx$,

Mantelfläche: $A_M = 2\pi \int_a^b f(x) \sqrt{1 + [f'(x)]^2}\, dx$.

Volumen und Mantelfläche von Rotationskörpern lassen sich auch mit Hilfe der Guldin'schen Regeln berechnen.
($\rightarrow$Guldin'sche Regeln, $\rightarrow$Kugel)

Rotationsleistung P_{rot} (rotary power)
Produkt aus dem an einer Kurbelwelle wirkenden Drehmoment M und der Winkelgeschwindigkeit ω, mit der die Kurbelwelle umläuft: $P_{rot} = M\omega$ in W (Watt).
Häufig benutzte Zahlenwertgleichung:
$P_{rot} = M n/9549{,}3$ in kW mit M in Nm, n in min^{-1}.
($\rightarrow$Leistung, $\rightarrow$Leistungseinheit)

Rotguss (gunmetal; red bronce)
Alte Bezeichnung für Kupfer-Zink-Zinn-Gusslegierungen.

Rotorverdichter (vane compressor)
Verdichterbauart.
Man unterscheidet ein- und zweiwellige Drehkolbenverdichter, die mit gleichmäßiger Förderung nach dem Verdrängerprinzip bei geringeren Drücken als Kolbenverdichter arbeiten. Sie sind einfach im Aufbau und arbeiten ohne Ventile. Rootsgebläse und Kapselgebläse (zweiwellig) arbeiten ähnlich wie eine Zahnradpumpe. Bei zweiwelligen Schraubenverdichtern (Bild rechts) werden die Zylinderwandungen durch die ineinander greifenden Gänge der beiden verwundenen Rotoren gebildet. Hauptläufer und Nebenläufer besitzen eine unterschiedliche Anzahl Profilzähne.
($\rightarrow$Verdichter)

Rovings (rovings)
Faserstränge aus parallelen Einzelfasern mit UP- oder EP-Harzen und ca. 65% Glasanteil.

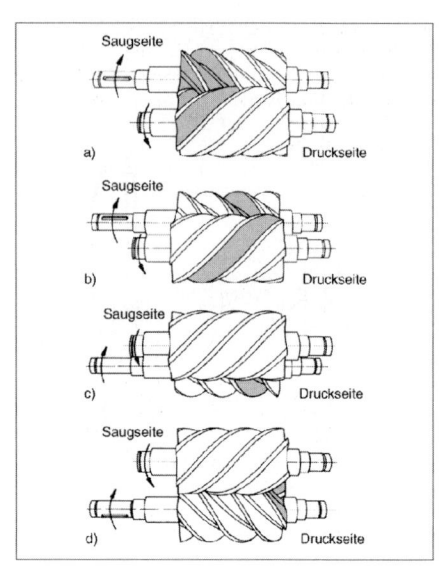

Verdichtungsvorgang beim zweiwelligen Schraubenverdichter (Boge)
a) Ansaugen, b) und c) Verdichten, d) Ausströmen

Verwendung: Zugstäbe im Spannbetonbau (7,5 mm dick, Zugfestigkeit 1600 N/mm^2 bei 3% Bruchdehnung), Herstellung von Hohlkörpern nach dem Wickelverfahren.

ROZ (Research Octan Number)
$\rightarrow$Oktanzahl, $\rightarrow$MOZ

RS-Flipflop (RS flipflop)
Schaltung zur Speicherung eines logischen Signals. Besteht aus einer Kippstufe mit Setz- und Rücksetzeingang für zwei stabile Ausgangszustände. Mit „1" am S-Eingang wird der Ausgang Q auf „1" und mit „1" am R-Eingang der Ausgang Q auf „0" gesetzt. Die Eingangszustände S = 1, Q = 1 sind nicht erlaubt.
RS-Flipflops können gerätespezifisch pneumatisch, elektrisch oder elektronisch realisiert werden.

Schaltzeichen	Wertetabelle			
	R	S	Q1	Q2
	0	0	Speicherung	
	0	1	1	0
	1	0	0	1
	1	1	Zustand vermeiden	

RS-Flipflop

RSG (reactive injection moulding)
$\rightarrow$Reaktionsschaumguss, $\rightarrow$RIM-Verfahren

Rückfederung (recovery)
Die Rückfederung fällt beim Biegen ungleichmäßig aus. Sie wird beeinflusst von der Streckgrenze (Fließgrenze) des Werkstoffs, der Größe des Biegeradius und der Umformart (Biegen im Gesenk oder freies Biegen).

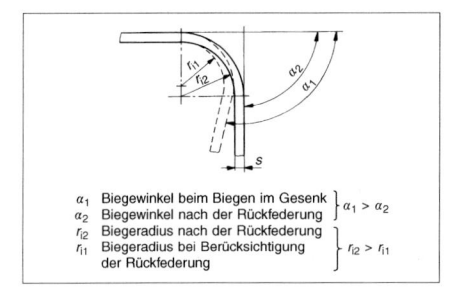

α_1 Biegewinkel beim Biegen im Gesenk
α_2 Biegewinkel nach der Rückfederung $\} \alpha_1 > \alpha_2$
r_{i2} Biegeradius nach der Rückfederung
r_{i1} Biegeradius bei Berücksichtigung $\} r_{i2} > r_{i1}$
der Rückfederung

Die Größe der Rückfederung ergibt sich über die Berechnung eines Korrekturwertes (k-Wert) aus dem Rückfederungs-Diagramm:

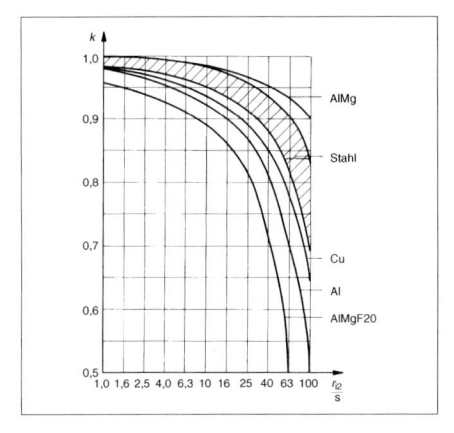

Korrekturwert
$k = (r_{i1} + 0,5\,s) / (r_{i2} + 0,5\,s) = \alpha_2 / \alpha_1$
Beispiel: Ein Stahlband mit der Dicke $s = 2$ mm soll im Gesenk genau rechtwinklig gebogen werden. Der innere Biegeradius beträgt $r_{i2} = 20$ mm. Wie ist das Gesenk unter Berücksichtigung der Rückfederung auszubilden?
$r_{i2}/s = 20$ mm$/2$ mm $= 10$; aus dem Rückfederungsdiagramm ergibt sich der Korrekturwert $k \approx 0,96$. Die Formel für den Korrekturwert wird umgestellt nach r_{i1}:
$r_{i1} = k(r_{i2} + 0,5\,s) - 0,5\,s = 19,16$ mm; $\quad k = \alpha_2/\alpha_1$;
$\alpha_1 = \alpha_2/k = 90°/0,96 = 93,75°$
(→Biegen)

Rückführung (feedback)
Vorgang, bei dem vom Ausgang eines verstärkenden Bauelements ein Teil der Ausgangsgröße entnommen wird und dem Eingang wieder zugeführt wird.
Ist die Rückführung der Eingangsgröße entgegengerichtet (Gegenkopplung), so wird der Verstärkungsfaktor reduziert, ist sie gleichgerichtet (Mitkopplung), so wird er erhöht. Die Gegenkopplung wird eingesetzt, um Linearisierung und Stabilisierung zu bewirken. Durch Gegenkopplung mit speichernden Bauelementen wird das Zeitverhalten beeinflusst.
(→nachgebende Rückführung, →verzögerte Rückführung)

Rückkopplung (feedback; back coupling)
Rückführung eines Teils der Ausgangsgröße (Spannung oder Strom) einer Schaltung auf seinen Eingang.
Bei der Gegenkopplung ist der rückgekoppelte Teil aus der Ausgangsgröße der Eingangsgröße entgegengerichtet. Die Gegenkopplung wirkt bei Verstärkern stabilisierend. Bei der Mitkopplung wirkt die rückgekoppelte Größe gleichsinnig mit der Eingangsgröße. Sie führt zu einem Kipp- bzw. Schaltverhalten des Verstärkers.

Rücklagen (surplus funds)
Über das Grundkapital hinaus gehaltenes Reservekapital (zusätzliches, nicht ausgeschüttetes Eigenkapital).

Rücksprunghärteprüfung
(rebound hardness test)
Härteprüfung (Shore-Skleroskop) mit Hilfe des elastischen Verhaltens des Prüfmaterials.
Maß für die Härte ist die Rücksprunghöhe des Fallgewichts (Röhrchen mit genormten Fallgewicht und Fallhöhe). Als Eichmarke dient perlitischer Stahl (0,8% C, glashart) mit einer Härte von 100 Shore.
Anwendung: Kontrolle großer Schmiede- und Gussteile, auch auf Gleichmäßigkeit der Härteverteilung.

Rückstellungen (accruals)
Passivposten, die im Periodenabschluss für erkennbar drohende Verluste zu bilden sind.

Ruhestellung (off-position; basic setting)
Stellung der Signalzustände der Speicher einer Steuerung vor Beginn eines Steuerzyklus.
Bezogen auf Bauelemente der Steuerung wird als Ruhestellung die Stellung bezeichnet, bei der die beweglichen Teile im unbetätigten Zustand eine bestimmte Lage einnehmen.

Runden (rounding)
Verkürzen einer Dezimalzahl, also Darstellen einer Dezimalzahl mit vorgegebener Anzahl von Dezimalstellen.
Ist die erste weggelassene Ziffer 0, 1, 2, 3, 4, dann bleibt die letzte geschriebene Ziffer unverändert.
Ist die erste weggelassene Ziffer 5, 6, 7, 8, 9, dann erhöht sich die letzte geschriebene Ziffer um 1.
Ist die gerundete Zahl kleiner als die ursprüngliche Zahl (die erste weggelassene Ziffer ist dann 0, 1, 2, 3 oder 4), dann spricht man von Abrunden.
Ist die gerundete Zahl größer als die ursprüngliche Zahl (die erste weggelassene Ziffer ist dann 5, 6, 7, 8 oder 9), so spricht man von Aufrunden.
Beispiele: 3,456 ≈ 3,46 (aufgerundet); 23,699 ≈ 23,70 (aufgerundet); 14,3449 ≈ 14,34 (abgerundet).

Rundmagnet (hoisting magnet)
→Lasthebemagnet

Rundschalten
(circular indexing; rotary indexing)
→Universal-Teilkopf

Rundschleifmaschine
(cylindrical grinding machine)
Schleifmaschine zum Bearbeiten von zylindrischen Außen- und Innenflächen.
(→Außenrundschleifmaschine, →Innenrundschleifmaschine)

Rundstahlkette (round bar steel chain)
Kette, deren etwa ovale Glieder aus rundem Stabstahl erst ineinander eingeklinkt und dann verschweißt werden.
In der Fördertechnik wichtiges Zugorgan für Kompakthebezeuge.
DIN 5684 Rundstahlketten für Hebezeuge.

Rundtisch
(indexing rotary table; circular dividing table)
Zum Teilen geeigneter Werkstücktisch, in die Werkzeugmaschine eingebaut oder auf dem Werkstücktisch festgeschraubt.
(→Teilen)

Rutschkupplung (friction coupling)
Sicherheitskupplung zur Drehmomentübertragung, die bei Drehmomentüberlastung durchrutscht.
Das Rutschdrehmoment ist einstellbar.

Rutschsensor (slip sensor)
Sensor zur Überwachung von Handhabungsobjekten in Greifern.
Er reagiert auf Berührungskräfte und kann ein Gleiten zwischen Greiferbacke und Greifobjekt feststellen.
Beispiel: Bei einer Handhabungsoperation kann mit einem Rutschsensor über eine Regelung die Greifkraft so lange erhöht werden, bis das Objekt sicher gehalten wird.
(→Greifer, →Handhabungsroboter, →Robotersensorik, →Sensor)

S

σ-Bindung (sigma-bond)
Bindungszustand zwischen Atomen mit s-Orbitalen.
Entstehende Molekülorbitale liegen rotationssymmetrisch zur Bindungsachse.
Vorkommen besonders bei Kohlenstoffverbindungen mit Einfachbindungen.
Beispiele:
s-s-σ Bindungen

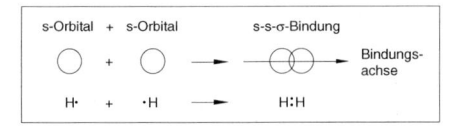

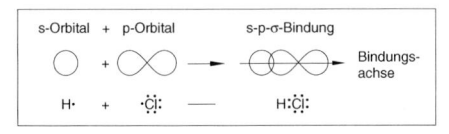

s-Orbital + s-Orbital → s-s-σ-Bindung → Bindungsachse
H· + ·H → H:H

s-p-σ-Bindungen

s-Orbital + p-Orbital → s-p-σ-Bindung → Bindungsachse
H· + ·C̤l: — H:C̤l:

s-Orbital (s orbit)
Aufenthaltswahrscheinlichkeitsraum für s-Elektronen.
Darstellung als kugelsymmetrische Ladungswolke.
s-Orbitale, schematisch

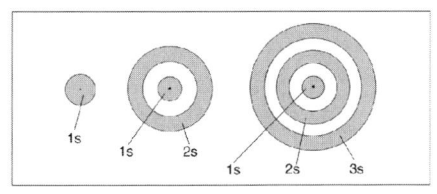

s-Orbitale, schematisch

SAE-Klasse
(Society of Automotive Engineers-grade)
Internationale Einteilung der Motoren- und Getriebeöle nach der Viskosität.
Über die Ölqualität wird nach dieser Einteilung nichts ausgesagt. Man unterscheidet Einbereichs-, Mehrbereichs,- und Leichtlauföle. In Fahrzeug-Verbrennungsmotoren werden vorwiegend Mehrbereichsöle verwendet. Sie sind für den ganzjährigen Einsatz in Kfz-Motoren vorgesehen und überdecken mehrere SAE-Klassen. Leichtlauföle und synthetische Öle (Glykole, Olefine) enthalten reibungsmindernde Zusätze (Additive) und liegen in den Eigenschaften über den Mineralölen. So erfüllt das Mehrbereichsöl SAE 15W-50 bei $-17,8\,°C$ die Viskositätsanforderung des Einbereichöls SAE 15W (W für wintertauglich) und bei $98,9\,°C$ die Viskosität des Einbereichöls SAE 50.
DIN 51 511 Motoren Schmieröle, DIN 51 512 Getriebe Schmieröle.
(→API-Klassifikation, →CCMC-Spezifikation, →Viskosität)

Säule (column; pillar; post)
Aufrecht stehendes, zylindrisches Gestellbauteil der Werkzeugmaschine.
Beispiele: Säulenbohrmaschine, Säule der Radialbohrmaschine.
(→Gestell)

Säulenbohrmaschine
(pillar drilling machine; post drill)
Bohrmaschine für kleinere Bohrdurchmesser bis ca. 30 mm.
Die zylindrische Säule steht auf einer Grundplatte. An ihrem Kopf trägt sie den Spindelkasten mit der Bohrspindel. Der Werkstücktisch ist um die Säule schwenkbar und in der Höhe verschiebbar.

Säure-Restionen (acid residue ions)
→Säuren nach Arrhenius.

Säure-Wasserstoff (acid hydrogen)
→Säuren nach Arrhenius

Säurebildung (acid forming)
Säuren entstehen aus Nichtmetalloxiden.
Beispiel:
Schwefeldioxid + Wasser reagieren zu schwefliger Säure.
$SO_2 + H_2O \rightarrow H_2SO_3$

Säuren nach Arrhenius
(nomenclature of acids according to Arrhenius)
Säuren zerfallen in wässrigen Lösungen in positive Säurewasserstoffionen und negative Säurerestionen.
Beispiele: Säure → positive Wasserstoffionen + negative Säurerestionen.
Chlorwasserstoff $HCl \rightarrow H^+ + Cl^-$ Chlorid-Ion.
Salpetersäure $HNO_3 \rightarrow H^+ + NO_3^-$ Nitrat-Ion.
Beschränkung auf Lösungen in Wasser. Erweiterte Darstellung nach Brönsted.

Säuren und Basen nach Brönsted, allgemein

Säuren und Basen nach Brönsted, allgemein (nomenclature of acids and bases according to Brönsted)
Säuren sind Verbindungen, die Protonen abgeben können (Donatoren).
Basen sind Verbindungen, die Protonen aufnehmen können (Akzeptoren).
Erweiterte Beschreibung von Säuren und Basen, jedoch häufig schwierig verständlich.
Vereinfachte, aber eingeschränkte Beschreibung nach Arrhenius.

Säurestärke (acidic strength)
Grad des Zerfalls (Dissoziation) von Säuren in wässrigen Lösungen in Säurewasserstoff und Säurerest-Ionen (Arrhenius).
(→Säurerest-Ionen, →Säurewasserstoff)

Beispiele	Formel	Zerfallsgrad in %
Salpetersäure	HNO_3	70 –100
Salzsäure	HCl	" " "
Schwefelsäure	H_2SO_4	20 – 70
Phosphorsäure	H_3PO_4	1 – 20
Essigsäure	CH_3COOH	0,1 – 1
Kohlensäure	H_2CO_3	< 0,1

Beispiele	Säurestärke
Salpetersäure	sehr stark
Salzsäure	" " "
Schwefelsäure	stark
Phosphorsäure	mittelstark
Essigsäure	schwach
Kohlensäure	sehr schwach

Salzbadaufkohlen (salt bath carburizing)
Aufkohlen bei 900...950 °C in geschmolzenen Salzen (Carbonat-Cyanat-Gemische) mit kürzeren Behandlungszeiten als beim Gasaufkohlen. Die Cyan-Gruppe CN zerfällt in C+N, so dass je nach Temperatur auch etwas N eindiffundiert. Moderne Bäder sind regenerierbar, so dass keine giftigen Cyanide entsorgt werden müssen.
(→Carbonitrieren)

Salzbildung (salt formation)
Auswahl von Beispielen:
Base + Säure → Salz + Wasser
NaOH + HCl → NaCl + H_2O
Natriumhydroxid + Chlorwasserstoff → Natriumchlorid + Wasser

Base + Nichtmetalloxid → Salz + Wasser
$Ca(OH)_2 + CO_2 → CaCO_3 + H_2O$
Calciumhydroxid + Kohlenstoffdioxid → Calciumcarbonat + Wasser

Metall + Säure → Salz + Wasserstoff
$Zn + 2HCl → ZnCl_2 + H_2$
Zink + Chlorwasserstoff → Zinkchlorid + Wasserstoff

Metall + Nichtmetall → Salz
Na + Cl → NaCl
Natrium + Chlor → Natriumchlorid

Salze (salts)
Verbindungen, die in wässrigen Lösungen in positiv geladene Metallionen und negativ geladene Säurerestionen zerfallen.
Beispiele:
Salze → positive Metallionen + negative Säurerestionen
NaCl → $Na^+ + Cl^-$
Natriumchlorid → Natrium-Ion + Chlorid-Ion
$CaCO_3 → Ca^{2+} + CO_3^{2-}$
Calciumcarbonat → Calcium-Ion + Carbonat-Ion

Salznamen (salt names)
Benennung wie bei den binären Verbindungen oder wie bei den Komplexsalzen.
Bildung des Salznamens aus dem Namen des Metalls (eventuell unter Angabe der Oxidationsstufe) und dem Namen des Säurerestes.
Beispiele:
NaF   Natriumfluorid
$CaBr_2$ Calciumbromid
CaO   Calciumoxid
$KClO_3$ Kaliumchlorat

Sandguss (sand casting)
Sandformen müssen standfest gegen den Druck des flüssigen Werkstoffs, beständig gegen hohe Gießtemperaturen und gasdurchlässig für die Luft aus der Form und sich entwickelnde Gase sein.

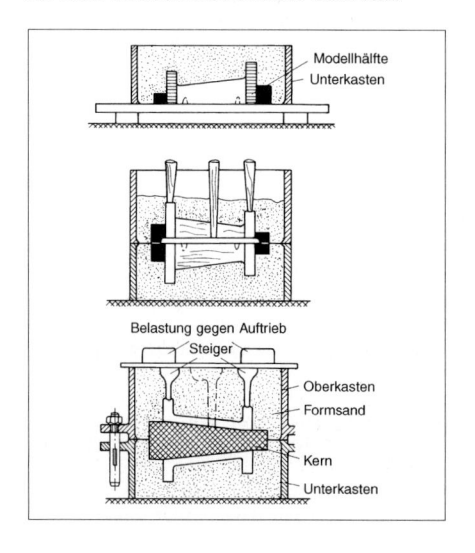

Formsand muss bildsam und feinkörnig sein. Er besteht aus Quarzsand, Ton, Lehm und Formhilfsstoffen wie Steinkohlenstaub, Graphit und Formpuder. Kerne bestehen aus Quarzsand, Kunstharz oder Kautschukverbindungen.
Arbeitsgänge zur Fertigung einer Sandgussform:
1. Eine Hälfte des geteilten Modells auf das Modellbrett legen, Formkastenhälfte darüber setzen, Modell mit Graphit einpudern, mit einer ca. 5 cm dicken Neusandschicht einhüllen und mit aufbereitetem Altsand vollständig füllen. Luftlöcher zur Sandentgasung stechen und Kastenhälfte wenden.
2. Zweite Formkastenhälfte auf die erste setzen und oben beschriebene Arbeitsgänge wiederholen.
3. Gießtrichter, Anschnitt, Schlackenlauf und mehrere Steigtrichter zur Entlüftung einarbeiten.
4. Formkästen voneinander trennen und Modell herausnehmen; eventuell Kerne für Bohrungen usw. einlegen.
5. Formkastenhälften zusammensetzen, verstiften und – wegen des Auftriebs der Schmelze – mit Gewichten beschweren.
6. Nach dem Gießvorgang Gussstück ausschlagen (Zerstörung der Sandform), Gieß- und Steigtrichter abtrennen.

Sandstrahlroboter (sandblasting robot)
Prozessroboter, der eine Sandstrahldüse entlang einer programmierten Bahn führt.
($\rightarrow$Industrieroboter)

Sarrus, Regel von (Sarrus' rule)
Regel zur Berechnung der Determinanten det (A) von dreireihigen Matrizen A (Name nach dem französischen Mathematiker P.F. Sarrus, 1798 – 1861). Es werden dabei die ersten beiden Spalten der Matrix nochmals als 4. und 5. Spalte hinzugefügt:

$$\det(A) = \begin{vmatrix} a_{11} & a_{12} & a_{13} \\ a_{21} & a_{22} & a_{23} \\ a_{31} & a_{32} & a_{33} \end{vmatrix} =$$

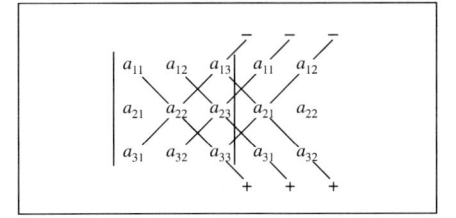

Man multipliziert dann je drei diagonal aufeinanderfolgende Elemente und addiert (Hauptdiagonalen) bzw. subtrahiert (Nebendiagonalen) die so entstehenden sechs Produkte:

$$= a_{11} a_{22} a_{33} + a_{12} a_{23} a_{31} + a_{13} a_{21} a_{32} - a_{13} a_{22} a_{31} - a_{11} a_{23} a_{32} - a_{12} a_{21} a_{33}$$

Beispiel:
$$\begin{vmatrix} 3 & 7 & -2 \\ 4 & 0 & 6 \\ -2 & -4 & 1 \end{vmatrix} =$$
$$= 3 \cdot 0 \cdot 1 + 7 \cdot 6 \cdot (-2) + (-2) \cdot 4 \cdot (-4) -$$
$$- (-2) \cdot 0 \cdot (-2) - 3 \cdot 6 \cdot (-4) - 7 \cdot 4 \cdot 1$$
$$= 0 - 84 + 32 - 0 + 72 - 28 = -8$$
($\rightarrow$Determinante)

Sattelpunkt (saddle point)
Wendepunkt mit waagerechter Tangente.
($\rightarrow$Wendepunkt)

Satzanfang (block start)
Teil der Steuerungsanweisung in einem Programmsatz für CNC-Programme.
Wird durch den Buchstaben N mit zugeordneter Satznummer definiert.
DIN 66 025 Programmaufbau für numerisch gesteuerte Arbeitsmaschinen.
($\rightarrow$CNC-Programm, $\rightarrow$Satznummer)

Satznummer (sequence number)
Nummerierung von CNC-Sätzen zur übersichtlichen Gestaltung von CNC-Programmen.
Wird mit der Adresse N programmiert. Moderne Steuerungen verzichten auf eine Nummerierung.
DIN 66 025 Programmaufbau für numerisch gesteuerte Arbeitsmaschinen.
($\rightarrow$CNC-Programm, $\rightarrow$Programmsatz)

Saugheber (suction lift)
$\rightarrow$Vakuumheber

saure Salze (acid salts)
veraltete Bezeichnung
($\rightarrow$Hydrogen-Salze)

Scanner (scanner)
Lesegerät, das eine Strichvorlage oder ein Bild Punkt für Punkt abtastet und zur elektronischen Weiterverarbeitung speichert.

SCARA-Arm, SCARA-Roboter
(SCARA-type)
Bauform von Industrierobotern (Bild Seite 366).
($\rightarrow$Industrieroboter, $\rightarrow$Roboterarbeitsraum)

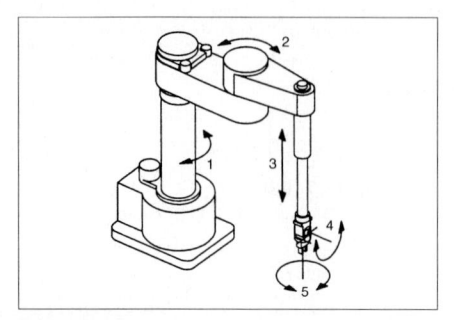

SCARA-Roboter mit 5 Bewegungsachsen (5 Gelenke)

Schabotte (bed plate; anvil block)
Schwerer Unterbau aus Beton oder Stahl unter dem Amboss des Maschinenhammers.
Je größer die Masse (d.h. je schwerer), desto größer der Schlagwirkungsgrad beim Schmieden.

Schäkel (clevis; shackle)
In Seefahrt und Fördertechnik ösenförmiges, lösbares Verbindungselement für Ketten oder Seilkauschen.

Schalenformverfahren (shell form process)
→Feinguss

Schalenhartguss (clear chill casting)
Untereutektisches Gusseisen mit einer Abschreckschicht aus carbidischem, weißen Eisen und einem grauen graphitischen Kern.
Diese Erstarrung wird durch bestimmten Mn + Si-Gehalt und Gießen in Kokillen erreicht. Die schnelle Abkühlung unterdrückt die Graphitbildung. Cr, Mo und Mn erhöhen die Schrecktiefe.
Verwendung: Walzen aller Art.
(→Umschmelzhärten,   →Wanddickenempfindlichkeit)

Schalenkupplung (clamping coupling)
Klemmung der beiden Halbschalen auf den Wellenenden, also Übertragung des Drehmoments durch Reibungsschluss (Bild rechts). Deshalb bei gleichem Bohrungsdurchmesser kleinere Drehmomente übertragbar als bei Scheibenkupplungen.
DIN 115 Schalenkupplung.

Schalldämpfer (exhaust-silencer; muffler)
→Abgasschalldämpfer

Schaltfrequenz (operating frequency)
Zahl der Schaltvorgänge in einer Steuereinrichtung bezogen auf eine bestimmte Zeiteinheit.
Die Schaltfrequenz kann zum Beispiel in 1/min, Hz, kHz oder Mhz angegeben werden.

Schalthysterese (circuit hysterisis)
Verzögerung eines Schaltvorganges.

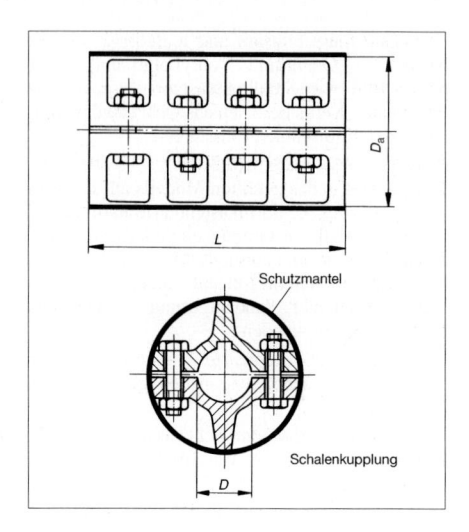

Differenz zwischen der Ein- und Ausschaltschwelle bei Schmitt-Triggern und anderen Regeleinrichtungen.
(→Hysterese)

Schaltkreise (circuits)
Bezeichnung für eine Zusammenschaltung verschiedener Bauelemente zu einer Baugruppe mit einem eng umschriebenen Funktionsziel oder Verwendungszweck und meist als integrierte Schaltkreise IC hergestellt.
Man unterscheidet analoge (lineare) und digitale Schaltkreise hinsichtlich der zu bearbeitenden Signalspannungen, z.B. Verstärkerschaltungen oder Speicherprogrammierbare Steuerungen (SPS).
(→analoges Signal)

Schaltkreisfamilien (circuit families)
Verschiedene digitale (logische) integrierte Schaltkreise, die in der gleichen Technologie hergestellt sind und in ihren wichtigsten elektrischen Daten übereinstimmen (kompatibel sind).
Beispiele: TTL-Familie, CMOS-Familie.

Schaltplan (circuit diagram)
Zeichnerische Darstellung von Baueinheiten und Verbindungsleitungen in einer Steuereinrichtung.

Schalttransistor (switching transistor)
Kontaktloser, elektronischer Schalter auf der Basis eines Transistors.
Ein im Vergleich zum geschalteten Strom kleiner Steuerstrom bewirkt die Umschaltung des Schalttransistors. Es sind zwei Schaltstellungen möglich: Entweder der Schaltstrom wird durchgelassen oder gesperrt.

Schaltungsalgebra (circuit algebra)
Rechenverfahren aus der Steuerungstechnik, mit dem logische Schaltfunktionen beschrieben und in den Zusammenhang von Gleichungen gestellt werden können.

Schaltvorgang (switching operation)
Antwort eines elektronischen oder pneumatischen Systems auf die Änderung eines Eingangssignals.

Schaltzeichen (circuit symbol)
Vereinfachte, symbolische Darstellung von Baueinheiten und Schaltfunktionen in Steuerungsschaltplänen.

Schaubild (graph)
Synonym für Graph einer Funktion.
($\rightarrow$ Graph)

Schaufelplan
(diagram showing bladed wheel profile)
Darstellung der Schaufelprofile von Strömungsmaschinen (Bild rechts).
An Schaufeleintritt und -austritt werden die Geschwindigkeitsdreiecke gezeichnet. Aus dem Geschwindigkeitsplan werden die Ein- und Austrittswinkel der Strömung (β_1 und β_2) als Richtung der Relativgeschwindigkeit w für die Schaufelkonstruktion ermittelt.
($\rightarrow$ Geschwindigkeitsdreieck, $\rightarrow$ Geschwindigkeitsplan, $\rightarrow$ Strömungsmaschinen)

Scheibenbremse (disc brake)
Als Ein- und Mehrscheibenbremse gebautes System, wegen der besseren Wärmeableitung an Stelle der Bandbremse eingesetzt.
Die Bremsscheibe sitzt drehfest auf der Bremswelle. Beide Bremsbacken werden durch Druckfedern an die Bremsscheibe gepresst und können hydraulisch gelöst werden (Lüften). Die Einscheibenbremse wird zunehmend im Hebezeugbau verwendet. Berechnung siehe Kegelbremse.
DIN 15433 Scheibenbremsen.
($\rightarrow$ Backenbremse, $\rightarrow$ Bandbremse, $\rightarrow$ Kegelreibungsbremse)

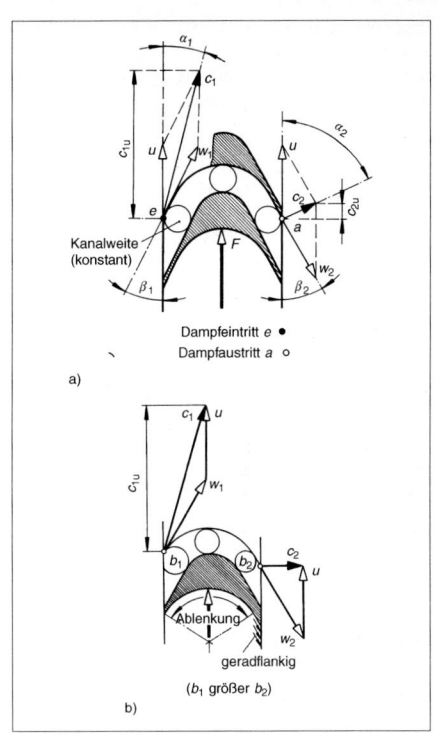

Schaufelprofile von Dampfturbinen
a) Gleichdruckschaufel, b) Überdruckschaufel

Scheibenkupplung (disc clutch)
Verschraubung beider Scheiben durch Passschrauben. Form A mit Zentrieransatz; zum Lösen der Verbindung müssen die Wellenenden axial ver-

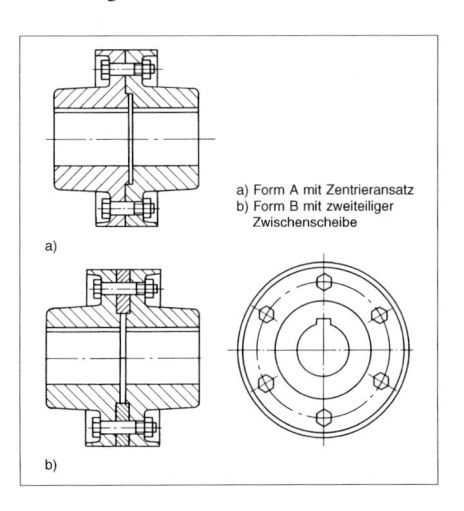

a) Form A mit Zentrieransatz
b) Form B mit zweiteiliger Zwischenscheibe

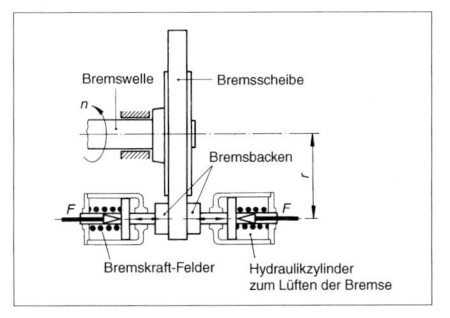

Einscheibenbremse mit hydraulischer Lüftung

schiebbar sein. Form B mit zweiteiliger Zwischenscheibe ermöglicht das Lösen der Verbindung ohne Axialverschiebung der Wellenenden. DIN 116 Scheibenkupplungen.

Scheinkraft (fictitious force)
→Trägheitskraft

Scheinleistung S (apparent power)
Produkt aus anliegender Spannung U und aufgenommenem Strom I in einem Wechselspannungs- oder Drehstromnetz. Die Scheinleistung enthält neben der Wirkleistung P noch die induktive oder kapazitve Blindleistung Q:
$S^2 = P^2 + Q^2$, $S = UI$.
Einheit der elektrischen Scheinleistung S ist das VA (Voltampere) anstelle von W (Watt) bei der Wirkleistung.

Scheinleitwert Y (admittance)
Kehrwert des Scheinwiderstandes Z.
$Y = 1/Z$ in $1/\Omega$ = S (Siemens).
(→Scheinwiderstand)

Scheinspan
(chips released from a built-up cutting edge)
Werkstoffabgang zwischen Schnittfläche und Freifläche des Schneidkeils eines Zerspanwerkzeugs bei spanender Bearbeitung mit Aufbauschneidenbildung.
Bei eintretender Instabilität lösen sich Teile der Aufbauschneide periodisch aus der abgestreiften Werkstoffanlagerung heraus und verlassen die Wirkstelle zwischen Schnittfläche und Freifläche des Schneidkeils. Bei hoher Ablösefrequenz von ca. 1 kHz (1000 Ablösungen je Sekunde) entwickelt sich ein stetiger Stofffluß, der als Scheinspan bezeichnet wird.
(→Aufbauschneide)

Scheinwiderstand Z (impedance)
Bei Wechselspannung der Quotient aus Spannung U und Strom I.
In Anlehnung an das Ohmsche Gesetz gilt:
$Z = U/I$ (Effektivwerte von Spannung und Strom). Der Scheinwiderstand Z enthält neben dem Wirkwiderstand R noch den induktiven oder kapazitiven Blindwiderstand X: $Z^2 = R^2 + X^2$ in Ω.

Scheitelfaktor (form factor)
Quotient aus Scheitelwert und Effektivwert einer Wechselspannung oder eines Wechselstromes, bei Sinusform ist der Scheitelfaktor $\sqrt{2}$.
(→Amplitude)

Scheitelpunkt (vertex)
1. Scheitelpunkt eines Winkels: Schnittpunkt der Schenkel des Winkels.

2. Scheitelpunkt einer Parabel: Punkt, in dem die Parabel einen Extremwert besitzt.
(→Parabel, →quadratische Funktion)

Scheitelpunktsform der Parabelgleichung
(vertex form of the equation of a parabola)
Gleichung der Parabel in der Form $(y - y_s)^2 = 2p(x - x_s)$, $p > 0$
(p Parameter der Parabel (Abstand des Brennpunkts von der Leitlinie), x_s, y_s Koordinaten des Scheitelpunktes).
(→Parabel, →quadratische Funktion)

Scheitelwert (peak value)
→Amplitude

Scheitelwinkel (vertex angles)
Gegenüberliegende Winkel an zwei sich schneidenden Geraden.
Scheitelwinkel sind gleich groß.
(→Winkel)

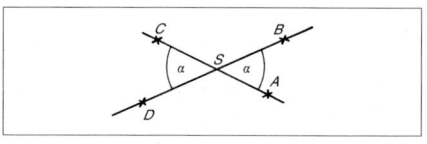

Scheitelwinkel (a ASB und aCSD)

Schenkel (leg)
Bei einem Winkel die vom Scheitelpunkt ausgehenden, den Winkel einschließenden Strahlen (Halbgeraden).
(→Scheitelpunkt)

Scherspan (nonhomogeneous serrated chips)
Spanart bei spanender Bearbeitung von Werkstoffen mit begrenzter Verformungsfähigkeit (z.B. Stahl mit geringerer Bruchdehnung) und Versprödungsneigung bei Kaltverformung.
Der Scherspan entsteht wie beim Fließspan in der Scherzone. Während der ablaufenden Schubverformung wird jedoch die Abscherbruchfestigkeit (τ_{aB}) überschritten und das Werkstoffgefüge schert ab (Trennungsbruch). Durch periodische Abfolge entstehen einzelne Spanlamellen, die sich unter dem Einfluss der Werkstoffstauchung durch Kaltverschweißung zu einem zusammenhängenden Spanband verbinden. Unter Bildung eines voreilenden Kerbrisses läuft das angestauchte und auf der Innenseite sichtbar schuppige Spanmaterial ungleichförmig über die Spanfläche des Schneidkeils von der Wirkstelle ab.
Die entstehende Schnittfläche ist bei ungleichförmigem Spanablauf mit internen Schwingungen makroskopisch rauher.

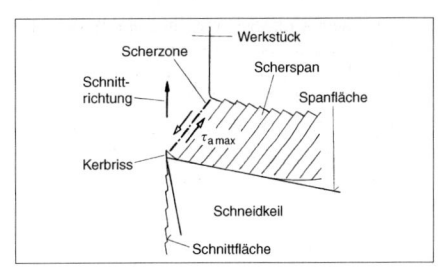

Scherspanbildung (schematisch)

Scheuerplattenbauweise
(welded construction of machine frames)
Bei geschweißten Maschinengestellen angewandte Bauweise.
Statt massiver Stahlplatten verwendet man für einzelne Gestellteile aufeinander geschichtete Bleche, die auf eine aufwändige Weise so miteinander verschweißt werden, dass bei im Betrieb auftretenden Verformungen durch Biegung, Torsion oder Schwingungen die Reibung zwischen den einzelnen Blechen diese Verformungen behindert.
(→Plattenbauweise)

Schichtverbundwerkstoffe
(laminar bonded materials)
Werkstoffverbund aus Schichten, die fest aufeinander haften.
Hauptanwendungen sind Schichtverbunde als Halbzeug. Oberflächenschichten auf Bauteilen gehören ebenfalls zu den Schichtverbunden.
Beispiele: Hartpapier, -gewebe und Kunstharzpressholz, Al-Bleche mit Wärmedämmstoff als Zwischenschicht, Stahlbleche, verzinkt, mit elastischem Zwischenstoff als Schalldämmung z.B. für Baumaschinen und Kfz.-Radhäuser, aramidfaserverstärkte Al-Bleche (ARRAL-Sandwichbauweise).

Schichtwiderstände (film resistor)
→Bauformen von Widerständen

Schieberädergetriebe
(sliding gear unit; sliding gear drive)
Zahnrad-Stufengetriebe in Werkzeugmaschinen.
Zum Schalten der Übersetzungsstufen wird ein Block aus zwei, drei oder vier Zahnrädern auf seiner Welle axial verschoben und jeweils eines seiner Zahnräder mit seinem Gegenrad in Eingriff gebracht.

Schieberegister (shift register)
Schaltung aus hintereinander geschalteten Flipflops mit untereinander verbundenen Takteingängen.
Gibt die gespeicherte Information jeweils mit einem Takt von Flipflop zu Flipflop weiter. Die Kapazität ist von der Anzahl der Flipflops abhängig. Je nach Ein- und Ausgabe unterscheidet man Parallel-Seriell-, Seriell-Parallel-, Seriell-Seriell- und Parallel-Parallel-Register.
Beispiel: Umwandlung serieller Daten in die parallele Form.

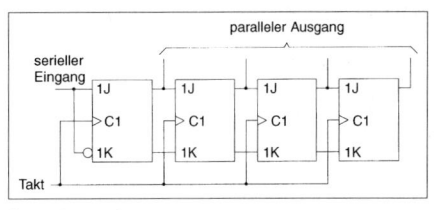

Schieberegister

schiefer Zylinder (oblique cylinder)
Zylinder, bei dem die Deckfläche nicht senkrecht über der Grundfläche steht.
(→Zylinder)

schiefes Prisma (oblique prism)
Prisma, bei dem die Deckfläche nicht senkrecht über der Grundfläche steht.
(→Prisma)

Schlankheitsgrad (slenderness ratio)
→Knickung

Schleifringläufer (slip-ring rotor)
Rotor (Läufer) eines Drehstromasynchronmotors mit eingebauten Wicklungen, die über Schleifringe elektrisch zugänglich sind.
In den Läuferkreis können Widerstände geschaltet werden, durch die der Schlupf größer wird. Die Drehzahl des Motors kann über den Leistungsverlust im Läuferkreis geändert werden.

Schleifroboter (grinding robot)
Industrieroboter zur Oberflächenbearbeitung.
Ein Prozessroboter führt ein Schleifgerät (Schleifspindel, Bandschleifer) entlang einer programmierten Bahn (Werkstückkontur), oder er führt ein Werkstück an einer Schleifeinrichtung. Die erforderliche Andruckkraft zwischen Schleifwerkzeug und Werkstück kann dabei über Kraftsensoren ermittelt werden.
Roboter, die z.B. einer NC-Schleifmaschine zu bearbeitende Werkstücke zuführen und entnehmen, werden als Handhabungsroboter bezeichnet.
(→Handhabungsroboter, →Industrieroboter, →Prozeßroboter, →Roboter)

Schleifscheibenaufnahme
(grinding-wheel adapter; wheel mount)
Werkzeugspanner auf Schleifmaschinen.
Der Werkstoff der Schleifscheibe ist sehr kerbempfindlich. Deshalb hat sie eine glatte zylindrische Aufnahmebohrung. Die Schleifscheibenaufnahme

läuft mit der Schleifspindel um, spannt die Schleifscheibe zwischen zwei Flanschen ein und nimmt sie durch Reibung mit.
DIN 6375 Aufnahmeflansche für gerade Schleifscheiben

Schleifspindel (grinding-wheel spindle; grinding spindle; wheel-spindle)
Werkzeugträger der Schleifmaschine.

Schleifstoffe (abrasive materials)
Vorwiegend synthetische Kornwerkstoffe für die spanende Bearbeitung mit geometrisch unbestimmten Schneidkeilen (Schleifen, Honen, Läppen).
Wichtige Schleifstoffe:

Schleifstoff	Härte
Aluminiumoxid (Al$_2$O$_3$, Korund)	20 kN / mm^2 (GPa)
Borkarbid (B$_4$C)	22 kN / mm^2
Siliziumkarbid (SiC, Karborund)	25 kN / mm^2
Kubisches Bornitrid (BN, z.B. Borazon)	45 kN / mm^2
Diamant (C, kristallisierter Kohlenstoff)	80 kN / mm^2

Die Härteangaben (Richtwerte) entsprechen der Knoop-Härteskala. Die Schleifstoffhärte ist nicht identisch mit der Härte einer Schleifscheibe.
Die Schleifstoffe werden als Granulate mit unterschiedlicher Korngröße in fester oder loser Einbindung verwendet. Die Kornkanten der Schleifstoffkörner werden dabei als Schneidkeile wirksam. Die notwendigen Schleifstoffeigenschaften entsprechen den Anforderungen an Schneidstoffe. Schleifstoffe müssen zusätzlich für den Selbstschärfungseffekt der Werkzeuge eine angemessene Sprödigkeit besitzen.

Schleifverfahren (grinding; grinding process)
Spanende Bearbeitung (Schleifen) von Werkstücken bei kreisförmig drehender Schnittbewegung des Werkzeugs sowie drehender und (oder) linearer Vorschubbewegung meist des Werkstücks. Die Schleifwerkzeuge arbeiten bei hoher Schnittgeschwindigkeit mit geometrisch unbestimmten Schneidkeilen (Kanten der Schleifkörner).
Nach der Form der erzeugten Werkstückflächen werden unterschieden:
Planschleifen (ebene Flächen), Rundschleifen (kreiszylindrische Flächen), Schraubschleifen (wendelförmige Schraubflächen, Beispiel: Gewindeschleifen), Wälzschleifen (Flächen, die durch ein Schleifwerkzeug mit Bezugsprofil im Abwälzverfahren entstehen, Beispiel: Zahnflankenschleifen), Profilschleifen (beliebig profilierte Flächen durch Abbildung des Werkzeugprofils), Formschleifen (beliebige Flächen durch Steuerung der Wirkbewegungen, Beispiele: Nachformschleifen, CNC-Formschleifen).
DIN 8589, Teil 11 Fertigungsverfahren Spanen.

Schließer
(break contact; normally open contact)
Bauform eines elektrischen Schaltkontakts.
Nur im betätigten Zustand besteht eine leitende Verbindung zwischen den beiden Anschlüssen.
(→Öffner)

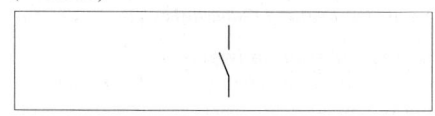

Zeichnerische Darstellung eines Schließerkontakts

Schließwinkel α (cam angle; dwell angle)
→Zündunterbrecher

Schlitten (carriage; slide; saddle)
→Werkzeugschlitten

Schlosskasten
(apron housing; apron gearbox)
Getriebekasten auf der Vorderseite des Betts der Leit- und Zugspindeldrehmaschine.
Enthält das Bettschlitten- und das Gewindegetriebe.

Schlossmutter (clam nut; screw cutting nut; half nuts; split nut; leadscrew nut)
Längs geteilte Mutter im Schlosskasten der Leit- und Zugspindeldrehmaschine.
Wird beim Gewindedrehen um die Leitspindel geschlossen und übernimmt von ihr den Steigungsvorschub.

Schlupf s eines Asynchronmotors (slip)
Verhältnis von Schlupfdrehzahl n_s zur Drehfelddrehzahl n_d des Ständers (Angabe in Prozent).
Schlupfdrehzahl ist die Drehzahl, um die ein Asynchronmotor mit der Nenndrehzahl n_N der Drehfelddrehzahl n_d des Ständers nacheilt:
$s = (n_s/n_d) \, 100\% = (n_d - n_N) \, 100\%/n_d$.

Schmelzen (melt)
Änderung des Aggregatzustandes, bei der ein fester Stoff unter Zufuhr von Wärme oder durch Druckänderung in den flüssigen Aggregatzustand übergeht.
Durch Wärmezufuhr wird bei Erreichen des stoffabhängigen Schmelzpunktes (Schmelztemperatur) die Bewegungsenergie der schwingenden Stoffteilchen so angehoben, dass die Bindekräfte (Kohäsion) überwunden werden. Die Stoffteilchen sind in ihrer gegenseitigen Lage gelockert und im Stoffverband ungeordnet beweglich.

Während des Schmelzvorganges wird dem schmelzenden Stoff die stoffabhängige Schmelzwärme zugeführt. Bei chemisch einheitlichen Stoffen (chem. Elemente und Verbindungen) bleibt dabei die Schmelztemperatur konstant. Bei nicht eutektischen Stoffgemischen (z.b. Legierungen) verläuft das Schmelzen innerhalb eines Schmelzbereichs (Temperaturbereich). Der Schmelzvorgang ist umkehrbar. Die Umkehrung (Reversion) ist das Erstarren einer Flüssigkeit. Dabei wird bei gleich bleibender Erstarrungstemperatur die Erstarrungswärme freigesetzt. Bei den meisten Stoffen nimmt das Volumen beim Schmelzen zu und beim Erstarren entsprechend ab (Beispiel: Lunkerbildung durch Erstarrungsschwindung bei Gussteilen). Wasser dagegen dehnt sich beim Erstarren (Eisbildung) aus (Anomalie des Wassers).
(→Eutektikum, →Legierungen)

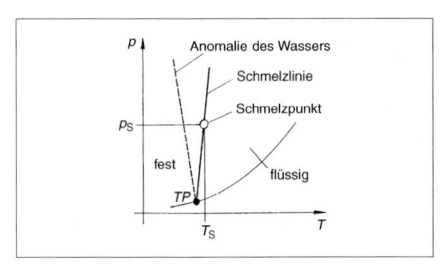

Schmelzlinie im Phasendiagramm, TP Tripelpunkt

Schmelzfeuerung (slag tap furnace)
Feuerungsanlage für staubförmige Brennstoffe. Vorwärmung der Verbrennungsluft ergibt hohe Feuerraumtemperaturen. Schlacke und Asche werden flüssig und fließen in den Schlackensumpf, wo sie im Wasserbad zu Granulat erstarren (Verwendung in der Baustoffindustrie).

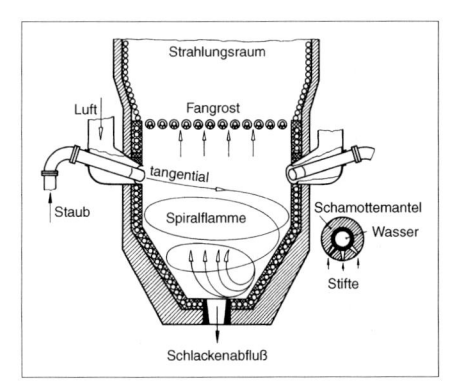

Schmelzfeuerung in Zyklonbauart

Die Schmelzkammer besteht aus dichtliegenden, bestifteten Wasserrohren mit Schamottumhüllung und ist gegen den Strahlungsraum (Hauptfeuerraum) durch einen Schlackenfangrost aus Stiftrohren abgegrenzt. Bei der Zyklonfeuerung wird Kohlenstaub tangential in die Schmelzkammer eingeblasen, wodurch ein langer, spiralförmiger Flammenweg mit intensiver Wandberührung entsteht.
(→Feuerungsanlage)

Schmelzindex MFI (melting flow index)
Kenngröße für die Fließfähigkeit thermoplastischer Formmassen.
Die Kenngröße (Zahlenwert) gibt die Masse des Polymers in Gramm an, die in 10 min bei festgelegter Temperatur und Belastung aus einem genormten Plastometer fließt.

Schmelzpunkt (melting point)
Schmelztemperatur T_s in K (oder ϑ_s in °C), bei der ein fester Stoff unter ständiger Wärmezufuhr und unter konstantem Druck in den flüssigen Aggregatzustand übergeht.
Die Druckabhängigkeit des Schmelzpunktes ist gering. Wenn das Volumen des schmelzenden Stoffes zunimmt, steigt der Schmelzpunkt bei steigendem Umgebungsdruck an. Eine Ausnahme bildet dabei das Wasser (Anomalie des Wassers). Schmelzpunkte werden in einschlägigen Tabellen genannt. Bezugsdruck ist dabei der Normdruck $p_n = 1,01325$ bar. Bei chemisch einheitlichen Stoffen (chemische Elemente und Verbindungen) sind Schmelzpunkt und Erstarrungspunkt zahlenmäßig gleich.
(→Schmelzen)

Schmelzschweißen (fusion welding)
Sammelbegriff für alle Verfahren, bei denen das Schweißen bei örtlich begrenztem Schmelzfluss mit oder ohne Schweißzusatz erfolgt. Die Verbindung entsteht durch Ineinanderfließen der flüssigen Stoffe. Bei Stahl wird der Nahtwerkstoff durch schnelle Abkühlung hart. Schweißteile können sich durch Schrumpfspannungen verziehen.
(→Elektronenstrahlschweißen, →Gasschmelzschweißen, →Laser-Schweißen, →Metall-Lichtbogenschweißen, →Schutzgasschweißen, →Schweißen)

Schmelztauchen (hot dip galvanizing)
Beschichten durch Tauchen in Metallschmelzen (Al, Pb, Zn) zum Korrosionsschutz. Ergibt größere Schichtdicken als das galvanische Beschichten.

Schmelzwärme
(heat required to melt 1 kg of material)
Wärme, die einem festen Stoff mit der Masse $m = 1$ kg zugeführt werden muss (spezifische Schmelzwärme), um ihn bei konstanter Schmelz-

Schmiedehammer

temperatur (Schmelzpunkt) in den flüssigen Aggregatzustand zu überführen.
Die stoffabhängige Schmelzwärme q_s in kJ/kg ist vom Umgebungsdruck praktisch unabhängig. Sie dient zur Überwindung der Bindungskräfte (innere Arbeit) und ist im geschmolzenen Stoff gespeichert. Beim Erstarren der Flüssigkeit wird die Schmelzwärme als Erstarrungswärme wieder freigesetzt.
(→Schmelzen)

Schmiedehammer (forging hammer)
→Maschinenhammer

Schmieden (forging)
Durch Schmieden können Werkstücke getrennt, umgeformt und gefügt werden. Zum Trennen gehören die Verfahren Abschneiden, Lochen, Abschroten, Einschroten und Schlitzen.
Querschnittsveränderungen erreicht man durch Recken, Breiten, Stauchen oder Anstauchen.
Schmiedewerkstoff ist hauptsächlich Stahl mit einem Kohlenstoffgehalt ≤1,7%. Stähle mit höherem C-Gehalt sind nur bedingt schmiedbar.
Beim Warmschmieden werden die Rohteile soweit erwärmt, dass nach dem Schmiedevorgang keine bleibende Verfestigung des Werkstoffs auftritt. Bei Stahl muss bis oberhalb der Rekristallisationsschwelle (850°...1200°) erwärmt werden. Kaltgeschmiedet wird beim Kalibrieren, Prägen oder Stauchen. Freiformschmieden wird meist nur zum Vorformen von größeren Gesenkschmiededetailen angewendet. Es treten große Fertigungstoleranzen auf. Freiformschmiedeteile können Massen von 1 kg bis 250 t haben.
Konstruktionshinweise: Stark unterschiedliche Wanddicken vermeiden, da sonst bei Abkühlung Spannungsrisse auftreten können. Scharfe Übergänge vermeiden (Kerbrisse). Schmiedeteile mit Rippen nur im Gesenk herstellen. Gesenkschmiedewerkzeuge müssen mit Ausheberschrägen (DIN 7523 T2) versehen werden. Hinterschneidungen wegen der erheblich höheren Werkzeugkosten vermeiden.
DIN 7521 Schmiedestücke aus Stahl; Technische Lieferbedingungen; DIN 7522 Schmiedestücke aus Stahl; Technische Richtlinien für Lieferung, Gestaltung und Herstellung; Allgemeine Gestaltungsregeln mit Beispielen; DIN 8583 T1 Fertigungsverfahren Druckumformen; Einordnung, Unterteilung, Begriffe; T3 Fertigungsverfahren Druckumformen; Freiformen, Unterteilung, Begriffe.
(→Gesenkschmieden, →Rekristallisationsschwelle, →Stauchen)

Schmiedepresse (forging press)
Werkzeugmaschine zur Warmumformung von Werkstücken, meist in Schmiedegesenken, aber auch zum Freiformschmieden.

Das Untergesenk auf dem Pressentisch nimmt das Werkstück auf. Der Pressenstößel mit dem Obergesenk bewirkt den Pressvorgang. Im Unterschied zum Schmiedehammer erfolgt die Umformung wegen kleinerer Geschwindigkeit und Masse des Stößels langsamer. Dadurch wird das Werkstück besser durchgeschmiedet und seine Maß- und Formgenauigkeit wird erhöht.

Schmierstoffdurchsatz
(lubricant consumption)
→Gleitlager

Schmierstoffe (lubricants)
Schmieröle, Schmierfette und Festschmierstoffe als Zwischenstoff in Tribosystemen.
Sie vermindern Reibung und Verschleiß und übernehmen auch Wärmeabfuhr, Korrosionsschutz und Abdichtung gegen Partikel von außen.

Schmitt-Trigger (Schmitt trigger)
Elektronische Schaltung (auch Schwellwertschalter genannt), die ihre Ausgangsspannung sprunghaft ändert, wenn die Eingangsspannung einen bestimmten Wert unter- oder überschreitet.
Das Ausgangssignal stellt sich unabhängig von der Form der Eingangsspannung ein (digitales Signal). Anwendung: Umformung analoger Signale in digitale Signale, Verbesserung der Flankensteilheit digitaler Signale.

Schneckenzahnstange (worm rack)
Schraubgetriebe an Werkzeugmaschinen. Antriebselement ist eine Schnecke anstelle der Gewindespindel, Abtriebselement eine Schneckenzahnstange anstelle der Mutter.
Beispiele: Werkstücktischantrieb an Langfräsmaschinen, Bettschlittenantrieb an langen Drehmaschinen.

Schneiddiamant (diamond cutting materials)
Härtester Schneidstoff aus kristallin aufgebautem Kohlenstoff (C). Anwendung als geschliffener Einkristall (monokristalliner Diamant, MKD) oder als pulvermetallurgisch hergestellter Schneidteil (polykristalliner Diamant, PKD). Diamantgranulat dient als Schleifmittel. Schneiddiamant ist bis ca. 700 bis 900 °C als Schneidstoff einsetzbar (Graphitisierung bzw. Oxidation).

Schneide (cutting edge)
Durch Spanfläche und Freifläche entstehende Kante am geometrisch bestimmten Schneidkeil des Schneidteils eines Zerspanwerkzeugs.
Die am Werkstück entstehende Schnittfläche wird meist durch zwei gleichzeitig im Schnitt stehende Schneiden (Hauptschneide, Nebenschneide) gestaltet.
(→Gefaste Schneide, →Schneidkeil)

Schneiden (cutting)
Das Fertigungsverfahren Zerteilen wird nach DIN 8588 unterteilt in Scherschneiden (abgekürzt Schneiden) und Keilschneiden.
Scherschneiden ist Zerteilen von Werkstoff zwischen zwei Schneiden, die sich aneinander vorbeibewegen. Der Werkstoff wird abgeschert. Unterteilung in Ausschneiden (Innen- oder Außenform in geschlossener Schnittlinie) und Abschneiden (offene Schnittlinie).
Keilschneiden ist Messerschneiden mit einer Schneide, deren Keil den Werkstoff auseinander drängt. Nur geeignet zum Trennen weicher Werkstoffe wie Pappe, Papier, Textilien, Dichtungsstoffen.
DIN 8588 Fertigungsverfahren Zerteilen; Einordnung, Unterteilung, Begriffe.
(→Blechschneiden, →Feinschneiden, →Konterschneiden, →Lochen)

Schneidenradiuskorrektur
(tool nose radius compensation)
Berücksichtigt die Abrundung einer Drehmeißelspitze beim CNC-Drehen mit nichtachsparalleler Vorschubrichtung, auch Schneidenradiuskompensation genannt.
Da in einem CNC-Teileprogramm nur die Fertigkontur programmiert wird, müssen Werkzeugkorrekturen, wie der Radius der Schneidenabrundung, gesondert angegeben werden.
DIN 66025 Programmaufbau für numerisch gesteuerte Arbeitsmaschinen.
(→Äquidistante, →Bahnkorrektur, →CNC-Programm)

Schneidkeil (wedge)
Durch Spanfläche und Freifläche gebildeter Keil am Schneidteil eines Zerspanwerkzeugs.
Der Schneidkeil überträgt die erforderliche Zerspankraft auf das Werkstück und erzwingt dort die Spanbildung. Schneidkeile mit definierbarer Winkelgeometrie (Werkzeugwinkel) sind geometrisch bestimmte Schneidkeile (z.B. Drehwerkzeuge).
Gegensatz: Schleifmittelkorn mit willkürlicher Form und Winkellage im Schleifkörperverband (geometrisch unbestimmter Schneidkeil).

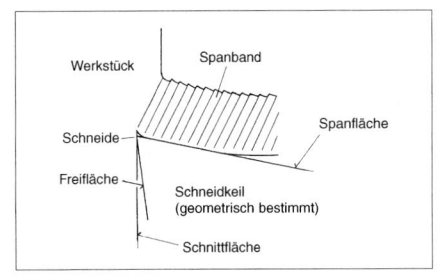

Geometrisch bestimmter Schneidkeil

Schneidkeramik
(ceramic materials for cutting tools)
Pulvermetallurgisch hergestellte oxidische oder nichtoxidische Schneidstoffe mit großer Härte, Warmhärte und Verschleißfestigkeit.
Beispiele: Oxidkeramik, Mischkeramik, Nitridkeramik, Cermets.

Schneidplattenwerkstoffe (tool tip material)
→Schneidwerkzeuge

Schneidstoffe (materials for cutting tools)
Metallische, halbmetallische und nichtmetallische Werkstoffe zur Herstellung der Schneidteile von Zerspanwerkzeugen.
Notwendige Stoffeigenschaften sind große Härte und Warmhärte, hohe Festigkeit und Warmfestigkeit, große Verschleißbeständigkeit und gute Wärmeleitfähigkeit.
Beispiele: Schnellarbeitsstahl, Hartmetall, Schneidkeramik, Schneiddiamant, Kubisches Bornitrid.
DIN ISO 513 Anwendung der harten Schneidstoffe zur Zerspanung.
(→beschichtete Schneidstoffe)

Schneidteil (cutting part of a tool)
Zerspantechnisch wirksamer Teil eines Zerspanwerkzeugs. Der Schneidteil besitzt einen oder mehrere Schneidkeile mit der jeweils zugehörigen Schneide.
DIN 6581 Begriffe der Zerspantechnik.

Schneidwerkzeuge (cutting tools)
Messerschneidwerkzeuge zum Ausschneiden und Lochen von Metallfolien, Dichtungsstoffen, Gummi und Textilien (Bilder S. 374).
Freischneidwerkzeuge zum Ausschneiden und Lochen von stärkeren Papierlagen, Kunststoffen und Metallen. Sie müssen mit Auswerfern und Abstreifern ausgerüstet werden.
Plattenführungsschneidwerkzeuge zum Ausschneiden und Lochen von Kunststoffen und Metallen. Durch die geschlossene Bauweise der Schneidkästen können die Schneidkanten nicht beobachtet werden. Nur Verarbeitung von zugeschnittenen Blechstreifen oder -bändern möglich.
Folgeschneidwerkzeuge können mehrere Arbeitsgänge hintereinander ausführen:
1. Arbeitsschritt: Lochen, 2. Arbeitsschritt: Ausschneiden, 3. Arbeitsschritt: Verformen des Werkstücks, meist durch Biegen. Eine Vorschubbegrenzung ist durch Einhängestifte, aber auch Seitenschneideranschläge oder Suchstifte möglich.

Schneidwerkzeuge

Aufbau der Messerschneidwerkzeuge
a) für Lochen
b) für Ausschneiden
c) für Ausschneiden und Lochen

1 Stempelkopf
2 Stempelplatte
3 Schneidstempel für Lochen
4 Schneidstempel für Ausschneiden
5 Auswerfer für Lochen
6 Auswerfer für Ausschneiden
7 und 8 Auswerferfedern
9 Schneidplatte (Hartpappe, Vulkanfiber)

Aufbau eines Freischneidwerkzeuges
a) mit federbelastetem Abstreifer
b) mit festem Abstreifer

1 Einspannzapfen, 2 Kopfplatte, 3 Druckplatte, 4 Stempelplatte, 5 Abstreiferfeder, 6 Schneidstempel, 7 federbelasteter Abstreifer, 8 fester Abstreifer, 9 Schneidplatte, 10a Spannring oder 10b Spannmutter, 11 Einspannplatte

Aufbau eines Schneidkastens für Plattenführungsschneidwerkzeuge
1 Schneidstempel (bleibt beim Schneiden in 2 geführt), 2 Führungsplatte, 3 kurze Zwischenlage, 4 lange Zwischenlage, 5 Schneidplatte, 6 Einspannplatte, 7 Auflageblech, 8 eingegossene Schneidstempelführung (nur für große Stückzahlen wirtschaftlich), 9 Innensechskantschraube, 10 Stift

Vorschubbegrenzung durch Einhängestift
1 Schneidplatte, 2 Schneidstempel, 3 Lochstempel, 4 Einhängestift, 5 Führungsplatte, 6 Anschlagsteg für Vorschubbegrenzung, 7 Blechstreifen

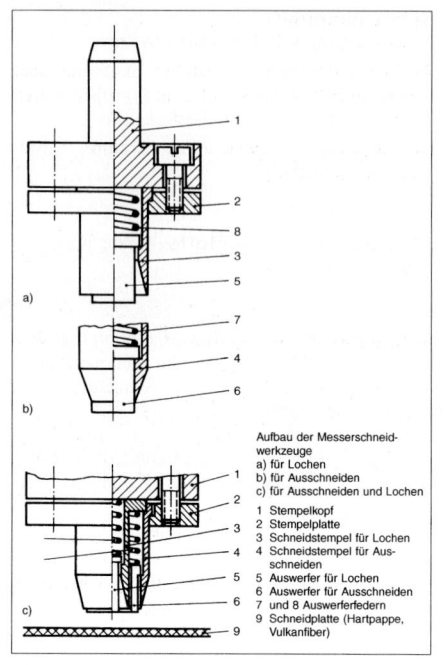

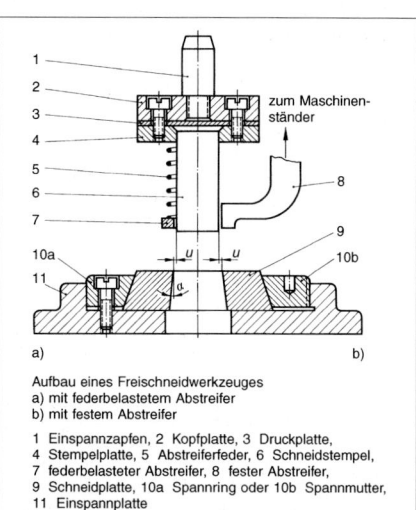

Werkstoffempfehlungen für Schneidplatten und Stempel:
Ölhärtende Stähle wie z.B. 100Cr6, 90MnCrV8 oder 105WCr6 mit Arbeitshärte 54...62 HRC für Stempel, Schneidplatten, Suchstifte, schlanke Lochstempel; Schneiden von Al- und Cu-Legierungen.

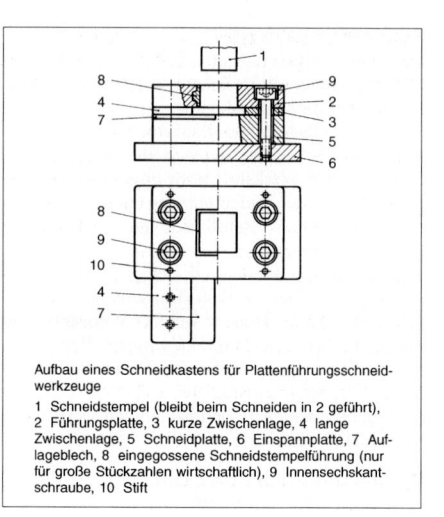

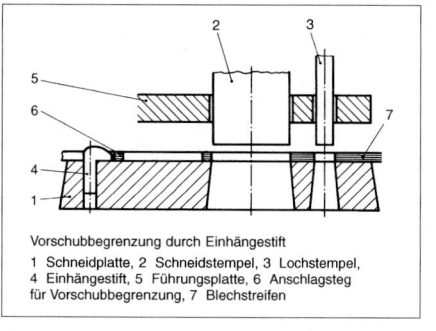

60WCrV7 mit 50...58 HRC wie oben, aber größere Zähigkeit; für das Schneiden größerer Wanddicken. X45NiCrMo4 mit 48...55 HRC für sehr große Wanddicken.
Chromstähle wie z.B. X210CrW12 mit Arbeitshärte 58...63 HRC für zusammengesetzte Stempel und Schneidplatten, Kaltfließpresswerkzeuge; mit hoher Verschleißfestigkeit, geringem Maßverzug beim Härten.
X155CrVMo12 1 mit 56...62 HRC; wie X210CrW12, aber größere Zähigkeit.
Schnellarbeitsstähle wie z.B. S 6-5-2, S 18-1-2-5 und S 18-1-2-15 mit 60...66 HRC für Kaltfließpressstempel, dünne Lochstempel; hohe Verschleißfestigkeit und Zähigkeit, für Feinschneiden geeignet.
Hartmetalle wie GT20, GT30 und GT40 mit Arbeitshärte 1100...1400 HV (Vickers Härte) einsetzbar in der Hochleistungs-Stanztechnik, für große Serien mit hartmetalltauglichen Pressen; Stahl bis 3 mm Blechdicke ohne Schnittschlagdämpfung schneidbar; sehr hohe Verschleißfestigkeit, geringe Zähigkeit.

DIN 9812 ... 9825 Säulengestelle; DIN 9859 Einspannzapfen; DIN 9861 ... 9864 Seitenschneider, Anschläge, runde Schneidstempel; DIN 9866 Stempelköpfe (Stempel-, Druck- und Kopfplatten); DIN 9867 Schneidkästen; DIN 9869 T1 Begriffe für Werkzeuge zur Fertigung dünner, überwiegend flächenbestimmter Werkstücke, Einteilung; DIN 9869 T2 Begriffe für Werkzeuge der Stanztechnik; Schneidwerkzeuge; DIN 9870 T1 Begriffe der Stanztechnik; Fertigungsverfahren und Werkzeuge; Allgemeine Begriffe und alphabetische Übersicht;
DIN 9870 T2 Begriffe der Stanztechnik; Fertigungsverfahren und Werkzeuge zum Zerteilen.

Schnellarbeitsstähle, HSS-Stähle (high speed steels)
Härtbare, mit Carbidbildnern hochlegierte Werkzeugstähle, die bei höheren Anlasstemperaturen einen Aushärtungseffekt ergeben.
Beispiel: HS6-5-2-5 für Fräser, Bohrer und Gewindeschneidwerkzeuge.
Bezeichnung der HSS-Stähle nach den Elementen in der Reihenfolge W, Mo, V, Co. Die Anteile von ca. 4% Cr und 0,8 ... 1,4% C werden nicht angegeben. Gegenüber unlegiertem Stahl liegt die Anlasshärte ($\rightarrow$Sekundärhärte) höher als die Abschreckhärte.

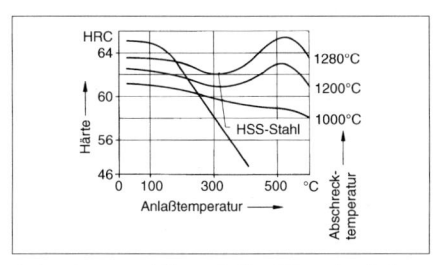

Anlasskurven, Härte als Funktion der Anlasstemperatur

Schnellhobler (shaping machine; shaper)
$\rightarrow$Stoßmaschine

Schnellradiale (high-speed radial drilling machine; high-speed radial)
Der Radialbohrmaschine ähnliche Bohrmaschine. Am Kopfende eines balkenförmigen Auslegers sitzt der Spindelstock mit der Bohrspindel. Der Ausleger gleitet waagerecht in einem Führungsteil, das auf einer schwenkbaren und höhenverstellbaren Säule sitzt. Das Werkstück wird auf einem festen Tisch aufgespannt. Typisches Merkmal ist die „Ein-Griff-Bedienung": Alle Maschinenoperationen werden von einem Drehgriff aus bedient.

Schnellspannstock (quick-action vice)
Spannstock mit kurzer Spann- und Lösezeit, aber kleinem Spannhub.
($\rightarrow$Pressluft-Spannstock)

Schnellwechsel-Bohrfutter (quick-change drill chuck)
Werkzeugspanner an Bohrmaschinen.
Dreibacken-Bohrfutter, mit dem der Bohrer von Hand bei laufender Bohrspindel gewechselt werden kann.

Schnellwechsel-Meißelhalter (quick-change toolholder)
Werkzeugspanner an Drehmaschinen.
Sein Grundkörper wird auf dem Oberschlitten festgespannt und hat bis zu drei seitliche Führungen, auf die jeweils ein Werkzeughalter mit eingespanntem Meißel aufgeschoben und mit einem Handgriff festgeklemmt werden kann. Einsatz zur Verkürzung der Werkzeugwechselzeit in der Serienfertigung bei mehreren aufeinander folgenden Arbeitsgängen mit unterschiedlichen Werkzeugen an einem Werkstück.

Schnittarbeit (cutting process)
$\rightarrow$Blechschneiden

Schnittbewegung (relative movement between tool and workpiece during the cutting process)
Bewegung des Werkzeugs oder des Werkstücks zur Durchführung der Spanbildung. Sie ist beim Spanen meist eine Drehbewegung.
($\rightarrow$Wirkbewegung)

Schnittfläche (cut surface)
Fläche am Werkstück, die bei einer spanenden Bearbeitung in dem Schnitt stehenden Schneide des Zerspanwerkzeugs erzeugt wird. Sie ist nicht in allen Fällen identisch mit den durch Bearbeitung entstandenen Flächen am funktionsfähigen Fertigteil.
DIN 6580 Begriffe der Zerspantechnik.
($\rightarrow$Schneidkeil)

Schnittgeschwindigkeit v_c (cutting speed)
Momentangeschwindigkeit des betrachteten Schneidenpunktes (relativ zum Werkstück) in Schnittrichtung (Bild S. 376).
$v_c = d \cdot \pi \cdot n$ mit Drehdurchmesser d und Werkstückdrehzahl n beim Runddrehen.
($\rightarrow$Umfangsgeschwindigkeit)

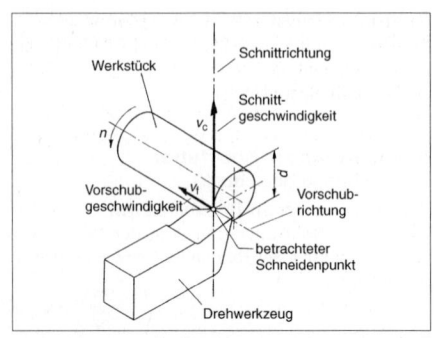

Schnittgeschwindigkeit v_c und Vorschubgeschwindigkeit v_f beim Runddrehen

Schnitttiefe a_p (depth of cut)
Tiefe des Werkzeugeingriffs bei spanender Bearbeitung, gemessen senkrecht zur Arbeitsebene.
Bei spanender Fräsbearbeitung wird die Schnitttiefe auch als Schnittbreite bezeichnet.

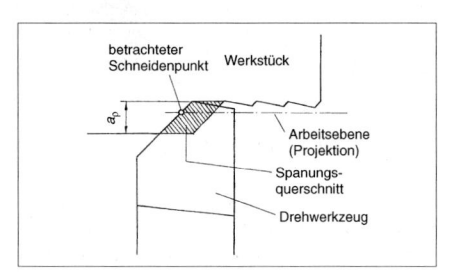

Schnitttiefe a_p beim Runddrehen (vereinfachte Betrachtung, Draufsicht)

Schnittigkeit (cuttability)
→Lochleibungsdruck, →Nietverbindungen

Schnittkraft F_c (cutting force)
Komponente der Zerspankraft in Schnittrichtung (Richtung der Schnittbewegung).

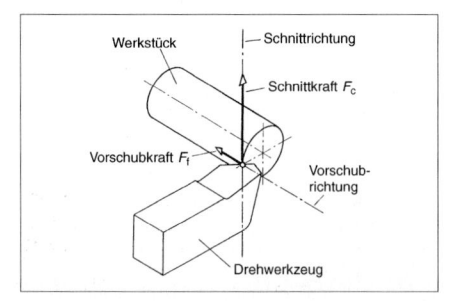

Schnittkraft F_c und Vorschubkraft F_f beim Runddrehen

F_c ist die größte Leistung führende Komponente der Zerspankraft und bestimmt daher maßgeblich den Leistungsbedarf (Wirkleistung) beim Spanen. Nach Kienzle ist $F_c = A \cdot k_c$ mit Spanungsquerschnitt A und spezifischer Schnittkraft k_c.
(→Blechschneiden)

Schnittleistung P_c (cutting power)
Quotient aus der von der Schnittkraft beim Spanen verrichteten Schnittarbeit und der dafür benötigten Zeit.
P_c in kW ist das Produkt aus Schnittkraft F_c und Schnittgeschwindigkeit v_c ($P_c = F_c \cdot v_c$) und damit praktisch die für die spanende Bearbeitung benötigte Wirkleistung P_e ($P_c \approx P_e$).
(→Blechschneiden)

Schnittmethode (cutting method)
Verfahren der Festigkeitslehre zur Ermittlung der inneren Kräfte, die die Querschnitte des belasteten Bauteils aufnehmen und übertragen.
Im Schnittflächenschwerpunkt SP werden diejenigen Kräfte und Kraftmomente angebracht, die den „abgeschnittenen" Teilkörper in das Gleichgewicht zurückversetzen. Sie sind das gesuchte innere Kräftesystem. Nach dem Wechselwirkungsgesetz müssen die inneren Kräftesysteme beider Schnittufer (I und II) gleich groß gegensinnig sein.
(→Freimachen)

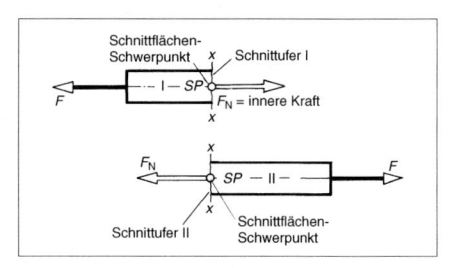

Zugbelasteter Rundstab, getrennt in Teilstücke I und II und mit inneren Kräften versehen

Schnittstelle (interface)
Verbindungselement zwischen Baugruppen oder Geräten zum Informations- und Datenaustausch.
1. Logische Verbindung zwischen zwei kommunizierenden Geräten oder Baugruppen.
2. Genormte Steckverbindungen zwischen Geräten der Datenkommunikation.
   Entsprechende Normen enthalten Angaben über den mechanischen Aufbau, die Zuordnung der Signale und die Bedeutung der Signale und Signalparameter.

Schnittverfahren (cutting method)
→Schnittmethode

schräger Wurf (oblique throw)
Bewegungsablauf eines mit der Abwurfgeschwindigkeit v_0 unter dem Abwurfwinkel α_0 schräg nach oben oder unten abgestoßenen Körpers ohne Berücksichtigung des Luftwiderstands.
Bewegungsanalyse nach dem Überlagerungsprinzip: In horizontaler x-Richtung gilt $v_{0x} = v_0 \cos \alpha_0 =$ konstant und damit $s_x = v_{0x} t_x = v_0 \cos \alpha_0 t_x$ sowie $s_{max} = v_0 \cos \alpha_0 T$ (Wurfweite).
In y-Richtung wird die gleichförmige Horizontalbewegung von der gleichmäßig beschleunigten (und dann verzögerten) Bewegung überlagert wie beim senkrechten Wurf mit anschließendem freien Fall. Aus den Diagrammen b) und c) lassen sich alle Berechnungsgleichungen entwickeln, z.B. die Funktionsgleichung $h = f(s_x, g, v_0, \alpha_0)$ für die Wurfbahn (Wurfparabel): $h = k_1 s_x - k_2 s_x^2$ mit den Konstanten $k_1 = \tan \alpha_0$ und $k_2 = g/(2 v_0^2 \cos^2 \alpha_0)$.
(→Überlagerungsprinzip, →waagerechter Wurf)

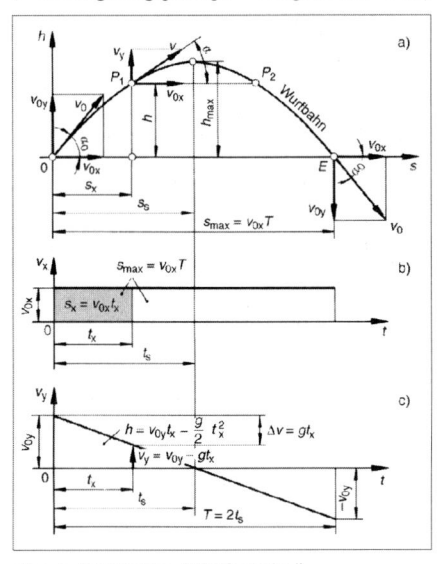

a) s, h-Diagramm (Wurfparabel),
b) v, t-Diagramm der Horizontalbewegung,
c) v, t-Diagramm der Vertikalbewegung

Schrägscheibenpumpe (oblique plate pump)
→Axialkolbenpumpe

Schrägstirnräder (helical gear)
Zähne sind schraubenförmig gewunden und bilden am Teilkreis mit der Radachse den Schrägungswinkel β. Bei der Paarung zweier Räder müssen die Zähne des einen Rades rechts-, die des anderen linkssteigend sein. Zwei Räder mit Zähnen des gleichen Steigungssinns ergeben ein Schraubradgetriebe.

Verwendung bei höheren Drehzahlen, ruhiger Lauf; größerer Überdeckungsgrad als bei Geradstirnrädern; Axialbelastung muss von den Wellenlagern aufgenommen werden.
Abweichend von den Verzahnungsmaßen für Geradstirnräder werden für Schrägstirnräder folgende Größen festgelegt:

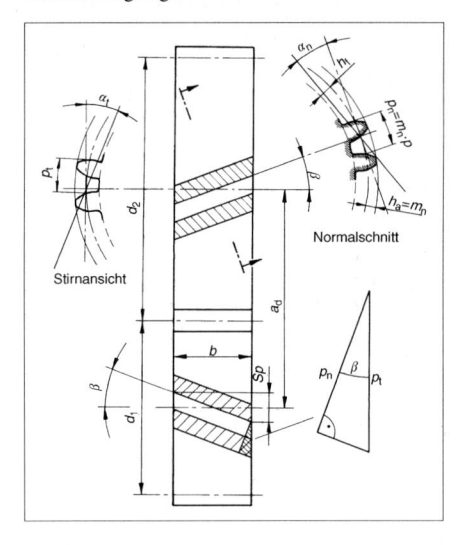

Schrägungswinkel $\beta \approx 10° ... 20°$ nach DIN 3978 bestimmt den Flankenlinienverlauf in der Wälzebene. Normalmodul $m_n = p_n/\pi$ mit p_n (Normalteilung) nach DIN 780. Stirnteilung $p_t = p_n/\cos \beta$ wird wie der Stirnmodul $m_t = m_n/\cos \beta$ an der Stirnfläche des Rades gemessen. Stirneingriffswinkel α_t ergibt sich aus $\tan \alpha_t = \tan \alpha_n / \cos \beta$.

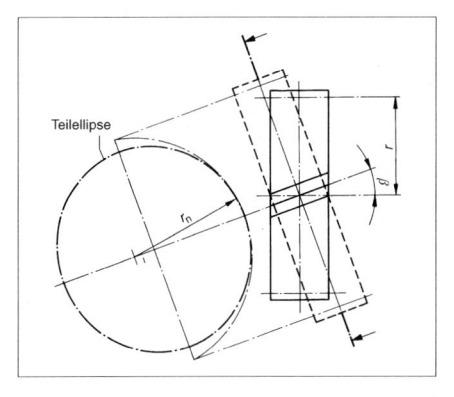

Teilkreisdurchmesser $d = m_t \cdot z = m_n z / \cos \beta$
Kopfkreisdurchmesser $d_a = d + 2 m_n$
Grundkreisdurchmesser $d = d_b \cdot \cos \alpha_t$

Achsabstand
$$a_d = (d_1 + d_2)/2 = m_n(z_1 + z_2)/2\cos\beta.$$
Für das aus dem Normalschnitt entstehende Ersatzrad ergibt sich die Ersatzzähnezahl $z_n = z/\cos^3\beta$ und die Grenzzähnezahl $z_{gS} = 17 \cdot \cos^3\beta$, für $z_n = z_g = 17$ Zahnunterschnitt. Vorwahl der Hauptabmessungen im Prinzip wie für Geradstirnräder. Neben der Radialkraft tritt jedoch noch zusätzlich eine Axialkraft auf. Ritzelzähnezahl ein bis zwei Zähne weniger als bei Geradzähnen. Zahnbreiten wie bei Geradstirnrädern, jedoch mit Breitenverhältnis $\psi_m \approx 30$ bei größeren Schrägungswinkeln. Schrägungswinkel mit Sprungüberdeckung $\varepsilon_\beta \approx 1 \ldots 1{,}2$ aus $\tan\beta = \pi m_t/b_1$. Normalmodul $m_n = m_t \cos\beta$ bestimmen und mit dem nächstliegenden Normmodul die Hauptabmessungen festlegen. Nachprüfung der Zähne auf Zahnfuß- und Flankentragfähigkeit wie für Geradstirnräder. Dabei für Modul m den Normalmodul m_n und an Stelle von z die Ersatzzähnezahl z_n setzen.
($\rightarrow$Profilverschiebung, $\rightarrow$Verzahnungsmaße, $\rightarrow$Zahnräder)

Schraubbock
(continuously adjustable stand or bracket)
Stufenlos verstellbare Spannunterlage.
Im Muttergewinde des Unterteils wird mit einer Gewindespindel die Stützhöhe verstellt. Vorwiegend auf Langhobelmaschinen zum Abstützen von Werkstücken beim Spannen auf dem Werkstücktisch verwendet.

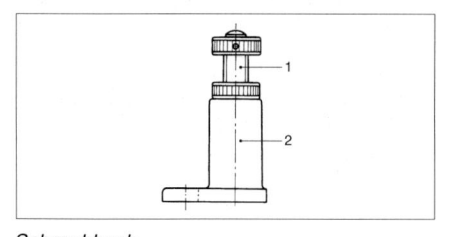

Schraubbock
1 Gewindespindel, 2 Unterteil

Schrauben- und Mutternwerkstoffe
(bolt- and nut materials)
Werkstoffe sind überwiegend Stahl, Messing und Al-Legierungen. Nach DIN ISO 898 T1 Unterteilung in Festigkeitsklassen.
Beispiel: Festigkeitsklasse 6.8 bedeutet: **6** Kennzahl der Mindestzugfestigkeit ($R_m = 600$ N/mm²), **8** Kennzahl für das Verhältnis $(R_e/R_m) \cdot 10 = (480/600) \cdot 10 = 480$ N/mm². Die Festigkeitsklasse der Mutter richtet sich nach der Festigkeitsklasse der Schraube. Bei Muttern aus NE-Metallen wird nicht die Festigkeitsklasse, sondern der Werkstoff angegeben.

Schraubenanzugsmoment
(initial screw torque)
$\rightarrow$Anzugsmoment

Schraubenarten (types of screws)
Sechskantschrauben mit metrischem Regelgewinde (teilweise mit metrischem Feingewinde) nach DIN 558, 601, 931, 7990. Innensechskantschrauben nach DIN 912, 6912, Ausführungen meist aus hochfestem Stahl. Stiftschrauben, z.B. für Verschraubungen von Gehäuseteilen von Getrieben nach DIN 833 bis 836 und DIN 938 bis 940. Gewindestifte mit Schlitz für die Fixierung von Bauteilen wie Lagerbuchsen, Getriebedeckeln oder -gehäusen nach DIN 417, 438, 551 und 553.

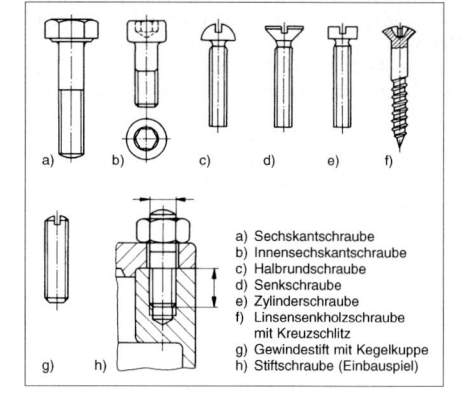

a) Sechskantschraube
b) Innensechskantschraube
c) Halbrundschraube
d) Senkschraube
e) Zylinderschraube
f) Linsensenkholzschraube mit Kreuzschlitz
g) Gewindestift mit Kegelkuppe
h) Stiftschraube (Einbauspiel)

Schraubenausführung (screw construction)
Produktklassen A: bisher mittel (m) für normale Anwendungen; B: bisher mittelgrob (g); C: bisher grob (g) für rauhe Anwendungen. Innerhalb der Produktklassen werden zulässige Toleranzen, Mittigkeit, Winkligkeit und Oberflächenangaben festgelegt.
DIN 267 T1 bis T28 Maßgenauigkeit, Oberflächenbeschaffenheit, Werkstoffeigenschaften und Prüfung

Schraubenfeder (helical spring)
Zugfedern werden hauptsächlich rechtsgewickelt und bis zu einem Drahtdurchmesser $d = 17$ mm mit innerer Vorspannung kaltgeformt. Die Windungen liegen dicht beieinander.
Berechnung über die Federrate R:
$R = (F - F_0)/s = G d^4/(8 D_m^3 n)$ mit F_0 (Vorspannkraft) und s (Federweg); bei innerer Vorspannung ist mit $F - F_0$ zu rechnen. Innere Vorspannkraft $F_0 = F - G d^4 s/8 D_m^3 n$ zum Öffnen der aneinander liegenden Windungen mit D_m (mittlerer Windungsdurchmesser), d (Drahtdurchmesser), G (Schubmodul) und Anzahl der federnden Windungen $n = G d^4 s/[8 D_m^3 (F - F_0)]$, $n \geq 3$.

Schraubendruckfedern mit Kreisquerschnitt werden nach DIN 2089 T1 (Zylindrische Schraubendruckfedern aus runden Stäben) ausgelegt.
DIN 2079 Ausführung, Toleranzen und Prüfung kaltgeformter Zugfedern; DIN 2095 Ausführung, Toleranzen und Prüfung kaltgeformter Druckfedern; DIN 2096 Ausführung, Toleranzen und Prüfung warmgeformter Druckfedern; DIN 2089 T2 Zylindrische Schraubenzugfedern aus runden Stäben.

Schraubensicherungen
(locking devices for screws)

Mitverspannte, federnde Sicherungselemente: DIN 128 und 7980 Federringe, Spannscheiben für Schrauben der Festigkeitsklassen < 8.8; DIN 6797 Zahnscheiben; DIN 6796 Spannscheiben für Schrauben der Festigkeitsklassen 8.8 bis 10.9
Formschlüssige Sicherungselemente: DIN 935, 937 Kronenmuttern mit Splint; DIN 93, 432 Sicherungsbleche mit Lappen oder Nase
Kraftschlüssige (klemmende) Sicherungselemente: DIN 908, 6925 Selbstsichernde Ganzmetallmuttern mit nach innen verformtem Kragen; DIN 982, 985 Sechskantmutter mit Kunststoff-Klemmeinsatz
Stoffschlüssige Sicherungselemente: Verkleben des Gewindes durch Auftragen des flüssigen Klebstoffes oder durch Zerquetschen von Klebstoff-Mikrokapseln (werden bereits beim Schraubenhersteller aufgebracht).

Schraubenspindelpumpe (screw pump)
→Verdrängerpumpen

Schraubenverbindungen (bolted joint)
Werden nach ihrem Verwendungszweck eingeteilt in:
Befestigungsschrauben für lösbare Bauteilverbindungen, Bewegungsschrauben zur Umwandlung von Dreh- in Längsbewegungen, Dichtungsschrauben für Ein- und Auslauföffnungen, Spannschrauben, Messschrauben.

Schraubenverdichter (screw compressor)
→Rotorverdichter

Schraubgetriebe
(screw drive; screw mechanism)
An Werkzeugmaschinen häufig verwendetes Getriebe mit Gewindespindel und Mutter.
Antriebselement ist entweder die Spindel oder die Mutter.
Beispiele für Spindelantrieb: Räumschlitten, Werkzeugschlitten von Hobel- und Leitspindeldrehmaschinen, Werkstücktische von Stoß- und Fräsmaschinen.
Beispiel für Mutterantrieb: Pressenstößel an Spindelpressen.
(→Schneckenzahnstange)

Schreib-Lesespeicher (read/write memory)
Flüchtiger Speicher, der beschrieben und ausgelesen werden kann.
Seine Information geht beim Abschalten der Betriebsspannung verloren.
(→DRAM, →RAM, →SRAM)

Schraubensicherungen.
a) Federring
b) Flächenscheibe
c) Zahnscheibe
d) Federscheibe
e) Schnorr-Sicherung
f) selbstsichernde Sechskantmutter
g) Sicherungsmutter
h) Spring-Stopp Sechskantmutter
i) TENSILOCK-Sicherungsschraube
k) Kronenmutter mit Splint
l) Sicherungsbleche
m) Drahtsicherung
n) Schraubensicherung

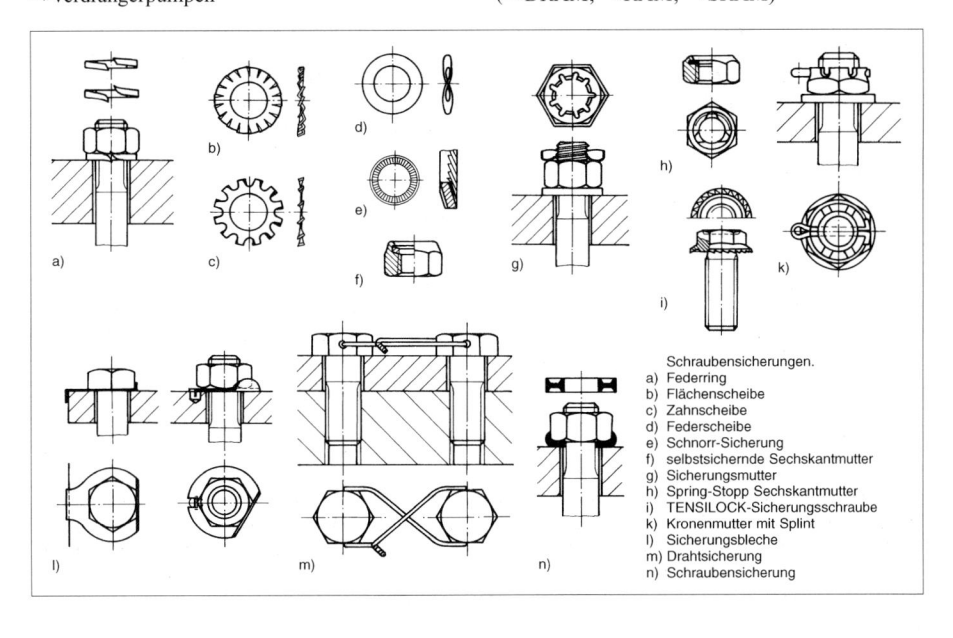

Schreitroboter (walking robot)
Roboter, der sich mit Beinen (Pedipulatoren) schreitend fortbewegt.
Diese Roboter werden vorwiegend zu Forschungszwecken konstruiert.
(→Pedipulator, →Roboter)

Schrittmotor (stepping motor)
Motor, der elektrische Steuerimpulse in schrittförmige Drehbewegungen des Läufers umsetzt.
Der Schrittwinkel ist durch die Bauform bedingt, ein Schrittwinkel von z.b. $3{,}75°$ ergibt nach 96 Impulsen eine volle Umdrehung des Läufers.
Anwendung: Druckerantrieb, Robotersteuerungen, Positionierungsantriebe.

Schrittschaltwerk (sequencer)
Schaltbaustein, der über Eingangsimpulse einen Stellschalter weiterschaltet.
In einer SPS-Steuerung steuert das Schrittschaltwerk die Zentraleinheit und gibt ihr die einzelnen Programmschritte vor. Der folgende Programmschritt wird vom Schrittschaltwerk erst dann freigegeben, wenn der vorherige ausgeführt wurde.

Schrumpffutter (collet spanner)
Werkstückspanner für hohe Rundlaufgenauigkeit und dünnwandige Werkstücke, die beim Bearbeiten nicht verspannt werden dürfen.
Wirkt wie ein Dehndorn, nur stützt sich der Spannkörper außen ab und verformt sich beim Spannvorgang nach innen.
(→Dehndorn)

Schubkurbelgetriebe (crank mechanism)
Getriebe, das eine Drehbewegung in eine hin- und hergehende geradlinige Bewegung umwandelt oder umgekehrt.
Seine Funktionsteile sind die umlaufende Kurbelscheibe mit dem Kurbelzapfen, der über die Schubstange mit dem hin- und hergehenden Stößel gelenkig verbunden ist.

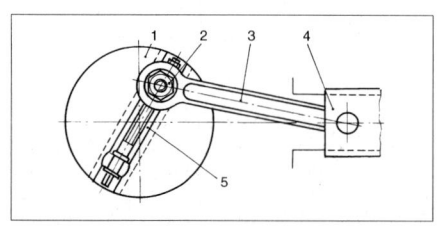

Schema eines Schubkurbelgetriebes mit verstellbarem Stößelhub
1 umlaufende Kurbelscheibe, 2 verschiebbarer Kurbelzapfen, 3 Schubstange, 4 Stößel, 5 Stellnut

Beispiele: Messergetriebe an Scheren, Stößelgetriebe an Pressen und Stoßmaschinen.

Schubmodul G (shear modulus)
Durch Schubversuche an Probestäben der meisten Werkstoffe ermittelte Werkstoffkonstante, früher mit Gleitmodul bezeichnet.
Versuche zeigen, dass bei vielen Werkstoffen die Schiebung γ mit der Schubspannung τ im gleichen Verhältnis (proportional) wächst, z.B. bleibt für Stahl das Verhältnis τ/γ in den für die Praxis wichtigen Spannungsgrenzen konstant.
Das Verhältnis ist der Schubmodul (kurz: G-Modul) $G = \tau/\gamma$ in N/mm².
Beispiel: $G_{Stahl} = 80000$ N/mm² $= 8 \cdot 10^4$ N/mm², $G_{AlCuMg} = 2{,}8 \cdot 10^4$ N/mm², $G_{GJL\text{-}250} = 4{,}3 \cdot 10^4$ N/mm².
(→Elastizitätsmodul)

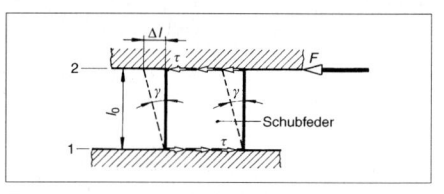

Formänderung bei Schub eines Probewürfels

Schubspannung (shear stress)
→Spannungsarten

Schubspannungshypothese
(maximum shear theory)
→Spannungshypothesen

Schüttgewicht von Massengütern
(density of loosely packed materials)
Spezifisches Gewicht in t/m³ (Dichte) von Schüttgütern wie Kohle, Formsand oder Kali, wenn diese in normaler hafenüblicher Schüttung vorliegen.

Schulterkugellager
(deep-groove ball bearing)
Zerlegbares Lager mit abnehmbaren Außenring; ähnliche Eigenschaften wie Schrägkugellager. Genormt nur bis 30 mm Bohrungsdurchmesser.
Einsatz z.B. in kleineren elektrischen Maschinen und Haushaltsgeräten.

Schulungsroboter (educational robot)
Roboter, der zu Ausbildungs-, Schulungs- und Trainingszwecken von Bedienern und Programmierern genutzt wird.
Oft wird bei der Ausführung aus Kostengründen eine leichte Bauweise gewählt, und an die Genauigkeit und Verfahrgeschwindigkeit werden keine hohen Anforderungen gestellt.
(→Industrieroboter)

Schutzerdung (earthing protection)
Veraltete Bezeichnung für ein TT-Netz, erfordert die unmittelbare Erdung aller nichtaktiven Teile eines elektrischen Betriebsmittels.
(→Netzformen)

Schutzgasschweißen
(welding with a gas shield)
Lichtbogen brennt zwischen einer Elektrode und dem Werkstück oder zwischen zwei Elektroden. Elektrode, Lichtbogen und Schweißnaht werden durch ein aktives oder inertes Gas gegen die Atmosphäre abgeschirmt. Inerte Gase sind Edelgase wie z.B. Argon und Helium. In Deutschland wird fast ausschließlich Argon verwendet. Aktivgase wie Kohlendioxid (CO_2) reagieren durch Abspalten von Sauerstoff mit der Schmelze. Sie sind wesentlich billiger als inerte Gase, verbrennen aber auch wichtige Legierungsbestandteile des Werkstücks.
(→Metall-Aktivgas-Schweißen mit Kohlendioxid (MAGC), →Metall-Aktivgas-Schweißen mit Mischgas (MAGM), →Metall-Aktivgas-Schweißen mit zwei Gasen (MAGCI), →Metall-Inertgas-Schweißen (MIG), →Plasma-Schweißen (WP), →Schweißen, →Wolfram-Inertgas-Schweißen (WIG))

Schutzisolierung (protective insulation)
Schutzmaßnahme zur Verhinderung gefährlicher Körperströme.
Man unterscheidet zwischen Geräteisolierung (Umhüllung eines Betriebsmittels mit einem isolierten Vollgehäuse) und Standortisolierung.
DIN VDE 0100 Errichten von Starkstromanlagen.

Schutzmaßnahmen gegen elektrische Unfälle (safety precautions against electrical accidents)
Summe aller Maßnahmen zum Schutz von Menschen und Tieren gegen gefährliche Körperströme. Netzabhängige Schutzmaßnahmen sind Schutzleiter und FI-Schutzschaltung, netzunabhängige Schutzmaßnahmen sind Schutzisolierung, Schutztrennung und Schutzkleinspannung.
DIN VDE 0100 Errichten von Starkstromanlagen.

Schwalbenschwanz-Führung
(dovetail guide; dovetail slideway)
Geradführung, die beliebig gerichtete Kräfte aufnehmen kann.
Beispiele: Spannbackenführung des Schraubstocks, Planschlitten des Drehmaschinensupports.
(→Geradführung)

Schwebung (beat)
An- und Abschwellen der Amplitude einer Schwingung, die durch Überlagerung (Interferenz) von zwei Schwingungen mit ähnlichen Frequenzen entsteht.
(→Amplitude, →Schwingung)

Schweißen (welding)
Unlösbares Verbinden von Grundwerkstoffen (Verbindungsschweißen) oder Beschichten eines Grundwerkstoffs (Auftragsschweißen) unter Anwendung von Wärme oder Druck oder beidem, mit oder ohne Zusatzwerkstoff mit gleichem oder nahezu gleichem Schmelzbereich.
Stumpfnähte sind bei gleicher Dicke Kehlnähten überlegen. Glatter Kraftfluss und gute Prüfungsmöglichkeiten durch Ultraschall oder Röntgenstrahlen. Nahtform ist abhängig von der Blechdicke s: Bördel- und I-Naht für $s \leq 4$ mm; V-Naht für $s = 5$ mm...12 mm; X- und U-Naht für $s > 12$ mm. Kehlnähte für T-förmig gegeneinander stoßende Bauteile. Festigkeitsmäßig am Besten ist die Hohlkehlnaht durch günstigen Kraftfluss.

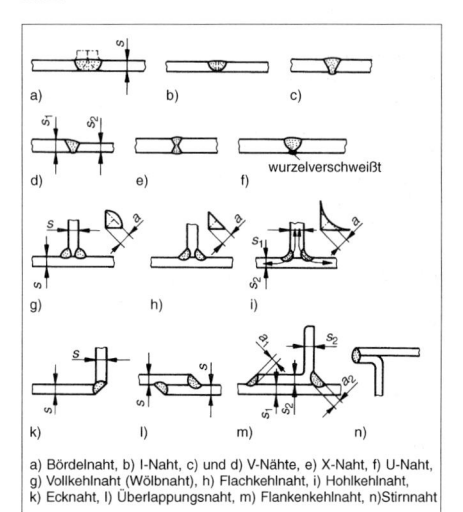

a) Bördelnaht, b) I-Naht, c) und d) V-Nähte, e) X-Naht, f) U-Naht, g) Vollkehlnaht (Wölbnaht), h) Flachkehlnaht, i) Hohlkehlnaht, k) Ecknaht, l) Überlappungsnaht, m) Schrägkehlnaht, n) Stirnnaht

Schweißnahtarten und -formen

Berechnung von Schmelzschweißverbindungen:
Schweißgerechte Konstruktion ist in vielen Fällen wichtiger als die Berechnung der Verbindung, die dann meist als Nachprüfung konstruktiv gestalteter Nähte durchgeführt wird. Bleiben Massenkräfte bei der Berechnung unberücksichtigt, sollten die ermittelten inneren Kräfte, Biege- und Torsionsmomente um den Faktor Stoßzahl $c_B > 1$ vergrößert eingesetzt werden. Stoßzahl $c_B = 1,1$ für Systeme mit gleichförmiger Drehbe-

Schweißen

wegung (Turbinen, Schleifmaschinen, E-Motore, Kreiselverdichter), $c_B = 1{,}3$ für Systeme mit gleichförmig hin- und hergehender Bewegung (Kolbenkraft- und Arbeitsmaschinen, Hobel- und Stoßmaschinen), $c_B = 1{,}4$ für Systeme mit stoßüberlagerten Bewegungen (Biegemaschinen, Walzwerksgetriebe, Kunststoffpressmaschinen), $c_B = 1{,}7$ für Systeme mit stoßartiger Bewegung (Profilstahlscheren, Abkantpressmaschinen) und $c_B = 2{,}5$ für Systeme mit schlagartiger Beanspruchung (Steinbrecher, Hämmer).
Rechnerische Nahtdicke a bei Stumpfnähten gleich der Dicke des dünnsten verschweißten Bleches $a = s_{min}$; bei Kehlnähten setzt man allgemein $a \approx 0{,}7\, s_{min}$.

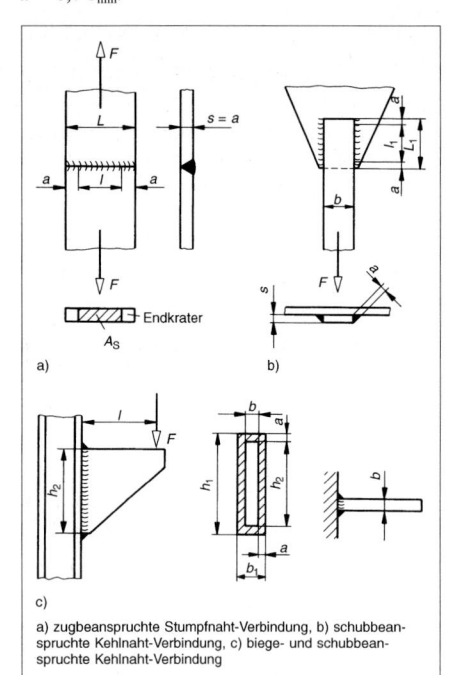

a) zugbeanspruchte Stumpfnaht-Verbindung, b) schubbeanspruchte Kehlnaht-Verbindung, c) biege- und schubbeanspruchte Kehlnaht-Verbindung

Rechnerische Nahtlänge l bei Stumpfnähten mit kantenfreien Nahtenden Nahtlänge $l = $ Breite b der Bauteile; Flankenkehlnähte von Stabanschlüssen $l \leq 100\, a$ allgemein bei Anschlüssen aller Art, $l \geq 15\, a$ bei alleinigen Flankennähten, $l \geq 10\, a$ bei zusätzlichen Stirnnähten
Beanspruchung auf Zug, Druck oder Schub:
$\sigma_w (\tau_w) = F/A_w = F/\sum(al) \leq \sigma_{w\,zul}(\tau_{w\,zul})$ mit F (Zug-, Druck- oder Schubkraft für die Naht); A_w (rechnerische, nutzbare Schweißnahtfläche); a (Nahtdicke); l (rechnerische, nutzbare Nahtlänge); $\sigma(\tau_w)$ (vorhandene Zug-, Druck- oder Schubspannung); $\sigma(\tau_{w\,zul})$ (zulässige Schweißnahtspannung).

Beanspruchung auf Biegung:
$\sigma_{wb} = M_b/W_w \leq \sigma_{w\,zul}$ mit σ_{wbs} (vorhandene Biegespannung); M_b (Biegemoment für die Naht); W_w (rechnerisches, nutzbares Widerstandsmoment der Naht: für umlaufende Naht
$W_w = (b_1 \cdot h_1{}^3 - b_2 h_2{}^3)/6\, h_1)$.
Beanspruchung auf Biegung und Zug:
resultierende Spannung $\sigma_{w\,max} = \sigma_{wbs} + \sigma_{wz(d)}$
$\leq \sigma_{w\,zul}$
Beanspruchung auf Biegung und Schub:
Vergleichsspannung
$\sigma_{wv} = \sqrt{\sigma_{wb}^2 + \tau_w^2} \leq \sigma_{w\,zul}$;
$\tau_w = F/A_w = F/\sum(al) \leq \tau_{w\,zul}$
mit σ_{wv} (vorhandene Vergleichsspannung); σ_{wbs} (vorhandene Biegespannung);
$\tau_w\, l$ (rechnerische, nutzbare Nahtlänge).
Beanspruchung auf Biegung und Verdrehung:

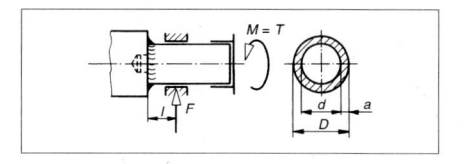

Vergleichsspannung
$\sigma_{wv} = \sqrt{\sigma_{wb}^2 + 3(\tau_{wt}^2} \leq \sigma_{w\,zul}$ mit σ_{wv} (vorhandene Vergleichsspannung); σ_{wbs} (vorhandene Biegespannung); $\tau_{wt} = M_T/W_{wp}$ (Torsionsspannung in der Naht); W_{wp} (polares Widerstandsmoment, für Ringnaht (Bild oben): $W_{wp} \approx (D^4 - d^4)/5\, D)$.
Zulässige Nahtspannungen bei vorwiegend dynamischer Belastung $\sigma_{w\,zul}(\tau_{w\,zul}) = \sigma_D(\tau_D)\, b_1 b_2/v$ und bei vorwiegend statischer Belastung $\sigma_{w\,zul}(\tau_{w\,zul}) = R_e \sigma_{bF}(\tau_{bF})\, b_1 b_2/v$ mit σ_D, τ_D Dauerfestigkeitswerte des Grundwerkstoffs; b_1 (Minderungswert: $b_1 = 0{,}75$ für Zugbeanspruchung, $b_1 = 0{,}85$ für Druckbeanspruchung, $b_1 = 0{,}8$ für Biegebeanspruchung und $b_1 = 0{,}6$ für Torsions- und Schubbeanspruchung); b_2 (Gütebeiwert: $b_2 = 1$ für Güteklasse I, also höchste Anforderungen, $b_2 = 0{,}8$ für Güteklasse II ohne Nachweis fehlerfreier Ausführung, $b_2 = 0{,}5$ für Güteklasse III mit geringen Beanspruchungen); v (Sicherheit: $v = 1{,}5$ bei vorwiegend statischer Belastung, $v = 1{,}5 ... 2{,}5$ bei vorwiegend dynamischer Belastung).
DIN 1910 T1 Begriffe, Einteilung der Schweißverfahren; T2 Schweißen von Metallen, Verfahren; T4 Schutzgasschweißen, Verfahren; T5 Schweißen von Metallen, Widerstandsschweißen, Verfahren; T10 Mechanisierte Lichtbogenschweißverfahren, Begriffe; T11 Metallschweißen, werkstoffbedingte Begriffe; T12 Metallschweißen, fertigungsbedingte Begriffe;

DIN 1912 T1 Zeichnerische Darstellung Schweißen, Löten; T2 Schweißpositionen, Nahtneigungswinkel, Nahtdrehwinkel; T3 Auftragsschweißungen; T5 Grundsätze für Schweiß- und Lötverbindungen, Symbole; DIN 1913 T1 Stabelektroden für das Verbindungsschweißen von Stahl.
DIN-Taschenbuch, Band 8: Schweißtechnik 1 sowie Band 65: Schweißtechnik Band 2, Beuth-Vertrieb GmbH, Berlin/Köln.
(→Pressschweißen, →Schmelzschweißen, →Thermisches Trennen)

Schweißroboter (welding robot)
Industrieroboter, der entsprechend programmiert Schweißoperationen ausführt.
Einsatzbeispiele:
Beim Punktschweißen wird die Schweißzange punktprogrammiert an die Schweißposition geführt. Die Schweißung durch den Roboter wird durch die Pickerfunktion unterstützt. Oder der Roboter führt das zu schweißende Werkstück zu einem Punktschweißgerät.
Beim Schutzgasschweißen wird die Schweißpistole bahnprogrammiert (unterstützt durch die Pendelfunktion) entlang der zu schweißenden Werkstückkontur bewegt.
(→Industrieroboter, →Pendelfunktion, →Pickerfunktion)

schwellende Belastung (sleeper load)
→Schwellfestigkeit

Schwellfestigkeit (pulsating fatigue strength)
Diejenige Spannung, die ein schwellend belasteter (Belastungsfall III) glatter, polierter Probestab dauernd erträgt, ohne zu brechen.
Sie wird im Dauerschwingversuch nach DIN 50 100 als „Dauerfestigkeit" σ_D für Normalspannung und τ_D für Schubspannung ermittelt. Die Beanspruchungsart (Zug, Druck, Biegung, Torsion) beim Dauerversuch kennzeichnet man durch einen Buchstaben im Index, z.B. $\sigma_{Sch.E335} = 430 \text{N/mm}^2$ (Biegeschwellfestigkeit für Stahl E335), $\tau_{Sch} = 115 \text{ N/mm}^2$ (Torsionsschwellfestigkeit).
(→Dauerfestigkeit, →Wechselfestigkeit)

Schwellwertschalter (threshold detector)
→Schmitt-Trigger

Schwenk-Meißelhalter (swivel toolholder)
Werkzeugspanner an Werkzeugmaschinen, besonders Drehmaschinen.
Der Grundkörper kann auf jeder seiner vier Seitenflächen ein Werkzeug aufnehmen. Zum Werkzeugwechsel wird er mit allen eingespannten Werkzeugen um einen Mittelzapfen um jeweils 90° geschwenkt.
Einsatz zur Verkürzung der Werkzeugwechselzeit in der Serienfertigung von Werkstücken mit maximal vier aufeinander folgenden Arbeitsgängen mit unterschiedlichen Werkzeugen.

Schwerachse (gravity axis)
→Schwerpunkt

Schwerebene (gravity plane)
→Schwerpunkt

Schwerebeschleunigung (gravitational acceleration)
→Fallbeschleunigung

Schwerkraft (gravity)
Spezieller Fall der Gravitationskraft, bei dem einer der beiden sich gegenseitig anziehenden Körper die Erde ist.
(→Gravitationsgesetz, →Gravitationskraft)

Schwerlinie (gravity line)
→Schwerpunkt

Schwermetalle (heavy metal)
Metalle mit einer Dichte $\geq 4,5 \text{ kg/cm}^3$.
Beispiele: Gold Au, Silber Ag, Kupfer Cu, Chrom Cr, Zink Zn.
Gesundheitschädlich sind z.B. Cadmium Cd, Blei Pb, Quecksilber Hg.

Schwerpunkt (centre of mass)
Derjenige körperfeste Punkt, in dem der Körper – abgestützt oder aufgehängt – in jeder beliebigen Lage in Ruhe bleibt (sich im Gleichgewicht befindet).

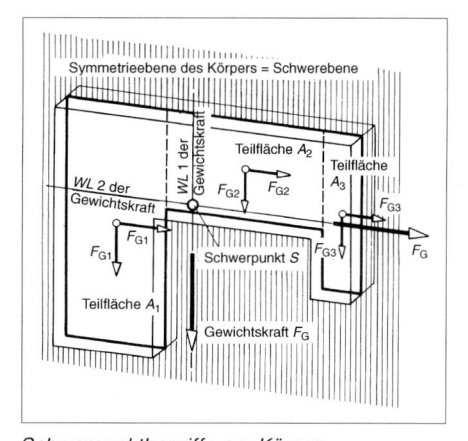

Schwerpunktbegriffe am Körper

Mit den Begriffen der Statik heißt das: Denkt man sich den Körper in beliebig viele Einzelteilchen zerlegt, ist der Schwerpunkt S der Punkt, durch den die Resultierende aller Teilgewichtskräfte hindurchgeht. Dort abgestützt, bleibt ein ruhender Körper in Ruhe. Durch Anstoßen aus diesem

Gleichgewicht herausgebracht, strebt der Körper in diese Lage zurück (stabiles Gleichgewicht). Linien (Achsen) oder Ebenen, die durch den Körperschwerpunkt S gehen, heißen Schwerlinien (-achsen) oder Schwerebenen. Jede Symmetrielinie ist eine Schwerlinie, jede Symmetrieebene ist eine Schwerebene. Irgendwo auf ihnen liegt der Schwerpunkt.
Für kompliziert aufgebaute technische Körpersysteme, z.b. eine Werkzeugmaschine, wird die Lage von S durch Versuche ermittelt. Für einfachere Bauteile, z.B. ebene Blechteile, benutzt man den Momentensatz für zwei rechtwinklig zueinander stehende Lagen.
(→Flächenschwerpunkt, →Gleichgewichtszustände, →Linienschwerpunkt)

Schwimmen (floating)
Zustand eines Körpers in einer Flüssigkeit, bei dem die Auftriebskraft $F_a = V g \rho$, d.h. die Gewichtskraft der verdrängten Flüssigkeit, gleich der Gewichtskraft F_G des eingetauchten Körpers ist ($F_a = F_G$).
Bei $F_a < F_G$ sinkt der Körper, bei $F_a = F_G$ schwebt er. Bei $F_a > F_G$ schwimmt der Körper an der Oberfläche.

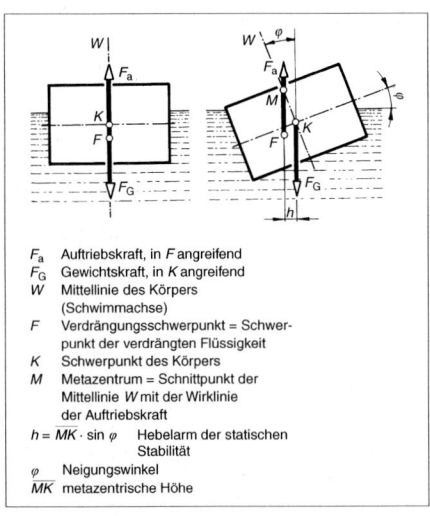

F_a	Auftriebskraft, in F angreifend
F_G	Gewichtskraft, in K angreifend
W	Mittellinie des Körpers (Schwimmachse)
F	Verdrängungsschwerpunkt = Schwerpunkt der verdrängten Flüssigkeit
K	Schwerpunkt des Körpers
M	Metazentrum = Schnittpunkt der Mittellinie W mit der Wirklinie der Auftriebskraft
$h = \overline{MK} \cdot \sin \varphi$	Hebelarm der statischen Stabilität
φ	Neigungswinkel
$\overline{MK}$	metazentrische Höhe

Stabile Schwimmlage

Bei Gleichgewicht liegen die im Körperschwerpunkt K angreifende Gewichtskraft F_G und die im Verdrängungsschwerpunkt V angreifende Auftriebskraft $F_a = F_G$ auf der Körpermittellinie W.
In der linksgedrehten Schräglage des schwimmenden Körpers wird die vorher rechtwinklige Mittellinie W um den Neigungswinkel φ geneigt. F_G und F_a bilden in der Skizze ein rechtsdrehendes Kräftepaar mit dem Wirkabstand h, das der Drehung entgegenwirkt. Der Körper befindet sich in einer stabilen *Schwimmlage*.
Das Wiederaufrichtmoment, die Stabilität, hängt vom Wirkabstand h ab und heißt deshalb Hebelarm der statischen Stabilität.
Kennzeichnend für das Verhalten schwimmender Körper bei Störungen des Gleichgewichts ist das *Metazentrum M* = Schnittpunkt der Körpermittellinie W mit der Wirklinie der Auftriebskraft: Liegt M über dem Körperschwerpunkt K, schwimmt der Körper stabil, liegt M unter K, ist die Schwimmlage labil. Die Strecke $\overline{MK}$ heißt metazentrische Höhe.

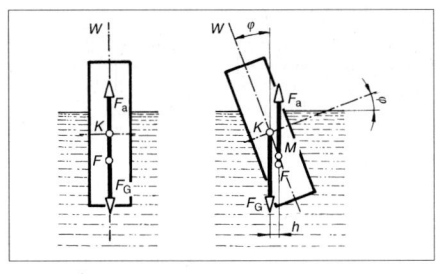

Labile Schwimmlage

schwingende Kurbelschleife
(oscillating inverted slider crank)
Stößelgetriebe in Waagerecht-Stoßmaschinen. Wesentliche Funktionselemente: Kulissenrad, Kulissenhebel, Schieber. Das Kulissenrad trägt einen Kurbelzapfen und läuft mit der Abtriebswelle des

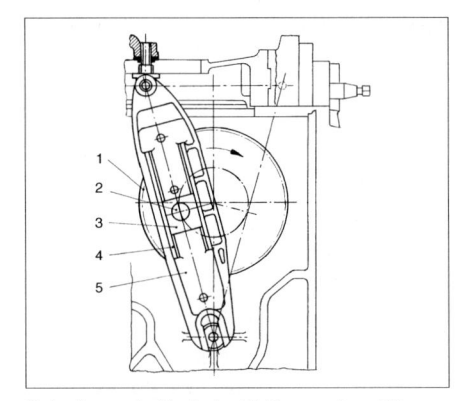

Schwingende Kurbelschleife an einer Waagerecht-Stoßmaschine
1 Kulissenrad, 2 Kurbelzapfen, 3 Schieber (Kulissenstein), 4 Kulissenführung, 5 Kulissenhebel (Schwinge)

Hauptgetriebes der Maschine gleichförmig um. Der Kurbelzapfen greift in die Bohrung des Schiebers und nimmt ihn auf seiner Umlaufbahn mit. Der Schieber gleitet dabei in einer Längsführung im Kulissenhebel, der an seinem Fußende um einen Lagerzapfen schwenkbar ist. Durch die Schwenkbewegung des Kulissenhebels erhält der Stößel eine geradlinige, ungleichförmige, hin- und hergehende Bewegung.

Schwingung (oscillation)
Periodische Änderung einer physikalischen Größe durch regelmäßige, zwischen zwei Zuständen hin und her führende Bewegung oder Ladungsverschiebung.
Beispiel: Ein Pendel bewegt sich zwischen Zustand 1: ⇒ Pendelkörper im tiefsten Punkt = maximale kinetische Energie = minimale potentielle Energie und Zustand 2: ⇒ Pendelkörper im höchsten Punkt = minimale kinetische Energie = maximale potentielle Energie, hin und her.
(→Frequenz, →Welle)

Schwingungsrisskorrosion SwRK
(corrosion fatigue)
Schädigung von Metallen bei Wechselbelastung in allen Elektrolyten.
Durch Korrosion in Mikrospalten der Oberfläche wird die ertragbare Ausschlagspannung verringert und führt zum vorzeitigen Dauerbruch. Die Wöhlerkurve verläuft stetig fallend.

Sechsflächner (hexahedron)
Synonym für Würfel (Hexaeder).
(→Platonische Körper)

Segmentspanner (tensioning or expansion mechanism using lammellar elements)
→Lamellenspanndorn

Sehne (chord)
Strecke, die zwei Punkte einer Kurve verbindet und die auch Punkte enthält, die nicht zur Kurve gehören.
(→Sekante)

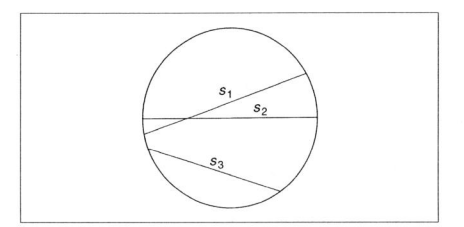

Sehnen eines Kreises (Sehne s_2 ist auch Durchmesser)

Sehnensatz (chord theorem)
Schneiden sich in einem Kreis zwei Sehnen, so ist das Produkt der Längen der Abschnitte der einen Sehne gleich dem Produkt der Längen der Abschnitte der anderen Sehne.

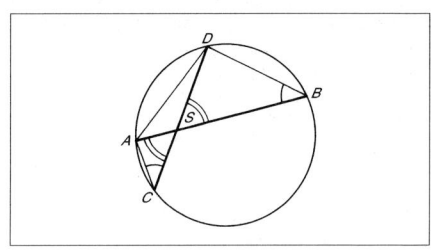

Sehnensatz: $|\overline{SA}| \cdot |\overline{SB}| = |\overline{SC}| \cdot |\overline{SD}|$

Sehnentangentenwinkel
(angle between a chord and a tangent)
Die Winkel zwischen einer Sehne $\overline{AB}$ eines Kreises und der Tangente an den Kreis durch einen ihrer Endpunkte A bzw. B, in deren Winkelfläche der Bogen $A\frown B$ liegt.
Ein Sehnentangentenwinkel ist genauso groß wie jeder Peripheriewinkel über der Sehne $\overline{AB}$.
(→Peripheriewinkel)

Sehnenviereck (inscribed quadrangle)
Viereck, bei dem alle vier Eckpunkte auf einem Kreis liegen.
Der Kreis heißt Umkreis des Vierecks, die Seiten sind Sehnen dieses Kreises.
Ein Viereck ist genau dann ein Sehnenviereck, wenn gegenüberliegende Winkel Supplementwinkel sind, sich also zu 180° ergänzen:
$\alpha + \gamma = \beta + \delta = 180°$.
In einem Sehnenviereck ist das Produkt der Diagonalenlängen gleich der Summe der Produkte der Längen je zwei gegenüberliegender Seiten:
$ef = ac + bd$ (Satz von Ptolemäus).
In einem Sehnenviereck verhalten sich die Längen der Diagonalen wie die Summen der Produkte der Längen jener Seitenpaare, die sich in den Endpunkten der Diagonalen treffen:
$e/f = (ab + cd)/(ad + bc)$
(Satz von Brahmagupta).
Durch Multiplikation bzw. Division dieser beiden Formeln erhält man Ausdrücke für die Längen der beiden Diagonalen:
$e = \sqrt{(ab+cd)(ac+bd)/(ad+bc)}$,
$f = \sqrt{(ad+bc)(ac+bd)/(ab+cd)}$,
Flächeninhalt:
$A = \sqrt{(s-a)(s-b)(s-c)(s-d)}$

(s halber Umfang des Sehnenvierecks, also $s = \frac{1}{2}(a+b+c+d)$)
(→Brahmagupta, Satz des, →Ptolemäus, Satz des, →Viereck)

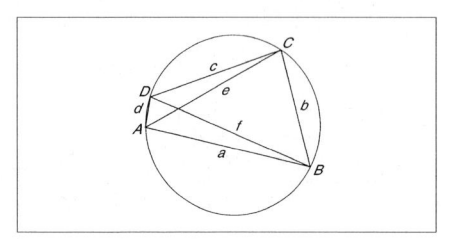

Sehnenviereck

Seigerung (segregation)
Entmischung beim Erstarren von Legierungen. Hochschmelzende Anteile erstarren zuerst, niedrigerschmelzende verbleiben in der Restschmelze, z.b. C, P, und S im oberen Kernteil von Gussblöcken (Blockseigerung), diese Seigerungszone ist auch noch im Kern von Walzprofilen nachweisbar.
(→Kristallkeime)

Seigerungszone (segregation zone)
→Seigerung

Seileckverfahren (string polygon method)
In der Statik das zeichnerische Verfahren, mit dem die Resultierende eines allgemeinen Kräftesystems ermittelt wird (Betrag, Lage und Richtungssinn). Hat durch schnellere rechnerische Methoden an Bedeutung verloren.

Seiligerprozess (Seiliger cycle)
Kreisprozess, der die idealen Vergleichsprozesse Gleichraum- und Gleichdruckprozess zusammenfasst.

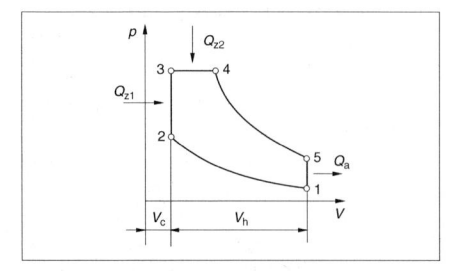

p,V-Diagramm des Seiligerprozesses
1 – 2 isentrope Kompression, 2 – 3 isochore Wärmezufuhr Q_{z1}, 3 – 4 isobare Wärmezufuhr Q_{z2}, 4 – 5 isentrope Expansion, 5 – 1 isochore Wärmeabgabe Q_a, V_c Verdichtungsraum, V_h Zylinderhubraum

Die isochore Wärmezufuhr Q_{z1} entspricht dem Gleichraum-, die isobare Wärmezufuhr Q_{z2} dem Gleichdruckprozess. Er gilt als allgemeiner Kreisprozess der Verbrennungsmotoren, weil er am besten die realen Verhältnisse des Dieselmotors berücksichtigt.
(→Dieselmotor, →Gleichdruckprozess, →Gleichraumprozess, →Kreisprozess)

Seilkonstruktion (rope construction)
Beschreibt die Art der Flechtung von Drahtseilen aus Drähten und Litzen.
DIN 3051 Drahtseile.
(→Drahtseilnormen, →Gleichschlagseile, →Kreuzschlagseile)

Seilmachart (rope construction)
→Seilkonstruktionen

Seilreibung (string friction)
Widerstand, der beim Ziehen eines Seils über einen walzenförmigen Körper überwunden werden muss. Die Seilzugkraft F_1 wächst nach *Euler* und *Eytelwein* linear mit der am anderen Seilende wirkenden Zugkraft F_2 und exponential (e-Funktion) mit dem Produkt aus Reibzahl μ und Umschlingungswinkel α: $F_1 = F_2 \, e^{\mu\alpha}$. Die Seilreibkraft F_R ist die Differenz $F_1 - F_2 = F_R = F_1 \, (e^{\mu\alpha} - 1)/e^{\mu\alpha}$. Der Umschlingungswinkel α muss im Bogenmaß mit der Einheit Radiant (rad) eingegeben werden. Umrechnungsbeziehung: $\alpha = \alpha° \, 2\pi/360°$.
Die $e^{\mu\alpha}$-Werte liest man am Taschenrechner mit der ln x- oder e^x-Taste ab.

Seilschäkel (clevis)
Spezieller Schäkel zur Verbindung von zwei Seilen, der so ausgelegt ist, dass er mit dem Seil über Seilrollen geführt werden kann.

Seilschloß (gib and cotter)
Klemmbefestigung von Seilösen oder Kauschen an Seilenden.
DIN 15 315 Seilschlösser.

Seilstrahlen (rays of the string polygon)
→Seileckverfahren

Seiltriebberechnung (rope drive calculation)
Für die Hebe-und Fördertechnik in DIN 15 020 festgelegte Rechenvorschrift.

Seiltriebe (rope drive)
In der Hebetechnik das Drahtseil und die direkt damit zusammenarbeitenden Maschinenteile wie Seiltrommel, Ober- und Hakenflaschen, Drahtseil und Ausgleichsrollen.

Seiltrommel (rope drum)
Rohrförmiger Körper, auf den das Förderseil meist einlagig in vorgedrehte Rillen aufgewickelt wird.
DIN 15 020 Seiltriebe.
(→Seiltriebe)

Seilverbindungen (rope connection clevis)
Verbindungen zwischen Drahtseil und einem Anschlussteil.
Beispiele: Spleißkauschen, Keilschlösser, Vergussbirnen.

Seitenhalbierende eines Dreiecks
(median of a triangle)
Verbindungsstrecke einer Ecke mit dem Mittelpunkt der gegenüberliegenden Seite.
Die drei Seitenhalbierenden eines Dreiecks schneiden sich in einem Punkt S, dem Schwerpunkt des Dreiecks. Der Schwerpunkt teilt die Seitenhalbierenden vom Eckpunkt aus im Verhältnis 2:1.
Die Längen der Seitenhalbierenden im Dreieck werden mit s_a, s_b, s_c bezeichnet:
$$s_a = \tfrac{1}{2}\sqrt{b^2+c^2+2bc\cos\alpha},$$
$$s_b = \tfrac{1}{2}\sqrt{a^2+c^2+2ac\cos\beta},$$
$$s_c = \tfrac{1}{2}\sqrt{a^2+b^2+2ab\cos\gamma},$$
(a, b, c Dreiecksseiten, α, β, γ Winkel des Dreiecks).
(→Schwerpunkt)

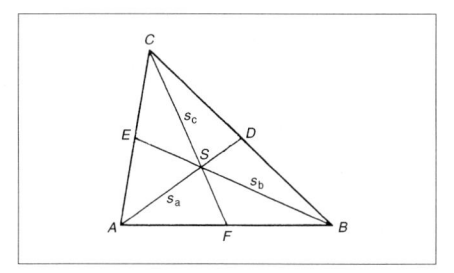

Die drei Seitenhalbierenden eines Dreiecks schneiden sich im Schwerpunkt S
$(|\overline{AS}| : |\overline{SD}| = |\overline{BS}| : |\overline{SE}| = |\overline{CS}| : |\overline{SF}| = 2{:}1)$

Seitenkraft F_s (lateral force; force exerted by a liquid on the side of a vessel)
Seitenwandbelastung eines Flüssigkeitsbehälters. Der Druck in einer Flüssigkeit breitet sich nach allen Seiten hin gleichmäßig aus. Das Belastungsbild zeigt, dass die Druckkräfte F_1, $F_2 \ldots F_n$ auf die Seitenwand proportional mit der Höhe h zum Boden hin zunehmen. Die Seitenkraft F_s ist die Summe der Druckkräfte $F_1 + F_2 + \ldots + F_n : F_s = \Sigma F_n = \rho g A y_0$, mit Schwerpunktsabstand y_0 der belasteten Seitenfläche vom Flüssigkeitsspiegel. Der Abstand e des Druckmittelpunkts D vom Flächenschwerpunkt beträgt $e = I/(A y_0)$, mit I = axiales Flächenmoment 2. Grades.
(→Flächenmoment)

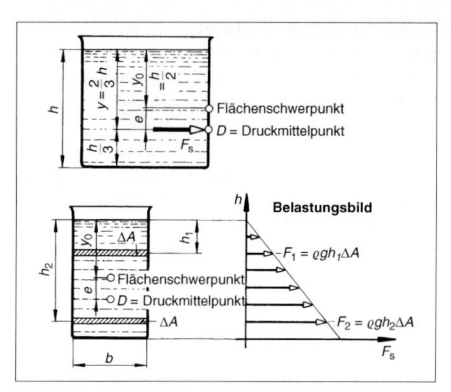

Belastung der Seitenfläche von Flüssigkeitsbehältern

Seitensupport (sidehead)
Werkzeugträger der Hobelmaschine.
Im Unterschied zum Querbalkensupport wird sein Grundschlitten auf der Stirnseite des Ständers senkrecht geführt. Dadurch sind die Bewegungen des Seitensupports gegenüber denen des Querbalkensupports um $90°$ versetzt.

Sekante (secant line)
Gerade, die eine Kurve in (mindestens) zwei Punkten schneidet (Sekante = Schneidende).
Der Teil zwischen den Schnittpunkten heißt Sehne.
Die Gleichung der Sekante durch die Punkte $P_1(x_1|f(x_1))$ und $P_2(x_2|f(x_2))$ lautet:
$y = [(f(x_2) - f(x_1))/(x_2 - x_1)] (x - x_1) + f(x_1)$.
Beispiel: $f(x) = x^2$, $P_1(0|0)$, $P_2(1|1)$
Die Gleichung der Sekante durch die Punkte P_1 und P_2 lautet:
$y = [(1-0)/(1-0)] (x-0) + 0$, also $y = x$.
(→Kreis und Gerade, →Passante, →Tangente)

Sekantensatz (secant theorem)
Schneiden sich zwei Sekanten eines Kreises außerhalb des Kreises, so ist das Produkt der Längen der Abschnitte vom Sekantenschnittpunkt bis zu den Schnittpunkten von Kreis und Sekante für beide Sekanten gleich.

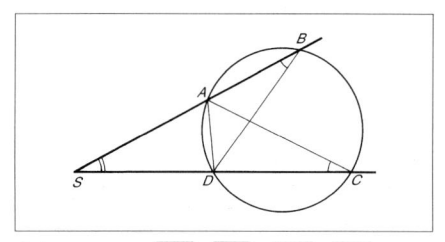

Sekantensatz: $|\overline{SA}| \cdot |\overline{SB}| = |\overline{SC}| \cdot |\overline{SD}|$

Sekantentangentensatz
(secant-tangent theorem)
Geht eine Sekante eines Kreises durch einen festen Punkt außerhalb des Kreises, und legt man durch diesen Punkt die Tangente an den Kreis, dann ist das Produkt der Längen der Abschnitte von diesem Punkt bis zu den Schnittpunkten von Kreis und Sekante gleich dem Quadrat der Länge des Abschnitts der Tangente von diesem Punkt bis zu dem Berührpunkt von Kreis und Tangente.

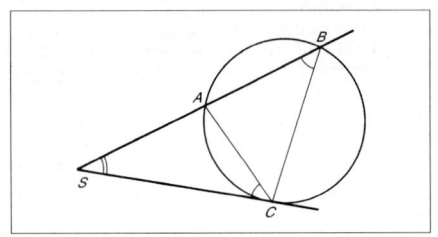

Sekantentangentensatz: $\overline{|SA|} \cdot \overline{|SB|} = \overline{|SC|}^2$

Sekantenverfahren (regula falsi)
Verfahren zur näherungsweisen Bestimmung einer Nullstelle einer stetigen Funktion.
Ein anderer Name für dieses Verfahren ist Regula falsi.
(→Regula falsi)

Sekundärhärte (secondary hardness)
Härtezunahme beim Anlassen von gehärteten Stählen über die Martensithärte hinaus.
Ursache sind Ausscheidungen von zwangsgelösten Sondercarbiden, die hohe Austenitisierungstemperaturen erfordern und erst bei 500 ... 600 °C Anlasstemperatur ausscheiden.
(→Schnellarbeitsstähle)

Sekundärkristalle (secondary crystals)
Kristalle, die nicht in einer Schmelze (als Primärkristalle), sondern im festen Zustand durch Ausscheidungen entstehen.
Beispiel: Sekundärzementit bei überperlitischen Stählen.

Sekundärmetallurgie
(secondary metallurgy)
Nachbehandlung von schlackenfrei abgestochenem Rohstahl in der Gießpfanne oder speziellen Gefäßen.
Ziele: größerer Reinheitsgrad, Tiefentkohlung, Legieren mit geringem Abbrand oder Entgasung.
Dazu wird die Schmelze mit Inertgasen gespült, unter Vakuum behandelt, unter Schutzgas legiert, oder es werden Granalien aus reaktiven Metallen (Al, Ca, Mg) in die Schmelze tiefeingeblasen. Die zahlreichen Verfahren haben Kurzzeichen.

Beispiel: VOD, Vakuum-Oxidation-Decarburization (Entkohlung durch Oxidation im Vakuum), für hochlegierte Chrom-Nickel-Stähle angewandt.

Sekunde s (second)
SI-Basiseinheit der Basisgröße Zeit t.
Eine Sekunde (s) ist die Dauer von 9192631770 Perioden der Strahlung des Atoms Cäsium ^{133}C, die dem Übergang zwischen den beiden Hyperfeinstrukturniveaus im Grundzustand entspricht.
In der Winkelmesstechnik ist die Sekunde eine Untereinheit des Gradmaßes für Winkel in der Ebene:
1° (1 Grad) = 60' (60 Minuten),
1' (1 Minute) = 60'' (60 Sekunden).
(→Basiseinheit, →Basisgröße, →Gradmaß, →SI, →Zeit)

Selbstaushärtung (self-hardening)
Aushärtung bestimmter Al-Legierungen nach dem Schweißen, ohne zusätzliche Wärmebehandlung. In der Wärmeeinflusszone wird durch die Schweißwärme die Aushärtung zunächst aufgehoben. Dies und die schnelle Wärmeableitung durch die benachbarten kalten Teile bewirken ein neuerliches Lösungsbehandeln. Die ursprüngliche Festigkeit wird nach 1...2 Wochen Auslagern von selbst erreicht (Typ AlZn4,5Mg1). Selbstaushärtung kann auch bei schnell abgekühlten Gusslegierungen auftreten.

Selbsthemmung (self-locking)
In der Statik die Bezeichnung für einen Vorgang, bei dem ein System ohne Krafteinwirkung zur Ruhe kommt oder durch Krafteinwirkung nicht bewegt werden kann.
Beispiele:
a) Beim Schraubgetriebe (z.B. Wagenheber) hält nach einem Hub die Reibung im Schraubengewinde allein die Last auf der erreichten Hubhöhe. Selbsthemmungsbedingung: Reibwinkel $\rho = \arctan \mu >$ Gewindesteigungswinkel α (gilt auch für Spindelpressen und schiefe Ebenen).
b) Manche Band- oder Backenbremsen halten die Bremsscheibe ohne zusätzliche Bremskraft fest, wenn bestimmte geometrische Bedingungen bei den Konstruktionsmaßen erfüllt sind.

Selbstinduktion (self induction)
Induktion in einem Stromkreis, hervorgerufen durch einen in ihm selbst fließenden Strom, auch Selbstinduktionsspannung, die beim Öffnen (Abschalten) eines Spulenstromkreises entsteht.
Ursache der Selbstinduktion ist die Änderung des Magnetfeldes (Lenzsche Regel).

Selbstkosten (original costs)
Summe aller durch den betrieblichen Leistungsprozess entstehenden Kosten.
Sie setzen sich zusammen aus den Kosten des Material-, Fertigungs-, Entwicklungs- und Entwurfs-, Verwaltungs- und Vertriebsbereichs.

Selbstzündung (auto-ignition)
Merkmal von Dieselmotoren.
Sie benötigen keine Zündanlage, da sich der in die hochverdichtete Luft eingespritzte Dieselkraftstoff von selbst entzündet.

Senkrecht-Bohrmaschine
(vertical drilling machine)
Bezeichnung für alle Bohrmaschinen mit senkrechter Bohrspindel.

Senkrecht-Drehmaschine
(vertical turning and boring mill)
Der Karusselldrehmaschine ähnliche Maschine, die zusätzlich einen gegen eine Bohreinheit auswechselbaren Reitstock hat.

Senkrecht-Fräsmaschine
(vertical milling machine; vertical-spindle miller)
Bezeichnung für alle Fräsmaschinen mit senkrechter Frässpindel.

Senkrecht-Räummaschine
(vertical broaching machine)
Räummaschine mit senkrechtem Arbeitshub.

Senkrecht-Stoßmaschine
(slotting machine)
Stoßmaschine mit senkrechtem Arbeitshub.

Senkrechte (perpendicular)
Gerade, die eine gegebene Gerade (oder eine Ebene) mit einem Winkel von 90° schneidet.
(→Lot)

Senkverfahren (countersinking process; counterboring process)
Spanende Bearbeitung (Senken) von Werkstücken bei kreisförmig drehender Schnittbewegung und einer in Richtung der Drehachse verlaufenden Vorschubbewegung des Werkzeugs. Die Senkwerkzeuge haben geometrisch bestimmte Schneidkeile.
Nach Form und Lage der erzeugten Werkstückflächen werden unterschieden:
Plansenken (ebene Flächen, die senkrecht zur Drehachse der Schnittbewegung liegen, Beispiele: Ansenken, Einsenken bei gleichzeitiger Erzeugung kreiszylindrischer Innenflächen), Profilsenken (kegelige Flächen, die symmetrisch zur Drehachse der Schnittbewegung liegen, Beispiel: Kegelsenken).

Sensor (sensor)
Bauteil, das Messgrößen aus einem technologischen Vorgang erfasst und diese in einer Form weitergibt, die vom nachfolgenden Bauteil verarbeitet werden kann.
Beispiele für Größen, die von Sensoren erfasst werden können: geometrische Größen, Kraft, Druck, Feuchtigkeit, Temperatur, Geschwindigkeit, Drehzahl, Durchfluss

Server (server)
Rechner in einem Netzwerk, das er durch ein geeignetes Netzwerkbetriebssystem kontrolliert. Dazu gehört die Bereitstellung aller benötigten und freigegebenen Dateien und der vorhandenen Ressourcen wie beispielsweise Drucker, Laufwerke, Scanner und Modem. Weiterhin werden hier die Zugangsberechtigungen der Nutzer geprüft und verwaltet und eine zentrale Datensicherung durchgeführt.

Serviceroboter (service robot)
Roboter, der Dienstleistungen ausführt.
Er ist ausgestattet mit Manipulatoren oder Operatoren und ist in der Lage, sich selbst zu bewegen. Durch ein Navigationssystem kann er sich in seiner Umwelt orientieren. Eine Sensorik unterstützt die Handhabung mit den Manipulatoren oder die Bearbeitung mit speziellen Einrichtungen und dient als Sicherheitssystem.
Einsatzmöglichkeiten: Reinigungsarbeiten, Durchführung von Transporten, Kommissionierung von Waren, Wartungsarbeiten.
Beispiel: Ein Serviceroboter reinigt (kehrt und saugt) automatisch großflächige Fußböden in Gebäuden und auf Freiflächen.
(→Robotersensorik, →Transportroboter)

Setzkraft (set force)
→Schraubenverbindungen

Setzstock (lathe steady; steady rest; follow rest)
Vorrichtung zum Abstützen langer zwischen Spitzen gespannter Werkstücke während der Bearbeitung auf Spitzendreh- und Rundschleifmaschinen.
Der feste Setzstock (steady rest) sitzt in einer festen Position auf dem Bett oder dem Tisch der Maschine, der mitgehende Setzstock (follow rest) wird gemeinsam und unmittelbar neben dem Werkzeug während der Bearbeitung geführt. Setzstöcke sollen unzulässige Durchbiegung des Werkstücks unter der Einwirkung der Bearbeitungskräfte verringern oder vermeiden.

Shift-Taste (shift key)
→Umschalttaste

Shore-Härte (shore hardness)
→Rücksprunghärteprüfung

SI (SI)
Kurzform des „Système International d'Unités", internationales Einheitensystem, das die SI-Einheiten und deren genaue Definition durch Übereinkunft festlegt.
(→Einheit, →Einheitensystem, →SI-Einheit)

SI-Einheit (SI unit)
Bestandteil des physikalischen Systems der 7 SI-Basiseinheiten und aller sich daraus mit dem Zahlenfaktor 1, d.h. kohärent ableitenden Potenzprodukte, die in der Physik verwendet werden.
Beispiel: Geschwindigkeit $[v] = $ m/s ist eine SI-Einheit, $[v]$ in „Mach", dem Verhältnis zur Schallgeschwindigkeit, ist keine.
DIN 1301 Einheiten.
(→abgeleitete Einheit, →Basiseinheit, →kohärente Einheit, →SI)

Sicherungen (fuses; cut-outs; circuit breakers)
Betriebsmittel mit dem Zweck, bei zu hohen Stromdichten durchzuschmelzen und den Stromkreis zu unterbrechen.
Sicherungen sollen Leitungen und Kabel gegen Überlastung und bei Kurzschluss schützen.
Beispiele: NH-Sicherungen, normale Schmelzsicherungen (NEOZED-S., DIAZED-S.), Leitungsschutzschalter (sog. Automaten).

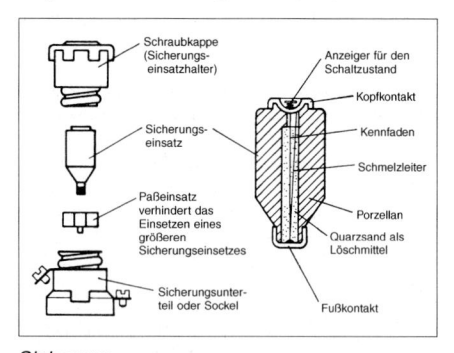

Sicherung

Sicherungsringe (fuse adapter)
Verhindern das Einfügen von Sicherungseinsätzen mit zu hohen Nennströmen in den Sicherungssockel, andere Bezeichnung: Passschraube.

Siebkette
(mains filter network; hum filter network)
Reihenschaltung mehrerer einzelner Siebglieder. Siebglieder bestehen aus Induktivitäten oder Kondensatoren und Widerständen zur Minderung der Brummspannung in Netzgeräten.

Siedepunkt (boiling point)
Verdampfungstemperatur (Siedetemperatur) T_v in K (oder ϑ_v in °C), bei der eine Flüssigkeit bei ständiger Wärmezufuhr und unter konstantem Druck p_v (Siededruck, Dampfdruck) in den gasförmigen Aggregatzustand übergeht.
Die Druckabhängigkeit des Siedepunktes ist erheblich. Die beim Sieden entstehende Dampfblase muss bei starker Volumenzunahme der Flüssigkeitsdruck (Umgebungsdruck) überwinden. Daher steigt der Siedepunkt bei zunehmendem Umgebungsdruck stark an.
Zusammengehörende Wertepaare von Dampfdruck p_v und Siedepunkt T_v sind aus Dampfdruckkurven und Dampftafeln zu entnehmen. Siedepunkt und Verflüssigungspunkt sind zahlenmäßig gleich.
Beispiel:
Der Siedepunkt von Wasser bei $p_v = p_n = $ 1,01325 bar (Normdruck) beträgt $\vartheta_v = 100\,°C$, d.h. Wasser verdampft bei Normdruck unter Zufuhr der Verdampfungswärme bis Wasser von 100 °C (Siedewasser) in Wasserdampf von 100 °C (Sattdampf) umgewandelt ist.
(→Verdampfen)

Siemens S (siemens)
Abgeleitete SI-Einheit der physikalischen Größe elektrischer Leitwert G:
$1\,S = 1/\Omega = A/V = s^3\,A^2/(m^2\,kg)$.
Ein Siemens ist der elektrische Leitwert eines Leiterstücks, an dem eine elektrischer Spannung von 1 Volt bei einem durchfließenden elektrischen Strom von 1 Ampere abfällt. Benannt nach Werner v. Siemens (1816–1892).
(→elektrische Spannung, →elektrischer Leitwert, →elektrischer Widerstand, →Ohm, →SI-Einheit)

Sievert Sv (sievert)
Abgeleitete SI-Einheit der physikalischen Größe Äquivalentdosis H: $1\,Sv = 1\,J/kg = 1\,m^2/s^2$.
Ein Sievert ist diejenige Äquivalentdosis, die der Einwirkung einer Energie von 1 Joule auf 1 kg organisches Gewebe entspricht.
(→Äquivalentdosis, →Energiedosis, →SI-Einheit)

Signal (signal)
Zeit- oder ortsabhängige physikalische Größe, die in einem System als Träger von Informationen benutzt wird.

Signalanpassung (signal conditioning)
1. Umsetzung unterschiedlicher Signalarten. Beispiel: Analog- oder Digitalsignale.
2. Umsetzung von Signalen unterschiedlicher Technologie. Beispiel: elektrische oder pneumatische Signale.

Signalplan (signal diagram)
Grafische Darstellung von unterschiedlichen Signalen in Abhängigkeit von der Zeit.

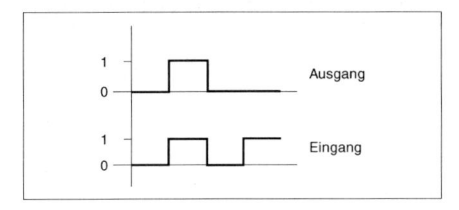

Signalspeicher (signal latch)
Speicher, der von einem Steuerungsprozess gelieferte Signale so lange aufbewahrt, bis die Signale in der Steuerung verarbeitet werden. Ein typischer Signalspeicher ist das elektronische Flipflop oder das pneumatische Wegeventil.
(→Flipflop)

Signalumformer (signal converter)
→Messumformer

Signalverstärker (signal amplifier)
Pneumatisches oder elektronisches Gerät, das Signale einer Messeinrichtung oder eines Sensors so verstärkt, dass sie von der nachfolgenden Einrichtung verarbeitet werden können.

Siliciumcarbid, SiC (silicon carbide)
Sinterhartstoff mit diamantähnlichem Gitter. Als Schleifkorn und Strukturkeramik mit hoher Wärmeleitfähigkeit eingesetzt. SiSiC ist Si-infiltriertes (auch reaktionsgebundes) SiC, durch Infiltration der porösen Grünlinge aus SiC+C mit flüssigem Si hergestellt. Dabei reagiert Si noch mit den C-Teilchen und ergibt schwindungsfreie und gasdichte Teile. Infolge eines Si-Restgehaltes ist SiSiC weniger temperaturbeständig als reine SiC-Sorten, hat aber höhere Wärmeleitfähigkeit als Stahl.
Beispiel: korrosionsbeständige, warmfeste Wärmeaustauscher, Ofentragbalken und -rollen, Gleitlager und Strahldüsen, auch Bauteile komplexer Gestalt wie Abgasladerläufer.
(→Nichtoxidkeramik)

Siliciumnitrid Si_3N_4 (SN) (silicon nitride)
Keramik mit hoher Biegefestigkeit und Thermoschockbeständigkeit.
Verwendung: Wendeschneidplatten, Wälzlagerkugeln, Ventilteile für Hochdrucksynthesen, Rauchgasentschwefelung.
(→Nichtoxidkeramik)

Silicone (silicon)
Polykondensate aus Ketten, die von Si und O-Atomen gebildet werden, auch mit Vernetzungen (Silikonkautschuk).

Wärmebeständiges, chemisch beständiges, wasserabweisendes Polymer, mit anderen unverträglich.
Verwendung: elektrische Isolieröle und -lacke, Formtrennmittel. Fugendichtungen, Formmassen zum Abformen.

Simulationssoftware (simulation software)
Programme, mit deren Hife der Nutzer komplizierte oder gefährliche technische Vorgänge durch Veränderung der Betriebsparameter in weiten Grenzen nachbilden kann.

Sinkgeschwindigkeit (settling speed)
→freier Fall

Sinterhartstoffe (sintered hard alloys)
Verschleißfeste, z.T. hochwarmfeste, durch Sintern hergestellte Verbundwerkstoffe mit Metallmatrix.
Sinterhartmetall aus den Carbiden des W, Ti und Ta in flüssiger Co- oder Ni-Phase gesintert; Ferro-Titanit aus 50...70% TiC in Stahlmatrix, dadurch härtbar auf 70...73 HRC.
Im Zustand weichgeglüht gut spanbar (korrekturfähig), dadurch für Teile von Werkzeugen geeignet, Diamantschleifkörper aus Industriediamanten in Metallbindung zur Keramik- und Steinbearbeitung.
(→Cermets)

Sintern (sintering)
Wärmebehandlung von gepressten Pulverteilchen unterhalb der Schmelztemperatur, die feste, poröse Körper liefert.
Drei Fertigungsschritte sind erforderlich: Pulverfertigung, Pressverfahren und Sinterverfahren.
Pulverfertigung:
Reduktion pulverförmiger Metalloxide wie Wolfram, Molybdän oder Eisen in Wasserstoff. Elektrolyse in einem elektrolytischen Bad. Kupferpulver schlägt sich entweder direkt oder an einer porösen Kathode nieder. Beim mechanischen Verfahren werden Späne, Granalien oder Drähte in Kreuzmühlen zermahlen. Anschließend muss spannungsfrei geglüht werden. Bei der Verdüsung wird eine Eisen- oder Nichteisenmetallschmelze unter Zuführung von Druckluft verdüst. Die so entstandenen Metallpartikel werden im Wasserbad abgeschreckt. Die einzelnen Metalle werden miteinander vermischt, um die geforderten technologischen Eigenschaften zu erhalten.
Pressverfahren:
Die durch die Pulverfertigung gewonnenen und dann gemischten Werkstoffpartikel werden durch Druck so zusammengepresst, dass sie in einem festen Verband bleiben. Der jeweils gewünschte Porenraum (für Filter wichtig) und die Dichte sind abhängig vom Pressdruck.

Sinterwerkstoffe

Sinterverfahren:
Die durch Pressen entstandenen Werkstücke werden wärmebehandelt, um die gewünschte Festigkeit zu bekommen. Die Temperaturen liegen unterhalb des Metallschmelzpunktes. Die einzelnen Kristalle schmelzen an oder diffundieren. Oxidation der Sinterwerkstücke wird durch eine Schutzgasatmosphäre (Wasserstoffgas oder NH_3-Spaltgas) vermieden.

Sinterwerkstoffe:
Wärmebehandlung des pulverigen Werkstoffs ist nur möglich, wenn oxidfreie Pulver verwendet werden. Gesinterte Eisenwerkstoffe haben eine geringere Dichte als normaler Stahl (größere Poren und aufgeweitete Korngrenzen). Zur Festigkeitssteigerung werden oft Kupfer- oder Nickelpulver beigemischt. Gesinterte Nichteisenwerkstoffe werden hauptsächlich als Cu-Sn- oder Cu-Zn-Legierungen eingesetzt.

Konstruktionshinweise:
Unterschneidungen vermeiden; Bohrungen nicht senkrecht zur Pressrichtung anbringen; im Verhältnis zur Breite sehr hohe Werkstücke vermeiden; Gewinde und Schneckenverzahnung ebenso vermeiden wie Wandstärken unter 2 mm; Zähne von Zahnrädern sollten eine Zahnhöhe >1 mm haben. Anwendung für Filter, Hartmetalle und Kleinteile aller Art wie z.B. für Haushaltsgeräte und Büromaschinen.
DIN 30 900 Terminologie der Pulvermetallurgie; Einteilung, Begriffe.
(→Pulvermetallurgie)

Sinterwerkstoffe (sintered material)
→Sintern

Sinus (sine)
Eine der trigonometrischen Funktionen.
In einem rechtwinkligen Dreieck ist $\sin \alpha$ das Verhältnis von Gegenkathete zu Hypotenuse.
(→Sinusfunktion, →trigonometrische Funktionen)

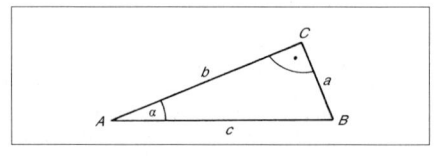

$\sin \alpha = \frac{a}{c}$

Sinusfunktion (sine function)
Die Funktion $y = \sin x$.
Der Definitionsbereich ist $D = \mathbb{R}$ und der Wertebereich $W = [-1, 1]$. Die Sinusfunktion hat die Periode 2π, es gilt also $\sin(x + 2k\pi) = \sin x$ für $k \in \mathbb{Z}$. Die Amplitude der Funktion ist 1.
Die Sinusfunktion ist ungerade, denn es gilt $-\sin(-x) = -\sin x$. Der Graph der Funktion heißt Sinuskurve, sie ist symmetrisch zum Koordinatenursprung.
(→trigonometrische Funktionen)

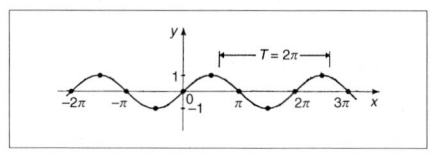

Sinuskurve

Sinussatz (law of sines)
In einem beliebigen Dreieck verhalten sich die Längen der Seiten wie die Sinuswerte der gegenüberliegenden Winkel:

$$\frac{\sin \alpha}{a} = \frac{\sin \beta}{b} = \frac{\sin \gamma}{c}$$

oder

$\sin \alpha : \sin \beta : \sin \gamma = a : b : c$.
(→Sinusfunktion)

Skalar (scalar),
skalare Größe (scalar quantity)
Physikalische Größe, die nicht in eine bestimmte Raumrichtung wirkt und durch Maßzahl und Einheit beschrieben wird.
Beispiele: Energie E, Temperatur T, Zeit t.
(→physikalische Größe, →vektorielle Größe)

Skalarmultiplikation (scalar multiplication)
Multiplikation eines Vektors $\vec{a}$ mit einem Skalar (also einer reellen Zahl) $\lambda \in \mathbb{R}$.
Das Ergebnis ist ein Vektor $\lambda \vec{a}$ mit dem Betrag $|\lambda \vec{a}| = |\lambda| \cdot |\vec{a}|$ ($|\lambda|$-facher Betrag des Vektors $\vec{a}$). Für $\lambda > 0$ haben $\lambda \vec{a}$ und $\vec{a}$ gleiche Richtung und Orientierung, für $\lambda < 0$ haben $\lambda \vec{a}$ und $\vec{a}$ gleiche Richtung und entgegengesetzte Orientierung.
Multiplikation mit $\lambda = -1$ ergibt den Vektor $-\vec{a}$. Dieser Vektor hat den gleichen Betrag und die gleiche Richtung wie der Vektor $\vec{a}$, jedoch die entgegengesetzte Orientierung.
(→Vektor)

SMC (sheet moulding compounds)
Mit UP- oder EP-Harzen getränkte Fasermatten, -gewebe und -gewirke (Aramid-, Glas- und Carbon-Faser) in flächiger Form, nur begrenzt haltbar, zum Pressen großflächiger Teile.
Beispiele: Sportgeräte, Fahrzeug-, Boots- und Flugzeugbau.

Software (software)
Gesamtheit der Programme und Daten eines Computersystems.

Solidus-Linie (solidus)
In Zustandsschaubildern die untere Begrenzung des Feldes „Schmelze + Kristalle". Darunter sind alle Legierungen vollständig kristallisiert.

Soll-Zeit (nominal time)
Vorgabezeiten für die planmäßige Durchführung von Arbeitsabläufen oder Ablaufabschnitten für Mensch, Betriebsmittel und Arbeitsgegenstand. Wird als Bezugszeit aus Normalleistung, Durchschnittsleistung, Systemen vorbestimmter Zeiten und betrieblichen Planzeiten gewonnen.

Sollwert (nominal value)
Wert, den eine Größe im betrachteten Zeitpunkt unter festgelegten Bedingungen annehmen soll.
(→Führungsgröße, →Istwert, →Regelgröße)

Sommerfeldzahl (sommerfeld coefficient)
Bei der Gleitlagerberechnung erfasst die Gleichung für die Sommerfeldzahl Zusammenhänge zwischen Lagerbelastung und Reibungsverhältnissen. Mit Hilfe der Sommerfeldzahl lassen sich Gleitlager dem Schnelllaufbereich ($So \leq 1$) oder dem Schwerlastbereich ($So \geq 1$) zuordnen. Mit der bekannten Sommerfeldzahl und dem relativen Betriebslagerspiel kann die Reibzahl im Lager ermittelt werden.

Sondereinheit (special unit)
→Hilfseinheit

Spaltbruch (cleavage fracture)
Sprödbruch mit intrakristallinen, glatten Bruchflächen.
(→Trennungsbruch)

Spaltkorrosion (crevice corrosion)
Korrosion in engen Spalten.
Unbelüftete Bereiche korrodieren, das Korrosionsprodukt weitet den Spalt auf.
Beispiel: punktgeschweißte Bleche.

Spaltpolmotor (shaded-pole motor)
Einphasen-Asynchronmotor geringer Leistung mit zwei meist ausgeprägten, gespalteten Ständerpolen mit elliptischem Drehfeld. Spaltpolmotore sind wartungsarm und daher geeignet für z.B. Laugenpumpen in Waschmaschinen, Lüfterantrieb.

Spanart (types of metal chips)
Einteilung des entstehenden Spanmaterials nach den Merkmalen der jeweiligen Spanbildung bei der spanenden Bearbeitung metallischer Werkstoffe. Die Spanbildung wird wesentlich von den Eigenschaften des Werkstoffs (Werkstück) beeinflusst.

Auch Schnittgeschwindigkeit und Spanwinkel sind wichtige Einflussgrößen. Die Spanbildung wird durch die über das Zerspanwerkzeug einwirkende Zerspankraft ausgelöst.
Im Einwirkungsbereich des Werkzeugs entsteht ein System verschiedenartiger Beanspruchungen, auf die der Werkstoff eigenschaftsabhängig mit Verformungen bis hin zum Trennungsbruch reagiert. Nach Art der vorliegenden Spanungsbedingungen entstehen dabei Fließspäne, Scherspäne oder Reißspäne und bei Bildung einer Aufbauschneide auch Scheinspäne.

Spanfläche (face)
Begrenzungsfläche am Schneidkeil eines Zerspanwerkzeugs, auf der (bei Fließspan- und Scherspanbildung) das Spanband abläuft.
(→Freifläche, →Schneidkeil)

Spanform (geometrical shape of chips)
Geometrische Gestalt der bei der spanenden Bearbeitung metallischer Werkstoffe anfallenden Späne und die formabhängige Einteilung des Spanmaterials.
Zerspantechnisch sinnvoll ist eine Unterteilung in die Spanformklassen 1 bis 7:

Spanform-klasse	Spanform	Spanraumzahl (Richtwerte)
1	Bandspäne	100
2	Wirrspäne	100
3	Wendelspäne	50
4	Wendelspanstücke	25
5	Spiralspäne	10
6	Spiralspanstücke	8
7	Spanbruchstücke	3
Spanform-klasse	Eignung für Entsorgung	
1	unzweckmäßig	
2	unzweckmäßig	
3	bedingt zweckmäßig	
4	zweckmäßig	
5	zweckmäßig	
6	zweckmäßig	
7	unzweckmäßig	

Die Spanraumzahl gibt Hinweise auf den Raumbedarf des geschütteten Spanmaterials und unterstützt eine bedarfsgerechte Projektierung von Entsorgungsanlagen für Späne. Die Angaben zur Entsorgungseignung berücksichtigen die wirtschaftliche Transportierbarkeit und Aufbereitung des Spanmaterials sowie die von den Spänen ausgehende Gefährdung von Bedienungspersonal und Maschine.
Bei der Bearbeitung langspanender Werkstoffe kann durch Anordnung einer Spanformstufe (z.B. Spanbrecher) ein Spanbruch erzwungen und so stückiges Spanmaterial erzeugt werden.

Spannbacke

Raumsparende Spanformen können auch durch eine geeignete Werkzeuggestaltung erzielt werden. Beispiele: Spannuten an Bohrwerkzeugen, Spankammern an Räumwerkzeugen.

Spannbacke (chuck jaw; gripping jaw)
Spannelement des Spannfutters.
Gleitet beim Spannvorgang in den radialen Führungen des Futterkörpers, zentriert das Werkstück und überträgt das zur Bearbeitung erforderliche Drehmoment von der Hauptspindel auf das Werkstück.
Harte (gehärtete) Backen werden zum Spannen auf rohen Guss- oder Schmiedeflächen verwendet, weiche (ungehärtete) Backen zum Spannen auf vorbearbeiteten Flächen. Stufenbacken haben meist drei Spannflächen für abgestufte Spanndurchmesser. Geteilte Spannbacken haben eine harte Grundbacke, die in der Radialführung des Futterkörpers gleitet, und eine darauf aufgeschraubte harte oder weiche Aufsatzbacke.

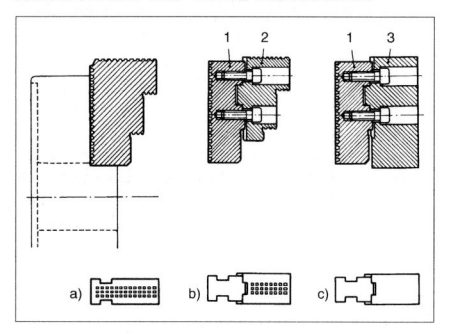

Spannbackenformen
a) ungeteilte harte Stufenbacke, b), c) geteilte Stufenbacken
1 harte Grundbacke, 2 harte Aufsatzbacke, 3 weiche Aufsatzbacke

Spannbereich
(holding capacity; chucking capacity)
Bezeichnet an Werkzeugmaschinen die absoluten Grenzen der Spannmöglichkeiten eines Spanners (von ... mm bis ... mm) oder die Differenz zwischen größtem und kleinstem Spannmaß.

Spanndorn
(drawn-in arbor; mounting arbor; mandrel)
Werkstückspanner an Dreh- und Außenrundschleifmaschinen, Werkzeugspanner an Fräsmaschinen.

Spanneisen (holding strap; clamp)
Werkstückspanner auf Werkzeugmaschinen mit Werkstücktischen, besonders Hobelmaschinen. Zum Aufspannen großer Werkstücke und in der Einzelfertigung, wenn sich eine besondere Spannvorrichtung nicht lohnt. Spanneisen sind genormt, werden aber auch in vielfach abgewandelter Form verwendet.
DIN 6314 Flache Spanneisen, DIN 6315 Gabelspanneisen, DIN 6316 Gekröpfte Spanneisen
(→Spannschraube, →Spannunterlage)

Spanner
(clamping mechanism; clamp; chucker; vice)
Baugruppe an Werkzeugmaschinen
(→Werkstückspanner, →Werkzeugspanner)

Spannfutter (chuck; jaw chuck)
Werkstückspanner an Dreh-, Schleif- und Tiefbohrmaschinen, Werkzeuspanner an Bohrmaschinen.
Hat zwei, drei oder vier Spannbacken, die zum Spannen gleichzeitig oder paarweise von Hand oder durch einen Kraftspannantrieb in den Führungen des Futterkörpers radial verschoben werden. Beim Spannen zentrieren die Spannbacken zugleich das Werkstück oder das Werkzeug zur Mitte der Arbeitsspindel.
(→Bohrfutter, →Dreibackenfutter, →Vierbackenfutter, →Zweibackenfutter)

Spannklaue (faceplate jaw)
Spannelement der Planscheibe, vergleichbar mit der Spannbacke des Spannfutters.

Spannkloben (clamp dog)
Stahlklotz mit einer waagerechten Spannschraube, mit der das Werkstück auf dem Tisch der Hobelmaschine gegen Anschlagkloben festgespannt wird.

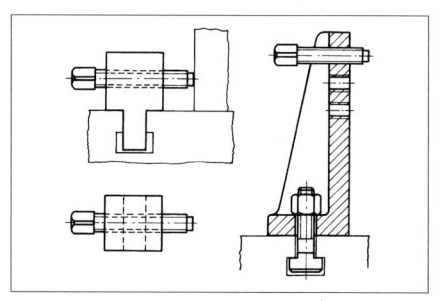

Spannkloben-Bauarten
links: niedriger, rechts: hoher Spannkloben

Spannmittelnullpunkt
(zero point of gripping device)
Bezugspunkt in der Anschlagebene des Werkstücks an ein Spannmittel.
(→Bezugspunkt, →Einspannlage)

Spannschraube (work-holding bolt)
Schraube mit quadratischem oder rechteckigem Kopf, der in die T-Nut des Werkstücktisches eingeführt wird.
Beim Spannen von Werkstücken auf dem Werkstücktisch zum Befestigen von Kloben, Spanneisen und Spannunterlagen verwendet.
DIN 787 Schrauben für T-Nuten.

Spannstange (draw bar)
Zylindrische Stange in der Längsbohrung der Hauptspindel einer Werkzeugmaschine.
Sie überträgt die axiale Spannbewegung eines Kraftspannantriebs am hinteren (Schwanz-) Ende der Spindel auf den Werkstück- oder Werkzeugspanner am Spindelkopf.

Spannstock (machine vice)
Werkstückspanner an Bohr-, Fräs-, Schleif- und Stoßmaschinen.
Das Werkstück wird wie im normalen Schraubstock zwischen einer festen und einer beweglichen Backe gespannt. Das Unterteil des Spannstocks wird mit Spannschrauben in den T-Nuten des Werkstücktisches festgeklemmt, das Oberteil ist gewöhnlich um die senkrechte Achse drehbar.
(→Pressluft-Spannstock, →Schnellspannstock, →Universal-Spannstock)

Spannung (voltage)
→elektrische Spannung

Spannungarmglühen (stress relieving)
Glühen unterhalb der Umwandlungspunkte (723 °C) mit langsamer Abkühlung zum Abbau von Eigenspannungen.

Spannungs-Dehnungs-Diagramm
(stress-strain diagram)
Beim Zugversuch aufgezeichnete Kennlinie, die das Verhalten des Werkstoffs charakterisiert.

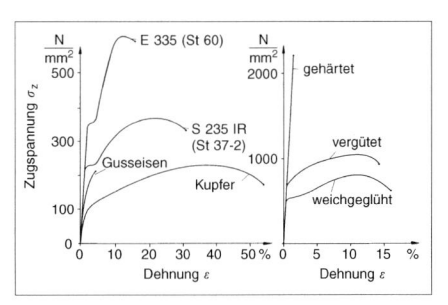

Spannungs-Dehnungs-Diagramme

Spannungs-Zeit-Diagramm
(stress-time diagram)
Grafische Darstellung des zeitlichen Verlaufs der im Bauteil herrschenden Spannung σ (Normalspannung) oder τ (Schubspannung) bei dynamischer Belastung während eines Lastspiels, z.B. Anheben und Absetzen einer Last am Kranhaken. Dynamische Belastung liegt vor, wenn ein Bauteil schwellend oder wechselnd belastet wird.
Beispiele: Das Seil eines Hebezeugs (z.B. Kran) wird bei Belastung schwellend auf Zug beansprucht, eine Getriebewelle schwellend auf Torsion und wechselnd auf Biegung.
(→Beanspruchung, →Belastung)

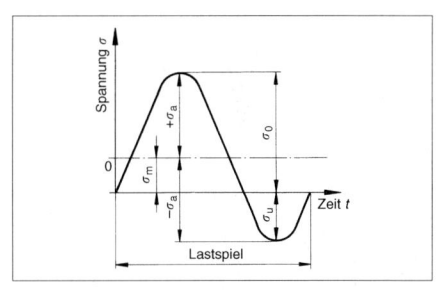

Spannungsverlauf während eines Lastspiels:
σ_a = Ausschlagspannung, σ_m = Mittelspannung, σ_o = Oberspannung, σ_u = Unterspannung

Spannungsabfall (voltage drop)
Die an einem Leiter oder an einer Zuleitung abfallende Spannung (Spannungsverlust).
Zulässige prozentuale Werte werden in den TAB (Technische Anschluss-Bedingungen) der EVU (Elektrische Versorgungs-Unternehmen) benannt.

Spannungsarten (types of stress)
Unterscheidung der im Querschnitt eines belasteten Bauteils wirkenden mechanischen Spannung σ und τ in N/mm² nach Ursache und Richtung.
Die Normalspannung σ, hervorgerufen durch die Normalkraft F_N, steht *rechtwinklig* auf der Querschnittsfläche. Die Schubspannung τ, hervorgerufen durch die Querkraft F_q, liegt *in* der Querschnittsfläche (Bild Seite 396).

Spannungsenergie (elastic energy)
Maß für die zur Deformierung eines elastischen Körpers aufzuwendende Verformungsarbeit.
(→Arbeit, →Energie)

Spannungshypothesen

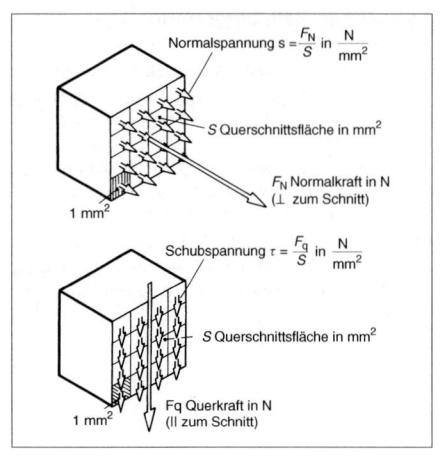

Normalspannung σ und Schubspannung τ

Physikalische Ursache	Vorgang	Anwendung
Elektronenaustausch bei chemischen Reaktionen	Eintauchen von Leiterplatten in Elektrolyten	galvanische Elemente, Akkumulatoren (Batterie)
Induktionsvorgänge in festen Leitern	Bewegung von Leitern in Magnetfeldern	Dynamomaschine (Generator)
Thermoelektrischer Effekt	Erwärmen der Kontaktstellen zwischen verschiedenen Metallen	Thermoelement
Piezoelektrischer Effekt	mechanischer Druck auf polare Kristalle	elektroakustische Wandler
Innerer Fotoeffekt	Lichteinwirkung in Halbleiterkombinationen	Solarzelle

Spannungshypothesen (stress hypotheses)
Gleichungen zur Berechnung eines Spannungszustands, der in solchen Querschnitten auftritt, die gleichzeitig auf Biegung (Normalspannung σ) und Torsion (Schubspannung τ) beansprucht werden (z.B. in Getriebewellen).
Die beiden rechtwinklig aufeinander stehenden Spannungsarten können nicht einfach geometrisch zu einer resultierenden Spannung zusammengesetzt werden, weil Normal- und Schubspannungen jeweils zu einem anderen Bruchverhalten des Werkstoffs führen. Verschiedene Forscher haben daher Gleichungen entwickelt, mit deren Hilfe eine *Vergleichsspannung* σ_v berechnet werden kann (*C. Bach, Mohr, Guest, ten Bosch* u.a.).
σ_v wird auch als ideelle Spannung bezeichnet.
Gute Übereinstimmung mit Versuchsergebnissen liefert die *Hypothese der größten Gestaltänderungsenergie*:
$\sigma_v = \sqrt{\sigma^2 + 3(\alpha_0\tau)^2}$ mit Anstrengungsverhältnis $\alpha_0 = \sigma_{zul}/(1{,}73\ \tau_{zul})$.
Gleiches gilt für die *Schubspannungshypothese*:
$\sigma_v = \sqrt{\sigma^2 + 4(\alpha_0\tau)^2}$ mit $\alpha_0 = \tau_{zul}/(2\tau_{zul})$.
($\rightarrow$Anstrengungsverhältnis, $\rightarrow$Biegung und Torsion, $\rightarrow$zusammengesetzte Beanspruchung)

Spannungsquelle (voltage source)
Beispiele für Ladungstrennung, d.h. herbeiführen eines Zustandes, bei dem Elektronenüberschuss oder Elektronenmangel an einer Elektrode entstehen.
($\rightarrow$elektrische Spannung)

Spannungsreihe (electrochemical series)
Gliederung der Elemente nach ihrer Neigung, die Valenzelektronen abzugeben.
Metalle geben beim Oxidieren ihre Valenzelektronen unterschiedlich leicht ab. Das kann als Potenzialdifferenz (elektrischer Spannungsunterschied in mV) in galvanischen Normalelementen gemessen werden: Metall gegen Platinblech, das von einem H_2-Strom von 1 bar bei 25 °C umspült wird, beide hängen in einer 1-molaren HCl-Lösung.

Metall	Mg	Zn	Fe	H	Cu	Ag
Potential	-2,4	-0,76	-0,44	0	+0,34	+0,8 mV

unedle ◄—┼—► edle Metalle

Spannungsrisskorrosion SpRK
(stress corrosion cracking)
Rissbildung an verschiedenen Metallen in unterschiedlichen Korrosionssystemen unter Zugspannungen unterhalb der Streckgrenze mit Trennungen (ohne Verformung), die interkristallin oder transkristallin verlaufen können.
Für jedes Korrosionssystem gibt es kritische Verhältnisse von Spannung, Temperatur und Konzentration, die zu diesen Erscheinungen führen.
Beispiel: Aufreißen kaltverformter Teile aus CuZn in ammoniakhaltiger Umgebung.

Spannungsteiler
(voltage divider; potentiometer)
Schaltung oder Bauelement zum Einstellen einer Spannung.
Als Bauelement dient ein Potentiometer (regelbarer Widerstand) zur Spannungsteilung. Die Schaltung besteht aus zwei in Reihe geschalteten Widerstän-

den, wobei der Spannungabfall an einem der beiden als Teilspannung genutzt wird. Wird an diese Spannung ein Lastwiderstand gelegt, so spricht man von einem belasteten Spannungsteiler.

Spannungswandler (voltage transformer)
→Messwandler

Spannunterlage
(stepped supporting block; stepped setting-up block)
Bauteil mit vielfältigen Formen zum Ausgleich von Höhenunterschieden beim Spannen von Werkstücken auf Werkzeugmaschinen.
(→Schraubbock, →Stufen-Spannunterlage, →verstellbare Spannunterlage, →Zahnbock)

Spannzange (collet chuck; collet)
Werkstückspanner an Dreh- und Rundschleifmaschinen, überwiegend für Werkstücke mit kleinerem Durchmesser.
Besonders geeignet für Dreharbeiten von der Stange (Stangenarbeit). Die Spannzange ist ein dünnwandiger Hohlzylinder mit einem Außenkegel am Kopfende. Drei Längsschlitze trennen den vorderen Teil in drei Segmente („Spannbacken") auf. Sie wird beim Spannen von einer Zugstange oder einer Druckhülse in eine Kegelbohrung im Spindelkopf gezogen oder gedrückt (Zug- oder Druckspannzange). Dabei werden die Segmente radial nach innen bewegt und spannen dadurch das Werkstück.
Es gibt viele Sonderbauformen nach dem gleichen Prinzip, auch für größere oder mehrere Spanndurchmesser.

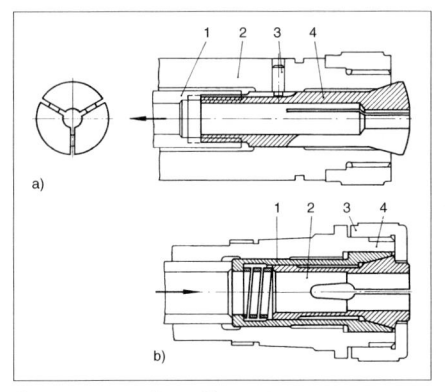

Spannzangen-Grundformen
a) Zugspannzange
1 Zugstange, 2 Spindel, 3 Verdrehsicherung, 4 Spannzange
b) Druckspannzange
1 Druckhülse, 2 Spannzange, 3 Schulterring, 4 Spindelkopf

Spanraumzahl R (ratio of the volume of the chips formed to the volume of the same material before metal removal)
Richtwert zur Darstellung des Raumbedarfs von lose geschütteten Spänen bei unterschiedlicher Spanform.
$R = V_{sp}/V$ ist der Quotient aus dem Volumen des geschütteten Spanmaterials (Spanvolumen V_{sp}) und dem Spanungsvolumen V $(V_{sp} > V \Rightarrow R > 1)$.
Die Spanraumzahl verknüpft die Dichte ρ des noch unzerspanten Werkstoffs mit der Schüttdichte ρ_{sp} des anfallenden Spanmaterials $(\rho_{sp} = \rho/R)$.

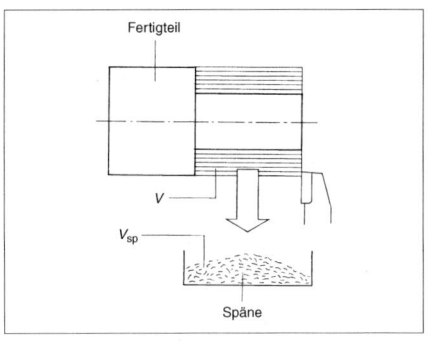

Definition der Spanraumzahl

Spanungsbreite b
(width of the removed metal part)
Breite des Spanungsquerschnitts. Bei vereinfachter Betrachtung ist sie identisch mit der Länge der aktiven (im Schnitt stehenden) Hauptschneide.
(→Spanungsquerschnitt)

Spanungsdicke h
(thickness of the removed metal part)
Dicke des Spanungsquerschnitts.
(→Spanungsquerschnitt)

Spanungsgrößen
(dimensions of the removed metal part)
Maßgrößen (Längenmaße) zur Beschreibung der bei spanender Bearbeitung vom Werkstück abzutrennenden Werkstoffschicht. Sie unterscheiden sich wegen der bei der Spanbildung auftretenden Werkstoffstauchung von den Maßen der entstehenden Späne.
Beispiele: Spanungsdicke h, Spanungsbreite b, Spanungsquerschnitt A.
DIN 6580 Begriffe der Zerspantechnik.

Spanungsquerschnitt A
(cross-section of the removed metal part)
Querschnitt des bei spanender Bearbeitung abzuspanenden Werkstoffs, gemessen senkrecht zur Schnittrichtung. Er beeinflusst maßgebend die beim Spanen aufzuwendende Schnittkraft.
Spanungsquerschnitt $A = b \cdot h$ mit Spanungsbreite b und Spanungsdicke h beim Runddrehen (siehe Bild).

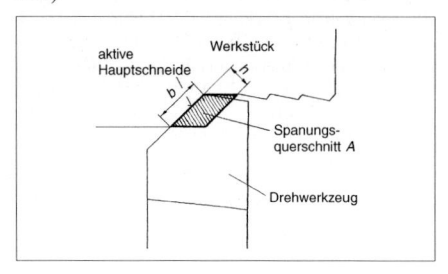

Spanungsvolumen V
(volume of material to be removed)
Volumen des Werkstoffs, der bei einer spanenden Bearbeitung vom Werkstück abgetrennt werden muss.
(→Spanraumzahl)

Spanwinkel γ (rake angle)
Winkel zwischen der Spanfläche des Schneidkeils eines Zerspanwerkzeugs und der Werkzeug-Bezugsebene im Werkzeug-Bezugssystem. Der in der Orthogonalebene des Bezugssystems gemessene Spanwinkel ist der Orthogonalspanwinkel γ_o.
(→Werkzeugwinkel)

Speicher (memory)
Elektronisches oder pneumatisches Bauteil in einer Steuerung, das Daten kurz- oder langfristig aufbewahren kann.
Unterschieden wird nach der Technologie in Halbleiterspeicher wie beispielsweise RAM und ROM, Magnetspeicher wie Diskette und Festplatte und optische Speicher wie die CD.
(→CD, →Diskette, →RAM, →ROM)

Speicherkapazität (storage capacity)
Gibt an, wieviel Bit oder Byte ein Speicher aufnehmen kann.
(→Bit, →Byte)

Speichermatrix (memory matrix)
Matrixförmig angeordnete Speicherzellen mit Spalten- und Zeilenadressleitungen zur eindeutigen Anwahl der gewünschten Speicherzelle.
Hierbei darf jeweils nur eine Spaltenadressleitung und eine Zeilenadressleitung aktiviert sein.
Beispiel: aktive Speicherstelle im Schnittpunkt: 1001.

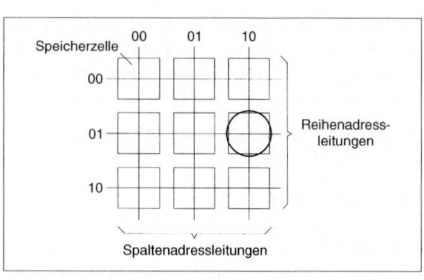

Speichermatrix

Speichern (to store)
Gezieltes Ablegen von Daten in einem Speicher, die jederzeit wieder aufgefunden werden können.

Speicherorganisation
(memory organisation)
Aussage über Anzahl der Speicherstellen (Adressen) und Anzahl der Bits (Wortbreite), die pro Speicherstelle gespeichert werden können.
Beispiel: $1 K \cdot 8 Bit = 1024$ Speicherstellen mit einer Wortbreite zu 8 Bit,
oder: $8 K \cdot 1 Bit = 1024$ Speicherstellen mit einer Wortbreite zu 1 Bit.

speicherprogrammierbare Steuerung SPS (stored program control system)
Steuerung, die sich durch besondere Leistungsfähigkeit und Flexibilität auszeichnet.
Bei der speicherprogrammierbaren Steuerung ist die Arbeitsweise durch Steuerprogramme in Form von Software vorgegeben. Die Programme werden mit speziellen Eingabegeräten erstellt und können jederzeit verändert werden, ohne dass technische Umbaumaßnahmen erforderlich werden. Oft sind Anschlüsse für Peripheriegeräte vorhanden, sodass Programme von Datenträgern eingelesen, auf Datenträger gespeichert oder ausgedruckt werden können.
Häufig eingesetzte Programmiersprachen sind Anweisungsliste (AWL), Funktionsplan (FUP) und Kontaktplan (KOP).
Die Baugröße reicht von kompakten Einzelgeräten mit 8 Ein- und Ausgängen bis hin zum modularen, über Bussysteme verbundenen Prozessleitsystem mit mehreren tausend Ein- und Ausgängen.
(→Anweisungsliste, →Funktionsplan, →Kontaktplan, →Peripheriegerät)

Speicherzelle (memory cell)
Elektronische Schaltung, die eine Information von einem Bit speichern kann.

Spektrum (spectrum)
Lichtband in den charakteristischen Regenbogenfarben, das entsteht, wenn weißes Licht durch ein

Prisma oder Beugungsgitter in seine Bestandteile zerlegt wird, aus denen es zusammengesetzt ist.
Beispiel: Der Regenbogen entsteht durch die Zerlegung von Sonnenlicht an unzähligen atmosphärischen Wassertröpfchen, die wie Prismen wirken. (→Beugungsgitter, →Prisma)

spezielle Gaskonstante
(gas constant corresponding to 1 kg of a gas)
Stoffkonstante für Gase, die sich durch Berechnung (allgemeine thermische Zustandsgleichung) aus zusammengehörenden Zahlenwerten für p (absoluter Druck), v (spezifisches Volumen) und T (absolute Temperatur) für eine spezielle Gasart in praktisch immer gleicher Größe ergibt: $R_i = p \cdot v/T$.
Die spezielle (individuelle) Gaskonstante R_i in J/(kg K) ist die Volumenänderungsarbeit (äußere Arbeit) in J (1 J = 1 Nm), die bei isobarer Erwärmung von 1 kg Gas um 1 K (= 1 °C) verrichtet und an die Umgebung abgegeben wird.
Beispiele: Sauerstoff: $R_i = 260$ J/(kg K), Wasserstoff: $R_i = 4125$ J/(kg K).

spezifische Drehzahl n_q (specific speed)
Kennzahl von Strömungsmaschinen für die Schnellläufigkeit einer Laufrad-Bauart (Radschaufelform).
Zur Kennzeichnung von Wasserturbinen ist sie die Turbinendrehzahl n_q, die bei $H = 1$ m Fallhöhe mit einem Volumenstrom $q_V = 1$ m³/s arbeitet. Räder für andere Fallhöhen und anderen Durchfluss sind formähnlich, haben aber andere Abmessungen und Drehzahlen. Bei Kreiselpumpen ist sie die Drehzahl eines in Schaufelgeometrie ähnlichen Vergleichslaufrades mit der Förderhöhe $H = 1$ m und dem Volumenstrom $q_V = 1$ m³/s. $n_q = q_V^{0,5}/H^{0,75}$ bezogen auf den Nennpunkt der Anlage. Da der Pumpenwirkungsgrad mit der spezifischen Drehzahl ansteigt, sollten sehr niedrige spezifische Drehzahlen (n_q < 14/min) vermieden werden.
(→Strömungsmaschinen, →Wasserturbinen)

spezifische Enthalpie (specific enthalpy)
Enthalpie, bezogen auf einen gasförmigen Stoff mit der Masse $m = 1$ kg (massenbezogen).
Die spezifische Enthalpie $h = H/m$ in J/kg macht die Bestimmung der Enthalpieänderung von der Masse des Arbeitsstoffes unabhängig.

spezifische Entropie (specific entropy)
Entropie, bezogen auf einen gasförmigen Stoff mit der Masse $m = 1$ kg (massenbezogen).
Die spezifische Entropie $s = S/m$ in J/(kg K) macht die Bestimmung der Entropieänderung von der Masse des Arbeitsstoffes unabhängig.

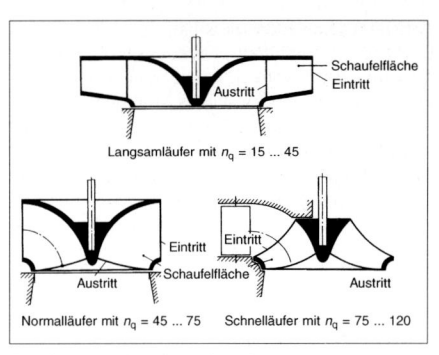

Radformen der Francisturbinen

spezifische innere Energie
(specific intrinsic energy)
Innere Energie einer Stoffmenge mit der Masse $m = 1$ kg (massenbezogen).
Die spezifische (thermische) innere Energie u = U/m in J/kg macht die Bestimmung einer Änderung der inneren Energie von der Gesamtmasse des vorliegenden Arbeitsstoffes (Systemfüllung) und damit von der Größe eines Systems unabhängig.

spezifische Schnittkraft k_c
(specific cutting force)
Durch Versuche (empirisch) ermittelte Größe für die Berechnung der Schnittkraft bei spanender Bearbeitung.
k_c in N/mm² ist der Teil der Schnittkraft F_c, der auf 1 mm² des Spanungsquerschnitts A entfällt ($k_c = F_c/A$). Sie ist bei scharfer Schneide und trockener Zerspanung abhängig von Werkstoff, Schneidstoff, Spanungsdicke, Schnittgeschwindigkeit, Spanwinkel und Werkstückform.

spezifische Wärme (specific heat)
Wärme, die einer Stoffmenge mit der Masse $m = 1$ kg zugeführt oder entzogen wird (massenbezogen).
Die spezifische Wärme $q = Q/m$ in J/kg macht die Bestimmung der reversibel zugeführten oder abgeführten Wärme von der Gesamtmasse des vorliegenden Arbeitsstoffes (Systemfüllung) und damit von der Größe eines Systems unabhängig.

spezifische Wärmekapazität
(specific heat capacity)
Wärme, die der Masse $m = 1$ kg eines Stoffes zugeführt oder entzogen werden muss, um eine Temperaturänderung von 1 °C = 1 K zu erreichen.
Die spezifische Wärmekapazität c in J/(kg K) wird als wahre spezifische Wärmekapazität oder bei größeren Temperaturunterschieden als mittlere spezifische Wärmekapazität c_m verwendet. Bei Erwärmung oder Abkühlung gasförmiger Stoffe ist

der Betrag von c davon abhängig, ob die Erwärmung (oder Abkühlung) bei konstantem Volumen oder konstantem Druck (mit Volumenänderungsarbeit) abläuft: c_v (konstantes Volumen), c_p (konstanter Druck), $c_p > c_v \Rightarrow c_p - c_v = R_i$ spezielle Gaskonstante.
Beispiel: spezifische Wärmekapazitäten von Sauerstoff (O_2) bei 20 °C betragen $c_v = 657$ J/(kg K) und $c_p = 917$ J/(kg K), d.h. um 1 kg Sauerstoff in einem geschlossenen Behälter (Volumen konstant) um 1 K ($= 1$ °C) zu erwärmen, ist die Wärme von 657 J zuzuführen. Der Wert $c_p - c_v = 917$ J/(kg K) $- 657$ J/(kg K) $= 260$ J/(kg K) ist die spezielle Gaskonstante R_i.

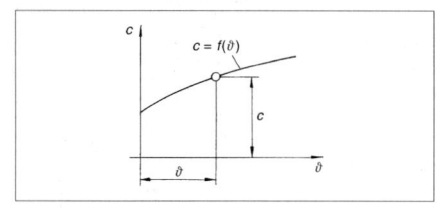

Wahre spezifische Wärmekapazität c bei ϑ °C

spezifischer Heizwert H_u
(specific calorific value)
Kenngröße für den Energieinhalt von Brennstoffen (früher unterer Heizwert).
Wärmemenge (kJ/kg bei festen und flüssigen und kJ/m³ bei gasförmigen Brennstoffen), die bei Verbrennung von 1 kg (fest, flüssig) oder 1 m³ (gasförmig) Brennstoff im Normzustand frei wird. Entsteht bei der Verbrennung Wasserdampf, der mit den Abgasen entweicht und nicht kondensiert, ist H_u um die Wasser-Verdampfungswärme geringer als der Brennwert H_o. Meist verwendet, da bei den meisten Rauchgasen und Kraftstoffabgasen Wasser als Verbrennungsprodukt dampfförmig ist.
($\rightarrow$Brennstoffe, $\rightarrow$Brennwert)

spezifischer Kraftstoffverbrauch b_e
(specific fuel consumption)
Die dem Verbrennungsmotor zugeführte, leistungs- und zeitbezogene Kraftstoffmenge in g/kWh.
Richtwerte: Ottomotor $b_e = 250 \ldots 380$ g/kWh, Dieselmotor $b_e = 200 \ldots 280$ g/kWh.
($\rightarrow$Kraftstoffverbrauch)

spezifischer Leitwert γ (conductivity)
Kennzeichnet den Einfluss des Leitermaterials auf den Widerstandswert eines Leiters, auch Leitfähigkeit genannt (Einheit 1/Ωm).

spezifischer Widerstand ρ (resistivity)
Widerstandswert eines Drahtes mit einer Länge $l = 1$ m bei einem Querschnitt $A = 1$ mm².
ρ ist der Kehrwert des spezifischen Leitwertes γ (Einheit Ωm).

spezifisches Gewicht γ (specific gravity)
Quotient aus der Gewichtskraft F_G eines Körpers und seinem Volumen V (volumenbezogene Gewichtskraft), die nicht mehr verwendet wird: $\gamma = F_G/V$ in N/m³, $[\gamma] = N \cdot m^{-3}$, nicht zu verwechseln mit der Dichte ρ.
($\rightarrow$Dichte, $\rightarrow$Gewichtskraft)

spezifisches Normvolumen
(volume of 1 kg of a gas under standard conditions)
Raumbedarf eines gasförmigen Stoffes mit der Masse $m = 1$ kg im Normzustand.
Das spezifische Normvolumen v_n in m³/kg ist abhängig von der Stoffart und ermöglicht so einen Vergleich des Raumbedarfs verschiedener Gase. Spezifisches Normvolumen $v_n = V_n/m$ mit Normvolumen V_n und Masse m. Der Kehrwert ist die Normdichte ρ_n des Gases ($\rho_n = m/V_n$).

spezifisches Volumen v (specific volume)
Raumbedarf einer Stoffmenge mit der Masse $m = 1$ kg.
$v = V/m$ in m³/kg entspricht dem Kehrwert der Dichte ρ.
($\rightarrow$Dichte, $\rightarrow$Masse)

Sphärolithen (spherolite)
Gefügebestandteile mit kugelähnlicher Gestalt, z.B. Graphit im GJS oder Kristallite im Polyethylen PE.
($\rightarrow$Gusseisen mit Kugelgraphit)

Spieltoleranzfeld (game tolerance zone)
Höchstpassung positiv, Mindestpassung mindestens Null.
($\rightarrow$Passungen)

Spieth-Dorn
(Spieth mechanical expanding mandrel)
Mechanischer Dehndorn.
Auf den zylindrischen Grundkörper ist eine Spannhülse mit tiefen radialen Einstichen aufgeschoben. Die Hülse wird beim Spannen durch eine Spannmutter axial zusammengedrückt und weitet sich dadurch radial auf.

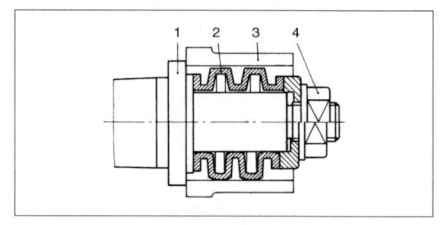

Spieth-Dorn, oben: ungespannt, unten: gespannt
1 Grundkörper, 2 Spannhülse, 3 Werkstück, 4 Spannmutter

Spindel (spindle)
→Hauptspindel

Spindelkasten
(headstock; headstock casting)
An Werkzeugmaschinen das Gehäuse für das Hauptgetriebe und die Spindellagerung mit der Hauptspindel.

Spindelkopf (spindle head; spindle nose)
Der Teil der Hauptspindel, der aus dem Spindelkasten (Spindelstock) vorn herausragt.
Nimmt das Werkzeug oder den Werkzeug- bzw. Werkstückspanner auf. Seine Abmessungen sind weitgehend genormt, damit Werkzeuge und Spanner auswechselbar sind.
(→Drehspindel, →Frässpindel)

Spindelpresse (screw press)
Presse, deren Stößel durch eine Gewindespindel angetrieben wird.
(→Reibspindelpresse, →Vincentpresse)

Spindelschlitten
(spindle slide; spindle carriage)
Spindelkasten an Werkzeugmaschinen, der waagerecht oder senkrecht verschoben und mitunter auch geschwenkt werden kann.
Beispiele: Spindelschlitten an Radialbohrmaschinen und Bohr- und Fräswerken.

Spindelstock (headstock)
→Spindelkasten

Spinquantenzahl s (spin quantum number)
Beschreibung der gegensinnigen Drehrichtung der Elektronen im Orbital.
Diese beiden Elektronen ↑↓ haben einen antiparallelen Spin im Orbital (Kästchen mit symbolischer Elektronenkonfiguration).
(→Quantenzahl, →symbolische Elektronenkonfiguration)

Spiralfedern (spiral spring)
Werden hauptsächlich aus rechteckigen, kaltgewalzten Stahlbändern hergestellt (Bild rechts). Spiralfedern werden gebraucht als Rückstellfedern, Uhrwerksfedern oder als drehelastische Kupplungen.
Berechnung über die Biegespannung ($\sigma_{bzul} \approx$ 950 ... 1100 N/mm²) und den sich über das Biegemoment ergebenden Verdrehwinkel zur gestreckten Federlänge bei überall gleichem Windungsabstand.

Spitze (centre)
Werkstückspanner vor allem an Drehmaschinen, der immer paarweise gebraucht wird. Die eine Spitze wird in den Spindelkopf eingesetzt, die andere in die Reitstockpinole.

Lange Werkstücke werden in Zentrierbohrungen auf ihren Stirnflächen von zwei Spitzen aufgenommen.
DIN 332 Zentrierbohrungen, DIN 806 Zentrierspitzen 60°

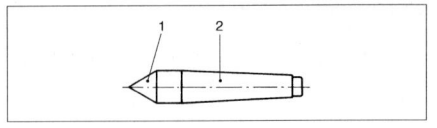

Einfache Spitze nach DIN 806
1 Zentrierspitze, 2 Aufnahmekegel für Spindel oder Reitstockpinole

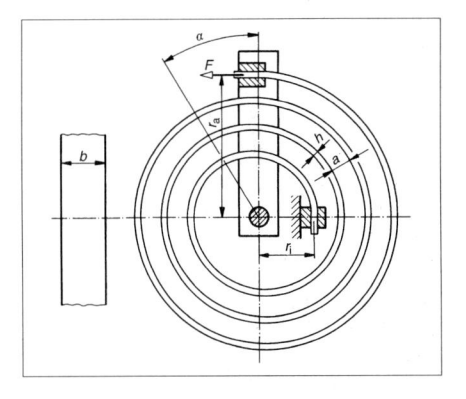

Spitzendorn (lathe centre)
→Drehdorn

Spitzendrehmaschine (centre lathe)
Drehmaschine, auf der vorwiegend längere Werkstücke bearbeitet werden. Sie wird aber auch für Futterdreharbeiten eingesetzt.
Kennzeichen der Maschine ist der Reitstock, mit dessen Reitstockspitze lange Werkstücke bei der Bearbeitung abgestützt und zentriert werden.

spitzenlose Schleifmaschine
(centreless grinding machine)
Schleifmaschine, die besonders für die Massenfertigung von kleinen zylindrischen und kegeligen, aber auch von langen dünnen stabförmigen Werkstücken eingesetzt wird.
Das Werkstück wird nicht eingespannt, sondern liegt auf voller Länge frei auf einer langen schmalen Führungsleiste auf und wird auf der einen Seite von der Schleifscheibe, auf der anderen Seite von einer langsamer laufenden Regelscheibe abgestützt. Beide Scheiben haben gleichen Drehsinn und versetzen das Werkstück beim Bearbeiten in die erforderliche Drehbewegung.

Spitzenwert (peak value)
→Amplitude

spitzer Winkel (acute angle)
Ein Winkel α, der kleiner als ein rechter Winkel ist: $0° < α < 90°$.
(→Winkel)

spitzwinkliges Dreieck
(acute angled triangle)
Dreieck, in dem alle drei Winkel kleiner als 90° sind.
(→Dreieck)

Spreizdorn
(expanding mandrel; expanding arbor)
Werkstückspanner an Dreh- und Außenrundschleifmaschinen.
Der Spannkörper ist ein dünnwandiger Hohlzylinder mit langen Längsschlitzen in der Mantelfläche. Bei der einen Grundform hat der Dornkörper am Kopfende eine konische Bohrung, in die der Kegelkopf des Spannbolzens beim Spannen hinein gezogen wird. Bei der anderen Form wird die geschlitzte Spreizhülse auf einen Kegeldorn aufgeschoben. Bei beiden Formen weitet sich dabei der Spannkörper nur wenig auf und der durchmesser abhängige Spannbereich ist relativ klein.

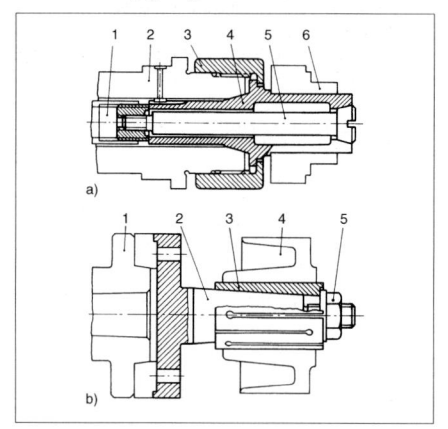

Grundformen des Spreizdornes
a) mit Spannbolzen
1 Zugstange, 2 Spindelkopf, 3 Überwurfmutter, 4 Dornkörper, 5 Spannbolzen, 6 Werkstück
b) mit Spreizhülse
1 Spindelkopf, 2 Kegeldorn, 3 Spreizhülse, 4 Werkstück, 5 Spannmutter

Spreizscheibe
(radially expanding plates for continuously variable belt drive)
Verstellelement des stufenlosen Riemengetriebes. Geteilte Keilriemenscheibe mit zwei gegeneinander axial verschiebbaren kegeligen Riemenlaufflächen. Bei kleinem Abstand der Scheibenhälften läuft der Keilriemen auf einem großen Durchmesser, bei großem Abstand auf einem kleinen. Dabei ändern sich Riemengeschwindigkeit und Übersetzungsverhältnis.

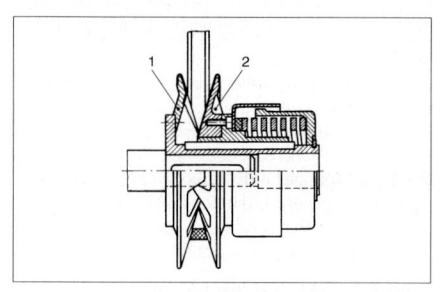

Spreizscheibe eines stufenlosen Riemengetriebes
1 feste, 2 axial verschiebbare Scheibenhälfte

Spritzgießen (injection moulding)
Urformverfahren für Thermoplaste, die in Schneckenspritzgießmaschinen plastifiziert, homogenisiert und mit 400...1800 bar und Massetemperaturen von 160...320 °C in vorgewärmte Formen geschossen werden.
Zum Schwundausgleich wird nachgedrückt, die Form geöffnet und das Teil ausgestoßen.

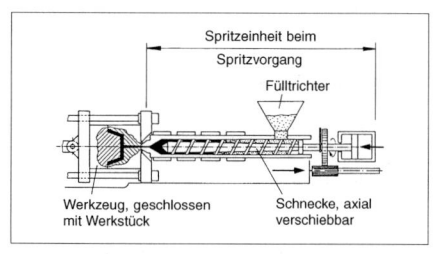

Spritzgießmaschine

Spritzversteller (injection timing device)
Baugruppe der Einspritzpumpe bei Dieselmotoren.
Sie verlegen den Einspritzbeginn drehzahlabhängig bis 16° Kurbelwellenwinkel vor, um den leistungsmindernden Zündverzug bei höheren Drehzahlen auszugleichen. Man verwendet mechanische, hydraulische und elektronische Spritzversteller (elektronische Dieselregelung).
(→Reiheneinspritzpumpe, →Verteilereinspritzpumpe, →Zündverzug)

Sprödbruch (brittle fracture)
Bruch ohne merkliche Verformung und damit auch ohne größere Arbeitsaufnahme.
Wird begünstigt durch tiefe Temperaturen (Ausnahme kubisch-flächenzentrierte Metalle), mehr-

achsigen Spannungszustand, durch Grobkorn und Ausscheidungen.
(→Trennungsbruch)

Sprühkompaktieren (overspraying)
Urformen durch thermisches Spritzen von Rohlingen, die durch Warmumformen zu Halbzeug verdichtet werden.
Herstellung von endkonturnahen Teilchen- und Schichtverbunden.
Beispiel: Al-Oxidverstärkte Al-Legierungen.

Sprungantwort (step function response)
Verfahren, um das zeitliche Verhalten eines Bauelements (z.B. eines Stellgeräts oder einer Regelstrecke) zu untersuchen.
Eine stufenförmige Funktion wird als Eingangssignal vorgegeben und das Ausgangssignal wird aufgezeichnet. Der zeitliche Verlauf des Ausgangssignals lässt Schlüsse über das dynamische Verhalten des Bauelements zu, die vor allem in der Regelungstechnik von Bedeutung sind.
(→Anstiegsantwort, →Impulsantwort)

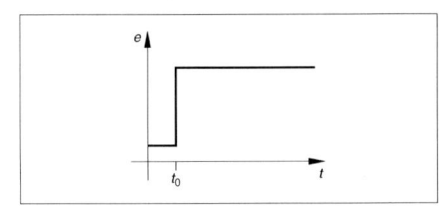

Zeitlicher Verlauf des Eingangssignals

Sprungstelle (jump discontinuity)
Unstetigkeitsstelle einer Funktion $y = f(x)$.
(→Unstetigkeitsstelle)

SPS (SPS)
→speicherprogrammierbare Steuerung SPS

Spülverfahren (scavenging method)
Verfahren zum Ladungswechsel bei Verbrennungsmotoren.
Durch den offenen Gaswechsel beim Zweitaktverfahren bei niedrigen Drehzahlen Gefahr von Ladungsverlusten (Frischladungsteil geht durch Auslassschlitz verloren). Die Höhe der Verluste hängt vom Spülverfahren ab. Man unterscheidet: Gleichstromspülung mit gleicher Strömungsrichtung von Frisch- und Abgas und Gegenstromspülung mit unterschiedlicher Strömungsrichtung innerhalb des Zylinders. Hierbei unterscheidet man Querstrom- und Umkehrspülung. Die Spülung kann auch durch Spülgebläse unterstützt werden.
(→Zweitaktverfahren)

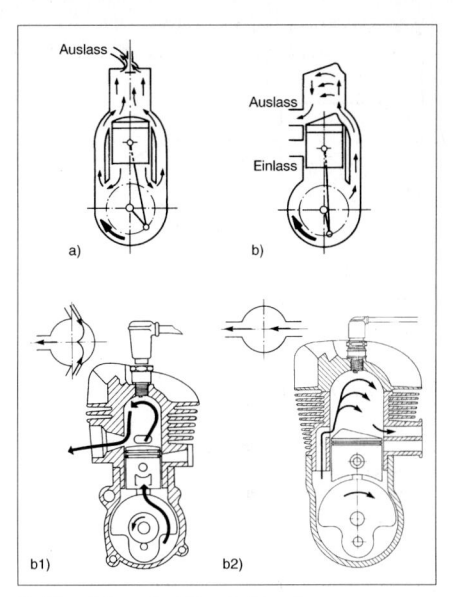

Spülverfahren bei Zweitaktmotoren
a) Gleichstromspülung,
b) Gegenstromspülung, b1) Umkehrspülung,
b2) Querstromspülung

Spulenzündung (inductive ignition)
Bauart der Zündanlage im Ottomotor.
Kontaktgesteuerte Spulenzündanlagen bestehen aus Zündspule, Zündverteiler mit Zündkondensator und Zündunterbrecher, Zündkerzen, Zündversteller und Zünd-Start-Schalter. Die Starterbatterie dient als Energiequelle.
(→Zündanlage, →Zündkerze, →Zündspule, →Zündunterbrecher, →Zündversteller)

Spurlager (footstep bearing)
→Halslager

Spurzapfen (pin)
Als Lagerung (Längslager) ausgebildetes Wellenende, das Axialkräfte aufnehmen soll.
Beim Ringspurzapfen (Bild S. 404) gilt für das Reibmoment $M_R = F \mu r_m$, mit Spurzapfenreibzahl μ und Reibradius $r_m = (r_1 + r_2)/2$; für die Reibleistung $P_R = M_R \omega$, mit Winkelgeschwindigkeit ω in s^{-1}. Die Reibzahlen μ für Spur- und Tragzapfenlagerung (Quer- und Längslager) werden aus Versuchen bestimmt.
(→Tragzapfen)

SRAM (Static **RAM**)
Schreib-Lesespeicher, dessen Grundzellen aus Flipflops bestehen.

stabile Schwimmlage

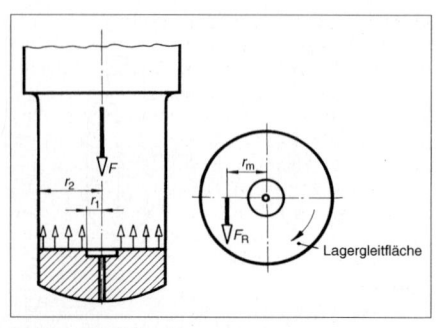

Ringspurzapfen (Querlager)

SRAM besitzen sehr kurze Einschreib- und Auslesezeiten. Beim Abschalten der Betriebsspannung geht der Speicherinhalt verloren.

stabile Schwimmlage
(stable floating condition)
→Schwimmen

Stack (stack; stack register)
Teil des Arbeitsspeichers, in dem Informationen durch eine besondere Speichertechnik automatisch zwischengespeichert werden.
Der Stack wird über den Stackpointer (Stapelzeiger) verwaltet.
Beispiel: Speicherung der Rücksprungadresse bei Aufruf eines Unterprogramms.

Stackpointer (stack pointer)
Register zur Verwaltung des Stack.
Der Stackpointer enthält immer die nachfolgend freie Adresse des Stapelspeichers. Bei jedem Schreiben oder Lesen vom Stack vermindert oder erhöht er sich automatisch.

Stähle (steels)
Eisenbasislegierungen mit einem C-Gehalt bis 2%, die schmiedbar sein müssen.
Grundstähle (BS) ohne besondere Gütemerkmale, sie sind nicht für eine Wärmebehandlung vorgesehen (Glühverfahren ausgenommen).
Qualitätsstähle (QS) unlegiert liegen in ihren Gehalten an Elementen unter vorgeschriebenen Grenzwerten und haben höheren Reinheitsgrad. Sie unterscheiden sich in der Prüftemperatur für den Kerbschlagbiegeversuch.
Edelstähle haben noch weniger nichtmetallische Einschlüsse, sprechen gleichmäßig auf Wärmebehandlungen an und haben gewährleistete Werte der Kerbschlagarbeit bei $-50\,°C$.
Einteilung nach dem Reinheitsgrad in:
a) unlegierte Stähle, Grenzwerte z.B.: 0,4% Cu, 0,3% Cr bzw. Ni, 1,65% Mn, 0,5% Si,
b) legierte Stähle, sie haben höhere Gehalte als die Grenzwerte,
c) hochlegierte Stähle mit über 5% Anteil an einem Legierungselement.
DIN EN 10 020 Begriffsbestimmung für die Einteilung der Stähle, DIN EN 10 027-1 Kurznamen, Hauptsymbole.
DIN EN 10 025 Warmgewalzte Erzeugnisse aus unlegierten Stählen.
Genormte Sorten für bestimmte Verfahren und Anwendungen.
(→Automatenstähle, →Einsatzstähle, →Federstähle, →Feinkornbaustähle, →hitzebeständige Stähle, →korrosionsbeständige Stähle, →Nitrierstähle, →Stähle für Feinbleche, →Stähle für Randschichthärtung, →Vergütungsstähle, →warmfeste Stähle, →Werkzeugstähle)

Stähle für Feinbleche (sheet steel)
Flacherzeugnisse aus Stahl von 3 mm Dicke und kleiner, warm- oder kaltgewalzt.
Eigenschaftsprofil: niedrige Streckgrenze und hohe Bruchdehnung als Voraussetzung für Kaltumformungen (Tiefziehen) und die Schweißeignung.
Höherfeste Bleche für den Karosseriebau auch mit bake-hardening-Effekt.
Beispiel: ZStE 180 BH...ZStE 300 BH (Zahl = Streckgrenze).
DIN EN 10 130 Kaltgewalzte Flacherzeugnisse aus weichen Stählen zum Kaltumformen, DIN EN 139 Kaltband aus weichen Stählen zum Kaltumformen.

Stähle für Randschichthärtung
(surface hardening steel)
Vergütbare Stähle, unlegiert als Edelstähle und niedriglegierte, ähnlich den Vergütungsstählen.
Beispiele: Cf 35...Cf 70, 45Cr2, 49CrMo4.
Verwendung: Kurbel- und Nockenwellen, Ketten und -räder für Kettenfahrzeuge, Großzahnräder, Führungsbahnen.
DIN 17 212 Stähle für Flamm- und Induktionshärtung, Stahlguss nach SEW 835-94.

Ständer (column; upright; pedestal)
Aufrecht stehende Gestellbauform an Werkzeugmaschinen.
Beispiele: Bohrmaschinenständer, Hobelmaschinenständer, Pressenständer.
(→Gestell)

Ständerbohrmaschine
(box-column drilling machine)
Bohrmaschine mit einem kastenförmigen Ständer, auf dessen vorderen Führungsbahnen der Bohrspindelschlitten und der Werkstücktisch senkrecht verschoben werden können.

Ständersupport (sidehead)
→Seitensupport

Stahlbandkupplung (steel band clutch)
Kupplungshälften sind durch ein schlangenförmig gewundenes Stahlfederband verbunden. Das Band liegt in sich nach innen erweiternde Nuten. Bei wachsendem Drehmoment verdrehen sich die Kupplungshälften gegeneinander, das Band verschiebt sich nach innen und die Federung wird härter (progressive Federkennlinie). Anwendung für Antriebe mit großen Drehmomentschwankungen.

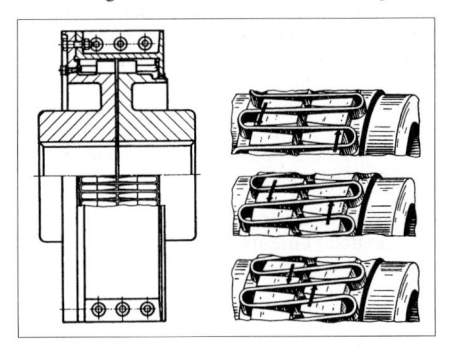

Stahlerzeugung (steelmaking)
Rohstahl wird überwiegend nach den Sauerstoffblasverfahren (aus Roheisen mit Schrottzusatz) oder in Lichtbogen-Elektroöfen (Schrott und Eisenschwamm) erschmolzen.
Der größte Teil wird in weiteren Verfahren der Sekundärmetallurgie veredelt und zu über 90% im Strangguss vergossen.
(→Sekundärmetallurgie)

Stahlguss GS (cast steel)
Stahl mit ähnlichen Analysen wie Walzstähle, der in Formen gegossen und in der Regel nicht weiter umgeformt wird.
GS ist zäher und warmfester als die anderen Fe-Gusswerkstoffe mit Festigkeiten von 380...600 N/mm^2 bei Bruchdehnungen von 25...15%. Gießtemperatur und Schwindmaß liegen hoch, die dendritische Erstarrung ergibt schlechte Formfüllung, es sind keine komplizierten und dünnwandigen Bauteile möglich.
DIN 1681 Stahlguss für allgemeine Verwendung, DIN 17 182 GS mit verbesserter Schweißeignung, DIN EN 10 283 Korrosionsbeständiger GS, DIN 17 465, Hitzebeständiger GS, DIN 17 205 Vergütungs-GS, DIN EN 10 213 GS für Druckbehälter.
Kurzname nach DIN EN 10 027-1 für unlegierten Stahlguss: allgemeines Gusssymbol (G), danach ein Buchstabe für den Verwendungsbereich, (E) allgemeiner Maschinenbau, (P) Druckbehälterbau, (S) Stahlbau. Es folgt die Angabe der Streckgrenze in N/mm^2.
Beispiel: GS-38 wird zu G200.

Stammfunktion (primitive integral)
Ist $y = f(x)$ eine Funktion mit einem Intervall I als Definitionsbereich, dann heißt eine differenzierbare Funktion $F(x)$ mit demselben Intervall I als Definitionsbereich eine Stammfunktion von $f(x)$, wenn $F'(x) = f(x)$ für alle x in I gilt.
Die Funktion $f(x)$ heißt dann integrierbar.
Ist $F(x)$ eine Stammfunktion von $f(x)$, so ist auch $F(x) + c$ für eine beliebige Konstante c eine Stammfunktion, denn eine additive Konstante verschwindet bei der Differenziation.
Beispiele:
1. Funktion: $f(x) = x^2 - 2x - 3$,
   Stammfunktion: $F(x) = x^3/3 - x^2 - 3x$,
   aber zum Beispiel auch
   $F_1(x) = x^3/3 - x^2 - 3x + 5$.
2. Funktion: $f(x) = x^{-1} = 1/x$
   Stammfunktionen: $F(x) = \ln x + C$ ($C \in \mathbb{R}$)

(→bestimmtes Integral, →differenzierbare Funktion, →unbestimmtes Integral)

Stammkapital (registered capital)
Einlage- oder Nominalkapital einer GmbH, das sich aus der Summe der Nennbeträge aller GmbH-Anteile ergibt. Mindestsumme ≈25 000 €. Die Gesellschafter haften nur mit ihren Anteilen.

Standardisierung (standardization)
Normung von Bauelementen oder Baugruppen im Rahmen der Baukastensystematik, damit diese möglichst oft wiederverwendet werden können.
Bekannt ist die Standardisierung bei Normteilen wie Schrauben, Muttern und Normgetriebemotoren.
(→Baugruppen)

Standmoment (status moment)
→Kippen

Standortanalyse
(analysis relating to the economic advantages of a location)
Aus amtlichen Statistiken, Branchenuntersuchungen und Kundenkarteien gewonnene Daten als Grundlage für Standortentscheidungen.
In Wissenschaft und Praxis sind viele Methoden zur mehr oder weniger objektiven und quantitativen Standortbeurteilung entstanden.

Standsicherheit (stability)
→Kippen

Standzeit T (tool life)
Gebrauchsdauer (Eingriffszeit) des im Schnitt stehenden Schneidkeils eines Zerspanwerkzeugs bis zum Erreichen eines vorgegebenen Standkriteriums.
T ergibt sich aus dem empirisch ermittelten zeitlichen Verschleißfortschritt am Schneidkeil und der Zuordnung des jeweils gewählten Standkriteriums.

Stangenarbeit

Die Gebrauchsdauer eines Zerspanwerkzeugs kann auch durch andere Standgrößen beschrieben werden: Standweg, Standfläche, Standvolumen, Standmenge.

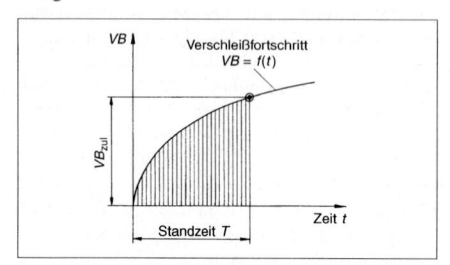

Standzeitermittlung bei Freiflächenverschleiß (Standkriterium: VB_{zul})

Stangenarbeit (bar work)
Arbeitsverfahren bei der Mengen- und Serienfertigung auf Drehautomaten und Revolverdrehmaschinen.
Das meist kurze Werkstück wird aus einer langen Rundstahlstange gefertigt, die von hinten durch die Spindelbohrung eingeführt und am Spindelkopf gespannt wird. Das in einer Spannung fertig bearbeitete Werkstück wird von der Stange abgestochen und die Stange gegen einen Anschlag nachgeschoben.

Stapelspeicher (stack)
→Stack

Starrheit (rigidy; stability)
Wichtiges Merkmal bei der Beurteilung einer Werkzeugmaschine.
Man unterscheidet zwischen statischer und dynamischer Starrheit. Statische Starrheit wird durch großen Verformungswiderstand gegenüber den Betriebskräften erreicht (möglichst große Biege- und Verdrehsteifigkeit). Unter dynamischer Starrheit versteht man die Unempfindlichkeit gegen Schwingungen, erreichbar u.a. durch kleine Masse.

Starter (starting motor)
Vorrichtungen zum Starten von Verbrennungsmotoren um die Mindest-Startdrehzahl (Ottomotor ca. 60 ... 110, Dieselmotor ca. 70 ... 200 1/min) zu erreichen.
Kleinmotoren werden mittels Seilzug oder Hebeleinrichtung (Kickstarter), größere Motoren durch elektrische Startermotoren gestartet. Nach Starterbetätigung führt ein Einspursystem das Starterritzel in den Schwungrad-Zahnkranz (i ca. 9:1 ... 21:1). Freilaufsysteme schützen den Starter nach dem Anspringen des Motors vor Zerstörung. Für Pkw und leichte Nutzfahrzeuge werden Schub-Schraubtriebstarter, oft mit Planetenrad-Vorgelege zur Drehmomenterhöhung, verwendet. Das Ritzel wird durch ein Einrückrelais bei gleichzeitiger Drehbewegung (Steilgewinde) in den Zahnkranz des Schwungrades geschoben. Nach dem Einspuren erfolgt volle Ankerdrehung. Rollenfreilauf als Überlastschutz. Ausspuren über Steilgewinde und Rückstellfeder.

Statik (statics)
Lehre von den Bedingungen, unter denen die am sog. starren Körper wirkenden Kräfte das Gleichgewicht ($v = 0$) sichern.
Beispiel: Um die Stützkräfte (Lagerkräfte) an einer Getriebewelle berechnen zu können, müssen die drei rechnerischen Gleichgewichtsbedingungen $\Sigma F_x = 0$, $\Sigma F_y = 0$, $\Sigma M = 0$ am frei gemachten Bauteil angesetzt und ausgerechnet werden.
(→Dynamik, →Freimachen, →Mechanik)

statische Grundoperation
(fundamental operation in statics)
→Grundoperationen

statischer Druck (static pressure)
→Bernoulli'sche Druckgleichung

statisches Gleichgewicht
(static equilibrium)
Ein ruhender oder gleichförmig bewegter Körper ist im Gleichgewicht, wenn die Summe aller auf ihn einwirkenden Kräfte gleich null ist.
Unbekannte Kräfte können dadurch bestimmt werden.
(→gleichförmige Bewegung, →Gleichgewicht, →Kraft)

Statusregister (status register)
→Flagregister

Stauchen (compressing)
Einfachster Freiformschmiedevorgang. Die Umformung findet zwischen zwei parallelen Werkzeugbahnen statt. Das Schmiedestück kann allseitig ausweichen, z.B. wenn eine Stange in Richtung ihrer Längsachse senkrecht zusammengedrückt wird. Die Höhe h des Werkstücks sollte höchstens das 3,5fache der Dicke s betragen ($H \approx 3,5\ s$).
Umformkraft beim Stauchen:
Die wichtigste Größe zur Ermittlung der Stauchkraft ist die Formänderungsfestigkeit k_f. Sie ist beim Schmieden abhängig vom Werkstoff des Schmiedeteils, der Umformtemperatur, der Werkzeuggeschwindigkeit v und der Größe der Formänderung $\varphi = \ln h_0/h_1$. Ermittelt wird die Formänderungsfestigkeit nach der Formel $k_f = k_{f0}\ (v/h_1)^n$ mit k_{f0} (Formänderungsfestigkeit bei bestimmten Umformtemperaturen, z.B. $k_{f0} = 160\ N/mm^2$ für C 45 bei einer Formänderung $\varphi = 0,2$ und einer Umformtemperatur von $900\ °C$); h_1 (Endhöhe des Schmiedeteils nach der Stauchung);

n (Formänderungsexponent); v (Werkzeuggeschwindigkeit: Hammer $v \approx 5 \ldots 7$ m/s, Spindelpressmaschine $v \approx 0{,}2 \ldots 0{,}4$ m/s, Exzenterpressmaschine $v \approx 0{,}3 \ldots 0{,}7$ m/s). Die Formänderungsfestigkeiten verschiedener Werkstoffe weichen stark voneinander ab. Damit ergibt sich die Stauchkraft für kreisförmigen Querschnitt
$F_{\text{erf}} = S\, k_{f0}\, (v/h_1)^n\, (\mu d_1/3\, h_1 + 1)$
und für rechteckigen Querschnitt
$F_{\text{erf}} = b_1\, l_1\, k_{f0}\, (v/h_1)^n\, (\mu d_1/3\, h_1 + 1)$
mit S (Querschnittsfläche des Werkstücks); v (Werkzeuggeschwindigkeit); h_1, d_1, b_1, l_1 (Höhe, Durchmesser, Breite, Länge nach dem Stauchvorgang); n (Formänderungsexponent); μ (Gleitreibzahl).
(→Schmieden)

Staudruck (stagnation pressure)
→Geschwindigkeitsdruck

Staudüse (back pressure nozzle)
Pneumatischer Näherungssensor.
Eine offene Düse wird mit Betriebsdruck beaufschlagt. Zwischen Düse und Druckquelle ist ein Druckschalter angebracht. Wird die Düse durch einen angenäherten Gegenstand verschlossen, so steigt der Druck schnell an. Der Druckanstieg bewirkt, dass der Druckschalter umschaltet.

Stealth-Virus (stealth virus)
Auch Tarnkappenvirus genannt, weil dem Nutzer oder dem Virenscanner eine unverfälschte Datei vorgetäuscht wird. Schwer zu entdecken.
(→Antivirenprogramme, →Computervirus)

Stefan-Boltzmann-Konstante s
(Stefan-Boltzmann constant)
Strahlungskonstante, das Verhältnis zwischen der ausgestrahlten Leistung P und dem Produkt der Strahlerfläche A eines Körpers mit der 4. Potenz seiner Temperatur T: $\sigma = P/(A\,T^4) = 5{,}67032 \cdot 10^{-8}$ W/(m² K⁴). Benannt nach Josef Stefan (1835–1893) und Ludwig Eduard Boltzmann (1844–1906).
(→Leistung, →Temperatur)

Steigung einer Geraden
(slope of a straight line)
→Hauptform der Geradengleichung

Steilabfall
(steep drop in the impact-temperature diagram)
Steiler Abfall der Kerbschlagarbeit von Metallen mit kubisch-raumzentriertem Kristallgitter (Stähle) im Kerbschlagarbeit-Temperatur-Diagramm.

Steilkegel (short taper; steep-angle taper)
→ISO-Steilkegel

Steiner'scher Verschiebesatz
(Steiner's displacement principle)
Vom Schweizer Mathematiker *Jakob Steiner* (1796–1863) entwickelter Satz zur Addition von Flächenmomenten 2. Grades (Festigkeitslehre) und Trägheitsmomenten bei Körpern (Dynamik).
Das axiale Flächenmoment 2. Grades I_x eines zusammengesetzten Querschnitts für die Bezugsachse $x - x$ beträgt: $I_x = I_{x1} + A_1 l_1^2 + I_{x2} + A_2 l_2^2 + \ldots + I_{xn} + A_n l_n^2$, mit $I_{x1}, I_{x2} \ldots I_{xn}$ Flächenmomente der Teilflächen in Bezug auf ihre eigene Schwerachse; $A_1, A_2 \ldots A_n$ Flächeninhalte der Teilflächen; $l_1, l_2 \ldots l_n$ Abstände der parallelen Achsen.
Das Trägheitsmoment J_0 für die Drehachse $0 - 0$ beträgt analog: $J_0 = J_{S1} + m_1 l_1^2 + J_{S2} + m_2 l_2^2 + \ldots + J_{Sn} + m_n l_n^2$, mit $J_{S1}, J_{S2} \ldots J_{Sn}$ Trägheitsmomente der Teilkörper in Bezug auf ihre eigene Schwerachse; $m_1, m_2 \ldots m_n$ Massen der Teilkörper; $l_1, l_2 \ldots l_n$ Abstände der parallelen Achsen.
Für Bohrungen sind die Beträge für $I_n (J_{Sn})$ und $A_n l_n (m_n l_n)$ mit negativem Vorzeichen einzusetzen.

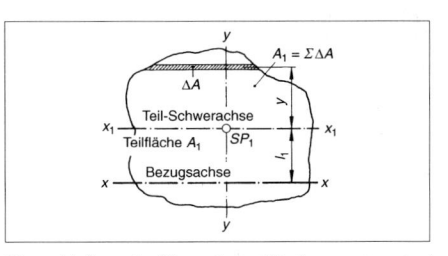

Verschiebesatz für axiale Flächenmomente I 2. Grades

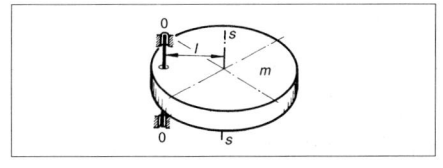

Verschiebesatz für Trägheitsmomente J

Stellantrieb (power unit used for actuating a final control device or element)
Komponente eines Stellglieds, die die Energie für den Verstellvorgang erzeugt.
Stellantriebe werden benötigt, wenn zur Betätigung eines Stellglieds sehr hohe Kräfte benötigt aufgebracht werden müssen oder wenn eine sehr hohe Stellgeschwindigkeit erzeugt werden soll.
Beispiel: pneumatischer Zylinder zur Betätigung eines schweren Ventils.
(→Stellgeschwindigkeit)

Stellbereich (operating range)
Bereich, innerhalb dessen sich die Stellgröße eines Reglers bewegt.
(→Stellgröße)

Stellgeschwindigkeit (actuator speed)
Geschwindigkeit, mit der sich die Stellgröße oder der Stellantrieb bewegt.
(→Stellantrieb, Stellbereich)

Stellglied (actuator)
Am Eingang der Regelstrecke oder Steuerstrecke liegendes Bauteil, das in den Massen- oder Energiefluss eingreift.
DIN 19 226 Regelungs- und Steuerungstechnik, Begriffe und Benennungen.
(→Regelstrecke, →Steuerstrecke)

Stellgröße (correcting variable)
Ausgangsgröße des Reglers, steuert das Stellglied an.
(→Führungsgröße, →Regelgröße, →Regelkreis, →Stellglied)

Stellort (actuator position)
Ort, an dem das Stellglied in die Regelstrecke oder Steuerstrecke eingreift.
DIN 19 226 Regelungs- und Steuerungstechnik, Begriffe und Benennungen.
(→Regelstrecke, →Stellglied, →Steuerstrecke)

Stempelkraft (punch; male die part)
→Tiefziehen

Stempelwerkstoffe (punch material)
→Schneidwerkzeuge

Steradiant sr (steradian)
Abgeleitete SI-Einheit der physikalischen Größe Raumwinkel Ω: $1\,\text{sr} = \text{m}^2/\text{m}^2 = 1$.
Ein Steradiant ist der Winkel, der auf einer Kugel mit dem Radius 1 m eine Fläche von $1\,\text{m}^2$ aufspannt.
Beispiel: Der volle Raumwinkel beträgt $\Omega = 4\,\pi\,\text{sr}$.
(→Raumwinkel, →SI-Einheit)

Stereometrie (stereometry)
Geometrie des dreidimensionalen Raums.
Stereometrie bedeutet Körpermessung (griechisch). Man beschäftigt sich in dieser Teildisziplin der Geometrie unter anderem mit Form, gegenseitiger Lage und Größe von geometrischen Objekten im Raum.
(→Planimetrie)

Stern-Dreieck-Anlauf
(star-delta starting procedure)
→Stern-Dreieck-Schaltung

Stern-Dreieck-Schaltung
(star-delta connection)
Anlassschaltung für Drehstrom-Asynchrommotore, um den Einschaltstrom zu begrenzen.
Beim Einschalten sind die Ständerwicklungen im Stern geschaltet, mit Erreichen der Umschaltdrehzahl n_u werden die Ständerwicklungen im Dreieck betrieben.
Vorteil: Der Einschaltstrom I_Y wird auf 1/3 des Einschaltstromes I_Δ bei Dreieckschaltung begrenzt.
Nachteil: Das Anlaufdrehmoment M_Y beträgt nur 1/3 des Anlaufdrehmoments M_Δ der Dreieckschaltung, auch das Kippmoment M_K ist kleiner.
Das Umschalten kann von Hand oder automatisch erfolgen.
(→Kippmoment, →Verkettungsarten)

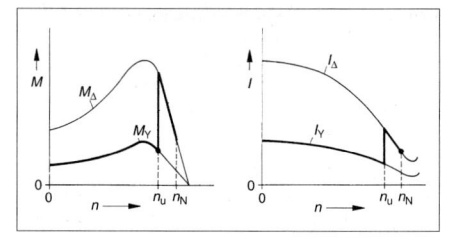

Drehmoment und Strom beim YΔ-Anlauf

Sternrevolver
(horizontal turret; vertical-axis turret)
Teil des Werkzeugträgers der Revolverdrehmaschine und der Revolverbohrmaschine.
An der Drehmaschine ist er ein um einen senkrechten oder waagerechten Zapfen schwenkbarer, meistens sechseckiger Block, der auf jeder seiner sechs Seitenflächen eine Werkzeugaufnahme hat. Die Werkzeuge werden für aufeinander folgende Arbeitsgänge durch Schwenken des Revolvers in Arbeitsstellung gebracht. An der Bohrmaschine ist er auf einem waagerechten Zapfen im Bohrspindelschlitten drehbar gelagert und nimmt mitunter auch mehr als sechs Werkzeuge auf.
(→Trommelrevolver)

stetig differenzierbare Funktion
(continuously differentiable function)
Differenzierbare Funktion, deren Ableitung stetig ist.
Eine Funktion $y = f(x)$ heißt n-mal stetig differenzierbar, wenn die n-te Ableitung von $f(x)$ existiert und stetig ist.
Eine ganze rationale Funktion n-ten Grades ist zum Beispiel eine n-mal stetig differenzierbare Funktion, denn die n-te Ableitung einer solchen Funktion ist eine konstante Funktion.

Beispiel: $f(x) = x^3$ ist stetig differenzierbar, denn die Ableitungsfunktion $f'(x) = 3x^2$ ist stetig.
(→Ableitung, →höhere Ableitungen einer Funktion, →Stetigkeit einer Funktion)

stetige Proportion
(proportion with equal means)
Proportion mit gleichen Innengliedern oder gleichen Außengliedern.
(→Proportion)

stetige Teilung (golden section)
Die Teilung einer Strecke in der Weise, dass sich die Länge der ganzen Strecke zur Länge des größeren Teilstücks verhält wie die Länge des größeren Teilstücks zur Länge des kleineren Teilstücks.
Die Strecke heißt dann stetig oder nach dem goldenen Schnitt geteilt.
(→goldener Schnitt, →Streckenteilung)

stetiger Regler (continuous action controller)
Regler, dessen Stellgröße innerhalb des Stellbereiches jeden beliebigen Zwischenwert annehmen kann.
(→Analogsignal, →Stellbereich, →unstetiger Regler)

Stetigförderer (continuous conveyor)
Förderer für Schüttgut wie z.B. Förderbänder oder Rutschen.
DIN 22 101 Gurtförderer für Schüttgut.

Stetigkeit einer Funktion
(continuity of a function)
Bei kleinen Änderungen der Variablen x einer stetigen Funktion $y = f(x)$ ändert sich diese auch nur geringfügig.
Die meisten Funktionen, die in den Anwendungen vorkommen, sind stetig. Der Graph einer stetigen Funktion ist eine zusammenhängende Kurve. Ist dagegen die Kurve an verschiedenen Stellen (mindestens an einer) unterbrochen, dann heißt die zugehörige Funktion unstetig, und die Werte der unabhängigen Variablen x, an denen die Unterbrechung auftritt, heißen Unstetigkeitsstellen.
Exakte Definition: Eine Funktion $y = f(x)$ heißt an der Stelle $x = a$ stetig, wenn
1. $f(x)$ an der Stelle a definiert ist und
2. der Grenzwert $\lim_{x \to a} f(x)$ existiert und gleich $f(a)$ ist.

Das ist genau dann der Fall, wenn es zu jedem vorgegebenen $\varepsilon > 0$ ein $\delta = \delta(\varepsilon) > 0$ gibt, so dass $|f(x) - f(a)| < \varepsilon$ für alle x mit $|x - a| < \delta$ gilt.

Beispiel: Die Funktion $f(x) = 3x^2$ ist für jedes reelle x stetig, die Funktion ist also eine stetige Funktion.
(→Funktion, →Unstetigkeitsstelle)

Steuerdiagramm (control chart)
Grafische Darstellung, die den Schaltzustand eines Steuerglieds abhängig von den Arbeitsschritten darstellt.
Dabei wird die Schaltzeit des Steuerglieds vernachlässigt. Das Steuerdiagramm wird wie ein Weg-Schritt-Diagramm gezeichnet.
(→Funktionsdiagramm, →Weg-Schritt-Diagramm)

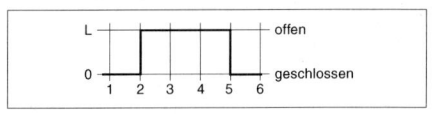

Steuerdiagramm zum Verbrennungsmotor (valve-timing diagram)
Schaubild zur Darstellung der Gaswechselvorgänge beim Verbrennungsmotor.
Beim Viertaktmotor werden Öffnungs- und Schließzeiten der Ein- und Auslassventile als Drehwinkel der Kurbelwelle in Grad aufgetragen (Steuerzeiten). Beim Zweitaktmotor wird Öffnen und Schließen der Steuerschlitze durch den Kolben markiert. Öffnungs- und Schließpunkte werden Steuerpunkte (z.B. $E_ö$-Einlass öffnet), die Winkel dazwischen Steuerwinkel genannt. Beim Zweitaktmotor unterscheidet man symetrische- und unsymetrische Steuerdiagramme. Beim symetrischen Steuerdiagramm werden Aus- oder Einlassschlitze vor oder nach UT in gleichem Abstand geöffnet und geschlossen.
(→Motorsteuerung)

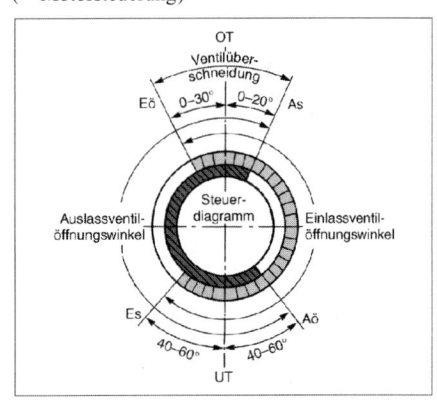

Steuerdiagramm des Viertaktmotors

Steuereinheit (control unit)
Zentraler Baustein innerhalb einer SPS, dem andere Bausteine zuarbeiten.

Steuereinrichtung 410

Die Steuereinheit erfüllt Kontroll- und Koordinationsaufgaben. Über ein Bussystem sind meist mehrere Speicher mit der Steuereinheit verbunden. (→Ausgabebaustein, →Eingabebaustein, →Programmspeicher, →speicherprogrammierbare Steuerung SPS)

Steuereinrichtung (control device)
Teil der Anlage, der die aufgabengemäße Beeinflussung der Steuerstrecke bewirkt.
DIN 19 226 Regelungs- und Steuerungstechnik, Begriffe und Benennungen.

Steuerhebel, Joystick (joystick)
Zubehör zu Programmier- oder Steuerungsgeräten. Ein beweglicher Hebel, der in mehreren Richtungen (Koordinaten, Freiheitsgraden) bewegt werden kann. Die Positionen des Hebels und die Hebelkraft können mit Sensoren gemessen und in der Steuerung verarbeitet werden.
Beispiel: Unterstützung der Bahnprogrammierung eines Roboters. Er kann mit dem Joystick einfühlsamer und direkter (intuitiver) gesteuert (bewegt) werden als mit einer Tastatur.

Steuerkette (control loop system)
Grafische Darstellung von Steuerungen, in der mit Blockschaltbildern die Wirkungsweise komplexer Steuerungsvorgänge übersichtlich dargestellt werden kann.

Steuerstrecke (controlled system)
Anlage, in der sich das Medium befindet, das mit Hilfe der Steuereinrichtung gesteuert werden soll.
Beispiel: Wärmebad mit vorgegebener Temperatur.
Nach DIN 19 226 ist die Steuerstrecke derjenige Teil des Wirkungswegs, der den aufgabengemäß zu beeinflussenden Bereich der Anlage darstellt.
DIN 19 226 Regelungs- und Steuerungstechnik, Begriffe und Benennungen.

Steuerung (open-loop control)
System, bei dem Eingangsgrößen verarbeitet und dadurch die Ausgangsgrößen beeinflusst werden. Die Steuerung lässt sich durch offene Steuerketten grafisch darstellen. Im Gegensatz zur Regelung haben Steuerungen keine korrigierende Rückführung und reagieren daher nicht auf Störgrößen.
(→Regelung, →Steuerungsarten, →Störgröße)

Steuerungsanweisung (control instruction)
Einzelanweisung in einem SPS-Programm.
Die Steuerungsanweisung besteht aus Adresse, Operationsteil und Operandenteil.

Steuerungsarten (types of control)
Nach DIN 19 226 werden unterschieden: Führungssteuerung, Haltegliedsteuerung, Programmsteuerung. Programmsteuerung wird unterteilt in Zeitplansteuerung, Wegplansteuerung und Ablaufsteuerung.

Steuerwerk (control unit)
Bestandteil der Zentraleinheit einer digitalen Steuerung oder eines digitalen Rechners.
Das Steuerwerk koordiniert die Abarbeitung der einzelnen Befehle.
(→Rechenwerk, →Zentraleinheit)

Stieber-Dorn
(Stieber mechanical expanding mandrel)
Mechanischer Dehndorn.
Der zylindrische Dornkörper hat eine schwach kegelige Bohrung. Ein Käfig mit mehreren Reihen Stahlrollen wird beim Spannen mit einem Spannkegel in diese Bohrung hineingedreht und weitet dabei den Dornkörper auf.

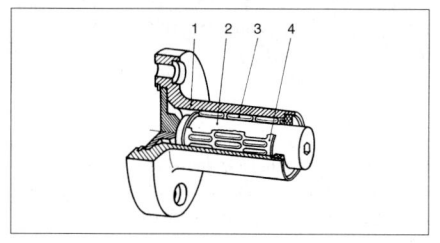

Stieber-Dorn
1 Dornkörper, 2 Spannkegel, 3 Stahlrollen, 4 Käfig

Stieber-Spannfutter (Stieber type chuck)
Mechanisches Schrumpffutter nach dem gleichen Funktionsprinzip wie der Stieber-Dorn.

Stiftfeldgreifer (shaft array gripper)
Universalgreifer, der beliebig geformte und lageunbestimmte Objekte aufnehmen kann.
Auf einem Träger sind Stifte eng nebeneinander auf einem Raster angeordnet, die sich in axialer Richtung verschieben lassen. Der Greifer besitzt zum Aufnehmen der Objekte keinen eigenen Antrieb, sondern nutzt die Bewegung z.B. eines Roboters. Das Ausstoßen der Handhabungsobjekte erfolgt aktiv durch den Greifer.
(→Greifer)

stille Reserven (inner reserves)
Reserven aus den in der Bilanz unter Marktwert angesetzten Vermögenswerten, z.B. unterbewertete Gebäude.

Stirlingmotor (stirling-cycle engine)
Heißgasmotor mit äußerer Verbrennung.
Er arbeitet in einem geschlossenen Kreisprozess, da das Arbeitsgas (meist Wasserstoff oder Helium) ständig im Kreislauf verbleibt. Dem Arbeitsgas wird durch äußere Verbrennung eines Kraftstoff-

Luft-Gemischs Wärme zugeführt. Es dehnt sich aus und gibt über einen Arbeitskolben Arbeit an das Kurbeltriebwerk ab. Durch den Verdrängerkolben wird das Arbeitsgas zyklisch über Kühler und Regenerator in den Generator zurückgeführt. Arbeits- und Verdrängerkolben sind über einen Rhombentrieb zwangsgesteuert. Dem leisen Lauf und Vielstoffeigenschaften bei hohem Wirkungsgrad stehen seine aufwändige Bauweise einer größeren Verbreitung gegenüber.

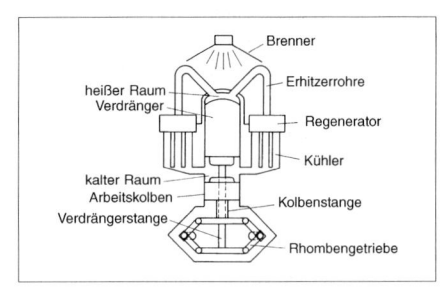

Prinzip des Stirlingmotors (Opel)

Stirnabschreckkurve (jominy curve)
Graph der Härteverteilung über der Länge der Probe aus dem Stirnabschreckversuch.
Höher legierte Stähle haben eine größere Einhärtungstiefe.

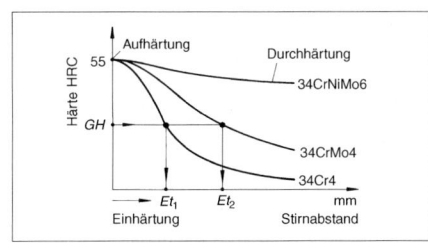

Stirnabschreckkurven von Stählen mit Grenzhärte GH und Einhärtung Et

Stirnabschreckversuch (jominy test)
Härten eines genormten Bolzens durch Abschrecken von der Stirnseite her unter Abschirmung der Mantelflächen (genormter Abkühlverlauf).
Dient zum Beurteilen der Einhärtung härtbarer Stähle.
DIN 50 191 Stirnabschreckversuch.

Stirnfräsen (face milling)
Spanende Fräsbearbeitung von Werkstücken, bei der die entstehende Werkstückoberfläche durch die an der Stirnseite des Fräswerkzeugs angeordneten Nebenschneiden erzeugt wird.
(→Umfangsfräsen)

Stirnseiten-Mitnehmer (front side driver)
Werkstückspanner auf der Spitzendrehmaschine.
Wird mit seinem Kegelschaft in den Spindelkopf eingesetzt und von der Reitstockpinole gegen die Stirnfläche des Werkstücks gedrückt, zentriert es mit seiner Spitze und nimmt es mit seinen Schneiden mit.

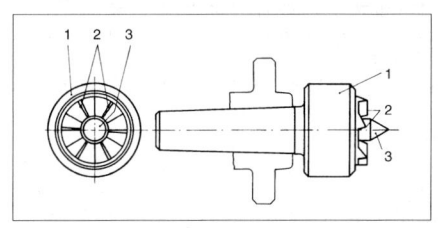

*Stirnseitenmitnehmer
1 Mitnehmerkörper, 2 Mitnehmerschneiden, 3 federnde Drehspitze*

stochastische Bedarfsermittlung
(stochastic demand analysis)
Berechnung des künftigen Materialbedarfs mit Hilfe statistischer Methoden aus den Bedarfswerten der Vergangenheit unter der Annahme, dass sich die künftige Bedarfsentwicklung analog der vergangenen gestaltet.

Störabstand
(signal to noise ratio; noise margin)
Differenz zwischen Ein- und Ausgangspegel einer Logikfamilie zur Gewährung der Eindeutigkeit der logischen Zustände.

Störgröße (disturbance variable)
Größe im Regelkreis, die eine Abweichung der Regelgröße von der Führungsgröße bewirkt.
Die Regeleinrichtung hat die Aufgabe, den Einfluss der Störgröße so klein wie möglich zu halten.
DIN 19 226 Regelungs- und Steuerungstechnik, Begriffe und Benennungen.
(→Führungsgröße, →Regeleinrichtung, →Regelgröße, →Regelkreis)

Störverhalten
(response of a controller to disturbances)
Verhalten einer Regelung beim Auftreten von Störgrößen.
Optimales Störverhalten bedeutet, dass die Regelgröße nach dem Auftreten der Störgröße schnell, schwingungsfrei und präzise an die Führungsgröße angepasst wird. Zur Beschreibung des Störverhaltens einer Regelung werden oft die Maße Überschwingweite x_m und Ausregelzeit T_a verwendet. Die Überschwingweite bezeichnet die betragsmäßig größte Regeldifferenz nach dem Auftreten der Störung.

Stößel

Die Ausregelzeit ist die Zeitspanne, die nach dem Auftreten der Störung vergeht, bis die Regeldifferenz wieder innerhalb der zulässigen Toleranz verläuft.
(→Regeldifferenz, →Störgröße)

Stößel (ram; slide)
Werkzeugträger der Stoßmaschine und der Presse.

Stoffeigenschaft ändern
(change in the properties of materials)
Fertigungshauptgruppe nach DIN 8580, Unterteilung der Verfahren nach den Strukturänderungen.

Änderung		Verfahrensbeispiel
Umlagern Einbringen Aussondern	von Teilchen	Härten, Vergüten Aufkohlen, Nitrieren Entkohlen, Tempern

DIN EN 10 052 Begriffe der Wärmebehandlung von Eisenwerkstoffen.

Stoffmenge n (quantity of matter)
Physikalische Basisgröße mit der SI-Basiseinheit Mol (mol) für die Anzahl gleichartiger Teilchen n, die in einem bestimmten Körper vorhanden sind.
(→Basisgröße, →Mol, →SI)

Stoß (impact)
Physikalischer Vorgang, wenn sich zwei Körper während eines sehr kleinen Zeitabschnitts Δt berühren und dabei ihren Bewegungszustand ändern. Nach dem Wechselwirkungsgesetz sind die an beiden Berührungsflächen wirkenden Normalkräfte F_N gleich groß. Während Δt erhalten beide Körper den gleichen Kraftstoß $F \Delta t$. Dadurch verringert sich der Impuls $m\,v$ des einen Körpers um denselben Betrag, um den der des anderen zunimmt. Bezeichnet v die Geschwindigkeit vor dem Stoß, c nach dem Stoß, gilt mit Masse m der Impulserhaltungssatz in der Form:
$m_1 v_1 + m_2 v_2 = m_1 c_1 + m_2 c_2$ oder $\Sigma\,m\,v = \Sigma\,m\,c$.
(→Stoßarten)

Stoßarten (kinds of collisions)
Unterteilung nach verschiedenen Kriterien zur leichteren Zuordnung von Stoßvorgängen in der Technik, z.B. beim Schmieden, Nieten, Rammen, Eintreiben von Keilen und bei Verkehrsunfällen.
a) *Zentrischer Stoß* liegt vor, wenn die Stoßnormale durch beide Körperschwerpunkte verläuft. Beide Körper bewegen sich in Richtung der Stoßnormale, z.B. beim Zusammenstoß der Kegelkugeln auf der Rücklaufbahn. Beim schiefen Stoß bewegen sich ein Körper oder auch beide nicht parallel zur Stoßnormale.
b) *Elastischer Stoß* liegt vor, wenn nach dem Stoß die elastische Verformung an den Stoßstellen wieder zurückgeht, der Energieaustausch verlustfrei abläuft (keine innere und äußere Reibung) und die Körper sich vollständig voneinander trennen.

Geschwindigkeiten der Körper nach dem elastischen Stoß:
$c_1 = (m_1 - m_2)\,v_1 + 2\,m_2\,v_2 / (m_1 + m_2)$;
$c_2 = (m_2 - m_1)\,v_2 + 2\,m_1\,v_1 / (m_1 + m_2)$.
Die Relativgeschwindigkeit zwischen beiden Körpern ändert sich nicht: $v_1 - v_2 = c_2 - c_1$.
Bei gleichen Massen ($m_1 = m_2$) tauschen die Körper ihre Geschwindgkeiten aus: $c_1 = v_2$ und $c_2 = v_1$. Beim Aufprall auf eine Wand ($m_2 = \infty$ und $v_2 = 0$) prallt der Körper mit gleicher Geschwindigkeit zurück. Prallt ein Körper großer Masse m_1 auf einen ruhenden kleiner Masse m_2, erhält dieser die doppelte Geschwindigkeit des stoßenden Körpers: $c_2 = 2v_1$.
c) *Unelastischer Stoß* liegt bei plastischer (bleibender) Formänderung vor, keiner der beiden Körper federt. Die Relativgeschwindigkeit wird null, ein Teil der kinetischen Energie wird in Wärme umgesetzt. Die Energieabnahme beträgt $\Delta W = m_1 m_2 (v_1 - v_2)^2 / 2(m_1 + m_2)$.
Das Schmieden, Nieten, Rammen und das Eintreiben von Keilen ist nur annähernd ein unelastischer Stoß.
d) *Wirklicher Stoß* liegt vor, wenn ein Teil der Formänderungsarbeit sich infolge der inneren Reibung in Wärme umwandelt und daher nicht zurückgegeben wird, die Körper sich aber nach dem Stoß trennen. Es kann bleibende Formänderung auftreten.
Geschwindigkeiten der Körper nach dem wirklichen Stoß:
$c_1 = m_1 v_1 + m_2 v_2 - m_2 (v_1 - v_2) k / (m_1 + m_2)$;
$c_2 = m_1 v_1 + m_2 v_2 + m_1 (v_1 - v_2) k / (m_1 + m_2)$.
k ist die durch Fallversuche ermittelte Stoßzahl $k = (c_2 - c_1)/(v_1 - v_2)$. Man rechnet mit $k = 1$ beim elastischen Stoß, $k = 0$ beim unelastischen Stoß, $k = 0{,}35$ für Stahl bei 1100 °C und $k = 0{,}7$ für Stahl bei 20 °C.
Der Energieverlust ΔW beim wirklichen Stoß beträgt: $\Delta W = m_1 m_2 (v_1 - v_2)^2 / 2\,(m_1 + m_2)$.
(→Bewegungsordnung, →Kraftstoß)

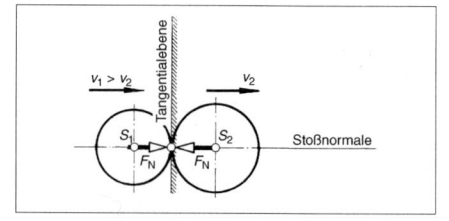

Gerader zentrischer Stoß

Stoßmaschine (shaper; shaping machine)
Werkzeugmaschine zur zerspanenden Bearbeitung von ebenen Flächen und Nuten an meist kleineren Werkstücken.

Der Stößel führt mit dem Werkzeug die Schnittbewegung aus, der Werkstücktisch mit dem Werkstück die Vorschub- und die Einstellbewegung.
Waagerecht-Stoßmaschine: Der Stößel bewegt sich waagerecht auf fester Führung, der Werkstücktisch ist höhen- und seitenverstellbar, oft auch schwenkbar.
Senkrecht-Stoßmaschine: Der Stößel bewegt sich in senkrechter, oft um einen kleinen Winkel seitlich und nach vorn verstellbarer Führung, der Werkstücktisch ist drehbar und in beiden Richtungen waagerecht verschiebbar.

Stoßmeißelhalter (shaper toolhead)
Werkzeugspanner an Waagerecht-Stoßmaschinen. Der Meißelhalterkörper nimmt in einem rechteckigen Querschlitz den Meißel auf. Mit einer Spannschraube werden Meißel, Meißelhalterkörper und Meißelhalterklappe gegeneinander verspannt. Die Klappe ist um einen waagerechten Bolzen schwenkbar und hebt den Meißel beim Stößelrücklauf vom Werkstück ab.

Strahl (ray)
Teil einer Geraden, von einem Punkt S einer Geraden aus in einer Richtung laufend.
Der Punkt S heißt Anfangspunkt des Strahls. Jeder Punkt einer Geraden bestimmt zwei verschiedene Strahlen.
Statt Strahl sagt man auch Halbgerade.
($\rightarrow$ Gerade)

Strahlensätze (intercept theorems)
Erster Strahlensatz:
Werden zwei Strahlen mit gleichem Anfangspunkt (Zentrum) von Parallelen geschnitten, so verhalten sich die Längen der Abschnitte eines Strahls wie die Längen entsprechender Abschnitte des anderen Strahls.
Zweiter Strahlensatz:
Werden zwei Strahlen mit gleichem Anfangspunkt von Parallelen geschnitten, so verhalten sich die Längen der zwischen den Strahlen liegenden Abschnitte wie die Längen der zugehörigen vom Anfangspunkt aus gemessenen Abschnitte auf den Strahlen.
($\rightarrow$ zentrische Streckung)

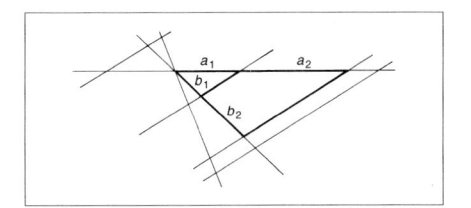

Erster Strahlensatz: $a_1 : a_2 = b_1 : b_2$

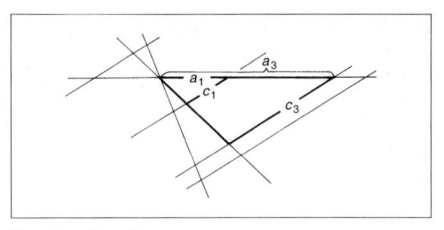

Zweiter Strahlensatz: $c_1 : c_3 = a_1 : a_3$

Strahlpumpe (jet pump)
Pumpenbauart nach dem Strahlprinzip.
Verwendet, wenn bei zu tief liegendem Wasserspiegel kein Ansaugen mit einer normalen Pumpe möglich ist. Aus der Druckleitung der Pumpe wird ein Treibmittelstrahl Q_T als Teil des Pumpenvolumenstroms abgesaugt und der Strahlpumpe zugeführt. Der aus der Treibdüse T austretende Strahl erzeugt vor der Mündung der Druck- oder Fangdüse D einen Unterdruck. Im Saugrohr S wird das Fördergut Q_n angesaugt und in der Mischkammer mit dem Treibmittelstrahl Q_T vereint. Das Gemisch aus Q_T und Q_n verlässt den Diffusor Di und die Strahlpumpe. Nach dem Treibmittel werden Wasserstrahl-, Luftstrahl- und Dampfstrahlpumpen unterschieden. Wasserstrahlpumpen werden auch Stoßheber oder hydraulischer Widder genannt.
($\rightarrow$ Pumpen)

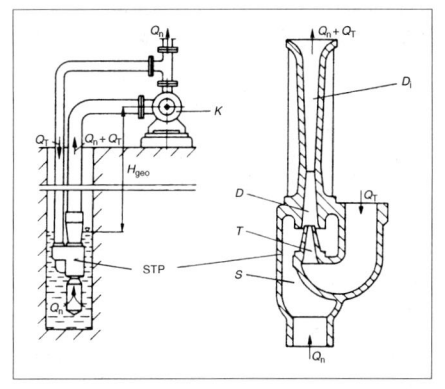

Schema einer Tiefsaugeinrichtung mit Kreiselpumpe K und Strahlpumpe STP (KSB)

Strangguss (continuous strand casting)
Herstellung von profiliertem Stangenmaterial aus flüssigem Metall durch Gießen. Wird Stahl vergossen, kommen nur beruhigte Stähle zum Einsatz, da sonst Lunker und Gasblasen während des Gießens auftreten können.
Ablauf des Verfahrens: Über einen Zwischenbehälter fließt Stahl geformten Kokillen zu. Die wassergekühlten Kokillen bewegen sich schnell

Strangspannung

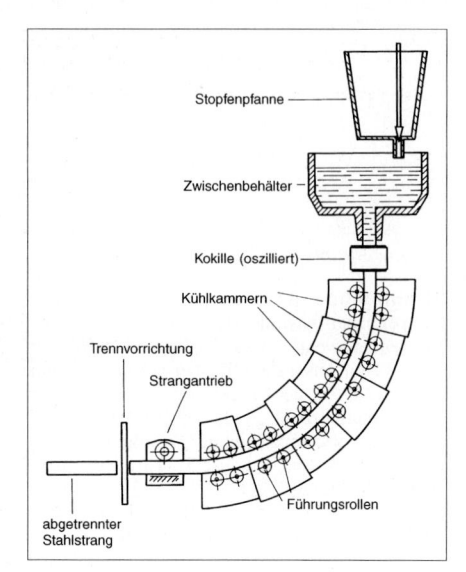

(Figure: Stranggießanlage mit Stopfenpfanne, Zwischenbehälter, Kokille (oszilliert), Kühlkammern, Trennvorrichtung, Stranganantrieb, Führungsrollen, abgetrennter Stahlstrang)

auf und ab, um ein Haften des Stranges an den Kokillenwänden zu verhindern. In den Kokillen erstarrt eine ca. 20 mm dicke Randschicht. Unter den Kokillen durchlaufen die Stahlstränge Kühlkammern, in denen bis zur vollkommenen Erstarrung abgekühlt wird. Anschließend werden die Stränge abgelängt. Stranggegossene Stahlstäbe haben oft Rechteckquerschnitt von maximal 180 mm × 250 mm.
DIN 9711 T1 ... T3 Strangpressprofile aus Magnesium; Gestaltung, zulässige Abweichungen.

Strangspannung (phase voltage)
Spannung an einem Strang (Spule).
(→Verkettungsarten)

Strangstrom (phase current)
Strom durch einen Strang (Spule).
(→Verkettungsarten)

Strecke (segment of a line)
Abschnitt einer Geraden zwischen zwei Punkten. Die Strecke zwischen den Punkten A und B schreibt man $\overline{AB}$ (gesprochen: Strecke AB).
Die Länge der Strecke wird mit $|\overline{AB}|$ bezeichnet (gesprochen: Länge oder Betrag der Strecke AB).
(→Gerade)

Streckensteuerung
(linear path system; straight cut control)
Achsparallele Konturerzeugung durch ein Werkzeug an CNC-Maschinen.
DIN 66 025 Programmaufbau für numerisch gesteuerte Arbeitsmaschinen.
(→Bahnsteuerung, →Steuerungsarten)

Streckenteilung (division of a line segment)
Liegt zwischen zwei Punkten A und B ein Punkt T, so teilt er die Strecke $\overline{AB}$ im Verhältnis $|\overline{AT}| : |\overline{TB}| = k$.
Das Teilungsverhältnis k ist eine positive reelle Zahl, wenn T echt zwischen A und B liegt. Halbiert T die Strecke $\overline{AB}$, dann gilt $k = 1$.
Man unterscheidet verschiedene Arten von Streckenteilungen:

1. Innere Teilung:
   Der Teilungspunkt $T = T_i$ liegt auf der Strecke $\overline{AB}$:
   $$k_i = |\overline{AT_i}| / |\overline{T_iB}| = p_i / q_i.$$

2. Äußere Teilung:
   Der Teilungspunkt $T = T_a$ liegt auf der Geraden AB, aber außerhalb der Strecke $\overline{AB}$. In diesem Fall ist das Teilungsverhältnis $k = k_a$ negativ:
   $$k_a = -|\overline{AT_a}| / |\overline{T_aB}| = -p_a / q_a.$$

(Figur: Innere und äußere Teilung)

Innere und äußere Teilung

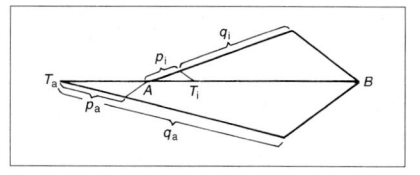

3. Harmonische Teilung:
   Eine Strecke $\overline{AB}$ heißt durch die Punkte T_i und T_a harmonisch geteilt, wenn die Beträge der Teilungsverhältnisse der inneren Teilung durch T_i und der äußeren Teilung durch T_a gleich sind:
   $$k = |k_i| = |k_a| = |\overline{AT_i}| / |\overline{T_iB}| =$$
   $$= |\overline{AT_a}| / |\overline{T_aB}| = p/q.$$
   Es gilt: Teilen T_i und T_a die Strecke AB harmonisch, dann teilen auch umgekehrt A und B die Strecke $\overline{T_iT_a}$ harmonisch.

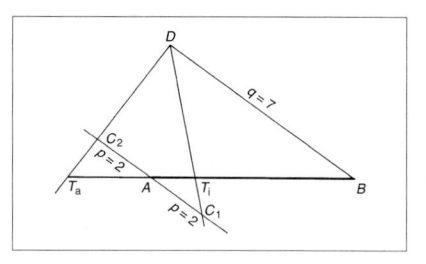

(Figur: Harmonische Teilung mit Punkten D, C_2, C_1, T_a, A, T_i, B, $p=2$, $q=7$)

Harmonische Teilung

4. Stetige Teilung (goldener Schnitt):
   Eine Strecke heißt stetig oder nach dem goldenen Schnitt geteilt, wenn sich ihre Länge zur Länge des größeren Teilstücks verhält wie die

Länge des größeren Teilstücks zur Länge des kleineren Teilstücks.
Ein Punkt T teilt die Strecke AB also nach dem goldenen Schnitt, wenn gilt
$\overline{AB} / \overline{AT} = \overline{AT} / \overline{TB}$.
Setzt man $r = \overline{AB}$, $s = \overline{AT}$, so gilt also $r/s = s/(r-s)$, und man errechnet
$s = r(\sqrt{5} - 1)/2$ oder
$r/s = (1 + \sqrt{5})/2 = 1{,}6180339887\ldots$
Die Zahl $(1 + \sqrt{5})/2$ nennt man goldene Zahl.

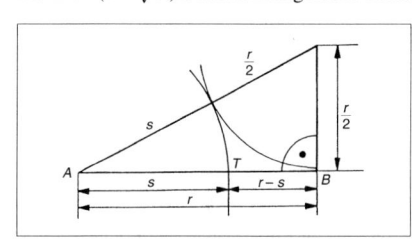

Stetige Teilung (goldener Schnitt)
($\rightarrow$Apollonios, Kreis des, $\rightarrow$goldener Schnitt)

Streckspannung σ_S (yield point stress)
Kenngröße in N/mm² für teilkristalline Kunststoffe im Kurzzeitversuch, entspricht der Streckgrenze der Metalle.
($\rightarrow$Zugversuch)

Streckziehen (stretchforming)
$\rightarrow$Tiefziehen

streng monoton fallende Funktion (strictly monotonously decreasing function)
$\rightarrow$monotone Funktion

streng monoton wachsende Funktion (strictly monotonously increasing function)
$\rightarrow$monotone Funktion

Strg-Taste (control key; ctrl key)
Erzeugt in Verbindung mit einer anderen, gleichzeitig gedrückten Taste ein Steuerzeichen, das vom aktuellen Programm als Programmsteuerung oder -kontrolle verarbeitet wird.
Beispiel:
Etliche Texteditoren drucken den gerade markierten Text auf dem Drucker aus, wenn die folgende Tastenkombination gedrückt wird:
Strg + K + P
   (Abkürzungen für: Steuerung + Block + Printer).
($\rightarrow$Hotkey)

Stribeckkurve (Stribeck characteristic)
Graph der Reibungszahl als Funktion der Gleitgeschwindigkeit (genauer von Viskosität · Gleitgeschwindigkeit/Belastung) in ölgeschmierten Tribosystemen.
Die Kurve ist Resultierende der Festkörperreibkraft F_{Rf} und der Flüssigkeitsreibkraft F_{Rh} und hat ein Minimum der Reibung bei bestimmten Gleitverhältnissen.
($\rightarrow$Festkörperreibung, $\rightarrow$Flüssigkeitsreibung, $\rightarrow$Grenzreibung, $\rightarrow$Mischreibung)

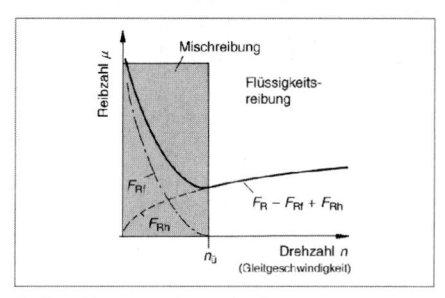

Stribeckkurve, schematisch

String (string)
Datentyp, der seinen Inhalt streng als Reihe von Zeichen interpretiert.
Beispiel: Das Zeichen 5 kann Teil eines String sein; mit diesem Zeichen kann nicht mehr gerechnet werden, da es keinen Wert besitzt.

Strömung in einer nicht horizontalen Leitung (flow in a non-horizontal lead)
$\rightarrow$Bernoulli'sche Druckgleichung

Strömungsgleichung (flow equation)
$\rightarrow$Bernoulli'sche Druckgleichung

Strömungsmaschinen (fluid flow machine)
Maschinen, die mit beschaufeltem Laufrad zum Energieaustausch infolge Strömungsumlenkung an Flüssigkeiten und Gasen versehen sind.
Der Energieaustausch erfolgt vom Laufrad auf das Medium (Kreiselpumpe, Turboverdichter) oder vom Medium auf das Laufrad (Dampfturbinen, Wasserturbinen, Gasturbinen).
($\rightarrow$Dampfturbinen, $\rightarrow$Gasturbinen, $\rightarrow$Kreiselpumpe, $\rightarrow$Turboverdichter, $\rightarrow$Wasserturbinen)

Strömungsmechanik (flow mechanics)
Lehre von den Bewegungen und dem Verhalten von Flüssigkeiten und Gasen (im Zusammenwirken mit Festkörpern) und den dabei auftretenden Kräften.
($\rightarrow$Aerodynamik, $\rightarrow$Hydrodynamik)

Strömungsquerschnitt (flow cross-section)
$\rightarrow$Kontinuitätsgleichung

Strom (current)
$\rightarrow$elektrischer Strom

Stromdichte (current density)
$\rightarrow$elektrische Stromdichte

Stromkreis (electrical circuit)
→elektrischer Stromkreis

Stromlaufplan (circuit diagram)
Übersichtliche Darstellungsart für elektrische Schaltungen.
Die räumlichen und gerätetechnischen Zusammenhänge der einzelnen Bauelemente werden zeichnerisch nicht berücksichtigt. Stromlaufpläne sollen vorrangig die Funktionsweise von Schaltungen darstellen.
(→Funktionsplan, →Wirkschaltplan)

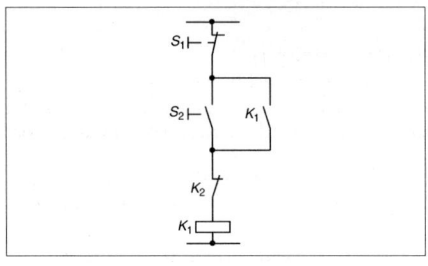

Stromlaufplan einer Schaltung

Strommessung (current measurement)
Feststellung der elektrischen Stromstärke I in einem Stromkreis mit Amperemeter oder Strommesser.
(→Drehspulmesswerk, →elektrischer Strom)

Stromrichter (rectifier)
Schaltungen der Leistungselektronik zum Umformen elektrischer Energie von Wechsel- (Drehstrom) in Gleichstrom und umgekehrt.

Stromrichtung (direction of current)
→technische Stromrichtung

Stromstärke (current)
→elektrische Stromstärke

Stromverdrängungsläufer
(skin-effect rotor)
Variante der Formen der Leiterstäbe (Hochstabläufer), um den elektrischen Widerstand des Läufers und damit das Drehmomentverhalten von Drehstrom-Asynchronmotoren zu beeinflussen.
Bezogen auf das Nenndrehmoment M_N verfügt der Doppelkäfigläufer (d) über ein 2,5faches Anlaufdrehmoment M_A, während das Anlaufdrehmoment M_A des Rundstabläufers (a) auf 0,5 M_N beschränkt ist. Die Anlaufströme I_A sind proportional zu den Anlaufdrehmomenten.

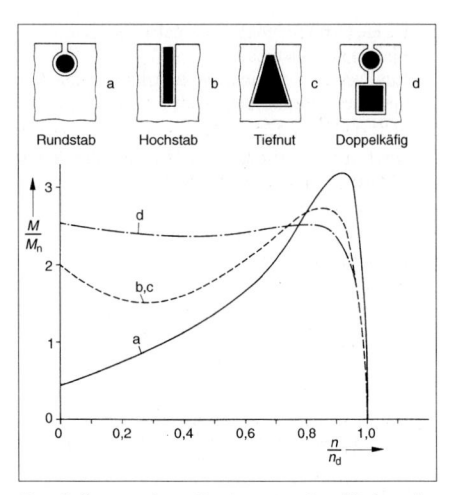

Stromwandler (current transformer)
→Messwandler

Stromwender (commutator)
Bauteil auf der Läuferwelle, das bei elektrischen Maschinen die Umpolung des elektrischen Stromes durch die Läuferwicklungen bewirkt, hauptsächlich bei Gleichstrom- und Universalmotoren erforderlich.
Andere Bezeichnungen sind Kommutator und Kollektor.

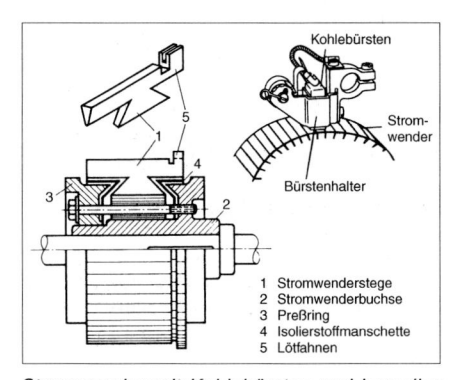

Darstellung der Drehmomentverläufe des Stromverdrängungsläufers bei verschiedenen Leiterstabarten

Stromwender mit Kohlebürsten und Lamellen

1 Stromwenderstege
2 Stromwenderbuchse
3 Preßring
4 Isolierstoffmanschette
5 Lötfahnen

Struktogramm
(Nassi-Schneidermann diagram; structured flow chart)
Von Nassi-Schneiderman entwickeltes grafisches Hilfsmittel zur Darstellung von Programmabläufen. Der übersichtliche Programmaufbau und eine professionelle Dokumentation werden gefördert und die optische Zusammenfassung von Blöcken wird verbessert.

Beispiel: Zählschleife
(→Programmablaufplan)

Strukturformel (structural formula)
Vereinfachte Darstellung des räumlichen Aufbaus der Verbindung, der Anordnung der chemischen Elemente zueinander, des Platzes der Einfach- und Mehrfachbindungen, der funktionellen Gruppen.
Beispiel: Azeton (Propanon) hat eine funktionelle C=O Gruppe (Keto-Gruppe).

$$\begin{array}{ccc} H & & H \\ | & & | \\ H-C-C-C-H \\ | & \| & | \\ H & O & H \end{array}$$

C_3H_6O
Propanon

Strukturschaum (structural foam)
→Integralschaumstoff

Stützkraftberechnung
(support-reaction calculation)
→Gleichgewichtsbedingungen

Stützträger (support beam)
Bezeichnung aus der Statik für alle Maschinenelemente oder sonstige Bauteile, die beidseitig gelagert sind.
(→Freiträger)

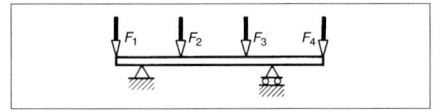

Stützträger als zweiseitiger Kragträger

Stufen-Spannunterlage
(two part stepped support)
Zweiteilige Spannunterlage, deren beide Teile zum Verstellen der Stützhöhe auf treppenförmigen Absätzen (Stufen) zusammengesetzt werden können.

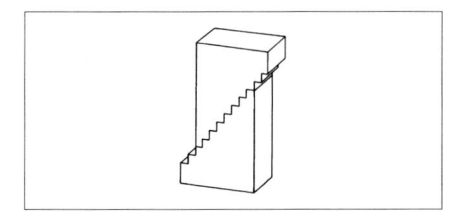

Stufen-Spannunterlage

Stufen-Spannzange (stepped jaw chuck)
Sonderbauform der Spannzange, mit der flache Werkstücke mit unterschiedlichem Spanndurchmesser gespannt werden können.

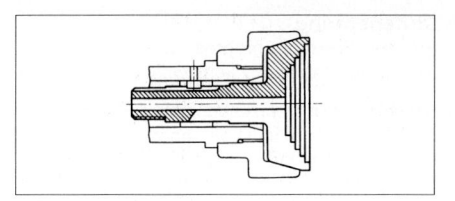

Stufenspannzange

Stufenbacke (stepped jaw)
→Spannbacke

Stufengetriebe
(stepped variable speed drive)
Getriebe, mit dem bei konstanter Antriebsdrehzahl mehrere Abtriebsdrehzahlen geschaltet werden können.
(→Dreiwellengetriebe, →Mehrwellengetriebe, →stufenloses Getriebe, →Zweiwellengetriebe)

stufenloses Getriebe (continuously or infinitely variable speed drive)
Getriebe, das bei konstanter Antriebsdrehzahl in einem begrenzten Verstellbereich jede beliebige Übersetzung ermöglicht.
(→Stufengetriebe)

Stufenpratze (helical clamp)
Werkstückspanner an Hobelmaschinen.
Zur Anpassung an unterschiedliche Werkstückhöhen verstellbar.

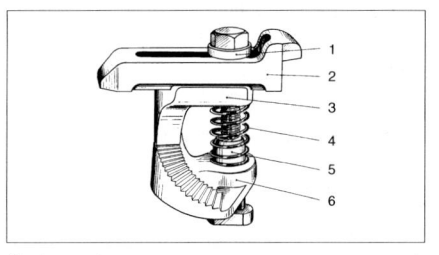

Stufenpratze
1 Spannschraube, 2 Spannpratze, 3 höhenverstellbare Spannunterlage, 4 Feder, 5 Gewindehülse, 6 Unterteil

Stufenscheibengetriebe (cone pulley drive)
Zweiwellengetriebe mit je einer Stufenscheibe auf jeder Welle.
Die Stufenscheibe ist eine Riemen- oder Keilriemenscheibe mit zwei bis vier (selten mehr) Laufdurchmessern. Ändern der Übersetzung durch Umlegen des Riemens von einem Scheibenpaar auf ein anderes.

Stufensprung
(progressive ratio; progressive factor)
→Drehzahlstufung, →Normzahlen

Stufenwinkel (corresponding angles)
Gleichliegende Winkel an von einer Gerade geschnittenen Parallelen.
Stufenwinkel sind gleich groß.
(→Winkel)

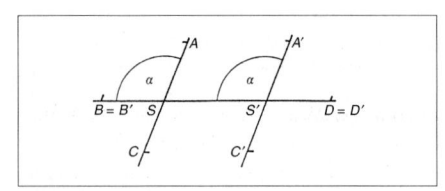

Stufenwinkel (∢ ASB und ∢ A'S'B')

Stufenzahl (number of steps)
Anzahl der mit einem Stufengetriebe schaltbaren Abtriebsdrehzahlen.

stumpfer Winkel (obtuse angle)
Ein Winkel α, der größer als ein rechter Winkel ist: $\alpha > 90°$.
(→Winkel)

stumpfwinkliges Dreieck
(obtuse angled triangle)
Dreieck, in dem ein Winkel größer als 90° ist.
(→Dreieck)

Sublimation (sublimation)
Übergang eines festen Stoffes in den gasförmigen (dampfförmigen) Aggregatzustand ohne flüssige Zwischenphase.
Beim Sublimieren nimmt der Stoff Wärmeenergie (Sublimationswärme) aus der Umgebung auf. Die Stofftemperatur bleibt dabei konstant. Der feste Stoffverband wird aufgehoben. Die Abkühlung der Umgebung (Sublimationskälte) wird für Kühlzwecke genutzt. Alle Stoffe können sublimieren. Sublimationsdruck und -temperatur sind einander zugeordnet.
Die Sublimation ist umkehrbar. Die Resublimation überführt den gasförmigen Stoff unmittelbar in den festen Aggregatzustand. Dabei wird die Sublimationswärme an die Umgebung abgegeben.
(→Aggregatzustand)

Substitution (substitution)
Ersetzen eines algebraischen Ausdrucks durch einen anderen.
Bei komplizierten Gleichungen können mit Hilfe einer geeigneten Substitution Lösungen gefunden werden. Bei Funktionen lassen sich durch eine geschickte Substitution mitunter spezielle Eigenschaften einfacher bestimmen. Durch eine geeignete Substitution lässt sich oftmals auch die Berechnung des Integrals einer Funktion erleichtern (Substitutionsmethode).
Beispiel:
Bestimmung der Lösungen der Exponentialgleichung $2^{2x} - (5/2) \cdot 2^{x+1} + 6 = 0$. Durch Umformung erhält man $(2^x)^2 - 5 \cdot 2^x + 6 = 0$, und mit der Substitution $y = 2^x$ ergibt sich die quadratische Gleichung in y: $y^2 - 5y + 6 = 0$, die die Lösungen $y_{1,2} = 5/2 \pm \sqrt{25/4 - 6}$, also $y_1 = 2$ und $y_2 = 3$ hat.
Durch Einsetzen dieser Werte in die Substitutionsgleichung ergeben sich die Lösungen x_1 und x_2 der Exponentialgleichung:
$2^{x_1} = 2 \Rightarrow x_1 = 1$,
$2^{x_2} = 3 \Rightarrow x_2 = \log 3 / \log 2 \approx 1{,}584963$.
(→Substitutionsmethode)

Substitutionsmethode
(integration by substitution)
Methode zur Berechnung des unbestimmten Integrals einer Funktion $y = f(x)$.
Durch Substitution $x = \varphi(t)$ der unabhängigen Variablen einer Funktion $y = f(x)$, also Einführung einer neuen Variablen t, ergibt sich für das unbestimmte Integral:
$\int f(x) dx = \int f(\varphi(t)) (\varphi'(t) dt$.
Durch geeignete Substitution kann das Integral auf der rechten Seite der Gleichung einfacher zu berechnen sein als das Ausgangsintegral $\int f(x) dx$. Die Substitution muss so gewählt sein, daß $x = \varphi(t)$ nach t differenzierbar ist.
Beispiel: $\int (1+x)^n dx$ $(n \in \mathbb{N})$
Substituiert man $x = \varphi(t) = t - 1$, dann ist $\varphi'(t) = dx/dt = 1$, also $dx = dt$, und es ergibt sich
$\int (1+x)^n dx = \int t^{n+1}/(n+1) + C =$
$= (x+1)^{n+1}/(n+1) + C$.
(→Integrationsregeln, →Substitution, →unbestimmtes Integral)

Substitutionsmischkristalle
(substitution mixed crystal)
→Austausch-Mischkristalle

Subtrahend (subtrahend)
→Differenz

Subtraktion (subtraction)
→Grundrechenarten

Summand (summand)
→Summe

Summe (sum)
Ergebnis einer Addition.
Die Zahlen, die addiert werden, heißen Summanden.

Summe einer Reihe (sum of a series)
→Reihe

Summenbremse (sum brake)
Bauart der Bandbremse mit gleich großem Bremsmoment in beiden Drehrichtungen.

Summenformel (empirical formula)
Bezeichnung einer chemischen Verbindung durch Elementsymbole.
Mit ihr wird
- das Vorkommen bestimmter chemischer Elemente,
- das Mengenverhältnis dieser chemischen Elemente zueinander,
- das Massenverhältnis dieser chemischen Elemente zueinander

in einer chemischen Verbindung veranschaulicht.
Beispiel: Trichlorethen C_2HCl_3
- Vorkommen von Kohlenstoff C, Wasserstoff H, Chlor Cl,
- im Mengenverhältnis $C:H:Cl = 2:1:3$,
- im Massenverhältnis $C:H:Cl = 24:1:106$.

(→chemische Formeln)

Summenzeichen (summation sign)
Das Summenzeichen $\sum$ (entstanden aus dem griechischen Buchstaben für S) dient zur vereinfachten Darstellung von Summen:
$$\sum_{k=1}^{n} a_k = a_1 + a_2 + a_3 + ... + a_n.$$
(gesprochen: Summe über a_k von $k=1$ bis $k=n$).
Man erhält alle Summanden der Summe, wenn man in a_k für den Index k zunächst 1, dann 2 usw. und schließlich n setzt. Dieser Buchstabe k heißt Summationsindex und kann durch einen beliebigen anderen Buchstaben ersetzt werden. Es gilt also zum Beispiel
$$\sum_{k=1}^{n} a_k = \sum_{i=1}^{n} a_i = \sum_{j=1}^{n} a_j$$
Beispiel:
$$\sum_{k=1}^{6} k^2 = 1^2 + 2^2 + 3^2 + 4^2 + 5^2 + 6^2.$$
(→Index, →Produktzeichen)

Superpositionsprinzip
(superposition theorem)
→Überlagerungsprinzip

Supplementwinkel (supplementary angles)
Winkel, die sich zu $180°$ ergänzen.
Der Supplementwinkel zu einem Winkel α ist der Winkel $\beta = 180° - \alpha$.

Beispiel: $\alpha = 62°$ und $\beta = 118°$ sind Supplementwinkel.
(→Winkel)

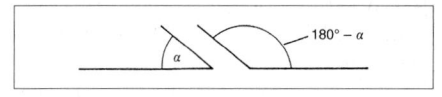

Supplementwinkel

Support (carriage; slide; saddle)
→Werkzeugschlitten

surjektive Abbildung (surjective mapping)
Anderer Name für surjektive Funktion.
(→surjektive Funktion)

surjektive Funktion (surjective function)
Eine Funktion, bei der die Bildmenge gleich dem Wertebereich ist: $f(D) = W$.
Beispiele:
$y = f(x) = x^3 - 4x^2 - x + 4, f: \mathbb{R} \to \mathbb{R}$
(surjektive Funktion),
$y = f(x) = \sqrt{x}, f: \mathbb{N} \to \mathbb{R}$
(keine surjektive Funktion).
(→bijektive Funktion, →Funktion, →injektive Funktion)

symbolische Elektronenkonfiguration
(symbolic electronic configuration)
Vereinfachte grafische Darstellung von Orbitalen in Kästchenschreibweise.
Beispiel: Orbitale des Kohlenstoffs im Grundstand

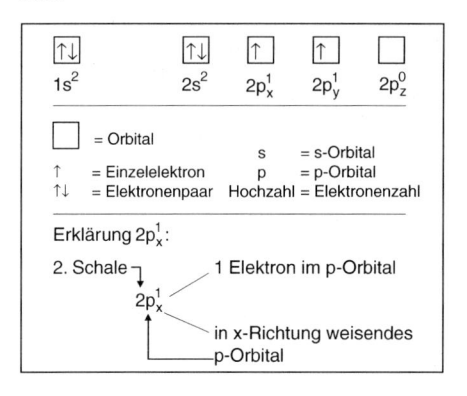

↑↓	↑↓	↑	↑	
$1s^2$	$2s^2$	$2p_x^1$	$2p_y^1$	$2p_z^0$

☐ = Orbital
↑ = Einzelelektron   s = s-Orbital
↑↓ = Elektronenpaar   p = p-Orbital
                      Hochzahl = Elektronenzahl

Erklärung $2p_x^1$:

2. Schale — $2p_x^1$ — 1 Elektron im p-Orbital
in x-Richtung weisendes p-Orbital

symmetrische Belastung (balanced load)
Liegt in einem Drehstromnetz vor, wenn alle drei Außenleiter identische Ströme führen.
Unter dieser Bedingung ist ein angeschlossener Neutralleiter stromlos und kann daher entfallen.

symmetrische Funktion (symmetrical function)
Eine Funktion $y = f(x), f: D \to W$ ist symmetrisch zur y-Achse, wenn $f(x) = f(-x)$ für alle $x \in D$ gilt. Eine solche Funktion heißt eine gerade Funktion.
Eine Funktion $y = f(x)$ ist symmetrisch zum Koordinatenursprung, wenn $f(-x) = -f(x)$ für alle $x \in D$ gilt. Eine solche Funktion heißt eine ungerade Funktion.
Beispiele:
1. $f(x) = 2x^4 + 1$
 Wegen $f(-x) = 2(-x)^4 + 1 = 2x^4 + 1 = f(x)$ ist $y = f(x)$ symmetrisch zur y-Achse, also eine gerade Funktion.
2. $f(x) = 2x^3 - 3x$
 Wegen $f(-x) = 2(-x)^3 - 3(-x) = -2x^3 + 3x = -f(x)$ ist $y = f(x)$ symmetrisch zum Koordinatenursprung, also eine ungerade Funktion.
($\to$Achsensymmetrie, $\to$gerade Funktion, $\to$Punktsymmetrie, $\to$ungerade Funktion)

synchrone Drehzahl n_s (synchronous speed)
Identisch mit der Ständerdrehfeldzahl n_d und ausschließlich von der Frequenz f in 1/s = Hz der Versorgungsspannung und der Polpaarzahl p des Motors abhängig: $n_d = 60\, f/p$ in 1/min = min^{-1}.

Synchronmotor (synchronous motor)
Motor, dessen Drehzahl der synchronen Drehzahl entspricht, also keinen Schlupf hat.
Die Drehzahl ist unabhängig von der Belastung und wird durch die Frequenz der Motorspannung bestimmt.
Synchronmotoren benötigen zum Anlauf besondere Anlasshilfen. Drehstrom-Synchronmotore verwendet man zum Antrieb großer Pumpen in Pumpspeicherkraftwerken. Synchronmotore für Einphasenwechselstrom werden für elektrische Uhren und Plattenspieler verwendet.

Synchronzähler (synchronous counter)
Zähler, bei dem alle Flipflops durch den eingehenden Taktimpuls gleichzeitig angesteuert werden.

Synthese (synthesis)
Aufbau von chemischen Verbindungen aus kleineren Bausteinen (Atomen, Atomgruppen) durch chemische Reaktionen.

Beispiel: Wasser und Schwefeldioxid reagieren zu schwefliger Säure (saurer Regen):
$H_2O + SO_2 \to H_2SO_3$.
Die Synthese ist die Umkehrung der Analyse.

synthetische Geometrie (synthetic geometry)
In der synthetischen Geometrie werden Aussagen und Lehrsätze durch geometrische Betrachtungen und Konstruktionen an den geometrischen Objekten aus vorangestellten Sätzen durch logische Schlüsse hergeleitet.
($\to$analytische Geometrie)

System (system)
Nach außen abgegrenzte Anordnung von zusammenwirkenden Elementen.

Systeme vorbestimmter Zeiten (SvZ) (time for an operation or process estimatged from time and motion studies)
Verfahren der Arbeitszeitermittlung manueller Tätigkeiten aufgrund vorbestimmter Bewegungszeiten. Dabei werden Soll-Zeiten für das Ausführen von Vorgangselementen bestimmt, die vom Menschen voll beeinflussbar sind. Die Analyse hält konsequent eine bestimmte Schrittfolge ein: Zerlegung des Bewegungsablaufs in Bewegungselemente (z.B. Hinfassen, Greifen, Weglegen, Loslassen), Zeitanalyse durch Bestimmung der Bewegungszeit jedes einzelnen Bewegungselements (z.B. Bewegungslängen, bewegtes Gewicht), Kodierung des Bewegungselements und der dazugehörigen Einflussgrößen, Entnehmen der Elementarbewegungszeiten aus Tabellen, Addition der Elementarzeiten zu der gesuchten Gesamtbewegungszeit.
($\to$MTM-Verfahren)

Systemsoftware (system software)
Für den Betrieb eines Rechners erforderliche Programme, die die grundsätzlichen Funktionen zur Verfügung stellen.
Die Systemsoftware ist meistens in ROMs gespeichert oder wird vor dem Einlesen der Anwendungssoftware geladen.
Beispiele: Betriebssystem, BIOS, Interpreter

Systemtechnik (systems technology)
In der Fördertechnik das Know-how, umfangreiche Förderanlagen zu bauen, die gleichzeitig fördern, lagern, sortieren und kommissionieren können.

T

T-Flipflop (toggle-flipflop)
Flankengesteuertes Flipflop nur mit Takteingang. Die Umschaltung der Ausgänge erfolgt immer bei ansteigender oder abfallender Flanke.

T-Nut (tee slot; T-slot)
T-förmige Nut mit genormten Abmessungen zur Aufnahme und Befestigung von Spannern und Spannschrauben auf Werkstücktischen von Werkzeugmaschinen.
DIN 650 T-Nuten, DIN 787 Schrauben für T-Nuten

Tabellenkalkulation
(table calculation program)
Anwenderprogramm mit dem Schwerpunkt der Auswertung tabellarisch vorliegender Daten. Wesentliches Leistungsmerkmal ist die Entwicklung von Szenarien, mit deren Hilfe geprüft (simuliert) werden kann, wie sich die Änderung einer beteiligten Größe auf andere, abhängige Größen auswirkt. Der mächtige Leistungsumfang lässt die Grenzen zwischen Tabellenkalkulation, Datenbank und Textsystem verschwimmen.

tailored blanks (tailored blanks)
Maßgeschneiderte Feinblechzuschnitte aus Streifen verschiedener Dicke und Festigkeiten, lasergeschweißt.
Verwendung: Kfz-Karosserieteile (Seitenteile, Radhäuser, Bodenbleche, Türinnenbleche).
Wegfall von Versteifungen und Überlappverbindungen (Korrosion), Gewichtseinsparung und erhöhte Beul- und Crashsicherheit, auch für verzinkte Bleche angewandt.

Takt (clock)
Periodisch wiederkehrendes impulsförmiges Signal zur Steuerung oder Synchronisation digitaler Schaltungen, meist erzeugt durch einen Generator.

Taktgeber (pulse generator)
Bauelement, das mit gleichmäßiger Frequenz Impulse ausgibt.

Taktstufe (sequence module)
Pneumatisches Steuerelement, das in Ablaufsteuerungen Verwendung findet.
Die Taktstufe besteht aus UND-, ODER- und Speicher-Elementen. Nach jedem Takt werden über den Speicher die Umschaltsignale für die Stellglieder gesetzt. Mehrere hintereinander geschaltete Taktstufen ergeben eine Taktstufensteuerung.

Tandem-Zylinder (tandem cylinder)
Pneumatischer Kraftspannantrieb mit zwei hintereinander angeordneten Kolben.
(→Pressluft-Zylinder)

Tangens (tangent)
Eine der trigonometrischen Funktionen.
In einem rechtwinkligen Dreieck ist $\tan \alpha$ das Verhältnis von Gegenkathete zu Ankathete.
(→Tangensfunktion, →trigonometrische Funktionen)

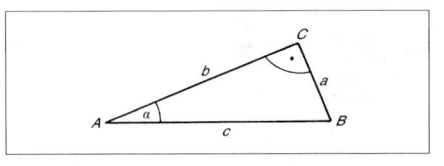

$\tan \alpha = \frac{a}{b}$

Tangensfunktion (tangent function)
Die Funktion $y = \tan x$.
Der Definitionsbereich ist $D = \mathbb{R}$, $x \neq \frac{\pi}{2} + k\pi$, $k \in \mathbb{Z}$ und der Wertebereich $W = \mathbb{R}$. Die Stellen $x = \pi/2 + k\pi$, $k \in \mathbb{Z}$ sind Polstellen der Funktion.
Dabei gilt:
$$\lim_{x \to \pi/2 + k\pi/2 - k} \tan x = +\infty, \quad \lim_{x \to \pi/2 + k\pi/2 + k} \tan x = -\infty$$
Die Geraden $x = \pi/2 + k\pi$ sind Asymptoten der Funktion.
Die Tangensfunktion hat die Periode π, es gilt also $\tan(x + k\pi) = \tan x$ für $k \in \mathbb{Z}$. Eine Amplitude besitzt die Funktion nicht (Polstellen!).
Die Tangensfunktion ist ungerade, denn es gilt $\tan(-x) = -\tan x$. Der Graph der Funktion heißt Tangenskurve, sie ist symmetrisch zum Koordinatenursprung.
(→trigonometrische Funktionen, →Unstetigkeitsstelle)

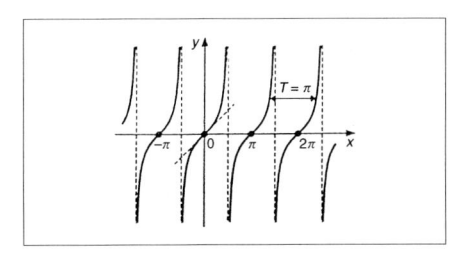

Tangenskurve

Tangente (tangent line)
Gerade, die den Graph einer Funktion $y = f(x)$ in einem Punkt berührt, aber nicht schneidet (Tangente = Berührende).
Die Funktion $f(x)$ hat in dem Punkt $P(a|f(a))$ genau dann eine Tangente, wenn die Funktion in a differenzierbar ist.
Die Gleichung der Tangente an die Kurve im Punkt $P(a|f(a))$ lautet
$y = f'(a)(x - a) + f(a)$.
Beispiel: $f(x) = x^2$, $P(1|1)$
$f'(x) = 2x \Rightarrow f'(1) = 2$
Die Gleichung der Tangente an die Kurve im Punkt $P(1|1)$ lautet somit
$y = 2(x - 1) + 1 = 2x - 1$.
(→Ableitung einer Funktion, →Kreis und Gerade, →Passante, →Sekante)

Tangentenverfahren (Newton's method)
Verfahren zur näherungsweisen Bestimmung einer Nullstelle einer stetig differenzierbaren Funktion. Ein anderer Name für dieses Verfahren ist Newtonsches Verfahren.
(→Newtonsches Verfahren)

Tangentenviereck
(circumscribed quadrilateral)
Viereck, bei dem alle vier Seiten denselben Kreis berühren.
Der Kreis heißt Inkreis des Vierecks, die Seiten sind Tangenten dieses Kreises.
Ein Viereck ist genau dann ein Tangentenviereck, wenn die Summe der Längen zweier gegenüberliegender Seiten gleich der Summe der Längen der beiden anderen Seiten ist:
$a + c = b + d$.
(→Viereck)

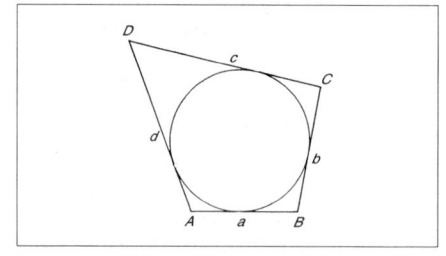

Tangentenviereck

Tangentialbeschleunigung a_T
(tangential acceleration)
Beschleunigung, die ein Körper auf einer Kreisbahn in tangentialer Richtung erfährt.
Sie ist das Produkt seiner Winkelbeschleunigung α mit dem Radius r seiner Bahn: $a_T = \alpha r$ in m/s².
Tangential-, Zentripetal- und Winkelbeschleunigung sind Vektoren, die alle rechtwinklig aufeinander stehen.
(→Rotation, →Winkelbeschleunigung, →Zentripetalbeschleunigung)

Tangentialgeschwindigkeit
(tangential speed)
→Umfangsgeschwindigkeit

Tangentialkraft F_a (tangential force)
Die in Richtung der Tangente an einem zylinderförmigen Körper (Welle, Zahnrad, Walze) wirkende Kraft oder Kraftkomponente.
(→Axialkraft, →Radialkraft)

Tannenbaumkristall (arborescent crystal)
→Dendriten

Tastatur (keyboard)
Eingabeeinheit eines Computers bei der durch Tastenbetätigung eine Information mit genau definierter Bedeutung zum Computer gelangt.
Beim Aufbau der Tastatur unterscheidet man nach numerischem, alphanumerischem Tastenfeld und Funktionstasten. Das numerische Tastenfeld befindet sich meist mit einem Ziffernblock abgesetzt rechts auf der Tastatur. Das alphanumerische Tastenfeld umfasst Buchstaben, Ziffern und Sonderzeichen, die Funktionstasten zur möglichen Steuerung des Systems sind mit F1 bis F12 oben auf der Tastatur angeordnet.

Tauchrollenschmierung
(dip lubrication; splash lubrication)
Schmiersystem für Geradführungen an Werkzeugmaschinen.
Die Tauchrollen sitzen in kleinen Ölkästen, werden durch eine Feder gegen die Führungsfläche gedrückt und rollen auf ihr ab.

Teach-Box (teach box)
Tragbares Bediengerät für die Vor-Ort-Programmierung von Systemen.
Beispiel: Teach-In-Programmierung von Robotern. Der Programmierer kann die Bewegungen des Roboters unmittelbar beobachten.
(→Roboterprogrammierung)

Teach-In-Roboterprogrammierung
(teach-in robot programming)
Möglichkeit der Roboterprogrammierung.
Der Roboter wird mittels Teach-Box im Handbetrieb vom Programmierer an die Positionen gefahren, die später vom Roboter automatisch angefahren werden sollen. Die Koordinaten werden im Datenspeicher der Steuerung abgelegt. Das mathematische Definieren der Raumkoordinaten entfällt.
(→Roboterprogrammierung)

technische Arbeit (total work)

Nutzarbeit aus einem Maschinenprozess mit durchlaufendem gasförmigem Arbeitsmittel (offenes System).
Die technische Arbeit W_t erfasst neben der Volumenänderungsarbeit (äußere Arbeit) eines eingeschlossenen (z.B. expandierenden) Gases zusätzlich das Zuführen oder Abführen von Verschiebearbeit durch Einströmen und Ausschieben des Arbeitsmittels bei stetiger Arbeitsabgabe.
Die technische Arbeit (z.B. in einer Kolbenmaschine ohne schädlichen Raum, siehe Bild) setzt sich zusammen aus der Einschubarbeit $p_1 \cdot V_1$ des einströmenden Arbeitmittels, der Volumenänderungsarbeit W und der aufzuwendenden Ausschubarbeit $p_2 \cdot V_2$. Die technische Arbeit $W_t = p_1 \cdot V_1 + W - p_2 \cdot V_2$ erscheint im p, V-Diagramm als Fläche ($W_t = \Sigma V \cdot \Delta p$):

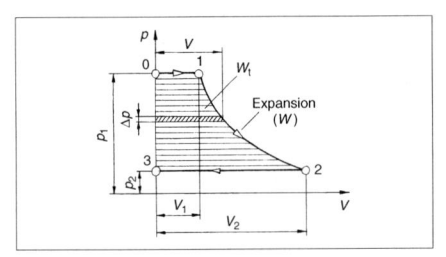

Technische Arbeit im p,V-Diagramm

technische Stromrichtung
(current direction)
Der elektrische Strom fließt an der Anode in das Gerät hinein und an der Katode heraus, also durch das Gerät vom Pluspol der Spannungsquelle zum Minuspol.
DIN 5489 Vorzeichen- und Richtungsregeln für elektrische Netze.

Teilbarkeitsregeln (divisibility rules)
Eine Zahl ist teilbar durch
2, wenn die letzte Ziffer durch 2 teilbar ist;
3, wenn die Quersumme der Zahl (also die Summe der Ziffern) durch 3 teilbar ist;
4, wenn die Zahl aus den letzten beiden Ziffern durch 4 teilbar ist;
5, wenn die letzte Ziffer durch 5 teilbar ist (also 0 oder 5 ist);
6, wenn die letzte Ziffer durch 2 und die Quersumme der Zahl durch 3 teilbar ist;
8, wenn die Zahl aus den letzten drei Ziffern durch 8 teilbar ist;
9, wenn die Quersumme der Zahl durch 9 teilbar ist;
11, wenn die alternierende Quersumme der Zahl (also die Summe der Ziffern, die abwechselnd positives und negatives Vorzeichen erhalten) durch 11 teilbar ist.

Teilchenverbundwerkstoffe
(particle composite)
Verbundwerkstoff mit meist harten Teilchen in der Matrix zur Steigerung der Härte und Verschleiß- oder Warmfestigkeit.
Beispiele: Duroplaste mit Holz- oder Schiefermehl gefüllt, Co-Sinterwerkstoffe mit Carbiden oder Diamant, gegossene Baggerzähne mit Hartmetallplatten im Verschleißbereich.
($\rightarrow$Polymerbeton)

Teilchenverfestigung (bonding of particles)
$\rightarrow$Dispersionsverfestigung

Teileinrichtung
(dividing apparatus; indexing apparatus)
Nimmt auf Werkzeugmaschinen ein Werkstück auf, das sie nach jedem Werkzeugdurchlauf um einen bestimmten Winkel in die nächste Arbeitsposition weiterdreht.
Beispiele: Zahnräder fräsen, Lochteilungen bohren, Keilnutprofil stoßen.
($\rightarrow$Universal-Teilkopf)

Teilen (to index; to divide; to part)
Arbeitsverfahren auf Werkzeugmaschinen.
($\rightarrow$Teileinrichtung)

Teileprogramm (part program)
CNC-Steuerungsprogramm für die Fertigung auf CNC-Maschinen.
($\rightarrow$CNC-Programm, $\rightarrow$CNC-Werkzeugmaschine)

Teilkopf (dividing head; indexing head)
$\rightarrow$Teileinrichtung

Teilkreisdurchmesser (pitch circle diameter)
$\rightarrow$Zahnradgrößen

Teilkristallisation (semi-crystallize)
Bei langsamer Abkühlung entstehen in Polymeren mit linearen Kettenmolekülen geordnete Bereiche mit nebeneinander liegenden Ketten, die von ungeordneten, amorphen Bereichen durchsetzt sind. Durch diese Teilkristallisation steigen Schmelztemperatur, Zugfestigkeit, Härte und E-Modul und die Beständigkeit gegen Lösungsmittel, es nehmen ab Wärmeausdehnung, Zähigkeit und Lichtdurchlässigkeit.
($\rightarrow$Glasübergangstemperatur)

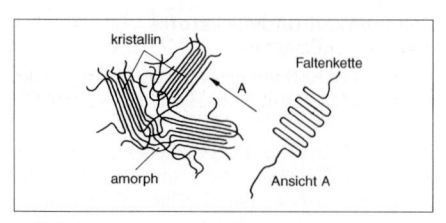

teilkristalliner Kunststoff

Teilmenge (subset)
→Menge

Teilung (pitch)
→Zahnradgrößen

Teleoperator (teleoperator)
Ferngesteuerter Manipulator.
Beispiel: Greiferarm einer Weltraumfähre, die von der Bodenstation aus gesteuert wird.
(→Manipulator)

Teleskopblech (telescoping sliding guard)
Späneschutz für die Führungsbahnen an Werkzeugmaschinen.
Blechkästen, die vor und hinter dem Werkstücktisch über den offenen Führungsbahnen angebracht sind und vom Tisch teleskopartig zusammengeschoben und auseinander gezogen werden.

Temperatur T (temperature)
Physikalische Basisgröße mit der SI-Einheit Kelvin (K).
Die Temperatur T ist ein Maß für die innere Bewegungsenergie der Atome oder Moleküle eines Körpers. Sie wird bestimmt durch Messen wärmeabhängiger Änderungen von Stoffzuständen (z.B. Wärmeausdehnung von Quecksilber in Thermometern) auf der Grundlage einer vorgegebenen Temperaturskala.
(→Basisgröße, →Celsius-Skala, →Fahrenheit-Skala, →Grad Celsius, →Kelvin, →Kelvin-Skala)

Temperaturabhängigkeit elektrischer Widerstände (temperature dependence)
Beeinflussung der Leitfähigkeit von elektrischen Leitern oder Bauelementen durch Temperaturänderungen.
Bei Ohmschen Widerständen ist die thermische Veränderung des Widerstandes unerwünscht, dagegen gezielte Ausnutzung bei Kaltleitern (PTC-Widerstand = positive temperature coefficient) und Heißleitern (NTC-Widerstand = negative temperature coefficient) zu Mess- und Regelzwecken.
Beispiele: Temperatursensor, Sicherungsfühler, Niveauwächter in Tankanlagen.
(→Temperaturkoeffizient)

Temperaturkoeffizient a (temperature coefficient)
Beschreibt die Steilheit der Widerstandskennlinie, die sich aus einer Temperaturänderung ergibt.
Zur Kennzeichnung der Temperaturabhängigkeit sind Bezugstemperatur, Bezugswiderstand und α in 1/K anzugeben. α kann positive und negative Werte haben.

Temperguss GJM (GT) (malleable cast iron)
Fe/C-Gusswerkstoff, dessen gesamter C-Anteil im Gusszustand (Temperrohguss) als Fe-Carbid (Zementit) vorliegt.
Durch Glühen (Tempern) zerfällt Zementit ganz oder teilweise in Temperkohle, das ist Graphit in Flockenform. Entkohlend geglühter (weißer) GJMW (GTW) in 4 Sorten, nichtentkohlend geglühter (schwarzer) GJMB (GTS) in 5 Sorten genormt, die Sorte GJMW-360-12 ist schweißbar.
Verwendung: Kfz.-Industrie für Fahrwerksteile, Gehäuse, Nockenwellen und Ventiltriebteile, Federböcke, Fittings.
DIN EN 1562 Temperguss.

Tempern (malleablizing)
Wärmebehandlung von weißem Gusseisen mit dem Ziel, durch Entkohlen oder Umwandlung des Zementits in Graphit Temperguss zu erhalten.

Tenifer-Verfahren (tenifer treatment)
DEGUSSA-Verfahren, Salzbadnitrieren unter Luftzufuhr mit nachträglichem Abschrecken.
Erhöht stark die Biegewechselfestigkeit bei unlegierten Stählen.
Anwendung für Teile mit mittleren Flächenpressungen wie Zahnräder für Getriebe und Pumpen, Stanz-und Automatenteile für Kleinmaschinen, Hydraulik-Steuerungsteile.

Tera T (tera)
Vorsatzsilbe, die das Billionenfache (10^{12}) der Einheit bezeichnet.
(→Vorsatzzeichen)

Term (term)
Mathematischer Ausdruck, der aus Zahlen, Variablen, Rechenzeichen (mathematischen Operationen) und möglicherweise noch anderen mathematischen Symbolen (zum Beispiel Funktionswerten) besteht.

Terminal (terminal)
→Datensichtgerät

Terminplan (follow up chart; schedule)
Bestimmt den zeitlichen Ablauf eines Auftrags unter Berücksichtigung vorhandener Kapazitäten.

Tesla T (tesla)
Abgeleitete SI-Einheit der physikalischen Größe magnetische Flussdichte B:
$1\,T = 1\,Wb/m^2 = 1\,V\,s/m^2 = 1\,kg/(s^2\,A)$.
Ein Tesla ist die magnetische Flussdichte, die in einer Leiterschleife von $1\,m^2$ Fläche durch einen magnetischen Fluss von 1 Weber hervorgerufen wird. Benannt nach Nicola Tesla (1856−1943).
(→magnetische Flussdichte, →SI-Einheit)

Tetmajergleichungen
(Tetmajer's equations)
→Knicken

Tetrade (tetrad)
Zeichen aus vier Binärstellen.
Beispiel: 0010

Tetraeder (tetrahedron)
Konvexer regulärer Polyeder, der von vier gleichseitigen Dreiecken begrenzt wird, einer der platonischen Körper.
(→Platonische Körper)

Textur (texture)
Gefügezustand mit Kristallachsen in einer Vorzugsrichtung.
Bei der Erstarrung wachsen Kristalle senkrecht auf der kalten Formwand auf (Gusstextur).
Bei Kaltumformung werden bevorzugt die Kristalle verformt, deren Gleitsystem günstig zur wirkenden Schubspannung liegt (Walz- und Ziehtexturen).
Texturen führen zu Anisotropie, sie ist bei Tiefziehblechen unerwünscht.

Textverarbeitung
(text processing and editing program)
Die automatisierte Textver- und -bearbeitung erfolgt mit Standardsoftware, die Leistungsmerkmale bietet, die weit über die reine Arbeit mit Text hinausgehen.
Neben den üblichen Schreib-, Korrektur- und Druckfunktionen ermöglichen viele Systeme bereits die Erstellung einfacher Grafiken und bieten Teilfunktionen von Datenbanken und/oder Tabellenkalkulation. Weiterhin gehören über die Formatierung des Druckbildes hinaus auch Formatmerkmale wie Farbe, Farbverläufe und die verwendete Sprache zu den Texteigenschaften.

Thaleskreis (Thales circle)
Der Umkreis eines rechtwinkligen Dreiecks.
Zeichnet man einen Kreis um den Mittelpunkt M einer Strecke $\overline{AB}$ mit dem Durchmesser $\overline{AB}$, dann ist jeder Peripheriewinkel über die Strecke $\overline{AB}$ ein rechter Winkel.

Ein solcher Kreis heißt Thaleskreis (nach dem griechischen Philosophen und Mathematiker Thales von Milet, ~624−546 v. u. Z.). Der Thaleskreis ist also der geometrische Ort der Scheitelpunkte aller rechten Winkel, deren Schenkel durch die Punkte A und B gehen.
(→Peripheriewinkel)

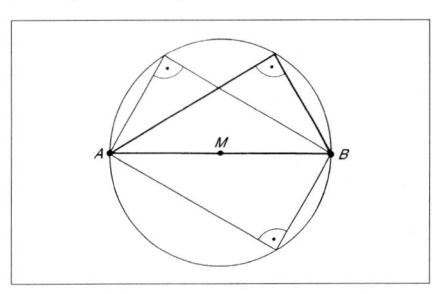

Thaleskreis

thermisch Spritzen (thermal spraying)
Verfahren zum Beschichten von Bauteilen.
Schichtstoffe werden als Draht oder Pulver durch Flammen, Lichtbogen erhitzt und als flüssige Tröpfchen mit hoher Geschwindigkeit auf die vorbereitete Oberfläche geschleudert und mechanisch verklammert. Beschleunigung der Stoffe durch Druckluft.
Beim Plasmaspritzen können hochschmelzende Stoffe bei relativ kalter Werkstückoberfläche aufgebracht werden, auch in Vakuum (VPS) oder Inertgas (IPS) angewandt.
Beschichtungsstoffe: Metalle, Legierungen, Carbide und Oxide, die als Haftgrund, zum Schutz gegen Korrosion bzw. Verschleiß oder als Reparaturschicht dienen.
DIN EN 657 Thermisches Spritzen, Begriffe, DIN EN ISO 14919 Drähte, DIN EN 1274 Pulver.

thermische Analyse (thermal analysis)
Experimentelle Ermittlung von Halte- und Knickpunkten (Umwandlungen) von Legierungen durch langsames Erwärmen und Abkühlen.
Dabei werden Abkühlungskurven aufgenommen.
Aus den Halte- und Knickpunkten verschiedener Konzentrationen eines Legierungssystems kann das Zustandsschaubild konstruiert werden.

thermische Beanspruchung
(thermal stress)
Beanspruchung durch Temperaturen außerhalb der klimatisch bedingten.
Bei Metallen tritt oberhalb 400 °C Kriechen auf, bei <-20 °C sind kubisch-raumzentrierte Legierungen durch Sprödbruch gefährdet. Beim Zusammenbau von Werkstoffen unterschiedlicher Wärmedehnung können mechanische Spannungen (Verformungen) entstehen.

thermische Rückführung
(thermal feedback)
Verzögerte Rückführung, die mit Wärmewirkung arbeitet.
Oft bei Zweipunktreglern eingesetzt, wodurch die Schwankungen der Regelgröße reduziert werden.
(→Rückführung)

thermischer Widerstand R_{th}
(thermal resistance)
→Wärmewiderstand

thermischer Wirkungsgrad
(thermal efficiency)
Quotient aus der in einer Wärmekraftmaschine gewonnenen Arbeit W (Nutzen) und der der Maschine zugeführten Wärme Q_{zu} (Aufwand).
Der thermische Wirkungsgrad η_{th} ist ein Maß für die Vollkommenheit der Umwandlung der zugeführten Wärme in Nutzarbeit: $\eta_{th} = W/Q_{zu} = 1 - (Q_{ab}/Q_{zu})$.

thermisches Trennen (thermic cutting)
DIN 2310 T1 Thermisches Schneiden; Begriffe und Benennungen; T2 Ermittlung der Güte von Brennschnittflächen; T3 Autogenes Brennschneiden, Verfahrensgrundlagen, Güte, Maßabweichungen; T4 Plasma-Schmelzschneiden, Verfahrensgrundlagen, Begriffe, Güte, Maßabweichungen; T5 Laserschneiden, Begriffe; T6 Einteilung, Verfahren
(→Brennschneiden, →Laserstrahlschneiden, →Plasmaschneiden)

Thermistoren (thermistors)
→Heißleiter

thermochemische Verfahren
(thermochemical treatment)
Verfahren des Stoffeigenschaftänderns, bei denen durch Diffusion Stoffe zu- oder abgeführt werden. Dadurch ändert sich die chemische Analyse der Randzone.
(→Alumetieren, →Aufkohlen, →Borieren, →Chromieren, →Nitrieren, →Tiduran-Verfahren, →Vanadieren)

Thermodrucker (thermal printer)
1. Überträgt die Information durch Wärme auf Spezialpapier: preiswerter Drucker, aber teures Papier.
2. Thermosublimationsdrucker arbeiten mit einem Farbband, das die Grundfarben enthält. Durch eine angepasste Wärmezufuhr, für jede Farbe und für jeden Bildpunkt einzeln gesteuert, werden sehr genaue Farbbilder mit unendlich vielen Farbmöglichkeiten erzielt. Derzeit teuerstes Druckverfahren.

Thermodynamik (thermodynamics)
Lehre vom Verhalten physikalischer Systeme bei Temperaturänderungen.

thermomechanische Behandlung
(thermomechanical treatment)
Warmumformung für Baustähle, bei welcher Verformung und Temperatur so gesteuert werden, dass durch unterdrückte Rekristallisation die Gefügeumwandlung ein Feinkorn ergibt, das durch alleinige Wärmebehandlung nicht entstehen kann. Dadurch günstige Kombination von hoher Festigkeit mit Zähigkeit.
(→Austenitformhärten)

Thermoplaste (thermoplastics)
Größte Gruppe der Kunststoffe, bei höheren Temperaturen erweichend und plastisch verformbar. Ihre verschlauften Kettenmoleküle sind nicht untereinander vernetzt. Der E-Modul ist stark temperaturabhängig. Lineare Ketten können teilkristallisieren (Polyethen, Polypropylen, Polyamide), verzweigte bleiben amorph (Polystyrol und Copolymerisate, Polycarbonat, Polyvinylchlorid). Teilkristallisation entsteht beim Spritzgießen von Bauteilen und Blasformen von Folien und Hohlkörpern. Verstärkung durch Kurzglasfasern bis zu 35% und andere Füllstoffe für technische Bauteile. Zu fast allen Typen gibt es Copolymerisate und Polymer-Gemische zur Verbesserung bestimmter Eigenschaften.
(→Faserverbundwerkstoffe, →Glasübergangstemperatur, →Polymer-Blends)

Thermoschockbeanspruchung
(thermal shock stress)
Beanspruchung von Bauteilen und Werkzeugen durch ständige, schnelle Temperaturwechsel, die zu netzartigen Rissen in der Randschicht senkrecht zur Oberfläche führen.
Beispiele: Schmiedegesenke und Bremsscheiben. Gegenmaßnahmen sind Vorwärmen der Werkzeuge, Verwendung von Warmarbeitsstählen mit kleinerem Gehalt an Legierungselementen und Gusssorten mit höherer Wärmeleitung.

Thermostat (thermostat)
→Wasserkühlung

Thyristor (silicon controlled rectifier; thyristor)
Vierschichthalbleiterbauelement, das in einer Richtung (Durchlaßrichtung) durch äußere Schaltmaßnahmen vom Blockier- in den Durchlasszustand gebracht werden kann.
Der Thyristor verfügt über zwei Hauptanschlüsse (Anode und Katode) und einen Steueranschluss (Gate), über den durch Einspeisung eines Steuerstromes der Thyristor gezündet wird.

Tiduran-Verfahren (Tiduran treatment)
Thermochemisches Verfahren für Titanlegierungen in Salzschmelzen 2 h lang bei 800 °C.

Bildung von Titancarbonitriden in Schichten von ca. 50 μm Dicke und ≈ 800 HV 0,025, die Dauerfestigkeit und Widerstand gegen Adhäsion und Abrasion steigern.

Tiefpass (low pass filter)
→Filter

Tiefspannbacke (deep clamping jaw)
→Niederspannbacke

Tiefziehen (deep drawing)
Umwandlung ebener Blechzuschnitte in einen Hohlkörper. Bei komplizierten Formen läuft dieser Vorgang in mehreren Stufen ab. Beim Streckziehen wird ein Formstempel in ein vorgespanntes Blech eingedrückt. Die so entstehenden Hohlkörper haben nur geringe Vertiefungen. Der erste Umformvorgang eines ebenen Zuschnittes zu einem Topf heißt Anschlagzug. Die weiteren Umformungen zu Töpfen mit kleinerem Durchmesser heißen Folgezug oder Folgeschlag.
Das Zieh- oder Schlagverhältnis β als Quotient des „Ausgangsdurchmessers D" zum „neuen Durchmesser d" ist von der Ziehfähigkeit des Werkstoffs abhängig und muss bei jedem Zug eingehalten werden. Für den Anschlagzug gilt $\beta_1 = D_0/d_1$, für jeden Folgezug gilt $\beta_2 = d_1/d_2$, $\beta_3 = d_2/d_3$ usw. mit β (Ziehverhältnis >1), D_0 (Zuschnittdurchmesser) und d_1, d_2, ..., d_n (Ziehstempeldurchmesser). Das Gesamtziehverhältnis $\beta_{ges} = \beta_1 \cdot \beta_2 \cdot ... \beta_n$ ist das Produkt aus den Einzelziehverhältnissen.
Das maximale Ziehverhältnis ist abhängig vom umzuformenden Werkstoff, von der Gestalt des Ziehteils, von der Blechdicke s und von der Schmierung zwischen Stempel und Ziehteil. Spröder Werkstoff reißt im gefährdeten Querschnitt leicht ein (Bodenreißer). Je größer die Abrundungsradien, desto größer ist das erreichbare Ziehverhältnis. Dünne Bleche neigen eher als dicke zur Faltenbildung. Für gut ziehfähige Werkstoffe wie z.B. Ck10, Ck22 oder 15Cr3 ist das maximale Ziehverhältnis
$\beta_{0\,max} = 2{,}15 - 10^{-3}\,\frac{d}{s}$.

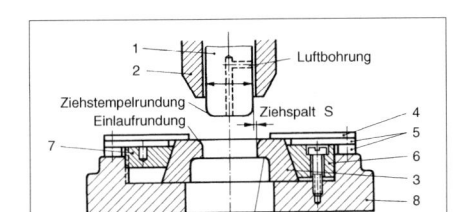

Rechnerische Ermittlung des Zuschnittdurchmessers:
Voraussetzung für die Berechnung kreisförmiger Blechronden ist, dass Werkstoffvolumen und Oberfläche während der plastischen Verformung konstant bleiben. Änderungen der Blechdicke bleiben unberücksichtigt. Grundlage der Berechnungen ist also die Konstanz der Oberflächen vor und nach dem Tiefziehen.
Oberfläche A_r des Zuschnittes = Oberfläche A_w des fertigen Ziehteils
Beispiel: Gesucht wird der Zuschnittdurchmesser D für einen Napf.

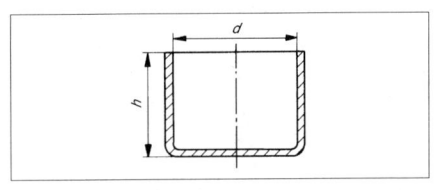

$A_r = A_w;\quad \dfrac{\pi D^2}{4} = \dfrac{\pi d^2}{4} + \pi\,d\,h,\quad D = \sqrt{d^2 + 4dh}$

Berechnung der Stempelkraft beim Tiefziehen eines zylindrischen Zuges nach Siebel
$F_z = \pi\,d\,s\,k_{fm}\,\ln\dfrac{D}{d}\,\eta_{Form}$ mit k_{fm} (mittlere Formänderungsfestigkeit), D (Zuschnittdurchmesser), d (Stempeldurchmesser), s (Blechdicke) und $\eta_{Form} \approx 0{,}5 ... 0{,}65$ (Formänderungswirkungsgrad, berücksichtigt die Reibung am Ziehring und Niederhalter). Niederhalter drücken auf den Rand des Zuschnitts und verhindern so die durch die tangential wirkenden Druckspannungen verursachte Faltenbildung. Problematisch ist die Wahl des richtigen Niederhalterdruckes p. Bei zu geringem Druck bilden sich weiterhin Falten, bei zu hohem Druck kann der Werkstoff nicht mehr nachfließen und reißt im Extremfall im Ziehspalt ab.

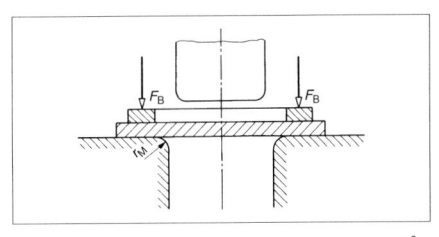

Erforderlicher Niederhalterdruck $p = [(\beta_1 - 1)^3 + d_1/200s]\,R_m/400$ mit β_1 (Ziehverhältnis für den Erstzug), d_1 (Stempeldurchmesser), s (Blechdicke) und R_m (Zugfestigkeit des Blechzuschnitts). Damit kann für einen kreisförmigen Blechzuschnitt die Niederhalterkraft berechnet werden:
Niederhalterkraft $F_B = \pi/4\,[D^2 - (d + 2\,r_m)^2]\,p$
mit p (Niederhalterdruck), d_1 Stempeldurchmesser),

1 Ziehstempel aus gehärtetem Stahl, selten aus Hartmetall, 2 Faltenhalter aus Stahl, 3 Ziehring aus gehärtetem Stahl oder Hartmetall, 4 Aufnahme, 5 Ausfütterung, 6 Spannung mit Schrauben oder 7 Spannring als Spannringmutter, 8 Einspannplatte (Frosch) aus Baustahl oder Gusseisen

D (Durchmesser des Zuschnitts) und $r_m \approx 5...10\,s$ (Matrizenradius).
Fehleranalyse Tiefziehen: Doppelungen im Werkstoff durch Oxid- oder Sandeinschlüsse: qualitativ bessere Bleche verwenden. Vor dem Tiefziehen Ultraschallprüfung durchführen. Zipfelungen durch Walzstruktur: Walzen des Bleches ergibt Zellenstruktur. Mechanische Eigenschaften des Werkstoffs abhängig von der Walzrichtung. Normalglühen des Bleches bei 900°...950°C ergibt sehr feines Gefüge; die Walzstruktur geht verloren. Die mechanischen Eigenschaften sind richtungsunabhängig. Blechdickenabweichungen durch abgenutzte Walzen: Gewünschte maximale Blechdikkenabweichung vorschreiben. Bodenreißer (häufiger Fall): Ziehverhältnis zu groß, also Zugabstufungen ändern. Durch größere Anzahl der Züge vermindert sich der Verformungsgrad pro Zug. Blechqualität im Hinblick auf die Ziehfähigkeit verbessern. Bodenabriss (selten): Ziehwerkzeug falsch ausgelegt. Werkzeuggestaltung generell überarbeiten. Ziehriefen in der Oberfläche des Ziehteils: Übermäßiger Verschleiß des Ziehwerkzeugs. Hartverchromen oder Nitrieren der dem stärksten Verschleiß ausgesetzten Werkzeugoberflächen (Stempel und Matrize).
DIN 8584 T3 Fertigungsverfahren Zugdruckumformen; Tiefziehen, Unterteilung, Begriffe; VDI 3140 Streckziehen auf Streckziehpressen.
(→Formänderungsfestigkeit)

Timer (timer)
Zähler mit einer Taktansteuerung zur Messung von Zeiten (Zeitgeber).
Der Timer ist programmierbar und kann bei Überlauf einen Interrupt erzeugen.

Tintenstrahldrucker (ink jet printer)
Druckt Zeichen oder Grafiken, indem aus feinen Düsen Tinte auf das Papier (oder Folie) gespritzt wird. Die mechanische Energie wird durch Erwärmung oder durch die Kraft von Piezoelementen erzeugt. Sehr gutes Schriftbild.

Tisch (work table; bed)
→Werkstücktisch

Tischbohrmaschine
(bench drilling machine; bench drill)
Kleine Bohrmaschine, die auf der Werkbank befestigt wird.

Tischbohrwerk
(table-type horizontal boring, drilling and milling machine)
Waagerecht-Bohr-und Fräswerk mit einem auf dem Maschinenbett geführten Werkstücktisch. Der Tisch führt mit dem Werkstück alle waagerechten Bewegungen aus (Kreuztisch) und ist außerdem drehbar (Drehtisch). Der Ständer steht fest auf dem Bett, auf seinen Führungen führt der Spindelschlitten die senkrechten Bewegungen aus.
(→Platten-Bohr- und Fräswerk)

Tischhobelmaschine
(planing machine; planer)
→Langhobelmaschine

Tischschlitten (table saddle; table slide)
→Werkstücktisch

Titan Ti (titanium)
Hexagonales α-Ti bis 882°C, darüber kubisch-raumzentriertes β-Ti, Dichte $4,5\,kg/dm^3$, Schmelzpunkt $F = 1727\,°C$.
Festigkeiten wie unlegierter Stahl bei höherer Bruchdehnung. Hochkorrosionsbeständig gegen Chloride, Mischsäuren, Loch- und Spannungsrisskorrosion. Starke Gasaufnahme (O, N, H) beim Glühen und Schweißen erfordert Schutzgasbehandlung.
Anwendung: Behälter, Auskleidungen und Armaturen in der Galvanotechnik und im chemischen Apparatebau.
DIN 17850 Titan.

Titancarbid TiC (titanium carbide)
Intermetallische Phase mit hoher Härte, Bestandteil der Sinterhartstoffe, wird nach PVD- oder CVD-Verfahren in bis 10 µm dicken Schichten (auch mit TiN oder Al-Oxid kombiniert) zur Standzeiterhöhung auf Werkzeugen abgeschieden.
(→Schneidstoffe)

Titanlegierungen (titanium alloys)
Niedriglegiertes Titan enthält geringe Anteile von Palladium und hat höhere Beständigkeit in reduzierenden Säuren. Höhere Anteile an Legierungselementen verschieben den Umwandlungspunkt (882°C), dadurch gibt es drei Typen Titanlegierungen:

a) α-Legierungen. Durch Al, Sn, O und N wird der hexagonal-dichteste Bereich zu höheren Temperaturen verschoben, sie sind bis ca. 550°C geeignet, kaltzäh und schweißbar.
Beispiel: TiAl5Sn2,5 für Strahltriebwerksteile.

b) β-Legierungen. Durch V, Cr, Cu oder Mo wird der kubisch-raumzentrierte Bereich nach Raumtemperatur verschoben, höhere Dichte und Festigkeit, gut kaltformbar, aber kaltspröde, bis 320°C geeignet.
Beispiel: TiV13Cr11Al13.

c) $(\alpha + \beta)$-Legierungen enthalten Al und V, bis 430°C beständig, aushärtbar.
Beispiel: TiAl6V4 (meist verwendet), Triebwerksteile im Flug- und Rennfahrzeugbau.
DIN 17869 Werkstoffeigenschaften von Ti und Ti-Legierungen.

Titannitrid TiN (titanium nitride)
Goldfarbene, intermetallische Phase für Beschichtungen wie TiC, geringere Härte (2000 HV 0,02) als TiC, bei geringerer Adhäsionsneigung. Anwendung für Bohrer, Fräser, Schneidplatten.
(→CVD-Verfahren, →PVD-Verfahren)

Token Ring (token ring)
Netzwerksystem, das aufgrund seiner Ringstruktur mit einer sehr hohen Ausfallsicherheit weit verbreitet ist.

Toleranzen (tolerance)
Eine absolut genaue Herstellung von Bauteilen ist nicht möglich und auch nicht sinnvoll. Deshalb müssen Abweichungen vom Nennmaß festgelegt werden.

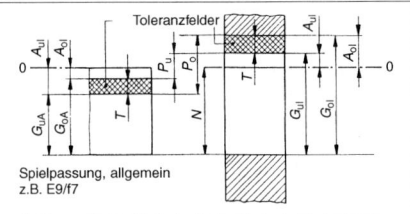

Spielpassung, allgemein z.B. E9/f7

N Nennmaß, G_o Höchstmaß, G_u Mindestmaß, I Istmaß, A_o oberes Grenzabmaß, A_u unteres Grenzabmaß, T Maßtoleranz, P_s Spiel, $P_ü$ Übermaß, P_o Höchstpassung, P_u Mindestpassung

Grundbegriffe:
Nennmaß N ist das in der Zeichnung genannte Maß, auf das sich alle Abmaße beziehen. Nulllinie ist die Bezugslinie für die Abmaße.
Istmaß I ist das nach der Fertigstellung des Werkstücks gemessene Maß.
Mindestmaß G_u ist das kleinste zulässige Maß.
Höchstmaß G_o ist das größte zulässige Maß.
Unteres Grenzabmaß A_u ist die Differenz zwischen Mindestmaß G_u und Nennmaß N. Oberes Grenzabmaß A_o ist die Differenz zwischen Höchstmaß G_o und Nennmaß N.

DIN 7150 T1 ISO-Toleranzen und ISO-Passungen;
DIN 7150 T2 ISO-Toleranzen und ISO-Passungen; Prüfung von Werkstücken mit zylindrischen und parallelen Passflächen; DIN 7182 T1 Grundbegriffe für Maße, Abmaße, Toleranzen und Passungen
(→Formtoleranzen, →Lagetoleranzen, →Maßtoleranzen)

Toleranzfaktor (tolerance factor)
→Maßtoleranz

Toleranzfeld (tolerance zone)
→Maßtoleranz

Tonnenlager (barrel roller bearing)
Ausgleich winkliger Wellenverlagerungen möglich. Tonnenlager sind für hohe radiale, aber kleinere axiale Belastungen.

Top-Down (top-down; top-down process)
Verfahren zur Problemlösung (Bild unten).
Der Lösungsweg führt von oben (Top) vom komplexen Gesamtproblem nach unten (Down) zu den Detaillösungen. Bereits vorhandene Detaillösungen (Module oder Makros) müssen auf dem Lösungsweg mitbedacht werden, um mögliche Mehrfachlösungen zu vermeiden.

Topologie (topologie)
Beschreibt die physikalische, räumliche Anordnung der Rechner in einem Netzwerk. Wesentliche Topologien sind die Bus-, die Stern- und die Ringstruktur. In der realen Ausformung sind zudem gemischte Systeme möglich.

Tor (gate; port)
Schaltung, die eine Information durchlässt oder sperrt.
Beispiel: UND-Schaltung. Das Eingangssignal erreicht den Ausgang nur, wenn der Steuereingang S = „1" ist (Bild S. 430, oben).

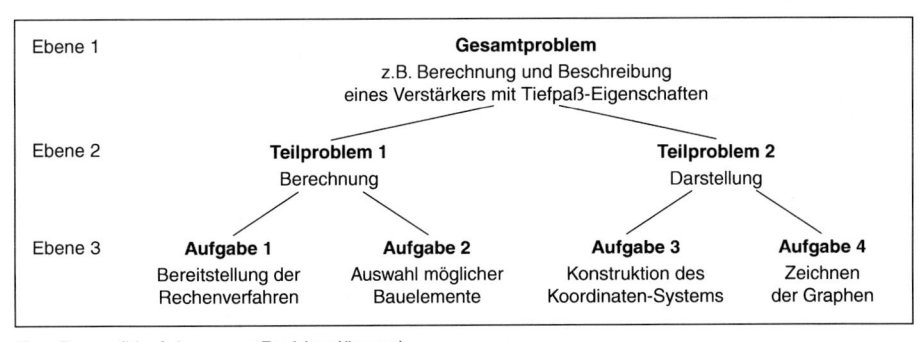

Ebene 1	Gesamtproblem			
	z.B. Berechnung und Beschreibung eines Verstärkers mit Tiefpaß-Eigenschaften			
Ebene 2	Teilproblem 1 Berechnung		Teilproblem 2 Darstellung	
Ebene 3	Aufgabe 1 Bereitstellung der Rechenverfahren	Aufgabe 2 Auswahl möglicher Bauelemente	Aufgabe 3 Konstruktion des Koordinaten-Systems	Aufgabe 4 Zeichnen der Graphen

Top-Down (Verfahren zur Problemlösung)

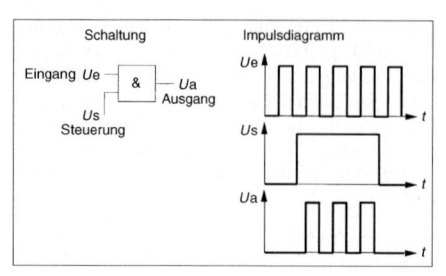

Tor

Torsion (torsion)
Grundbeanspruchungsart, bei der zwei benachbarte Querschnitte durch ein Torsionsmoment M_T gegeneinander verdreht werden (typische Wellenbeanspruchung).
Das Torsionsmoment M_T erzeugt im Querschnitt die Torsionsspannung τ_t.
($\rightarrow$ inneres Kräftesystem)

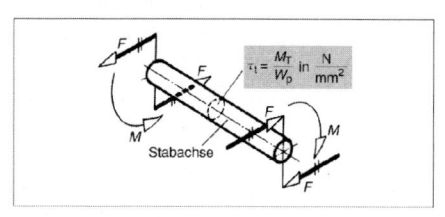

Inneres Kräftesystem bei Torsion

Torsionsbeanspruchung (torsional stress)
$\rightarrow$ Torsion

Torsionshauptgleichung
(principal torsion equation)
Mathematischer Zusammenhang zwischen den Größen Torsionsmoment M_T in Nmm, Torsionswiderstandsmoment W_t in mm^3 und Torsionsspannung τ_t in N/mm^2: $\tau_t = M_T/W_t$. Bei Kreisquerschnitt ist $W_t = W_p =$ polares Widerstandsmoment.
Arbeitsgleichungen (mit zulässiger Torsionsspannung $\tau_{t\,zul}$):
erforderliches Torsionswiderstandsmoment
$W_{t\,erf} = M_T/\tau_{t\,zul}$,
vorhandene Torsionsspannung
$\tau_{t\,vorh} = M_T/W_{t\,vorh} \leq \tau_{t\,zul}$,
maximal übertragbares Torsionsmoment
$M_{T\,max} = W_t\,\tau_{t\,zul}$.
($\rightarrow$ Torsion)

Torsionsmoment M_T (torsional moment)
Statische Größe (Kräftepaar) im inneren Kräftesystem (Einheit Nm oder Nmm), die Torsionsspannungen τ_t (Schubspannungen) hervorruft.
($\rightarrow$ Biegespannung, $\rightarrow$ Biegung)

Torsionsspannung τ_t (torsion stress)
Vom Querschnitt einer Welle aufzunehmende Kraft je Flächeneinheit in N/mm^2 bei der Beanspruchungsart Torsion.
Die Randfasern der Welle erhalten die stärkste Beanspruchung, die Wellenachse ist spannungsfrei, sie bleibt unverformt (lineare Spannungsverteilung). Zweckmäßig sind daher Hohlwellen (Leichtbau).

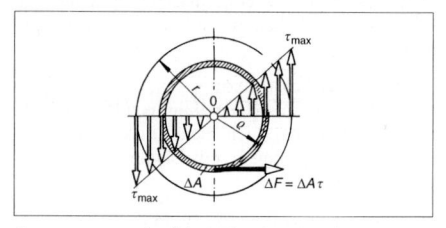

Spannungsverlauf bei Torsionsbeanspruchung

Torsionsstabfeder (torsion bar spring)
$\rightarrow$ Drehstabfeder

Totzeit (dead time)
Zeitspanne, die ein Bauelement benötigt, um auf eine Eingangsgrößenänderung mit einer Änderung der Ausgangsgröße zu reagieren.

tpi (**t**racks **p**er **i**nch)
Maßeinheit für die Aufzeichnungsdichte bei Disketten.
Gibt die Anzahl der nebeneinander liegenden Spuren auf einem Zoll des Diskettenradius wieder.

Trackball (track ball)
Eingabegerät für DV-Geräte, bestehend aus ortsfester, drehbarer Kugel sowie einer oder mehrerer Funktionstasten.
Mit dem Trackball wird ein Cursor über den Monitorschirm bewegt und mit den Funktionstasten ein Vorgang gestartet.
($\rightarrow$ Maus)

Trägerarten (kinds of beam)
In der Technik gebräuchliche Bezeichnung für meist biegebeanspruchte Bauteile.
Man unterscheidet Freiträger und Stützträger. Freiträger sind alle einseitig befestigten, tragenden Bauteile, z.B. angeschweißte, geschraubte oder genietete Konsolbleche.

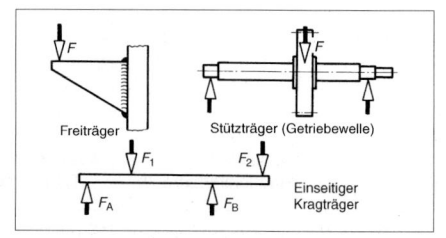

Frei-, Stütz- und Kragträger

Stützträger sind alle zwei- oder mehrfach an den Trägerenden gelagerte Achsen oder Wellen. Kragträger sind Stützträger, die mit einem oder mit beiden Enden über die Lagerstelle hinausragen.

Trägheit (inertia)
Eigenschaft eines Körpers, Widerstand gegen Bewegungsänderungen zu leisten und ohne äußere Einflüsse im Zustand der Ruhe oder der geradlinig gleichförmigen Bewegung zu beharren.
Das Maß für die Trägheit ist bei der Translation die Masse eines Körpers, bei der Rotation sein Trägheitsmoment.
(→Masse, →Rotation, →Trägheitsgesetz, →Trägheitsmoment, →Translation)

Trägheitsgesetz (law of inertia)
Jeder Körper beharrt im Zustand der Ruhe oder der gleichförmig geradlinigen Bewegung, solange keine (resultierende) Kraft auf ihn einwirkt.
Diese Körpereigenschaft heißt *Trägheit* oder *Beharrungsvermögen*. Das Gesetz wird nach dem englischen Physiker und Begründer der Mechanik *Isaac Newton* (1642–1726) auch als erstes Newton'sches Axiom (Trägheitsaxiom) bezeichnet.
Beispiel: Ein in Luft fallender Körper bewegt sich dann gleichförmig in Richtung des Erdmittelpunktes, wenn der senkrecht nach oben gerichtete Luftwiderstand F_w genau so groß ist, wie die nach unten gerichtete Gewichtskraft F_G. Dann ist die Summe aller am Körper angreifenden Kräfte F gleich null: $\Sigma F = +F_w - F_G = 0$, also ist auch die resultierende Kraft $F_r = 0$.
(→Bewegung, →Gleichgewicht, →Impuls)

Trägheitskraft (force of inertia)
Die sich durch Einwirkung einer Kraft auf einen Körper nach dem Wechselwirkungsgesetz ergebende (gedachte) zweite Kraft, die der einwirkenden Kraft gleich, aber genau entgegengesetzt ist.
(→d'Alembert'sches Prinzip, →Kraft, →Wechselwirkungsgesetz)

Trägheitsmoment J (moment of inertia)
Quotient aus dem auf einen rotierenden Körper wirkenden Drehmoment M und der daraus resultierenden Winkelbeschleunigung α: $J = M/\alpha$.
Das Trägheitsmoment ist bei der Rotation ein Maß für den Widerstand gegenüber Veränderungen der Winkelgeschwindigkeit und hat damit die gleiche Qualität wie die Masse für die Translationsbewegungen, nur hängt es wesentlich davon ab, wie sich die Masse im Körper verteilt. Ein aus n Masseteilchen Δm zusammengesetzter rotierender Körper, bei dem sich jedes Teilchen auf einer Kreisbahn um die Achse mit dem Radius r bewegt, hat ein Trägheitsmoment von $J = \Sigma r_n^2 \, \Delta m_n$.

Beispiel: Ein dünner Hohlzylinder der Masse 1 kg und mit dem Radius 1 m, der um seine Mittelachse rotiert, hat ein Trägheitsmoment von $J = 1 \, \text{kg m}^2$, beträgt sein Radius 2 m, so ist $J = 4 \, \text{kg m}^2$.
(→Drehmoment, →Rotation, →Winkelbeschleunigung, →Winkelgeschwindigkeit)

Trägheitsradius i (radius of inertia)
In der Festigkeitslehre die Wurzel des Quotienten aus dem axialen Flächenmoment I in mm^4 und der Querschnittsfläche S in mm^2: $i = \sqrt{I/S}$ in mm. Für häufig gebrauchte Querschnittsformen und Profilstähle in Tabellen angegeben, z.B. für den Kreisquerschnitt $i = d/4$.
In der Dynamik ist i die Wurzel des Quotienten aus dem Trägheitsmoment J in kg m^2 und der Masse m in kg: $i = \sqrt{J/m}$ in m.

Trägheitswiderstand (inertial resistance)
→Trägheitskraft

Tragführung (supporting guideways)
Führungsbahn an Werkzeugmaschinen, die nur Gewichts- und Bearbeitungskräfte aufnimmt und die Bewegungsbahn des geführten Maschinenteils nicht beeinflusst.
(→Geradführung, →Richtführung)

Traglast (load capacity)
Diejenige maximal zulässige Last in kg oder t, für die ein Hebezeug unter Berücksichtigung aller Betriebsbedingungen ausgelegt ist.

Tragmittel (hooks and clevis)
Lastaufnahmeeinrichtungen, die zum Hebezeug gehören wie Lasthaken, Unterflaschen und Seile.
(→Hakenflasche)

Tragzapfen (pivot)
Konstruktiv als Lagerung (Längslager) ausgebildetes Wellenende, das Radialkräfte aufnehmen soll.
Beim Tragzapfen gilt für das Reibmoment $M_R = F \mu r$, mit Tragzapfenreibzahl μ; für die Reibleistung $P_R = M_R \omega$, mit Winkelgeschwindigkeit ω in s^{-1}. Die Reibzahlen μ für Trag- und Spurzapfenlagerung (Längs- und Querlager) werden aus Versuchen bestimmt.
(→Spurzapfen)

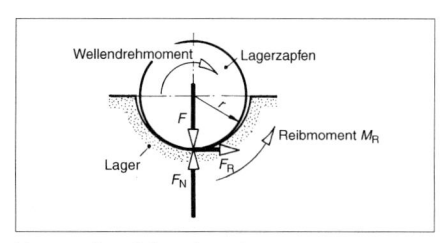

Tragzapfen (Längslager)

Transformator (transformer)
Elektrisches Betriebsmittel zum Übertragen elektrischer Energie durch elektromagnetische Induktion aus einem Wechselspannungsnetz in ein anderes mit höherer oder geringerer Spannung bei gleicher Frequenz.
Man unterscheidet Einphasen- und Drehstromtransformatoren, die je nach Verwendungszweck bedingt kurzschlussfest, nicht kurzschlussfest und unbedingt kurzschlussfest sind.
Drehstromtransformatoren können je nach Belastungsart in verschiedenen Schaltungsarten betrieben werden und unter bestimmten Bedingungen zur Leistungserhöhung parallel geschaltet sein.
Anwendung: Auftautransformator, Verteilungstransformator, Klingeltransformator.

Transistor (transistor)
Steuerbares Halbleiterbauelement mit Verstärkereigenschaft (Bild unten).
Bipolare Transistoren verfügen über zwei pn-Übergänge. Der Strom fließt über zwei Ladungsträgerarten (Löcher und Elektronen). Je nach Schichtabfolge spricht man von npn- und pnp-Transistoren. Die Anschlüsse werden als Basis, Emitter und Kollektor bezeichnet.
Anwendung: Verstärkung von elektrischen Signalen, kontaktloser Schalter.
(→Feldeffekttransistor)

Transistorschalter (transistor amplifier)
Elektrische Schaltung, bei der die Eigenschaften des Transistors ausgenutzt wird, um mit einem kleinen Steuersignal ein viel größeres Ausgangssignal zu erzeugen oder zu stoppen.
(→Pneumistor)

Transistorschaltung (transistor circuit)
Der Anschluss des Transistors, der sowohl zum Eingang als auch zum Ausgang der Transistorschaltung gehört, gibt der jeweiligen Schaltung den Namen.
Bei bipolaren Transistoren: Emitterschaltung (zur Leistungsverstärkung), Kollektorschaltung (Impedanzwandler), Basisschaltung (Spannungsverstärkung im HF-Bereich).
Bei unipolaren Transistoren: Sourceschaltung, Drainschaltung, Gateschaltung.

Transistorspulenzündung mit Hallgeber (inductive semiconductor ignition with Hall generator)
Bauart der Transistorzündung im Ottomotor, bei der ein kontaktloser Zündimpulsgeber (Hallgeber) zur Primärstromschaltung verwendet wird.
Der von der Verteilerwelle angetriebene Blendenrotor bewegt sich durch eine feststehende Magnetschranke mit Hall-IC (Bild S. 433 oben). Durch Ein- und Austauchen der Blende in die Magnetschranke werden Spannungsimpulse erzeugt. Taucht die Blende ein, fließt der Primärstrom, verlässt die Blende den Luftspalt, wird der Primärstrom unterbrochen (Zündzeitpunkt). Das Geberspannungssignal wird vom Steuergerät zur Zündauslösung verarbeitet.
(→Transistorzündung)

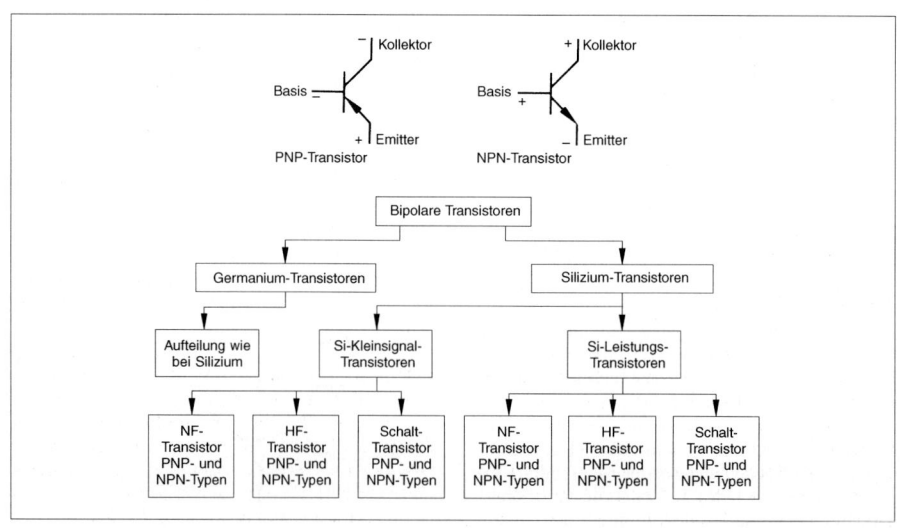

Übersicht bipolare Transistoren

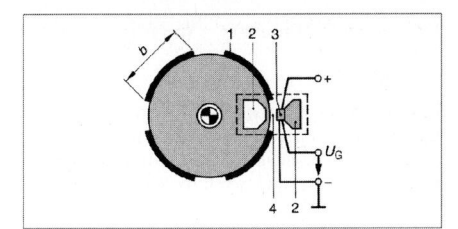

Zündverteiler mit Hallgeber (Bosch)
1 Blende mit Breite b, 2 weichmagnetische Leitstücke mit Dauermagnet, 3 Hall-IC, 4 Luftspalt

Transistorspulenzündung mit Induktionsgeber
(inductive semiconductor ignition with induction-type pulse generator)
Bauart der Transistorzündung im Ottomotor, bei der ein kontaktloser Zündimpulsgeber (Induktionsgeber) zur Primärstromschaltung verwendet wird. Durch Drehung des Rotors (Impulsgeberrad) auf der Verteilerwelle, wird der Luftspalt zwischen Rotor und Stator mit Induktionswicklung periodisch verändert. Die magnetische Feldänderung induziert eine Wechselspannung in der Induktionswicklung. Entfernen sich Rotor und Stator voneinander, so wechselt die Spannung sprunghaft ihre Richtung. Der Spannungsimpuls wird vom Steuergerät zur Zündauslösung verarbeitet.
(→Transistorzündung)

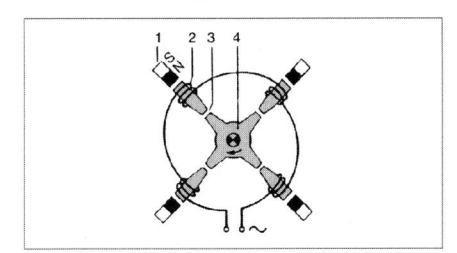

Zündverteiler mit Induktionsgeber (Bosch)
1 Dauermagnet, 2 Induktionswicklung mit Kern, 3 unveränderlicher Luftspalt, 4 Rotor

Transistorzündung
(transistorized ignition system)
Elektronische Zündanlage im Ottomotor. Transistor-Spulenzündanlagen (TSZ) ersetzen den nockenbetätigten Unterbrecher, durch kontaktlos arbeitende, elektronische Zündauslöser. Es werden höhere Zündspannungen und Zündenergien erreicht, die verschleißfrei geschaltet werden. Nach der Steuergerätansteuerung unterscheidet man Transistorzündung mit Induktionsgeber (TSZ-i) und Transistorzündung mit Hallgeber (TSZ-h).
(→Transistorspulenzündung mit Hallgeber, →Transistorspulenzündung mit Induktionsgeber, →Zündanlage, →Zündunterbrecher)

transkristallin (transcrystalline)
In Verbindung mit Bruch: Quer durch den Kristall laufend.

Translation (rectilinear motion)
Schiebung, beliebige Bewegung eines Körpers (auch krummlinig), unter Beibehaltung der Lage in einem Koordinatensystem (eine durch den Körper gezogene Achse verändert dabei nicht ihre Richtung).
Beispiel: Kompassnadel eines beliebig kreuzenden Schiffes.
(→Abgleiten, →Rollbewegung, →Rotation)

Translationsbewegung eines Körpers am Beispiel des waagerechten Wurfs

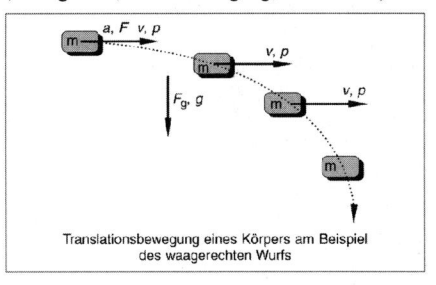

Translationsbewegung (rectilinear motion)
→Translation

Transportarbeit (transportation work)
Arbeit, um eine Last von einem Ort im Raum zu einem anderen zu befördern.
Transportarbeit hängt vom Höhenunterschied zwischen Lade- und Abladepunkt und von der beim Transport zu überwindenden Reibung ab.
(→Arbeit)

Transportleistung
(transportation performance)
Physikalisch der Quotient aus Transportarbeit W_T und dazu aufgewendeter Zeit t_T $(P_T = W_T/t_T)$.
In der Fördertechnik ist meist die Förderleistung gemeint.
(→Förderleistung)

Transportroboter (robocarrier)
Programmierbares, sensorüberwachtes, fahrerloses Gerät, das Transportoperationen automatisch ausführt.
Im Gegensatz zum Fahrerlosen-Transportfahrzeug (FTF) kann er in der Regel Lasten selbständig aufnehmen und wieder ablegen. Transportroboter können spurgebunden (Führung auf Schienen oder Induktionsschleifen) oder sprungebunden operieren. Bei spurlosem Betrieb überwachen Sensorsysteme den Fahrweg. Sie erkennen Hindernisse und lassen den Roboter stoppen oder ausweichen.
(→fahrerloses Transportsystem)

transzendente Funktion
(transcendental function)
Elementare Funktion, die nicht algebraisch ist.
Zu den transzendenten Funktionen gehören zum Beispiel die Exponentialfunktionen, die logarithmischen Funktionen und die trigonometrischen Funktionen.
Beispiele:
$y = e^x$; $y = \sin x$; $y = \ln x$;
$y = (\ln x + \sqrt{\sin x})/(x^2 + 5)$.
(→algebraische Funktion)

transzendente Gleichung
(transcendental equation)
Gleichung, in der die Variable (auch) als Argument einer transzendenten Funktion auftritt.
Beispiele:
$e^x + 2x^2 - 5 = 0$; $2 \cdot 5^x - 3x + \sin x = 0$;
$4 \ln x + \ln(x - 1) = 2$;
$a \cdot \ln x + b \cdot \sin x + c \cdot e^x + d = 0$.
(→algebraische Gleichung, →transzendente Funktion)

transzendente Zahl (transcendental number)
Irrationale Zahl, die nicht algebraisch ist.
Beispiele: π; $\sin 2°$; e^2; $3 - e$.
(→algebraische Zahl, →irrationale Zahl)

Trapez (trapezium)
Viereck, bei dem zwei Seiten zueinander parallel sind.
Die parallelen Seiten heißen Grundlinien, die anderen beiden Seiten Schenkel des Trapezes. Die Mittellinie m ist die Verbindungsstrecke der Mittelpunkte der Schenkel, sie liegt parallel zu den Grundlinien. Die Summe der Winkel an jedem Schenkel beträgt $180°$.
Das Trapez heißt gleichschenklig, wenn die Schenkel gleich lang sind.

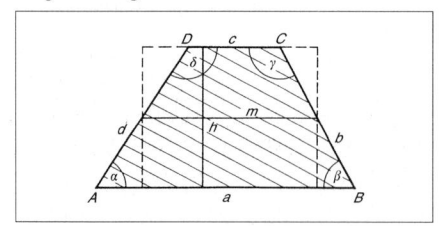

Trapez

Das Trapez mit den Grundlinienlängen a und c und der Höhe h ist flächengleich einem Rechteck mit den Seitenlängen m und h.
Mittellinie: $m = \frac{1}{2}(a+c)$.

Flächeninhalt: $A = mh = \frac{1}{2}(a+c)h$.
(→Viereck)

Traverse (cross-beam; top beam)
Gestellbauteil an Werkzeugmaschinen. Verbindet die Kopfenden zweier Maschinenständer fest miteinander und versteift dadurch das Maschinengestell.
Beispiel: Zweiständer-Hobelmaschine.
(→Gestell)

Treiber (driver)
1. Schaltungen zur Stromverstärkung.
2. Programme zur Ansteuerung von Peripheriebausteinen.
(→Puffer)

Trennen (cutting)
Fertigen eines festen Körpers, wobei der Zusammenhang partiell aufgehoben wird. Die Endform ist stets in der Ausgangsform enthalten. Zu den Trennverfahren gehören:
Zerteilen: Schneidverfahren wie Abschneiden, Einschneiden, Brechen
Abtragen: Ätzen
Zerlegen: Lösen von Presspassungen
Spanen: Drehen, Bohren, Fräsen
(→Schneiden)

Trenntransformator (isolating transformer)
Transformator, dessen Ein- und Ausgangswicklung elektrisch nicht verbunden sind (galvanische Trennung).
Ist Betriebsmittel bei der Schutzmaßnahme „Schutztrennung". Die Ausgangsseite ist nicht geerdet, hat daher gegen Erde keine Potentialdifferenz (keine Spannung). Das Übersetzungsverhältnis beträgt meist 1:1.
DIN VDE 0100 Errichten von Starkstromanlagen.

Trennungsbruch
(separation fracture; rupture)
Sprödbruch, Bruch ohne sichtbare Verformung in der Bruchzone.
Mikroskopisch an Spaltflächen erkennbar, die durch Trennen von Kugelschichten entstehen.

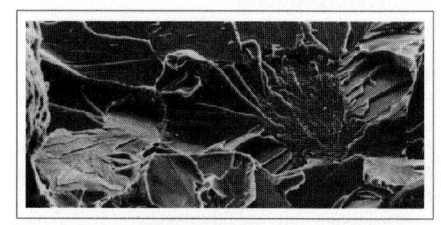

Bruch mit Spaltflächen, REM-Aufnahme

Triac (triac)
Elektronischer Schalter für den Wechselstrombetrieb.
Der Triac besteht aus zwei antiparallel geschalteten Thyristoren, deren Gates zu einem Gate zusammengefasst sind.
Anwendung: Steuerung kleiner bis mittlerer Wechselstromleistungen, z.b. Glühlampen oder Motoren geringerer Leistung.

Tribologie (tribology)
Wissenschaft vom Zusammenwirken von Reibung, Schmierung und Verschleiß.
DIN 50 323 Tribologie, Begriffe.
(→tribotechnisches System)

tribologische Beanspruchung
(tribolic stress)
Beanspruchung der Oberfläche fester Körper durch Kontakt mit festen, flüssigen oder gasförmigen Gegenkörpern unter Relativbewegungen.
Sie führt zu Reibung (Energieverlust) und Verschleiß (Materialverlust), dadurch zu Funktionsstörungen bis zum Ausfall des Bauteils. Zur Analyse dient das tribotechnische System.

tribotechnisches System
(tribologic system)
Das Tribosystem dient zur systematischen Analyse von Verschleißvorgängen.

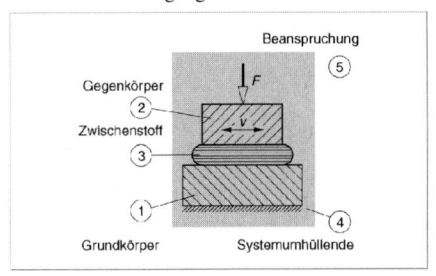

Tribosystem

Es besteht aus drei Systemelementen:
Grundkörper 1 und Gegenkörper(-stoff) 2 sowie dem Zwischenstoff 3 (Schmierstoff, Abrieb).
Umhüllende Stoffe (Gase, Staub) bilden die Systemumhüllende 4.
Beanspruchungskollektiv sind physikalische Größen wie Normalkräfte, Relativgeschwindigkeit und deren zeitlicher Verlauf, Temperatur und Beanspruchungszeit.
Geschlossene Tribosysteme: Wiederholter Kontakt der Partner und beidseitiger Verschleiß.
Beispiele: Lager, Führungen, Zahnradpaarung.
Offene Tribosysteme: Einmaliger Kontakt des Grundkörpers mit dem Gegenkörper, der ständig abgeführt wird.

Beispiele: Werkzeug/Werkstück, Fördergut/Förderband.
DIN 50 320-2 Verschleiß, Begriffe.

Triebwerksgruppe (drive group)
Einstufung von Elektrohebezeugen nach der Schwere der Beanspruchung.
Beispiel: I entspricht einer leichten, seltenen Beanspruchung und V einer schweren, sehr häufigen Beanspruchung.

Triggerung (triggering)
Auslösung eines Vorgangs bei Eintreten eines definierten Zustands.
Beispiele: Spannungswert, Impulsflanke oder das Auftreten einer Adresse.

Trigonometrie (trigonometry)
Lehre von der Dreiecksberechnung mit Hilfe von Winkelfunktionen (trigonometrischen Funktionen). Trigonometrie bedeutet Dreiecksmessung (griechisch).
(→trigonometrische Funktionen)

trigonometrische (goniometrische) Form der komplexen Zahlen
(trigonometric form of complex numbers; polar form of complex numbers)
Darstellung einer komplexen Zahl z in der Form $z = r(\cos\varphi + j\sin\varphi)$.
r heißt Modul oder Absolutbetrag (also $r = |z|$),
φ Argument der komplexen Zahl z. Der (orientierte) Winkel φ wird im Bogenmaß gemessen und ist nur bis auf Vielfache von 2π bestimmt. Deshalb wählt man meist für φ das halboffene Intervall $[0, 2\pi)$, also $0 \le \varphi < 2\pi$.
Für $\varphi = 0$ ergeben sich die positiven reellen Zahlen, für $\varphi = \pi$ die negativen reellen Zahlen, für $\varphi = \pi/2$ die positiven imaginären Zahlen und für $\varphi = (3/2)\pi$ die negativen imaginären Zahlen.
Neben der trigonometrischen Form gibt es die algebraische Form und die Exponentialform der komplexen Zahlen.
Für die Darstellung der komplexen Zahlen in der Ebene werden für die trigonometrische Form Polarkoordinaten, für die algebraische Form kartesische Koordinaten verwendet.
Für den Zusammenhang zwischen algebraischer und trigonometrischer Form gilt:
$r = \sqrt{a^2 + b^2}$, $\tan\varphi = b/a$;
$a = r\cos\varphi$, $b = r\sin\varphi$.
Derselbe Zusammenhang gilt für die kartesischen Koordinaten und die Polarkoordinaten eines Punktes in der Ebene.
Multiplizieren, Dividieren, Potenzieren und Radizieren komplexer Zahlen lassen sich in der trigonometrischen Form einfacher durchführen. Es gilt:

$$z_1 \cdot z_2 = r_1(\cos\varphi_1 + j\sin\varphi_1) \cdot r_2(\cos\varphi_2 + j\sin\varphi_2)$$
$$= r_1 r_2 [\cos(\varphi_1 + \varphi_2) + j\sin(\varphi_1 + \varphi_2)]$$
$$\frac{z_1}{z_2} = \frac{r_1(\cos\varphi_1 + j\sin\varphi_1)}{r_2(\cos\varphi_2 + j\sin\varphi_2)} =$$
$$= \frac{r_1}{r_1} = [\cos(\varphi_1 - \varphi_1) + j\sin(\varphi_1 - \varphi_1)]$$
$$z^n = [r(\cos\varphi + j\sin\varphi)]^n =$$
$$= r^n(\cos n\varphi + j\sin n\varphi)$$
(Formel von Moivre),
$$\sqrt[n]{z} = \sqrt[n]{r(\cos\varphi + j\sin\varphi)} =$$
$$= \sqrt[n]{r}\left(\cos\frac{\varphi}{n} + j\sin\frac{\varphi}{n}\right) \quad (n \in \mathbb{N}*).$$

Die n-te Wurzel aus z ist nicht eindeutig. Die obige Wurzel ist der sogenannte Hauptwert. Man erhält n verschiedene Lösungen $w_1, w_2, ..., w_n$ der Gleichung $w^n = z$, die n-ten Wurzeln aus z:

$$w_k = \sqrt[n]{r}\,(\cos[(\varphi + 2(k-1)\pi)/n] +$$
$$+ j\sin[(\varphi + 2(k-1)\pi)/n]),$$
$$k = 1, 2, ..., n.$$

Für $k = 1$ ergibt sich der Hauptwert. Die n-ten Wurzeln aus $z = 1$ sind die so genannten n-ten Einheitswurzeln.
Geometrisch interpretiert sind die n-ten Wurzeln w_k, $k = 1, 2, ..., n$ die Eckpunkte eines regelmäßigen n-Ecks mit dem Mittelpunkt im Koordinatenursprung.

Beispiel für eine komplexe Zahl in verschiedenen Formen:
$$z = 2(\cos(\pi/3) + j\sin(\pi/3))$$
(trigonometrische Form)
$$= 2(1/2 + (\sqrt{3}/2)j) = 1 + \sqrt{3}j$$
(algebraische Form)
$$= 2e^{j\pi/3}$$
(Exponentialform)

Beispiele zum Rechnen mit komplexen Zahlen in trigonometrischer Form:
$$z_1 \cdot z_2 = 5(\cos 30° + j\sin 30°) \cdot$$
$$\cdot 13(\cos 60° + j\sin 60°)$$
$$= 65(\cos 90° + j\sin 90°) = 65j,$$
$$= \frac{5}{13}[\cos(-30°) + j\sin(-30°)] =$$
$$= \frac{5}{13}\cos 30° - j\sin 30° =$$
$$= \frac{5}{13}\left(\frac{1}{2}\sqrt{3} - \frac{1}{2}j\right) =$$
$$= \frac{5}{26}\sqrt{3} - \frac{5}{26}j,$$

$$z_1^4 = [5(\cos 30° + j\sin 30°)]^4 =$$
$$= 5^4(\cos 120° + j\sin 120°) =$$
$$= 5^4(-\sin 30° + j\cos 30°) =$$
$$= 5^4\left(-\frac{1}{2} + \frac{1}{2}\sqrt{3}j\right) =$$
$$= -\frac{625}{2} + \frac{625 \cdot \sqrt{3}}{2}j,$$
$$\sqrt{z_2} = \sqrt{13}(\cos 60° + j\sin 60°) =$$
$$= \sqrt{13}(\cos 30° + j\sin 30°) =$$
$$= \sqrt{13}\left(\frac{1}{2}\sqrt{3} + \frac{1}{2}j\right) =$$
$$= \frac{\sqrt{39}}{2} + \frac{\sqrt{13}}{2}j \quad \text{(Hauptwert).}$$

(→algebraische Form der komplexen Zahlen, →Exponentialform der komplexen Zahlen, →komplexe Zahl, →Koordinatensystem, →n-te Einheitswurzeln)

trigonometrische Funktionen
(trigonometric functions)
Verhältnisse der Seiten eines rechtwinkligen Dreiecks:

Sinus: $\quad \sin\alpha = \dfrac{a}{c} = \dfrac{\text{Gegenkathete}}{\text{Hypotenuse}}$,

Kosinus: $\quad \cos\alpha = \dfrac{b}{c} = \dfrac{\text{Ankathete}}{\text{Hypotenuse}}$,

Tangens: $\quad \tan\alpha = \dfrac{a}{b} = \dfrac{\text{Gegenkathete}}{\text{Ankathete}}$,

Kotangens: $\cot\alpha = \dfrac{b}{a} = \dfrac{\text{Ankathete}}{\text{Gegenkathete}}$.

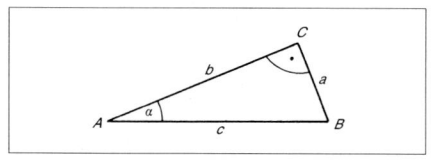

$\sin\alpha = \frac{a}{c}$, $\cos\alpha = \frac{b}{c}$, $\tan\alpha = \frac{a}{b}$, $\cot\alpha = \frac{b}{a}$

Die trigonometrischen Funktionen werden auch Winkelfunktionen oder Kreisfunktionen oder goniometrische Funktionen genannt.
Trigonometrische Funktionen der Komplementwinkel:
$\sin(90° - \alpha) = \cos\alpha$,
$\cos(90° - \alpha) = \sin\alpha$,
$\tan(90° - \alpha) = \cot\alpha$,
$\cot(90° - \alpha) = \tan\alpha$.

Die Definition der trigonometrischen Funktionen eines Winkels α im rechtwinkligen Dreieck ist nur für spitze Winkel möglich (also $0° < \alpha < 90°$).

trigonometrische Funktionen

Am Einheitskreis (Radius $r = 1$) lassen sich die trigonometrischen Funktionen für beliebige Winkel definieren:
Ein beliebiger Punkt $P = P(x|y)$ auf dem Einheitskreis mit Mittelpunkt im Koordinatenursprung O legt den Winkel α fest. Dabei wird α in mathematisch positiver Richtung (linksdrehend) gemessen. Mit den vorzeichenbehafteten Koordinaten x und y des Punktes P werden die trigonometrischen Funktionen definiert:
Sinus: $\quad\sin\alpha = y$, Kosinus: $\quad\cos\alpha = x$,
Tangens: $\tan\alpha = y/x$, Kotangens: $\cot\alpha = x/y$.
Der Abschnitt des Einheitskreises zwischen der x-Achse und dem Punkt P ist das Bogenmaß b des Winkels α.

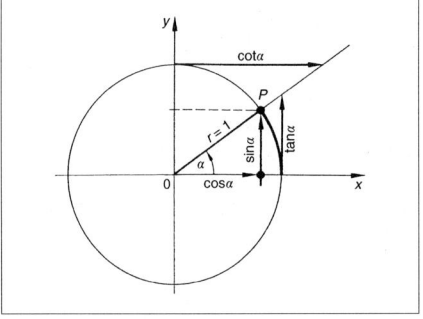

Durchläuft P den Einheitskreis im mathematisch positiven Drehsinn, dann sind α und b positiv. Durchläuft P den Einheitskreis jedoch im mathematisch negativen Drehsinn, dann sind α und b negativ.
Im Einheitskreis sind damit die trigonometrischen Funktionen für beliebige Winkel α definiert, für die die entsprechenden Nenner nicht verschwinden. Bei der Berechnung von Funktionswerten muss beachtet werden, ob das Argument im Gradmaß oder im Bogenmaß angegeben ist.

Vorzeichen der trigonometrischen Funktionen:

Quadrant	sin	cos	tan	cot
I	+	+	+	+
II	+	−	−	−
III	−	−	+	+
IV	−	+	−	−

Definition der trigonometrischen Funktionen für beliebige Winkel

(→Additionstheoreme für die trigonometrischen Funktionen, →Beziehungen zwischen den trigonometrischen Funktionen für den gleichen Winkel, →Kosinusfunktion, →Kotangensfunktion, →Reduktionsformeln für die trigonometrischen Funktionen, →Sinusfunktion, →Tangensfunktion)

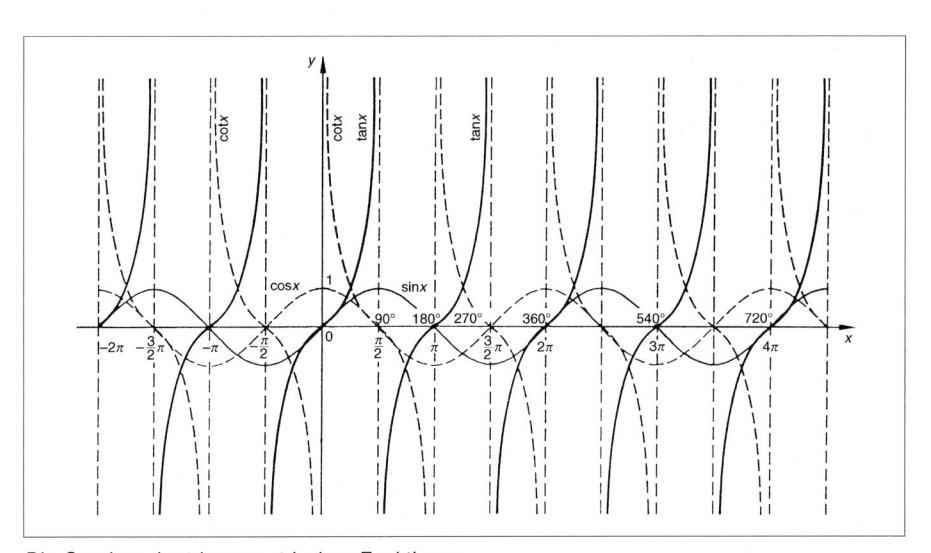

Die Graphen der trigonometrischen Funktionen

trigonometrische Gleichung (trigonometric equation)

Gleichung, in der die Variable (auch) im Argument einer trigonometrischen Funktion auftritt.
Trigonometrische Gleichungen heißen auch goniometrische Gleichungen.
Trigonometrische Gleichungen sind transzendente Gleichungen. Sie lassen sich nur in Spezialfällen rechnerisch exakt lösen. Es existieren jedoch Näherungsverfahren, mit deren Hilfe sich die Lösungen mit beliebiger Genauigkeit angeben lassen (zum Beispiel Newtonsches Verfahren oder Regula falsi).
Tritt in der Gleichung nur eine trigonometrische Funktion auf, so erhält man mit den Arkusfunktionen die Lösungen.
Die Lösungen können im Gradmaß oder im Bogenmaß angegeben werden.
Die Probe durch Einsetzen der gefundenen Werte ist wichtig, weil beim Lösen in der Regel auch nichtäquivalente Umformungen vorgenommen werden.
Im allgemeinen sind trigonometrische Gleichungen nicht eindeutig lösbar.
Beispiel: $\sin^2 x - 1 = -0,5$
Man berechnet:
$\sin^2 x = 1/2 \Rightarrow \sin x = \pm \sqrt{1/2} = \pm \sqrt{2}/2$
$\Rightarrow x = \arcsin(\pm \sqrt{2}/2) = \pm 45°$.
Wegen $\sin x = \sin(180° - x)$ und $\sin x = \sin(x + k \cdot 360°)$ ergibt sich als Lösungsmenge der trigonometrischen Gleichung (im Gradmaß):
$L = \{x \mid x = 45° + k \cdot 180°, k \in \mathbb{Z}\}$.
Die Probe in der Ausgangsgleichung bestätigt diese Werte.
(→äquivalente Umformung, →trigonometrische Funktionen)

Tripelpunkt (triple point)

Spezielle Druck-Temperatur-Kombination, an dem die drei Aggregatzustände fest, flüssig und gasförmig nebeneinander existieren können.
Beispiel: Der Tripelpunkt für CO_2 liegt bei $-56,57\,°C$ und $510\,kPa$.
(→Normzustand)

Tristate (tristate)

Elektronische Schaltung, die zusätzlich zu den Ausgangspegeln „L" und „H" einen hochohmigen (passiven) Ausgangspegel „Z" annehmen kann.
Dieser wird durch einen Steuereingang ein- und ausgeschaltet.
Beispiel: Anschluss von Baugruppen an den Datenbus eines Mikroprozessorsystems (µP-Systems).

Trockenreibung (dry friction)

→Festkörperreibung

Trockensumpfschmierung (dry-sump lubrication)

Bauart der Motorschmierung bei Viertaktmotoren.
Das Motoröl befindet sich in einem Öltank außerhalb der Ölwanne. Durch eine Rückförderpumpe wird Öl aus der Ölwanne in den Tank gefördert. Die Ölpumpe saugt aus dem Behälter an und arbeitet wie bei der Druckumlaufschmierung. Anwendung bei einigen Sportwagen, Krafträdern und Geländefahrzeugen, um bei schnellen Kurvenfahrten oder starken Schräglagen des Motors sichere Schmierung zu gewährleisten.
(→Druckumlaufschmierung, →Motorschmierung)

Trojanisches Pferd (trojan horse)

Kein Virus im engen Sinn, da das Programm dem Nutzer nicht verborgen wird.
Es bleibt in der Vielfalt der Dateien unentdeckt und besitzt eine den Nutzer schädigende Eigenschaft.
(→Antivirenprogramme, →Computervirus)

Trommelbremse (drum brake)

Bremse in Fahrzeugbau und Fördertechnik, bei der das Reibmoment durch Bremsbacken auf einer zylinderförmigen Außen- oder Innenfläche (Trommel) aufgebracht wird.
DIN 15 431 Bremstrommeln, Hauptmaße.
(→Doppelbackenbremse)

Trommelrevolver (drum-type turret; drum turret)

Oberteil des Werkzeugträgers einer Revolverdrehmaschine.
Um eine waagerechte Achse schwenkbare runde Scheibe. Nimmt auf ihrer Stirnfläche in Bohrungen mehrere Werkzeuge auf, die für die Bearbeitung eines Werkstücks in einer Aufspannung benötigt und nacheinander in Arbeitsposition geschwenkt werden. Die Schwenkachse liegt parallel zur Werkstückachse.
(→Sternrevolver)

Trommelturbinen (drum turbines)

→Dampfturbinen, →Parsons-Turbine

Trum (strand side)

→Lasttrum

TTL (**T**ransistor-**T**ransistor-**L**ogic)
Logikfamilie aus integrierten bipolaren Transistoren, deren Kennzeichen der Multi-Emitter-Transistor im Eingang ist.
(→Multi-Emitter)

Turbinenleistung P (power output of a turbine)
→Innenleistung, →Effektivleistung

Turbolader (turbocharger)
→Abgasturbolader, →Aufladung

Turboverdichter (turbocompressors)
Verdichter-Bauart für große Fördermengen, nicht für hohe Drücke. Aufbau ähnlich wie Kreiselpumpen. Nach der Hauptströmungsrichtung durch das Laufrad unterscheidet man Axialverdichter und Radialverdichter. Bei mehrstufiger Ausführung Zwischenkühlung erforderlich.
(→Verdichter)

Turbulenzverstärker (pneumatic amplifier)
→Pneumistor

Typisierung (standardize)
Planmäßige Standardisierung und Vereinheitlichung im Zusammenhang mit der Produktgestaltung, die im Gegensatz zur Normung unternehmungsindividuell vorgenommen wird.
(→Normung)

U

U-Rohr (U-tube)
→absoluter Druck

U-Rohrmanometer (U-tube manometer)
→absoluter Druck

UD-Verstärkung
(unidirectional reinforcement)
Faserverbunde mit paralleler Lage der Fasern (unidirektional), dadurch anisotropes Verhalten des Verbundes.

Überalterung (overaging)
Erscheinung bei warmausgelagerten Legierungen. Beim Überschreiten der richtigen Auslagerungszeit wachsen Abstand und Größe der Ausscheidungspartikel, und die Festigkeit sinkt wieder ab, weil eine Verformung über die größeren Zwischenräume verlaufen kann.
(→Warmauslagern)

Überdeckungsfaktor (engagement factor)
→Geradstirnräder

Überdruck p_e (excess pressure)
Differenz zwischen absolutem Druck p_{abs} und Umgebungsdruck p_{amb} (Bezugsdruck).
Der Überdruck p_e in Pa (1 Pa = 1 N/m² = 10^{-5} bar) wird mit offenen Manometern gemessen. Aus Überdruck p_e und Umgebungsdruck p_{amb} wird der absolute Druck p_{abs} berechnet:
$p_{abs} = p_e + p_{amb}$. Der Überdruck kann positiv, null oder negativ sein:
$p_{abs} > p_{amb} \Rightarrow p_e > 0$ (positiv),
$p_{abs} = p_{amb} \Rightarrow p_e = 0$,
$p_{abs} < p_{amb} \Rightarrow p_e < 0$ (negativ).
Bei negativem Überdruck liegt ein Vakuum mit unterschiedlichem Prozentwert vor. Ein Vakuum von 100% entspricht $p_e = -p_{amb}$ und damit $p_{abs} = 0$.

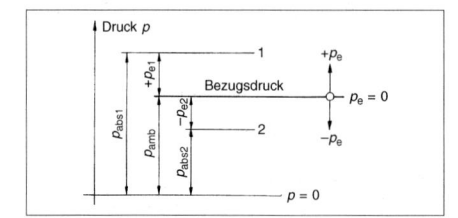

Druckgrößen

Übergangsdrehzahl (changeover speed)
→Gleitlager

Übergangstemperatur
(transition temperature)
Kenngröße für die Kaltzähigkeit von nichtaustenitischen Stählen.
Gibt die Lage des Steilabfalls der Kerbschlagarbeit-Temperatur-Kurve an. Bei grobkörnigem oder gealtertem Gefüge wird sie zu höheren Temperaturen verschoben (Sprödbruchgefahr bei tiefen Temperaturen).

Übergangstoleranzfeld
(changeover tolerance)
Höchstpassung positiv, Mindestpassung negativ.
(→Passungen)

Überhitzer (superheater)
Baugruppe im Dampferzeuger, die Sattdampf zu Heißdampf (überhitzter Dampf) erwärmt.
Die Überhitzung erfolgt in Heizflächen, die dem Verdampfer nachgeschaltet sind. Sie bestehen aus Gruppen paralleler Rohrschlangen und kühlen zusätzlich die Kesselwände. Je nach Feuerungsart werden sie mit Berührungs- oder Strahlungsheizung versehen.
(→Dampferzeuger)

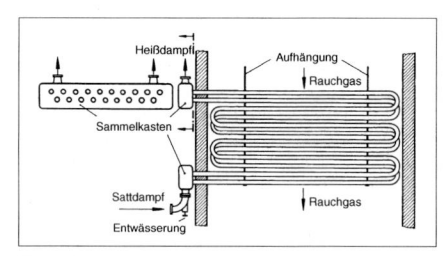

Dampfüberhitzer

Überkohlung (overcarbonization)
Behandlungsfehler beim Aufkohlen, wenn die Randzone über 0,7% C enthält.
Beim Härten entsteht dadurch Restaustenit und geringere Härte des martensitischen Gefüges.

Überlagerungsprinzip
(superposition principle)
Häufig angewendetes Verfahren zur Analyse und Ermittlung resultierender Wirkungen bei zusammengesetzten Vorgängen oder Zuständen (Superpositionsverfahren).

Beispiel 1, Überlagerung von skalaren Größen:
Ist die Durchbiegung eines Biegeträgers unter der

Belastung mehrerer Einzelkräfte zu berechnen, ermittelt man die Durchbiegung durch jede Einzellast und addiert die ermittelten Beträge zur resultierenden Gesamtdurchbiegung.
Beispiel 2, Überlagerung von vektoriellen Größen: Ist die Momentangeschwindigkeit v eines Körpers beim schrägen Wurf zu berechnen, ermittelt man die Geschwindigkeit des Körpers in waagerechter Wurfrichtung v_x und in senkrechter Richtung v_y und addiert beide geometrisch zur resultierenden Geschwindigkeit v.
($\rightarrow$ geometrische Addition)

Übermaßtoleranzfeld (negative allowance)
Höchstpassung höchstens Null, Mindestpassung negativ.
($\rightarrow$ Passungen)

Überschwingweite (transient overshoot)
Größte vorübergehende Regelabweichung beim Einschwingvorgang.

Übersetzung i (transmission)
Quotient (Verhältnis) von Antriebsdrehzahl n_{an} eines Getriebes zur Abtriebsdrehzahl n_{ab} (Übersetzungsverhältnis): $i = n_{an}/n_{ab} = \omega_{an}/\omega_{ab}$ (ω = Winkelgeschwindigkeit).
Hat ein Getriebe (z.B. Zahnradgetriebe) mehrere hintereinander geschaltete Räderpaare (Mehrfachübersetzung) mit den Einzelübersetzungen $i_1, i_2, i_3 \ldots$, dann ist die Gesamtübersetzung i_{ges} das Produkt der Einzelübersetzungen
$i_{ges} = n_{an}/n_{ab} = i_1 \cdot i_2 \cdot i_3 \cdot \ldots \cdot i_n$.
Außer durch die Drehzahlen n oder Winkelgeschwindigkeiten ω kann i auch durch die sog. Baugrößen eines Getriebes berechnet werden (Durchmesser d der Riemenscheiben, Zähnezahlen z und Teilkreisdurchmesser d der Zahnräder). Mit $n_{an} = n_1$ und $n_{ab} = n_2$ ist dann $i = n_1/n_2 = \omega_1/\omega_2 = d_2/d_1 = z_2/z_1$:
Die Drehzahlen n (Winkelgeschwindigkeiten ω) eines Getriebes verhalten sich umgekehrt wie die Baugrößen.

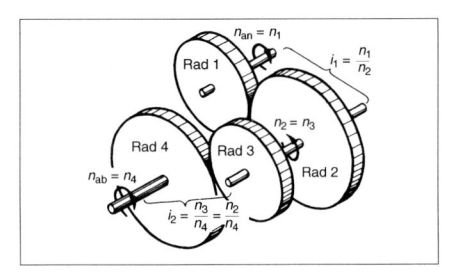

Mehrfachübersetzung mit Zahnrädern

überstumpfer Winkel (convex angle)
Ein Winkel α, der größer als ein gestreckter Winkel ist: $\alpha > 180°$.
($\rightarrow$ Winkel)

Übertrager (linear transformer)
Transformator in elektronischen Schaltungen zur Anpassung von Lastwiderständen an den Ausgangswiderstand der Schaltung.

Ultraschall-Prüfung (ultrasonic testing)
Zerstörungsfreie Prüfung auf innere Risse, Lunker, Doppelungen und an Schweißnähten sowie Wanddickenmessungen.
Schallwellen von $0{,}5 \ldots 15$ MHz, die von einem Sender (Prüfkopf) ausgehend das Bauteil durchdringen, werden an äußeren und inneren Oberflächen reflektiert.
Gefügeunterschiede können Scheinanzeigen verursachen.
($\rightarrow$ Impuls-Echo-Verfahren)

Ultraschallschweißen (supersonic welding)
Stoßflächen werden durch mechanische Schwingungen im Ultraschallbereich mit oder ohne gleichzeitige Wärmezufuhr durch Reibung und Druck miteinander verbunden. Die Schwingungen ermöglichen auch ein Aufreißen von Oberflächen-Oxidschichten. Anwendungsbereiche sind das Verbinden von NE-Metallen, z.B. Al mit Cu, Al mit Au oder Al mit Glas, und die Herstellung elektrischer Anschlüsse in der Halbleiter-Technologie.
($\rightarrow$ Schweißen)

Umfangsfräsen (peripheral milling)
Spanende Fräsbearbeitung von Werkstücken, bei der die entstehende Werkstückoberfläche durch die am Umfang des Fräswerkzeugs angeordneten Hauptschneiden erzeugt wird.
($\rightarrow$ Stirnfräsen)

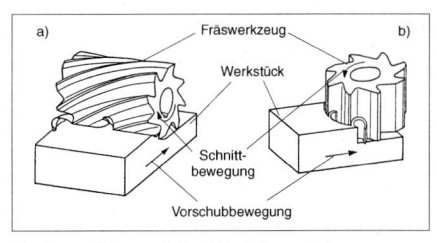

Umfangsfräsen (a), Stirnfräsen (b)

Umfangsgeschwindigkeit v_u
(circumferential speed; tangential speed)
Geschwindigkeit eines Punktes am Umfang eines rotierenden Bauteils (Rad, Schleifscheibe, Fräser, Bohrer, Lagerzapfen): $v_u = \pi d n$ in m/s, mit Durchmesser d in m, Drehzahl n in s^{-1}.

Umfangswinkel

Für Rechnungen an Werkzeugmaschinen mit umlaufendem Werkstück oder Werkzeug wird die Umfangsgeschwindigkeit als Schnittgeschwindigkeit v_c bezeichnet. Man rechnet meist mit Zahlenwertgleichungen. Für Drehmaschinen, Fräsmaschinen usw: $v_c = \pi d n/1000$ in m/min; für Schleifscheiben: $v_c = \pi d n/60000$ in m/s, mit d in mm und n in $\min^{-1}$.

Umfangswinkel (angle at the circumference)
Ein Winkel, dessen Scheitelpunkt ein Punkt eines Kreises (Kreisrands) ist und dessen Schenkel Sekanten des Kreises sind.
Umfangswinkel ist ein anderer Name für Peripheriewinkel.
($\rightarrow$Peripheriewinkel)

Umformen (transforming the shape of a body)
Fertigen eines festen Körpers durch bildsames (plastisches) Formen im festen Zustand. Masse und Volumen bleiben dabei konstant. Umformverfahren werden nach der in der Umformzone hauptsächlich auftretenden Beanspruchungsart eingeteilt:
Druckumformen: Flachwalzen; Gewindewalzen; Schmieden (Stauchen, Recken); Gesenkformen (Formpressen, Nachschlagen); Strangpressen; Fließpressen.
Zugdruckumformen: Drahtzug; Abstreckziehen; Tiefziehen; Reckziehen; Drücken; Durchziehen.
Zugumformen: Streckrichten; Weiten; Tiefen (Streckziehen, Sicken).
Biegeumformen: Freibiegen; Gesenkbiegen. Schwenkbiegen; Rollbiegen; Walzbiegen.
Schubumformen: Verschieben; Verdrehen oder Schränken.
DIN 8582 Fertigungsverfahren Umformen; DIN 8583 T1 bis T6 Fertigungsverfahren Druckumformen; DIN 8584 T1 bis T6 Fertigungsverfahren Zugdruckumformen; DIN 8585 T1 bis T4 Fertigungsverfahren Zugumformen; DIN 8586 Fertigungsverfahren Biegeumformen; DIN 8587 Fertigungsverfahren Schubumformen
($\rightarrow$Biegen, $\rightarrow$Schmieden, $\rightarrow$Tiefziehen)

Umformgrad (degree of change in shape)
$\rightarrow$Formänderungsfestigkeit

Umgebungsdruck (atmospheric pressure)
Absoluter Bezugsdruck für den mit Manometern gemessenen Überdruck.
Der Umgebungsdruck p_{amb} in Pa (1 Pa = 1 N/m²) ist meist der veränderliche atmosphärische Luftdruck (Atmosphärendruck). Er wird mit Barometern gemessen und zahlenmäßig in mbar (Millibar) oder hPa (Hektopascal) angegeben (1 mbar = 1 hPa). Der atmosphärische Luftdruck entsteht aus der Anziehung der Lufthülle durch die Erde (Eigengewicht) und beträgt im Mittel 1,033 bar = 1033 mbar = 1033 hPa (Meereshöhe, 45. Breitengrad, 0 °C).
($\rightarrow$Überdruck)

Umkehr der Drehrichtung
(reversal of the sense of rotation)
Vertauschen zweier Außenleiter bei Drehstrom-Asynchronmotoren.
Bei Spaltpolmotoren ist die Drehrichtung elektrisch nicht beeinflussbar.
Bei Universalmotoren (Einphasenwechselstrommotor) und Gleichstrommotoren wird die Stromrichtung entweder im Anker oder in der Erregerwicklung geändert.
Bei Einphasen-Asynchronmotoren ist die Stromrichtung in der Haupt- oder Hilfswicklung zu ändern.
($\rightarrow$Gleichstrommotor)

umkehrbare Zustandsänderung
(reversibile change of state)
Zustandsänderung (z.B. Expansion eines Gases von 1 nach 2), die bei anschließender Umkehrung (Reversion, z.B. Kompression von 2 nach 1) im p,V-Diagramm einem deckungsgleichen Kurvenverlauf folgt, damit zu jedem Zeitpunkt gleiche Werte von Druck p, Volumen V und Temperatur T aufweist und am Ende der Kompression wieder den ursprünglichen Ausgangszustand 1 erreicht.
Umkehrbare (reversible) Zustandsänderungen sind wärmetechnisch nicht durchführbar. Unvermeidbare Energieverluste durch Wärmeübertragung und Reibung machen einen deckungsgleichen Kurvenverlauf im p,V-Diagramn unmöglich.
Praktische Zustandsänderungen sind nie verlustfrei und daher auch nicht umkehrbar (irreversibel).

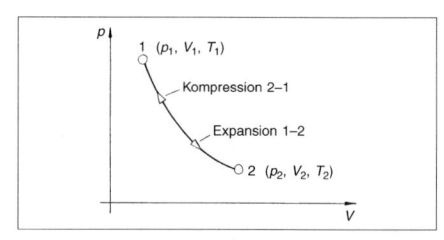

Umkehrbare Zustandsänderung im p,V-Diagramm

Umkehrfunktion (inverse function)
Die Funktion, die durch Vertauschen von x und y aus einer bijektiven Funktion entsteht.
Bei einer bijektiven Funktion $y = f(x), f : D \rightarrow W$ ist jedes Element $y \in W$ Bild von genau einem Element $x \in D$. Man kann eine neue Funktion definieren, die jedem $y \in W$ als Bild gerade das $x \in D$ zuordnet, das Urbild von y ist.

Diese Funktion leistet das Umgekehrte wie f, ihr Definitionsbereich ist W, und ihr Wertebereich ist D. Man nennt diese Funktion daher die Umkehrfunktion oder inverse Funktion von f und bezeichnet sie mit f^{-1}:
$y = f^{-1}(x)$, $f^{-1}: W \to D$.
Bestimmung der Umkehrfunktion:
Auflösen von $y = f(x)$ nach x: $x = f^{-1}(y)$,
Vertauschen von x und y: $y = f^{-1}(x)$.
Diesen Operationen entspricht die Spiegelung des Graphen der Funktion an der Winkelhalbierenden $y = x$.
Beispiele:
1. Funktion:
$y = f(x) = x^2$, $D = W = \{x \mid x \in \mathbb{R}, x \geq 0\}$,
Umkehrfunktion:
$y = f^{-1}(x) = \sqrt{x}$, $D = W = \{x \mid x \in \mathbb{R}, x \geq 0\}$.

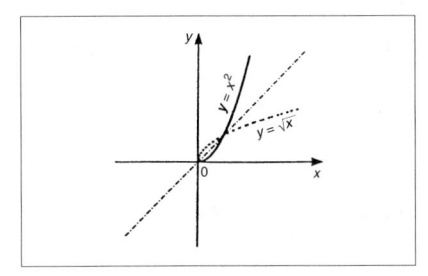

Graphen der Funktionen von Beispiel 1

2. Funktion:
$y = f(x) = e^x$, $D = \mathbb{R}$, $W = \mathbb{R}^+$,
Umkehrfunktion:
$y = f^{-1}(x) = \ln x$, $D = \mathbb{R}^+$, $W = \mathbb{R}$.

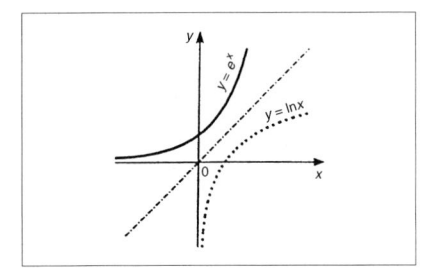

Graphen der Funktionen von Beispiel 2

3. Funktion:
$y = f(x) = \sin x$, $D = [-\pi/2, \pi/2]$, $W = [-1, 1]$,
Umkehrfunktion:
$y = f^{-1}(x) = \arcsin x$,
$D = [-1, 1]$, $W = [-\pi/2, \pi/2]$.
(→bijektive Funktion, →Funktion)

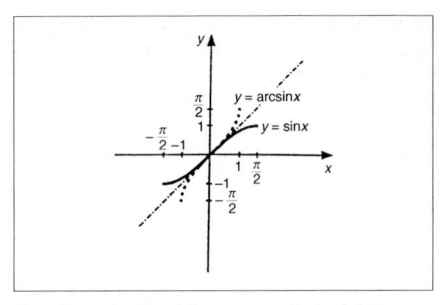

Graphen der Funktionen von Beispiel 3

Umkreis (circumcircle)
Der einem Dreieck umbeschriebene Kreis.
Der Umkreis ist der Kreis durch die drei Eckpunkte des Dreiecks.
Der Mittelpunkt M des Umkreises ist der gemeinsame Schnittpunkt der drei Mittelsenkrechten des Dreiecks. Bei spitzwinkligen Dreiecken liegt M innerhalb des Dreiecks, bei stumpfwinkligen Dreiecken außerhalb und bei rechtwinkligen Dreiecken auf dem Rand (Mittelpunkt der Hypotenuse) des Dreiecks.
Für den Radius r des Umkreises gilt:
$r = a/(2 \sin \alpha) = b/(2 \sin \beta) = c/(2 \sin \gamma)$,
$r = b\,c/(2\,h_a) = a\,c/(2 h_b) = a\,b/(2\,h_c)$,
$r = a\,b\,c/(4\sqrt{s(s-a)(s-b)(s-c)})$
(a, b, c Dreiecksseiten, h_a, h_b, h_c Höhen, α, β, γ Innenwinkel, $s = (a+b+c)/2$ halber Umfang des Dreiecks).
(→Inkreis, →Kreis)

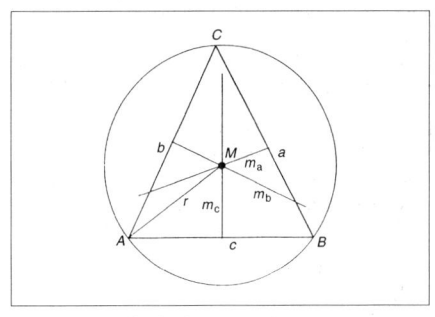

Dreieck mit Umkreis

Umrichter (converter)
Elektronisches Betriebsmittel zum Umformen von Ein- oder mehrphasigem Wechselstrom in Wechselstrom einer anderen Frequenz oder Phasenzahl. Umrichter bestehen aus Gleichrichtern und Wechselrichtern.
(→Frequenzwandler)

Umsatz (turnover)
Summe der in einer Periode verkauften, mit ihren jeweiligen Verkaufspreisen bewerteten Leistungen, auch als Erlös bezeichnet.

Umschalt-Taste (shift key)
Dient der Umschaltung zwischen Klein- und Großbuchstaben auf einer Computertastatur.

Symbol auf der Taste: ⇧

Umschmelzhärten (remelt hardening)
Randschichthärten durch Umwandlung von graphitisch erstarrtem Gusseisen in Hartguss mit ca. 60 HRC.
Dazu wird eine dünne Randschicht durch Laser- bzw. Elektronenstrahl oder Lichtbogen sehr schnell aufgeschmolzen, die durch die schnelle Wärmeabfuhr ins Innere sofort weiß kristallisiert (Selbstabschreckung).
Anwendung: Nockenwellen und nachfolgende Teile.
(→Wanddickenempfindlichkeit)

Umschmelzverfahren
(refining process; refining treatment)
Veredlungverfahren für Stahl, Ni- und Co-Legierungen durch elektrisches Niederschmelzen von bereits fertigem Werkstoff (als Abtropfelektrode) in Vakuum oder unter Schlackendecke (ESU, Elektro-Schlacke-Umschmelzen).
Der in einer gekühltem Kupferkokille neu aufgewachsene Block ist seigerungsfrei und hat geringste Gehalte an Gasen und nichtmetallischen Teilchen. Dadurch sind Längs- und Quereigenschaften der daraus geformten Teile fast gleich.
Anwendung bei höchsten Ansprüchen an Sprödbruchsicherheit (Flugzeugfahrwerke) oder Oberflächengüte (Polierwalzen, Wälzlager, Druckgussformen).

Umwandlungsspannungen
(transformation stress)
Eigenspannungen in gehärteten Teilen infolge der Volumenzunahme bei der Martensitumwandlung. Sie überlagern sich den Wärmespannungen.

Unbekannte (unknown quantity)
Anderer Name für die Variable einer Bestimmungsgleichung.
(→Bestimmungsgleichung)

unbelasteter Spannungsteiler
(unloaded voltage divider)
→Spannungsteiler

unbestimmte Ausdrücke
(indeterminate forms)
Symbolische Ausdrücke der Form $0/0$, ∞/∞, $0 \cdot \infty$, $\infty \cdot 0$, $\infty - \infty$, $-\infty+\infty$, 0^0, ∞^0, 1^∞.
Solche Ausdrücke ergeben sich bei bestimmten Grenzwertaufgaben. Sind zum Beispiel $f(x)$ und $g(x)$ zwei Funktionen mit $f(a) = g(a) = 0$, so ist ihr Quotient $f(x)/g(x)$ an der Stelle $x = a$ nicht definiert. Formales Einsetzen von $x = a$ führt auf den unbestimmten Ausdruck „$0/0$". Damit soll ausgedrückt werden, dass der Grenzwert $\lim_{x \to a} (f(x)/g(x))$ zu berechnen ist, der das Verhalten des Quotienten in der Nähe der kritischen Stelle $x = a$ beschreibt (falls er existiert).
Beispiel: $\lim_{x \to \infty} [(3x^2 - x - 1)/(4x^2 + 3)] =$ Unbestimmter Ausdruck der Form „∞/∞".
Durch Kürzen des Bruches durch x^2 $(x \neq 0)$ ergibt sich
$$\lim_{x \to \infty} \frac{3x_2 - x - 1}{4x^2 + 3} = \lim_{x \to \infty} \frac{3 - 1/x - 1/x^2}{4 + 3/x^2} = \frac{3}{4}.$$
Der Grenzwert existiert also und ist gleich 3/4.
(→Grenzwert einer Funktion)

Unbestimmte Integrale einiger algebraischer Funktionen
(indefinite integrals of some algebraic functions)
1. Rationale Funktionen:
$\int a \, dx = ax + C$
$\int x \, dx = (1/2)x^2 + C$
$\int x^n \, dx = x^{n+1}/(n+1) + C$
$\int (a_n x^n + a_{n-1} x^{n-1} + ... + a_1 x + a_0) \, dx =$
$= [a_n/(n+1)] x^{n+1} + (a_{n-1}/n) x^n + ... +$
$+ (a_1/2) x^2 + a_0 x + C$
$\int (1/x) \, dx = \ln |x| + C$
$\int (1/x^n) \, dx = -[1/(n-1)](1/x^{n-1}) + C$
$(n \neq 1)$
$\int (x^m/x^n) \, dx = [1/(m-n+1)](x^{m+1}/x^n) + C$
$(n \neq m+1)$
2. Irrationale Funktionen:
$\int \sqrt{x} \, dx = (2/3) x^{3/2} + C$
$\int \sqrt[n]{x} \, dx = [n/(n+1)] \sqrt[n]{x^{n+1}} + C$
$\int (\sqrt[m]{x} / \sqrt[n]{x}) \, dx = [mn/(n - m + mn)]$
$\sqrt[m]{x^{m+1}} / \sqrt[n]{x}) + C$
(→algebraische Funktion, →Integrationsregeln, →unbestimmtes Integral)

Unbestimmte Integrale einiger transzendenter Funktionen
(indefinite integrals of some transcendental functions)
1. Trigonometrische Funktionen:
$\int \sin x \, dx = -\cos x + C$
$\int \cos x \, dx = \sin x + C$
$\int \tan x \, dx = -\ln |\cos x| + C$

$\int \cot x \, dx = -\ln|\sin x| + C$
$\int (1/\cos^2 x) \, dx = \tan x + C$
$\qquad (x \neq (2k+1)\frac{\pi}{2}, \quad k \in \mathbb{Z})$
$\int (1/\sin^2 x) \, dx = -\cot x + C$
$\qquad (x \neq k\pi, \quad k \in \mathbb{Z})$

2. Exponentialfunktionen:
$\int e^x \, dx = e^x + C$
$\int a^x \, dx = (1/\ln a) \cdot a^x + C$
$\qquad (a \in \mathbb{R}, \, a > 0 \text{ konstant})$

3. Logarithmusfunktionen:
$\int \ln x \, dx = x \cdot (\ln x - 1) + C \quad (x > 0)$
$\int \log_a x \, dx = (1/\ln a) \cdot x \cdot (\ln x - 1) + C$
$\qquad (a \in \mathbb{R}, \, a > 0 \text{ konstant}, \, x > 0)$
(→Integrationsregeln, →transzendente Funktion, →unbestimmtes Integral)

unbestimmte Zahl (undetermined number)
→Buchstabenrechnen

unbestimmtes Integral (indefinite integral)
Die Gesamtheit aller Stammfunktionen $F(x) + C$ heißt unbestimmtes Integral der Funktion $y = f(x)$, geschrieben
$\int f(x) \, dx = F(x) + C$
(gesprochen: Integral über $f(x) \, dx$).
Das Zeichen ∫ heißt Integralzeichen, und $f(x)$ heißt Integrand. Die Variable x heißt Integrationsvariable und C Integrationskonstante.
Die Konstante C soll andeuten, dass $F(x)$ durch die Funktion $f(x)$ bis auf eine additive Konstante bestimmt ist.
Den Zusammenhang zwischen unbestimmtem und bestimmtem Integral einer Funktion $y = f(x)$ liefert der Hauptsatz der Differenzial- und Integralrechnung.
Beispiele:
1. $\int x^3 \, dx = (1/4) x^4 + C$
2. $\int \cos x \, dx = \sin x + C$
3. $\int (x^4 - 3x^2 + 1) \, dx = (1/5) x^5 - 3 \cdot (1/3) x^3 + x + C = (1/5) x^5 - x^3 + x + C$
(→bestimmtes Integral, →Hauptsatz der Differenzial- und Integralrechnung, →Stammfunktion)

UND (and)
Logische Grundverknüpfung mit zwei oder mehr Eingangsgrößen.
Die UND-Funktion liefert den Wert 0, wenn mindestens eine der Eingangsgrößen den Wert 0 hat. Haben alle Eingangsgrößen den Wert 1, ergibt die UND-Funktion den Wert 1. Technisch wird die UND-Funktion oft durch eine Reihenschaltung realisiert.
(→Konjunktion, →logische Verknüpfung, →NICHT, →ODER)

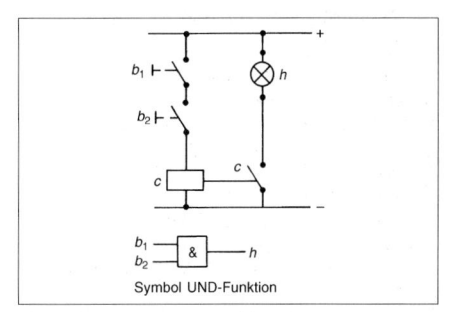

b_1	b_2	h
0	0	0
1	0	0
0	1	0
1	1	1

Symbol UND-Funktion

Technische Realisierung einer UND-Funktion

unedel (base)
Elektrochemischer Charakter von Metallen, die in der Spannungsreihe links vom Wasserstoff stehen und bei Korrosionskontakt mit edleren angegriffen werden.

Unedelmetalle (base metal)
Gruppenbezeichnung für sehr unbeständige Metalle. Sie haben sehr starke Verbindungsneigungen zu anderen chemischen Elementen, sie sind leicht oxidierbar.
Beispiele: Natrium Na, Aluminium Al, Eisen Fe, Magnesium Mg, Zink Zn.

unelastische Knickung (inelastic buckling)
→Knickung

unelastischer Stoß (inelastic impact)
→Stoßarten

unendlich (infinite)
Symbol mit der Schreibweise ∞ für „beliebig groß". Das Symbol $-\infty$ steht entsprechend für „beliebig klein". Die Symbole ∞ und $-\infty$ sind keine reellen Zahlen, $-\infty$ ist kleiner als jede reelle Zahl, ∞ ist größer als jede reelle Zahl.
(→reelle Zahl)

unendliche Folge (infinite sequence)
→Folge

unendliche Reihe (infinite series)
→Reihe

ungerade Funktion (odd function)
Funktion, für deren Funktionsgleichung $f(x) = -f(-x)$ gilt.

ungesättigte Kohlenwasserstoffe

Der Graph einer ungeraden Funktion ist symmetrisch zum Koordinatenursprung. Man nennt die Funktion selbst auch symmetrisch.
Beispiele: $y = x^3 - x;\ y = \sin x$
($\rightarrow$ gerade Funktion)

ungesättigte Kohlenwasserstoffe
(unsaturated hydrocarbons)
$\rightarrow$ Doppelbindung

ungesättigte Polyester UP
(unsaturated polyester)
$\rightarrow$ Polyesterharze

ungleichförmige Bewegung
(non-uniform motion)
Jeder Bewegungsvorgang, bei dem ein Körper beschleunigt oder verzögert wird.
Die Bewegungsänderung wird immer durch eine Krafteinwirkung hervorgerufen.
Beispiel: Anfahrendes oder abbremsendes Fahrzeug.
($\rightarrow$ Beschleunigung, $\rightarrow$ Bewegung, $\rightarrow$ gleichförmige Bewegung)

ungleichmäßig beschleunigte Bewegung
(irregularly accelerated motion)
Bewegung eines Körpers mit sich ständig ändernder Beschleunigung.
Wird durch Einwirkung einer sich ändernden Kraft hervorgerufen.
($\rightarrow$ Beschleunigung, $\rightarrow$ Bewegung, $\rightarrow$ Kraft)

ungleichmäßig beschleunigte Rotation
(irregularly accelerated circular motion)
Drehbewegung eines Körpers, bei der die Winkelbeschleunigung nicht konstant ist und die Winkelgeschwindigkeitsänderung nicht proportional zur Zeit.
Wird durch Einwirken eines sich ändernden Drehmoments hervorgerufen.
($\rightarrow$ Drehmoment, $\rightarrow$ Rotation, $\rightarrow$ Winkelbeschleunigung, $\rightarrow$ Winkelgeschwindigkeit)

ungleichnamige Brüche
(fractions with different denominators)
Brüche mit unterschiedlichen Nennern.
Ungleichnamige Brüche werden addiert oder subtrahiert, indem man sie auf den Hauptnenner bringt, also durch Erweitern gleichnamig macht.
($\rightarrow$ Bruchrechnung)

Ungleichung (inequality)
Zwischen zwei reellen Zahlen a und b besteht genau eine der drei Beziehungen: $a = b$ (a ist gleich b), $a < b$ (a ist kleiner als b), $a > b$ (a ist größer als b). Wegen dieser Eigenschaft nennt man die Menge ℝ der reellen Zahlen geordnet. Im Falle $a \neq b$ (a ungleich b) gilt genau eine der beiden Ungleichungen $a < b$ oder $a > b$. Die Ungleichung $a \leq b$ bedeutet, dass a kleiner oder gleich b ist (also a ist nicht größer als b), und die Ungleichung $a \geq b$ bedeutet entsprechend, dass a größer oder gleich b ist (also b ist nicht größer als a).
Beispiele: $3 < 5;\ 2 + 4 > 5;\ 6 \leq 6;\ 4 \neq 4{,}1;$
$3 + 2 \geq 5;\ \pi > e;\ 5 < 2 + \pi$.
($\rightarrow$ reelle Zahl)

unidirektional (unidirectional)
Nutzungsmöglichkeit von Bussystemen, auf denen mehrere angeschlossene Baugruppen oder Geräte als Sender oder Empfänger von Informationen auftreten können.
Das Recht, als Sender zu agieren, wird meistens vom Prozessor einer der angeschlossenen Baugruppen durch ein Steuersignal erteilt. So kann der Informationsfluss seine Richtung umkehren.
($\rightarrow$ Datenbus)

unipolarer Transistor
(unipolar transistor; field effect transistor)
$\rightarrow$ Feldeffekttransistor, $\rightarrow$ Transistor

Universal-Rundschleifmaschine
(universal cylindrical grinding machine)
Schleifmaschine zum Außen- und Innenrundschleifen und zum Planschleifen von Stirnflächen.
($\rightarrow$ Außenrundschleifmaschine, $\rightarrow$ Flachschleifmaschine, $\rightarrow$ Innenrundschleifmaschine)

Universal-Teilkopf
(universal dividing head; universal indexing head)
Teileinrichtung, die außer Winkelteilungen auch das Fräsen von schraubenförmigen Nuten (Drallfräsen, Rundschalten) ermöglicht.

Universaldrehmaschine
(universal lathe; all-purpose lathe)
Spitzendrehmaschine, auf der fast alle Dreharbeiten ausgeführt werden können, außer an zu großen und schweren Werkstücken.
In der Einzelfertigung für Futter- und Spitzenarbeiten zum Lang-, Plan-, Gewinde-, Kegeldrehen und Bohren eingesetzt.

Universalfräsmaschine
(universal milling machine; universal miller)
Konsolfräsmaschine, deren Kreuztisch zur Erweiterung ihres Einsatzbereichs zusätzlich geschwenkt werden kann.

Universalmotor (universal motor)
Gleichstrom-Reihenschluss-Motor, der durch leichte Änderungen im Aufbau als Wechselstrommotor benutzbar wird.
Anwendung: Haushaltsgeräte, einfache elektrische Handgeräte.

Universalspannstock
(universal machine vice)

Werkstückspanner an Werkzeugmaschinen. Sein Oberteil ist um eine senkrechte und eine waagerechte Achse schwenkbar und ermöglicht dadurch beliebig schräge Bearbeitungslagen für das gespannte Werkstück.
(→Spannstock)

universelle Gaskonstante R_m
(universal gas constant)

Quotient des Produktes von Druck p und Volumen V zur Temperatur T ist für 1 Mol aller (idealen) Gase eine Konstante: $R_m = p\ V/T = 8{,}314$ J/(mol K).
(→Druck, →ideales Gas, →Temperatur)

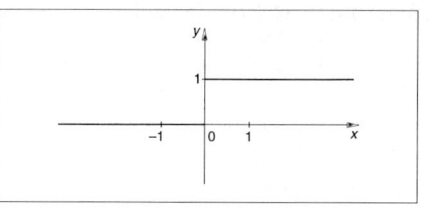

Graph einer unstetigen Funktion mit einer Sprungstelle ($x = 0$)

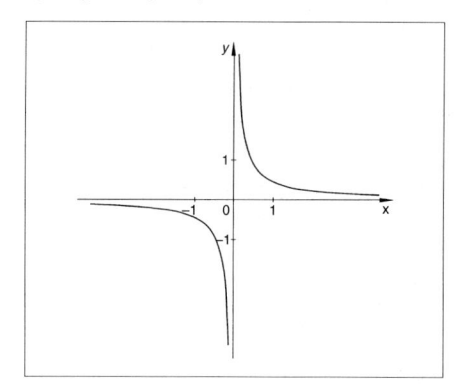

unstetiger Regler
(controller with discrete output values; discontinuous action controller)

Regler, dessen Ausgangsgröße nur bestimmte, diskrete Werte annehmen kann.
Beispiel: Zweipunktregler. Die Stellgröße kann nur zwei festgelegte Zustände annehmen, Zwischenwerte sind nicht möglich.
(→stetiger Regler, →Zweipunktregler)

Unstetigkeitsstelle (point of discontinuity)
Eine Stelle $x = a$ einer Funktion $y = f(x)$, an der die Funktion nicht stetig ist.
Die Kurve einer Funktion ist an einer Unstetigkeitsstelle unterbrochen.
Eine Funktion, die mindestens eine Unstetigkeitsstelle besitzt, heißt unstetig.
Die häufigsten Unstetigkeitsstellen sind Sprungstellen und Pole.
An einer Sprungstelle $x = a$ sind der rechtsseitige Grenzwert $\lim_{x \to a+0} f(x)$ und der linksseitige Grenzwert $\lim_{x \to a-0} f(x)$ voneinander verschieden. Die Funktion $f(x)$ springt beim Durchlaufen des Punktes $x = a$ von einem auf einen anderen endlichen Wert. Die Funktion $f(x)$ braucht für $x = a$ nicht definiert zu sein.
Ein Pol oder eine Unendlichkeitsstelle $x = a$ einer Funktion $y = f(x) = g(x)/h(x)$ ist eine Stelle, für die der Nenner von $f(x)$ den Wert 0 hat und der Zähler von 0 verschieden ist, also $h(a) = 0$ und $g(a) \neq 0$. An einer solchen Stelle ist die Funktion nicht definiert. Die Funktion strebt bei Annäherung an einen Pol nach (plus oder minus) Unendlich. Die Kurve der Funktion läuft an einer solchen Stelle ins Unendliche.
(→einseitiger Grenzwert, →Stetigkeit einer Funktion)

Graph einer unstetigen Funktion mit einem Pol ($x = 0$)

Unter-Pulver-Band-Schweißen
(submerged-arc band welding)
→Unter-Pulver-Schweißen

Unter-Pulver-Schweißen
(submerged-arc welding)

Verdeckter Lichtbogen brennt zwischen einer blanken Drahtelektrode (bandförmige Elektrode bis 100 mm Breite) unter einer Schicht Schweißpulver. Das Pulver steuert die metallurgische Zusammensetzung des Nahtgefüges, hält die Luft fern und verhindert zu schnelles Abkühlen der Naht. Zündung unter der Pulverschicht durch Hochfrequenzspannung. Anordnung von bis zu 5 Schweißköpfen parallel möglich. Vollautomatisiertes Schweißverfahren; Stumpf- oder Kehlnähte in vorwiegend waagerechter Position. Es werden unlegierte und legierte Stähle von 5 mm ... 70 mm Dicke geschweißt. Beim Band-Schweißen großflächige Auftragung (Schweißplattieren) möglich.

Unter-Schienen-Schweißen
(submerged rail welding)

Teilweise mechanisierter Schweißvorgang. In die vorbereitete Nahtfuge wird eine elektrisch isolierte Elektrode (Pressmantelelektrode) eingelegt und mit einer isolierten und wassergekühlten Kupferschiene abgedeckt. Nach Zündung des Lichtbo-

Unterbrecherkontakt

gens schmilzt die Elektrode unter der Schiene ab. Geschweißt werden können Kehl-, Stumpf- und V-Nähte bis 1,5 m Länge und bis 2,5 mm Blechdicke.

Unterbrecherkontakt (contact-breaker point)
→Zündunterbrecher

Unterbrechung (interrupt)
→Interrupt

Unterdrucksteller
(vacuum advance mechanism)
→Zündversteller

unterkühlter Austenit
(undercooled austenite)
Metastabiles Abschreckgefüge von Stahl nach Austenitisierung und Abschrecken im Temperaturbereich über dem Martensitpunkt M_s.
(→Bainitisieren, →Patentieren)

Unterkühlung (supercooling)
Metastabiler Zustand einer Phase, die durch schnelle Abkühlung erreicht wird. Temperatur und Zustand entsprechen nicht dem Zustandsschaubild. Unterkühlung fördert feinkörnige Kristallisation.
Beispiel: Druckguss ist feinkörniger als Sandguss.

Unternehmung (company)
Finanziell-juristische Einheit oder wirtschaftlich-rechtlich organisiertes Gebilde, in dem auf nachhaltig ertragbringende Leistung hingearbeitet wird.

Unterprogrammtechnik
(sub program; subroutine)
Programmteile in einem CNC-Programm, die nur einmal programmiert werden und im Hauptprogramm mehrfach aufgerufen werden können.
Vorteilhaft für mehrfach wiederkehrende, gleiche Konturabschnitte, Bohrbilder oder Fräsaschen an einem Werkstück.
DIN 66025 Programmaufbau für numerisch gesteuerte Arbeitsmaschinen.
(→CNC-Programm, →Teileprogramm)

Unterspannung σ_o (lower stress)
→Spannungs-Zeit-Diagramm

UP (unsaturated polyester)
→Polyesterharze

Urbild (inverse-image)
→Funktion

Urbildmenge (inverse-image set)
→Funktion

Urformen
(forming of a body from shapeless materials)
Fertigungshauptgruppe der Verfahren, die der formlosen Materie Zusammenhalt und eine erste, feste Gestalt geben.
Formlose Stoffe sind Gase, Flüssigkeiten, Fasern, Granulate oder Späne. Zu den Urformverfahren gehören das Gießen, das Sintern (Pulvermetallurgie) und die Galvanoformung.
Gießen: Stoff in flüssigem oder breiigem Zustand in eine geometrische Form bringen.
Sintern: Formloser Stoff in festem Zustand (Granulate, Körner) wird durch Pressen und nachfolgende Warmbehandlung in eine geometrische Form gebracht.
Galvanoformung: Überführen eines ionisierten Stoffes in eine geometrische Form.
DIN 1511 Modellherstellung; DIN 30 900 Terminologie der Pulvermetallurgie.

Ursachen chemischer Bindungen
(principles of chemical reactions)
Die Reaktionsteilnehmer streben den Zustand an, der
a) energieärmer ist als der vor der Reaktion (Prinzip des Energieminimums),
b) ungeordneter ist als der vor der Reaktion (Prinzip des Entropiemaximums).

Urspannung (source voltage)
→Quellenspannung

USART
(**U**niversal **A**synchronus **R**eceiver **T**ransmitter)
Ein- und Ausgabebaustein für serielle Daten.

V

V-Führung (vee guide; V-way)
Prismenführung an Werkzeugmaschinen.
Die beiden Führungsflächen sind nach innen geneigt und bilden im Querschnitt ein V. Mitunter steht eine der beiden Flächen senkrecht. Das geführte Maschinenteil wird durch seine Gewichtskraft und durch die Bearbeitungskräfte auf beide Führungsflächen gedrückt, sodass kein Führungsspiel entsteht; deshalb besonders geeignet als Richtführung.
(→Geradführung)

V-Räder, V-Getriebe (v-drive)
→Profilverschiebung

Vakuumgreifer (vacuum gripper)
Bauart eines Greifers.
Er hält ein Handhabungsobjekt durch steuerbaren Unterdruck (Vakuum). Die Werkstückaufnahme hat die Form eines Saugnapfes. Vakuumgreifer werden hauptsächlich bei Greifobjekten eingesetzt, die eine im Verhältnis zum Gesamtvolumen große und glatte Oberfläche haben. Sie werden auf besondere Träger montiert und können sich an beliebige Werkstückformen anschmiegen.
Beispiel:
Ein Roboter beschickt eine Presse mit Blechplatinen. Die Bleche werden durch mehrere Vakuumsauger gehalten.
(→Greifer)

Vakuumheber (vacuum pad lifter)
Lastaufnahmemittel für glatte, flache Lasten wie Glasscheiben oder Bleche, bei dem die Haftkraft durch ein Vakuum zwischen Saugteller und Last erzeugt wird.

Valenzelektronen (valency electron)
Außenelektronen eines Atoms auf dem höchsten Energieniveau (Bindungselektronen). Bei Hauptgruppenelementen sind dies die Elektronen der äußersten Schale, bei Nebengruppenelementen auch die der zweit- und drittäußersten Schale.

Van-der-Waals-Bindungen (van der Walls bonds)
Zwischenmolekulare Bindungen von geringer Stärke.
Sie wirken zwischen ungeladenen Atomen oder Molekülen aufgrund vorübergehender entgegengesetzter Ladungsverteilungen. Ihre Wirkung wird hauptsächlich bei Stoffen mit tiefen Kondensationstemperaturen festgestellt.

Vanadieren (vanadizing)
Thermochemisches Verfahren (1000 °C in FeV-Pulver) für C-haltige Stähle.
Bildung von Vanadincarbid VC mit hohem Widerstand gegen Abrasion.
Anwendung: Fließpress- und Tiefziehwerkzeuge.

Vanadium V (vanadium)
Hochschmelzendes Schwermetall (1726 °C), Stahlveredler, erhöht Anlasstemperatur. Ist in warmfesten und Werkzeug-Stählen sowie mikrolegierten Baustählen enthalten.
(→Carbidbildner, →Thermomechanische Behandlung)

Variable (variable)
Variable oder Veränderliche oder Platzhalter ist eine Größe, die verschiedene Werte annehmen kann. Variable werden durch Symbole dargestellt (meist lateinische Buchstaben) und sind zum Beispiel Platzhalter für die gesuchten Lösungen von gegebenen Gleichungen. Bei Funktionen unterscheidet man zwischen unabhängigen und abhängigen Variablen. Beispiele: x; y; A.

Variablengleichung (equation with variables)
Gleichung, die eine oder mehrere Variablen enthält.
Beispiele: $3x = 17$; $4x + 2y = 5$.
(→Variable)

Variablenprogrammierung
(variable programming)
Programmierung von veränderbaren Adresswerten.
(→Adresswert)

Varistor (variable resistor)
→VDR

VDF-Spindellager (VDF–spindle bearing)
Ausdehnungsgleitlager an Drehmaschinen.
Die Lagerbuchse liegt in der Bohrung des Spindelstocks nur mit drei schmalen Stegen an und kann sich dazwischen bei Erwärmung frei ausdehnen.

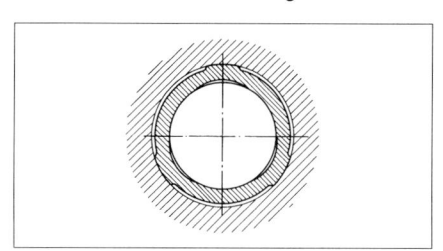

VDF-Spindellager

VDR (**v**oltage **d**ependent **r**esistor)
Widerstand, dessen Wert von der angelegten Spannung abhängt und nichtlinear ist.
Oberhalb eines spezifischen Spannungswertes geht der Widerstandswert gegen null.
Andere Bezeichnung: Varistor.
Anwendung: Spannungsstabilisierung, Überspannungsableiter.

Vektor (vector)
→vektorielle Größe

vektorielle Größe (vector quantity)
Physikalische Größe, die in eine bestimmte Raumrichtung wirkt und durch Richtung, Zahlenwert und Einheit beschrieben wird.
Beispiele: Kraft F, Drehmoment M, elektrische Feldstärke E.
(→physikalische Größe, →Skalar)

Ventil (valve)
Bauteil der Motorsteuerung zur Abdichtung des Arbeitsraumes und zur Steuerung der Ladung von Kolbenmaschinen (Kolbenpumpen, Verbrennungsmotoren).
Besteht aus Ventilschaft und Ventilteller mit Ventilsitz. Einlassventile meist als Einmetallventil aus hochlegierten CrNi-Stählen mit gehärtetem Ventilsitz und Schaftende hergestellt. Tellerdurchmesser größer als bei Auslassventilen (bessere Zylinderfüllung). Auslassventile als Bimetallventile (Ventilteller aus warmfestem CrMn-Stahl mit Schaft aus CrSi-Stahl stumpf verschweißt) oder innengekühlte, natriumgefüllte Hohlventile ausgeführt. Sitzflächen oft mit Hartmetall gepanzert. Ventilsitzringe werden in Al-Zylinderköpfe eingeschrumpft.
(→Motorsteuerung)

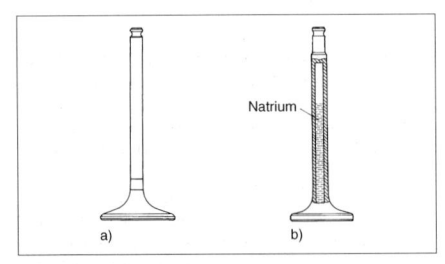

Ventile für Verbrennungsmotoren
a) Einmetallventil, b) Hohlventil mit Natriumfüllung

Ventilbetätigung (valve actuation)
Baugruppe der Motorsteuerung von Verbrennungsmotoren.
Sie erfolgt bei unten liegender Nockenwelle (ohv-Motor) über Stößel, Stoßstangen und Kipphebel. Bei obenliegender Nockenwelle (z.b. ohc-Motor) über Kipp- oder Schwinghebel oder mit Tassenstößel direkt auf das Ventil. Öffnungs- und Schließzeiten der Ventile werden im Steuerdiagramm dargestellt.
(→Motorsteuerung, →Steuerdiagramm, →Ventil)

Ventilspiel (valve clearance)
Ventile im Verbrennungsmotor dehnen sich im Betrieb durch Erwärmung aus. Damit sie sicher schließen, muss die Längenänderung durch das Ventilspiel (Einlassventil: 0,1...0,25 mm, Auslassventil: 0,1...0,4 mm) oder durch hydraulischen Spielausgleich kompensiert werden. Ist das Ventilspiel zu klein, schließt das Ventil nicht bei Betriebstemperatur, ist es zu groß, wird infolge kürzerer Öffnung die Füllung verschlechtert. Ventilspieleinstellung durch Einstellschrauben (Schwing- und Kipphebel) oder Ausgleichsscheiben (Tassenstößel) wird durch Verwendung von Hydrostößeln zunehmend überflüssig.
(→hydraulische Stößel, →Motorsteuerung, →Ventil)

Ventilsteuerung (valve actuation)
→Motorsteuerung

Veränderliche (variable)
→Variable

verbindungsprogrammierte Steuerung (hard wired control)
Steuerungsart, deren Arbeitsweise durch die Verschaltung der einzelnen Bauelemente fest vorgegeben ist.
Das Steuerprogramm kann nur durch Veränderung der Verschaltung oder durch Austausch von Bauelementen verändert werden. Eine verbindungsprogrammierte Steuerunge ist daher nur für eine ganz bestimmte, klar definierte Steuerungsaufgabe einsetzbar. Diese Steuerungsart wird nur noch für kleinere Steuerungen eingesetzt. Komplexere Steuerungen werden als speicherprogrammierbare Steuerung ausgeführt.
(→speicherprogrammierbare Steuerung)

Verbindungsschicht (compound layer)
Beim Nitrieren entstehende, bis 30 μm dicke Schicht aus Fe-Nitriden mit einem Porensaum, der ca. 30...50% der Dicke einnimmt.
Die Verbindungsschicht ist korrosionshemmend und vermindert den Adhäsionsverschleiß.

Verbraucher (consumer of electricity)
→elektrischer Verbraucher

Verbrennungsmotor
(internal-combustion engine)
Wärmekraftmaschine, die als Energiequelle flüssigen Kraftstoff oder Gas verwendet.
Die im Kraftstoff enthaltene chemische Wärmeenergie wird durch Verbrennung im Zylinder freigesetzt und durch Expansion über ein Kurbeltriebwerk in mechanische Energie umgesetzt. Die expandierten Verbrennungsgase werden durch Frischgase ausgetauscht (Ladungswechsel) und der Prozess zyklisch fortgeführt (Arbeitsspiel), wobei dieselben thermodynamischen Zustandsänderungen (Kreisprozess) durchlaufen werden. Nach Art des Ladungswechsels wird in Zwei- und Viertaktverfahren, nach dem Bewegungsablauf in Hubkolben- und Kreiskolbenmotor, nach der Zylinderanordnung in Reihen-, V-, Boxer-, Gegenkolben- und Sternmotor und nach der Kühlung in luft- und flüssigkeitsgekühlte Motoren unterschieden.
DIN 1940 Verbrennungsmotoren; Hubkolbenmotoren.
(→Arbeitsspiel, →Kreiskolbenmotor, →Kurbeltriebwerk, →Viertaktverfahren, →Zweitaktverfahren)

Verbrennungswärme H_v
(heat of combustion)
Reaktionswärme, die bei vollständiger Verbrennung eines Stoffes mit Sauerstoff entsteht.
In der Technik als Heizwert H bekannt.

Verbundriemen (compound belt)
→Riemenwerkstoffe

Verbundwerkstoffe (composite materials)
Werkstoffe aus zwei oder mehr Komponenten, die so gewählt werden, dass im Verbund die ungünstigen Eigenschaften einer Komponente von der anderen kompensiert werden.
In eine Matrix (Muttersubstanz) sind Verstärkungsstoffe oder solche mit anderen Funktionen eingebettet. Die Namen werden aus Stoff und Form der Verstärkungskomponente in Verbindung mit der Matrix gebildet:

Form		Matrix
Faser- Teilchen- Durchdringungs- Schicht-	Verbunde	Metall Keramik Polymer

Beispiele: glasfaserverstärkte Polyester, oxidteilchenverstärktes Aluminium.

Verdampfen (vapourize)
Änderung des Aggregatzustandes (Sieden), bei der eine Flüssigkeit durch Zufuhr von Wärme oder durch Drucksenkung in eine Dampfphase und dann in den gasförmigen Aggregatzustand übergeht.
Durch Wärmezufuhr wird bei Erreichen des stoffabhängigen Siedepunktes (Siedetemperatur, Verdampfungstemperatur) die Bewegungsenergie der schwingenden Flüssigkeitsteilchen so angehoben, dass die Bindekräfte überwunden werden und der Stoffverband aufgehoben wird. Die Gasteilchen sind frei beweglich und füllen jeden dargebotenen Raum gleichmäßig aus.
Während der Verdampfung wird der siedenden Flüssigkeit die stoffabhängige Verdampfungswärme (Siedewärme) zugeführt. Dabei bleibt die Siedetemperatur (Siedepunkt) konstant.
Der Siedevorgang ist umkehrbar. Die Umkehrung (Reversion) ist die Verflüssigung (Kondensation) eines Gases oder Dampfes. Dabei wird bei gleichbleibender Verflüssigungstemperatur (Kondensationstemperatur) die Verflüssigungswärme (Kondensationswärme = Verdampfungswärme) freigesetzt.
Das Stoffvolumen nimmt beim Verdampfen stark zu und beim Kondensieren entsprechend ab.
Beispiel: Das spezifische Volumen von Wasser nimmt bei $p = 1{,}01325$ bar (Normdruck) von $v' = 1 \, \text{dm}^3/\text{kg}$ (Siedewasser) auf $v'' = 1695 \, \text{dm}^3/\text{kg}$ (Sattdampf) zu.

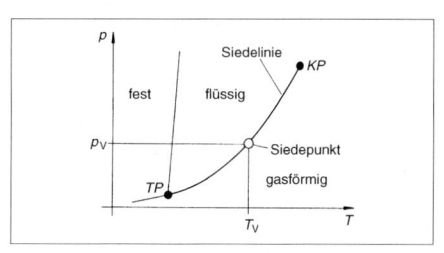

Siedelinie im Phasendiagramm, TP Tripelpunkt, KP Kritischer Punkt

Verdampfer (evaporator)
→Dampferzeuger, →Zwangsdurchlaufkessel

Verdampfungswärme (heat of evaporation)
Wärme, die einer Flüssigkeit mit der Masse $m = 1$ kg zugeführt werden muss (spezifische Verdampfungswärme), um sie bei konstanter Siedetemperatur (Siedepunkt) in eine Dampfphase und dann in den gasförmigen Aggregatzustand zu überführen.
Die stoffabhängige Verdampfungswärme q_v in kJ/kg ist vom Flüssigkeitsdruck (Umgebungsdruck) abhängig. Sie dient zur Überwindung der Bindungskräfte (innere Arbeit) und ist im verdampften Stoff

gespeichert. Beim Verflüssigen (Kondensieren) wird die Verdampfungswärme als Kondensationswärme wieder freigesetzt.
(→Verdampfen)

Verdichter (compressor)
Arbeitsmaschinen zur Förderung von Gasen und Dämpfen auf einen höheren Druck. Drucksteigerung ist mit Temperatursteigerung oder Wärmeabgabe und Volumenverringerung verbunden. Nach der Druckausbreitung unterscheidet man Vakuumpumpen (bis ca. 0,2 mbar), Gebläse oder Ventilatoren (bis ca. 2 bar), Verdichter (bis ca. 40 bar), Hochdruckverdichter (bis ca. 450 bar) und Höchstdruckverdichter (450 ... > 2000 bar). Zur Erzeugung höherer Drücke werden mehrstufige Anlagen verwendet. Nach dem Verdichtungsorgan unterscheidet man Kolbenverdichter, Rotorverdichter (Rootsgebläse, Schrauben- und Zellenverdichter) und Turboverdichter (Kreisel-, Radial- und Axialverdichter).
DIN 1945 Verdichter: Regeln für Abnahme und Leistungsversuche.
(→Kolbenverdichter, →Rotorverdichter, →Turboverdichter)

Verdichtungsraum V_c
(compression-space volume)
Raum über dem Kolben im oberen Totpunkt von Kolbenmaschinen (einschließlich der Nebenbrennräume beim Dieselmotor. V_c ist das kleinste Volumen des Verbrennungsraumes während eines Arbeitsspiels.
(→Hubraum, →Verdichtungsverhältnis)

Verdichtungsring (compression ring)
→Kolbenringe

Verdichtungsverhältnis ε
(compression ratio)
Kennwert des Verbrennungsmotors.
$\varepsilon = (V_h + V_c)/V_c$ ist das Verhältnis des Zylindervolumens (Hubraum V_h und Verdichtungsraum V_c) zum Verdichtungsraum V_c.
Richtwerte: Ottomotor $\varepsilon = 7 ... 11$, Dieselmotor $\varepsilon = 14 ... 24$.
Verdichtungserhöhung ergibt höheren Arbeitsdruck, höhere Motorleistung und geringeren spezifischen Kraftstoffverbrauch. Grenzen der Verdichtungserhöhung sind durch thermische Belastung und Klopffestigkeit des Kraftstoffes gegeben.
(→Hubraum, →Verdichtungsraum)

Verdrängerpumpen
(positive displacment pumps)
Pumpen-Bauart nach dem Verdrängerprinzip. Druckerhöhung wird über Verdrängerkörper erreicht, die durch Trennelemente (Zu- und Ableitung) abgegrenzte Arbeitsräume periodisch vergrößern und verkleinern. Nach der Bewegung werden oszillierende- (Kolbenpumpen, Membranpumpen) oder umlaufende Verdrängerkörper (Zahnrad-, Schraubenspindel-, Exzenterspindel-, Flüssigkeitsring-, Schlauch- und Drehflügelpumpen) unterschieden.
(→Drehflügelpumpe, →Kolbenpumpen, →Pumpen, →Zahnradpumpe)

Verdrehung (torsion)
→Torsion

Verdrehwinkel φ (torsion angle)
Vom eingeleiteten Torsionsmoment M_T und der Torsionsstablänge l in mm abhängige Formänderungsgröße bei Torsionsbeanspruchung:
$\varphi = M_T \, l \, 180°/(\pi \, I_p \, G)$ in Grad, mit polarem Flächenmoment 2. Grades I_p in mm^4 und Schubmodul G in N/mm^2.
Andere Formeln: $\varphi = \tau_t \, l \, 180°/(\pi \, r \, G) = M_T \, l \, 180°/(\pi \, r \, G \, W_p)$, mit Torsionsspannung τ_t in N/mm^2, Stabradius r in mm und polarem Widerstandsmoment W_p in mm^3. Die Gleichungen zeigen, dass φ unabhängig von der Stahlgüte ist, denn G ist für alle Stahlsorten gleich groß.

Verdunstung (evaporation)
Verdampfen eines Stoffes unterhalb seines Siedepunktes.
Die Verdunstung findet z.B. an der Oberfläche einer Flüssigkeit statt. Die Bewegungsenergie einzelner Flüssigkeitsteilchen ist so groß, dass sie nach Überwindung der Bindekräfte (Kohäsion) aus dem Stoffverband austreten können. Der eintretende Energieverlust bewirkt eine Abkühlung der Flüssigkeit und der Umgebung (Verdunstungskälte). Die Verdunstungsbereitschaft (Flüchtigkeit) ist stoffabhängig. Höhere Flüssigkeitstemperaturen und geringere Umgebungsdrücke begünstigen die Verdunstung.

Vereinigung (union)
Die Vereinigung $A \cup B$ zweier Mengen A und B besteht aus denjenigen Elementen, die in A oder in B, also in mindestens einer der beiden Mengen A, B enthalten sind:
$A \cup B = \{x \mid x \in A \text{ oder } x \in B\}$.
Beispiel: $A = \{1, 2, 3\}$, $B = \{1, -1\}$,
$A \cup B = \{-1, 1, 2, 3\}$.
(→Durchschnitt, →Menge)

Verfestigungsfähigkeit (the ability of metals to carry higher loads after undergoing plastic deformations)
In der Fördertechnik die Fähigkeit von Rundstahlketten, bei plastischer Verformung die Tragkraft vor Erreichen der Bruchkraft noch zu erhöhen.

Verfestigungsstrahlen (shot-peening)
Mechanisches Verfahren zur Steigerung der Dauerfestigkeit durch Bestrahlen mit Stahlkugeln. Dabei entstehen Druckeigenspannungen.
Anwendung für Federn und Schmiedeteile, auch zur Kompensation einer Randentkohlung.

Verfestigungswalzen
(work hardening by rolling or drawing)
Wirkung wie Verfestigungsstrahlen, jedoch durch oberflächliche Kaltverformung mittels angepresster Walzen oder Rollen, meist im Zustand vergütet oder badnitriert.
Anwendung bei rotationssymmetrischen Bauteilen mit Kerben und Übergängen zur Kompensation der Kerbwirkung.

Verformungsbruch (ductile fracture)
Bruch nach vorheriger Verformung eines Bauteils. Die Bruchflächen zeigen makroskopisch Einschnürungen und Stauchungen, mikroskopisch (REM) wabenartige Strukturen.

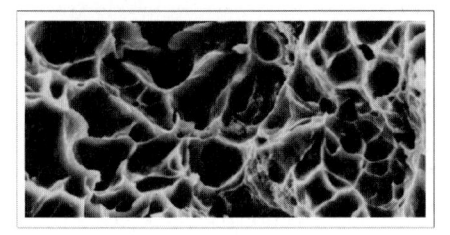

Wabenbruch, REM-Aufnahme

Verformungsgrad ε (amount of deformation)
Quotient aus Größenänderung und Ausgangsgröße in Prozent.
Beispiel: Blech von 1 mm auf 0,6 mm gewalzt hat einen Verformungsgrad ε = 0,4 mm/1 mm = 40%.

Vergaser (carburetor; carburetter)
Gemischbildungsanlage im Ottomotor zur Herstellung eines zündfähigen Kraftstoff-Luft-Gemisches in einem dem Betriebszustand des Motors (Belastung und Drehzahl) angepassten Mischungsverhältnis.
Das Gemisch wird durch Zerstäuben des Kraftstoffs im Saugrohr gebildet. In den gasförmigen Zustand gelangt es durch Verwirbelung im Zylinder bei der Verdichtung und durch Wandungswärme von Saugrohr und Zylinder. Durch Öffnen und Schließen der Drosselklappe wird der Luftstrom und damit Leistung und Drehzahl (Leerlauf, Teillast, Volllast) variiert. Nach der Strömungsrichtung unterscheidet man Fall-, Flach- und Steigstromvergaser (veraltet). Nach Anzahl der Mischkammerbohrungen Einfach-, Doppel- und Registervergaser. Membran- und Schiebervergaser werden bei Zweitakt-Kleinmotoren verwendet. Vergaser werden von Einspritzanlagen verdrängt.
(→Einspritzanlage, →Ottomotor)

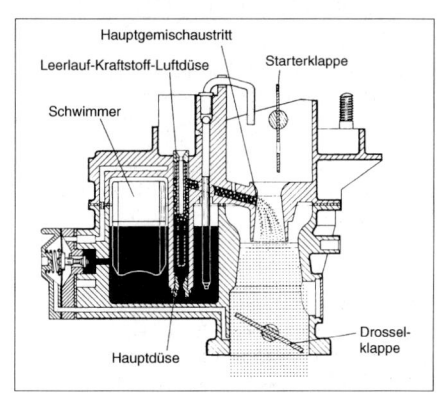

Schema eines Fallstromvergasers (Pierburg)

Vergleichsmoment M_v
(comparison moment)
Für die zusammengesetzte Beanspruchung Biegung und Torsion entwickelte Momentenbeziehung zur Vereinfachung der Berechnung:
$$M_v = \sqrt[3]{M_b^2 + 0{,}75\,(\alpha_0 M_t)^2}.$$
Mit M_v in Nmm lässt sich der erforderliche Wellendurchmesser d_{erf} in mm berechnen.
Vollwellen: $d_{erf} = \sqrt[3]{32\,M_v/(\pi\,\sigma_{b\,zul})}$,
mit zulässiger Biegespannung $\sigma_{b\,zul}$ in N/mm².
Hohlwellen: $\sqrt[3]{32\,M_v/[\sigma_{b\,zul}\,(1 - q^4)]}$, mit
q = Innendurchmesser d_i/Außendurchmesser d.

Vergleichsspannung (comparison stress)
→Spannungshypothesen

Vergüten (quench and temper)
Verfahren des Stoffeigenschaftänderns für Stähle zur Erhöhung der Streckgrenze und Zähigkeit (damit auch der Dauerfestigkeit).
Arbeitsgänge: (1) Austenitisieren, (2) Abkühlen mit mehr als kritischer Abkühlgeschwindigkeit auf unter den Martensitpunkt M_s und (3) Anlassen auf Temperaturen unterhalb A_1 (723 °C). Oder auch schnelles Abkühlen auf dicht über M_s und isothermes Umwandeln in der Bainitstufe.
DIN 17 022-1 Verfahren der Wärmebehandlung.

Vergütungsschaubild
(heat treatment diagram)
Graph der mechanischen Eigenschaften von vergütbaren Stählen über der Anlasstemperatur im Bereich 450...650 °C aufgetragen und in Werkstoffnormen enthalten (Bild S. 454).

Vergütungsstähle

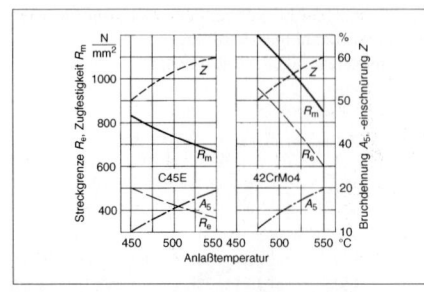

Vergütungsschaubilder, unlegierter und legierter Stahl

Vergütungsstähle (heat-treatment steels)
Stähle mit C-Gehalten zwischen 0,3...0,8%, unlegiert oder mit Mn, Cr, Ni und Mo niedrig legiert (steigende Dicke fordert steigende Gehalte). Die ca. 20 genormten Sorten haben Streckgrenzenwerte von 320...1050 N/mm² (im Durchmesserbereich < 40 mm). Durch Vergüten kann jeder Stahl sein Maximum an Zähigkeit erhalten, günstig für die Dauerfestigkeit.
Anwendung: dynamisch beanspruchte Bauteile von Motoren und Getrieben, Trieb- und Fahrwerksteile.
DIN EN 10083 Vergütungsstähle, DIN 17205 Vergütungsstahlguss.
(→Bainitisieren)

Vergussbirne (casted gib and cotter)
Befestigungsart von Seilkauschen an Drahtseilen, bei denen die Drahtseilenden aufgezwirbelt und dann vergossen werden.
Vergussbirnen können über Seilrollen geführt werden.

Verkettungsarten bei Drehstrom
(three-phase system interlinking)
Sternschaltung: Die Ausgänge (U2, V2, W2) der drei Ständerspulen (Stränge) sind im sog. Sternpunkt durch Brücken auf die Klemmenplatte miteinander verbunden, die Außenleiter (L1, L2, L3) sind mit den Eingängen der Stränge (U1, V1, W1) verbunden. Die Leiterspannung beträgt das $\sqrt{3}$-fache der Strangspannung. Der Leiterstrom ist gleich dem Strangstrom.
Dreieckschaltung: Jeder Strang (U1–U2, V1–V2, W1–W2) liegt zwischen zwei Außenleitern. Die Lage der Brücken auf der Klemmenplatte entnommen werden. Die Strangspannung ist gleich der Leiterspannung. Der Leiterstrom beträgt das $\sqrt{3}$-fache des Strangstromes.
(→Strangspannung, →Strangstrom)

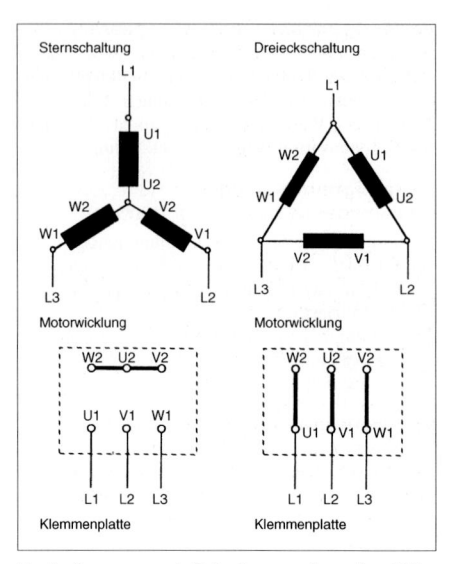

Verkettungs- und Schaltungsarten der Ständerwicklung

Verkettungsfaktor bei Drehstrom
(interlinking factor)
Wert der Zahl $\sqrt{3}$
(→Verkettungsarten)

Verknüpfung (logic operation)
Logische Gleichungen, die den Zusammenhang zwischen Eingangs- und Ausgangsgröße beschreiben.
Beispiele: NICHT, ODER, NOR, UND, NAND, Exklusiv-ODER
(→Exklusiv-ODER, →NAND, →NICHT, →NOR, →ODER, →UND)

Verknüpfungsbaustein (logic element)
Bauteile von Steuerungen, mit denen logische Verknüpfungen von Signalen möglich sind.
Beispiele: NICHT-, ODER-, NOR-, UND-, NAND-, Exklusiv-ODER-Baustein.
(→Exklusiv-ODER, →NAND, →NICHT, →NOR, →ODER, →UND)

Verknüpfungsgesetz (associative law)
Synonym für Assoziativgesetz.
(→Assoziativgesetz)

Verlängerung (extension)
→Dehnung

Verlustrechnung (loss accounting)
Feststellung der auf die einzelnen Gesellschafter entfallenden Beteiligung an Verlusten.
Die Verlustbeteiligung des Gesellschafters der Gesellschaft des bürgerlichen Rechts richtet sich in

erster Linie nach dem Gesellschaftsvertrag. Mangels besonderer Vereinbarung hat jeder Gesellschafter den gleichen Anteil am Verlust zu tragen, ohne Rücksicht auf die Höhe seiner Beteiligung. Liegt eine Vereinbarung über Gewinne vor, gilt sie im Zweifel auch für Verluste.

Vermiculargraphit (vermicular graphite)
→Graphitausbildung

Vermögen (capital)
Summe der einer Person zustehenden geldwerten Güter, Rechte und Forderungen ohne Abzug der Schulden und Verpflichtungen.
Teil der Aktivseite der Bilanz, Gegenwartswert aller Dinge, die ein Konsument besitzt einschließlich seiner Forderungen und abzüglich seiner Schulden. Die Summe der bewerteten Vermögensgegenstände wird als Bruttovermögen bezeichnet, eingeteilt in Sachvermögen und Forderungen. Die Differenz zwischen dem Bruttovermögen und den Verbindlichkeiten bzw. die Summe aus Sach- und Geldvermögen (Geldvermögen ist die Differenz von Forderungen und Verbindlichkeiten) wird als Reinvermögen bezeichnet.

Verriegelung (interlock)
Sicherungsfunktion in Maschinensteuerungen. Sie wird selbstständig oder auf Befehl aktiv und verhindert, dass in der Maschine eine Operation ausgeführt wird, bevor die vorher gehende Operation abgeschlossen ist.

Verschiebesatz von Steiner
(Steiner's traverse principle)
→Steiner'scher Verschiebesatz

Verschiebungsdichte (electric flux density)
→elektrische Flussdichte

Verschiebungssätze
(displacement principle)
→Längsverschiebungssatz, →Parallelverschiebesatz

Verschleiß (wear)
Fortschreitender Materialverlust aus der Oberfläche eines festen Körpers (Grundkörper) durch Kontakt mit einem Gegenkörper (fest, flüssig, gasförmig) unter Relativbewegung.
DIN 50 320-2 Verschleiß; Begriffe, Systemanalyse, Gliederung.
(→Tribotechnisches System)

Verschleißarten (type of wear)
Einteilung des Verschleißes nach Art der Relativbewegung der Partner in Gleit-, Wälz-, Stoß- und Schwingungsverschleiß und bei einem Förderstrom als Gegenkörper in Strahlverschleiß (Partikel) und Erosion durch Gase. Flüssigkeitserosion (mit Partikeln) und Tropfenschlag.

Verschleißmechanismus
(mechanism of wear)
Einteilung nach den physikalisch-chemischen Vorgängen, die zwischen den Kontaktpartnern ablaufen und zum Materialverlust führen. Sie treten meist nebeneinander auf.
(→Abrasion, →Adhäsion, →Oberflächenzerüttung, →Tribologie)

Verschleißmessgrößen
(units for the measurement of wear)
Physikalische Größen W (wear), die die Änderung von Masse (W_m) oder Gestalt: Länge (W_l), Fläche (W_q) oder Volumen (W_v) eines Körpers durch Verschleiß angeben.
Bezogen auf Zeit, Weg oder Durchsatz ergeben sich die Verschleißraten.
Verschleißmessgrößen hängen vom jeweiligen Tribosystem ab.

Verschleißrate (wear rate)
Bezogene Verschleißmessgrößen: Verschleißgeschwindigkeiten, Verschleiß-Weg-Verhältnis, Verschleiß-Durchsatz-Verhältnis.

Versetzung (dislocation)
Linearer (schlauchförmiger) Kristallfehler, der den Realkristall in vielen Richtungen durchsetzt (ca. $10^3/cm^2$).
Versetzungen sind Voraussetzung für die plastische Verformung der Metalle. Hier haben die Atome einen größeren Abstand, sodass sie bei Schubspannungen durch Kräfte F nacheinander aufrücken können. Dabei wandert die Versetzung entgegengesetzt zur Gleitrichtung der Atome. Versetzungen können in eine benachbarte Kugelschicht klettern oder Hindernisse (Ausscheidungen) umgehen und sich dabei teilen. Dadurch steigt die Versetzungsdichte.
(→Kaltverfestigung)

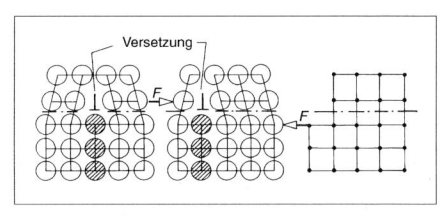

Wandern einer Versetzung, schematisch

Versprödung

Versprödung (embrittlement)
Geringe Zunahme von Festigkeit und Härte bei starker Abnahme der Zähigkeit (Kerbschlagarbeit), insbesondere in der Kälte.
Kunststoffe: Alterung durch Licht, Wetter und Wärme führen zum Aufbrechen von Doppelbindungen, wodurch die Vernetzung der Ketten zunimmt, Abnahme der Reißdehnung; auch durch Bruch von Kettenbindungen durch Licht oder thermische und mechanische Beanspruchung z.b. bei Mehrfachverarbeitung durch Spritzpressen oder Extrudieren von Recyclingmaterial. Die kürzeren Kettenmoleküle haben geringere Festigkeit und Zähigkeit.
Metalle verspröden durch Umlagerung von Teilchen (Ausscheidungen, Bildung intermetallischer Phasen) bereits bei Raumtemperatur (Alterung,) oder bei höheren Temperaturen. Versprödung auch durch Grobkornbildung bei langzeitigem Halten auf höheren Temperaturen.
Blauversprödigkeit macht sich bei einer Verformung im Bereich von 200...250 °C (blaue Anlassfarbe) durch Risse im Stahl bemerkbar. Ursache wie bei der Alterung.
Chromstahlversprödung: Ferritische Cr-Stähle bilden bei langzeitigem Halten bei ca. 500 °C die intermetallische Phase FeCr (σ-Phase), austenitische Stähle (ohne Zusatz von Ti, Nb, Ta) Cr-Carbide im Bereich von 600...800 °C auf den Korngrenzen.
(→Beizsprödigkeit)

Verstärker (amplifier)
Bauelement, das ein schwaches Signal in ein stärkeres umsetzt.

verstellbare Spannunterlage (continuously adjustable support)
Zweiteilige Spannunterlage zur stufenlosen Einstellung der Spannhöhe an Werkzeugmaschinen. Ober- und Unterteil sind auf verzahnten Schrägflächen gegeneinander verschiebbar.
DIN 6326 Spannunterlagen, verstellbar.

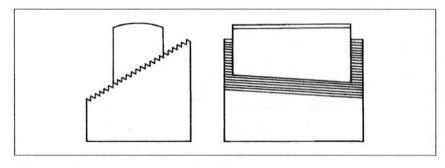

Verstellbare Spannunterlage

Vertauschungsgesetz (commutative law)
Synonym für Kommutativgesetz.
(→Kommutativgesetz)

Verteilereinspritzpumpe (distributor-type injection pump)
Einspritzpumpen-Bauart für Dieselmotoren. Sie verdichtet den Dieselkraftstoff auf den Einspritzdruck und verteilt die Kraftstoffmenge belastungs- und drehzahlabhängig auf die Zylinder. Kraftstoff wird über ein Pumpenelement auf alle Zylinder verteilt. Kraftstoffförderpumpe (Flügelzellenpumpe), Drehzahlregler und Spritzversteller sind in der Pumpe.
(→Dieselmotor, →Drehzahlregler, →Reiheneinspritzpumpe, →Spritzversteller)

Verteilzeitaufnahme (distribution time recording)
Verfahren zur Erfassung und Planung von Verteilzeiten durch lang andauernde Zeitaufnahme, geteilte Zeitaufnahme nach einem Zufallsplan oder Multimoment-Zeitstudie.

Verteilzeitprozentsatz (distribution time percentage)
Bildet als Ergebnis der Verteilzeitaufnahme die Grundlage zur Berücksichtigung der Verteilzeit in der Auftragszeit.
Der Prozentsatz setzt sich zusammen aus der sachlich konstanten, der sachlich variablen und der persönlichen Verteilzeit.

Vertikal-Fräsmaschine (vertical milling machine)
→Senkrecht-Fräsmaschine

Verzahnungsarten (gear cutting methods)
Es sind alle Zahnflankenformen möglich, die dem Verzahnungsgesetz genügen. Technisch von Bedeutung sind aber nur die Zykloiden- und die Evolventenverzahnung.
Zykloidenverzahnung: Flankenprofil ergibt sich aus der Epizykloide (Kopfflanke) und der Hypozykloide (Fußflanke). Die Herstellung ist teurer und schwieriger als die Evolventenverzahnung. Anwendung z.B. für Uhrenzahnräder und bei Zahnstangenwinden. Eingriffs- und Verschleißverhältnisse sind günstiger als bei der Evolventenverzahnung.
Evolventenverzahnung: Eine Evolvente ist die Kurve, die ein Punkt einer Geraden beschreibt, die auf dem Grundkreis abwälzt. Evolventenverzahnung wird im Maschinenbau fast ausschließlich angewendet. Gründe sind einfache Herstellung mit geradflankigen Werkzeugen und Unempfindlichkeit gegen ungenauen Achsabstand. Nachteilig gegenüber der Zykloidenverzahnung ist der größere Verschleiß und die geringere Belastbarkeit. Form und Abmessungen sind nach DIN 867 durch das Bezugsprofil festgelegt.

Es entspricht dem Profil der Zahnstange und der Herstellungswerkzeuge (Kamm-Meißel und Schneckenfräser). Halber Flankenwinkel gleich Eingriffswinkel $\alpha_n = 20°$.

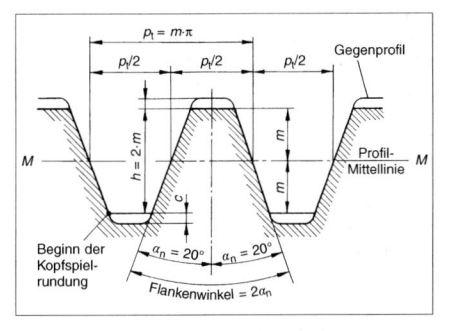

Verzahnungsgesetz (law of gearing)
Zwei Zahnflanken sind nur dann brauchbar, wenn die gemeinsame Eingriffsnormale n-n auf den jeweiligen Berührungspunkt B die Verbindungslinie der beiden Mittelpunkte $M_1 M_2$ im Wälzpunkt C schneidet. Werden die beiden Umfangsgeschwindigkeiten v_1 und v_2 in Tangentialkomponenten w_1, w_2 und Normalkomponenten c_1 und c_2 zerlegt und geht man davon aus, dass sich die Zahnflanken immer berühren sollen, dann muss $c_1 = c_2$ sein. Im Wälzpunkt C ist dann auch $\omega_1 r_1 = \omega_2 r_2$, d.h. die Kreise mit den Radien r_1 und r_2 rollen ohne zu gleiten aufeinander (Wälzkreise).

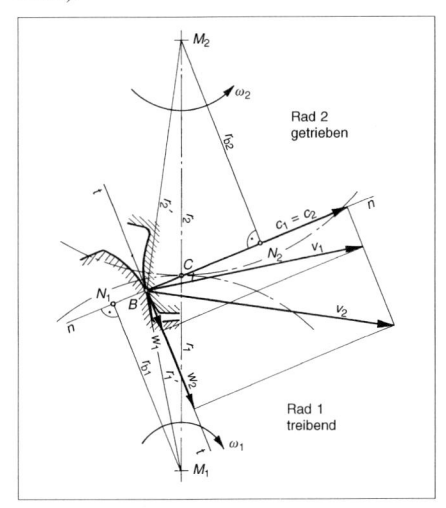

Fällt B nicht auf C, tritt neben der Wälzbewegung gleichzeitig eine Gleitbewegung der Zahnflanken auf. Das ist die Voraussetzung für hydrodynamische Flüssigkeitsreibung.

Fällt B auf C, ist die Relativgeschwindigkeit $w = 0$. Es wirkt eine reine Wälzbewegung mit Unterbrechung des Schmierfilms und damit Einleitung der Zerstörung der Zahnflanken.

Verzahnungsmaße (standards and recommendation for gear cutting)
Teilkreisteilung p_t ist die Bogenlänge auf dem Teilkreis zwischen zwei aufeinander folgenden Zähnen. Teilkreis ist der Herstellungswälzkreis, auf dem das Werkzeug bei der Zahnradherstellung im Abwälzverfahren abwälzt. Modul m ist eine teilungsunabhängige Größe ($m = p_t / \pi$ in mm), auf die alle anderen Verzahnungsgrößen bezogen werden. Modulwerte genormt nach DIN 780 (Auszug, Reihe 2 soll nicht mehr verwendet werden). Flankenspiel j_n ist das erforderliche Spiel zwischen den Zahnflanken zweier Räder (Wärmeausdehnung, Schmierung).
Normalflankenspiel j_n ergibt sich als Abstand der Zahnflanken zweier Räder auf der Eingriffslinie. Drehflankenspiel j_t ist das Bogenstück, um das sich Rad 1 bei fest stehendem Rad 2 verdrehen lässt.
(→Zahnräder, →Zahnradgrößen)

Verzeichnis (directory)
Mehrere, übersichtliche Teilbereiche eines Datenträgers, vergleichbar mit der Untergliederung eines Ordners durch Trennbögen.
Damit können zusammengehörende Dateien in einem sinnvoll benannten Teilbereich gespeichert und leichter wiedergefunden werden.

verzögerte Rückführung (delayed feedback)
Rückführung, deren Wirkung zeitlich verzögert einsetzt.
Durch den Einsatz einer verzögerten Rückführung entsteht bei verstärkenden Bauelementen ein Differenzialverhalten.
(→Differenzialverhalten)

Verzögerungsglied (delay element)
Zeitglied, dass das Eingangssignal verzögert weitergibt.
→Zeitglied

Verzugszeit T_u (delay time)
Kennwert einer Regelstrecke, der aus der Übergangsfunktion entnommen werden kann.
An den Wendepunkt der Übergangsfunktion wird eine Tangente gelegt (Bild S. 458), die die Zeitachse schneidet. Die Verzugszeit entspricht der Strecke zwischen dem ersten Anstieg der Regelgröße und dem Schnittpunkt der Tangente mit der Zeitachse.
(→Ausgleichszeit, →Regelgröße, →Regelstrecke)

Verzunderung

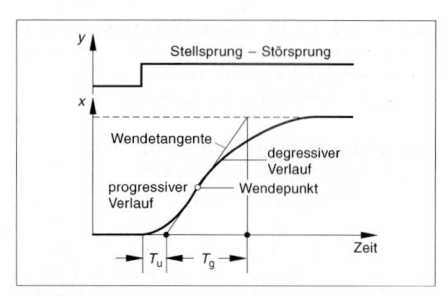

Grafische Ermittlung der Verzugszeit T_u (T_g Ausgleichszeit)

Verzunderung (scaling)
Bildung von Zunderschichten in Gasen oder Salzschmelzen.
Bei unlegierten Stählen entsteht bei ständigem Temperaturwechsel (z.B. Einsatzkästen, Ofenteile) eine Zunderschicht, die sich infolge der Gitterumwandlung des Fe (mit Volumenänderung) löst, sodass der Grundwerkstoff ständig neu angegriffen wird. Hitzebeständige Stähle müssen deshalb umwandlungsfrei sein.

Vickershärte HV (pyramid hardness)
Härtemessung mit stumpfer, vierseitiger Diamantpyramide unter genormten Prüfkräften F von 98...980 N, für dünne Proben und Oberflächenschichten auch 1,96...49 N (Kleinlastbereich).
Härtewert entspricht der Brinellhärte als Quotient von Prüfkraft F und Eindruckoberfläche A.
$HV = 0,189 \, F/d^2$.
DIN EN 6507 Härteprüfung nach Vickers.

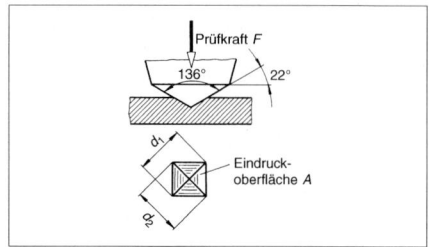

Vickershärteprüfung

Videosensor (video sensor)
Sensorart. Eine Videokamera erzeugt ein Bild von einem Objekt. Der Sensor erkennt in dem Bild bestimmte Merkmale nach vorher definierten Kriterien und teilt das Ergebnis der Prüfung einer Steuerung mit.
Einsatzbeispiel: Ein Industrieroboter sortiert mittels Videosensor Ausschuss-Werkstücke aus einem laufenden Fertigungsprozess aus.
(→Sensor)

Vieleck (polygon)
Synonym für Polygon.
(→Polygon)

Vieleck-Effekt
(irregular movement in a chain drive due to a polygon effect)
Ungleichförmigkeit im Kettengetriebe.
Die Kette läuft über das Kettenrad wie über eine Vieleckscheibe. Dadurch ändert sich ihre Geschwindigkeit mit jedem neuen Zahneingriff vom Minimalbetrag v_{min} beim Auflaufen auf v_{max} beim Ablaufen vom Kettenrad.
Außerdem schwingt die Kette bei jedem Zahneingriff quer zur Laufrichtung um die kleine Strecke „x". Das kann zu Schwingungen auf der Abtriebswelle führen. Mit zunehmender Zähnezahl des Kettenrades nehmen beide Ungleichförmigkeiten ab.

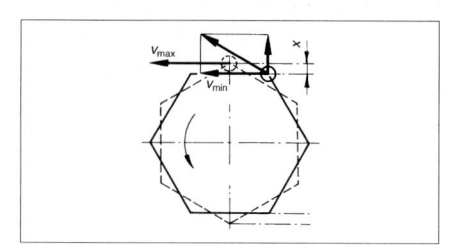

Vieleck-Effekt am Kettenrad

Vielfachinstrument
(multipurpose instrument; multimeter)
Elektrisches Messinstrument, das durch Umschaltung für verschiedene Strom- und Spannungsarten und Messbereiche verwendbar ist, auch zum Messen von Widerständen und zur Funktionsprüfung von Dioden und Transistoren.

Vierbackenfutter (four-jaw chuck)
Werkstückspanner an Werkzeugmaschinen, mit vier Spannbacken.
Gleicht in Aufbau und Funktion dem Dreibackenfutter. Bei manchen Bauarten werden aber auch je zwei gegenüberliegende Spannbacken gemeinsam zentrisch verstellt, oder es werden alle vier Backen gemeinsam verstellt und außerdem einzeln verstellbar.

Viereck (quadrilateral)
Vier Punkte A, B, C, D, von denen keine drei auf einer Gerade liegen, zusammen mit den Strecken $\overline{AB}$, $\overline{BC}$, $\overline{CD}$, $\overline{DA}$.
Die Punkte A, B, C, D sind die Eckpunkte, die Strecken $\overline{AB}$, $\overline{BC}$, $\overline{CD}$, $\overline{DA}$ die Seiten, ihre Längen $a = \overline{|AB|}$, $b = \overline{|BC|}$, $c = \overline{|CD|}$, $d = \overline{|DA|}$ die Seitenlängen, die Winkel α (Scheitelpunkt A),

β (Scheitelpunkt B), γ (Scheitelpunkt C), δ (Scheitelpunkt D) die Innenwinkel des Vierecks. Die Strecken $\overline{AC}$ und $\overline{BD}$ sind die Diagonalen des Vierecks, ihre Längen sind $e = |\overline{AC}|$, $f = |\overline{BD}|$. Abkürzend verwendet man für ein Viereck das Symbol $\square$, und für ein Viereck mit den Eckpunkten A, B, C, D schreibt man $\square$ ($ABCD$).
Die Winkelsumme in einem beliebigen Viereck beträgt $360°$: $\alpha + \beta + \gamma + \delta = 360°$.
In einem Viereck ist das Produkt der Diagonalenlängen kleiner oder gleich der Summe der Produkte der Längen je zwei gegenüberliegender Seiten, also $ef \leq ac + bd$. Die Gleichheit gilt genau dann, wenn das Viereck ein Sehnenviereck ist. Diese Aussage ist der verallgemeinerte Satz des Ptolemäus (nach dem hellenistischen Geometer und Astronom Ptolemaios von Alexandria, $\sim 83 - 161$ u. Z.).
Umfang: $\quad u = a+b+c+d$,
Flächeninhalt: $A = (a\,d \sin\alpha + b\,c \sin\gamma)/2 =$
$\qquad = (a\,b \sin\beta + c\,d \sin\delta)/2$,
$A = ef \sin\varphi/2$,
$A = \sqrt{(s-a)(s-b)(s-c)(s-d) - abcd \cos^2((\alpha+\gamma)/2)}$.
$A = \sqrt{(s-a)(s-b)(s-c)(s-d) - abcd \cos^2((\beta+\delta)/2)}$.
φ Winkel zwischen den Diagonalen, s halber Umfang des Vierecks, also $s = \frac{1}{2}(a+b+c+d)$.
Die beiden letzten Formeln sind Verallgemeinerungen der Heronischen Flächenformel für Dreiecke. ($\rightarrow$Drachen, $\rightarrow$Parallelogramm, $\rightarrow$Quadrat, $\rightarrow$Rechteck, $\rightarrow$Rhombus, $\rightarrow$Sehnenviereck, $\rightarrow$Tangentenviereck, $\rightarrow$Trapez)

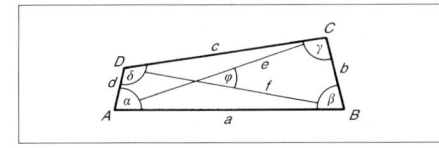

Bezeichnungen im Viereck

Vierflächner (tetrahedron)
Synonym für Tetraeder.
($\rightarrow$Platonische Körper)

Vierkräfteverfahren (Culmann's method)
$\rightarrow$Culmann'sches Verfahren

Vierleiternetz (four-wire installation)
Im Netz sind drei Außenleiter (L1, L2, L3) und ein Sternpunktleiter (N) vorhanden.
Das Vierleiternetz ist für unsymmetrische Belastung eines Drehstromnetzes geeignet, Umwandlung in ein Dreileiternetz ist mit einem Transformator möglich.

Es sind zwei Spannungswerte vorhanden: Außenleiter-Außenleiter 400 V, Außenleiter-Sternpunktleiter 230 V.
($\rightarrow$Neutralleiter, $\rightarrow$Verkettungsarten)

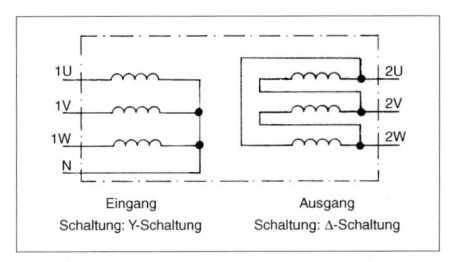

Stern-Dreieck-Transformator

Viertaktverfahren (four stroke principle)
Das Arbeitsspiel des Viertaktmotors umfasst zwei Kurbelwellenumdrehungen und vier Kolbenhübe (Takte).
1. Takt: Ansaugen durch Kolbenbewegung von OT nach UT (Ottomotor Kraftstoff-Luftgemisch, Dieselmotor reine Luft). Für gute Zylinderfüllung öffnet das Einlassventil vor OT und schließt nach UT. 2. Takt: Verdichten der Zylinderfüllung durch Kolbenbewegung von UT nach OT (Druckanstieg

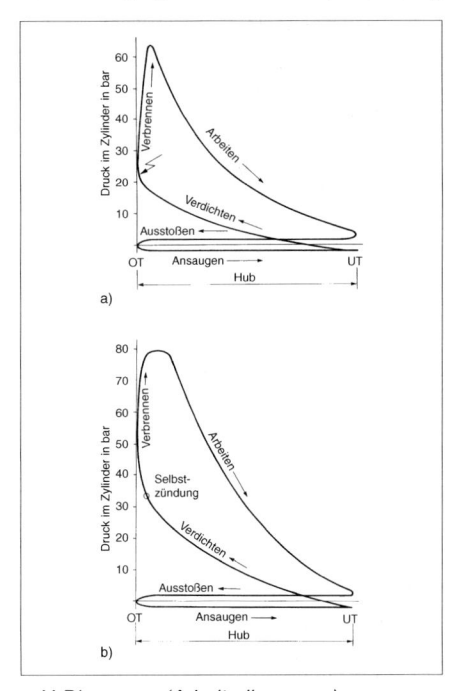

p, V-Diagramm (Arbeitsdiagramm)
a) Viertakt-Ottomotor, b) Viertakt-Dieselmotor

Ottomotor 10...16 bar, Dieselmotor 30...55 bar, Temperaturanstieg Ottomotor 400...600 °C, Dieselmotor 700...900 °C). 3. Takt: Kurz vor Vollendung des zweiten Taktes Fremdzündung des verdichteten Gemisches beim Ottomotor, Einspritzen des Dieselkraftstoffes mit Selbstzündung beim Dieselmotor. Durch Gasexpansion wird Arbeit verrichtet (Verbrennungsdruck Ottomotor 40...60 bar, Dieselmotor 60...80 bar). 4. Takt: Das Auslassventil öffnet und die Abgase werden in die Abgasanlage ausgestoßen. Das Auslassventil schließt nach OT, was eine Ventilüberschneidung ergibt (Einlass- und Auslassventil zwischen dem 4. und 1. Takt gleichzeitig geöffnet).
($\rightarrow$Arbeitsspiel, $\rightarrow$Dieselmotor, $\rightarrow$Fremdzündung, $\rightarrow$Ottomotor, $\rightarrow$Selbstzündung)

Viëta, Satz von (Theorem of Viëta)

Für die Koeffizienten p und q der Normalform $x^2 + px + q = 0$ der quadratischen Gleichung und ihre Lösungen x_1 und x_2 gelten die Beziehungen $p = -(x_1 + x_2)$, $q = x_1 x_2$.

Satz von Viëta für Gleichungen n-ten Grades: Sind $x_1, x_2, ..., x_n$ die n Lösungen der Normalform

$$x^n + b_{n-1}x^{n-1} + b_{n-2}x^{n-2} + ... + b_2 x^2 + b_1 x + b_0 = 0$$

der Gleichung n-ten Grades (m-fache Lösungen sind m-mal aufgeführt), dann gilt:

$b_{n-1} = -(x_1 + x_2 + ... + x_n)$,
$b_{n-2} = x_1 x_2 + x_1 x_3 + ... + x_1 x_n +$
$\quad + x_2 x_3 + x_2 x_4 + ... + x_2 x_n + ... + x_{n-1}x_n$,
$b_{n-3} = -(x_1 x_2 x_3 + x_1 x_2 x_4 + ... + x_1 x_2 x_n +$
$\quad + x_1 x_3 x_4 + x_1 x_3 x_5 + ... + x_1 x_3 x_n + ... +$
$\quad + x_2 x_3 x_4 + x_2 x_3 x_5 + ... + x_2 x_3 x_n +$
$\quad + x_2 x_4 x_5 + ... + x_{n-2}x_{n-1}x_n)$,
....
$b_1 = (-1)^{n-1}(x_1 x_2 x_3 ... x_{n-1} + x_1 x_2 ... x_{n-2}x_n +$
$\quad + x_1 x_2 ... x_{n-3}x_{n-1}x_n + ... +$
$\quad + x_1 x_3 x_4 ... x_n + x_2 x_3 ... x_n)$,
$b_0 = (-1)^n x_1 x_2 x_3 ... x_n$.

Beispiele:
1. Die quadratische Gleichung $x^2 - 5x + 6 = 0$ (also $p = -5$, $q = 6$) hat die Lösungen $x_1 = 3$, $x_2 = 2$. Es gilt:
$p = -5 = -(3+2) = -(x_1 + x_2)$,
$q = 6 = 3 \cdot 2 = x_1 \cdot x_2$.
2. Die kubische Gleichung
$x^3 + 2x^2 - (1/4)x - 1/2 = 0$
(also $b_2 = 2$, $b_1 = -1/4$, $b_0 = -1/2$) hat die Lösungen $x_1 = -2$, $x_2 = -1/2$, $x_3 = 1/2$. Es gilt nach dem Satz von Viëta:

$b_2 = -(x_1 + x_2 + x_3) = -(-2 - 1/2 + 1/2) =$
$\quad = -(-2) = 2$,
$b_1 = x_1 x_2 + x_1 x_3 + x_2 x_3 = (-2)(-1/2) +$
$\quad + (-2)(1/2) + (-1/2)(1/2) =$
$\quad = 1 - 1 - 1/4 = -1/4$,
$b_0 = (-1)^3 x_1 x_2 x_3 =$
$\quad = (-1)^3(-2)(-1/2)(1/2) =$
$\quad = 2(-1/4) = -1/2$.

($\rightarrow$Gleichung n-ten Grades, $\rightarrow$quadratische Gleichung)

Vincent-Presse (Vincent press)
$\rightarrow$Reibspindelpresse

Virus (virus)
$\rightarrow$Computervirus

Viskosität (viscosity)
Vergleichsgröße für Zähigkeit oder innere Reibung einer Flüssigkeit.
Sie umschreibt die Eigenschaft einer Flüssigkeit, der gegenseitigen Verschiebung benachbarter Schichten einen Widerstand entgegenzusetzen (innere Reibung). Die Schmierölviskosität ist temperaturabhängig und wird mit abnehmender Temperatur kleiner. Hohe Viskosität bedeutet vereinfacht Dickflüssigkeit. Motoröle werden nach ihrer Viskosität in SAE-Klassen eingeteilt. Mit Kapilar-Viskosimetern ermittelt man die kinematische Viskosität v. Mit Rotations-Viskosimetern wird die dynamische Viskosität η bei niedrigen Temperaturen ermittelt. DIN 1342 Viskosität von Flüssigkeiten.
DIN 51511 Viskositätsklassen der Motoröle
($\rightarrow$SAE-Klassen)

V$_{null}$-Räder, V$_{null}$-Getriebe
(zero enlarged-centre distance system)
$\rightarrow$Profilverschiebung

vollelektronische Zündung
(breakerless semiconductor-ignition system)
Bauart der Zündanlage im Ottomotor. Zündsteuerung, Primärstromschaltung und Zündverstellung werden elektronisch ausgeführt. Sie unterscheidet sich von der elektronischen Zündung hauptsächlich durch Fehlen des Verteilerläufers. Die Hochspannungsverteilung erfolgt elektronisch (ruhende, statische Verteilung). Bei Zweifunkenzündspulen, an die jeweils zwei Zündkerzen angeschlossen sind, entstehen im elektronisch bestimmten Zündzeitpunkt zwei Zündfunken. Einer zündet zum Arbeitstakt, der andere in den Auspufftakt. Bei Einfunkenzündspulen hat jeder Zylinder eine Zündkerze mit integrierter Zündspule und Leistungsendstufe.
($\rightarrow$elektronische Zündung, $\rightarrow$Zündanlage, $\rightarrow$Zündkerze, $\rightarrow$Zündspule, $\rightarrow$Zündzeitpunkt)

Vollkostenrechnung (absorption costing)
Erfassung des Kostenbetrags, getrennt in Mengen- und Wertkomponente der betreffenden Periode und der Zurechenbarkeit zu einem Kostenträger (Einzelkosten) oder einer Kostenstelle (Gemeinkosten).
In der entscheidungsorientierten Kostenrechnung kommen als weitere Merkmale hinzu: die Zurechenbarkeit zu anderen Bezugsobjekten bzw. -größen (z.B. Kunden, Vertriebswegen) und die zeitliche Abbaufähigkeit von Kosten.

vollständige Induktion
(mathematical induction)
Beweisverfahren zur Herleitung von Aussagen über natürliche Zahlen.
Ein Beweis mit vollständiger Induktion, dass eine Aussage $A(n)$ (eine Eigenschaft oder eine Formel) für alle natürlichen Zahlen $n \geq m$ (also von m an) richtig ist, besteht aus drei Schritten:
1. Induktionsanfang (Induktionsverankerung):
   $A(n)$ ist richtig für $n = m$. Dies muss meistens auf direktem Weg nachgewiesen werden.
2. Induktionsannahme (Induktionsvoraussetzung):
   Die Aussage $A(n)$ ist für eine beliebige natürliche Zahl n_0 ($n_0 \geq m$) richtig, es gilt also $A(n_0)$.
3. Induktionsschluss (Induktionsschritt):
   Unter Benutzung der Induktionsannahme wird gezeigt, dass die Aussage $A(n)$ dann auch für $n_0 + 1$ richtig ist, das heißt, aus $A(n_0)$ folgt $A(n_0 + 1)$.
   Man nennt diesen Schritt auch Schluss von n_0 auf $n_0 + 1$.

vollständiges Quadrat (perfect square)
→quadratische Ergänzung

Vollwinkel (angle of 360°)
Ein Winkel α mit $\alpha = 360°$.
(→Winkel)

Volt V (volt)
Abgeleitete SI-Einheit der physikalischen Größe elektrische Spannung U:
1 V = 1 J/C = 1 kg m²/(s³ A).
Ein Volt ist die elektrische Spannung zwischen zwei Punkten eines Leiters, in dem bei einem Strom von 1 Ampere eine Leistung von 1 Watt umgesetzt wird.
Benannt nach Alessandro Volta (1745 – 1827).
(→elektrische Spannung, →SI-Einheit)

Volumen V (volume)
Raumbedarf (Rauminhalt) stofflicher Körper.
Für einfache geometrische Grundkörper (z.B. Quader, Würfel, Zylinder, Kegel, Kugel) wird V mit Formeln der Stereometrie berechnet oder durch Messung (Volumetrie) ermittelt. Die SI-Einheit ist das Kubikmeter m³, zulässig ist auch Liter l: 1 m³ = 1000 l.
Das Volumen ist abhängig von Stoffart, Stoffmenge, Temperatur und Druck; bei festen Stoffen praktisch nur von Stoffart und Stoffmenge. Für feste Stoffe ist es daher ein Maß für die Stoffmenge (z.b. hat 1 dm³ Stahl die Masse m = 7,85 kg). Bei flüssigen Stoffen ist das Volumen zusätzlich (geringfügig) temperaturabhängig, bei gasförmigen Stoffen erheblich temperatur- und druckabhängig.
(→Liter)

Volumenausdehnung (change in volume)
Die Volumenzunahme ΔV bei Erwärmung um $\Delta T = \vartheta_2 - \vartheta_1$ ist mit hinreichender Genauigkeit $\Delta V = V_1 \cdot \alpha_v \cdot (\vartheta_2 - \vartheta_1)$, mit Volumenausdehnungskoeffizient α_v des Stoffes.
Flüssigkeiten dehnen sich bei Erwärmung stärker aus als feste Stoffe. Dabei zeigt Quecksilber eine besonders gleichmäßige Volumenausdehnung. Die größte und gleichmäßigste Wärmedehnung tritt bei Erwärmung von Gasen unter konstantem Druck auf.
(→Anomalie des Wassers)

Volumenausdehnungskoeffizient
(coefficient of volume expansion; volume expansivity)
Der Volumenausdehnungskoeffizient α_v in 1/K = K^{-1} ist die in m³ gemessene Volumenzunahme eines Stoffes mit 1 m³ Volumen (bei 0 °C) nach Erwärmung um 1 °C.
Beispiel: Für Mineralöl beträgt α_v = 7,6 · 10^{-4} K^{-1}, d.h. ein Ölvolumen von 1 m³ (bei 0 °C) dehnt sich bei Erwärmung um 1 °C um 7,6 · 10^{-4} m³ = 7,6 · 10^{-1} dm³ = 0,76 Liter aus.
α_v von Flüssigkeiten ist temperaturabhängig und nimmt mit steigender Temperatur zu. Für technische Rechnungen werden tabellarisierte Mittelwerte verwendet. Ideale Gase und reale Gase mit angenähert idealem Verhalten dehnen sich bei einer Temperaturzunahme von jeweils 1 °C unter konstantem Druck gleichbleibend (temperaturunabhängig) um 1/273 des bei 0 °C vorhandenen Volumens (Bezugsvolumen) aus.
(→Volumenausdehnung)

Volumenkraft (volume force)
Kraft, die mit jedem noch so kleinen Volumenelement eines Körpers wechselwirkt.
Allen Volumenkräften gemeinsam ist das Vorhandensein eines Feldes (Kraftfeld), das für die Übertragung der Kräfte verantwortlich ist und sie beliebig weit wirken lässt.
Beispiele: Gravitation, elektromagnetische Kraft.
(→Kraft)

Volumenstrom q_V (volume flow)
Durch den Austrittsstutzen von Pumpen gefördertes nutzbares Flüssigkeitsvolumen q_V in m³/s (auch m³/h und l/s üblich).
(→Förderhöhe, →Förderleistung, →Förderstrom, →Kontinuitätsgleichung)

volumetrischer Wirkungsgrad η_v (volumetric efficiency)
Kenngröße zur Kennzeichnung der Güte von Leistungsumwandlungen.
Berücksichtigt bei Strömungsmaschinen die Spaltverluste zwischen Laufrad und Gehäuse. Der tatsächliche Volumenstrom q_V ist geringer als der theoretische Laufrad-Volumenstrom q_{VL}. Es gilt: $\eta_v = q_V/q_{VL}$. Er wird hier auch als Liefergrad bezeichnet. Bei Kolbenverdichtern ist das auf den Zustand des Saugraumes bezogene Ansaugvolumen V_a kleiner als das Hubvolumen V_h (z.B. durch Erwärmung der Ladung während des Ansaugens durch heiße Zylinderwände). Es gilt $\eta_v = V_a/V_h$.
Er wird hier auch Füllungsgrad genannt.
(→hydraulischer Wirkungsgrad, →Liefergrad, →Wirkungsgrad)

Vorgabezeit (all-in time)
Soll-Zeit für die ordnungsgemäße Erfüllung eines Auftrags bei Normalleistung in einem gegebenen Arbeitssystem und bei festgelegten Einflussgrößen.

Vorgelege (back gearing; back gears)
Zusatzgetriebe, das häufig zur Erweiterung der Stufenzahl im Hauptgetriebe von Werkzeugmaschinen hinter einem Mehrwellengetriebe angeordnet wird.
Seine Antriebswelle (I) ist die letzte Welle des vorgeschalteten Mehrwellengetriebes. Ein Zahnräderpaar (1−2) treibt von dort auf die Vorgelegewelle (II), und ein weiteres Räderpaar (3−4) auf die Abtriebswelle (III). Diese liegt in axialer Verlängerung der Welle (I) und beide Wellen können unter Umgehung dieses Weges mit einer Kupplung (K) miteinander verbunden werden. Auf diese Weise wird die Stufenzahl des Mehrwellengetriebes verdoppelt. Das doppelte Vorgelege hat außer der Kupplung drei Räderpaare. Die Stufenzahl des Mehrwellengetriebes wird damit verdreifacht.

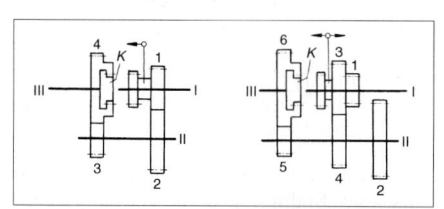

Schematische Darstellung des Vorgeleges links: einfaches Vorgelege, rechts: doppeltes Vorgelege

Vorhaltezeit T_v (derivative rate time)
Bestimmungsgröße des PD-Reglers.
Sie lässt sich zeichnerisch aus der Anstiegsantwort ermitteln. T_v gibt an, welche Zeit der Proportionalanteil bei gleich bleibender Anstiegsgeschwindigkeit der Regeldifferenz benötigt, um eine Stellgrößenänderung in Höhe des Differenzialsprungs zu bewirken.
(→Anstiegsantwort, →PD-Regler, →Regeldifferenz)

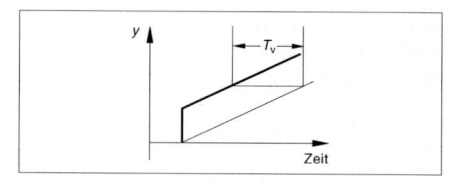

Grafische Ermittlung der Vorhaltezeit

Vorkalkulation (cost estimating department)
→Kalkulation

Vorkammerverfahren (prechamber process)
Verfahren zur indirekten Einspritzung bei Dieselmotoren.
Dieselkraftstoff wird mit einer Zapfendüse (100...140 bar) in die durch Bohrungen (Schusskanäle) mit dem Brennraum verbundene Vorkammer (länglicher Nebenbrennraum im Zylinderkopf) eingespritzt. Durch die geringe Luftmenge in der Vorkammer verbrennt nur ein kleiner Kraftstoffanteil mit starkem Druckanstieg. Verdampfender Kraftstoff wird mit hoher Geschwindigkeit in den Hauptbrennraum gedrückt, wo er sich mit der Luft vermischt und verbrennt. Kaltstarthilfe durch Glühkerzen erforderlich.
(→Glühkerze, →Kaltstarthilfe, →Wirbelkammerverfahren, →Zapfendüse)

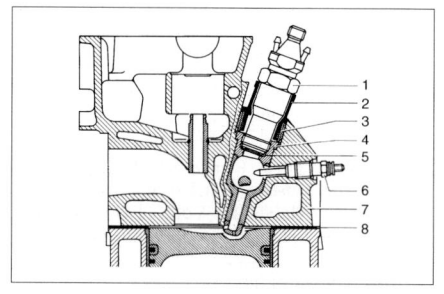

Vorkammerverfahren (Daimler Benz)
1 Düsenhalter, 2 Abdichthülse, 3 Gewindering, 4 Vorkammereinsatz, 5 Dichtplatten, 6 Glühkerze, 7 Zylinderkopf, 8 Zylinderkopfdichtung

Vorrangschaltung (priority circuit)
Schaltung, bei der ein Signal Vorrang vor allen anderen hat.
Das Anliegen des Vorrangssignals bewirkt, dass die anderen Signale gelöscht oder nicht weitergeschaltet werden.

Vorsatzzeichen (prefix)
Dezimale Teile und Vielfache, die als Vorsatz zum Einheitenzeichen verwendet werden, um die Maßzahlen übersichtlich zu halten.
Beispiele: $300\,000$ V = 300 kV = $0{,}3$ MV; $0{,}00000012$ A = $0{,}12$ μA = 120 nA.
DIN 1301 Einheiten.

Vorsatz	Vorsatzzeichen	Faktor	Vorsatz	Vorsatzzeichen	Faktor
Deka	da	10^1	Dezi	d	10^{-1}
Hekto	h	10^2	Zenti	c	10^{-2}
Kilo	k	10^3	Milli	m	10^{-3}
Mega	M	10^6	Mikro	μ	10^{-6}
Giga	G	10^9	Nano	n	10^{-9}
Tera	T	10^{12}	Piko	p	10^{-12}
Peta	P	10^{15}	Femto	f	10^{-15}
Exa	E	10^{18}	Atto	a	10^{-18}

Vorschub-Bohrkopf
(forward moving boring head)
→Bohrkopf

Vorschub f (feed)
Zahlenmäßige Darstellung der Schnelligkeit der Vorschubbewegung (meist Linearbewegung), im CNC-Programm mit Adresse F programmiert.
f in mm (auch mm/U) ist bei drehender Schnittbewegung der Weg des in Vorschubrichtung linear bewegten Werkzeugs (oder Werkstücks) bei einer Umdrehung des drehend bewegten Werkstücks (oder Werkzeugs).
(→CNC-Programm, →Vorschubgeschwindigkeit, →Wegbedingung)

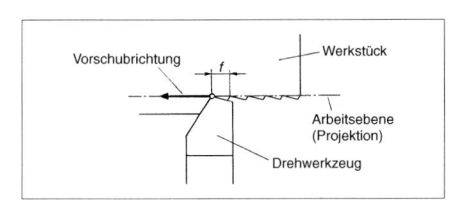

Vorschub f beim Runddrehen (Draufsicht)

Vorschubbewegung (feed movement)
Bewegung des Werkzeugs oder des Werkstücks, die zusammen mit der Schnittbewegung die Stetigkeit der Spanbildung und damit den zeitlichen Bearbeitungsfortschritt ermöglicht. Sie ist meist eine Linearbewegung.
(→Wirkbewegung)

Vorschubgeschwindigkeit v_f
(feed velocity; feed rate)
Momentangeschwindigkeit des betrachteten Schneidenpunktes in Vorschubrichtung.
$v_f = f \cdot n$ mit Vorschub f und Werkstückdrehzahl n beim Runddrehen.
(→Schnittgeschwindigkeit, →Vorschub)

Vorschubgetriebe (feed mechanism)
Erzeugt an Werkzeugmaschinen die Vorschubbewegung des Werkstück- oder Werkzeugträgers.

Vorschubkraft F_f (feed force)
Komponente der Zerspankraft in Vorschubrichtung (Richtung der Vorschubbewegung).
F_f ist die kleinste Komponente der Zerspankraft. Ihr Einfluss als Leistung führende Kraft auf den Leistungsbedarf beim Spanen (Wirkleistung) ist gering.
(→Schnittkraft)

Vorschubleistung (feed power)
Quotient aus der von der Vorschubkraft beim Spanen verrichteten Vorschubarbeit und der dafür benötigten Zeit.
P_f in kW ist das Produkt aus Vorschubkraft F_f und Vorschubgeschwindigkeit v_f ($P_f = F_f \cdot v_f$). Sie ist klein gegenüber der Schnittleistung P_c ($P_f \ll P_c$) und beeinflusst daher den Bedarf an Wirkleistung wenig.

Vorschubstufung (feed rate progression)
→Drehzahlstufung

Vorspannkraft (preloading force)
→Anzugsmoment

Vorzeichenregeln (sign rules)
Für die Multiplikation und die Division zweier reeller Zahlen a und b ($b \neq 0$) gilt:
$(+a) \cdot (+b) = (-a) \cdot (-b) = a \cdot b,$
$\quad a \cdot (-b) = (-a) \cdot b = -a \cdot b,$
$$\frac{+a}{+b} = \frac{-a}{-b} = \frac{a}{b},$$
$$\frac{+a}{-b} = \frac{-a}{+b} = -\frac{a}{b}.$$

W

Waagerecht-Bohr- und Fräswerk
(horizontal boring, drilling and milling machine)
Vielseitig einsetzbare, oft sehr große und schwere Werkzeugmaschine, auf der Bohr-, Fräs-, Ausdreh-, Plandreh- und Gewindedreharbeiten auch an sehr großen, schweren und sperrigen Werkstücken ausgeführt werden können.
Bauarten sind das Tisch- und das Plattenbohrwerk. Beiden gemeinsam ist der Ständer, auf dessen senkrechten Führungsbahnen der Spindelschlitten höhenverstellbar ist.
(→Platten-Bohr- und Fräswerk, →Tischbohrwerk)

Waagerecht-Bohrmaschine
(horizontal drilling machine; horizontal boring machine)
Bohrmaschine mit waagerechter Bohrspindel.

Waagerecht-Fräsmaschine
(horizontal milling machine)
Fräsmaschine mit waagerechter Frässpindel.

Waagerecht-Räummaschine
(horizontal broaching machine)
Räummaschine mit waagerechtem Arbeitshub.

Waagerecht-Stoßmaschine
(shaping machine; shaper)
Stoßmaschine mit waagerechtem Arbeitshub.
(→Stoßmaschine)

waagerechter Wurf (horizontal throw)
Bewegungsablauf eines horizontal abgestoßenen Körpers ohne Berücksichtigung des Luftwiderstands.
Bewegungsanalyse nach dem Überlagerungsprinzip: In horizontaler (x-)Richtung gilt (mit v_x = Abwurfgeschwindigkeit, v_0 = konstant) $s_x = v_0 t_x$ (Wurfweite nach Wurfzeit t_x), in senkrechter (y-)Richtung $v_y = g t_x$ ist $h = g t_x^2 / 2$ (Fallhöhe). Damit erhält man andere Berechnungsgleichungen, z.B. die Gleichung für die Wurfbahn (Wurfparabel): $h = k s_x^2$ mit der Konstanten $k = g/(2 v_0^2)$.
Nach der Wurfzeit t_x ist $v_r = \sqrt{v_0^2 + (g t)^2}$, nach der Fallhöhe h ist $= \sqrt{v_0^2 + g h}$.
Der Richtungswinkel beträgt:
$\alpha = \arctan(v_y/v_0) = \arctan(g t/v_0)$.
(→schräger Wurf, →Überlagerungsprinzip)

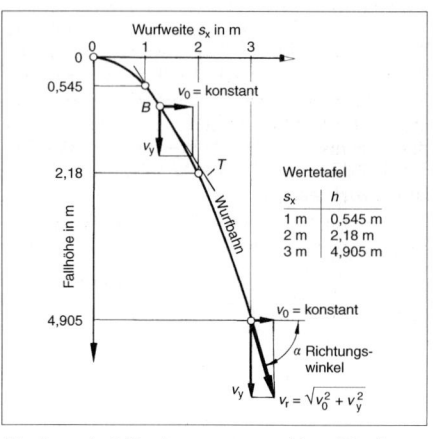

Wurfparabel für den waagerechten Wurf

Wertetafel

s_x	h
1 m	0,545 m
2 m	2,18 m
3 m	4,905 m

Wälzführung
(guideways fitted with rolling elements)
Führungsbauart an Werkzeugmaschinen, vor allem für den Werkstücktisch.
Die Führungsflächen gleiten nicht aufeinander, sondern rollen auf den zwischen ihnen eingebauten Wälzkörpern (Kugeln, Rollen) ab.
Vorteile: spielfreie Führung; der geringe, in Ruhe und Bewegung gleich bleibende Verschiebewiderstand ermöglicht genaueste Einstellbewegungen des Tisches, z.B. an Schleifmaschinen.
(→Kreuzrollenkette, →Kugelbüchse)

Wälzlager (roller bearing)
Vorteile: Geringes Anlauf-Reibmoment, geringer Schmierstoffverbrauch, nahezu wartungsfrei.
Nachteile: Empfindlich gegen Stöße, Erschütterungen und Verschmutzung. Lebensdauer und Drehzahl sind im Gegensatz zu Gleitlagern begrenzt.
DIN 620 Toleranzen und Messverfahren; DIN 622 (DIN ISO 281) Wälzlager, Tragfähigkeit und Lebensdauer; DIN-Taschenbuch 24 Wälzlager Normen, Beuth Vertrieb GmbH
(→Lagerauswahl Wälzlager)

Wälzpunkt (pitch point)
→Zahnradgrößen

Wälzverschleiß (rolling wear)
Verschleißart, die beim Abrollen von Flächen unter Schlupf entsteht. Haupterscheinung ist die Oberflächenzerrüttung (Grübchenbildung).
Beispiele: Rad/Schiene, Zahnräder, Wälzlager.

Wärme (heat)
Möglichkeiten eines Energieaustauschs zwischen System und Umgebung. Die Übertragung von Wärme erfordert eine wärmedurchlässige (diatherme) Systembegrenzung und einen Temperaturunterschied zwischen System und Umgebung. Die Wärme Q in J (Joule) ist die reversibel übergehende Wärmeenergie beim Überschreiten der Systemgrenze. Nach erfolgtem Energieübergang vermehrt oder vermindert die zu- oder abgeführte Wärme wertgleich die innere Energie des Systems.

Wärme Q (heat)
Ein Maß für die in einem Körper gespeicherte Bewegungsenergie seiner inneren Bestandteile (Atome, Moleküle).
Produkt aus der Masse m, der spezifischen Wärmekapazität c und der Temperatur T:
$Q = m\,c\,T$ in $\text{kg}\,\text{m}^2/\text{s}^2 = $ J (Joule).
(→Energie, →Joule, →Temperatur)

Wärmeausdehnung (thermal expansion)
Vergrößerung des Stoffvolumens bei Zufuhr von Wärme.
Bei Erwärmung eines Stoffes wird die Wärmebewegung der Elementarteilchen (Moleküle oder Atome) intensiver.
Die Schwingungsweiten nehmen zu und die mittleren Teilchenabstände untereinander werden größer. Der erwärmte Stoff dehnt sich aus. Bei Abkühlung tritt eine entsprechende Volumenabnahme auf. Eine Ausnahme im Wärmeausdehnungsverhalten macht das Wasser.
(→Anomalie des Wassers)

Wärmebehandlung (heat treatment)
Stoffeigenschaftändern durch Erwärmen, Halten und Abkühlen mit bestimmter Temperatur-Zeit-Führung.
DIN EN 10 052 Begriffe der Wärmebehandlung von Eisenwerkstoffen.
(→Aushärten, →Glühen, →Härten, →Vergüten)

Wärmedurchgang (passage of heat)
Transport von Wärme von einem Fluid 1 über eine feste Trennwand auf ein Fluid 2.
Die Energieübertragung setzt sich aus zwei Wärmeübergängen (α_1 und α_2) und mindestens einer Wärmeleitung (λ) zusammen. Ursache der Wärmeübertragung ist die Differenz zwischen beiden Fluidtemperaturen ($\Delta T = \vartheta_{f1} - \vartheta_{f2}$).
Der Wärmedurchgang wird durch den Wärmedurchgangskoeffizienten k dargestellt. Er berücksichtigt die Einflussgrößen der Teilvorgänge (Wärmeleitung und Wärmeübergang). Bei einer ebenen Trennwand mit der Fläche A ist bei einer Temperaturdifferenz ΔT die in der Zeit t durchgehende Wärme $Q = k \cdot A \cdot \Delta T \cdot t$.

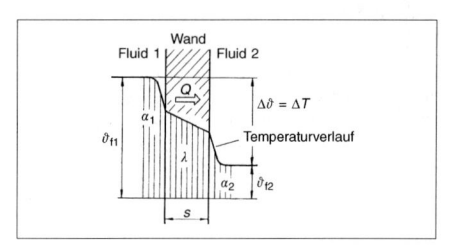

Wärmedurchgang durch eine einschichtige ebene Wand

Wärmedurchgangskoeffizient
(coefficient of heat transmission)
Zahlenmäßige Darstellung des Durchgangsvermögens von Wärme durch eine aus festen Stoffen und Fluiden gebildete Stoffschichtung (Beispiel: Wärmeaustauscher).
Der Wärmedurchgangskoeffizient k (kurz: k-Wert) in $\text{W}/(\text{m}^2\,\text{K})$ gibt die Wärme in J an, die bei einer Trennwandfläche von $1\,\text{m}^2$ und einer Differenz der Fluidtemperaturen von $1\,\text{K}$ ($= 1\,°\text{C}$) in $1\,\text{s}$ von Fluid 1 nach Fluid 2 durch die Trennwand hindurchgeht. Der Wärmedurchgangskoeffizient berücksichtigt die Einflussgrößen aller am Wärmedurchgang beteiligten Teilvorgänge (Wärmeübergang und Wärmeleitung). Für eine einschichtige ebene Wand ist $k = (1/\alpha_1 + s/\lambda + 1/\alpha_2)^{-1}$.
Beispiel: Der Wärmedurchgangskoeffizient (Richtwert) für beidseitig geputztes Ziegelmauerwerk (38 cm Dicke) beträgt $k = 1,6\,\text{W}/(\text{m}^2\,\text{K})$.
(→Wärmedurchgang)

Wärmeenergie (heat energy)
→Wärme

Wärmekapazität (heat capacity)
→spezifische Wärmekapazität

Wärmekonvektion (thermal convection)
Mitführung von Wärmeenergie durch die Elementarteilchen eines bewegten Fluids (Flüssigkeit, Dampf, Gas).
Bei Wärmeübertragung durch konvektiven Wärmeübergang von einer Wandfläche auf ein Fluid werden innerhalb einer wandnahen Grenzschicht die Fluidteilchen erwärmt. Durch Wärmedehnung und Abnahme der Fluiddichte entsteht eine natürliche Auftriebsströmung und die Mitführung der übernommenen Wärme (freie Konvektion). Das Temperaturgefälle ΔT zwischen Wand und Fluid bleibt so dauernd wirksam und der Wärmeübergang nimmt im Vergleich zum unbewegten Fluid zu. Bei erzwungener Fluidströmung (Beispiel: Zwangsumlaufkessel) ergibt sich durch

Wärmeleitfähigkeit

Erhöhung der Strömungsgeschwindigkeit eine starke Zunahme des Wärmeübergangs.
(→Wärmeübergang)

Wärmeleitfähigkeit (heat conductivity)
Zahlenmäßige Darstellung des Wärmeleitvermögens eines Stoffes.
Die Wärmeleitfähigkeit λ in W/(mK) gibt die Wärmemenge in J an, die bei einer Leitweglänge von 1 m und einer Temperaturdifferenz von 1 K (= 1 °C) in 1 s durch einen Leitquerschnitt von 1 m² hindurchgeleitet wird. Die Wärmeleitfähigkeit ist stoffabhängig und wird durch die Stofftemperatur beeinflusst.
Beispiel: Die Wärmeleitfähigkeit für Beton bei 20 °C beträgt $\lambda = 1{,}28$ W/(m K).
(→Wärmeleitung)

Wärmeleitung (heat conduction)
Transport von Wärme innerhalb eines festen Stoffes oder eines ruhenden Fluids (Flüssigkeit, Dampf, Gas).
Schneller schwingende (wärmere) Elementarteilchen (Moleküle, Atome) übertragen durch interne Stöße Energie an benachbarte und weniger warme Stoffteilchen. Nach erfolgtem Energieausgleich liegt überall der gleiche mittlere Schwingungszustand, d.h. die gleiche Temperatur vor.
Das Wärmeleitvermögen wird stoffabhängig durch die Wärmeleitfähigkeit λ dargestellt. Weitere Einflußgrößen sind: Leitquerschnitt A, Leitweglänge s, Temperaturdifferenz ΔT und Zeit t. Bei Wärmeleitung durch eine ebene Wand ist die durchgeleitete Wärme Q:
$$Q = \lambda \cdot A \cdot \Delta T \cdot t/s.$$

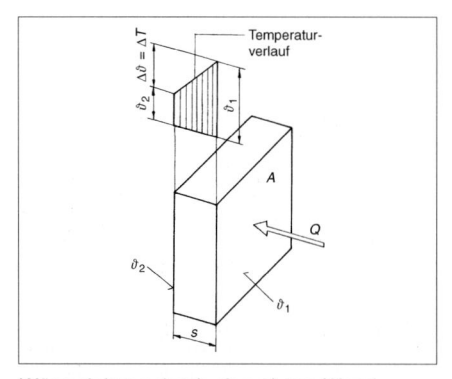

Wärmeleitung durch eine ebene Wand

Metalle sind gute Wärmeleiter. Fluide leiten Wärme schlecht, wenn eine interne Zirkulation verhindert wird.

Wärmemenge (heat capacity)
→Wärme

Wärmespannung σ_ϑ (heat stress)
Mechanische Normalspannung in N/mm², die durch eine Temperaturänderung $\Delta T = \vartheta_2 - \vartheta_1$ (Temperaturdifferenz) in eingespannten Bauteilen auftritt: $\sigma_\vartheta = \alpha_l \Delta T E$, mit Längenausdehnungskoeffizient α_l und Elastizitätsmodul E.
Die Gleichung zeigt, dass σ_ϑ unabhängig von den Abmessungen des Bauteils ist.
(→Eigenspannungen)

Wärmestrahlung (heat radiation)
Übertragung von Wärmeenergie durch kurzwellige Strahlung (Temperaturstrahlung) von einem Körper hoher Temperatur auf einen Körper tiefer Temperatur.
Ein Körper mit hoher Temperatur wandelt die Bewegungsenergie seiner schwingenden Elementarteilchen z.T. in Strahlungsenergie um, die über die Oberfläche abgestrahlt wird. Wärmestrahlen sind elektromagnetische Wellen, die in einem schmalen Wellenlängenbereich sichtbar sind. Ein Übertragungsmedium ist nicht erforderlich und die Umgebungstemperatur ohne Einfluss. Ein angestrahlter Körper absorbiert und reflektiert die auftreffenden Wärmestrahlen. Der absorbierte Anteil wird wieder in Bewegungsenergie von Stoffteilchen umgewandelt und erwärmt den angestrahlten Körper, der nun selbst Strahlungswärme aussendet (Emission).
Ein schwarzer Strahler (absolut schwarzer Körper) absorbiert und emittiert die gesamte auftreffende Strahlungsenergie. Diese maximale Ausstrahlung Q_s in J ist mit σ (Stefan-Boltzmann-Konstante), A (Körperoberfläche), T (absolute Körpertemperatur) und t (Strahlungszeit) $Q_s = \sigma \cdot A \cdot T^4 \cdot t$. Das Emissionsvermögen grauer Strahler (wirklicher Körper) ist geringer und beträgt mit ε (Emissionsgrad) $Q_e = \varepsilon \cdot Q_s = \varepsilon \cdot \sigma \cdot A \cdot T^4 \cdot t$.
(→Gesetz von Stefan und Boltzmann)

Wärmestrom (heat flow)
→Gleitlager

Wärmeübergang (heat transfer)
Transport von Wärme an der Berührungsfläche verschiedener Stoffe.
Technisch wichtig ist der Wärmetransport zwischen einem festen Stoff und einem ruhenden oder strömenden Fluid (Flüssigkeit, Dampf, Gas).
Das Fluid besitzt an der festen Wand die Wandtemperatur ϑ_w. In einer wandnahen Grenzschicht (Dicke δ) nimmt die Fluidtemperatur auf den Mittelwert ϑ_f ab. Hier erhalten die erwärmten Fluidteilchen einen natürlichen Auftrieb und steigen auf. Die übernommene Wärme wird dabei mitgeführt (freie Konvektion) und die Tempera-

turdifferenz $\Delta T = \vartheta_w - \vartheta_f$ bleibt praktisch wirksam.
Die Wärmeübernahme von der Wand ist stoffabhängig und wird durch den Wärmeübergangskoeffizienten α dargestellt. Weitere Einflussgrößen sind: Wandfläche A, Temperaturdifferenz ΔT und Zeit t. Bei Wärmeübergang von einer ebenen Wand ist die übergehende Wärme
$Q = \alpha \cdot A \cdot \Delta T \cdot t$ (Gesetz von Newton).

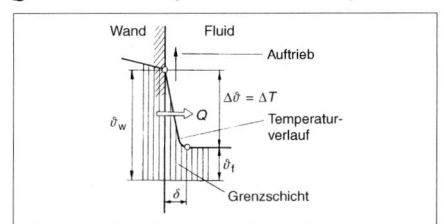

Wärmeübergang zwischen fester Wand und Fluid

Wärmeübergangskoeffizient
(coefficient of heat transfer)
Zahlenmäßige Darstellung der Fähigkeit eines Fluids (Flüssigkeit, Dampf, Gas), an einer festen Berührungsfläche (z.B. Heizfläche) Wärme zu übernehmen.
Der Wärmeübergangskoeffizient α in W/(m² K) gibt die Wärme in J an, die von einer Wandfläche von 1 m² bei einer Temperaturdifferenz von 1 K ($= 1\,°C$) in 1 s auf das Fluid übergeht. Der Wärmeübergangskoeffizient ist abhängig von Art und Zustand des Fluids und in sehr weiten Grenzen veränderlich.
Bei Wärmekonvektion beeinflussen auch Strömungsgeschwindigkeit und Strömungszustand (laminar und turbulent) den Wärmeübergang erheblich. Einflussgrößen sind auch die Beschaffenheit der Wandfläche und die Wärmeleitfähigkeit des Fluids.
Beispiel: Der Wärmeübergangskoeffizient (Richtwert) zwischen Metallwand und strömendem Wasser (Strömungsgeschwindigkeit bis 1 m/s) beträgt $\alpha = 2500$ W/(m² K).

Wärmeübertragung
(heat transmission; heat transport)
Transport von Wärme innerhalb eines stofflichen Körpers oder zwischen den Stoffen verschiedener Körper. Ursache ist ein Temperaturunterschied.
Die selbsttätige Wärmeübertragung läuft stets in Richtung des Temperaturgefälles ab. Sie bedarf keines äußeren Zwanges (Energieaufwand) und kann auch durch gezielte Wärmedämmung nie ganz unterbunden werden. Die Wärmeübertragung erfolgt durch Wärmeleitung, Wärmeübergang und Wärmestrahlung.

Wärmewert (heat value)
→Zündkerze

Wärmewiderstand R_{th} (thermal resistance)
Beschreibt die Temperaturzunahme ΔT in K eines Bauelements oder Betriebsmittels bei Zuführung einer bestimmten Wärme infolge zugeführter Verlustleistung P_V in W: $R_{th} = \Delta T/P_V$ in K/W.

Wahrheitstabelle (truth table)
Tabellarische Darstellung für logische Verknüpfungen, bei der die Werte der Eingangssignale den Werten der Ausgangssignale gegenübergestellt werden.
Für jeden möglichen Zustand der Eingangsvariablen (0 oder 1) gibt es in der Tabelle eine Zeile. In der Praxis wird die Wahrheitstabelle oft benutzt, um die Aufgabenstellung für eine Schaltung eindeutig zu formulieren. Aus ihr kann dann mit mathematischen Verfahren eine entsprechende Verknüpfungsfunktion entwickelt werden.
(→logische Verknüpfung)

a	b	z
0	0	1
1	0	0
0	1	0
1	1	1

Wahrheitstabelle einer Verknüpfungsfunktion mit zwei Eingangsvariablen

Walztextur (surface texture of a rolled product)
→Textur

WAN (Wide Area Network)
Netzwerk, das nicht auf ein Grundstück begrenzt ist. Mit einem WAN können weltweit operierende Firmen oder Institutionen jedem Berechtigten aktuelle Daten zur Entscheidungsfindung bereitstellen.

Wanddickenempfindlichkeit
(section sensitivity)
Gussstücke aus Gusseisen mit unterschiedlichen Wanddicken kristallisieren in dünnen Querschnitten infolge schneller Abkühlung weiß zementitisch (härter), in dickeren grau graphitisch (weicher). Abhilfe durch kleine Gehalte an Molybdän.
(→Meehanite-Guss)

Wandstrahlelemente

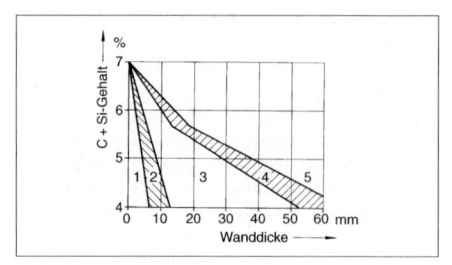

Gefügeausbildung von Gusseisen (GE)
1 Hartguss, 3 perlitisches GE, 5 ferritisches GE, 2 und 4 Übergangsgefüge.

Wandstrahlelemente
(air jet devices for controlling air flow)
Bauelemente von Steuerungen, mit denen logische Verknüpfungen von Signalen möglich sind.
Die Bauelemente werden mit frei strömender Druckluft betrieben. Ein an einer Wand vorbeigeführter, laminarer Luftstrahl kann von einem rechtwinklig dazu auftretenden Steuerstrahl abgelenkt werden, dessen Strahlkraft nur wenige Prozent des laminaren Luftstrahls ausmacht. Wandstrahlelemente gibt es für alle vorkommenden logischen Verknüpfungen. Der Vorteil dieser Bauteile liegt darin, dass sie störungsunempfindlich arbeiten. Nachteilig ist der hohe Energieaufwand, da in allen Elementen ständig Druckluft verbraucht wird.

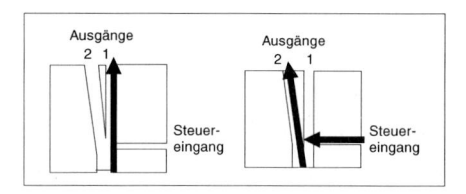

Wankelmotor (Wankel engine)
→Kreiskolbenmotor

Warmarbeitsstähle (hot working steels)
Stähle für Werkzeuge, die Temperaturen über 200 °C annehmen können und dabei funktionsfähig bleiben.
Anforderungsprofil: Anlassbeständigkeit (Gefügestabilität bei Arbeitstemperatur), Warmhärte und -festigkeit, Zähigkeit bei Schlagbeanspruchung, Widerstand gegen Abrasion und Thermoschock. Maßnahmen sind Durchhärtung (Cr), Steigerung der Anlasstemperatur (V), Carbidbildner (Mo, W, V), Legierungsanteile niedrighalten (Wärmeleitfähigkeit).
Beispiele: Druckgießformen, Pressmatrizen und Gesenkeinsätze aus X32CrMoV3-3, Strangpresswerkzeuge aus X30WCrV5-3.

DIN EN 4957 Werkzeugstähle, DIN 17 022-2 Verfahren der Wärmebehandlung.

Warmauslagern (artificial ageing)
Festigkeitssteigernde Phase beim Aushärten mit Erwärmen über die Raumtemperatur.
Temperatur und Zeit müssen je nach Legierung genau eingehalten werden, weil davon Größe und Abstand der Teilchen abhängen, die als Gleitblockierung zur Härtesteigerung führen.

Warmauslagerung von AC-AlSiMg

Warmbadhärten (step hardening)
Verzugsarmes Härten von Stahl durch gestuftes Abschrecken in Salzschmelzen.
Im letzten Bad wird eine Temperatur dicht über dem Martensitpunkt bis zum Temperaturausgleich zwischen Rand und Kern gehalten, ohne dass Bainit entsteht. Anschließend Abkühlen in Luft, dabei erfolgt die Martensitbildung.
(→ZTU-Schaubild)

warmfeste Stähle (creep-resistant steels)
Vergütbare Konstruktionsstähle, die langzeitig bei höheren Temperaturen ohne Bruch oder stärkere Dehnung beansprucht werden können.
Anforderungsprofil: Schweißeignung (wenig C), Gefügestabilität bei Betriebstemperatur (höhere Anlasstemperaturen durch Cr, Mo, deren Carbide sich erst bei 700 °C feinverteilt bilden). Über 500 °C austenitische Stähle, über 750 °C Ni-Legierungen.
Beispiele: Rohre und Bleche für Dampfkessel aus 13CrMo4-4, Dampfturbinengehäuse aus G17CrMo5-5.
DIN 17 460 Hochwarmfeste austenitische Stähle, DIN EN 10 213-2 Warmfester Stahlguss.
(→Kriechen, →Zeitdehngrenze)

Warmfestigkeit (temperature strength)
Bei höheren Temperaturen haben Metalle wegen des Kriechens keine Standfestigkeit, sondern nur Zeitfestigkeiten, die mit steigender Temperatur stark abfallen.
(→Zeitdehngrenze)

Warmfließpressen (hot extrusion)
→Fließpressen

Warmumformung (hot forming)
Plastische Verformung bei Temperaturen, die eine Rekristallisation (und Kristallerholung) ermöglichen. Dadurch ist eine unbegrenzte Verformung bei niedrigem Arbeitsaufwand möglich.
In der Fertigungstechnik wird jede Verformung nach vorherigem Wärmen als Warmumformung bezeichnet.

Wasserkraftwerke
(hydroelectric power plants)

Einrichtungen zur Umwandlung der im Wasser von Flussläufen, Meeresgezeiten und Speicherbecken enthaltenen potentiellen Energie in mechanische Energie, die über Wasserturbinen zum Antrieb von Generatoren zur Stromerzeugung genutzt wird.
Nach der nutzbaren Fallhöhe (2 ... 2000 m) werden verschiedene Bauarten von Wasserturbinen eingesetzt (Pelton-, Francis- und Kaplanturbinen). Nach Anordnung der Wasserstauanlagen unterscheidet man Niederdruck-, Hochdruck- und Gezeiten-Kraftwerke. Zur Deckung des Spitzenbedarfs an elektrischer Energie in Verbundnetzen werden Pumpspeicher-Kraftwerke eingesetzt.
DIN 4048 Wasserkraft- und Stauanlagen.
(→Gezeiten-Kraftwerke, →Hochdruckanlagen, →Niederdruckanlagen, →Pumpspeicher-Kraftwerke, →Wasserturbinen)

Wasserkühlung (water cooling)
Baugruppe im Verbrennungsmotor zur indirekten Ableitung der Wärmeenergie.
Bei Pumpenumlaufkühlung wird Kühlwasser, thermostatisch gesteuert, in zwei Kreisläufen umgepumpt. Bei kaltem Motor Kreislauf nur innerhalb des Motors (Kurzschlusskreislauf zur schnellen Erreichung der Betriebstemperatur). Bei Betriebstemperatur (80 ... 85 °C) öffnet das Thermostatventil (Dehnstoffelement) langsam, gibt den Kühlerkreislauf frei und schließt den Kurzschlusskreislauf. Als Kühler verwendet man Lamellen- oder Röhrenkühler. Geschlossene Kühlsysteme verwenden Querstromkühler. Sie sind mit einem Überdruck-Ausgleichsbehälter ausgerüstet (setzt Siedepunkt herauf und ermöglicht Wärmeausdehnung ohne Verluste). Lüfter saugen fahrgeschwindigkeitsunabhängig Kühlluft durch den Kühler. Es werden ständig angetriebene- und zuschaltbare Lüfter eingesetzt (Elektromotor-Lüfter, elektromagnetische- und Viskose-Lüfterkupplungen).
(→Luftkühlung, →Motorkühlung)

Wassersäule (water column)
→kommunizierende Röhren

Wasserturbinen
(water turbines; hydroturbines)

Strömungsmaschinen zur Umwandlung der potentiellen Wasserenergie in mechanische Energie. In Abhängigkeit von der Fallhöhe, der Turbinendrehzahl und der nutzbaren Wassermenge unterscheidet man Pelton-, Francis- und Kaplanturbinen. Pumpturbinen werden in Pumpspeicher-Kraftwerken eingesetzt. Die potentielle Wasserenergie wird in Düsen- oder Leitapparaten in kinetische Energie umgewandelt. Über die Beschaufelung des Turbinenlaufrades erfolgt die Energieübertragung. Von der Laufradwelle werden in Wasserkraftwerken Generatoren zur Erzeugung elektrischer Energie angetrieben.

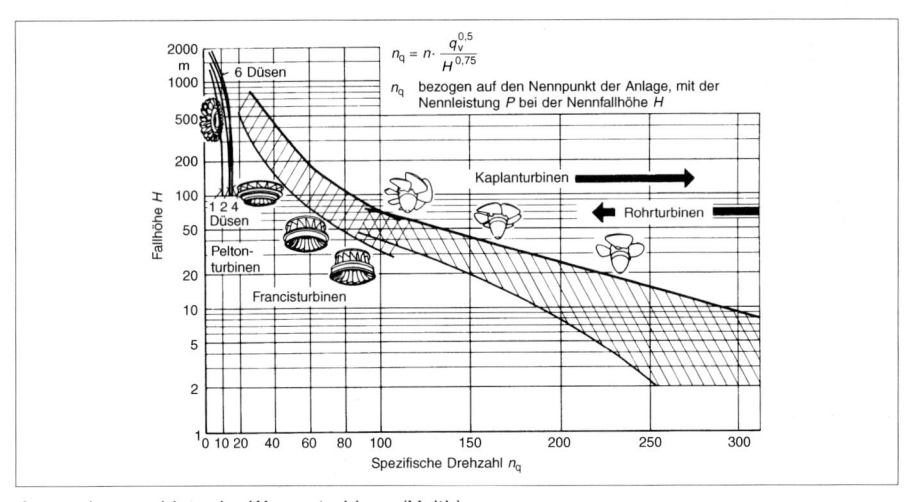

$$n_q = n \cdot \frac{q_v^{0,5}}{H^{0,75}}$$

n_q bezogen auf den Nennpunkt der Anlage, mit der Nennleistung P bei der Nennfallhöhe H

Anwendungsgebiete der Wasserturbinen (Voith)

DIN 4320 Wasserturbinen; Benennungen nach der Wirkweise und nach der Bauart.
($\rightarrow$Francisturbinen, $\rightarrow$Kaplanturbinen, $\rightarrow$Peltonturbinen, $\rightarrow$Wasserkraftwerke)

Watt W (watt)
Abgeleitete SI-Einheit der physikalischen Größe Leistung P: $1\,W = 1\,J/s = 1\,kg\,m^2/s^3$.
Ein Watt ist die Leistung, die eine Energie von 1 Joule innerhalb von 1 s umsetzt. Benannt nach James Watt (1736–1819).
($\rightarrow$Leistung, $\rightarrow$SI-Einheit)

Wattsekunde Ws (watt-second)
In der Elektrotechnik gebräuchliche Einheit der elektrischen Arbeit.
$1\,Ws = 1\,J$, am Ende einer Rechnung sollte sie durch die Einheit Joule (J) ersetzt werden.
($\rightarrow$Arbeit, $\rightarrow$Joule)

Weber Wb (weber)
Abgeleitete SI-Einheit der physikalischen Größe magnetischer Fluss Φ:
$1\,Wb = 1\,Vs = 1\,kg\,m^2/(s^2\,A)$.
Ein Weber ist der magnetische Fluss, der in einer Leiterschleife einen Spannungsstoß von 1 V s induziert. Benannt nach Wilhelm Weber (1804–1891).
($\rightarrow$magnetischer Fluss, $\rightarrow$SI-Einheit)

Wechselfestigkeit (fatigue strength)
Diejenige mechanische Spannung, die ein wechselnd belasteter (Belastungsfall III) glatter polierter Probestab dauernd erträgt, ohne zu brechen.
Sie wird im Dauerversuch nach DIN 50100 als „Dauerfestigkeit" σ_D für Normalspannung und τ_D für Schubspannung ermittelt. Die Beanspruchungsart (Zug, Druck, Biegung, Torsion) beim Dauerversuch kennzeichnet man durch einen Buchstaben im Index, z.B. $\sigma_{bW} = 230\,N/mm^2$ (Biegewechselfestigkeit), $\tau_{tW} = 115\,N/mm^2$ (Torsionswechselfestigkeit).
($\rightarrow$Dauerfestigkeit, $\rightarrow$Schwellfestigkeit)

Wechselrädergetriebe (change gear drive)
Am bekanntesten als Zwischengetriebe zwischen Haupt- und Vorschubgetriebe an der Leit- und Zugspindeldrehmaschine. Wird aber auch im Haupt- oder Vorschubantrieb an vielen Werkzeugmaschinen und als Teilgetriebe am Teilkopf und an Zahnradbearbeitungsmaschinen eingesetzt.
Die Zahnräder auf An- und Abtriebswelle – ggf. auch einer Zwischenwelle – werden entsprechend der jeweils erforderlichen Übersetzung ausgewechselt.
DIN 781 Zähnezahlen für Wechselräder, DIN 782 Wechselräder

Wechselräderschere
(change gear bracket, quadrant plate)
Um die Abtriebswelle des Wechselrädergetriebes schwenkbare Platte zur Überbrückung des Abstands zwischen Antriebs- und Abtriebszahnrad.
Ein in einem Längsschlitz verschiebbarer Bolzen nimmt das Zwischenrad auf. Mit zwei Zwischenrädern kann die Zahl der möglichen Übersetzungen vergrößert werden.

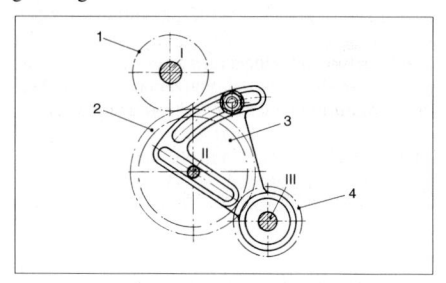

Schema der Wechselräderschere
I Antriebswelle, II Zwischenräderbolzen, III Abtriebswelle, 1 Antriebszahnrad, 2 Zwischenräder, 3 Wechselräderschere, 4 Abtriebszahnrad

Wechselrichter (inverted rectifier)
Stromrichter zum Umformen von Gleichstrom in ein- oder mehrphasigen Wechselstrom mit einstellbarer Frequenz.
Man unterscheidet netzgeführte und selbstgeführte Wechselrichter. Durch den Netzstrom geführte Wechselrichter werden verwendet z.B. für Lüfter, Zentrifugen.
Bei selbstgeführten Wechselrichtern hängen die Zündimpulse nicht von der Netzfrequenz ab, wodurch sie für die unterbrechungsfreie Stromversorgung von wichtigen Verbrauchern, z.B. medizinischen Geräten gut geeignet sind.

Wechselspannung (alternating voltage)
Ändert periodisch Richtung und Betrag. Der zeitliche Mittelwert der Spannung U ist dabei Null (Bild S. 471).
($\rightarrow$arithmetischer Mittelwert, $\rightarrow$quadratisches Mittel)

Wechselstrom (alternating current, AC)
Ändert periodisch Richtung und Betrag. Der zeitliche Mittelwert des Stromes I ist dabei Null.
($\rightarrow$Wechselspannung)

Wechselstromzähler
(alternating-current meter)
Messsystem auf der Grundlage der Induktion der wirksamen Spannung U (hochohmige Spannungsspule) und des Stromes I (niederohmige Stromspule) in eine drehbar gelagerte Aluminiumscheibe,

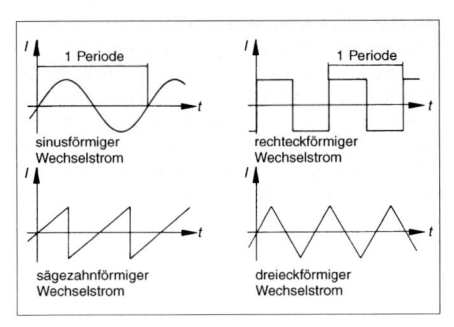

Liniendiagramm einer Wechselspannung

die ähnlich einem Asynchronmotor in eine Drehbewegung versetzt wird.
Der Wechselstromzähler misst Wirkarbeit W in kWh.
($\rightarrow$Zählerkonstante)

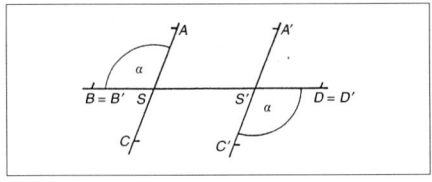

Wechselwinkel (alternate angles)
Entgegengesetzt liegende Winkel an von einer Geraden geschnittenen Parallelen.
Wechselwinkel sind gleich groß.
($\rightarrow$Winkel)

Wechselwinkel ($\sphericalangle$ ASB und $\sphericalangle$ C'S'D')

Wechselwirkungsgesetz
(law of action and reaction)
Drittes Newton'sches Gesetz: Die Wirkung (actio) ist stets der Gegenwirkung (reactio) gleich, die Wirkungen zweier Körper aufeinander sind stets gleich und von entgegengesetzter Richtung (actio = reactio)
Daraus folgt, dass Kräfte immer paarweise auftreten, und dass es zu jeder Kraft F eine gleich große aber entgegengesetzt wirkende Kraft (Gegenkraft) F' gibt: $F = -F'$. Die Angriffspunkte von F und F' liegen in zwei verschiedenen Körpern.
($\rightarrow$Kraft)

Weg s (path)
Die zwischen zwei festen Orten gelegene Strecke s.
Physikalische Basisgröße mit der SI-Basiseinheit Meter m. Im Unterschied zur Länge ist der Weg (meistens) eine vektorielle Größe.
Beispiel: Die durch Krafteinwirkung zurückgelegte Strecke.
($\rightarrow$Basiseinheit, $\rightarrow$Basisgröße, $\rightarrow$Länge, $\rightarrow$Meter)

Weg-Schritt-Diagramm (sequence diagram)
Grafische Darstellungsform für den Ablauf von Steuerungen.
Die Stellung der Aktoren bei jedem Schritt der Ablaufsteuerung wird durch eine Linie dargestellt.

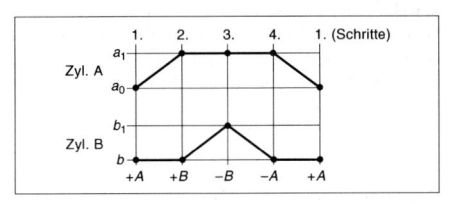

Weg-Schritt-Diagramm für zwei Pneumatikzylinder

Weg-Zeit-Diagramm
(displacement-time diagram)
Grafische Darstellungsform für Steuerungen, bei denen die Stellung der Aktoren in Abhängigkeit von der Zeit dargestellt wird.

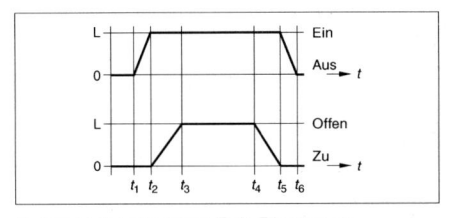

Beispiel für ein Weg-Zeit-Diagramm

Wegbedingung (preparatory function)
Legt mit den Koordinaten oder Winkelwerten fest, wie geometrische Informationen in einem CNC-Steuerungsprogramm verarbeitet werden.
Das Programmwort wird mit der Adresse G programmiert. Die Adresswerte sind zweistellige, frei verschlüsselte Zahlen.
($\rightarrow$CNC-Programm, $\rightarrow$CNC-Satz)

Wegeventil (directional control valve)
Pneumatisches Schaltventil, das durch die Anzahl der Schaltanschlüsse und der Schaltstellungen gekennzeichnet ist.
Unterschiede gibt es auch hinsichtlich der Betätigungs- und Rückstellungsformen.
Beispiel: 5/2-Wegeventil, 3/2-Wegeventil. Die erste Zahl gibt die Anzahl der Schaltanschlüsse, die zweite die Anzahl der Schaltstellungen an.

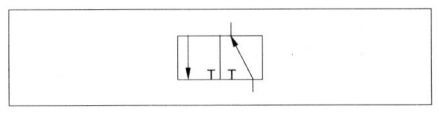

Symbolische Darstellung eines 3/2-Wegeventils

Wegmesssystem
(position measuring system)
Baugruppe zur Messwerterfassung von Bewegungen an CNC-Maschinen.
Verwendet werden Glasmaßstäbe oder Impulsscheiben mit Messwertabnehmern, die den Positions-Sollwert (programmierter Wert) mit dem Positions-Istwert (Schlittenposition, Winkeldrehung) erfassen und im Steuerrechner vergleichen.
(→digital-absolutes Wegmesssystem, →digitalinkrementales Wegmesssystem, →direkte Wegmessung, →Glasmaßstab, →Impulsscheibe, →indirekte Wegmessung)

Wegplansteuerung
(position scheduled control)
Steuerungsart, bei der der Ablauf des Steuerprogramms vom zurückgelegten Weg oder der Stellung der beweglichen Elemente abhängig ist.
Beispiel: Ein Pneumatikzylinder fährt zurück, sobald er an einer bestimmten Position einen Schalter betätigt.
(→Zeitplansteuerung)

Weichfleckigkeit (soft spots in a hard material)
Fehler beim Härten, der Martensit enthält weiche Ferritinseln.
Ursache ist eine unvollständige Ferritauflösung durch zu niedrige Härtetemperatur oder eine Randentkohlung bei perlitischen Stählen.
(→Austenitisierung)

Weichglühen (softening; soft or full annealing)
Glühen mit dem Ziel, Stähle besser umform- und zerspanbar zu machen.
GKZ-Glühen (auf kugeligen Zementit) durch längeres Halten auf Temperaturen um/über Ac_1. Dabei koagulieren die Zementitlamellen zu rundlichen Körnern. Zuvor erzeugte Zwangszustände (Kaltumformung, Härten, Bainitisieren) verkürzen die Glühzeit.

Weichmacher (plasticizer)
Zusätze von 15...50% zu harten Thermoplasten (PVC).
Je nach Anteil lassen sich zähharte und leder- bis gummiartige Werkstoffe (bei Raumtemperatur) erzeugen. Weichmacher können im Laufe der Zeit ausdiffundieren, dadurch Versprödung des Polymers.

weißes Eisen (white cast iron)
Name für untereutektische Fe/Fe_3C-Gusslegierungen (C als Zementit im Gefüge).
Dadurch entsteht eine metallisch hellglänzende Bruchfläche.
Beispiele: Hartguss und Temperrohguss.

Welle, physikalisch (wave)
Eine sich fortpflanzende Schwingung.
Unterschieden werden Querwellen (transversale Wellen), die senkrecht zur Ausbreitungsrichtung schwingen (z.B. Licht und andere elektromagnetische Wellen), sowie Längswellen (longitudinale Wellen), die in Ausbreitungsrichtung schwingen und als Dichtewellen immer an ein Ausbreitungsmedium gebunden sind (z.B. Schall).
(→Schwingung)

Welle, technisch (shaft)
Übertragen im Gegensatz zu Achsen Drehmomente, z.B. über Zahnräder, Riemenscheiben oder Kupplungen. Sie werden hauptsächlich auf Verdrehung und zusätzlich auf Biegung beansprucht. Berechnungsbeispiel torsions- und biegebeanspruchter Wellen (überschlägig): Wellendurchmesser $d \approx c_1 \cdot \sqrt[3]{M_T} \approx c_2 \cdot \sqrt[3]{P/n}$ mit M_T (zu übertragenes Drehmoment), P (zu übertragende Leistung), n (Drehfrequenz der Welle), c_1, c_2 (Beiwerte, z.B. für St 60 $c_1 \approx 0{,}61$, $c_2 \approx 122$).

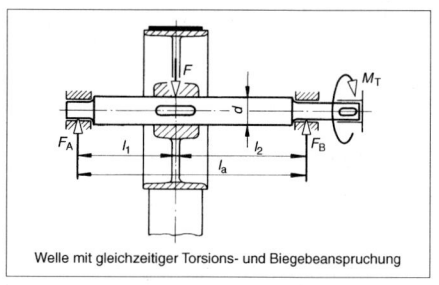

Welle mit gleichzeitiger Torsions- und Biegebeanspruchung

Gelenkwellen verbinden nicht fluchtende, in der Lage veränderliche Wellenteile, z.B. bei Tischantrieben von Fräsmaschinen. Zur Übertragung kleinerer Drehmomente Ausführung mit Kugelgelenken.

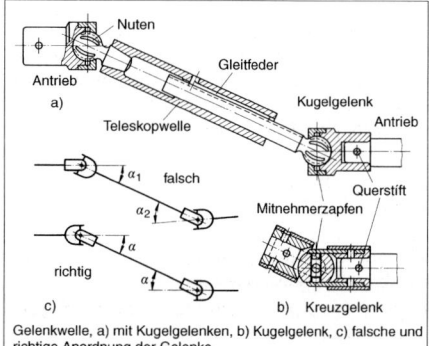

Gelenkwelle, a) mit Kugelgelenken, b) Kugelgelenk, c) falsche und richtige Anordnung der Gelenke

Biegsame Wellen dienen der Übertragung kleinerer Leistungen zum Antrieb ortsveränderlicher Elektrowerkzeuge wie Handschleifmaschinen. Schraubenförmig gewickelte Stahldrähte werden von beweglichem Metallschlauch umhüllt.
Wellenzapfen (Lagerzapfen) werden wechselnd auf Biegung beansprucht. Antriebszapfen werden auf Biegung und Verdrehung beansprucht.
DIN 7551 Einfach- und Doppel-Kreuzgelenke mit Ablenkwinkel 45° oder 90°; DIN 808 Wellengelenke für Werkzeugmaschinen; DIN 42 995 Anschlussmaße für die Antriebsseite biegsamer Wellen an Elektromaschinen;
DIN 44 713 Biegsame Wellen; DIN 75 513 Biegsame Wellen für Kraftfahrzeuge
DIN 748 Zylindrische Wellenenden; DIN 749 Kegelige Wellenenden mit langem Kegel (1 : 10) und Gewindezapfen; DIN 1448 Kegelige Wellenenden mit kurzem Kegel und Gewindezapfen

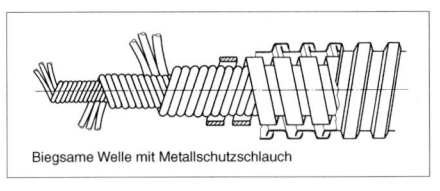

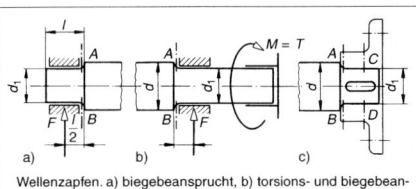

Biegsame Welle mit Metallschutzschlauch

Wellenzapfen. a) biegebeansprucht, b) torsions- und biegebeansprucht, c) torsionsbeansprucht

Wellenberechnung (shaft calculation)
→Biegung und Torsion

Wellenlänge λ (wavelength)
Abstand zwischen zwei benachbarten Punkten des gleichen Schwingungszustands (Phase).
Die Wellenlänge λ ist das Produkt aus der Ausbreitungsgeschwindigkeit c und der Schwingungsdauer T: $\lambda = cT$ in m.
(→Welle, physikalisch)

Wellenzapfen (journal)
→Welle, technisch

Weltkoordinatensystem
(world coordinate system)
Kartesisches Koordinatensystem, das als Bezugssystem für die Angabe von Objektposition und -orientierung dient.
Das Weltkoordinatensystem kann in Ursprung und Richtung frei gewählt werden.
(→Kartesisches Koordinatensystem, →Koordinatensystem, →Werkzeugkoordinatensystem)

Wendepunkt (point of inflection)
Punkt $P(a\,|\,f(a))$ der Kurve einer Funktion $y = f(x)$, in dem sich das Krümmungsverhalten der Kurve ändert.
In einem Wendepunkt findet der Übergang von einem konvexen zu einem konkaven Bereich oder umgekehrt statt. Die Kurve liegt in der unmittelbaren Nähe eines Wendepunktes nicht auf einer Seite der Tangente, sondern wird von dieser durchsetzt.
Eine notwendige Bedingung für die Existenz eines Wendepunkts $P(a\,|\,f(a))$ einer Funktion $y = f(x)$ ist das Verschwinden der zweiten Ableitung im Wendepunkt, also $f''(a) = 0$ (falls sie existiert). Zur Bestimmung der Wendepunkte müssen alle x berechnet werden, die die Gleichung $f''(x) = 0$ erfüllen. $P(a\,|\,f(a))$ ist ein Wendepunkt, wenn $f''(a) = 0$ und $f'''(a) \neq 0$ gilt oder wenn $f''(a) = f'''(a) = 0$ und es ein ungerades n gibt, so dass
$f''(a) = f'''(a) = ... = f^{(n-1)}(a) = 0$, $f^{(n)}(a) \neq 0$
(n ungerade).
Ein Wendepunkt liegt also vor, wenn die erste an der Stelle a von Null verschiedene Ableitung von ungerader Ordnung ist.
Falls in einem Wendepunkt $P(a\,|\,f(a))$ auch noch die erste Ableitung gleich Null ist, wenn also zusätzlich $f'(a) = 0$ gilt, dann ist dort die Tangente waagerecht. Ein solcher Wendepunkt heißt Sattelpunkt.
Beispiel:
$f(x) = x^3 - 4x^{2+} 4x = x(x-2)^2$
$f'(x) = 3x^2 - 8x + 4$, $f''(x) = 6x - 8$, $f'''(x) = 6$
$f''(x) = 0 \Rightarrow 6x - 8 = 0 \Rightarrow x = 4/3$
$f'''\frac{4}{3} = 6 \neq 0 \Rightarrow$ bei $x = 4/3$ liegt der Wendepunkt $P = (4/3\,|\,f(4/3)) = (4/3\,|\,16/27)$.
(→konkave Funktion, →konvexe Funktion, →Krümmung, →Krümmungsverhalten, →Tangente)

Werkstättenfertigung
(workshop production)
Elementartyp der Produktion, der sich aus dem Merkmal der Anordnung der Arbeitssysteme ergibt.
Sie ist dadurch gekennzeichnet, dass in den Teilbetrieben einer Produktionsstätte jeweils gleichartige Arbeitssysteme zusammengefasst sind. Teilbetriebe sind z.B. Dreherei, Bohrerei, Fräserei, Schleiferei und Lackiererei.

Werkstoffnummern

Werkstoffnummern (material number)
Kurzbezeichnung von Werkstoffen durch Ziffern.
Die erste gibt die Werkstoff-Hauptgruppe an:
1 Stahl, 2 NE-Metalle, 3 Leichtmetalle, 4 PM-Werkstoffe, 5 nichtmetallische Werkstoffe.
Die folgenden vier Ziffern kennzeichnen die Werkstoffsorte. Wahlweise können weitere zwei Ziffern für den Werkstoffzustand angegeben werden.
Beispiel: Kaltarbeitsstahl X210Cr12 Nr.: 1.2080.

1.	2 0 8 0.	9 2
1 Stahl	80 Zählziffer	2 weichgeglüht
	20 hochlegierter Cr Stahl	9 Elektrostahl

Normen für Nummernsysteme: DIN EN 10 027-2 Stähle, DIN EN 1560 Gusseisen, DIN EN 573-1 Al und Al-Legierungen, DIN EN 1412 Cu und Cu-Legierungen. DIN EN 1754 Mg.

Werkstoffverbund (composite materials)
Verschiedene Werkstoffe, die durch Fügen oder Beschichten miteinander verbunden sind.
Im Gegensatz zu Verbundwerkstoffen besteht zwischen den Komponenten eine zusammenhängende Grenzfläche, sie sind nicht vermengt.
Beispiele: Schichtverbunde, Schweißverbunde aus Temperguss mit Walzstahl, Lötverbunde Keramik-Metall.

Werkstoffwahl (selection of materials)
Allgemeines Auswahlprinzip ist das Gleichgewicht zwischen den Anforderungen an das Bauteil und den Eigenschaften des Werkstoffes im Bauteil.
Mangelnde Eigenschaften preisgünstiger Werkstoffe können durch Beschichten oder Wärmebehandlung der Oberfläche ausgeglichen werden.
DIN 17 021 Werkstoffauswahl aufgrund der Härtbarkeit.
(→Verbundwerkstoffe)

Werkstücknullpunkt (work piece zero point)
Ursprung des Werkstückkoordinatensystems.
Beim CNC-Fräsen liegt er meist an einem Werkstückeckpunkt, beim CNC-Drehen auf der Rotationsachse des Maschinensystems an der Maßbezugskante des Werkstücks. Von hier aus werden in der Fertigungszeichnung alle Maße der Werkstückgeometrie angegeben und im CNC-Teileprogramm über Koordinatenangaben festgehalten.

Bildzeichen: ⊕

(→Bezugspunkt, →Bezugspunktverschiebung)

Werkstückspanner
(work fixture; work-holding device; work clamping device)
Verbindet auf einer Werkzeugmaschine das Werkstück fest mit dem Werkstückträger und/oder zentriert es in der zur Bearbeitung erforderlichen Lage.
Beispiele: Körnerspitze, Magnetspanner, Planscheibe, Schrumpffutter, Spanndorn, Spanneisen, Spannfutter, Spannstock, Spannzange.

Werkstückspindel (work spindle)
→Hauptspindel

Werkstücktisch (table; work table)
Werkstückträger an vielen Werkzeugmaschinen. Aufbau und Abmessungen sind je nach Maschinenart und -größe sehr unterschiedlich. Allen Tischen gemeinsam ist die sorgfältig bearbeitete viereckige oder runde Aufspannfläche für das Werkstück mit T-Nuten zur Aufnahme der Werkstückspanner.
Ist der Tisch fest mit dem Maschinengestell verbunden, werden alle zur Bearbeitung erforderlichen Bewegungen vom Werkzeug ausgeführt. Je nach Maschinenart kann der Tisch aber auch die Einstell-, Zustell-, Vorschub- oder Schnittbewegung übernehmen.
DIN 650 T-Nuten

Werkstückträger
(work carrier; work holding fixture)
Nimmt das Werkstück auf, fixiert es in der für die Bearbeitung erforderlichen Lage und vermittelt ihm die für die Bearbeitung erforderlichen Bewegungen.
(→Spindel, →Werkstücktisch)

Werkzeugaufruf (tool function)
Das in CNC-Maschinen eingesetzte Werkzeug wird durch die Adresse T (engl.: tool) im Teileprogramm aktiviert.
Adresswert ist die Nummer eines im Werkzeugspeicher definierten Werkzeugs. Es kann von Hand oder automatisch eingesetzt oder gewechselt werden.
(→automatischer Werkzeugwechsel, →manueller Werkzeugwechsel)

Werkzeugbezugspunkt (tool data point)
Lagebeschreibung zwischen der Schneidenecke eines Drehmeißels und dem Werkzeugträger durch Angabe der Abstandmaße in X- und Z-Richtung zwischen der theoretischen Schneidenecke und dem Werkzeugbezugspunkt WZ.
Bildzeichen (nicht genormt): ⊕

(→Schneidenradiuskorrektur, →Werkzeugeinstellposition)

Werkzeugeinstellposition
(tool setting position)
Orientierung der Drehmeißelschneide bezogen auf den Werkzeugbezugspunkt.
(→Schneidenradiuskorrektur, →Werkzeugbezugspunkt)

Werkzeugkegel (tool taper; machine taper)
Kegelförmiges Einspannende von Maschinenwerkzeugen, z.B. Bohrern, Senkern, Reibahlen, Schaft- und Nutenfräsern.
Der Kegel zentriert das Werkzeug im Spindelkopf. Schlanke Kegel (metrischer Kegel, Morsekegel) sind wegen des kleinen Kegelwinkels selbsthemmend und übertragen das Drehmoment durch Reibung auf das Werkzeug. Nichthemmende Kegel wie der ISO-Steilkegel dienen nur der Zentrierung. Das Drehmoment wird dann durch Mitnehmer übertragen.

Werkzeugkoordinatensystem
(tool coordinate system)
Kartesisches Koordinatensystem, dessen Ursprung sich im programmierbaren Tool-Center-Point (TCP) befindet.
Mit dem Werkzeugkoordinatensystem lässt sich die Position eines Objekts relativ zum Werkzeug beschreiben.
Beispiel: Werkstückkonturverlauf beim Lichtbogenschweißen mit Schweißroboter, wobei der Lichtbogenauftreffpunkt als TCP programmiert wird. Die Koordinaten, die zum Positionieren der Schweißpistole dienen, beziehen sich jetzt direkt auf den Lichtbogenauftreffpunkt.
(→Kartesisches Koordinatensystem)

Werkzeugkorrektur (tool offset)
Automatisches Verrechnen von Werkzeuglänge, -durchmesser oder -radius mit einer Teilegeometrie bei der Fertigung mit CNC-Maschinen.

Werkzeugkorrekturspeicher
(tool offset memory bank)
Speicher, in dem alle Korrekturdaten der bei einer CNC-Fertigung eingesetzten Werkzeuge abgelegt sind.

Werkzeuglängenkorrektur
(tool length offset)
Berücksichtigung unterschiedlicher Bohrer- oder Fräserlängen bei der Fertigung mit CNC-Maschinen.
(→Werkzeugkorrektur)

Werkzeugmaschine (machine tool)
→CNC-Programm, →CNC-Steuerung, →CNC-Werkzeugmaschine

Werkzeugmaschinengestell (base; body)
→Gestell

Werkzeugschlitten (tool carriage; tool slide)
Geradlinig verschiebbarer Werkzeugträger an Werkzeugmaschinen.
Oft aus mehreren übereinander angeordneten Einzelschlitten bestehend, um das Werkzeug längs und quer bewegen, zustellen und schwenken zu können.
Beispiele: Messerschlitten, Räumschlitten, Dreh- und Hobelmaschinensupport.

Werkzeugspanner
(tool-clamping device; tool-holder)
Verbindet auf einer Werkzeugmaschine das Werkzeug fest mit dem Werkzeugträger. Bohr-, Fräs- und Schleifwerkzeuge werden dabei gleichzeig zentriert.
Beispiele: Bohrfutter, Dorn, Kegel, Meißelhalter, Schleifscheibenaufnahme, Spannfutter.

Werkzeugspindel (tool spindle)
→Hauptspindel

Werkzeugstähle (tool steels)
Stähle für die Verwendung zu Werkzeugen aller Art.
DIN EN ISO 4957 Werkzeugstähle.
(→Kaltarbeitsstähle, →Schneidstoffe, →Schnellarbeitsstähle, →Warmarbeitsstähle)

Werkzeugträger (tool head; tool carrier)
Nimmt an Werkzeugmaschinen das Werkzeug oder den Werkzeugspanner auf und vermittelt ihm die für die Bearbeitung erforderliche Schnitt- und/ oder Vorschubbewegung.
(→Bär, →Spindel, →Stößel, →Werkzeugschlitten)

Werkzeugverschleiß (tool life)
Zeitlich fortschreitender Schneidstoffabtrag am Schneidkeil eines Zerspanwerkzeugs durch mechanische, thermische und chemische Störeinflüsse während einer spanenden Bearbeitung. Zerspantechnisch wichtige Verschleißarten sind: Abrasionsverschleiß, Adhäsionsverschleiß, Diffusionsverschleiß und Oxidationsverschleiß.
Durch Werkzeugverschleiß wird die geometrische Form des Schneidkeils verändert. Dies führt zu einer fortschreitenden Minderung seiner Schneidfähigkeit durch Abstumpfung und so zu einer stets begrenzten Gebrauchsdauer (Standzeit) des Zerspanwerkzeugs.
DIN 6583 Begriffe der Zerspantechnik.

Werkzeugwechsel (tool change)
Automatisches oder von Hand auszuführendes Austauschen von Werkzeugen an Werkzeugmaschinen.
(→Werkzeugwechselpunkt)

Werkzeugwechselpunkt
(tool change position)
Bei CNC-Maschinen im Bearbeitungsprogramm festgelegte Position für das Austauschen des Werkzeugs.

Werkzeugwechsler an Robotern
(robot tool changing device)
System, das auf Befehl einer Steuerung Werkzeuge automatisch aufnehmen und ablegen kann.
Neben der mechanischen Verbindung zur Aufnahme der Prozesskräfte werden auch elektrische und pneumatische Verbindungen zwischen Roboter und Greifer hergestellt. Ein Wechsler an einem Roboter besteht aus dem Festteil (am Roboterhandgelenk befestigt) und dem Losteil (mit dem Werkzeug verbunden). Das Koppeln geschieht in der Regel pneumatisch oder hydraulisch.
(→Greiferwechselsystem, →Robotergreifer)

Werkzeugwinkel (tool angle)
Winkel am Schneidteil eines nicht im Schnitt stehenden Zerspanwerkzeugs zur Bestimmung von Form und Winkellage des Schneidkeils. Sie sind im Werkzeug-Bezugssystem definiert und werden für Konstruktion und Herstellung der Werkzeuge benötigt.
(→Eckenwinkel, →Einstellwinkel, →Freiwinkel, →Keilwinkel, →Neigungswinkel, →Spanwinkel)

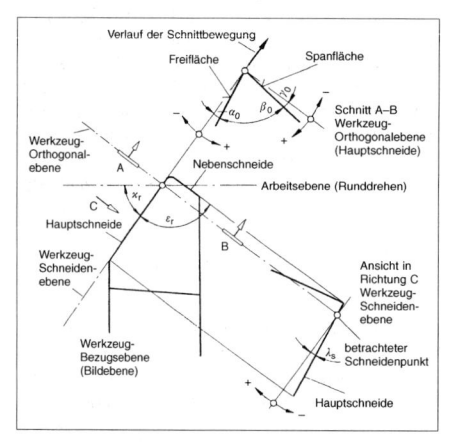

Werkzeugwinkel am Drehwerkzeug

Wertanalyse (value analysis)
Spezielle Methodik, mit schematisiertem Vorgehen in allen Bereichen einer Unternehmung zur Kostenvermeidung und Kostensenkung beizutragen.

Wertebereich (range of values)
→Funktion

Wertemenge (value set)
→Funktion

Wertetabelle (value table)
→Wahrheitstabelle.

Wertetabelle einer Funktion
(table of values for a function)
Eine Auswahl geordneter Zahlenpaare $(x, y) = (x, f(x))$ für eine Funktion $y = f(x)$.
Dabei sind die ausgewählten Werte für x Elemente des Definitionsbereichs D der Funktion.
Man stellt meist eine Wertetabelle auf, um den Graph einer Funktion zu zeichnen.
Beispiel: Wertetabelle für die Funktion $y = -x^2 - 4x + 3$, $D = \mathbb{R}$:

x	y
−5	−2
−4	3
−3	6
−2	7
−1	6
0	3
1	−2
2	−9

(→Funktion, →Graph einer Funktion)

Wertigkeit (stoichiometric valence)
Zahl der von einem Atom oder einer Atomgruppe in einer Verbindung zu ersetzenden Wasserstoffatome (stöchiometrische Wertigkeit).
Beispiele: HCl Chlor einwertig
H_2O Sauerstoff zweiwertig
H_2S Schwefel zweiwertig
NH_3 Stickstoff dreiwertig
SO_2 Schwefel vierwertig
(Viele chemische Elemente treten in mehreren Wertigkeiten auf).
(→Bindigkeit)

Wertschöpfung (value creation)
Ist meist die Differenz von Bruttoproduktionswerten und den Vorleistungen der einzelnen Wirtschaftsbereiche.

Wheatstone-Brücke (Wheatstone bridge)
→Brückenschaltung

Widerstand (resistance; resistor)
→elektrischer Widerstand

Widerstandsmoment W (section modulus)
Geometrische Rechengröße für Festigkeitsberechnungen bei Biegung, Knickung und Torsion.
W ist der Quotient aus dem jeweiligen Flächenmoment I des Querschnitts und dem äußeren Randfaserabstand e von der Querschnittsachse ($W = I/e$). Entsprechend unterscheidet man zwischen axialen (W_a) und polaren (W_p) Widerstandsmo-

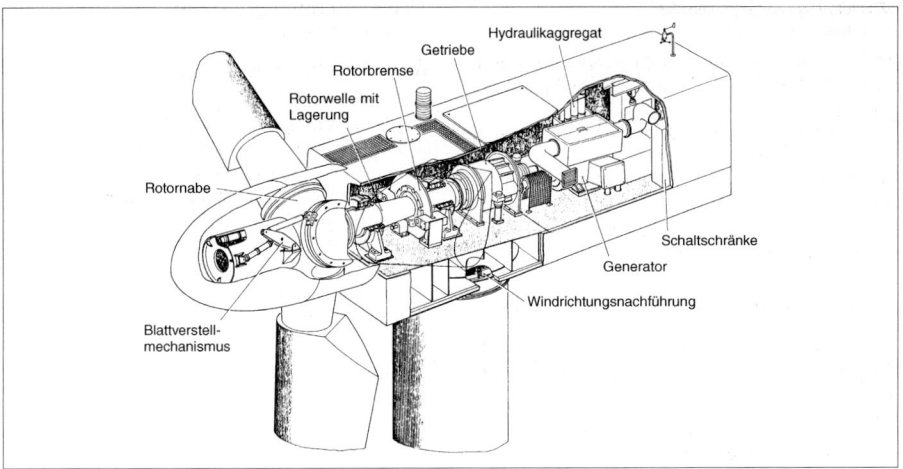

Gondel einer Windkraftanlage (MAN)

menten. Wie für die Flächenmomente *I* sind auch für die Widerstandsmomente *W* Berechnungsgleichungen für technisch wichtige Querschnittsformen entwickelt und in Tabelln zusammengestellt worden.

Widerstandspressschweißen (pressure resistance welding)
Durch Zusammenpressen zweier Teile erhält man eine Schweißverbindung. Die zum Schweißen erforderliche Wärme wird durch den bei Stromdurchgang auftretenden elektrischen Widerstand erzeugt (Widerstandserwärmung).
(→Abbrenn-Stumpfschweißen, →Induktives Widerstandspressschweißen, →Press-Stumpf-Schweißen, →Punktschweißen, →Schweißen)

Widerstandszahl (friction coefficient of a pipe)
→Druckabfall

Wien-Brücke (Wien bridge)
→Brückenschaltung

Winde (hoist)
a) Kleines Handhebezeug, bei dem die Hubkraft über Handkurbel und Zahnstange aufgebracht wird.
b) In Forstwirtschaft und Kraftfahrzeugtechnik Zugvorrichtung, bei der das Zugseil ungeführt auf einer Trommel aufgehaspelt wird.

Windkessel (air vessel)
→Kolbenpumpen

Windkraftanlagen (wind power stations)
Strömungsmaschinen, die zur Stromerzeugung Windenergie in mechanische Arbeit an der Rotorwelle umwandeln (Bild oben). Stark wechselnde Windgeschwindigkeiten produzieren ein unterschiedliches Energieangebot. Sturmwinde, Böen oder wechselnde Windrichtungen erfordern Begrenzung der Energiewandlung und Sicherung der Anlage durch Abschaltung. Rotoren werden als Zwei- oder Dreiblattläufer ausgeführt. Bei drehenden Winden erfolgt automatische Nachführung des Rotors und der Maschinensatzgondel. Leistungsregelung durch Rotorblatt-Verstellung. Der Rotordurchmesser ist von der Leistung und den zu erwartenden Windgeschwindigkeiten abhängig.

Windwerk (power hoist installation)
Schwere Hubeinrichtung, bestehend aus Motor, Hubgetriebe, Hubtrommel und Seilgetriebe.
Windwerke werden in Bereichen angewandt, die mit Elektroseilzügen nicht mehr zu bewältigen sind.

Winkel (angle)
Wird von zwei von einem Punkt S ausgehenden Strahlen gebildet.
Winkel werden meist mit kleinen griechischen Buchstaben bezeichnet:
$\alpha, \beta, \gamma, \delta, ..., \varphi, ...$
Man unterscheidet in der Regel nicht zwischen Winkel und Größe (Maß, Betrag) eines Winkels.
Einheiten der Winkelmessung sind das Grad oder Gon (Gradmaß) sowie der Radiant (Bogenmaß).
(→Bogenmaß, →Gradmaß)

Winkelbeschleunigung α
(angular acceleration)
Quotient aus der Winkelgeschwindigkeitsänderung $\Delta\omega$ und dem zugehörigen Zeitabschnitt Δt bei einer Rotation: $\alpha = \Delta\omega/\Delta t$ in rad/s² = 1/s². Die Winkelbeschleunigung ist ein axialer Vektor in Richtung der Drehachse.
(→Rotation, →Winkelgeschwindigkeit)

Winkelfunktionen (trigonometric functions)
→trigonometrische Funktionen

Winkelgeschwindigkeit ω (angular speed)
Quotient aus dem vom Fahrstrahl überstrichenen Drehwinkel φ und der dafür benötigten Zeit t bei einer Rotation: $\omega = \varphi/t$ in rad/s = 1/s. Die Winkelgeschwindigkeit ist ein axialer Vektor in Richtung der Drehachse.
Beispiel: Ein Sekundenzeiger hat eine Winkelgeschwindigkeit von 2π rad/60 s = 0,10472 rad/s.
(→Drehwinkel, →Rotation)

Winkelgreifer (angular gripper)
Bauform eines Greifers.
Die Linearbewegung eines steuerbaren Pneumatikzylinders wird über eine Kurvenzwangsführung in eine Winkelbewegung der Greiferfinger (Greiferbacken) umgesetzt.
(→Greifer, →Greifkraft)

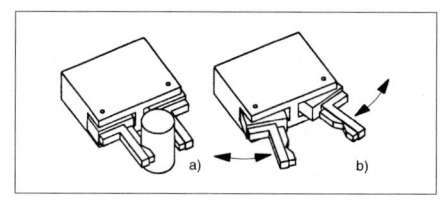

a) Winkelgreifer hält mit den geschlossenen Halteelementen das Werkstück
b) Winkelgreifer in geöffneter Stellung

Winkelhalbierende (bisectrix)
Gerade durch den Scheitelpunkt eines Winkels, die mit den Schenkeln des Winkels gleiche Teilwinkel bildet.
Die Winkelhalbierenden der Koordinatenachsen eines kartesischen Koordinatensystems sind die Geraden $y = x$ und $y = -x$.
Im Dreieck sind die Winkelhalbierenden Strecken $\overline{PQ}$, wobei P ein Eckpunkt (Scheitelpunkt des entsprechenden Winkels) und Q der Schnittpunkt mit der gegenüberliegenden Seite ist. Die drei Winkelhalbierenden im Dreieck schneiden sich in einem Punkt, dem Mittelpunkt des Inkreises.
Die Längen der Winkelhalbierenden im Dreieck werden mit w_α, w_β, w_γ bezeichnet. Es gilt:

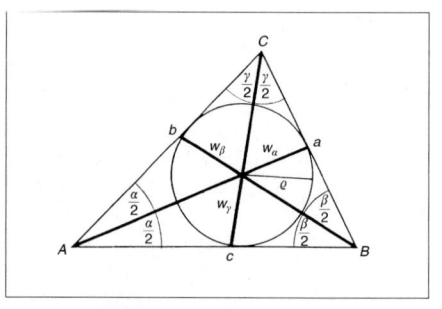

Die drei Winkelhalbierenden eines Dreiecks schneiden sich im Inkreismittelpunkt

$$w\alpha = \frac{2bc\cos(\alpha/2)}{b+c}, \quad w\beta = \frac{2ac\cos(\beta/2)}{a+c}$$

$$w\gamma = \frac{2ab\cos(\gamma/2)}{a+b}$$

(a, b, c Seiten, α, β, γ Winkel des Dreiecks).
Eine Winkelhalbierende teilt die gegenüberliegende Seite im Verhältnis der Längen der anliegenden Seiten.

Winkelhalbierende im Dreieck ($u : v = a : b$)

Winkelhebelfutter
(chuck operated by levers fitted at an angle)
Kraftbetätigtes Spannfutter.
Im Futterkörper gelagerte Winkelhebel werden von der Zugstange des Kraftspannantriebs betätigt und verschieben dabei die Spannbacken gleichzeitig in ihren radialen Führungen.

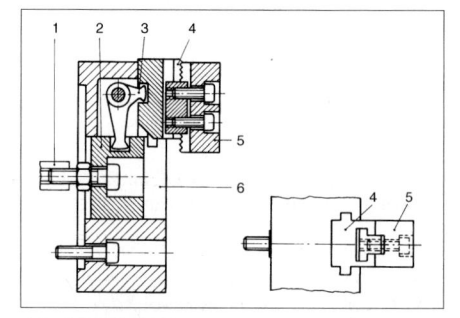

Winkelhebelfutter
1 Zugstange, 2 Spannmuffe, 3 Winkelhebel, 4 Grundbacke, 5 Aufsatzbacke, 6 Futterkörper

Um 9.30 Uhr .... er mit der Arbeit angefangen. Martin .... viele E-Mails geschrieben und gelesen.

Um 10
Körner
einen

Von 13.30 bis 17.00 Uhr .... Martin wieder gearbeitet. Er hatte eine Besprechung mit Frau Müller. Danach .... er zwei Briefe aus Italien übersetzt.

Um
aber
gefa
mar
....
esse

Winkelmaß (angular measure)
Es gibt verschiedene Möglichkeiten, einen Winkel in der Ebene zu messen. Am häufigsten werden das Gradmaß und das Bogenmaß verwendet. Beim Gradmaß teilt man den Vollwinkel in 360 gleiche Teile oder in 400 gleiche Teile (Neugrad) ein.
(→Bogenmaß, →Gradmaß)

Winkelsumme im Dreieck
(sum of the angles of a triangle)
Die Summe der Innenwinkel in jedem Dreieck beträgt $180°$ ($\alpha + \beta + \gamma = 180°$).
(→Dreieck)

Winkelsumme im n-Eck
(sum of the angles of an $n\backslash$=gon)
Die Summe der Innenwinkel in einem beliebigen n-Eck beträgt $(n-2)\cdot 180°$, in einem Dreieck also $180°$, in einem Viereck $360°$, in einem Fünfeck $540°$ und in einem Zehneck $8 \cdot 180° = 1440°$.
(→Polygon)

Wirbelkammerverfahren
(swirl-chamber process)
Verfahren zur indirekten Einspritzung bei Dieselmotoren.
Dieselkraftstoff wird über eine Zapfendüse in die Wirbelkammer (kugelförmiger Nebenbrennraum im Zylinderkopf) eingespritzt. Sie ist durch einen großen tangentialen Schusskanal mit dem Verbrennungsraum verbunden. Der Kraftstoff entzündet sich an der stark verwirbelten Luft in der Wirbelkammer. Durch Druckanstieg geht die Verbrennung über den Schusskanal in den Hauptbrennraum über. Kaltstarthilfe durch Glühkerzen erforderlich.
(→Glühkerzen, →Kaltstarthilfe, →Vorkammerverfahren, →Zapfendüse)

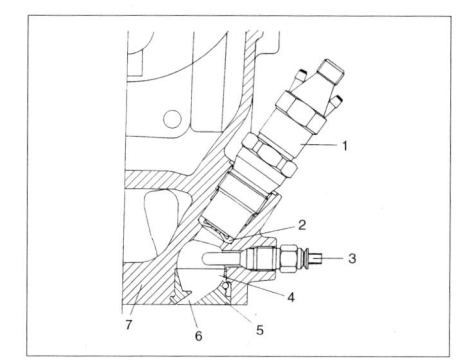

Zylinderkopf mit Wirbelkammer (BMW)
1 Einspritzdüse, 2 Wärmeschutzdichtung, 3 Glühkerze, 4 Wirbelkammer, 5 Wirbelkammereinsatz, 6 Schusskanal, 7 Zylinderkopf

Wirbelstrom (eddy current)
Durch Induktion in einem Eisenkern entstehender elektrischer Strom, der eine Erwärmung des Eisenkerns hervorruft.
Wirbelstromverluste in Transformatoren und elektrischen Motoren sind unerwünscht und werden durch geschichtete Bleche anstelle von massiven Eisenkernen gemindert.
Wirbelströme werden in sog. Wirbelstrombremsen gezielt hervorgerufen, z.B. zur Bremsung von Schienenfahrzeugen, schweren LKW und Bussen.

Wired-AND (wired-AND)
Verdrahtete UND-Schaltung.
Die Ausgänge von Gattern mit offenen Kollektoren werden parallel geschaltet.

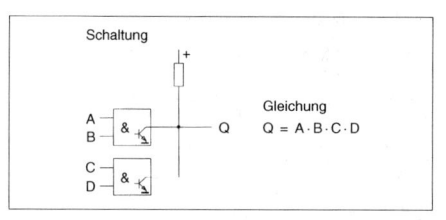

Wired-AND
Schaltung — Gleichung $Q = A \cdot B \cdot C \cdot D$

Wired-OR (wired-OR)
Verdrahtete UND-Schaltung mit anschließender Negation.
(→Wired-AND)

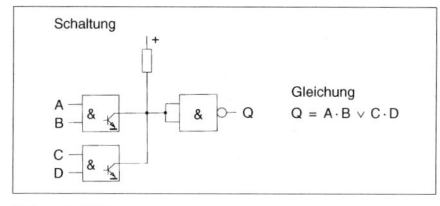

Wired-OR
Schaltung — Gleichung $Q = A \cdot B \vee C \cdot D$

Wirkabstand (effective separation)
→Kräftepaar

Wirkbewegung (relative movement between tool and workpiece)
Bewegungen des Werkzeugs oder des Werkstücks zur Durchführung der spanenden Bearbeitung bei stetigem Bearbeitungsfortschritt. Sie werden von der spanenden Werkzeugmaschine erzeugt und als Drehbewegung oder Linearbewegung ausgeführt.
DIN 6580 Begriffe der Zerspantechnik.
(→Schnittbewegung, →Vorschubbewegung)

Wirkleistung P, elektrisch

Wirkleistung P, elektrisch (active power)
Die von einem Wirkwiderstand (ohmscher Widerstand) aufgenommene und von einem Leistungsmesser angezeigte elektrische Leistung:
$P = UI\cos\varphi$ in W.

Wirkleistung P_e, mechanisch
(power required for cutting or turning)
Leistungsbedarf am Ort der Spanbildung bei spanender Bearbeitung.
P_e in kW ist die Summe aus Schnittleistung P_c und Vorschubleistung P_f ($P_e = P_c + P_f$).
Sie wird durch den motorischen Antrieb der spanenden Werkzeugmaschine an die Bearbeitungsstelle herangeführt.
DIN 6584 Begriffe der Zerspantechnik.

wirklicher Stoß (effective impact)
→Stoß

Wirkschaltplan (operational diagram)
Darstellungsart für Schaltungen, die das Zusammenwirken von Bauelementen untereinander veranschaulichen soll.
Die einzelnen Bestandteile eines Bauelements werden zusammenhängend gezeichnet.
(→Funktionsplan, →Stromlaufplan)

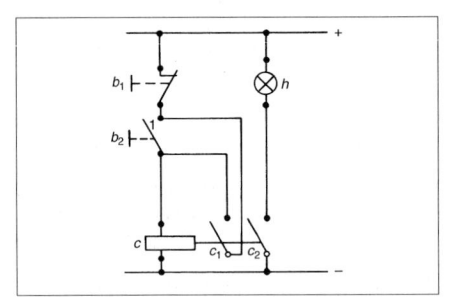

Wirkschaltplan einer Schaltung

Wirkungsgrad η, Maschinenbau
(efficiency)
Kenngröße für die Güte der Energieumwandlung bei Maschinen und Anlagen (Nutzeffekt).
η ist das Verhältnis der von einer Maschine erbrachten Nutzarbeit zu der für ihren Betrieb aufgewandten Energie und ist kleiner als 1 oder 100%.
Nach den Verlustarten in Maschinen und Anlagen unterscheidet man den inneren-, mechanischen-, effektiven-, hydraulischen-, thermischen- und volumetrischen Wirkungsgrad.
(→effektiver Wirkungsgrad, →hydraulischer Wirkungsgrad, →innerer Wirkungsgrad, →mechanischer Wirkungsgrad, →volumetrischer Wirkungsgrad)

Wirkungsgrad η, physikalisch (ratio of work output to energy input; efficiency ratio)
In einem technischen Vorgang das Verhältnis aus Nutzarbeit W_n (oder Nutzleistung P_n) und aufgewendeter Arbeit W_a (oder Leistung P_a).
Die bei jedem Vorgang unvermeidliche Reibungsarbeit wird in Wärme umgewandelt, die zu einem größeren oder kleineren Teil für den eigentlichen Zweck verloren geht. Daher gilt immer:
$\eta = W_n/W_a = P_n/P_a < 1$.
Der Gesamtwirkungsgrad η_{ges} einer Maschine, einer Anlage oder eines physikalischen Vorgangs ist das Produkt der Einzelwirkungsgrade:
Gesamtwirkungsgrad:
$\eta_{ges} = \eta_1 \eta_2 \eta_3 ... \eta_n = P_{ab}/P_{an} < 1$. η kann in % angegeben werden, z.B. $\eta = 0{,}98$ oder 98%.
Für Getriebe ist die Beziehung zwischen Wirkungsgrad η, Drehmoment M und Übersetzung i wichtig: $\eta = M_{ab}/(M_{an} i); M_{ab} = M_{an} i \eta$.
Beispiele für Wirkungsgrade:

Gleitlager: $\eta = 0{,}98$
Verzahnung: $\eta = 0{,}98$
E-Motor: $\eta = 0{,}9$
Ottomotor: $\eta = 0{,}25$.

Wirkungsgrad von Seiltrieben
(effiency factor of rope drives)
Bei Seiltrieben das Verhältnis zwischen aufgewandter und an der Last entnommener Hubleistung.
DIN 15 020 Berechnung von Seiltrieben.

Wirkungsweg (signal flow path)
Gedachter Weg, entlang dessen Größen verändert werden.
Der Wirkungsweg verläuft von der Ursache zur Wirkung. Die Richtung muss nicht mit der Richtung der Energie- und Massenströme übereinstimmen.

Wirkwiderstand R (resistance)
Ohmscher Anteil im Scheinwiderstand Z, z.B. ist der Drahtwiderstand in einer Spule der Wirkwiderstand R, während der Scheinwiderstand Z die geometrische Summe aus Blindwiderstand X_L und der Wirkwiderstand R ist: $Z^2 = R^2 + X_L^2$.

Wirkwinkel (working angle)
Winkel am Schneidteil eines im Schnitt stehenden Zerspanwerkzeugs. Sie sind im Wirk-Bezugssystem definiert und bei sich ändernder Wirkrichtung veränderliche Augenblickswerte.
(→Werkzeugwinkel)

Wirtschaftlichkeit (economic viability)
Für eine bestimmte Handlung ermittelte Beziehung zwischen dem Handlungsergebnis und dem dafür erforderlichen Mitteleinsatz.
Der Wert des Handlungsergebnisses und des Mitteleinsatzes wird durch die jeweils relevanten Ziele festgelegt, in einem erwerbswirtschaftlichen Unternehmen durch Erträge und Aufwendungen oder Erlöse und Kosten gemessen.

Wolfram-Inertgas-Schweißen (tungsten inert-gas welding)
Abgekürzt WIG. Lichtbogen brennt zwischen einer sich nicht verbrauchenden, wassergekühlten Wolframelektrode und dem Werkstück. Über eine Ringdüse strömt inertes Schutzgas (Argon, schwerer als Luft) auf das Werkstück. Zusatzwerkstoff von Hand oder mechanisch. Schweißung mit Gleichstrom, nur bei Al- und Al-Legierungen mit Wechselstrom. Nachteile: geringe Abschmelzleistung, große Handfertigkeit erforderlich. Schweißen aller wichtigen Metalle wie Stahl, Aluminium, Kupfer, Titan usw. möglich. Fehlermöglichkeiten: Porenbildung, Wolframeinschlüsse, Oxideinschlüsse.

Wolfram W (tungsten)
Hartes, schweres Metall, Dichte $\rho = 19{,}3$ g/cm^3, mit höchstem Schmelzpunkt (3410 °C).
Deshalb und wegen der geringen plastischen Verformbarkeit ist nur pulvermetallurgische Herstellung und Verarbeitung möglich zu Glühdrähten, Elektroden und Thermo-Elementen.
W ist Legierungselement in Warmarbeits- und Schnellarbeitsstählen, Cu- und Ag-Kontaktwerkstoffen.

Wolframcarbid (tungsten carbide)
→Carbide

Work-Factor-Verfahren (Arbeitswert-Verfahren) (work-factor process)
System vorbestimmter Zeiten.
Es berücksichtigt die vier Einflussfaktoren auf den Bewegungsablauf wie auch auf die Art der Bewegung: Körperteil (body member), zurückgelegter Weg (distance), Gewicht oder Widerstand (weight, resistance) und Kontrolle über die Bewegung (manual control).

Workstation (workstation)
Einzelplatzrechner, der durch seine Integration in ein Netzwerk alle Ressourcen des Netzes nutzen kann.
Hier kann auf den Einsatz von Festplatte und/oder Diskettenlaufwerk verzichtet werden, wenn der Server alle Laufwerke zur Verfügung stellt. Daraus resultiert ein guter Schutz gegen Computerviren.

Wort (word)
Verarbeitungsbreite in zusammenhängender Bitfolge eines Mikroprozessors.
Beispiel: 8-bit-Wort: 1001 0011.

Wucht (impact)
→kinetische Energie

Würfel (cube)
Quader mit lauter gleich langen Kanten.
Es gilt für einen Würfel mit der Kantenlänge a:
Volumen: $\quad V = a^3$,
Oberfläche: $\quad A_O = 6\,a^2$,
Gesamtkantenlänge: $\quad l = 12\,a$.
Der Würfel ist einer der platonischen Körper (konvexen regulären Polyeder). Er wird von sechs Quadraten begrenzt.
(→Platonische Körper, →Prisma, →Quader)

Wurf (throw)
→waagerechter Wurf, →schräger Wurf

Wurzel (root)
Zahl der Form $\sqrt[n]{a} = a^{1/n}$ (gesprochen: n-te Wurzel aus a).
Die Zahl a heißt Radikand der Wurzel (reelle Zahl größer als 0), n Wurzelexponent (natürliche Zahl größer als 0). Die Wurzel $\sqrt[n]{a}$ ist definiert als die eindeutig bestimmte Zahl $x \geq 0$ mit $x^n = a$. Die n-te Wurzel aus $a \geq 0$ ist also die nichtnegative reelle Zahl, deren n-te Potenz gleich a ist. Man spricht vom Radizieren oder Wurzelziehen für diese algebraische Operation.
Ist der Wurzelexponent gleich 2, so heißt $\sqrt[2]{a} = \sqrt{a}$ (der Wurzelexponent 2 braucht nicht geschrieben zu werden.) Quadratwurzel (oder einfach Wurzel) aus a; $\sqrt[3]{a}$ heißt Kubikwurzel aus a.
Für ungerade n kann a auch negativ sein.
Wege $\sqrt[n]{a} = a^{1/n}$ ergeben sich die Regeln der Wurzelrechnung aus den entsprechenden Regeln der Potenzrechnung.
Wichtige Regeln der Wurzelrechnung ($a, b \in \mathbb{R}^+$; $n, m \in \mathbb{N}^*$):
$(\sqrt[n]{a})^n = \sqrt[n]{a^n} = a, \quad (\sqrt[n]{a})^m = \sqrt[n]{a^m},$
$\sqrt[n]{a \cdot b} = \sqrt[n]{a} \cdot \sqrt[n]{b}, \quad \sqrt[n]{a/b} = \sqrt[n]{a}/\sqrt[n]{b},$
$\sqrt[n]{1/a} = 1/\sqrt[n]{a}, \quad \sqrt[m]{\sqrt[n]{a}} = \sqrt[m]{\sqrt[n]{a}} = \sqrt[n \cdot m]{a},$
$\sqrt[n]{a} \cdot \sqrt[m]{a} = \sqrt[n \cdot m]{a^{m+n}}, \quad \sqrt[n]{a}/\sqrt[m]{a} = \sqrt[n \cdot m]{a^{m-n}}$

Beispiele für Wurzeln:
$\sqrt[8]{2^3}$, $\sqrt[5]{-3}$, $\sqrt[2]{7} = \sqrt{7}$ (Quadratwurzel),
$\sqrt[3]{26}$ (Kubikwurzel), $\sqrt[4]{16} = 2$, $\sqrt[4]{125} = 5$,
$\sqrt[2]{64} = 8$
Beispiele zur Wurzelrechnung:
$(\sqrt[3]{6})^3 = 6$,
$(\sqrt[4]{4})^2 = \sqrt[4]{4^2} = 4^{2/4} = 4^{1/2} = \sqrt{4} = 2$,
$\sqrt[4]{2 \cdot 5} = \sqrt[4]{2} \cdot \sqrt[4]{5}$,
$\sqrt[3]{24}/\sqrt[3]{3} = \sqrt[3]{24/3} = \sqrt[3]{8} = \sqrt[3]{2^3} = 2$,
$\sqrt[2]{\sqrt[3]{64}} = \sqrt[2 \cdot 3]{64} = \sqrt[6]{64} = 2$,
$\sqrt[3]{2} \cdot \sqrt[5]{2} = \sqrt[15]{2^{3+5}} = \sqrt[15]{2^8}$.
(→Potenz)

Wurzel einer Gleichung (root of an equation)
Eine Lösung einer algebraischen Gleichung
$x^n + a_{n-1}x^{n-1} + a_{n-2}x^{n-2} + ... + a_1 x + a_0 = 0$.
(→algebraische Gleichung)

Wurzelexponent (order of a root)
→Wurzel

Wurzelfunktion (root function)
Eine Funktion der Gestalt $y = \sqrt[n]{x}$, $n \in \mathbb{N}$, $n \geq 2$. Der Definitionsbereich der Wurzelfunktionen ist $D = \{x \mid x \in \mathbb{R}, x \geq 0\}$ für gerade n und $D = \mathbb{R}$ für ungerade n, die Bildmenge ist gleich dem Definitionsbereich, also $f(D) = D$.
Die Wurzelfunktionen sind im ganzen Definitionsbereich streng monoton wachsend. Für ungerade n ist $y = \sqrt[n]{x}$ eine ungerade Funktion, der Graph der Funktion ist also punktsymmetrisch zum Koordinatenursprung. Die Graphen der Funktionen gehen durch den Koordinatenursprung und durch den Punkt $P(1 \mid 1)$.
Man bezeichnet allgemeiner auch Funktionen $y = a\sqrt[n]{x}$, $a \in \mathbb{R}$, $a \neq 0$ als Wurzelfunktionen. Die Kurve der Funktion $y = a\sqrt[n]{x}$ ist im Vergleich zur Kurve der Funktion $y = \sqrt[n]{x}$ für $|a| < 1$ gestaucht, für $|a| > 1$ gestreckt und für $a < 0$ an der x-Achse gespiegelt.
Ableitungen der Wurzelfunktionen:
$y = a\sqrt[n]{x} \Rightarrow y' = (a/n) \cdot (1/\sqrt[n]{x^{n-1}}) = (a/n) x^{1/n - 1}$,
$y^{(k)} = a(1/n)(1/n - 1) \cdot ... \cdot (1/n - k + 1) x^{1/n - k}$
$(x \neq 0)$.

Unbestimmtes Integral der Wurzelfunktionen:
$\int a\sqrt[n]{x}\, dx = a[n/(n+1)]\sqrt[n]{x^{n+1}} + C$.
(→Funktion, →Potenzfunktion)

Wurzelgleichung (radical equation)
Gleichung, in der die Variable (auch) unter einer Wurzel vorkommt.
Viele Wurzelgleichungen können durch ein- oder mehrmaliges Quadrieren in eine algebraische Gleichung überführt werden. Zur Probe müssen die Lösungen der umgeformten Gleichung in die Ausgangsgleichung eingesetzt werden, da durch das Quadrieren die Lösungsmenge vergrößert werden kann.
Beispiele:
1. $11 - \sqrt{x+3} = 6$
   Isolieren der Wurzel ergibt $\sqrt{x+3} = 11 - 6$, also $\sqrt{x+3}$, woraus man durch Quadrieren der Gleichung $x + 3 = 25$, also $x = 22$ erhält. Einsetzen in die Ausgangsgleichung bestätigt $x = 22$ als Lösung:
   $\sqrt{22+3} = 11 - 6$.

2. $\sqrt{11 - x} = x + 1$
   Quadrieren ergibt $11 - x = x^2 + 2x + 1$, also die quadratische Gleichung $x^2 + 3x - 10 = 0$, die die Lösungen $x_{1,2} = -3/2 \pm \sqrt{9/4 + 10}$, also $x_1 = 2$ und $x_2 = -5$ hat.
   Die Probe zeigt, dass x_1 die Wurzelgleichung erfüllt, x_2 jedoch nicht.
   Somit hat die Ausgangsgleichung nur die Lösung $x_1 = 2$.
(→quadratische Gleichung, →Wurzel)

Wurzelziehen (taking of the root)
→Wurzel

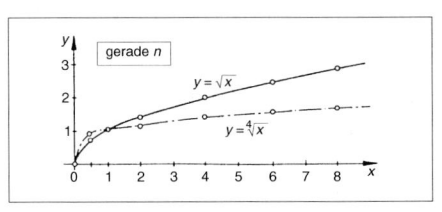

Graph der Wurzelfunktionen $y = \sqrt{x}$ und $y = \sqrt[4]{x}$

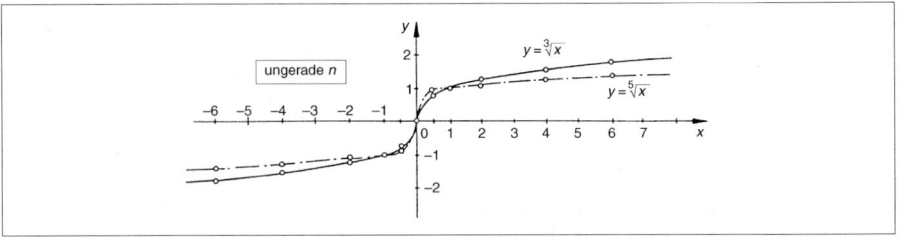

Graph der Wurzelfunktionen $y = \sqrt[3]{x}$ und $\sqrt[5]{x}$

X / Y

XYZ-Analyse (xyz-analysis)
Die nach der ABC-Analyse gewichteten Materialien werden nach ihrer Vorhersagegenauigkeit geordnet.
Es werden drei Gruppen gebildet und die darin enthaltenen Materialien xyz-Teile genannt:
X, konstanter Verbrauch mit gelegentlichen Schwankungen und hoher Vorhersagegenauigkeit (ca. 50% der Artikel).
Y, Verbrauch mit Trend oder saisonalen Schwankungen und mittlerer Vorhersagegenauigkeit (ca. 20%).
Z, Verbrauch völlig unregelmäßig mit geringer oder ohne Vorhersagegenauigkeit.

Z

Zähigkeit (toughness)
Eigenschaft von Werkstoffen, sich vor einem Bruch noch stark verformen zu können.
Ein Maß für die Zähigkeit ist die Kerbschlagarbeit, die mit dem Kerbschlagbiegeversuch ermittelt wird.
(→dynamische Viskosität)

Zähler, datentechnisch (counter)
1. Digitale Schaltung mit Flipflops als Grundelement, die jeden eingehenden Impuls addiert und speichert (Vorwärtszähler) oder subtrahiert und speichert (Rückwärtszähler) und die gezählten Impulse an einem Parallelausgang anzeigt. Unterschieden wird nach Art der Taktansteuerung und der verwendeten Zahlendarstellung.
(→Asynchronzähler, →BCD-Zähler, →Dualzähler, →Synchronzähler)
2. Einheit zum Steuern von Befehlsfolgen in Mikroprozessoren oder Mikroprozessorsystemen. Der Zähler kann durch ein Programm beeinflusst werden.
(→Befehlszähler, →Timer)

Zähler, elektrisch (electric meter)
→Wechselstromzähler, →Drehstromzähler

Zähler, mathematisch (numerator)
→Bruch

Zählerkonstante C_z (meter constant)
Anzahl der Läuferumdrehungen eines Zählers je Arbeitseinheit in U/kWh = 1/kWh.

Zählspeicher (binary reducing stage)
Speicher, der mit jedem zweiten Impuls gesetzt bzw. rückgesetzt wird.
Die Bezeichnung ergibt sich aus der häufigen Verwendung in Zählschaltungen. Alternative Bezeichnungen sind Frequenzteiler, Untersetzerstufe und Binärstufe.

Zahlenebene (number plane)
→Gaußsche Zahlenebene, →Koordinatensystem

Zahlenfolge (sequence of numbers)
→Folge

Zahlengerade (line of numbers)
Legt man auf einer Geraden g einen Anfangspunkt 0 (Nullpunkt), eine positive Richtung (Orientierung) und eine Längeneinheit l (Maßstab) fest, dann entspricht jeder reellen Zahl x ein bestimmter Punkt dieser Geraden, und umgekehrt entspricht jedem Punkt der Geraden eine reelle Zahl. Die Gerade g wird Zahlengerade genannt.
(→reelle Zahl)

Zahlenintervall (number interval)
→Intervall

Zahlenmengen (number sets)
Einige der Zahlenbereiche werden häufig in Mengenschreibweise dargestellt:
$\mathbb{N} = \{0, 1, 2, 3, ...\}$: Menge der natürlichen Zahlen,
$\mathbb{Z} = \{..., -3, -2, -1, 0, 1, 2, 3, ...\}$: Menge der ganzen Zahlen,
$\mathbb{Q} = \{\frac{m}{n} \mid m, n \in \mathbb{Z}, n \neq 0\}$: Menge der rationalen Zahlen,
$\mathbb{R}$ Menge der reellen Zahlen,
$\mathbb{C} = \{z = a + bj \mid a, b \in \mathbb{R}, j = \sqrt{-1}\}$: Menge der komplexen Zahlen.
Ein hochgestellter Stern bedeutet die entsprechende Menge ohne die Null:
$\mathbb{N}^* = \{1, 2, 3, ...\}$: Menge der natürlichen Zahlen ohne die Null,
$\mathbb{Z}^* = \{..., -3, -2, -1, 1, 2, 3, ...\} = \{x \mid x \in \mathbb{Z}, x \neq 0\}$:
Menge der ganzen Zahlen ohne die Null,
$\mathbb{Q}^* = \{\frac{m}{n} \mid m, n \in \mathbb{Z}^*\} = \{x \mid x \in \mathbb{Q}, x \neq 0\}$:
Menge der rationalen Zahlen ohne die Null,
$\mathbb{R}^* = \{x \mid x \in \mathbb{R}, x \neq 0\}$: Menge der reellen Zahlen ohne die Null.
Ein hochgestelltes Plus bedeutet die Menge der entsprechenden positiven Zahlen:
$\mathbb{Z}^+ = \mathbb{N}^* = \{1, 2, 3, ...\} = \{x \mid x \in \mathbb{Z}, x > 0\}$:
Menge der positiven ganzen Zahlen,
$\mathbb{Q}^+ = \{\frac{m}{n} \mid m, n \in \mathbb{N}^*\} = \{x \mid x \in \mathbb{Q}, x > 0\}$:
Menge der positiven rationalen Zahlen,
$\mathbb{R}^+ = \{x \mid x \in \mathbb{R}, x > 0\}$: Menge der positiven reellen Zahlen.
(→Menge)

Zahlenwertgleichung
(numerical-value equation)
In der Technik gebräuchliche Berechnungsgleichung (Formel), in der die Beträge der Größen nur für bestimmte Einheiten gelten. Kennzeichnend für solche Gleichungen sind die mitgeführten Zahlenwerte.
(→Größengleichung, →Rotationsleistung)

Zahnbock (support with precise height adjustment mechanism)
Spannunterlage zur feinstufigen Einstellung der Spannhöhe an Werkzeugmaschinen. Ober- und Unterteil werden nach der Einstellung durch eine Schraube mit ihren gezahnten Stirnflächen gegeneinander gespannt.

Zahnformfaktor (tooth form factor)
→Geradstirnräder

Zahnfußfaktor (tooth base factor)
→Geradstirnräder

Zahngesperre (tooth locking mechanism)
Besonders geformte Zahnräder, in deren Lücken eine Sperrklinke einrastet, die ein Zurückdrehen verhindert.
Zahngesperre arbeiten formschlüssig, aber nicht stufenlos.
Beispiele: Rücklaufgesperre bei Handwinden, Überholfreilauf bei Fahrrädern mit Kettenschaltung.
(→Freilauf)

Zahnrad-Stufengetriebe
(gear transmission)
Stufengetriebe, in dem die Übersetzungen durch Zahnräderpaare bewirkt werden.

Zahnradgetriebe (gear drive; gear box)
→Übersetzung, →Zahnradgrößen

Zahnradgrößen (gear sizes)
Genormte geometrische Größen wie Durchmesser und Winkel am Stirnzahnrad mit Evolventenverzahnung.

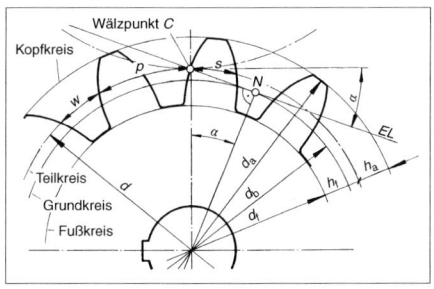

d Teilkreisdurchmesser $= m \cdot z$, Grundkreisdurchmesser $= d \cos \alpha$,
d_b Betriebs-Wälzkreisdurchmesser,
d_a Kopfkreisdurchmesser $d = 2m$, d_f Fußkreisdurchmesser $d - 2,5 m$,
p Teilung $= m \pi$, m Modul (genormt nach DIN 780 von 0,3...75 mm)
α Eingriffswinkel, s Zahndicke, w Lückenweite, h_a Zahnkopfhöhe $= 1 m$,
$h_f = 1,25 m$, EL Eingriffslinie

Die Evolventenzahnform entsteht als Kurve, die der Wälzpunkt C beim Abwälzen der Eingriffslinie EL auf dem Grundkreis beschreibt.
(→Eingriffslinie, →Übersetzung)

Zahnradpumpe (gear pumps)
Pumpe mit umlaufenden Verdrängerkörpern.
Sie wird als Einfach- oder Mehrfachzahnradpumpe mit außen- und innenverzahnten Rädern sowie als Zahnringpumpe gebaut. Im Eingriff stehende Zahnräder laufen in einem sie umschließenden Gehäuse. Im Saugraum werden die Zahnlücken mit dem Fördermedium gefüllt. Sie fördern durch Drehung entlang der Gehäusewand zur Druckseite, wo durch Ineinandergreifen der Zähne an der Sperrdichtstelle der Druckaufbau bewirkt wird. Zahnradpumpen gehören zu den meistgefertigten Verdrängerpumpen (einfacher Aufbau, preiswerte Herstellung).
(→Pumpen, →Verdrängerpumpen)

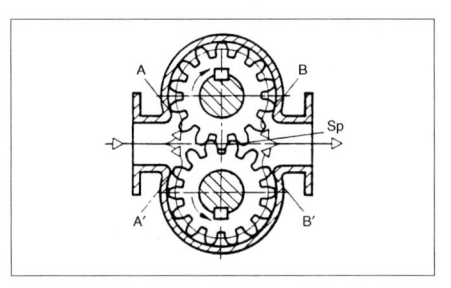

Wirkweise der Zahnradpumpe (Hermetic)
A, B und A', B' Arbeitsdichtstellen, Sp Sperrdichtstelle

Zahnradwerkstoffe (gear material)
Werkstoff des Ritzels sollte mindestens eine um 50 N/mm² höhere Bruchfestigkeit als die des Rades haben. Werkstoffe und Festigkeitswerte für Zahnräder (Empfehlungen nach DIN 3990 T5), z.B. vergütete, umlauf- oder einsatzgehärtete niedriglegierte Chrom-Molybdän-, Chrom-Mangan- oder Chrom-Nickel-Stähle mit $\sigma_{H\,lim}$ (Hertz'sche Pressung) von 640...1630 N/mm²; $\sigma_{F\,lim}$ (Zahnfußspannung) von 290...500 N/mm² und Mindestzugfestigkeiten von 1100...1700 N/mm². Zahnräder aus Kunststoffen laufen geräusch- und schwingungsarm bei großer Abriebfestigkeit und Zähigkeit, sind aber nicht hoch belastbar. Zahnräder aus Polyamiden besitzen hohe Elastizität und niedrige Dichte bei guter Geräuschdämpfung, da solche Räder paarweise laufen können. Zahnräder aus Pressschichtstoffen haben eine hohe Festigkeit gegenüber anderen Kunststoffen, sind aber empfindlich gegen Feuchtigkeit. Das Gegenrad muss aus Metall sein.

Zahnräder

Zahnräder (gear)
Dienen der formschlüssigen Übertragung von Drehmomenten und Drehbewegungen zwischen parallelen, sich kreuzenden oder sich schneidenden Wellen. Grundformen der Zahnradgetriebe sind Stirnrad-, Kegelrad-, Schnecken- und Schraubradgetriebe. Nach dem Verlauf der Zahnflanken unterscheidet man Gerad-, Schräg-, Pfeil-, Kreisbogen- und Evolventenzähne.

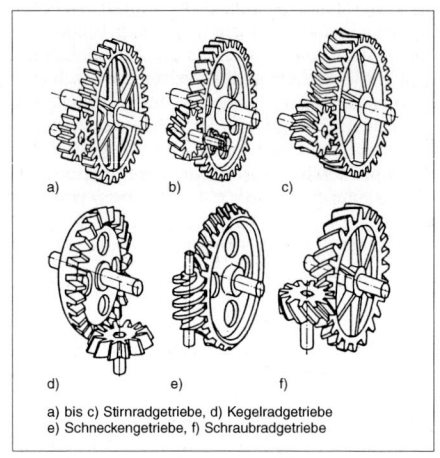

a) bis c) Stirnradgetriebe, d) Kegelradgetriebe
e) Schneckengetriebe, f) Schraubradgetriebe

DIN 780 Modulreihe für Zahnräder; DIN 867 Bezugsprofil für Stirnräder mit Evolventenverzahnung; DIN 868 Allgemeine Begriffe und Bestimmungsgrößen für Zahnräder; DIN 3960 Begriffe und Bestimmungsgrößen für Stirnräder und Stirnradpaare; DIN 3961 Erläuterungen zu den Toleranzen für Stirnradverzahnungen; DIN 3962 Zulässige Einzelfehler von Verzahnungen; DIN 3963 Zulässige Sammelfehler von Verzahnungen; DIN 3964 Toleranzen für Einbaumaße DIN 3990 Tragfähigkeitsberechnung von Stirn- und Kegelrädern
(→Geradstirnräder, →Profilverschiebung, →Schrägstirnräder, →Verzahnungsarten, →Verzahnungsgesetz, →Verzahnungsmaße, →Zahnradwerkstoffe)

Zahnriemengetriebe (tooth belt drive)
Durch in die Zahnlücken der Riemenscheiben eingreifende Zähne werden Leistungen formschlüssig übertragen. Zahnprofile können trapez- oder halbkreisförmig sein. Auch Antriebe, bei denen im Zahnriemen Gegenbiegung auftritt, können aufgrund ihrer hohen Flexibilität ausgeführt werden. Möglich sind Winkel-, Umlenk- und Mehrwellengetriebe.
Vorteile: Kein Schlupf; großer Wirkungsgrad (bis $\eta = 0,99$); geringe Lagerbelastung. Nachteile: Teure Fertigung, vor allem der Riemenscheiben; stärkere Laufgeräusche gegenüber Keil- oder Flachriemengetrieben. Die Berechnung von Zahnriemengetrieben ist nicht genormt. Sie sollte nach den Unterlagen der Riemenhersteller durchgeführt werden.
(→Riemengetriebe, →Riemenwerkstoffe)

Zahnunterschnitt (tooth undercut)
Entsteht beim Unterschreiten der Grenzzähnezahl z_g. Zahnunterschnitt beginnt, wenn Normalpunkt N innerhalb der Kopflinie des Bezugsprofils liegt; Grenzfall liegt vor, wenn N auf Kopflinie in A_1 fällt ($h_a = m = h$). Theoretische Grenzzähnezahl ist $z_g = 2/\sin^2 \alpha_n$. Für den genormten Eingriffswinkel $\alpha_n = 20°$ wird $z_g = 17$ Zähne; schädlich wird der Unterschnitt jedoch erst unterhalb der praktischen Grenzzähnezahl $z'_g = 14$ Zähne.

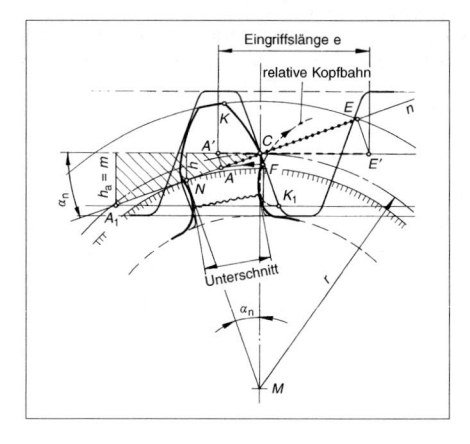

Zapfendüse (pin nozzle)
→Einspritzdüse

Zapfenreibzahl
(friction coefficient of a journal)
→Spurzapfen, →Tragzapfen

Zehnerlogarithmus (decimal logarithm)
Logarithmus zur Basis 10.
(→dekadischer Logarithmus, →Logarithmus)

Zeiger, datentechnisch (pointer)
Variable, die auf den Inhalt einer Adresse zeigt (indirekte Adressierung).
Die Variable selbst steht in einem Arbeitsregister der CPU.
(→Stack)

Zeigerdiagramm (phasor diagram)
Darstellung, bei der sinusförmige Größen, z.B. Spannung U, Strom I, Leistung S, in ihrem Zusammenwirken durch Zeiger dargestellt werden.
(→Kreisfrequenz, →Zeiger)

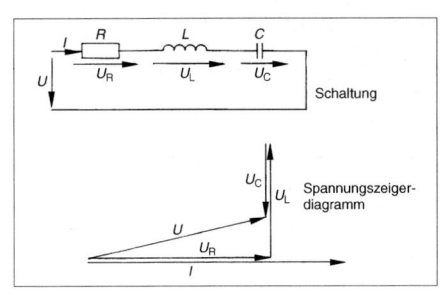

Zeigerdiagramm einer RLC-Reihenschaltung

Zeiger, elektrisch (phasor)
Gerichtete Größe (Vektor), die mit der Kreisfrequenz ω um einen Punkt umläuft.
Größen, die sich sinusförmig ändern, stellt man durch umlaufende Zeiger dar, um damit die Phasenlage und -verschiebung von Wechselstromgrößen (U, I) im Wechselstromnetz zu berechnen.
($\rightarrow$Kreisfrequenz)

Zeit-Dehngrenze (time yield limit)
Festigkeitsangabe für Werkstoffe, die langzeitig bei Temperaturen über 400 °C beansprucht werden und sich durch das Kriechen verformen.
Beispiel: $R_{p0,2/10\,000h/500°} = 100\,\text{N/mm}^2$ heißt, dass diese Spannung bei 500 °C nach 10 000 Stunden eine bleibende Dehnung von 0,2% hervorruft.

Zeit je Einheit (time per unit)
Teil der Auftragszeit, unabhängig vom Auftragsvolumen.
Sie bezieht sich auf eine Mengeneinheit des Auftrages und setzt sich zusammen aus Grundzeit (t_g), Verteilzeit (t_v) und Erholungszeit (t_{er}).

Zeit t (time)
Dauer zwischen zwei Ereignissen.
Sie ist eine physikalische Basisgröße, gemessen in der SI-Einheit Sekunde s.
($\rightarrow$Basisgröße, $\rightarrow$Sekunde, $\rightarrow$SI)

Zeitaufnahme (timing)
Zeitstudie, Beschreibung des Arbeitssystems (Arbeitsverfahren, Arbeitsmethode, Arbeitsbedingungen) und Erfassung je Ablaufabschnitt von Bezugsgröße, Einflussgrößen, Leistungsgrad und Ist-Zeiten.
Die darauf folgende Auswertung der Daten ergibt die Soll-Zeiten je Ablaufabschnitt.

Zeitermittlung (time determination)
Notwendig für die Berechnung der Vorgabezeit des Arbeitnehmers, der Belegungszeit des Betriebsmittels, der Bewertungszeit des Werkstoffes sowie der Auftragszeit im Rahmen der Arbeitsvorbereitung.

Zeitermittlungs-Methoden (time determination methods)
Schätzung in Form der erfahrungs- und kenntnisbedingten Mehrfachschätzung; Addition bekannter Zeitwerte für ähnliche Vorgänge; Ermittlung neuer aus einer Reihe bekannter Zeitwerte zur Berücksichtigung einer quantitativ veränderlichen Einflussgröße; Berechnung und Zeichnung, wenn mathematische Funktion zwischen Einflussgröße und gesuchter Zeit bekannt ist. MTM-Verfahren (methods time measurement) oder WF-Verfahren (Work-Factor-Verfahren) Multimomentverfahren. Messabschnitte sind durch Analyse des Arbeitsablaufs gewonnene Arbeitselemente.

Zeitglied (device used to change the time response of a system)
Baustein, der das Zeitverhalten von Signalen ändert.
Beispiele: Anzugsverzögerung, Abschaltverzögerung, Impulsverlängerung, Impulsverkürzung.

Zeitgrad (time rate)
Neben dem Intensitätsgrad eine Komponente des Beschäftigungsgrades.

Zeitkonstante (time constant)
Maß für die Geschwindigkeit, mit der sich die Ausgangsgröße eines Bauelements ihrem Endwert nähert, nachdem eine sprunghafte Änderung der Eingangsgröße aufgetreten ist.

Zeitmessgeräte
(time registration instruments)
Stoppuhren (mit Dezimaleinteilung) oder schreibende Zeitmessgeräte.

Zeitmultiplex (time multiplexer)
Zeitliches Hintereinanderschalten verschiedener Informationen auf einen Ausgang.
Beispiel: Auf den Adress- oder Datenbus eines Mikroprozessors werden zunächst die Adressen geschaltet und zwischengespeichert. Anschließend gelangen die Daten auf die gleichen Leitungen. Hiermit werden Anschlüsse am Prozessor selbst eingespart.

Zeitplansteuerung (time program control)
Steuerungsart, bei der der Ablauf des Steuerprogrammes zeitabhängig ist.
Beispiel: Ein Pneumatikzylinder fährt alle 5 Sekunden aus und wieder ein.
($\rightarrow$Wegplansteuerung)

Zeitschwingfestigkeit (fatique strength)
Dauerfestigkeit eines Metalls unter Korrosionsangriff.

Zeitspanungsvolumen Q

Die der Dauerfestigkeit entsprechende Spannung wird je nach Temperatur und Konzentration des Korrosionsmittels nur eine bestimmte Zeit ertragen.

Zeitspanungsvolumen Q
(rate of chip removal in cm³/min)
Zeitbezogenes Spanungsvolumen $Q = V/t$ in cm³/min als Quotient aus Spanungsvolumen V und Spanungszeit t.
Beim Runddrehen kann das Zeitspanungsvolumen auch als Produkt aus Spanungsquerschnitt A und Schnittgeschwindigkeit v_c dargestellt werden ($Q = A \cdot v_c$).

Zeitstandfestigkeit (creep strength)
Festigkeitsangabe für Werkstoffe, die bei Temperaturen über 400 °C eingesetzt werden.
Durch das Kriechen wird die jeweilige Spannung nur eine bestimmte Zeit bis zum Bruch ertragen. Angabe ähnlich der Zeit-Dehngrenze.

Zeitverhalten (transient response)
Zeitabhängiges Verhalten eines Bauelements.

Zellenbauweise (cellular construction)
Sehr leicht bauende Gestellbauart an Werkzeugmaschinen.
Die Außenwände werden aus Stahlplatten zusammengeschweißt, die inneren Hohlräume mit eingeschweißten dünneren Blechen in Zellen aufgeteilt. Außerordentlich biege- und verdrehsteife Konstruktion.

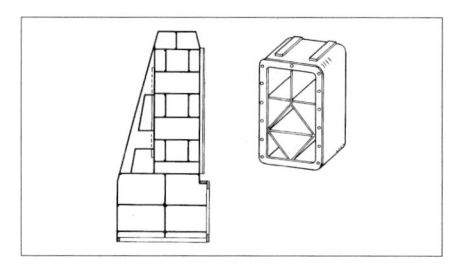

Schema und Beispiel für die Zellenbauweise

Zementit (cementite)
Gefügename für die intermetallische Phase Eisencarbid, Fe_3C.
Rhombisches Kristallgitter (6 Fe-Atome umgeben oktaedrisch ein C-Atom). In Stählen und Gusseisen enthalten.

Zenti c (centi)
Vorsatzsilbe, die den hundertsten Teil (10^{-2}) der Einheit bezeichnet.
(→Vorsatzzeichen)

Zentraleinheit (central processing unit)
→CPU

Zentraleinspritzung
(central injection system)
→Einspritzanlagen, →Mono-Jetronic

zentrales Kräftesystem
(central force system)
In der Statik die an einem Bauteil angreifenden Kräfte, deren Wirklinien sich in einem gemeinsamen Angriffspunkt A schneiden.
Solche Kräftesysteme sind dann im Gleichgewicht, wenn zwei Gleichgewichtsbedingungen erfüllt sind: $\Sigma F_x = 0$, $\Sigma F_c = 0$.
(→allgemeines Kräftesystem)

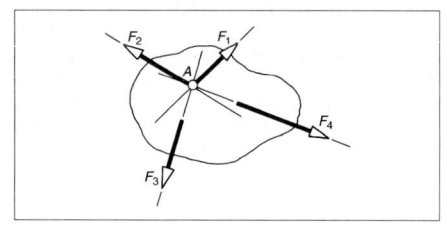

Zentrales Kräftesystem

Zentrierdorn (arbor; mounting arbor)
Werkzeugspanner an Bohr- und Fräswerken.
Wird mit seinem Kegelzapfen in den Spindelkopf eingesetzt und nimmt mit einem zylindrischen Zentrierzapfen den Messerkopf auf.

Zentrifugalkraft F_z (centrifugal force)
Trägheitskraft, die bei einer Kreisbewegung radial nach außen wirkt.
Sie ist der zum Mittelpunkt hin wirkenden Zentripetalkraft F_r entgegengesetzt gleich: $F_z = -F_r$.
(→Kraft, →Rotation, →Trägheitskraft, →Zentripetalkraft)

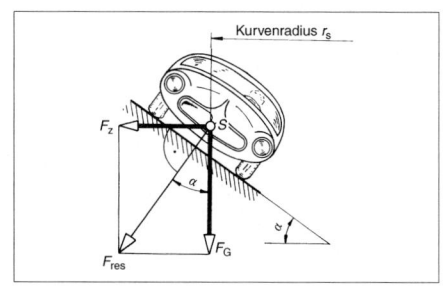

Zentrifugalkraft F_z bei Kurvenfahrt auf geneigter Fahrbahn
(Fahrbahn-Neigungswinkel bei Gleichgewicht $\alpha = \arctan v^2/(g\,r_s)$ mit Geschwindigkeit v in m/s, g Fallbeschleunigung in m/s², r_s Kurvenradius in m.

Zentripetalbeschleunigung a_n
(centripetal acceleration)
Die bei einer Rotation immer rechtwinklig zur Bewegungsrichtung auf das Drehzentrum hin wirkende Beschleunigung.
Sie ist das Produkt des Bahnradius r mit dem Quadrat der Winkelgeschwindigkeit ω: $a_n = r\omega^2 = v_u^2/r$ in m s^{-2}. Sie ändert nur die Richtung der Umfangsgeschwindigkeit v_u, nicht aber deren Betrag.
($\rightarrow$Zentripetalkraft)

Zentripetalkraft F_r (centripetal force)
Zum Mittelpunkt einer Bogenbahn (z.B. Kreisbogen) gerichtete Beschleunigungskraft $F_r = m r_s \, \omega^2$ in N, mit Masse m in kg, Radius der Schwerpunktsbahn r_s in m, Winkelgeschwindigkeit ω in s^{-1}.
Beispiel: Ein Satellit in einer Umlaufbahn wird durch die Gravitationskraft, die hier als Zentripetalkraft wirkt, auf eine Kreisbahn gezwungen.
Die entgegengesetzt gerichtete gleich große Kraft heißt Fliehkraft oder Zentrifugalkraft.
F_r ist nach dem dynamischen Grundgesetz die Ursache für die Zentripetalbeschleunigung $a_n = r_s \omega^2$ in m/s^2.
($\rightarrow$Zentrifugalkraft)

zentrische Streckung
(homothetic transformation)
Abbildung, bei der für jedes Element Bild Q und Urbild P auf einem Strahl durch einen festen Punkt Z, dem Zentrum, liegen und für jedes Element das Verhältnis der Länge der Strecke vom Bild zum Zentrum zu der Länge der Strecke vom Urbild zum Zentrum konstant ist, also $|\overline{ZQ}|/|\overline{ZP}| = k$ (konstant).
Liegen Q und P auf verschiedenen Seiten des Zentrums Z, so ist k negativ.
Eigenschaften: Die Bilder von Strecke, Strahl, Gerade sind wieder Strecke, Strahl, Gerade. Bild und Urbild von Strecke, Strahl, Gerade sind zueinander parallel. Entsprechende Winkel von Bild und Urbild sind gleich.
Die Längen entsprechender Strecken von Bild und Urbild haben das gleiche Verhältnis, und zwar den Betrag des Streckungsfaktors k, also $|k|$.

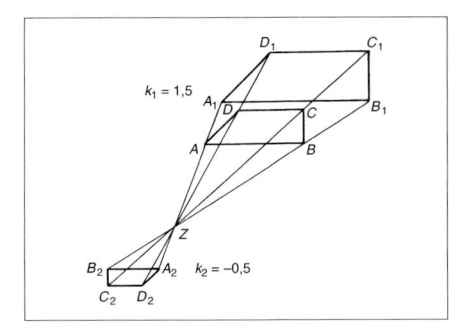

Zentrische Streckung

Zentriwinkel (angle at the centre of a circle)
Winkel mit einem Kreismittelpunkt als Scheitelpunkt.
Sind A und B Punkte eines Kreises mit dem Mittelpunkt M, dann ist also der Winkel ⊰AMB ein Zentriwinkel des Kreises. Den durch einen Zentriwinkel ausgeschnittenen Teil des Kreises (Kreisrands) bezeichnet man als Kreisbogen.
Ein Zentriwinkel ist doppelt so groß wie jeder Peripheriewinkel über dem gleichen Kreisbogen.
($\rightarrow$Peripheriewinkel)

Zerlegungsgesetz (distributive law)
Synonym für Distributivgesetz.
($\rightarrow$Distributivgesetz)

Zerspankraft F (resultant cutting force)
Resultierende der vom Schneidkeil her auf das Werkstück einwirkenden Kräfte (Normalkraft F_n, Reibkraft F_r).
F ist die Ursache für die Spanbildung. Sie wirkt als Reaktionskraft gleicher Größe vom Werkstück her auf den Schneidkeil zurück (Wechselwirkungsgesetz).
DIN 6584 Begriffe der Zerspantechnik.

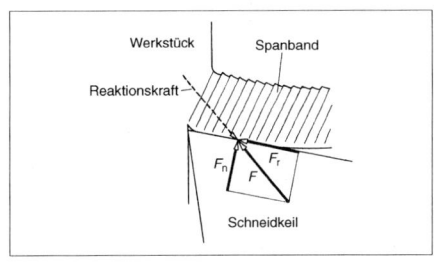

Zerspankraft F am Schneidkeil (bezogen auf das Werkstück)

Zerspantechnik (metal removing processes)
Technologie der formgebenden Fertigungsverfahren der Hauptgruppe Trennen nach DIN 8580 und der Gruppe Spanen nach DIN 8589.
Das relativ zum Werkstück bewegte Zerspanwerkzeug trennt den überschüssigen Werkstoff unter Energieaufwand in Form von Spänen mechanisch ab.
Beispiele für spanende Fertigungsverfahren: Drehverfahren, Bohrverfahren, Senkverfahren, Reibverfahren, Fräsverfahren, Räumverfahren.

Zerspanwärme Q
(heat generated during metal removal)
Wärme, die während einer spanenden Bearbeitung im Einwirkungsbereich des Zerspanwerkzeugs freigesetzt wird und eine Temperaturzunahme bewirkt. Bei der Bearbeitung langspanender Werkstoffe setzt sich die aufkommende Wärme aus Verformungswärme und Reibungswärme zusammen. Die Wärmemenge (Q) entspricht dabei praktisch der verrichteten Wirkarbeit (W_e): $Q = W_e = P_e \cdot t_e$ mit Wirkleistung P_e und Wirkzeit t_e.
Durch Wärmeleitung und Wärmeübergang verteilt sich die Zerspanwärme bei trockener Zerspanung schnittgeschwindigkeitsabhängig auf Span, Werkzeug und Werkstück. Bei Anwendung von Kühlschmierstoffen wird die Verformungswärme weitgehend weggekühlt und das Aufkommen von Reibungswärme durch Schmierung eingeschränkt.
Im Bereich der Hochgeschwindigkeitszerspanung (HSC) wird die freigesetzte Wärme fast vollständig mit dem Span abgeführt und dadurch besonders das Zerspanwerkzeug thermisch entlastet.

Zerspanwerkzeug (metal cutting tool)
Fertigungsmittel, das durch direkte Einwirkung und unter Energieaufwand die geometrische Form des Werkstücks durch Spanabnahme verändert.
Beispiele: Drehwerkzeuge, Bohrwerkzeuge, Fräswerkzeuge, Räumwerkzeuge. Zerspanwerkzeuge bestehen aus dem zerspantechnisch wirksamen Schneidteil und dem Halteteil (z.B. Schaft) für Aufnahme und Festhaltung des Werkzeugs im Werkzeugspanner.
DIN 6582 Begriffe der Zerspantechnik.

zerstörungsfreie Werkstoffprüfung ZfW
(non-destructive testing)
Werkstoffprüfungen ohne Zerstörung des Prüflings, d.h. direkt am Halbzeug, Roh- oder Fertigteil. Verfahren dienen zur Qualitätssicherung und Kontrolle auf innere Werkstoff- und Fertigungsfehler, indirekt auch der Härte, des Gefügezustandes und möglicher Werkstoffverwechslungen.
(→Durchstrahlungsprüfung, →Farbeindringverfahren, →Magnetpulverprüfung, →Ultraschallprüfung)

Ziehschlitten (draw carriage)
→Räumschlitten

Ziehverhältnis (blank-draw ratio)
→Tiefziehen

Zink Zn (zinc)
Hexagonal kristallisierendes Schwermetall, Dichte $\rho = 7,13$ kg/dm³.
Beständig gegen athmosphärische Korrosion und wichtigster Korrosionsschutz für Stahl in Dicken von 2...150 μm je nach Beschichtungsverfahren.
DIN EN 1179 Zink.

Zinklegierungen (zinc base alloys)
Druckgusslegierungen (GD-ZnAl4, GD-ZnAl4Cu1) dünnwandig (0,6 mm) vergießbar, für kleinere Massenteile (hohe Standmenge der Formen). Walzbleche aus ZnCuTi für Bedachung und Regenrinnen (Titanzink).
DIN EN 1774 Zinklegierungen.

Zinn Sn (tin)
Weiches, dehnbares Schwermetall, tetragonal kristallisierend, Dichte $\rho = 7,28$ kg/dm³. Beständig gegen Korrosion durch Lebensmittel.
Verwendung: Legierungselement in Cu- und Ti-Legierungen und als Überzugsmetall (Weißblech und Cu-Drähte).
DIN EN 610 Hüttenzinn.

Zinnbronze (tin bronze)
Historischer Name für Cu-Sn-Legierungen.

Zinnlegierungen (tin alloys)
Weichlote mit Pb haben niedrige Festigkeit und Schmelzpunkt, durch Zusätze von Ag, Cu, Cd und Zn wird die Festigkeit erhöht und die Arbeitstemperatur verändert.
Beispiele: Lot S-Sn60Pb40, eutektische Legierung, bei 189 °C flüssig.
Zinnlagermetalle haben weicheres Grundgefüge mit Sn-Sb-Mischkristallen und harten intermetallischen Phasen Cu_6Sn/Cu_6Sn_{54}.
Beispiel: SnSb12Cu6Pb (Lg-Sn60).
DIN EN 29 453 Weichlote, DIN 1742 Druckgusslegierungen.

Zirkonoxid ZrO_2 (zirconium oxide)
Oxidkeramik mit guten Gleiteigenschaften gegen Stahl und mit ähnlicher Wärmedehnung. Schlechter Wärmeleiter, hohe Biegefestigkeit.
Verwendung: Werkzeuge zur Drahtherstellung, Lambda-Sonden.

Zoelly-Turbine (Zoelly turbines)
Dampfturbinen-Bauart, bei der großes Energiegefälle unter Verwendung von Einfachdüsen (statt Lavaldüsen) in mehreren Stufen gleichmäßig aufgeteilt wird (Druckstufung).
Die Leitschaufelkanäle jeder Folgestufe verarbeiten als Düse ihr Druckgefälle und die ungenutzte Abströmenergie der vorhergehenden Stufe. Abströmverlust erhält nur die letzte Stufe.
(→Dampfturbinen)

Zonenwanderrost (zone traveling grate)
Bauart der Rostfeuerung für Dampferzeuger mit größeren Leistungen.
Die Roststabgruppen bilden aneinander gereiht ein endloses Band. Das Oberband trägt auf Schienen laufend den Brennstoff (stückige Kohle) in den Feuerraum. An der hinteren Umlenkbahn des Rost-

bandes klaffen die Stabgruppen auseinander. Asche und Schlackenreste fallen ab und werden seitlich ausgetragen. Der Brennverlauf wird durch gesteuerte Unterluftzufuhr (Gebläse) der Brennschichtwanderung angepasst.
(→Dampferzeuger, →Rostfeuerung)

ZTA-Schaubild (TTA-curve)
Zeit-Temperatur-Austenitisierungs-Schaubild für jeweils einen Stahl bestimmter Analyse.
Ermöglicht das Ablesen der Zeit-Temperaturführung zum Herstellen eines homogenen, möglichst feinkörnigen Austenitgefüges.
Beispiel: Bei 800 °C entsteht nach über 10000 s homogener Austenit mit einer Korngröße von ca. 4 µm, bei 1000 °C schon nach 10 s. Längeres Halten lässt die Korngröße wachsen.

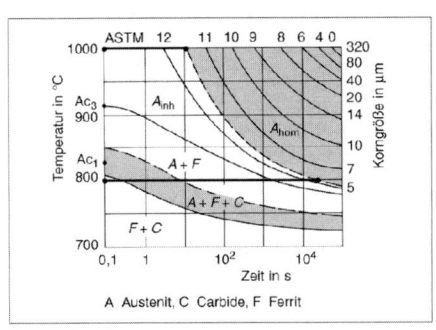

ZTA-Schaubild von Stahl C45E (Ck45).
A Austenit, C Carbide (Zementit), Ferrit

ZTU-Schaubild (TTT-curve)
Zeit-Temperatur-Umwandlungsschaubild für jeweils eine Werkstoffsorte bestimmter Analyse.
Ermöglicht das Ablesen der entstehenden Gefüge für verschiedene Abkühlverläufe, z.T. auch deren Härte. Reale Schaubilder enthalten mehrere Abkühlkurven mit Angaben über Abkühlgeschwindigkeit und erzielbare Härte.
Beispiele: 1 gebrochenes Abschrecken, 2 Warmbadhärten: Rand –, Kern - - -, 3 Patentieren, 4 Bainitisieren.

Zündanlage (ignition system)
Baugruppe des Ottomotors.
Die Verbrennung des Kraftstoff-Luft-Gemisches wird durch Fremdzündung über einen Zündfunken eingeleitet. Er muss von hinreichender Temperatur und Brenndauer und zum richtigen Zeitpunkt (Zündzeitpunkt) bereitgestellt werden. Man unterscheidet: Spulenzündung (SZ-konventionell), Transistorzündung, elektronische Zündung, vollelektronische Zündung und Magnetzündanlagen (Krafträder und Kleinmotoren).

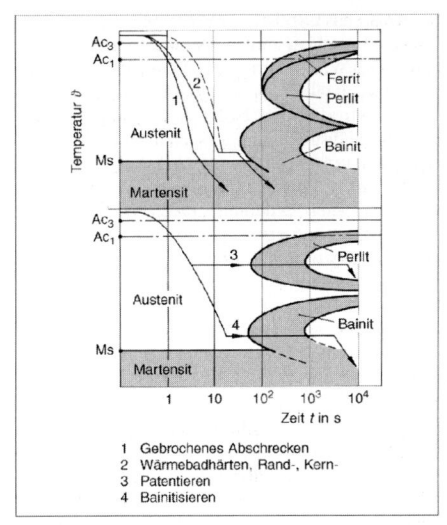

1 Gebrochenes Abschrecken
2 Wärmebadhärten, Rand-, Kern-
3 Patentieren
4 Bainitisieren

ZTU-Schaubilder, schematisch, oben für kontinuierliche Abkühlung, unten für isotherme Umwandlung.

(→elektronische Zündung, →Fremdzündung, →Spulenzündung, →vollelektronische Zündung)

Zündkerze (plug; spark plug)
Bauteil der Zündanlage im Ottomotor.

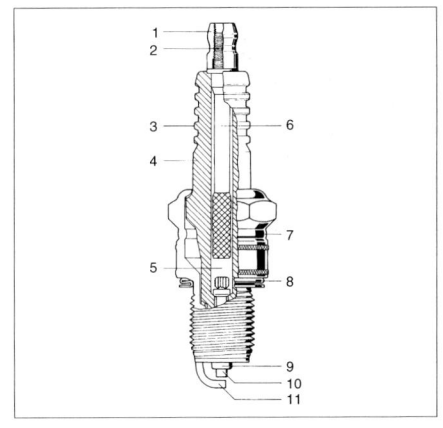

Aufbau der Zündkerze (Bosch)
1 Anschlussmutter, 2 Anschlussgewinde, 3 Kriechstrombarriere, 4 Isolator (Al_2O_3), 5 elektrisch leitende Glasschmelze, 6 Anschlussbolzen, 7 Stauch- und Warmschrumpfzone, 8 unverlierbarer äußerer Dichtring (bei Flachdichtsitz), 9 Isolatorfußspitze, 10 Mittelelektrode, 11 Masseelektrode

Zündspannung U_G

Sie zündet das Gemisch im Verbrennungsraum durch Funkenüberschlag an den Elektroden im Zündzeitpunkt. Der Wärmewert ist ein Vergleichswert (Wärmewertkennzahl) für die thermische Belastbarkeit. Elektroden und Isolatorfuß müssen im Betrieb die Selbstreinigungstemperatur (400 ... 800 °C) erreichen um Verbrennungsrückstände auf dem Isolatorfuß wegbrennen zu können. Hohe Wärmewertkennzahlen bedeuten großes Wärmeaufnahmevermögen und geringe Wärmeableitung. Mehrbereichskerzen mit Mittelelektroden aus Platin oder Nickel mit Kupferkern decken zwei Kennzahlbereiche ab und passen sich unterschiedlichen Betriebsbedingungen besser an.
(→Zündanlage)

Zündspannung U_G
(ignition voltage; trigger voltage)
Niedrigster Spannungswert, bei dem ein Betriebsmittel unvermittelt leitet oder in einen erwarteten Betriebszustand übergeht, z.B. eine Glimmlampe leuchtet, ein Thyristor wird in Durchlaßrichtung leitend.

Zündspule (ignition coil)
Bauteil der Zündanlage im Ottomotor.
Sie transformiert die Batteriespannung auf die Zündspannung, speichert die Zündenergie im Magnetfeld und gibt sie als Hochspannungsimpuls an die Zündkerze. Um einen Eisenkern werden Sekundärwicklung (10000 ... 30000 Windungen) und Primärwicklung (100 ... 300 Windungen) gewickelt (Transformator in Sparschaltung). Hochleistungszündspulen (Transistorzündung) sind für höhere Spannungen ausgelegt als Standardspulen. Zweifunkenspulen werden bei der vollelektronischen Zündung verwendet.
(→Transistorzündung, →Zündanlage)

Zündunterbrecher
(contact breaker plus ignition timer; distributor)
Baugruppe der Spulenzündung im Ottomotor.
Er ist im Zündverteiler untergebracht und besteht aus Unterbrechernocken (Nockenzahl = Zylinderzahl) und Unterbrecherkontakt, der vom Nocken betätigt wird. Der Unterbrecherkontakt öffnet und schließt den Primärstromkreis. Der Schließwinkel α gibt den Verteilerwellendrehwinkel mit geschlossenem, der Öffnungswinkel β den Verdrehwinkel mit geöffneten Kontakten an. Der Abstand zwischen zwei Zündungen ist der Zündabstand γ der Verteilerwelle: $\gamma = \alpha + \beta$. Der verstellbare Kontaktabstand a beeinflusst Schließwinkel und Zündzeitpunkt. Vergrößerung von a ergibt kleineren Schließwinkel und späteren Zündzeitpunkt, Verkleinerung größeren Schließwinkel und früheren Zündzeitpunkt. Durch Verschleiß am Gleitstück verringert sich der Kontaktabstand, durch Kontaktfeuer entsteht Kontaktverschleiß (Kraterbildung). Sie werden durch Transistorzündanlagen mit kontaktlosen Zündimpulsgebern abgelöst.
(→Spulenzündung, →Zündanlage, →Zündzeitpunkt)

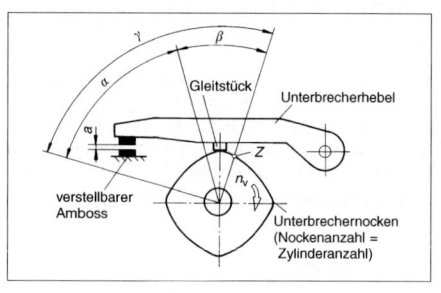

Unterbrecherkontakt
a Kontaktabstand, α Schließwinkel, β Öffnungswinkel, γ Zündabstandswinkel, n_v Verteilerwellendrehzahl, Z Zündzeitpunkt

Zündversteller (ignition timing device)
Baugruppe der Spulenzündung im Ottomotor.
Sie verstellt den Zündzeitpunkt, damit der Zündfunke das Gemisch in jedem Betriebszustand rechtzeitig zünden kann. Fliehkraftversteller verdrehen drehzahlabhängig über Fliehgewichte den Unterbrechernocken in Drehrichtung der Verteilerwelle. Der Unterbrecherkontakt öffnet früher. Unterdruckversteller verdrehen belastungsabhängig (Saugrohrdruck wirkt auf eine oder zwei Membranen) die Unterbrecherscheibe mit Unterbrecherkontakt gegen die Drehrichtung der Verteilerwelle. Der Unterbrecherkontakt öffnet früher. Unterdruck- und Fliehkraftversteller arbeiten unabhängig voneinander.
(→Spulenzündung, →Zündanlage, →Zündzeitpunkt)

Zündverzug (ignition delay)
Zeit zwischen Einspritzbeginn und Selbstzündung von Dieselkraftstoff im Dieselmotor.
Kleiner Zündverzug bedeutet gute Zündwilligkeit. Zündverzug ist zur Gemischaufbereitung im Brennraum erforderlich. Er beträgt ca. 0,001 s und wird beeinflusst durch Zündwilligkeit, Motortemperatur, Brennraumgestaltung und Zerstäubungsgüte. Zu großer Zündverzug führt zum Nageln des Dieselmotors.
(→Dieselkraftstoff, →Selbstzündung, →Zündwilligkeit)

Zündwilligkeit (ignition quality)
Bereitschaft eines Dieselkraftstoffs zur Selbstzündung im Dieselmotor.
Das Maß für die Zündwilligkeit ist die Cetanzahl. Sie wird im CFR-Motor ermittelt.

DIN 51 773 Bestimmung der Zündwilligkeit (Cetanzahl).
(→Cetanzahl, →CFR-Motor, →Dieselkraftstoff, →Selbstzündung)

Zündzeitpunkt (ignition point)
Zeitpunkt zur Einleitung der Fremdzündung beim Ottomotor.
Er muss an den Betriebszustand des Motors in Abhängigkeit von Motorbelastung und Motordrehzahl angepasst werden um die Abgasschadstoffe gering zu halten. Der Zündzeitpunkt wird in Grad Kurbelwinkel bezogen auf den oberen Totpunkt (OT) angegeben. Er liegt meist vor OT.
(→Spulenzündung)

Zuführungsschlitten
(feed carriage; supply carriage)
→Räumschlitten

Zug (tension)
→Zugbeanspruchung

Zug und Biegung (tension and bending)
→Biegung und Zug/Druck

Zugangsberechtigung
(access authority; access priority)
Rechte, die überwiegend in Netzwerken an Personen vergeben werden können, um die Nutzung bestimmter Daten und Programme kontrollieren zu können.
Hierarchische Struktur mit einem Supervisor oder Operator als Inhaber aller Rechte.

Zugbeanspruchung (tensile stress)
In der Festigkeitslehre eine der 5 Grundbeanspruchungsarten, bei der durch das äußere Kräftesystem $+F - F = 0$ zwei benachbarte Querschnitte des beanspruchten Bauteils voneinander entfernt werden: der Stab wird verlängert. F_N = Normalkraft = F.
Die rechtwinklig zur Querschnittsfläche liegende Spannung ist eine *Normal*spannung σ (Gegensatz: *Schub*spannung τ). Sie heißt Druckspannung σ_d.
Bei schlanken Stäben besteht die Gefahr des „Ausknickens": Beanspruchungsart *Knickung*.
Die Beanspruchungsart bei aufeinander gepressten Berührungsflächen heißt *Flächenpressung*.
(→Beanspruchungsarten, →Druckhauptgleichung)

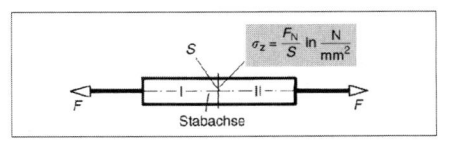

Zugbeanspruchung mit Zughauptgleichung

Zugfestigkeit R_m (tensile strength)
Rechnerische Spannung, im Zugversuch als Quotient von Höchstkraft während des Versuches und Probenquerschnitt vor dem Versuch ermittelt.
Gewährleistete Eigenschaft vieler Werkstoffe und in Kurzbezeichnungen enthalten.
Beispiel GJL-250: Gusseisen mit $R_m \geq 250$ N/mm².

Zughauptgleichung
(principal tensile equation)
Quotient aus der auf ein Bauteil wirkenden Normalkraft F_N und der Querschnittsfläche S: Druckspannung $\sigma_z = F_N/S$ in N/mm².
Arbeitsgleichungen (mit zulässiger Zugspannung $\sigma_{z\,zul}$):
erforderlicher Querschnitt $S_{erf} = F_N/\sigma_{z\,zul}$,
vorhandene Spannung $\sigma_{z\,vorh} = F_N/S < \sigma_{z\,zul}$,
maximale Belastung $F_{N\,max} = S\,\sigma_{z\,zul}$.
(→Zugbeanspruchung)

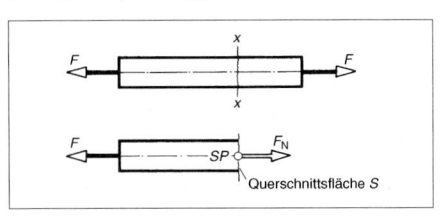

Zugbeanspruchter Stab

Zugriffszeit (access time)
Zeit, die nach dem Anlegen der Adresse eines Speichers vergeht, bis gültige Daten auf dem Datenbus anliegen.

Zugspannung (tensile stress)
→Zugbeanspruchung, →Zughauptgleichung

Zugspannzange (draw-in collet)
→Spannzange

Zugspindel (feed shaft; feed rod)
Lange dünne Welle auf der Vorderseite eines Drehmaschinenbetts, die den Vorschubantrieb vom Spindelstock auf den Schlosskasten überträgt.

Zugspindeldrehmaschine
(bar lathe; regular-type lathe; sliding and surfacing lathe)
Spitzendrehmaschine mit Vorschubantrieb durch eine Zugspindel.

Zugstab (tensile bar)
→Fachwerk

Zugstange (draw bar; draw rod)
→Spannstange

Zugversuch (tensile test)
Genormte Zugproben werden biegungsfrei eingespannt, mit niedriger Dehnungsgeschwindigkeit bis zum Bruch gedehnt und dabei Kraft und Verlängerung der Probe aufgezeichnet.
Das Ergebnis ist das Spannungs-Dehnungs-Diagramm. Ermittelte Festigkeits- und Verformungskennwerte sind Zugfestigkeit R_m, Streckgrenze $R_{p0,2}$, Bruchdehnung A, Brucheinschnürung Z, Elastizitätsmodul E. Diese Kennwerte sind in vielen Normen enthalten und werden z.T. vom Hersteller gewährleistet.
DIN EN 10002 Zugversuch.

Zunder (iron scale)
Korrosionsprodukte auf Metallen, die in oxidierenden Gasen (O_2, S, H_2O und Halogene) entstehen. Bei Dichtheit gegen Gase ist eine Schutzwirkung vorhanden. Bei Verletzung oder Fremdstoffablagerung (evtl. Bildung von Eutektika) entstehen örtliche Ausblühungen (Schwefelpocken). Auf Eisen wächst ein gemischt aufgebauter Zunder mit Schichten aus FeO, Fe_3O_4 und Fe_2O_3 mit unterschiedlichen Volumen, der zum Abplatzen neigt. Zunder entsteht auch auf Metallen in Salzschmelzen.

zusammengesetzte Beanspruchung (composite load)
Gleichzeitiges Auftreten mehrerer Grundbeanspruchungsarten (Zug, Druck, Biegung, Abscheren, Torsion).
(→Beanspruchung, →Biegung und Torsion, →Biegung und Zug/Druck, →Spannungshypothesen)

zusammengesetzte Bewegung (composite motion)
→Überlagerungsprinzip

Zusammenhangskraft (cohesion)
→Kohäsion

Zusammensetzen von Vektoren (addition of vectors; composition of vectors)
→Parallelogrammsatz, →Überlagerungsprinzip

Zusatzfunktion (miscellaneous function)
Technologische Informationen in einem CNC-Programm zum Ein-, Aus- oder Umstellen von Maschinenfunktionen.

Zuschlagskalkulation (addition calculation)
Das in der Praxis am weitesten verbreitete Verfahren der Kalkulation von Kostenträgern im Rahmen der Kostenträgerrechnung.
Im ersten Schritt werden den Kostenträgern die für sie in der Kostenartenrechnung gesondert erfassten Einzelkosten zugeordnet. Im zweiten Schritt werden anteilige Gemeinkosten prozentual auf der Basis von Einzelkosten zugeschlagen. Die Zuschlagskalkulation ist damit ein Verfahren der Vollkostenrechnung. Dieses Grundschema kann beliebig erweitert oder modifiziert werden. Zur Kalkulation der Fertigungskosten wird jedoch zunehmend die Maschinenstundensatzrechnung benutzt.

Zuschnittdurchmesser (shell blank diameter)
→Tiefziehen

Zuschnittlängen (shell blank length)
Ermittelt wird die Länge der neutralen Faserschicht, weil diese Schicht beim Biegen weder gereckt noch gestaucht wird. Zuschnittlängen für Biegewerkstücke können nur näherungsweise berechnet werden, weil schon allein das Werkstoffverhalten verschiedener Werkstoffe zu unterschiedlich ist. Auch die Verschiebung der neutralen Faserschicht aus der Querschnittsmitte heraus zur Stauchzone hin kann nur näherungsweise durch Korrekturfaktoren erfasst werden. Je nach Bemaßung des Biegewerkstücks können für einfache Winkel mit unterschiedlichen Korrekturfaktoren drei Formeln für die Ermittlung der überschlägigen Zuschnittlänge aufgestellt werden:

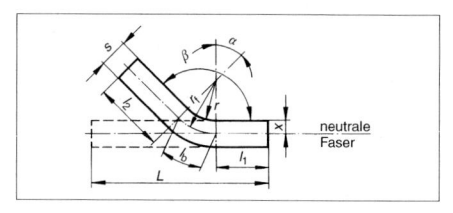

Zuschnittlänge
$L = l_1 + l_2 + l_b$, $l_b = \pi r_f \alpha° / 180°$, $r_f = r + x$ mit l_b (Bogenlänge), r_f Fertigungsradius), l_1, l_2 (gegebene Schenkellängen), r (Innenbiegeradius ≥ Blechdicke s), β (Innenwinkel $180° - \alpha$) und x Abstand der neutralen Faser vom Innenradius.
Für Biegewinkel $\alpha \leq 30°$ wird Abstand $x = s/2$
Für Biegewinkel $\alpha > 30°$ wird Abstand $x = s/3$

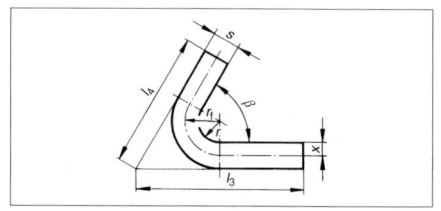

Für die Bemaßung vom Winkelscheitel bis zu den Werkstückenden ergibt sich die Zuschnittlänge $L = l_3 + l_4 + v_1$, $v_1 = 2(r+s)/\tan(\beta/2) - \pi r_f(1 - \beta°/180°)$ mit l_3, l_4 (gegebene Fertigungsmaße), v_1 (Verkürzung) und $r_f = r + x$ (x Abstand der neutralen Faser vom Innenradius)
Für Innenwinkel $\beta \leq 150°$ wird Abstand $x = s/2$
Für Innenwinkel $\beta > 150°$ wird Abstand $x = s/3$

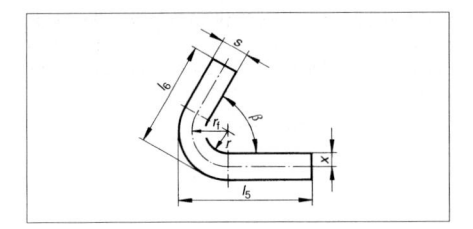

Für die Bemaßung von den Bogentangenten bis zu den Werkstückenden ergibt sich die Zuschnittlänge $L = l_5 + l_6 - v_2$, $v_1 = 2(r+s) - \pi r_f(1 - \beta°/180°)$ mit l_5, l_6 (gegebene Fertigungsmaße), v_2 (Verkürzung), $r_f = r + x$ mit x (Abstand der neutralen Faser vom Innenradius).
Für Innenwinkel $\beta \leq 150°$ wird Abstand $x = s/2$
Für Innenwinkel $\beta > 150°$ wird Abstand $x = s/3$

Zustandsänderung (change of state)
Änderung des physikalischen Zustandes eines gasförmigen Arbeitsmittels (z.B. Arbeitsstoff in einer Wärmekraftmaschine).
Der thermodynamische Zustand eines Gases wird durch die thermischen Zustandsgrößen Volumen V, Druck p und Temperatur T beschrieben. Eine Zustandsänderung ist eine gesetzmäßig verlaufende Änderung dieser Größen in einem geschlossenen System (gleichbleibende Gasmenge) als Wirkung zu- oder abgeführter Wärme oder/und in Verbindung mit einer Volumenänderung durch abgegebene (Expansion) oder zugeführte (Kompression) mechanische Arbeit (Volumenänderungsarbeit, äußere Arbeit).
Durch Aufeinanderfolge mehrerer Zustandsänderungen in einem geschlossenen Prozess (Kreisprozess) wird z.B. in einer Wärmekraftmaschine eine fortdauernde Arbeitsabgabe möglich.

Zustandsschaubild (phase diagram)
Grafische Zusammenfassung der Haltepunkte aller Legierungen eines Legierungssystems. Daraus können die Phasen aller möglichen Legierungen aus zwei Komponenten A und B bei Temperaturen bis zum flüssigen Zustand abgelesen werden. Jede Legierung wird durch einen Punkt (Koordinaten Temperatur/Konzentration) dargestellt, ihre Abkühlung bzw. Erwärmung durch eine senkrechte Bewegung des Punktes. Dabei durchläuft er die einzelnen Phasenfelder. Erstarrungsverlauf und Gefügebildung können im Diagramm auf dieser senkrechten Linie verfolgt werden. Die Berechnung der Phasenanteile geschieht mit dem Hebelgesetz.
(→Eisen-Kohlenstoff-Diagramm)

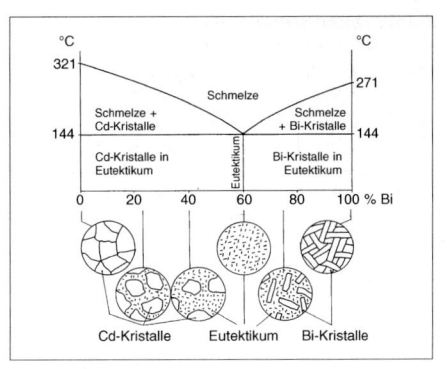

Zustandsschaubild Cadmium/Wismut mit schematischen Gefügebildern

Zuverlässigkeitsforderung
(standards of reliability)
Ein Produkt wird als zuverlässig betrachtet, wenn die Wahrscheinlichkeit für das Auftreten eines Fehlers gering ist, z.B. die Wahrscheinlichkeit für fehlerfreies Funktionieren innerhalb einer gewissen Zeitspanne („mean time between failure") oder in einer gewissen Zahl von Anwendungsfällen.

Zwangsdurchlaufkessel
(once through forced flow boiler)
Dampferzeuger nach dem Wasserrohrsystem (Hochdruckkessel).
Bei hohen Dampfdrücken (>100 bar) wird der natürliche Wasserkreislauf (Naturumlaufkessel) durch Dichteunterschied zu gering. Kesselspeisepumpen drücken das Wasser durch die Rohrsysteme. Steigrohre werden mit kleinerem Durchmesser ausgelegt und in starken Windungen auf- und abwärts geführt (Mäanderbandwicklung). Meistverwendete Ausführung ist der Benson-Kessel. Er besitzt keine Dampfscheidetrommeln (Kesseltrommeln), sondern man schaltet nach dem Verdampfer (strahlungsbeheizt) einen Nachverdampfer ein, der vor dem Überhitzer liegt.
(→Dampferzeuger, →Überhitzer)

Zwanzigflächner (icosahedron)
Synonym für Ikosaeder.
(→Platonische Körper)

Zweibacken-Bohrfutter (two-jaw drill chuck)
Werkzeugspanner an Bohrmaschinen.
Bohrfutter mit zwei einander gegenüber liegenden Spannbacken, die beim Spannen mit einer seitlich im Futterkörper liegenden kleinen Gewindespindel betätigt werden. Die Backen sind an den Spannflächen wechselseitig so ausgefräst, dass sie ineinander greifen und mit den so entstandenen „Zähnen" den Bohrerschaft sicher spannen können.

Zweibackenfutter
(two-jaw chuck; double-jaw chuck)
Werkstückspanner an Drehmaschinen.
Die zwei Grundbacken liegen einander gegenüber und werden durch eine Gewindespindel in den Führungen im Futterkörper radial verstellt. Die Spannflächen der auswechselbaren Aufsatzbacken können der Werkstückform angepasst werden. Vorwiegend für unrunde, aber symmetrische Spannquerschnitte geeignet.

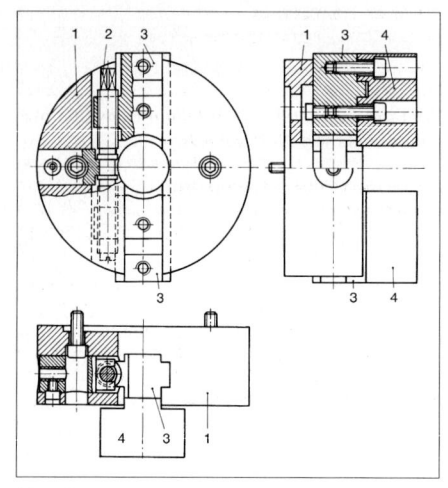

Handbetätigtes Zweibackenfutter
1 Futterkörper, 2 Backen-Antriebsspindel, 3 Grundbacke, 4 Aufsatzbacke

Zweierkomplement (two's complement)
Ergänzung der Zahl auf die nächsthöhere Zweierpotenz.
Bildung: Zweierkomplement = Einerkomplement plus 1.
Beispiel:
```
          Zahl   : 1010 1011
Einerkomplement  : 0101 0100
               +          1
Zweierkomplement : 0101 0101
```

Zweierlogarithmus (binary logarithm)
Logarithmus zur Basis 2.
(→Logarithmus)

Zweigelenkstab (bar hinged at two points)
In der Statik Bezeichnung für alle Bauteile, die an nur zwei Punkten gelenkig mit Nachbarbauteilen verbunden sind und auch nur dort Kräfte aufnehmen.
Die Gelenke werden als reibungsfrei angesehen, so dass die Bauteile (Stäbe genannt) nur Zug- oder Druckkräfte aufnehmen können. In diesem Sinn sind Fachwerke aus Zweigelenkstäben aufgebaut. Die Form der Stäbe hat dabei keinen Einfluss, sie können gerade oder gekrümmt sein.

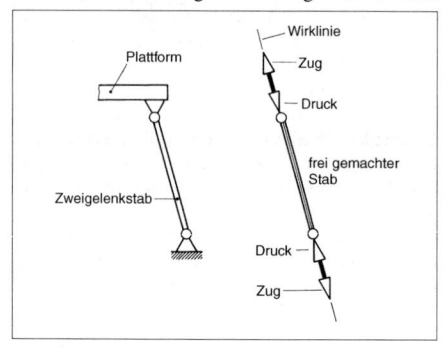

Pendelstütze als Zweigelenkstab

Zweipol
(two terminal network; two pole network)
Stromkreis, Bauelement oder Baugruppe mit zwei Anschlussklemmen.
Aktive Zweipole geben Energie ab (z.B. Spannungsquellen), passive Zweipole nehmen Energie auf (z.B. Verbraucher).

Zweipunkteform der Geradengleichung
(two-point form of the equation of a straight line)
Gleichung der Geraden in der Form
$$y = \frac{y_2 - y_1}{x_2 - x_1}(x - x_1) + y_1 \quad \text{oder} \quad \frac{y - y_1}{x - x_1} = \frac{y_2 - y_1}{x_2 - x_1}.$$
Man benutzt die Zweipunkteform der Geradengleichung, wenn von der Geraden zwei Punkte $P_1 = (x_1 \mid y_1)$ und $P_2 = P(x_2 \mid y_2)$ mit $x_1 \neq x_2$ bekannt sind.
(→Gerade)

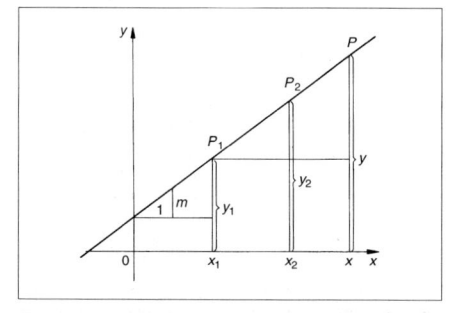

Zweipunkteform der Geradengleichung

Zweipunktregler (two-point regulator)
Unstetiger Regler, dessen Stellgröße nur zwei verschiedene Zustände annehmen kann.

Zweipunktregler sind einfach und preiswert herzustellen, haben aber prinzipbedingt eine große Hysterese und liefern eine schlechte Regelgüte.
(→Hysterese, →stetiger Regler, →unstetiger Regler)

Zweiständer-Hobelmaschine
(double housing planer; double-column planer; standard-type planer)
→Langhobelmaschine

Zweitaktverfahren (two stroke cycle)
Das Arbeitsspiel des Zweitaktmotors umfasst eine Kurbelwellenumdrehung und zwei Kolbenhübe (Takte).
Der Gaswechsel erfolgt beim Zweitakt-Ottomotor durch Schlitze oder Kanäle in den Zylinderwandungen. Bei Dieselmotoren wird der Auslass oft durch Ventile gesteuert. 1. Takt: Durch den Überströmkanal strömt das im Kurbelgehäuse vorverdichtete Kraftstoff-Luft-Ölgemisch ein und spült Restgase über Auslassschlitze heraus. Nach Abschluss der Kanäle beginnt die Verdichtung. Durch Einlassschlitze strömt das Kraftstoff-Luft-Ölgemisch unter dem Kolben in das Kurbelgehäuse.
2. Takt: Vor OT erfolgt Zündung des verdichteten Gemisches (Ottomotor) oder Selbstzündung durch Einspritzung beim Dieselmotor. Der Kolben verrichtet Arbeit und verdichtet das im Kurbelgehäuse befindliche Gemisch. Zum Ende der Abwärtsbewegung öffnet der Kolben die Auslassschlitze und kurz danach die Überströmkanäle.
(→Arbeitsspiel, →Spülverfahren)

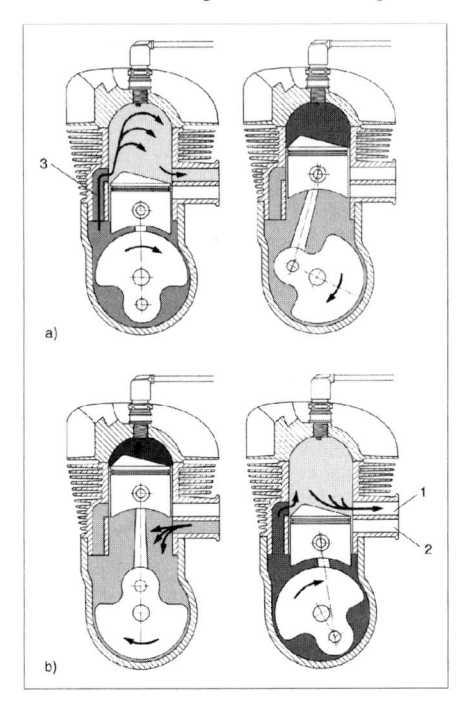

Zweiter Hauptsatz
(second law of thermodynamics)
Thermodynamisches Axiom (Erfahrungssatz) über die begrenzte Umwandelbarkeit von Wärme in mechanische Arbeit (z.B. bei der Energieumwandlung in Wärmekraftmaschinen):
Wärme kann in einem Kreisprozess nur dann in mechanische Nutzarbeit umgewandelt werden, wenn ein Temperaturgefälle vorhanden ist. Die Wärmezufuhr $Q_{zu(1-2)}$ muss also bei höherer Temperatur erfolgen als die Wärmeabfuhr $Q_{ab(2-1)}$. Die zugeführte Wärme wird nur teilweise in mechanische Arbeit umgewandelt. Der Rest durchläuft und verlässt die Maschine ungenutzt.
Wärme kann nur unter Energieaufwand von einem Stoff mit geringerer Temperatur auf einen Stoff mit höherer Temperatur übergehen.

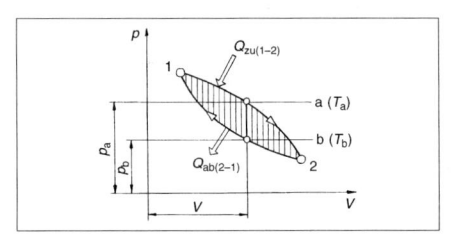

Zweitaktverfahren
a) 1.Takt (Überströmen-Verdichten-Voransaugen), b) 2.Takt (Arbeiten-Auslassen-Vorverdichten), 1 Auslassschlitze, 2 Einlassschlitze, 3 Überströmkanal

Kreisprozess im p,V-Diagramm
$p_a > p_b \Rightarrow T_a > T_b$

Zweiwellengetriebe (double-shaft gearing)
An Werkzeugmaschinen die einfachste Form des Stufengetriebes.
Jede der beiden Wellen trägt bis zu vier Zahnräder oder Riemenscheiben für bis zu vier Übersetzungen und Abtriebsdrehzahlen.

zweiwertiges Lager (two-valued bearing)
Bauart einer Lagerung, die eine beliebig gerichtete Kraft F, jedoch kein Kraftmoment M aufnehmen kann.
Da man die beliebig gerichtete Kraft F in einem rechtwinkligen Koordinatensystem in zwei rechtwinklig aufeinander stehende Komponenten F_x und F_y zerlegen kann, spricht man von zweiwertiger Lagerung. Wellen sollen Drehmomente weiterleiten und Zahnrad- oder Riemenkräfte über

Zwischengitterplätze

Wälz- oder Gleitlager auf das Gehäuse übertragen. Eines der beiden Lager ist konstruktiv als Festlager (zweiwertiges Lager), das andere als Loslager (einwertiges Lager) ausgebildet.
(→einwertiges Lager)

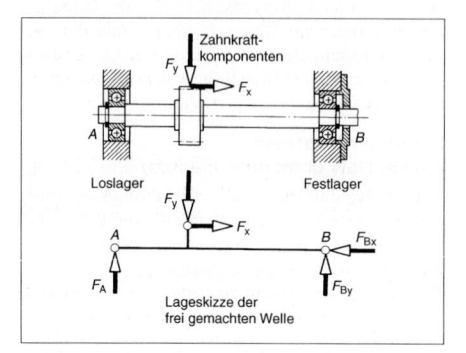

Getriebewelle mit Loslager A (einwertig) und Festlager B (zweiwertig).

Zwischengitterplätze (interstitial space)
Räume zwischen den kugelförmig gedachten Atomen eines Metallgitters.
Dort können wenige, kleinere Atome (C, H, N) unter Gitterverzerrung eingelagert (gelöst) werden.
(→Einlagerungs-Mischkristall)

Zwischenüberhitzer (reheater)
Baugruppe in Dampfturbinen-Anlagen.
Große Turbinen-Anlagen verarbeiten große Energiegefälle (Hoch-, Mittel- und Niederdruckteil mit Kondensatoranlage). Erreicht der Dampf 8 ... 10% Dampfnässe, so muss er vor weiterer Nutzung zwischenüberhitzt werden. Zwischenüberhitzer werden mit Frischdampf beheizt. Sie befinden sich neben der Turbine oder in der Kesselanlage.
(→Dampfturbinen, →Energiegefälle)

Zwölfflächner (dodecahedron)
Synonym für Dodekaeder.
(→Platonische Körper)

Zykloide (cycloid)
Ebene Kurve mit der Gleichung $x = a(t - \sin t)$, $y = a(1 - \cos t)$, $a > 0$ in Parameterdarstellung.
Eine Zykloide beschreibt die Bahn eines festen Punktes auf einem Kreis mit dem Radius a, wenn dieser Kreis auf einer Geraden rollt (ohne zu gleiten).
Der Parameter t heißt Wälzwinkel der Zykloide.
Für den Krümmungsradius gilt: $\rho = 4a \sin(t/2)$.
Die Evolute einer Zykloide ist eine dazu kongruente Zykloide, die man aus der Ausgangszykloide durch Parallelverschiebung erhält.
(→Evolute, →Krümmung)

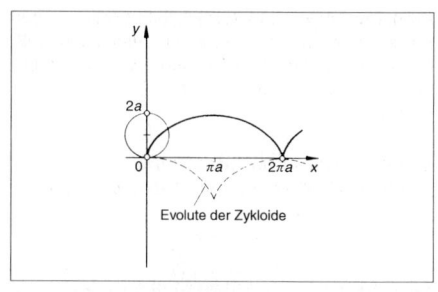

Zykloide

Zykloidenverzahnung (cycloidal-profile teeth)
→Verzahnungsarten

Zyklometrische Funktionen (cyclometric function)
Anderer Name für Arkusfunktionen.
(→Arkusfunktionen)

Zyklon-Vorabscheider (cyclone air separator)
→Luftfilter

Zyklonfeuerung (cyclone furnace)
→Schmelzfeuerung

Zyklus an CNC-Maschinen
(canned cycle; fixed cycle)
Vorprogrammierte Funktionen im Speicher einer CNC-Steuerung für häufig vorkommende Fertigungsabläufe beim Bohren, Fräsen und Drehen. DIN 66025 Bohrzyklen (nicht genormt: Dreh- und Fräszyklen).
(→Bohrzyklus, →Drehzyklus, →Fräszyklus, →Unterprogrammtechnik, →Variablenprogrammierung)

Zyklus, steuerungstechnisch (cycle)
In sich geschlossener Prozess.
Nach der Abarbeitung eines Zyklus ist der Ausgangszustand wieder erreicht.

Zylinder im Motorenbau (cylinder; drum)
Führen den Kolben zwischen den Totpunkten, nehmen Verbrennungsdruck auf und leiten Verbrennungswärme an das Kühlmittel ab.
Das Zylinderkurbelgehäuse (Motorblock) mit Kurbelwellenlagerung wird bei wassergekühlten Mehrzylindermotoren mit angegossenen Zylindern oder Zylindermänteln aus Gusseisen gegossen. Einzelzylinder von luftgekühlten Motoren sind mit Kühlrippen versehen und werden mit dem Kurbelgehäuse einzeln verschraubt. Zylinderblöcke haben eingearbeitete Bohrungen oder Laufbuchsen.

Zylinder, mathematisch (cylinder)
Körper von gleichbleibendem Querschnitt, der von einer Zylinderfläche und zwei parallelen Ebenen begrenzt wird.
Volumen: $V = A_G \cdot h$.
Oberfläche: $A_O = A_M + 2\,A_G$.
Grundfläche A_G; Mantelfläche A_M; Höhe h.
(→gerader Kreiszylinder, →Prisma)

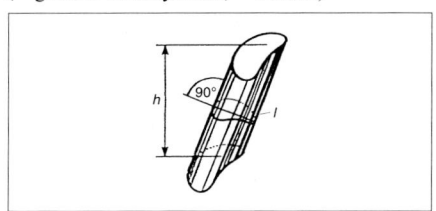

Zylinder (l = Mantellinie)

Zylinderführung (cylindrical guideways)
Führungsbauart an Maschinen, speziell Werkzeugmaschinen.
Führungselement ist ein Zylinder, auf dem das geführte Maschinenteil verschoben und mitunter auch geschwenkt werden kann.
Beispiele: Pressenstößelführung, Säule der Radialbohrmaschine.
(→Geradführung, →Klemmbedingung)

Zylinderkopf (cylinder head)
Bauteil von Verbrennungsmotoren.
Durch Schrauben mit dem Zylinder verbunden. Die Zylinderkopfdichtung mit Durchflusskanälen für Kühlflüssigkeit und Schmieröl dichtet den Verbrennungsraum ab. Er enthält beim Ottomotor die Zündkerzen, Ein- und Auslassventile (Viertaktverfahren) mit der Ventilbetätigung und beim Dieselmotor Vor- oder Wirbelkammer, Glühkerzen und Einspritzdüsen. Enthält die Gasführungskanäle und trägt durch die Brennraumgestaltung zur Gemischbildung bei. Brennräume werden je nach Ventilanordnung kugel-, keil- oder wannenförmig ausgeführt. Beim Querstromzylinderkopf liegen Ein- und Auslasskanal einander gegenüber, er wird quer durchströmt. Beim Gegenstromzylinderkopf liegen Ein- und Auslass auf derselben Kopfseite untereinander.

Zylinderrollenlager (cylindrial roller bearing)
Radial hoch (Linienberührung), axial nicht belastbar. Einsetzbar z.B. in Getrieben und Elektromotoren.

zylindrisches Koordinatensystem
(cylindrical coordinate system)
Koordinatensystem.
Ein Punkt im Raum kann durch die Parameter Radius r, Abstand s und Winkel ϕ beschrieben werden.

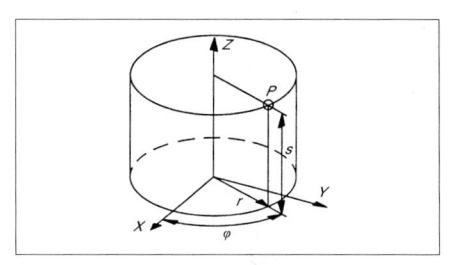

Beschreibung eines Punktes (P) im zylindrischen Koordinatensystem

Stichwortverzeichnis Englisch/Deutsch

A

abc analysis, ABC-Analyse
ability of metals to carry higher loads after undergoing plastic deformation, Verfestigungsfähigkeit
ability to maintain quality, Qualitätfähigkeit
abrasion, Abrasion
abrasive materials, Schleifstoffe
abrasive wear, Abrasionsverschleiß
ABS Copolymer, ABS-Polymer
abscissa, Abszisse
absolute address, absolute Adresse
absolute dimension, Absolutbemaßung
absolute maximum, absolutes Maximum
absolute maximum ratings, Grenzwerte
absolute minimum, absolutes Minimum
absolute pressure, absoluter Druck p_{abs}
absolute value, Absolutbetrag, Betrag
absolute velocity, Absolutgeschwindigkeit
absolute zero, absoluter Nullpunkt
absorption costing, Vollkostenrechnung
accelerated movement, beschleunigte Bewegung
acceleration, Beschleunigung a
acceleration axiom, Beschleunigungsaxiom
acceleration diagram, Beschleunigungsdiagramm
acceleration due to gravity, Erdbeschleunigung
acceleration line, Beschleunigungslinie
acceleration term, Beschleunigungsbegriff
acceleration-time diagram, a,t-Diagramm
acceleration work, Beschleunigungsarbeit W_a
acceptor, Akzeptor
access authority, Zugangsberechtigung
access priority, Zugangsberechtigung
access time, Zugriffszeit
accountancy, Rechnungswesen
accounting, Rechnungswesen
accruals, Rückstellungen
accumulator, Akkumulator
accuracy of a robot, Robotergenauigkeit
achievements, Leistungen
acid forming, Säurebildung
acid hydrogen, Säure-Wasserstoff
acid residue ions, Säure-Restionen
acid salts, saure Salze
acidic strength, Säurestärke
acoustics, Akustik
acrylic glass, Acrylglas
action, actio
action line, Eingriffslinie
activation energy, Aktivierungsenergie E_A
active component, aktive Bauelemente
active filter, aktive RC-Filter
active power, Wirkleistung P, elektrisch
active two-port, aktiver Zweipol
activity, Aktivität A
actual production costs, Herstellkosten
actual value, Istwert
actuator, Aktor, Aktuator, Aktorik, Stellglied
actuator position, Stellort
actuator speed, Stellgeschwindigkeit
acute angle, spitzer Winkel
acute angled triangle, spitzwinkliges Dreieck
adaptability, Adaptionsfähigkeit
addition, Addition
addition calculation, Zuschlagskalkulation
addition method, Additionsverfahren
addition of vectors, Zusammensetzen von Vektoren
addition system, Additionssystem
addition theorem, Additionstheorem
addition theorems for trigonometric functions, Additionstheoreme für die trigonometrischen Funktionen
address, Adresse
address bus, Adreßbus
address counter, Adreßzähler
address value, Adreßwert
adhesion, Adhäsion, Anhangskraft
adhesive bonding, Kleben
adhesive wear, Adhäsionsverschleiß
adiabatic change, adiabate Zustandsänderung
adjacent angles, Nebenwinkel
adjacent composite loading, Flankenbeanspruchung
adjacent small side, Ankathete
admittance, Scheinleitwert Y
adsorption, Adsorption
aerodynamic coefficient, Luftwiderstandsbeiwert
aerodynamic resistance, Luftwiderstand
aerodynamics, Aerodynamik
aerostatics, Aerostatik
age hardenable alloys, aushärtbare Legierungen
age hardening, Kaltauslagern
ageing, Alterung
ageing treatment, Auslagern
air barrier, Luftschranke
air chucking cylinder, Pressluft-Zylinder
air cooling, Luftkühlung
air filter, Luftfilter
air hammer, Drucklufthammer
air hardening steel, Lufthärter
air heater, Luftvorwärmer
air jet devices for controlling air flow, Wandstrahlelemente
air pressure, Luftdruck
air ratio, Luftverhältnis λ
air vessel, Windkessel
alcohol, Alkohol
algebra, Algebra
algebraic curve of order n, algebraische Kurve n-ter Ordnung
algebraic equation, algebraische Gleichung
algebraic function, algebraische Funktion

algebraic irrational number, algebraische irrationale Zahl
algebraic number, algebraische Zahl
algorithm, Algorithmus
Algorithmic Language, Algol, ALGOL
aligning bearing, Loslager
alkane, Alkane
alkene, Alkene
alkyne, Alkine
all in time, Vorgabezeit
all purpose lathe, Universaldrehmaschine
all steel friction drive, Ganzstahl-Reibgetriebe
allocation list, Belegungsliste
allowed ratio of bending to torsion stress, Anstrengungsverhältnis α_0
allowed time, Frist
alloyed steels, Legierte Stähle
alloys, Legierungen
Alpaka, Neusilber
alphanumeric characters, alphanumerische Zeichen
alternate angles, Wechselwinkel
alternating current, AC, Wechselstrom
alternating current meter, Wechselstromzähler
alternating sequence, alternierende Folge
alternating series, alternierende Reihe
alternating voltage, Wechselspannung
alternative key, Alt-Taste
alternator, Drehstromlichtmaschine
altitude, Höhe
altitude theorem, Höhensatz
aluminium, Aluminium Al
aluminium alloys, Aluminiumlegierungen
aluminizing, Alumetieren
American Petroleum Institute classification, API-Klassifikation
American Society of Testing Materials, ASTM
American Standard Code for Information Interchange, ASCII-Code
aminoplastic resin, Aminoplaste
amorphous, amorph
amortizations account, Amortisationsrechnung
amount of deformation, Verformungsgrad ε
ampere, Ampere A
amplifier, Verstärker
amplitude, Amplitude
analog control, analoge Steuerung
analog signal, Analogsignal
analog to digital converter, A-D-Wandler
analogous procedure, Analogieverfahren
analog, analog
analogue signal, analoges Signal
analysis, Analyse, Analysis
analysis relating to the economic advantages of a location, Standortanalyse
analytical geometry, analytische Geometrie
analytical method, analytische Methode
analytical solution, analytische Lösung
and, UND
android, Android
angle, Winkel
angle at the centre of a circle, Mittelpunktswinkel, Zentriwinkel
angle at the circumference, Peripheriewinkel, Umfangswinkel

angle between a chord and a tangent, Sehnentangentenwinkel
angle of 360°, Vollwinkel
angle of friction, Reibwinkel ρ
angle of rotation, Drehwinkel φ
angle of static friction, Haftreibwinkel
angle subtended by a straight line, gestreckter Winkel
angular acceleration, Winkelbeschleunigung α
angular gripper, Winkelgreifer
angular measure, Winkelmaß
angular momentum, Drehimpuls, Drehimpuls L
angular speed, Winkelgeschwindigkeit ω
anion, Anion
anisotropy, Anisotropie
annealing, Glühen
annual balance sheet, Jahresabschluß
anode, Anode
anodic oxidation, anodische Oxydation
anodizing, Eloxal-Verfahren
anomalous behaviour of water, Anomalie des Wassers
antilogarithm, Numerus
antivirus program, Antivirenprogramme
anvil block, Schabotte
Apollonius' circle, Apollonios, Kreis des
Apollonius' theorem, Apollonios, Satz des
apparent power, Scheinleistung S
apron gearbox, Schlosskasten
apron housing, Schlosskasten
aramid staple fibre, Aramidfaser
arbor, Dorn, Zentrierdorn
arborescent crystal, Tannenbaumkristall
arc, Arcus
arc length, Bogenlänge
arc pressure welding, Lichtbogenpressschweißen
arc welding by hand, Lichtbogen-Handschweißen
Archimedean spiral, Archimedische Spirale
arctrigonometric functions, Arkusfunktionen
areal moment, Flächenmoment I
argument, Argument einer Funktion
argument form, Aussageform
argument of a complex number, Argument einer komplexen Zahl
arithmetic, Arithmetik
arithmetic logic unit ALU, Rechenwerk, ALU
arithmetic mean, arithmetisches Mittel
arithmetic processor, Arithmetikprozessor
arithmetic sequence, arithmetische Folge
arithmetic series, arithmetische Reihe
arithmetical equilibrium conditions, rechnerische Gleichgewichtsbedingungen
armature reaction, Ankerrückwirkung
aromatics, Aromaten
Aron measuring circuit, Aronschaltung
array, Array
arrest point, Haltepunkt
Arrhenius, Arrhenius
articulated arm, Gelenkarm
artificial ageing, Warmauslagern
assembler, Assembler
assembly curve, Fließkurve
assembly end effector, Montagegreifer
assembly line production, Fließfertigung

assembly pressing, Fließpressen
assembly prestressing force, Montagevorspannkraft
assembly robot, Montageroboter
associative law, Assoziativgesetz, Verknüpfungsgesetz, Verknüpfungsgesetz
astroid, Astroide
asymptote, Asymptote
asynchronous control, Asynchronsteuerung
asynchronous counter, Asynchronzähler
asynchronous motor, Asynchronmotor
atmospheric pressure, Umgebungsdruck
atom, Atom
atom models, Atommodelle
atomic diameter, Atomdurchmesser
atomic electron shell, Atomhülle
atomic lattice, Atomgitter
atomic mass, Atommasse
atomic mass in atomic mass units u, absolute Atommasse m
atomic mass unit, atomare Masseneinheit u
atomic number, Kernladungszahl, Ordnungszahl
atomic physics, Atomphysik
atomic radius, Atomradius
atomic state, Energiezustand der Atome
atomic structure, Atombau
atomic volume, Atomvolumen
atomic weight, Atomgewicht, relative Atommasse A_r
attenuation, Dämpfung
atto, Atto a
attraction between masses, Massenanziehung
ausforming, Austenitformhärten
austempered ductile iron, ADI, bainitisches Gusseisen
Austenite, Austenit
austenite cast iron, austenitisches Gusseisen
austenite dissociation, Austenitzerfall
austenite range, Austenitgebiet, -bereich
austenite steel, austenitische Stähle
austenitizing, Austenitisierung
auto ignition, Selbstzündung
autogenous welding, Autogenschweißen, Gasschmelzschweißen
automated guided vehicle system, fahrerloses Transportsystem, FTS
Automatic Execution, Autoexec
automatic tool change, automatischer Werkzeugwechsel
Automatically Programmed Tools, APT
automation, Automatisierung
auxiliary group elements, Nebengruppenelemente
auxiliary groups, Nebengruppe
auxiliary point, Hilfspunkt
auxiliary unit, Hilfseinheit
average speed, Durchschnittsgeschwindigkeit, mittlere Geschwindigkeit v_m
average statistical load, Belastungskollektiv
average value, arithmetischer Mittelwert, Gleichrichtwert
Avogadro constant, Avogadro-Konstante N_A
axes of a robot, Roboterachsen
axial areal moment, axiales Flächenmoment
axial bearing, Axiallager, Längslager
axial force, Axialkraft F_a
axial groove ball bearing, Axial-Rillenkugellager
axial piston pump, Axialkolbenpumpe
axial piston type hydraulic transmission, Axialkolbengetriebe
axial section modulus, axiales Widerstandsmoment
axial symmetry, Achsensymmetrie
axioms, Axiome
axis, Achsen
axis of abscissae, Abszissenachse
axis of coordinates, Koordinatenachsen
axis of ordinates, Ordinatenachse
axle tap, Achszapfen

B

B-H curve, Magnetisierungskennlinien
back coupling, Rückkopplung
back gearing, Vorgelege
back gears, Vorgelege
back pressure nozzle, Staudüse
back pressure turbine, Gegendruckturbine
bainite, Bainit
bainite temperature range, Bainitstufe
bake hardening, bake hardening BH
balance, Bilanz
balance cable roller for rope drives, Ausgleichsrolle
balance sheet, Bilanz
balanced load, symmetrische Belastung
balancing time, Ausgleichszeit T_g
band brake, Bandbremse
bandfriction, Bandreibung
bandwidth, Bandbreite
bar, Bar
bar code, Balkencode
bar hinged at two points, Zweigelenkstab
bar lathe, Zugspindeldrehmaschine
bar work, Stangenarbeit
barrel roller bearing, Tonnenlager
base, Basis, Gestell, unedel, Werkzeugmaschinengestell
base forming, Basenbildung
base load control, Grundlastregelung
base metal, Basismetall, Unedelmetalle
basic, basisch
basic arithmetical operations, Grundrechenarten
basic bore, Einheitsbohrung
Basic Input Output System, BIOS
basic kinds of stress, Grundbeanspruchungsarten
basic law of dynamics, dynamisches Grundgesetz
basic salts, basische Salze
basic setting, Ruhestellung
basic shaft, Einheitswelle
basic single diameter, Grundkreisdurchmesser
basic tolerance, Grundtoleranz
batch data, Batch-Datei
bath nitriding, Badnitrieren
batterie, Batterie
baud rate, Baud-Rate
bayonet plate, Bajonettscheibe
BCD counter, BCD-Zähler
bearing, Lager

bearing friction force, Lagerreibkraft
bearing material, Lagerwerkstoffe
bearing pressure of projected area, Lochleibungsdruck σ_l
bearing seals, Lagerdichtungen
bearing temperature, Lagertemperatur
bearing value, Lagerwertigkeit
beat, Schwebung
becquerel, Becquerel Bq
bed, Bett, Tisch
bed plate, Schabotte
belt gearing, Riemengetriebe
belt material, Riemenwerkstoffe
belt tension, Bandzug
bench drill, Tischbohrmaschine
bench drilling machine, Tischbohrmaschine
bend, Biegen
bending, Biegung
bending and tension/compression, Biegung und Zug/Druck
bending and torsion, Biegung und Torsion
bending moment, Biegemoment M_b
bending moment behaviour, Biegemomentenverlauf
bending moment calculation, Biegemomentenberechnung
bending resistance, Biegefestigkeit
bending spring, Biegefeder
bending strain, Biegebeanspruchung
bending stress, Biegespannung σ_b
Benson boiler, Benson-Kessel
benzene, Benzol
benzine gas, Benzin
Bernoulli's equation, Bernoulligleichung, Bernoullische Druckgleichung, Bernoullische Druckhöhengleichung
beryllium, Beryllium Be
bias point, Arbeitspunkt
bidirectional, bidirektional
bifilar winding, Bifilarwicklung
bijective function, bijektive Funktion
bijective mapping, bijektive Abbildung
bin picking, Griff in die Kiste
binary character, Binärzeichen
binary code, Dualcode
binary coded decimal code, BCD-Code
binary coded decimal number, BCD-Zahl
binary control, binäre Steuerung
binary counter, Dualzähler
binary digit, Binärzeichen, Bit
binary logarithm, binärer Logarithmus, dualer Logarithmus, Zweierlogarithmus
binary number, Dualzahl
binary number system, Binärsystem, Dualsystem, Binärsystem
binary reducing stage, Zählspeicher
binary signal, binäres Signal, Binärsignal
binary system, Dualsystem
binding strength, Bindefestigkeit
binomial, Binom
binomial coefficient, Binomialkoeffizient
binomial formulae, binomische Formeln
binomial theorem, binomischer Lehrsatz
bipolar junction transistor, bipolarer Transistor

biquadratic equation, biquadratische Gleichung
bisectrix, Winkelhalbierende
bistable flipflop, bistabile Kippstufe
bit, Binärzeichen
black box, Black-box
blank, Ausschneiden
blank-draw ratio, Ziehverhältnis
blank holder, Niederhalter
blanking, Lochen
blends, Polymer-Blends
block, Flasche, Flaschenzug, Programmsatz
block brake, Backenbremse, Klotzbremse
block diagram, Blockdiagramm, Blockschaltbild
block start, Satzanfang
blow hole, Lunker
blower, Gebläse
blown-off steam, Abdampf
body, Gestell, Werkzeugmaschinengestell
body-centred cubic lattice, kubisch-raumzentriertes Kristallgitter
Boehringer hydraulic drive, Boehringer-Sturm-Getriebe
Bohr atom model, Bohrsches Atommodell
boiling point, Siedepunkt
bolt and nut materials, Schrauben- und Mutternwerkstoffe
bolt welding, Bolzenschweißen
bolted joint, Schraubenverbindungen
bolted union, Bolzenverbindung
Boltzmann-constant, Boltzmann-Konstante k
bond, Anleihe
bond energy, Bindungsenergie
bond types, Bindungsarten
bonding of particles, Teilchenverfestigung
Boolean algebra, Boolesche Algebra
Boolean equation, logische Verknüpfung
bootstrap, Bootstrap
bore, bohren
boring, Bohrverfahren
boring bar, Bohrstange
boring bar supported at both ends, geführte Bohrstange
boring head, Bohrkopf, Kopfbohrstange
boring process, Bohrverfahren
boring spindle, Bohrspindel
boring tool, Kopfbohrstange
boring tool-holder, Bohrkopf
boring unit, Bohreinheit
boron carbide, Borcarbid, B_4C
boron nitride, Bornitrid BN
borrowed capital, Fremdkapital
boundary lubrication, Grenzreibung
bounded function, beschränkte Funktion
bounded sequence, beschränkte Folge
box column drilling machine, Ständerbohrmaschine
box-type jaw, Klauenkasten
Boyles law, Mariottes law, Gesetz von Boyle und Mariotte
Brahmagupta's theorem, Brahmagupta, Satz des
brake calculation, Bremsenberechnung
brake disc, Bremsscheibe
brake lifting devices, Bremslüftgeräte
brake motor, Bremsmotor

brakes, Bremsen
braking test, Bremsversuch
braking torque, Bremsmoment
branch, Branch
brass, Messing
break behaviour, Bruchverhalten
break contact, Öffner
break even analysis, Break-Even-Analyse
breakdown torque, Kippmoment M_K eines Elektromotors
breakerless semiconductor-ignition system, vollelektronische Zündung
breaking capacity, Ausschaltvermögen
breast planer, Blechkanten-Hobelmaschine
bridge circuit, Brückenschaltung
Briggs logarithm, Briggsscher Logarithmus
brinell hardness, Brinellhärte HB
brittle fracture, Sprödbruch
brittleness resulting from slow cooling after tempering, Anlaßsprödigkeit
broach, Räumnadel
broach head, Räumschlitten
broach slide, Räumschlitten
broaching, Räumverfahren
broaching machine, Räummaschine
Brönsted, Brönsted
brush holder, Bürstenhalter
buckling, ausknicken, Knickung
buckling-arm robot, Knickarmroboter
buckling force, Knickkraft
buckling length, Knicklänge
buckling number, Knickzahl
buckling stress, Knickspannung
budget time, Planzeit
buffer, Buffer, Puffer
built up edge, Aufbauschneide
bull gear, Kulissenrad
Bundesdatenschutzgesetz, BDSG
buoyancy, Auftrieb F_a
buoyancy force, Auftriebskraft F_a
bus, Bus
bus system, Bussystem
bush chain, Buchsenkette
business organisation, Betriebsorganisation
bypass oil filter, Nebenstromölfilter
byte, Byte

C

C, C
cache, Cache
cache memory, Cache
cadmium, Cadmium Cd
calculation, Kalkulation
calorie, Kalorie
cam angle, Schließwinkel α
cam in head engine, cih-Motor
cam-type chuck, Herbert-Futter, Plankurvenfutter
camlock mounting, Camlock-Befestigung
camshaft, Nockenwelle
candela, Candela Cd
canned cycle, Zyklus an CNC-Maschinen
cantilever, Ausleger

capacitance, Kapazität C, Kapazität C eines Kondensators
capacities, Kapazitäten
capacitor, Kondensator
capacity, Förderstrom
capillary lubrication, Dochtschmierung
capital, Kapital, Vermögen
capital expenditure budgeting, Investitionsrechnung
capital turnover, Kapitalumschlag
capstan lathe, Revolverdrehmaschine
capstan slide, Revolverschlitten
carbide, Carbide
carbide former, Carbidbildner
carbon, Kohlenstoff
carbon fiber, Carbonfaser
carbon nitride, Carbonitride
carbon nitriding, Carbonitrieren
carburettor, Vergaser
carburizing, carburize, Aufkohlen, Einsatzhärten
cardan shaft, Gelenkwellen
cardinality, Mächtigkeit
Carnot cycle, Carnot-Prozess
carriage, Bettschlitten, Drehmaschinensupport, Schlitten, Support
carry, Carry
cartesian coordinate system, kartesisches Koordinatensystem
cartesian form of complex numbers, Algebraische Form der komplexen Zahlen
cascade circuit, Kaskadenschaltung
cascade connection, Kaskadenschaltung
case depth, Aufkohlungstiefe At
case harden, Einsatzhärten
case hardening, Aufkohlen
case hardening steel, Einsatzstähle
cash flow, Cash Flow
cast alloys, Gusslegierungen
cast iron, Gusseisen
cast resin, Gießharze
cast steel, Stahlguss GS
cast texture, Gußtextur
casted gib and cotter, Vergußbirne
casting, Gießen
catalyst, Katalysator
categories of costs, Kostenarten
cathode, Katode
cathodic corrosion protection, katodischer Korrosionsschutz
cation, Kation
Cavalieri's principle, Cavalieri, Prinzip des
cavitation, Kavitation
cellular construction, Zellenbauweise
Celsius degree, Grad Celsius °C
Celsius scale, Celsius-Skala
Celsius temperature, Celsius-Temperatur t
cementite, Zementit
center of mass of an area, Flächenschwerpunkt
center sleeve, Pinole
centi, Zenti c
central force system, zentrales Kräftesystem
central injection system, Zentraleinspritzung
central processing unit, Zentraleinheit
Central Processing Unit, CPU

central stress, Mittelspannung
central symmetry, Punktsymmetrie
centre, Spitze
centre form of the equation of a circle, Mittelpunktsform der Kreisgleichung
centre form of the equation of a hyperbola, Mittelpunktsform der Hyperbelgleichung
centre form of the equation of a sphere, Mittelpunktsform der Kugelgleichung
centre form of the equation of an ellipse, Mittelpunktsform der Ellipsengleichung
centre lathe, Spitzendrehmaschine
centre of mass, Schwerpunkt
centre of mass of a line, Linienschwerpunkt
centre of pressure, Druckmittelpunkt
centre peak to valley height, Mittenrauhwert
centreless grinding machine, spitzenlose Schleifmaschine
centrifugal advance mechanism, Fliehkraftversteller
centrifugal compressors, Kreiselverdichter
centrifugal force, Fliehkraft, Zentrifugalkraft F_z
centrifugal governor, Fliehkraftregler
centrifugal pump, Kreiselpumpe
centripetal acceleration, Normalbeschleunigung, Zentripetalbeschleunigung a_n
centripetal force, Zentripetalkraft F_z
centronics, Centronics
ceramic materials for cutting tools, Schneidkeramik
ceramic matrix composite, CMC
ceramic monolith catalyst, Keramik-Monolith-Katalysator
ceramics, keramische Stoffe
cermets, Cermets
cetane number, Cetanzahl CZ
chain, Kette
chain drive, Kettengetriebe
chain drum, Kettentrommel
chain gear, Kettentrieb
chain hoist, Kettenhebezeug, Kettenzug
chain lift hammer, Kettenfallhammer
chain molecule, Kettenmoleküle
chain rule, Kettenregel
chain sprocket, Kettenrolle
chain structure, Kettenstruktur
chain wheel, Kettenrolle
chamfered cutting edge, gefaste Schneide
change gear bracket, quadrant plate, Wechselräderschere
change gear drive, Wechselrädergetriebe
change in the properties of materials, Stoffeigenschaftänderung
change in volume, Volumenausdehnung
change of motion, Bewegungsänderung
change of state, Zustandsänderung
change of state of a gas, polytrope Zustandsänderung
changeover speed, Übergangsdrehzahl
changeover tolerance, Übergangstoleranzfeld
changing from one operating system to another, Portierung
characteristic curve, Kennlinienfeld
characteristic curves, Kennlinien
characteristic time, Ausgleichszeit T_g
charge, Ladung
charge-air cooler, Ladeluftkühler
charge cycle gas exchange, Ladungswechsel
charge number, Ladungszahl
charge pressure valve, Ladedruckregelventil
chatter mark, Rattermarken
chatterproof switch, prellfreier Schalter
chemical bond, chemische Bindung
chemical bond theorie, Bindigkeit
chemical bonding, Bindung
chemical equilibrium, chemisches Gleichgewicht
chemical formulae, chemische Formeln
chemical reaction, chemische Reaktion
chemical symbol, chemisches Symbol, chemisches Zeichen
chemical symbols for elements, Elementsymbol
Chemical Vapour Deposition, CVD-Verfahren
chemistry, Chemie
chip, Chip
Chip Select, CS
chips released from a built-up cutting edge, Scheinspan
choice of operating point, Arbeitspunkteinstellung
choke, Drosselspule
chord, Sehne
chord theorem, Sehnensatz
chromium, Chrom Cr
chromium-nickel steel, Chrom-Nickel-Stähle
chromium steel, Chromstähle
chromizing, Chromieren
chuck, Spannfutter
chuck jaw, Spannbacke
chuck operated by levers fitted at an angle, Winkelhebelfutter
chuck operation, Futterarbeit
chuck work, Futterarbeit
chucker, Spanner
chucking capacity, Spannbereich
chucking lathe, Futterdrehmaschine
circle, Kreis
circle and line, Kreis und Gerade
circle number π**,** Kreiszahl π
circle of curvature, Krümmungskreis
circuit, elektrischer Stromkreis
circuit algebra, Schaltungsalgebra
circuit breakers, Sicherungen
circuit diagram, Schaltplan, Stromlaufplan
circuit families, Schaltkreisfamilien
circuit hysterisis, Schalthysterese
circuit symbol, Schaltzeichen
circuit voltage, Leiterspannung
circuits, Schaltkreise
circuits with two stable states including astable, monostable and bistable, Kippschaltung
circular arc, Kreisbogen
circular blank diameter, Rondendurchmesser
circular chain conveyor, Kettenkreisförderer, Kreisförderer
circular cone, Kreiskegel
circular cylinder, Kreiszylinder
circular dividing table, Rundtisch
circular functions, Kreisfunktionen

circular indexing, Rundschalten
circular interpolation, Kreisinterpolation
circular interpolation parameter,
  Kreisinterpolationsparameter
circular motion, Kreisbewegung, Rotation
circular ring, Kreisring
circular sector, Kreisausschnitt, Kreissektor,
  Kreisausschnitt
circular segment, Kreisabschnitt, Kreissegment,
  Kreisabschnitt
circumcircle, Umkreis
circumferential speed, Umfangsgeschwindigkeit v_u
circumscribed quadrilateral, Tangentenviereck
claim level, Anspruchsniveau
clam nut, Schlossmutter
clamp, Klemmen, Spanneisen, Spanner
clamp dog, Spannkloben
clamping condition, Klemmbedingung
clamping coupling, Schalenkupplung
clamping mechanism, Spanner
clamping position, Einspannlage
class A operation, A-Betrieb
class B operation, B-Betrieb
class B push-pull amplifier, Gegentakt-B-
  Endstufen
class C operation, C-Betrieb
class factor, Klassenfaktor
class of operation, Betriebsarten des
  Leistungsverstärkers
clear chill casting, Schalenhartguss
clearance angle, Freiwinkel α
cleavage fracture, Spaltbruch
clevis, Lastbügel, Schäkel, Seilschäkel
client, Client
clock, Clock, Takt
close-packed lattice, dichteste Kugelpackung
closed circuit, geschlossener Kreislauf
closed circuit condition, Einschaltzustand
closed circulation, geschlossener Kreislauf
closed loop control, Regelung
closed loop control system, Regeleinrichtung
clove hook, Doppelhaken
cluster, Cluster
clutch, Kupplung
clutch driving mechanism, Kupplungsgetriebe
CMOS-RAM, CMOS-RAM
CNC block, CNC-Satz
coating, Beschichten
coating robot, Beschichtungsroboter
cobalt, Kobalt, Co
code, Code
code converter, Codewandler, Codierer
coefficient, Koeffizient
coefficient of heat transfer,
  Wärmeübergangskoeffizient
coefficient of heat transmission,
  Wärmedurchgangskoeffizient
coefficient of key friction, Keilreibzahl
coefficient of linear expansion,
  Längenausdehnungskoeffizient α_l
coefficient of mutual inductance, gegenseitige
  Induktivität
coefficient of static friction, Haftreibzahl

coefficient of volume expansion,
  Volumenausdehnungskoeffizient
coherent unit, kohärente Einheit
cohesion, Kohäsion, Zusammenhangskraft
cold extrusion, Kaltfließpressen
cold forming, Kaltverformung
cold start aid, Kaltstarthilfe
cold working steels, Kaltarbeitsstähle
collar bearing, Halslager
collateral for secured loan, Kreditsicherungsformen
collection of different types of cost data,
  Kostenerfassung
collector, Kommutator
collet, Spannzange
collet bar chuck, Keilstangenfutter
collet chuck, Spannzange
collet chuck with lamellar clamping elements,
  Lamellenspannzange
collet piston chuck, Keilkolbenfutter
collet spanner, Schrumpffutter
collision protection device,
  Kollisionsschutzvorrichtung bei Robotern
color penetration test, Penetrierverfahren
column, Säule, Ständer
column and knee milling machine,
  Konsolfräsmaschine
column with a square base, quadratische Säule
commencement of delivery, Förderbeginn
commission time, Auftragszeit
commissioning, kommissionieren
**Committee of Common Market Automobile
  Constructors grade,** CCMC-Spezifikation
Committee of Fuel Research-engine, CFR-Motor
common base circuit, Basisschaltung
common drain circuit, Drainschaltung
common emitter circuit, Emitterschaltung
communication tubes, kommunizierende Röhren
commutative law, Kommutativgesetz,
  Vertauschungsgesetz, Vertauschungsgesetz
commutative rule, Kommutativgesetz
commutator, Kommutator, Stromwender
compact disc, Compact-Disc
Compact Disc, CD
company, Betrieb, Unternehmung
comparator, Komparator
comparison moment, Vergleichsmoment M_v
comparison of costs, Kostenvergleichsrechnung
comparison stress, Vergleichsspannung
compensating unit, Ausgleichseinheit
compensation, Kompensation
compiler, Compiler
compiling, kompilieren
complementary angles, Komplementwinkel
complementary metal oxide semiconductor,
  CMOS
**complementary metal oxide semiconductor
  technic,** CMOS-Technik
completely filled electron shell, Elektronenoktett
completion of a square, quadratische Ergänzung
complex function, komplexe Funktion
Complex Instruction Set Computer, CISC
complex number, komplexe Zahl
complex salt, Komplexsalze

compliant device, Fügehilfe, Fügemechanismus, Fügekopf
component of weight parallel to an inclined plane, Hangabtriebskraft
composite fiber material, Faserwerkstoffe
composite load, zusammengesetzte Beanspruchung
composite materials, Verbundwerkstoffe, Werkstoffverbund
composite motion, zusammengesetzte Bewegung
composition of vectors, Zusammensetzen von Vektoren
compound belt, Verbundriemen
compound layer, Verbindungsschicht
compound table, Kreuztisch
compound table fitted with additional rotary table, Kreuz- und Drehtisch
compounds, Verbindungen, Zusammensetzungen
compressed air cylinder, Pressluft-Zylinder
compressed welding, Pressschweißen
compressing, Stauchen
compression ignition oil engine, Dieselmotor
compression moulding compound, Pressmassen
compression ratio, Verdichtungsverhältnis ε
compression ring, Verdichtungsring
compression space volume, Verdichtungsraum V_c
compression stress, Druckspannung
compression test bar, Druckstab
compressive yield point, Quetschgrenze
compressor, Kompressor, Verdichter
Comprex supercharger, Comprex-Lader
Computer, Rechner
Computer Aided Design, CAD
computer numerical control, CNC-Steuerung
computer numerical control program, CNC-Programm
computer numerical control technique, CNC-Technik
computer numerically controlled machine, CNC-Werkzeugmaschine
computer programming, maschinelle Programmierung
computer virus, Computervirus
concave function, konkave Funktion
concave mirror, Hohlspiegel
concave point set, konkave Punktmenge
concentric, konzentrisch
concertina cover, Faltenbalg
concrete polymer, Polymerbeton
condensers, Kondensatoren
conditional equation, Bestimmungsgleichung
conductance, elektrischer Leitwert G, Leitwert
conductivity, elektrische Leitfähigkeit, spezifischer Leitwert γ
conductor, elektrische Leiter, Leiter
conductor current, Leiterstrom
conductor with optimal shape for current reduction, Hochstabläufer
cone, Kegel
cone brake, Kegelbremse
cone clutch, Kegelkupplung
cone pulley drive, Stufenscheibengetriebe
congruence, Kongruenz
congruence theorems for triangles, Kongruenzsätze für Dreiecke

conic, Kegelschnitt
conical brake disc, Kegelbremsscheibe
conical friction brake, Kegelreibungsbremse
conjugate complex numbers, konjugiert komplexe Zahlen
conjunction, Konjunktion
conjunctive normal form, konjunktive Normalform
connecting rod, Pleuelstange
conservation of angular momentum, Drehimpulserhaltungssatz
conservation of energy, Energieerhaltungssatz
conservation of momentum, Impulserhaltungssatz
console beam, Konsolträger
constant chamber cycle, Gleichraumprozeß
constant function, konstante Funktion
constant pressure change, isobare Zustandsänderung
constant pressure cycle, Gleichdruckprozeß
constant term, Absolutglied
constant volume change, isochore Zustandsänderung
construction of a hyperbola, Hyperbelkonstruktion
construction of a parabola, Parabelkonstruktion
construction of an ellipse, Ellipsenkonstruktion
construction relation, Bauverhältnis
constructional steel, Baustähle
consumer of electricity, Verbraucher
contact breaker plus ignition timer, Zündunterbrecher
contact breaker point, Unterbrecherkontakt
contact plan, Kontaktplan
contact point, Eingriffspunkt
continous chip, Fließspan
continuity equation, Kontinuitätsgleichung
continuity of a function, Stetigkeit einer Funktion
continuous action controller, stetiger Regler
continuous conveyor, Stetigförderer
continuous injection system CIS, K-Jetronic
continuous path control, Roboter-Bahnsteuerung
continuous strand casting, Strangguss
continuously adjustable stand or bracket, Schraubbock
continuously adjustable support, verstellbare Spannunterlage
continuously differentiable function, stetig differenzierbare Funktion
continuously or infinitely variable speed drive, stufenloses Getriebe
continuously variable friction drive, Pittler-Stern-Getriebe
contouring control system, Bahnsteuerung
contouring lathe, Kopierdrehmaschine
contraction, Kontraktion
contraction in area, Brucheinschnürung Z
contribution analysis, Deckungsbeitragsrechnung
control adjusting microscope, Einrichtmikroskop
control chart, Steuerdiagramm
control device, Steuereinrichtung
control instruction, Steuerungsanweisung
control key, Strg-Taste
control loop, Regelkreis
control loop system, Steuerkette
control piston, Regelkolben
control precision, Regelgüte

control sequence, Kontrollstrukturen
control structure, Kontrollstrukturen
control system with self -regulation, Regelstrecke mit Ausgleich
control system without self regulation, Regelstrecke ohne Ausgleich
control unit, Steuereinheit, Steuerwerk
controlled system, Regelstrecke, Steuerstrecke
controlled variable, Regelgröße
controller, Controller, Regler
controller with discrete output values, unstetiger Regler
controller with integral action, I-Regler
controller with proportional action, P-Regler
controller with proportional plus derivative action, PD-Regler
controller with proportional plus integral action, PI-Regler
controller with proportional plus integral plus derivative action, PID-Regler
controlling, Controlling
convergent sequence, konvergente Folge
convergent series, konvergente Reihe
converter, Umrichter
convex angle, überstumpfer Winkel
convex function, konvexe Funktion
convex point set, konvexe Punktmenge
conveyor, Förderband
conveyor belt, Förderband
conveyor picking, Griff auf's laufende Band
cooler, Gebläse
cooling, Kühlung
cooling channel piston, Kühlkanalkolben
cooling curve, Abkühlkurve
cooling process, Abkühlverlauf
cooling rate, Abkühlgeschwindigkeit
coordinate drilling machine, Koordinatenbohrmaschine
coordinate table, Kreuztisch
coordinate transformation, Koordinatentransformation
coordinates, Koordinaten
coordination number, Koordinationszahl
copolymer, Copolymer
copper, Kupfer Cu
copper base alloys, Kupferlegierungen
coprocessor, Coprozessor
copying lathe, Kopierdrehmaschine
core, Kerne
Coriolis force, Coriolis-Kraft F_C
correcting variable, Stellgröße
correction time, Ausregelzeit
corresponding addition and subtraction, korrespondierende Addition und Subtraktion
corresponding angles, Stufenwinkel
corrosion, Korrosion
corrosion cell, Korrosionselement
corrosion fatigue, Schwingungsrisskorrosion SwRK
corrosion products, Korrosionsprodukte
corrosion protection, Korrosionsschutz
corrosion rate, Abtragungsgeschwindigkeit w
corrosion resistant steels, korrosionsbeständige Stähle
corrosion system, Korrosionssystem

corrosion types, Korrosionsarten
corrugated bellows, Faltenbalg
cosine, Kosinus
cosine function, Kosinusfunktion
cost accounting, Betriebsabrechnung
cost and output accounting, Kosten- und Leistungsrechnung
cost center accounting, Kostenstellenrechnung
cost estimating department, Vorkalkulation
cost objective accounting, Kostenträgerrechnung
costs, Kosten
costs per machine hour, Maschinenstundensatz
cotangent, Kotangens
cotangent function, Kotangensfunktion
coulomb, Coulomb
counter, Zähler, datentechnisch
counter current braking, Gegenstrombremsung
counter cutting, Konterschneiden
counterblow hammer, Gegenschlaghammer
counterboring process, Senkverfahren
countersinking process, Senkverfahren
covalent atomic bond, Atombindung
covalent bond, homöovalente Bindung, kovalente Bindung
Cramer's rule, Cramersche Regel
crank and rocker mechanism, Kurbelschwinge
crank mechanism, Kurbeltriebwerk, Schubkurbelgetriebe
crank press, Kurbelpresse
crankshaft, Kurbelwelle
crankshaft bearing, Kurbelwellenlager
crater dimensional relationships, Kolkverhältnis
crater wear, Kolkverschleiß
credit risks, Kreditrisiken
creep resistant steels, warmfeste Stähle
creep strength, Zeitstandfestigkeit
creeping, Kriechen
Cremona diagram, Cremonaplan
crevice corrosion, Spaltkorrosion
critical cooling rate, kritische Abkühlgeschwindigkeit v_{crit}
critical deformation, kritischer Verformungsgrad
cross-beam, cross-head, Querhaupt, Traverse
cross lay rope, Kreuzschlagseil
cross-rail, Querbalken
cross roller chain, Kreuzrollenkette
cross-section of flow, Anströmquerschnitt
cross-section of the removed metal part, Spanungsquerschnitt A
cross slide, Planschlitten, Querbalken
crossrail head, Querbalkensupport
crystal defect, Kristallfehler
crystal lattice, Kristallgitter
crystal nucleus, Kristallkeime
crystal regeneration, Kristallerholung
ctrl key, Strg-Taste
cube, Würfel
cubic boron nitride, kubisches Bornitrid
cubic equation, kubische Gleichung
cubic factor of a polynomial, kubischer Faktor eines Polynoms
cubic function, kubische Funktion
cubic parabola, kubische Parabel
cuboid, Quader

Culmann's method, Vierkräfteverfahren, Culmannsches Verfahren
Culmann's straight line, Culmannsche Gerade
current, elektrische Stromstärke I, Strom, Stromstärke
current density, elektrische Stromdichte J, Stromdichte
current direction, technische Stromrichtung
current measurement, Strommessung
current operated earth-leakage circuit breaker, Fehlerstrom-Schutzschaltung
current transformer, Stromwandler
cursor, Cursor
Curtis turbine, Curtis-Turbine
curvature, Krümmung
curve, Kurve
cutouts, Sicherungen
cut surface, Schnittfläche
cuttability, Schnittigkeit
cutter compensation, Bahnkorrektur
cutter head, Messerkopf
cutter radius offset, Fräserradiuskorrektur
cutter spindle, Frässpindel
cutting, Schneiden, Trennen
cutting depth, Arbeitseingriff a_e
cutting depths, Eingriffsgrößen
cutting edge, Schneide
cutting edge angle, Einstellwinkel χ_r
cutting edge inclination, Neigungswinkel λ_s
cutting force, Schnittkraft F_c
cutting method, Schnittmethode, Schnittverfahren
cutting part of a tool, Schneidteil
cutting power, Schnittleistung P_c
cutting process, Schnittarbeit
cutting speed, Schnittgeschwindigkeit v_c
cutting tools, Schneidwerkzeuge
cycle, Kreisprozess, Zyklus, steuerungstechnisch
cyclic alkane, cyclische Alkane
cycloid, Zykloide
cycloidal profile teeth, Zykloidenverzahnung
cyclometric function, Zyklometrische Funktionen
cyclone air separator, Zyklon-Vorabscheider
cyclone furnace, Zyklonfeuerung
cylinder, Zylinder im Motorenbau, Zylinder, mathematisch
cylinder head, Zylinderkopf
cylindrial roller bearing, Zylinderrollenlager
cylindrical coordinate system, zylindrisches Koordinatensystem
cylindrical grinding machine, Rundschleifmaschine
cylindrical guideways, Zylinderführung
cylindrical guideways fitted with rolling elements, Kugelbüchse

D

D-type flipflop, D-Flipflop
Dahlander polechanging circuit, Dahlanderschaltung
d'Alembert, d'Alembert
d'Alembert force, d'Alembert-Kraft
d'Alembert's principle, d'Alembertsches Prinzip, Prinzip von d'Alembert

damping, Dämpfung
Darlington circuit, Darlingtonschaltung
data, Datei, Daten
data bank, Datenbank
data bus, Datenbus
data determination, Datenermittlung
data flow chart, Datenflußplan
data hiding, Kapselung
data protection, Datensicherung
data storage medium, Datenträger
3dB frequency, Grenzfrequenz f_g
D.C. constant speed motor, D.C. shunt motor, Gleichstrom-Nebenschlußmotor
D.C. variable speed motor, D.C. series motor, Gleichstrom-Reihenschlußmotor
de Moivre's formula, Moivre, Formel von
de Morgan's laws, De Morgansche Regeln, Inversionsgesetze
dead time, Totzeit
deadline, Frist
deadline period, Fristigkeit
deca, Deka da
decarburization, Randentkohlung
decarburizing, Entkohlung
deceleration test, Auslaufversuch
deci, Dezi d
decimal fraction, Dezimalbruch
decimal logarithm, dekadischer Logarithmus, Zehnerlogarithmus
decimal number, Dezimalzahl
decimal number system, Dezimalsystem
decoder, Decoder, Decodierer, Dekoder
decrement, decrementieren
deduction by analogy, Analogieschluß
deep clamping jaw, Tiefspannbacke
deep drawing, Tiefziehen
deep groove ball bearing, Rillenkugellager, Schulterkugellager
defining equation, Definitionsgleichung
definite integral, bestimmtes Integral
deflection tension, Ausschlagspannung σ_a
deformation, Formänderung
deformation energy hypothesis, Hypothese der größten Gestaltänderungsenergie
deformation rate, Federnachgiebigkeit
deformation resistance, Formänderungsfestigkeit
deformation work, Formänderungsarbeit
degenerate circle, entarteter Kreis
degenerate triangle, entartetes Dreieck
degree, Grad
degree of change in shape, Umformgrad
degree of curvature of a function, Krümmungsverhalten einer Funktion
degree of freedom, Freiheitsgrad
degree of loading, Beanspruchungsgrad
degree of polymerization, Polymerisationsgrad
degree of reaction, Reaktionsgrad r
degree of resolution, Auflösungsgrad
degrees of freedom of a robot, Roboterfreiheitsgrad
delay element, Verzögerungsglied
delay time, Verzugszeit T_u
delayed feedback, verzögerte Rückführung
delivery head, Druckhöhe, Förderhöhe H

delivery rating, Förderleistung P_Q
delta connection, Dreieckschaltung
demand analysis, Bedarfsermittlung
demodulation, Demodulation
demodulator, Demodulator
demultiplexer, Demultiplexer
dendrite, Dendriten
denominator, Nenner
density, Aufzeichnungsdichte, Dichte ρ
density of a gas under standard conditions, Normdichte
density of loosely packed materials, Schüttgewicht von Massengütern
depth of cut, Schnitttiefe a_p
depth of hardening, Einhärtung, Einhärtungstiefe
depth of martensite transformation, Einhärtung
depth of nitriding, Nitrierhärtetiefe Nht
derivative of a function, Ableitung einer Funktion
derivative rate time, Vorhaltezeit T_v
derivative response, Differentialverhalten
derivatives of some algebraic functions, Ableitungen einiger algebraischer Funktionen
derivatives of some transcendental functions, Ableitungen einiger transzendenter Funktionen
derived quantity, abgeleitete Größe
derived unit, abgeleitete Einheit
design of resistors, Bauformen von Widerständen
designation of logic low and high in terms of voltages, Pegel
determinant, Determinante
deviation, Regelabweichung
device, Bauelement
device used to change the time response of a system, Zeitglied
diagonal, Diagonale
diagonal bracing, Peters-Verrippung
diagonal tieing, Dreiecksverband
diagram showing bladed wheel profile, Schaufelplan
diagram which shows how to combine individual speed components for a final drive, Aufbaunetz
diameter, Durchmesser
diamond, Diamant
diamond cutting materials, Schneiddiamant
diamond lattice, Diamantgitter
diecasting alloys, Druckgusswerkstoffe
dielectric, Dielektrikum
dielectric constant, Dielektrizitätskonstante ε, Dielektrizitätszahl $ε_r$
dielectric number, Dielektrizitätszahl
dielectric strength, Durchschlagsfestigkeit
diesel engine, Dieselmotor
diesel fuel, Dieselkraftstoff
difference, Differenz
difference coefficient, Differenzenquotient
differentiable function, differenzierbare Funktion
differential aeration cell, Belüftungselement
differential brake, Differenzbremse
differential calculus, Differenzialrechnung
differential coefficient, Differenzialquotient
differential equation of an elastic curve, Differenzialgleichung der elastischen Linie
differential response, Differenzialverhalten

differentiation rules, Differenziationsregeln
diffraction, Beugung
diffraction grating, Beugungsgitter
diffuser, Leitrad
diffusion, Diffusion
digital absolute position measuring system, digital-absolutes Wegmeßsystem
digital circuit, digitale Schaltkreise
digital control, digitale Steuerung
digital display, Digitalanzeige
digital incremental position measuring system, digital-inkrementales Wegmeßsystem
digital signal, digitales Signal
digital technique, Digitaltechnik
digital to analog converter, D-A-Wandler
dimension, Bemaßung, Dimension
dimensional equation, Dimensionsgleichung
dimensional tolerance, Maßtoleranz
dimensioning, Dimensionierung
dimensions of the removed metal part, Spanungsgrößen
diode, Diode
dip lubrication, Tauchrollenschmierung
dipole bond, Dipolbindung
direct component, Gleichwert
direct current, Gleichstrom
direct current generator, Gleichstromgenerator
direct current machine, Gleichstrommaschine
direct current motor, Gleichstrommotor
direct drive arm, Direkt-Antrieb
direct hardening treatment, Direkthärten
direct injection, Direkteinspritzung
direct measurement, direkte Wegmessung
Direct Memory Access, DMA
direct numerical control, DNC-Betrieb
direction of current, Stromrichtung
directional angle, Richtungswinkel α
directional control valve, Wegeventil
directional guideways, Richtführung
directional quantity, Richtgröße D
directional tolerance, Richtungstoleranzen
director, interpolator, Interpolator
directory, Verzeichnis
disable interrupt, Disable Interrrupt (DI)
disc brake, Scheibenbremse
disc clutch, Scheibenkupplung
disconnection, Freischalten
discontinuous action controller, unstetiger Regler
discontinuous or segmental chips, Reißspan
discriminant, Diskriminante
disjunction, Disjunktion
disjunctive normal form, disjunktive Normalform
diskette, Diskette
dislocation, Versetzung
dispersion strengthening, Dispersionsverfestigung
displacement, Hubraum V_h
displacement principles, Verschiebungssätze
displacement-time diagram, Weg-Zeit-Diagramm
display, Display
display field, Anzeigendisplay
dissociation, Dissoziation
distance, Abstand
distribution systems, fördertechnische Systeme

distribution time percentage, Verteilzeitprozentsatz
distribution time recording, Verteilzeitaufnahme
distributive law, Distributivgesetz, Zerlegungsgesetz
distributive rule, distributives Gesetz
distributor, Zündunterbrecher
distributor type injection pump, Verteilereinspritzpumpe
disturbance variable, Störgröße
divergent sequence, divergente Folge
divergent series, divergente Reihe
divide, teilen
dividend, Dividend
dividing apparatus, Teileinrichtung
dividing head, Teilkopf
divisibility rules, Teilbarkeitsregeln
division, Division
division calculation, Divisionskalkulation
division of a line segment, Streckenteilung
division of labour, Arbeitsteilung
division of polynomials, Polynomdivision
divisor, Divisor
dodecahedron, Dodekaeder, Zwölfflächner
dog, Kloben
domain range, Definitionsbereich
domain set, Definitionsmenge
dongle, Dongle
donor element, Donatoren
doping, Dotierung
dot, Dot
double bond, Doppelbindung
double column planer, Zweiständer-Hobelmaschine
double column plano-milling machine, Portalfräsmaschine
double gripper, Doppelgreifer
double housing planer, Zweiständer-Hobelmaschine
double jaw brake, Doppelbackenbremse
double jaw chuck, Zweibackenfutter
double overhead camshaft engine, dohc-Motor
double salt, Doppelsalze
double shaft gearing, Zweiwellengetriebe
double tool post, Doppelmeißelhalter
dovetail guide, Schwalbenschwanz-Führung
dovetail slideway, Schwalbenschwanz-Führung
downmilling, Gleichlauffräsen
downwards compatibility, Abwärtskompatibilität
drain, Drain
draw bar, Anzugstange, Spannstange, Zugstange
draw carriage, Ziehschlitten
draw in collet, Zugspannzange
draw in cotter, Einziehkeil
draw in key, Einziehkeil
draw in rod, Anzugstange
draw rod, Zugstange
drawn in arbor, Spanndorn
drill chuck, Bohrfutter
drill unit, Bohreinheit
drilling and milling machine, Tischbohrwerk
drilling cycle, Bohrzyklus
drilling head slide, Bohrspindelschlitten
drilling spindle, Bohrspindel
drilling unit, Bohreinheit
drive carrier, Drehherz
drive group, Triebwerksgruppe

driven side, Leertrum
driver, Mitnehmer, Treiber
driving carrier, Mitnehmer
driving dog, Drehherz
driving speed, Antriebsdrehzahl
driving tap, Antriebszapfen
drop board hammer, Brettfallhammer
drop forging, Gesenkschmieden
drop hammer, Fallhammer
drop hammer with strap lifting facility, Riemenfallhammer
drum, Zylinder im Motorenbau
drum brake, Trommelbremse
drum turbines, Trommelturbinen
drum turret, Trommelrevolver
drum type turret, Trommelrevolver
dry friction, Trockenreibung
dry sump lubrication, Trockensumpfschmierung
Dual Inline Package, DIP-Schalter
ductile fracture, Verformungsbruch
duplex toolholder, Doppelmeißelhalter
duroplastic, Duroplaste, Duromere
duty time, Laufzeit
dwell angle, Schließwinkel α
dye penetration test, Farbeindringverfahren
dynamic equilibrium, dynamisches Gleichgewicht
dynamic memory, dynamischer Speicher
dynamic pressure, Geschwindigkeitsdruck q
Dynamic RAM, DRAM
dynamic viscosity, dynamische Viskosität η
dynamics, Dynamik

E

E-mail, E-Mail
earthed neutral conductor, Nulleiter, PEN-Leiter
earthing protection, Schutzerdung
easy cut-off tool, Freischneidwerkzeug
eccentric press, Exzenterpresse
eccentricity, Exzentrizität
economic viability, Wirtschaftlichkeit
eddy current, Wirbelstrom
edge finding probe, Kantentaster
editor, Editor
educational robot, Schulungsroboter
effective capacity, Nutzleistung
effective case depth after carburizing, Einsatzhärtungstiefe Eht
effective efficiency, effektiver Wirkungsgrad η_{eff}
effective impact, wirklicher Stoß
effective power, Effektivleistung P_{eff}
effective separation, Wirkabstand
effective work, Nutzarbeit
efficiency, Leistungsgrad, Wirkungsgrad η, Maschinenbau
efficiency ratio, Wirkungsgrad η, physikalisch
efficiency factor of rope drives, Wirkungsgrad von Seiltrieben
effort, Aufwand
elastic buckling, elastische Knickung
elastic curve, Biegelinie
elastic deformation, elastische Verformung
elastic energy, Spannungsenergie

elastic factor, Elastizitätsfaktor
elastic feedback, nachgebende Rückführung
elastic gripper, elastischer Greifer
elastic impact, elastischer Stoß
elastic limit, Elastizitätsgrenze
elastic line, elastische Linie
elastic modulus, Elastizitätsmodul E
elastic range, elastischer Bereich
elastomer, Elastomere
electric capacitance, elektrische Kapazität C
electric charge, elektrische Ladung Q, Elektrizitätsmenge, Ladung, elektrische
electric chucking attachment, Elektrospanner
electric current, elektrischer Strom I
electric field, elektrisches Feld
electric field strength, elektrische Feldstärke E
electric flux density, elektrische Flußdichte D, Verschiebungsdichte
electric generator, Generator
electric hoist, Elektroseilzug, Elektrozug
electric meter, elektrische Meßgeräte, Zähler, elektrisch
electric motors, Elektromotoren
electric potential, elektrisches Potential
electric power, elektrische Leistung P
electric work, elektrische Arbeit W
electrical circuit, Stromkreis
electrical equipment, elektrischer Verbraucher
electrical hoists, Elektrohebezeuge
electrical network, Netzform
electrically driven chain/hoist, Elektrokettenzug, Elektroketten
Electrically Erasable Programmable Read Only Memory, EEPROM
electricity, Elektrizität
electrochemical series, elektrochemische Spannungsreihe, Spannungsreihe
electrode, Elektrode
electrodynamics, Elektrodynamik
electroforming, Galvanoformung
electrohydraulic brake lifting device, Eldrogerät
electrohydraulic mine car brake, Elektrohydraulische Förderwagenbremse
electrolysis, Elektrolyse
electrolyte, Elektrolyt
electrolytic capacitor, Elektrolytkondensator
electrolytic conductor, elektrolytischer Leiter
electrolytic dissociation, elektrolytische Dissoziation
electromagnet, Elektromagnet
electromagnetic chuck, Elektromagnet-Spanner
electromagnetic field, elektromagnetisches Feld
electromotive force, elektrische Urspannung U_0
electron, Elektron
electron-beam hardening, Elekronenstrahlhärten
electron-beam microanalyser, Elektronenstrahlmikrosonde EMA
electron beam welding, Elektronenstrahlschweißen
electron formula, Elektronenformel
electron gas, Elektronengas
electron pair bond, Elektronenpaarbindung
electron shells, Elektronenhülle, Elektronenschale
electron volt, Elektronenvolt eV
electronegative, elektronegativ

electronegative values, EN-Werte
electronegativity, Elektronegativität EN
electronegativity difference, Elektronegativitätsdifferenz ΔEN
electronic charge or charge of an electron, elektrische Elementarladung e
electronic continuous-injection system, KE-Jetronic
electronic Diesel control system EDCS, elektronische Dieselregelung
electronic engine control, Motronic
electronic ignition system, elektronische Zündung
electronic switch, elektronischer Schalter
electronically controlled carburettor, elektronisch geregelter Vergaser
electronically controlled fuel injection EFIL, L-Jetronic
electropneumatics, Elektropneumatik
electropositive, elektropositiv
electrostatic field, elektrostatisches Feld
electrostatics, Elektrostatik
electrovalent bond, elektrovalente Bindung
element, Element
elemental breakdown, Arbeitszerlegung
elementary function, elementare Funktion
elementary particle, Elementarteilchen
elements, chemische Elemente
ellipse, Ellipse
elongation at rupture, Bruchdehnung A
EL continuously variable friction drive, EL-Getriebe
embrittlement, Versprödung
emissions, Emissionen, Immissionen
emissivity, Emissionsgrad
emitter circuit, Emitterschaltung
Emitter Coupled Logic, ECL
empirical formula, Summenformel
enable interrupt, Enable Interrupt (EI)
end effector of a robot, Roboterarbeitsorgan
end of program, Programmende
end-point energy, Endenergie
endothermic, endotherm
endothermic reaction, endotherme Reaktion
endpoint for martensite formation, M_f
energy degradation, Energiegefälle Δh
energy, Energie
energy conversion, Energieumwandlung
energy dose, Energiedosis D
energy level, Energieniveaus
energy minimum, Energieminimum
energy theorem, Energiesatz
energy theorem for flowing fluids, Energieerhaltungssatz für strömende Fluide
energy theorem related to technical processes, Energieerhaltungssatz für technische Vorgänge
energy unit, Energieeinheit
engagement factor, Überdeckungsfaktor
engine characteristic curves, Motorkennlinien
engine cooling, Motorkühlung
engine lathe, Leit- und Zugspindeldrehmaschine
engine lubrication, Motorschmierung
engine power, Motorleistung P
engine timing, Motorsteuerung

Enhanced Graphics Adapter, EGA
Enor drive, Enor-Getriebe
enter key, Eingabetaste, Enter-Taste
enthalpy, Enthalpie
enthalpy degradation, Energiegefälle Δh
enthalpy of formation, Bildungswärme, -enthalpie H_B
entire rational function, ganze rationale Funktion
entropy, Entropie
entropy maximum, Entropiemaximum
epoxy resins, Epoxidharze EP
equation, Gleichung
equation for determining the unit of a physical quantity, Einheitengleichung
equation involving physical quantities, Größengleichung
equation of a function, Funktionsgleichung
equation of a trajectory, Gleichung der Wurfbahn
equation of degree n, Gleichung n-ten Grades
equation of motion, Bewegungsgleichung
equation of state, allgemeine Zustandsgleichung
equation of the elastic line, Gleichung der elastischen Linie
equation with variables, Variablengleichung
equations of a circle, Kreisgleichungen
equations of a straight line, Geradengleichungen
equidistant, Äquidistante
equilateral hyperbola, gleichseitige Hyperbel
equilateral triangle, gleichseitiges Dreieck
equilibrium, Gleichgewicht
equilibrium condition for moments, Momentengleichgewichtsbedingung
equilibrium conditions, Gleichgewichtsbedingungen
equilibrium of forces, Kräftegleichgewicht
equilibrium states, Gleichgewichtszustände
equipment electrical equipment, Betriebsmittel
equivalence operation, Äquivalenz
equivalent circuit diagram, elektrisches Ersatzschaltbild, Ersatzschaltplan
equivalent dose, Äquivalentdosis H
equivalent propositions, äquivalente Aussagen
equivalent transformation, äquivalente Umformung
Erasable Programmable Read Only Memory, EPROM
erosion, Erosion
erosion-corrosion, Erosionskorrosion
error, Fehler
escape key, ESC-Taste
escape speed, Fluchtgeschwindigkeit v_F
ethernet, Ethernet
Euclid's theorem, Euklid, Satz des, Kathetensatz
Euler hyperbola, Eulerhyperbel
Euler number, Eulersche Zahl e
Eulerian columns, Knickstäbe
Euler's buckling equation, Eulersche Knickungsgleichung
Euler's formula, Eulersche Formel
Euler's theorem on polyhedrons, Eulerscher Polyedersatz
eutectic alloy system, Eutektisches System
eutectic structure, Eutektikum
eutectoid, Eutektoid
evaporation, Verdunstung
evaporator, Verdampfer

even function, gerade Funktion
evolute, Evolute
evolvent, Evolvente
evolvent of a circle, Kreisevolvente
exa, Exa E
excess-air factor, Luftverhältnis λ
excess pressure, Überdruck p_e
exclusion, Inhibition
exclusive OR, Exklusiv-ODER
execution of a sequence of instructions, Befehlsausführung
exergy, Exergie
exhaust gas, Abgase
exhaust gas analysis, Abgasuntersuchung
exhaust gas catalyst, Abgaskatalysator
exhaust silencer, Abgasschalldämpfer, Schalldämpfer
exhaust steam, Abdampf
exhaust steam turbine, Abdampfturbine
exhaust turbo-supercharger, Abgasturbolader
exhaust valve, Auslaßventil
exoskeleton, Exoskelett
exothermic, exotherm
exothermic reaction, exotherme Reaktion
expanding arbor, Spreizdorn
expanding mandrel, Dehndorn, Spreizdorn
expansion bearing, Ausdehnungsgleitlager
expenditure, Aufwand
expenses, Ausgaben
experimental robot, Experimentierroboter
expiry, Ablauf
explicit function, explizite Darstellung, explizite Funktion
exponent, Exponent
exponential equation, Exponentialgleichung
exponential form of complex numbers, Exponentialform der komplexen Zahlen
exponential function, e-Funktion, Exponentialfunktion
extend, erweitern
extension, Verlängerung
extensive quantity, extensive Größe
exterior angle, Außenwinkel
external broaching machine, Außenräummaschine
external cylindrical grinding machine, Außenrundschleifmaschine
external division, äußere Teilung
external forces, äußere Kräfte
external gripper, Außengreifer
external work, äußere Arbeit
extremum, Extremum, Extremwert
extrusion forming, Extrusion

F

face, Spanfläche
face centred cubic lattice, kubisch-flächenzentriertes Kristallgitter
face grinder, Planschleifmaschine
face milling, Stirnfräsen
face milling machine, Planfräsmaschine
faceplate, Planscheibe
faceplate jaw, Spannklaue

facing head, Messerkopf
facing lathe, Kopfdrehmaschine, Plandrehmaschine
factor, Faktor
factor of a polynomial, Faktor eines Polynoms
factorial, Fakultät
factory data capture, Betriebsdatenerfassung
FAG hydrobearing, FAG-Hydrolager
Fahrenheit scale, Fahrenheit-Skala
fall, Fallen
fall time, Abfallzeit t_f
falling weight, Bär, Hammerbär
false jaw, Aufsatzbacke
fan, Gebläse
fan out, Fan-out
farad, Farad F
fastening thread, Befestigungsgewinde
fatigue strength, Dauerfestigkeit σ_D, Wechselfestigkeit
fatigue test, Dauerschwingversuch
fatique strength, Zeitschwingfestigkeit
fch, FUP
feed, Vorschub f
feed carriage, Zuführungsschlitten
feed force, Vorschubkraft F_f
feed mechanism, Vorschubgetriebe
feed movement, Vorschubbewegung
feed power, Vorschubleistung
feed rate, Vorschubgeschwindigkeit v_f
feed rate progression, Vorschubstufung
feed rod, Zugspindel
feed shaft, Zugspindel
feed velocity, Vorschubgeschwindigkeit v_f
feedback, Rückführung, Rückkopplung
feedback which decreases with time, nachgebende Rückführung
femto, Femto f
ferrite, Ferrit
ferritic annealing, Ferritisieren
ferritic steel, ferritische Stähle
fiber composites, Faserverbundwerkstoffe
fibers, Fasern
fictitious force, Scheinkraft
field, Feld
field effect transistor, Feldeffekttransistor, unipolarer Transistor
field forces, Feldkräfte
field strength, Feldstärke
field strength required to rupture a dielectric, elektrische Durchschlagsfestigkeit E_d
file server, File Server
filler, Füllstoffe
film resistor, Schichtwiderstände
filter, Filter
financial balance, Finanzielles Gleichgewicht
fine blanking, Feinschneiden
fine grain, Feinkorn
fingergripper, Fingergreifer
firing equipment, Feuerungsanlage
first in, first out, FIFO
first law of thermodynamics, Erster Hauptsatz
fits, Passungen
fixed bearing, Festlager
fixed bed milling machine, Planfräsmaschine
fixed cycle, Zyklus an CNC-Maschinen

fixed idler, feste Rolle
fixed sequence robot, festprogrammierter Bewegungsautomat/Roboter
flag, Flag, Merker
flag register, Flagregister
flame glow plug, Flammglühkerze
flame hardening, Flammhärten
flank, Freifläche
flank wear, Freiflächenverschleiß
flash point, Flammpunkt
flash welding, Abbrennstumpfschweißen
flat belt drive, Flachriemengetriebe
flat display screen, Flachbildschirm
flat grinding machine, Flachschleifmaschine, Flächenschleifmaschine
flat guide, Flachführung
flat slideway, Flachführung
flexible shaft, Biegsame Welle
flipflop, Flipflop, bistabile Kippschaltung
floating, Schwimmen
floating capital, Betriebsnotwendiges Vermögen
floating neutral, Neutralleiter
floor type boring, drilling, and milling machine, Platten-Bohr- und Fräswerk
floppy disc, Floppy-Disk
flow chart, Flußdiagramm, Programmablaufplan
flow cross-section, Strömungsquerschnitt
flow equation, Strömungsgleichung
flow in a non horizontal lead, Strömung in einer nichthorizontalen Leitung
flow mechanics, Strömungsmechanik
flow segment, Ablaufabschnitt
flue gas, Rauchgase
fluid, Fluid
fluid flow machine, Strömungsmaschinen
fluid (liquid) friction, Flüssigkeitsreibung
fluidics, Fluidics
fluorescent lamp, Leuchtstofflampen
flux, Fluß
focal distance, Brennweite
focal line, Leitlinie
focus, Brennpunkt
foliated graphite, Lamellengraphit
follow rest, Setzstock
follow up chart, Terminplan
footstep bearing, Spurlager
force, Kraft F
force at a distance, Fernkraft
force exerted by a liquid on the side of a vessel, Seitenkraft F_s
force exerted on the base, Bodenkraft F_b
force of gravity, Gewichtskraft F_G
force of inertia, Trägheitskraft
force of sliding friction, Gleitreibkraft F_R
force-path diagram, Kraft-Weg-Diagramm
force polygon, Krafteck
force required to break a vessel, Druckkraft auf gewölbte Böden
forced feed lubrication, Druckumlaufschmierung
forces in a couple, Kräftepaar
forging, Schmieden
forging hammer, Schmiedehammer
forging press, Schmiedepresse
fork lift, Flurförderzeug

Forkardt chucks, Forkardt-Futter
form factor, Scheitelfaktor
form feed, Form Feed
form jaws, Formbacken
formation of perlite, Perlitbildung
formatting, Formatierung
forming, Anformung
forming equation, Anformungsgleichung
forming of a body from shapeless materials, Urformen
formula weight, relative Formelmasse F_r
Formular Translator, FORTRAN
Forst-Enor drive, Forst-Enor-Getriebe
forward moving boring head, Vorschub-Bohrkopf
four jaw chuck, Vierbackenfutter
four stroke principle, Viertaktverfahren
four wire installation, Vierleiternetz
fraction, Bruch
fractional arithmetic, Bruchrechnung
fractional rational function, gebrochene rationale Funktion
fractions with different denominators, ungleichnamige Brüche
fractions with equal denominators, gleichnamige Brüche
frame, Rahmen
framework, Fachwerk
Francis turbines, Francisturbinen
free cutting alloys, Automatenlegierungen
free cutting steels, Automatenstähle
free fall, freier Fall
free length of column, freie Knicklänge
free vector, freier Vektor
free wheel, Freilauf
free wheel with clamping elements, Klemmkörper-Freilauf
free wheeling diode, Freilaufdiode
freeing process for a body, freimachen, freischneiden
freely programmable robot, freiprogrammierbarer Roboter
frequency, Frequenz f
frequency converter, Frequenzwandler
frequency response, Frequenzgang
fretting corrosion, Passungsrost, Reibkorrosion
friction, Reibung
friction brake, Reibungsbremse
friction coefficient, Reibzahl μ
friction coefficient of a journal, Zapfenreibzahl
friction coefficient of a pipe, Widerstandszahl
friction cone, Reibungskegel
friction coupling, Rutschkupplung
friction drive, Reibgetriebe
friction driven screw press, Reibspindelpresse
friction gear drive, Reibradgetriebe
friction gearing, Reibgetriebe
friction moment, Reibmoment M_R
friction on inclined plane, Reibung auf der schiefen Ebene
friction power, Reibleistung P_R
friction state, Reibungszustände
friction torque exerted by the support, Auflagereibmoment M_{RA}
friction work, Reibarbeit W_R
frictional force, Reibkraft
front operated lathe, Frontdrehmaschine
front side driver, Stirnseiten-Mitnehmer
front turning machine, Frontdrehmaschine
frontal lathe, Frontdrehmaschine
fuel, Kraftstoff
fuel consumption, Kraftstoffverbrauch B
fuel filter, Kraftstoffilter
fuel injection pump, Einspritzpumpe
fuel injection system, Einspritzanlage
fuel transfer pump, Kraftstofförderpumpe
fuels, Brennstoffe
full flow oil filter, Hauptstromölfilter
function, Funktion
function chart, Funktionsplan
function diagram, Funktionsdiagramm
function keys, Funktionstasten
function value, Funktionswert
functional group, funktionelle Gruppe
functional modules, Baugruppen
fundamental operation in statics, statische Grundoperation
fundamental quantity, Basisgröße
fundamental rules of statics, Grundoperationen der Statik
fundamental theorem of algebra, Fundamentalsatz der Algebra
fundamental theorem of calculus, Hauptsatz der Differential- und Integralrechnung
fundamental unit, Basiseinheit
fuse adapter, Sicherungsringe
fuses, Sicherungen
fusion welding, Schmelzschweißen
fuzzy control, Fuzzy Control
fuzzy logic, Fuzzy Logic

G

galvanic cell, Kontaktelement
galvanic corrosion, Kontaktkorrosion
game tolerance zone, Spieltoleranzfeld
Gamet bearing, Gamet-Lager
gang drilling machine, Reihenbohrmaschine
gas carburizing, Gasaufkohlen
gas constant corresponding to 1 kg of a gas, spezielle Gaskonstante
gas nitriding, Gasnitrieren
gas turbines, Gasturbinen
gasoline, Benzin, Ottokraftstoff
gate, Gate, Gatter, Tor
gate array, Gate-Array
gate module, Impulsgatter
gate propagation delay time, Gatterlaufzeit
gauging robot, Messroboter
Gauss number plane, Gaußsche Zahlenebene
Gay-Lussac's law, Gesetz von Gay-Lussac
gear, Zahnräder
gear box, Zahnradgetriebe
gear cutting methods, Verzahnungsarten
gear drive, Zahnradgetriebe
gear material, Zahnradwerkstoffe
gear pumps, Zahnradpumpe
gear sizes, Zahnradgrößen

gear transmission, Zahnrad-Stufengetriebe
gear unit, Getriebegruppe
geared motor, Getriebemotor
general form of the equation of a circle, allgemeine Form der Kreisgleichung
general form of the equation of a straight line, allgemeine Geradengleichung
general load-deflection equation, allgemeine Durchbiegungsgleichung
general system of forces, allgemeines Kräftesystem
generation, Generation
generator, Mantellinie
Generic Array Logic, GAL
Geneva scheme, Genfer Schema
geodesic pressure, geodätischer Druck
geometric addition, geometrische Addition
geometric locus, geometrischer Ort
geometric locus line, geometrische Ortslinie
geometric mean, geometrisches Mittel
geometric optics, geometrische Optik
geometric sequence, geometrische Folge
geometric series, geometrische Reihe
geometrical limit, Formtoleranzen
geometrical progression of speeds, geometrische Drehzahlstufung
geometrical shape of chips, Spanform
german silver, Neusilber
Germar diagram which shows how to combine drive speed components, Germar-Schaubild
gib and cotter, Keilschloß, Seilschloß
giga, Giga G
girder, Biegeträger
glass-mat-base plastic, Hartmatte
glass or brittle temperature, Glasübergangstemperatur T_g
glass reinforced thermoplastics, GMT
glass scale, Glasmaßstab
glow plug, Glühkerze
gluing robot, Kleberoboter
golden section, goldener Schnitt, stetige Teilung
gon, Gon
goniometric equation, goniometrische Gleichung
goniometric form of complex numbers, goniometrische Form der komplexen Zahlen
goniometric functions, goniometrische Funktionen
good tempering properties, Anlaßbeständigkeit
governor, Drehzahlregler
grade, Neugrad
grain boundaries, Korngrenzen
grain boundary cementite, Korngrenzenzementit
grain boundary strengthening, Korngrenzenverfestigung
grain coarsening, Grobkornglühen
grain disintegration, Kornzerfall
grain growth, Kornwachstum
grain size, Korngröße
graph, Schaubild
graph of a function, Graph einer Funktion
graphical solution of equations, graphisches Lösen von Gleichungen
graphite, Graphit
graphite formation, Graphitausbildung
graphite lattice, Graphitgitter
grasp planning, Greifplanung

grasping force, Greifkraft
grasping force safety device, Greifkraftsicherung
gravitation, Gravitation
gravitational acceleration, Fallbeschleunigung g, Schwerebeschleunigung
gravitational constant, Gravitationskonstante G
gravitational force, Gravitationskraft F_g
gravity, Schwerkraft
gravity axis, Schwerachse
gravity line, Schwerlinie
gravity plane, Schwerebene
gray, Gray Gy
gray code, Gray-Code
grinding, Schleifverfahren
grinding process, Schleifverfahren
grinding robot, Schleifroboter
grinding spindle, Schleifspindel
grinding wheel adapter, Schleifscheibenaufnahme
grinding wheel spindle, Schleifspindel
gripper, Greifer
gripper change system, Greiferwechselsystem, Werkzeugwechsler
gripper drive, Greiferantrieb
gripper of a robot, Robotergreifer
gripping jaw, Spannbacke
gross calorific value, Brennwert H_o, Heizwert H_o
grounded drain circuit, Drainschaltung
group of curves, Kennfelder
groups, Gruppen
gudgeon pin, Kolbenbolzen
guide, Führung
guide beam, Leitstrahl
guide wheel, Leitrad
guided boring bar, geführte Bohrstange
guideways fitted with caged rolling elements, Führungskette
guideways fitted with rolling elements, Wälzführung
Guldin's rules, Guldinsche Regeln
gunmetal, Rotguß
gusset plates, Knotenbleche

H

H-drive, H-Trieb
hadfields manganese steel, Manganhartstahl
half life, Halbwertszeit $T_{1/2}$
half nuts, Schlossmutter
half wave rectifier circuit, Einwegschaltung
hall generator, HALL-Generator
hall sensor, HALL-Generator
hammer tup, Bär, Hammerbär
hand actuated drive, Handantrieb
hand actuated hoist, Handhebezeug
hand winch, Handwinde
hard chrome plating, Hartchrom
hard disc, Festplatte, Harddisk
hard metal, Hartmetall
hard wired control, festverdrahtete Steuerung, verbindungsprogrammierte Steuerung
hardenability, Härtbarkeit
hardening by laser treatment, Laserhärten
hardness, Härte

hardness conversion, Härtevergleich
hardness depth, Randhärtetiefe Rht
hardness test, Härteprüfung
hardware, Hardware
harmonic division, harmonische Teilung
harmonic mean, harmonisches Mittel
harmonic oscillation, harmonische Schwingung
harmonic series, harmonische Reihe
hasp chain, Haspelkette
hasp wheel, Haspelrad
head, Fallhöhe H
head crash, Head-Crash
header, Header
headstock, Spindelkasten, Spindelstock
headstock casting, Spindelkasten
headstock spindle, Arbeitsspindel, Drehspindel, Hauptspindel
heat, Wärme, Wärme Q
heat capacity, Wärmekapazität, Wärmemenge
heat conduction, Wärmeleitung
heat conductivity, Wärmeleitfähigkeit
heat energy, Wärmeenergie
heat flow, Wärmestrom
heat generated during metal removal, Zerspanwärme Q
heat of combustion, Verbrennungswärme H_V
heat of evaporation, Verdampfungswärme
heat of solution, Lösungswärme E_L
heat radiation, Wärmestrahlung
heat required to melt 1 kg of material, Schmelzwärme
heat resisting steels, hitzebeständige Stähle
heat sink, Kühlkörper
heat stress, Wärmespannung σ_ϑ
heat transfer, Wärmeübergang
heat transmission, Wärmeübertragung
heat transport, Wärmeübertragung
heat treatment, Wärmebehandlung
heat treatment diagram, Vergütungsschaubild
heat treatment required to produce a bainite structure, Bainitisieren
heat-treatment steels, Vergütungsstähle
heat value, Wärmewert
heater plug, Glühkerze
heavy metal, Schwermetalle
hecto, Hekto h
height of fall, Fallhöhe H
Heisenberg's uncertainty principle, Heisenbergsche Unschärfebeziehung
helical clamp, Stufenpratze
helical gear, Schrägstirnräder
helical groove milling, Drallfräsen
helical spring, Schraubenfeder
henry, Henry H
Heron's formula, Heronische Formel
hertz, Hertz Hz
Hertz's equations for pressure intensity, Hertzsche Gleichungen
Hesse normal form of the equation of a straight line, Hessesche Normalform der Geradengleichung
heterogeneous, heterogen

heterogenous materials with a concentration gradient in one of the phases, gradierte Werkstoffe
heterogenous structure, heterogene Gefüge
heterovalent bond, heterovalente Bindung
hexadecimal system, Hexadezimalsystem
hexagonal lattice, hexagonales Kristallgitter
hexahedron, Hexaeder, Sechsflächner
Heynau drive, Heynau-Getriebe
high, HIGH
high level language, Hochsprache
highpass filter, Hochpaß
high pressure hydropower station, Hochdruckanlagen
high pressure oil-fired burner or oven, Druckölfeuerung
high speed radial, Schnellradiale
high speed radial drilling machine, Schnellradiale
high speed steels, HSS-Stähle, Schnellarbeitsstähle
higher derivatives of a function, höhere Ableitungen einer Funktion
Hofer hydraulic expanding mandrel, Hofer-Dorn
hoist, Hebezeuge, Winde
hoist brake, Hubwerksbremse
hoist gear, Hubgetriebe
hoist motor, Hubmotor
hoist technology, Hebetechnik
hoisting magnet, Lasthebemagnet, Magnet zum Lastheben, Rundmagnet
hold element control, Haltegliedsteuerung
holding capacity, Spannbereich
holding strap, Spanneisen
hollow cylinder, Hohlzylinder
homogeneous, homogen
homogenizing, Diffusionsglühen
homogenous structure, homogenes Gefüge
homologous series, homologe Reihe
homopolar bond, homöovalente Bindung
homopolymer, Homopolymer
homothetic transformation, zentrische Streckung
honing, Honverfahren
honing process, Honverfahren
hook, Haken, Lasthaken
hook block, Hakenflasche
hook support block, Hakengeschirr
Hooke's law, Hookesches Gesetz
hooks and clevis, Tragmittel
horizontal boring, drilling and milling machine, Waagerecht-Bohr- und Fräswerk
horizontal boring machine, Waagerecht-Bohrmaschine
horizontal broaching machine, Waagerecht-Räummaschine
horizontal drilling machine, Waagerecht-Bohrmaschine
horizontal milling machine, Horizontal-Fräsmaschine, Waagerecht-Fräsmaschine
horizontal throw, waagerechter Wurf
horizontal turret, Sternrevolver
Horner's method, Horner-Schema
hot dip galvanizing, Schmelztauchen
hot extrusion, Warmfließpressen
hot forming, Warmumformung

hot isostatic pressing, heißisostatisches Pressen, HIP
hot key, Hotkey
hot working steels, Warmarbeitsstähle
hum filter network, Siebkette
hum voltage, Brummspannung
Hund's rules, Hundsche Regel
Huygens' principle, Huygenssches Prinzip
hybrid parameters, h-Parameter
hydration, Hydratation
hydraulic cylinder, Hydraulikzylinder, Hydrozylinder
hydraulic drive, Druckölgetriebe
hydraulic efficiency, hydraulischer Wirkungsgrad η_h
hydraulic expanding mandrel, Hydraulischer Dehndorn
hydraulic lifting jack, hydraulischer Hebebock
hydraulic motor, Hydraulikmotor, Hydromotor
hydraulic press, hydraulische Presse
hydraulic pressing, hydraulische Pressung
hydraulic pressure, hydrostatischer Druck p
hydraulic pump, Hydraulikpumpe, Hydropumpe
hydraulic ram, hydraulischer Widder
hydraulic transmission, Druckölgetriebe
hydraulic unit, Ölgetriebe
hydraulic-valve tappet, hydraulische Stößel
hydrobearing, Hydrolager
hydrocarbons, Kohlenwasserstoffe
hydrodynamics, Hydrodynamik
hydroelectric power plants, Wasserkraftwerke
hydrogen ion exponent, pH value, pH-Wert
hydrogen salt, Hydrogensalze
hydrolysis, Hydrolyse
hydrophilic, hydrophil
hydrophobic, hydrophob
hydrostatic drives, hydrostatische Antriebe
hydrostatic transmission, hydrostatisches Getriebe
hydrostatics, Hydrostatik
hydroturbines, Wasserturbinen
hyperbola, Hyperbel
hyperbola of order n, Hyperbel n-ter Ordnung
hyperbolic function, Hyperbelfunktion
hypotenuse, Hypotenuse
hypothesis, Hypothese
hysteresis, Hysterese

I

icosahedron, Ikosaeder, Zwanzigflächner
ideal crystal, Idealkristall
ideal gas, ideales Gas
identity, Identität
IEC interface, IEC-Schnittstelle
IEC nomenclature for resistors and capacitors, IEC-Reihen
ignition coil, Zündspule
ignition delay, Zündverzug
ignition point, Zündzeitpunkt
ignition quality, Zündwilligkeit
ignition system, Zündanlage
ignition timing device, Zündversteller
ignition voltage, Zündspannung U_G
image, Bild
image set, Bildmenge

imaginary number, imaginäre Zahl
imaginary part, Imaginärteil
imaginary unit, imaginäre Einheit
impact, Stoß, Wucht
impact-temperature curve, Kerbschlagarbeit-Temperatur-Kurve
impedance, Impedanz Z, Scheinwiderstand Z
impeller, Laufrad
implication, Implikation
implicit function, implizite Darstellung, implizite Funktion
impressed current anode, Fremdstromanode
impulse of a force, Kraftstoß
impulse of a moment, Momentenstoß
in line injection pump, Reiheneinspritzpumpe
in line multiple spindle drilling machine, Reihenbohrmaschine
incoherent unit, inkohärente Einheit
increase of strength, Festigkeitssteigerung
incremental dimensioning, Inkrementalbemaßung
incremental programming, Inkrementalmaßprogrammierung
indefinite integral, unbestimmtes Integral
indefinite integrals of some algebraic functions, Unbestimmte Integrale einiger algebraischer Funktionen
indefinite integrals of some transcendental functions, Unbestimmte Integrale einiger transzendenter Funktionen
indeterminate forms, unbestimmte Ausdrücke
index, Atommultiplikator, Index
index, teilen
index hole, Indexloch
index slot, Indexloch
indexing apparatus, Teileinrichtung
indexing head, Teilkopf
indexing rotary table, Rundtisch
indicated power, Innenleistung P_i
indicator diagram, Indikatordiagramm
indicators, Indikatoren
indirect measurement, indirekte Wegmessung
inductance, Induktivität L
induction, Induktion
Induction hardening, Induktionshärten
induction heating, induktive Erwärmung
induction motor, Induktionsmotor
induction resistance welding under pressure, induktives Widerstandspressschweißen
inductive ignition, Spulenzündung
inductive semiconductor ignition with Hall generator, Transistorspulenzündung mit Hallgeber
inductive semiconductor ignition with induction type pulse generator, Transistorspulenzündung mit Induktionsgeber
industrial robot, Industrieroboter
inelastic buckling, unelastische Knickung
inelastic impact, unelastischer Stoß
inequality, Ungleichung
inert gas, Edelgase
inert gas configuration, Edelgaskonfiguration
inertia, Beharrungsvermögen, Trägheit
inertial resistance, Trägheitswiderstand
infiltration composite, Durchdringungsverbunde
infinite, unendlich

infinite sequence, unendliche Folge
infinite series, unendliche Reihe
infinitesimal calculus, Infinitesimalrechnung
information flow, Informationsfluß
initial energy, Anfangsenergie
initial position, Grundstellung
initial screw torque, Schraubenanzugsmoment
initial torque, Anzugsmoment M_A
initialization, Initialisierung
injection moulding, Spritzgießen
injection nozzle, Einspritzdüse
injection timing device, Spritzversteller
injective function, injektive Funktion
injective mapping, injektive Abbildung
ink jet printer, Tintenstrahldrucker
inner forces, innere Kräfte
inner reserves, stille Reserven
input, Eingang
input/output, I/O, E/A
Input/Output-Port, I/O-Port
input power, Antriebsleistung P_{an}
input signal, Eingangssignal
input speed, Antriebsdrehzahl
input torque, Antriebsmoment
input unit, Eingabebaustein
inscribed circle, Inkreis
inscribed quadrilateral, Sehnenviereck
inserted tooth face milling cutter, Messerkopf
installations, Anlagen
instantaneous value, Augenblickswert
instruction, Anweisung, Befehl
instruction counter, Befehlszähler
instruction cycle, Befehlszyklus
instruction register, IR, Befehlsregister
insulated gate field effect transistor, IGFET
insulation resistance, Isolationswiderstand
insulation test voltage, elektrische Prüfspannung U
intake valve, Einlaßventil
intangible fixed investment, immaterielle Investitionen
integer, ganze Zahl
integer number, Integer-Zahl
integrable function, integrierbare Funktion
integral, Integral
integral calculus, Integralrechnung
integral response, Integralverhalten
integral sign, Integralzeichen
integrand, Integrand
Integrated Circuit, IC
integrated circuits, integrierte Schaltkreise
integration by substitution, Substitutionsmethode
integration of a function, Integration einer Funktion
integration rules, Integrationsregeln
intelligent gripper, intelligenter Greifer
intensive quantity, intensive Größe
intercept form of the equation of a straight line, Achsenabschnittsform der Geradengleichung
intercept theorems, Strahlensätze
interface, Interface, Schnittstelle
interference, Interferenz
intergranular, Interkristallin
intergranular corrosion, interkristalline Korrosion
interlacing, Interlace
interlinking factor, Verkettungsfaktor bei Drehstrom

interlock, Verriegelung
intermetallic compound, intermetallische Phase, IP
intermetallic phases, intermetallische Phasen
intermittent operation, Aussetzbetrieb
internal broach, Räumnadel
internal broaching machine, Innenräummaschine
internal combustion engine, Verbrennungsmotor
internal cylindrical grinding machine, Innenrundschleifmaschine
internal division, innere Teilung
internal efficiency, innerer Wirkungsgrad η_i
internal gripper, Innengreifer
internal interest rate, interner Zinsfuß
internal photoelectric effect, innerer Fotoeffekt
internal stress, Druckeigenspannungen, Eigenspannungen
international unit system, internationales Einheitensystem
interpolation modes, Interpolationsarten
interpolator, Interpolator
interpreter, Interpreter
interrupt, Interrupt, Unterbrechung
interrupt plane, Interruptebene
interrupt routine, Interruptroutine
interrupting current, Abschaltstrom
intersection, Durchschnitt
interstitial solid solution, Einlagerungsmischkristall
interstitial space, Zwischengitterplätze
interstitial structure, Einlagerungsstrukturen
interval, Intervall
intrinsic conduction, Eigenleitung von Halbleitern
intrinsic energy, innere Energie
invar, Invarstahl
inverse cosine, Arkuskosinus
inverse cotangent, Arkuskotangens
inverse function, inverse Funktion, Umkehrfunktion
inverse image, Urbild
inverse image set, Urbildmenge
inverse sine, Arkussinus
inverse tangent, Arkustangens
inverse trigonometric functions, inverse trigonometrische Funktionen
inverse value, reciprocal value, Kehrwert, reziproker Wert
inversion, Inversion
inversion laws, Inversionsgesetze
invert, Invertieren
inverted rectifier, Wechselrichter
inverted vee-guide, Dachführung
inverter, Inverter
investigation of the properties of a function, Kurvendiskussion
investment, Investition
involute toothing, Evolventenverzahnung
ion implantation, Ionenimplantieren
ion nitriding, Ionitrieren
ionic bond, Ionenbindung
ionic formula, Ionenformeln
ionic lattice, Ionengitter
ionic product of water, Ionenprodukt des Wassers K_W
ionic valence, Ionenwertigkeit
ionization energy, Ionisierungsenergie
ions, Ionen
iron carbide, Eisencarbid

iron carbon diagram, Eisen-Kohlenstoff-Diagramm
iron scale, Zunder
irrational function, irrationale Funktion
irrational number, irrationale Zahl
irregular movement in a chain drive due to a polygon effect, Vieleck-Effekt
irregularly accelerated circular motion, ungleichmäßig beschleunigte Rotation
irregularly accelerated motion, ungleichmäßig beschleunigte Bewegung
isobaric change, isobare Zustandsänderung
isochoric change, isochore Zustandsänderung
isolating transformer, Trenntransformator
isosceles trapezium, gleichschenkliges Trapez
isosceles triangle, gleichschenkliges Dreieck
isothermal change, isotherme Zustandsänderung
isothermal transformation, isotherme Umwandlung
isotope, Isotope
Isotropy, Isotropie
issue, Ergebnis

J

jaw, Greiferbacke
jaw box, Klauenkasten
jaw chuck, Spannfutter
jaw pad, Aufsatzbacke
jet pump, Strahlpumpe
jets, Düsen
jib, Ausleger
jig borer, Lehrenbohrwerk
jig boring machine, Lehrenbohrwerk
JK flipflop, JK-Flipflop
job analysis, Arbeitsstudium
job instruction, Arbeitsunterweisung
joint, Gelenk, Knoten
joint coordinates, Gelenkkoordinaten
joint of a robot, Robotergelenk
jointed arm, Gelenkarm
jominy curve, Stirnabschreckkurve
jominy test, Stirnabschreckversuch
joule, Joule J
journal, Wellenzapfen
joystick, Joystick, Steuerhebel, Joystick
jump discontinuity, Sprungstelle

K

Kaplan turbines, Kaplanturbinen
Karnaugh map, Karnaugh-Diagramm
Karnaugh-Veith diagram, Karnaugh-Veith-Diagramm
kelvin, Kelvin K
Kelvin scale, Kelvin-Skala
key friction force, Keilreibkraft
keyboard, Keybord, Tastatur
keyway, Keilnut
kilo, Kilo k
kilogram, Kilogramm kg
kilowatt hour, Kilowattstunde kWh
kind of bond, Anleihe-Arten
kinds of beam, Trägerarten
kinds of collisions, Stoßarten
kinds of credit, Kreditarten
kinds of energy, Energiearten
kinds of expiry, Ablaufarten
kinds of mechanical energy, mechanische Energiearten
kinematic chain, (kinematische Kette)
kinematic viscosity, kinematische Viskosität ν
kinematics, Bewegungslehre, Kinematik
kinetic compression, kinetischer Druck
kinetic energy, kinetische Energie E_k
kinetic energy energy of motion, Bewegungsenergie
kinetics, Kinetik
Kirchhoff's electric laws, Kirchhoffsche Gesetze
Kirchhoff's voltage law, Maschengleichung
kite, Drachen, Drachenviereck
knee, Konsole
knee type miller, Konsolfräsmaschine
knife edge tool, Messerschneidwerkzeug
knock, Klopfen
knock control system, Klopfregelung
knock resistance, Klopffestigkeit
knock-sensing device, Klopfregelung
Knoop hardness, Knoophärte

L

label, Label
lambda probe, Lambdasonde
lambda regulating circuit, Lambda-Regelkreis
lamellar graphite cast iron, Gusseisen mit Lamellengraphit GG (GJL)
laminar bonded materials, Schichtverbundwerkstoffe
laminar expanding mandrel, Lamellenspanndorn
laminated construction, Plattenbauweise
lapping, Läppverfahren
lapping process, Läppverfahren
laptop, Laptop
large capacity nonvolatile memory devices, Massenspeicher
large spatially interlinked molecules, Raumnetzmoleküle
laser jet cutting, Laserstrahlschneiden
laser printer, Laserdrucker
laser-welding, Laser-Schweißen
last in, first out, LIFO
latch, Latch
lateral force, Seitenkraft F_s
lateral surface, Mantelfläche
lathe arbor, Drehdorn
lathe centre, Körnerspitze, Drehspitze, Spitzendorn
lathe dog, Drehherz, Herzklauen-Meißelhalter
lathe mandrel, Drehdorn
lathe spindle, Drehspindel
lathe steady, Setzstock
lathe tool holder, Drehmeißelhalter
lattice constant, Gitterkonstante
lattice energy, Gitterenergie
lattice transformation, Gitterumwandlung
laval nozzle, Lavaldüse
laval turbine, Laval-Turbine

law of action and reaction, Wechselwirkungsgesetz
law of conservation of mass, Massenerhaltungssatz
law of cosines, Kosinussatz
law of gearing, Verzahnungsgesetz
law of gravitation, Gravitationsgesetz
law of induction, Induktionsgesetz
law of inertia, Beharrungsgesetz, Trägheitsgesetz
law of linear force, lineares Kraftgesetz
law of refection, Reflexionsgesetz
law of refraction, Brechungsgesetz
law of sines, Sinussatz
layout, Layout
LDR, KOP
lead, Blei Pb
lead base alloys, Bleilegierungen
leadscrew, Leitspindel
leadscrew nut, Schloßmutter
leaf springs, Blattfedern
least common denominator, Hauptnenner
Least Significant Bit, LSB
leather belt, Lederriemen
Ledeburite, Ledeburit
leg, Schenkel
length, Länge l
lens, Linse
Lenz's laws, Lenzsche Regel
level of performance, Leistungsgrad
LH electronically controlled fuel injection system, LH-Jetronic
library, Bibliothek
lifetime of ropes, Lebensdauer von Seilen
lifting jack, Hebebock
lifting power, Hubleistung P_h
lifting stage, Hebebock
light barrier, Lichtschranke
light dependent resistor, Fotowiderstand
light gun, Lichtgriffel
light metal, Leichtmetalle
light pen, Lichtgriffel, Lightpen
limit, Limes
limit for slenderness ratio, Grenzschlankheitsgrad
limit from the left, linksseitiger Grenzwert
limit from the right, rechtsseitiger Grenzwert
limit of a function, Grenzwert einer Funktion
limit of a sequence, Grenzwert einer Folge
limit value, Grenzwert
line, Gerade
line of numbers, Zahlengerade
linear circuits, analoge Schaltkreise
linear eccentricity, lineare Exzentrizität
linear equation, lineare Gleichung
linear expansion, Längenausdehnung, Längsdehnung
linear factor of a polynomial, Linearfaktor eines Polynoms
linear function, lineare Funktion
linear interpolation, Geradeninterpolation, Linearinterpolation
linear joint, Lineargelenk
linear motor, Linearmotor
linear path system, Streckensteuerung
linear resistor, linearer Widerstand
linear stress distribution, lineare Spannungsverteilung
linear transformer, Übertrager
link rod, Kulissenhebel
links of a robot, Roboterglieder
liquid, Flüssigkeit
liquid adhesive, Klebstoffe
liquid crystal display, LCD
liquid pressure, Flüssigkeitsdruck
liquidity, Liquidität
liquidus line, Liquidus-Linie
liter, Liter l, L
load, Last
load at rupture, Bruchlast
load capacity, Traglast
load carrying capacity of a robot, Roboter-Tragfähigkeit
load-deflection equation, Durchbiegungsgleichung
load reaction brake, Lastdruckbremse
load-tension diagram for chains, Kettencharakteristik
load/unload robot, Beschickungsroboter
loading, Belastung
loading case, Belastungsfälle, Lastfall
local element, Lokalelement
localized vector, Ortsvektor
localizer beam, Leitstrahl
location tolerance, Lagetoleranzen
locking devices for screws, Schraubensicherungen
locking mechanism, Gesperre
locus diagram, Ortskurve
locus tolerance, Ortstoleranzen
logarithm, Logarithmus
logarithmic equation, logarithmische Gleichung
logarithmic function, Logarithmusfunktion
logarithmic spiral, logarithmische Spirale
logic, Logik
logic circuit, Logikschaltung
logic device, Logikbaustein
logic diagram, Logikplan
logic element, Verknüpfungsbaustein
logic equation, logische Verknüpfung
logic module, Logikbaustein
logic operation, Verknüpfung
logic symbols, logische Zeichen
logic unit, Logikteil
Lokal Area Network, LAN
long lay rope, Gleichschlagseil
loose idler, lose Rolle
Loschmidt constant, Loschmidt-Konstante N_L
loss accounting, Verlustrechnung
low, LOW
low active, Low-aktiv
low pass filter, Tiefpaß
low pressure hydropower station, Niederdruckanlagen
low temperature behaviour, Kälteverhalten
lower critical temperature in the cooling curve for steel, Ar_1
lower critical temperature in the heating curve for steel, Ac_1
lower stress, Unterspannung σ_o
lubricant consumption, Schmierstoffdurchsatz
lubricants, Schmierstoffe
lubrication using an oil-fuel mixture, Mischungsschmierung
lumen, Lumen lm

luminance, Leuchtdichte L
luminous flux, Lichtstrom Φ
luminous intensity, Beleuchtungsstärke E_v, Lichtstärke I
lux, Lux lx
lye, Laugen

M

machine, Arbeitsmaschine
machine base, Maschinengestell
machine code, Maschinencode
machine column, Maschinenständer
machine frame, Maschinengestell
machine hour assessment costs, Maschinenstundensatzrechnung
machine language, Maschinensprache
machine protection zone, Maschinenschutzraum
machine reference point, Maschinennullpunkt
machine taper, Werkzeugkegel
machine tool, Werkzeugmaschine
machine vice, Maschinenschraubstock, Spannstock
Mackensen bearing, Mackensen-Lager
macro, Makro
macromolecule, Makromoleküle
magnesium, Magnesium Mg
magnesium base alloys, Magnesiumlegierungen
magnetic chuck, Magnetfutter, Magnetspanner
magnetic circuit, magnetischer Kreis
magnetic field dependent resistor, magnetfeldabhängiger Widerstand
magnetic field strength, magnetische Feldstärke H
magnetic flux, magnetischer Fluß Φ
magnetic flux density, magnetische Flußdichte B, magnetische Induktion
magnetic induction, magnetische Induktion, magnetische Induktion B
magnetic powder test, Magnetpulverprüfung
magnetic quantum number, Magnetquantenzahl m
magnetic resistance, magnetischer Widerstand R_m
magnetization curve, Magnetisierungskennlinien
magnetomotive force, Durchflutung, elektrische Durchflutung Θ, magnetische Spannung V
magnitude, Maßzahl
mailbox, Mailbox
main bond type, Hauptbindungsarten
main diagonal, Hauptdiagonale
main drive, Hauptgetriebe
main drive gear, Bodenrad
main energy levels, Hauptniveau
main gearing, Hauptgetriebe
main group, Hauptgruppe
main group elements, Hauptgruppenelemente
main group number, Hauptgruppennummer
main memory, Hauptspeicher
main spindle, Drehspindel, Hauptspindel
main spindle gear, Bodenrad
mains filter network, Siebkette
major axes of a robot, Roboterhauptachsen
major cutting edge, Hauptschneide
make contact, Schließer
male die part, Stempelkraft
malleable cast iron, Temperguss GJM (GT)

malleablizing, Tempern
mammoth pump, Mammutpumpe
mandrel, Dorn, Spanndorn
manganese, Mangan Mn
manifestation of corrosion, Korrosionserscheinungen
manipulator, Manipulator
mantissa, Mantisse
manual programming, manuelle Programmierung
manual tool change, manueller Werkzeugwechsel
mapped I/O, I/O mapped
mapping, Abbildung, Kennfelder
maraging steels, martensitaushärtende Stähle
martensite, Martensit
martensite formation, Martensitbildung
martensite points, Martensitpunkte
martensite region, Martensitstufe
martensitic steels, martensitaushärtende Stähle
mask, Maske
masking, Maskierung
mass, Masse m
mass number, Massenzahl
mass of a molecule, absolute Molekularmasse m
mass point, Massenpunkt
master jaw, Grundbacke
master slave JK-flipflop, Master-Slave-JK-Flipflop
master slave-system, Master-Slave-System
matching, Anpassung
material handling robot, Handhabungsroboter
material handling technology, Fördertechnik
material number, Werkstoffnummern
material processing robot, Prozessroboter
material requirements planning, deterministische Bedarfsermittlung
materials for cutting tools, Schneidstoffe
materials management, Materialwirtschaft
mathematical induction, vollständige Induktion
matrix, Matrix
matrix of coefficients, Koeffizientenmatrix
maximum, Maximum
maximum achievable hardness, Aufhärtbarkeit
maximum current capacity, Einschaltvermögen
maximum dimension, Höchstmaß
maximum shear theory, Schubspannungshypothese
maximum stress, Oberspannung σ_o
maxterm, Maxterm
McQuaid-Ehn grain size, Austenitkorngröße
mean piston speed, mittlere Kolbengeschwindigkeit v_m
mean proportional, mittlere Proportionale
mean value, Gleichrichtwert
means for load gripping, Lastaufnahmemittel
means of transportation, Fördermittel
measure of an angle in degrees, Gradmaß
measure of an angle in radians, Bogenmaß
measurement, Abmaß, Messung
measuring device, Meßwertaufnehmer
measuring instruments, Meßgeräte
measuring transformer, Meßwandler
mechanical devices used for gripping a load, Lastaufnahmeeinrichtungen
mechanical efficiency, mechanischer Wirkungsgrad η_m
mechanical work, mechanische Arbeit

mechanics, Mechanik
mechanism of wear, Verschleißmechanismus
median of a triangle, Seitenhalbierende eines Dreiecks
Meehanite cast iron, Meehaniteguss
mega, Mega M
melamine resin, Melaminharz MF
melt, Schmelzen
melting flow index, Schmelzindex MFI
melting point, Schmelzpunkt
memory, Speicher
memory cell, Speicherzelle
memory mapped, Memory mapped
memory matrix, Speichermatrix
memory organisation, Speicherorganisation
mercury column, Quecksilbersäule
mesh method, Maschenstromverfahren
mesh rule, Maschenregel
metacentre, Metazentrum
metacentric height, metazentrische Höhe
metal active welding with a mixture of gases, Metall-Aktivgas-Schweißen mit Mischgas
metal active welding with carbon dioxide, Metall-Aktivgas-Schweißen mit Kohlendioxid
metal active welding with two gases, Metall-Aktivgas-Schweißen mit zwei Gasen
metal arc welding, Metall-Lichtbogenschweißen
metal cutting fluids, Kühlschmierstoffe
metal cutting tool, Zerspanwerkzeug
metal inert gas welding, Metall-Inertgas-Schweißen
metal ions, Metallionen
metal matrix composite, MMC
metal oxide semiconductor field effect transistor, MOSFET
metal removing processes, Zerspantechnik
metal rope, Drahtseile
metallic bond, Metallbindung
metallic conductor, metallischer Leiter
metallic lattice, Metallgitter
metallography, Metallographie
metals, Metalle
metastable, metastabil
meter, Meter m
meter constant, Zählerkonstante C_z
method of comparison of coefficients, Koeffizientenvergleich
method of solving two simultaneous equations, Gleichsetzungsverfahren
method of working, Arbeitsweise
methods time measurement, MTM-Verfahren
metric module, Modul
metric taper, metrischer Kegel
micro, Mikro μ
micro-contact face, Mikrokontakte
micro sink hole, Mikrolunker
microcomputer, Mikrocomputer
microcontroller, Mikrocontroller
microelectronics, Mikroelektronik
microprocessor, Mikroprozessor
microstructure, Gefüge
milli, Milli m
milling, Fräsverfahren
milling arbor, Fräserdorn
milling cycle, Fräszyklus
milling machine, Fräsmaschine

milling process, Fräsverfahren
milling spindle, Frässpindel
Million Instructions Per Second, MIPS
mimimum current required to release a safety device, Auslösestrom
minimum, Minimum
minimum dimension, Mindestmaß
minimum number of teeth, Grenzzähnezahl
minimum principle, Minimumprinzip
minor axes of a robot, Roboternebenachsen
minor cutting edge, Nebenschneide
minterm, Minterm
minuend, Minuend
minute, Minute
miscellaneous function, Zusatzfunktion
mixed bonds, Nebenbindungsart
mixed ceramic materials for cutting tools, Mischkeramik
mixed crystal, solid solution, Mischkristalle
mixed element, Mischelemente
mixed friction, Mischreibung
mnemonics, Mnemonics
mobile robot, ortsbeweglicher Roboter
modal, modal
model, Modell
model in which mass is concentrated at a point, Punktmasse
modem, Modem
modular construction, Baukastensystematik
modular design, Modulbauweise
modular robot, Baukastenroboter
modular system, Modulsystem
modulation, Modulation
modulator, Modulator
module, Modul
module construction method, Baukastenprinzip
module of a robot, Robotermodul
modules, Baugruppen
modulus of a complex number, Modul einer komplexen Zahl
mol, MOL, Mol mol
molar gas constant, molare Gaskonstante
molar mass, molare Masse M
molar standard volume, molares Normvolumen V_{mn}
molar volume, molares Volumen V_m
mole, MOL
molecular force, Molekularkraft
molecular lattice, Molekülgitter
molecular weight, M.W., relative Molekularmasse M_r
molecule, Molekül
molybdenum, Molybdän Mo
molybdenum disulphide, Molybdändisulfid MoS_2
moment area, Momentenfläche
moment of a force, Kraftmoment M
moment of inertia, Drehmasse, Massenmoment 2. Grades, Massenträgheitsmoment, Trägheitsmoment J
momentary value, instantaneous value, Augenblickswert
momentum, Impuls p
monitor, Monitor
monoisotopic element, Reinelelemente
monomer, Monomer
monostable multivibrator, Monoflop (monostabile Kippstufe), monostabile Kippstufe

monotonous function, monotone Funktion
monotonous sequence, monotone Folge
monotonously decreasing function, monoton fallende Funktion
monotonously increasing function, monoton wachsende Funktion
Morse taper, Morsekegel
Most Significant Bit, MSB
motherboard, Motherboard
motion, Bewegung
motion diagram, Bewegungsdiagramm
motor brake-combination, Bremsmotor
motor grab, Motorgreifer
motor octan number, MOZ
motor protection switch, Motorschutzschalter
moulding material, Formmassen
mounting arbor, Spanndorn, Zentrierdorn
mouse, Maus
mouse pad, Mauspad
moving coil instrument, Drehspulmeßwerk
moving iron instrument, Dreheisenmeßwerk
muffler, Schalldämpfer
multiarm robot, Mehrarmroboter
multiemitter, Multi-Emitter
multigrade oil, Mehrbereichsöl
multispindle drilling machine, Vielspindel-Bohrmaschine
multiuser, Multiuser
multihole nozzle, Mehrlochdüse
multimeter, Vielfachinstrument
multiple disc clutch, Lamellenkupplung
multiple gearing, Mehrwellengetriebe
multiple shaft gearing, Mehrwellengetriebe
multiple spindle drilling machine, Gelenkspindel-Bohrmaschine
multiplexer, Multiplexer
multiplication, Multiplikation
multipurpose instrument, Vielfachinstrument
multitasking, Multitasking
multivibrator, astabile Kippstufe, Multivibrator
mutual inductance, Gegeninduktivität
mutual induction, gegenseitige Induktion

N

n-gon, n-Eck
n-sided prism, n-seitiges Prisma
n-sided pyramid, n-seitige Pyramide
nano, Nano n
Nassi-Schneidermann diagram, Struktogramm
natural logarithm, natürlicher Logarithmus
NC postprocessor, NC-Postprocessor
needle bearings, Nadellager
needle printer, Nadeldrucker
negation, Negation
negative allowance, Übermaßtoleranzfeld
negative feedback, Gegenkopplung
negative number, negative Zahl
Neperian logarithm, Neperscher Logarithmus
net calorific value, Heizwert, Heizwert H_u
network, Netzwerk
neutral fibre, neutrale Faser
neutral fibrous layer, neutrale Faserschicht
neutral-salt, Neutralsalze
neutralization, Neutralisation
neutron, Neutron
neutron number, Neutronenzahl
Newton, Newton N
newton-meter, Newtonmeter Nm
Newton's axioms, Newtonsche Axiome
Newton's laws of motion, Newtonsche Gesetze
Newton's method, Newtonsches Verfahren, Tangentenverfahren
nibble, Nibble
nickel, Nickel
nickel base alloys, Nickellegierungen
nitride, Nitride
nitride ceramics, Nitridkeramik
nitride former, Nitridbildner
nitrided steel, Nitrierstähle
nitriding, Nitrieren
nitrocarburizing, Nitrocarburieren
noble, edel
noble metal, Edelmetalle
node, Knotenpunkt
nodular graphite cast iron, Gußeisen mit Kugelgraphit GGG (GJS)
noise margin, Störabstand
nomenclature of acids according to Arrhenius, Säuren nach Arrhenius
nomenclature of acids and bases according to Brönsted, Säuren Basen nach Brönsted, allgemein
nomenclature of bases according to Arrhenius, Basen nach Arrhenius
nominal dimension, Nennmaß
nominal time, Soll-Zeit
nominal value, Sollwert
nonalgebraic equation, nicht algebraische Gleichung
non-equivalence, Antivalenz
nondestructive testing, zerstörungsfreie Werkstoffprüfung ZfW
nonmaterial stress, ideelle Spannung
nonmetal, Nichtmetalle
nonoxide ceramics, Nichtoxidkeramik
nonuniform motion, ungleichförmige Bewegung
nonhomogeneous serrated chips, Scherspan
nonvolatile data storage device, Datenträger
nonvolatile memory, Festwertspeicher
normal conditions, Normbedingungen
normal cubic parabola, kubische Normalparabel
normal force, Normalkraft F_N
normal form of the equation of a hyperbola, Normalform der Hyperbelgleichung
normal form of the equation of a parabola, Normalform der Parabelgleichung
normal form of the equation of a straight line, Normalform der Geradengleichung
normal form of the equation of an ellipse, Normalform der Ellipsengleichung
normal line, Normale
normal parabola, Normalparabel
normal stress, Normalspannung
normalized vector, normierter Vektor
normalizing, Normalglühen
normally closed contact, Öffner
normally open contact, Schließer

Norton gear, Norton-Getriebe
nose angle, Eckenwinkel ε_r
NOT, NICHT-Verknüpfung
not and, NAND
NOT-IF-THEN operation, Inhibition
not or, NOR-Verknüpfung
notch cross-section, Kerbquerschnitt
notch factor, Kerbwirkungszahl β_k
notch fatigue strength, Kerbdauerfestigkeit σ_{DK}
notched bar impact work, Kerbschlagarbeit A_v
notched bar test, Kerbschlagbiegeversuch
nozzles, Düsen
nth roots of unity, n-te Einheitswurzeln
nuclear physics, Kernphysik
nucleons, Nukleonen
nucleus, Atomkern
nuclide, Nuklid
number interval, Zahlenintervall
number of electrons in the outer shell of a main group element, Hauptgruppennummer
number of main group, Hauptgruppennummer
number of revolutions per unit time, Drehzahl n
number of steps, Stufenzahl
number plane, Zahlenebene
number sets, Zahlenmengen
numerator, Zähler, mathematisch
numerical eccentricity, numerische Exzentrizität
numerical value equation, Zahlenwertgleichung

O

object, Objekt
object recognition, Objekterkennung
oblique cylinder, schiefer Zylinder
oblique plate pump, Schrägscheibenpumpe
oblique prism, schiefes Prisma
oblique throw, schräger Wurf
obtuse angle, stumpfer Winkel
obtuse angled triangle, stumpfwinkliges Dreieck
octahedron, Achtflächner, Oktaeder
octane number, Oktanzahl OZ
octet rule, Oktettregel
odd function, ungerade Funktion
off centre impact, exzentrischer Stoß
off line input, Off-line-Eingabe
off position, Ruhestellung
offset data, Korrekturdaten
ohm, Ohm, Ohm Ω
ohm's law, Ohmsches Gesetz
oil bath air cleaner, Ölbadluftfilter
oil control ring, Ölabstreifring
oil cooler, Ölkühler
oil drive unit, Ölgetriebe
oil filter, Ölfilter
oil hardening steel, Oelhärter
oil hydraulic transmission, Ölgetriebe
oil pressure cylinder, Druckölzylinder
olefin, Alkene
omega traverse, Omegaverfahren
on line input, On-line-Eingabe
on load speed, Lastdrehzahl
on load voltage divider, belasteter Spannungsteiler

once through forced flow boiler, Zwangsdurchlaufkessel
one sided limit, einseitiger Grenzwert
one's compliment, Einerkomplement
open circuit, offener Kreislauf
open circulation, offener Kreislauf
open collector, Open Collector
open loop control, Steuerung
open sided planing machine, Einständer-Hobelmaschine
open top container, Open-Top-Container
operand, Operand
operating date, Betriebsdaten
operating frequency, Schaltfrequenz
operating point, Arbeitspunkt
operating procedure following a program break, Abbruchbedingung
operating range, Stellbereich
operating sequence, Arbeitsablauf
operating system, Betriebssystem
operating with algebraic symbols, Buchstabenrechnen
operation, Operation
operation bearing clearance, Betriebslagerspiel
operation mode, Betriebsart
operation part, Operationsteil
operational amplifier, Operationsverstärker
operational diagram, Wirkschaltplan
operational schedule, Fristenplan
Operationscode, Opcode
opposite small side, Gegenkathete
optical sensor, optischer Sensor
optics, Optik
optimal commission, Optimale Losgröße
optional block skip, Ausblendsatz
optocoupler, Optokoppler
or, ODER
orbital, Orbital
orbital energy levels, Nebenniveau
orbital model, Orbitalmodell
orbital quantum number, Nebenquantenzahl l
orbital speed, Kreisbahngeschwindigkeit v_K, Orbitalgeschwindigkeit
order, Bestellung
order of a root, Wurzelexponent
order of arithmetical operations, arithmetische Operationen, Reihenfolge
order of motion, Bewegungsordnung
order point method, Bestellpunktverfahren
order rhythm method, Bestellrhythmusverfahren
ordinate, Ordinate
organisation of production, Fertigungsorganisation
organization, Organisation
organization of the course of operations, Ablauforganisation
organizational structure, Aufbauorganisation
orientation, Orientierung
original capital, Grundkapital
original costs, Selbstkosten
orthocentre, Orthozentrum
orthogonal, orthogonal
oscillating inverted slider crank, schwingende Kurbelschleife
oscillation, Schwingung

oscillator, Oszillator
oscillator frequency, Oszillatorfrequenz
otto engine, Ottomotor
otto fuel, Ottokraftstoff
outcome, Ergebnis
outflow, Ausfluß aus Gefäßen
outflow coefficient, Ausflußzahl μ
outflow velocity, Ausflußgeschwindigkeit w_a
outflow volume, Ausflußvolumen
outlay, Aufwand
outlet, Ausflußöffnung
output, Ausgang
output devices, Ausgabeeinheiten
output power, Abtriebsleistung P_{ab}
output signal, Ausgangssignal
output speed, Abtriebsdrehzahl
output torque, Abtriebsmoment M_{ab}
output unit, Ausgabebaustein
overaging, Überalterung
overcarbonization, Überkohlung
overhead camshaft engine, ohc-Motor
overhead valve engine, ohv-Motor
overheads, Gemeinkosten
override, Override
overspraying, Sprühkompaktieren
own capital, Eigenkapital
oxidation, Oxidation
oxidation number, Oxidationszahl
oxidation step, Oxidationsstufe
oxide ceramics, Oxidkeramik
oxide dispersion strengthened alloys, ODS-Legierungen
oxide salt, Oxid-Salze
oxidize, Oxidieren
oxidizing agent, Oxidationsmittel
oxyacetylene cutting, Brennschneiden

P

p-n junction, pn-Übergang
p-orbital, p-Orbitale
pack carburizing, Pulveraufkohlung
pair of brake tangs, Bremszange
paper base laminate, Hartpapier
parabola, Parabel
parabola of order n, Parabel n-ter Ordnung
paraffin, Alkane
parallel connection, Parallelschaltung
parallel data transmission, parallele Datenübertragung
parallel displacement principle, Parallelverschiebesatz
parallel gripper, Parallelgreifer
Parallel Input/Output, PIO
parallel line, Parallele
parallel resonant circuit, Parallelschwingkreis
parallelepiped, Parallelepiped, Parallelflach
parallelogram, Parallelogramm
parallelogram of forces, Kräfteparallelogramm
parallelogram principle, Parallelogrammsatz
parameter, Parameter
parametric representation, Parameterdarstellung

parametric representation of a curve, Parameterdarstellung einer Kurve
parenthesis arithmetic, Klammerrechnung
parity bit, Paritätsbit
parity check, Paritätsprüfung
Parsons turbine, Parsons-Turbine
part, teilen
part program, Teileprogramm
partial crystallization, Teilkristallisation
partial integration, partielle Integration
partial sum of a series, Partialsumme einer Reihe
particle composite, Teilchenverbundwerkstoffe
Pascal, Pascal Pa
pascal, PASCAL
Pascal's triangle, Pascalsches Dreieck
passout turbine, Entnahmeturbine
pass word, Passwort
passage of heat, Wärmedurchgang
passant line, Passante
passivation, Passivierung
passive component, passive Bauelemente
passive filter, passive RC-Filter
passive two-port, passiver Zweipol
password, Kennwort
patent, Patentieren
path, Weg s
path of motion, Bewegungsbahn
patina, Patina
Pauli's exclusion principle, Pauli-Prinzip
payback time, Amortisationszeit
payload of a robot, Nettotragfähigkeit von Robotern
payoff period, Amortisationszeit
PBET, PBT
PC, PC
peak to mean line height, Glättungstiefe
peak value, Scheitelwert, Spitzenwert
pedestal, Maschinenständer, Ständer
pedipulator, Pedipulator
peer to peer, Peer-to-Peer
Pelton turbines, Peltonturbinen
Pelton wheel turbines, Freistrahlturbinen
pendulum, Pendel
percentage purity, Reinheitsgrad
perfect gas, ideales Gas
perfect square, vollständiges Quadrat
perforating, Lochen
period, Periode T
periodic function, periodische Funktion
periodic system, PSE, Periodensystem der Elemente, PSE
periodic time, Periodendauer T
peripheral device, Peripheriegerät
peripheral devices, Peripherie
peripheral milling, Umfangsfräsen
periphery of a circle, Kreisperipherie
perlite, Perlit
permanent magnetic chuck, Permanentmagnet-Spanner
permeability, Permeabilität μ
permeability number, Permeabilitätszahl
permeability of free space, magnetische Feldkonstante μ_0
permeance, magnetischer Leitwert Λ
permittivity, Permittivität

permittivity of free space, elektrische Feldkonstante ε_0
perpendicular, Lot, Senkrechte
perpendicular through the midpoint, Mittelsenkrechte
personal computer, Personalcomputer
personal identification number, PIN
peta, Peta P
PETP, PET
petrol, Benzin
pH indicators, pH-Indikatoren
phase, Phase
phase angle, Phasenwinkel φ
phase angle control, Phasenanschnittsteuerung
phase current, Strangstrom
phase diagram, Zustandsschaubild
phase doctrine, Phasenregel
phase shift, Phasenverschiebung, Phasenverschiebung φ
phase splitting capacitor for a motor, Betriebskondensator
phase transformation, Phasenumwandlungen
phase voltage, Strangspannung
phasor, Zeiger, elektrisch
phasor diagram, Zeigerdiagramm
phenolic plastic, Phenoplaste PF
phosphatizing, Phosphatieren
photo diode, Fotodiode
photo resistor, Fotowiderstand
photo transistor, Fototransistor
physical quantity, physikalische Größe
physical sizes of gear and drives, Baugrößen eines Getriebes
physical vapor deposition, PVD-Verfahren
physics, Physik
pi-bond, π-Bindung
pick and place robot, Bestückungsroboter
picker function, Pickerfunktion
pickle brittleness, Beizsprödigkeit
pickling, Beizen
pico, Piko p
piezoelectric effect, Piezo-Effekt
pillar, Säule
pillar drilling machine, Säulenbohrmaschine
pilot control, Führungssteuerung
pin, Spurzapfen
pin nozzle, Zapfendüse
pin of a socket, PIN
pipe friction coefficient, Rohrreibungszahl
piston, Kolben
piston acceleration, Kolbenbeschleunigung a
piston forces, Kolbenkräfte
piston pin, Kolbenbolzen
piston pumps, Kolbenpumpen
piston ring, Kolbenringe
piston speed, Kolbengeschwindigkeit v
piston type compressors, Kolbenverdichter
pit, Pit
pitch, beugen, Teilung
pitch circle diameter, Teilkreisdurchmesser
pitch point, Wälzpunkt
pits, Lochfraß
pitting, Pitting
pitting corrosion, Lochkorrosion
P.I.V. drive, P.I.V.-Getriebe

P.I.V. variable speed drive, P.I.V.-Getriebe
pivot, Tragzapfen
pixel, Pixel
PK drive, Pittler-Stern-Getriebe, PK-Getriebe
plain toolholder, Einfachmeißelhalter
planar structure, Planarverfahren
Planck constant, Planck-Konstante h
plane angle, ebener Winkel α, β, γ ...
plane spiral chuck, Planspiralfutter
planer, Hobelmaschine, Langhobelmaschine, Tischhobelmaschine
planer tool carriage, Hobelschlitten
planer tool head, Hobelschlitten
planer tool post, Hobelmeißelhalter, Hobelsupport
planer tool support, Hobelsupport
planer toolholder, Hobelmeißelhalter
planer type milling machine, Portalfräsmaschine
planetary gear, Planetengetriebe
planimetry, Planimetrie
planing machine, Hobelmaschine, Langhobelmaschine, Tischhobelmaschine
planomilling machine, Bettfräsmaschine, Langfräsmaschine
plant technology, Anlagentechnik
plants, Anlagen
plasma, Plasma
plasma cutting, Plasmaschneiden
plasma jet welding, Plasmastrahlschweißen
plasma welding, Plasma-Schweißen
plasticizer, Weichmacher
plastics, Kunststoffe
plate cutting, Blechschneiden
plate edge planer, Blechkanten-Hobelmaschine
plate link chains, Gelenkketten
plate subpress die, Plattenführungsschneidwerkzeug
platform type planing machine, Portalhobelmaschine
Platonic solids, Platonische Körper
plotter, Plotter
plotting using a program, Zeichnungsplot
plug, Zündkerze
pneumatic amplifier, Pneumistor, Turbulenzverstärker
pneumatic-electric converter, PE-Wandler
pneumatic hammer, Druckluthammer, Lufthammer
pneumatic holding strap, Preßluft-Spanneisen
pneumatic machine vice, Preßluft-Spannstock
point of action, Angriffspunkt
point of discontinuity, Unstetigkeitsstelle
point of inflection, Wendepunkt
point set, Punktmenge
point-slope form of the equation of a straight line, Punktsteigungsform der Geradengleichung
pointer, Zeiger, datentechnisch
Poisson number, Poissonzahl μ
polar angle, Polarwinkel
polar areal moment, polares Flächenmoment
polar atomic bond, Atombindung, polarisierte
polar bond, polare Bindung
polar coordinate dimension, Polarkoordinatenbemaßung
polar coordinates, Polarkoordinaten
polar form of complex numbers, trigonometrische (goniometrische) Form der komplexen Zahlen

polar section modulus, polares Widerstandsmoment
polarity of atomic bonds, Polarität von Atombindungen
polarization, Polarisation
pole, Pol
pole changing motor, polumschaltbare Motoren
polling, Polling
polyaddition, Polyaddition
polyalkylenterephthalate, Polyalkylenterephthalate PTP
polyamide, PA, Polyamide PA
polycarbonate, Polycarbonat PC
polycondensation, Polykondensation
polycondensation product, Polykondensate
polyester resin, Polyesterharze UP
polyethene, PE
polyfluorcarbon, Polyfluor-Kunststoffe
polygon, Polygon, Vieleck
polyhedron, Polyeder
polymer, Polymerisate
polymerization, Polymerisation
polymethylmethacrylate, PMMA, Polymethylmethacrylat PMMA
polymorphism, Polymorphie
polynomial, Polynom
polyoxymethylene, Polyoxymethylen POM, POM
polypropylene, Polypropylen PP
polystyrene, Polystyrol PS
polystyrol, PS
polythene, Polyethylen PE
polyurethane, Polyurethane PUR, PUR
polyvinyl chloride, Polyvinylchlorid PVC
port, Port, Tor
port, portieren
portal robot, Flächenportalroboter, Linienportalroboter, Portalroboter
porting, Portierung
position feedback transducer, Positionsgeber
position measuring system, Wegmeßsystem
position scheduled control, Wegplansteuerung
positional accuracy of a robot, Roboter-Positioniergenauigkeit
positional repeatability of a robot, Roboter-Wiederholgenauigkeit
positional system, Positionssystem
positioning, Positionierung
positioning control system, Punktsteuerungsverhalten
positioning error of robot, Roboterbahnabweichung
positive displacement pumps, Verdrängerpumpen
positive feedback, Mitkopplung
positive integer, natürliche Zahl
positive number, positive Zahl
post, Säule
post drill, Säulenbohrmaschine
potential energy, Lageenergie, potentielle Energie E_p
potential energy acquired by raising a body, Höhenenergie
potentiometer, Spannungsteiler
powder metallurgie, Pulvermetallurgie
power, Leistung P, Potenz
power amplifier, Endstufe
power characteristic, Leistungskennlinie
power drives, Fahrantriebe

power electronics, Leistungselektronik
power engine, Kraftmaschine
power factor, $\cos \varphi$, Leistungsfaktor $\cos \varphi$
power function, Potenzfunktion
power hammer, Maschinenhammer
power hoist installation, Windwerk
power meter, Leistungsmesser
power operated chuck, Kraftspannfutter
power operated chuck loading device, Kraftspannantrieb
power operated collet chuck, Kraftspannzange
power output of a turbine, Turbinenleistung P
power output per liter, Hubraumleistung P_H
power required for cutting or turning, Wirkleistung P_e, mechanisch
power supply unit, Netzteil
power-torque characteristic, Leistungs- und Drehmoment-Kennlinie
power transistor, Leistungstransistoren
power unit used for actuating a final control device or element, Stellantrieb
prechamber process, Vorkammerverfahren
Precifilm slide bearing, Precifilm-Gleitlager
precipitation, Ausscheidungen
precipitation hardening, Aushärtung
precipitation treatment, Aushärten
precision boring machine, Koordinatenbohrmaschine
precision casting, Feinguss
prefix, Vorsatzzeichen
preloading force, Vorspannkraft
preparatory function, Wegbedingung
preparatory work, Arbeitsvorbereitung
prepeg, Prepegs
press robot, Pressenroboter
pressing, Pressung
pressure, Druck p
pressure and bending, Druck und Biegung
pressure angle, Eingriffswinkel
pressure butt welding, Press-Stumpf-Schweißen
pressure die casting, Druckguss
pressure distribution in liquids, Druckverteilung in Flüssigkeiten
pressure drop, Druckabfall
pressure loading, Druckbeanspruchung
pressure loss, Druckverlust
pressure propagation law, Druckausbreitungsgesetz
pressure resistance welding, Widerstandspressschweißen
pressure switch, Druckschalter
pressure unit, Druckeinheit Pa
prime number, Primzahl
primitive integral, Stammfunktion
principal bending equation, Biegehauptgleichung
principal form of the equation of a circle, Hauptform der Kreisgleichung
principal form of the equation of a sphere, Hauptform der Kugelgleichung
principal form of the equation of a straight line, Hauptform der Geradengleichung
principal pressure equation, Druckhauptgleichung
principal quantum number, Hauptquantenzahl n
principal shear equation, Abscherhauptgleichung

principal surface pressure equation, Flächenpressungshauptgleichung
principal tensile equation, Zughauptgleichung
principal torsion equation, Torsionshauptgleichung
principle of expiry, Ablaufprinzipien
principles involved in chemical bonding, Ursachen chemischer Bindungen
printer, Drucker
priority circuit, Vorrangschaltung
prism, Prisma
prismatic guideway, Prismenführung
privot pin, Lagerzapfen
proceeds, Erlöse, Ertrag
process, Prozeß
process control system, Prozeßleitsystem, Prozeßrechner
processor, Prozessor
procurement, Beschaffung
procurement costs, Beschaffungskosten
product, Produkt
product design, Erzeugnisgestaltung
product line, Baureihe
product rule, Produktregel
product sign, Produktzeichen
product symbol, Produktzeichen
production, Werkstättenfertigung
production factors, Produktionsfaktoren
productivity, Produktivität
profit, Ertrag
profit analysis, Gewinnvergleichsrechnung
profit/loss account, Gewinn- und Verlustrechnung (GuV)
program, Programm
program comment, Programmkommentar
program counter, Program Counter (PC), Programmzähler
program flow, Programmablauf
program loop, Programmteilwiederholung
program memory, Programmspeicher
program module, Programmgeber
program start, Programmanfang
program zero point, Programmnullpunkt
Programmable Logic Device, PLD
Programmable Read Only Memory, PROM
Programmble Array Logic, PAL
programmer, Programmiergerät
programming, Programmierung
programming language, Programmiersprache
programming language based on circuit symbols, Kontaktplan
progressive follow die, Folgeschneidwerkzeug
progressive ratio/factor, Stufensprung
projection, Projektion
proof stress, Dehngrenze
proportion, Proportion
proportion with equal means, stetige Proportion
proportional, Proportionale
proportional function, Proportionalfunktion
proportional range, Proportionalbereich X_p
proportional region, Proportionalbereich X_p
proportional response, Proportionalverhalten
protective insulation, Schutzisolierung
protective multiple earthing, Nullung
protocols, Protokolle

proton, Proton
proton number, Protonenzahl
Prym drive, Prym-Getriebe
PTC resistor, Kaltleiter
PTFE, PTFE
Ptolemy's generalized theorem, Ptolemäus, verallgemeinerter Satz des
Ptolemy's theorem, Ptolemäus, Satz des
public domain software, Freeware
pull down resistor, Pull-Down-Widerstand
pull up resistor, Pull-Up-Widerstand
pulley, Flaschenzug
pulley transmission, Flaschenzugübersetzung
pulsating fatigue strength, Schwellfestigkeit
pulse, Impuls, elektrischer
pulse converter, Impulswandler
pulse diagram, Impulsdiagramm
pulse echo method, Impuls-Echo-Verfahren
pulse former, Impulsscheibe
pulse function response, Impulsantwort
pulse generator, Impulserzeuger, Impulsgenerator, Taktgeber
pulse signal, elektrischer Impuls
pulse train, Impulsfolge
pulverized fuel furnaces, Kohlenstaubfeuerung
pump control system, Pumpensteuerung
pump output, Förderleistung P_Q
pump power, Pumpenleistung P
pump regulating system, Pumpensteuerung
pump turbines, Pumpturbinen
pumped storage plants, Pumpspeicher-Kraftwerk
pumps, Pumpen
punch, Stempelkraft
punch material, Stempelwerkstoffe
punched tape, Lochstreifen
punched tape reader, Lochstreifenleser
punching, Lochen
push type collet, Druckspannzange
PVC, polyvinylchloride, PVC
pyramid, Pyramide
pyramid hardness, Vickershärte HV
Pythagoras' theorem, Pythagoras, Satz des

Q

quadrants, Quadranten
quadratic equation, quadratische Gleichung
quadratic factor of a polynomial, quadratischer Faktor eines Polynoms
quadratic function, quadratische Funktion
quadratic mean, quadratisches Mittel
quadrilateral, Viereck
qualification, Qualifikation
quality, Beschaffenheit, Qualität
quality assurance, Qualitätssicherung
quality characteristic, Qualitätsmerkmal
quality report, Qualitätsaudit
quality requirements, Qualitätsforderung
quality standard, Qualitätsforderung, Qualitätsmerkmal
quantitative sharing-out of a task, Mengenteilung
quantity of matter, Stoffmenge n
quantity of motion, momentum, Bewegungsgröße

quantum mechanics, Quantenmechanik
quantum number, Quantenzahl
quantum physics, Quantenphysik
quench and temper, Vergüten
quench hardening treatment, Härten
quenching, Abschrecken
quenching deformation, Härteverzug
quick-action vice, Schnellspannstock
quick change drill chuck, Schnellwechsel-Bohrfutter
quick change gear mechanism, Norton-Getriebe
quick change toolholder, Schnellwechsel-Meißelhalter
quill, Pinole
quotient, Quotient
quotient rule, Quotientenregel

R

radial acceleration, Radialbeschleunigung
radial bearing, Radiallager
radial boring machine, Ausleger-Bohrmaschine, Radialbohrmaschine
radial cylinder hydraulic drive, Radialkolbengetriebe
radial drilling machine, Ausleger-Bohrmaschine, Radialbohrmaschine
radial flow turbines, Radialturbinen
radial force, Radialkraft F_r
radial oil seal ring, Radial-Wellendichtring
radially expanding plates for continuously variable belt drive, Spreizscheibe
radian, Radiant rad
radian frequency, Kreisfrequenz ω
radical equation, Wurzelgleichung
radicand, Radikand
radioactivity, Radioaktivität
radiographic test, Durchstrahlungsprüfung
radius, Radius
radius of curvature, Krümmungsradius
radius of inertia, Trägheitsradius i
radius offset, Radiuskorrektur
radix, Basis
raising to a power, Potenzieren
rake angle, Spanwinkel γ
ram, Stößel
ramp function response, Anstiegsantwort
ramshorn hook, Doppelhaken
Random Access Memory, RAM, Festwertspeicher
range extension, Meßbereichserweiterung
range of speeds, Drehzahlbereich
range of values, Wertebereich
raster electron microscope, REM
rate of chip removal in cm^3/min, Zeitspanungsvolumen Q
rated voltage, Nennspannung
rating, Belastbarkeit
ratio of output to input values, Proportionalbeiwert
ratio of stroke to connecting rod length, Pleuelstangenverhältnis λ_{PL}
ratio of the volume of the chips formed to the volume of the same material before metal removal, Spanraumzahl R
ratio of work output to energy input, Wirkungsgrad η, physikalisch
rational arithmetical operations, rationale Rechenoperationen
rational function, rationale Funktion
rational number, rationale Zahl
rationalization, Rationalisierung
ray, Halbgerade, Strahl
rays of the string polygon, Seilstrahlen
RC oscillator, RC-Oszillator
reach, Reichweite
reactance, Blindwiderstand X
reaction, Reaktion
reaction heat, Reaktionswärme H_R
reaction resin, Reaktionsharze
reactive injection casting, Reaktionsschaumguss
reactive injection moulding, Reaktionsschaumguss, RSG
reactive injektion moulding, RIM-Verfahren
reactive power, Blindleistung Q
reactive voltage, Blindspannung
read only memory ROM, Nur-Lese-Speicher, ROM
read/write memory, Schreib-Lesespeicher
real crystal, Realkristall
real number, Real-Zahl, reelle Zahl
real part, Realteil
real time operating system, Echtzeit-Betriebssystem
real valued function, reelle Funktion
reaming, Reibverfahren
reaming process, Reibverfahren
rebound hardness test, Rücksprunghärteprüfung
receipts, Einnahmen
reciprocal value, Kehrwert, reziproker Wert
record, Programmsatz, Record
recovery, Rückfederung
recovery time, Erholungszeit
recrystallization, Rekristallisation
recrystallizing, Rekristallisationsglühen
recrystallizing temperature, Rekristallisationsschwelle
rectangle, Rechteck
rectangular parallelopiped, Quader
rectified value, Gleichrichtwert
rectifier, Gleichrichter, Stromrichter
rectifier circuit, Gleichrichterschaltungen
rectilinear motion, gradlinige Bewegung, Translation, Translationsbewegung
red bronze, Rotguss
redox reaction, Redoxreaktionen
reduce, kürzen
reduced mass, reduzierte Masse m_{red}
reducing agent, Reduktionsmittel
reduction, Reduktion
reduction formulae for the trigonometric functions, Reduktionsformeln für die trigonometrischen Funktionen
reduction of forces, Kräftereduktion
reel wheel, Haspelrad
reference element, Referenzelement
reference numbers, Kennzahlen
reference point, Bezugspunkt, Referenzpunkt
reference system, Bezugssystem
reference variable, Führungsgröße

reference voltage, Referenzspannung
refined fine grain steels, Feinkornbaustähle
refining process, Umschmelzverfahren
refining treatment, Umschmelzverfahren
reflection, Reflexion
refraction, Brechung
refresh, Refresh
refresh circuit, Refresh
register, Register
registered capital, Stammkapital
regula falsi, Regula falsi, Sekantenverfahren
regular n-gon, regelmäßiges n-Eck, reguläres n-Eck
regular polygon, regelmäßiges Polygon, reguläres Polygon
regular pyramid, reguläre Pyramide
regular type lathe, Zugspindeldrehmaschine
reheater, Zwischenüberhitzer
relations between the trigonometric functions for equal angles, Beziehungen zwischen den trigonometrischen Funktionen für den gleichen Winkel
relative address, relative Adresse
relative extremum, relatives Extremum
relative maximum, relatives Maximum
relative minimum, relatives Minimum
relative movement between tool and workpiece, Wirkbewegung
relative movement between tool and workpiece during the cutting process, Schnittbewegung
relative performance, Leistungsgrad
relative permittivity, Dielektrizitätszahl ε_r
relative velocity, Relativgeschwindigkeit w
release current, Abfallstrom
reluctance motor, Reluktanzmotor
remelt hardening, Umschmelzhärten
remuneration, Entlohnung
replica master, Phantomroboter
request, Abfrage
Research Octan Number, ROZ
reset, RESET
reset time, Nachstellzeit T_n
resin bonded fabric, Hartgewebe
resistance, Widerstand, Wirkwiderstand R
resistance to vehicular motion, Fahrwiderstand F_w
resistivity, spezifischer Widerstand ρ
resistor, elektrischer Widerstand R, Widerstand
resolution, Auflösung
resolver, Resolver
resonance, Resonanz
resonance frequency, Resonanzfrequenz f_o
resources, Ressourcen
respite, Frist
response of a controller to disturbances, Störverhalten
result, Ergebnis
resultant, Resultierende
resultant cutting force, Zerspankraft F
resultant force, Ersatzkraft
retained austenite, Restaustenit
return, RETURN
reversal of the sense of rotation, Umkehr der Drehrichtung
reversible change of state, umkehrbare Zustandsänderung
revolute, Drehgelenk

revolving table, Drehtisch
rhombus, Raute, Rhombus
right angle, rechter Winkel
right-angled triangle, rechtwinkliges Dreieck
right circular cone, gerader Kreiskegel
right circular cylinder, gerader Kreiszylinder
right cone, gerader Kegel
right cylinder, gerader Zylinder
right hand rule, Generatorregel
right prism, gerades Prisma
right pyramid, gerade Pyramide
rigidity, Starrheit
ring actuated expanding mandrel, Ringspanndorn
ring footstep bearing, Ringspurlager
ring pin, Ringspurzapfen
ring type jaw chuck, Ringspannfutter
rise in temperature due to internal heating, Eigenerwärmung
rise time, Anstiegszeit t_r
Ritter's traverse, Rittersches Schnittverfahren
rivet joint, Nietverbindung
robocarrier, Transportroboter
robot, Roboter
robot control, Robotersteuerung
robot cycle, Roboterzyklus
robot drive, Roboterantrieb
robot dynamics, Roboterdynamik
robot generation, Robotergeneration
robot mounting design, Roboterbauformen, Roboterarchitektur
robot peripherals, Roboterperipherie
robot programming, Roboterprogrammierung
robot programming language, Roboterprogrammiersprache
robot sensorics, Robotersensorik
robot simulation, Robotersimulation
robot system, Robotersystem
robot tool, Roboterwerkzeug
robot tool changing device, Werkzeugwechsler an Robotern
robot trajectory, Robotertrajektorie
robot velocity, Roboter-Verfahrgeschwindigkeit
robot with redundant degrees of freedom, redundanter Roboter
robot workspace, Roboterzelle
robot workzone, Roboterarbeitsraum
robotic, Robotik, Robotertechnik
robot's coordinate system, Roboterkoordinatensystem
robot's home position, Roboter-Home-Position
robot's park position, Roboter-Park-Position
robot's reference position, Roboterreferenzposition
rocker arm, Kulissenhebel
rocker gear, Kulissenrad
Rockwell hardness, Rockwellhärte
roller bearing, Wälzlager
roller chain, Buchsenkette
roller free wheel, Rollenfreilauf
roller vane pump, Drehflügelpumpe
rolling condition, Rollbedingung
rolling contact fatigue, Oberflächenzerüttung
rolling friction, Rollreibung
rolling motion, Rollbewegung
rolling resistance, Rollwiderstand

rolling wear, Wälzverschleiß
root, Wurzel
root diameter, Fußkreisdurchmesser
root function, Wurzelfunktion
root mean square value, Effektivwert
root of an equation, Wurzel einer Gleichung
Roots blower, Rootsgebläse
roots of unity, Einheitswurzeln
rope connection clevis, Seilverbindungen
rope construction, Seilkonstruktion, Seilmachart
rope drive, Seiltriebe
rope drive calculation, Seiltriebberechnung
rope drum, Seiltrommel
rotary drives, Getriebe
rotary energy, Rotationsenergie E_{rot}
rotary indexing, Rundschalten
rotary motion, Rotationsbewegung
rotary piston engine, Kreiskolbenmotor
rotary power, Rotationsleistung P_{rot}
rotary table, Drehtisch
rotary work, Rotationsarbeit W_{rot}
rotating field, Drehfeld
rotation power, Drehleistung
rotation work, Dreharbeit
roughness, Rauheit, Rauhtiefe
round bar steel chain, Rundstahlkette
rounding, Runden
rounding off, Abrunden
rounding up, Aufrunden
rovings, Rovings
RS flipflop, RS-Flipflop
rubber spring, Gummifeder
rule relating to longitudinal displacement, Längsverschiebungssatz
rules of differentiation, Ableitungsregeln
rules of direction, Richtungsregeln
running tolerance, Lauftoleranzen
running wheels, Laufräder
rupture, Trennungsbruch

S

s orbit, s-Orbital
sacrificial anode, Opferanode
saddle, Schlitten, Support
saddle point, Sattelpunkt
safety device release current, Auslösestrom
safety precautions against electrical accidents, Schutzmaßnahmen gegen elektrische Unfälle
safety system of a robot, Robotersicherheitssystem
salient point, Knickpunkte
salt bath carburizing, Salzbadaufkohlen
salt formation, Salzbildung
salt names, Salznamen
salts, Salze
sand casting, Sandguss
sandblasting robot, Sandstrahlroboter
Sarrus' rule, Sarrus, Regel von
saturated hydrocarbons, Gesättigte Kohlenwasserstoffe
scalar, Skalar
scalar multiplication, Skalarmultiplikation
scalar quantity, skalare Größe
scaling, Verzunderung
scanner, Scanner
scanning electron microscope, REM
Scanning Elektron Mikroscope SEM, Raster-Elektronen-Mikroskop REM
SCARA type, SCARA-Arm, SCARA-Roboter
scavenging method, Spülverfahren
schedule, Terminplan
Schmitt trigger, Schmitt-Trigger
screw compressor, Schraubenverdichter
screw construction, Schraubenausführung
screw cutting mechanism, Gewindegetriebe
screw cutting nut, Schloßmutter
screw drive, Schraubgetriebe
screw mechanism, Schraubgetriebe
screw press, Spindelpresse
screw pump, Schraubenspindelpumpe
scroll chuck, Cushman-Futter, Planspiralfutter
scuffing, Gleitverschleiß
secant line, Sekante
secant-tangent theorem, Sekantentangentensatz
secant theorem, Sekantensatz
second, Sekunde s
second law of thermodynamics, Zweiter Hauptsatz
secondary crystals, Sekundärkristalle
secondary diagonal, Nebendiagonale
secondary hardness, Sekundärhärte
secondary metallurgy, Pfannenmetallurgie, Sekundärmetallurgie
section modulus, Widerstandsmoment W
section sensitivity, Wanddickenempfindlichkeit
segment of a line, Strecke
segregation, Seigerung
segregation zone, Seigerungszone
Seiliger cycle, Seiligerprozeß
selection of materials, Werkstoffwahl
selection of the working plane, Ebenenauswahl
self aligning ball bearing, Pendelkugellager
self hardening, Selbstaushärtung
self induction, Selbstinduktion
self locking, Selbsthemmung
selfskinning foam, Integralschaumstoff
semibeam, Freiträger, Kragträger
semiconductor, Halbleiter
semiconductor devices, Halbleiterbauelemente
semicorresponding angles, halbgleichliegende Winkel
semifocal chord, Halbparameter
semimetal, Halbmetalle
sensor, Meßwertaufnehmer, Sensor
separation fracture, Trennungsbruch
sequence, Folge
sequence control, Folgesteuerung
sequence diagram, Ablaufdiagramm, Weg-Schritt-Diagramm
sequence module, Taktstufe
sequence number, Satznummer
sequence of numbers, Zahlenfolge
sequence step, Ablaufschritt
sequencer, Schrittschaltwerk
sequential circuit, Ablaufkette
sequential control, Ablaufsteuerung

sequential operating procedure, Ablaufsteuerung
series, Reihe
series connection, Reihenschaltung
series resonance, Reihenresonanz
server, Server
service robot, Serviceroboter
set, Menge
set force, Setzkraft
set of pulleys, Rollenzug
set of solutions for an equation, Lösungsmenge einer Gleichung
setting of parameters, parametrieren
setting up microscope, Einrichtmikroskop
settling speed, Sinkgeschwindigkeit
shackle, Lastbügel, Schäkel
shaded pole motor, Spaltpolmotor
shaft, Welle, technisch
shaft array gripper, Stiftfeldgreifer
shaft calculation, Wellenberechnung
shallow pit formation, Muldenkorrosion
shaper, Kurzhobelmaschine, Querhobler, Schnellhobler, Stoßmaschine, Waagerecht-Stoßmaschine
shaper toolhead, Stoßmeißelhalter
shaping machine, Kurzhobelmaschine, Querhobler, Schnellhobler, Stoßmaschine, Waagerecht-Stoßmaschine
shear, Abscherbeanspruchung, abscheren
shear modulus, Gleitmodul, Schubmodul G
shear strength, Abscherfestigkeit τ_{aB}
shear stress, Schubspannung
shearing beam, Messerschlitten
sheet moulding compounds, SMC
sheet steel, Stähle für Feinbleche
shelf crane, Regalförderzeug
shell blank diameter, Zuschnittdurchmesser
shell blank length, Zuschnittlängen
shell end mill arbor, Aufsteckfräserdorn
shell form process, Schalenformverfahren
shift key, Shift-Taste, Umschalt-Taste
shift register, Schieberegister
shore hardness, Shore-Härte
short circuit, elektrischer Kurzschluß, Kurzschluß
short-circuit current, Kurzschlußstrom
short taper, ISO-Steilkegel, Steilkegel
shot peening, Verfestigungsstrahlen
SI, SI
SI unit, SI-Einheit
sidehead, Seitensupport, Ständersupport
siemens, Siemens S
sievert, Sievert Sv
sigma-bond, σ-Bindung
sign rules, Vorzeichenregeln
signal, Signal
signal amplifier, Signalverstärker
signal converter, Meßumformer, Signalumformer
signal diagram, Signalplan
signal flow path, Wirkungsweg
signal latch, Signalspeicher
signal matching, Signalanpassung
signal to noise ratio, Störabstand
silencer, Geräuschdämpfer
silicon, Silicone
silicon carbide, Siliciumcarbid, SiC
silicon chip, Chip
silicon controlled rectifier, Thyristor
silicon controlled rectifier (SCR), gesteuerter Gleichrichter
silicon nitride, Siliciumnitrid Si_3N_4 (SN)
similarity, Ähnlichkeit
similarity of triangles, Ähnlichkeit von Dreiecken
simulation software, Simulationssoftware
sine, Sinus
sine function, Sinusfunktion
single board computer, Einplatinen-Computer
single bond, Einfachbindungen
single chip computer, Einchip-Computer
single disc brake, Einscheibenbremse
single phase alternating current, Einphasenwechselstrom
single phase transformer, Einphasentransformator
Single Point Fuel Injection SPFI, Mono-Jetronic
single rope grab, Einseilgreifer
single rope gripper, Einseilgreifer
single-shear, einschnittig
single step gear, einstufiges Getriebe
single step mode, Einzelschrittbetrieb
single tool post, Einfachmeißelhalter
single valued bearing, einwertiges Lager
sintered hard alloys, Sinterhartstoffe
sintered material, Sinterwerkstoffe
sintering, Sintern
sister hook, Doppelhaken
skin effect rotor, Stromverdrängungsläufer
slag tap furnace, Schmelzfeuerung
sleeper load, schwellende Belastung
slenderness ratio, Schlankheitsgrad
slide, Schlitten, Stößel, Support
slide bearing, Gleitlager
slide bearing material, Gleitlagerwerkstoffe
slide rest, Planschlitten
slideway, Führung
sliding and surfacing lathe, Zugspindeldrehmaschine
sliding block, Kulissenstein
sliding friction, Gleitreibung
sliding gear drive, Schieberädergetriebe
sliding gear unit, Schieberädergetriebe
sliding jaw, Grundbacke
sliding saddle, Bettschlitten
sliding, surfacing, and screw-cutting lathe, Leit- und Zugspindeldrehmaschine
sling devices, Anschlagmittel
slip, Schlupf s eines Asynchronmotors
slip directions, Gleitrichtungen
slip leading to plastic deformation, Abgleiten
slip obstruction, Gleitblockierung
slip plane, Gleitebenen
slip possibilities, Gleitmöglichkeiten
slipring rotor, Schleifringläufer
slip sensor, Rutschsensor
slope of a straight line, Richtungskoeffizient einer Gerade, Steigung einer Geraden
slotted link, Kulissenhebel
slotting machine, Senkrecht-Stoßmaschine
small hoist, Kleinhebezeuge
small sides, Katheten
small signal amplifier, Kleinsignalverstärker

smoothing factor, Glättungsfaktor g
snap factor, Anziehfaktor
snap torque, Anziehdrehmoment
Society of Automotive Engineers-grade, SAE-Klasse
soft or full annealing, Weichglühen
soft spots in a hard material, Weichfleckigkeit
softening, Weichglühen
software, Software
solid angle, Raumwinkel ϑ
solid bed milling machine, Planfräsmaschine
solid friction, Festkörperreibung
solid generated by rotation, Rotationskörper
solid lubricants, Festschmierstoffe
solid solution alloy system, Mischkristall-System
solid solution strengthening, Mischkristallverfestigung
solidification, Erstarrung
solidification point, Erstarrungspunkt
solidus, Solidus-Linie
solubility, Löslichkeit
solution, Lösung
solution treatment, Lösungsbehandeln
solvus curve, Löslichkeitslinie
sommerfeld coefficient, Sommerfeldzahl
sort of quantity, Größenart
sort of stress, Beanspruchungsart
sort of stress and resistance, Beanspruchungsart und Festigkeit
source, elektrische Spannungsquelle
source voltage, Quellenspannung U_q, Urspannung
sources of information, Informationsquellen
spark ignition, Fremdzündung
spark ignition engine, Ottomotor
spark plug, Zündkerze
special steels, Edelstähle
special unit, Sondereinheit
specific calorific value, Heizwert H_u, spezifischer Heizwert H_u
specific cutting force, spezifische Schnittkraft k_c
specific enthalpy, spezifische Enthalpie
specific entropy, spezifische Entropie
specific fuel consumption, spezifischer Kraftstoffverbrauch b_e
specific gravity, spezifisches Gewicht γ
specific heat, spezifische Wärme
specific heat capacity, spezifische Wärmekapazität
specific intrinsic energy, spezifische innere Energie
specific speed, spezifische Drehzahl n_q
specific volume, spezifisches Volumen v
spectrum, Spektrum
speed change, Geschwindigkeitsänderung Δv
speed diagram, Drehzahlbild
speed graduation, Drehzahlstufung
speed of light, Lichtgeschwindigkeit c
speed of rotation, Drehzahlen n elektrischer Maschinen
speed progression, Drehzahlstufung
speed range, Drehzahlbereich
sphere, Kugel
spherical cap, Kugelkappe
spherical joint, Kugelgelenk
spherical layer, Kugelschicht

spherical (polar) coordinate system, Kugelkoordinatensystem, Polarkoordinatensystem
spherical roller bearing, Pendelrollenlager
spherical sector, Kugelausschnitt, Kugelsektor
spherical segment, Kugelabschnitt, Kugelsegment
spherical zone, Kugelzone
spheroidal graphite, Kugelgraphit
spheroidizing, Glühen auf kugelige Carbide, GKZ
spherolite, Sphärolithen
Spieth mechanical expanding mandrel, Spieth-Dorn
spigot of a die, Einspannzapfen
spin, Drall
spin quantum number, Spinquantenzahl s
spindle, Spindel
spindle carriage, Spindelschlitten
spindle head, Spindelkopf
spindle nose, Spindelkopf
spindle slide, Spindelschlitten
spiral spring, Spiralfedern
splash lubrication, Tauchrollenschmierung
splined shaft gear mechanism, gebundenes Getriebe
split nut, Schloßmutter
splitting into partial fractions, Partialbruchzerlegung
spot welding, Punktschweißen
spray painting robot, Lackierroboter
spring, Federn
spring curve, spring load-deflection curve, Federkennlinie
spring diagram, Federdiagramm
spring energy, Federungsarbeit
spring hammer, Federhammer
spring material, Federwerkstoffe
spring rate, Federrate R
spring steel, Federstähle
spring washer, Ringspannscheibe
SPS, SPS
square, Quadrat
square number, Quadratzahl
squirrel cage rotor, Käfigläufer
stability, Standsicherheit, Starrheit
stabilization of the operating point, Arbeitspunktstabilisierung
stable electron gas configuration as in an inert gas, Elektronenduett
stable floating condition, stabile Schwimmlage
stack, Stack, Stapelspeicher
stack pointer, Stackpointer
stack register, Kellerspeicher, Stack
stagnation pressure, Staudruck
standard atmosphere, physikalische Atmosphäre
standard atmospheric pressure, Atmosphärendruck p_{at}
standard force of gravity, Normgewichtskraft F_{Gn}
standard gravitational acceleration, Normfallbeschleunigung g_n
standard number, Normzahlen
standard performance, Normalleistung
standard signal, Einheitssignal
standard state, Normzustand
standard-type planer, Zweiständer-Hobelmaschine
standard volume, Normvolumen V_n

standardization, Normung, Standardisierung
standardize, Typisierung
standardized speeds of rotation, Normdrehzahlen
standardized subassemblies, Komponenten
standards and recommendations for gear cutting, Verzahnungsmaße
standards of reliability, Zuverlässigkeitforderung
star-delta connection, Stern-Dreieck-Schaltung
star-delta starting procedure, Stern-Dreieck-Anlauf
starting capacitor, Anlaufkondensator
starting circuit, Anlasser
starting current for an electric motor, Einschaltstrom eines Elektromotors
starting motor, Anwurfmotor, Starter
starting point, Nullpunkt
starting resistor, Anlaßwiderstand
starting-up friction, Anlaufreibung
startpoint for martensite formation, M_s
state of aggregation, Aggregatzustand
state of motion, Bewegungszustand
statement list, Anweisungsliste
static equilibrium, statisches Gleichgewicht
static friction, Haftreibung
static friction force, Haftreibkraft F_{RO}
static pressure, statischer Druck
Static RAM, SRAM
statics, Statik
stationary robot, ortsfester Roboter
status moment, Standmoment
status register, Statusregister
steady rest, Setzstock
steady state error, bleibende Regelabweichung
stealth virus, Stealth-Virus
steam, Dampf
steam boiler, Dampfkessel
steam generator using refuse as fuel, Dampferzeugung durch Müllverbrennung
steam generators, Dampferzeuger
steam hammer, Dampfhammer
steam superheater, Dampfüberhitzer
steam turbines, Dampfturbinen
steam velocity, Dampfgeschwindigkeit
steel band clutch, Stahlbandkupplung
steelmaking, Stahlerzeugung
steels, Stähle
steep angle taper, ISO-Steilkegel, Steilkegel
steep drop in the impact-temperature diagram, Steilabfall
Stefan-Boltzmann constant, Stefan-Boltzmann-Konstante σ
Stefan's law, Boltzmann's law, Gesetz von Stefan und Boltzmann
Steiner's displacement principle, Verschiebesatz von Steiner
step, Ablaufschritt
step function response, Sprungantwort
step hardening, Warmbadhärten
stepped jaw, Stufenbacke
stepped jaw chuck, Stufen-Spannzange
stepped setting-up block, Spannunterlage
stepped supporting block, Spannunterlage
stepped variable speed drive, Stufengetriebe
stepping motor, Schrittmotor

steradian, Steradiant sr
stereometry, Stereometrie
Stieber mechanical expanding mandrel, Stieber-Dorn
Stieber type chuck, Stieber-Spannfutter
stirling cycle engine, Stirlingmotor
stl, AWL
stochastic demand analysis, stochastische Bedarfsermittlung
stoichiometric valence, Wertigkeit
stokers and grates, Rostfeuerung
stop dog, Anschlagkloben
storage capacity, Speicherkapazität
store, speichern
stored program control system, speicherprogrammierbare Steuerung SPS
straight cut control, Streckensteuerung
straight line, Gerade
straight line guide, Geradführung
straight line path, Geradführung
straight teeth, Geradstirnräder
strain, Dehnung ε
strain ageing, Reckalterung
strain hypothesis, Dehnungshypothese
strand side, Trum
strength, Festigkeit
strength of a component or frame, Gestaltfestigkeit
strength value, Festigkeitswerte
stress, Beanspruchung
stress corrosion cracking, Spannungsrisskorrosion SpRK
stress hypotheses, Spannungshypothesen
stress on fibres at a boundary, Randfaserspannung
stress relieving, Spannungarmglühen
stress-strain diagram, Spannungs-Dehnungs-Diagramm
stress-time diagram, Spannungs-Zeit-Diagramm
stretchforming, Streckziehen
Stribeck characteristic, Stribeckkurve
strictly monotonously decreasing function, streng monoton fallende Funktion
strictly monotonously increasing function, streng monoton wachsende Funktion
string, String
string construction of a hyperbola, Fadenkonstruktion einer Hyperbel
string construction of a parabola, Fadenkonstruktion einer Parabel
string construction of an ellipse, Fadenkonstruktion einer Ellipse, Gärtnerkonstruktion einer Ellipse
string friction, Seilreibung
string polygon, Seileck
string polygon method, Seileckverfahren
stroke to bore ratio, Hubverhältnis a
structural foam, Strukturschaum
structural formula, Strukturformel
structured flow chart, Struktogramm
sub program, Unterprogrammtechnik
subdivision and allocation of work, Artteilung
sublimation, Sublimation
submerged arc band welding, Unter-Pulver-Band-Schweißen

submerged arc welding, Unter-Pulver-Schweißen
submerged rail welding, Unter-Schienen-Schweißen
subroutine, Unterprogrammtechnik
subset, Teilmenge
substitution, Substitution
substitution method, Einsetzungsverfahren
substitution mixed crystal, Substitutionsmischkristalle
substitutional solid solution, Austausch-Mischkristall
subtraction, Subtraktion
subtrahend, Subtrahend
suction lift, Saugheber
sum, Summe
sum brake, Summenbremse
sum of a series, Summe einer Reihe
sum of the angles of a triangle, Winkelsumme im Dreieck
sum of the angles of an n-gon, Winkelsumme im n-Eck
sum of the digits, Quersumme
summand, Summand
summation sign, Summenzeichen
supercharging, Aufladung
supercooling, Unterkühlung
superheater, Überhitzer
superposition principle, Überlagerungsprinzip
superposition theorem, Superpositionsprinzip
supersonic welding, Ultraschallschweißen
supplementary angles, Supplementwinkel
supply carriage, Zuführungsschlitten
support, Auflager
support beam, Stützträger
support reaction calculation, Stützkraftberechnung
support with precise height adjustment mechanism, Zahnbock
supporting blades, supporting rails, Führungsschiene
supporting force, Auflagerkraft
supporting guideways, Tragführung
surface broaching machine, Außenräummaschine
surface conditions, Oberflächenbeschaffenheit
surface finishing by the vibratory impact of abrasive materials, Gleitspanen
surface force, Flächenkraft, Oberflächenkraft
surface grinding machine, Flachschleifmaschine, Flächenschleifmaschine, Planschleifmaschine
surface hardening steel, Stähle für Randschichthärtung
surface hardening treatment, Randschichthärten
surface layers, Oberflächenschichten
surface pressure, Flächenpressung p
surface pressure equations, Flächenpressungsgleichungen
surface texture of a rolled product, Walztextur
surfacing machine, Plandrehmaschine
surjective function, surjektive Funktion
surjective mapping, surjektive Abbildung
surplus funds, Rücklagen
susceptance, Blindleitwert B
suspensions for supporting the load, Gehänge zur Lastaufnahme
swept volume, Hubraum V_h
swirl chamber process, Wirbelkammerverfahren

switch off delay, Abfallverzögerung
switch on delay, Anlaufverzögerung, Anzugsverzögerung
switching operation, Schaltvorgang
switching transistor, Schalttransistor
swivel base, Drehteil
swivel toolholder, Schwenk-Meißelhalter
symbol, formula symbols, Formelzeichen
symbolic electronic configuration, symbolische Elektronenkonfiguration
symmetrical function, symmetrische Funktion
synchronous counter, Synchronzähler
synchronous motor, Synchronmotor
synchronous speed, synchrone Drehzahl n_S
synthesis, Synthese
synthetic geometry, synthetische Geometrie
synthetic-resin-pressed wood, Kunstharzpreßholz
system, System
system deviation, Regeldifferenz e
system of coordinates, Achsenkreuz, Koordinatenkreuz, Koordinatensystem
system of equations, Gleichungssystem
system of forces, Kräftesystem
system of inner forces, inneres Kräftesystem
system of linear equations, lineares Gleichungssystem
system of polar coordinates, Polarkoordinatensystem
system software, Systemsoftware
systems, Anlagen
systems of construction using modules, Baukastensystematik
systems technology, Systemtechnik

T

T-slot, T-Nut
table, Werkstücktisch
table calculation program, Tabellenkalkulation
table of values for a function, Wertetabelle einer Funktion
table saddle, Tischschlitten
table slide, Tischschlitten
table type horizontal boring machine, Tischbohrwerk
tailored blanks, tailored blanks
tailstock, Reitstock
tailstock sleeve, Pinole
taking of the root, Radizieren, Wurzelziehen
tandem cylinder, Tandem-Zylinder
tangent, Tangens
tangent function, Tangensfunktion
tangent line, Tangente
tangential acceleration, Tangentialbeschleunigung a_T
tangential force, Tangentialkraft F_a
tangential speed, Tangentialgeschwindigkeit, Umfangsgeschwindigkeit v_u
tapered roller bearing, Kegelrollenlager
tarnish, Anlaufen
teach box, Teach-Box
teach in robot programming, Teach-In-Roboterprogrammierung
tearing length, Reißlänge l_r
tee slot, T-Nut

teleoperator, Teleoperator
telescoping sliding guard, Teleskopblech
temperature, Temperatur T
temperature coefficient, Temperaturkoeffizient α
temperature dependence, Temperaturabhängigkeit elektrischer Widerstände
temperature of mixture, Mischungstemperatur
temperature strength, Warmfestigkeit
tempering, Anlassen
tempering curve, Anlaßschaubild
tenifer treatment, Tenifer-Verfahren
tensile bar, Zugstab
tensile strength, Zugfestigkeit R_m
tensile stress, Zugbeanspruchung, Zugspannung
tensile test, Zugversuch
tension, Zug
tension and bending, Zug und Biegung
tensioning or expansion mechanism using lamellar elements, Segmentspanner
tera, Tera T
term, Term
terminal, Datensichtgerät, Terminal
terminal voltage, elektrische Klemmenspannung U_{12}, Klemmenspannung
tesla, Tesla T
test voltage, Prüfspannung
testing potential, Prüfspannung
Tetmajer's equations, Tetmajergleichungen
tetrad, Tetrade
tetrahedron, Tetraeder, Vierflächner
text processing and editing program, Textverarbeitung
texture, Textur
Thales circle, Thaleskreis
theorem of moments, Momentensatz
Theorem of Viëta, Viëta, Satz von
theory of relativity, Relativitätstheorie
theory of the strength of materials, Festigkeitslehre
thermal analysis, thermische Analyse
thermal convection, Wärmekonvektion
thermal efficiency, thermischer Wirkungsgrad
thermal expansion, Wärmeausdehnung
thermal feedback, thermische Rückführung
thermal printer, Thermodrucker
thermal resistance, thermischer Widerstand R_{th}, Wärmewiderstand R_{th}
thermal shock stress, Thermoschockbeanspruchung
thermal spraying, thermisch Spritzen
thermal stress, thermische Beanspruchung, Wärmespannungen
thermally sensitive resistor, Heißleiter
thermic cutting, thermisches Trennen
thermistor, Heißleiter
thermistors, Thermistoren
thermochemical treatment, thermo-chemische Verfahren
thermodynamics, Thermodynamik
thermomechanical treatment, thermomechanische Behandlung
thermoplastics, Thermoplaste
thermostat, Thermostat
thick film technology, Dickschichttechnik

thickness of the removed metal part, Spanungsdicke h
thread, Gewinde
thread friction torque, Gewindereibmoment M_{RG}
three draft boiler, Dreizugkessel
three forces method, Dreikräfteverfahren
three jaw chuck, Dreibackenfutter
three jaw drill chuck, Dreibacken-Bohrfutter
three phase asynchronous motor, Drehstrom-Asynchronmotor
three phase electricity meter, Drehstromzähler
three phase generator, Drehstromgenerator
three phase machine, Drehstrommaschinen
three phase mains leads, Außenleiter
three phase system, Drehstrom
three phase system interlinking, Verkettungsarten bei Drehstrom
three phase three wire system, Dreileiternetz
three phase transformer, Drehstromtransformator
three point gripper, Dreipunktgreifer
three way catalyst, Dreiwege-Katalysator
threshold detector, Schwellwertschalter
throttle valve control, Drosselsteuerung
throttling, Drosselung
through hardening, Durchhärtung
throw, Wurf
thyristor, gesteuerter Gleichrichter, Thyristor
tidal power plants, Gezeiten-Kraftwerke
Tiduran treatment, Tiduran-Verfahren
tight side, Lasttrum
tilting, Kippen
tilting moment, Kippmoment
time, Zeit t
time constant, Zeitkonstante
time determination, Zeitermittlung
time determination methods, Zeitermittlungs-Methoden
time for an operation or process estimated from time and motion studies, Systeme vorbestimmter Zeiten (SvZ)
time multiplexer, Zeitmultiplex
time per unit, Zeit je Einheit
time program control, Zeitplansteuerung
time rate, Zeitgrad
time registration, Arbeitszeitermittlung
time registration instruments, Zeitmeßgeräte
time yield limit, Zeit-Dehngrenze
timer, Timer
timing, Zeitaufnahme
tin, Zinn Sn
tin alloys, Zinnlegierungen
tin bronze, Zinnbronze
titanium, Titan Ti
titanium alloys, Titanlegierungen
titanium carbide, Titancarbid TiC
titanium nitride, Titannitrid TiN
toggle flipflop, T-Flipflop
toggle gripper, Kniehebelgreifer
toggle link, Gelenkstäbe
token ring, Token Ring
tolerance, Toleranzen
tolerance factor, Toleranzfaktor
tolerance zone, Toleranzfeld
tool angle, Werkzeugwinkel

tool carriage, Werkzeugschlitten
tool carrier, Werkzeugträger
tool change, Werkzeugwechsel
tool change position, Werkzeugwechselpunkt
tool clamping device, Werkzeugspanner
tool coordinate system, Werkzeugkoordinatensystem
tool data point, Werkzeugbezugspunkt
tool function, Werkzeugaufruf
tool head, Werkzeugträger
tool-holder, Werkzeugspanner
tool length offset, Werkzeuglängenkorrektur
tool life, Standzeit T, Werkzeugverschleiß
tool nose radius compensation, Schneidenradiuskorrektur
tool offset, Werkzeugkorrektur
tool offset memory bank, Werkzeugkorrekturspeicher
tool post, Meißelhalter
tool rest swivel, Drehteil
tool setting position, Werkzeugeinstellposition
tool slide, Werkzeugschlitten
tool spindle, Werkzeugspindel
tool steels, Werkzeugstähle
tool taper, Werkzeugkegel
tool tip material, Schneidplattenwerkstoffe
tool wear due to diffusion and chemical corrosion, Diffusionsverschleiß
toolholder, Meißelhalter
tools with tips made of hard materials, beschichtete Schneidstoffe
tooth base factor, Zahnfußfaktor
tooth belt drive, Zahnriemengetriebe
tooth form factor, Zahnformfaktor
tooth locking mechanism, Klinkengesperre, Rastgesperre, Zahngesperre
tooth-profile modification, Profilverschiebung
tooth undercut, Zahnunterschnitt
top beam, Traverse
top down, Top-Down
top down process, Top-Down
top jaw, Aufsatzbacke
top rail, Querhaupt
top slide, Oberschlitten
topologie, Topologie
torque, Drehmoment M, Kraftmoment M
torque characteristic, Drehmoment-Kennlinie
torque-controlled wrench, Drehmomentenschlüssel
torque equilibrium condition, Drehmomentengleichgewichtsbedingung
torsion, Torsion, Verdrehung
torsion angle, Verdrehwinkel φ
torsion bar spring, Drehstabfeder, Torsionsstabfeder
torsion springs, Drehfedern
torsion stress, Torsionsspannung τ_t
torsional moment, Torsionsmoment M_T
torsional stress, Torsionsbeanspruchung
total work, technische Arbeit
toughness, Zähigkeit
track ball, Trackball
tracks per inch, tpi
transcendental equation, transzendente Gleichung
transcendental function, transzendente Funktion
transcendental number, transzendente Zahl

transcrystalline, transkristallin
transformation stress, Umwandlungsspannungen
transformer, Transformator
transforming the shape of a body, Umformen
transient overshoot, Überschwingweite
transient response, Führungsverhalten, Zeitverhalten
transistor, Transistor
transistor amplifier, Transistorschalter
transistor circuit, Transistorschaltung
transistor-transistor-logic, TTL
transistorized ignition system, Transistorzündung
transition temperature, Übergangstemperatur
transmission, Übersetzung i
transportation performance, Transportleistung
transportation work, Transportarbeit
transverse bearing, Querlager
transverse force, Querkraft F_q
transverse force behaviour, Querkraftverlauf
transverse force calculation, Querkraftberechnung, Querkraftbestimmung
transverse strain, Querdehnung ε_q
trapezium, Trapez
traverse, Querhaupt
triac, Triac
triangle, Dreieck
triangle inequalities, Dreiecksungleichungen
tribolic stress, tribologische Beanspruchung
tribologic system, tribotechnisches System
tribology, Tribologie
trigger voltage, Zündspannung U_G
triggering, Triggerung
trigonometric equation, trigonometrische Gleichung
trigonometric form of complex numbers, trigonometrische (goniometrische) Form der komplexen Zahlen
trigonometric functions, trigonometrische Funktionen, Winkelfunktionen
trigonometry, Trigonometrie
trimming robot, Entgratroboter
triple bond, Dreifachbindung
triple gearing, Dreiwellengetriebe
triple point, Tripelpunkt
tristate, Tristate
trivalent bearing, dreiwertiges Lager
trojan horse, Trojanisches Pferd
truncated cone, Kegelstumpf
truncated pyramid, Pyramidenstumpf
truncated right circular cone, gerader Kreiskegelstumpf
truth table, Wahrheitstabelle
TTA curve, ZTA-Schaubild
TTT curve, ZTU-Schaubild
tungsten, Wolfram W
tungsten carbide, Wolframcarbid
tungsten inert-gas welding, Wolfram-Inertgas-Schweißen
turbine rotor, Laufrad
turbocharger, Turbolader
turbocompressors, Turboverdichter
turning, Drehverfahren
turning centre, Drehspitze
turning cycle, Drehzyklus
turning process, Drehverfahren
turning tool holder, Drehmeißelhalter

turnover, Umsatz
turret, Revolver
turret head, Revolverkopf
turret lathe, Revolverdrehmaschine
turret saddle, Revolverschlitten
turret slide, Revolverschlitten
turret type drilling machine, Revolverbohrmaschine
two jaw chuck, Zweibackenfutter
two jaw drill chuck, Zweibacken-Bohrfutter
two part stepped support, Stufen-Spannunterlage
two piece clamp with downward action, Niederspannbacke
two point form of the equation of a straight line, Zweipunkteform der Geradengleichung
two point regulator, Zweipunktregler
two pole network, Zweipol
two rope grab, Mehrseilgreifer
two stroke cycle, Zweitaktverfahren
two terminal network, Zweipol
two valued bearing, zweiwertiges Lager
two vertical lines indicating the magnitude of a physical quantity, Betragszeichen
two's complement, Zweierkomplement
types of loading, Belastungsarten
types of wear, Verschleißarten
types of control, Steuerungsarten
types of drives, Antriebsarten
types of metal chips, Spanart
types of nuclei, Kernarten
types of nuts, Mutternarten
types of roller bearing, Lagerauswahl Wälzlager
types of screws, Schraubenarten
types of stress, Spannungsarten

U

U-tube, U-Rohr
U-tube manometer, U-Rohrmanometer
ultimate load, Bruchlast
ultrasonic testing, Ultraschall-Prüfung
undercarriage wheel brake, Fahrwerkbremse
undercooled austenite, unterkühlter Austenit
undetermined number, unbestimmte Zahl
unidirectional, unidirektional
unidirectional reinforcement, UD-Verstärkung
uniform corrosion, Flächenkorrosion
uniform motion, gleichförmige Bewegung
uniform rotation, gleichförmige Rotation
uniformly accelerated motion, gleichförmig beschleunigte Bewegung, gleichmäßig beschleunigte Bewegung
uniformly accelerated rotation, gleichförmig beschleunigte Rotation
union, Vereinigung
unipolar transistor, unipolarer Transistor
unit, Einheit
unit cell, Elementarzelle
unit circle, Einheitskreis
unit construction method, Baukastenprinzip
unit system, Einheitensystem
unit vector, Einheitsvektor
units for the measurement of wear, Verschleißmeßgrößen

Universal Asynchronus Receiver Transmitter, USART
universal cylindrical grinding machine, Universal-Rundschleifmaschine
universal dividing head, Universal-Teilkopf
universal gas constant, universelle Gaskonstante R_m
universal gas equation, Gaszustandsgleichung
universal indexing head, Universal-Teilkopf
universal joint driven drilling machine, Gelenkspindel-Bohrmaschine
universal lathe, Universaldrehmaschine
universal machine vice, Universalspannstock
universal miller, Universalfräsmaschine
universal milling machine, Universalfräsmaschine
universal motor, Universalmotor
unknown quantity, Unbekannte
unloaded voltage divider, unbelasteter Spannungsteiler
unsaturated hydrocarbons, ungesättigte Kohlenwasserstoffe
unsaturated polyester, ungesättigter Polyester UP, UP
unstable floating condition, labile Schwimmlage
upmilling, Gegenlauffräsen
upper critical temperature in the cooling curve for steel, Ar_3
upper critical temperature in the heating curve for steel, Ac_3
upright, Ständer
upshot, Ergebnis
upwards compatibility, Aufwärtskompatibel
usable lifetime of cables, Aufliegezeit
use of centrifugal forces during forward motion to lift stops which prevent backward motion, Fliehkraftabhebung bei Rücklaufsperren
user program, Anwenderprogramm

V

V-belt drive, Keilriemengetriebe
V-drive, V-Räder, V-Getriebe
V-way, V-Führung
vacuum advance mechanism, Unterdruckversteller
vacuum gripper, Vakuumgreifer
vacuum pad lifter, Vakuumheber
valency electron, Valenzelektronen
value, Atommultiplikator
value analysis, Wertanalyse
value creation, Wertschöpfung
value in dB, Pegel
value set, Wertemenge
value table, Wertetabelle
values indicating the amount of corrosion, Korrosionsgrößen
valve, Ventil
valve actuation, Ventilbetätigung, Ventilsteuerung
valve clearance, Ventilspiel
valve timing, Motorsteuerung
valve timing diagram, Steuerdiagramm zum Verbrennungsmotor
van der Waals bonds, Van-der-Waals-Bindungen
vanadium, Vanadium V
vanadizing, Vanadieren
vane compressor, Rotorverdichter

vane pump, Flügelzellenpumpe
vane type gear, Flügelzellengetriebe
vapourize, Verdampfen
variable, Variable, Veränderliche
variable capacitor, Drehkondensator
variable programming, Variablenprogrammierung
variable resistor, Varistor
VDF spindle bearing, VDF-Spindellager
vector, Vektor
vector quantity, vektorielle Größe
vector sum, Resultierende
vee belt, Keilriemen
vee guide, V-Führung
velocity, Geschwindigkeit v
velocity diagram, Geschwindigkeitsplan
velocity head, Geschwindigkeitshöhe
velocity plan, Geschwindigkeitsplan
velocity-time diagram, Geschwindigkeits-Zeit-Diagramm
velocity triangle, Geschwindigkeitsdreieck
velocity unit, Geschwindigkeitseinheit
vermicular graphite, Vermiculargraphit
vermicular graphite cast iron, Gusseisen mit Vermikulargraphit GV
vertex, Scheitelpunkt
vertex angles, Scheitelwinkel
vertex form of the equation of a parabola, Scheitelpunktsform der Parabelgleichung
vertical axis turret, Sternrevolver
vertical broaching machine, Senkrecht-Räummaschine
vertical drilling machine, Senkrecht-Bohrmaschine
vertical milling machine, Senkrecht-Fräsmaschine, Vertikal-Fräsmaschine
vertical shaft, Königswelle
vertical spindle miller, Senkrecht-Fräsmaschine
vertical turning and boring mill, Karussell-Drehmaschine, Senkrecht-Drehmaschine
vice, Spanner
video sensor, Videosensor
Vincent press, Vincent-Presse
virus, Virus
viscosity, Viskosität
volt, Volt V
voltage, elektrische Spannung U, Spannung
voltage dependent resistor, VDR
voltage divider, Spannungsteiler
voltage drop, Spannungsabfall
voltage source, Spannungsquelle
voltage transformer, Spannungswandler
volume, Volumen V
volume expansivity, Volumenausdehnungskoeffizient
volume flow, Volumenstrom q_V
volume force, Volumenkraft
volume of 1 kg of a gas under standard conditions, spezifisches Normvolumen
volume of material to be removed, Spanungsvolumen V
volumetric efficiency, Liefergrad λ_L, volumetrischer Wirkungsgrad η_V

W

walking robot, Schreitroboter
Wankel engine, Wankelmotor
waste gas, Abgase
water column, Wassersäule
water cooling, Wasserkühlung
water emulsified cutting fluids, Kühlschmieremulsion
water of crystallisation, Kristallwasser
water soluble cutting fluids, Kühlschmierlösung
water turbines, Wasserturbinen
watt, Watt W
watt-second, Wattsekunde Ws
wave, Welle, physikalisch
wavelength, Wellenlänge λ
wear, Verschleiß
wear due to oxidation, Oxidationsverschleiß
wear rate, Verschleißrate
weave funktion, Pendelfunktion
weber, Weber Wb
wedge, Schneidkeil
wedge angle, Keilwinkel β
weight, Gewicht
welded construction of machine frames, Scheuerplattenbauweise
welding, Schweißen
welding robot, Schweißroboter
welding with a gas shield, Schutzgasschweißen
wet type air filter, Naßluftfilter
wetting, Benetzen
Wheatstone bridge, Wheatstone-Brücke
wheel mount, Schleifscheibenaufnahme
wheel spindle, Schleifspindel
white cast iron, Hartguss, weißes Eisen
wick feed lubrication, Dochtschmierung
Wide Area Network, WAN
widening rule, Erweiterungssatz
width of the removed metal part, Spanungsbreite b
Wien bridge, Wien-Brücke
wind power stations, Windkraftanlagen
wiper, Abstreifer
wire cable, Drahtseile
wire cable standards, Drahtseilnormen
wire resistor, Drahtwiderstände
wired AND, Wired-AND
wired OR, Wired-OR
word, Wort
work, Arbeit W
work carrier, Werkstückträger
work clamping device, Werkstückspanner
work diagram, Arbeitsdiagramm
work done in bending a spring, Federarbeit W_f
work done in lifting, Hubarbeit W_h
work factor process, Work-Factor-Verfahren (Arbeitswert-Verfahren)
work fixture, Werkstückspanner
work hardening, Kaltverfestigung
work hardening by rolling or drawing, Verfestigungswalzen
work holding bolt, Spannschraube
work holding centre, Körnerspitze
work holding device, Werkstückspanner
work holding fixture, Werkstückträger

work piece zero point, Werkstücknullpunkt
work rest blade, Führungsschiene
work sampling, Multimomentaufnahme